Machine Engineering Design

기계설계

강형모 저

하나의 기계를 설계 제작하기 위해서는 기계공학의 전 과정을 완전히 습득하고, 현장의 기술적인 경험을 충분하게 체득한 후에야 비로서 이루어질 수 있다고 보며, 훌륭한 기계는 그 기계를 구성하고 있는 기계요소 하나하나의 우수한 설계에 의해서만 제작될 수 있으므로, 이러한 기계요소를 알기 위하여 본서에서는 각 기계요소의 종류, 재질 특성, 용도등과 설계공식을 충분히 활용할 수 있도록 구성하였다.

머 리 말

하나의 기계를 설계 제작하기 위해서는 기계 공학의 전 교육 과정을 습득하고, 현장의 기술적인 경험을 충분히 체득한 후에 비로서 이루어질 수 있다고 보며, 훌륭한 기계는 그 기계를 구성하고 있는 기계요소 하나하나의 우수한 설계에 의해서만 제작될 수 있으므로, 이러한 설계를 위하여 각 기계요소의 종류, 재질, 특성, 용도 등과 설계 공식을 충분히 활용할 수 있도록 하여야 한다.

저자는 대학 강단에서 다년간의 강의에 의하여 얻은 경험과 식견을 토대로 기계 공학 표준 용어를 사용하여, 4년제 대학교와 2년제 대학의 설계 공학 교재 및 산업체 등의 연구 도서가 될 수 있도록 함과 동시에 현장 설계에서도 적용 능력이 쉽게 되도록 실용성 있는 기본 내용으로 다음과 같이 정리 하였다.

첫째, 소단원 별로 공식을 다양하게 이용하여 풀이가 된 많은 예제를 나열 하였고, 큰 단원마다의 말미에는 연습 문제를 게재하여 여러 공식을 쉽게 이해하여 풀어 나갈 수 있도록 하였다.

둘째, 각 단원별의 모든 내용은 국제단위(SI 단위계)를 중심으로 편집하였고, 아직까지 현장에서는 중력 단위를 사용하므로, 필요에 따라 중력 단위계를 삽입하여 참고가 될 수 있도록 하였다.

셋째, 일반 기계기사, 건설 기계기사, 소방 설비기사 등과 기계설계 산업기사, 건설기계 산업기사, 생산기계 산업기사, 소방 설비 산업기사 등 각종 국가 기술 자격시험에 출제되었던 문제를 유사하게 각 단원에 나누어 게재하여 시험에 충분히 대비할 수 있도록 하였다.

국내외 많은 문헌과 자료를 구하여 내용의 충실을 기하는 데 있어서 도움이 되었던 이들 저자에게 심심한 사의를 표하며, 이 교재를 보시는 여러분들에게 설계 분야의 연구와 각종 국가시험에 많은 도움이 되기를 바랍니다.

끝으로 이 교재를 엮어내는 데, 주야로 수고하여 주신 구민사의 여러 직원님들에게 깊은 감사의 말씀을 드립니다.

저자 올림

차례

I 편 __ 기초 사항

II 편 __ 결합용 기계요소 설계

I

기초 사항

1. 기계 설계와 기계 요소
2. 단위계
3. SI 단위의 활용
4. 하 중
5. 응 력
6. 기계 재료
7. 허용 응력과 안전율

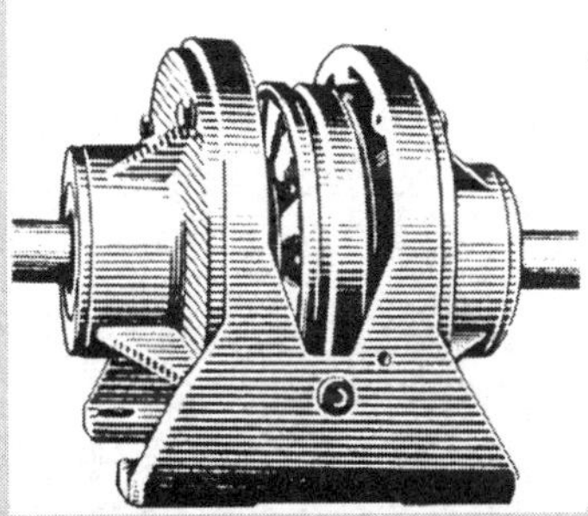

✦ 기계 설계와 기계 요소의 구별, 표준 규격, 국제단위계, 하중, 응력, 기계 재료, 허용응력, 안전율 등 기계 설계에 필요한 기초 사항에 대하여 알아본다.

1. 기계 설계와 기계 요소

[1] 기계 설계

기계 공학 전반에 걸쳐서 기계를 제작하기 위한 기능, 성능, 내구성 등에 대한 필요 지식과 경험을 기초로 하여 기계의 구조와 기구를 기획(企劃)하고, 이에 따른 적절한 재료, 모양, 치수 등을 고려하여 기계 제작도를 그릴 때까지의 과정을 기계 설계(機械 設計 : machine design)라 한다.

(1) 기계 설계에 필요한 기술과 지식

① 기계 설계의 내용은 기능 설계, 강도와 강성(剛性) 설계, 진동 설계, 생산과 의장(意匠) 설계 등으로 대별할 수 있으며, 이들 설계를 하려면 기구학, 재료 역학, 기계 재료, 기계 공작, 기계 제도 등 기초 지식과 기술적 경험이 있어야 한다.

② 물, 기름, 공기, 열 등과 관계있는 유체 역학, 유체 기계, 열역학, 내연 기관 등의 전문 지식과 전기, 전자 공학 외에 QC(품질 관리 : Quality Control), VA(가격 분석 : Value Analysis), VE(가격 공학 : Value Engineering) 등의 전문 지식이 총합(總合)되어야 한다.

(2) 기계 설계를 할 때 유의 사항

① 기계의 기능과 성능을 사용 목적에 맞고, 기구학적, 역학적인 설계가 되게 한다.

② 구조와 외형은 조정과 수리가 쉽고, 운반이 편리해야 한다.

③ 기계 각부 강도는 신뢰성 있게 하고, 될수록 경량· 소형으로 수명이 길어야 한다.

④ 유지비와 제작비가 저렴해야 하며, 효율이 좋고, 취급에 위험이 없어야 한다.

⑤ 외관 및 디자인이 양호하고, 상품 가치가 있어야 한다.

⑥ 제품의 표준화와 창조적인 구상품이여야 한다.

[2] 기계요소

볼트, 너트, 키, 핀, 축 및 축이음, 베어링, 벨트, 기어, 스프링, 브레이크 등과 같은 공통 부품을 **기계 요소**(機械 要素 : machine element)라 한다.

(1) **결합용 요소** : 2개 이상의 요소를 하나로 결합할 때 필요한 기계 요소(볼트와 너트, 와셔, 키, 핀, 코터, 와셔, 리벳, 용접 등)

(2) **동력 전달용 요소** : 동력을 전달하는 기계 요소(축, 축이음, 베어링, 기어, 벨트, 체인, 로프 등)

(3) **동력 제어용 요소** : 동력을 제어, 제동을 하는 기계 요소(클러치, 브레이크, 플라이 휠, 스프링 등)

(4) **관계**(管系)**용 요소** : 유체, 기름 등의 수송용 관(管 : pipe), 관이음, 밸브 등

기계 요소 중 전문 회사에서 제작하는 볼트, 베어링 등 규격품은 그 적용법을 습득하고, 응력 상태, 형상, 재료 및 제작법 등 기초 지식과 전문 지식을 알아야 한다.

2. 단위계

(1) 기본 단위

기본 단위는 독립된 차원을 갖는 것으로 간주되는 단위를 **기본 단위**라 하며, 7개인 길이(m), 질량(kg), 시간(S), 전류(A), 열역학 온도(K), 물질량(mol), 광도(cd)에 대한 단위가 있다(표 1). 평면각과 입체각 등 보조 단위로 인정되어 있다(표 2).

표 1. SI 기본 단위

양	명칭	기호
길이	미터	m
질량	킬로그램	kg
시간	초	s
전류	암페어	A
열역학 온도	켈빈	K
물질량	몰	mol
광도	칸델라	cd

표 2. 보조 단위

양	명칭	기호
평면각	라디안	rad
입체각	스테라디안	sr

(2) 유도 단위

서로 관련된 양들을 연결시키는 대수 관계에 따라 단위들을 조합하여 이루어진 단위가 유도 단위(誘導 單位)이다. 기계 공학에 주로 사용되는 특별한 명칭을 갖는 SI유도 단위 예는 힘(N), 압력 또는 응력(Pa), 에너지, 일, 열량(J), 주파수(Hz) 등이 있다.

(3) 보조 단위

평면각과 입체각 등 기하학적으로 정의된 2개의 단위만이 보조 단위로 인정되어 있다. 평면각의 단위는 rad(라디안 : radian)이고, 입체각의 단위는 sr(스테라디안 : steradian)이다. 기본 단위나 조립 단위의 어느 쪽에 속한다고 해도 상관없으나 약속에 의하여 **보조 단위**(補助 單位)라고 한다(표 2).

(4) 조립 단위

기본 단위와 보조 단위를 사용하여 대수적인 관계로 구성된 것을 조립 단위라 한다. 고유의 명칭을 가진 19개의 조립 단위가 표 3과 같이 결정되어 있다.

표 3. 고유 명칭을 가진 SI 조립 단위

양	명칭	기호	정의
주파수	헤르츠	Hz	s^{-1}
힘	뉴턴	N	$kg \cdot m/s^2$
압력, 응력	파스칼	Pa	N/m^2
에너지, 일량, 열량	줄	J	$N \cdot m$
작업률(공률), 방사속	와트	W	J/s

전기량, 전하	쿨롬	C	A · s
전압, 전위	볼트	V	J/c
정전용량	패럿	F	C/A
전기저항	옴	Ω	V/A
컨덕턴스	지멘스	S	A/V
자속	웨버	Wb	V · s
자속밀도	테슬라	T	Wb/m^2
인덕턴스	헨리	H	Wb/A
온도	셀시우스도	℃	t℃=(t + 273.15)K
광속	루멘	lm	cd · sr
조도	럭스	lx	lm/m^2
방사능	베크렐	Bq	s^{-1}
흡수선량	그레이	Gy	J/kg
선량당량(線量當量)	시벨트	Sy	J/kg

(5) 기계 설계에 사용되는 SI 단위

SI에서는 응력의 단위는 Pa 또는 N/m^{2}의 어느 것으로 표시해도 좋은 것으로 되어 있으나, 보통의 경우 응력 및 탄성 계수는 각각 MPa 및 GPa로 표시하는 것이 바람직하다. 단, 응력의 정의 및 계산 정도에 있어서 N/m^2 또는 N/mm^{2}을 사용해도 좋다.

표 4는 조립 단위이고, 표 5는 고유의 명칭을 갖는 조립 단위의 예를 나타낸 것이며, 표 6은 공학 단위로서, SI 단위와의 환산 계수 중에서 설계에 사용되고 있는 것이다.

표 4. 고유 명칭을 가진 조립 단위

양	명칭	단위 기호	다른 SI 단위에 의한 표시	SI 기본 단위에 의한 표시
진동수, 주파수	헤르츠	Hz	–	s^{-1}
힘	뉴턴	N	–	m · kg · s^{-2}
압력, 응력	파스칼	Pa	N/m^2	m−1 · kg · s^{-2}
에너지작업	줄	J	N · m	m^2 · kg · s^{-2}
일률, 동력	와트	W	J/s	m^2 · kg · s^{-3}

표 5. 기계 설계에 사용되는 주요 조립 단위

항목 / SI	단위(명칭)	단위 기호
면적	평방미터	m^2
체적	입방미터	m^3
속도	미터매초	m/s
가속도	미터매초제곱	m/s^2
각속도	라디안매초	rad/s
각가속도	라디안매초제곱	rad/s^2
진동수, 주파수	헤르츠	Hz
회전속도	회매초	s^{-1}
밀도	킬로그램매입방미터	kg · m^3
운동량	킬로그램매초	kg · m/s

운동량의 모멘트 각운동량	킬로그램 평방 미터 매초	$kg \cdot m^2/s$
관성모멘트	킬로그램평방미터	$kg \cdot m^2$
힘	뉴턴	N
힘의 모멘트	뉴턴 미터	$N \cdot m$
압력	파스칼	Pa
응력	파스칼(뉴턴 매 평방 미터)	Pa, (N/m^2)
표면장력	뉴턴 매 미터	N/m
에너지, 일량	줄	J
일률, 동력	와트	W

표 6. 환산 계수

양	공학 단위		SI의 단위	
질량	1 $1.019\ 72 \times 10^{-1}$	$kg_f \cdot s^2/m$	9.806 65 1	kg
힘	1 $1.019\ 72 \times 10^{-1}$	kg_f	9.806 65 1	N
힘의 모멘트	1 $1.019\ 72 \times 10^{-1}$	$kg_f \cdot m$	9.806 65 1	$N \cdot m$
압력	1 $1.019\ 72 \times 10^{-5}$	kg_f/cm^2	$9.806\ 65 \times 10^4$ 1	Pa
	1 $9.869\ 23 \times 10^{-6}$	atm	$1.03\ 25 \times 10^5$ 1	
	1 $1.019\ 72 \times 10^{-1}$	mmH_2O	9.806 65 1	
	1 $7.500\ 62 \times 10^{-3}$	mmHg, Torr	$1.333\ 22 \times 10^2$ 1	
응력	1 $1.019\ 72 \times 10^{-1}$	kg_f/mm^2	$9.806\ 65 \times 10^6$ 1	$Pa(N/m^2)$
에너지 일 (직업)	1 $1.019\ 72 \times 10^{-1}$	$kg_f \cdot m$	9.806 65 1	J
	1 $2.777\ 78 \times 10^{-7}$	$kW \cdot h$	3.6×10^6 1	
일률 동력	1 $1.019\ 72 \times 10^{-1}$	$kg_f \cdot m/s$	9.806 65 1	W
	1 $1.359\ 62 \times 10^{-3}$	PS	7.355×10^2 1	
응력확대계수	1 3.224 63	$kg_f \cdot mm^{-3/2}$	$3.101\ 14 \times 10^{-1}$ 1	$MPa \cdot m^{1/2}$
충격값	1 $1.019\ 72 \times 10^{-5}$	$kg_f \cdot m/cm^2$	$9.806\ 65 \times 10^4$ 1	J/m^2
	1 $1.019\ 71 \times 10^{-1}$	$kg_f \cdot m$	9.806 65 1	J

3. SI 단위의 활용

(1) 기호의 사용법

① 단위 기호는 일반적으로 로마체(직립체) 소문자를 사용한다. 그러나 단위의 명칭이 고유 명사에서 유래하였으면 기호의 첫 글자를 대문자로 한다.

보기 : kg, m, K(켈빈), s(초), Pa

② 단위 기호는 복수의 경우에도 변하지 않으며, 마침표 등 다른 기호나 문자를 첨가 해서는 안 된다(문장의 끝에 오는 마침표는 찍는다).

③ 어떤 양을 수치와 단위 기호로 나타낼 때, 그 사이를 한 칸 띄어야 한다. 다만, 평면각의 도, 분, 초의 기호와 수치 사이에는 띄지 않는다.

보기 : 35 mm, 35 °C, 25° 30′

④ 수치와 단위로 표시된 어떤 양이 수직적인 의미로 사용했을 때에는 숫자와 단위 사이의 부호 "−"이 허용된다.

보기 : 35−mm 필름 : 너비가 35 mm인 필름

(2) SI 단위의 계산 예

① 1 N : 질량 1kg의 물체에 $1m/s^2$ 의 가속도를 주는 힘을 1 뉴턴(Newton : N)이라고 한다. SI 단위의 kg은 질량의 단위이고, 중량 또는 힘의 단위는 아니다.

힘의 단위는 뉴턴(N)이고, 힘(N)=질량(kg)×가속도(m/s^2)이다.

$1\ N(뉴턴)=1\ kg_f\times 1\ m/s^2=1\ kg_f\cdot m/s^2$

$1\ kN(킬로\ 뉴턴)=10^3\ N=101.97\ kg_f\ \fallingdotseq 102\ kg_f\ \fallingdotseq 100\ kg_f$

$1\ MN(메가\ 뉴턴)=10^6\ N\ \fallingdotseq\ 102\times 10^3\ kg_f$

② 1 dyne : 질량 1g의 물체에 $1cm/s^2$의 가속도를 주는 힘이 1 다인(dyne)이다.

$1\ dyne=1\ g\cdot cm/s^2=10^5\ N=1.019\times 10^{-6}\ kg_f$

$1\ Mdyn=10^6(dyn)=10^6\times 10^{-5}\ N$

$F(힘 : N)=M(질량 : kg)\cdot L(길이 : m)/T^2(시간 : s)=ML/T^2=kg_f\cdot m/s^2$

③ 1 kg : 중력 단위의 힘의 단위로서 질량 1kg의 물체에 작용하는 중력, 즉 질량 1kg의 물체의 무게를 가지고 사용한다. 이것을 1중량 $kg_f(kg_f\cdot w,\ kg_f)$ 또는 1kg이라고 말한다. 또한 같은 물체의 질량과 그 무게는 동일하지 않다.

중력 가속도 $g=9.80665m/s^2$로 하면, 절대 단위와 중력 단위의 관계는

$kg_f(킬로그램\ 힘)=9.80665\ kg_f\cdot m/s^2=9.80665N\fallingdotseq 9.81N=1daN$

$1kg(질량)=0.1019\ kg_f\cdot s^2/m$

질량의 차원식은 다음과 같고, 질량 1kg의 물체의 표준량은 $1kg_f$이다.

$$M=\frac{FT^2}{L}=\frac{kg_f s^2}{m},\quad M=\frac{W}{g}(kg_f\cdot s^2/m)$$

$1kg(질량)\times$중력 가속도$(g)=1kg_f$(중량 kg)

응력과 압력의 단위는 N/m^2 즉, N/cm^2, N/mm^2 등으로 사용한다.

$1\ kg_f/cm^2 = 9.80665\ N/cm^2 = 0.0980665\ N/mm^2 = 98066.5[(N/m2(Pa)]$

$\fallingdotseq 98100000Pa \fallingdotseq 0.0980665MPa \fallingdotseq 0.1N/mm^2$

$1\ kg_f/mm^2 = 9.80665N/mm^2 \fallingdotseq 10\ N/mm^2 = 9.8MPa$

$1\ kN/cm^2 = 101.9716kg_f/cm^2 = 1.01972\ kg_f/mm^2 \fallingdotseq 1kg_f/mm^2$

$1\ MN/m^2 = 10.19716kg_f/cm^2 \fallingdotseq 10.19kg_f/cm^2$

힘의 모멘트의 단위는 N · m(뉴턴 미터)이고,

$1\ kg_f \cdot m = 9.80665N \cdot m$

에너지와 일의 단위는 N · m 즉, 줄 $1J = 1N \cdot m = 1kg \cdot m^2/s^2$ 이다.

$1\ kg_f \cdot m = 9.80665\ J \fallingdotseq 9.81J$

④ 1 lb : 영국 단위로 질량 1 lb의 중량은 1중량 파운드(lbw, lbf) 즉, 1 lb이다. 또, g의 국제 표준값을 $32.174ft/s^2 = 386in/s^2$로 채택하면 lb는 다음과 같다.

$1\ lbf = 1\ lb(\text{질량}) \times 32.174ft/s^2$

$$M = \frac{F\,T^2}{L} = \frac{lb_f \cdot s^2}{ft} = 1\ Slug$$

$1\ Slug = 1\ lb_f \cdot s^2/ft = 32.174(\text{질량 lb})$

$W = mg = 1slug \cdot 32.2\ ft/s^2 = 32.2\ lbf = 1b_f \cdot s^2/in \cdot 386\ in/s^2 = 386\ 1b_f$

⑤ 1 N · m : 1N의 힘이 작용하는 방향으로 물체를 1m 움직이는 데 소요되는 일은

$1N \cdot m = 1\ joule(J) = 1watt \cdot s = 1kg \cdot m^2/s^2$

로 표시되며, 동력 1watt=Joule/s는 매 초당 1J의 일을 하는 것이다.

⑥ 1 HP : 마력 단위에서 1마력(PS)은 $75\ kg_f \cdot m/s = 0.735\ kW = 735.5\ W$이다.

1 미국 마력은 $1\ HP = 550ft \cdot lb/s = 746W = 0.746kW$

공률(工率) 즉, 매초 1 J의 일을 할 때 동력은 1 J/s이고, 와트(W)라 한다.

1 프랑스 마력은

$1\ PS = 75kg_f \cdot m/s = 75 \times 9.8N \cdot m/s = 735W = 0.735kW$

전달 동력식은 작용력 F, 속도 v, 회전 토크 T 및 회전수 N 일 때

$$H_{PS} = \frac{F(N) \times v(m/s)}{735} = \frac{P(N) \times v(m/s)}{735}$$

$$= \frac{2\pi TN}{735 \times 60 \times 1000} = \frac{T(kg_f \cdot mm) \times N(rpm)}{716200} = \frac{T(N \cdot m) \times N}{7020}$$

$$H_{KW} = \frac{F(N) \times v(m/s)}{1000} = \frac{9.8 \times F(kg_f) \times v(m/s)}{1000}$$

$$T = 735\frac{H_{PS}}{N}(N \cdot m) = 9550\frac{H_{kW}}{N}(N \cdot m)(\text{SI 단위})$$

$$= 716200\frac{H_{PS}}{N}(kg_f \cdot mm) = 974000\frac{H_{kW}}{N}(kg_f \cdot mm)(\text{중력 단위})$$

⑦ 1 joule : $1\,\text{J}=1\,\text{N}\cdot\text{m}=1\,\text{kg}(\text{질량}\cdot\text{킬로그램})\times 1\,\text{m}^2/\text{s}^2\times 1\,\text{m}$

$$=\frac{1\,\text{kg}_f\,\text{W}\,(\text{중량}\cdot\text{킬로그램})}{g\,(\text{m/s}^2)}\times 1\,\text{m/s}^2\times 1\,\text{m}$$

⑧ 1 Pa : 종래 압력이나 응력의 단위는 kg_f/cm^2, kg_f/mm^2 및 lb/in^2 이 널리 사용되고 있지만, 최근 $1m^2$ 당 1N의 힘이 작용할 때의 단위를 1 pascal($1Pa= 1N/m^2$)로 사용되고 있다.

$1\ Pa=0.1019\ kg_f/m^2$

$1\ MPa(\text{메가 파스칼})=10^6\ N/m^2=101900\ kg_f/m^2=10.19\ kg_f/cm^2$

⑨ $1\ kg_f/m^3$: 단위 체적당 질량을 밀도라고 하며, 비중량 $1kg(\text{질량})/m^3$은 $1m^3$의 질량이 1kg이 되는 밀도이며, 이것을 중력 단위로 표시하면 다음과 같다.

$1\ kg/m^3=0.1019\ kg_f\cdot S^2/m^4$

⑩ 1 poise : 유체 속에서 유체층 두께 1cm에 대하여 넓이 $1cm^2$의 판이 1cm/s의 속도로 움직일 때 $1dyne/cm^2$의 마찰 응력이 작용할 때 절대 점도(단위 : poise)

$1poise=1\ dyne\cdot s/cm^2=1.02\times 10^{-2}kg_f\cdot s/m^2=1.0210^{-6}kg_f\cdot s/cm^2$

$1cP=0.102\times 10^{-3}kg_f\cdot s/m^2=1.02\times 10^{-8}kg_f/cm^2=1.02\times 10^{-4}kg_f\cdot s/m^2$

$=102\times 10^{-10}kg_f\cdot s/mm^2=0.99\times 10^{-10}N\cdot s/mm^2=1\times 10^{-3}Pa\cdot s=1mPa\cdot s$

운동 점도 s(stokes)는 점도 η (poise)를 밀도 η 로 나눈 값 $s=\eta/\rho$로 정의된다.

$$1\ stokes=1\left(\frac{dyne\cdot s}{cm^2}/\frac{dyne\cdot s^2}{cm^4}\right)=1cm^2/s$$

⑪ 1 kcal : 열량 단위로서 표준 기압 하에서 $1kg_f$의 물의 온도를 1°C 올리는데 필요한 열량이 1kcal 이다.

$1\ kcal=4185\ J=426.9\ kg_f\cdot m=4185\ N\cdot m$

⑫ 1 BTU : 미국 열 단위로 1 lb의 물을 1 °F 올리는 데 소요되는 열량이 1 BUT(British Thermal Unit)이다.

$1\ BTU=0.252\ kcal=1054.8\ J=778.0\ ft\cdot b$

$1\ BTU/ft^2\cdot h\cdot °F=4.883\ kcal/m^2\cdot h\cdot °C$

열전도율은 $1cal/cm\cdot s\cdot °C=1°C/cm$의 온도 구배가 있을 때 $1cm^2$의 면적 을 매초 1cal의 열량이 통과할 때 값(공학 단위 : $kcal/m\cdot h\cdot °C$)를 사용한다.

영국 단위에서는 1°F/in(또는 1°F/ft)의 온도 구배가 있을 때 1 ft^2의 면적 을 1시간에 통과하는 열량을 BTU로 나타낸다.

$1\ kcal/m^2=0.3687\ BTU/ft^2$

$1\ kcal\cdot m/m^2h°C=1\ kcal/mh°C=8.063\ BTU\cdot in/ft^2h°F$

$1\ kcal\cdot m/mh°C=0.002778\ kcal/cm\cdot s°C=0.2048BTU/ft^2\cdot h°F$

열량/중량에서는 $1\ kcal/kg_f=1.8\ BTU/lb$이고, 비율의 단위는 $1kcal/kg_f\cdot °C=1\ BTU/lb\cdot °F$로 된다.

4. 하 중

기계가 작동하여 에너지의 흡수, 전달, 변화 등을 행하기 위하여는 기계 각부에 여러 종류의 힘이 작용한다. 이와 같은 힘을 하중(荷重 : load)이라 한다.

(1) 방향에 따라(표 13참조)

① **인장(引張) 하중**(tension load) : 재료를 축 방향으로 늘어나게 작용하는 하중.

② **압축(壓縮) 하중**(compression load) : 재료를 축 방향으로 누르는 하중.

③ **전단(剪斷) 하중**(shear load) : 재료를 가로 방향으로 자르는 하중.

④ **비틀림 하중**(torsion load) : 재료가 비틀어지도록 작용하는 하중.

⑤ **굽힘 하중**(bending load) : 재료를 구부려 휘어지도록 작용하는 하중.

(2) 속도에 따라

① **정하중**(靜荷重, static load) : 일정한 속도로 매우 느리게 가해지는 하중 또는 가벼운 상태에서 정지하고 있는 하중.

② **동하중**(動荷重, dynamic load) : 하중이 가해지는 속도가 빠르고, 시간에 따라 하중의 크기와 방향이 변하거나 작용점이 변하는 하중.

a. **변동 하중** : 불규칙한 작용을 하는 하중으로서 진폭 주기가 모두 변화하는 하중.

b. **반복 하중** : 힘의 방향은 변하지 않고, 연속 반복 작용하는 하중으로서 진폭은 일정, 주기는 규칙적인 하중(편진 하중).

c. **교번 하중**(交番 荷重, alternate load) : 하중의 크기와 그 방향이 충격 없이 주기적으로 변화하는 하중(양진 하중).

d. **충격 하중**(impulsive load) : 비교적 단시간에 충격적으로 작용하는 하중.

e. **이동 하중** : 물체 위를 이동하며, 작용하는 하중.

(3) 분포에 따라(그림 1 참조)

① **집중 하중**(集中 荷重, concentrated load) : 전 하중이 부재의 1점 또는 매우 작은 면적에 작용하는 하중.

② **분포 하중**(分布 荷重, distributed load) : 전 하중이 부재의 특정 면적 위에 분 포하여 걸리는 하중(등분포와 부등분포 하중이 있다).

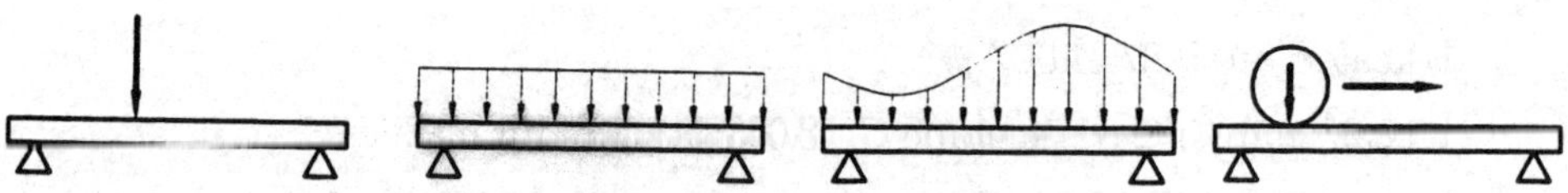

(a) 집중 하중 (b) 등분포 하중 (c) 부등분포 하중 (d) 이동 하중

그림 1. 하중의 분포 상태

5. 응 력

하중이 어떤 물체에 걸리면 그 재료의 내부에는 이에 대항하는 힘이 생겨 균형을 이루는 데, 이 저항력을 응력(應力 : stress)이라 한다.

[1] 응력의 종류

(1) 인장 응력(tensile stress)

인장력을 W_t (N), 하중에 직각인 단면적 $A(\text{cm}^2)$ 일 때, 다음과 같다.

$$\sigma_t = \frac{W_t}{A} \tag{1}$$

(2) 압축 응력(compression stress)

재료에 압축력이 걸릴 때, 이에 대응하여 압축 응력 σ_c가 생기며, 인장 때와 같다.

$$\sigma_c = \frac{W_c}{A} \tag{2}$$

σ_t나 σ_c는 단면에 수직으로 작용하므로, 수직 응력(normal stress)이라고 한다.

(3) 전단 응력(shearing stress)

외력 W_S를 받고, 평행한 단면적 A일 때, 전단 응력(τ)은

$$\tau = \frac{W_s}{A} \tag{3}$$

로 되고, 위 식에서 τ는 단면에 평행하게 생기므로 접선 응력(tangential stress)이라고도 한다. 표 7은 하중의 종류에 따른 응력을 나타낸 것이다.

표 7. 하중의 종류와 응력

하 중	축 하중		굽힘 하중	가로 하중		비틀림 하중
	인 장	압 축	굽 힘	굽 힘	전 단	비틀림
작 용	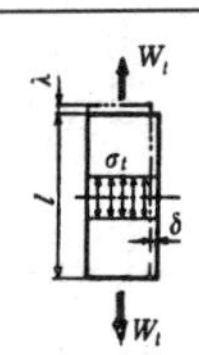	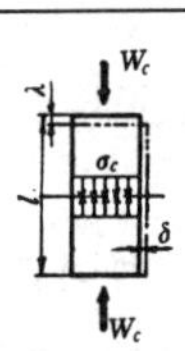	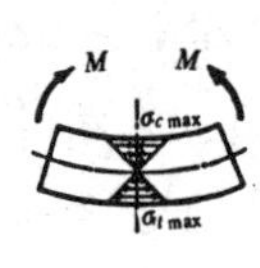	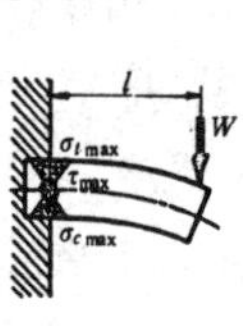	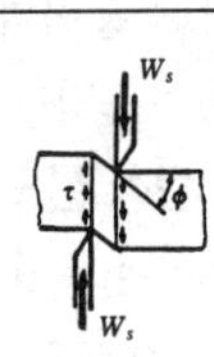	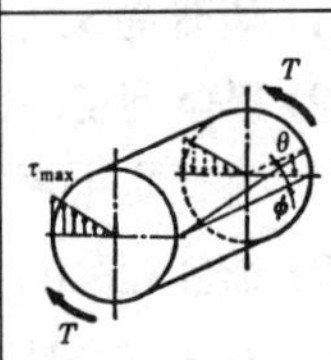
응 력	인장 응력	압축 응력	굽힘 응력(단면에 고르게 분포안 된 인장 응력과 압축 응력)	굽힘 응력은 단면에 고르게 분포하지 않은 전단 응력	전단 응력	단면에 고르게 분포하지 않은 전단 응력
	$\sigma_t = \dfrac{W_t}{\frac{\pi}{4}d^2}$	$\sigma_c = \dfrac{W_c}{\frac{\pi}{4}d^2}$	$\sigma_b = \sigma_{t\max}$ $= \sigma_{c\max} = \dfrac{M}{Z}$ (중립축에 대해서 대칭인 단면의 경우)	$\sigma_b = \dfrac{M}{Z} = \dfrac{Wl}{Z}$ $\tau_{\max} = \dfrac{3}{2}\tau_m$ $= \dfrac{3}{2}\dfrac{W}{A}$ (직사각형 단면)	$\tau = \dfrac{W_s}{\frac{\pi}{4}d^2}$	$\tau_{\max} = \dfrac{T}{Z_p}$

[2] 응력－변형률 선도

재료를 시험하여 시험결과 얻어진 재료에 작용하는 응력과 변형률의 관계를 선도로 나타낸 것이 응력－변형률 선도(應力－變形率 線圖 : stress－strain diagram)라 한다.

그림 2에 풀림을 한 연강(軟鋼)과 열처리된 합금강 및 기타 재료의 응력－변형률 선도를 나타냈다. 이 선도에서 실선은 재료에 작용하는 하중을 최초의 단면적으로 나눈 응력 값 즉, **공칭 응력**(公稱 應力 : nomainal stress)이고, 점선은 하중을 그 때의 단면적으로 나눈 **진 응력**(眞應力 : true stress) 또는 실제 응력을 나타낸다.

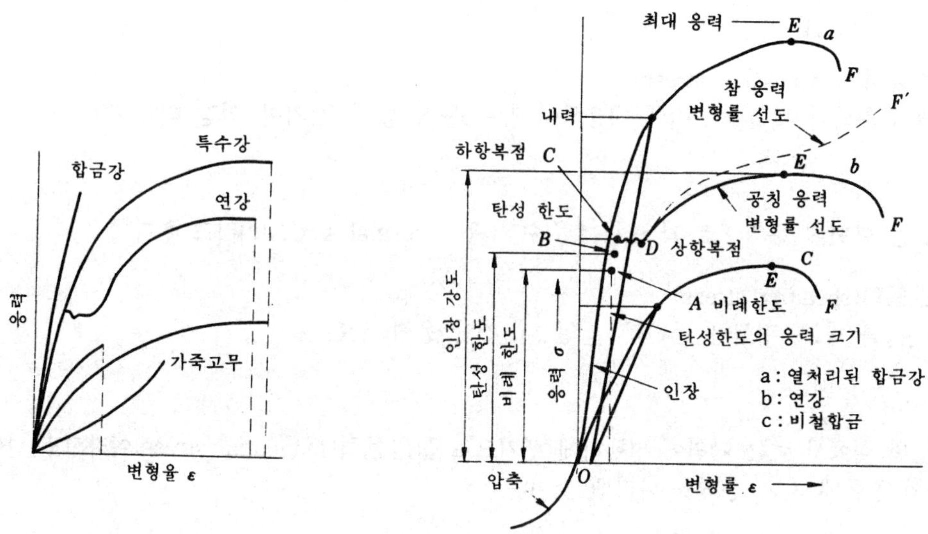

(a) (b)

그림 2. 각종 재료의 응력과 변형률 선도

(1) **비례 한도**(A점) : 응력과 변형이 비례적으로 증감하는 부분이다.

(2) **탄성 한도**(B점) : 응력을 제거할 때 변형이 없어지는 성질이 **탄성**(彈性 : elasti－city)이고, 그 한계점의 응력을 **탄성 한도**(彈性 限度 : elastic limit)라 한다.

(3) **소성 변형**(plastic strain) : B점 이상으로 응력이 크면 응력을 제거하여도 변형 이 완전히 없어지지 않고 남는다. 이것을 잔류 변형(residual strain)이라 하며, 시간이 지나면 다소 없어지거나 그대로 늘음이 남아 있는데, 이것을 **영구 늘음** (permanent)이라 한다. 영구 늘음이 생기는 변형을 **소성**(塑性) **변형**이라 한다.

(4) **항복점**(降伏點 : yielding point) : 응력을 증가시키지 않아도 변형이 연속적으로 갑자기 커지는 상태의 응력을 말한다(C, D점).

(5) **극한 강도** : 재료가 견딜 수 있는 최대의 응력을 말한다. 그림 2에서와 같이 D점 에서 응력이 더 커지면 변형도 같이 증가하여 D, E, F와 같은 곡선이 되어 E점에서 부분적 수축이 생겨 F점에서 파괴되는 최대 응력이 된다. 이것은 극한 강도로서 응력이 인장과 압축에 따라 **인장 강도** 또는 **압축 강도**라 한다.

[3] 훅의 법칙

그림 2에서 OA의 경사로부터 탄성 계수를 구할 수 있으며, 응력이 작으면 응력과 변형은 비례하여 그림 3과 같이 일직선으로 된다. 또 비례 한도 이내에서 응력과 변형률은 비례한다. 이것을 **훅의 법칙**(Hook's law)이다.

이 비례 상수를 **탄성률**(modulus of elasticity)이라 하는 데, 재료에 따라 각각 일정한 값을 가진다. 탄성률에는 응력과 변형률의 종류에 따라서 다음과 같다.

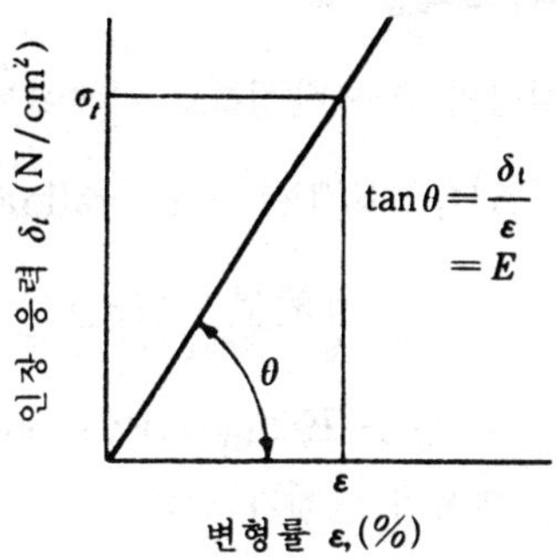

그림 3. 응력 · 변형률 선도

$$\left.\begin{aligned} \frac{\text{응력}(\sigma)}{\text{변형률}(\varepsilon)} &= E \\ \sigma &= E\varepsilon \end{aligned}\right\} \tag{4}$$

(1) 세로 탄성 계수

인장 또는 압축의 경우, 수직 응력 σ와 그 방향의 세로 변형을 ε과의 비를 **세로 탄성 계수**(橫彈性 係數 : E), 세로 탄성률(modulus of longituinal elasticity) 또는 영률(영계수, young's modulus)이라 하며 다음과 같다.

l : 길이(mm), λ : 늘음 또는 줄음(mm), W : 단면적 A의 재료에 축 하중(N)일 때

$$E = \frac{\sigma}{\varepsilon} = \frac{Wl}{A\lambda} \tag{5}$$

$$\lambda = \frac{Wl}{AE} = \frac{\sigma l}{E} \tag{6}$$

> ＊ **설계상 주의** : 강철의 세로 탄성 계수는 $E \fallingdotseq 206 \times 10^3$ N/mm²이다.

(2) 가로 탄성 계수

전단 응력 τ와 전단 변형률 γ와의 사이의 비례 상수를 **가로 탄성 계수**(縱 彈性係數, modulus of rigidity : G), 전단 탄성 계수, 가로 탄성률이라 한다.

그림 4와 같이 떨어진 거리 l, 단면적 A인 재료에 Ws의 전단 하중을 가했을 때 미끄럼 변형량 λs와 전단각 ϕ가 생겼다고 하면, 위와 마찬가지의 관계에 비틀림 시험에서도 비례 한도 내에서 전단 응력 τ와 전단 변형률 γ 사이에서 다음 식이 성립된다.

$$\tau = \frac{W_S}{A}, \quad \gamma = \frac{\lambda_S}{l} = \varnothing \tag{7}$$

$$G = \frac{\tau}{\gamma} = \frac{W_S l}{A\lambda_S} = \frac{W_S}{A\varnothing} \tag{8}$$

$$\lambda_S = \frac{W_S l}{AG} = \frac{\gamma l}{G}, \quad \varnothing = \frac{W_S}{AG} \tag{9}$$

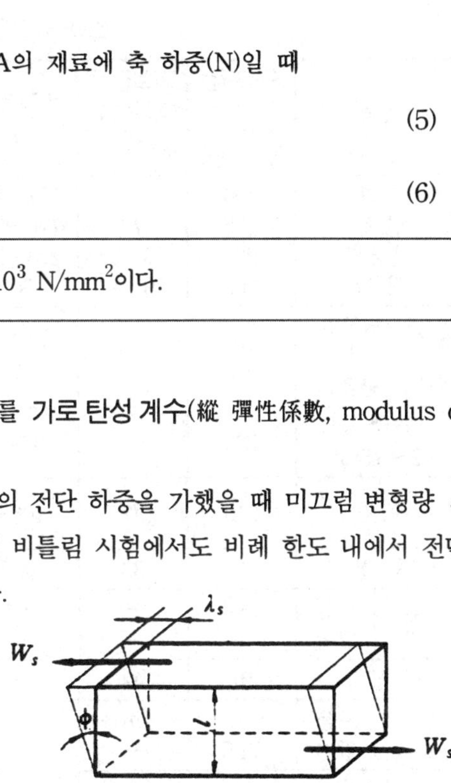

그림 4. 전단 변형률

> ＊ **설계상 주의** : 강철의 가로 탄성 계수값은 $G \fallingdotseq 81 \times 10^3$ N/mm² 이다.

[4] 프와송 비

실험의 결과 탄성한도 이내에서는 가로와 세로의 변형률 비는 재료에 따라 일정한 값이 된다. 이것을 **프와송의 비**(Poisson's ratio)라 하며, $\frac{1}{m}$로 나타낸다(표 8).

$$\frac{\text{가로 변형률}(\varepsilon')}{\text{세로 변형률}(\varepsilon)} = \frac{1}{m} \tag{10}$$

이 때 m을 **프와송 수**(Poisson's number)라 한다. 영률 E, 가로 탄성 계수 G, 푸와송 수 m사이에는 다음의 관계가 있다.

$$\left.\begin{aligned} E &= \frac{2G(m+1)}{m} \\ G &= \frac{mE}{2(m+1)} \\ m &= \frac{2G}{E-2G} \end{aligned}\right\} \tag{11}$$

표 8. 프와송 비

재질	$1/m$
연강, 경강, 주강	0.23~0.3
주철	0.2~0.29
구리	0.33
텅그스텐	0.17

표 9는 주요한 공업용 재료의 탄성 계수 및 기계적 성질을 나타낸다.

표 9. 공업용 금속 재료의 기계적 성질

(단위 : N/mm^2)

재료		세로탄성 계수 E (N/mm^2)	가로탄성 계수 G (N/mm^2)	비례 한도 σ_w	항복점 σ_2	극한 강도: 인장 강도 σ_t	극한 강도: 압축 강도 σ_c	극한 강도: 전단 강도 τ	프와송비 $1/m$
스테인리스강		196	75	127~159	176~255	323~392	–	–	033
연 강		206	79	176~225	196~294	363~441	363~441	294~372	
반경강		206	79~82	274~353	294~392	470~608	470~608	392~	
경 강		206	79~82	490~	–	980~	980~	637~686	
스프링강	담금질	206	83.3	490~	–	~980	–	–	
스프링강	안한 것 담금질	210	86	75~	–	~1666	–	–	
니 켈 강 (2~3.5%)		204	–	323~	372	549~657	–	–	
주 강		210	81	106~	206~	343~686	연질=σs 경질=σt	–	0.33
주 철		98	37	없음	없음	118~235	568~833	127~255	0.25
황동	주물	78.4	–	64	–	147	98	147	0.35
황동	압연	–	–	–	–	294	–	–	
인 청 강		91	42	–	225	392	–	–	0.35
알루미늄	주물	66	19.6	–	–	59~88	–	–	0.33
알루미늄	압연	71.5	–	44	–	147	–	–	
듀랄루민		49~	–	–	235~333	372~470	–	–	
포 금		88	39	88	–	245	–	235	0.35

비고 ① 전단에 대한 항복점은 강철의 경우 0.6σs 전후의 값이 된다.

② σ_t와 브리넬 경도와의 관계는 Cr−Ni강 : σ_t=0.34H$_B$, 탄소강, 주강 : σ_t=0.36H$_B$

③ 주철일 때 σ_t=0.1H$_B$, σ_c=32+2.2 σ_t, τ =8+ σ_t

6. 기계 재료

(1) 재료의 종류

재료에는 철, 강, 주철, 합금강, 비철 금속, 비철 금속 합금(동합금, 알루미늄 합금 등) 및 비금속 재료(플라스틱, 세라믹, 섬유, 특수 유리, 고무 등) 등 그 종류가 많다.

최근은 첨단 재료로서 **신소재**[섬유 강화 금속, 유리 및 탄소 섬유, 진동 감쇠 강판, 기능성 및 고분자 막(膜)재료, 강화 복합재, 전자기판, 초전도체, 아몰퍼스 금속, 도전성(導傳性), 엔지니어링, 내열성 플라스틱, 엔지니어링 및 섬유 세라믹, 세라믹 센서, 고장력강과 판 등]가 개발되어 재료의 특성과 기능에 맞는 활용과 응용이 되고 있다.

(2) 재료의 선택

재료의 기계적 성질, 물리, 화학적 성질, 가공법, 내식성, 열처리법, 가공성과 경제성에 대하여 충분히 알고, 사용 목적에 따라 선택한다.

최근의 신소재에 대한 사용 외에 진동에 대한 흡진성(吸振性), 방청성(防錆性), 단위 중량당의 강도, 전자기 성질, 외관 등을 고려한다.

[1] 재료의 피로

(1) 응력 진폭과 평균 응력

재료의 피로 한도 값은 $10^7 \sim 10^8$ 회의 교번(交番) 능력을 가하여 얻을 수 있는 피로 강도를 말한다. 그리고 재료 내에 생기는 응력은 그림 5와 같이 여러 가지 상태가 있으나 일반적으로 양진(兩振) 응력 상태의 시험이 가장 많이 채용된다.

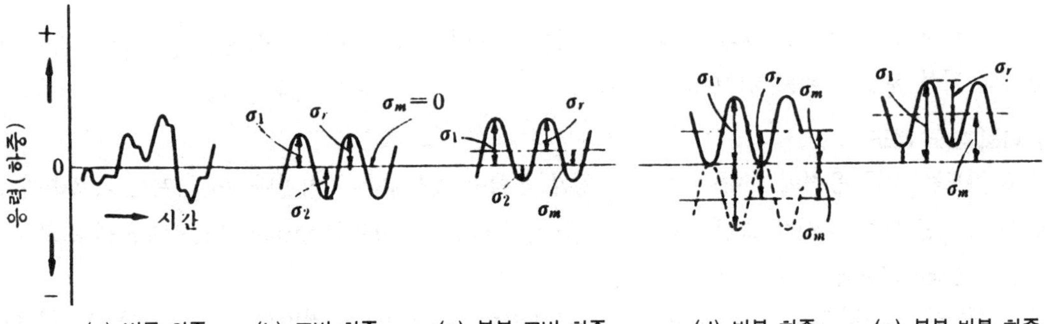

그림 5. 반복 응력

반복 응력 최대값 σ_1, 최소값 σ_2로 할 때, **응력 진폭**(σ_r)과 **평균 응력**(σ_m)은 다음과 같이 구한다.

$$\left.\begin{aligned} \sigma_r &= \frac{\sigma_1 - \sigma_2}{2}, \quad \tau_r = \frac{\tau_1 - \tau_2}{2} \\ \sigma_m &= \frac{\sigma_1 + \sigma_2}{2}, \quad \tau_m = \frac{\tau_1 + \tau_2}{2} \end{aligned}\right\} \qquad (12)$$

(2) S - N 곡선

시험편에 적당한 응력 진폭 σ_r=S(양진일 때)의 반복 응력을 작용시켜서 피로 파괴할 때까지의 반복 횟수 N을 구하고, 세로축에 응력 진폭 σ_r의 값, 가로축에 N의 값을 취하여 변형된 값을 대수 그래프 용지를 이용하여 S와 N과의 관계를 나타낸 그림 6을 $S-N$ 곡선 또는 **윌러**(Wöhler) **곡선**이라 한다.

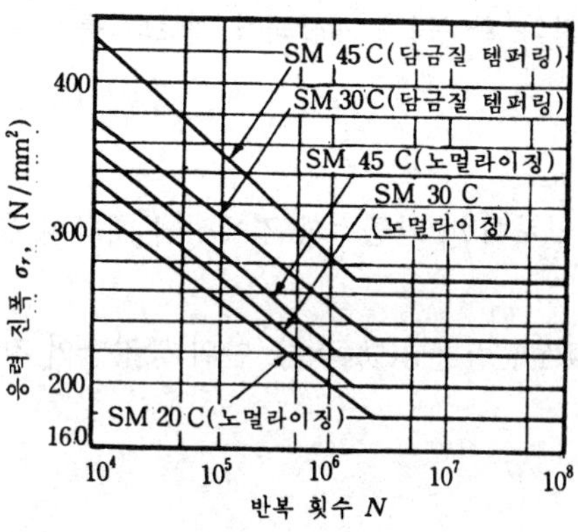

그림 6. S−N 곡선

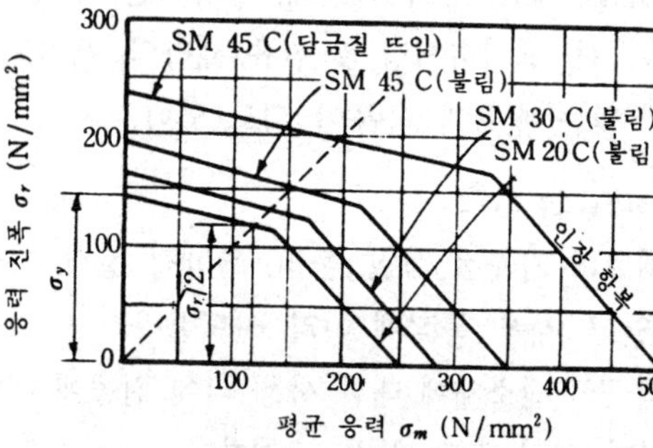

그림 7. 규소강의 인장 압축 피로 한도 선도

(지름 4～5mm의 평활한 표준 시험편에 의한 하한값)

실험에서 강은 경사 직선이 10^6~10^7회 값에서 굽혀져 수평직선으로 옮겨가는 현상을 나타냈다. 그러나 비철 금속에서는 10^7이하에서도 수평 직선으로 되지 않고 강과 같이 뚜렷한 피로 한도가 나타나지 않는 현상을 보인다. 또한 $S-N$ 곡선의 수평부 응력은 무한 반복을 가하여도 재료가 파괴되지 않는 최대 응력이 된다. 이 응력이 **피로 한도**(fatigue limit) 또는 **내구 한도**(耐久 限度 : endurance limit)가 된다.

피로 한도의 값은 응력의 종류에 따라서 변하고, 탄소강에 대하여는 탄소 함유량이 많은 강일수록 그림 7의 직선 부분이 위로 위치하고 있다.

(3) 피로 한도 선도

피로 한도는 평균 응력에 의하여 변하며, 평균 응력이 높을수록 저하한다. 이 관계를 가로축에 σ_m, 세로축에 σ_a를 잡아 도시한 그림 8을 **피로 한도 선도**(fatigue limit diagram) 또는 **내구 선도**(耐久 線圖 : endurance diagram)라 한다.

내구 선도는 소더버그선(Soderberg line), 굿맨선(Goodman line), 거버선(Gerber's)의 제안이 있으며, 실제 작용하는 응력은 안정성을 고려하여 결정한다.

부재에 노치나 단(段) 등이 있어 응력 집중이 생길 때 응력 진폭에 피로 응력 집중 계수 β를 곱하여 $\beta \cdot \sigma_r$라 하고, 사용 응력 한계에서 사용 응력 σ_w를 구하도록 한다.

k_1 : 치수 효과에 의한 피로 한도 저하율

k_2 : 가공 효과와 기타에 의한 피로 한도 저하율

σ_{wo}, σ_{uo}, σ_a : 표준 시험편의 피로 한도일 때

$$\sigma_w = \frac{k_1 k_2}{\beta}\sigma_{wo}\ (\text{양진일 때}),\quad \sigma_u = \frac{k_1 k_2}{\beta}\sigma_{uo}\ (\text{편진일 때}) \tag{13}$$

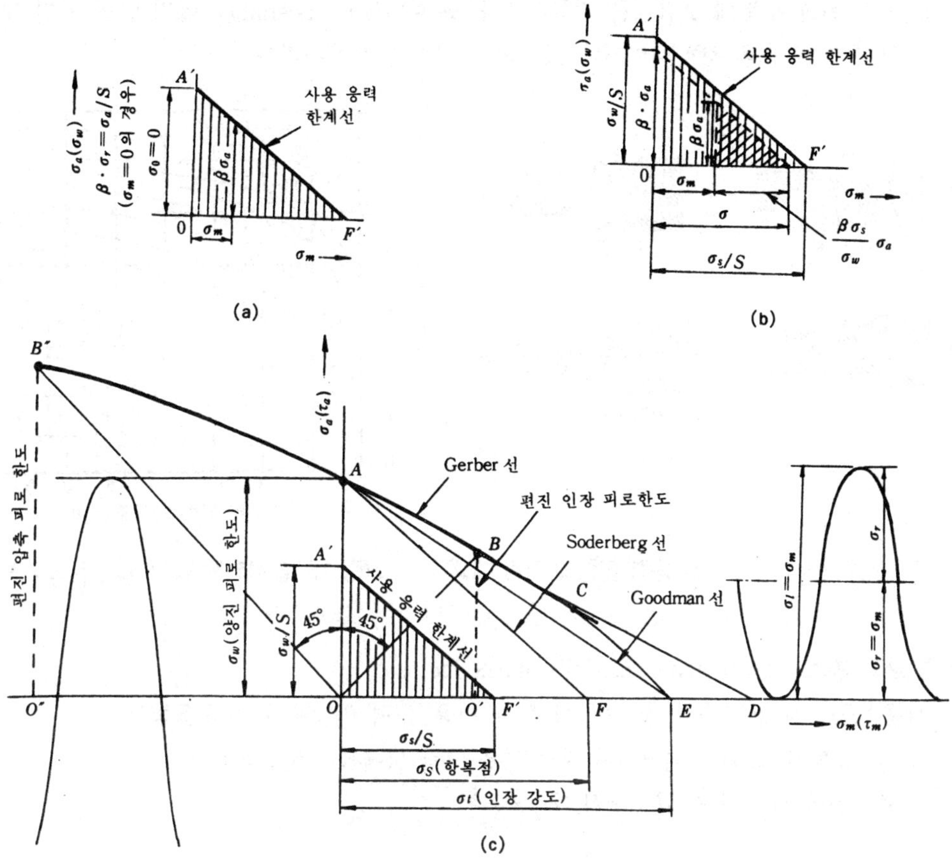

그림 8. 내구 선도와 사용 응력의 결정

[2] 응력 집중

기계의 구성 부품에 구멍, 홈, 단(段), 노치(notch), 모서리(fillet) 등과 같은 곳에는 하중이 가해질 때 그 단면에는 응력 분포 상태가 불규칙하고, 부분적으로 큰 응력이 작용하는데 이러한 현상을 응력 집중(stress concentration)이라 한다.

① 피로에 영향을 주는 요인(재료의 파괴 강도에 영향을 주는 요인)

(1) 치수 효과 (2) 표면 효과 (3) 노치 효과

(4) 부식 피로 (5) 압입 효과 (6) 온도 변화

② 응력 집중의 경감 대책

부품이 외력으로 굽힘, 비틀림이 작용할 때 응력 집중을 경감 대책은 다음과 같다.

a. 그림 9와 같이 필렛부의 반지름을 되도록 크게 하거나 완만하게 한다.
b. 단면부 근처에 제 2, 제 3의 단면부를 설치하여 응력의 흐름을 완만하게 한다.
c. 단면 변화 부분에 보강재를 결합하거나 숏 피닝(shot peening), 롤러 압연 처리 및 열처리 하여 그 부분을 강화시키거나 표면의 거칠기를 향상시킨다.

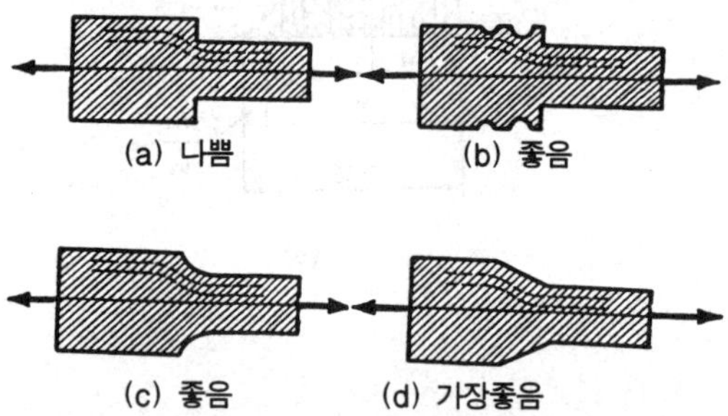

그림 9. 단 붙임 축에 대한 응력 집중의 경감 대책

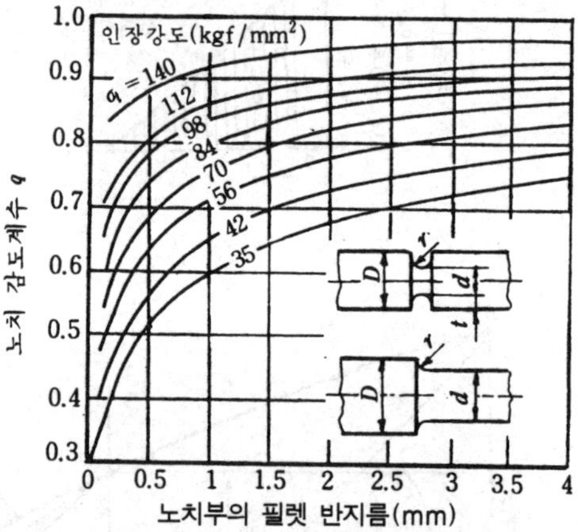

그림 10. 열처리된 강의 노치 감도 계수

(1) 노치 감도(感度) 계수(notch sensitivity index factor)

① **사용 응력** : 부재에 응력 집중이 생길 때 사용 응력 한계에서 **사용 응력**(σ)은

q : 노치 감도 계수(열처리된 강의 경우 그림 11에서 구해진다.)

α : 응력 집중 계수, β : 노치 계수일 때

$$\sigma = \sigma_m + \frac{\beta\sigma_r}{\sigma_e}\sigma_r \qquad (14)$$

로 구하고, 위 식을 **소더버그의 식**(Soderberg formula)이라 하며, β는

$$\beta = 1 + q(\alpha - 1) \qquad (15)$$

로 되고, 위에서 $q \langle = 1$ ($\beta \langle = \alpha$)로 한다. 이 값이 불명할 때는 $\beta = \alpha$로 하는 것 이 안전하다. 그림 10은 열처리된 단 붙임 축의 노치 감도 계수를 나타낸 것이다.

(2) 응력 집중 계수

① **판일 때** : 그림 11에서 (a)와 같이 단면이 균일한 재료는 단면 XX'에서 평균 응력 σ_m이 고르게 분포한다. 그러나 그림 (b)처럼 노치가 있으면 홈부를 지나는 단면 XX'에서는 응력이 균일하게 분포되지 않고, 홈 밑부에는 최대 응력 σ_{max}이 발생하며, 중심부 응력은 평균 응력 σ_m 보다 작아진다. 그림 (c)는 원의 구멍이 있는 경우를 도시했다. 따라서 응력 집중 정도에서 σ_{max}을 σ_m로 나눈 값을 응력 **집중 계수**(stress concentration factor : α) **또는 형상 계수**라 한다.

$$\alpha = \frac{\sigma_{max}}{\sigma_m} = \frac{\tau_{max}}{\tau} \tag{16}$$

$$\sigma_{max} = \alpha\,\sigma_m \tag{17}$$

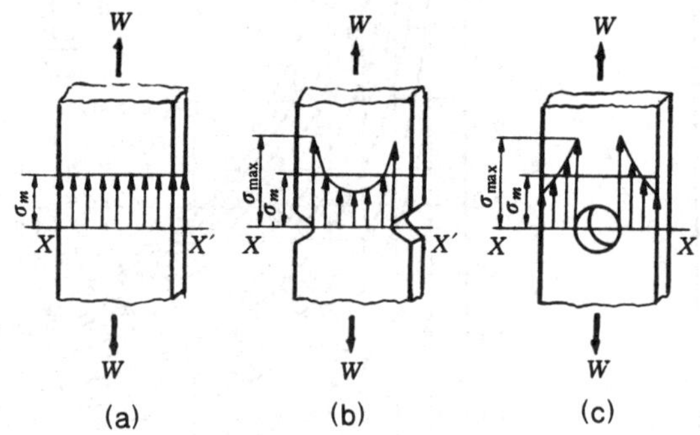

그림 11. 응력 집중

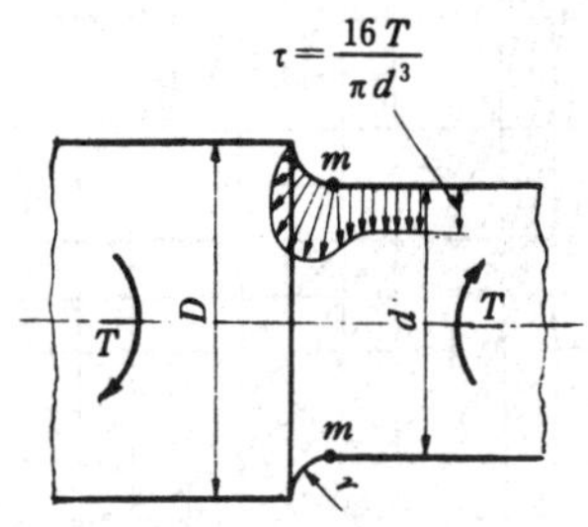

그림 12. 단붙임 축의 응력 집중

② **봉일 때** : 그림 12는 지름이 갑자기 변하는 단 붙임 축을 비틀었을 때, 필렛이 시작 되는 m점 근처에 응력 집중이 생겨 높은 전단 응력이 나타나는 것을 보여주고 있다. 그림 13은 축에 키 홈을 가공한 곳에 응력 집중 계수를 나타낸 것으로 키 홈 밑 바닥의 구석에 둥금새(rounding)를 주면 응력 집중을 상당히 완화시키고 경감시킨다. 그림 13은 중앙에 구멍의 지름 d를 갖고, 나비 D의 띠판을 인장 하였을 때의 응력 집중 계수를 나타낸 것이다. 구멍이 뚫린 띠판(帶板)의 인장과 굽힘일 때, 또 구멍이 뚫린 축의 굽힘에 대한 응력 집중 계수를 나타낸 것이다. 그림 14~그림 18은 단붙임 축, 반원 홈 축 등에 인장 하중, 모멘트 등이 작용할 때의 응력 집중 계수를 나타낸 것이다. 응력 집중 계수는 필렛 반지름의 크기와 축 지름비에 의하여 변화한다. 이 경우 응력 집중을 완화시키기 위하여는 홈의 밑면 모서리에 둥금새를 만든다.

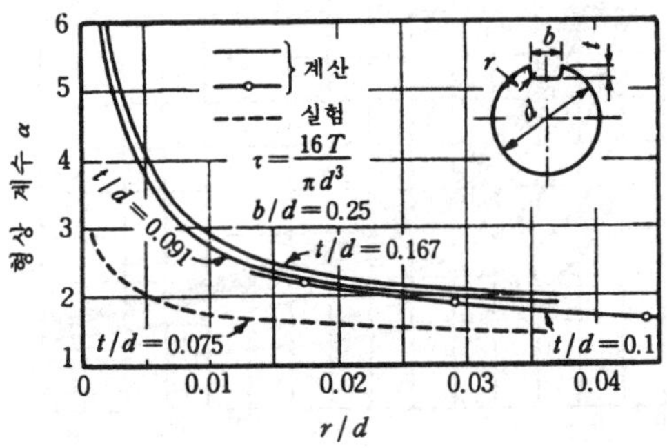

그림 13. 원형축의 응력 집중 계수

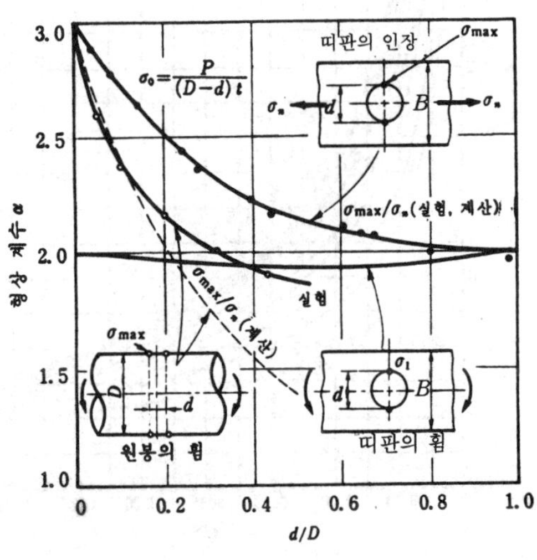

그림 14. 띠판과 원형축의 응력 집중 계수

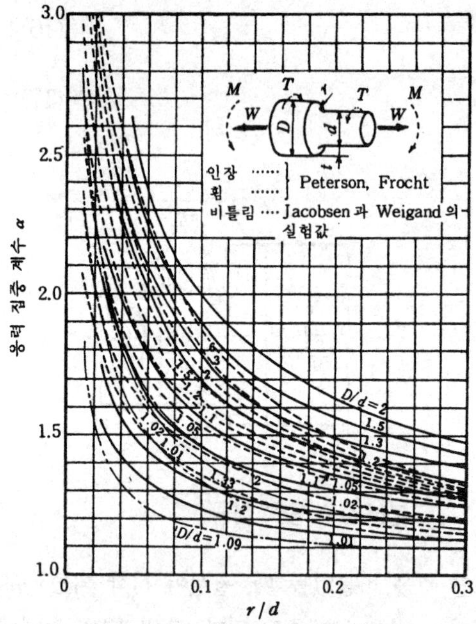

그림 15. 단 붙임축의 응력 집중 계수

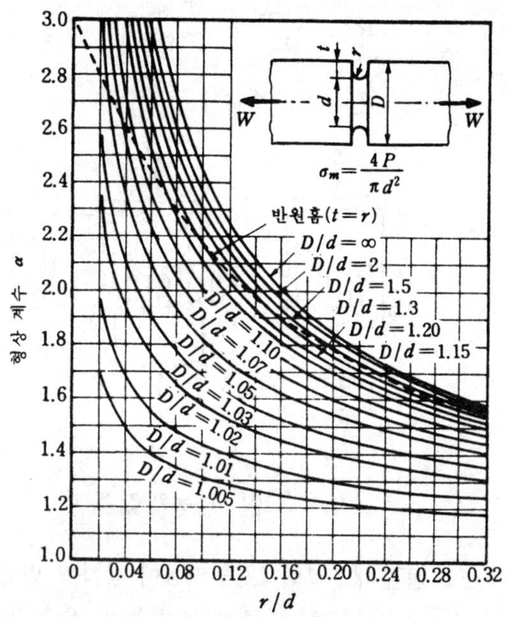

그림 16. 반원 홈 붙이 축의 응력 집중 계수(1)

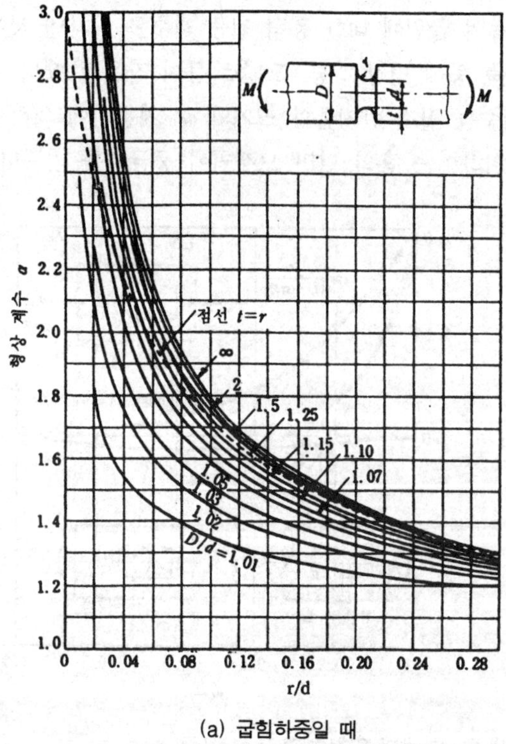

(a) 굽힘하중일 때

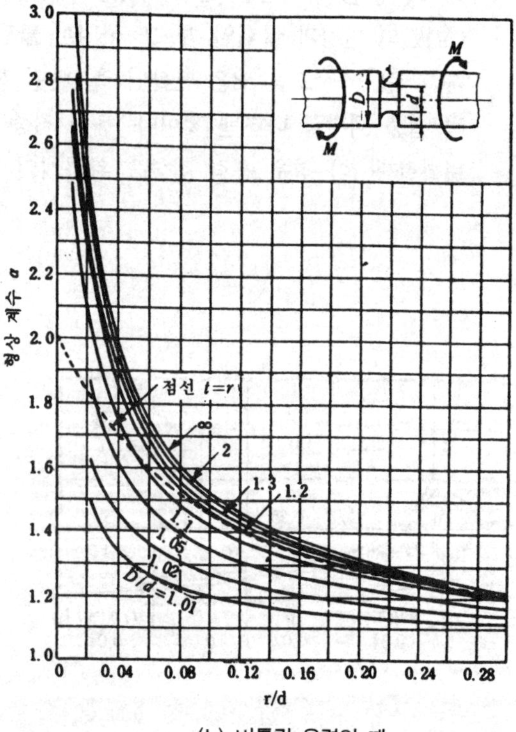

(b) 비틀림 응력일 때

그림 17. 반원 홈 붙이 축의 응력 집중 계수(2)

[3] 재료의 파손

(1) 파단, 파괴 및 파손

① 파단(破斷 : rupture) : 어떤 재료 내에 큰 응력이 발생하고, 그 재료가 2개 이상으로 분리되는 것을 말한다.

② 파괴(破壞 : fracture) : 재료가 파단될 때까지 소성 변형을 일으켜 균열 (crack)이 생기고, 이 것이 진전되어 파단을 일으킬 때를 말한다.

③ 파손(failure) : 연성 재료가 파괴에 이르기 전에 어떤 변형을 일으킬 때 목적에 따른 기능을 완수하지 못할 때를 말한다.

(2) 파괴에 대한 학설

종래부터 재료의 파손에 대한 학설은 다음과 같이 여러 가지가 있다.

① **최대 주 응력설** : 랭킨(Rankine)이 제안한 가장 오래된 학설로서 "최대 주 응력(σ_t)이 인장 또는 압축의 한계 응력에 이르렀을 때 파손된다."는 것이다. 지금 취성 재료의 축이 굽힘 모멘트 M과 비틀림 모멘트 T를 동시에 받을 때 상당 굽힘 모멘트(equivalent bending moment) M_e는 다음과 같다.

$$M_e = \frac{1}{2}(M + \sqrt{M^2 + T^2}) \tag{18}$$

② **최대 주 변형률설** : 생 배낭(Saint Venant)이 제안한 학설로"연성 재료에 생기는 단위 변형률이 인장에서 항복점 단위 변형률과 같아질 때 재료는 파손된다."는 것이다. 그림 18에서 각 좌표축에 대한 주응력을 σ_1, σ_2 및 σ_3라고 하면 파손 조건은 다음과 같이 쓸 수 있다.

σ_s : 인장시의 항복점

ν : 프와송의 비

E : 세로 탄성 계수(E=206×10^{3}N/mm^2)일 때

$$\frac{\sigma_1}{E} - \frac{\nu}{E}(\sigma_2 + \sigma_3) = \frac{\sigma_s}{E} \tag{19}$$

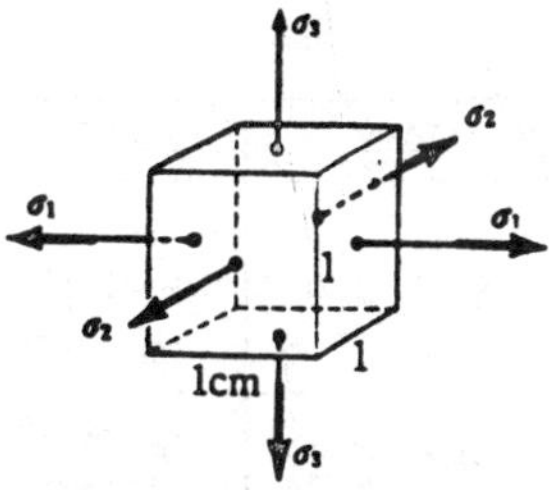

그림 18. 단위 부분의 응력 상태

③ **최대 전단 응력설** : 콜롱(Coulomb)과 게스트(Guest)가 제안한 학설로 "재료 내에 발생된 최대 전단 응력이 단순 인장일 때 항복점에 해당되는 최대 전단 응력과 같아지면 파손된다."는 것으로, 그림 18에서 전단 응력 τ_{max}은 최대와 최소의 주 응력 차이의 1/2과 같으므로 $\tau_{max} = 1/2(\sigma_1 - \sigma_3) = 1/2\sigma_s$로 되고, 만일, 연성 재 료인 축이 굽힘 모멘트 M 과 비틀림 모멘트 T 를 동시에 받을 때 **상당 비틀림 모멘트**(equivalent twisting moment) T_e는 다음의 게스트 식

$$T_e = \sqrt{M^2 + T^2} \tag{20}$$

에 의하여 구하고, 이 상당 비틀림 모멘트로부터 전단 응력을 산출한다.

7. 허용 응력과 안전율

(1) 허용 응력

기계를 설계할 때 응력을 절대적으로 안전하게 사용 재료와 치수를 결정하여야 된다. 실제로 안전하게 오랜 시간 운전 또는 사용 상태에 있을 때, 각 부재에 작용하는 응력을 **사용 응력**(working stress)이라 하며, 안전하게 여유를 두고, 제한한 탄성한도 이하의 응력 즉, 재료를 사용하는 데 허용할 수 있는 최대 응력을 허용 응력(σ_a)이라고 한다. 따라서 사용 응력 σ_ω는 허용 응력 σ_a 보다 작든지 같아야 한다.

$$\sigma_a \geq \sigma_\omega \text{ (허용 응력 } \geq \text{ 사용 응력)} \tag{21}$$

결국, 인장(극한) 강도>항복점>탄성 한도>허용 응력≧사용 응력의 관계가 성립되고, 적절한 안전율을 사용하여 기계에 사용하는 재료의 허용 응력을 결정한다. 그리고 재료의 기존 강도의 안전율과의 비를 허용 응력(σ_a)으로 잡는다.

$$\text{허용 응력}(\sigma_a) = \frac{\text{기준 강도}(\sigma_B)}{\text{안전율}(S)} \tag{22}$$

＊ 설계상 주의
허용 응력을 결정할 때 부품의 사용 환경을 고려하여 하중의 종류, 재 료의 성질, 부품의 형상, 요구수명, 사용 조건(부식, 마찰 등) 등에 따라 달라진다.

표 10은 철강에 대한 허용값을 나타낸 것이다.

표 10. 철강에 대한 허용 응력(Bach)

(단위 : N/mm^2)

응력	하중	연강	중경강	주강	주철	인청동	황동
인장 응력	정 하 중	90~120	120~180	60~120	30	70	21
	반복하중	54~70	70~108	36~72	18	45	14
	양진하중	60~48	60~90	30~60	15	–	–
압축 응력	정 하 중	90~120	120~180	90~150	90	60~90	60~90
	반복하중	54~70	70~108	54~90	50	–	27
굽힘 응력	정 하 중	90~120	120~180	60~120	45	50	–
	반복하중	54~70	70~108	36~72	27	32	
	양진하중	45~60	60~90	30~60	19	–	
전단 응력	정 하 중	72~100	100~144	48~96	30	30	–
	반복하중	43~56	60~86	29~58	18	20	
	양진하중	36~48	48~72	24~48	18	–	
비틀림 응력	정 하 중	60~100	100~144	48~96	30	–	–
	반복하중	36~56	60~86	29~58	18		
	양진하중	30~48	48~72	24~48	15		

비고 (1) 양진 하중(교번 하중)은 가벼운 충격 하중과 같이 사용.
(2) 응력이 높은 쪽의 값은 인강에서 C=0.25%일 때, 중경강에서는 C=0.5%일 때 주강에서는 자주 풀림하여 두께가 고를 때에 적용한다.

(2) 안전율

어떤 기계에 사용되는 재료의 설계상 허용 응력을 정하기 위한 계수를 **안전율**(safety ratio : S)이라 하며, 허용 응력의 크기는 재료의 탄성 한도를 기준으로 하여 결정하나 쉽게 구할 수 있는 극한 강도를 기준으로 하여 결정하는 데 이 극한 강도를 허용 응력으로 나눈 값으로 다음과 같이 나타낸다.

$$\text{안전율}(S) = \frac{\text{극한 강도}(\sigma)}{\text{허용 응력}(\sigma_a)} \tag{23}$$

이것은 정하중이 작용할 때 항복점 또 반복 하중이 작용할 때에는 피로 한도를 허용 응력의 기준에 의하여 다음과 같이 모든 요인을 고려하여 나타낸다.

① **정하중이 작용할 때**

정하중의 경우에 허용 응력의 기준은 항복점에 있다. 여기에서 실제로 사용되는 허용 응력 σa와 항복점 σs와의 비를 안전율로 한다.

$$S = \frac{\sigma_s}{\sigma_a}, \quad \sigma_a = \frac{\sigma_s}{S} \tag{24}$$

또한 정하중에서 안전율은 기계에 작용하는 하중을 고려해야 하므로, **하중 계수** (f_L)와 같은 강도를 갖는 재료에도 그 성질이 다르기 때문에 **재료 계수**(f_M)를 도입하여야 하며, 기타 **응력 집중 계수**(α), **환경 계수**(f_E : 환경이 피로 한도에 미치는 영향으로서 경험에 의해 결정)를 고려한다.

$$S = \alpha f_L f_M f_E \tag{25}$$

② **반복 하중이 작용할 때**

반복 하중의 경우에 허용 응력의 기준은 **피로 한도**(σ_w)에 있다.

$$S = \frac{\sigma_w}{\sigma_a \ \sigma_a} = \frac{\sigma_w}{S} \tag{26}$$

또한 정하중일 때와 같이 **노치 계수** β, **치수 효과 계수** f_s , **표면 효과 계수** f_R를 추가로 고려하여 나타낸다.

$$S = \beta f_L f_M f_E f_S f_R \tag{27}$$

③ **종래의 안전율**

종래의 안전율은 모든 요인을 고려하지 않고, 주로 경험에 의한 설정값은 표 11과 같다.

*** 설계상 주의**

① 안전율을 결정할 때에는 환경을 고려하여 경험적으로 결정하는 경우가 많다. 특히 제품의 고장 발생률이 클 때에는 안전율을 크게 잡는다.
② 안전율을 사용할 때의 재료에 대한 기준 강도는 인장 항복점을 이용하면 안전하다.
③ 연성 재료에는 최대 전단 응력, 취성 재료에는 최대주 응력을 이용하고, 응력이 허용 응력(σs/S)보다 작게 하여 설계한다.

표 11. 안전율(s)

제안자	재료	정하중	반복 하중		변동 · 충격 하중	
			편진	양진	편진	양진
Unwin	강 · 연강	3	5	8	10	12
	주철	4	6	10	15	15
	목재	7	10	15	20	20
	벽돌, 석재	10	30	–	–	–
Leutwiler	연강	4	6		10	
	경강	5	6		15	
	주철	6	10		20	
	목재	6	10		15	
Kimball	동과 같이 강인한 것	3	5	6	10	12
	주철과 같이 메진 것	4	6	10	12	20

예제 1 지름 20mm, 길이 700mm인 원형 막대가 1단이 고정되어 있고, 자유단에 200 N · m의 토크가 작용할 때, (1) 전단 응력, (2) 자유단의 비틀림 각을 각각 구하 여라. 단, 가로 탄성 계수 G=85GPa이다.

Solution

(1) 지름과 길이, $G=85(\text{GPa})=85\times10^{9}(\text{N/m}^2)$로 단위를 고치면

$$d=20(\text{mm})=2\times10^{-2}(\text{m})$$

$$l=700(\text{mm})=7\times10^{-1}(\text{m})$$

$$\therefore\ \tau_{max}=\frac{16\times200(\text{N}\cdot\text{m})}{\pi\times8\times10^{-6}(\text{m}^3)}=127\times10^{6}(\text{N/m}^2)=127(\text{MPa})$$

(2) $$\theta°=\frac{32\times200(\text{N}\cdot\text{m})\times7\times10^{-1}(\text{m})}{\pi\times16\times10^{-8}(\text{m}^4)\times85\times19^{9}(\text{N}\cdot\text{m}^{-2})}=0.105(\text{rad})$$

예제 2 강의 세로 탄성 계수 $2.1\times10^4\ \text{kg}_f/\text{mm}^2$를 SI 단위로 환산 하여라.

Solution

$1\text{kg}_f/\text{mm}^2=9.8\text{N/mm}^2=9.8\times10^6\text{N/mm}^2=9.8\text{MPa}(1\text{N/mm}^2=1\text{MPa})$

$E=2.1\times10^4\text{kg}_f/\text{mm}^2=2.1\times10^4\times9.8\text{N/mm}^2=2.06\times10^5(\text{MPa})$

$=206\text{GPa}=206\times103(\text{MPa})$

예제 3 그림 19에서 지름 1cm, 길이 1m인 둥근 봉에 하중 W가 작용하여 1mm 늘어났을 때, 인장 응력과 하중을 구하여라.

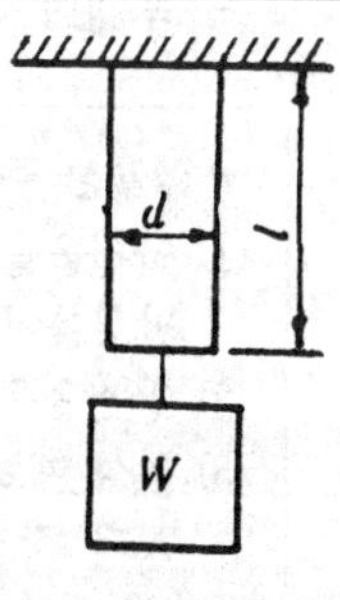

그림 19

Solution

$$\varepsilon=\frac{\triangle l}{l}=\frac{0.1}{100}=0.001$$

$$\sigma_t=\varepsilon E=0.001\times206\times10^3=21000(\text{N/cm}^2)=21(\text{kN/cm}^2)$$

$$W=\frac{\pi}{4}d^2\sigma_t=\frac{\pi}{4}\times1^2\times21=16.5(\text{kN})$$

예제 4 지름 50mm인 강봉이 중심선으로부터 28mm인 점에 9kN의 하중과 100N・m의 비틀림 모멘트를 받을 때, 최대 인장 응력과 최대 전단 응력을 구하여라.

Solution

$$I=\frac{\pi d^4}{64}=30.68\times10^{-8}\,(\mathrm{m}^4)$$

$$\sigma_x=\frac{P}{A}+\frac{M_c}{I}=\frac{9000}{1.963\times10^{-3}}+\frac{9000\times0.028\times0.025}{30.68\times10^{-8}}=25.12\,(\mathrm{MN/m^2})$$

$$\therefore\ \sigma_{max}=\frac{25.12}{2}+\sqrt{12.56^2+4.07^2}=25.8(\mathrm{MN/m^2})$$

$$\tau_{max}=\sqrt{12.56^2+4.07^2}=13.2(\mathrm{MN/m^2})$$

예제 5 그림 20과 같은 강판의 중앙에 20 mm의 구멍을 편칭하는 데 10kN의 인장 하중을 가할 경우, 구멍의 부근에 생기는 응력을 구하여라.

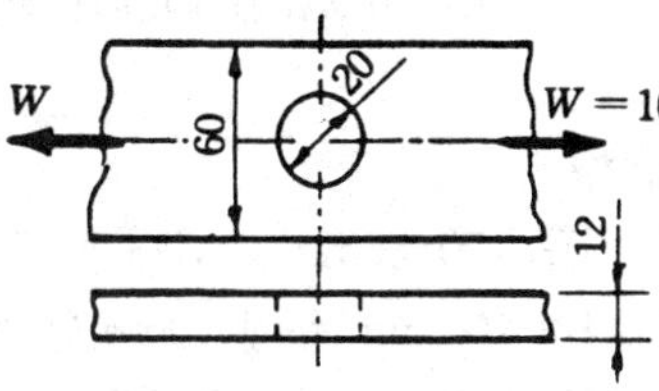

그림 20

Solution

$W=bt\sigma=(B-t)t\sigma$ 에서

$$\sigma=\frac{W}{(B-d)t}=\frac{10000}{(6-2)\times1.2}=2080\,(\mathrm{N/cm^2})$$

그러나 이 경우 그림 13에서 $d/D=d/B=2/6=0.33$이므로, 형상 계수는 $\alpha\fallingdotseq2.3$ 이다

$$\therefore\ \sigma_{max}=\alpha\sigma=2.3\times2080=4780\ (\mathrm{N/cm^2})$$

예제 6 길이 3000mm, 지름 18mm인 연강봉에 30kN(3060kg_f)의 인장 하중이 작용할 때, 세로와 가로 탄성 계수를 구하여라. 단, 늘음 1.3mm, 프와송 비 0.303이다.

Solution

$$\varepsilon=\frac{\lambda}{l}=\frac{1.3}{3000}=0.00043$$

또한, $30\mathrm{kN}=30\times10^3\mathrm{N}$ 이므로, 세로와 가로 탄성 계수는

$$E=\frac{W}{\varepsilon A}=\frac{30000}{0.00043\times\frac{\pi\times18^2}{4}}=274.3\times10^3(\mathrm{N/mm^2})=274.3\mathrm{GSPa}(279.8\times10^4\ \mathrm{kg}_f/\mathrm{cm^2})$$

$$G=\frac{mE}{2(m+1)}=\frac{3.30\times274.3\times10^3}{2(3.30+1)}$$
$$=105.3\times10^3(\mathrm{N/mm^2})=105.3\mathrm{GPa}(107.4\times10^4\mathrm{kg}_f/\mathrm{cm^2})$$

예제 7 길이 1800mm의 각강(角鋼 : 30 × 30mm)에 50kN의 인장 하중을 가할 때, 늘음을 구하여라. 단, 강재의 세로 탄성계수 $E=200$ GPa이다.

Solution

$E=200\ \mathrm{GPa}=200\times10^3\mathrm{N/mm^2}$ 이므로

$$\lambda=\frac{Wl}{AE}=\frac{50\times1800}{30\times30\times200}=0.5(\mathrm{mm})$$

제1장 연습문제

•논문형

1. 절대 단위계와 공학 단위계를 비교하여 설명하여라.
2. 질량, 중력, 토크, 일의 단위에 대하여 각각 설명하여라.
3. 하중과 응력에 대하여 비교 설명하여라.
4. 연강의 응력－변형률 선도를 작성하고, 각 변곡점에 대하여 설명하여라.
5. 피로 한도(내구 한도) 선도에 대하여 설명하여라.
6. 노치부에 발생하는 응력 집중 현상을 설명하고, 그 경감 대책을 설명하여라.
7. 응력 집중계수 및 응력 집중 완화 대책에 대하여 설명하여라.
8. 재료의 탄성 계수에 대하여 설명하여라.
9. 재료의 피로 강도에 영향을 주는 요인과 $S-N$ 곡선을 설명하여라.
10. 안전율에 대하여 설명하고, 설계시 안전율의 결정 요인을 설명하여라.

•계산형

1. 각주 120×60mm인 단면에 생기는 압축 응력 $70N/mm^2$일 때, 하중을 구하여라.
2. 나비 100mm, 두께 10mm인 띠강판의 중심선상에 구멍의 지름 40mm인 판에 42kN의 인장 하중이 가해질 때, 응력 집중에 의해 생기는 최대 응력을 구하여라.
3. 나비 100mm, 두께 5mm인 띠강판의 중심에 지름 10mm인 구멍이 뚫려 있고, 24.5 kN의 인장 하중이 작용할 때, 구멍 가장 자리에 생기는 최대 응력을 구하여라. 단, $d/b=0.1$, 형상 계수 $\alpha=2.7$이다.
4. 한 끝을 고정한 길이 700mm, 지름 20mm인 원형 막대의 자유 끝에 200N·m의 토크가 작용할 때, 최대 전단 응력과 비틀림 각을 구하여라. 단, $G=83GPa$이다.
5. 지름 15mm의 축(재질 : SM 45C)에 3mm의 핀 구멍이 설치되어 있고, 10kN 의 편진 인장 하중이 가해질 때, 안전율을 구하여라. 단, 노치 계수 2.8, 중간 다듬질, 치수 효과는 무시한다.
6. 길이 3000mm, 지름 18mm인 연강봉에 30kN의 인장 하중이 작용할 때 늘음 1.3 mm일 때 세로 탄성 계수와 가로 탄성 계수를 구하여라. 단 프와송 비 0.303이다.
7. 동력을 전달하는 단 붙임 회전축[일반 구조용 압연 강재(SS 400), 인장 강도 $\sigma_t=$ $410N/mm^2$, 항복점 $\sigma_s=250N/mm^2$]에 작용하는 토크 $120N \cdot mm^2$이고, 단(段) 붙임 부분의 $R/d=$ 0.1일 때, 다음을 각각 구하여라.
   (1) 안전율
   (2) 허용 응력
   (3) 축의 지름
   (4) 단붙임 부분의 둥글기
   (5) 축의 큰쪽 부분 지름

II

결합용 기계 요소 설계

1. 나사
2. 볼트, 너트
3. 키, 핀, 코터
4. 리벳
5. 용접

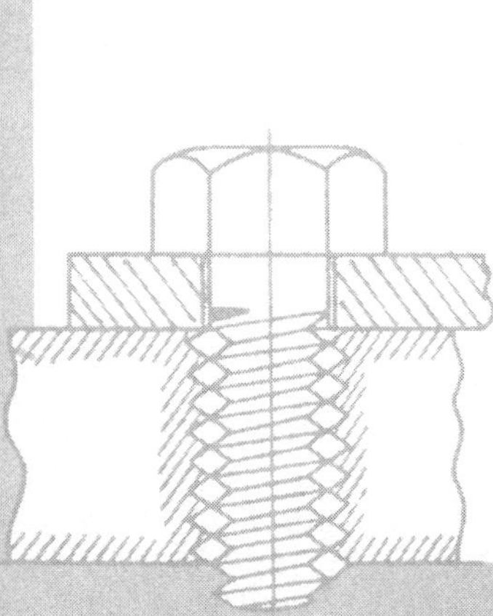

✦ 기계에 구성되어 있는 결합용(체결용) 기계 요소에 대한 일반 사항과 설계를 알아본다.

II

제1장 나사(screw)

나사(螺絲 : screw)는 일반적으로 볼트와 너트에 주로 만들어지며, 끼워 맞춤에 따른 체결 요소로서, 회전 운동을 직선 운동으로 바꾸는 역할을 한다.

1-1 일반 사항

1. 나사의 형성

그림 1-1과 같이 지름 d 인 원기둥에 직삼각형의 종이를 감아 붙이면 원기둥의 면에 나선형(螺旋形)의 곡선(helix)이 생기는 데, 여기에 삼각 또는 4각의 골을 만들면 삼각 나사와 사각 나사가 형성된다. 삼각형 ABC에서 선분 AC의 길이는 원통의 둘레 πd이 고, 높이의 선분 BC 길이는 나사가 1회전 하였을 때, 축 방향으로 이동한 거리 l이다.

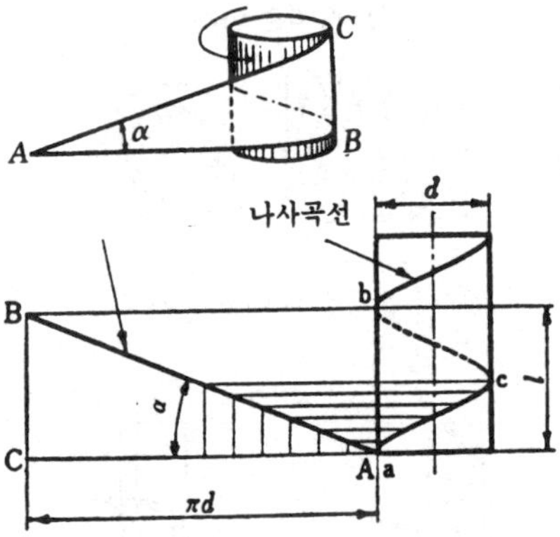

(a) 나사곡선

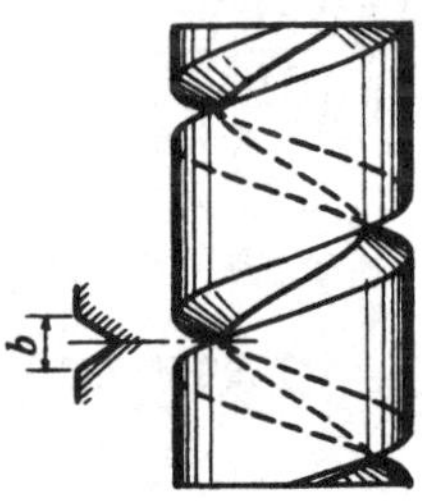

(b) 3각나사의 골

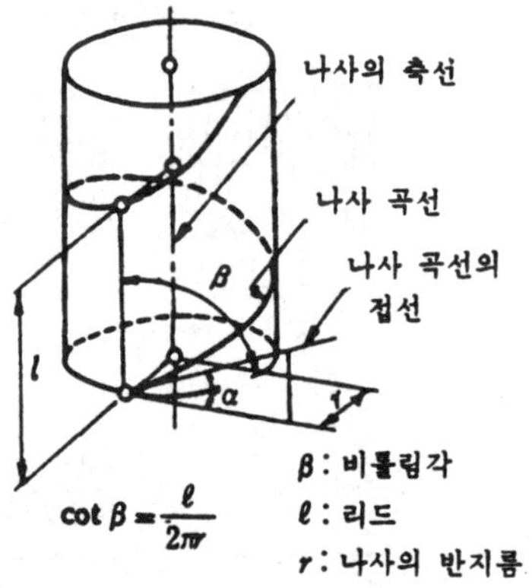

(c) 나사의 각부

그림 1-1. 나사의 형성

2. 나사의 용도

(1) 볼트와 너트로 물체를 결합할 때
(2) 나사의 회전으로 축 방향의 변위(변위 : displacement)를 시킬 때
(3) 힘과 운동을 전달할 때(선반의 이송 나사 등)
(4) 한 축에서 평행도 교차도 하지 않는 다른 축에 회전을 전달할 때

3. 나사의 종류

나사의 종류는 외형, 감김, 모양, 줄 수, 용도, 호칭, 산의 크기 및 접촉에 따라 다음과 같이 구분할 수 있다(그림 1-2 참조).

(1) 산의 위치에 따라 : 수나사, 암나사

(2) 감김에 따라 : 오른 나사, 왼 나사

(3) 줄 수에 따라 : 1줄 나사, 2줄 나사, 3줄 나사(다줄 나사)

(4) 용도에 따라

① **결합용**(체결용) **나사** : 미터 나사, 유니 파이 나사, 관용(管用) 나사, 둥근 나사.

② **전동용**(동력용) **나사** : 사다리꼴 나사, 각 나사, 톱니 나사.

③ **조정용**(위치 조정용) **나사** : 작은 나사, 멈춤 나사.

(5) 호칭에 따라 : 미터 계열 나사, 인치 계열 나사(유니파이 나사, 관용 나사 등).

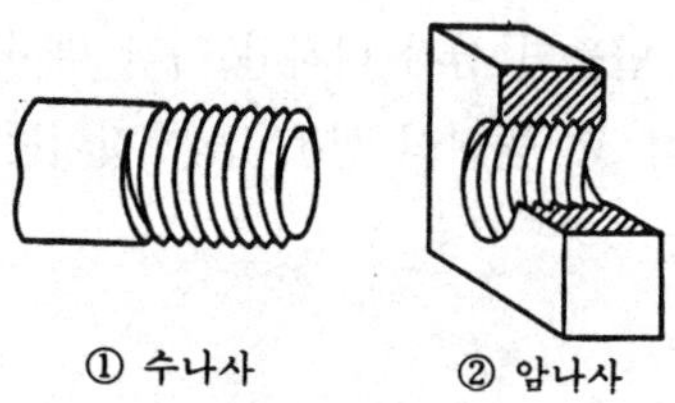

(a) 외형에 따른 나사

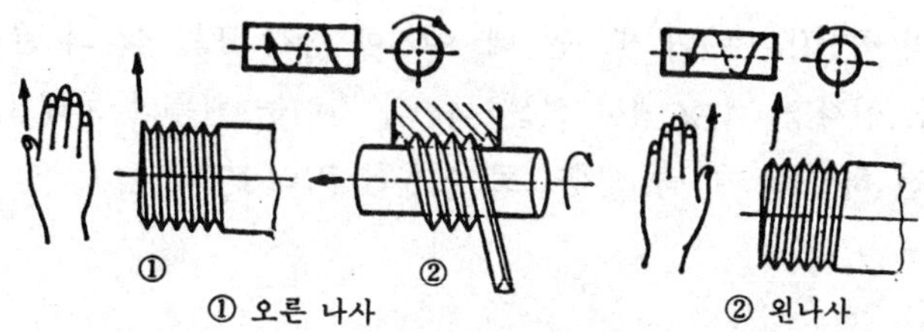

(b) 감김에 따른 나사

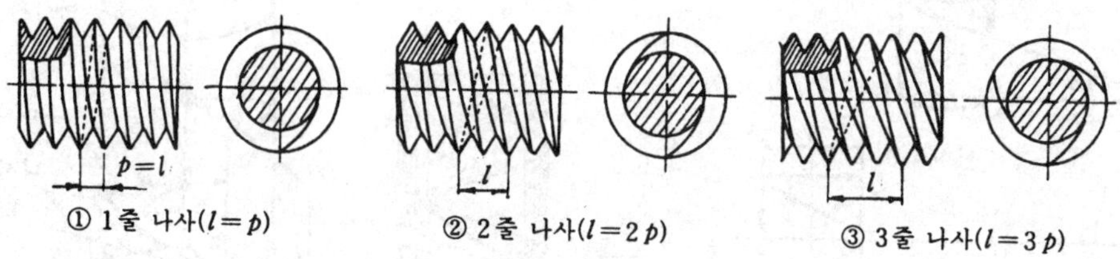

(c) 줄수에 따른 나사

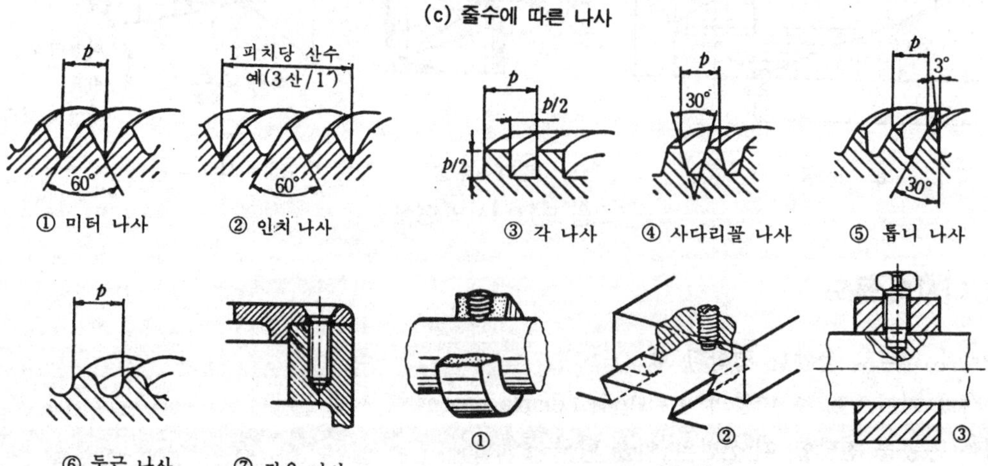

(d) 용도에 따른 나사

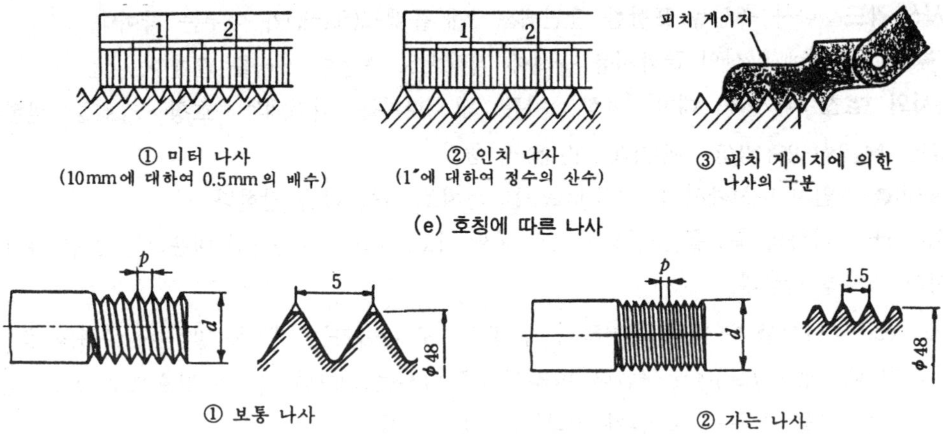

(e) 호칭에 따른 나사

(f) 산의 크기에 따른 나사

그림 1-2. 나사의 종류

(6) **산의 크기**에 따라 : 보통 나사, 가는 나사.
(7) **산의 모양**에 따라 : 3각 나사, 4각 나사, 사다리꼴 나사, 톱니 나사, 둥근 나사.
(8) **접촉**에 따라 : 미끄럼 나사, 구름(rolling) 나사, 볼 나사, 롤러 나사.

4. 나사의 각부 명칭(그림 1-3 참조)

(1) **바깥 지름** : 수나사 원통(또는 원뿔)의 지름이다. 수나사의 크기는 바깥 지름으로 나타내고, 암나사는 이것에 끼워지는 수나사의 바깥 지름으로 나타낸다.
(2) **골지름** : 수나사의 골밑에 접하는 가상적인 원통(또는 원뿔)의 지름이다.
(3) **유효 지름** : 나사 홈의 너비가 나사산의 너비와 같은 가상적인 원통(또는 원뿔)의 지름으로서, 바깥 지름과 골 지름의 평균 지름을 말하며, 피치 지름이라고도 한다.
(4) **호칭 지름** : 수나사의 바깥 지름에 대한 기준 치수가 사용된다.

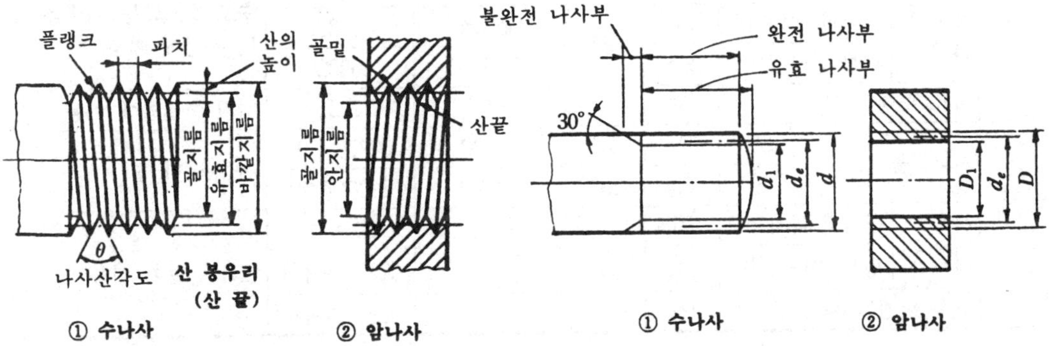

(a) 외형도

(b) 간략도

그림 1-3. 나사의 각부 명칭

(5) 나사산 각도 : 나사 축선을 포함한 단면에서 2개 플랭크(flank)가 이루는 각이다.

(6) 산 높이 : 골 밑에서 산의 끝까지를 축선에 직각으로 측정한 거리를 말한다.

(7) 나사의 호칭 : 나사에 대한 형식, 지름 및 피치를 나타내는 호칭 기호를 말한다(예 : M10, M12×1.25, 3/8－16UNC, Tr 26×8 등).

(8) 산수(山數) : 인치 나사에서 1″(25.4mm)를 피치로 나눈 값을 말한다.

(9) 피치(pitch) : 나사의 축선을 포함하는 단면에서 서로 이웃한 나사산의 대응하는 2 점 사이의 축선 방향의 거리를 말한다.

(10) 리드(lead) : 나사를 한 바퀴 회전하여 축 방향으로 나아가는 거리를 말한다. 나사의 줄 수를 n이라 할 때, 리드 $l=np$로 구한다. 따라서 1줄 나사는 리드와 피치가 같으므로 $l=p$, 2줄 나사는 $l=2p$, 3줄 나사는 $l=3p$가 된다[그림 1-2 (c)].

5. 나사의 표시 방법

KS B 0200에는 제도, 시방서, 상표, 제품 등에 사용하는 나사의 표시 방법에 대하여 다음과 같이 규정되어 있다(표 1-1).

표 1-1. 나사의 종류와 기호 및 호칭에 대한 표시(KS B 0200 : 일반용)

<table>
<tr><th>구분</th><th colspan="3">종류</th><th>기호</th><th>각도</th><th>나사의 호칭</th><th>KS B</th><th>비고</th></tr>
<tr><td rowspan="10">ISO 규격에 있는 것</td><td colspan="3">미터 보통 나사</td><td>M</td><td rowspan="5">60°</td><td>M 8</td><td>0201</td><td>가장 많이 사용</td></tr>
<tr><td colspan="3">미터 가는 나사</td><td>M</td><td>M 8×1</td><td>0204</td><td>볼트의 풀림 방지에 적합</td></tr>
<tr><td colspan="3">미니어처 나사</td><td>S</td><td>S 0.5</td><td>0228</td><td>지름 10mm이하에 이용</td></tr>
<tr><td colspan="3">유니파이 보통 나사</td><td>UNC</td><td>3/8-16 UNC</td><td>0203</td><td rowspan="2">인치 계열 3각 나사에 이용</td></tr>
<tr><td colspan="3">유니파이 가는 나사</td><td>UNF</td><td>1/4-28 UNF</td><td>0206</td></tr>
<tr><td colspan="3">미터 사다리꼴 나사</td><td>Tr</td><td>30°</td><td>Tr 10×2</td><td>0229</td><td>전동용 나사</td></tr>
<tr><td rowspan="3">관용 테이퍼 나사</td><td colspan="2">테이퍼 수나사</td><td>R</td><td rowspan="4">55°</td><td>R 3/4</td><td>0222</td><td rowspan="3">수도, 가스 등 기밀을 요하는 부분에 이용.</td></tr>
<tr><td colspan="2">테이퍼 암나사</td><td>Rc</td><td>Rc 3/4</td><td>0222</td></tr>
<tr><td colspan="2">평행 암나사(1)</td><td>Rp</td><td>Rp 3/4</td><td>0222</td></tr>
<tr><td colspan="3">관용 평행 나사</td><td>G</td><td>G 1/2</td><td>0221</td><td>기계적 결합에 이용</td></tr>
<tr><td rowspan="5">ISO 규격에 없는 것</td><td colspan="2" rowspan="2">사다리꼴 나사</td><td>30°</td><td>TM</td><td>30°</td><td>TM 20</td><td>0227(폐지)</td><td rowspan="2">전동용 나사</td></tr>
<tr><td>29°</td><td>TW</td><td>29°</td><td>TW 20</td><td>0226(폐지)</td></tr>
<tr><td rowspan="2">관용 테이퍼 나사</td><td colspan="2">테이퍼 나사</td><td>PT</td><td rowspan="3">55°</td><td>PT 8</td><td>0222 부속서</td><td rowspan="3">ISO와 같이 이용</td></tr>
<tr><td colspan="2">평행 암나사(2)</td><td>PS</td><td>PS 7</td><td>0222 부속서</td></tr>
<tr><td colspan="3">관용 평행 나사</td><td>PF</td><td>PF 7</td><td>0221 부속서</td></tr>
</table>

(주) (1) 평행 암나사 Rp는 테이퍼 수나사 R에 대해서만 사용한다.
(2) 이 평행 암나사 PS는 테이퍼 수나사 PT에 대해서만 사용한다.

6. 결합용 나사

결합용 나사는 주로 삼각형 단면형을 갖는 나사로서, 나사 중 가장 많이 사용된다. 종류는 다음과 같이 구분할 수 있다.

(1) 산의 모양에 따라 : 미터 나사, 유니 파이 나사, 관용(管用) 나사. 둥근 나사

(2) 피치와 나사 지름의 비율에 따라

① **보통 나사** : 나사의 지름에 비하여 피치가 한 종류밖에 없는 나사.

② **가는 나사** : 보통 나사에 비하여 지름에 대한 피치와 산 높이가 작은 나사.

[1] 미터 나사(metric thread)

(1) 종류 및 용도

① **미터 보통 나사** : 바깥 지름 치수로 0.25~68mm까지 KS B 0201에 규격화되어 있고, 산의 각도는 60°이다. 용도는 기계 부품의 결합, 위치 조정 등에 사용된다.

② **미터 가는 나사** : 지름에 대한 피치의 비율이 보통 나사보다 가는 것으로, KS B 0204에 규정되어 있으며, 관용 나사보다는 피치를 약간 크게 한 것이다.

㉠ **특성** : 보통 나사에 비하여 골지름과 강도가 크며, 조정을 세밀히 할 수 있다.

㉡ **용도** : 보통 나사보다 강도를 필요로 하는 곳, 살이 얇은 원통부, 정밀 기계, 공작 기계의 이완 방지용, 자동차, 비행기 등의 구름 베어링의 부품, 진동에 의해 나사의 이완이 있는 부분, 수밀(水密)이나 기밀(氣密)을 필요로 하는 부분에 사용된다.

(2) 크기 : 호칭 지름과 피치를 mm로 표시한다.

표 1-2는 미터 보통 나사의 치수를 나타낸 것이다.

[2] 유니파이 나사(unified thread)

나사의 호칭 지름(1/4″ 미만은 No로 표시하고, 그 이상은 인치로 표시)을 인치(inch)로 나타내는 인치 나사이다. 그리고 1948년 11월 미국, 영국, 캐나다의 3국 협정에 의하여 정한 나사로서 ABC 나사라고도 한다. 산의 각도는 60°이다.

(1) 종류 및 용도

① **유니파이 보통 나사(unified coarse thread)** : KS B 0203에 규격화되어 있으 며, 용도는 미터 보통 나사와 같이 결합용에 사용된다.

② **유니파이 가는 나사(unified fine thread)** : KS B 0206에 규격화되어 있으며, 용도는 정밀 기계, 진동 부분에 사용되는 경우가 많다.

(2) 특성 : 보통 나사와 가는 나사는 비례 치수가 같으나 가는 나사는 보통 나사에 비하여 피치가 작다. 또 가는 나사는 보통 나사에 비하여 수나사의 골지름 부위 틈새가 더 작다.

(3) 크기 : 1인치(25.4mm) 사이의 나사 산수로 표시한다.

표 1-3은 유니파이 보통 나사의 모양과 치수를 나타낸 것이다.

표 1-2. 미터 보통 나사(KS B 0201)

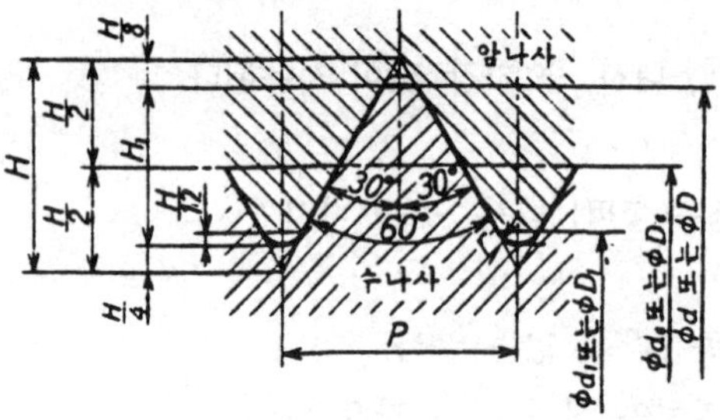

$H = 0.866025\,p$ $\qquad D = d$

$H_1 = 0.541266\,p$ $\qquad D_e = d_e$

$d_e = d - 0.649519\,p$ $\qquad D_1 = d_1$

$d_1 = d - 0.82532\,p$

(단위 : mm)

나사의 호칭 1	나사의 호칭 2	나사의 호칭 3	나사의 호칭 4	피치 p	작용 높이 h_1	암나사 골지름 D / 수나사 바깥지름 d	암나사 유효지름 D_e / 수나사 유효지름 d_e	암나사 안지름 D_1 / 수나사 골지름 d_1	ISO 골밑 지름 d	응력 600 N/cm²을 발생시 볼트에 작용하는 힘
M 2				0.4	0.217	2.000	1.740	1.567	1.509	107N
M 2.3				0.4	0.217	2.300	2.040	1.867	1.809	154
M 2.6				0.45	0.244	2.600	2.308	2.113	2.048	198
M 3×0.5				0.5	0.271	3.000	2.675	2.459	2.387	268
			M 3×0.6	0.6	0.325	3.000	2.610	2.350	2.264	242
	M 3.5			0.6	0.325	3.500	3.110	2.850	2.764	360
M 4×0.7				0.7	0.379	4.000	3.545	3.242	3.141	166
			M 4×0.75	0.75	0.406	4.000	3.513	3.188	3.080	447
	M 4.5			0.75	0.406	4.500	4.013	3.688	3.580	603
M 5×0.8				0.8	0.433	5.000	4.480	4.134	4.019	760
			M 5×0.9	0.9	0.487	5.000	4.415	4.026	3.896	712
			M 5.5	0.9	0.487	5.500	4.915	4.526	4.396	910
M 6				1	0.541	6.000	5.350	4.917	4.773	107.5
		M 7		1	0.541	7.000	6.350	5.917	5.773	157
M 8				1.25	0.677	8.000	7.188	6.647	6.467	197
		M 9		1.25	0.677	9.000	8.188	7.647	7.466	263
M 10				1.5	0.812	10.000	9.026	8.376	8.159	315
	M 11			1.5	0.812	11.000	10.026	9.376	9.159	396
M 12				1.75	0.947	12.000	10.863	10.106	9.853	458
		M 14		2	1.083	14.000	12.701	11.835	11.546	628
M 16				2	1.083	16.600	14.701	13.835	13.546	862
	M 18			2.5	1.353	18.000	16.376	15.294	14.933	1.05kN
M 20				2.5	1.353	20.000	18.376	17.294	16.933	1.35
	M 22			2.5	1.353	22.000	20.376	19.294	18.933	1.69
M 24				3	1.624	24.000	22.051	20.752	20.319	1.94
	M 27			3	1.624	27.000	25.051	23.752	23.319	2.55
M 30				3.5	1.894	30.000	27.727	26.211	25.706	3.11
	M 33			3.5	1.894	33.000	30.727	29.211	28.706	3.88
M 36				4	2.165	36.000	33.402	31.670	31.093	4.55
	M 39			4	2.165	39.000	36.402	34.670	34.093	5.48
M 42				4.5	2.436	42.000	39.077	37.129	36.479	6.25
	M 45			4.5	2.436	45.000	42.077	40.129	39.479	7.33
M 48				5	2.706	48.000	44.752	42.587	41.866	8.22
	M 52			5	2.706	52.000	48.752	46.587	45.866	9.90
M 56				5.5	2.977	56.000	54.428	50.046	49.252	11.4
	M 60			5.5	2.977	60.000	56.428	54.046	53.252	13.3
M 64				6	3.248	64.000	60.103	57.505	56.639	15.1
	M 68			6	3.248	68.000	64.103	61.050	60.639	17.3

비고 1란은 우선적으로 필요에 따라 2란 3란 4란의 순으로 선택한다. 1란, 2란 및 3란은 ISO R 261에 규정되어 있는 ISO이며, 나사의 호칭 지름 선택 기준에 일치하여 있다.

표 1-3. 유니 파이 보통 나사(KS B 0203)

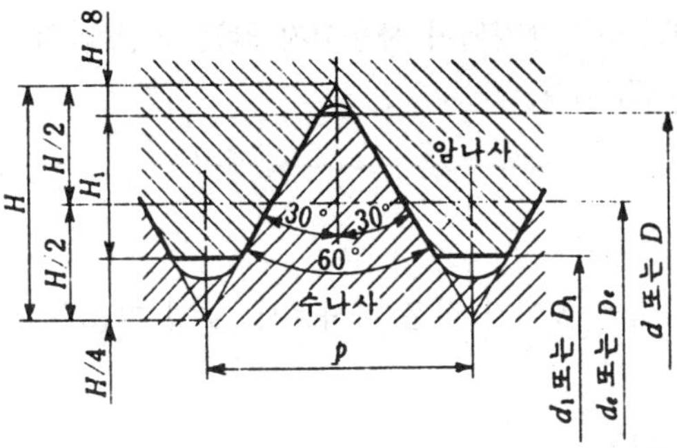

$$p=\frac{25.4}{n} \quad H=\frac{0.866025}{n}\times 25.4$$

$$H_1=\frac{0.541266}{n}\times 25.4$$

$$d=d\times 25.4 \quad D=d$$

$$d_e=d-(\frac{0.649519}{n}\times 25.4) \quad D_e=d_e$$

$$d_1=d-(\frac{1.082532}{n}\times 25.4) \quad D_1=d_1$$

(단위 : mm)

나사의 호칭		나사산수 (25.4mm에 대한) n	피치 p (참고)	접촉높이 h	암나사		
					골 지름 D	유효 지름 D_e	안 지름 D_1
					수나사		
순위 [( )는 2 순위]	참고				바깥 지름 d	유효 지름 d_e	골 지름 d_1
(No. 1−64UNC)	0.730−64UNC	64	0.3969	0.215	1.854	1.598	1.425
No. 2−56UNC	0.0860−56UNC	56	0.4536	0.246	2.184	1.890	1.694
(No. 3−48UNC)	0.0990−48UNC	48	0.5292	0.286	2.515	2.172	1.941
No. 4−40UNC	0.1120−40UNC	40	0.6350	0.344	2.845	2.433	2.156
No. 5−40UNC	0.1250−40UNC	40	0.6350	0.344	3.175	2.764	2.487
No. 6−32UNC	0.1380−32UNC	32	0.7938	0.430	3.505	2.990	2.647
No. 8−32UNC	0.1640−32UNC	32	0.7938	0.430	4.166	3.650	3.307
No.10−24UNC	0.1900−24UNC	24	1.0583	0.573	4.826	4.138	3.680
(No.12−24UNC)	0.2160−24UNC	24	1.0583	0.573	5.486	4.798	4.341
1/4−20UNC	0.2500−20UNC	20	1.2700	0.687	6.350	5.524	4.976
5/16−18UNC	0.3125−18UNC	18	1.4111	0.764	7.938	7.021	6.411
3/8−16UNC	0.3750−16UNC	16	1.5875	0.859	9.525	8.494	7.805
7/16−14UNC	0.4375−14UNC	14	1.8143	0.982	11.112	9.934	9.149
1/2−13UNC	0.5000−13UNC	13	1.9538	1.058	12.700	11.430	10.584
9/12−13UNC	0.5625−12UNC	12	2.1167	1.146	14.288	12.913	11.996
5/8−11UNC	0.6250−11UNC	11	2.3090	1.250	15.875	14.376	13.376
3/4−10UNC	0.7500−10UNC	10	2.5400	1.375	19.050	17.399	16.299
7/8−9UNC	0.8750−9UNC	9	2.8222	1.528	22.225	20.391	19.169
1−8UNC	1.000−8UNC	8	3.1750	1.719	25.400	23.338	21.963
1 1/8−7UNC	1.1250−7UNC	7	3.6286	1.964	28.575	26.218	24.648
1 1/4−7UNC	1.2500−7UNC	7	3.6286	1.964	31.750	29.393	27.823
1 3/8−6UNC	1.3750−6UNC	6	4.2333	2.291	34.925	32.174	30.343
1 1/2−6UNC	1.5000−6UNC	6	4.2333	2.291	38.100	35.349	33.518
1 3/4−5UNC	1.7500−5UNC	5	5.0800	2.750	44.450	41.151	38.951
2−4 1/2 UNC	2.0000−4.5UNC	4 1/2	5.6444	3.055	50.800	47.135	44.689
2 1/4−4 1/2UNC	2.2500−4.5UNC	4 1/2	5.6444	3.055	57.150	53.485	51.039
2 1/2−4UNC	2.5000−4UNC	4	6.3500	3.437	63.500	59.375	56.951
2 3/4−4UNC	2.7500−4UNC	4	6.3500	3.437	69.850	65.725	62.977
3−4UNC	3.0000−4UNC	4	6.3500	3.437	76.200	72.075	69.327
3 1/4−4UNC	3.2500−4UNC	4	6.3500	3.437	82.550	78.45	75.677
3 1/2−4UNC	3.5000−4UNC	4	6.3500	3.437	88.900	84.775	82.027
3 3/4−4UNC	3.7500−4UNC	4	6.3500	3.437	95.250	91.125	88.377
4−4UNC	4.0000−4UNC	4	6.3500	3.437	101.600	97.475	94.727

비고 (1) 순위는 ( )가 없는 것을 우선적으로 선택하고, 필요에 따라 2란을 선택하다.

(2) 참고란은 나사의 호칭법을 10진법으로 하여 표시한 것이다.

[3] 휘트워드 나사(whitworth thread)

영국에서 규격화되어 사용되던 인치 나사로서, 1979년도에 폐기되어 사용되지 않는 대신에 현재는 인치 나사인 유니 파이 나사를 사용한다. 산의 각도는 55°이다.

[4] 관용 나사(pipe thread)

관용(官用) 나사는 보통 나사에 비하여 피치 및 나사산의 높이가 작은 나사로서, 호칭 지름을 인치로 나타내는 인치 나사이다. 산의 각은 55°이다.

① **종류** : 관용 평행 나사와 관용 테이퍼 나사가 있다.

② **크기** : 1인치 사이의 산수로서 나타낸다.

③ **용도** : 주로 가스관, 수도관, 압력계의 고정부, 누설을 방지하고, 수밀(水密), 기밀(氣密) 등을 필요로 하는 곳(이것에는 테이퍼 관용 나사가 적당) 및 유체 기계의 결합을 목적으로 하는 부분 등에 사용된다. 나사의 절삭으로 인한 파이프의 강도 저하를 적게하기 위하여 나사산의 높이가 낮은 관용 나사를 사용한다.

(1) 관용 평행 나사(pipe straight thread)

KS B 0221(관용 평행 나사)에는 관, 관용 부품, 유체 기기 등의 기계적 결합을 주 목적으로 하는 나사(전선관, 기타 특정한 것의 나사에는 적용하지 않는다.)에 대하여 규정되어 있다. 단, 호칭 PF 1/8~PF 6의 관용 평행 암나사 B급 및 PF~PF 12의 관용 평행 나사는 KS B 0221의 부속서에 따른다.

① **종류** : 관용 평행 수나사(기호 G : ISO 규격에 없는 것은 PF)와 관용 평행 암나사(기호 Rp : ISO 규격에 없는 것은 PS)가 있다.

② **등급** : 유효 지름의 치수 허용차에 따라 A급과 B급으로 구분한다.

③ **사용** : 관용 평행 수나사는 관용 평행 암나사에만 사용하고, 관용 평행 암나사는 관용 테이퍼 수나사에만 사용한다.

(2) 관용 테이퍼 나사(pipe taper thread)

KS B 0222(관용 테이퍼 나사)에는 관, 관용 부품, 유체 기계 등의 접속에 있어 나사부의 내밀성(耐密性)을 주 목적으로 하는 나사[유정관(油井管) 등 기타 특정한 것의 나사에는 적용하지 않음]에 대하여 규정되어 있다.

① **종류** : 관용 테이퍼 수나사(ISO 규격에 있는 것은 기호 R : 테이퍼 암나사나 평행 암나사와 결합할 수 있고, ISO 규격에 없는 것은 기호 PT), 관용 테이퍼 암나 사(기호 Rc) 및 관용 평행 암나사[기호 Rp : 관용 테이퍼 수나사에 사용하는 것으로, KS B 0221(관용 평행 나사)에 규정한 암나사와 치수 허용차에 따름.]로 한다.

② **특성** : 관용 테이퍼 나사는 축심(軸心)에 대하여 1/16의 테이퍼를 가지며, 평행 나사에 비하여 기밀성(氣密性)이 우수하다.

7. 전동용 나사

큰 축 방향의 하중을 받아 운동을 전달하는 운동용 나사로서, **전동용**(轉動用) **나사** 또는 **동력 전달용 나사**라고도 한다.

(1) 사각 나사(square thread)

단면이 정4각형에 가깝게 된 나사(그림 1−4)로서, KS에 규격화되어 있지 않다.

① **특성**

a. **장점** : 다른 나사에 비하여 효율이 우수하고, 하중의 방향이 일정하지 않을 때 나 효율성 있게 사용하고 싶을 때, 축력(軸力) 즉, 스러스트(thrust : 推力)를 전달 시킬 수가 있다.

b. **단점** : 다른 나사에 비하여 가공이 어려우므로, 높은 정밀도를 필요로 하는 부품에는 적합하지 않으며, 고정밀도인 것은 가공비가 비싸게 된다.

② **용도** : 선반의 이송 나사(feed screw), 밸브 개폐(開閉)용, 스크루 잭(screw jack), 나사 프레스(screw press) 등을 전달하는 운동용 나사로 사용된다.

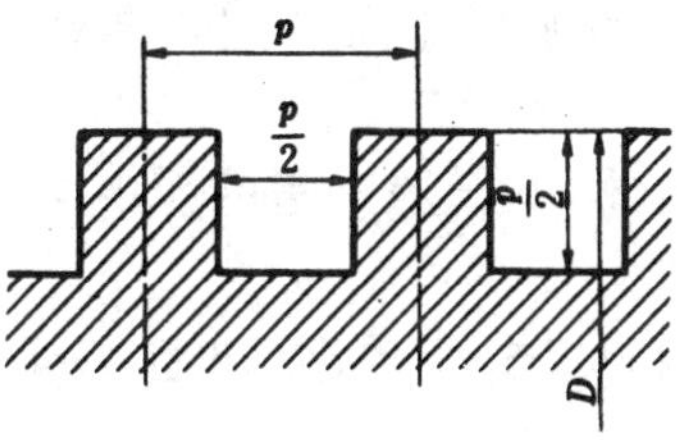

그림 1−4. 4각 나사

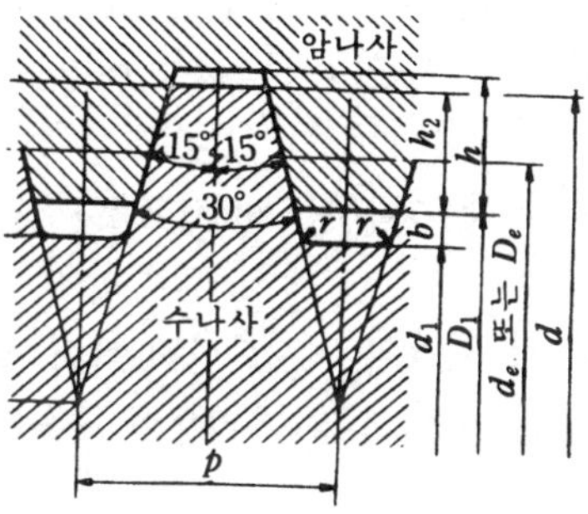

그림 1−5. 사다리꼴 나사

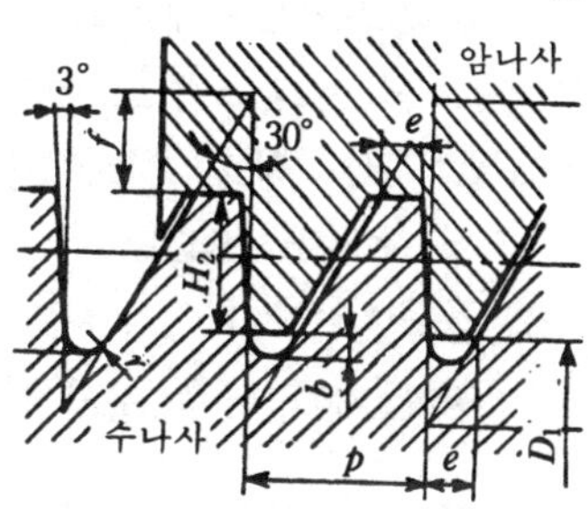

그림 1−6. 톱니 나사

(2) 사다리꼴 나사(trapezoidal thread)

애크미(Acme) 나사라고도 하며, KS B 0229에 규격화되어 있다(그림 1−4).

① **특성**

a. 운동용 나사는 효율이 좋아야 하므로, 4각 나사가 이상적이나 가공이 곤란하여 사다리꼴 나사가 많이 사용된다. 4각 나사와 같은 용도로 사용된다.

b. 4각 나사보다 강도가 높아 저항력이 크고, 나사 봉우리와 골에 틈이 생기므로 가공이 쉽고, 물림이 좋으며, 마모에 대해서는 조정하기 쉽다.

② **종류** : 산의 각도에 따라 미터계(系) 30°(TM : KS B 0227)와 인치계 29°(TW : KS B 0226)가 있다. 이상의 나사는 ISO 규격에 없는 것이다.

③ **크기** : ISO 규격에 있는 사다리꼴 나사(기호 Tr)는 " **Tr 바깥 지름×피치** "로 나타내고, ISO 규격에 없는 산의 각도 30°인 TM 나사는 호칭 지름 및 피치를 mm로 나타내고, 산의 각도 29°인 TW 나사는 호칭 지름 및 피치를 1인치 (25.4mm)에 대한 나사 산수로 나타낸다.

(3) 톱니 나사(buttress thread)

축 방향 힘을 한쪽으로만 작용시키는 나사(그림 1-6)로 KS에 규격화되어 있지 않다.

① **특성** : 하중을 받는 쪽은 4각 나사, 반대쪽은 3각 나사로 양자의 이점을 갖는다.

② **나사산 각도** : 30°와 45°가 있으며, 하중을 받는 쪽은 제작을 간단하게 하기 위하여 나사각이 30°인 경우에는 3°의 경사를, 45°의 경우에는 5°의 경사를 붙인다.

③ **용도** : 바이스(vise), 스크루 잭(screw jack), 압착기(壓搾機) 등과 같이 압력의 방향이 항상 일정하게 작용하는 곳 등의 나사로 사용된다.

8. 기타 나사

(1) 작은 나사(machine screw)

머리부 윗면에 나사를 죌 수 있는 홈이 일자(-)홈과 십자(+)홈이 만들어진 나사(그림 1-7)로서, 머신 스크루(machine screw) 또는 캡 스크루(cap screw)라고도 한다.

① 종류

a. **머리의 홈**에 따라 : 홈 붙이 작은 나사(KS B 1021),+자 홈 붙이 작은 나사(KS B 1023)

b. **머리의 모양**에 따라 : 냄비 머리, 둥근 머리, 납작 머리, 둥근 납작 머리, 접시 머리, 둥근 접시 머리, 바인드, 트러스

c. **기타** : 정밀 기기용 홈 붙이 작은 나사(KS B 1022) 및 와셔 조립+자 홈붙이 작은 나사(KS B 1041)

② **용도** : 일상의 가정용품에서부터 일반의 기계류까지 널리 사용되고 있는 일반용 작은 나사와 광학 기기, 계측 기기 등에 사용되는 정밀 기기용의 작은 나사가 있다.

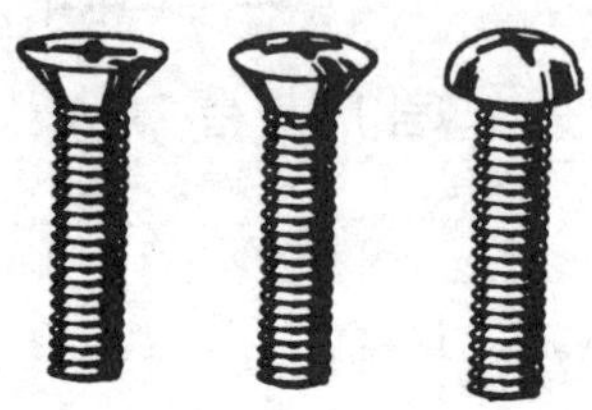

그림 1-7. 작은 나사

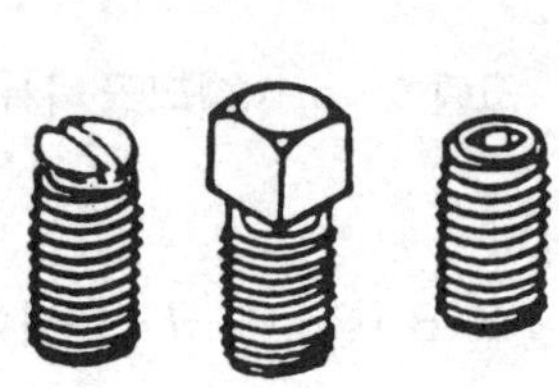

그림 1-8. 멈춤 나사

그림 1-9. 태핑 나사

(2) 멈춤 나사(set screw) **또는 세트 스크루**(set screw)

① **종류**(그림 1-8)

a. **머리부**의 모양에 따라 : 홈붙이 멈춤 나사(KS B 1025), 4각 멈춤 나사(KS B 1027), 6각 구멍붙이 멈춤 나사(KS B 1028)의 3종류가 있다.

b. **나사 끝**의 모양에 따라 : 납작끝, 둥근끝, 막대끝, 뾰족끝, 오목끝이 있다.

② **용도** : 나사 끝을 이용하여 축에 설치된 기어나 벨트 풀리와 같은 회전 부품의 축과의 고정, 위치 조정, 회전이나 미끄럼이 없게 사용하여 키의 대용 역할을 한다.

(3) 태핑 나사(tapping screw)

나사산이 날카롭고 몸체를 열처리(침탄 담금질)한 작은 나사이다(그림 1−9).

① **종류** : 홈붙이 태핑 나사(KS B1024),+자 구멍 붙이 태핑 나사(KS B 1032), 6각 태핑 나사(KS B 1036), 플랜지붙이 6각 태핑 나사(KS B 1064)가 있다.

② **사용** : 드릴의 구멍에 나사를 끼워 암나사를 내면서 결합 시킨다.

③ **용도** : 드릴 구멍에 끼워 암나사를 내면서 주로 얇은 판의 연결에 사용된다.

(4) 너클 나사(knuckle thread)

산 끝과 골이 둥글게 되어 있는 나사(그림 1−10)로서, KS에 규격화되어 있지 않으며. **원형 나사** 또는 **둥근 나사**(round thread)라고도 한다. 나사산의 **각도**는 30°이다.

① **크기** : 1″내에 해당되는 나사의 산수를 기준으로 한다.

② **용도** : 급격한 충동을 받는 부분, 전구 나사, 먼지와 모래 등이 많이 끼는 나사, 토목 공사용 윈치(winch) 등의 나사로 사용된다.

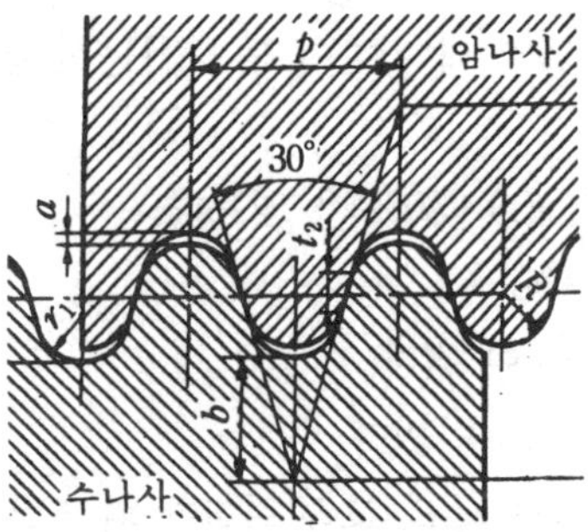

그림 1−10. 너클 나사

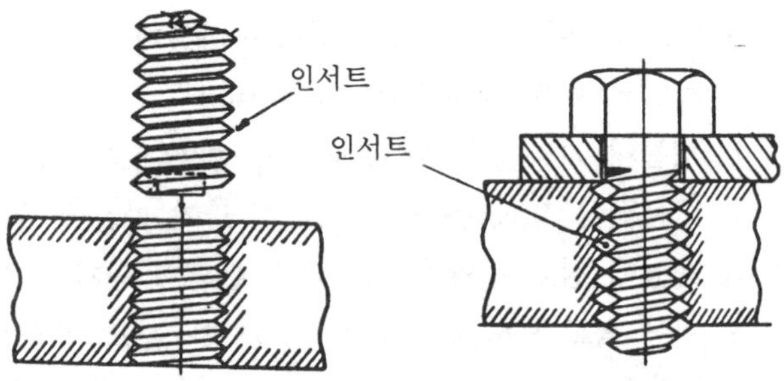

(a) (b) 조립 상태

그림 1−11. 인서트

(5) 인서트(inserts)

사다리꼴 단면을 갖는 스프링 모양으로서, **헬리 서트**(Heli−sert)라고도 한다(그림 1−11). 이것은 KS B 0003−2에 규격화되어 있다.

용도는 나사의 강도가 불충분한 모재(주철, 알루미늄, 합성 수지, 경금속, 플라스틱, 목재 등)를 강화, 마멸, 마모 등으로 손상되는 암나사 안쪽 면을 보호하기 위해 사용된다.

(6) 볼 나사(ball screw)

나사 축과 너트 부분에 나선 모양의 홈이 파여져 있고, 그 홈 사이에 다수의 볼이 연속적으로 순환되며, 볼의 구름 접촉을 이용한 나사이다(그림 1−12). ① 종류 : 일반용 볼 나사(KS B 1029 : 축의 지름 18~125mm), 정밀용 볼 나사 [KS B 1020 : 축의 지름 18~125mm, 종류는 위치 결정용과 하물 반송용(搬送 用)]가 있다.

① **종류** : 일반용 볼 나사(KS B 1029 : 축의 지름 18~125mm), 정밀용 볼 나사 [KS B 1020 : 축의 지름 18~125mm, 종류는 위치 결정용과 하물 반송용(搬送用)]가 있다.

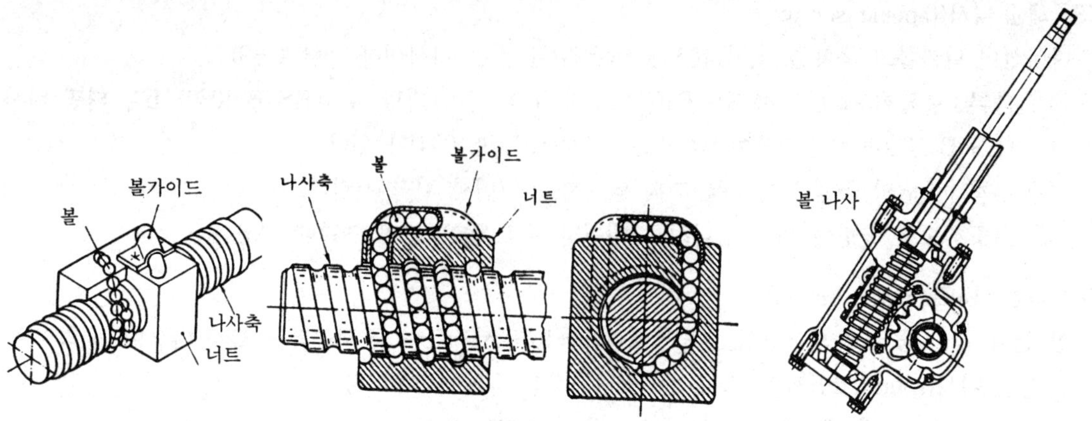

(a) 입체도 (b) 단면도 (c) 사용 예

그림 1－12. 볼 나사

② **특성** : 회전 운동을 직선 운동으로 변환하는 이동용 나사이다.

a. 미끄럼 접촉을 하는 일반 나사는 마찰계수 μ=0.1～0.15인 데 비하여 볼 나사는 구름 접촉하므로, 마찰 계수가 0.005이하이다.

b. 뒤틈이 거의 없는 98% 이상의 높은 효휼(기타 나사는 20～50%)을 갖는다.

c. 구동력이 작고, 운전 중 마찰이 작기 때문에 수명이 길다.

d. 윤활에 별로 주의하지도 되며, 발열과 먼지에 의한 마멸이 적다.

e. 이송 속도가 빠르고, 위치 정밀도가 높고, 장시간 유지할 수 있다.

f. 단점은 자동 체결이 곤란하고, 가격이 비싸며, 너트가 크게 되고, 고속 회전할 때 소음이 발생하게 된다.

③ **용 도**

a. **공작 기계** : NC 공작 기계의 이송 나사와 수치 제어 장치, 정밀 기계류 등

b. **일반 기계** : 종이 제조 기계, 플라스틱 제조 기계, 포장 기계, 인쇄 기계, 로봇, 지게차 리프트 유닛 등

c. **전자 분야** : 반도체 관련 장치 등

d. **철강 산업 분야** : 제련 공장 설비 등

e. **자동차 산업 분야** : 자동자의 조향 장치 등

f. **항공 산업 분야** : 비행기 날개 조종기구, 호이스트 스핀들 등

g. **의료 기술 분야** : X 레이 장치, 방사선 요법 장치 등

1-2 나사의 설계

나사의 설계에 있어서 볼트 설계의 기본 사항인 나사의 마찰 상태, 회전 토크(비틀림 모멘트), 자립 상태, 효율 등에 대하여 4각 나사와 3각 나사로 나누어 알아본다.

1. 나사의 작용력

나사의 역학적 해석은 죌 때의 힘(결합력 또는 회전력)에 대하여 설계하는 것이다.

[1] 4각 나사

(1) 체결력(죌 때의 힘, 결합력, 회전력)

그림 1-13 (a)와 같이 암나사를 P의 수평력으로 밀어 올릴 때, 나사면에 균일한 힘이 작용하고, $(d+d_1)/2 = d_e$ 의 유효 지름에 집중하여 힘이 작용할 때 P와 W는 각각의 경사면에 평행한 힘과 수직한 힘으로 나누어진다.

그림 1-13 (b)에서 P의 경사면 방향의 힘과 W의 경사면 방향의 힘은

$$P\cos\alpha \quad ①$$

$$W\sin\alpha \quad ②$$

로 되고, 위 두 방향에 대한 경사면의 평행한 힘 즉, 수평 분력(R)과 경사면에 직각인 힘 즉, 수직 분력(Q)은

$$R = P\cos\alpha - W\sin\alpha \quad ③$$

$$Q = W\cos\alpha + P\sin\alpha \quad ④$$

와 같이 된다. 그리고 경사면에 직각인 힘에 대하여 경사면에 평행하게 마찰이 생기므로, 나사 자리면의 마찰계수 μ를 고려할 때, 위 식 ④는

$$Q = \mu(W\cos\alpha + P\sin\alpha) \quad ⑤$$

로 된다. 그리고 수직력에 의하여 평행 방향에 마찰력이 작용하고, 이것과 평행력이 균형 상태를 유지한다고 생각하면 위 식 ③, ⑤는 재료 역학에서 힘의 평행 조건에 따라

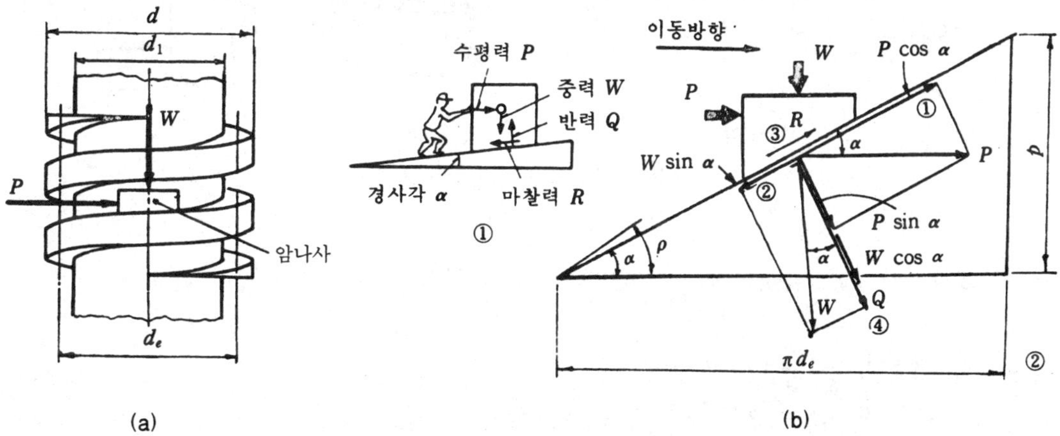

그림 1-13. 나사의 체결 때 힘

$$\left.\begin{aligned} R &= Q = P\cos\alpha - W\sin\alpha = \mu(W\cos\alpha + P\sin\alpha) \\ &= P(\cos\alpha - \mu\sin\alpha) = W(\mu\cos\alpha + \sin\alpha) \end{aligned}\right\} \quad ⑥$$

로 되고, 위 식에서 체결력(P)은 다음과 같이 된다.

$$P = W\frac{\mu\cos\alpha + \sin\alpha}{\cos\alpha - \mu\sin\alpha} = W\frac{\mu + \tan\alpha}{1 - \mu\tan\alpha} \quad ⑦$$

또한, 나사 자리면의 마찰계수 μ인 경사면의 위에 너트가 미끄러지지 않을 때의 마찰각(경사각)을 ρ라 할 때 $\tan\rho = \mu$이고, $\rho = \tan^{-1}\mu$이므로, 이것을 위 식 에 대입하면

$$P = W\frac{\tan\rho\cos\alpha + \sin\alpha}{\cos\alpha - \tan\rho\sin\alpha} \quad ⑧$$

로 되며, 여기에서 분자, 분모를 $\cos\alpha$ 로 나누면

$$P = W\frac{\tan\rho + \tan\alpha}{1 - \tan\rho\tan\alpha} \quad ⑨$$

로 된다. 그리고 나사의 역학 계산에 있어서 그림 1-14에서와 같이 유효 지름(d_e)상에서의 나사에 대한 리드각(α : 나선각 또는 피치각)은 나사의 피치 p 일 때

$$\alpha = \tan^{-1}\frac{p}{\pi d_e} \quad (1-1)$$

로 된다. 단, 위 식에서 $d_e = \frac{d + d_1}{2}$, 인치 나사일 때 $p = \frac{1''}{n}$ (n : 산수)로 구한다.

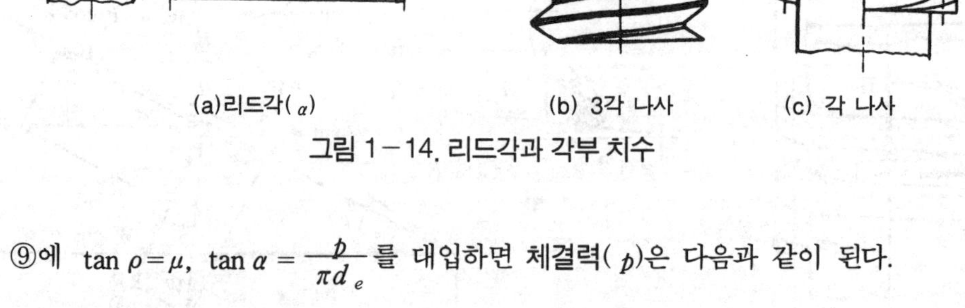

(a)리드각(α)　(b) 3각 나사　(c) 각 나사

그림 1-14. 리드각과 각부 치수

위 식 ⑨에 $\tan\rho = \mu$, $\tan\alpha = \frac{p}{\pi d_e}$ 를 대입하면 체결력(p)은 다음과 같이 된다.

$$\left.\begin{aligned} P &= W\tan(\alpha + \rho) \ ① \\ &= W\frac{p + \mu\pi d_e}{\pi d_e - \mu p} \ ② \end{aligned}\right\} \quad (1-2)$$

(2) 해체력(풀을 때의 힘)

그림 1－15와 같이 결합된 나사를 풀을 때 즉, 해체(解體)할 때에는 수평력 P′의 방향이 죌 때와는 반대가 되므로, 나사의 회전력을 참조하면 다음과 같이 됨을 알 수 있다.

$$\left.\begin{aligned} P' &= W\tan(\rho-\alpha) \\ &= W\frac{\mu\pi d_e - p}{\pi d_e + \mu p} \end{aligned}\right\} \qquad (1-3)$$

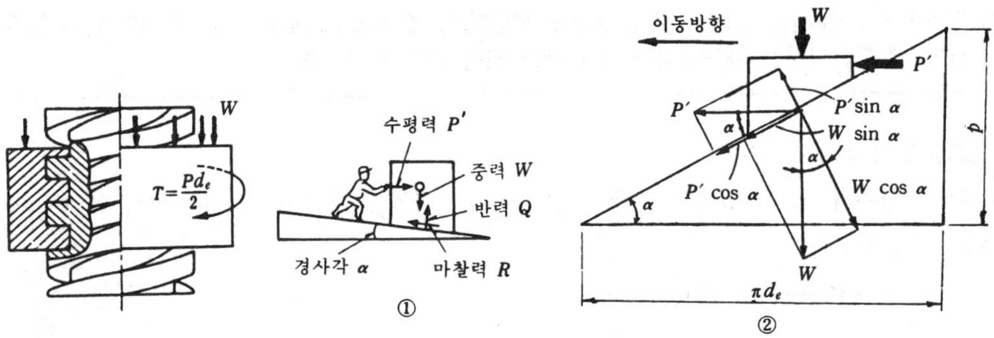

(a) (b)

그림 1－15. 나사의 해체 때 힘

[2] 3각 나사

(1) 상당 마찰 계수

그림 1－16에서 축 방향 하중 W에 대하여 나사면에 작용하는 수직력은 α를 나사 산의 각도로 할 때, 나사면을 누르는 힘 또는 법선력(R)은 $R=\dfrac{W}{\cos\alpha/2}$로 된다. 고로 나사면에 작용 하는 마찰 저항(마찰력)은 $f=\dfrac{\mu W}{\cos\alpha/2}=\mu' W$로 나타내면

$$\mu'=\frac{\mu}{\cos\alpha/2}=\tan\rho' \qquad (1-4)$$

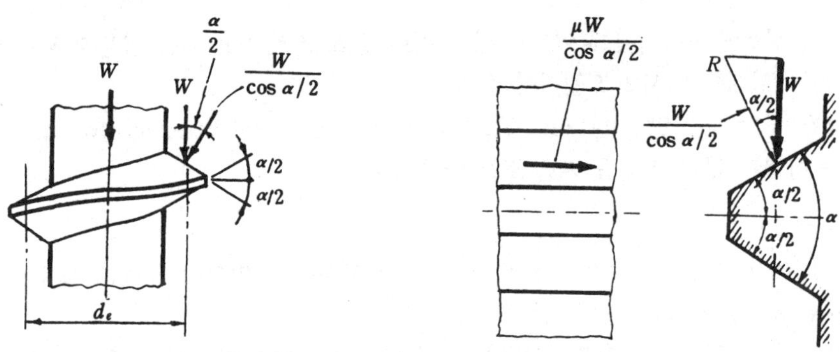

(a) (b)

그림 1－16. 3각 나사 상당 마찰 계수

로 되고, 위 식을 3각 나사의 상당(相當) 마찰 계수(effective coefficient of friction) 또는 유효 마찰 계수라 한다. 그리고 사다리꼴 나사도 이에 따른다.

위 식에서 ρ'는 상당 마찰각, μ는 나사면의 마찰 계수, $\alpha/2$는 나사산의 반각이며, 3각나사 마찰력 f는 4각 나사에 비하여 $\frac{1}{\cos\alpha/2}$배가 작용하는 것으로 생각할 수 있다.

> **＊ 설계상 주의**
> ① 일반적으로 수나사의 재질이 강 또는 청동, 암나사의 재질이 강 또는 주철일 때, 건조 상태에서의 마찰 계수 μ=0.15~0.25 정도로 취한다.
> ② 일반적으로 $\cos\alpha/2 < 1$이므로, $\mu' > \mu$가 성립되고, 체결용으로 4각 나사보다 3각 나사가 유리하며, 체결용 나사는 나사가 풀어지지 않는 것이 필요 조건이다.

(2) 체결력(죌 때의 힘)

4각 나사 결합력의 식 (1－2)에서 α 대신 ρ', 또 μ 대신 μ'를 사용하여 3각 나사 의 체결력(P)은 다음의 식을 사용한다.

$$\left.\begin{aligned} P &= W\tan(\alpha+\rho') \quad ① \\ &= W\frac{p+\mu'\pi d_e}{\pi d_e-\mu' p} \quad ② \end{aligned}\right\} \qquad (1-5)$$

(3) 해체력(풀을 때의 힘)

나사를 풀을 때의 힘(P′)은 다음과 같이 나타낸다.

$$P' = W\tan(\rho'-\alpha) = W\frac{\mu'\pi d_e - p}{\pi d_e + \mu' p} \qquad (1-6)$$

여기서 $\rho>\alpha$ 이면 P'는+가 되어 나사를 푸는 데 힘이 들고, $\rho=\alpha$이면 $P'=0$로 되며, W를 받아 임의 위치에 정지시키는 데 이것을 **자동 결합**(self－locking)이라 한다.

2. 나사의 자립 상태

결합용 나사인 경우에는 나사가 풀어지지 않는 것이 필요 조건이다. 죄는 힘을 가하지 않으며, 나사가 풀어지지 않는 상태를 **나사의 자립**이라 한다.

나사가 결합된 채 풀리지 않는 상태를 **자립 상태**(自立 狀態 : self sustenance)라 하고, 외력의 작용 없이 스스로 풀어지지 않는 조건을 **자립 조건**이라 한다.

(1) 4각 나사

그림 1－16과 같이 수평력 P′로서 너트를 풀어 내릴 때의 P' 방향이 올라갈 때와는 반대가 되므로 $P'=W\tan(\rho'-\alpha)$가 되는 것을 알 수 있다.

① $P'<0$, $\rho-\alpha<0$, $\alpha>\rho$일 때 : P′<0로 되어 나사는 자연히 이완(弛緩) 즉, 풀 어지게 된다. 4각 나사는 운동용 나사로서 특성이 필요하고, 그림 1－17 (a)에서와 같이 나사가 잘 풀어지려면 $\alpha>\rho$, 즉, 리드각이 마찰각보다 커야 되며 $P'>\mu\pi d_e$ 로 되고, 풀을 때의 힘 P'는 $P'>0$이다. 나사는 하중 W 에 의하여 자연히 돌아 가서 하중은 아래로 내려간다. 이 나사의 이용은 나사 프레스 등에 사용되고 있다.

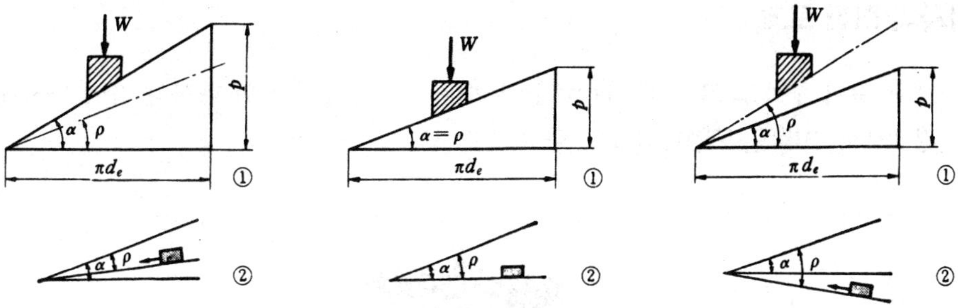

(a) $\alpha > \rho$의 나사 (b) $\alpha = \rho$의 나사 (c) $\alpha < \rho$의 나사

그림 1－17. 나사의 자립 상태

② $P' = 0$, $\rho - \alpha = 0$, $\alpha = \rho$일 때 : $P' = 0$으로 되어 하중을 받으면 임의의 위치에 서 정지되어 자동 체결된다. $\alpha = \rho$의 경우에는 그림 1－17 (b)와 같이 풀을 때의 힘은 $P' = 0$이다. 하중 W를 지지할 때 임의의 위치에 정지되며, 이 상태가 자동 결합(自動 結合 : self locking) 또는 자립 잠김의 경우이고, 이 때의 최고 효율은 50% 이하이다. 즉, $\eta < 0.5$ 이다.

③ $P' > 0$, $\rho - \alpha > 0$, $\alpha < \rho$일 때 : P'는+가 되어 나사를 풀을 때 힘이 들어 **자립 상태 또는 자립 조건**을 유지한다. 즉, 그림 1－17 (C)와 같이 P가 α 보다 커야 된다. 또는 결합용 나사나 스크루 잭에서 나사가 자연히 풀리지 않으려면 리드각은 반드시 마찰각보다 작아야 한다.

예 $\mu = \tan\rho = 0.15$일 때, $\rho = 8°30'$ 이 된다. 따라서 자립 상태는 나사의 ρ가 α보다 커야 되므로, 리드각이 $8°30'$ 보다 작아야만 나사가 풀어지지 않는 자립 상태를 유지하게 된다.

(2) 3각 나사

① 그림 1－16 (b)에서 나사면에 수직으로 작용하는 힘(R)은 $R = \dfrac{W}{\cos\alpha/2}$ 이므로, 같은 마찰 계수 μ를 갖는 나사면이라도 실질적으로는 $\mu' = \dfrac{\mu}{\cos\alpha/2}$ 인 크기의 μ 를 가진 4각 나사의 경우와 같은 효과가 있다.

② 3각 나사의 마찰력은 4각 나사에 비하여 $\dfrac{1}{\cos\alpha/2}$ 배가 작용하는 것으로 생각할 수 있다.

③ 일반적으로 $\cos\alpha/2 < 1$이고, $\mu' > \mu$ 이므로, 마찰 계수가 같은 나사면에서 3각 나사는 4각 나사보다 마찰 작용이 커서 결합용에 적합하다.

3. 나사의 회전 토크

그림 1−18과 같이 주로 스크루 잭(screw jack)이나 프레스(press)의 나사와 같이 나사에 회전 토크를 주는 경우로서, 비틀림 모멘트라고도 한다.

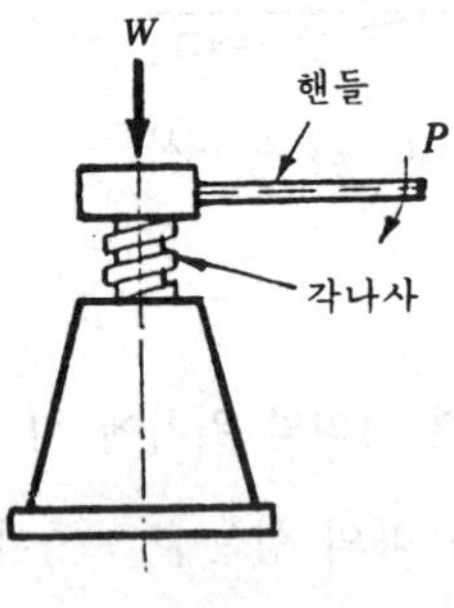

(a) 스크루 잭

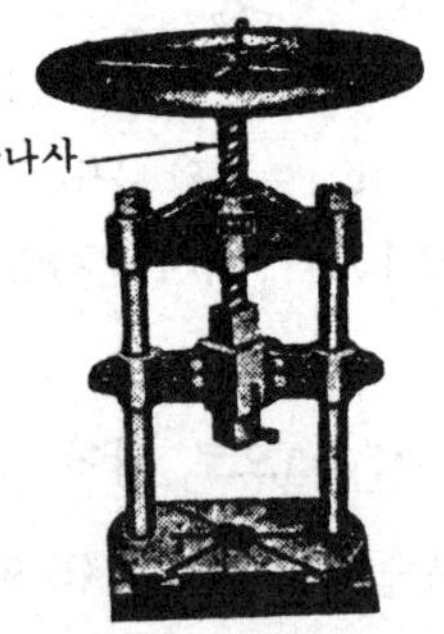

(b) 프레스

그림 1−18. 비틀림을 받는 나사

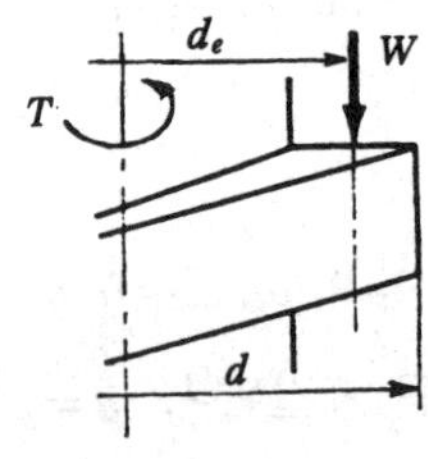

그림 1−19. 축 방향 힘

그림 1−19와 같이 축방향 힘 W에 저항하여 회전 반지름이 나사 유효 지름의 반이 되므로 d_e의 원주에 따라 작용한다고 볼 때, 회전 토크(T)는 $T=P\dfrac{d_e}{2}$ 이므로

$$\left.\begin{aligned} T &= W\frac{d_e}{2}\tan(\alpha+\rho) = W\frac{d_e}{2}\,\frac{p+\mu\pi d_e}{\pi d_e-\mu p}\text{(결합할 때)} \\ &= W\frac{d_e}{2}\tan(\rho-\alpha) = W\frac{d_e}{2}\,\frac{\mu\pi d_e-p}{\pi d_e+\mu p}\text{(해체할 때)} \end{aligned}\right\} \quad (1-7)$$

로 나타내고, 위 식은 4각 나사일 때의 식이고, 3각 나사일 때에는 $\rho \rightarrow \rho'$, $\mu \rightarrow \mu'$로 변환하여 구한다. 또 안전을 고려할 때 $T \fallingdotseq 0.2dW$ 로 구할 수 있다.

표 1−4는 μ=0.15일 때, 호칭에 따른 α와 $\tan(\alpha+\rho')$의 값을 나타낸 것이다.

표 1−4. 리드각 α와 $\tan(\alpha+\rho')$의 값($\mu=0.15$일 때)

	호칭 지름 d (mm)	10	12	16	20	24	39	52
미터나사	$\alpha=\tan^{-1}\dfrac{p}{\pi d_e}$	3°2′	2°56′	2°29′	2°29′	2°29′	2′	1°52′
	$\tan(\alpha+\rho')$	0.223	0.226	0.218	0.218	0.218	0.209	0.207
인치나사	호칭 지름 d (inch)	3/8	1/2	5/8	3/4	1	1 1/2	2
	$\alpha=\tan^{-1}\dfrac{p}{\pi d_e}$	3°24′	3°24′	2°55′	2°38′	2°29′	2°11′	2°11′
	$\tan(\alpha+\rho')$	0.232	0.232	0.223	0.217	0.215	0.209	0.209

4. 나사의 효율

나사가 1회전에 실제로 행한 일량(work) 중 몇 퍼센트가 유효한 일을 하였는가의 비율을 나사의 효율(efficiency of screw : η)이라고 한다.

[1] 비틀림만 받는 나사의 효율

비틀림만 받는 3각 나사와 4각 나사의 효율(η)은 마찰이 없을 때와 있을 때의 회전력에 대한 비로 다음과 같이 나타낸다.

$$\text{나사의 효율}(\eta) = \frac{\text{마찰이 없을 때의 회전력}(P_O)}{\text{마찰이 있을 때의 회전력}(P)} \tag{1-8}$$

(1) 마찰이 없을 때의 체결력(P_O)

나사가 회전하여 일을 할 때 이상적인 경우는 나사면에 마찰이 전혀 없는 때로서 회전이 이상 상태로 되고, 이 때 $\rho=0$이므로, 회전력(P_O)은 다음과 같이 된다.

$$P_O = W\tan\alpha = W\frac{p}{\pi d_e} \tag{1-9}$$

(2) 마찰이 있을 때의 체결력(P)

마찰을 있을 때의 회전력은 나사에서와 같은 식을 사용하면 다음과 같다.

$$P = W\tan(\alpha+\rho') \tag{1-10}$$

이것이 실제로 행한 일량이 된다. 이것은 경사각 α에 다시 마찰각 ρ만큼 증가시킨 $(\alpha+\rho')$의 경사면에 따라 W 의 무게를 밀어 올리는 것과 같은 결과가 된다.

이상에서 효율(η)은 다음과 같이 나타낼 수 있다.

$$\left.\begin{aligned}\eta = \frac{P_O}{P} &= \frac{W\tan\alpha}{W\tan(\alpha+\rho')} = \frac{\tan\alpha}{\tan(\alpha+\rho')}\\ &= \frac{p(\pi d_e - \mu' p)}{\pi d_e(p+\mu'\pi d_e)}\end{aligned}\right\} \tag{1-11}$$

위 식은 3각 나사일 때이고, 4각 나사에서는 $\rho' \to \rho$, $\mu' \to \mu$로 변환하여 구한다.

[2] 하중과 비틀림을 받는 나사의 효율

하중과 비틀림을 받는 3각 나사와 4각 나사의 효율(η)은 유효한 일량 즉, 나사를 축 방향으로 이동시키는 데 필요한 일과 실제로 행한 일량 즉, 나사를 1회전 시키는 데 필요한 일의 비로 나타낸다.

$$\begin{aligned}\text{나사의 효율}(\eta) &= \frac{\text{유효한 일량}(Wp)}{\text{실제로 한 일량}(2\pi T)}\\ &= \frac{\text{나사를 축방향으로 이동시키는데 필요한 일(출력)}}{\text{나사를 회전 시키는데 필요한 일(입력)}}\end{aligned}$$

(1) 유효한 일량(출력)

축 하중 W에 대하여 나사가 1회전할 때, 축 방향으로 P 만큼 움직인다. 고로, 출력된 일은 Wp가 된다.

(2) 실제로 행한 일량(입력)

나사의 접선 방향으로 체결력 P가 작용하여 나사가 1회전 할 때 원주 방향으로 πd_e 만큼 움직인다. 즉, 입력 토크 $T=P(d_e/2)$의 작용으로 나사의 1회전에 해당하는 회전각 2π만큼 회전한다. 고로, 입력된 일은 $\pi d_e P$ 또는 $2\pi T$ 가 된다.

이상에서 볼 때 W의 축 하중을 1피치만큼 올리기 위하여 한 일 Wp 와 나사를 1회전시키기 위하여 체결력 P가 한 일량 $2\pi T$와의 비로 나타낼 수가 있다.

$$\left.\begin{aligned} 2\pi T &= 2\pi W\frac{d_e}{2}\tan(\alpha+\rho) = \pi d_e W\tan(\alpha+\rho) \\ &= \pi d_e P \end{aligned}\right\} \quad (1-12)$$

$$\therefore \eta = \frac{Wp}{\pi d_e P} = \frac{Wp}{2\pi T} \quad (1-13)$$

위 식을 **기계 효율**이라고도 하며, 주로 스크루 잭이나 프레스의 나사와 같이 하중과 비틀림을 동시에 받는 나사에 사용된다.

[3] 나사의 최대 효율

나사의 효율은 리드각 α의 함수이며, $\alpha=0$ 및 $\alpha=(\pi/2)-\rho$일 때 $\eta=0$ 가 되며, η와 α와의 관계를 도시하면 그림 1－20과 같이 된다. 그리고 효율이 최대가 되는 리드각 α는 0과 $(\pi/2)-\rho$의 중간에 존재한다. 즉, 다음과 같다.

$$\alpha = \frac{\pi}{4} - \frac{\rho}{2} = 45° - \frac{\rho}{2} \quad (1-14)$$

또한, 위 식은 그림 1－20에서 최대 효율이 되는 α의 값은 효율을 리드각으로 미분한 값이 0 즉, $\frac{d\eta}{d\alpha}=0$에서 $\tan\left(\alpha+\frac{\rho}{2}\right)=1$로부터 $\rho=45°-\frac{\rho}{2}$로 구할 수도 있다. 따라서 이 경우에 나사의 최대 효율(η_{max})은 $\eta_{\max} = \tan\left(45°+\frac{\rho}{2}\right)$ / $\tan\left(45°+\frac{\rho}{2}\right)$로 얻어지나, $\tan\left(45°+\frac{\rho}{2}\right)\cdot\tan\left(45°-\frac{\rho}{2}\right)=1$이므로, 다음과 같이 된다.

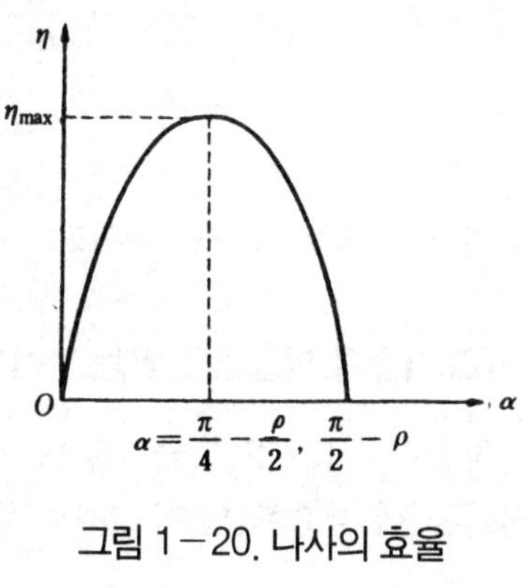

그림 1－20. 나사의 효율

$$\eta_{\max} = \tan^2\left(45° - \frac{\rho}{2}\right) \quad (1-15)$$

예 (1) 3각 나사에서 $\mu=0.1$ 일 때 : $\alpha=60°$ 이므로

$$\tan\rho'=\mu'=\frac{\mu}{\cos 30°}=\frac{0.1}{0.866}=0.115 \quad \therefore \ \rho'=6°34'$$

$$\eta_{max}=\tan^2\left(45°-\frac{\rho'}{2}\right)=\tan^2(45°-3°17')=\tan^2 41°43'=0.79=79(\%)$$

(2) 각 나사에서 $\mu=0.1$ 일 때 : $\rho=60°$ 이므로, 식 (1−15)에서

$$\alpha=45°-\frac{\rho}{2}=45°-\frac{60}{2}=42(°)$$

$$\eta_{max}=\tan^2\left(45°-\frac{\rho}{2}\right)=\tan^2(45°-3°)=\tan^2 42°=0.81=81(\%)$$

이상에서 볼 때

① $\mu'=\mu/\left(\cos\frac{\alpha}{2}\right)$에서 $\cos\frac{\alpha}{2}<1$이므로 언제나 $\mu'>\mu$, 즉, $\rho'>\rho$가 되므로 3각 나사의 효율은 4각 나사의 효율보다 작아진다.

② μ가 작을수록 μ'가 작아지므로 3각 나사의 효율보다 사다리꼴 나사의 효율이 커진다.

③ 동력 전달용 나사는 효율이 커야 되고, 체결용 나사는 효율이 작아야 된 다. 그러므로 동력 전달용에는 4각 나사와 사다리꼴 나사가 사용되고, 결 합용에는 3각 나사가 사용된다.

[4] 자립 상태에서의 나사 효율

나사가 스스로 풀리지 않는 한계, 즉 자립 상태를 유지하고 있는 한계는 나사의 사용 결합 조건에서 $\alpha=\rho$이므로, 이 값을 식 (1−11)에 대입하면 다음과 같이 된다.

$$\left.\begin{aligned}\eta&=\frac{\tan\alpha}{\tan(\alpha+\rho)}=\frac{\tan\rho}{\tan 2\rho}=\frac{\tan\rho(1-\tan^2\rho)}{2\tan\rho}\\&=\frac{1-\tan^2\rho}{2}=\frac{1}{2}-\frac{1}{2}\tan^2\rho\\&=\frac{1}{2}(1-\tan^2\rho)<0.5 \quad \left(\because \tan 2\rho=\frac{2\tan\rho}{1-\tan^2\rho}\right)\end{aligned}\right\} \qquad (1-16)$$

즉, 자립 상태를 유지하는 나사의 효율은 반드시 50% 이하이어야 한다.

＊ 설계상 주의
전동용 나사에서는 나사의 효율 제한이 없이 좋게 하여야 하므로, α 를 크게 하는 것이 좋고, 다중 나사가 채용되고 있는 형편이다.

그림 1−21 (a)는 각 나사와 3각 나사의 효율 및 $\tan\alpha$ 와의 관계를 나타낸 것($\rho=6°$)이고, 그림 (b)는 미끄럼 나사와 볼나사에 대한 효율의 비교를 나타낸 것이다.

그림에서와 같이 리드각은 2~5 범위이므로, 효율은 50% 보다 작아서 보통 나사로 물체를 이동시키는 것은 효율이 좋으나 볼 나사는 μ가 작아도 효율이 90% 이상이 되는 것을 알 수 있다.

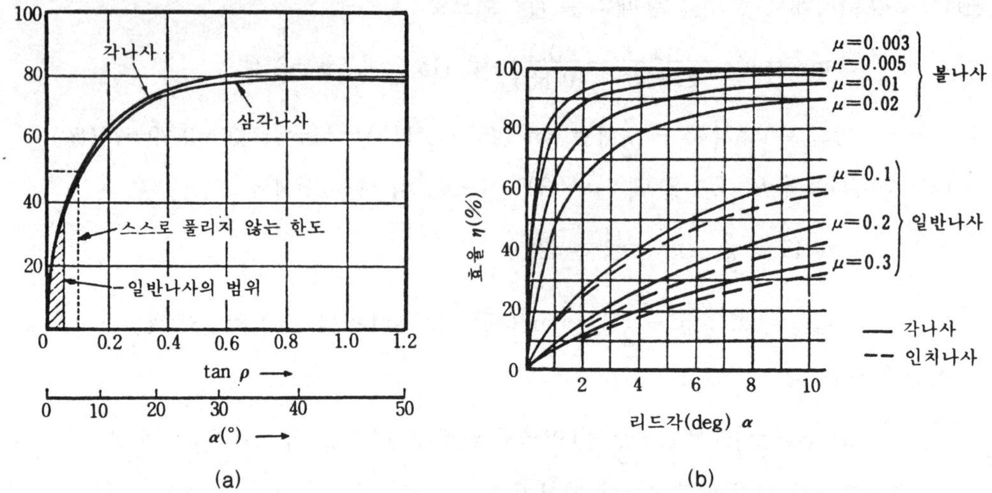

그림 1-21. 나사의 효율

예제 1-1 $1\frac{1}{2}-6$UNC인 유니 파이 보통 나사의 리드각(°)을 구하여라.

Solution 인치 나사이므로 피치와 유효 지름을 구하기 위하여 표 1-3에서

$d=38.1\text{mm},\ d_1=33.518\text{mm}$, 이므로

$$p=\frac{1''}{n}=\frac{25.4}{6}=4.23\,(\text{mm})$$

$$d_e=\frac{d+d_1}{2}=\frac{38.1+33.518}{2}=35.8\,(\text{mm})$$

$$\therefore\ \alpha=\tan^{-1}\frac{p}{\pi d_e}=\tan^{-1}\frac{4.23}{\pi\times 35.8}=2.15(°)$$

예제 1-2 M24인 미터 보통 나사에 20kN의 힘으로 결합할 때, 결합력을 구하여라.
단, μ =0.15이다.

Solution 방법 (1) 표 1-2에서 M24에 대한 $d_e=22.051\text{mm},\ p=3\text{mm}$ 이므로

$$\alpha=\tan^{-1}\frac{p}{\pi d_e}=\tan^{-1}\frac{3}{\pi\times 22.051}=2.48(°)$$

$$\rho'=\tan^{-1}\mu'=\tan^{-1}\frac{\mu}{\cos\alpha/2}=\tan^{-1}\frac{0.15}{\cos 30°}=9.8(°)$$

$$\therefore\ P=W\tan(\alpha+\rho')=20\times\tan(2.48°+9.8°)=4.33(\text{kN})$$

방법 (2) 미터 나사는 3각 나사이므로, 상당 마찰계수 μ'를 구하면

$$\mu'=\frac{\mu}{\cos\alpha/2}=\frac{0.15}{\cos 30°}=0.1732$$

$$\therefore\ P=W\frac{p+\mu'\pi d_e}{\pi d_e-\mu' p}$$

$$=20\times\frac{3+0.1732\pi\times 22.051}{\pi\times 22.051-0.1732\times 3}=4.33(\text{kN})$$

예제 1-3 체결력 5kN을 받는 M30인 2줄 나사의 축 방향 힘을 구하여라. 단, 피치 3.5mm, $\mu=0.15$이다.

Solution 방법 (1) 식 (1-5) ①에서

M30일 때(표 1-2) $d_e = 27.727\,\text{mm}$ 이고, 2줄 나사이므로

$$p = 2 \times 3.5 = 7(\text{mm})$$

$$\alpha = \tan^{-1}\frac{p}{\pi d_e} = \tan^{-1}\frac{7}{\pi \times 27.727} \fallingdotseq 4.6(°)$$

$$\rho' = \mu' = \tan^{-1}\frac{\mu}{\cos\alpha/2} = \tan^{-1}\frac{0.15}{\cos 30°} = 9.8(°)$$

$$\therefore\ W = \frac{P}{\tan(\alpha+\rho')} = \frac{5}{\tan(4.6° + 9.8°)} \fallingdotseq 19.7(\text{kN})$$

방법 (2) 식 (1-5) ②에서

$$\mu' = \frac{\mu}{\cos\alpha/2} = \frac{0.15}{\cos 30°} = 0.1732$$

$$\therefore\ W = P\,/\,\frac{p+\mu'\pi d_e}{\pi d_e - \mu' p} = 5\,/\,\frac{7+0.1732\pi \times 27.727}{\pi \times 27.727 - 0.1732 \times 7} \fallingdotseq 19.7(\text{kN})$$

예제 1-4 피치 25mm, 골지름 60mm인 각나사가 받는 다음을 구하여라. 단, 나사 골지름 부분의 비틀림 응력 98N/mm^2, $\mu=0.12$ 이다.

(1) 유효지름(de) (2) 축방향 힘(w)

Solution (1) $d = d_1 + p = 60 + 25 = 85(\text{mm})$

$$d_e = d - \frac{p}{2} = 85 - \frac{25}{2} = 72.5(\text{mm})$$

(2) $\tan\alpha = \dfrac{p}{\pi d_e} = \dfrac{25}{\pi \times 72.5} = 0.1098$

$$\tan\rho = \mu = 0.12$$

$$T = \frac{\pi}{16} d_1^{\,3}\tau_a = \frac{\pi}{16} \times 60^3 \times 98 = 4154.2(\text{N}\cdot\text{m})$$

$$\therefore\ W = \frac{T}{(d_e/2)\tan(\alpha+\rho)} = \frac{4154.2 \times 10^3}{(72.5/2) \times 0.1098 + 0.12} \doteq 499(\text{kN})$$

예제 1-5 바깥 지름 24mm인 나사에 20kN의 힘이 작용할 때, 다음을 구하여라. 단, 피치 4mm, $\mu=$ 0.15 이다.

(1) 각나사일 때, 비틀림 모멘트(T_1) (2) 3각 나사일 때, 비틀림 모멘트(T_2)

Solution (1) $d_e = d - \dfrac{p}{2} = 24 - 2 = 22(\text{mm})$

$$\therefore\ T_1 = W\frac{d_e}{2}\frac{p+\mu\pi d_e}{\pi d_e - \mu p} = 20 \times \frac{22}{2} \times \frac{4+0.15\pi \times 22}{\pi \times 22 - 0.15 \times 4} \fallingdotseq 46(\text{N}\cdot\text{m})$$

(2) 상당 마찰 계수(μ')를 구해야 되므로

$$\mu' = \frac{\mu}{\cos\alpha/2} = \frac{0.15}{\cos 30°} = 0.1732$$

$$\therefore T_2 = W\frac{d_e}{2}\frac{p+\mu'\pi d_e}{\pi d_e - \mu' p}$$

$$= 20 \times \frac{22}{2} \times \frac{4+0.1732\pi\times 22}{\pi\times 22 - 0.1732\times 4} \fallingdotseq 50\ (\mathrm{N\cdot m})$$

예제 1-6 $3\frac{1}{4}$ -4UNC 인 나사의 마찰 계수 0.15일 때, 다음을 구하여라.

(1) 나사의 높이 8.25mm일 때, 나사의 리드각(α)
(2) 나사의 효율(η_1)
(3) 2줄 나사일 때의 효율(η_2)

Solution (1) 유니 파이 보통 나사의 호칭 지름 $3\frac{1}{4}''$ 이므로, mm로 환산하면

$$d = 3\frac{1}{4}'' \times 25.4 = 82.55\ (\mathrm{mm})$$

$$d_e = d - h = 82.55 - 8.25 = 74.3(\mathrm{mm})$$

피치 p는 나사의 산수 4이므로

$$p = \frac{1''}{n} = \frac{25.4}{4} = 6.35\ (\mathrm{mm})$$

$$\therefore\ \alpha = \tan^{-1}\frac{p}{\pi d_e} = \tan^{-1}\frac{6.35}{\pi\times 74.3} = 1.56(^\circ)$$

(2) $$\rho' = \tan^{-1}\mu' = \tan^{-1}\frac{\mu}{\cos\alpha/2} = \tan^{-1}\frac{0.15}{\cos 30^\circ} = 9.83(^\circ)$$

$$\therefore\ \eta_1 = \frac{\tan\alpha}{\tan(\alpha+\rho')} = \frac{\tan 1.56^\circ}{\tan(1.56^\circ + 9.83^\circ)} = 0.135 = 13.5(\%)$$

(3) 1줄일 때 위 (1)항에서 피치 6.35mm이므로, 2줄 나사일 때 피치(p)는

$$p = 6.35 \times 2 = 12.7(\mathrm{mm})$$

$$\alpha = \tan^{-1}\frac{p}{\pi d_e} = \tan^{-1}\frac{12.7}{\pi\times 74.3} \fallingdotseq 3.11(^\circ)$$

$$\therefore\ \eta_2 = \frac{\tan\alpha}{\tan(\alpha+\rho')} = \frac{\tan 3.11^\circ}{\tan(3.11^\circ + 9.83^\circ)} \fallingdotseq 0.23 = 23(\%)$$

예제 1-7 유효 지름 18.376mm, 피치 2.5mm인 미터 나사에 1kN의 수직 하중이 작용할 때, 효율을 구하여라. 단, $\mu = 0.1$ 이다.

Solution

$$\mu' = \frac{\mu}{\cos\alpha/2} = \frac{0.1}{\cos 30^\circ} = 0.1155$$

$$T = W\frac{d_e}{2}\frac{p+\mu'\pi d_e}{\pi d_e - \mu' p} = 1000 \times \frac{18.376}{2} \times \frac{2.5 + 0.1155\times\pi\times 18.376}{\pi\times 18.376 - 0.1155\times 2.5} \fallingdotseq 1470(\mathrm{N})$$

하중과 비틀림을 동시에 받으므로, 식 (1-13)에서

$$\eta = \frac{Wp}{2\pi T} = \frac{1000\times 2.5}{2\pi\times 1470} = 0.27 = 27\ (\%)$$

제1장 연습문제

•논문형

1. 나사의 피치와 리드에 대하여 설명하여라.
2. 다음과 같이 표시된 나사의 의미를 설명하여라.
   (1) M18　　(2) M16×1.5
   (3) 1−8UNC　　(4) 1/2−20UNF
   (5) Tr×8
3. 4각 나사와 사다리꼴 나사의 차이점과 용도를 비교 설명하여라.
4. 나사의 풀림 방지 방법을 열거하고, 설명하여라.
5. 3각 나사의 상당 마찰 계수에 대하여 설명하여라.
6. 3각 나사가 4각 나사에 비하여 이완이 어려운 이유를 설명하여라.
7. 3각 나사와 4각 나사의 자립 상태를 비교 설명하여라.
8. 4각 나사의 회전력과 토크의 계산식을 유도하여라.
9. 체결용 나사와 운동용 나사의 효율에 대하여 비교 설명하여라.

•계산형

1−1. 다음에 표시된 나사들의 리드를 구하여라.
   (1) 2줄 18산 유니파이 보통 나사　　(2) 3/4−10 UNC인 2줄 나사
   (3) 피치 2mm인 2줄 미터 나사　　(4) Tr 20×4인 3줄 나사

1−2. 바깥 지름 20mm, 피치 2.5mm인 각나사의 리드각을 구하여라

1−3. 미터 나사와 30° 사다리꼴 나사에 대한 다음을 구하여라. 단, $\mu=0.15$이다.
   (1) 상당 마찰 계수(μ')　　(2) 마찰각(ρ')

1−4. 각나사의 마찰 계수 0.15일 때, 다음을 구하여라.
   (1) 자립 상태에서의 효율(η)
   (2) 나사가 자립 조건을 유지하기 위한 나선각의 크기(α)

1−5. 리드 50mm인 2줄 각 나사의 골 지름 60mm일 때, 유효 지름을 구하여라.

1−6. 바깥 지름 50mm인 각 나사가 2.5회전하고, 25mm 전진할 때 다음을 구하여라. 단, 스패너 길이 100mm, 나사에 받는 하중 5kN, $d_e=38$mm, $\mu=0.2$이다.
   (1) 나선각(α)　　(2) 회전력(P)

1−7. 20kN의 하중을 받는 M30(유효지름 27.7mm, 피치 3.5mm)인 나사에 대한 다음을 구하여라. 단, $\mu=0.15$이다.
   (1) 결합력(P_1)　　(2) 2줄 나사일 때의 결합력(P_2)

1−8. 바깥 지름 40mm이고, 나사가 2회전할 때, 축 방향으로 16mm 이동하는 각나사의 다음을 구하여라. 단, 나사산 높이 5mm이다.
   (1) 유효 지름 (d_e)　　(2) 결합력 150N일 때, 수직 하중(W)

1−9. Tr 26×8인 30° 사다리꼴 1줄 나사가 9.8kN의 축 하중을 받을 때, 회전 토크를 구하여라. 단, 유효 지름 22mm, $\mu=0.15$이다.

1－10. 바깥 지름 40mm(유효지름 37mm), 피치 6mm인 각나사에 수직 하중 3kN이 작용할 때, 다음을 구하여라. 단, $\mu=$ 0.1이다.

(1) 결합력(P) (2) 회전 모멘트(T)

1－11. 35kN의 하중을 올리는 프레스 나사의 바깥 지름 100mm, 골 지름 80mm, 피치 50.8mm일 때, 볼트에 작용하는 회전 토크를 구하여라. 단, $\mu=$ 0.1이다.

1－12. M16인 미터 나사와 각나사의 효율을 비교하여라. 단, $\mu=0.15$, 피치 0.2cm이다.

1－13. 바깥 지름 36mm, 피치 8mm 인 각나사의 산 높이(h)가 피치의 1/2일 때, 효율을 구하여라. 단, $\mu'=0.12$이다.

1－14. Tr 36×6(유효지름 33mm)인 사다리꼴 나사에 1.5kN의 하중이 작용할 때, 다음을 구하여라. 단, $\mu=0.15$이다.

(1) 회전력(P) (2) 회전 토크(T)

(3) 효율(η)

1－15. TM 28인 나사에 대하여 다음을 구하여라. 단, 유효지름 25.5mm, 피치 5mm, $\mu=0.1$이다.

(1) 1줄 나사일 때의 효율(η_1) (2) 2줄 나사일 때의 효율(η_2)

(3) $\mu=0.08$로 감소시킬 때의 효율(η_3) : (단, 1줄 나사일 때)

1－16. M 24인 나사에 축 하중 10kN이 작용할 때, 다음을 구하여라. 단, $\mu=0.1$이다.

(1) 상당 마찰 계수(μ') (2) 나사를 죌 때의 결합력(P)

(3) 회전 토크(T) (4) 나사의 효율(η)

1－17. 결합용 A 나사의 유효 지름 4.5mm, 피치 0.8mm, B 나사의 유효 지름 7mm, 피치 1mm 일 때, 다음을 구하여라. 단, $\mu=$ 0.1이다.

(1) A, B 나사의 효율(η_A, η_B) (2) 결합용 나사로 적합한 나사의 검토

Answer

1－1. (1) 2.822mm (2) 5.08mm (3) 4mm (4) 12mm　1－2. 2°26′
1－3. (1) 0.173(미터 나사), 0.155(사다리꼴 나사) (2) 9.8°(미터 나사), 8.8°(사다리꼴 나사)
1－4. (1) 47.75% (2) 8.53°　1－5. 72.5mm　1－6. 18.3kN　1－7. (1) 4kN (2) 5kN
1－8. (1) 35mm (2) 667N　1－9. 32N·m　1－10. (1) 0.457kN (2) 8.46N·m
1－11. 44kN·cm　1－12. (1) 19.9% (2) 21.9%　1－13. 39.81%
1－14. (1) 0.264kN (2) 4.4kN (3) 34.7%　1－15. (1) 37.6% (2) 54% (3) 42.8%
1－16. (1) 0.1155 (2) 1.6kN (3) 17.6N·m (4) 27%
1－17. (1) η_A=32.9%, η_B=32.9% (2) 생략

제2장 볼트 · 너트(Bolt · Nut)

볼트는 모든 기계의 조립과 해체가 쉬우므로, 각종 기계 부품의 죔 용으로 많이 사용되는 기계요소이다. 볼트와 너트의 종류는 대부분이 KS 규격으로 제정되어 있다.

2-1 일반 사항

1. 볼트의 종류

① **모양에 따라** : 6각 및 4각 볼트, 6각 구멍붙이 볼트(KS B 1003), 스테이 볼트, 아 이 볼트(KS B 1033), T 볼트(KS B 1038), 리머 볼트, 나비 볼트(KS B 1005), 전단 볼트, 기초 볼트(KS B 1016), 훅 볼트, 둥근 머리 4각목 볼트(KS B 1031), 6 각 구멍 붙이 둥근 머리 볼트(KS B 1061), 와셔 조립 6각 볼트(KS B 1040), 접시 머리 볼트(KS B 1017), 용접 볼트(KS B 1057) 등이 있다(그림 2-2 참조).

② **사용 방법**에 따라 : 관통 볼트, 탭 볼트, 스터드 볼트가 있다(그림 2-1 참조).

③ **다듬질 정도**에 따라 : 상 볼트, 중 볼트, 보통 볼트가 있다.

(1) 관통 볼트(through bolt)

결합하는 2개의 부재에 볼트의 지름보다 약간 큰 구멍을 드릴로 뚫은 후, 여기에 볼트를 삽입하여 너트로 죄는 것이다.

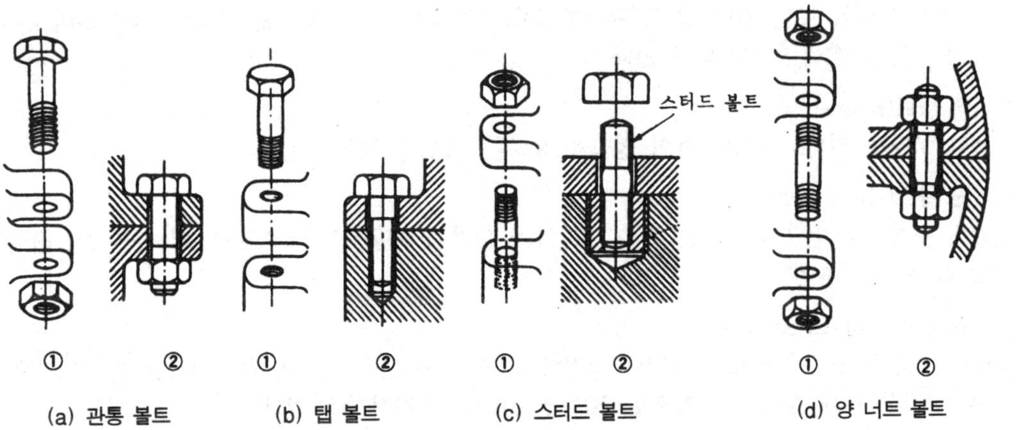

그림 2-1. 사용 방법에 따른 볼트의 종류

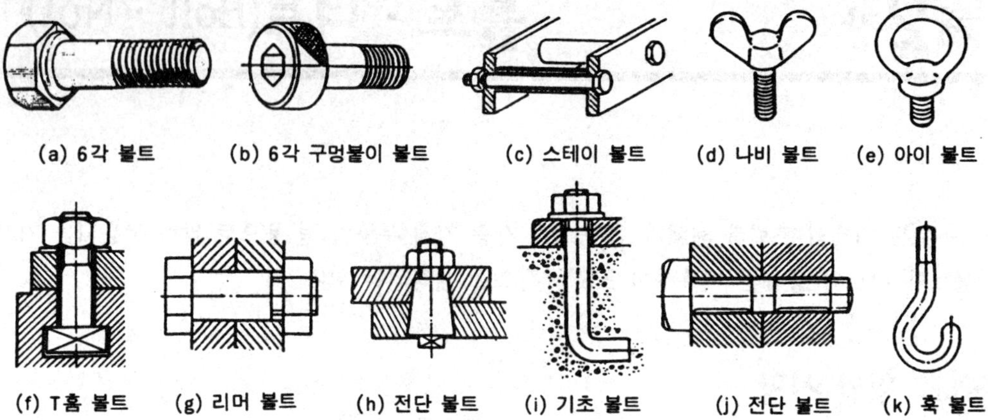

그림 2-2. 볼트의 종류

(2) 6각 구멍붙이 볼트(hexagon cap bolts)

머리부가 원형으로서, 너링(knurling)되어 있으며, KS B 1003에 규격화되어 있다. 사용은 6각 구멍이 만들어진 윗면에 6각 렌치를 끼워서 조이고, 풀을 때 사용된다.

(3) 스테이 볼트(stay bolt)

2개의 부재 사이를 일정하게 간격을 유지시키면서 체결하는 데 사용된다.

(4) 나비 볼트(wing bolt)

머리가 나비 날개 모양으로 간단하게 죌 때 사용되며, KS B 1005에 규격화되어 있 다. 종류는 1종(날개 끝 반원형), 2종(날개 끝 각형), 3종(판을 프레스 가공)이 있다.

(5) 아이 볼트(eye bolt)

머리부가 원형으로 구멍이 뚫어져 핀을 끼우거나 훅(hook)을 걸어서 무거운 물체 를 들어 올릴 때 사용되는 것으로, KS B 1033에 규격화되어 있다.

(6) T홈 볼트(T slot bolt)

공작 기계 테이블 또는 정반 등 T홈에 끼워서 가공물을 고정시킬 때, 위치를 조정 하며 사용되는 것으로, KS B 1038에 규격화되어 있다.

(7) 리머 볼트(reamer bolt)

볼트와 구멍을 리머로 다듬질하여 정밀을 요하는 경우에 사용된다.

(8) 전단 볼트(shear bolt)

결합된 부재에서 전단이 생기는 것을 방지하기 위하여 사용되는 것으로서, 리머 볼 트, 테이퍼 볼트, 링, 핀 등이 사용된다.

(9) 기초 볼트(foundation bolt)

볼트의 한쪽 끝을 콘크리트의 바닥에 고정하고, 다른 쪽 끝의 나사부에는 너트를 끼 워 기계, 구조물 등을 고정하는 데 사용되는 것으로, KS B 1016에 규격화되어 있다.

종류는 모양에 따라 L형, J형, LA형 및 JA형의 4종류가 있다.

(10) 훅 볼트(hook bolt)

머리부가 고리 모양으로 되어 있어서, 무거운 물체를 걸어 올릴 때 사용된다.

(11) 탭 볼트(tap bolt)

암나사가 만들어진 상대편 부재에 너트를 사용하지 않고, 볼트만으로 2개의 부재를 결합하는 것이다. 용도는 주로 볼트 구멍을 통하게 뚫을 수 없을 때 사용한다.

(12) 스터드 볼트(stud bolt)

암나사가 만들어진 상대편 부재와 관통된 위 부재에 스터드 볼트를 끼운 후, 너트를 사용하여 결합하는 것으로, 양 너트 볼트라고도 하며, KS B 1037에 규격화되어 있다.

(13) 둥근 머리 4각목 볼트(cup head square neck bolt : KS B 1031)

(14) 6각 구멍붙이 둥근 머리 볼트(hexagon soket button head bolt : KS B 1061)

(15) 와셔 조립 6각 볼트(hexagon head bolt captive washer : KS B 1040)

(16) 접시 머리 볼트(flat head bolt : KS B 1017)

2. 너트의 종류

(1) 규격에 정해진 너트

6각 너트(KS B 1012), 4각 너트(KS B 1013), 나비 너트(KS B 1014), 홈붙이 6각 너트(KS B 1015), 6각 캡 너트(KS B 1026), 아이 너트(KS B 1034), 플랜지붙이 6각 너트(KS B 1043), T홈 너트(KS B 1039), 용접 너트(KS B 1058)가 있다.

(2) 규격에 없는 너트

로크 너트, 와셔붙이 너트, 스프링 판 너트, 플레이트 너트, 원형 너트, 간편 너트, 슬리브 너트, 모따기 너트, 자동 죔 너트, 구름 베어링 너트 등이 있다(그림 2-3 참조).

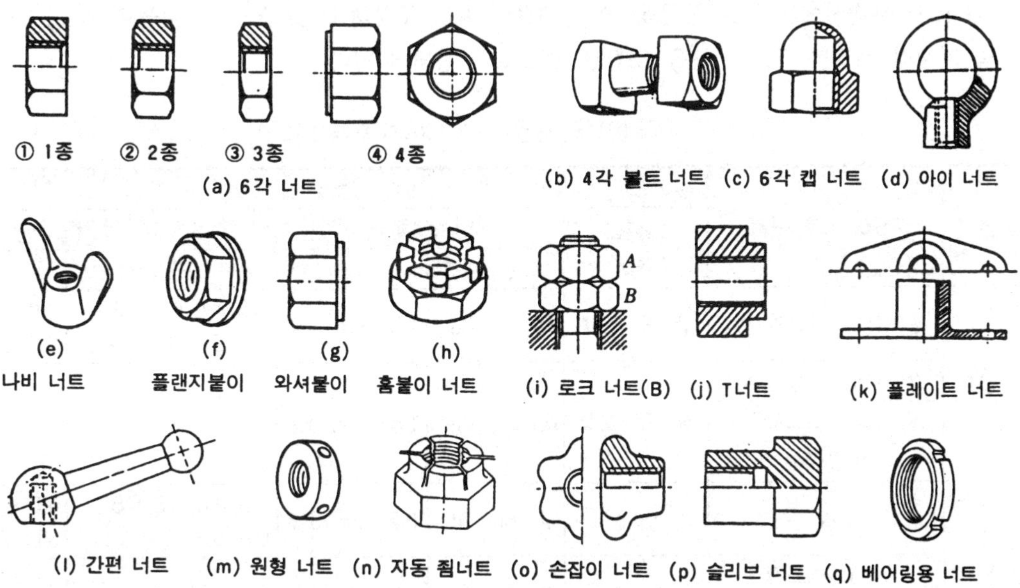

그림 2-3. 너트의 종류

3. 6각 볼트

(1) 종 류

KS B 1002에는 부품 등급(나사의 등급을 포함.) 및 기계적 성질의 강도 구분[스테인리스 볼트의 경우에는 성상(性狀) 구분]을 조합한 것으로 규정되어 있다(표 2-1).

표 2-1. 볼트의 종류와 부품 등급 및 강도 구분(KS B 1002 표 2)

볼트의 종류	재료에 의한 구분	등급		비 고	
		부품 등급	강도 구분 또는 성상구분		
호칭 지름 6각 볼트	강	A, B	8.8	볼트의 축부가 나사부와 원통부로 되고, 원통부의 지름이 대략 호칭 지름인 것.	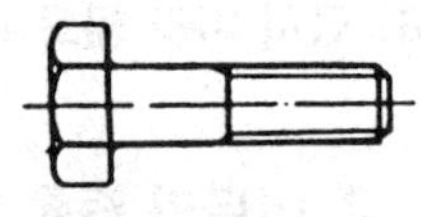
		C	4.6, 4.8		
	스테인리스강	A, B	A2−70		
	비철금속	A, B	−		
유효 지름 6각 볼트	강	B	5.8, 8.8	볼트의 축부가 나사부와 원통부로 되어 지름이 대략 유효 지름인 것.	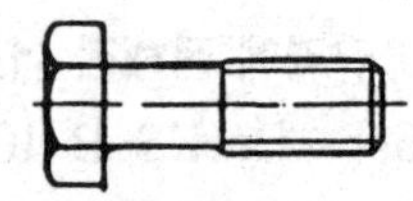
	스테인리스강		A2−70		
	비철금속		−		
온 나사 6각 볼트	강	A, B	8.8	볼트의 축부 전체가 나사부로서 원통부가 없는 것.	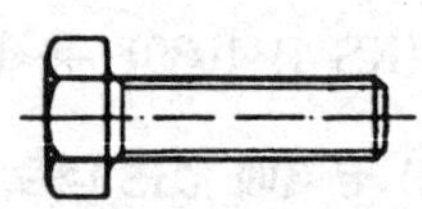
		C	4.6, 4.8		
	스테인리스강	A, B	A2−70		
	비철금속	A, B	−		

(2) 등급(KS B 1002의 부속서 : ISO 4014에 따르지 않는 6각 볼트)

KS B 1002 부속서에는 볼트 등급을 제품 재료에 따라 구분하고, 표 2-2의 다듬질 정도, 나사의 등급 및 기계적 성질의 강도 구분을 조합한 것으로 규정되어 있다.

표 2-2. 6각 볼트의 등급(KS B 1002의 부속서 표 2)

종류	재료에 의한 구분	등급				
		다듬질 정도	나사의 등급		기계적 성질의 강도 구분	
			Ⅰ란(우선)	Ⅱ란	Ⅰ란(우선)	Ⅱ란
6각 볼트	강(M 39 이하일 때)	상, 중, 보통	4h, 6g, 8g	1급, 2급, 3급	4.6, 4.8, 5.6, 5.8 6.8, 8.8, 10.9, 12.9	4T, 5T 6T, 7T
	강(M 42 이상일 때)	상, 중, 보통	6h, 6g, 8g	1급, 2급, 3급	−	−
	스테인리스강					
	비철금속					
소형 6각 볼트	강	상, 중	4h, 6g, 8g	1급, 2급, 3급	4.6, 4.8, 5.6, 5.8 6.8, 8.8, 10.9, 12	4T, 5T 6T, 7T
	스테인리스강	상, 중	4h, 6g, 8g	1급, 2급, 3급	−	−
	비철금속					

표 2－3. 볼트의 기계적 성질

(인장강도, 항복점 : N/mm²)

구분		0T	4T	참고				
				5T	6T	7T	8T	10T
인장 강도		–	400이상	500 이상	600 이상	700 이상	800 이상	1000 이상
경도(H_B)		–	105～229	135～241	170～255	201～277	229～321	293～352
참 고	연신율(%)	–	10 이상	10 이상	10 이상	15 이상	15 이상	15 이상
	항복점	–	240 이상	300 이상	420 이상	480 이상	660 이상	940 이상
적용 재료		–	SS 41 SM 20C MSWR 3	SS 50 SM 35C SM 20C－D HSWR 1	SM 40C SM 35C－D HSWR 2	SM 45C SM 50C	SCr 2 SCr 3 SCM 2 SCM 3	SNCM 5 SNCM 7 SNCM 8

표 2-4. 강재 볼트와 작은나사의 기계적 성질 관계(KS B 0233)

기계적 성질 \ 재료의 강도 구분			3.6	4.6	4.8	5.6	5.8	6.8	8.8		9.8[2]	10.5	12.9
									d≦16	d≧16(1)			
인장강도[3] N/mm² {kgf/mm²}		호칭	300	400		500		600	800	800	900	1000	1200
		최소	330 (33.7)	400 (40.8)	420 (42.8)	500 (51.0)	520 (53.0)	600 (61.2)	800 (81.6)	800 (84.6)	900 (91.8)	1040 (106)	1220 (124)
심부 경도	빅커스 경도(HV)	최소	95	120	130	155	160	190	230	255	280	310	372
		최대	220					250	300	336	360	382	434
	브리넬 경도(HB)	최소	90	114	124	147	152	181	219	242	266	295	353
		최대	209					238	285	319	342	363	412
	록웰 경도 HR B	최소	52	67	71	79	82	89	-	-	-	-	-
		최대	95					99	-	-	-	-	-
	록웰 경도 HR C	최소	-	-	-	-	-	-	20	23	27	31	38
		최대	-						30	34	36	39	44
표면 경도 (HV)		최대	-						320	356	380	402	454
항복점 또는 내력[4] N/mm² (kgf/mm²)		호칭	180	240	320	300	400	480	640	640	720	900	1080
		최소	190 (19.4)	240 (24.5)	340 (34.7)	300 (30.6)	420 (42.8)	480 (48.9)	640 (65.3)	640 (67.3)	720 (73.4)	940 (95.9)	1100 (112)
허용 하중 응력	응력비[5]		0.94	0.94	0.91	0.94	0.91	0.91	0.91	0.91	0.91	0.88	0.88
	N/mm² (kgf/mm²)		180 (18.4)	225 (22.9)	310 (31.6)	280 (28.6)	380 (38.7)	440 (44.9)	580 (59.1)	600 (61.2)	650 (66.3)	830 (84.6)	970 (98.9)
파단후 신장		최소	25	22	14	20	10	8	12	12	10	9	8

(주) (1) 강구조용 볼트의 경우에는, 나사 호칭지름 12mm이상인 것을 적용한다.
(2) 나사호칭지름 16mm 이하의 암나사 부품에 적용한다.
(3) 인장강도의 최소값은 시험편 및 제품에 적용한다. 또 제품의 파단은 나사부분 또는 원통부분에 일어나고, 위부분과 원통부분과의 이음에 생겨서는 안 된다.
(4) 항복점이 명확하지 못한 것은 영구 신률 0.2%의 내력에 의한다.
(5) 허용 보증 응력에 대한 연구 신율은 12.5μm 이하로 한다.

표 2-3에서 기계적 성질을 나타내는 기호 4T에서 4는 인장 강도가 400N/mm^2 이상이라는 것을 나타내고, 8T 이상의 인장 강도를 갖는 볼트를 고력(高力) 볼트(high tension bolt)라고 하며, 이것은 주로 교량, 철골 구조물등에 사용된다. T는 인장 강도(Tensile strengh)의 머리 문자를 딴 것이다.

① **부품 등급**

등급 A, B, C는 KS B 0238의 일반용 나사부품의 등급에 따른다. 이것은 일반용 나사 부품에 있어서 정밀도를 부품 등급 A, B, C의 3단계 등급으로 규정한 것이다.

a. **등급 A** : 볼트와 그 나사 부분의 정밀도가 높고, 기타의 부분은 보통의 정밀도인 것이다. 적용은 비교적 소형의 볼트 즉, 호칭 M24 이하로서 호칭 길이 10d 이하로서 150mm를 넘지 않는 것으로 한다.

b. **등급 B** : 등급 A보다 큰 치수 영역의 볼트로서, 호칭 M24 이하로서 호칭 길이 10d 또는 150mm 이상으로 한다. 또 등급 C는 특별히 치수상 구분은 없다.

② **강도 구분**[성상(性狀) 구분]

a. 나사의 부품에 사용되는 재료의 강성 정도를 구분한 것으로서, 3.6~12.9(표 2-4)의 숫자로 되어 있다.

예1 "4.6"(강제 볼트)에서 4는 호칭 인장 강도(N/mm^2)의 1/100이 4로서 볼트의 인장 강도 400N/mm^2(40.8kg_f/mm^2) 이상인 것을 나타낸다. 또 소숫점 이하 6은 호칭 항복점(N/mm^2) 또는 호칭 내력(耐力)(N/mm^2)이 상기의 호칭 인장 강도 (N/mm^2)의 60%인 것을 나타낸다.

예2 "A2-70"(스테인리스 강제 볼트)에서 A2는 강종(鋼種)의 구분으로 오스테나이트계(系)를 나타내고, 70은 강도 구분(냉간 가공, 인장 강도 700N/mm^2 이상)을 나타낸다.

b. 강도 구분 4.6, 5.6 및 8.8 이상의 6각 볼트 및 작은 나사의 강도 구분 표시는 볼트의 각인(刻印 : 양각 또는 음각) 기호를 그림 2-4와 같이 머리부 윗면 또는 옆면에 실시한다(KS B 0233).

(3) 기계적 성질

강제 볼트의 기계적 성질은 KS B 0233 본문의 기계적 성질의 강도 구분(표 2-4에서 3.6, 4.6, 4.8, 5.6, 5.8, 6.8, 8.8, 9.8, 10.9, 12.9)에 따르고, 스테인리스 볼트의 기계적 성질은 KS B 0241의 성상 구분에 따른다.

(4) 볼트의 재료 : 강제 볼트는 KS B 0233의 4.(재료)에 따른다.

① 3.6, 4.6, 4.8, 5.6, 5.8, 6.8은 탄소강으로 한다.

② 8.8, 9.8, 10.9, 는 첨가 원소(B, Mn 또는 Cr)를 갖는 탄소강으로 한다.

③ 12.9는 퀀칭 및 템퍼링한 합금강으로 한다.

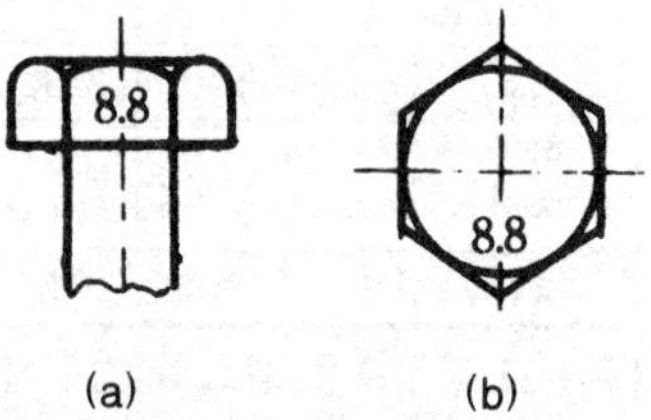

그림 2-4. 볼트의 강도 표시

2-2 볼트 · 너트의 설계

1. 볼트의 설계

[1] 하중을 받는 볼트의 설계

볼트, 너트는 여러 가지의 하중이 조합하여 작용하므로 하중만 취하여 강도나 크기를 정하기는 매우 곤란하다. 그러나 일반적으로 다음 세 가지의 경우로 나누어 설계한다.

① 볼트에 직각으로 전단만을 받을 때 ② 볼트에 축 하중만을 받을 때

③ 볼트에 축 하중과 비틀림을 동시에 받을 때

(1) 볼트의 축에 직각으로 전단만 받을 때

볼트의 축에 직각 방향으로 전단 하중을 받는 경우로서, 이러한 것에는 플랜지 커플링(plange coupling)의 이음 볼트나 철골 구조물의 이음 볼트 등이 있다.

그림 2-5와 같이 볼트의 축에 대하여 직각 방향으로 하중을 받을 때 발생하는 하중(W), 전단 응력(τ_a), 지름(d)은 다음의 식으로 구한다.

W: 축의 직각 방향 인장 하중 (N)

τ_a : 허용 전단 응력 (N/mm^2)일 때

$$W=\frac{\pi}{4}d^2\tau_a \qquad (2-1)$$

$$\tau_a=\frac{W}{\frac{\pi}{4}d^2} \qquad (2-2)$$

$$d=\sqrt{\frac{4W}{\pi\tau_a}} \qquad (2-3)$$

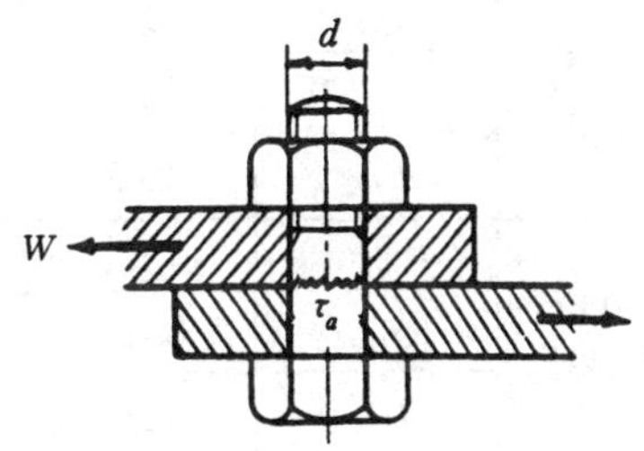

그림 2-5. 전단 하중을 받는 볼트

＊ 설계상 주의

① 일반적으로 볼트에 대한 안전율(S)이 3으로 주어졌을 때, 허용 응력은 3/4×K/S (3/4 : 약 75% 낮게 계산)로 한다.

② 볼트의 지름은 안전을 기하기 위하여 KS 규격(표 2-4)에 맞추어 계산 값보다 큰 값으로 호칭 치수를 취한다.

③ 볼트의 축에 직각으로 전단을 받을 때에는 되도록 적당한 방법으로 대치한다.

(2) 볼트의 축에 인장 하중만 받을 때

볼트의 축 방향으로 하중을 받는 경우로서, 이것에는 훅 볼트(hook bolt), 아이 볼트(eye bolt) 등이 있다.

① **하중, 골 지름, 인장 응력** : 그림 2-6과 같이 인장 하중만이 볼트의 축에 단순히 작용하면 수나사의 골지름이 위험 단면으로 된다. 이 때에 나사부의 단면에 발생하 는 하중(W), 골 지름(d_1), 인장 응력(σ_t)은 다음의 식으로 구한다.

W : 축 방향 인장 하중(N)

d_1 : 나사의 골 지름(mm)

σ_t : 볼트의 인장 응력(N/mm^2) 일 때

$$W=\frac{\pi}{4}d_1^2\sigma_t \qquad (2-4)$$

$$d_1=\sqrt{\frac{4W}{\pi\sigma_t}} \qquad (2-5)$$

$$\sigma_t=\frac{W}{\frac{\pi}{4}d_1^2} \qquad (2-6)$$

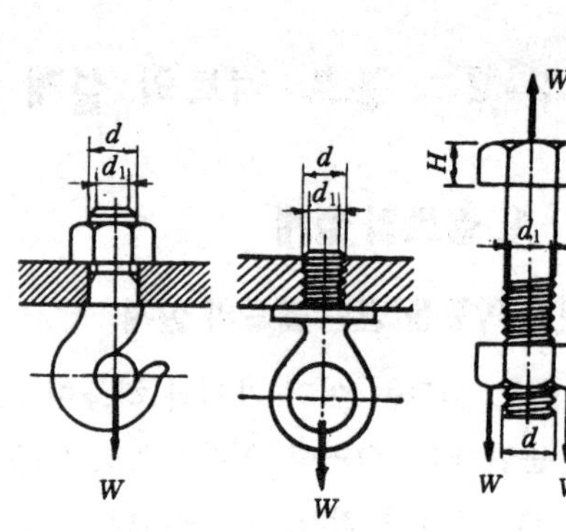

(a) 훅 볼트 (b) 아이 볼트 (c)

그림 2−6. 인장 하중을 받는 볼트

② **지름** : 볼트의 호칭 지름은 일반적으로 바깥 지름 d로 호칭하므로, 식 (2−4)에서

$$W=\frac{\pi}{4}\left(\frac{d_1}{d}\right)^2 d^2\sigma_t \qquad (2-7)$$

로 되고, 위 식에서 (d_1/d) 또는 $(d_1/d)^2$의 값을 나타내면 표 2−5와 같다.

표 2−5. 볼트의 (d_1/d)과 $(d_1/d)^2$의 값

인치 나사	d (인치)	3/8	1/2	5/8	3/4	1	1 1/2	2
	(d_1/d)	0.786	0.786	0.814	0.830	0.840	0.858	0.853
	$(d_1/d)^2$	0.62	0.62	0.66	0.69	0.71	0.74	0.74
미터 나사	d (mm)	10	12	16	20	24	39	52
	(d_1/d)	0.792	0.797	0.827	0.827	0.829	0.858	0.867
	$(d_1/d)^2$	0.63	0.64	0.68	0.68	0.68	0.74	0.75

위 식 (2−7)에서 $(d_1/d)^2$의 값을 간단히 하기 위하여 나사의 지름에 관계없이 일정하다 하고, 그 최소값인 0.63을 채택하면, 그 값보다 큰 값에 대하여서는 더욱 안전하게 된다. 고로 위 식 (2−7)에서

$$W=\frac{\pi}{4}\left(\frac{d_1}{d}\right)^2 d^2\sigma_t=\frac{\pi}{4}\times 0.63d^2\sigma_t \fallingdotseq 0.5d^2\sigma_t=\frac{1}{2}d^2\sigma_t$$

위 식에서 σ_t 대신에 허용 인장 응력 σ_a를 사용할 때, 볼트의 지름(d)은

$$d=\sqrt{\frac{2W}{\sigma_a}} \qquad (2-8)$$

＊ 설계상 주의

허용 응력 σ_t 의 값은 볼트의 공작이 양호할 때 $\sigma_t=$ 60N/mm^2 으로 취하고, 공작이 불량일 때 $\sigma_t=$ 48N/mm^2으로 취한다.

③ **볼트 머리 높이** : 그림 2−17 (c)에서 볼트의 머리 높이(H)는 다음과 같다.

A : 볼트의 단면적 ($A=W/\tau$ 또는 $A=\pi dH$), τ : 볼트 머리의 전단 응력 (W/A)일 때

$$H=\frac{A}{\pi d} \qquad (2-9)$$

(3) 볼트의 축 방향에 하중과 비틀림을 받을 때

그림 2−7과 같이 스크루 잭(screw jack)이나 프레스(press)의 나사봉과 같이 축방향의 하중과 비틀림을 동시에 같이 받을 때를 말한다.

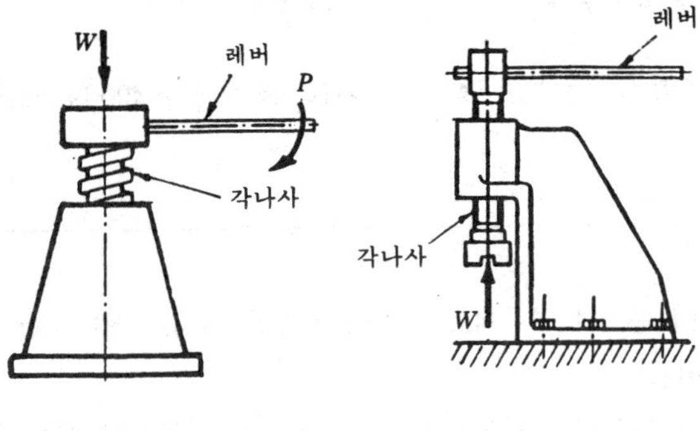

(a) 스크루 잭 (b) 프레스

그림 2−7. 스크루 잭과 프레스

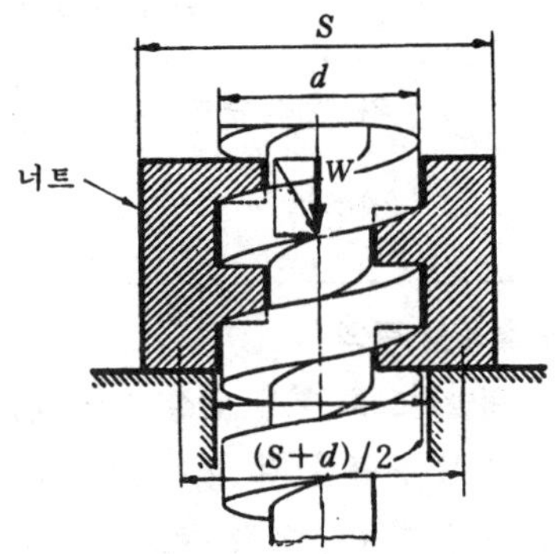

그림 2−8. 너트의 치수와 자리면

① 볼트가 받는 응력 : 축 방향에 축 하중과 비틀림이 동시에 작용할 때에는 하중 W에 의한 인장 응력(σ_t)과 비틀림 모멘트(T)에 의한 전단 응력(τ_a)이 발생한다.

a. 인장 응력 : 축 하중만을 받는 인장 응력을 구하는 식 (2−6)을 그대로 사용한다.

$$\sigma_t = \frac{W}{\frac{\pi}{4} {d_1}^2} \qquad (2-10)$$

위 식의 값은 일반적으로 연강일 때 σ_t=100N/mm²로 취한다.

b. 전단 응력(비틀림 응력) : 나사의 회전 토크는 $T = W\frac{d_e}{2}\tan(\alpha+\rho)$이므로, 볼트에 W의 하중을 줄 때 생기는 인장 응력 외에 나사를 비트는 데 필요한 나사산 사이의 회전 토크 T가 전달되어야 되고, 따라서 비틀림 작용을 받아서 볼트 내부에 전단 응력(τ_a)이 추가되어 다음과 같이 나타낸다.

$$\tau_a = \frac{T}{\frac{\pi}{16}{d_1}^3} = \frac{W\frac{d_e}{2}\tan(\alpha+\rho)}{\frac{\pi}{16}{d_1}^3} \qquad (2-11)$$

위 식의 값은 일반적으로 연강일 때 τ_a=85N/mm² 으로 취한다.

c. 합성 응력 : 수나사의 골 단면 바깥 홈에 인장 응력(σ_t)과 전단 응력(τ_a)이 동시 에 작용하는 것을 합성(合成) 응력 또는 상당(相當) 응력이라 한다.

나사골에 인장 응력과 비틀림 응력이 동시에 생기고, 볼트 재질이 연강이나 반 경강일 때 다음의 전단 변형 에너지설 또는 최대 전단 응력설이 적용된다.

$$\left.\begin{aligned} \sigma_{\max} &= \sqrt{{\sigma_t}^2 + 3{\tau_a}^2} \ (\text{전단 변형 에너지설}) \\ \tau_{\max} &= \sqrt{{\sigma_t}^2 + 4{\tau_a}^2} \ (\text{최대 전단 응력설}) \end{aligned}\right\} \qquad (2-12)$$

가. **합성 인장 응력** : 랜킨의 최대 주 응력설에 따라 다음과 같이 나타낸다.

$$\left.\begin{aligned}\sigma_{max} &= \frac{\sigma_t}{2}+\sqrt{\left(\frac{\sigma_t}{2}\right)^2+\tau_a{}^2}=\frac{\sigma_t}{2}+\frac{1}{2}\sqrt{\sigma_t{}^2+4\tau_a{}^2} \quad ① \\ &= 0.35\sigma_t+0.65\sqrt{\sigma_t^2+4(\alpha_o\tau_a)^2} \quad ②\end{aligned}\right\} \quad (2-13)$$

위 ②식에서 $\alpha_0=\dfrac{\sigma_t}{1.3\tau_a}$로 구하고, 연강일 때 $\sigma_t=600\,\text{N/cm}^2$, $\tau_a=400\,\text{N/cm}^2$ 으로 취한다.

> *** 설계상 주의**
> ① 일반적으로 허용 인장 응력 σ_t에 대하여 볼트가 연강제로 공작이 양호할 때 σ_t=60N/mm², 공작이 불량일 때 σ_t=40N/mm²로 취한다.
> ② 나사 재료의 인장 강도 σ_t 가 주어지면 이것에 안윈(Unwin)의 안전율을 적용하는 것이 좋다.

나. **합성 전단 응력** : 볼트가 연강과 같은 연성 재료일 때 게스트의 최대 전단 응력 설에 따라 다음과 같이 나타낸다.

$$\tau_{max}=\sqrt{\left(\frac{\sigma_t}{2}\right)^2+\tau_a{}^2}=\frac{1}{2}\sqrt{\sigma_t{}^2+4\tau_a{}^2} \quad (2-14)$$

일반적으로 미터 나사(10~52mm)에서 많이 사용되는 M20일 때 $d_1=17.294$mm, $d_e=18.376$ mm, $p=1.5$ mm, $\mu=0.15$이므로,

$\alpha=2°\ 28'$, $\rho'=9°\ 47'$ 이 되고, $d_e=0.92d$, $d_1=0.86d$ 의 관계에서

$$\left.\begin{aligned}T &= W\frac{d_e}{2}\tan(\alpha+\rho')=W\frac{0.92d}{2}\tan(9°\ 47'+2°\ 28') \\ &=0.1Wd=0.1W\frac{d_1}{0.86}=0.12Wd_1\end{aligned}\right\} \quad (2-15)$$

의 관계가 성립되므로

$$\tau_a=\frac{T}{\frac{\pi}{16}d_1{}^3}=\frac{0.12Wd_1}{\frac{\pi}{16}d_1{}^3}=0.48\sigma_t \quad (2-16)$$

가 된다. 이것을 위 식 (2-14)에 대입하면, 인장 응력과 비틀림 응력의 합에 의 한 합성 또는 최대 전단 응력(τ_{max})은

$$\tau_{max}=\frac{1}{2}\sqrt{\sigma_t{}^2+4(0.48\sigma_t)^2}\fallingdotseq 0.7\sigma_t\fallingdotseq 1.4\tau_a \quad (2-17)$$

로 되고, 비틀림만을 고려한 식 (2-11)의 τ_a에 대하여 약 1.4배의 응력이 발생하 게 되며, 최대 전단 응력설에 의하면 $\tau_a=\dfrac{\tau_{max}}{1.4}\le\dfrac{\tau_a}{1.4}$가 된다. 또한, 일반적으 로 $\tan(\alpha+\rho)=0.25$, $d_e/d_1=1.05\sim1.20$정도의 값이 사용되므로, 이것을 위 식에 대입하면 다음과 같이 된다.

$$\sigma_{max}=(1.2\sim1.3)\sigma_t,\quad \tau_{max}=(0.7\sim0.8)\sigma_t \quad (2-18)$$

＊ 설계상 주의

① 일반의 강제 나사는 최대 전단 응력 설에 따라 τ_{max} 로 설계하여도 좋으나, 나사 골 단면에 생기는 인장 응력 값의 0.7~0.8배 정도의 전단 응력에 대하여 안전한 것으로 고려하는 것이 좋다.

② 합성 전단 응력(τ_{max})은 허용 전단 응력 값을 넘지 않아야 한다($\tau_{max} \le \tau_a$).

② **볼트의 지름** : 일반적으로 식 (2－18)의 전단 변형 에너지 설에 의하면 $\sigma_{max} \fallingdotseq 1.3\sigma_t$이므로, 비틀림에 의한 응력은 수직 응력의 1/3 정도인 것을 알 수 있다. 따라서 축 하중만이 작용하는 경우에 대하여 1＋1/3배 정도 즉, 4/3배의 축 하중이 작용하는 것으로 볼 때, 식 (2－8)의 W 대신에 $(4/3)W$ 를 대입하면 축 하중과 비틀림이 동시에 작용할 때, 볼트의 지름(d)은 다음과 같이 된다.

$$d=\sqrt{\frac{2\times(4/3)W}{\sigma_a}}=\sqrt{\frac{8W}{3\sigma_a}} \qquad (2-19)$$

[2] 외력을 받는 볼트의 설계

(1) 너트 자리면의 회전 토크

그림 2－9와 그림 2－10에서 스패너로 너트를 죌 때의 마찰력은 너트의 중심 거리 R 인 거리에서 집중하여 작용하므로, 너트 자리면의 회전 토크(T_1)는 다음과 같이 된다.

P : 회전력(N) W : 축방향의 인장력(N), R : 너트와 강판의 접촉면 반지름(mm)

L : 스패너의 유효 길이(mm), S : 너트의 대면(對面) 거리(mm)

μ_1 : 너트 자리면의 마찰 계수일 때

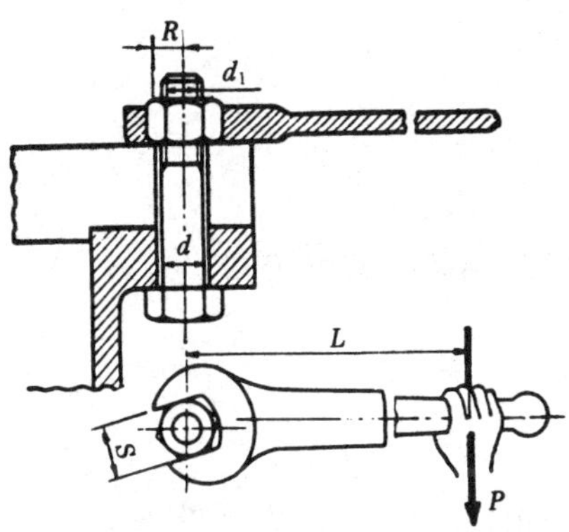

그림 2－9. 결합 볼트의 인장력

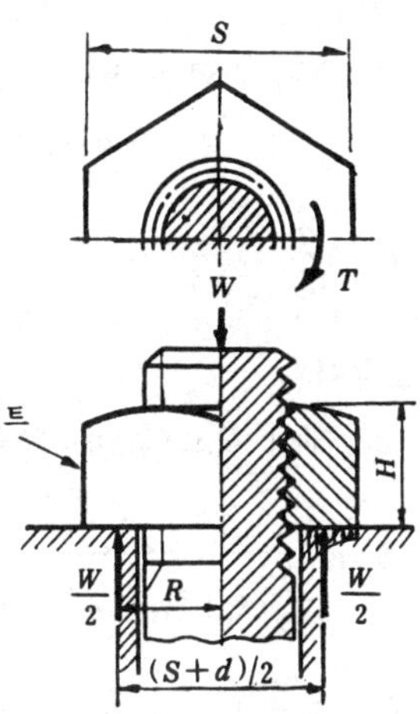

그림 2－10. 너트 자리면

$$\left.\begin{aligned} T_1 &= WR\mu_1 & ① \\ &= \frac{\mu_1 W}{2}\left(\frac{S+d}{2}\right)=\frac{\mu_1(S+d)}{4}W & ② \end{aligned}\right\} \qquad (2-20)$$

위 식에서 ②는 너트와 자리면 사이에 $\mu_1 W$의 마찰력과 접촉면의 평균 지름을 고려하여 회전 토크를 구하는 식으로서 $\left(\frac{S+d}{2}\right) \fallingdotseq 1.3d$로 구하고, 미터 보통 나사일 때 $S \fallingdotseq 1.5d$로 구하되, 표 2-4를 참조한다.

> **＊ 설계상 주의** : 너트 자리면의 마찰 계수 μ_1은 μ보다 약간 작게 취한다.

(2) 너트를 죌 때의 회전 토크 : 나사 회전 토크의 식 (1-8)과 같이 사용된다.

$$T_2 = W\frac{d_e}{2}\tan(\alpha+\rho') \qquad (2-21)$$

(3) 전체의 모멘트

너트 자리 면에서의 마찰 저항 모멘트 T_1과 너트를 죌 때의 모멘트 T_2와의 전체를 죄는데 필요한 모멘트 T는 다음과 같이 된다.

$$\left.\begin{aligned} T &= T_1 + T_2 && ① \\ &= W\left\{\frac{d_e}{2}\tan(\alpha+\rho') + R\mu_1\right\} && ② \\ &= W\left\{\frac{d_e}{2}\tan(\alpha+\rho') + \mu_1\left(\frac{S+d}{4}\right)\right\} && ③ \\ &= PL && ④ \end{aligned}\right\} \qquad (2-22)$$

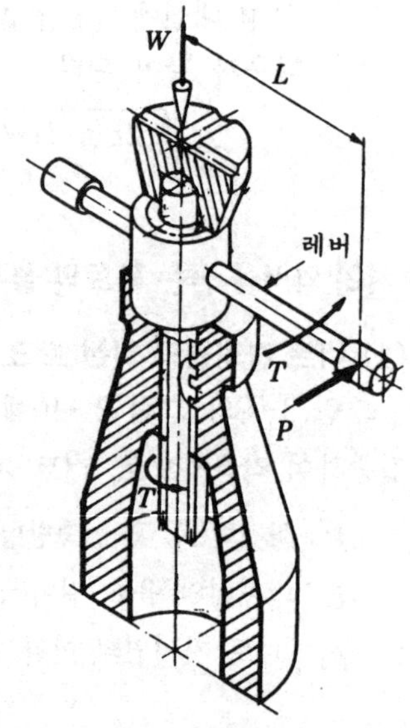

그림 2-11. 레버에 가하는 힘

(4) 레버에 가하는 힘

그림 2-11과 같이 스크루 잭이나 프레스의 나사를 죌 때, 레버에 가하는 힘(P)은 위 식 (2-22)에서 다음과 같이 된다.

$$P = \frac{T}{L} \qquad (2-23)$$

(5) 볼트의 인장력

위 식 (2-22)에서 볼트에 작용하는 인장력(W)은 다음과 같이 된다.

$$W = \frac{PL}{\frac{d_e}{2}\tan(\alpha+\rho') + R\mu_1} \qquad (2-24)$$

단, 위 식에서 일반적으로 $R = 0.75d_1$, $\mu_1 = 0.1 \sim 0.15$, $L = 12d$로 구한다.

(6) 전달 동력

나사에서 하중(W)을 받거나 들어 올리는 데 필요한 소요 동력(H)은 다음과 같다.

$$H_{PS} = \frac{TN}{735} = \frac{Wv}{735} \qquad (2-25)$$

예제 2-1 1-8UNC인 나사로 된 볼트에 너트를 끼워 유효 반지름 12d인 스패너로 150N의 힘으로 죌 때, 볼트에 생기는 인장 응력을 구하여라. 단, $\mu' = 0.15$이다.

(Solution) 표 1-3에서 $d_e = 23.338\ \mathrm{mm}$, $d_1 = 21.963\ \mathrm{mm}$, $p = 3.175\ \mathrm{mm}$ 이므로

$$W = \frac{PL}{\frac{d_e}{2}\frac{p+\mu'\pi d_e}{\pi d_e - \mu' p} + R\mu_1}$$

$$= \frac{150\times(12\times 25.4)}{\frac{23.338}{2}\times\frac{3.175+0.15\pi\times 23.338}{\pi\times 23.338-0.15\times 3.175}+(0.75\times 21.963)\times 0.15}$$

$$= 96\ (\mathrm{kN})$$

$$\therefore\ \sigma_t = \frac{W}{\frac{\pi}{4}d_1^2} = \frac{96\times 10^3}{\frac{\pi}{4}\times 21.963^2} = 254\ (\mathrm{MPa})$$

예제 2-2 그림 2-12의 스크루 잭에 20kN의 축 하중을 밀어올리기 위하여 필요한 레버의 길이를 구하여라. 단, 레버에 가하는 힘 0.7kN, 자리면의 평균 지름 40mm, 나사 치수 $d_e =$ 22.05mm, $p =$ 2.89mm, $\mu = \mu_1 = 0.2$ 이다.

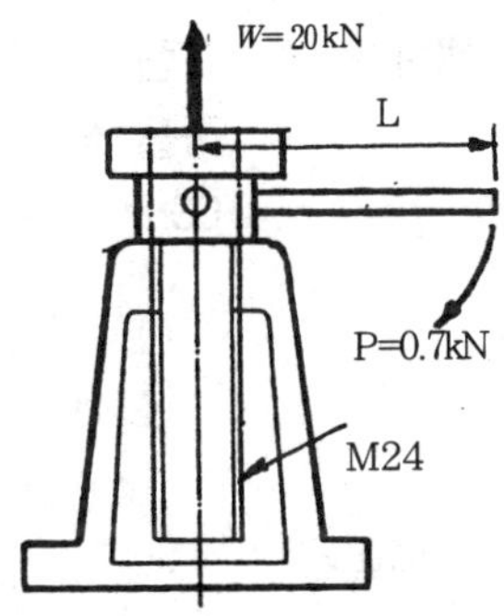

그림 2-12

(Solution)

$$\alpha = \tan^{-1}\frac{p}{\pi d_e} = \tan^{-1}\frac{2.89}{\pi\times 22.05} = 2.39(°)$$

$$\rho' = \tan^{-1}\mu' = \tan^{-1}\frac{\mu}{\cos\alpha/2}$$

$$= \tan^{-1}\frac{0.2}{\cos 30°} = 13(°)$$

너트 자리면과 나사를 죌 때, 필요한 회전 토크(T_1, T_2)는

$$T_1 = WR\mu_1 = 20\times(40/2)\times 0.2 = 80\ (\mathrm{N\cdot m})$$

$$T_2 = W\frac{d_e}{2}\tan(\alpha+\rho') = 20\times\frac{22.05}{2}\times\tan(2.39° + 13°) \fallingdotseq 62\ (\mathrm{N\cdot m})$$

너트를 죌 때 필요한 전체 모멘트(T)는

$$T = T_1 + T_2 = 80 + 62 = 142\ (\mathrm{N\cdot m})$$

$$\therefore\ L = \frac{T}{P} = \frac{142}{0.7} \fallingdotseq 200(\mathrm{mm})$$

예제 2-3 M12인 볼트를 사용하여 2kN의 하중을 스패너(길이 20cm)로 결합할 때, 필요 한 다음을 구하여라. 단, $de = 1.046$cm, $d_1 = 0.985$cm, $p = 0.175$cm, 너트의 대면 거리 1.8cm, $\mu = \mu_1 = 0.15$ 이다.

(1) 나사의 비틀림 모멘트(T_1) (2) 너트의 자리면 비틀림 모멘트(T_2)

(3) 회전력(P)

Solution

(1) $\alpha = \tan^{-1}\dfrac{p}{\pi d_e} = \tan^{-1}\dfrac{0.175}{\pi\times 1.086} = 2.94(°)$

$\mu' = \dfrac{\mu}{\cos\alpha/2} = \dfrac{0.15}{\cos 30°} = 0.1732$

$\rho' = \tan^{-1}\mu' = \tan^{-1}0.1732 = 9.82(°)$

$\therefore\ T_1 = W\dfrac{d_e}{2}\tan(\alpha+\rho')$

$= 2\times\dfrac{1.046}{2}\times\tan(2.94°+9.82°) = 0.24\ (\text{kN}\cdot\text{cm})$

(2) 방법 ① : $T_2 = WR\mu_1 = 2\times 0.75\times 0.985\times 0.15 = 0.22(\text{kN}\cdot\text{cm})$

방법 ② : $T_2 = W(\dfrac{S+d}{4})\mu_1 = 2\times(\dfrac{1.8+1.2}{4})\times 0.15 = 0.22(\text{kN}\cdot\text{cm})$

(3) $T = T_1 + T_2 = 0.24 + 0.22 = 0.46(\text{kN}\cdot\text{cm}) = 460(\text{N}\cdot\text{cm})$

$\therefore\ P = \dfrac{T}{L} = \dfrac{460}{20} = 23\ (\text{N})$

예제 2-4 그림 2-13과 같은 사다리꼴 나사로 된 스크루 잭이 50kN의 하중을 작용시킬 때, 다음을 구하여라. 단, 자리면의 평균 지름 60mm, $\sigma_t = 28$ MPa, $\mu = \mu_1 = 0.15$ 이다.

(1) 나사의 지름(d) : (단, 리드 16mm, 줄 수 2)
(2) 효율(η)과 동력(H_{PS}) : (단, 나사를 밀어 올리는 속도 0.3m/min)

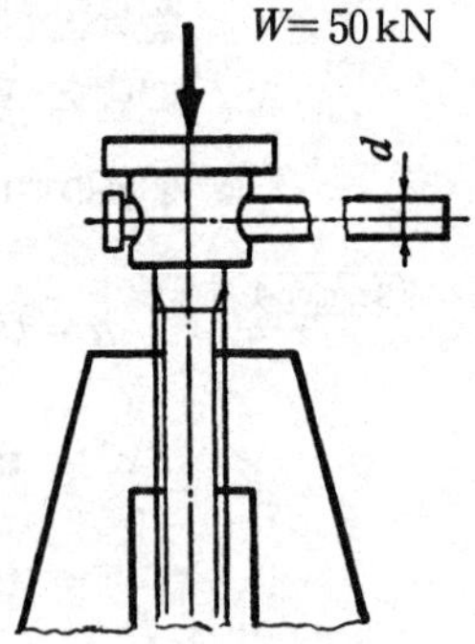

그림 2-13

Solution

(1) $d_1 = \sqrt{\dfrac{4W}{\pi\sigma_t}} = \sqrt{\dfrac{4\times 50\times 10^3}{\pi\times 28}} \fallingdotseq 47.6\ (\text{mm})\quad \therefore\ d \fallingdotseq 50\text{mm}$

(2) $p = \dfrac{l}{n} = \dfrac{16}{2} = 8\ (\text{mm})$

사다리꼴 나사를 3각 나사로 취급할 때, μ' 를 구하면

$\mu' = \dfrac{\mu}{\cos\alpha/2} = \dfrac{0.15}{\cos 15°} = \dfrac{0.15}{0.9659} \fallingdotseq 0.155$

$\therefore\ \eta = \dfrac{Wp}{2\pi T} = \dfrac{Wp}{2\pi W\dfrac{d_e}{2}\dfrac{p+\mu'\pi d_e}{\pi d_e - \mu' p} + R\mu_1}$

$= \dfrac{50\times 8}{2\pi\times 50\times\dfrac{46}{2}\times\dfrac{8+0.155\pi\times 46}{\pi\times 46 - 0.155\times 8} + (\dfrac{60}{2})\times 0.15}$

$= 0.26 = 26(\%)$

나사를 밀어 올리는 속도는 분당 0.3m이므로

$\therefore\ H = \dfrac{Wv}{60\times 735\eta} = \dfrac{50\times 10^3\times 0.3}{60\times 735\times 0.26} = 1.3(\text{PS})$

예제 2-5 1kN의 하중을 받는 프레스 나사(연강)의 바깥 지름 10mm, 골지름 8mm, 피치 2.54mm 일 때, 내부에 생기는 응력을 구하고, 검토 하여라. 단, $\mu=0.1$ 이다.

(Solution)

$$d_e=\frac{d+d_1}{2}=\frac{10+8}{2}=9(\text{mm})$$

$$T=W\frac{d_e}{2}\frac{p+\pi d_e\mu}{\pi d_e-\mu p}$$

$$=1000\times\frac{9}{2}\times\frac{2.54+\pi\times9\times0.1}{\pi\times9-0.1\times2.54}=862.7(\text{N}\cdot\text{mm})$$

비틀림에 의하여 생긴 전단 응력 (τ_a)과 인장 응력(σ_t)는

$$\tau_a=\frac{T}{\frac{\pi}{16}d_1^{\,3}}=\frac{862.7}{\frac{\pi}{16}\times8^3}=0.33(\text{N/mm}^2)$$

$$\sigma_t=\frac{W}{\frac{\pi}{4}d_1^{\,2}}=\frac{1000}{\frac{\pi}{4}\times8^2}=79.6(\text{N/mm}^2)$$

합성 인장 응력(σ_{max})은

방법 ① $$\sigma_{max}=\frac{\sigma_t}{2}+\sqrt{\left(\frac{\sigma_t}{2}\right)^2+\tau_a^{\,2}}$$

$$=\frac{79.6}{2}+\sqrt{\left(\frac{79.6}{2}\right)^2+0.33^2}=79.6(\text{N/mm}^2)$$

방법 ② $$\sigma_{max}=0.35\sigma_t+0.65\sqrt{\sigma_t^{\,2}+4(\alpha_0\tau_a)^2}$$

$$=0.35\times79.6+0.65\sqrt{79.6^2+4(1.15\times0.33)^2}=79.6(\text{N/mm}^2)$$

단, 위에서 볼트의 재질이 연강일 때 $\sigma_a\fallingdotseq600\text{N/cm}^2$, $\tau_a\fallingdotseq400\text{N/cm}^2$으로 취하므로

$$\alpha_0=\frac{\sigma_t}{1.3\tau_a}=\frac{600}{1.3\times400}=1.15$$이다.

합성 전단 응력(τ_{max})은

$$\tau_{max}=\frac{1}{2}\sqrt{\sigma_t^{\,2}+4\tau_a^{\,2}}=\frac{1}{2}\sqrt{79.6^2+4\times0.33^2}=39.8(\text{N/mm}^2)$$

(검토) 표 2-2에서 6각볼트 M39이하일 때 강도 4.6으로 보면 표 2-4에서 4.6일 때 항복점 240N/mm²을 기준 응력으로 하고, 볼트가 연강일 때 전단 항복응력(τ)은 인장 항복 응력(σ_s)의 1/2이며, 안전율 $S=3$으로 취할 때, 허용 응력(τ)은

$$\tau=\frac{\sigma_c}{2S}=\frac{240}{2\times3}=40(\text{N/mm}^2)$$

로 되고, $\tau_{max}39.8\text{N/mm}^2\leqq\tau(40)\text{N/mm}^2$이므로 응력 발생은 안전하다.

[3] 압력을 받는 볼트의 설계

볼트로 결합된 부재에 외력이 작용하는 경우로서, 예를 들면, 엔진 실린더 헤드의 커버, 압력 용기의 커버, 파이프의 이음 등에 결합된 볼트에 인장력이 작용하는 축 하중과 탄성 변위의 관계에 대한 설계를 알아본다.

(1) 체결 3각형 선도

그림 2−14와 같이 두께 $l(t_1+t_2)$인 부재(部材 : 중간물)를 W_0로 결합할 때, 압력 용기의 이음 부분이 처음에는 죄어져서 볼트에 W_0의 인장력이 작용하고, 이 W_0에 대하여 볼트는 "늘음'과 중간물은 "줄음"의 상태를 일으켜 균형 상태를 이루게 된다.

δ_1 : 결합할 때 볼트의 늘음(mm)

δ_2 : 결합할 때 중간물의 줄음(mm)

W: 볼트 1개에 가해지는 하중(N)

P_t : 볼트에 가해지는 인장 하중(N)

P_r : 볼트에 가해지는 최대 하중(N)

P_c : W를 가할 때 중간물의 결합력(N)

P_Z : W를 가할 때 볼트의 작용 하중(N)일 때

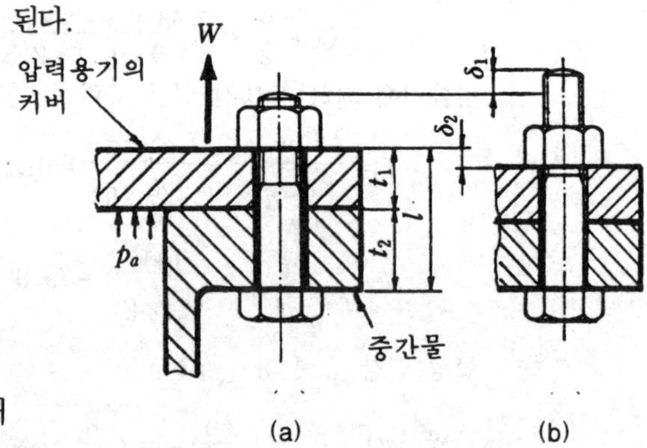

그림 2−14. 볼트의 응력과 늘음

지금, 볼트의 결합에서 하중(힘)과 늘음 또는 줄음의 선도를 나타내면 그림 2−15와 같다.

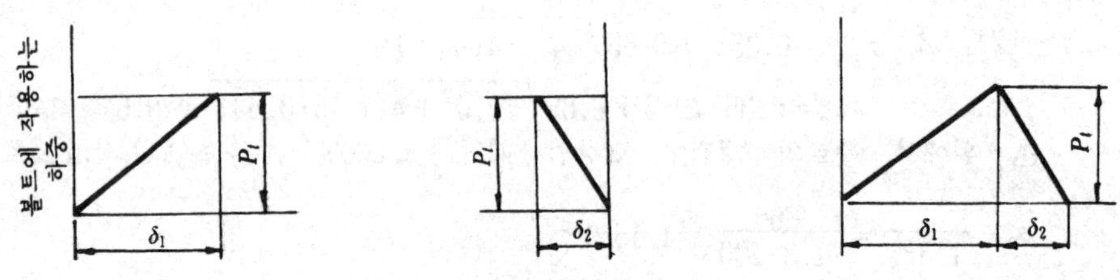

(a) 볼트의 늘음 (b) 중간물의 줄음 (c) 초기 체결 때의 변형

그림 2−15. 힘−늘음(또는 줄음) 선도

다음에 이런 상태에서 하중 W가 다시 가해졌을 때, 볼트는 하중 W에 의하여 다시 δ만큼 늘어난다. 이 때에 그림 2−16 (a) ①에서 $\dfrac{P_r}{P_t}=\dfrac{\delta_1+\delta}{\delta_1}$ 이므로, 볼트 1개에 작용하는 최대 하중을 P_r이라 하면

$$P_r=P_t\frac{\delta_1+\delta}{\delta_1} \tag{2-26}$$

이고, 위 식은 볼트 1개에 작용하는 최대 하중이 된다. 또한 P_r에 대한 중간물의 줄음은 $\delta_2-\delta$로 감소되고, 그림 2−16 (a) ②에서 $\dfrac{P_t}{P_c}=\dfrac{\delta_2}{\delta_2-\delta}$로 되므로 중간물에 받는 하중에 대한 결합력(또는

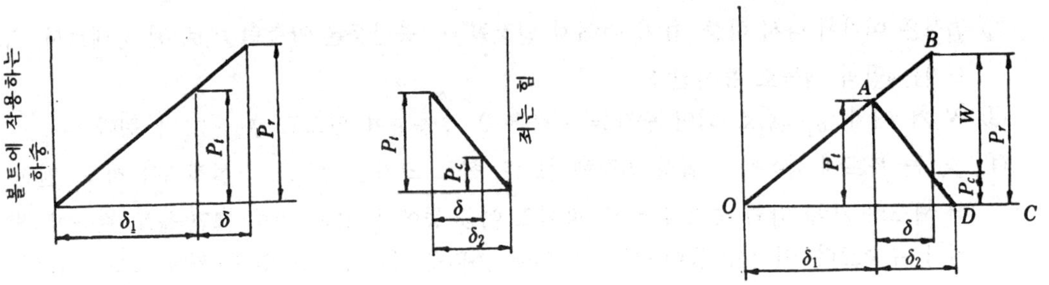

① 볼트의 늘음 ② 중간물의 줄음

(a) 충분히 죈 볼트에 다시 W의 하중이 작용할 때 힘-늘음 선도 (b) 볼트와 중간물과의 힘-변형의 조합 선도

그림 2-16. 체결 삼각형 선도

가스킷에 작용하는 압축력) P_c는 다음의 관계가 성립한다.

$$P_c = P_t \frac{\delta_2 - \delta}{\delta_2} \tag{2-27}$$

또한, 볼트에 작용하는 하중 W에 의하여 다시 늘어난 δ는 식 (2-26)과 식 (2-27)에서 $\delta = \frac{(P_r - P_t)\delta_1/\delta_2}{P_t}$이 된다.

이상의 볼트와 중간물의 선도를 조합하여 나타낸 그림 2-16 (b)에서 P_r는 압력 용기의 커버가 받는 하중 W와 P_c와의 조합으로 나타내면 다음의 식이 성립된다.

$$P_r = P_c + W = P_t \frac{\delta_2 - \delta}{\delta_2} + W \tag{2-28}$$

또한, 중간물의 줄음은 식 (2-23)에서

$$\delta = \delta_1\left(\frac{P_r}{P_t} - 1\right) = \frac{\delta_1 P_r}{P_t} - \delta_1 \tag{2-29}$$

이므로, 이것을 다시 식 (2-28)에 대입하면 $P_r = P_t \frac{\delta_2 - [(P_r \delta_1)/P_t] + \delta_1}{\delta_2} + W$로 되고, 이것을 다시 정리하면, 볼트에 작용하는 최대 하중(P_r)은 다음과 같이 된다.

$$P_r = P_t + W \frac{\delta_2}{\delta_1 + \delta_2} = P_t + P_z \tag{2-30}$$

위 식에서 P_Z는 W중의 볼트에 작용하는 부가(附加) 하중이다.

그림 2-17은 이상을 정리하여 완성한 결합 3각형 선도로, 세로축에 힘, 가로축에 볼트의 늘음과 중간물의 줄음을 취하면 $\overline{OB}$는 볼트 인장력, $\overline{AD}$는 중간물 압축력이다.

① A점은 볼트가 결합된 그대로의 상태이고, 인장력 P_t , 볼트의 늘음 δ_1, 중간물의 줄음 δ_2로 나타냈다.

② B점은 여기에 다시 하중 W가 가해져 인장력 P_r, 중간물은 압축력 P_r로 된 상태로서, 각각의 크기는 앞의 식들로 표시된다.

③ W 가 커져 $\delta_1=\delta_2$로 되면 중간물 수축은 0, $P_c=0$이 되므로 $P_r=W$가 된다.

④ P_r 는 볼트에 작용하는 합성 인장력이므로, 볼트 크기는 P_r 로서 설계해야 하고, 엔진 실린더 헤드의 커버, 압력 용기의 커버, 파이프 이음 등에서 W가 아주 크면 볼트 늘음이 죄는 물체의 수축보다 커져서 틈이 생기게 되어 기밀을 유지할 수 없게 된다. 고로 W의 값은 $0<W<R_t\dfrac{\delta_1+\delta_2}{\delta_1}$ 의 범위 내에 있어야만 한다.

⑤ $P_t > W\dfrac{\delta_2}{\delta_1+\delta_2}$ 일 때 식 (2−30)은 성립하게 되며, 식 (2−30)에서 $P_r>W$ 이므로 P_c 가 0이 되지 않아서 내부 압력이 누설되지 않는다.

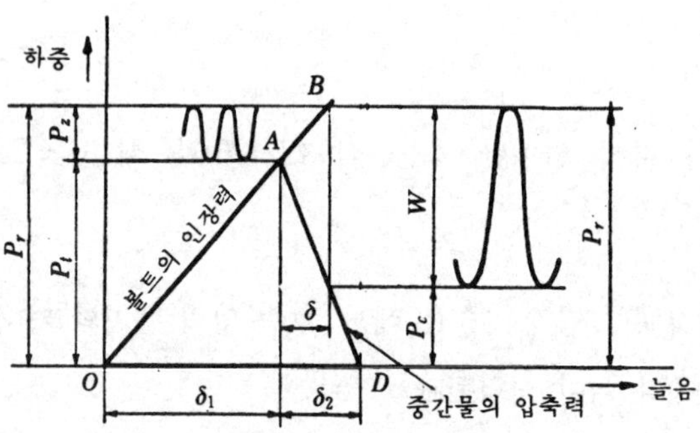

그림 2−17. 결합 삼각형 선도

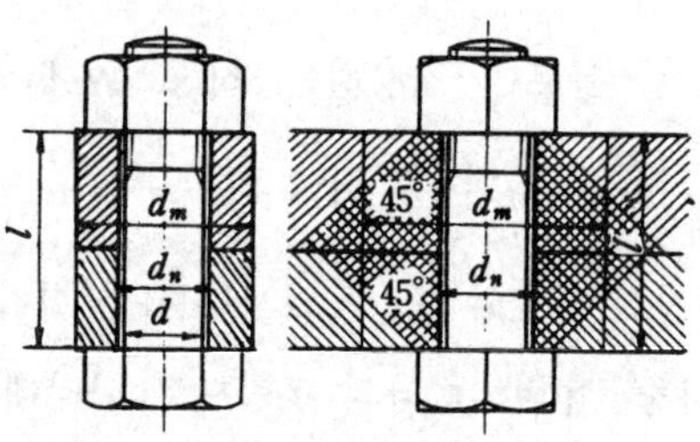

그림 2−18. 중간물이 받은 응력 분포

(2) 강도의 설계

① **늘음과 줄음** : 결합 볼트에 대한 늘음(δ_1)과 중간물의 줄음(δ_2)은 볼트 재료의 탄 성 상태에 의한 형상과 길이에 관계되어 정하여지므로 볼트의 늘음(δ_1)과 중간물의 줄음(δ_2)은 실험상의 조사에 의한 추정식을 사용하여 다음과 같이 구한다.

E_1 : 볼트의 세로 탄성 계수($E_1=206\times10^3\text{N/mm}^2=206\text{GPa}$)

E_2 : 중간물의 세로 탄성 계수($E_2=206\times10^3\text{N/mm}^2=206\text{GPa}$)

A : 볼트의 골지름 단면적($A=\dfrac{\pi}{4}d_1^{\,2}$), l : 중간물의 길이(mm)

d_m : 중간물의 지름($d_m=2.25d$), d_n : 볼트 구멍의 지름($d_n=1.05d$) 일 때

$$\delta_1=\frac{P_t l}{AE_1}=\frac{P_t l}{\frac{\pi}{4}d_1^{\,2}E_1} \tag{2-31}$$

$$\delta_2=\frac{P_t l}{AE_2}=\frac{P_t l}{\frac{\pi}{4}(d_m^{\,2}-d_n^{\,2})E_2} \tag{2-32}$$

그림 2−18과 같이 볼트를 죌 때, 볼트 또는 너트에서 받는 응력이 45° 방향으로 수축을 받으므로, 평균을 취하여 중간물의 지름으로 취한다.

② **하중** : 그림 2−19에서 볼트 1개에 가해지는 하중(W)은 다음과 같이 나타낸다.

P_t : 내압이 가해질 때 커버에 주는 하중(N), p_a : 내부 유체의 압력(N/cm^2)

D : 용기의 안지름(mm), D_e : 가스킷의 평균 지름 $[D_e=(D'+D)/2]$ (mm)

D' : 가스킷의 바깥 지름(mm), n : 볼트의 수

$$\left.\begin{aligned} W &= \frac{P_t}{n} = \frac{\frac{\pi}{4}D^2 p_a}{100\times n} \quad ① \\ &= \frac{\frac{\pi}{4}D_e{}^2 p_a}{100\times n} = \frac{\frac{\pi}{4}\left(\frac{D'+D}{2}\right)^2 p_a}{100\times n} \quad ② \end{aligned}\right\} \tag{2−33}$$

위 식에서 ②는 가스킷의 바깥 지름과 안지름을 고려할 때 사용한다.

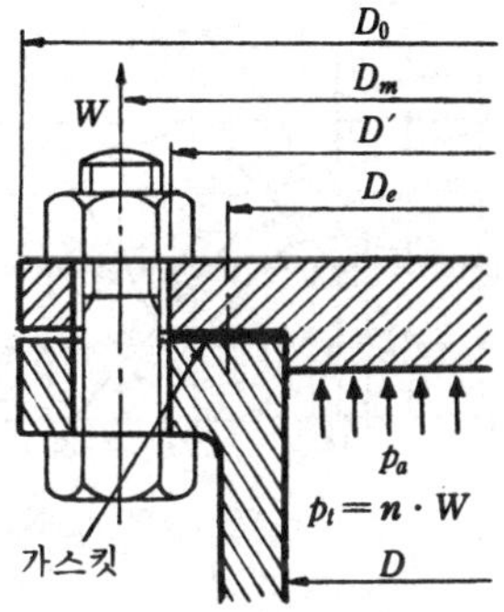

그림 2−19. 커버의 압력

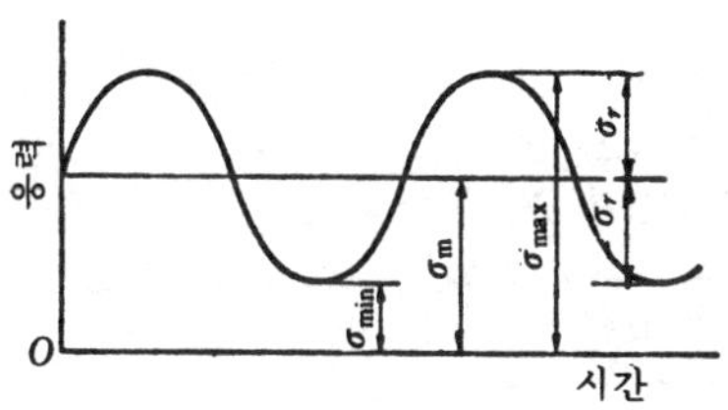

그림 2−20. 반복 응력

(3) 피로 한도 선도

압력 용기의 커버에 끼워진 볼트는 일반적으로 반복 하중을 받으므로 피로 파괴에 대하여 다음과 같이 구하고, 피로 한도 선도(疲勞 限度 線圖)를 작성하여 볼트의 안전 상태를 결정해야 한다.

① **응력과 진폭** : 결합된 볼트가 받는 반복 응력(그림 2−20 참조)에서 **평균 응력**(σ_m) 과 **응력 진폭**(σ_r)은 재료 역학에서 다음과 같다.

σ_1 : 볼트 1개의 최대 하중에 대한 인장 응력($\sigma_1=P_r/A$)

σ_2 : 볼트 1개의 결합력에 대한 인장 응력($\sigma_2=P_t/A$)일 때

$$\left.\begin{aligned} \sigma_m &= \frac{\sigma_1+\sigma_2}{2} \\ \sigma_r &= \frac{\sigma_1-\sigma_2}{2} \end{aligned}\right\} \tag{2−34}$$

또한, 압력 용기 커버밑의 가스킷에 작용하는 **압축 응력**(σ_c)은 다음과 같이 구한다.

A_1 : 가스킷의 단면적[$A_1=\frac{\pi}{4}(D'-D)^2$ (cm^2)]일 때

$$\sigma_c = \frac{P_c}{A_1} \quad (2-35)$$

② 피로 한도 선도의 작성과 기호 및 검토

a. 작성 : 그림 2-21에서 다음과 같이 작성한다.

가. 그림 중의 σ_t 는 파단 응력 또는 인장 강도(N/mm^2)($\overline{OV}$)(표 2-6), σ_s 는 볼트 재료의 항복점 ($\overline{OP}=\overline{OK}$)(표 2-6), σ_w는 볼트 재료의 평활한 시험편의 양진 인장 압축 피로 한도($\overline{OB}$)(표 2-6)를 표시하여 피로 한도 선도를 작성하 고, BRP선을 나타낸다.

나. 가로축에 평균 응력(σ_m)과 노치 계수 β(저탄소강일 때 β=2~4)를 취하여 세로축에 응력 진폭(σ_r)을 표시한 후 A점을 나타낸다.

다. 안전율(S)을 고려할 때에는 $\overline{OB}=\sigma_w/S$, $\overline{OP}=\overline{OK}=\sigma_s/S$, $\overline{OV}=\sigma_t/S$가 되도록 작성한다.

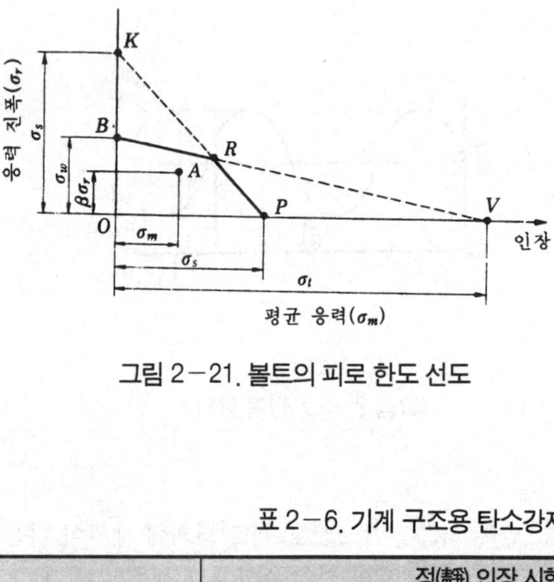

그림 2-21. 볼트의 피로 한도 선도

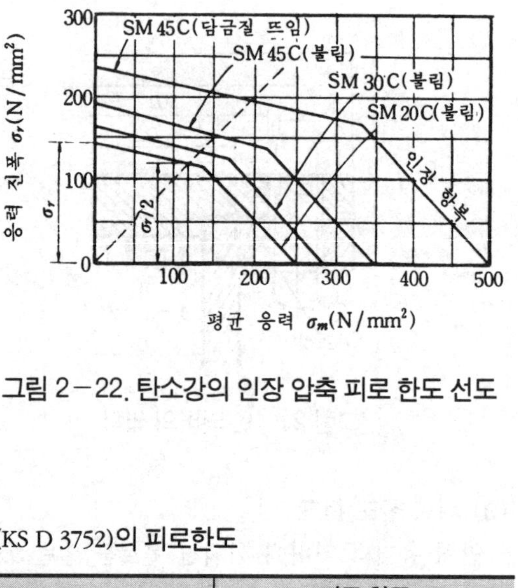

그림 2-22. 탄소강의 인장 압축 피로 한도 선도

표 2-6. 기계 구조용 탄소강재(KS D 3752)의 피로한도

재료		정(靜) 인장 시험				피로 한도	
		인장 강도(σ_t)		항복점(σ_s)		양진 인장 압축(σ_w)	
종류	기호	N/mm^2	kg$_f$/mm^2	N/mm^2	kg$_f$/mm^2	N/mm^2	kg$_f$/mm^2
1종	SM 10C	320~410	32~41	210~260	21~26	110~200	11~20
2종	SM 15C	380~470	38~47	240~290	24~29	130~220	13~22
3종	SM 20C	410~500	41~50	250~310	25~31	140~240	13~02
4종	SM 25C	450~550	45~55	270~330	27~33	150~250	14~24
5종	SM 30C	480~590	48~59	290~360	29~36	160~260	15~25
6종	SM 35C	520~640	52~64	310~380	31~38	170~270	16~26
7종	SM 40C	550~680	55~68	330~410	33~41	180~280	17~27
8종	SM 45C	580~720	58~72	350~430	35~43	190~290	18~28
9종	SM 50C	620~770	62~77	370~450	37~45	200~290	19~29
10종	SM 55C	660~801	66~81	400~480	40~48	210~300	20~29

b. **검토** : 피로 한계선 $OBRP$ 의 주변상이나 내부에 $A[\sigma_m(\beta \cdot \sigma_r)]$점이 존재하는 것으로, 압력 용기에 사용된 볼트의 안전을 확인할 수 있도록 한다.
그림 2-22는 일반적으로 많이 사용되는 볼트의 재질인 기계 구조용 탄소 공구강재의 종류에 따른 평균 응력(σ_m)과 응력 진폭(σ_r)의 상태를 나타낸 것이다.

＊ 설계상 주의
볼트 재료의 피로 한도는 평균 응력에 의하여 변하므로, 평균 응력이 높을수록 저하한다.

예제 2-6 그림 2-23과 같이 400mm인 압력 용기 원통에 400N/cm² 의 압력을 견디는 커버에서 볼트의 중심원 지름 500mm, 볼트원 피치 100mm일 때, 볼트의 지름을 구하여라. 단, 볼트의 허용 응력 84MPa이다.

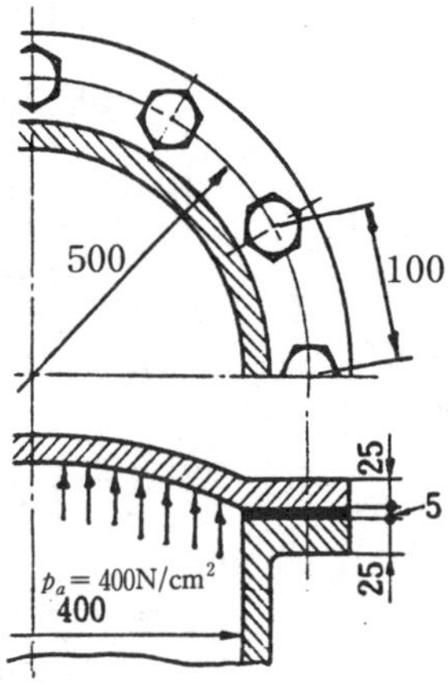

그림 2-23

Solution

$$n = \frac{\pi D_m}{p} = \frac{\pi \times 500}{100} = 15.7 \fallingdotseq 16(\text{개})$$

$$P_t = \frac{\pi}{4}D^2 p_a = \frac{\pi}{4} \times 40^2 \times 400 = 502400\,(\text{N})$$

$$W = \frac{P_t}{n} = \frac{502400}{16} = 31400\,(\text{N})$$

압력 용기에 설치된 볼트가 인장과 비틀림을 동시에 받는 것으로 볼 때

$$d = \sqrt{\frac{8W}{3\sigma_a}} = \sqrt{\frac{8 \times 31400}{3 \times 84}} = 31.5\,(\text{mm}) \quad \therefore \text{M32}$$

예제 2-7 그림 2-24에서 안지름 90mm, 내압 980N/cm² 을 받는 실린더 커버를 6개의 볼 트로 결합하려고 할 때, 볼트의 지름을 구하여라. 단, 볼트의 허용 인장 응력 82MPa이다.

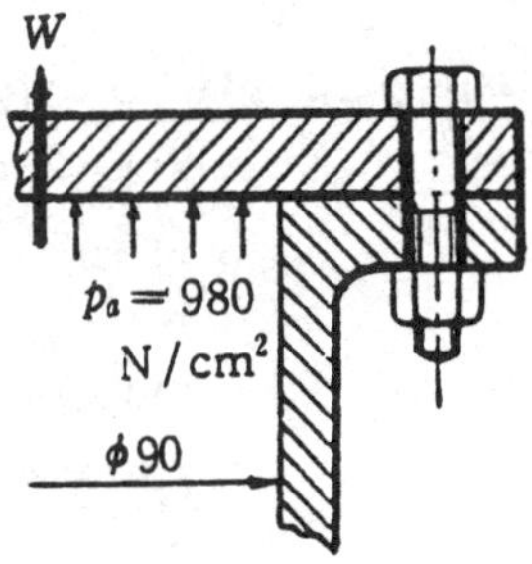

그림 2-24

Solution

안지름 90mm 전체 면에 내압을 받을 때, 커버에 받는 압력(P_t)은

$$P_t = \frac{\pi}{4}D^2 p_a = \frac{\pi}{4} \times 9^2 \times 980 \fallingdotseq 62.3(\text{kN})$$

6개의 볼트가 작용 하는 인장력(W)은

$$W = \frac{P_t}{n} = \frac{62.3}{6} \fallingdotseq 10.4(\text{kN})$$

볼트가 인장과 비틀림을 동시에 받는 것으로 볼 때

$$d=\sqrt{\frac{8W}{3\sigma_a}}=\sqrt{\frac{8\times 10.4\times 10^3}{3\times 82}}=18.3 \fallingdotseq 20\,(\text{mm})$$

만일, 볼트가 인장 하중만 받는 것으로 볼 때

$$d=\sqrt{\frac{2W}{\sigma_a}}=\sqrt{\frac{2\times 10.4\times 10^3}{82}}\fallingdotseq 15.9\fallingdotseq 18\,(\text{mm})$$

예제 2-8 그림 2-25의 압력 용기에 200N/cm²의 내압이 작용하고, 20kN의 결합력을 받을 때, 볼트 1개에 가해지는 최대 하중을 구하여라. 단, 볼트 8개, $E_1=$ 206GPa, $E_2=$ 80GPa이다.

Solution

$$P_t=\frac{\pi}{4}\left(\frac{D'+D}{2}\right)^2 p_a=\frac{\pi}{4}\left(\frac{100+60}{2}\right)^2\times 200$$

$$=1004800\ (\text{N})\fallingdotseq 1005\ (\text{kN})$$

$$W=\frac{P_t}{n}=\frac{1005}{8}\fallingdotseq 125.6\,(\text{kN})$$

$$\delta_1=\frac{P_t l}{\frac{\pi}{4}d_1{}^2E_1}=\frac{1005\times 160}{\frac{\pi}{4}\times 50^2\times 206}=0.398\,(\text{mm})$$

$$\delta_2=\frac{P_t l}{\frac{\pi}{4}(d_m{}^2-d_n{}^2)E_2}$$

$$=\frac{1005\times 160}{\frac{\pi}{4}\times[(2.25^2-1.05^2)\times 56^2]\times 80}$$

$$=0.2\,(\text{mm})$$

$$\therefore\ P_r=P_t+W\frac{\delta_2}{\delta_1+\delta_2}=1005+125.6\times\frac{0.2}{0.398+0.2}$$

$$\fallingdotseq 1047\,(\text{kN})$$

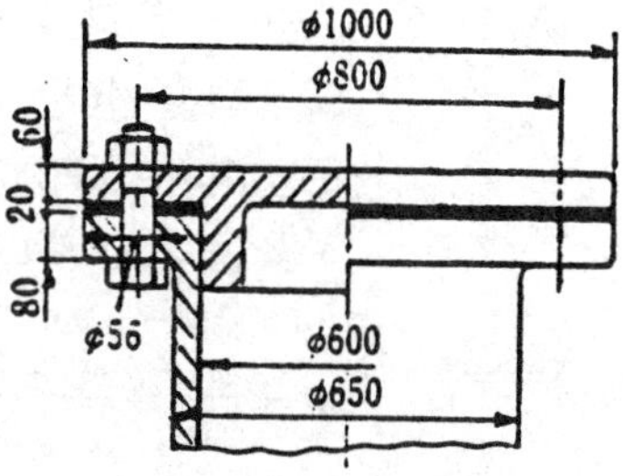

그림 2-25

예제 2-9 그림 2-26과 같이 98N/cm²의 압력을 받는 용기에서 볼트의 인장력이 압력에 의한 하중 W의 1.3배로 할 때, 다음을 구하여라. 단, $\delta_1=$ 0.13mm, $\delta_2=0.033$mm이다.

(1) 볼트에 작용하는 인장 하중(W)

(2) 볼트 1개에 걸리는 인장 응력(σ_t) : (단, $d_1=1.729$cm)

(3) W를 가할 때, 중간물의 결합력(p_c)

(4) 가스킷에 작용하는 압축 응력(σ_c)

(5) 누설의 검토

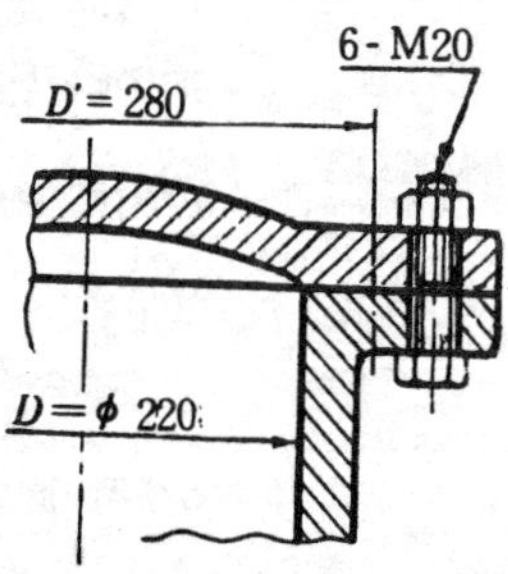

그림 2-26

Solution

(1) $W = \dfrac{\frac{\pi}{4}[(D' + D/2)]^2 p_a}{100 \times n} = \dfrac{\frac{\pi}{4}[(280 + 220)/2]^2 \times 98}{100 \times 6} = 8013(\text{N})$

(2) $W = \dfrac{\pi}{4}\left(\dfrac{D' + D}{2}\right)^2 p_a = \dfrac{\pi}{4}\left(\dfrac{28 + 22}{2}\right)^2 \times 98 \fallingdotseq 48\,(\text{kN})$

$P_t = 1.3W = 1.3 \times 48 = 62.4\,(\text{kN})$

$P_r = P_t + W\dfrac{\delta_2}{\delta_1 + \delta_2} = 62.4 + 48 \times \dfrac{0.033}{0.13 + 0.033} \fallingdotseq 72\,(\text{kN})$

$\therefore\ \sigma_t = \dfrac{P_r}{\frac{\pi}{4} d_1{}^2 n} = \dfrac{72 \times 10^3}{\frac{\pi}{4} \times 1.729^2 \times 6} = 857\,(\text{N/cm}^2)$

(3) $\delta = \dfrac{\delta_1 P_r}{P_t} - \delta_1 = \dfrac{0.13 \times 72}{62.4} - 0.13 = 0.02\,(\text{mm})$

$\therefore\ P_c = P_t\dfrac{\delta_2 - \delta}{\delta_2} = 62.4 \times \dfrac{0.033 - 0.02}{0.033} = 24.6\,(\text{kN})$

$\left[P_c = P_t - W\dfrac{\delta_1}{\delta_1 + \delta_2} = 62.4 - 48 \times \dfrac{0.13}{0.13 + 0.033} = 24.6(\text{kN})\right]$

(4) $A_1 = \dfrac{\pi}{4}(28^2 - 22^2) = 236\,(\text{cm}^2)$

$\therefore \sigma_c = \dfrac{P_c}{A_1} = \dfrac{24600}{236} \fallingdotseq 105\,(\text{N/cm}^2)$

(5) 위 계산에서 압축 응력 σ_c 는 내압의 1/2 즉, $98 \times 1/2 = 49$ N/cm^2 보다 크므로, 이 용기의 결합 상태에서는 누설이 생기지 않는다.

예제 2-10 그림 2-27과 같은 압력 용기내 최고 압력 360N/cm^{2}을 받고, 결합 볼트(재료 : SM 35C) 8개, 지름 30mm일 때, 다음을 구하여라. 단, 볼트 1개의 결합력 122kN이다.

(1) 강도 계산 (레버에 가하는 힘 포함)
(2) 체결 3각형 선도의 작성
(3) 피로 한도 선도의 작성과 결과

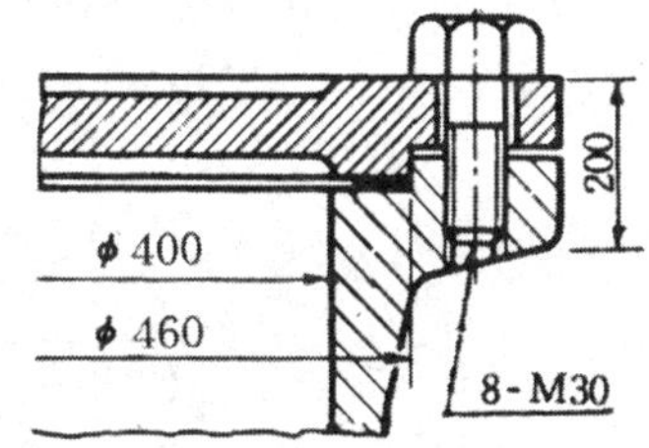

그림 2-27

Solution

(1) 강도의 계산

압력이 가스킷의 중앙까지 작용할 때, 볼트 커버에 가해지는 하중(W)은

$$W = \dfrac{\frac{\pi}{4}\left(\frac{D' + D}{2}\right)^2 p_a}{100 \times n} = \dfrac{\frac{\pi}{4}\left(\frac{46 + 40}{2}\right)^2 \times 360}{100 \times 8} \fallingdotseq 65.3(\text{kN})$$

$$\delta_1 = \dfrac{P_t l}{E_1 A} = \dfrac{122 \times 200}{206 \times \frac{\pi}{4} \times 26.2^2} = 0.22\,(\text{mm})$$

$$\delta_2 = \dfrac{P_t l}{\frac{\pi}{4}(d_m{}^2 - d_n{}^2)E_2} = \dfrac{122 \times 200}{\frac{\pi}{4}[(2.25^2 - 1.05^2) \times 30^2] \times 206} = 0.043\,(\text{mm})$$

볼트에 가해지는 최대 하중 (P_r)은

$$P_r = P_t + W\frac{\delta_2}{\delta_1 + \delta_2} = 122 + 65.3 \times \frac{0.043}{0.22 + 0.043} \fallingdotseq 133(\text{kN})$$

볼트 1개의 최대 하중의 인장 응력(σ_1)과 결합력에 대한 인장 응력(σ_2)은

$$\sigma_1 = \frac{P_r}{A} = \frac{133 \times 10^3}{\frac{\pi}{4} \times 26.2^2} \fallingdotseq 249(\text{MPa})$$

$$\sigma_2 = \frac{P_t}{A} = \frac{122 \times 10^3}{\frac{\pi}{4} \times 26.2^2} \fallingdotseq 226(\text{MPa})$$

볼트의 평균 응력(σ_m)과 응력 진폭(σ_r)은

$$\sigma_m = \frac{\sigma_1 + \sigma_2}{2} = \frac{249 + 226}{2} = 237.5(\text{MPa})$$

$$\sigma_r = \frac{\sigma_1 - \sigma_2}{2} = \frac{249 - 226}{2} = 11.5(\text{MPa})$$

볼트의 초기 결합력 $W_0 = 122/8 = 15.25$kN이므로, 너트 회전을 위한 토크는

$$T = 0.2dW_0 = 0.2 \times 3 \times 15.25 = 9.15(\text{kN} \cdot \text{cm})$$

따라서 길이를 $L = 12d = 12 \times 30 = 36\,\text{cm}$ 로 할 때

$$P = \frac{T}{L} = \frac{9150}{36} = 254\ (\text{N})$$

(2) 체결 삼각형 선도

이상의 계산을 종합하여 결합 3각형 선도를 그리면 그림 2-28과 같이 된다.

(3) 피로 한도 선도

그림 2-29의 피로 한도 선도에서 하한 응력 내에 A점이 있으므로 안전하다.

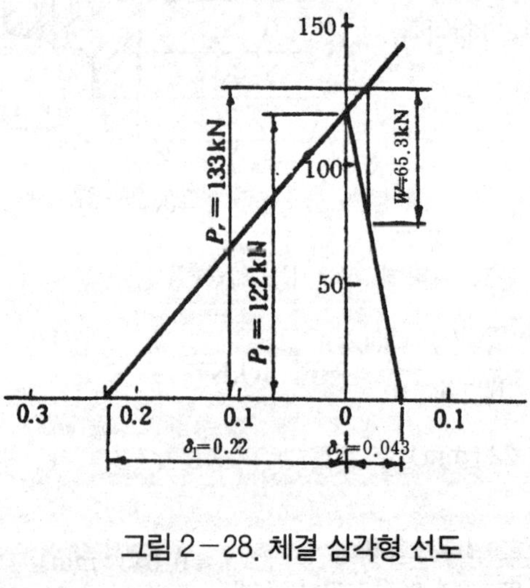

그림 2-28. 체결 삼각형 선도

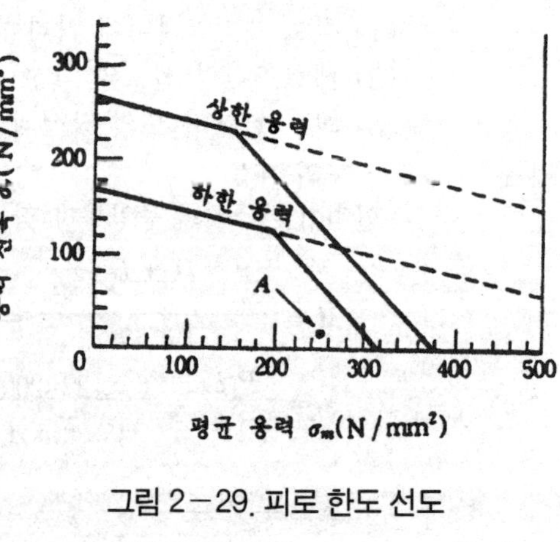

그림 2-29. 피로 한도 선도

[4] 충격 하중을 받는 볼트의 설계

내연 기관과 같이 충격적인 하중이 작용하는 장소에 사용되는 볼트는 반복 하중을 받아서 피로 파괴를 일으킨다. 이와 같은 충격 반복 하중을 받는 볼트는 충격 에너지를 흡수할 수 있도록 어느 정도 늘어날 수 있게 설계한다.

① **충격 에너지** : 그림 2-30 (a)에서 하중 W가 h의 높이로 낙하했을 때, 둥근봉(rod)의 늘음을 δ라고 하면, 하중 W가 낙하해서 둥근 봉에 준 **충격 에너지**(U)는

$$U = W(h+\delta) \tag{2-36}$$

로 되고, 늘음이 0에서 δ에 달하고, 둥근 봉에 걸리는 힘(충격 하중)이 F일 때, 볼트의 충격 에너지(U)는 다음과 같다.

$$U = \frac{1}{2}F\delta \tag{2-37}$$

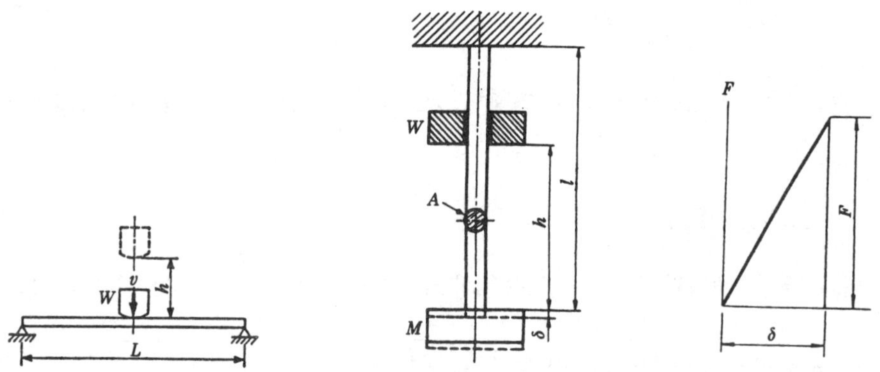

(a) (b) 흡수 에너지 (c) 충격 에너지

그림 2-30. 충격 하중

② **봉의 늘음** : 그림 2-30 (b)와 같이 둥근 봉이 높이 h에서 낙하했을 때, 정하중을 받는 둥근 봉의 늘음(δ_1)은

δ_1 : 정하중일 때의 늘음(mm)

l : 둥근 봉의 길이(mm)

E : 둥근 봉의 세로 탄성 계수(N/mm^2) ($E=206\times10^3$N/mm^2)

σ_0 : 둥근 봉에 정하중 W가 가해졌을 때의 인장 응력(N/mm^2) $\left(\sigma_0 = \frac{W}{(\pi/4)d^2}\right)$일 때

$$\delta_1 = \frac{Wl}{AE} = \frac{\sigma_0 l}{E} \tag{2-38}$$

로 되고, 충격 하중을 받는 둥근 봉의 늘음(δ)은 다음과 같다.

$$\delta = \frac{\sigma_t}{\sigma_0} = \delta_1 \tag{2-39}$$

③ **충격 응력** : 둥근 봉에 생기는 충격 응력(σ_c)은 다음과 같이 구한다.

$$\sigma_c = \sigma_0\left(1+\sqrt{1+\frac{2h}{\delta_1}}\right) \tag{2-40}$$

(1) 볼트의 축부와 나사부 지름이 같을 때

① **스프링 상수** : 볼트의 축부 단면적 $A=\frac{\pi}{4}d^2$일 때, 다음과 같다.

$$k=\frac{AE}{l}=\frac{\pi d^2E}{4l} \tag{2-41}$$

② **충격 에너지** : 식 (2－37)에서 $\delta=\frac{F}{k}$를 대입하면, 충격 에너지(U)는 다음과 같이 나타내기도 한다.

$$U=\frac{F^2}{2k}=\frac{\sigma_t{}^2Al}{2E} \tag{2-42}$$

③ **충격력** : 식 (2－37)와 식 (2－42)에서 충격력(F)는 다음과 같이 된다.

$$F=\sqrt{2kU}=\sqrt{\frac{2AE}{l}U} \tag{2-43}$$

④ **인장 응력** : 식 (2－36)과 식 (2－37)에서 $F=2W\left(\frac{h}{\delta}+1\right)$이 되어 로드에 발생하는 인장 응력 (σ_t)은

$$\sigma_t=\frac{F}{A}=\frac{2W}{A}\left(\frac{h}{\delta}+1\right) \tag{2-44}$$

로 되고, 또한, 충격력 F 에 의한 볼트의 골 단면 인장 응력(σ_t)는 다음과 같다.

$$\sigma_t=\frac{F}{A_1}=\frac{\sqrt{2kU}}{\frac{\pi}{4}d_1{}^2}=\left(\frac{d}{d_1}\right)\left(\frac{1}{d_1}\right)\sqrt{\frac{8EU}{\pi l}} \tag{2-45}$$

＊ 설계상 주의

① 하중 W의 충격으로 단면 A에 발생하는 응력은 δ가 h 에 비해 작을수록 크게 되고, δ가 증가하면 σ는 작아지고, 충격에 대한 저항은 커진다.

② 충격 하중 W는 볼트의 길이 l 이 길수록 볼트의 단면적 A가 작을수록 작게 되므로, 충격에 의한 내구 한도를 크게 하기 위하여 볼트의 지름을 작게 한다.

③ 충격 하중 볼트는 그림 2－31과 같이 볼트 축부에 구멍을 파거나 축부를 나사의 골지름과 같게 하여 스프링 상수를 작게 하면 피로 한도도 높아져서 보통 볼트 보다 안전하나, 원통부의 굵기 한계는 처음 체결 때의 최초 응력에 의하여 결정한다.

④ 볼트의 길이가 길게 되고, 볼트의 단면적이 작으면 충격에 의한 힘 F는 적게 되고, 볼트가 에너지를 흡수할 수 있는 능력이 더 크게 된다.

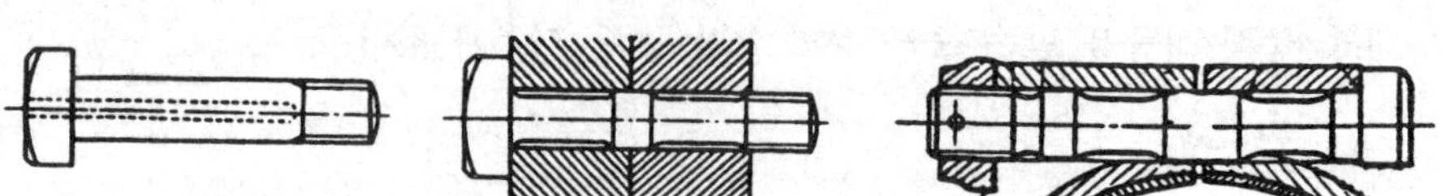

(a) (b) (c)

그림 2－31. 충격 볼트

(2) 볼트의 축부와 나사부 골 지름이 같을 때

그림 2−31 (b)와 같이 볼트의 축 부분 전부를 볼트의 골 지름으로 절삭하여 가늘게 하였을 때, 이때의 스프링 상수(k_1)와 충격력(F_1) 및 볼트 골 단면에 생기는 인장 응력(σ_t')은 다음과 같다.

$$k_1 = \frac{A_1 E}{l} = \frac{\pi d_1{}^2 E}{4l} \tag{2−46}$$

$$F_1 = \sqrt{2k_1 U} \tag{2−47}$$

$$\left.\begin{aligned}\sigma_t' &= \frac{F_1}{A_1} = \frac{\sqrt{2k_1 U}}{(\pi/4)d_1{}^2} \\ &= \frac{1}{d_1}\sqrt{\frac{8EU}{\pi l}}\end{aligned}\right\} \tag{2−48}$$

예제 2−11 M50인 나사 길이 300mm에 3N · m의 충격 하중을 받을 때, 골 지름에 생기는 응력을 구하여라. 단, $d_1 = 49$ mm , $E = 206$GPa이다.

Solution 볼트의 스프링 상수(k)는

$$k = \frac{\pi}{4} d_1{}^2 \frac{E}{l} = \frac{\pi}{4} \times 49^2 \times \frac{206}{300} \fallingdotseq 1294 \text{ (N/m)}$$

충격 하중(F)은

$$F = \sqrt{2kU} = \sqrt{2 \times 1294 \times 3} \fallingdotseq 88 \text{ (kN)}$$

$$\therefore \sigma_t = \frac{F}{\frac{\pi}{4} d_1{}^2} = \frac{88 \times 10^3}{\frac{\pi}{4} \times 49^2} \fallingdotseq 47 \text{ (MPa)}$$

예제 2−12 그림 2−32와 같이 길이 300mm, 지름 9mm인 머리붙이 강봉에 하중 10N이 걸리고, 높이 100mm에서 낙하될 때, 봉에 생기는 충격 응력을 구하여라. 단, E= 206GPa이다.

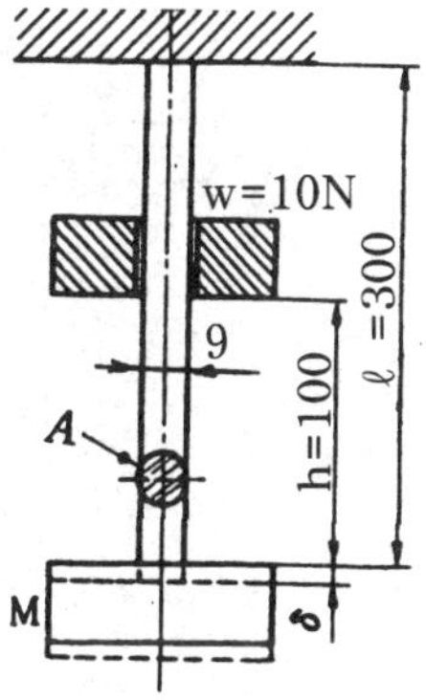

그림 2−32

Solution

$$\sigma_0 = \frac{F}{\frac{\pi}{4} d^2} = \frac{10}{\frac{\pi}{4} \times 0.9^2} = 1.57 \text{ (N/cm}^2\text{)}$$

정하중일 때 생긴 늘음(δ_1)은

$$\delta_1 = \frac{\sigma_0 \ell}{E} = \frac{1.57 \times 30}{206 \times 10^6}$$

$$= 0.228 \times 10^{-5} \text{ (cm)}$$

$$\therefore \sigma_c = \sigma_0 \left(1 + \sqrt{1 + \frac{2h}{\delta_1}}\right)$$

$$= 1.57 \times (1 + \sqrt{1 + \frac{2 \times 10}{0.228 \times 10^{-5}}} \fallingdotseq 14.8 \text{ (kN/cm}^2\text{)}$$

2. 너트의 설계

(1) 너트의 높이

일반적으로 너트 높이(H)는 나사 산 수 n, 피치 p 일 때, 다음과 같이 나타낸다.

$$H=np \qquad (2-49)$$

① 굽힘 강도상에서 : 그림 2-33에서 하중 W가 이뿌리 밑에서 $h/3(=0.32p)$인 곳 에 집중 하중이 작용한다면 $W=\frac{\pi}{4}d_1^2\sigma_t$ 이므로, 굽힘 모멘트(M)는

$$M=\frac{h}{3}W=0.32Wp\left(\because \frac{h}{3}=0.32p\right) \qquad (2-50)$$

로 되고, 그림과 같이 나사를 외팔보로 볼 때, 고정단의 단면 높이 $\frac{5}{6}p$, 나비 $n\pi d_1$ 인 4각형 단면으로 볼 때, 단면 계수(Z)와 굽힘 응력(σ_b)은 다음과 같이 된다.

$$Z=\frac{1}{6}(n\pi d_1)\left(\frac{5}{6}p\right)^2=\frac{25}{216}nd_1p^2\pi \qquad (2-51)$$

$$\sigma_b=\frac{M}{Z}=\frac{0.32\times216}{25\pi}\frac{W}{nd_1p}=\frac{2.7648}{n\pi d_1p}\times\frac{\pi}{4}d_1^2\sigma_t=\frac{0.69d_1}{np}\sigma_t \qquad (2-52)$$

일반적으로 $\sigma_t \fallingdotseq \sigma_b$이므로, 위 식에서 $H=np=0.69d_1$이 되며, $d_1 \fallingdotseq 0.85d$ 정도로 하면, 너트의 높이(H)는 다음과 같이 된다.

$$H=0.69d_1=0.69\times0.85d \fallingdotseq 0.6d \qquad (2-53)$$

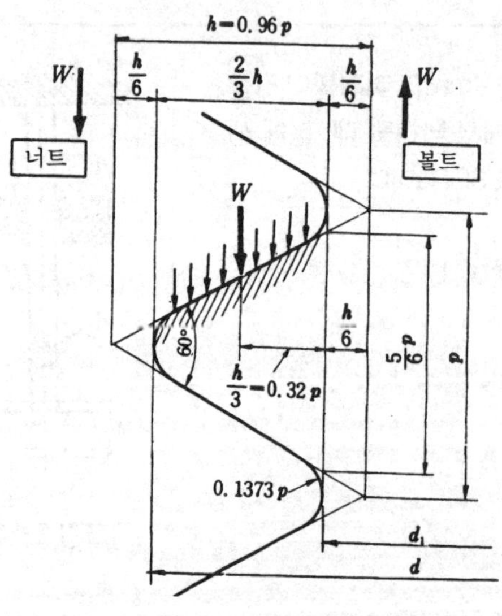

그림 2-33. 굽힘 강도

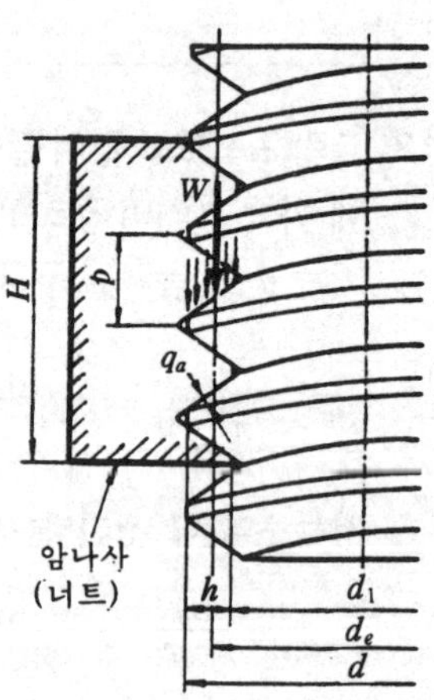

그림 2-34. 나사산 면압력

② 전단 강도상에서 : 굽힘 강도상에서와 같이 $W = n\pi d_1 [(\frac{5}{6})p]\tau$, $W = \frac{\pi}{4} d_1{}^2 \sigma_t$와 $\tau = 0.5\sigma_t$ 에서 $n\pi d_1[(\frac{5}{6}p)]0.5\sigma_t = W = \frac{\pi}{4} d_1{}^2 \sigma_t$ 로 되어, $d_1 = 1.7\,np$가 되므로 $d_1 = 0.85$d로 할 때, 너트의 높이(H)는 다음과 같다.

$$H = np = \frac{0.85d}{1.7} = 0.5d \qquad (2-54)$$

③ 접촉 압력상에서 : 나사산의 접촉면 압력(q_a)을 고려할 때, 그림 2-34에서 너트 높이(H)는 다음의 식으로 구한다.

W : 나사의 축 방향 힘(N), h : 나사산의 높이 $[h = (d - d_1)/2]$(mm)

q_a : 나사의 접촉면 압력(N/mm^2), d_e : 유효 지름 $[d_e = (d + d_1)/2]$(mm) 일 때

$$H = \frac{4Wp}{\pi(d^2 - d_1{}^2)q_a} = \frac{Wp}{\pi d_e h q_a} \qquad (2-55)$$

일반적으로 표 2-7을 사용하는 경우가 많고, KS 규격에서는 너트의 높이를 0.8 d 정도로 규정하고 있다. 그리고 표 2-8은 뢰체르(RÖttcher)가 제시한 접촉면 압력(q_a)의 값을 나타낸 것이다.

표 2-7 너트의 높이(H)

볼트 재료	너트 재료	H
강	강	d
강	주철	1.5 d
구리	청동	1.25 d

표 2-8. 허용 접촉면 압력(q_a)

재료		q_a N/mm^2	
볼트	너트	체결용	전동용
연 강	연강 또는 청동	30	10
경 강	경강 또는 청동	40	13
강	주 철	15	5

＊ 설계상 주의

① 너트의 재료가 볼트의 재료보다 강할 때에는 너트의 높이를 0.5 d 정도로 한다.
② 나사산의 파괴 시험에서 삼각 나사는 주로 굽힘으로, 사각 나사와 사다리꼴 나사는 전단력으로 파괴되는 것으로 알려져 있다.
③ 일반적으로 너트보다 볼트의 재질을 강하게 하므로, 너트의 안전을 고려하여 $0.5d$ 보다 크게 취한다.

(2) 나사의 산 수

그림 2-37과 같이 하중 W가 각 나사산에 완전히 균일하게 작용하므로, 하중(W)은 $W = \pi d_e h q_a n$ 이 되므로, 나사의 산 수(n)는 다음과 같이 된다.

$$n = \frac{W}{\pi d_e h q_a} = \frac{W}{\frac{\pi}{4}(d^2 - d_1{}^2)q_a} \qquad (2-56)$$

(3) 나사산의 접촉면 압력

위 식 (2−56)에서 나사의 접촉면 압력(q_a)은

$$\left.\begin{aligned} q_a &= \frac{W}{\pi d_e h n} = \frac{W}{\frac{\pi}{4}(d^2 - d_1^{\ 2})n} = \frac{4Wp}{\pi(d^2 - d_1^{\ 2})H} \\ &= \frac{W}{n\pi d_e H} = \frac{W}{n\pi d_e(0.5413p)} = \frac{1.85W}{n\pi d_e p} \end{aligned}\right\} \qquad (2-57)$$

로 되고, 위 식에서 H은 접촉 높이(너트 높이)로서 $H = \frac{(d-d_1)}{2} = \frac{(D-D_1)}{2}$ 으로 구한다

> **＊ 설계상 주의**
> ① 설계상 접촉면 압력 q_a의 값이 크게 되지 않도록 제한해야 된다. 특히 정밀을 요하는 이송 나사에서는 실용 값보다 낮은 값이 되도록 하여야 한다.
> ② 나사 산수를 증가시키지 않고, 접촉 압력을 낮게하려면 나사 지름을 크게 한다.

예제 2－13 6kN의 축 하중을 받는 볼트의 바깥 지름 20mm, 골지름 16.8mm 피치 2.5mm일 때, 나사의 허용 면압력을 구하여라. 단, 너트 높이 16mm이다.

Solution

방법 (1) : $q_a = \frac{4Wp}{\pi(d^2 - d_1^{\ 2})H} = \frac{4\times6\times10^3\times2.5}{\pi(20^2 - 16.8^2)\times16} = 10(\text{MPa})$

방법 (2) : $d_e = \frac{d+d_1}{2} = \frac{20+16.8}{2} = 18.4(\text{mm})$

$h = \frac{d-d_1}{2} = \frac{20-16.8}{2} = 1.6(\text{mm})$

$\therefore\ q_a = \frac{Wp}{\pi d_e h H} = \frac{6\times10^3\times2.5}{\pi\times18.4\times1.6\times16} = 10(\text{MPa})$

예제 2－14 60kN의 압력이 걸리는 용기의 커버를 4개의 볼트를 죌 때, 필요한 다음을 구하 여라. 단, 허용 인장 응력 80MPa, 허용 접촉 압력 30MPa이다.

(1) 볼트의 지름(d) (2) 너트의 높이(H) : (단, $p = 3.5$mm)

Solution

(1) $W = \frac{P_t}{n} = \frac{60}{4} = 15(\text{kN})$

$\therefore\ d = \sqrt{\frac{8W}{3\sigma_a}} = \sqrt{\frac{8\times15\times10^3}{3\times80}} = 22.4(\text{mm})$

(2) $h = \frac{p}{2} = \frac{3.5}{2} = 1.75\ (\text{mm})$

$d_1 = d - 2h = 22.4 - 2\times1.75 = 18.9(\text{mm})$

$d_e = (d+d_1)/2 = (22.4+18.9)/2 = 20.65(\text{mm})$

$\therefore\ H = \frac{Wp}{\pi d_e h q_a} = \frac{60\times10^3\times3.5}{\pi\times20.65\times1.75\times30} \fallingdotseq 62(\text{mm})$

제2장 연습문제

•논문형

1. 일반적으로 많이 사용되는 볼트의 종류와 특성을 설명하여라.
2. 볼트의 나사부 등급과 기계적 성질의 강도 구분을 설명하여라.
3. 볼트와 너트의 이완 방지 대책을 설명하여라.
4. 축 하중과 비틀림을 동시에 받는 볼트의 합성 응력을 설명하여라.
5. 결합 볼트의 피로 한도 선도의 작성 과정을 설명하고, 작도하여라.

•계산형

2-1. 리드 50mm인 2줄 4각 나사의 골지름 60mm인 볼트가 견딜 수 있는 하중을 구하여라. 단, 허용 전단 응력 100MPa, $\mu=0.12$이다.

2-2. 1-8UNC인 나사로 된 볼트에 끼운 너트를 길이 12d인 스패너로 150N의 힘으로 죌 때, 볼트에 생기는 다음을 구하여라. 단, $\mu=\mu_1=0.15$ 이다.

(1) 축방향 힘(W) (2) 인장응력(σ_t)

2-3. 안지름 400mm, 38N/cm^{2}의 압력에 견디는 용기의 커버에 설치된 볼트의 중심원 지름 700mm, 볼트의 피치 100mm일 때, 다음을 구하여라. 단, 안전율 3, 볼트는 인장과 비틀림을 받을 때 볼트 최대 강도 750MPa이다.

(1) 볼트의 개수(n) (2) 볼트의 지름(d)

2-4. 그림 2-35와 같은 스크루 잭이 5kN의 하중을 올리는 데 레버를 돌리는 힘 40N일 때, 레버의 길이를 구하여라. 단, $de=63.5$mm, $p=3.17$mm, $\mu=0.1$이다.

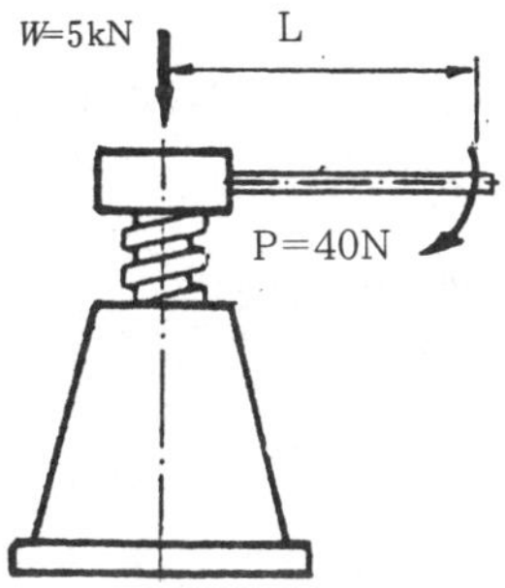

그림 2-35

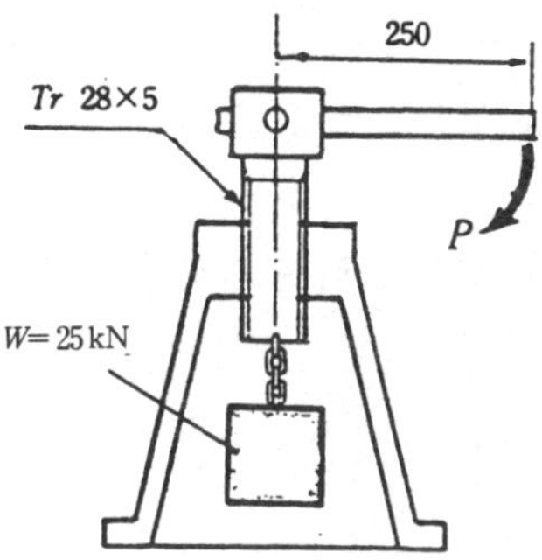

그림 2-36

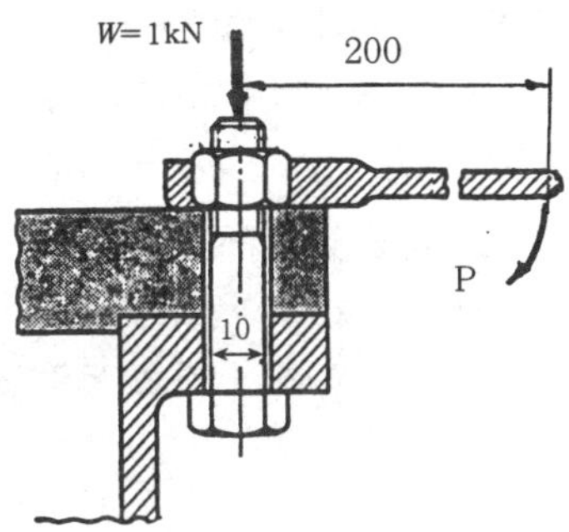

그림 2-37

2-5. 그림 2-36과 같이 Tr 28×5인 나사로 된 스크루 잭의 핸들 길이 250mm, 하중 25kN이 걸릴 때, 핸 들 끝에 가해지는 힘을 구하여라. 단, 0.1이다.

2-6. 그림 2-37의 용기에 축 하중 1kN, 스패너 길이 20cm로 너트를 회전시킬 때, 필요한 힘을 구하여라. 단, $S=$ 1.7cm, $d_e=$ 0.9cm, $p=$ 1.5mm, $\mu=\mu_1=0.15$ 이다.

2-7. 스크루 잭(jack)의 나사 1″에 대하여 2산이며, 15kN의 하중을 지지하고, 나사 산의 높이 6mm, 자리면의 접촉부 유효 반지름 $R=$ 26mm일 때, 다음을 각각 구하여라. 단, $\mu=0.15$, 접촉부 칼러의 마찰 계수 $\mu=0.13$이다.

(1) 재료의 허용 압축 응력을 60MPa로 할 때의 골 지름(d_1)

(2) 길이 200cm의 레버에 회전 토크를 줄 때 필요한 힘(P)

2-8. 길이 500m인 스크루 잭의 레버를 40N으로 2회전시키면 수직 방향으로 16mm 움 직일 때, 다음을 구하여라. 단, 나사 치수 $d=$ 40mm, $d_e=$ 36mm, 칼러부 마찰 지름 40mm, 산 높이 4mm, $\mu=\mu_1=0.15$이다.

(1) 나사부의 수직 하중(W)

(2) 나사부에 발생하는 ① 인장 응력(σ_t) ② 전단 응력(τ_a) ③ 조합 인장 응력($\sigma_{\max}$) ④ 조합 전단 응력($\tau_{\max}$)

2-9. 10kN의 하중을 받는 프레스 나사(재질 : 연강)의 치수 $d=$ 10cm, $d_1=$ 8cm, $p=$ 2.54cm일 때, 다음을 구하여라. 단 , 안전율 3, $\mu=0.1$ 이다.

(1) 나사의 비틀림 모멘트(T)　　(2) 나사의 전단 응력(τ_a)

(3) 나사의 인장 응력 (σ_t)　　(4) 합성 인장 응력($\sigma_{\max}$)

(5) 합성 전단 응력($\tau_{\max}$)

(6) 허용 전단 응력(τ_a) : (단, 항복 응력 $\sigma_s=2400$ N/cm^2)

2-10. 압력 용기 커버의 체결 부분에서 몸체의 안지름 250mm, 용기내의 최고 압력 600 MPa, 볼트의 지름 24mm, 볼트의 수 6개, 중간물의 길이 180mm, P_t=210kN일 때, 결합 볼트(SM 30C)의 (1) 강도 계산, (2) 체결 3각형 선도, (3) 피로 한도 선도를 그려 응력의 관계를 나타내라. 단, E_1, E_2=206GPa이다.

2-11. 스크루 잭이 하중 6kN을 속도 0.5m/min으로 올릴 때, 다음을 구하여라. 단, 사다리꼴 나사 Tr 52×8.47, $d_e=$ 48mm, $\mu_1=0.01$, $\mu'=$ 0.155이다.

(1) 하중에 필요한 회전 토크(T) : (단, 칼러부 자리면 평균 지름 60mm)

(2) 스크루 잭의 효율(η)

(3) 스크루 잭의 소요 동력(kW)

Answer

2-1. 502kN　2-2. (1) 96(kN) (2) 254(MPa)　2-3. (1) 22개 (2) 16mm
2-4. 400mm　2-5. 208N　2-6. 10N　2-7. (1) 17.8mm (2) 54.5N
2-8. (1) 2390N (2) ① 2.97MPa ② 3MPa ③ 4.8MPa ④ 3.35MPa
2-9. (1) 8.6kN · cm (2) 86N/cm^2 (3) 199N/cm^3 (4) 231N · cm^2 (5) 132N · cm^2 (6) 400N/cm^2　2-10. 생략　2-11. (1) 31N · m (2) 26% (3) 0.2kW

제3장 키 · 핀 · 코터 (key · pin · cotter)

축에 기어, 벨트 풀리, 커플링, 플라이 휠, 클러치 등을 고정시켜서 상대적인 운동을 방지하며, 회전력을 전달시키는 결합용 기계 요소에는 키(key). 핀(pin), 코터(cotter) 등이 있다.

3-1 키

1. 일반 사항

① 종류 : 묻힘 키, 미끄럼 키, 반달 키, 평 키, 안장 키, 접선 키, 핀 키, 둥근 키, 원뿔 키 등이 있고(그림 3-1), 앞의 3종류가 널리 사용되며, 대부분 KS 규격화되어 있다.

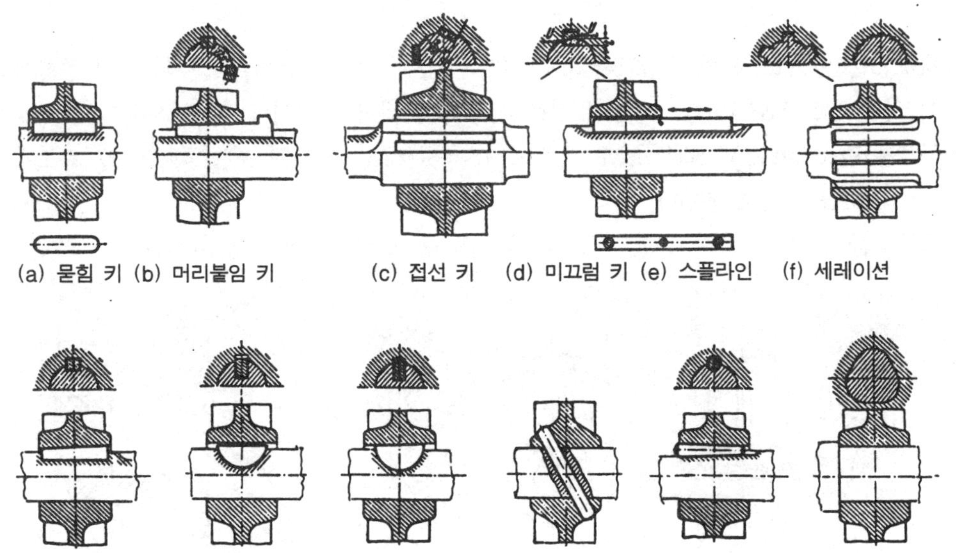

(a) 묻힘 키 (b) 머리붙임 키 (c) 접선 키 (d) 미끄럼 키 (e) 스플라인 (f) 세레이션

(g) 경사 키 (h) 반달 키 (i) 핀 키 (j) 핀 키 (k) 핀 키 (l) k프로필

그림 3-1. 키의 종류

② 키 홈 절삭 방법

그림 3-2와 같이 밀링 커터 또는 엔드 밀(end mill)로 가공하고, 보스 쪽의 홈 가공 에는 브로치(broach)나 슬로터(slotter) 가공에 의한다.

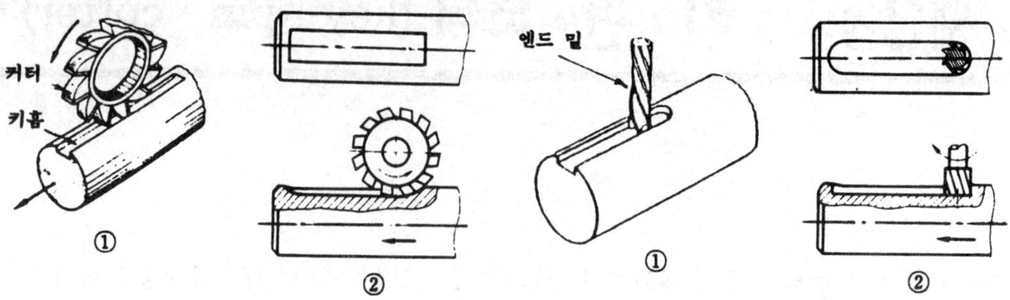

(a) 밀링 커터 가공　　　(b) 엔드 밀

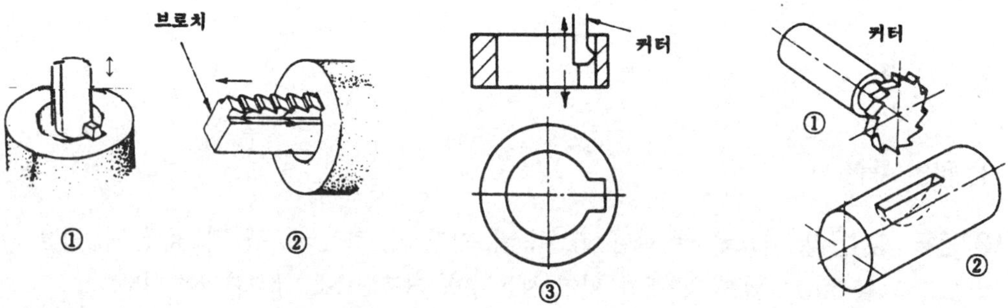

(c) 슬로터 가공　　　(d) 밀링 커터

그림 3-2. 키 홈의 가공 방법

③ **재료** : 일반적으로 축의 재질보다 약간 경도가 높은 것을 사용한다. 그 외 키의 종류에 관계없이 인장 강도 $588N/mm^2$ 이상의 것을 사용하는 것이 원칙이나, 보통 사용되는 재료는 기계 구조용 탄소강재(SM 30C~SM 45C), 광택 봉강(SM 20C-D~SM 45C-D), 탄소강 단강품(SF 540A) 등이 사용된다.

④ **용도** : 풀리, 기어, 플라이 휠, 커플링, 클러치 등의 회전축에 사용된다(그림 3-3).

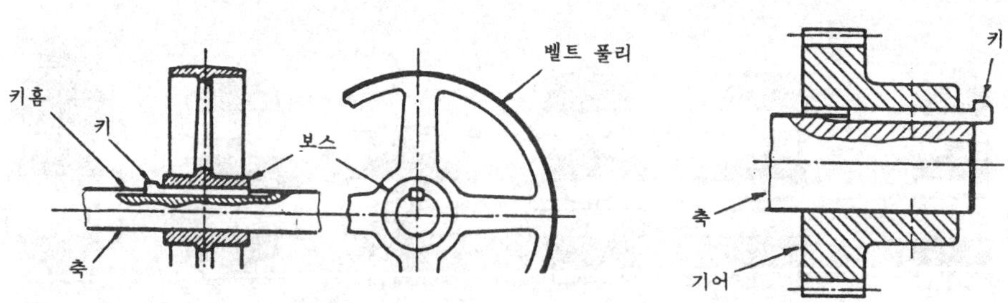

(a)　　　(b)

그림 3-3. 키의 사용 예

(1) 성크 키(sunk key)

일반적으로 가장 많이 사용되는 키로서, 보스(boss)와 축에 같은 키 홈을 파서 여기에 끼우는 키로서, 묻힘 키라고도 한다(그림 3-4, 그림 3-7).

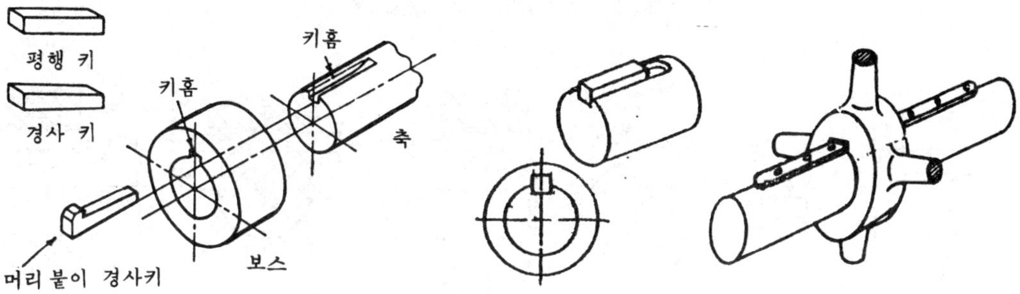

(a) (b) (c)

그림 3-4. 묻힘 키

KS B 1311에는 일반 기계에 사용되는 강재의 평행 키(치수 : 표 3-2), 경사 키, 반달 키와 이것들에 대응하는 키 홈에 대하여 규정되어 있다.

① **특성** : 전달 토크가 크고, 정밀도가 높은 안정적인 체결법으로, 축과 보스 모두 평행한 모양의 홈으로 가공된다. 단점은 키 홈으로 인하여 축의 강도가 저하된다.

② **종 류**

a. **모양에 따라** : 표 3-1과 같이 6종류로 구분한다.

표 3-1. 묻힘 키의 종류와 기호(KS B 1311)

모양		기호	그림
(1) 평행 키	나사용 구멍 없음	P	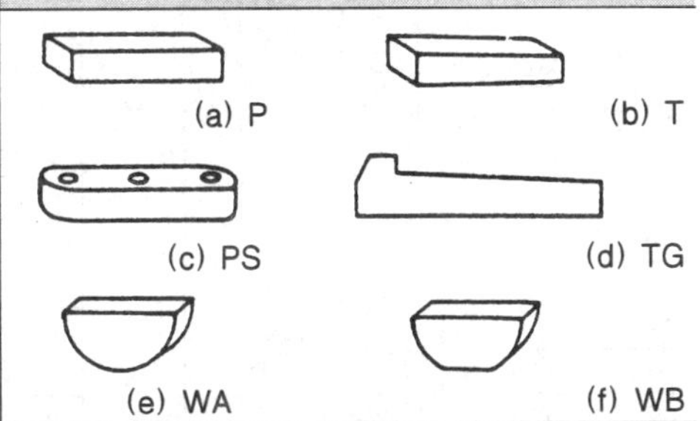
	나사용 구멍 있음	PS	
(2) 경사 키	머리 없음	T	
	머리 있음	TG	
(3) 반달 키	둥근 바닥	WA	
	납작 바닥	WB	

b. **키 윗면에 따라** : 평행 키, 윗면에 1/100 정도의 경사를 붙인 경사 키, 머리 붙이 경사 키 [gib head slope key : 그림 3-4 (a)]가 있다.

가. **평행 키** : 키의 이완 방지하기 위한 고정 나사를 사용하여 키를 누른다.

나. **경사 키** : 부착물이 편심되는 현상이 발생하므로 고속 회전, 고정밀 회전체에는 사용하지 않고, 감속기 등 산업 기계에 많이 사용된다.

c. **조립에 따라** : 드라이빙((driving) 키와 세트(set) 키가 있다(그림 3-5).

가. **드라이빙 키** : 축과 보스를 끼워 맞춘 후 키를 때려 박는 방법으로서, 키의 윗면(기울기 1/100) 마찰에 의해서만 보스를 축에 붙여 사용한다. 그리고 보스와 축과의 분해시에는 편리하나 보스와 축이 일치되어 회전할 때는 키가 축 방향으로 빠져 나오므로 이완 방지 플레이트[그림 3-5 ①]를 설치한다.

나. **세트 키** : 축에 키를 끼운 후 보스를 끼워 맞추는 방법이다(그림 3-5 ②).

표 3-2. 성크 키(평행 키)와 키 홈의 주요 치수(KS B 1311)

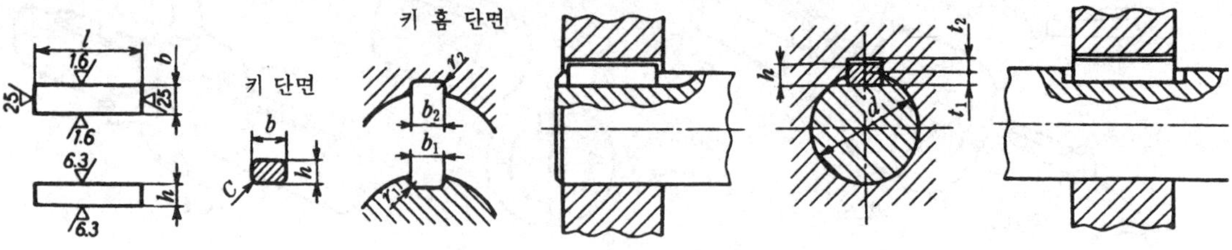

(a) (b) (c) (d) (e) (f)

(단위 : mm)

호칭 치수 b×h	키의 치수							키 홈의 치수								참고
	b		h			c	l(3)	b_1, b_2	정밀급	보통급		r_1 및 r_2	t_1의 기준치수	t_2 기준치수	t_1 허용차	(4) 적용하는 축지름 d
	기준 치수	허용차 (h9)	기준 치수	허용차				기준 치수	b_1, b_2 허용차 (P9)	b_1 허용차 (N9)	b_2 허용차 (Js9)					
2×2	2	0 −0.025	2	0 −0.025	h9	0.16 ~ 0.25	6~20	2	−0.006 −0.031	−0.004 −0.029	± 0.0125	0.08~ 0.16	1.2	1.0	+ 0.1	6~8
3×3	3		3				6~36	3					1.8	1.4		8~10
4×4	4	0 −0.030	4	0 0.030			8~45	4	−0.012 −0.042	0 −0.030	± 0.0150		2.5	1.8		10~12
5×5	5		5			0.25 ~ 0.40	10~56	5				0.16~ 0.25	3.0	2.3		12~17
6×6	6		6				14~70	6					3.5	2.8		17~22
(7×7)	7	0 −0.036	7	0 −0.036			16~80	7	−0.015 −0.051	0 −0.036	± 0.0180		4.0	3.0	+ 0.2	20~25
8×7	8		7	0 −0.090	h11		18~90	8					4.0	3.3		22~30
10×8	10		8			0.40~ 0.60	22~110	10				0.25~ 0.40	5.0	3.3		30~38
12×8	12	0 −0.043	8				28~140	12	−0.018 −0.061	0 −0.043	± 0.0215		5.0	3.3		38~44
14×9	14		9				36~160	14					5.5	3.8		44~50
(15×10)	15		10				40~180	15					5.0	5.0		50~55
16×10	16		10				45~180	16					6.0	4.3		50~58
18×11	18		11	0 −0.110			50~200	18					7.0	4.4		58~65
20×21	20	0 −0.052	12			0.60 ~ 0.80	56~220	20	−0.022 −0.074	0 −0.052	± 0.0260	0.40~ 0.60	7.5	4.9		65~75
22×14	22		14				63~250	22					9.0	5.4		75~85
(24×16)	24		16				70~280	24					8.0	8.0		80~90
25×14	25		14				70~280	25					9.0	5.4		85~95
28×16	28		16				80~320	28					10.0	6.4		95~110
32×18	32	0 −0.062	18				90~360	32					11.0	7.4		110~130
(35×22)	35		22	0 −0.130		1.00 ~ 1.20	100~400	35	−0.026 −0.088	0 −0.062	± 0.0310	0.70~ 1.00	11.0	11.0	+ 0.3	125~140
36×22	36		20				−	36					12.0	8.4		130~150
38×24	38		24				−	38					12.0	12.0		140~160
40×22	40		22				−	40					13.0	9.4		150~170
(42×26)	42		26				−	42					13.0	13.0		160~180
45×25	45		25				−	45					15.0	10.4		170~200
50×28	50		28				−	50					17.0	11.4		200~230
56×32	56	0 −0.074	32	0 −0.160		1.60 ~ 2.00	−	56	−0.032 −0.106	0 −0.074	± 0.0370	1.20~ 1.60	20.0	12.4		230~260
63×32	63		32				−	63					20.0	12.4		260~290
70×36	70		36				−	70					22.0	14.4		290~330
80×40	80		40			2.50 ~ 3.00	−	80				2.00~ 2.50	25.0	15.4		330~380
90×45	90	0 −0.087	45				−	90	−0.037 −0.124	0 −0.087	± 0.0435		28.0	17.4		380~440
100×50	100		50				−	100					31.0	19.5		440~500

비고 길이의 표준 치수 : 6 8 10 12 14 16 18 20 22 25 28 32 36 40 45 50 56 63 70 80 90 100 110 125 140 160 180 200 220 250 280 320 360 400

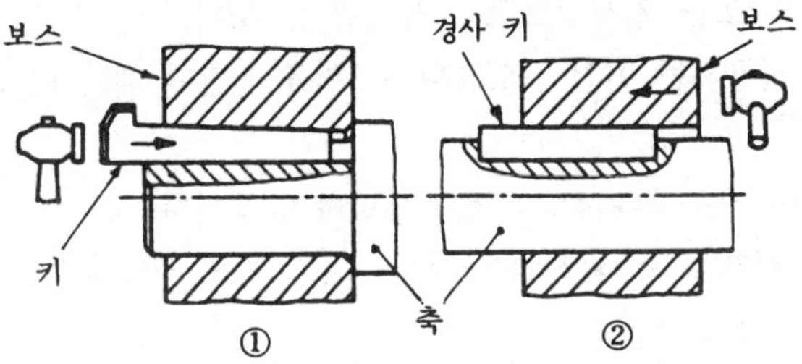

① 드라이빙 키 : 축과 보스를 끼워맞춘 후 때려박음
② 세트 키 : 축에 키를 끼운 후 보스를 끼워맞춤

그림 3-5. 키의 조립 종류

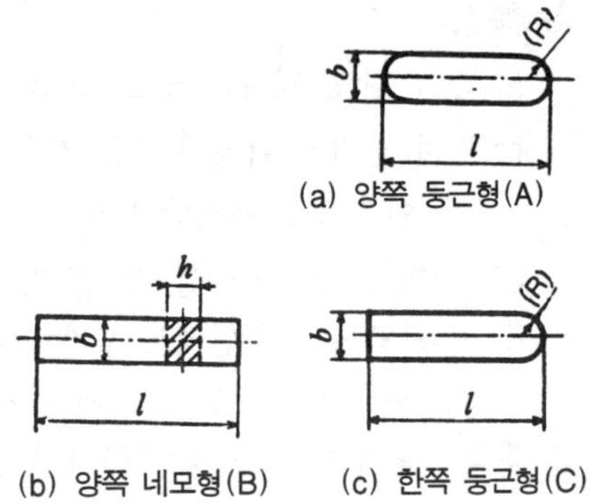

그림 3-6. 평행 키의 끝 부 모양

③ **평행 키의 끝 부** : 모양에 따라 3종류로 하고, 네모형으로 한다(그림 3-6).

④ **용도** : 축 방향으로 활동할 수 없고, 축과 보스에 파놓은 키 홈(key way)에 끼워, 견고하게 고착시킬 수 있어서 무거운 하중에 사용된다.

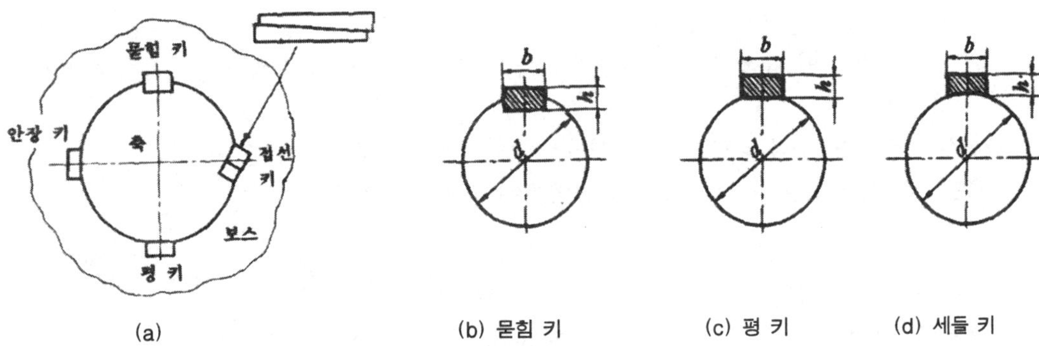

그림 3-7. 묻힘 키, 평 키, 안장 키, 접선 키

(2) 평 키(flat key)

축에 키의 나비만큼 축을 평행하게 깎아, 보스에 기울기 1/100인 홈에 키를 때려 넣도록 한 것으로, 납작 키라고도 한다[그림 3-7 (c)].

① **특성**

a. 축 방향으로 활동할 수 없고, 안장 키 보다 약간 큰 힘을 전달할 수 있다(축의 토크의 1/2 정도).

b. 전달 가능한 토크는 안장 키보다 크나 성크 키 보다 작다.

c. 전달력은 작으나 축의 강도를 거의 저하시키지 않는다.

② **용도** : 축의 회전 방향이 교대로 변화할 때 헐거워질 염려가 있으므로, 묻힘 키 보다 작은 토크의 가벼운 하중의 전달에 사용된다.

(3) 새들 키(saddle key)

축의 둥근면에 맞추어 키를 깎아, 마찰력에 따라 원주에 작용하는 힘을 전달시키기 위하여 축에 고착되도록 한 것으로, 안장(鞍裝) 키라고도 한다[그림 3-7 (d)].

① **특 성**

a. 축의 강도 저하가 없고, 가벼운 하중 또는 일시적으로 고정시킬 수 있다.

b. 축의 임의의 위치에 키를 부착시켜 사용하는 이점이 있으나 큰 힘을 전달할 때는 미끄러지기 쉬우므로 부적당하다.

c. 축 방향으로 활동할 수 없고, 역전이 가능하나 큰 토크를 전달하지 못한다.

d. 키와 축의 접촉면에서 발생하는 마찰력만으로 회전력을 발생시켜 토크를 전달하므로 전달 가능한 전달 토크의 크기가 작고 불확실하다.

② **장착** : 축에는 키 홈을 가공하지 않고, 보스에만 기울기 1/100의 구배진 키 홈을 만들어 때려 박는다.

(4) 접선 키(tangential key)

2개의 키를 축에 원주 방향의 키 홈에 겹쳐서 끼우며, 축심에 대하여 중심각 120°의 두 곳에 키를 배치한 것이다(그림 3-8). 키의 기울기는 1/40~1/45 정도로 한다.

① **특 성**

a. 한쪽 방향으로만 회전할 때에는 일부분에, 역전할 때는 양쪽에 키를 때려 끼워 사용하며, 키 중에서 고정력이 가장 크다.

b. 축과 보스의 키 홈을 성크 키보다 깊지 않게 할 수 있고, 회전 방향에 대하여 움직임이 거의 없다.

c. 성크 키보다 축의 강도를 약간 저하시키면서 큰 회전력을 전달할 수 있다.

② **용도** : 큰 회전력 또는 힘의 방향이 변화하는 곳에 사용한다.

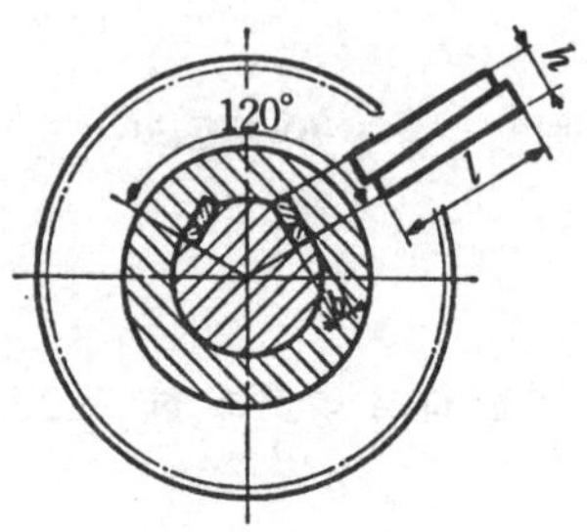

그림 3-8. 접선 키

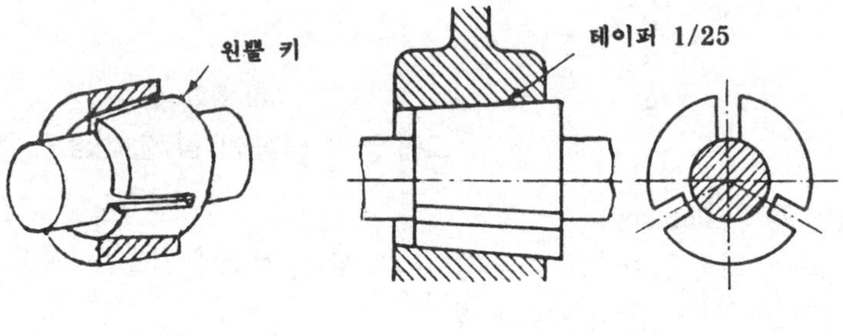

(a) 외 형 (b) 조립 상태

그림 3-9. 원뿔 키

(5) 원뿔 키(cone key)

축과 보스와의 사이에 2~3곳을 축 방향으로 쪼갠 원뿔을 끼워 졸라맨 후, 마찰력에 의하여 축과 보스를 고착시키는 것이다(그림 3-9). **특성**은 보스의 편심이 적고, 축의 어느 위치에나 설치할 수 있다.

(6) 미끄럼 키(sliding key)

평행 키와 같이 생긴 키를 축의 키 홈이나 보스에 작은 나사(1~3개 정도)로 고정시키고, 보스가 축과 더불어 회전하는 동시에 축 방향으로 미끄러져 움직일 수 있는 키로서, 슬라이딩 키, 페더 키(feather key) 또는 안내 키라고도 한다(그림 3-10).

① 특성

a. 키와 보스 또는 축과의 사이에 약간의 틈새를 두며, 키의 길이와 키 홈은 미끄러지는 길이만큼 취한다.

b. 성크 키에 비하여 전달 토크가 작고, 큰 토크를 전달할 수 없다.

② 고정(그림 3−10) : 키를 축에 고정시키는 방식[그림 (a)]과 보스에 고정시키는 방식[그림 (b)]이 있다.

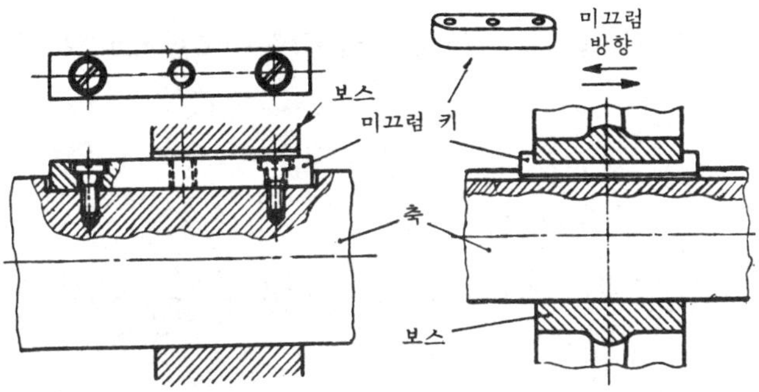

(a) 축에 키를 고정하는 방식　　(b) 키를 보스에 고정하는 방식

그림 3−10. 미끄럼 키

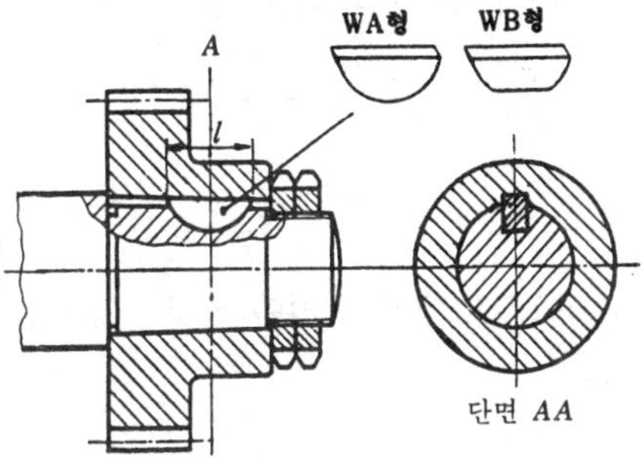

그림 3−11. 반달 키

(7) 반달 키(woodruff key)

축에 반달형의 홈을 만들어 반달형 키를 끼워 사용하는 것으로, 보스부의 키 홈 기울기가 어느 것이라도 밀착되어 고착시킬 수 있는 것이다(그림 3−11).

① 특성

a. 축과 보스의 끼워 맞춤이 자동적으로 키가 자리를 잡을 수 있는 조정이 편리하고, 축 방향으로 활동할 수 없다.

b. 반달 모양을 하고 있어서 축의 홈이 깊게 파여지므로 축의 강도가 약하게 되는 결점이 있으나 키와 키 홈을 가공하기 쉽다.

② 용도

a. 비교적 작은 축(약 60mm 이하)에 사용된다.

b. 테이퍼 축에 적합하여 키 홈이 깊어 축을 약하게 하므로, 별로 강도를 문제로 하지 않는 축에 사용된다.

c. 고속 회전과 낮은 토크의 축에 사용된다(예 : 공작 기계, 자동차의 축 등).

(8) 둥근 키(round key)

축과 보스를 끼워 맞춤을 하고, 축과 보스 사이에 구멍을 가공하여 원형 또는 테이퍼 핀으로 때려 박은 키로서, 핀(pin) 키라고도 한다(그림 3−1).

① **특성** : 사용법이 간단하나 큰 전달 토크를 전달하는 데는 부적당하다.

② **장착** : 핀을 끼우는 방향에 따라 축과 보스를 방법 등 여러 가지가 있다.

2. 키의 설계

키가 축에 작용하는 접선력(회전력), 회전 토크, 응력 및 각부 치수 등을 설계한다.

(1) 접선력

그림 3−12와 같이 키는 보스 쪽에 힘 P'가 작용할 때, 반작용으로 힘 P 를 받아 보스에 토크를 전달한다. 이 때에 축과 보스의 경계면에 작용하는 접선력(P)은 다음과 같이 구한다.

T : 전달 토크(N · mm), b : 키의 나비(mm), d : 축 지름(mm)

τ : 키의 전단 응력(N/mm^2), l : 키의 유효 길이($l \fallingdotseq 1.5d$)(mm), t : 키 홈의 깊이(mm)일 때

$$\left.\begin{aligned} P &= bl\tau = tl\sigma_c \quad ① \\ &= \frac{2T}{d} \quad ② \quad = \frac{DW}{d} \quad ③ \end{aligned}\right\} \qquad (3-1)$$

위 식 ③은 벨트 풀리의 바깥 지름(D) 또는 기어의 피치원 지름(D)과 하중(W)을 고려할 때 사용한다.

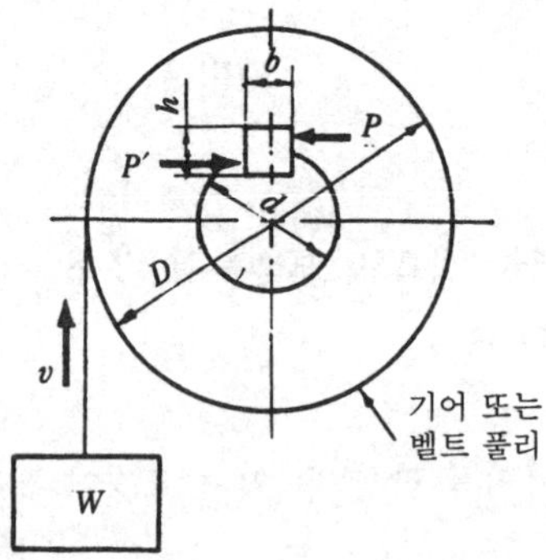

그림 3−12. 키의 접선력과 전달 토크

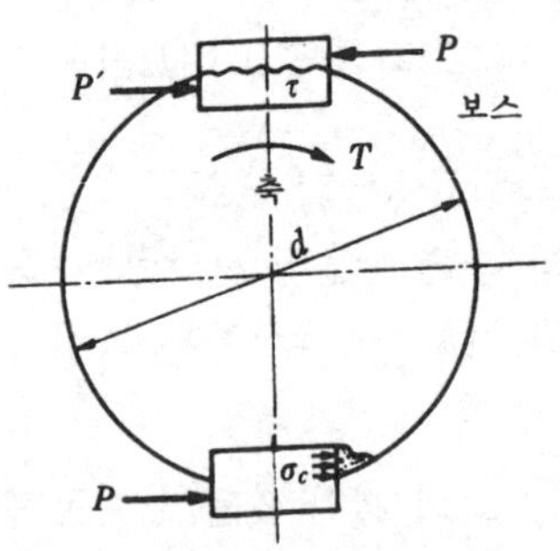

그림 3−13. 키의 응력

(2) 회전 토크

키의 전단에 의한 회전 토크와 축에 작용하는 회전 토크는 같아야 하므로, 키의 회전 토크(T)[식 (3−2) ①]와 축의 회전 토크(식 ②, ③)는 다음과 같이 나타낼 수 있다.

$$\left.\begin{aligned} T &= \frac{Pd}{2} = \frac{DW}{2} = bl\tau\frac{d}{2} \quad ① \\ &= \frac{\pi}{16}d^3\tau_a \quad ② \\ &= 7020\frac{H_{PS}}{N} = 9550\frac{H_{kW}}{N} \quad ③ \end{aligned}\right\} \qquad (3-2)$$

> **＊ 설계상 주의** : 축이 전달하는 회전 토크는 키 홈 때문에 약 25%정도 감소한다.

(3) 응 력

그림 3－13과 같이 축의 회전에 따라 키에 전단 응력이 작용할 때와 키 홈 측면에 압축 응력이 작용하는 2가지로 나누어 설계한다.

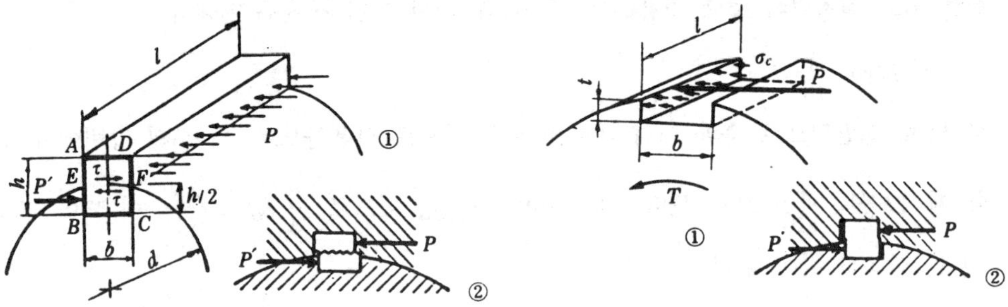

(a) 전단 응력 (b) 압축 응력

그림 3－14. 전단 응력과 압축 응력

① **전단 응력** : 그림 3－14 (a)에서 힘 P'가 P와 서로 같은 힘 즉, 접선력(P)과 회전 토크(T)를 고려할 때, 키에 작용하는 힘 P에 의하여 키에 발생하는 전단 응력(τ)은 식 (3－1) $P = bl\tau = \frac{2T}{d}$ 에서 다음과 같이 된다.

$$\tau = \frac{P}{bl} = \frac{2T}{dbl} = \frac{PD}{bdl} \qquad (3-3)$$

> ＊ **설계상 주의** : 일반적으로 키의 허용 전단 응력은 20N/mm^2 정도로 취한다.

② **압축 응력**

a. **접선력과 회전 토크를 고려할 때** : 그림 3－14 (b)에서 키 홈이 압축 또는 면압력을 받을 때의 접선력은 $P = tl\sigma_c$ 이므로, 압축 응력(σ_c)은 다음과 같이 된다.

$$\left.\begin{aligned}\sigma_c &= \frac{P}{tl} = \frac{2P}{hl} \\ &= \frac{2T}{dtl} = \frac{4T}{dhl}\end{aligned}\right\} \qquad (3-4)$$

b. **전단 응력을 고려할 때** : 접선력 P에 대한 T가 축에 전달시키는 토크 $T = \frac{\pi}{16}d^3\tau_a$와 같다고 하면 식 (3－2)와 식 (3－4)에서 $T = \frac{\pi}{16}d^3\tau_a = \frac{d}{2}tl\sigma_c$ 이고, $\ell \doteqdot 1.5d$로 할 때, 다음과 같이 된다.

$$\sigma_c = \frac{2\pi\tau_a d^3}{16tdl} = \frac{\pi\tau_a d^2}{8tl} = \frac{\pi\tau_a d}{8t\times 1.5} = \frac{\pi\tau_a d}{12t} \qquad (3-5)$$

위에서 τ 와 σ_c가 허용 값보다 작은 값을 갖도록 하고, $\frac{\tau}{\sigma_c} = \frac{1}{3}$ 정도로 한다.

> ＊ **설계상 주의**
> ① σ_c의 허용 값은 보통 축의 회전이 일정할 때 σ_c=80～100N/mm^2 로 한다.
> ② 회전수가 변하거나 고속 회전일 때에는 σ_c=25～40 N/mm^2 정도로 취한다.

(4) 키의 치수 : 키의 치수는 나비(b), 높이(h), 길이(l)로서 나타낸다.

① **키의 나비** : 축의 회전 토크 $T=\frac{\pi}{16}d^3\tau_a$를 전부 키의 전단 저항으로 전달할 때, 전단 응력에 의한 키의 회전력이 축에 작용하는 회전력과 같게 하면 식 (3-2)에서

$$\frac{d}{2}bl\tau=\frac{\pi}{16}d^3\tau_a \tag{3-6}$$

로 되며, 일반적으로 축과 키의 재질을 같은 것으로 사용하므로, 위 식의 양변에서 $\tau=\tau_a$로 할 때 $lb\frac{d}{2}=\frac{\pi d^3}{16}$으로 된다. 여기에서 $l\fallingdotseq 1.5d$ 이므로 $\frac{3}{4}bd^2=\frac{\pi d^3}{16}$ 이 되어, 키의 나비(b)는 다음과 같이 된다.

$$\left.\begin{aligned} b&=\frac{\pi}{12}d\fallingdotseq\frac{d}{4}\fallingdotseq 0.25d \quad ① \\ &=\frac{P}{l\tau}=\frac{2T}{dl\tau} \quad ② \end{aligned}\right\} \tag{3-7}$$

＊ 설계상 주의
① 일반적으로 $\tau>0.5\sigma_c$ 이므로 $h>b$로 되나, 키의 두께가 너무 높으면 보스와 축에 키 홈이 깊어서 축이 약하게 되므로, 깊이를 나비보다 낮게 설계한다.
② 키의 나비가 너무 작게 되면 축의 강도는 좋으나 키의 압축에는 약해진다.

② **키의 높이** : 키 홈의 압축과 접선력, 회전 토크를 고려하여 구할 때, 식 (3-4) 에서 키의 높이(h : 그림 3-12)는

$$h=\frac{2P}{\sigma_c l}=\frac{4T}{dl\sigma_c} \tag{3-8}$$

로 되고, 또한, 키의 전단 저항과 압축 저항을 같도록 설계할 때 $bl\tau=\frac{h}{2}l\sigma_c$이므로, 키의 높이(h)는 다음과 같이 나타낼 수 있다.

$$h=\frac{2b\tau}{\sigma_c} \tag{3-9}$$

＊ 설계상 주의
① b와 h는 위 식으로 구하거나 표 3-3에서 축의 지름을 알고, 찾을 수 있다.
② 일반적으로 $1/2\sigma_c<\tau$ 이기 때문에 $b<h$로 되나 h가 너무 크면 축이 약하게 되므로, $h<b$로 설계하고, 압축에 약할 때에는 길이를 길게 하여 준다.
③ 일반적으로 $\tau>\sigma_c/2$이므로 $h>b$로 되어 키의 높이가 높아지고, 보스와 축에 깊게 홈을 파야 하므로 축이 약해지며, 깊이가 나비보다 커서는 안 된다.
④ 키의 치수가 클 때는 $b>h$로 하고, 압축에 대하여 약할 때는 길이를 길게 한다.
⑤ 키는 전단력에 견디기 위하여 직 4각형($b>h$)으로 하는 것이 바람직하다.

표 3-3 각종. 키의 나비(b)와 높이(h)

축 지름 \ 키	묻힘 키 $b \times h$	평키, 머리붙이 경사 키 $b \times h$	축 지름 \ 키	묻힘 키 $b \times h$	평키, 머리붙이 경사 키 $b \times h$
$12 < d \leqq 17$	5×5	–	$50 < d \leqq 58$	16×10	18×8
$17 < d < 22$	6×6	–	$58 < d \leqq 65$	18×11	20×9
$20 < d \leqq 30$	8×7	7×4	$65 < d \leqq 75$	20×12	24×11
$30 < d \leqq 38$	10×8	10×5	$75 < d \leqq 85$	22×14	28×12
$38 < d \leqq 44$	12×8	12×6	$85 < d \leqq 95$	28×14	32×13
$44 < d \leqq 50$	14×9	15×7			

③ **키 홈 높이** : 식 (3-4)와 식 (3-5)에서 키 홈 높이(t)는 다음과 같다.

$$\left.\begin{aligned} t &= \frac{P}{l\sigma_c} & ① \\ &= \frac{2T}{dl\sigma_c} = \frac{\pi\tau_a d}{12\sigma_c} & ② \end{aligned}\right\} \quad (3-10)$$

위 식은 식 (3-8)과 식 (3-9)에서 키의 높이를 구하지 못할 때 사용하는 식이다. 즉, 위 식에서 키 홈의 높이 t를 구하여 2배하면 키의 높이(h)가 된다.

④ **키의 길이** : 일반적으로 키와 축의 재질은 동일하게 사용하므로, 회전 토크의 식 (3-2) ①, ②에서 $\tau = \tau_a$ 로 할 때, $bl\frac{d}{2} = \frac{\pi}{16}d^3$ 이므로, 키의 길이(l)는

$$\left.\begin{aligned} l &= \frac{\pi d^2}{8b} (\tau = \tau_a \text{일 때}) & ① \\ &= \frac{2T}{db\tau} = \frac{2T}{dt\sigma_c} = \frac{4T}{dh\sigma_c} = \frac{\pi\tau_a d^2}{8t\sigma_c} & ② \end{aligned}\right\} \quad (3-11)$$

로 되고, 위 식에서 ②는 전단 응력과 압축 응력 등을 고려한 식이다.

＊ 설계상 주의

① 일반적으로 키의 길이는 보스의 나비와 같게 하여 사용하며 경험에 의하면 키를 충분히 키 홈에 박히게 할 때 $l \fallingdotseq 1.5d$로 한다.

② 키의 길이는 전단 응력과 압축 응력을 각각 구한 후 큰 쪽 값으로 결정한다.

예제 3-1 축의 지름 35mm, 키의 치수 $b \times h =$ 10×8mm, 보스의 길이 55mm, 풀리($D=$ 300mm)의 외주에 2kN의 회전력을 작용 시킬 때, 다음을 구하여라.

(1) 키의 접선력(P) (2) 키의 전단 응력(τ)

(3) 축의 전단 응력(τ_a) (4) 키 홈의 압축 응력(σ_c)

Solution

(1) $P = W\frac{D}{d} = 2 \times \frac{300}{35} \fallingdotseq 17(\text{kN})$

(2) $T = W\dfrac{D}{2} = 2 \times \dfrac{300}{2} = 300(\text{N} \cdot \text{m})$

$\therefore\ \tau = \dfrac{2T}{d\,b\,l} = \dfrac{2 \times 300 \times 10^3}{35 \times 10 \times 55} \fallingdotseq 31(\text{N/mm}^2)$

(3) $\tau_a = \dfrac{T}{\dfrac{\pi}{16}d^3} = \dfrac{300 \times 10^3}{\dfrac{\pi}{16} \times 35^3} = 35.6(\text{N/mm}^2)$

(4) $\sigma_c = \dfrac{4T}{dhl} = \dfrac{4 \times 300 \times 10^3}{35 \times 8 \times 55} = 78(\text{N/mm}^2)$

예제 3-2 2900rpm, 5.5PS을 전달하는 지름 25mm의 축에 대하여 다음을 구하여라.

(1) 축의 전단 응력(τ_a) (2) 접선력(P)

(3) 키의 전단 응력(τ) (4) 키 홈의 압축 응력(σ_c)

Solution

(1) $T = 7020\dfrac{H}{N} = 7020 \times \dfrac{5.5}{2900} = 13.3(\text{N} \cdot \text{m})$

$\therefore\ \tau_a = \dfrac{16T}{\pi d^3} = \dfrac{16 \times 13.3 \times 10^3}{\pi \times 25^3} = 4.3(\text{MPa})$

(2) $P = \dfrac{2T}{d} = \dfrac{2 \times 13.3 \times 10^3}{25} \fallingdotseq 1(\text{N})$

(3) 축의 지름 25mm에 대한 $b \times h = 8 \times 7$ mm (표 3-3)이고, 키의 길이는 $l \fallingdotseq 1.5d = 1.5 \times 25 \fallingdotseq 38(\text{mm})$

$\therefore\ \tau = \dfrac{2T}{d\,b\,l} = \dfrac{2 \times 13.3 \times 10^3}{25 \times 8 \times 38} = 3.5(\text{MPa})$

(4) $\sigma_c = \dfrac{4T}{hdl} = \dfrac{4 \times 13.3 \times 10^3}{7 \times 25 \times 38} = 8(\text{MPa})$

예제 3-3 그림 3-15와 같이 축의 지름 50mm, 보스의 길이 80mm인 평 벨트 풀리의 지름 500 mm의 외주에 1.5kN의 접선력이 작용할 때, 키의 강도를 검토 하여라. 단, 키의 허용 전단 응력 20MPa, 허용 압축 응력 80~100 MPa이다.

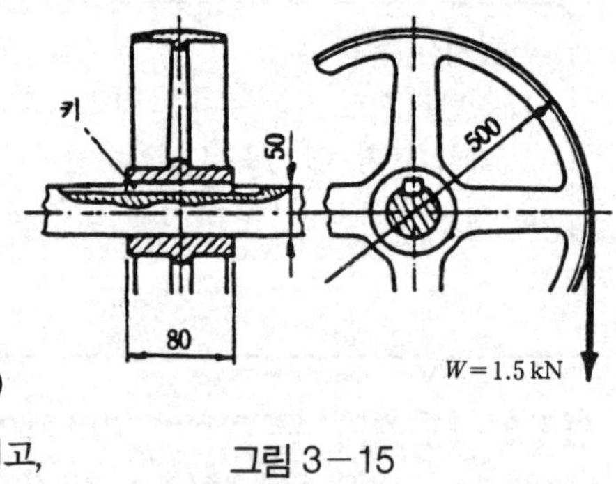

그림 3-15

Solution

방법 (1) $T = W\dfrac{D}{2} = 1.5 \times \dfrac{500}{2} = 375\ (\text{N} \cdot \text{m})$

키의 치수 $b \times h = 14 \times 9$mm(표 3-3)이고, 길이(l)는 보스의 길이 80mm 와 같으므로, 키에 받는 전단 응력(τ)과 키 홈에 받는 압축 응력(σ_c)은

$\tau = \dfrac{2T}{d\,b\,l} = \dfrac{2 \times 375 \times 10^3}{50 \times 14 \times 80} = 13.4(\text{MPa}) < 20\text{MPa}$ ∴안전

$\sigma_c = \dfrac{4T}{dh\ell} = \dfrac{4 \times 375 \times 10^3}{50 \times 9 \times 80} \fallingdotseq 42(\text{MPa}) < 80 \sim 100\text{MPa}$ ∴안전

참고

키에 받는 전단 응력과 키 홈에 받는 압축 응력을 구한 후, 설계값 $\tau = 20\text{MPa}$와 $\sigma_c = 80 \sim 100\text{MPa}$와 비교한다.

방법 (2) $P = W\dfrac{D}{d} = 1500 \times \dfrac{500}{50} = 15000(\text{N})$

키의 치수 $b \times h = 14 \times 9$ mm(표 3-3에서)이므로

$$\therefore \tau = \frac{P}{bl} = \frac{15000}{14 \times 80} = 13.4(\text{MPa}) < 20\text{MPa} \ \therefore \text{ 안전}$$

$$\sigma_c = \frac{2P}{hl} = \frac{2 \times 15000}{9 \times 80} \fallingdotseq 42(\text{MPa}) < 80 \sim 100\text{MPa} \ \therefore \text{ 안전}$$

예제 3-4 150rpm, 10PS을 전달하는 축에 사용할 묻힘 키를 설계하여라. 단, 축의 재질 은 SM 45C이고, 키의 전단 응력 20MPa, 압축 응력 90MPa이다.

Solution KS 규격 표를 참조하여 필요한 키를 선정한 후, 이에 발생하는 응력을 검토하여 최종 결정을 한다. KS 규격에 맞는 축의 지름을 구해야 된다.

$$T = 7020\frac{H}{N} = 7020 \times \frac{10}{150} = 468(\text{N} \cdot \text{m})$$

$$\therefore d = \sqrt[3]{\frac{5.1T}{\tau_a}} = \sqrt[3]{\frac{5.1 \times 468 \times 10^3}{20}} = 49.23 \fallingdotseq 50(\text{mm})$$

표 3-3에서 축의 지름 50mm에 대한 키의 치수는 $b \times h = 14 \times 9$ mm이다.

검토 : 주어진 각 응력 값에 대하여 전단과 압축 강도상에서 적당한가를 검토하 고, 키의 치수를 결정한다.

$$l = \frac{2T}{dt\sigma_c} = 2 \times 468 \times \frac{10^3}{50 \times 4.5 \times 90} \fallingdotseq 46(\text{mm})$$

전단과 압축에 대한 강도를 검토하여 보면

$$\tau = \frac{2T}{dbl} = \frac{2 \times 468 \times 10^3}{50 \times 14 \times 46} = 29(\text{MPa}) > 20\text{MPa(설계값)}$$

$$\sigma_c = \frac{2T}{dtl} = \frac{2 \times 468 \times 10^3}{50 \times 4.5 \times 46} \fallingdotseq 94(\text{MPa}) < 80 \sim 100\text{MPa(설계값)}$$

으로 되어, 압축에 대하여는 적당하나, 전단에 대하여는 부적당하다. 고로, 키의 치수를 크게 선정하여 $b \times h = 16 \times 10$ mm로 잡고, 길이(l)를 구하면

$$l = \frac{2T}{dt\sigma_c} = \frac{2 \times 468 \times 10^3}{50 \times 5 \times 90} \fallingdotseq 42(\text{mm})$$

$$\tau = \frac{2T}{bdl} = \frac{2 \times 468 \times 10^3}{16 \times 50 \times 42} \fallingdotseq 28(\text{MPa}) > 20\text{MPa(설계값)}$$

가 되어 부적당하므로 $l = 1.5d$ 에 의하여 $l = 1.5 \times 50 = 75$mm로 할 때

$$\tau = \frac{2T}{bdl} = \frac{2 \times 468 \times 10^3}{16 \times 50 \times 75} = 15.6(\text{MPa}) < 20\text{MPa(설계값)}$$

으로 되어 적당하므로, 키의 치수는 $b \times h \times l = 16 \times 10 \times 75$mm로 결정한다.

예제 3-5 12PS, 150rpm으로 회전하는 축에 지름 70mm의 풀리를 설치할 때, 필요한 성크 키의 다음을 구하여라. 단, $\tau_a =$ 30MPa, $\sigma_c = 90$MPa이다.

(1) 키의 치수($b \times h \times l$) (2) 전단 응력과 압축 응력(τ, σ_c)

Solution (1) 키의 치수

① 나비 : $b \fallingdotseq 0.25d = 0.25 \times 70 = 17.5 \fallingdotseq 18$(mm)

② 높이 : 식 (3-10)에서 t를 구하여 2배한다.

$$t = \frac{\pi \tau_a d}{12\sigma_c} \fallingdotseq \frac{\pi \times 30 \times 70}{12 \times 90} = 6(\text{mm}) \quad \therefore h = t \times 2 = 6 \times 2 = 12(\text{mm})$$

③ 길이 : $l = \dfrac{\pi \tau_a d^2}{8 t \sigma_c} = \dfrac{\pi \times 30 \times 70^2}{8 \times 6 \times 90} = 107(\text{mm})$

(2) 전단 응력과 압축 응력

$$T = 7020\frac{H}{N} = 7020 \times \frac{12}{150} = 562(\text{N} \cdot \text{m})$$

$$\therefore \tau = \frac{2T}{dbl} = \frac{2 \times 562 \times 10^3}{70 \times 18 \times 107} = 8.4(\text{MPa}) < 20\text{MPa} \quad \therefore \text{안전}$$

$$\sigma_c = \frac{2T}{dtl} = \frac{2 \times 562 \times 10^3}{70 \times 6 \times 107} = 25(\text{MPa}) < 80 \sim 100\text{MPa} \quad \therefore \text{안전}$$

예제 3-6 지름 50mm인 축에 사용할 키의 길이를 구하여라. 단, 키 치수 $b \times h = 15 \times 10$mm, 허용 전단 응력 30MPa, 허용 압축 응력 80MPa이다.

Solution

$$T = \frac{\pi}{16} d^3 \tau_a = \frac{\pi}{16} \times 50^3 \times 30 \fallingdotseq 736(\text{N} \cdot \text{m})$$

$$\therefore l = \frac{2T}{bd\tau} = \frac{2 \times 736 \times 10^3}{15 \times 50 \times 30} = 65.4(\text{mm})(\text{전단 강도상에서})$$

$$= \frac{4T}{hd\sigma_c} = \frac{4 \times 736 \times 10^3}{10 \times 50 \times 80} \fallingdotseq 73.6(\text{mm})(\text{압축 강도상에서})$$

고로, 길이가 큰 쪽인 $l \fallingdotseq 75$mm로 결정한다.

예제 3-7 100rpm인 전동축(지름 40mm)에 묻힘 키($b \times h \times l = 10 \times 8 \times 80$mm)를 설치할 때, 축의 전달 동력(PS)을 구하여라. 단, 키의 전단 응력 30MPa이다.

Solution

$$P = bl\tau = 10 \times 80 \times 30 = 24000\ (\text{N}) = 24(\text{kN})$$

$$T = P\frac{d}{2} = 24 \times \frac{40}{2} = 480(\text{N} \cdot \text{m})$$

$$\left[= bl\tau\frac{d}{2} = 10 \times 80 \times 30 \times \frac{40}{2} = 480(\text{N} \cdot \text{m}) \right]$$

$$\therefore H = \frac{TN}{7020} = \frac{480 \times 100}{7020} = 6.8\ (\text{PS})$$

3-2 핀

축의 회전부나 접촉면 미끄럼 방지, 나사 및 너트의 풀림 방지, 핸들과 축의 고정, 끼워 맞춤 부분의 위치 결정, 기계 부품의 연결, 자동차의 동력 전달 기구 등 키보다 하중이 가볍게 걸리는 곳에 간단하게 체결할 때 키 대신으로 사용되는 것이 핀(pin)이다.

1. 일반 사항

(1) 종류(그림 3－16)

평행 핀(parallel pin), 테이퍼 핀(taper pin), 분할 핀(split pin), 스프링 핀, 코터 핀, 나선형 핀, 줄눈 핀 등이 있으나, 앞의 3종류가 일반적으로 많이 사용된다.

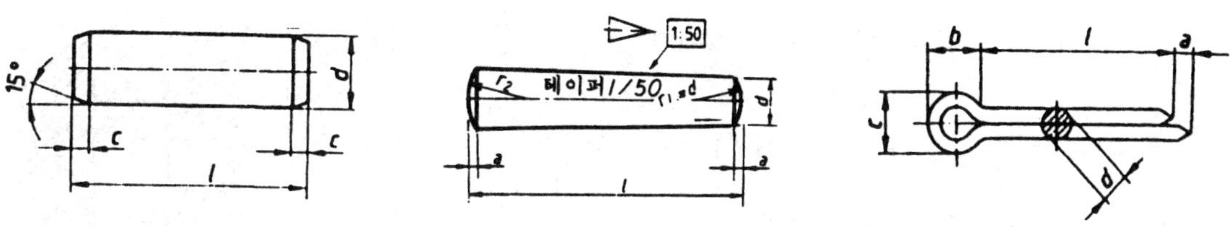

(a) 평행 핀(KS B 1320)　(b) 테이퍼 핀(KS B 1322)　(c) 분할 핀(KS B 1321)

그림 3－16. 핀의 종류

(2) 재 료

평행 핀은 기계 구조용 탄소강재(SM 45C), 일반 구조용 압연 강재(SB 410), 테이퍼 핀은 SM 20C, SM 50C, 분할 핀은 연강 선재(MSWR), 황동선(BsW) 등이 사용된다.

(3) 핀 이음(그림 3－17)

그림 3－18과 소켓(socket) 또는 포크(fork)에 로드(rod) 또는 아이(eye)를 연결시킨 후, 너클 핀(knuckle pin) 또는 코터 핀(cotter pin)을 이용하여 구멍에 수직으로 끼워 사용하는 것을 핀 이음(pin joint) 또는 너클 이음(knuckle joint)이라 한다.

(4) 용 도

① 소켓과 로드의 연결 구멍에 핀을 끼워 축 방향의 인장 하중을 받는 2개의 축을 연결하는 데 사용된다.

② 구조물의 인장봉이나 자동차의 동력 전달 기구 등에 사용된다.

2. 핀 이음의 설계

(1) 코터 핀의 하중

그림 3－17에서 코터 이음에 작용하는 각부의 하중(W)은 다음과 같이 구한다.

W: 하중(N), d : 핀의 지름(mm), a : 핀과 링과의 접촉 길이(mm)($a = md$)

p : 회전 개소에 사용되는 핀의 투상면에 걸리는 접촉면 압력(N/mm^2)

b : 포크의 두께(mm) ($b \doteqdot a/2$), m : 포아송 의 수($m = 1 \sim 15$)일 때

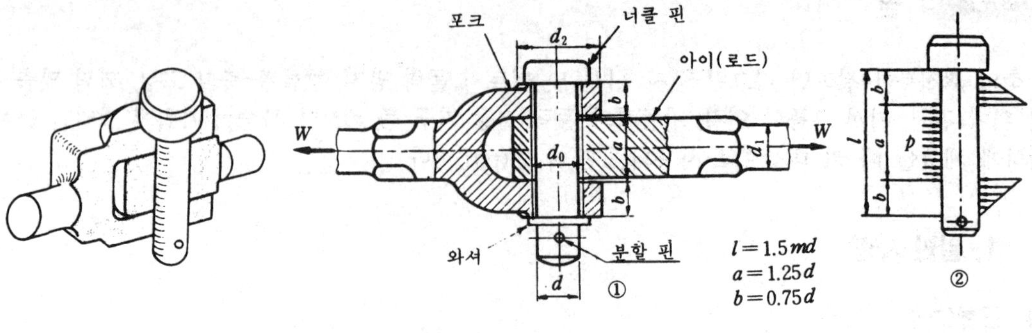

그림 3-17. 핀 이음에 작용하는 힘

$$W=d\,ap=md^2p=0.52\times\frac{d^2\sigma_b}{m} \tag{3-12}$$

$$\left.\begin{aligned} W&=\frac{\pi}{4}d^2\sigma_t \text{ (너클 핀의 파괴)} & ①\\ &=n\frac{\pi}{4}d^2\tau \text{ (핀의 전단 파괴)} & ②\\ &=a(d_2-d)\tau \text{ (로드의 전단 파괴)} & ③\\ &=2b(d^2-d)\tau \text{ (소켓의 전단 파괴)} & ④\\ &=a(d_2-d)\sigma_t \text{ (로드의 인장 파괴)} & ⑤\\ &=2b(d_2-d)\sigma_t \text{ (소켓의 인장 파괴)} & ⑥\\ &=ad\sigma_c \text{ (로드의 압축 파괴)} & ⑦\\ &=nbd\sigma_c \text{ (소켓의 압축 파괴)} & ⑧\\ &=\frac{3\pi d^3\sigma_b}{4(3a+4b)} \text{ (핀의 굽힘 파괴)} & ⑨ \end{aligned}\right\} \tag{3-13}$$

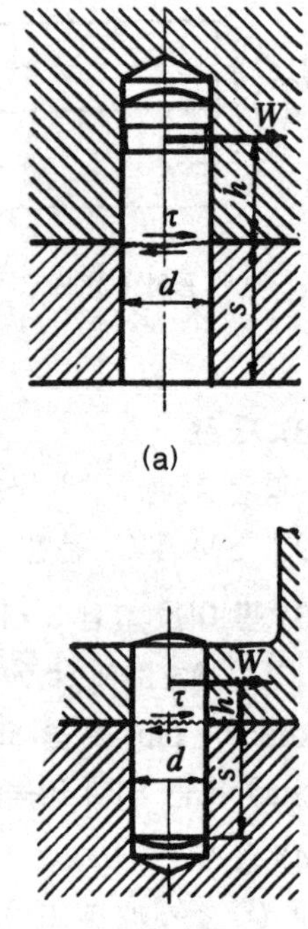

그림 3-18. 핀의 전단

(2) 핀의 지름

접촉 길이 $l(l-2a)$일 때, 핀에 작용하는 지름(d)은 다음과 같다.

$$\left.\begin{aligned} d&=\sqrt{\frac{W}{mp}}=\frac{W}{a\sigma_c} & ①\\ &=\sqrt[3]{\frac{4Wl}{\pi\sigma_b}}=\sqrt{\frac{2W}{\pi\tau}} & ②\\ &=\sqrt{\frac{mW}{0.52\sigma_b}}=\sqrt[3]{\frac{4(3a+4b)W}{3\pi\sigma_b}} & ③ \end{aligned}\right\} \tag{3-14}$$

(3) 핀의 접촉 면압

축 하중(W)을 핀의 지름(d)과 접촉 길이(a)의 비율로 핀의 접촉 면압(p)을 나타낸다.

s, h : 그림 3-18의 치수(mm) 일 때

$$p = \frac{W}{da} \qquad (3-15)$$

$$p_{max} = \frac{4W(1+1.5h/s)}{ds} \qquad (3-16)$$

＊ 설계상 주의

소켓(포크)의 두께 $b \fallingdotseq \frac{a}{2}$ 로 하며, 접촉면 압력은 $p \fallingdotseq 14 \sim 21\text{N/mm}^2$ 정도로 취한다.

(4) 응 력

핀에 발생되는 전단은 2면 전단이므로, $\tau = \dfrac{W}{2 \times \frac{\pi}{4} d^2}$ 에서 전단 응력(τ)은

$$\tau = \frac{2W}{\pi d^2} \qquad (3-17)$$

로 되고, 핀에 대한 굽힘 응력(σ_b)은 $M_b = \dfrac{Wl}{8} = \dfrac{\pi}{32} d^3 \sigma_b$ 의 관계에서 다음과 같다.

$$\sigma_b = \frac{4Wl}{\pi d^3} \qquad (3-18)$$

예제 3-8 10kN의 하중을 받는 너클 이음에 사용된 핀의 지름을 구하여라. 단, 로드 엔드의 두께를 1.5d로 하고, 허용 전단 응력 30MPa, 허용 면압 20MPa, 허용 압축과 굽힘 응력 60MPa이다.

Solution (1) 전단 강도상에서

$$d = \sqrt{\frac{2W}{\pi \tau}} = \sqrt{\frac{2 \times 10 \times 10^3}{\pi \times 30}} = 14.5 \fallingdotseq 16(\text{mm})$$

(2) 면압 강도상에서

$$d = \sqrt{\frac{W}{mp}} = \sqrt{\frac{10 \times 10^3}{1.3 \times 20}} \fallingdotseq 20(\text{mm})$$

(3) 압축 강도상에서

$$a = 1.5d = 1.5 \times 16 = 24(\text{mm})$$

$$\therefore d = \frac{W}{a \sigma_c} = \frac{10 \times 10^3}{24 \times 60} \fallingdotseq 7(\text{mm})$$

(4) 굽힘 강도상에서

$$l = 2a = 2 \times 24 = 48(\text{mm})$$

$$\therefore d = \sqrt[3]{\frac{4Wl}{\pi \sigma_b}} = \sqrt[3]{\frac{4 \times 10 \times 10^3 \times 48}{\pi \times 60}} \fallingdotseq 22(\text{mm})$$

고로, 위 계산 결과 큰 값인 $d \fallingdotseq 22\text{mm}$로 결정한다.

3-3 스플라인

축에 여러 개의 같은 키 홈을 원주 방향을 따라 같은 간격으로 파서 여기에 맞는 한 짝의 보스 부분을 만들어 서로 잘 미끄러져 운동할 수 있게 한 것을 **스플라인**(spline)이라 한다(그림 3-20).

1. 일반 사항

(1) 특 성

① 축과 보스의 중심을 정확히 맞출 수 있고, 성크 키에 비하여 큰 토크를 전달할 수 있으며, 내구력이 크다.

② 전달 토크가 다수의 키로 분산되므로 측면 압력이 분산되고, 노치(notch) 효과도 분산된다.

③ 축과 스플라인의 끼워 맞춤이 활동일 때에는 축 방향의 이동이 원활하며, 고정일 때에는 축 방향으로 이동이 불가능하다.

(2) 종 류

① 맞춤에 따라

a. 치형 이음 : 각형 스플라인, 인벌류트 스플라인

b. 세레이션 이음 : 삼각형 세레이션 이음, 인벌류트 세레이션

c. 각형 이음 : 삼각 이음, 사각 이음

② 용도에 따라

전동용(주로 공작 기계에 사용)과 축 방향으로 미끄럼 운동을 하는 활동용이 있다.

③ 모양에 따라

각형 스플라인, 인벌류트 스플라인, 인벌류트 세레이션으로 구분된다.

(3) 구 조

축 쪽을 스플라인 축, 보스 쪽을 스플라인이라 하며, 이의 수는 4~20개로 원주를 등분하여 만들어져 있다.

(4) 가 공

스플라인 축은 호브(hob)(소량시 밀링)로 가공하고, 스플라인은 브로치(broach)[소량시 슬로터(slotter)]로 가공한다.

(5) 중심 맞춤 방식(스플라인 축과 보스를 결합하기 위하여)(그림 3-19)

① 스플라인축의 바깥지름(이끝원)과 보스(구멍)의 이뿌리원에서 중심을 맞추는 방법

② 스플라인축의 이뿌리원과 구멍의 이끝원을 맞추는 방법

③ 축과 보스의 잇면에서 중심을 맞추는 방법

④ 다른 중심축을 만드는 특수 맞춤 방법

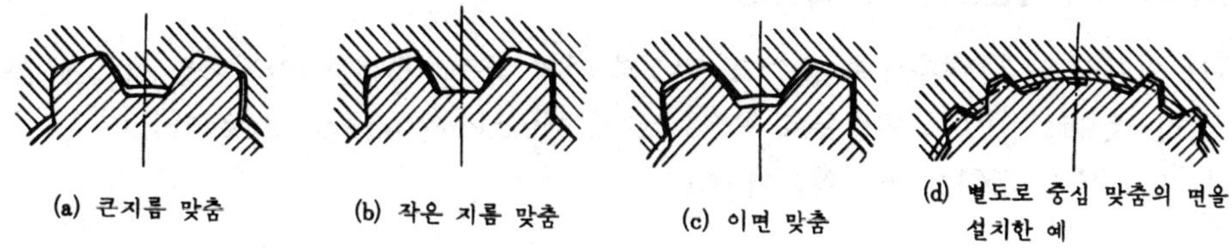

그림 3－19. 각형 스플라인 중심 맞춤 방식

(6) 용 도

① 일반 기계에서 동력을 전달하는 축과 구멍을 결합하기 위하여 사용된다.

② 주로 공작 기계, 선반의 변속 장치, 자동차의 변속기, 무단 변속기, 클러치, 항공기, 발전용 증기 터빈 등의 속도 변환 기구 등에 사용된다.

[1] 각형 스플라인

치형의 측면이 각형으로 되어 있으며, 이에 홈을 각각 축과 보스에 같은 간격으로 깎아낸 것(그림 3－20)으로, KS B 2006에 각형 스플라인의 잇면과 평행한 스플라인에 대하여 규격화되어 있다.

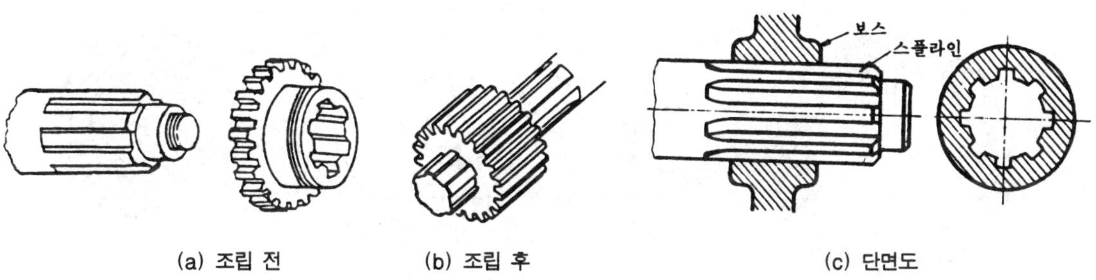

그림 3－20. 각형 스플라인

(1) 특 성

① 일반 키 보다 큰 토크를 전달할 수 있으며, 키 홈의 역할뿐만 아니라 축의 역할도 하며, 잇수가 많아서 전단 파괴에 대하여 충분한 강도를 가질 수 있다.

② 인벌류트 스플라인에 비하여 정밀도와 강도가 떨어진다.

③ 회전 토크가 다수의 키로 분산되므로 측면 압력이 분산되고, 노치 효과(notch effect)도 분산된다.

(2) 종 류

① **홈의 수**에 따라 : 6, 8, 10의 3종으로서 짝수 개이고, 같은 간격을 이루고 있다.

② **형식**에 따라 : 1형(경하중용)과 2형(중간 하중용)이 있다.

③ **사용**에 따라 : 고정용(축 방향으로 이동이 불가능)과 활동용(活動用 : 축 방향의 이동이 원활한 것 즉, 보스를 축 방향으로 미끄러지게 할 수 있는 것) 및 전동용(轉動用 : 주로 공작 기계에 사용)이 있다.

[2] 인벌류트 스플라인(involute spline)

인벌류트 치형의 바깥 기어를 축에 깎고, 이것과 끼워 맞춤하게 되는 안기어를 보스에 깎아 스플라인 이음을 한 것으로, 치형이 인벌류트 곡선으로 제작(hobbing machine으로 가공)된 것이다(그림 3-21). 이것은 KS R 2001에 규격화되어 있다.

(1) 특 성

① 호빙 머신으로 가공하므로 각형 스플라인보다 가공 정밀도를 쉽게 높일 수 있으며, 이뿌리가 넓어서 강도가 크고, 생산성이 좋다.

② 회전력을 원활하게 견딜 수 있고, 큰 토크를 전달하는 데 적합하다.

③ 치형은 압력각 30°, 이높이는 표준 기어의 1/2이다.

(2) 모듈 : 잇수 0.5, 0.75, 1.0, 1.5, 2.0, 2.5의 6종류가 있다.

(3) 끼워 맞춤의 종류

A급은 자유롭게 이동하며, B급은 활동용, C급은 고정용, D급은 압입용이다.

(4) 중심 맞춤 방식

① **잇면 맞춤** : 바깥 지름과 골지름 사이에 큰 틈이 생긴다.

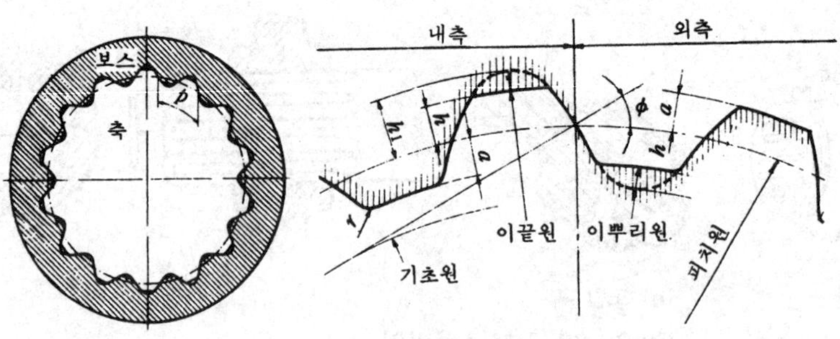

(a) (b) 치 형

그림 3-21. 인벌류트 스플라인

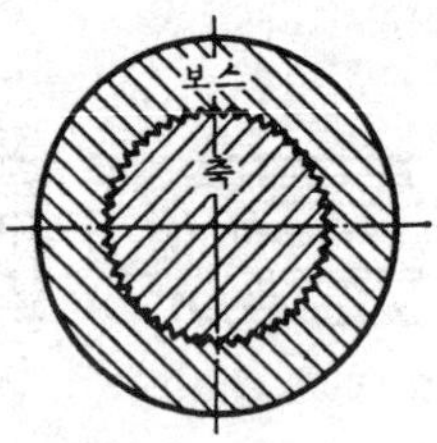

그림 3-22. 인벌류트 세레이션

② **큰 지름 맞춤** : 잇면 사이의 맞춤은 규격에 따라 H9에 대한 C10 또는 f10정도 의 헐거운 맞춤으로 한다.

[3] 인벌류트 세레이션

둥근 축 또는 원뿔축과 보스의 둘레에 동일한 간격으로 삼각형의 산 모양으로 깎아 만든 것으로 이(齒)의 측면이 인벌류트 곡선으로 된 것이다(그림 3-22). 이것은 KS B 2007에 주로 축과 구멍의 결합에 사용되는 것에 대하여 규정되어 있다.

(1) 특 성

이의 높이가 낮고 잇수가 많으므로 측압 강도가 크게 되고, 같은 바깥 지름의 스플라인 축 보다 큰 회전력을 전달시킬 수가 있다.

(2) 잇수 : 일반적으로 6~60개 정도로 되어 있다.

(3) 치형과 가공

① 치형 : 3각형 세레이션과 인벌류트 세레이션이 있다.

② 가공 : 축은 세레이션 호브로 가공하고, 보스의 홈은 브로치로 가공한다.

(4) 용 도

① 축과 보스와 상대 각 위치를 되도록 가늘게 조절해서 고정하려고 할 때 사용된다.

② 주로 정적인 맞춤에만 사용되고, 이동용으로는 사용할 수 없다.

[4] 레이디얼 볼 스플라인

그림 3－23과 같이 스플라인의 축상에 볼이 볼 홈(순환로)을 따라 움직이면서 축을 회전시키는 역할을 하며, 이것은 KS B 1422에는 일반 기계(자동차, 차량 포함)에 있어서 동력을 전달하는 축과 구멍을 결합하기 위한 스플라인에 대하여 규정되어 있다.

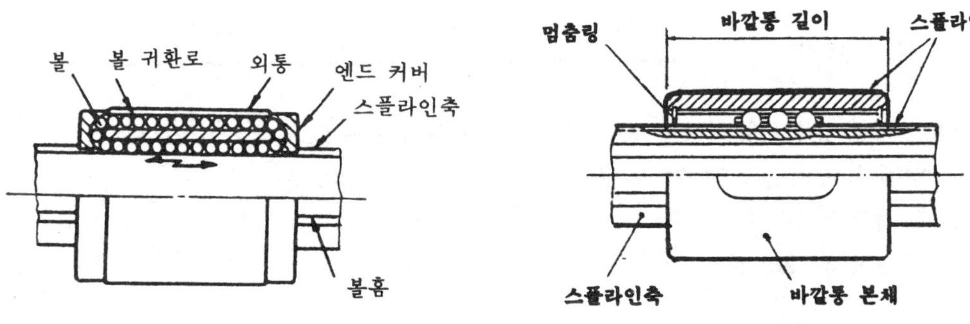

(a) 순환형 (b) 비순환형

그림 3－23. 볼 스플라인

(1) 특 성

① 축방향의 이동에 대한 마찰저항이 극히 작고, 예압(豫壓 : preload)을 줄 수 있기 때문에 회전할 때의 기울기, 진동을 완전히 제거할 수가 있으며, 비틀림 모멘트에 대한 강성을 증가시킬 수 있다.

② 미끄럼 키와 마찬가지로 스플라인에 회전 토크를 전달하는 동시에 축 방향으로 이동시킬 수도 있고, 몇 개의 이로 분담하므로, 큰 토크를 전달할 수 있다.

(2) 종류 : 볼의 순환에 따라 순환형(R)과 비순환형(S)이 있다(그림 3－23).

(3) 구 조

스플라인축과 그 위를 운동하는 외통(본체와 엔드 커버) 및 강구로 구성되어 있다.

2. 스플라인의 설계

각형 스플라인의 축은 이의 수가 많아서 전단면이 많으므로, 전단 파괴에 대하여 전단 강도가 충분하다고 생각하고, 잇면의 압축 강도로 전달할 수 있는 회전 토크의 한계를 설계한다.

(1) 접선력

그림 3－24와 같이 이의 측면에 걸리는 압력이 이 높이의 중앙에 집중 하중으로 작용한다고 생각하면 n개의 이 측면에 작용하는 힘 즉, 접선력($3P$)은 다음과 같이 구한다.

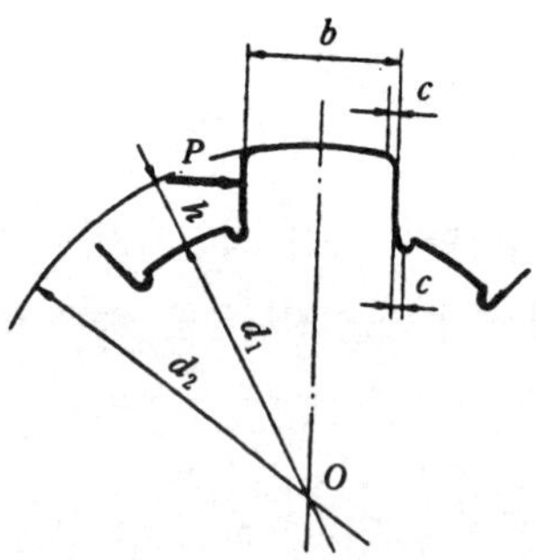

그림 3－24. 스플라인

표 3－4. 허용 접촉면 압력(p)

상태	p N/mm² (kg$_f$/mm²)
고 정	44.1～68.6(4.5～7.0)
무하중에서 습동(褶動)	29.4～44.1(3.0～4.5)
하중 상태에서 면압 습동	27이하(3.0 이하)

p : 잇면의 허용 접촉 면압(N/mm^2), n : 잇수, h : 이높이[$h=(d_2-d_1)/2$](mm)

l : 보스의 길이(mm), c : 모따기 치수(mm : 모따기 없을 때, $c=0$)

η : 잇면의 접촉 효율(75%)일 때

$$\left.\begin{aligned} P &= n(h-2c)lp \\ &= \eta nh\ell \frac{p}{S} \end{aligned}\right\} \qquad (3-19)$$

＊ 설계상 주의

① 위에서 $p=30\sim40$N/mm^2 정도로 취하고, 상태에 따라 표 3－4의 값을 선택한다.

② 실제 접촉면의 높이는 $h=2c$가 된다.

(2) 전달 토크

① **접선력을 고려할 때** : 이 측면에 작용하는 힘 즉, 접선력(P)을 고려한 상태에서 1 개의 잇면에 전달되는 스플라인의 전달 토크(T_1)는 다음과 같이 구한다.

d_2 : 스플라인의 바깥 지름(mm), d_1 : 스플라인의 안지름(mm),

d_m : 스플라인의 평균 지름(mm : $d_m=\dfrac{d_2+d_1}{2}$)일 때

$$T_1 = P\frac{d_m}{2} \qquad (3-20)$$

② **효율을 고려할 때** : 이의 접촉 효율(η)과 잇수(n)를 고려한 스플라인이 전달할 수 있는 전달 토크(T)는 다음과 같이 구한다.

$$\left.\begin{aligned} T &= \eta n(h-2c)lp\frac{1}{4}(d_1+d_2) \\ &= \eta n[(h-2c)l]p\frac{d_m}{2} \\ &= 0.75nhlp\frac{1}{4}(d_1+d_2) \end{aligned}\right\} \tag{3-21}$$

*** 설계상 주의**

이의 측면에서 고려되어야 할 접촉 효율(η)은 이론상으로 100%이나 실제로 스플라인의 절삭 가공 때의 정밀도를 위하여 절삭된 이(齒) 중에서 3/4만이 토크를 전달하는 데 유효 하므로, 접촉 효율(η)은 75%로 취한다.

예제 3-9 그림 3-25와 같이 200rpm으로 회전하는 스플라인의 지름 $d_1=$ 82mm, $d_2=$ 88mm, 잇수 6개일 때, 전달 동력(kW)을 구하여라. 단, 측면 압력 40MPa, 보스의 길이 150mm, 안전 계수 2이다.

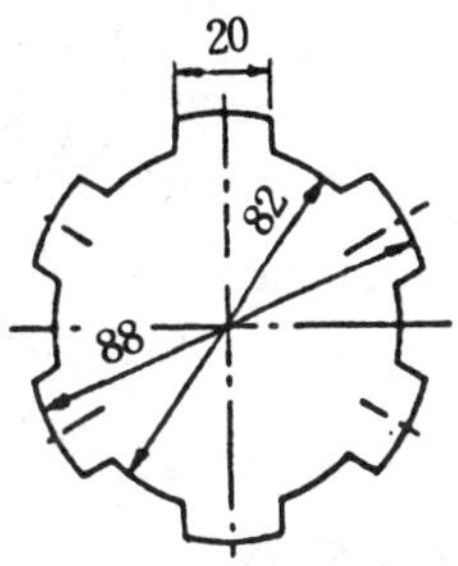

그림 3-25

Solution

방법 (1) $h=\dfrac{d_2-d_1}{2}=\dfrac{88-82}{1}=3(\text{mm})$

접촉 효율 $\eta=0.75$ 이므로

$$T=\eta nhl\frac{p}{S}\frac{1}{4}(d_1+d_2)$$

$$=0.75\times6\times3\times150\times\frac{40}{2}\times\frac{1}{4}(82+88)=1721(\text{N}\cdot\text{m})$$

$$\therefore\ H=\frac{TN}{9550}=\frac{1721\times200}{9550}\fallingdotseq36(\text{kW})$$

방법 (2) $h=3$mm[위 방법 (1)에서]

$$T=9550\frac{H}{N}=0.75\,nhl\frac{p}{S}\frac{1}{4}(d_1+d_2)\text{에서}$$

$$H=\frac{200\times0.75\times6\times3\times150\times20(82+88)}{9550\times4}\fallingdotseq36(\text{kW})$$

방법 (3) $d_m=\dfrac{d_1+d_2}{2}=\dfrac{82+88}{2}=85(\text{mm})$

$$v=\frac{\pi d_mN}{1000\times60}=\frac{\pi\times85\times200}{60\times1000}=0.89(\text{m/s})$$

$h=3$mm[위 방법 (1)에서]

$$P=\eta nhl\frac{p}{S}=0.75\times6\times3\times150\times\frac{40}{2}=40500(\text{N})$$

$$\therefore\ H=\frac{Pv}{1000}=\frac{40500\times0.89}{1000}=36(\text{kW})$$

3-4 코 터

한쪽 또는 양쪽에 기울기를 갖는 평판 모양의 쐐기로서, 2개의 축(소켓과 로드)을 연결하는 결합용 기계 요소를 **코터**(Cotter)라 한다.

1. 일반 사항

그림 3-26과 같이 로드(rod)와 소켓(socket)을 연결한 후, 평행한 쐐기로 된 강철판의 코터를 수직으로 끼워 사용되는 이음을 **코터 이음**(cotter joint)이라 한다.

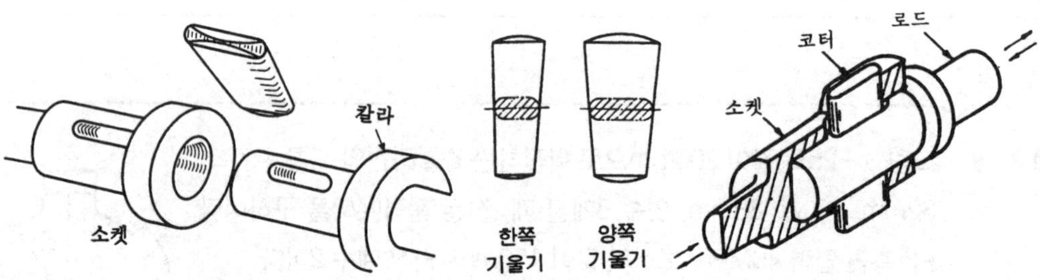

(a) 분해상태 (b) 코터 (c) 조립상태

그림 3-26. 코터 이음

(1) 종 류

한쪽 기울기와 양쪽 기울기가 있고, 공작이 간단하여 한쪽 테이퍼가 많이 사용된다.

(2) 기울기

반영구적일 때 $\tan\alpha = 1/20 \sim 1/40$, 자주 착탈할 때 $\tan\alpha = 1/5 \sim 1/10$, 보통일 때 $\tan\alpha = 1/20$로 한다.

(3) 지 브

코터 이음에서 틈을 없애고, 소켓이 갈라질 염려가 있을 때, 코터를 자주 빼낼 때, 선단이 두 쪽으로 갈라져 있는 막대를 연결할 때 등 그것이 벌어지지 않게하기 위하여 지브(jib)를 사용한 후 코터를 박아 넣는다(그림 3-27).

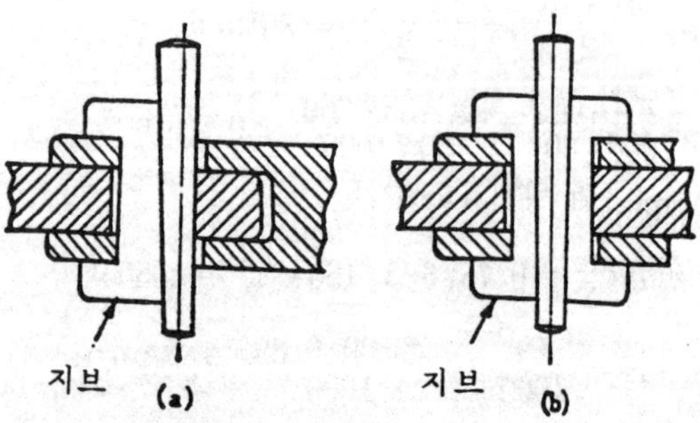

그림 3-27. 지브의 사용

(4) 용 도

축 방향의 인장력이나 압축력을 전달하는 봉의 결합에 사용되며, 피스톤 로드, 크로스 헤드 및 커넥팅 로드의 체결에 사용된다.

2. 코터 이음의 설계

[1] 코터에 작용하는 힘

(1) 양쪽 기울기일 때

그림 3−28 (a)에서 코터를 P의 힘으로 때리면 코터는 축으로부터의 반작용으로 접촉면에 수직하게 R 또는 접촉면에 따라 마찰력 μR가 작용한다. 이 힘들의 상하 방향의 분력의 균형을 $R_1=R_2=R$, $\rho=\rho_1=\rho_2$ 라 하면

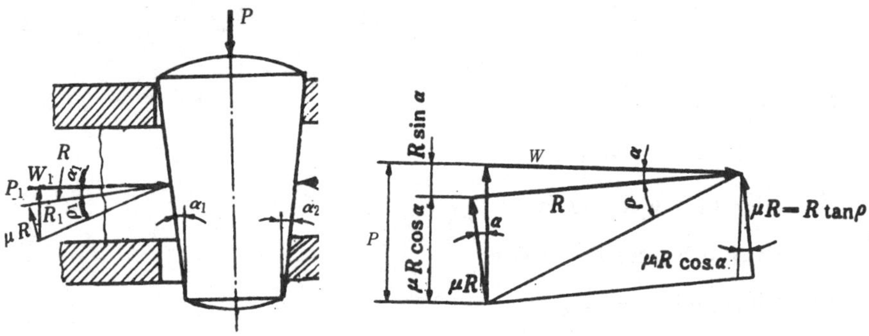

(a) (b)

그림 3−28. 양쪽 기울기 코터에 작용하는 힘

W, W_1, W_2 : 축 방향 힘 (N), P, P_1, P_2 : 코터를 박는 힘 (N)

R, R_1, R_2 : 반력 (N), α, α_1, α_2 : 테이퍼 각, ρ, ρ_1, ρ_2 : 마찰각일 때

$$\left.\begin{aligned} P &= 2(R\sin\alpha + R\tan\rho\cos\alpha) \\ &= 2R\frac{\sin(\alpha+\rho)}{\cos\rho} \end{aligned}\right\} \tag{3-22}$$

로 되고, 수평 방향의 힘 (W)은

$$W = R_1\cos(\alpha_1+\rho_1) = R_2\cos(\alpha_2+\rho_2) \tag{3-23}$$

로 주어지며, $P=P_1+P_2$로 분할되며,

$$P_1 = R_1\sin(\alpha_1+\rho_1), \quad P_2 = R_2\sin(\alpha_2+\rho_2) \tag{3-24}$$

이 되고, 또 힘 W를 인수로 하면 다음과 같이 된다.

$$\left.\begin{aligned} \therefore\ P &= W_0[\tan(\alpha_1+\rho_1)+\tan(\alpha_1+\rho_1)] (\text{때릴 때}) \\ P' &= W_2[\tan(\alpha_1-\rho_1)+\tan(\alpha_2-\rho_2)] (\text{빼낼 때}) \end{aligned}\right\} \tag{3-25}$$

단, 위 식에서 $W_o \fallingdotseq 1.25W$ 로 취한다.

(2) 한쪽 기울기일 때

그림 3-29 (b)에서 수평 방향의 힘 (W_1, W_2)과 때릴 때의 힘(P)은 다음과 같다.

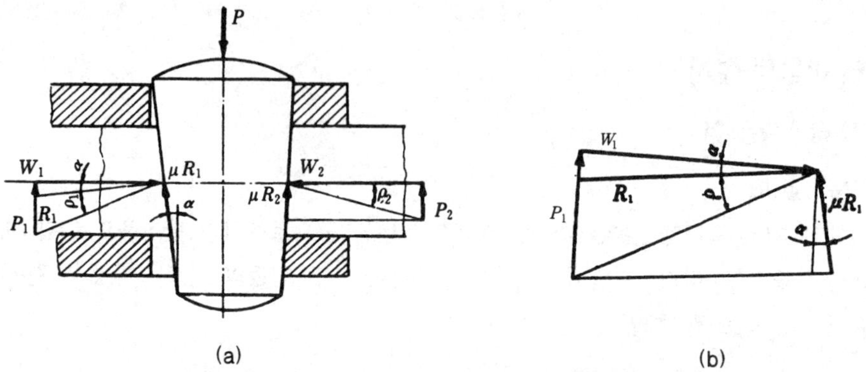

그림 3-29. 한쪽 기울기 코터에 작용하는 힘

$$P = P_1 + P_2 \tag{3-26}$$

$$P_1 = W_1(\sin\alpha + \mu\cos\alpha) \tag{3-27}$$

$$R_2 = W_2,\ P_2 = \mu R_2 = \mu W_2$$

$$P = W_1(\sin\alpha + \mu\cos\alpha) + \mu W_2 \tag{3-28}$$

$$W_2 = W_1(\cos\alpha - \mu\sin\alpha) \tag{3-29}$$

$$\left.\begin{aligned} \therefore\ W_1 &= \frac{P}{\cos\alpha(2\mu + \tan\alpha - \mu^2\tan\alpha)} \\ &\fallingdotseq \frac{P}{\cos\alpha(2\mu + \tan\alpha)} \\ \therefore\ W_2 &= \frac{(1-\mu\tan\alpha)P}{2\mu + \tan\alpha - \mu^2\tan\alpha} \fallingdotseq \frac{(1-\mu\tan\alpha)P}{2\mu + \tan\alpha} \end{aligned}\right\} \tag{3-30}$$

$$\left.\begin{aligned} P &= \left(\mu - \frac{\sin\alpha - \mu\cos\alpha}{\cos\alpha - \mu\sin\alpha}\right)W_2 \\ &= \left(\mu - \frac{\tan\alpha - \mu}{1 + \mu\tan\alpha}\right)W_2 \end{aligned}\right\}(\text{때릴 때}) \\ P' = W_2 - W_1(\sin\alpha - \mu\cos\alpha)\ (\text{빼낼때}) \tag{3-31}$$

표 3-5는 코터 기울기, 표 3-6은 코터에 사용되는 마찰 계수를 각각 나타낸 것이다.

표 3-5. 코터의 기울기

상 태	$\tan\alpha$	빠짐 방지
반영구적인 설치	1/20~1/40	-
자주 착탈할 때	1/15~1/10	핀 사용
	1/10~1/5	너트 사용

표 3-6. μ와 ρ의 값

윤활유	μ	ρ
있음	0.05~0.10	3~6°
없음	0.15~0.40	8.5~22°

[2] 코터의 자립 상태

코터는 코터 테이퍼면의 마찰력에 의하여 자립 상태(self－sustenance)를 유지하고 있으며, 하나의 쐐기의 역할을 한다. 그리고 사용 중 스스로 풀어지지 않도록 자립 잠김 조건을 만족시켜야 한다.

그림 3－28과 그림 3－29에서 축 방향의 힘 W가 작용하면 각 접촉부에는 반력 R_1, R_2가 작용한다. 그리고 코터의 기울기 α_1, α_2라 하고, 코터와 로드 사이의 마찰 계수 $\mu_1 = \tan\rho_1$, 코터와 소켓 사이의 마찰 계수 $\mu_2 = \tan\rho_2$라 하면, R_1, R_2는 Q 에 대하여 각각 $(\alpha_1 + \rho_1)$, $(\alpha_2 + \rho_2)$만큼 기울어져서 작용한다.

(1) 양쪽 기울기일 때

코터가 축 방향 힘 W를 받아 스스로 빠져나오지 않으려면 $P' \leqq 0$ 이어야 하고,

$$\tan(\alpha_1 - \rho_1) + \tan(\alpha_2 - \rho_2) \leqq 0 \qquad (3-32)$$

가 되어야 자립 잠김(self locking) 조건이 된다. 또한, 실제로 $\alpha_1 = \alpha_2 = \alpha$, $\rho = \rho_1 = \rho_2$라 하면, 이 조건은 $\tan(\alpha - \rho) \leqq 0$이 된다. 또한, $\angle\alpha$, $\angle\rho$를 모두 극히 작다고 하면, 다음과 같이 된다.

$$\alpha \leqq \rho \qquad (3-33)$$

즉, 경사각이 마찰각보다 작아야 한다.

(2) 한쪽 기울기일 때

$\alpha_2 = 0$, $\alpha_1 = \alpha$, $\rho_1 = \rho_2 = \rho$ 일 때, 자립 상태를 유지하려면 $P' \leqq 0$ 이어야 한다.

$$\tan(\alpha - \rho) + \tan(\alpha - \rho) \leqq 0$$

$\alpha - \rho - \rho \leqq 0$ 이 되어 자립 조건은 다음과 같다.

$$\alpha \leqq 2\rho \qquad (3-34)$$

코터는 식 (3－33)과 식 (3－34)의 한도를 넘으면 스스로 빠지게 된다. 이것을 코터의 **자립 잠김 조건**이라 한다.

[3] 코터 이음의 하중(표 3－7의 식 참조)

코터 이음에 인장 하중과 압축 하중이 외력으로서 작용할 때 코터, 로드, 소켓의 각부에 발생하는 하중은 표 3－7의 공식을 참조한다.

W: 축방향 하중(N). d : 축의 지름(mm), d_1 : 로드의 지름(mm), d_2 : 소켓의 바깥 지름(mm)

d_3 : 칼라의 지름(mm), h : 코터의 나비(mm), h_1 : 로드 끝 길이(mm), D : 플랜지의 지름(mm)

σ_t, σ_c, τ_c : 로드의 허용 인장 응력, 압축 응력 및 전단 응력(N/mm²)

σ_t', σ_c', τ_s' : 소켓 재료의 허용 인장 응력, 압축 응력 및 전단 응력(N/mm²)

τ_s, σ_b : 코터 재료의 허용 전단 응력, 굽힘 응력(N/mm²)일 때

표 3-7. 코터 이음의 하중

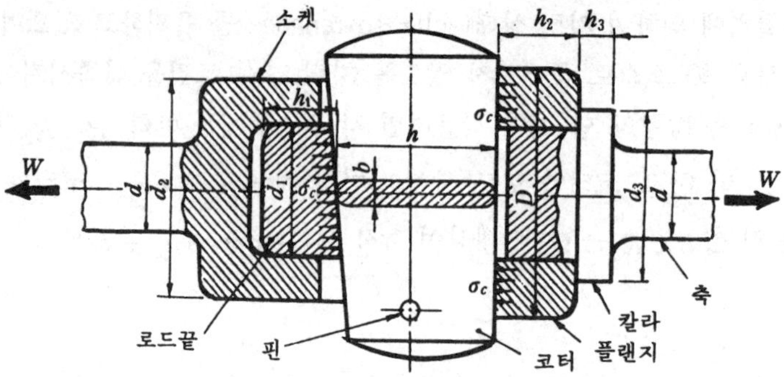

$D = 2.4d$
$d_1 = 1.25d$
$d_2 = 1.75d$
$d_3 = 1.5d$
$h = 1.5d$
$b = 0.3d$
$h_1 = h_2 = 0.8d$
$h_3 = 0.4d$

상태	그림	공식	식번호
(1) 로드의 인장력	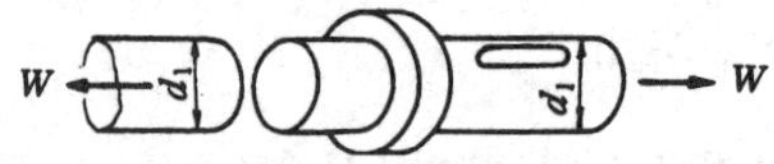	$W=\left(\frac{\pi}{4}d_1^2 - b\,d_1\right)\sigma_t$	(3-35)
(2) 코터 구멍이 있는 로드부의 인장력		$W=\left(\frac{\pi d_1^2}{4} - bd_1\right)\sigma_t'$	(3-36)
(3) 로드의 코터 구멍과 축끝 사이의 전단력	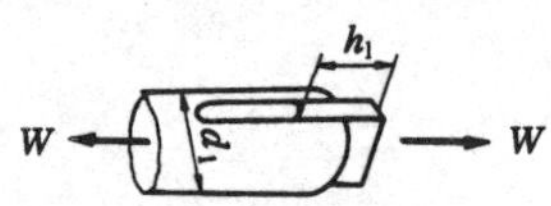	$W=2d_1h_1\tau_c$	(3-37)
(4) 코터와 로드에 접하는 부분의 압축력	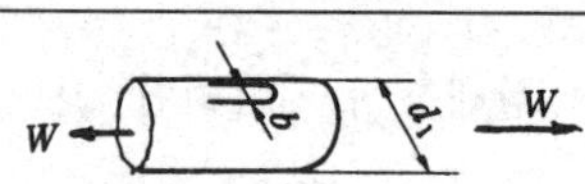	$W=d_1b\sigma_c$	(3-38)
(5) 로드 칼라의 압축력	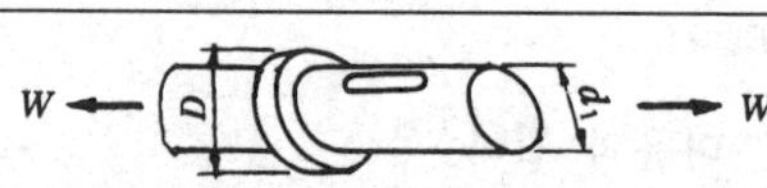	$W=\frac{\pi}{4}(d_3^2-d_1^2)\sigma_c$	(3-39)
(6) 로드 칼라의 전단력	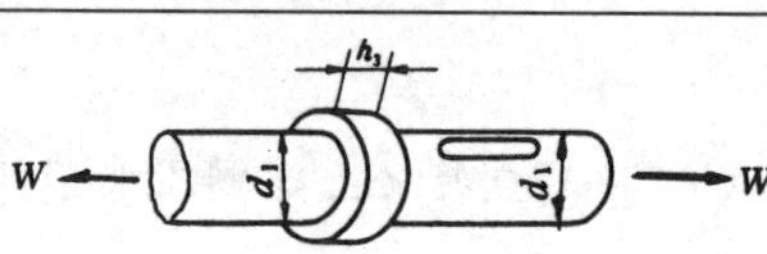	$W=\pi d_1h_3\tau$	(3-40)
(7) 소켓의 코터 구멍 부분에서의 인장력	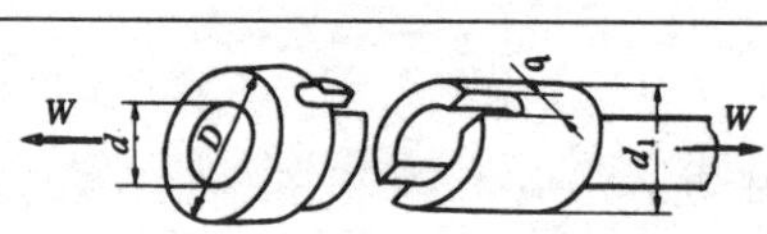	$W=\left\{\frac{\pi}{4}(D^2-d_1^2) -(D-d_1)b\right\}\sigma_t''$	(3-41)
(8) 코터 구멍 측벽과 소켓 플랜지부의 전단력(①)과 압축력(②)	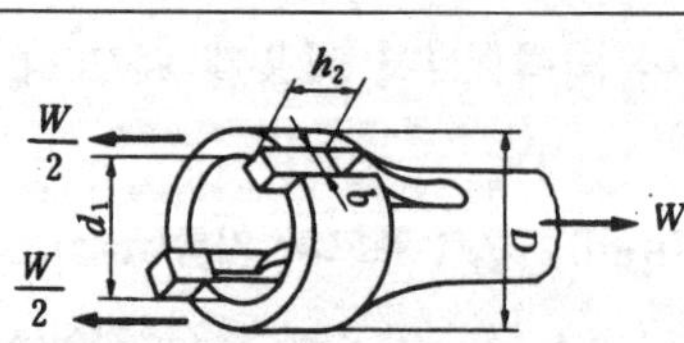	$W=2(D-d_1)h_2\tau_s' =(D-d_1)b\sigma_c'$	(3-42)
(9) 코터의 2면 전단력(①)과 코터의 굽힘 력(②)	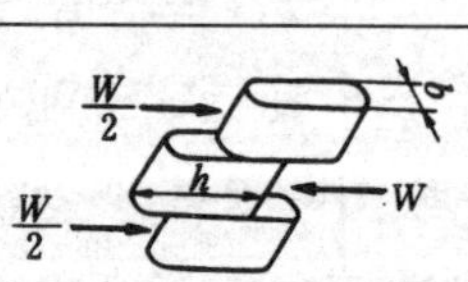	$W=2bh\tau_{s''} =4bh^2\sigma_b/3D$	(3-43)

[4] 코터 이음의 응력

(1) 압축 응력

로드와 플랜지부 및 로드 칼라에 대한 압축 응력(σ_c), (σ_c')은 각각 다음과 같다.

$$\sigma_c = \frac{W}{bd_1} \text{ (로드의 압축 응력)} \tag{3-44}$$

$$\sigma_c' = \frac{W}{b(D-d_1)} \text{ (플랜지부의 압축 응력)} \tag{3-45}$$

$$\sigma_c = \frac{W}{\frac{\pi}{4}(d_3{}^2 - d_{1)}} \text{ (로드 칼라의 압축 응력)} \tag{3-46}$$

(2) 전단 응력

코터와 로드 및 소켓 또는 로드 칼라의 전단 응력(τ_c), (τ_s''), (τ)은 다음과 같다.

$$\tau_s = \frac{W}{2bh} \text{ (코터의 전단 응력)} \tag{3-47}$$

$$\tau_c = \frac{W}{2d_1h_1} \text{ (로드 끝에 생기는 전단 응력)} \tag{3-48}$$

$$\tau_s'' = \frac{W}{2h_2(D-d_1)} \text{ (소켓 구멍 측벽과 플랜지 사이의 전단 응력)} \tag{3-49}$$

$$\tau = \frac{W}{\pi d_1 h_3} \text{ (로드 칼라의 전단 응력)} \tag{3-50}$$

(3) 인장 응력

로드나 소켓 축과 로드 엔드의 코터 구멍 및 소켓 부분의 인장 응력(σ_t), (σ_t'), (σ_t'')은 각각 다음과 같이 구한다.

$$\sigma_t = \frac{W}{A} = \frac{W}{\frac{\pi}{4}d^2} \text{ (로드나 소켓 축의 인장 응력)} \tag{3-51}$$

$$\sigma_t' = \frac{W}{\frac{\pi}{4}d_1{}^2 - db_1} \text{ (로드 엔드의 코터 구멍의 인장 응력)} \tag{3-52}$$

$$\sigma_t'' = \frac{W}{\frac{\pi}{4}(D^2 - d_1{}^2) - b(D-d_1)} \text{ (소켓 부분의 인장 응력)} \tag{3-53}$$

(4) 굽힘 응력

코터의 실제 형상을 간략화하여 보의 형태로 생각하면, 그림 3-30과 같이 굽힘 모멘트 선도가 그려지며, 이로부터 굽힘 응력은 $M_{\max} = W_0/2(3/8-1/8)D = W_0D/8$이고, 또 재료 역학에서 $M = \sigma_b Z$, $Z = bh^2/6$이므로, 굽힘 응력(σ_b)은 다음과 같이 된다.

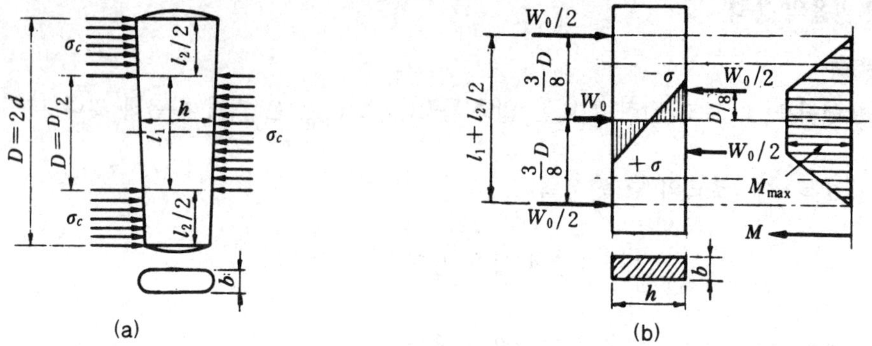

그림 3−30. 코터의 굽힘 모멘트

$$\left.\begin{aligned}\sigma_b &= \frac{M}{Z} = \frac{6M}{bh^2} = \frac{W_0 D}{8} / \frac{bh^2}{6} = \frac{6}{8}\frac{W_0 D}{bh^2} \\ &= \frac{3}{2}\frac{W_0(l_1+l_2)/2}{bh^2} = \frac{3}{2}\frac{1.25W(l_1+l_2)/2}{bh^2}\end{aligned}\right\} \quad (3-54)$$

(5) 플랜지부의 응력

그림 3−31에서 압축 응력(σ_c), 굽힘 응력(σ_b), 전단 응력(τ_s')은 다음과 같다.

$$\sigma_c = \frac{W}{\frac{\pi}{4}(d_3{}^2 - d_1{}^2)} \quad (3-55)$$

$$\sigma_b = \frac{W\frac{1}{2}(d_3 - d_1)}{\frac{\pi d h_3{}^2}{6}} \quad (3-56)$$

$$\tau_s' = \frac{W}{\pi d_1 h_3} \quad (3-57)$$

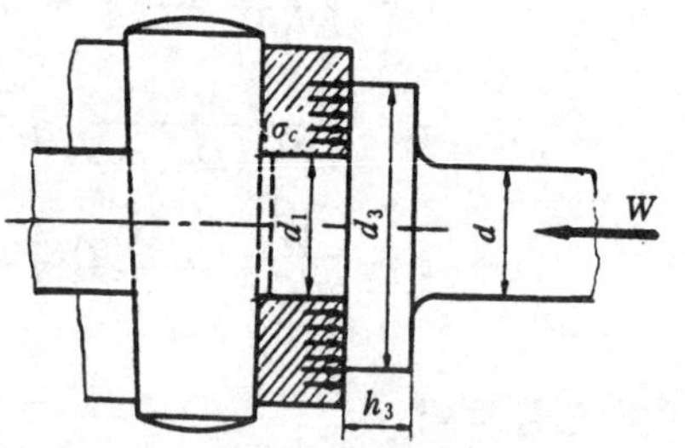

그림 3−30. 플랜지의 강도

> **＊ 설계상 주의** ; 위 모든 식에서 σ_c의 허용 값은 60N/mm^2 정도로 취한다.

(6) 로드와 소켓의 면압

로드와 소켓에서 코터의 측면에 가해지는 면압 (p)은 다음과 같이 구한다.

$$p = \frac{W_0}{bl_1}(\text{로드}) = \frac{W_0}{bl_2}(\text{소켓}) \quad (3-58)$$

위 식에서 면압의 허용 값은 일반적으로 60N/mm^2 정도로 취한다.

[5] 코터 이음의 각부 치수

(1) 로드 엔드의 지름

위 식에서 두 부분의 응력을 같게 놓는 것이 좋으므로, $\sigma_c = \sigma_c'$로 하면 $\frac{W}{bd_1} = \frac{W}{bd_1} = \frac{W}{b(D-d_1)}$ 이 되어서 로드 엔드의 지름 (d_1)은 다음과 같이 된다.

$$d_1 = \frac{D}{2} \quad (3-59)$$

(2) 코터의 두께

① 위 식에서 축의 인장 응력과 코터 구멍의 인장 응력이 같이 발생하도록 설계해야 하므로, $\sigma_t = \sigma_t'$ 로 놓으면 코터의 두께(b)는 다음과 같이 된다.

$$\therefore b = \frac{\pi}{4} d_1\left(1 - \frac{d^2}{{d_1}^2}\right) \tag{3-60}$$

② 실제로 코터 구멍 내부에는 큰 응력 집중이 생기므로, 일반적으로 로드 엔드의 지름 $d_1 = \frac{4}{3} d$ 로 취하면, b= d/3가 되므로 코터의 두께(b)는 다음과 같이 된다.

$$b ≒ \left(\frac{1}{3} \sim \frac{1}{4}\right)d_1 \tag{3-61}$$

(3) 코터의 나비

① 위 식 (3－54)에서 코터의 나비(h)는 다음과 같이 구한다.

$$h = \sqrt{\frac{3W_o D}{4b\sigma_b}} \tag{3-62}$$

② 앞에서 구한 값 $b = \frac{1}{4} d_1$, $d = \frac{3}{4} d_1$, $d_1 = \frac{1}{2} D$, $W = \frac{\pi}{4} d^2\sigma_t$를 위 식에 대입하면,

$$h^2 = \frac{3WD}{4b\sigma_b} = \frac{3\times\frac{\pi}{4} d^2\sigma_t 2d_1}{d_1\sigma_b} = \frac{2\times\frac{3}{4}\left(\frac{3}{4}\right)^2 \pi {d_1}^2\sigma_t}{\sigma_b} = 2.65\frac{\sigma_t}{\sigma_b}{d_1}^2$$이 된다.

$$\therefore h = \sqrt{2.65\frac{\sigma_t}{\sigma_b}}\, d_1 \tag{3-63}$$

(4) 로드 끝의 길이

식 (3－48)과 $W = \frac{\pi}{4} d^2\sigma_t$를 대입하면 $h_1 = \frac{W}{2d_1\tau_s} = \frac{\frac{\pi}{4} d^2\sigma_t}{2d_1\tau_s} = \frac{\pi d^2\sigma_t}{8d_1\tau_s} = \frac{2}{3}h$이므로 일반적으로 다음과 같이 구한다.

$$h_1 = h_2 = \left(\frac{1}{2} \sim \frac{2}{3}\right)h \tag{3-64}$$

예제 3－10 그림 3－32의 코터 이음에서 코터, 로드 엔드, 소켓의 재질은 연강이고, $\sigma_t : \sigma_c : \tau = 5 : 10 : 4$의 강도비를 갖을 때, 가장 약한 부분을 구하여라. 단, 치수는 그림을 참조한다.

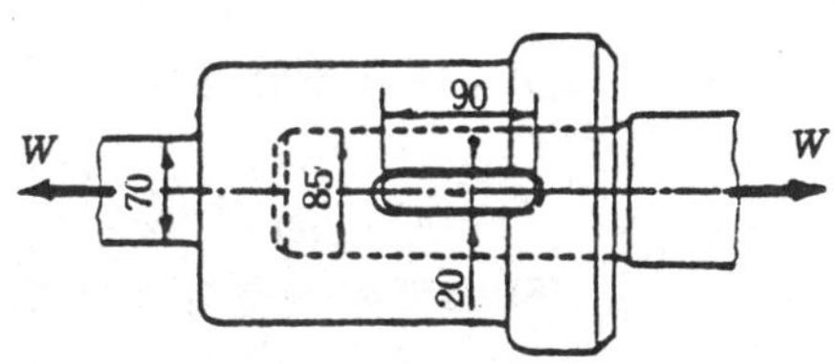

그림 3－32

Solution (1) 로드와 소켓에 걸리는 하중(W_1)

$$W_1 = \frac{\pi}{4} d^2\sigma_t = \frac{\pi}{4} \times 70^2 \times 5 ≒ 19.2(\text{kN})$$

(2) 로드 엔드 부분의 인장력(W_2)

$$W_2 = \left(\frac{\pi d_1^{\ 2}}{4} - d_1 b\right)\sigma_t = \left(\frac{\pi \times 85^2}{4} - 85 \times 20\right) \times 5 = 19.8(\text{kN})$$

(3) 코터가 2면 전단으로 받아내는 힘(W_3)

$$W_3 = 2hb\tau = 2 \times 90 \times 20 \times 4 = 14.4(\text{kN})$$

(4) 코터가 로드 엔드에 가하는 압축 응력으로 받을 수 있는 힘(W_4)

$$W_4 = bd_1\sigma_c = 20 \times 85 \times 10 = 17(\text{kN})$$

이상에서 가장 약한 곳은 (3)의 $W_3 = 14.4$kN임을 알 수 있다.

예제 3-11 그림 3-33의 코터 이음에서 인장 하중 50kN이 작용할 때, 각부에 작용하는 응력을 구하여라. 단, 하중의 변화를 고려하여 하중에 5/4배가 가해진다.

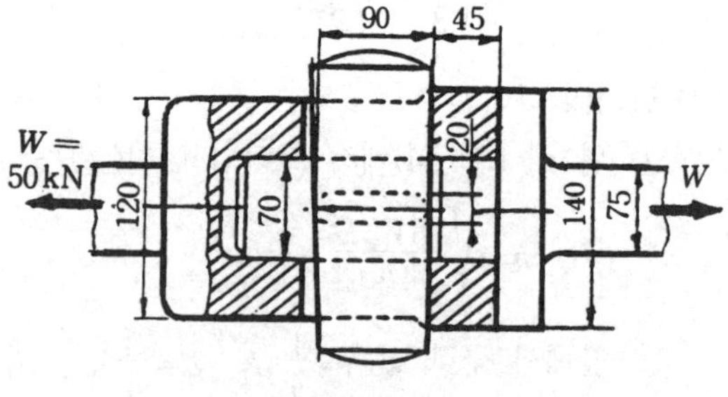

그림 3-33

Solution 하중 50kN에 5/4가 가해지므로

$$W = 50 \times 10^3 \times \frac{5}{4} = 62.5(\text{kN})$$

(1) 축에 생기는 인장 응력(σ_t)

$$\sigma_t = \frac{W}{\frac{\pi}{4}d^2} = \frac{4 \times 62.5 \times 10^3}{\pi \times 75^2} = 14.2(\text{MPa})$$

(2) 코터의 구멍이 있는 로드 엔드 부분의 인장 응력(σ_t')

$$\sigma_t' = \frac{W}{\frac{\pi}{4}(d_1^{\ 2} - bd_1)} = \frac{62.5 \times 10^3}{\frac{\pi}{4}(70^2 - 20 \times 70)} = 25.5(\text{MPa})$$

(3) 코터 구멍이 있는 소켓 부분의 인장 응력(σ_t'')

$$\sigma_t'' = \frac{W}{\frac{\pi}{4}(D^2 - d_1^{\ 2}) - b(D - d_1)} = \frac{62.5 \times 10^3}{\frac{\pi}{4}(120^2 - 70^2) - 20(120 - 70)}$$

$$= 8.5(\text{MPa})$$

(4) 로드 엔드의 압축 응력(σ_c)

$$\sigma_c = \frac{W}{bd_1} = \frac{62.5 \times 10^3}{20 \times 70} = 44.6(\text{MPa})$$

(5) 코터의 전단 응력(τ_s)

$$\tau_s = \frac{W}{2bh} = \frac{62.5 \times 10^3}{2 \times 20 \times 90} = 17.4(\text{MPa})$$

(6) 소켓 끝 부분의 전단 응력(τ_s'')

$$\tau_s'' = \frac{W}{2h_2(D - d_1)} = \frac{62.5 \times 10^3}{2 \times 45(140 - 70)} \fallingdotseq 10(\text{MPa})$$

고로, 이들 각 응력은 설계 허용 응력 60MPa 이하이므로, 이음은 안전하다.

제3장 연습문제

•논문형

1. 키의 종류와 특성을 설명하여라.
2. 키에 발생하는 전단 응력과 압축 응력의 식을 설명하여라.
3. 핀의 종류와 용도를 설명하여라.
4. 스플라인의 종류와 특성을 비교 설명하여라.
5. 코터의 자립 조건을 한쪽과 양쪽의 경우로 나누어 비교 설명하여라.
6. 코터가 빠져 나올 때의 힘을 설명하여라.

•계산형

3-1. 그림 3-34와 같이 스핀들 축의 지름 25mm에 성크 키의 치수 $b \times h \times l = 6 \times 6 \times 38\,\text{mm}$를 설치하고, 길이 750mm인 레버로 작동시키기 위한 다음을 구하여라. (단, 전단 응력 60N/mm^2이다.)

(1) 묻힘 키의 전달 토크(T)

(2) 레버 끝에 작용하는 힘(P)

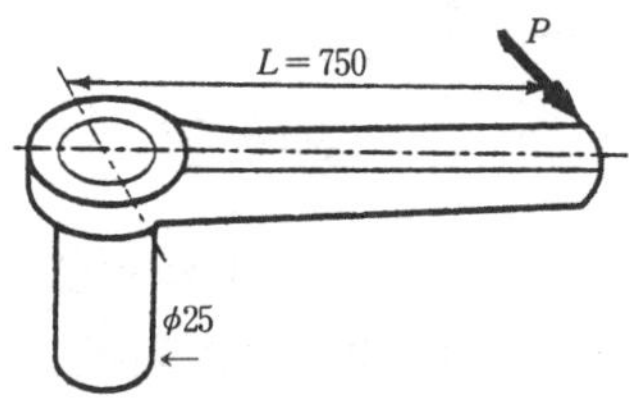

그림 3-34

3-2. 축의 지름 50mm, 키의 치수 $b \times h \times l = 12 \times 8 \times 60\,\text{mm}$일 때, 비틀림 모멘트를 구하여 라. 단, 전단 응력 30MPa이다.

3-3. 축의 지름 55mm, 축의 전단 응력 40MPa일 때, 묻힘 키에 생기는 다음을 구하여 라. 단, 보스의 나비 85mm이다. 단, $b \times h = 15 \times 10\,\text{mm}$이다.

(1) 전단 응력(τ) (2) 압축 응력(σ_c)

3-4. 300rpm, 30kW를 전달하는 축 지름 60mm, 키 치수 $b \times h \times l = 18 \times 12 \times 80\,\text{mm}$일 때, 다음을 구하고, 안전성을 검토하여라. 단, 허용 전단 응력 40MPa, 허용 압축 응력 80 MPa 이다.

(1) 키에 발생하는 전단 응력(τ) (2) 키 홈에 발생하는 압축 응력(σ_c)

3-5. 지름 80mm의 축에 $b \times h = 20 \times 18\,\text{mm}$인 성크 키를 사용했을 때, 다음을 구하여 라. 단, 축의 허용 전단 응력 40MPa, 키의 허용 전단 응력 50MPa 이다.

(1) 키의 길이(l) (2) 키 홈의 압축 응력(σ_c)

3-6. 4PS, 2400rpm을 전달하는 축에 묻힘 키의 다음을 구하여라. 단, 키의 치수 $b \times h \times l = 4 \times 4 \times 24\,\text{mm}$, 지름 계수 0.65이다.

(1) 속찬축과 속빈축의 지름(d, d_1, d_2) (2) 접선력(P)

(3) 전단 응력과 압축 응력 (τ, σ_c)

3-7. 그림 3-35와 같이 축의 지름 40mm, 보스의 나비 60mm, 평 벨트 풀리 지름 350mm에 2kN의 접선 하중이 작용할 때, 다음을 구하여라. 단, 키의 치수 $b \times h = 10 \times 8\,\text{mm}$ 이다.

(1) 키에 작용하는 접선력(P) (2) 키의 전달 토크(T)

(3) 키에 발생하는 전단 응력(τ) (4) 키 홈의 압축 응력(σ_c)

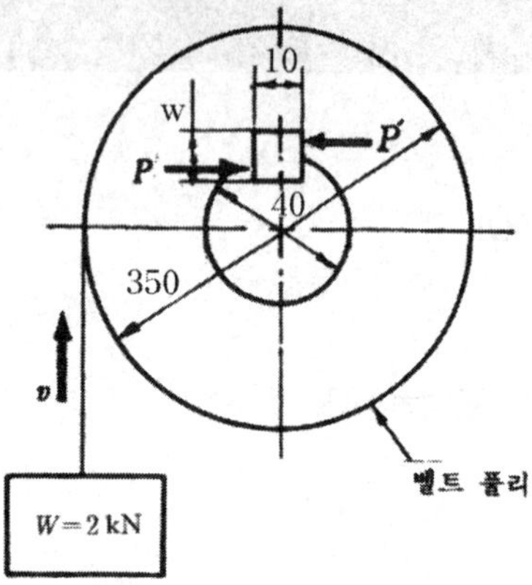

그림 3-35

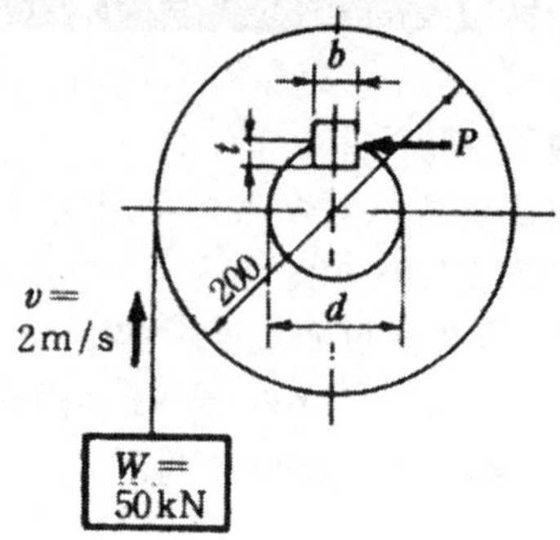

그림 3-36

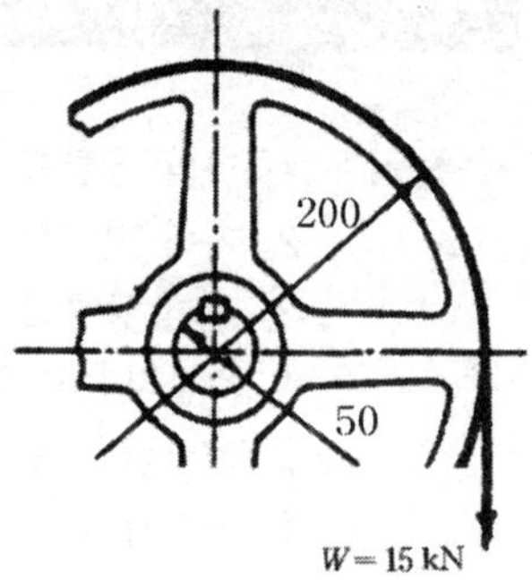

그림 3-37

3-8. 그림 3-36과 같이 하중 50kN을 속도 2m/s로 끌어 올리는 데 필요한 다음을 구하여라. 단, 축의 전단 응력 2kN/cm^2, 키의 전단 응력 3kN/cm^2, 각속도 20rad/s 이다.

(1) 전동기의 용량(kW) (2) 회전수(N)
(3) 회전 토크(T) (4) 축의 지름(d)
(5) 접선력(P)

3-9. 그림 3-37과 같은 평 벨트 풀리 지름 200mm에 접선력 15kN이 작용하고, 키 치수 $b \times h = 16 \times 10$ mm 일 때, 키의 길이를 구하여라. 단, 허용 전단 응력 55N/mm^{2}이다.

3-10. 축의 지름 60mm인 연강 축에 350rpm으로 40kW를 전달하는 묻힘 키의 길이를 구하여라. 단, 키의 허용 전단 응력 20MPa, $b \times h = 15 \times 10$ mm이다.

3-11. 지름 50mm인 축에 키의 치수 $b \times h \times l = 12 \times 8 \times 60$ mm인 성크 키를 사용 하였을 때, 다음을 구하여라. 단, 키의 허용 전단 응력 20MPa이다.

(1) 키에 작용하는 접선 하중(전단력 또는 접선력)(P)
(2) 키에 작용하는 압축 응력(σ_c)
(3) 500rpm 일 때, 축의 전달 동력(kW)

Answer

3-1. (1) 17.1N · m (2) 228N **3-2.** 540N · m **3-3.** (1) 37MPa (2) 110MPa
3-4. (1) 21MPa (2) 66.3MPa **3-5.** (1) 100mm (2) 112MPa
3-6. (1) d=16mm, d_2=17mm, d_1= 11mm (2) 1500N
(3) τ= 15.6MPa, σ_c= 31MPa
3-7. (1) 17.5kN (2) 350N · m (3) 29.2MPa (4) 73MPa
3-8. (1) 10kW (2) 191rpm (3) 500kN · cm (4) 10cm (5) 100kN
3-9. 68.2mm **3-10.** 121mm **3-11.** (1) 14.4kN (2) 60MPa (3) 18.8kW

제4장 리벳(rivet)

강판 및 형강 등을 영구적으로 접합하는 데 사용되는 결합용 기계 요소를 **리벳**(rivet), 강판 및 형강을 영구적으로 결합하는 것을 **리벳 이음**(rivet joint)이라 한다.

4-1 일반 사항

1. 리 벳

[1] 종 류

(1) 제조에 따라

① **냉간 성형 리벳**(cold headed rivets) : 냉간(冷間)에서 가공에 의해 머리 부분을 성형(지름 3~13mm 까지)한 리벳으로서, KS B 1101에 규격화 되어 있다.

a. **종류** : 머리 부분의 모양에 따라 둥근 머리 리벳, 소형 둥근 머리 리벳, 접시 머리 리벳, 얇은 납작 머리 리벳, 냄비 머리 리벳의 5종류가 있다(표 4-1의 그림).

b. **재료** : 강 리벳은 연강 선재(MSWR), 냉간 압조용 탄소 강선(SWCH 6R~SWCH 17R), 황동 리벳은 구리 및 구리 합금선(C2600W, C2700W, C2800 W), 구리 리벳은 구리 및 구리 합금선(C1100W), 알루미늄 리벳은 알루미늄 및 알루미늄 합금 리벳재로 되어 있다.

② **열간 성형 리벳**(hot headed rivets) : 열간(熱間) 즉, 소재의 변태점 이상인 온도에서 머리 부분을 성형(리벳의 지름 10~40mm 이상까지)한 리벳으로서, KS B 1102에 규격화되어 있다.

a. **종류** : 머리 부분의 모양에 따라 둥근 머리 리벳, 접시 머리 리벳, 납작 머리 리벳, 둥근 접시 머리 리벳, 보일러용 둥근 머리 리벳, 보일러용 둥근 접시머리 리벳 및 선박용 둥근 접시머리 리벳의 7종류가 있다(표 4-2의 그림 참조).

b. **재료** : 둥근 머리, 접시 머리, 납작 머리, 둥근 접시 머리 리벳은 SBV 330(리벳용 원형강), 보일러용 둥근 머리, 보일러용 둥근 접시, 선박용 둥근 접시 머리 리벳은 SBV 400으로 한다.

표 4－1. 냉간 성형 리벳의 치수

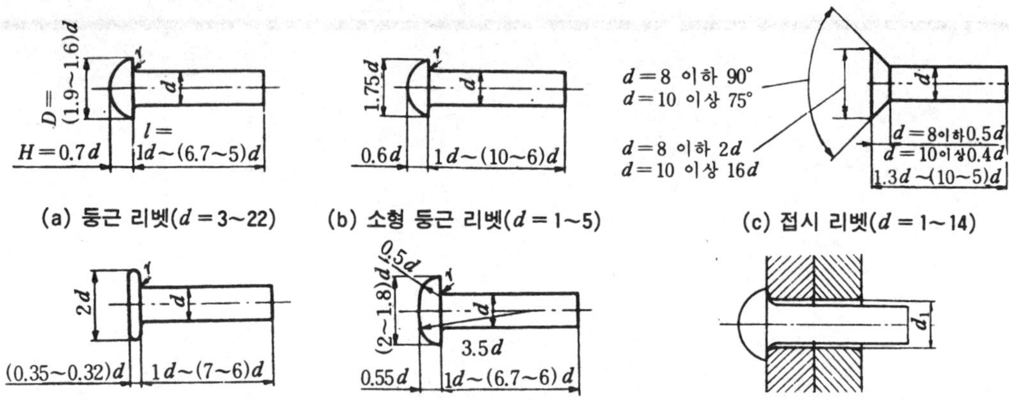

(a) 둥근 리벳($d=3\sim22$)　(b) 소형 둥근 리벳($d=1\sim5$)　(c) 접시 리벳($d=1\sim14$)

(d) 얇은 납작 리벳($d=2\sim6$)　(e) 냄비 리벳($d=3\sim6$)　〈주〉 머리밑 둥글기 $r \leq 0.05d$

(단위 : mm)

호칭 지름 (d)														
	1란		3		4		5	6	8	10	12		
	2란			3.5		4.5							14
	3란											13	
머리부 기본치수	지름	D	5.7	6.7		7.2	8.1	9	13.3	16	19	21	22
	높이	H	2.1	2.5	2.8	3.2	3.5	4.2	5.6	7	8	9	10
머리밑 둥글기(최대)		r	0.15	0.18	0.2	0.23	0.25	0.3	0.4	0.5	0.6	0.65	0.7
구멍 지름 (참고)		d_1	3.2	3.7	4.2	4.7	5.3	6.3	8.4	10.6	12.8	13.8	15
리벳 길이		l	3~20	4~22	4~24	5~26	5~30	6~36	8~40	10~56	12~60	14~65	14~70

(2) 머리 모양에 따라

냉간 성형 리벳은 5개(표 4－1)와 열간 성형 리벳 7개(표 4－2)가 있다.

(3) 용도에 따라

① **보일러용 리벳** : 압력에 견디고, 기밀을 유지하는 보일러에 사용되는 리벳이다.

② **용기용 리벳** : 강도보다는 이음의 기밀을 유지하는 것을 주로 하는 리벳으로서, 물 탱크, 저압 가스 탱크 등에 사용하는 리벳이다.

③ **구조용 리벳** : 주로 강도만을 필요로 하고, 기밀은 별로 문제가 되지 않는 철교, 선박, 차량 등의 구조 물에 사용하는 리벳이다.

(4) 장소에 따라 : 리벳의 사용상 도면에서의 구별 표시는 표 4－3과 같다.

① **공장 리벳** : 공장에서 리베팅 작업을 완료하는 리벳이다.

② **현장 리벳** : 큰 구조물은 운반상 몇 개로 나누어 현장에서 조립하여 사용 되는 리 벳이다. 그리고 이것은 주로 철근 구조물에 적용된다.

표 4-2. 열간 성형 리벳(일반용)의 치수

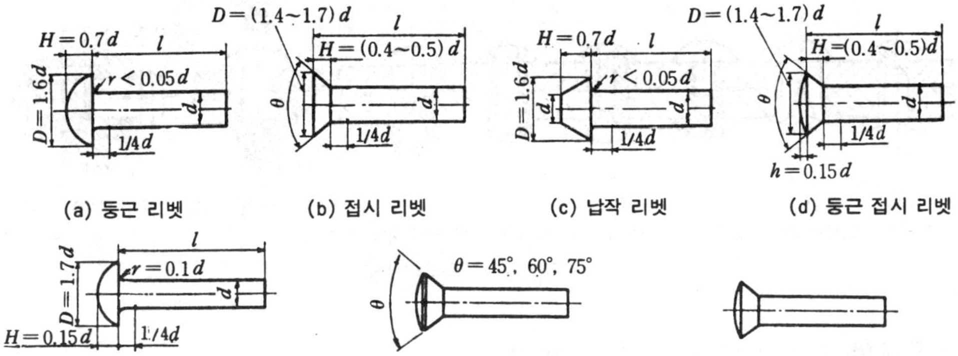

(a) 둥근 리벳 (b) 접시 리벳 (c) 납작 리벳 (d) 둥근 접시 리벳

(e) 보일러용 둥근 리벳 (f) 보일러용 둥근 접시 리벳 (g) 선박용 둥근 접시 리벳

(단위 : mm)

호칭 지름 (d)	1란	10	12			16			20		24				30			36	
	2란				14		18			22			27				33		40
	3란			13				19				25		28		32			
둥근 · 납작	D	16	19	21	22	26	29	30	32	35	38	40	43	45	48	51	54	58	64
	D_1	10	12	13	14	16	18	19	20	22	24	25	27	28	30	32	33	36	40
	H	7	8	9	10	11	12.5	13.5	14	15.5	17	17.5	19	19.5	21	22.5	23	25	28
	r 최대	0.5	0.6	0.6	0.7	0.8	0.9	0.95	1.0	1.1	1.2	1.25	1.35	1.4	1.5	1.6	1.65	1.8	2.0
접시 · 둥근 접시	D	16	19	21	22	25	29	30	32	35	38	39.5	39.5	39.5	42.5	45	47	51	57
	H	4	5	5	6	8	9	9.5	10	11	12	12.5	13.5	14	15	16	16.5	18	20
	h	1.5	2	2	2	2.5	2.5	3	3	3.5	3.5	4	4	4	4.5	5	5	5.5	6
	θ	약 75°				약 60°							약 45°						
구멍 지름 d_1(참고)		11	13	14	15	17	19.5	20.5	21.5	23.5	25.5	26.5	28.5	29.5	32	34	35	38	42

표 4-3. 리벳의 종류에 따른 기호 표시(KS F 1001)

종류		둥근 머리	접시 머리					납작 머리			둥근 접시 머리		
		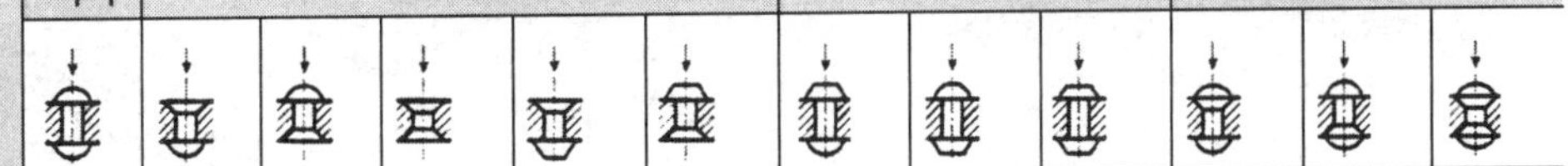											
약 도	공장 리벳	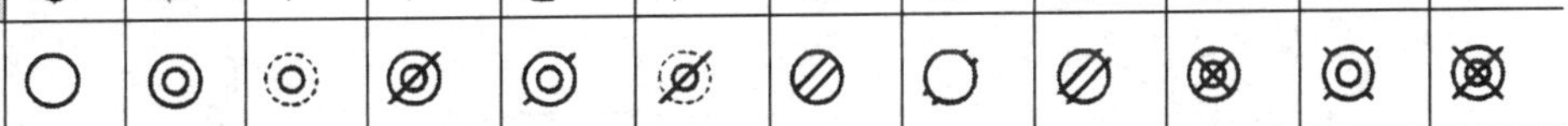											
	현장 리벳												

(5) 특수 용도에 따라(그림 4-1 참조)

① 관(管) 리벳 ② 분할(split) 리벳 ③ 압축 리벳

④ 죔 리벳(인장 죔, 타격 죔, 나사 죔) ⑤ 폭발 리벳 ⑥ 허크(huck) 리벳

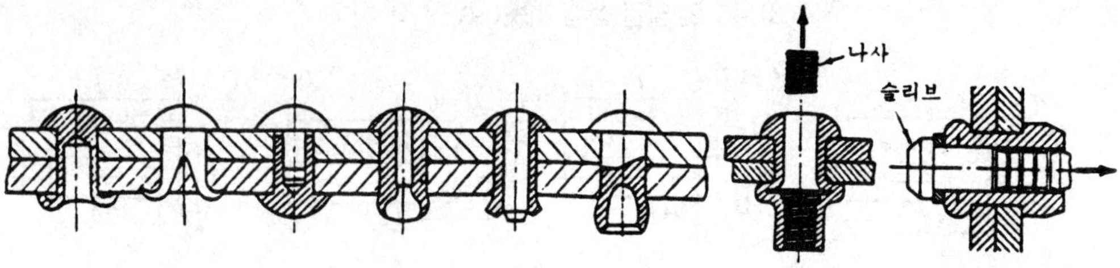

(a) 관 리벳 (b) 스플릿 리벳 (c) 압축 리벳 (d) 인장죔 리벳 (e) 타격죔 리벳 (f) 리벳 폭발 리벳 (g) 나사 죔 리벳 (h) 허크 리벳

그림 4-1. 특수 리벳

[2] 리벳 용어(표 4-12와 표 4-13 그림 참조)

(1) 피치(pitch) : 리벳열의 중심선상에 인접한 리벳 사이의 중심 거리(p).

(2) 뒤 피치(back pitch) : 인접하고 있는 리벳 열(列) 중심선간의 거리(e_1, e_2).

(3) 마진(margin) : 판(板) 끝과 외측 리벳 열(列)과의 중심선간 거리(e).

[3] 용 도

구조가 간단하고, 잔류 변형이 없고, 각 부재 사이에 작용하는 힘을 전달하는 능력이 커서 교량, 철골 구조물, 선박 또는 기밀을 요하는 압력 용기나 보일러 등에 사용된다.

2. 리벳 이음

주로 철판, 형강 등을 연결할 때 또는 철교, 구조물, 물 탱크, 보일러 탱크, 기름 탱크 등을 기능적으로 결합할 경우의 리벳 이음(rivet joint)을 말한다(그림 4-2).

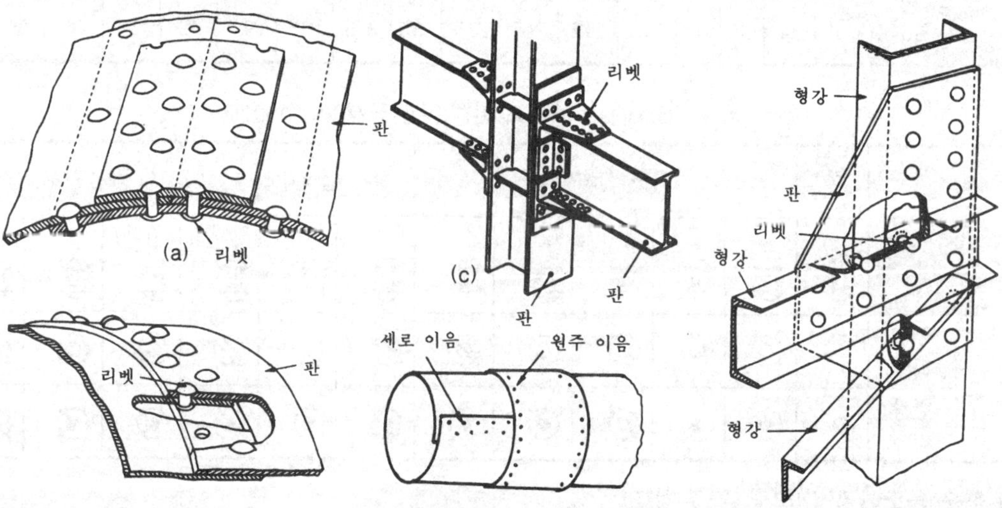

그림 4-2. 리벳의 이음

[1] 리벳 이음의 장점

(1) 최초 응력에 의한 잔류 변형률이 생기지 않으므로 취약 파괴가 일어나지 않는다.
(2) 구조물 등에 사용할 때 현장 조립의 경우, 용접 이음보다 쉽다.
(3) 경합금과 같이 용접이 곤란한 재료의 결합에는 신뢰성이 있다.

[2] 리벳 이음의 종류

(1) 사용 목적에 따라(표 4-4 참조)

① **보일러, 고압 용기 이음** : 고압에 견디고, 강도와 기밀을 요할 때 사용한다.
② **물, 저압 용기 이음** : 압력이 낮고, 기밀만을 요할 때 사용한다.
③ **교량, 건축, 선박, 차량, 구조물 이음** : 강도만을 충분히 요할 때 사용한다.

표 4-4. 사용 목적에 따른 리벳 이음의 종류

분류	예	비고	종류
기밀과 강도가 필요한 이음	보일러, 압력 용기 등	조건이 좋은 이음으로, 기밀을 위한 판의 결합 및 리벳 머리의 주변에 코킹을 요한다.	열간 성형 리벳
기밀을 주로 하는 이음	저압 용기, 연돌 등	강도를 요하고, 변형 방지, 부식, 제작상에서 정하며, 코킹이 필요없을 때 사용한다.	
강도를 주로 하는 이음	교량, 크레인,건축물 등의 강구조물	강판, 평강 및 형강에 사용되고, 큰 것은 공장에서 부분 조립한다.	
결합을 주로 하는 이음	계측기, 가전품 등의 부품, 일용 잡화품, 철과 비철의 결합	분해가 필요 없을 때, 대량 생산의 경우 리벳 기계에 의하여 고속도, 고능률의 결합이 가능	냉간 성형 리벳

(2) 형식에 따라

① **겹치기 리벳 이음**(lap joint) : 강판을 서로 겹쳐서 결합하는 리벳 이음으로서, 가스와 유체 용기의 이음 또는 보일러의 원주 이음에 사용된다(그림 4-3).
② **맞대기 리벳 이음**(butt joint) : 양쪽 판의 끝을 맞대고, 한쪽 또는 양쪽에 덮개판(目板 : strap)을 대어 리베팅하는 형식이다(그림 4-3).

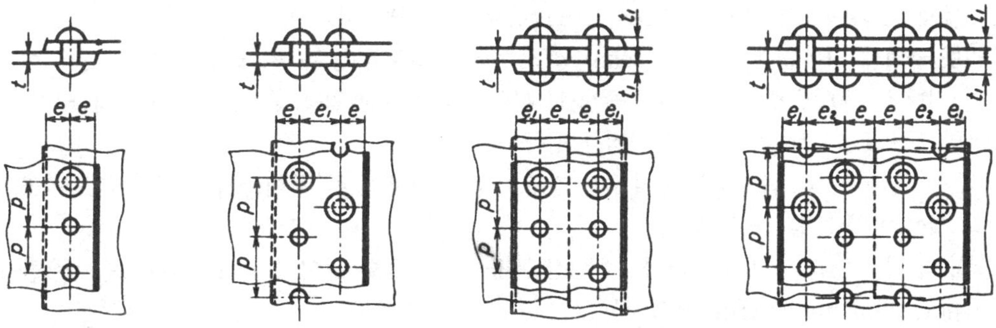

① 1열 이음　② 2열(지그재그형)　① 1열(병열형)　② 2열(지그재그형)
(a) 겹치기 이음　(b) 맞대기 이음

그림 4-3. 리벳 이음의 종류

(3) 이음에 따라[그림 4-2 (d)]

① **길이 방향 이음**(세로 이음) : 압력 및 보일러 용기의 가로 방향으로 이음한 것.

② **원주 방향 이음**(원주 이음) : 압력 및 보일러 용기의 둘레 방향으로 이음한 것.

(4) 배열에 따라(그림 4-3 참조)

① 병열형(並列形)

② 지그 재그형

(5) 열수(列數 : 또는 줄수)**에 따라**

① 1열(1줄) ② 2열

③ 3열 ④ 다열(多列 : 여러 줄)

(6) 전단면수에 따라[표 4-6 (1)번 그림]

① 단(單) 전단면 ② 복(複) 전단면

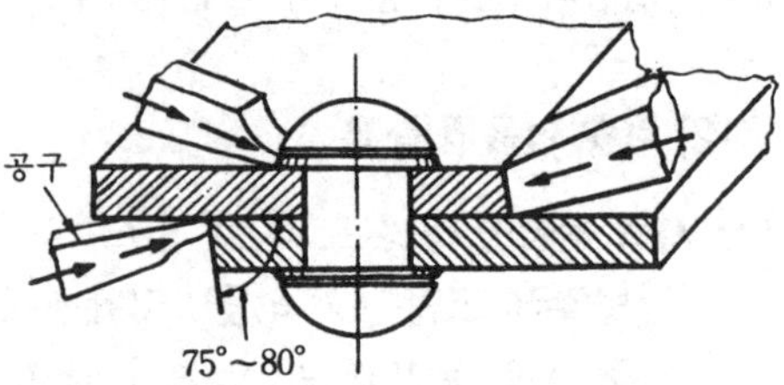

(a) 코킹 (b) 풀러링

그림 4-4. 코킹과 풀러링

[3] 코킹과 풀러링(그림 4-4 참조)

(1) 코킹(caulking)

보일러 및 압력 용기 등은 기밀(氣密)을 유지하기 위하여 리베팅 끝난 후, 리벳 머리둘레와 강판 가장 자리를 정(chisel)으로 때리는 작업으로 5mm 이하의 강판은 코킹을 하지 않고, 유지(油脂) 등의 패킹을 넣고, 고온일 때에는 석면을 사용한다.

(2) 풀러링(fullering)

코킹과 같은 목적의 작업으로서, 기밀을 더욱 좋게 하기 위하여 강판과 동일한 두께의 풀러링 공구로 판재의 끝 부를 때리는 작업이다. 코킹면은 75~80°로 경사지게 한다.

[4] 리베팅 작업

(1) 모재의 두께에 따라 펀칭과 드릴링의 2가지 방법을 선택하여 구멍을 뚫는다.

(2) 판의 두께 8mm 이하이고, 리벳 구멍 지름 20mm까지는 일반적으로 펀치로 뚫고, 신중을 기해야 할 것은 드릴을 사용한 후 리머로 구멍을 다듬질하여 사용한다.

(3) 리벳의 구멍은 보통 리벳 지름보다 1~1.5mm 크게 뚫는다.

(4) 리벳 구멍에 리벳을 넣고, 스냅(snap) 공구 위에 머리부를 놓은 후, 리벳 지름 10 mm 이상인 강재 리벳은 1300°C에서 손 때림, 900~1100°C에서 기계 때림을 한다. 크기에 따라 해머, 공기압, 유압 등으로 가압하여 제 2의 머리를 만든다.

(5) 리벳의 길이(l)는 축 지름 d의 5배 정도로서, 접합부의 죔 두께(grip)로부터 (1.3~1.6) d 정도 긴 것이 좋다(그림 4-5 참조).

(6) 리벳의 지름 25mm 까지는 해머, 그 이상은 물, 공기, 증기 등의 압력 또는 전기를 이용한 리베팅 기계(riveting machine)로 작업 한다.

(7) 기밀 용기는 드릴링, 리밍(remming), 코킹 또는 풀러링의 순서로 작업한다.

4-2 리벳 이음의 설계

1. 일반 리벳 이음

[1] 리벳과 이음의 치수

(1) 리벳의 길이

그림 4-5와 같이 리벳을 결합하는 판의 두께와 리벳의 한쪽에 제 2의 머리를 만들기 위해서는 리벳의 몸체(shank) 길이(l)는 다음과 같이 정한다.

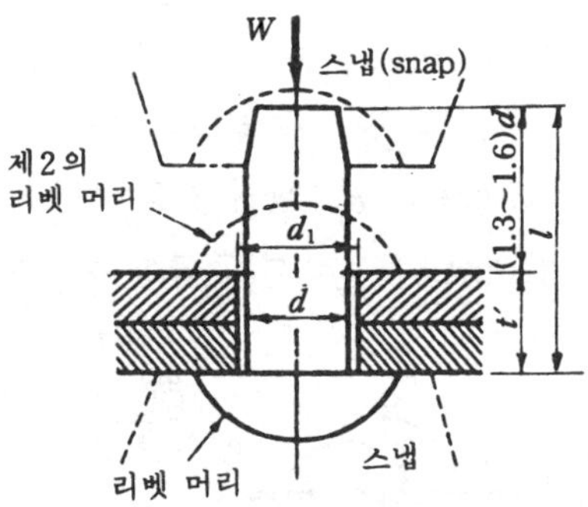

그림 4-5. 리벳의 길이

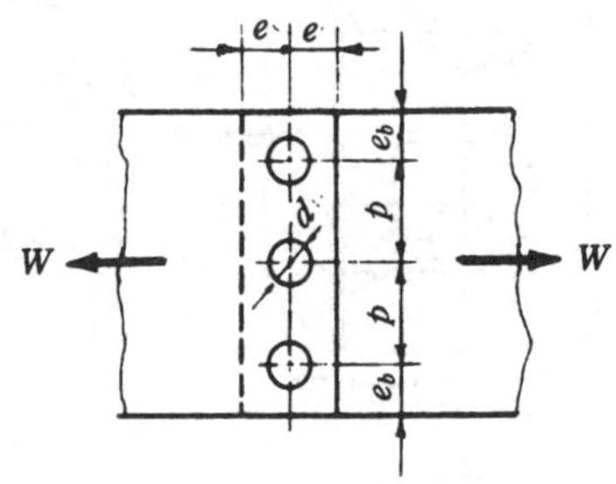

그림 4-6. 각부 치수

t' : 리벳의 죔 두께[grip : 피 접합물 전체의 두께 또는 체결하는 판 두께의 합(mm)]

d : 리벳의 지름(mm)일 때

$$l = t' + (1.3\sim1.6)d \tag{4-1}$$

(2) 마 진

리벳 중심에서 판 끝까지의 거리(그림 4-6) 즉, 마진(margine : e)은

$$\left.\begin{aligned} e &= 1.5d(\text{두꺼운 판}) \\ &= 3d(\text{얇은 판, ·경합금 판}) \end{aligned}\right\} \tag{4-2}$$

로 구하고, 또 전단 응력(τ)과 굽힘 응력(σ_b)을 고려한 마진(e) 값은 식 (4-5)와 식 (4-9) 로부터 다음과 같이 구할 수도 있다.

$$e = \frac{1}{2}\left(1 + \sqrt{\frac{3\pi d\tau}{4t\sigma_b}}\right)d \tag{4-3}$$

(3) 뒤 피치

리벳 줄의 중심간 거리 즉, 뒤 피치(back pitch) e_1과 e_2는 가장 가까운 2개의 리벳 중심 간격이 $2d$ 이상이 되어야 된다는 조건에서 결정한 다음 식을 사용한다.

$$e_1 = e_2 = 2d \tag{4-4}$$

[2] 하 중

그림 4-7과 같은 리벳 이음에서 인장력 W가 판 사이의 마찰 저항보다 커지면 리벳 몸통과 구멍이 접촉하여 다음의 5가지 중 어느 것 하나에 의하여 파괴되며, 이들 각각의 경우에 대하여 리벳 이음을 설계할 때에 파괴가 생기지 않도록 강도를 고려하여 치수를 결정한다.

① 리벳이 전단으로 파괴될 때 ② 리벳 구멍 사이에서 강판이 전단될 때

③ 리벳 또는 강판이 압축 파괴될 때 ④ 판의 가장자리가 갈라질 때

⑤ 판이 절개(切開)될 때

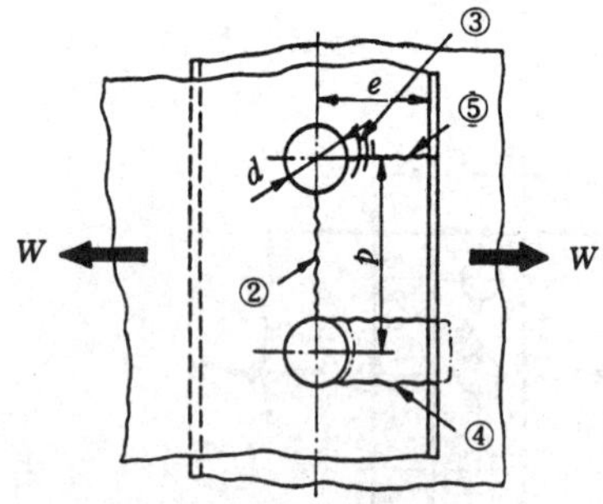

W : 1피치당 하중(N), p : 피치(mm), t : 판 두께(mm)

d : 리벳 또는 구멍의 지름(mm), b : 판의 나비(mm)

n : 리벳 또는 구멍 전단면의 수, τ : 리벳의 전단 응력(N/mm^2)

τ_1 : 판의 전단 응력(N/mm^2), σ_t : 판의 인장 응력(N/mm^2)

σ_c : 판의 압축 응력(N/mm^2), σ_b : 판의 굽힘 응력(N/mm^2)

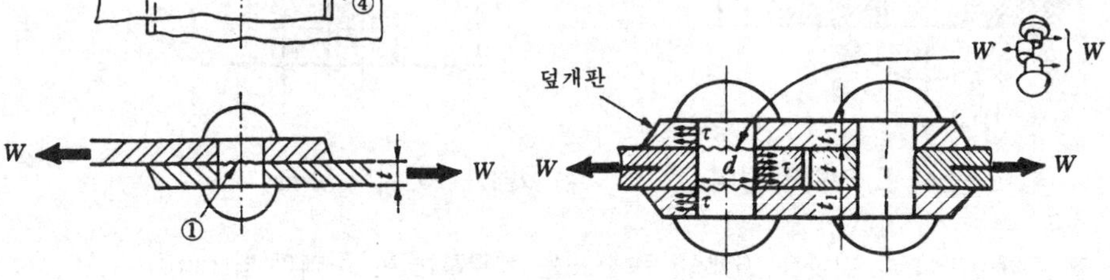

(a) 겹치기 이음 (b) 맞대기 이음

그림 4-7. 리벳 이음의 파손 형식

(1) 리벳이 전단으로 파괴될 때

그림 4-7 ①과 같이 리벳 몸통이 전단을 받는 경우의 하중(W_1)은 다음과 같다.

$$\left.\begin{aligned} W_1 &= \frac{\pi}{4}d^2\tau \text{ (겹치기 이음)} \quad ① \\ &= \frac{\pi}{4}d^2\tau n \text{ (맞대기 이음)} \quad ② \end{aligned}\right\} \qquad (4-5)$$

＊ 설계상 주의

① 위 식 ①은 겹치기 이음에서 단(單) 전단을 받는 경우[그림 4-7 (a)]에 전단면 수를 곱하고, 식 ②는 그림 4-7 (b)와 같이 양쪽 덮개판 맞대기 이음과 같이 복(複) 전단면을 받는 경우에는 리벳의 개수 $n=2$로 하지 않고, 안전을 고려하여 $n=1.8$로 취한다.

② 리벳의 파괴 상태에서 인장력 W는 리벳에 직각 방향으로 작용하는 것으로 하고, 강도는 1줄 리벳 겹치기 이음에서 1 피치의 나비로 생각한다.

(2) 리벳 구멍 사이의 판이 절단될 때

그림 4-7 ②에서와 같이 하중을 받아 리벳 구멍 사이의 판이 파괴되는 경우로 하중(W_2)은 다음과 같다.

$$\left.\begin{aligned} W_2 &= (p-d)t\sigma_t \quad ① \\ &= (b-nd)t\sigma_t \quad ② \end{aligned}\right\} \qquad (4-6)$$

이것은 리벳의 지름에 비하여 피치가 작은 경우에 발생한다.

(3) 리벳 또는 강판이 압축 파괴(압궤 : 壓潰)될 때

그림 4-7 ③과 같이 판이 압축으로 파괴되는 경우의 하중(W_3)은 다음과 같다.

$$W_3 = dt\sigma_c \qquad (4-7)$$

(4) 판의 끝이 갈라질 때

그림 4-7 ④와 같이 판 끝과 리벳 구멍 사이의 판이 절단될 때 하중(W_4)은

$$\left.\begin{aligned} W_4 &= 2et\tau_1 \\ &= 2\left(e-\frac{d}{2}\right)t\tau_1 \end{aligned}\right\} \qquad (4-8)$$

로 구하고, 일반적으로 $\tau_1 = (0.7 \sim 0.8)\sigma_t \fallingdotseq 0.8\tau$로 취한다. 이것은 판재가 주로 얇은 경우에 발생한다.

(5) 판이 절개될 때

그림 4-7 ⑤에서와 같이 판의 끝이 절개(切開) 즉, 갈라지는 경우로서, 리벳의 지름과 같은 길이의 판의 중앙에 W의 집중 하중을 받아서 판이 굽어진다고 생각할 때, 굽힘 모멘트 M은 $M = \frac{1}{8}Wd$ 이고, 단면 계수 $Z = \frac{1}{6}(e-\frac{d}{2})^2 t$ 이므로, $M = \sigma_b Z$ 의 관계식에서 하중(W_5)은 다음과 같이 된다.

$$W_5 = \frac{(2e-d)^2 t\sigma_b}{3d} \qquad (4-9)$$

이것은 판의 마진(e)이 작은 경우에 발생한다.

표 4-5는 리벳 이음의 5가지 파괴 상태에 따른 공식을 나타낸 것이다.

＊ 설계상 주의

① 위 모든 식에서 하중 W에 대하여 같은 값이 되도록 치수를 결정하여 설계하는 것이 가장 좋으나 모두 만족시킬 수는 없으므로, 보통 경험 값을 기초로 치수를 결정한다.

② 강도를 위 식에 의하여 하중을 모두 구하여 검토한 후 가장 작은 값을 하중으로 취한다.

표 4-5. 리벳 이음의 파괴 계산

	(1)	(2)	(3)	(4)	(5)
파괴	리벳이 단(單)전단 또는 복(複)전단에 의해 파괴될 때.	리벳 구멍 사이 가 파괴될 때.	판이 압축으로 파괴될 때.	판 끝과 리벳 구멍 사이에서 판이 파괴될 때.	판이 절개될 때.
형상	① 單전단 ② 複전단 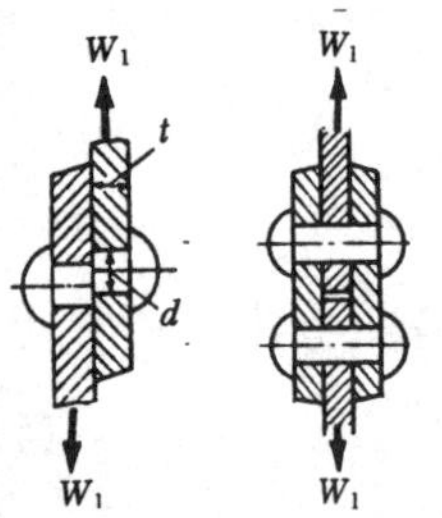	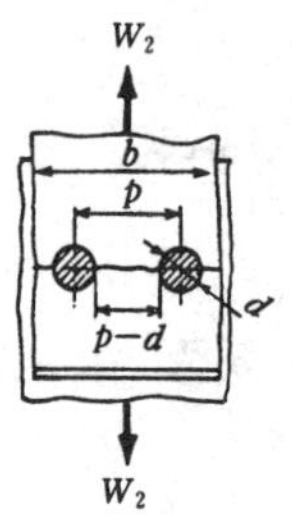	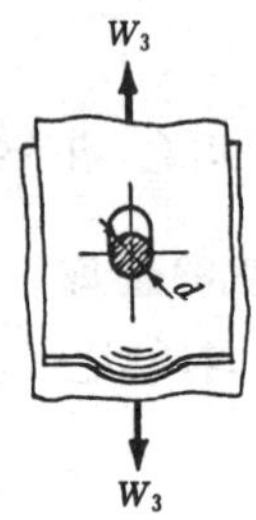	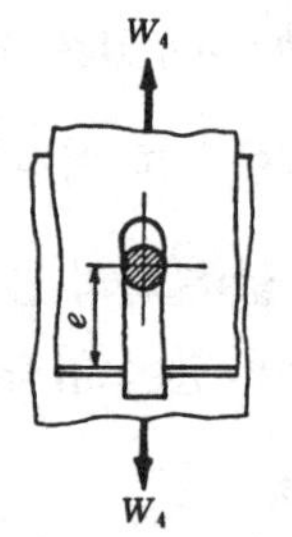	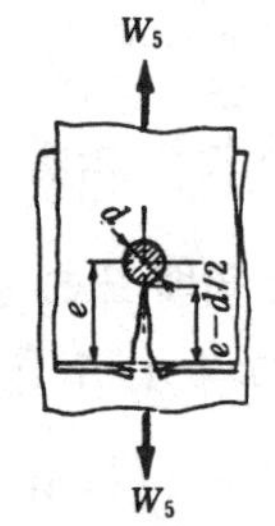
강도	$W_1=\frac{\pi}{4}d^2\tau$ ① $=\frac{\pi}{4}d^2\tau n$ ②	$W_2=(p-d)t\sigma_t$ $=(b-nd)t\sigma_t$	$W_3=td\sigma_c$	$W_4=2et\tau_1$ $=2\left(e-\frac{d}{2}\right)t\tau_1$	$W_5=\frac{(2e-d)^2t\sigma_b}{3d}$
효율	$\eta_1=\frac{W_1}{W_0}=\frac{\pi d^2\tau}{4tp\sigma_t}$	$\eta_2=\frac{W_2}{W_0}=\frac{p-d_1}{p}$	$\eta_3=\frac{W_3}{W_0}=\frac{d\sigma_c}{p\sigma_t}$	$\eta_4=\frac{W_4}{W_0}=\frac{2et\tau_1}{pt\sigma_t}$	$\eta_5=\frac{(2e-d)^2\sigma_b}{3dp\sigma_t}$

비고 W_0 : 리벳 구멍이 없는 판의 1피치당 인장 하중이다.

[3] 응 력

(1) 리벳의 전단 응력

① 단(單) 전단을받을때 : 그림 4-8 (a)와 같이 리벳 몸체의 인장에 대하여 직각으로 하중(W)을 받는 리벳의 전단 응력(τ)은 다음과 같이 구한다.

$$\tau=\frac{W}{\frac{\pi}{4}d^2} \tag{4-10}$$

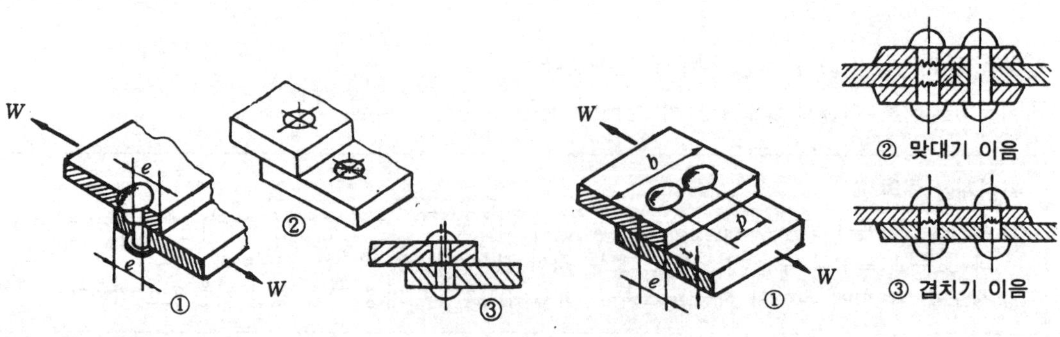

(a) 전단　　　　(b) 전단

그림 4-8. 리벳의 전단 파괴

② 복(複) 전단을 받을 때 : 그림 4−8 (b)와 같이 리벳 몸체의 전단 면적이 2배이므로, $W=\frac{\pi}{4}d^2\tau n$ 에서 $n=1.8$로 하고, 전단 응력(τ)은 다음과 같이 구한다.

$$\tau=\frac{W}{\frac{\pi}{4}d^2 n} \tag{4-11}$$

> *** 설계상 주의**
> 특별히 지정하지 않는 한 강제 리벳의 일반적인 경우 안전을 고려해서 허용 전단 응력 $\tau=$ 60~70N/mm^2 으로 한다.

(2) 판의 인장 응력

그림 4−9에서 판은 리벳 구멍 사이의 단면적이 가장 작은 곳에서 전단되므로, 판의 인장 응력(σ_t)은

$$\left.\begin{aligned}\sigma_t&=\frac{W}{(p-d)t}\\&=\frac{W}{(b-nd)t}\end{aligned}\right\} \tag{4-12}$$

로 되고, 판에는 단면적이 가장 작은 단면에 최대 인장 응력이 생긴다.

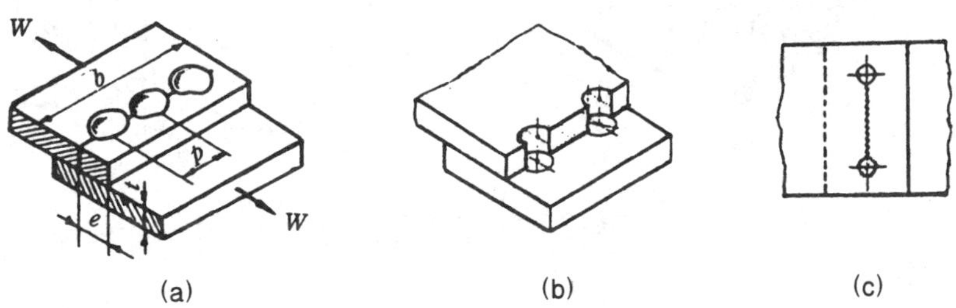

그림 4−9. 판의 인장 파괴

(3) 판의 압축 응력

그림 4−10에서 하중은 $W=dt_c$로 되므로, 판의 압축 응력(σ_c)은 다음과 같다.

$$\sigma_c=\frac{W}{td} \tag{4-13}$$

> *** 설계상 주의** : 리벳의 허용 압축 응력은 σ_c=220~280N/mm^2 정도로 취한다.

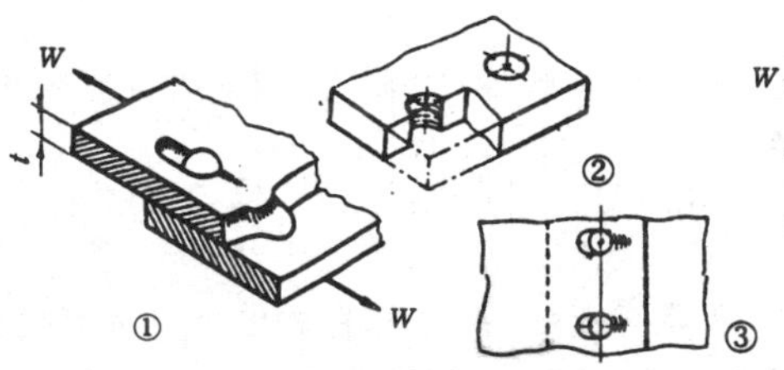

그림 4−10. 판의 압축 파괴

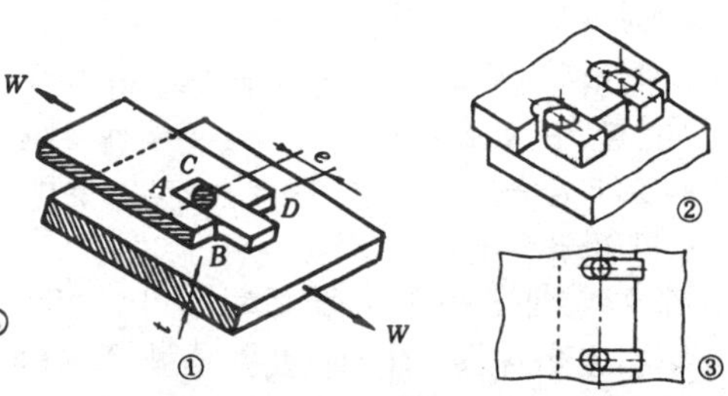

그림 4−11. 판의 전단 파괴

(4) 판의 전단 응력

그림 4−11에서 응력이 발생하는 면이 단면 AB와 단면 CD이므로, 단면적은 $2et$로 되어 $W=2et\tau_1$에서 판의 전단 응력(τ_1)은 다음과 같이 된다.

$$\tau_1=\frac{W}{2et}=\frac{W}{2\left(e-\frac{d}{2}\right)t} \tag{4-14}$$

(5) 판의 굽힘 응력

그림 4−12와 같이 리벳의 지름과 같은 길이인 판재의 중앙에 W 의 집중 하중을 받아 판재가 굽는다고 생각할 수 있다. 그림 4−12 (b)에서 $M=Wd/8$ 이고, 단면 계수 $Z=t(e-d_1/2)^2/6$ 이므로, 판의 굽힘 응력(σ_b)은 다음과 같이 된다.

$$\sigma_b=\frac{3dW}{(2e-d)^2t} \tag{4-15}$$

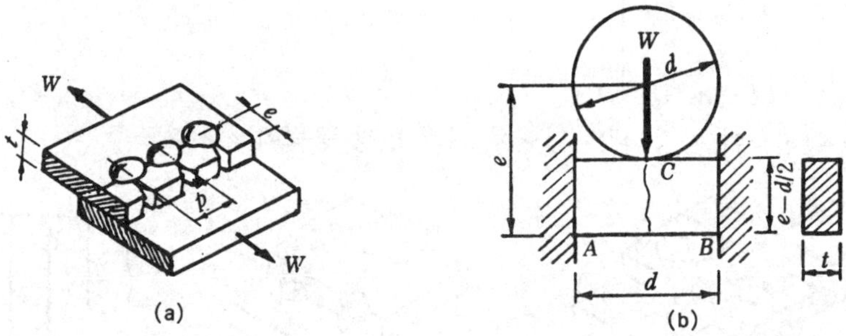

그림 4−12. 판의 굽힘 파괴

[4] 리벳의 지름

식 (4−5)와 식 (4−7)에서 리벳의 전단 저항과 판의 압축 저항을 같도록 하면, $W=\frac{\pi}{4}d^2\tau=dt\sigma_c$ 이므로, 리벳의 지름(d)은 다음과 같이 나타낼 수 있다.

$$\left.\begin{aligned} d&=\frac{4t\sigma_c}{\pi\tau}=p-\frac{W}{t\sigma_t}=\frac{W}{t\sigma_c} \quad ① \\ &=\sqrt{\frac{4W}{\pi\tau}}(\text{겹치기이음})=\sqrt{\frac{4W}{\pi\tau 1.8n}}(\text{맞대기이음}) \quad ② \end{aligned}\right\} \tag{4-16}$$

＊ 설계상 주의

(1) 리벳 이음에서 안쪽 리벳은 바깥쪽 리벳보다 작은 하중을 받기 때문에 지름이 작은 리벳으로도 사용할 수 있으나, 일반적으로 동일한 지름의 리벳을 사용한다.

(2) 리벳의 줄수를 너무 증가시키는 것은 효과가 없으므로, 일반적으로 3~4줄을 한도로 설계하는 것이 바람직하다.

(3) 위 식 ①에서 두께 t 에 대하여 리벳 지름 d 를 결정할 수 있으나, 리벳 이음을 만드는 판의 압축 응력(σ_c)은 적당한 값을 취할 수 없으므로, 실제로는 위 식 ①은 정확하지 못하고, t 에 대한 d 의 경험 값을 사용하는 경우가 많다.

[5] 리벳의 피치

리벳에 받는 전단 저항과 판이 받는 인장 저항을 같게 놓으면, 식 (4−5)와 식 (4−6)에서 $\frac{\pi}{4}d^2\tau=(p-d)t\sigma_t$ 이므로, 피치(p)는 다음과 같이 된다.

$$\left.\begin{aligned} p &= d+\frac{W}{t\sigma_t}=d+\frac{\pi d^2\tau}{4t\sigma_t} && ① \\ &= d+\frac{\pi d^2 n\tau}{4t\sigma_t}(\text{겹치기})=d+\frac{\pi d^2 1.8n\tau}{4t\sigma_t}(\text{맞대기}) && ② \end{aligned}\right\} \qquad (4-17)$$

*** 설계상 주의**

(1) 위 식에서 ②는 피치 사이의 전단면 수 n일 때에 사용한다.
(2) 맞대기 이음일 때는 리벳 1개에 대하여 전단되는 곳이 2개가 있으므로, $n=2$ 로 하여야 되나, 안전을 기하기 위하여 $n=1.8$로 한다.
(3) 위 식에서 τ 와 σ_t는 재료에 따라 적당한 값을 취할 수 있으므로, t 의 값을 알면 피치(p)를 알 수 있다.
(4) 피치(3 p)의 길이가 어느 정도 이상이 되면 리벳과 리벳 사이가 잘 결합이 되지 않게 되어 누설이 생길 염려가 있으므로, 최대 피치 $p_{\max}=2.5d$의 경험 값을 넘지 않도록 설계하여야 한다.

표 4−6은 리벳 재료의 허용 응력과 안전율(S)을 나타낸 것이다.

표 4−6. 리벳의 허용 응력과 안전율 (S)

재료(일반 구조용 압연 강재)				SS 340	SS 410	SS 500	안전율 (S)	
인장 강도 σ_t (N/mm²)				340~410	410~500	500~600	$S=\frac{\sigma_b}{\sigma_c}$	
항복점/인장 강도 (σ_c/σ_t)				5.6	5.5	5.4		
항복 응력 (σ_s)				190	225	270	평균	범위
σ_w (N/mm²)	정하중	A	저속	120 / 28	140 / 29	155 / 32	−/ 30	3~4
		B	고속	90 / 38	100 / 41	115 / 44	−/ 40	
	반복하중	A	저속	100 / 34	115 / 36	126 / 40	−/ 37	4~5
		B	고속	75 / 45	85 / 48	95 / 53	−/ 49	
	교번하중	A	저속	70 / 49	80 / 51	87 / 58	−/ 53	5~8
		B	고속	55 / 62	62 / 66	65 / 77	−/ 68	

(주) (1) σ_w는 기중기에서의 하중 상태에 대한 값이다.
(2) 허용 전단 응력 $\tau_w=0.8\sigma_w$ 리벳용 압연 강재 SBV 340, SBV 410의 τ 를 사용한다.
(3) 허용 비틀림 응력 $\sigma_{dw}=(0.56\sim0.70)\sigma_w$
(4) A는 조용한 작업의 경우, B는 충격 또는 진동이 발생할 때이다.
(5) S는 정하중일 때 $S=3\sim4$, 반복 하중일 때 $S=4\sim5$, 교번 하중일 때 $S=5\sim8$로 한다.

[6] 리벳의 수

전단 응력(τ)을 받는 경우에 위 식 (4-5)에서 **리벳의 수(n)**는 다음과 같다.

$$n=\frac{4W}{\pi d^2\tau}\ (\text{겹치기 이음})=\frac{4W}{\pi d^2\tau\times 1.8}\ (\text{맞대기 이음}) \tag{4-18}$$

[7] 판의 나비

판이 인장을 받는 경우에 위 식 (4-6)②에서 **판의 나비(b)**는 다음과 같이 된다.

$$b=\frac{W_2}{t\sigma_t}+nd \tag{4-19}$$

[8] 리벳 이음의 효율

그림 4-13과 같이 리벳 구멍 또는 노치(notch) 등이 전혀 없는 판과 리벳 이음을 한 판의 강도와의 비(ratio)를 **리벳 이음의 효율**(sfficiency of rivet joint : η)이라 한다. 이것에는 **판의 효율(η_1)**, **리벳의 효율(η_2)**, **연합 효율(η_3)**이 있다.

표 4-7은 리벳 이음의 효율 값을 나타낸다.

그림 4-13. 리벳 이음의 효율

표 4-7. 리벳 이음의 효율(η)

이음	리벳 줄 수	η(%)
겹치기	1	45~60
	2	60~75
	3	65~84
맞대기	1	55~65
	2	70~80
	3	75~88
	4	85~95

(1) 판의 효율

1피치의 나비를 기준으로 리벳 구멍이 뚫린 판과 구멍이 없는 판의 강도와의 비를 **판의 효율(η_1)**이라 한다. 즉, 구멍이 뚫린 판의 인장 강도는 $(p-d)t\sigma_t$이고, 단위 길이의 나비에 대한 구멍이 없는 판의 인장 강도는 $pt\sigma_t$이므로, 다음과 같이 나타낼 수 있다.

$$\text{판의 효율}(\eta_1)=\frac{\text{1피치내 구멍이 있는 판의 인장 강도}}{\text{1피치내 구멍이 없는 판의 인장 강도}}$$

$$=\frac{\text{리벳 구멍이 있는 판의 인장 강도(구멍있는 모재의 강도)}}{\text{리벳 구멍이 없는 판의 인장 강도(구멍없는 모재의 강도)}}$$

$$\eta_1=\frac{(p-d)t\sigma_t}{pt\sigma_t}=\frac{p-d}{p}=1-\frac{d}{p} \tag{4-20}$$

(2) 리벳의 효율

1피치의 나비를 기준으로 리벳의 전단 강도에 대한 구멍이 없는 판의 강도와의 비(ratio)를 리벳의 효율(η_2)이라 한다. 즉, 구멍이 없는 판의 강도에 대한 리벳의 전단 강도의 비(比)이다.

$$\text{리벳의 효율}(\eta_2) = \frac{\text{1피치내 리벳이 있는 전단 강도}}{\text{피치내 구멍이 없는 판의 인장 강도}} = \frac{\text{리벳의 전단 강도(리벳의 전단 강도)}}{\text{리벳 구멍 없는 판의 인장 강도(모재의 인장 강도)}}$$

$$\left.\begin{aligned} \eta_2 &= \frac{\frac{\pi}{4}d^2\tau}{pt\sigma_t} \text{(단 전단면)} \\ &= \frac{\frac{\pi}{4}d^2\tau 1.8n}{pt\sigma_t} \text{(복 전단면)} \end{aligned}\right\} \quad (4-21)$$

> *** 설계상 주의**
> η_1을 증가시키려면 p를 크게 하면 되고, η_2를 크게 하려면 p를 작게 하여야 된다.

(3) 연합 효율

그림 4-14와 같이 내측 리벳의 피치가 외측 리벳의 피치의 1/2일 때에는 외측 리벳이 전단 파괴하여 내측 리벳에서 판이 전단되는 경우가 생길 수 있다. 따라서 좌측은 리벳의 효율, 우측은 판의 효율로 각각 나타낼 수 있고, 이 두 가지를 조합한 효율을 **연합 효율**(η_3) 또는 **조합 효율**이라고도 하며, 다음과 같이 나타낸다.

$$\left.\begin{aligned} \eta_3 &= \frac{\frac{\pi}{4}d^2\tau + (p-nd)t\sigma_t}{pt\sigma_t} \\ &= \underset{\text{내측열 판의파괴}}{\frac{p-nd}{p}} + \underset{\text{외측열 리벳 전단}}{\frac{\frac{\pi}{4}d^2\tau}{pt\sigma_t}} \left(\begin{matrix}\text{한쪽 덮개판}\\ \text{[전단면 1개]}\end{matrix}\right) \\ &= \frac{p-nd}{p} + \frac{1.8\frac{\pi}{4}d^2\tau}{pt\sigma_t} \left(\begin{matrix}\text{양쪽 덮개판}\\ \text{[전단면 2개]}\end{matrix}\right) \\ &= \frac{p-nd}{p} + \frac{\eta_2}{n} \end{aligned}\right\} \quad (4-22)$$

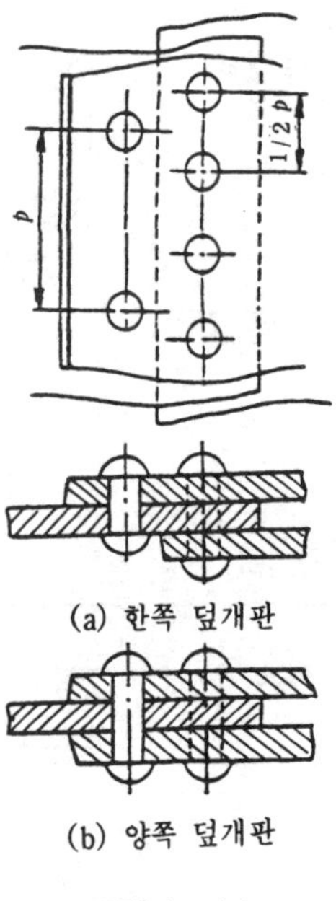

그림 4-14

이상의 효율 중 가장 낮은 효율로서, 그 리벳 이음의 효율과 강도를 결정한다.

> *** 설계상 주의**
> 일반적으로 리벳의 전단 강도(τ)는 판의 인장 강도(σ_t)의 85%로 본다.

예제 4-1 그림 4-15와 같은 리벳 이음에서 판 두께 12mm, 리벳의 지름 20mm($d_1 = 21$mm), 판의 나비 170mm일 때, 인장 하중을 구하여라. 단, 리벳의 허용 전단 응력 70MPa, 판의 허용 인장 응력 90MPa, 허용 압축 응력 220MPa이다.

Solution 각 응력에 따라 하중을 구하고, 작은 값을 선정한다.

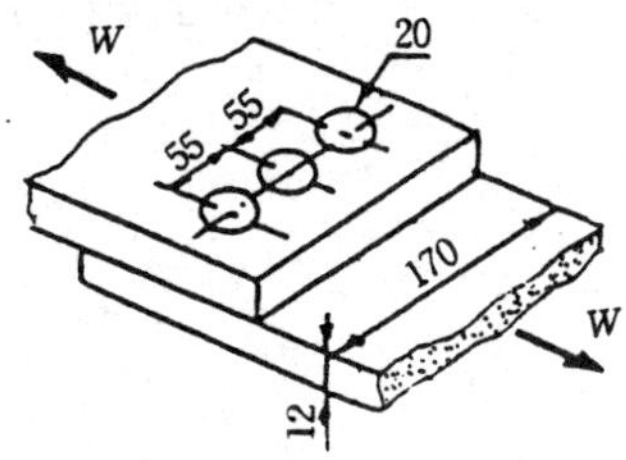

그림 4-15

(1) 리벳의 전단 강도상에서

$$W_1 = \frac{\pi}{4} d^2 \tau n = \frac{\pi}{4} \times 20^2 \times 70 \times 3$$

$$≒ 65940(\text{N}) ≒ 65.9(\text{kN})$$

(2) 판의 인장 강도상에서

$$W_2 = (b - nd_1) t \sigma_t$$

$$= (170 - 3 \times 21) \times 12 \times 90 = 115.6(\text{kN})$$

단, 판의 구멍 지름 치수가 주어지지 않았을 때는 리벳 지름(d)을 사용한다.

(3) 판 또는 리벳의 압축 강도상에서

$$W_3 = d_1 t \sigma_c n = 21 \times 12 \times 220 \times 3 = 166.3(\text{kN})$$

고로, 위 결과에서 안전한 인장 하중은 작은 값인 65.9kN으로 결정한다.

예제 4-2 1줄 겹치기 리벳 이음에서 30kN의 인장 하중을 받고, 리벳 지름 16mm, 두께 10 mm, 판 나비 70mm일 때, 다음을 구하여라. 단, 판 나비 사이에 리벳 2개가 있다.

(1) 리벳의 전단 응력(τ)

(2) 판의 인장 응력(σ_t) : (단, $d_1 = 17$mm)

Solution

(1) $$\tau = \frac{W}{\frac{\pi}{4} d^2 n} = \frac{30 \times 10^3}{\frac{\pi}{4} \times 16^2 \times 2} ≒ 150(\text{MPa})$$

(2) $$\sigma_t = \frac{W}{(b - nd_1)t} = \frac{30 \times 10^3}{(70 - 2 \times 17) \times 10} ≒ 83(\text{MPa})$$

예제 4-3 그림 4-16과 같은 리벳 이음에서 10kN의 하중을 받고, 리벳의 지름 20mm, 피치 40mm, 판 두께 10mm, 마진 30mm일 때, 다음을 구하여라.

(1) 리벳의 전단 응력(τ)

(2) 판의 인장 응력(σ_t), 전단 응력(τ_1)

Solution

(1) $$\tau = \frac{4W}{\pi d^2 n} = \frac{4 \times 10 \times 10^3}{\pi \times 20^2 \times 3} ≒ 10.6(\text{MPa})$$

(2) $$\sigma_t = \frac{W}{(p - d)tn} = \frac{10 \times 10^3}{(40 - 20) \times 10 \times 3}$$

$$= 16.7(\text{MPa})$$

$$\tau_1 = \frac{W}{2et} = \frac{10 \times 10^3}{2 \times 30 \times 10} = 16.7(\text{MPa})$$

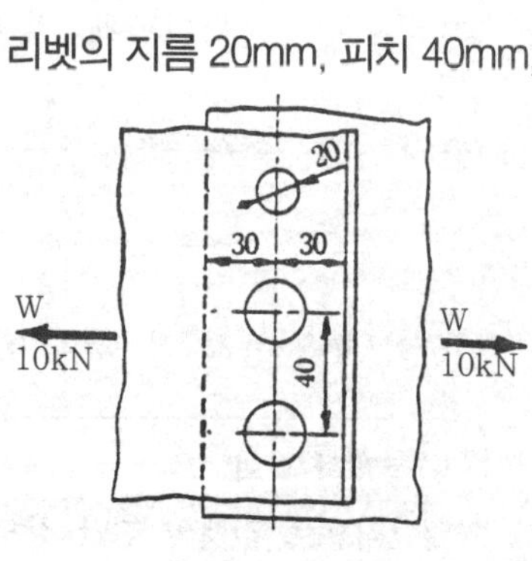

그림 4-16

예제 4－4 겹치기 리벳 이음(2개의 리벳으로 연결)에서 리벳 지름 19mm, 판 두께 12mm일 때, (1) 판의 나비(b), (2) 피치(p)를 구하여라. 단, 리벳의 허용 전단 응력 35MPa, 판의 허용 인장 응력 80MPa이다.

Solution

(1) $W=\frac{\pi}{4}d^2\tau n=\frac{\pi}{4}\times 19^2\times 35\times 2 \fallingdotseq 19.8(\text{kN})$

$\therefore\ b=\frac{W}{t\sigma_t}+nd=\frac{19.8\times 10^3}{12\times 80}+2\times 19 \fallingdotseq 60(\text{mm})$

(2) $p = d+\frac{W}{t\sigma_t} = 19+\frac{19.8\times 10^3}{12\times 80} \fallingdotseq 40(\text{mm})$

예제 4－5 그림 4－17에서 6kN의 하중을 받는 리벳 이음에서 리벳 지름 16mm(구멍 지름 17 mm), 판 두께 10mm, 판 나비 60mm, 마진 25mm일 때, 리벳의 전단 응력(τ), 판 의 인장 응력(σ_t), 압축 응력(σ_c), 전단 응력(τ_1), 굽힘 응력(σ_b)을 구하여라.

Solution

$\tau=\frac{4W}{\pi d^2 n}=\frac{4\times 6000}{\pi\times 16^2\times 2}=14.9(\text{MPa})$

$\sigma_t=\frac{W}{(b-d_1)t}=\frac{6000}{(60-17)\times 10}$

$=14(\text{MPa})$

$\sigma_c=\frac{W}{d_1 tn}=\frac{6000}{17\times 10\times 2}=17.6(\text{MPa})$

$\tau_1=\frac{W}{2et}=\frac{6000}{21\times 25\times 10}=12\ (\text{MPa})$

$\sigma_b=\frac{3d_1W}{(2e-d_1)^2 t}=\frac{3\times 17\times 6000}{(2\times 25-17)^2\times 10}=28(\text{MPa})$

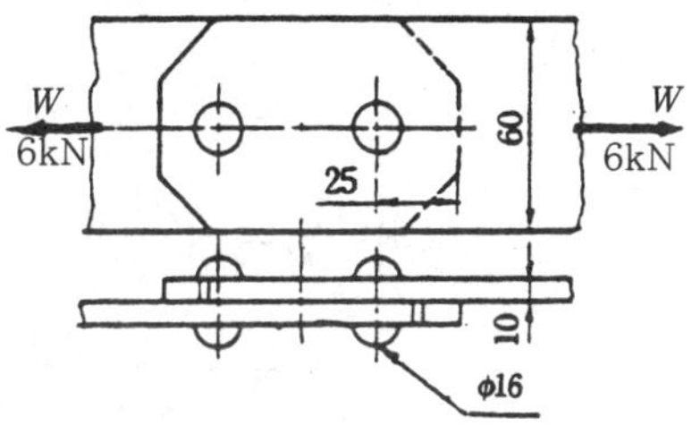

그림 4－17

예제 4－6 20kN의 하중을 받는 2줄 겹치기 리벳 이음에서 판 두께 18mm, 리벳의 지름 20mm일 때, 리벳의 효율을 구하여라. 단, 판의 효율 60%, 리벳의 전단 응력 35 MPa이다.

Solution

$\eta=1-\frac{d}{p}$ 에서

$p=\frac{d}{1-\eta}=\frac{20}{1-0.6}=50(\text{mm})$

$\sigma_t=\frac{W}{(p-d)t}=\frac{20\times 10^3}{(50-20)\times 18}\fallingdotseq 36(\text{MPa})$

$\therefore\ \eta_2=\frac{\pi d^2\tau n}{4pt\sigma_t}=\frac{\pi\times 20^2\times 35\times 2}{4\times 50\times 18\times 36}=0.68=68(\%)$

예제 4－7 그림 4－18와 같은 리벳 이음에서 리벳 지름 12mm, 판 두께 7mm일 때, 1줄 겹치기 이음과 1줄 맞대기 이음으로 구별하여 다음을 구하여라. 단, 리벳의 허용 전단 응력 70MPa, 판의 허용 인장 응력 80MPa이다.

(1) 피치(p)　　(2) 판의 효율(η_1)

(3) 리벳의 효율(η_2)

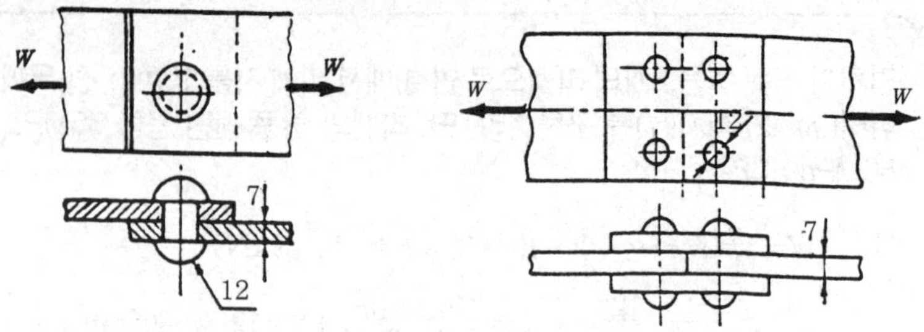

(a) 1줄 겹치기 (b) 1줄 맞대기

그림 4-18

Solution

(1) $p = d + \dfrac{\pi d^2 \tau n}{4t\sigma_t} = 12 + \dfrac{\pi \times 12^2 \times 70 \times 1}{4 \times 7 \times 80} = 26(\text{mm})$ [1줄 겹치기]

$= 12 + \dfrac{\pi \times 12^2 \times 70 \times 1.8}{4 \times 7 \times 80} = 38(\text{mm})$[1줄 맞대기]

(2) $\eta_1 = 1 - \dfrac{d}{p} = 1 - \dfrac{12}{26} = 0.5 = 50(\%)$[1줄 겹치기]

$= 1 - \dfrac{12}{38} = 0.685 = 68.5(\%)$[1줄 맞대기]

(3) $\eta_2 = \dfrac{\pi d^2 \tau n}{4\, tp\sigma_t} = \dfrac{\pi \times 12^2 \times 70 \times 1}{4 \times 7 \times 26 \times 80} = 0.543 = 54.3(\%)$[1줄 겹치기]

$= \dfrac{\pi \times 12^2 \times 70 \times 1.8}{4 \times 7 \times 38 \times 80} = 0.669 = 66.9(\%)$[1줄 맞대기]

예제 4-8 그림 4-19의 리벳 이음에서 리벳의 지름 19mm(구멍 지름 20mm), 판 두께 12mm일 때, (1)판 나비, (2) 판과 리벳의 효율을 구하여라. 단, 리벳의 허용 전단 응력 35MPa, 판의 허용 인장 응력 80MPa이다.

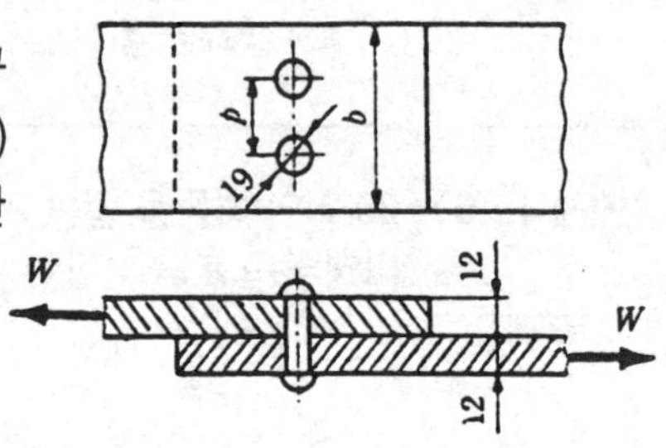

그림 4-19

Solution

(1) $W = \dfrac{\pi}{4} d^2 \tau n = \dfrac{\pi}{4} \times 19^2 \times 35 \times 2$

$= 19840(\text{N}) \fallingdotseq 20(\text{kN})$

$\therefore\ b = \dfrac{W}{t\sigma_t} + n\, d_1 = \dfrac{20 \times 10^3}{12 \times 80} + 2 \times 20 = 60.8 \fallingdotseq 62(\text{mm})$

(2) $p = d_1 + \dfrac{W}{t\sigma_t} = 20 + \dfrac{20 \times 10^3}{12 \times 80} = 40.6 \fallingdotseq 42(\text{mm})$

[또는 $p = d_1 + \dfrac{\pi d^2 \tau n}{4t\sigma_t} = 20 + \dfrac{\pi \times 19^2 \times 35 \times 2}{4 \times 12 \times 80} \fallingdotseq 42(\text{mm})$]

$\therefore\ \eta_1 = 1 - \dfrac{d_1}{p} = 1 - \dfrac{20}{42} = 0.524 = 52.4(\%)$

$\eta_2 = \dfrac{\dfrac{\pi}{4} d^2 \tau n}{tp\sigma_t} = \dfrac{\dfrac{\pi}{4} \times 19^2 \times 35 \times 1}{12 \times 42 \times 80} = 0.245 = 24.5(\%)$

2. 보일러용 리벳 이음

기밀과 강도를 동시에 만족해야 하는 증기 보일러(steam boiler) 용기와 압력 용기(pressure tank)의 리벳 이음이 여기에 해당한다.

보일러용 리벳 이음의 설계는 그림 4−20과 같이 보일러 동체(boiler shell)가 내부 압력을 받을 때, 파괴는 가로 단면과 세로 단면에 일어나는 2가지로 설계한다.

(1) 인장 응력

① **원주 이음일 때** : 그림 4−20과 같이 보일러 동체의 축에 직각인 횡단면에 작용하 는 힘을 생각하면 판의 세로 단면적은 πDt 이고, 여기에 작용하는 힘은 $\frac{\pi}{4}D^2p$ 이므로, 판의 인장 응력(σ_t')은 다음과 같다.

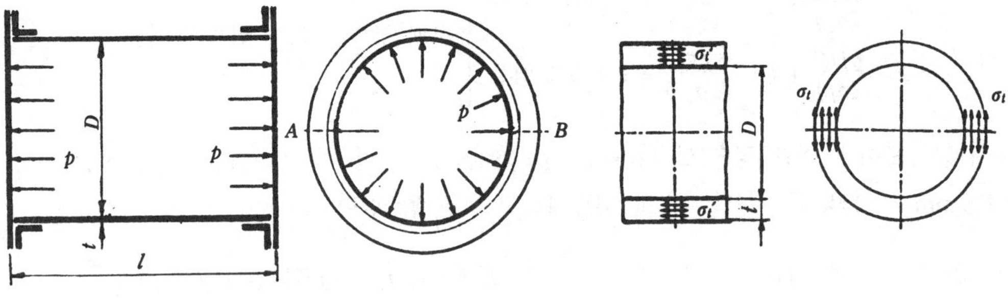

그림 4−20. 보일러의 리벳 이음 강도

t : 판의 두께(mm), D : 보일러의 안지름(mm)
p : 최고 사용 압력(N/mm^2), σ_t' : 판의 인장 강도(N/mm^2)일 때

$$\sigma_t' = \frac{\frac{\pi}{4}D^2p}{\pi Dt} = \frac{pD}{4t} \qquad (4-23)$$

② **세로(길이) 이음일 때** : 그림 4−22의 세로 단면 AB선에서 상하로 파괴될 때의 강도를 계산하면 압력의 반원주의 전체 압력은 pDl 이 되고, 같은 세로 단면에서의 판은 이 힘과 저항하므로, 좌우의 판 절단 면적은 $2tl$ 이 되어 저항력은 $2tl\sigma_t$가 된다. 고로 $pDl=2tl\sigma_t$로 되어 판의 인장 응력(σ_t)은 다음과 같이 된다.

$$\sigma_t = \frac{pDl}{2tl} = \frac{pD}{2t} \qquad (4-24)$$

＊ 설계상 주의

위 ①, ②항의 관계에서 원주 이음은 세로 이음에 비하여 1/2로 되어, 세로 이음은 원주 이음의 2배인 하중을 받으므로 강하게 만들어야 하고, 설계할 때는 세로 이음의 경우에 대하여만 계산한다.

(2) 보일러 몸통 판의 두께

판 두께 t는 식 (4-24)에 의하여 $t=\dfrac{pD}{2\sigma_t}$로 된다. 그러나 실제로는 리벳 구멍이 없는 압력 용기에는 안전율(S)을 고려하고, 리벳 구멍이 있는 압력 용기에는 안전율과 판의 효율을 고려한 후, 판의 부식 여유량(C)을 추가하여 판의 두께(t)를 구한다.

σ_t : 허용 응력(N/mm² : 표 4-1), σ_w : 허용 인장 응력(N/mm²)

S : 안전율(표 4-12), η : 리벳 이음의 효율(%)일 때

$$\left.\begin{aligned} t &= \frac{pDS}{4\sigma_t}+C=p\frac{D}{4\sigma_w}+C\ (\text{원주 이음}) \\ &= \frac{pDS}{2\sigma_t}+C=\frac{pD}{2\sigma_w}+C\ (\text{세로 이음}) \end{aligned}\right\}(\text{리벳 구멍이 없는 압력 용기}) \qquad (4-25)$$

$$\left.\begin{aligned} t &= \frac{pDS}{4\sigma_t\eta}+C=\frac{pD}{4\sigma_w\eta}+C\ (\text{원주 이음}) \\ &= \frac{pDS}{2\sigma_t\eta}+C=\frac{pD}{2\sigma_w\eta}+C\ (\text{세로 이음}) \end{aligned}\right\}(\text{리벳 구멍이 있는 압력 용기}) \qquad (4-26)$$

위 식에서 부식에 대한 정수 C 의 값은 $p<280\,\text{N/cm}^2$ 일 때 $C=1\,\text{mm}$, $p>280\,\text{N/cm}^2$일 때 $C=2.5\,\text{mm}$로 하고, 그 외에는 표 4-8과 표 4-9를 참조한다.

표 4-8. C의 값 (1)

조건	C(mm)
육상 보일러일 때	1
선박용 보일러일 때	1.5
화학약품 용기일 때	1~7

표 4-9. C의 값 (2) (길이 방향일 때)

1피치 내의 리벳 수	겹치기 리벳 이음	양쪽 덮개판 맞대기 리벳 이용
1	1.30	1.75
2	2.60	3.50
3	3.45	4.60
4	4.15	6.50
5	−	6.00

표 4-10. 보일러용 재료의 허용 응력(KS D 3560)

재료	응력	허용 응력 σ_t (N/mm²)						
		온도℃ / 재료	350	370	400	425	450	475
판	인 장	SB 350	88	84	77	67	54	39
		SB 420	105	99	90	77	58	40
		SB 490	115	108	97	82	59	40
	압 축	허용 인장 응력과 동일		전 단	허용 인장 응력의 85%			
리 벳	전 단	리벳 재료의 인장 응력의 21%, 인장 응력이 불명확할 때는 70N/mm²						
	면 압	리벳 재료에 대한 인장 응력의 38%(인장 응력×1.8×1/4)						

표 4-10을 보일러 판과 리벳 재료의 허용 응력, 표 4-11은 안전율(S)이다.

표 4-11. 보일러 동판의 안전율(S)

작업 \ 형식	겹치기 이음	맞대기 이음		
		한쪽 덮개판	양쪽 덮개판	
			2줄, 바깥쪽 덮개판 1줄	2줄 이상
손 리벳 작업	4.75	4.75	4.35	4.25
기계 리벳 작업	4.50	4.50	4.10	4.00

＊ 설계상 주의

① 판의 인장 강도는 인장 강도 σ_t와 안전율 S로 정하여지는 허용 인장 응력 σ_w 보다 크면 안되므로 $\sigma_w \leqq \sigma_t/S$로 구한다.

② 리벳 전단 응력은 판 인장 응력의 85%로 보고, 효율 중 가장 작은 값을 취한다.

③ 같은 리벳의 지름에 판 두께가 여러 개일 때에는 두꺼운 것에 대한 효율 중에서 최소의 값을 취한다.

④ 이음 중 복(複) 단면의 강도는 단 전단면에 대하여 1.8배의 강도를 갖게 한다.

(3) 사용 압력

$$p = \frac{2\sigma_t \eta}{DS}(t - c) \qquad (4-27)$$

(4) 피 치

① 보일러용 판 : 일반적으로 사용되는 피치(p)는 다음과 같이 구한다.

a. 겹치기 이음일 때

$$\left.\begin{array}{l} \left.\begin{array}{l} p = 2d + 8(\text{mm})(1\text{열}) \\ \;\; = 2.6d + 15(\text{mm})(2\text{열}) \end{array}\right\}(\text{평행형}) \\ \left.\begin{array}{l} \;\; = 2.6d + 10(\text{mm})(2\text{열}) \\ \;\; = 3d + 22(\text{mm})(3\text{열}) \end{array}\right\}(\text{지그재그형}) \end{array}\right\} \qquad (4-28)$$

b. 양쪽 덮개판일 때

$$\left.\begin{array}{l} p = 3.5d + 15(\text{mm})(1\text{열})(\text{평행형}) \\ \;\; = 5d + 15(\text{mm})(2\text{열})(\text{평행형}) \\ \;\; = 6d + 20(\text{mm})\ (3\text{열})(\text{지그재그형}) \end{array}\right\} \qquad (4-29)$$

c. 최대 및 최소 피치 : 피치는 리벳 이음 효율에 영향을 미치고, 너무 크면 증기 누설이 염려되므로, 최대 피치(p_{max})와 최소 피치(p_{min})는 다음과 같다.

p_{max} : 최대 피치(mm), p_{min} : 최소 피치(mm), C : 상수(표 4-7)일 때

$$\left.\begin{array}{l} p_{max} \leqq Ct + 42\,\text{mm}(\text{길이 이음}) \leqq 2.6t + 42\,\text{mm}(\text{원주 이음}) \\ p_{min} \geqq 2.5d \end{array}\right\} \qquad (4-30)$$

② 저압용 가스 용기

$$\left.\begin{array}{l} p=(3\sim3.5)d\,(\text{기름이 새지 않을 정도}) \\ \quad=(4\sim4.5)d\,(\text{물이 새지 않을 정도})\ =6d\,(\text{연돌 배기관용}) \end{array}\right\} \qquad (4-31)$$

표 4-13. 보일러용 겹치기 이음의 형상 및 치수

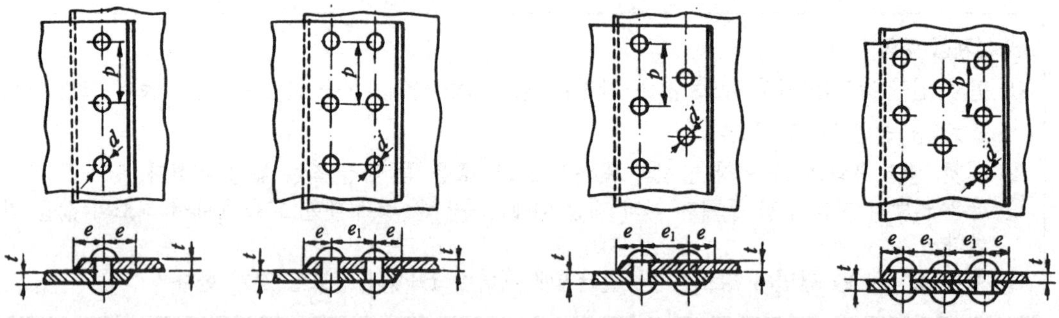

(1) 겹치기 1열 이음 (2) 겹치기 2열 이음(병열) (3) 겹치기 2열 이음(지그재그형) (4) 겹치기 3열 이음

리벳 지름	판 두께	마진	1열 피치	2열(지그재그형)		3열	
d	t	e	p	피치 p	e_1	피치 p	e_1
13	7	21	36	51	31	64	32
16	8~13	26	42	59	35	73	37
19	11~13	30	48	67	40	82	41
22	14~16	35	54	75	45	91	46
25	17~20	40	61	84	50	101	51
28	21~23	44	67	92	55	110	55
30	24~26	47	71	97	58	116	58
32	27~29	50	75	102	61	122	61
34	30~32	53	79	107	64	128	64
36	33~34	56	83	112	67	134	67
38	35~37	59	87	118	71	140	70
40	38~40	62	91	123	74	147	74

<table>
<tr><th>그림</th><th>d</th><th>p</th><th>e</th><th>dd_1</th><th colspan="2">η</th></tr>
<tr><td>(1)</td><td rowspan="4">① $\sqrt{50t}-4$
② $t+8$</td><td>$2d+8$</td><td>$1.5d$</td><td></td><td rowspan="4">$\eta_1=\dfrac{(p-d)}{p}$</td><td>$\eta_2=\dfrac{\pi d^2\tau}{4pt\sigma_t}$</td></tr>
<tr><td>(2)</td><td>$2.6d+25$</td><td>$1.5d$</td><td>$0.6p$</td><td rowspan="2">$\eta_2=\dfrac{2\times(\pi d^2\tau/4)}{pt\sigma_t}$</td></tr>
<tr><td>(3)</td><td>$2.6d+10$</td><td>$1.5d$</td><td>$0.8p$</td></tr>
<tr><td>(4)</td><td>$3d+22$</td><td>$1.5d$</td><td>$0.8p$</td><td>$\eta_2=\dfrac{3\times(\pi d^2\tau/4)}{pt}\sigma_t$</td></tr>
</table>

비고 식 ①은 바하(Bach)의 식, 식 ②는 버블(Bubbel)의 식이다.

표 4－14. 보일러용 맞대기 이음의 형상 및 치수

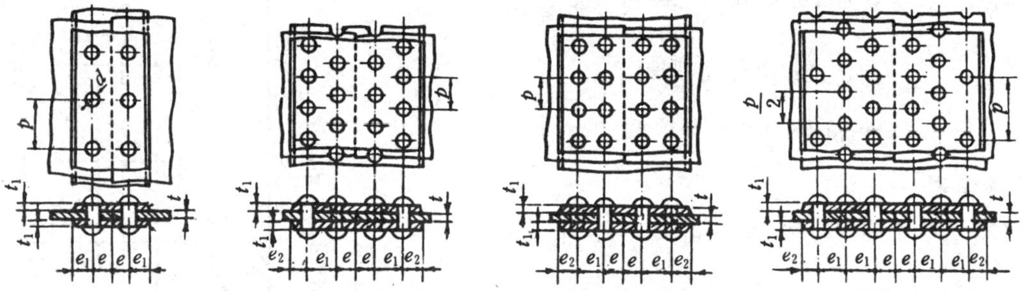

(1) 맞대기 1열 이음　(2) 맞대기 2열 이음　(3) 맞대기 2열 이음　(4) 맞대기 3열 이음

리벳 지름 d	e	2열(지그재그형)			2열(병열)			3열		
		두께 t	피치 p	e_1	두께 t	피치 p	e_1	두께 t	피치 p	e_1
10	—	—	—	—	—	—	—	7	86	32
13	21	7~9	64	32	7~9	85	34	8~10	104	39
16	26	10~12	75	38	10~12	100	40	11~13	122	46
19	30	13~15	85	43	13~15	115	46	14~16	140	53
22	35	16~18	96	48	16~18	130	52	17~20	158	59
25	40	19~23	108	54	19~23	148	59	21~24	179	67
28	44	24~26	118	59	24~26	163	65	25~28	197	74
30	47	27~29	125	63	27~29	173	69	29~31	209	78
32	50	30~32	132	66	30~32	183	73	32~34	221	83
34	53	33~23	139	70	33~34	193	77	35	233	87
36	56	35~37	146	73	35~37	203	81	36~38	245	92
38	59	38~40	153	77	38~40	213	85	39~40	257	96

그림	d	p	e	e_1	e_2	t_1	η	비고
(1) (2)	① $\sqrt{50}t-5$ ② $t+6$	$3.5d+15$	$1.5d$	$0.5p$	$0.9e$	$(0.6\sim0.7)t$	$\eta_1=(p-d)/p$ $\eta_2=\dfrac{3\times1.8\pi d^2\tau}{4pt\sigma_t}$	각 열의 피치가 동일할 때.
(3)	① $\sqrt{50}t-6$ ② $t+5.5$	$5d+15$		$0.4p$	$0.9e$		$\eta_1=(p-d)/p$ $\eta_2=\dfrac{3\times1.8\pi d^2\tau}{4pt\sigma_t}$ $\eta_3=\dfrac{p-2d}{p}+\dfrac{1.8\pi d^2\tau}{4pt\sigma_t}$	외측 열 리벳의 피치가 내측열 리벳 피치의 2배일 때.
(4)	① $\sqrt{50}t-7$ ② $t+5$	$6d+20$		$0.38p$	$0.9e$	$0.8t$	$\eta_1=(p-d)/p$ $\eta_2=\dfrac{4\times1.8\pi d^2\tau}{4pt\sigma_t}$ $\eta_3=\dfrac{p-2d}{p}+\dfrac{1.8\pi d^2\tau}{4pt\sigma_t}$	양쪽 맞대기의 나비가 다를 때.

비고 η_3 : 판이 중앙 리벳 열에 의해 절단하여 외측 열 리벳이 전단될 때.

(5) 덮개판의 두께

한쪽과 양쪽 덮개판의 두께(t_1)는 다음과 같다.

$$\left.\begin{aligned} t_1 &= 1.25t\ (\text{한쪽 덮개판}) \\ &= (0.6\sim0.8)t\ (\text{양쪽 덮개판}) \end{aligned}\right\} \quad (4-32)$$

(6) 뒤 피치

리벳 열의 간격 즉, 뒤 피치(e_1)는 다음과 같다.

$$\left.\begin{aligned} &\left.\begin{aligned} e_1 &\geq 2d\ (\text{길이 이음}) \\ &\leq 1.75d\ (\text{원주 이음}) \end{aligned}\right\}(p/d\leq 4\text{일 때}) \\ &\geq 2d+0.1(p-4d)\ :\ (p/d\geq 4\text{일 때}) \end{aligned}\right\} \quad (4-33)$$

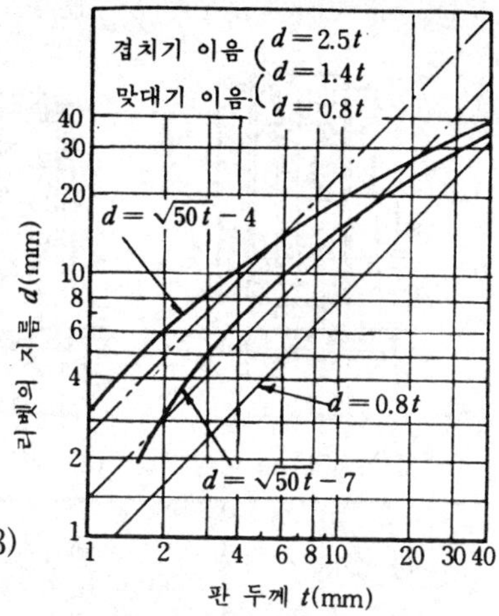

그림 4-21. 리벳 지름의 실험식

(7) 리벳의 지름

$$\left.\begin{aligned} d &= (2.5\sim1.3)t\ (\text{겹치기 리벳이음}) \\ &= (1.4\sim0.8)t\ (\text{맞대기 리벳이음}) \end{aligned}\right\} \quad (4-33)$$

판 두께의 최대 치수를 40mm 정도로 놓고, 위 식들을 만족시키는 값을 실험 지름(d : 그림 4-21) 식으로 나타내면 다음과 같다.

$$\left.\begin{aligned} d &= \sqrt{50t}-4\ (\text{mm})\ (1\sim3\text{줄})\quad (\text{겹치기 이음}) \\ &\left.\begin{aligned} &= \sqrt{50t}-5\ (\text{mm})\ (1\text{줄}) \\ &= \sqrt{50t}-6\ (\text{mm})\ (2\text{줄}) \\ &= \sqrt{50t}-7\ (\text{mm})\ (3\text{줄}) \end{aligned}\right\}(\text{맞대기 이음}) \end{aligned}\right\} \quad (4-35)$$

> *** 설계상 주의**
>
> ① 리벳의 잔류 응력이 비례 한도 내에 존재하도록 길이 $l\leq 3d$로 하면 $l=2t$, $l=2.4t$의 범위에서 $d\geq 0.8t$가 된다.
>
> ② 리벳의 잔류 응력이 비례 한도 내에 있도록 $l\leq 3d$로 하면 $l=2t$, $l=2.4t$의 범위에서 $d_1\geq 0.8t$가 얻어진다.

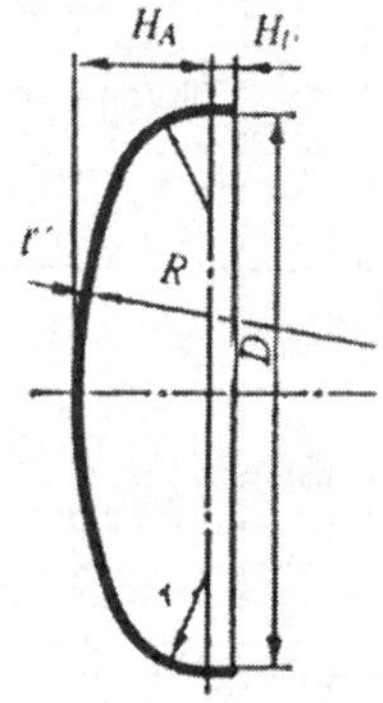

그림 4-22. 경판

(8) 경 판

압력 원통의 양 끝에 만들어진 강판을 경판(鏡板 : end plate : 그림 4-22) 또는 끝판이라 한다. 종류에는 평면형, 접시형, 반타원형, 전반구형(全半球形)의 4가지가 있다.

(9) 보일러용 리벳 이음의 선정

보일러용 이음의 선정은 일반적으로 길이 방향의 단위 길이에 작용하는 압력 p로 결정하고, 단위 길이에 작용하는 힘을 기준으로 하여 다음과 같은 선정 조건에 따른다.

① 표 4－15에서 압력 p(N/cm²)와 보일러 몸통의 지름 D(cm)의 곱 pD(N/cm) 값을 기준으로 하여 그 값이 큰 물체일수록 복잡한 구조를 선정하는 것이 좋다.

② 길이 방향 이음에 대하여는 다음의 조건 아래에서 선정하는 것이 좋다.

a. 한쪽 덮개 판 맞대기 이음은 사용하지 않는다.

b. $D>1000$mm인 경우에는 겹치기 이음은 사용하지 않는다.

c. $D<1000$mm, $p<70$N/cm²인 경우에는 겹치기 이음을 해도 좋다.

표 4－15. 보일러용 리벳 이음의 선정 기준

이음의 종류		pD (N/cm)		효율(%)
		길이 방향 이음	원주 방향 이음	
겹치기 이음	1열(A)	10 000 이하	20 000 이하	32~52
	2열(B)	8 000~19 000	16 000~35 000	45~75
	3열(C)	14 000~27 000	28 000~54 000	60~80
양쪽 맞대기 이음	2열(D)	13 000~27 000	30 000~60 000	64~84
	3열(E)	22 000~28 000	34 000~64 000	72~88
	4열(F)	35 000~64 000	52 000~92 000	80~90

＊ 설계상 주의

보일러 이음의 구조는 몸통 안지름 500mm 이하, 제한 압력 50 N/cm² 이하일 때는 세로 이음 1줄, 이상일 때는 2줄 또는 3줄 이음을 사용한다.

예제 4－9 용기의 안지름 1.5m인 양쪽 덮개판 2열 맞대기 리벳 이음으로 된 보일러 용기 이음에서 리벳의 지름 19mm, 판 두께 14mm일 때, 다음을 구하여라. 단, 리벳의 허용 전단 응력 70MPa, 판의 허용 인장 응력 120MPa이다.

(1) 판이 파괴될 때의 하중(W)　　(2) 사용 증기 압력(p)

Solution

(1) $p=d+\dfrac{1.8n\pi d^2\tau}{4t\sigma_t}$

$$=19+\frac{1.8\times2\times\pi\times19^2\times70}{4\times14\times120}=61.5\fallingdotseq62\,(\text{mm})$$

$$\therefore\ W=(p-d)t\sigma_t=(62-19)\times14\times120\fallingdotseq72(\text{kN})$$

(2) $\eta_1=1-\dfrac{d}{p}=1-\dfrac{19}{62}=0.693=69.3(\%)$

$$\therefore\ p=\frac{2(t-C)\sigma_t\eta_1}{D}=\frac{2\times(14-1)\times120\times0.693}{1500}=1.4(\text{MPa})$$

예제 4-10 안지름 500mm, 압력 100N/cm²을 받는 보일러용 리벳 이음에서 판의 두께를 구하여라. 단, 판의 인장 강도 350N/cm², 안전율 5, 이음 효율 60%이다.

Solution

$$\sigma_a = \frac{\sigma_t}{S} = \frac{350}{5} = 70(\text{N/cm}^2)$$

부식을 고려할 때는 압력 $100\text{N/cm}^2 < 280\text{N/cm}^2$이므로 $C=1\text{mm}$

$$\therefore\ t = \frac{pD}{2\sigma_a\eta} + C = \frac{100\times50}{2\times70\times0.6} + 1 \fallingdotseq 60.5(\text{mm})$$

예제 4-11 내압 160N/cm²을 받는 안지름 1m인 보일러 1줄 겹치기 리벳 이음에 대한 다음 을 구하여라. 단, 원통 재료의 허용 응력 80MPa이다.

(1) 판에 받는 압축 하중(W)　　(2) 리벳 이음의 피치(p)
(3) 리벳에 생기는 전단 응력(τ)　　(4) 리벳 이음의 효율(η)

Solution

(1) $t = \frac{pD}{2\sigma_t} = \frac{1.6\times1000}{2\times80} = 10(\text{mm})$

$d = \sqrt{50t} - 4 = \sqrt{50\times10} - 4 = 18.4 \fallingdotseq 19(\text{mm})$

$\therefore\ W = d\,t\sigma_c = 19\times10\times80 = 15200(\text{N})$

(2) $p = d + \frac{W}{t\sigma_t} = 19 + \frac{15200}{10\times80} = 38(\text{mm})$

(3) $\tau = \frac{4W}{\pi d^2} = \frac{4\times15200}{\pi\times19^2} = 53.6(\text{MPa})$

(4) $\eta = 1 - \frac{d}{p} = 1 - \frac{19}{38} = 0.5 = 50\ (\%)$

예제 4-12 안지름 500mm, 압력 120N/cm²인 보일러 용기(1줄 맞대기 이음)에 대하여 다음 을 구하여라. 단, 판의 인장 강도 350MPa, 리벳의 전단 강도 270MPa, 리벳의 허용 응력 74MPa, 이음 효율 60%, $S=4.75$이다.

(1) 판 두께(t)　　(2) 리벳 지름(d)
(3) 리벳 피치(p)　　(4) 판과 리벳의 효율(η_1, η_2)

Solution

(1) $t = \frac{pDS}{2\sigma_w\eta} + c = \frac{1.2\times500\times4.75}{2\times350\times0.6} + 1 \fallingdotseq 7(\text{mm})$

(2) $d = \sqrt{50t} - 6 = \sqrt{50\times7} - 6 = 12.7 \div 13(\text{mm})$

(3) 보일러용일 때 양쪽 덮개판 평행형으로 보고 식 (4-28)에서

$$p = 3.5d + 15 = 3.5\times13 + 15 = 60.5 \fallingdotseq 61\ (\text{mm})$$

(4) $\eta_1 = 1 - \frac{d}{p} = 1 - \frac{13}{61} = 0.787 \fallingdotseq 78.7(\%)$

$$\eta_2 = \frac{\pi d^2(\tau/S)1.8n}{4tp\sigma_t} = \frac{\pi\times13^2\times(270/4.75)\times1.8\times2}{4\times7\times61\times74} = 0.859 = 85.9(\%)$$

3. 구조용 리벳 이음

교량, 건축물, 크레인(craine) 등과 같이 일반적으로 대형인 구조물이기 때문에 힘에 대한 강도가 주목적이므로 피치를 자유로 선택하여 리벳을 사용하여 설계한다.

(1) 하 중

구조용 리벳 이음에 작용하는 힘은 리벳의 개수 n일 때, 판의 인장력과 리벳의 전단력 및 판의 압축력을 고려한 하중(W)은 다음과 같이 구한다.

$$\left.\begin{aligned} W &= \frac{\pi}{4} d^2 \sigma_t n \text{ (판의 인장을 고려할때) ①} \\ &= \frac{\pi}{4} d^2 \tau n \text{ (리벳의 전단을 고려할때) ②} \\ &= d t \sigma_c n \text{ (판의 압축을 고려할때) ③} \end{aligned}\right\} \quad (4-35)$$

> *** 설계상 주의**
> 구조물에 대한 전단 강도는 인장 강도의 약 0.8배이며, 압축 강도 σ_c는 전단 강도의 약 2.5배로 한다.

(2) 리벳의 지름

구조용 리벳의 지름(d)은 일반적으로 다음의 경험식을 사용한다.

$$d = \sqrt{50t} - 2 \text{ (mm)} \quad (4-36)$$

> *** 설계상 주의**
> 구조용 리벳의 지름은 보일러용 리벳 이음보다 지름이 일반적으로 커서 약 10~16mm의 것이 사용되나, 일반적으로 16~25mm의 것이 많이 사용된다.

(3) 피치 : (그림 4-23 참조)

$$\left.\begin{aligned} & p = \frac{\pi d^2}{4t} + d \\ & \quad = (2.5 \sim 3.5)d \end{aligned}\right\} \text{[1열 리벳]}$$

$$\left.\begin{aligned} & p_1 = 2.5\frac{\pi d^2}{4t} + d \\ & p_2 = 1.25\frac{\pi d^2}{4t} + d \end{aligned}\right\} \text{[2열 리벳 (지그재그형)]} \quad (4-37)$$

$$\left.\begin{aligned} & p \geq 2.5d \\ & p_1 \geq (2.5 \sim 3.5)d \end{aligned}\right\} \text{[2열 리벳 (병열형)]}$$

> *** 설계상 주의**
> 피치는 자유로 선택하고, 주로 힘을 고려하여 필요한 만큼의 리벳을 사용한다.

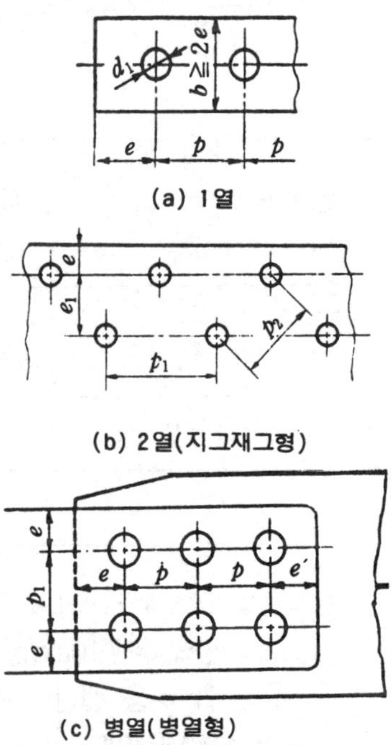

그림 2-23. 구조용 리벳 이음

(4) 마 진

판의 가장 자리로부터 리벳의 중심까지의 거리 즉, 마진(e)과 그림 4－22에서 e_1, e' 의 치수는 다음과 같이 구한다.

$$\left.\begin{aligned} e &= (1.5 \sim 2.5)d \ (1\text{줄 이음}) \\ &\geqq (2.5 \sim 4.5)d \ (2\text{줄 이음}) \end{aligned}\right\} \qquad (4-38)$$

$$\left.\begin{aligned} e_1 &\geqq \sqrt{p^2 - \left(\frac{p_1}{2}\right)^2} \\ e' &= (1.5 \sim 2)d \end{aligned}\right\} \qquad (4-39)$$

(5) 플랜지의 나비

① 표 4－15의 그림 (a)와 같은 형강의 경우에 플랜지의 나비(b)는 $b>3d$ 또는 $d<b/3$로 하고, $b>100$mm인 경우에는 2줄 리벳 이음으로 한다.

② 형강의 끝 면에서 리벳 중심까지 거리 g를 리벳 게이지(rivet gauge)라 한다.

표 4－15는 구조용 산형강(山形鋼) 리벳 이음에 대한 각부의 치수를 나타낸 것이다.

표 4－15. 구조용 산형강의 리벳 이음 치수

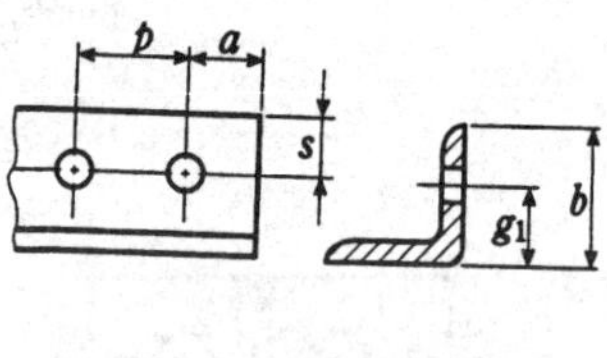

(a) 1열

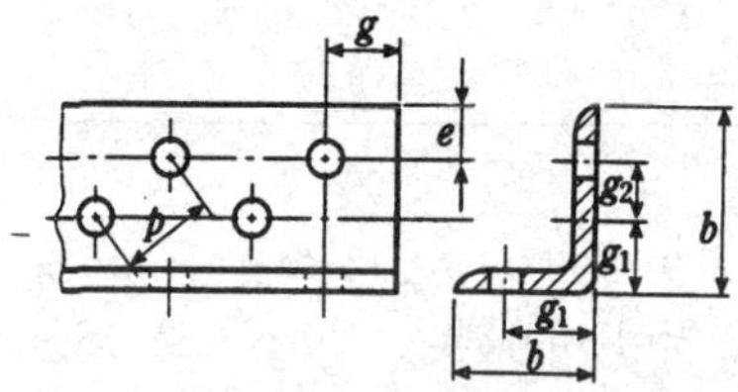

(b) 2열(지그재그형)

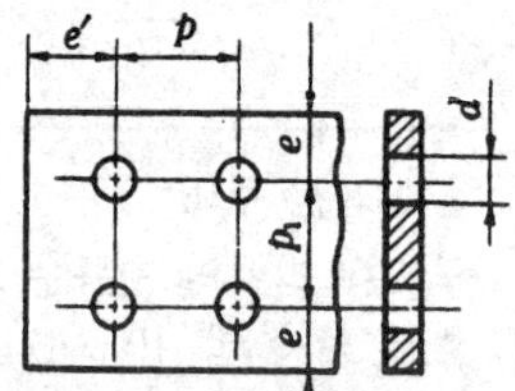

(c) 평판형

리벳 지름 d	두께 t	p			e'		e	g_1	g_2	b
		최소	보통	최대	최소	보통				
16	10이하	40	50	100~200	25	30	22~25	38 40	– –	60 65
20	10	48	58	115~145	29	38	25~29	42	–	70
22	10~12.5	55	65	130~165	33	45	28~33	45 45	– –	75 80
24	12.5~15	63	73	145~190	38	53	32~38	50 55	40,45 55	90. 100 125, 130, 150

예제 4－13 그림 4－24과 같은 구조용 겹치기 리벳이음에서 판의 두께 10mm일 때, 다음을 구하여라. 단, 리벳의 허용 전단 응력 22.5MPa, 허용 인장응력 30MPa이다.

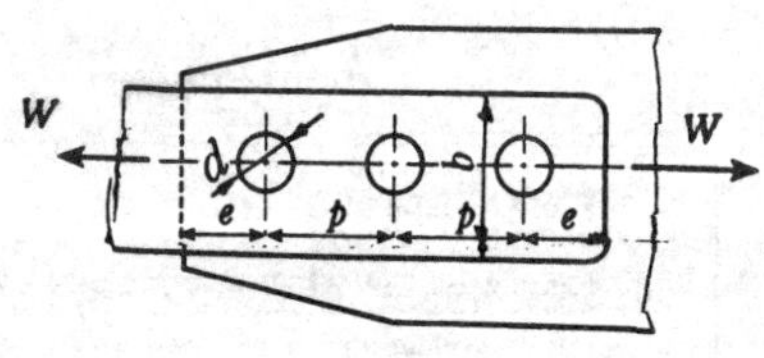

그림 4－24

(1) 리벳의 지름(d) (2) 하중(W)
(3) 판의 나비(b) (4) 피치(p)
(5) 리벳의 개수(n)

Solution (1) $d=\sqrt{50t}-2=\sqrt{50\times10}-2 \fallingdotseq 20$ (mm)

(2) $W=\frac{\pi}{4}d^2\sigma_t n=\frac{\pi}{4}\times20^2\times30\times3=28260$(N)

(3) $b=\frac{W}{t\sigma_t}+d=\frac{20\times10^3}{10\times30}+20 \fallingdotseq 87$(mm)

(4) $p=\frac{\pi d^2}{4t}+d=\frac{\pi\times20^2}{4\times10}+20=51.4$(mm)

(5) $n=\frac{W}{\frac{\pi}{4}d^2\tau}=\frac{20\times10^3}{\frac{\pi}{4}\times20^2\times22.5}=2.83 \fallingdotseq 3$(개)

예제 4－14 그림 4－25와 같은 구조용 겹치기 리벳 이음에서 90kN의 하중을 받을 때, 다음을 구하여라. 단, $d=17$mm, $b=120$mm, $t=10$mm이다.

(1) 리벳의 전단 응력(τ) (2) 리벳의 압축 응력(σ_c)
(3) 각 단면의 인장 응력($\sigma_1\sim\sigma_6$)

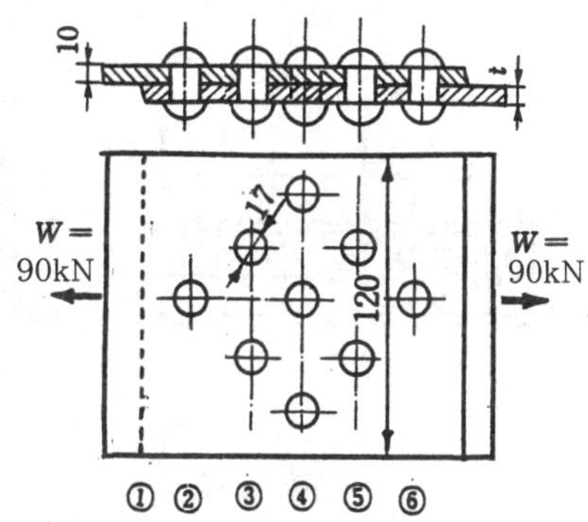

그림 4－25

Solution (1) $\tau=\frac{W}{\frac{\pi}{4}d^2n}=\frac{90\times10^3}{\frac{\pi}{4}\times17^2\times9}$

$=44$ (MPa)

(2) $\sigma_c=\frac{W}{dtn}=\frac{90\times10^3}{17\times10\times9}$

$=58.8$ (MPa)

(3) $\sigma_1=\frac{W}{bt}=\frac{90\times10^3}{120\times10}=75$ (MPa)

$\sigma_2=\frac{W}{(b-d)t}=\frac{90\times10^3}{(120-17)\times10}=87.4$ (MPa)

단면 ③은 리벳 구멍이 2개이고, 판이 받는 하중은
전체 하중에서 단면 ②의 리벳 1개가 상쇄시키는 하중을 감하여 계산한다.

$\sigma_3=\frac{W-(W/n)}{(b-2d)t}=\frac{90\times10^3-(90\times10^3/9)}{(120-2\times17)\times10}=93$ (MPa)

$\sigma_4=\frac{W-(3W/n)}{(b-3d)t}=\frac{90\times10^3-(3\times90\times10^3/9)}{(120-3\times17)\times10}=87$ (MPa)

$\sigma_5=\frac{W-n'W/n}{(b-nd)t}=\frac{90\times10^3-6\times90\times10^3/9}{(120-2\times17)\times10}=34.9$ (MPa)

$\sigma_6=\frac{W-n'W/n}{(b-nd)t}=\frac{90\times10^3-8\times90\times10^3/9}{(120-1\times17)\times10}=9.7$ (MPa)

4. 편심 하중의 리벳 이음

[1] 1줄 겹치기 편심 이음

(1) 수평 편심 이음

① 하중 : 그림 4-26에서 힘의 평행 조건에 따라 리벳 A, B에 가해지는 전단 하중 (W_A , W_B)은 $W_A e' = We$(리벳 A), $W_B e' = W(e+e')$(리벳 B)이므로 다음과 같다.

$$\left.\begin{aligned} W_A &= \frac{We}{e'} \\ W_B &= \frac{W(e+e')}{e'} \end{aligned}\right\} \tag{4-40}$$

② 응력 : 리벳 A, B에 생기는 전단 응력(τ_A, τ_B)은 다음과 같다.

$$\left.\begin{aligned} \tau_A &= \frac{W_A}{\frac{\pi}{4}d^2} - \frac{W/2}{\frac{\pi}{4}d^2} = \frac{2W(2e-e')}{\pi d^2 e'} \\ \tau_B &= \frac{W_B}{\frac{\pi}{4}d^2} + \frac{W/2}{\frac{\pi}{4}d^2} = \frac{2W(3e'+2e)}{\pi d^2 e'} \end{aligned}\right\} \tag{4-41}$$

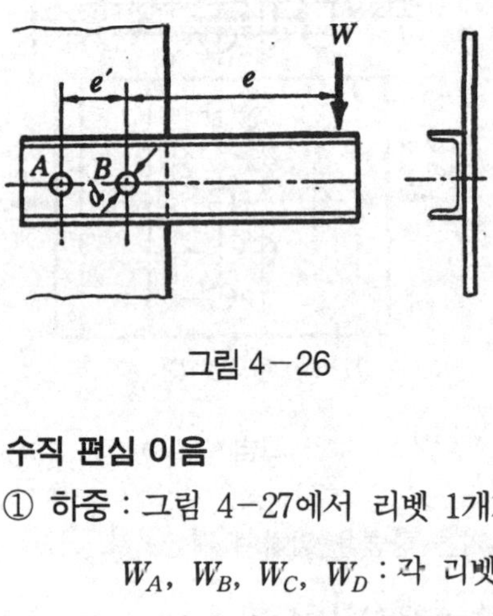

그림 4-26

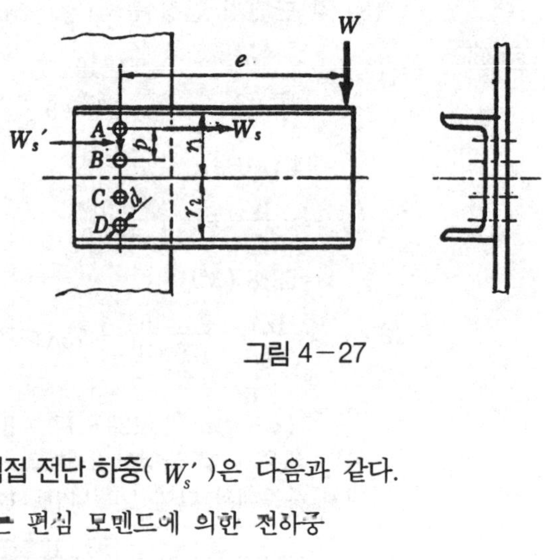

그림 4-27

(2) 수직 편심 이음

① 하중 : 그림 4-27에서 리벳 1개가 받는 직접 전단 하중(W_s')은 다음과 같다.

W_A, W_B, W_C, W_D : 각 리벳에 작용하는 편심 모멘드에 의한 전하중

k : 비례 상수, n : 리벳의 수, p : 피치일 때

$$W_s' = \frac{W}{n} \tag{4-42}$$

또 W_s와 W_A의 0점에 관한 회전 모멘트의 합 $M = We$와 평형을 이루므로,

$$We = 2W_A \times \frac{3}{2}p + 2W_B \frac{1}{2}p = 3pW_A + \frac{p}{3}W_B \tag{4-43}$$

고로, 위 식에서 리벳에 작용하는 전단 하중(W_s)은

$$W_s = \frac{We}{p} = kp \tag{4-44}$$

로 되고, 외부 모멘트와 저항 모멘트의 크기는 같으므로, $M = We = k(nr^2)$에서

$$k = \frac{We}{nr^2} \tag{4-45}$$

로 되며, $W_s > W_1$ 이므로 가장 바깥쪽의 리벳에 작용하는 합성 전단력 즉, 비틀림 하중과 직접 전단 하중과의 **합성 전단 하중**(W_R)은 다음과 같이 된다.

$$W_R = \sqrt{W_s^2 + W_s'^2} \tag{4-46}$$

② 응력 : 위에서 $W_A > W_B$ 이므로, 회전 모멘트에 따라 **수평 전단 응력**(τ_1)과 **수직 전단 응력**(τ_2)은 리벳 A(또는 D)에 대하여 구하는 것이 좋다.

$$\left.\begin{aligned} \tau_1 &= \frac{W_A}{\frac{\pi}{4}d^2} = \frac{6We}{5\pi d^2 p} \\ \tau_2 &= \frac{W}{\frac{\pi}{4}d^2 n} \end{aligned}\right\} \tag{4-47}$$

따라서 리벳에 생기는 **합성 전단 응력**($\tau_{\max}$)은 다음과 같이 된다.

$$\tau_{\max} = \sqrt{\tau_1^2 + \tau_1^2} = \frac{W}{\pi d^2}\sqrt{\left(\frac{6e}{5p}\right)^2 + 1} = \frac{4W_R}{\pi d^2} \tag{4-48}$$

[2] 2줄 겹치기 편심 이음

(1) 마름모형 편심 이음

① 하중 : 그림 4-28과 같이 편심 하중 W를 받을 때 각 리벳은 W에 의한 모멘 트와 직접 전단력을 받는다. 이 때 도심으로부터 리벳 $a \sim d$까지의 거리가 모두 같으므로 W_S는 동일하고, W_S와 W_S'는 그림과 같은 방향으로 작용한다. 그리고 최대 전단력을 받는 것은 d의 리벳이고, 리벳의 전단 저항력의 도심에 관한 모멘 트는 W에 의한 모멘트와 같아야 하므로, 도심 0점 둘레의 모멘트에 의한 **전단력** (W_S)은 다음과 같이 된다.

$$W_S = \frac{We}{ne'} \tag{4-49}$$

또 각 리벳의 균일하게 작용할 때, 편심 하중 W에 의한 **직접 전단력**(W_S')은

$$W_S' = \frac{W}{n} \tag{4-50}$$

로 되고, W_S와 W_S' 와의 합성력이 작용할 때 이 **합성력**(W_R)은 다음과 같다.

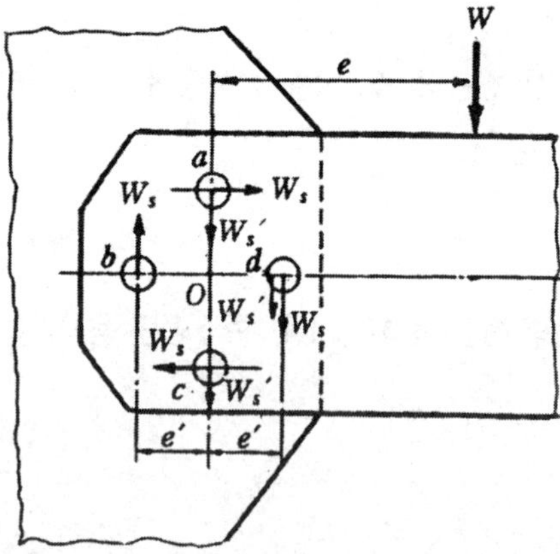

그림 4-28. 마름모형 편심 리벳 이음

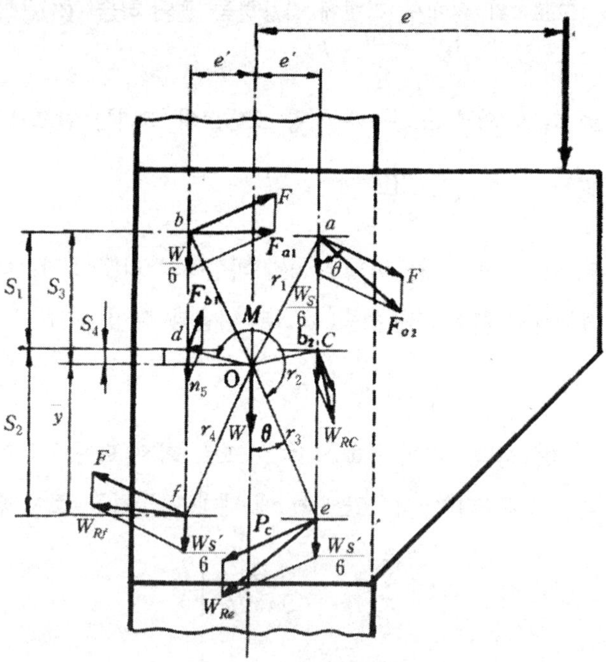

그림 4-29. 병렬형 리벳 이음

$$W_R = W_S + W_S' = \frac{We}{ne'} + \frac{W}{n} \tag{4-51}$$

② 응력 : 리벳에 생기는 최대 전단 응력(τ_{max})은

$$\tau_{max} = \frac{W_R}{A} = \frac{W_R S}{\frac{\pi}{4} d^2} \tag{4-52}$$

로 되고, 또 압축 응력(σ_c)은 판의 두께 t를 고려할 때, 다음과 같이 구한다.

$$\sigma_c = \frac{W_R S}{d t} \tag{4-53}$$

(2) 병열형 편심 이음

그림 4-29에서 2줄 겹치기 이음이나 맞대기 이음에서 편심 하중을 받고 있을 때, 각 리벳은 W/n의 직접 전단력과 편심에 의한 모멘트 $M = We$의 영향을 받는다. 즉, 도심에 작용 하중에 의한 직접 전단력과 모멘트에 의한 전단력을 동시에 받는다.

① 전단 하중 : 모멘트에 의해서 받는 하중은 리벳 전체에 대한 중심에서 리벳까지 의 거리에 비례하고, 그 중심으로부터 리벳 중심을 잇는 직선에 직각 방향으로 작용 하는 편심 모멘트에 의한 전단 하중(F_1, F_2, F_3)은 다음과 같이 된다.

F_1, F_2, R_3, ……F_n : 각 리벳에 작용하는 편심 모멘트에 의한 하중(N)

r_1, r_2, r_3……r_n : 각 리벳 사이의 거리(mm), k : 비례 상수

n_1, n_2, n_3…… : 리벳의 수일 때

$$F_1 = kr_1, \quad F_2 = kr_2, \quad F_3 = kr_3 \tag{4-54}$$

② **리벳의 중심 거리** : 그림 4-29의 ef선에서 도심(0점)까지의 거리($\bar{y}$)는

$$\left.\begin{aligned}\bar{y} &= \frac{S_1+S_2\text{거리의 리벳 수 }(S_1+S_2)+S_2\text{ 거리의 리벳 수}\times S_2}{\text{전체의 리벳 수}} \\ &= \frac{2(S_1+S_2)+2S_2}{n}\end{aligned}\right\} \quad (4-55)$$

로 되고, 도심에서 각 리벳의 중심까지의 거리(r_1, r_2, r_3)는 다음과 같다.

$$\left.\begin{aligned}r_1 &= \sqrt{(s_1+s_2-\bar{y})^2+(e')^2} = \sqrt{s_3{}^2+e'^2} \\ r_2 &= \sqrt{(s_2-\bar{y})^2+(e')^2} = \sqrt{s_4{}^2+e'^2} \\ r_3 &= \sqrt{(\bar{y})^2+(e')^2}\end{aligned}\right\} \quad (4-56)$$

③ **편심 모멘트** : 각 리벳의 하중, 거리, 리벳수를 고려한 편심 모멘트(M)는

$$\left.\begin{aligned}M = We &= n_1F_1r_1+n_2F_2r_2+n_3F_3r_3\cdots\cdots n_nF_nr_n \\ &= k(n_1r_1{}^2+n_2r_2^2+n_3r_3{}^2\cdots\cdots n_nr_n{}^2)\end{aligned}\right\} \quad (4-57)$$

로 되고, 위 식을 이용하여 F_1, F_2, $F_3\cdots\cdots F_n$ 등이 계산되면, 이 중에서 가장 큰 F인 $F_{\max}$을 취하고, W/n와의 합력이 리벳의 허용 강도보다 작으면 안전하다.

④ **비례 상수** : 위 식 (4-57)에서 다음과 같이 된다.

$$\left.\begin{aligned}k &= \frac{F_1}{r_1} = \frac{F_2}{r_2} = \frac{F_3}{r_3} \\ &= \frac{We}{(n_1r_1{}^1+n_2r_2{}^2+n_3r_3{}^2\cdots\cdots n_nr_n{}^2)}\end{aligned}\right\} \quad (4-58)$$

⑤ **합성력** : 그림 4-28에서 $\triangle oec=\theta$의 각을 구할 필요가 있을 때에는

$$\theta = \tan^{-1}\frac{e'}{y} \quad (4-59)$$

로 하고, 또한 수평 분력(x)과 수직 분력(y)은

$$\left.\begin{aligned}x &= F_3\sin\theta \\ \bar{y} &= F_3\cos\theta\end{aligned}\right\} \quad (4-60)$$

로 나타내고, 합성력(W_R)는 다음과 같이 된다.

$$W_R = \sqrt{(x+W_S')^2+\bar{y}^2} = \sqrt{W_S{}^2+F_1{}^2+2F_2W_S'\cos\theta} \quad (4-61)$$

⑥ **리벳의 지름** : 단면적 $A=\dfrac{W_RS}{\tau}$일 때, 다음과 같이 구한다.

$$d = \sqrt{\frac{4A}{\pi}} = \sqrt{\frac{4W_RS}{\pi\tau}} \quad (4-62)$$

단, 위 식에서 W_R는 각 리벳에 걸리는 합성 하중에서 큰 값을 택한다.

예제 4 – 15 그림 4－30과 같이 판의 끝에 2.5kN의 하중이 걸릴 때, 리벳 A, B에 대한 전단 응력을 구하여라. 단, 판의 자중은 무시한다.

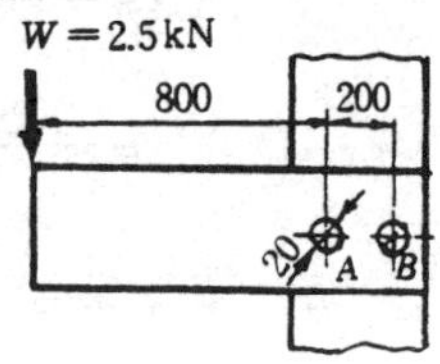

그림 4－30

Solution 리벳 A에 걸리는 전단 하중(W_A)은

$$W_A = \frac{We}{e'} = \frac{2.5 \times 800}{200} = 10(\text{kN})$$

리벳 B에 걸리는 전단 하중(W_B)는 $200\,W_B = W(e+e')$이므로

$$W_B = \frac{W(e+e')}{e'} = \frac{2.5(800+200)}{200} = 12.5(\text{kN})$$

리벳 A, B에 생기는 전단 응력(τ_A, τ_B)은

$$\tau_A = \frac{W_A}{A} = \frac{2W(2e-e')}{\pi d^2 e'} = \frac{2 \times 250(2 \times 800 - 200)}{\pi \times 20^2 \times 200} = 27.8\,(\text{MPa})$$

$$\tau_B = \frac{W_B}{A} = \frac{2W(3e'+2e)}{\pi d^2 e'} = \frac{2 \times 250(3 \times 200 + 2 \times 800)}{\pi \times 20^2 \times 200} = 43.8\,(\text{MPa})$$

예제 4 – 16 그림 4－31과 같은 1줄 리벳 이음에서 21kN의 편심 하중을 받고, 리벳의 지름 10mm일 때, 리벳에 생기는 전단 응력을 구하여라.

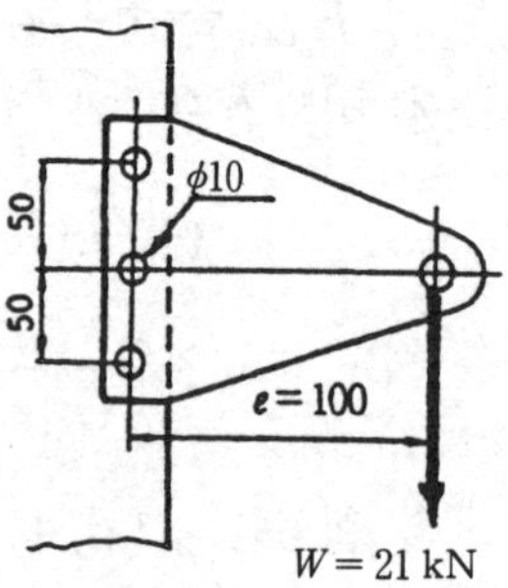

그림 4－31

Solution 리벳 1개가 받는 직접 전단 하중(W_S')은

$$W_S' = \frac{W}{n} = \frac{21}{3} = 7(\text{kN})$$

리벳에 작용하는 최대 비틀림 하중 W_S는

$$k = \frac{We}{nr^2} = \frac{21 \times 10^3 \times 100}{3 \times 50^2} = 280$$

$$W_S = kp = 280 \times 50 = 14 \times 10^3\,(\text{N}) = 14(\text{kN})$$

$$W_R = \sqrt{W_S^2 + W_S'^2} = \sqrt{14^2 + 7^2} = 15.65(\text{kN})$$

$$\therefore\ \tau_{\max} = \frac{4W_R}{\pi d^2} = \frac{4 \times 15.65 \times 10^3}{\pi \times 10^2} = 199(\text{MPa})$$

예제 4 – 17 그림 4－32과 같은 구조용 리벳 이음에서 25kN의 편심 하중을 받을 때, 다음을 구하여라. 단, 리벳의 허용 전단 응력 60N/mm²이다.

(1) 리벳 1개에 작용하는 전단 하중(W_s')

(2) 리벳에 작용하는 전단 하중(W_S)

(3) 리벳의 지름(d)

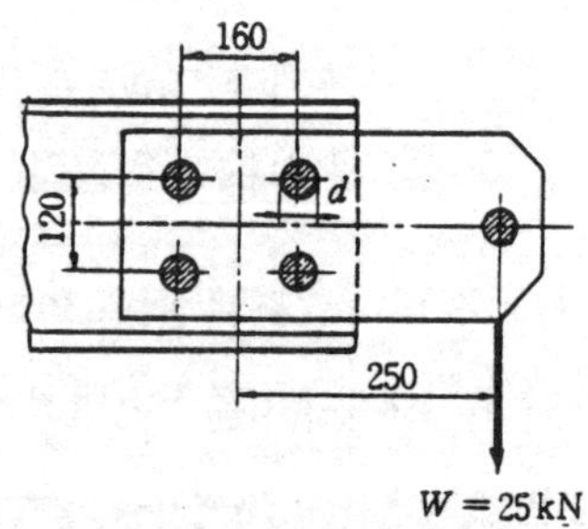

그림 4－32

Solution

(1) $W_s' = \dfrac{W}{n} = \dfrac{25\times10^3}{4} = 6250(\text{N})$

(2) 그림 4-33에서 회전 중심과 리벳 중심까지의 거리(r)와 비례상수(k)는

$$r = \sqrt{60^2+80^2} = 100(\text{mm})$$

$$k = \frac{We}{nr^2} = \frac{25\times10^3\times250}{4\times100^2} = 156$$

$$\therefore\ W_S = kr = 156\times100 = 15600(\text{N})$$

(3) $W_R = \dfrac{We}{ne'} + \dfrac{W}{n} = \dfrac{25\times250}{4\times80} + \dfrac{25}{4} = 25.78(\text{kN})$

$$\therefore\ d = \sqrt{\frac{4W_R}{\pi\tau}} = \sqrt{\frac{4\times25.78\times10^3}{\pi\times60}} = 23.4(\text{mm})$$

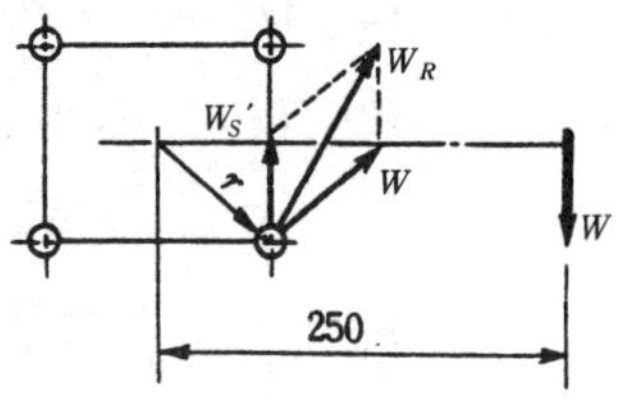

그림 4-33

예제 4-18 그림 4-34과 같이 45kN의 편심 하중을 받는 리벳 이음에서 리벳 지름 20mm, 판 두께 8mm일 때, 다음을 구하여라.

(1) 편심 하중에 의한 리벳 1개당 직접 전단력(W_S')

(2) 아래 리벳 줄에서 도심까지의 거리($\bar{y}$)

(3) 도심에서 각 리벳까지의 거리($r_1 \sim r_3$)

(4) 각 리벳의 전단 하중($F_{A\sim C}$)

(5) 각 리벳에 생기는 전단력($W_{RA\sim C}$)

(6) 리벳에 생기는 최대 전단 응력($\tau_{\max}$)

(7) 리벳에 생기는 압축 응력(σ_c)

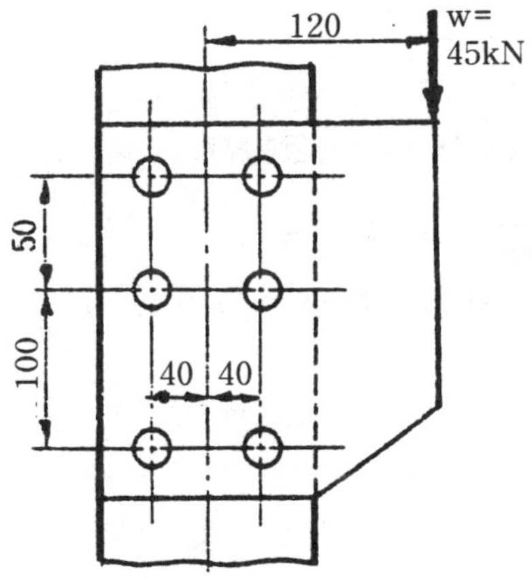

그림 4-34

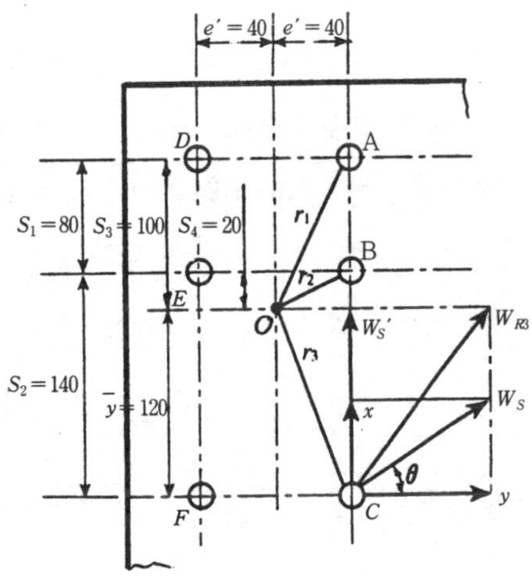

그림 4-35

Solution

(1) $W_S' = \frac{W}{n} = \frac{45}{6} = 7.5(\text{kN})$

(2) 그림 4-34의 O점에서 A, B의 거리가 다르므로 전체 리벳 군(群)의 중심 $\bar{y}$를 구하면

$$\bar{y} = \frac{2(S_1 + S_2) + 2S_2}{n} = \frac{2(80 + 140) + 2 \times 140}{6} = 120(\text{mm})$$

(3) $r_1 = \sqrt{e'^2 + S_3^2} = \sqrt{40^2 + 100^2} = 107.7(\text{mm})$

$r_2 = \sqrt{e'^2 + S_4^2} = \sqrt{40^2 + 20^2} = 44.7\ (\text{mm})$

$r_3 = \sqrt{e'^2 + \bar{y}^2} = \sqrt{40^2 + 120^2} = 126.5(\text{mm})$

(4) $k = \frac{We}{(n_a r_1^2 + n_b r_2^2 + n_c r_3^2)} = \frac{45 \times 120}{2(107.7^2 + 44.7^2 + 126.5^2)} = 0.196$

$\therefore\ F_A = kr_1 = 0.196 \times 107.7 \fallingdotseq 21(\text{kN})$

$F_B = kr_2 = 0.196 \times 44.7 \fallingdotseq 8.76(\text{kN})$

$F_C = kr_3 = 0.196 \times 126.5 \fallingdotseq 24.8(\text{kN})$

고로, 리벳에 받는 최대 전단 하중은 $F_c = 24.8\text{kN}$이다.

(5) 굽힘 모멘트에 의한 전단력은 아래 리벳 2개가 다른 4개보다 더 큰 전단 하중을 받는다. 그림 4-35에서 리벳 A에 작용하는 합성 전단력(W_{RA})은

$$W_{RA} = \sqrt{W_S'^2 + F_A^2 + 2\,W_S' F_A \cos\theta_A}$$

$$= \sqrt{7.5^2 + 21^2 + 2 \times 7.5 \times 21 \times \cos 24.8°} = 27.98(\text{kN})$$

단, $\theta_A = \tan^{-1}\frac{e'}{S_3} = \tan^{-1}\frac{40}{100} = 24.8(°)$

리벳 B에 작용하는 합성 전단력(W_{RB})은

$$W_{RB} = \sqrt{7.5^2 + 8.76^2 + 2 \times 7.5 \times 8.76 \times \cos 63.43°} = 11(\text{kN})$$

단, $\theta_B = \tan^{-1}\frac{e'}{S_4} = \tan^{-1}\frac{40}{20} = 63.43(°)$

리벳 B에 작용하는 합성 전단력(W_{RC})은

$$W_{RC} = \sqrt{7.5^2 + 24.8^2 + 2 \times 7.5 \times 24.8 \times \cos 18.43°} = 32(\text{kN})$$

단, $\theta_C = \tan^{-1}\frac{e'}{y} = \tan^{-1}\frac{40}{120} = 18.43(°)$

(6) 리벳의 최대 전단 합성력을 최대 전단 응력 식에 대입해야 되므로

$$\tau_{\max} = \frac{4W_{RC}}{\pi d^2} = \frac{4 \times 32 \times 10^3}{\pi \times 20^2} \fallingdotseq 102(\text{MPa})$$

(7) $\sigma_c = \frac{W_{RC}}{dt} = \frac{32 \times 10^3}{20 \times 8} = 200(\text{MPa})$

제4장 연습문제

•논문형

1. 냉간 성형 리벳과 열간 성형 리벳의 특성을 구별하여라.
2. 리벳 이음의 순서와 코킹, 플러링 작업에 대하여 설명하여라.
3. 리벳의 파괴 형식과 강도 설계에 대하여 설명하여라.
4. 리벳 이음의 효율에 대하여 설명하여라.

•계산형

4-1. 판 두께 15mm인 겹치기 리벳 이음에서 리벳 지름을 구하여라. 단, 판의 허용 압축 응력 30MPa, 리벳의 전단 응력 25MPa이다.

4-2. 양쪽 덮개판 3줄 맞대기 리벳 이음에서 100kN의 인장 하중을 받을 때, 리벳의 지름을 구하여라. 단, 허용 전단 응력 80MPa이다.

4-3. 그림 4-36과 같은 1줄 리벳 겹치기 이음에서 판의 두께 10mm, 리벳 지름 18mm, 구멍의 지름 20mm일 때, 판의 나비를 구하여라. 단, 허용 인장 응력 90MPa, 허용 전단 응력 70MPa이다.

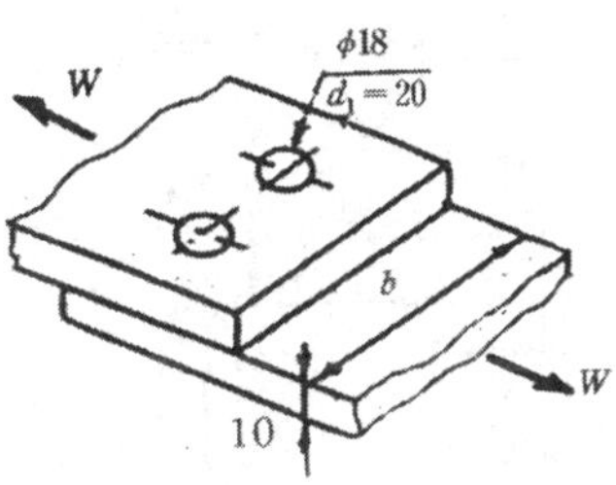

그림 4-36

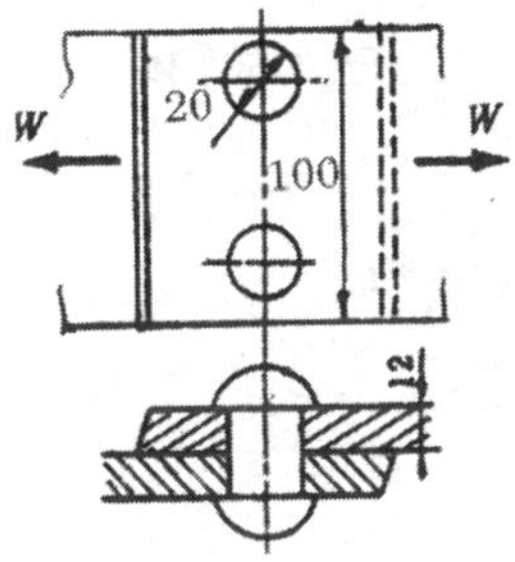

그림 4-37

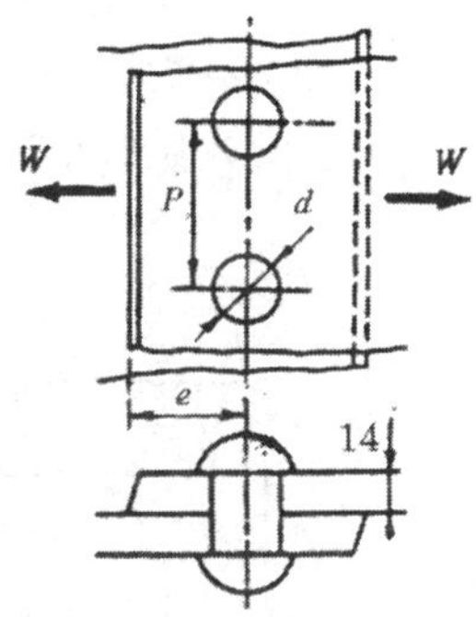

그림 4-38

4-4. 그림 4-37과 같은 겹치기 리벳 이음에서 판의 나비 100mm, 두께 12mm, 리벳의 지름 20mm ($d_1 = 21$mm)일 때, 판과 리벳 강도상의 인장 하중을 구하여라. 단, 판의 허용 인장 응력 60MPa, 리벳의 전단 응력 40MPa이다.

4-5. 그림 4-38과 같은 1줄 겹치기 이음에서 판 두께 14mm일 때, 다음을 구하여라. 단, 판의 허용 인장 응력 40MPa, 리벳과 판의 허용 압축 응력 40MPa, 리벳의 허용 전단 응력 35MPa이다.

(1) 리벳의 지름(d) (2) 리벳 피치(p)

4-6. 판 두께 20mm인 1열 겹치기 리벳 이음에 대한 다음을 구하여라. 단, 전단 강도는 압축 강도의 70%, 인장과 압축 강도는 100N/mm^{2}이다.

(1) 리벳의 지름(d) (2) 피치(p)

4-7. 판 두께 10mm, 리벳 지름 18mm인 1열 리벳 겹치기 이음에서 피치를 구하여라. 단, 판의 허용 인장 응력 40MPa, 리벳의 허용 전단 응력 36MPa이다.

4-8. 그림 4-39와 같이 1피치 당 15kN의 인장 하중을 받는 겹치기 리벳 이음에서 리벳의 지름 20mm, 판의 두께 12mm, 피치 50mm 마진 30mm일 때, 다음을 구하여라.

(1) 리벳에 생기는 전단 응력(τ)
(2) 판에 생기는 인장 응력(σ_t)
(3) 판에 생기는 압축 응력(σ_c)
(4) 판에 생기는 전단 응력(τ_1)
(5) 판에 생기는 굽힘 응력(σ_b)

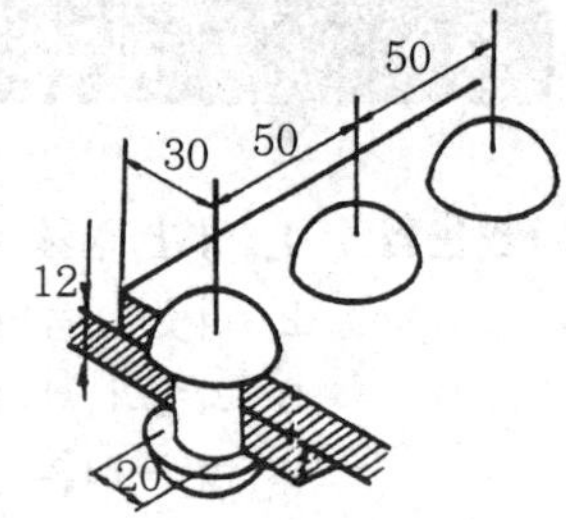

그림 4-39

4-9. 판의 두께 18mm, 리벳의 지름 18mm, 피치 40mm인 1줄 겹치기 리벳 이음에서 15kN의 하중을 받을 때, 다음을 구하여라.

(1) 판의 인장 응력(σ_t)　　(2) 리벳의 전단 응력(τ)
(3) 판의 효율(η_1)　　(4) 리벳의 효율(η_2)

4-10. 판의 두께 10mm, 원통의 지름 1000mm인 얇은 두께의 원통형 통에 주입해야 할 기압을 구하여라. 단, 허용 인장 응력 40MPa, 리벳 이음 효율 60%이다.

4-11. 그림 4-40과 같이 20kN의 편심 하중을 받는 구조물 리벳 이음에서 리벳 지름 24mm일 때, 다음을 구하여라.

(1) 리벳에 작용하는 직접 전단 하중(W_S')　　(2) 도심 둘레상의 전단 하중(W_S)
(3) 리벳에 작용하는 합성 전단 하중(W_R)　　(4) 리벳에 발생하는 전단 응력(τ)

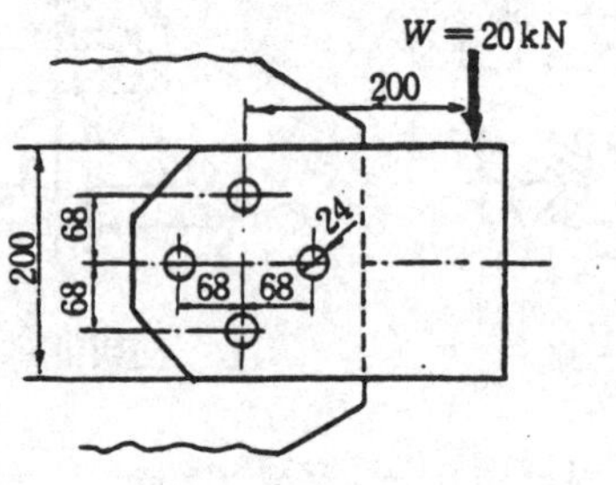

그림 4-40

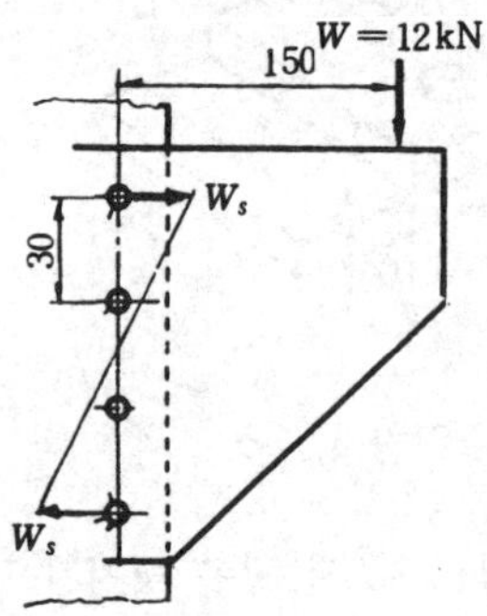

그림 4-41

4-12. 그림 4-41과 같은 리벳 이음에서 하중 12kN을 받을 때, 다음을 구하여라. 단, 리벳 재료의 허용 전단 응력 50MPa이다.

(1) 리벳에 걸리는 최대 하중(W_S)　　(2) 합성 하중(W_R)
(3) 리벳의 지름(d)

Answer

4-1. 24mm　4-2. 18mm　4-3. 40mm　4-4. (1) 42kN (2) 25kN
4-5. (1) 22mm (2) 31mm (3) 46mm　4-6. (1) 38mm (2) 78mm　4-7. 41mm
4-8. (1) 48MPa (2) 42MPa (3) 21MPa (4) 21MPa (5) 47MPa
4-9. (1) 38MPa (2) 59MPa (3) 55% (4) 55% 4-10. 43 N/cm^2
4-11. (1) 5kN (2) 14.7kN (3) 5kN (4) 11MPa
4-12. (1) 18kN (2) 18.25kN (3) 22mm

제5장 용접(welding)

용접은 2개의 금속을 용융 온도 이상으로 가열하여 접합하는 것으로, 보일러, 용기, 구조물, 기계 부품 등의 영구적인 접합법으로, 현재는 리벳 이음 대신 널리 사용된다.

5-1 일반 사항

1. 용 접

용접(鎔接 : welding)은 모재(base matal)를 가열하여 용융 또는 반 용융 상태에서 모재를 결합하는 방법으로서, 적당한 작업 방법을 택하면 일반적인 금속이나 합금에 대하여 가능하며, 보통 강, 동, 황동, 청동 등을 사용한다.

[1] 종 류

가열 방법, 처리 방법, 모재의 상태에 따라서 다르나 크게 나누어 **압접**(壓接 : pressure welding), **융접**(融接 : fusion welding), **경납땜**(brazing)의 3가지로 구분한다.

(1) 압 접

결합하고자 하는 금속인 모재를 상온, 반 용접 상태 또는 냉간에서 기계적 압력 또는 해머 등으로 결합시키는 것으로, 저항 용접과 가스 용접으로 구분된다.

① **저항 용접** : 모재를 맞대거나 겹쳐서 접합면에 국부적으로 큰 전류를 짧은 시간에 흐르게 하여, 모재의 접합면에 생기는 저항 열에 의해 용착하는 방법으로, 이것은 맞대기 용접이라고도 한다. 주로 작은 강재나 얇은 판에 적용한다.

a. **점 용접**(spot welding) : 겹치기 이음의 양쪽에서 가압하여 접합시키는 것이다.

b. **심 용접**(seam welding) : 롤러 전극을 사용하여 연속적으로 접합시키는 것이다.

c. **프로젝션 용접**(projection welding) : 접합 개소에 돌기 부분을 만들어 압력을 가하면서 전류를 통해 가압 접합시키는 것이다.

d. **플래시 용접**(flash welding) : 두 부재의 끝을 맞대어 가압 접합시키는 저항 용접에는 용접할 재료를 적당한 거리에 놓고 서로 천천히 접근시키면서 통전(通電)시켜 강한 압력으로 접합시키는 것이다.

e. **업셋 용접**(upset welding) : 모재를 처음부터 가압해서 접합시키는 것이다.

② **가스 압접** : 산소, 아세틸렌 불꽃 장치와 간단한 가압 장치에 의하여 모재를 결합 시키는 것으로, 주로 봉재와 형강 등의 용접에 적용되나, 강, 연강 이외에 합금강, 비철금속의 용접도 가능하다.

표 5－1. 용접의 종류

압접	용접
1. 저항 용접(resistance welding) (1) 저주파 저항 용접(low frequency resistance welding) (2) 고주파 저항 용접(high frequency resistance welding) 2. 고주파 유도 용접(high frequency induction weldin) 3. 가스 압접(gas pressure welding) 4. 마찰 압접(friction welding) 5. 초음파 용접(ultrasonic welding) 6. 냉간 용접(cold pressure welding) 7. 폭발 압접(explosion welding) 8. 단접(forge welding) (1) 해머 압접(hammer pressure welding) (2) 다이 압접(die pressure welding) (3) 롤 압접(roll pressure welding) **경납땜** 1. 가스 경납땜(gas brazing) 2. 노중(爐中) 경납땜(furnace brazing) 3. 전기 경납땜(electric brazing) (1) 아크 경납땜 (2) 유도 경납땜 (3) 저항 경납땜 4. 침적(浸績) 경납땜(dip brazing)	1. 가스 용접(gas welding) (1) 산소 아세틸렌 용접(oxy－acetylen welding) (2) 산수소 용접(oxy－hydrogen welding) (3) 공기 아세틸렌 용접(air acetylene welding) 2. 대기중 아크 용접 (1) 금속 아크 용접(metal arc welding) ① 피복 아크 용접 ② 서브머지드 아크 용접(submerged arc welding) ③ 스터드 용접(stud welding) (2) 탄소 아크 용접 3. 실드 아크 용접(shielded hydrogen welding) (1) 원자 수소 용접(atomic hydrogen welding) (2) CO2 아크 용접(CO2 gas shielded arc welding) (3) 불활성 가스 아크 용접 ① 티그 용접(TIG welding) ② 미그 용접(MIG welding) 4. 테르밋 용접(thermit welding) (1) 가압 테르밋 용접(thermit pressure welding) (2) 불가압 테르밋 용접 5. 일렉트로 슬래그 용접(electro slag welding) 6. 전자 빔 용접(electron beam welding) 7. 플라즈마 제트 용접(plasma jet welding)

(2) 용 접

모재를 용융 상태 아래에서 결합하는 방법으로 가장 널리 사용되는 가스 용접과 아크 용접으로 크게 구분되며, 그 외 테르밋 용접이 있다.

① **가스 용접** : 아세틸렌 또는 수소 가스에 산소를 가하여 연소시켜 그 열로 용접되는 것으로, 길고 큰 모재의 용접에는 부적당하고, 충분한 강도를 얻지 못한다.

② **아크 용접** : 접합 금속과 금속 전극(용접봉) 사이에 아크를 발생시켜 생기는 고열로 용접봉을 녹여 용착 금속으로 모재를 용접하는 것이다.

③ **테르밋 용접** : 분말과 산화철의 혼합물인 테르밋 제를 과산화 바륨・마그네슘의 혼합물과 섞어서 점화하면 고온이 발생하고, 테리밋 제가 녹아서 생긴 순수한 용융철에 의해 용접하는 것이다.

(3) 경납땜

가는 파이프의 이음 또는 작은 물품의 기밀 장치 등 높은 이음 강도가 필요 하지 않 고, 값싸며, 다량 생산에 적합한 용접법으로 높은 용접 온도가 필요 없을 때 사용된다.

[2] 용접부의 용어(그림 5−1 참조)

(1) **모재**(母材 : base metal) : 용접되는 금속을 말한다.

(2) **용가재**(熔加材 : filler metal) : 용접 작업에서 용착되는 금속을 말한다.

(3) **용착 금속**(deposited metal) : 용가재에서 모재에 용착시킨 금속을 말한다.

(4) **용접 금속**(weld metal) : 용접 중에 용융 응고된 금속이나 그 부분을 말한다.

(5) **열영향부** : 용접열로 인하여 용융되지 않은 모재 부분을 말한다.

(6) **용접부** : 용접 금속과 열영향부를 포함한 부분을 말한다.

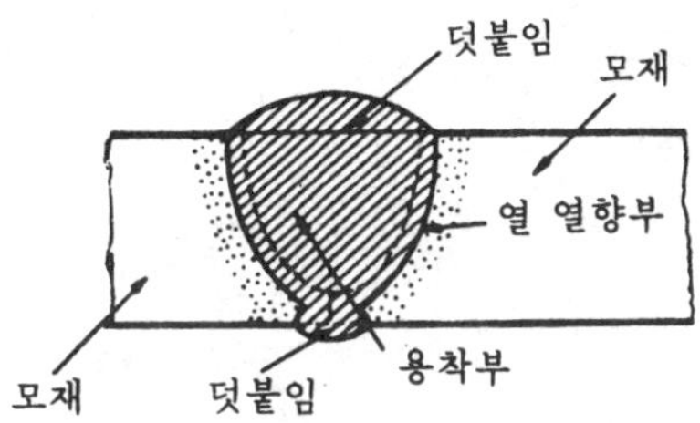

그림 5−1. 용접부(아크 용접의 경우)

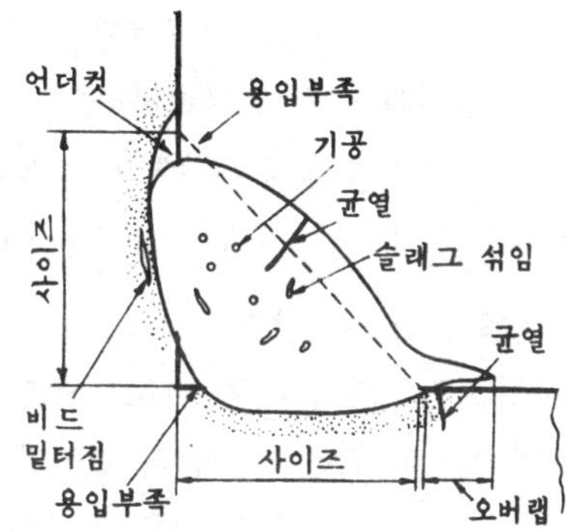

그림 5−2. 용접부의 결합

[3] 용접부의 결함

그림 5−2와 같이 용입의 부족, 언더컷(undercut), 오버랩(overlap), 슬래그 섞임(slag inclusion), 기공(blow hole), 비드 밑터짐(underead crack) 등의 결함은 용접 강도, 특히 피로 파괴의 원인이 된다.

[4] 용접부의 검사 방법

파괴 검사인 기계적 시험과 비파괴 검사로 나누며, 비파괴 검사는 완성된 공작물을 파괴없이 용접부의 결함을 찾아낼 수 있으므로, 용접부의 검사에는 주로 다음과 같은 것이 사용된다.

(1) 육안(肉眼 : visual inspection)

(2) 방사선 검사(radiography)

(3) 자기 탐상법(magnetic particle inspection)

(4) 초음파 탐상법(ultrasonic flaw inspection)

(5) 와(渦) 전류법(eddy current testing)

2. 용접 이음

용접 이음은 가스 용접, 전기 용접 등에 의하여 영구적으로 결합하는 방법으로서, 판재, 형재(形材), 관(pipe) 등의 접합에 이용되고 있다.

[1] 특 성

(1) 일반적인 장점

① **자재의 절약** : 구조를 간단히 할 수 있으므로, 사용 재료를 절약할 수 있다.
② **공정수의 감소** : 일반적으로 거의 용접전의 가공 등이 필요 없다.
③ **성능과 수명의 향상** : 이음 효율이 높다.

(2) 일반적인 단점

① 고열에 의한 변형과 잔류 응력의 발생 및 재질이 변한다.
② 연속체로 되어 있어 전체적인 파괴가 생긴다.
③ 진동 감쇠의 능력이 부족하다.
④ 결함이 생기기 쉽고, 이에 따른 노치 효과에 민감하다.
⑤ 용접부에 대한 비파괴 검사법이 어렵다.

(3) 리벳 이음과 비교한 장점

① 구조의 간단화에 따른 재료가 절감된다.
② 리벳 이음의 효율은 이음의 형식과 이음에 의하여 30~80%의 범위로 변동하나 용접 이음 효율은 강판의 두께와 관계없이 100%까지 가능하다.
③ 판 두께에 관계없이 결합이 가능하고, 기밀성, 수밀성의 향상을 도모한다.
④ 공정수 절감의 제작비가 저렴하다.
⑤ 고압용기 사용 압력 400N/cm^2, 판 두께 30mm를 한도로 하나 용접 이음은 한도가 없고, 사용 압력 450~1200N/cm^2, 판 두께 40~120mm까지 제작이 가능하다.

(4) 주조와 비교한 장점

① 목형과 주형이 불필요하고, 중량의 경감과 제작비가 저렴하다.
② 큰 상노의 특성을 유지할 수 있고, 이음 효율과 기밀성이 우수하다.
③ 다른 재료와 조합과 복잡한 형상의 용접이음이 가능하다.
④ 판재에 균열의 결함이 없고, 보수가 용이하다.

(5) 단조와 비교한 장점

① 대형의 기계와 고가의 형에 따른 설비비가 저렴하다.
② 얇은 판 두께로 중량 경감과 가공 공정수가 절약된다.
③ 복잡한 형상의 제작이 가능하고, 두께의 제한이 불필요하다.
④ 제품수가 적을 때 제작비가 경감된다.

[2] 용접 이음의 종류

용접 이음의 종류는 용접부의 모양에 따라 나타낼 수도 있으나, 접합하는 모재의 상대적 위치에 따라 그림 5−3과 같이 나타낼 수 있다.

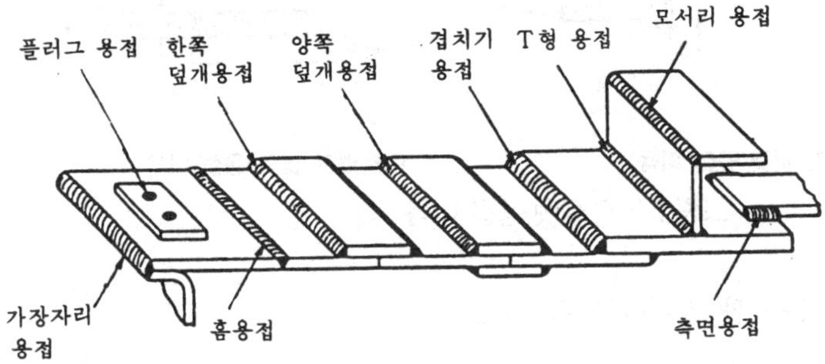

그림 5−3. 용접 이음의 종류

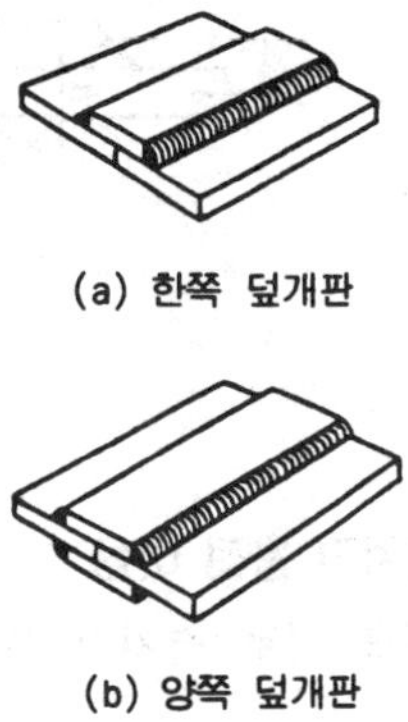

그림 5−4. 덮개판 이음

(1) 맞대기 용접 이음

① 덮개판 용접 이음 : 그림 5−4와 같이 한쪽 덮개판과 양쪽 덮개판이 있다.

② 홈 용접 : 접합하는 모재에 충분한 용입과 내부 결합이 없는 용접을 하기 위해 두 부재 사이의 홈을 용접하는 것으로서, 그루브 용접(groove weld)이라고도 한다.
종류는 편면(片面) 홈(I형, J형, L형, U형, V형)과 양면 홈(K형, 양면 J형, X형, H 형)이 있다 (그림 5−5, 그림 5−6)).

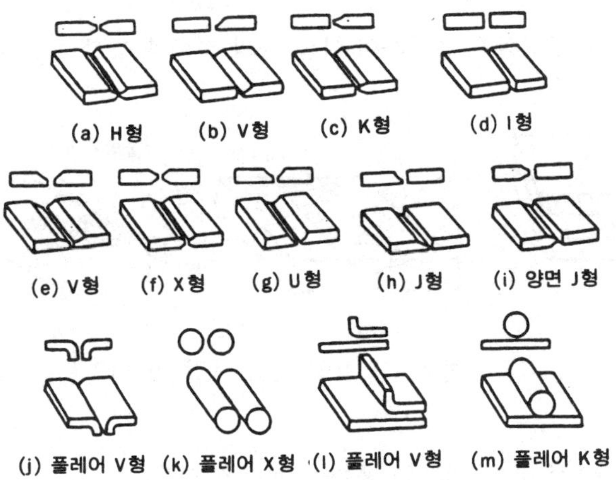

그림 5−5. 그루브 용접

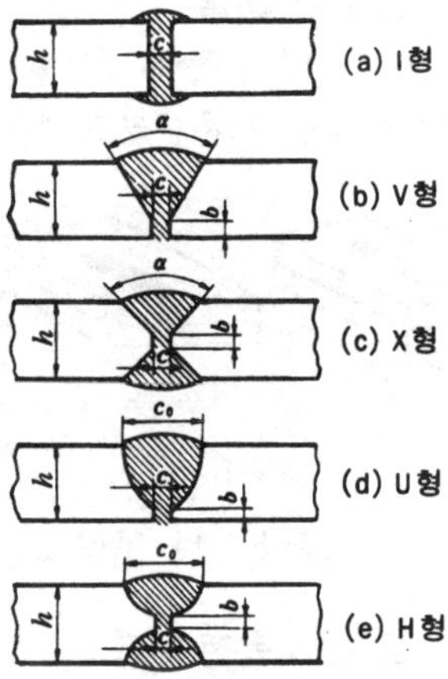

그림 5−6. 홈의 종류

(2) 필렛 용접 이음

겹치기 용접 이음과 T형 용접 이음에서 생기는 용접 이음으로서, 그림 5−7과 같이 하중 W의 방향에 따라서 앞면(前面) 필렛(fillet) 이음과 옆면(側面) 필렛 이음이 있다.

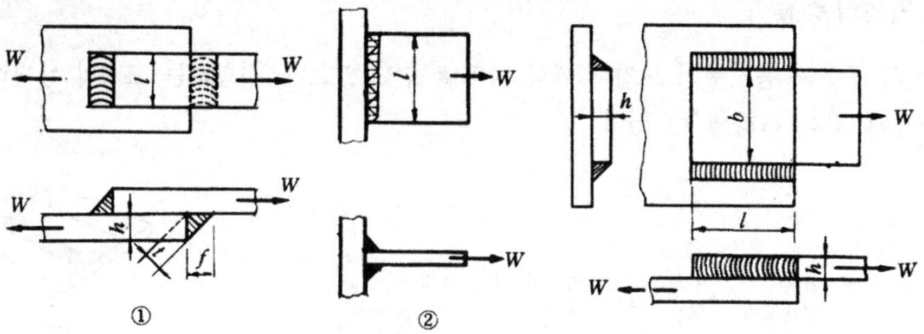

(a) 앞면 필렛 용접 이음 (b) 옆면 필렛 용접 이음

그림 5-7. 필렛 용접 이음

(3) 겹치기 용접 이음

모재를 서로 겹쳐서 용접 이음을 한 것이다(그림 5-8).

그림 5-8. 겹치기 이음

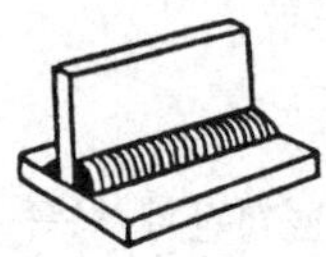

그림 5-9. T형 이음

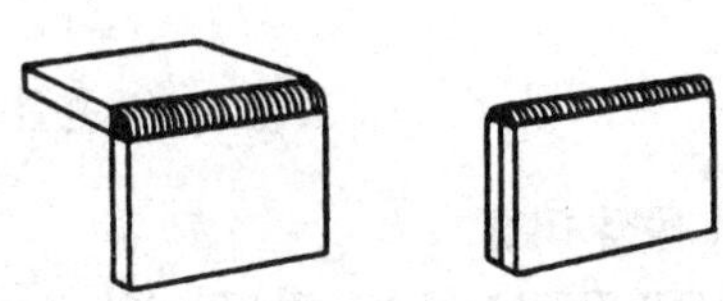

(a) 모서리 용접 (b) 가장자리 용접

그림 5-10. 모서리와 가장자리 용접

(4) T형 용접 이음 : 판을 서로 직각 방향으로 용접 이음한 것이다(그림 5-9).

(5) 모서리와 가장자리 이음(그림 5-10 참조)

(6) 플러그 용접 이음

접합할 모재의 한쪽에 구멍을 뚫고, 판의 표면까지 용접하여 다른 쪽의 모재와 접합 하는 것을 플러그(plug) 용접 이음이라고 한다(그림 5-11).

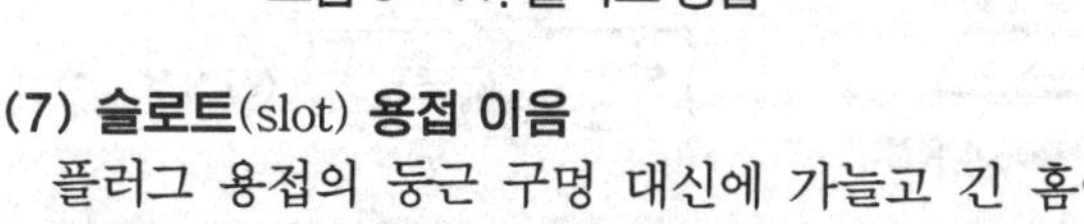

(a) (b) (c)

그림 5-11. 플러그 용접

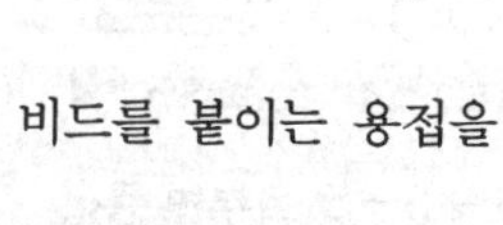

(a)

그림 5-12. 비드 용접

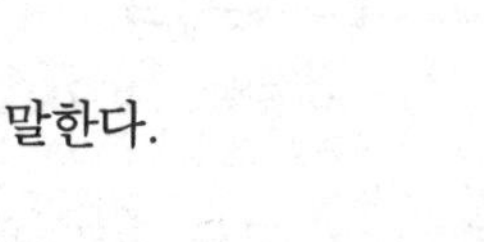

(b)

그림 5-13. 덧붙임 용접

(7) 슬로트(slot) 용접 이음

플러그 용접의 둥근 구멍 대신에 가늘고 긴 홈에 비드를 붙이는 용접을 말한다.

(8) 비드 용접 이음

접합하려고 하는 모재를 맞대어 그루브를 만들지 않고, 평면 그대로 그 위에 비드 (bead)를 용착하는 용접을 말한다(그림 5-12).

(9) 덧붙임 용접 이음 : 모재가 마멸된 부분이나 치수가 부족한 표면을 덧붙임 (build-up)하는 용접을 말한다(그림 5-13).

5-2 용접 이음의 설계

1. 맞대기 용접 이음

(1) 하 중

V형(그림 5−14)과 X형(그림 5−15) 맞대기 용접 이음의 하중(W)은 다음과 같다.

σ_1 : 용접부의 인장 응력(N/mm^2), σ_t : 허용 인장 응력(N/mm^2), t : 목두께(mm)

h : 모재의 두께(mm)($h=t$), ℓ : 용접 이음의 길이(mm), S : 안전율(표 5−2)일 때

$$\left.\begin{aligned} W &= hl\sigma_t = tl\sigma_c \\ &= dl\sigma_t/S = tl\sigma_t/S \quad \text{(모재 두께가 같을때)} \quad ① \\ &= h_1 l\sigma_t = t_1 l\sigma_t \text{(모재의 두께가 다를 때)} \quad ② \\ &= (h_1+h_2)l\sigma_t (X\text{형 맞대기 용접 이음}) \quad ③ \end{aligned}\right\} \qquad (5-1)$$

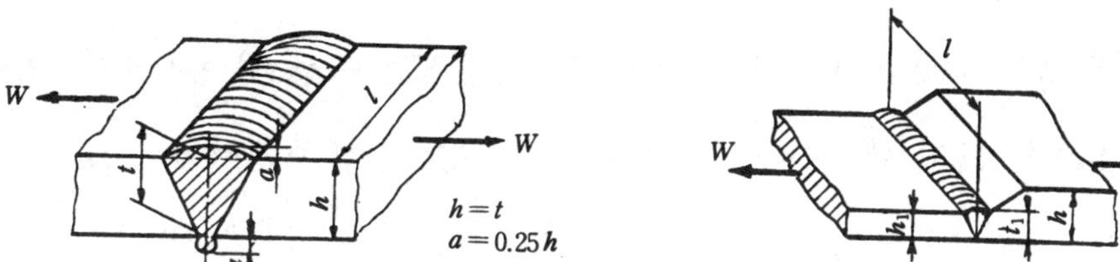

(a) 두께가 같을 때 (b) 두께가 다를 때

그림 5−14. 맞대기 용접 이음(V형)

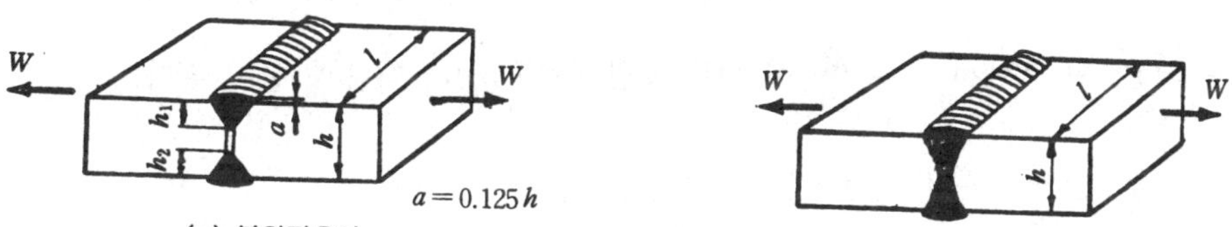

(a) 불완전용입 (b) 완전용입

그림 5−15. 맞대기 용접 이음(X형)

＊ 설계상 주의

그림 5−14에서 맞대기 이음에는 판재의 두께에 따라 보통 보강 높임(a)을 V형에서는 $a=0.25h$, X형에서는 보통 $a=0.125h$로 잡는다.

(2) 응 력

① 인장과 전단 응력 : 인장 응력(σ_t)과 전단 응력(τ)은 같은 것으로 본다.

$$\sigma_t(\tau) = \frac{W}{hl}(V\text{형}) = \frac{W}{(h_1+h_2)l}(X\text{형}) \qquad (5-2)$$

＊ 설계상 주의

일반적으로 $\sigma_t = 27 \sim 43$ N/mm^2, 피로 한도는 $\sigma_w =$ 18N/mm^2(뒷면 용접한 것) =12N/mm^2(하지 않은 것) 정도로 취한다.

표 5-2. 용접 이음의 허용 응력(σ_a)

하 중		설계 강도(N/mm²)	안전율(S)	허용 응력 (N/mm²)
정하중	인장	280~340	3.3~4.0 (3.0)	70~100 (90~120)
	압축	300~350	3.0~4.0 (3.0)	75~120 (90~120)
	전단	210~280	3.3~4.0 (3.0)	50~85 (72~100)
달아 올리는 동하중	인장·압축	-	6.0~8.0 (5.0)	35~60 (45~50)
	전단	-	3.5~6.0 (5.4~7.0)	25~45 (43~56)
진동 하중	인장·압축	-	9.5~12.0 (8~12)	20~35 (48~60)
	전단	-	9.5~13.0 (8~12)	15~30 (86~48)

비고 (1) ( )내에는 연강(모재)에 대하여 채용한 설계의 수치를 참고로 한 것이다.
(2) 다음에 경우에는 이 표의 값에 다음의 %를 곱한다.
필렛 용접 : 80%, 현장 용접 : 90%, 위보기 용접 : 80%, 수평 용접 : 90%, 수직 용접 : 95%

② **굽힘 응력** : 그림 5-16에서 용접선에 따른 **굽힘 모멘트**(M_1)와 용접선에 직각인 굽힘 모멘트(M_2)가 작용할 때, $Z_1=\frac{hl^2}{6}$, $Z_2=\frac{h^2l}{6}$ 이므로, 굽힘 모멘트(M_1, M_2)는

$$\left.\begin{aligned} M_1 &= \sigma_b Z_1 = \sigma_b \frac{hl^2}{6} \\ M_2 &= \sigma_b Z_2 = \sigma_b \frac{t^2 l}{6} = \sigma_b \frac{h^2 l}{6} \end{aligned}\right\} \qquad (5-3)$$

로 되고, 위 식에서 $\sigma_b=\frac{M}{Z}$ 이므로, 굽힘 응력(σ_b)은 다음과 같이 된다.

$$\left.\begin{aligned} \sigma_b &= \frac{6M_1}{hl^2} = \frac{6W(l_1+l_2)}{hl^2} = \frac{6M_2}{h^2 l} \text{ (V형)} \\ &\left.\begin{aligned} &= \frac{6M_1}{(h_1+h_2)l^2} = \frac{3hM_2}{h_1 l(3h^2-6hh_1+4h_1{}^2)} \text{ (불완전 용접)} \\ &= \frac{6M_1}{hl^2} = \frac{6M_2}{lh^2} \text{ (완전 용접)} \end{aligned}\right\} \text{(X형)} \end{aligned}\right\} \qquad (5-4)$$

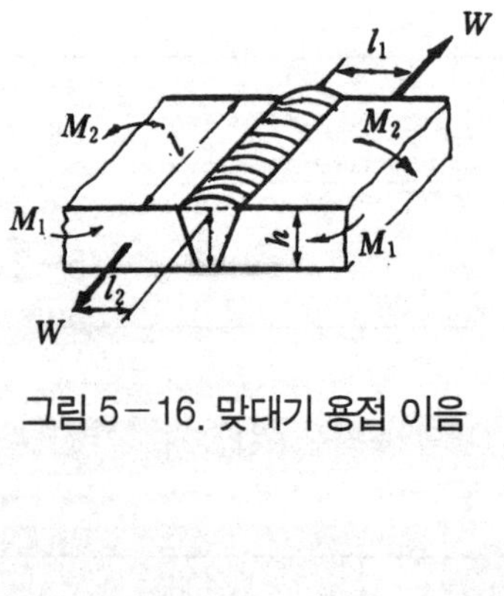

그림 5-16. 맞대기 용접 이음

표 5-3. 정하중에 대한 형상 계수(k_1)

이음의 종류	하중의 종류	k_1
맞대기 용접	인 장	0.75
	압 축	0.85
	굽 힘	0.80
	전 단	0.65
필렛 용접	모든 경우	0.65

(3) 용접 이음의 효율

일반적으로 용접 이음의 강도와 모재의 강도와의 비를 **용접 이음 효율**(η)이라 하고, 모재의 허용 응력 σ_a' 일 때. 용접부에 대한 허용 응력(σ_a)은 다음과 같다.

$$\sigma_a = \eta\sigma_a' = k_1 k_2 \sigma_a' \tag{5-5}$$

① 형상 계수 (k_1) : 정하중에 대하여 표 5-3의 값을 취하고, 용접 목두께 $t=h$ 일 때, $k_1=1$ 로 하고, 일반적 용접 이음에 대하여는 $k_1=t/h$ 로 구하기도 한다.

② 용접 계수 (k_2) : 양호한 용접 이음일 때 $k_2=10$ 으로 하고, 수평 용접, 수직 용접, 위보기 용접으로 갈수록 신뢰성이 낮아지므로 0.5 정도로 취한다.

예제 5-1 그림 5-17에서 $h=$ 10mm, $l=$ 120mm, $\sigma_t=$60MPa일 때, 용접부 두께를 구하 여라. 단, 허용 응력 45MPa, 효율 80%이다.

Solution

$$W = hl\sigma_t = 10\times 120\times 60 = 72(\text{kN})$$

$$W_1 = W\eta = 72\times 0.8 = 57.6(\text{kN})$$

$$\therefore t = \frac{W_1}{l\sigma_t} = \frac{57.6\times 10^3}{120\times 45} = 10.7(\text{mm})$$

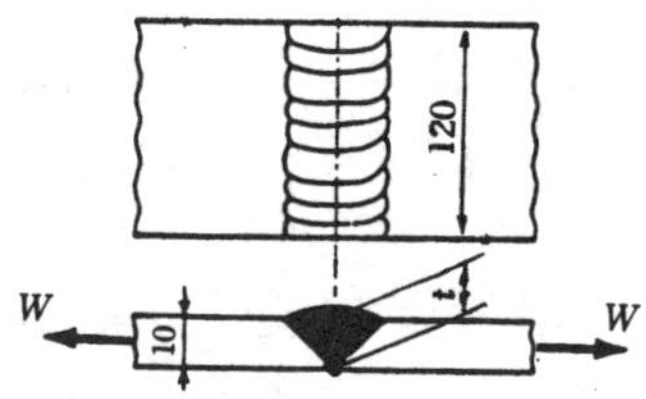

그림 5-17

예제 5-2 그림 5-18과 같은 X형 맞대기 용접이음에서 용접부 표면에 생기는 굽힘 응력을 (1) 완전 용입일 때, (2) 불완전 용입일 때로 구분하여 구하여라. 단, 굽힘 모멘트 200N・m, $h_1=h_2=6$ mm이다.

Solution

(1) $\sigma_b = \dfrac{6M_2}{lh^2} = \dfrac{6\times 200\times 10^3}{170\times 20^2} = 1.77(\text{MPa})$

(2) $\sigma_b = \dfrac{3hM_2}{h_1 l(3h^2 - 6hh_1 + 4h_1^2)}$

$$= \frac{3\times 20\times 200\times 10^3}{6\times 170(3\times 20^2 - 6\times 20\times 6 + 4\times 6^2)} = 1.89(\text{MPa})$$

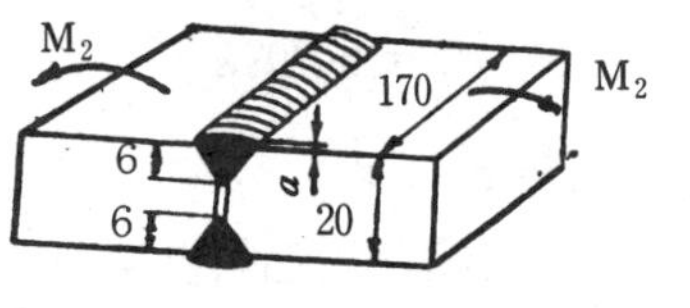

그림 5-18

예제 5-3 그림 5-19와 같은 맞대기 용접 이음에서 4kN의 하중을 받고, 판 두께 10mm 일 때, 판 나비(용접 길이)를 구하여라. 단, 허용 굽힘 응력 70MPa이다.

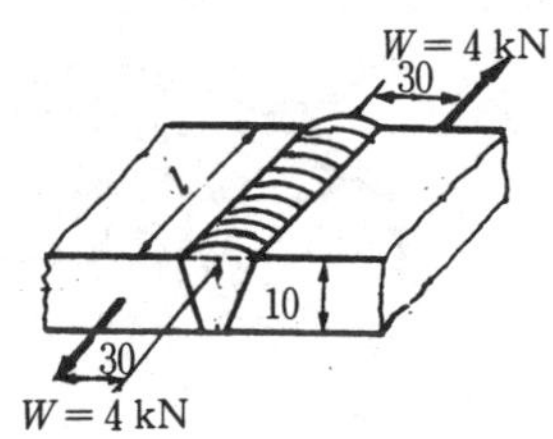

그림 5-19

Solution

(1) 전단 강도상에서 $\tau =$ 50 N/mm^2(표 5-2)

$$l = \frac{W}{h\tau} = \frac{4\times 10^3}{10\times 50} = 8(\text{mm})$$

(2) 인장 강도상에서 σ_b=70N/mm^2 (표 5-2)

$$l = \sqrt{\frac{6W(l_1+l_2)}{h\sigma_b}} = \sqrt{\frac{6\times 4\times 10^3(30+30)}{10\times 70}} = 45.3 \fallingdotseq 50(\text{mm})$$

불완전 용접부를 고려하여 약 5mm 정도 부가하여 $l \fallingdotseq 50$mm로 결정한다.

2. 필렛 용접 이음

[1] 겹치기 용접 이음

(1) 앞면 필렛 용접 이음

필렛 용접(fillet weld)에서 용접을 앞면 또는 전면(前面) 용접이라 한다(그림 5-20).

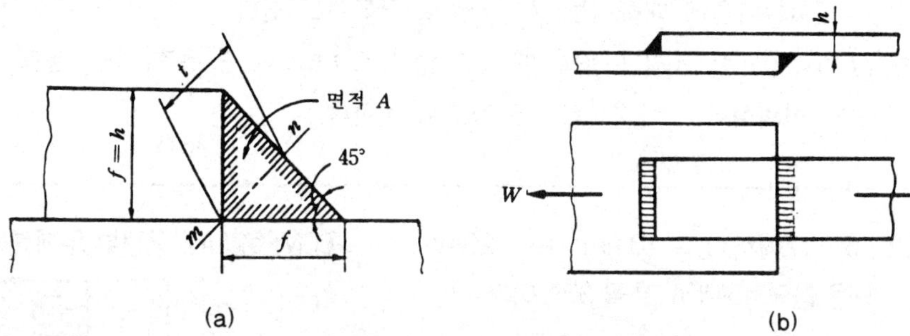

그림 5-20. 앞면 필렛 용접 이음(1)

① 목두께 : 길이 f를 일변으로 하는 직각 2등변 3각형을 생각할 때, 목두께(t)는

$$\left.\begin{aligned} t &= 0.4f \ (\text{오목형 용접}) \\ &= f\cos 45° = \frac{f}{\sqrt{2}} = \frac{f}{1.414} = 0.707f \ (\text{볼록형 용접}) \end{aligned}\right\} \quad (5-6)$$

로 되고, 만일 f를 모재의 두께 h와 같게 했을 때($f=h$)는 다음과 같이 구한다.

$$t = 0.707h \quad (5-7)$$

② 하 중

a. 용접부가 한쪽일 때 : 그림 5-21에서 판의 면적과 45° 각도를 이루는 목 단면 내의 응력은 균일하게 분포하고, 방향은 하중 W에 평행한 것으로 가정할 때, 하 중 W를 목단면의 수직 하중(W_n)과 수평 하중(W_s)으로 분해하면 다음과 같다.

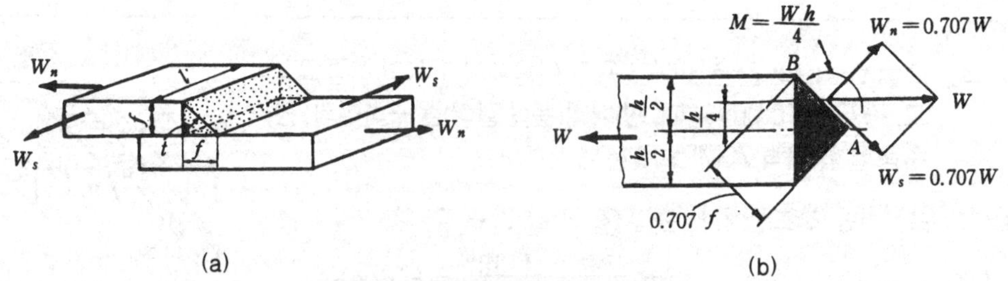

그림 5-21. 앞면 필렛 용접 이음(2)

$$\left.\begin{aligned} W_n &= W\sin 45° = 0.707W \ (\text{인장력}) \\ W_s &= W\cos 45° = 0.707W \ (\text{전단력}) \end{aligned}\right\} \quad (5-8)$$

일반적으로 인장 강도에 파단 면적을 곱 한(W를 목 단면적으로 나눈 응력) 다음의 식을 사용한다.

$$W = \frac{\sigma_t fl}{1.414} = \frac{\tau fl}{1.414} \quad (5-9)$$

b. **용접부가 위, 아래일 때** : 그림 5-22와 같이 작용 하중은 $W/2$로 되어 목단면의 수직 하중(W_n)과 **수평 하중**(W_s)은 다음과 같이 된다.

$$\left.\begin{aligned} W_n &= \frac{W}{2}\sin 45° = 0.707\frac{W}{2} \text{ (인장력)} \\ W_s &= \frac{W}{2}\cos 45° = 0.707\frac{W}{2} \text{ (전단력)} \end{aligned}\right\} \quad (5-10)$$

c. **용접부가 양쪽일 때** : 그림 5-23의 경우에는 2배의 강도를 갖게 되므로, 수평 하중(W)은 다음과 같다.

$$W = \frac{\sigma_t fl}{0.707} \quad (5-11)$$

이상에서 $\sigma_{max} = \frac{1.618W}{fl}$로 나타낼 수 있으므로, 이론상으로 판에 가할 수 있는 **최대 파단 하중**(W_{max})은 다음과 같다.

$$W_{max} = \frac{\sigma_{max} fl}{1.618} \quad (5-12)$$

③ 응 력

a. **용접부가 위, 아래일 때** : 그림 5-22에서 목 단면에 생기는 응력의 분포는 단면 상 일정하기 때문에 AB면상에 작용하는 **인장 응력**(σ_t), **전단 응력**(τ), **굽힘 응력**(σ_b)은 각각 다음과 같다.

$$\sigma_t = \frac{0.707W}{fl} \quad (5-13)$$

$$\tau = \frac{W}{2fl} \quad (5-14)$$

$$\sigma_b = \frac{2W}{fl} \quad (5-15)$$

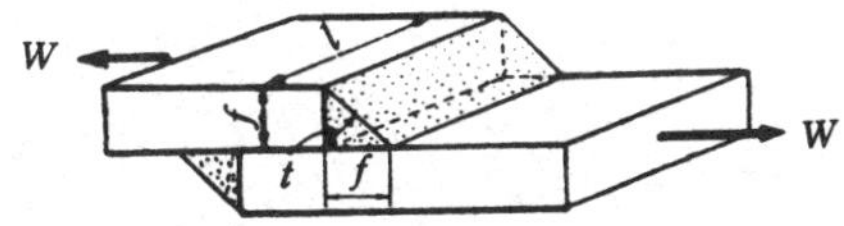

그림 5-22. 앞면 필렛

만일, 그림 5-23과 같이 용접이 상하로 된 경우에는 2배의 강도를 갖게 되므로, 다음과 같이 된다. 따라서 재료 역학 응력설에 따라 **최대 주 응력**(σ_{max})은 $M = Wf/4$를 무시할 때

$$\left.\begin{aligned} &\frac{\sigma_t}{2} + \frac{1}{2}\sqrt{\sigma_t^2 + 4\tau^2} \\ &\tau_{max} = \frac{1}{2}\sqrt{\sigma_t^2 + 4\tau^2} \end{aligned}\right\} \quad (5-16)$$

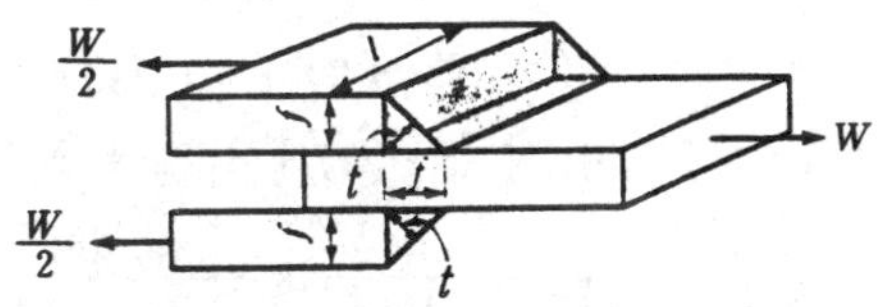

그림 5-23

로 되고, 용착면에 생기는 인장 응력과 전단 응력을 같게 보았을 때, 다음과 같이 된다.

$$\sigma_t(\tau) = \frac{1.414W}{fl} \qquad (5-17)$$

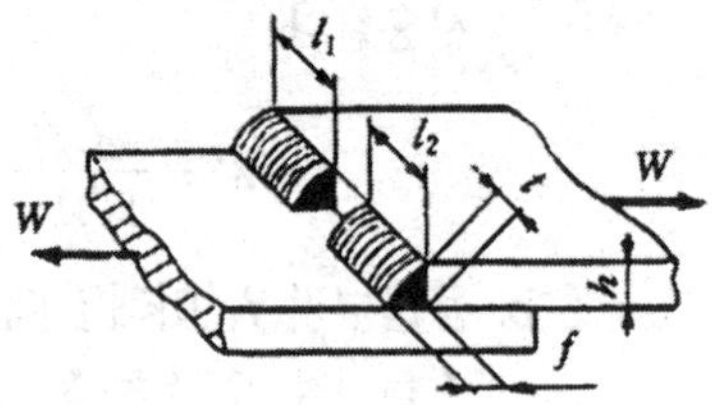

그림 5-24

로 되고, 따라서 위 식 (5-17)에서 전체 응력(σ_{max})은 다음과 같이 된다.

$$\sigma_{max} = \frac{1.414W}{fl} + \frac{2W}{fl} = \frac{3.414W}{fl} \qquad (5-18)$$

b. 단속 용접과 판 두께가 다를 때 : 그림 5-24와 같이 단속(斷續) 용접(용접 길이 가 다를 때) 또는 판 두께가 다른 용접에 대하여 용착면에 생기는 인장 응력(σ_t) 과 전단 응력(τ)을 같게 보았을 때, 다음과 같이

$$\sigma_t(\tau) = \frac{0.707W}{fl} \qquad (5-19)$$

로 되고, 위 식에서 $l = l_1 + l_2$ 로 구한다.

(2) 옆면 필렛 용접 이음

그림 5-25와 같이 옆면(또는 측면) 필렛을 갖는 겹치기 이음에서 인장 하중이 작용하면서 용착 금속 내에는 전단 응력이 발생하지만 실제로는 용착 금속 및 판 내에 발생되는 응력의 분포가 균일하기 않고, 쌍곡선 함수의 형이 된다.

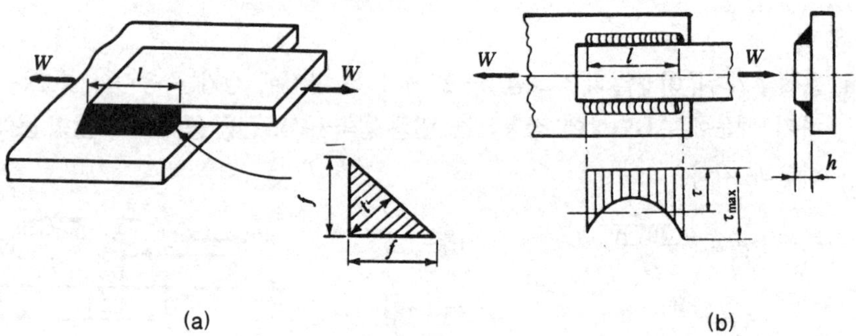

그림 5-25. 옆면 필렛 용접 이음

옆면 용접 이음의 경우에는 목 단면에 응력이 작용하므로, 목 단면적(A)은

$$A = 2tl = 2 \times 0.707fl = 1.414fl \qquad (5-20)$$

로 되고, 용착 금속에 전단력이 작용할 때, 하중(W)은

$$W = A\tau = 2tl\tau = 1.414fl\tau \qquad (5-21)$$

로 구하고, 위 식 (5-21)에서 평균 전단 응력(τ)은

$$\tau = \frac{W}{1.414fl} = \frac{0.707W}{lf} \qquad (5-22)$$

로 된다. 일반적으로 전단 강도는 인장 강도의 약 80%이다.

예제 5-4 그림 5-26과 같이 200kN의 하중을 받는 겹치기 앞면 필렛 용접 이음에서 판 두께 15mm일 때, 용접의 유효 길이를 구하여라. 단, 허용 응력 60N/mm²이다.

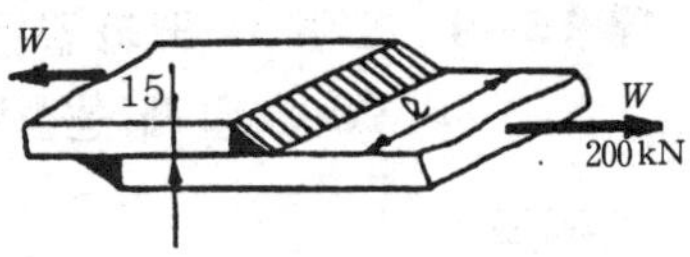

그림 5-26

Solution

$$l = \frac{0.707W}{f\sigma_t} = \frac{0.707 \times 200 \times 10^3}{15 \times 60} = 157(\text{mm})$$

예제 5-5 그림 5-27과 같이 60kN의 하중을 받는 옆면 필렛 용접 이음에서 판 두께 15 mm일 때, 용접선의 길이를 구하여라. 단, 허용 전단 응력 40MPa, 이음 효율 80%이다.

Solution 리벳 이음 효율 80%이므로, 전단 응력(τ)은

$$\tau = \frac{\tau_a}{\eta} = \frac{40}{0.8} = 50(\text{MPa})$$

$$\therefore l = \frac{0.707W}{h\tau} = \frac{0.707 \times 60 \times 10^3}{15 \times 50}$$

$$\fallingdotseq 71(\text{mm})$$

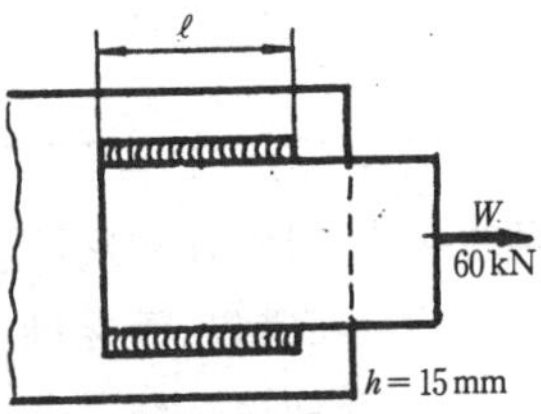

그림 5-27

예제 5-6 그림 5-28의 앞면 필렛 용접 이음에서 20kN의 직각 하중을 받고, 용접 길이 80mm일 때, 판 두께를 구하여라. 단, 판의 허용 응력 20MPa이다.

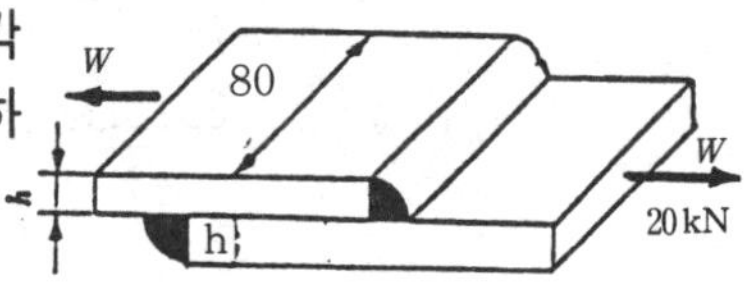

그림 5-28

Solution

$$h = \frac{0.707W}{l\sigma_t} = \frac{0.707 \times 20 \times 10^3}{80 \times 20} = 8.8(\text{mm})$$

예제 5-7 그림 5-29와 같은 앞면 필렛 용접 이음에서 판 두께 14mm , 용접 길이 140mm일 때, 허용 하중을 구하여라. 단, 허용 전단 응력 50MPa이다.

Solution 방법 ① $W = 1.414fl\tau$

$$= 1.414 \times 14 \times 140 \times 50 = 138.6(\text{kN})$$

방법 ② $W = \dfrac{fl\tau}{0.707} = \dfrac{14 \times 140 \times 50}{0.707} = 138.6(\text{kN})$

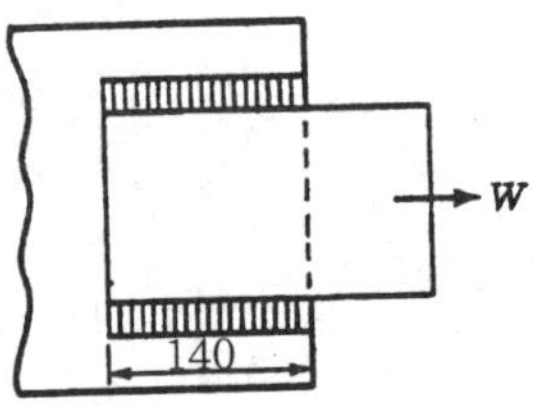

그림 5-29

예제 5-8 그림 5-30의 앞면 필렛 용접 이음에서 A와 B 용접부에 생기는 인장 허용 하중을 구하여라. 단, 판의 인장 응력 20MPa이다.

Solution (1) $W_A = 0.707(h_1 + h_2)l\sigma_t$

$$= 0.707(4+6) \times 100 \times 20 = 14140(\text{N})$$

(2) $W_B = 0.707\dfrac{h_3(h_1+h_2)l}{h_2}\sigma_t$

$$= 0.707 \times 20 \times \frac{(4+6) \times 100}{6} \times 5 \fallingdotseq 11780(\text{N})$$

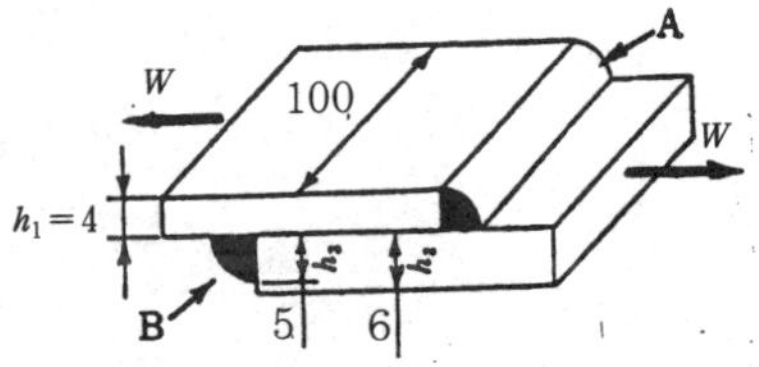

그림 5-30

예제 5-9 그림 5-31과 같은 앞면 필렛 용접 이음에서 40kN의 하중을 받고, 판 두께 10mm, 판 나비 90mm일 때, 용접부에 생기는 인장 응력을 구하여라.

Solution

방법 ① $\sigma_t = \frac{0.707W}{hl} = \frac{0.707 \times 40 \times 10^3}{10 \times 90}$

$= 31.4(\text{MPa})$

방법 ② 용접부의 목 단면적(A)은

$A = 1.414hl = 1.414 \times 10 \times 90 \fallingdotseq 1273(\text{mm}^2)$

$\therefore \sigma_t = \frac{W}{A} = \frac{40 \times 10^3}{1273} \fallingdotseq 31.4(\text{MPa})$

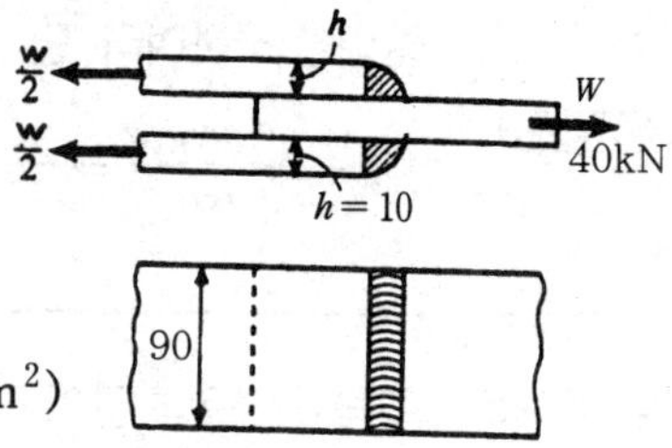

그림 5-31

예제 5-10 그림 5-32와 같은 한쪽 필렛 용접이음에서 하중 50kN, 판 두께 10mm, 용접 길이 120mm 일 때, 인장 응력과 최대 응력을 구하여라.

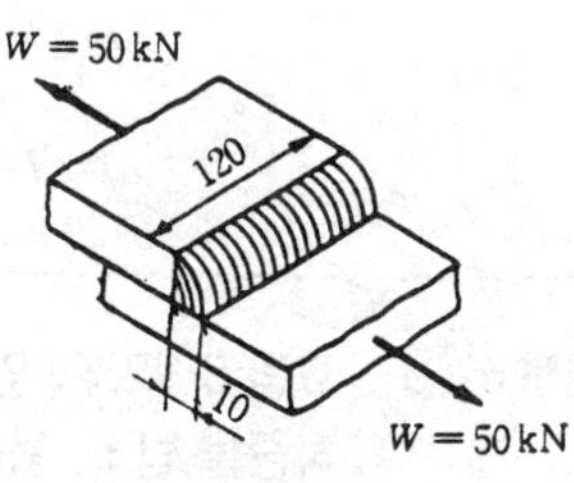

그림 5-32

Solution

(1) $\sigma_t = \frac{1.414W}{fl} = \frac{1.414 \times 50 \times 10^3}{10 \times 120} = 59(\text{MPa})$

(2) $\sigma_{max} = \frac{3.414W}{fl} = \frac{3.414 \times 50 \times 10^3}{10 \times 120} = 142(\text{MPa})$

예제 5-11 그림 5-33과 같은 앞면 필렛 용접 이음에서 하중 50kN, 용접 사이즈 10mm, 용접 길이 120mm일 때, 용접부의 다음을 구하여라.

(1) 인장 응력(σ_t) (2) 전단 응력(τ)

(3) 최대 주응력(σ_{max} , τ_{max})

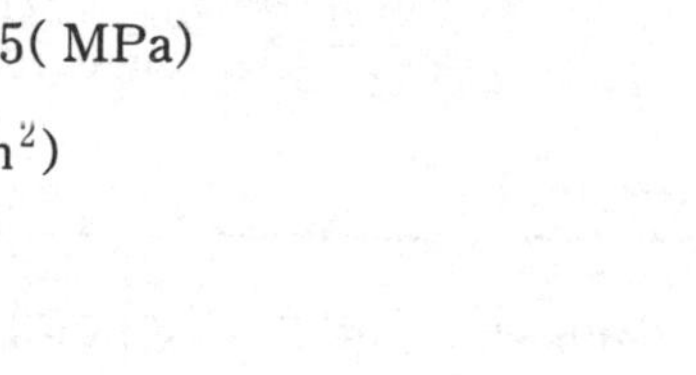

그림 5-33

Solution

(1) 방법 ① $\sigma_t = \frac{0.707W}{fl} = \frac{0.707 \times 50 \times 10^3}{10 \times 120} \fallingdotseq 29.5(\text{MPa})$

방법 ② $A = 1.414fl = 1.414 \times 10 \times 120 \fallingdotseq 1697(\text{mm}^2)$

$\therefore \sigma_t = \frac{W}{A} = \frac{50 \times 10^3}{1697} \fallingdotseq 29.5(\text{MPa})$

(2) $\tau = \frac{W}{2fl} = \frac{50 \times 10^3}{2 \times 10 \times 120} = 20.8(\text{MPa})$

(3) $\sigma_{max} = \frac{1}{2}\sigma_t + \frac{1}{2}\sqrt{\sigma_t^2 + 4\tau^2} = \frac{1}{2} \times 29.5 + \frac{1}{2}\sqrt{29.5^2 + 4 \times 20.8^2} = 40.25(\text{MPa})$

$\tau_{max} = \frac{1}{2}\sqrt{\sigma_t^2 + 4\tau^2} = \frac{1}{2}\sqrt{29.5^2 + 4 \times 20.8^2} = 25.5(\text{MPa})$

3. T형 용접 이음

강(鋼) 구조물의 용접 이음에는 일반적으로 T형 용접 이음이 많이 사용된다.

[1] 평판 T형 이음

(1) 용접선에 수직 하중(W_1)이 작용할 때

① 인장 응력 : 그림 5－34와 같이 하중에 대한 저항면은 $t \times l$, 이것을 W_1에 수직 방향으로 회전 시킨 그림 (b)의 전개도에 수직으로 W가 작용하는 것으로 생각한다.

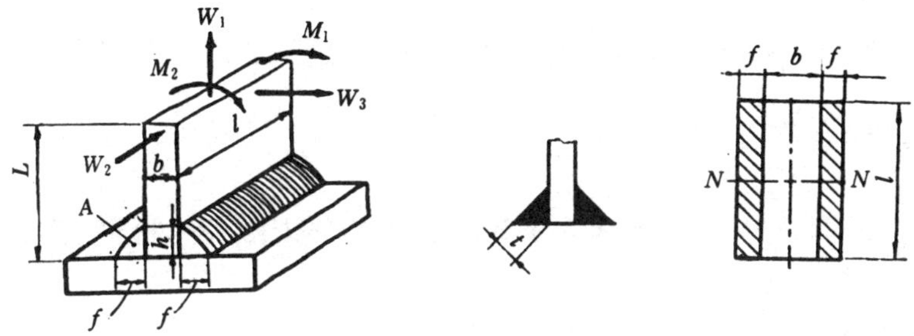

(a) (b) A부상세 (c)

그림 5－34. T형 이음

즉, 목두께 $t = \frac{f}{\sqrt{2}} = 0.707f$로 되므로, 그림 (b)와 같이 양측의 면적은 $2tl$이 된다. 따라서 이 때의 인장 응력(σ_t)은 다음과 같이 된다.

$$\sigma_t = \frac{W_1}{2tl} = \frac{W_1}{2 \times 0.707fl} = \frac{0.707W_1}{fl} \tag{5-23}$$

② 하중 : 위 식 (5－23)에서 수직 하중(W_1)은 다음과 같이 된다.

$$W_1 = 2tl\sigma_t = 1.414fl\sigma_t = \frac{fl\sigma_t}{0.707} \tag{5-24}$$

(2) 용접선에 평행 하중(W_2)이 작용할 때

① 응력 : 그림 5－34에서 용접부의 살 두께는 $f\sin 45°$로 되고, 용접부에 받는 전단 응력(τ)과 굽힘 응력(σ_b)은 다음과 같이 구한다.

$$\tau = \frac{W_2}{2lf\sin 45°} = \frac{W_2}{2 \times 0.707fl} \tag{5-25}$$

$$\sigma_b = \frac{4.24W_2L}{fl^2} \tag{5-26}$$

② 하중 : 위 식 (5－25)에서 평행 하중(W_2)은 다음과 같다.

$$W_2 = 1.414fl\tau = \frac{fl\tau}{0.707} = \frac{tl\tau}{6L} \tag{5-27}$$

(3) 용접선에 직각 하중(W_3)이 작용할 때

① 응력 : 그림 5-34에서 용접선 직각 방향으로 하중이 작용할 때 **인장 응력**(σ_t)은

$$\sigma_t = \frac{W_3}{1.414fl}\sqrt{1+\left(\frac{2L}{b+f}\right)^2} \tag{5-28}$$

로 되고, 굽힘의 중립축에 대한 용접부의 단면 2차 모멘트 $I_Z = l(b_1{}^2 - b^3)/12$와 단면 계수 $Z = I_Z/(b_1/2)$을 고려할 때 **굽힘 응력**(σ_b)은

$$\sigma_b = \frac{M}{Z} = \frac{W_3L}{Z} \tag{5-29}$$

로 되며, 용접선 직각의 전단력 W_3가 작용할 때, **전단 응력**(τ)은 다음과 같다.

$$\tau = \frac{0.707W_3}{fl} = \frac{W_3}{bl} \tag{5-30}$$

② 하중 : 식 (5-28)~식 (5-30)에서 용접선에 **직각 하중**(W_3)은 다음과 같다.

$$W_3 = \frac{1.414fl\sigma_t}{\sqrt{1+\left(\frac{2L}{b+f}\right)^2}} = \frac{b^2l\sigma_b}{6L} = \frac{fl\tau}{0.707} \tag{5-31}$$

(4) 용접선에 평행한 M_1 이 작용할 때

① 모멘트 : 그림 5-34에서 용접선에 평행한 **굽힘 모멘트** M_1 이 작용할 때, 그림 (b)의 전개도가 굽힘 모멘트를 지지하는 것으로 볼 때, 면의 중립축 NN에 관한 단면 2차 모멘트로부터 단면 계수 $Z=2\times\frac{tl^2}{6} = \frac{0.707fl^2}{3}$으로 되고, $t=0.707f$ 로 할 때, 굽힘 모멘트(M_1)는 다음과 같이 된다.

$$M_1 = \frac{1.414fl^2}{6}\sigma_t = 0.23fl^2\sigma_t \tag{5-32}$$

② 응력 : 용접부의 형태에 따라 용접부에 생기는 **굽힘 응력**(σ_b)은

$$\sigma_b = \frac{M}{Z} = \frac{3M_1}{0.707fl^2} = \frac{4.24M_1}{fl^2}(\text{볼록형}) = \frac{3M_1}{fl^2}(\text{오목형}) \tag{5-33}$$

로 되고, 인장 응력과 굽힘 응력을 고려한 **합성 응력**(σ_R)은 다음과 같이 구한다.

$$\sigma_R = \sigma_t + \sigma_b \tag{5-34}$$

위 합성 응력(σ_R)은 일반적으로 허용 응력(σ_a)의 값보다 작게 취한다.

(5) 용접선에 직각인 M_2 가 작용할 때

① 모멘트 : 그림 5-34와 같이 용접선에 직각으로 굽힘 모멘트(M_2)가 작용할 때, 용접부의 단면 계수(Z)는

$$Z=\frac{l}{6}\,\frac{(1.414f+b)^3-b^3}{(1.414f+b)} \tag{5-35}$$

로 되고, 이 때에 직각 **굽힘 모멘트**(M_2)는 다음과 같이 된다.

$$\left.\begin{aligned} M_2 &= \sigma_b Z=\frac{l}{6}\,\frac{(1.414f+b)^3-b^3}{(1.414f+b)}\,\sigma_b \\ &=0.902\,lb^2\sigma_b(f=b\text{일 때}) \end{aligned}\right\} \tag{5-36}$$

② **응력** : 그림 5−34 (b)와 같이 용접부 좌, 우의 각각에 대한 중심의 $f/2$인 위치에 작용하는 반력 W_R일 때, 이 힘에 의하여 생기는 우력(偶力)과 굽힘 모멘트와의 평행 조건으로부터 $M_2=W_R(b+f)$로 되고, $W_R=\dfrac{M_2}{b+f}$ 가 되므로, 용접부에 생기 는 **굽힘 응력**(σ_b)은 다음과 같이 된다.

$$\left.\begin{aligned} \sigma_b &= \frac{W_R}{fl}=\frac{\sqrt{2}M_2}{fl(b+f)} \\ &=\frac{1.414M_2}{fl(b+f)}\ (\text{볼록형})=\frac{3bM_2}{fl(3b^2-6bf+4f^2)}\ (\text{오목형}) \end{aligned}\right\} \tag{5-37}$$

[2] 각주 T형 이음

그림 5−35와 같이 수직판의 4부분 둘레를 전부 용접한 각주(角柱) T형 이음에 대한 **굽힘 응력**(σ), **전단 응력**(τ), **하중**(W), **굽힘 모멘트**(M)는 각각 다음과 같이 구한다.

$$\left.\begin{aligned} \sigma_1 &= \frac{W}{2f(l+b-2f)} \\ \sigma_2 &= \frac{6M_1 b}{lb^3-(l-2f)(b-2f)^3} \\ \sigma_3 &= \frac{6M_2 l}{l^3 b-(l-2f)^3(b-2f)} \\ \sigma_4 &= \frac{4.24M_2}{f[b^2+3l(b+f)]} \\ \tau &= \frac{M_2}{2(l-f)(b-f)f} \end{aligned}\right\} \tag{5-38}$$

$$\left.\begin{aligned} W &= fl\sigma_t(2\text{면 용접일 때}) \\ &=2f(l+b-2f)\sigma_t(4\text{면 용접일 때}) \end{aligned}\right\} \tag{5-39}$$

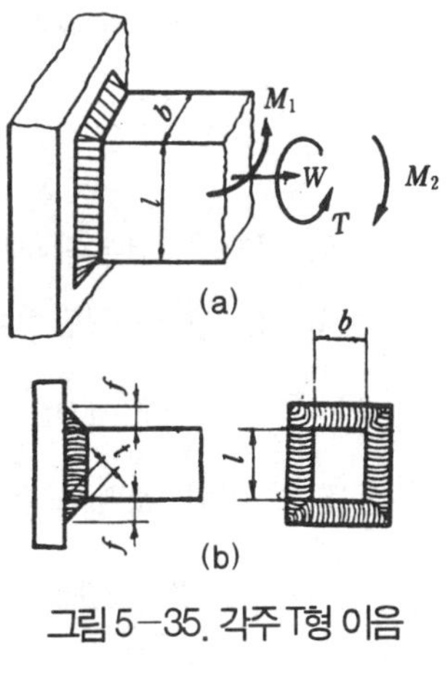

그림 5−35. 각주 T형 이음

$$M=Z\sigma_b=\frac{(b+1.414f)(l+1.414f)^3-bl^3}{6(l+1.414f)}\,\sigma_b \tag{5-40}$$

[3] 원주 T형 이음

(1) 한쪽 이음일 때

① 단면 계수 : 그림 5－36 (a)에서와 같이 굽힘 모멘트(M)가 작용할 때

$$Z=\frac{\pi}{32}\frac{(D+2t)^4-D^4}{D+2t} \tag{5-41}$$

로 되고, D 에 비하여 t 가 작을 때 근사식을 유도한 단면 계수는 다음과 같다.

$$Z=\frac{\pi}{32}\times 8tD^2=\frac{\pi D^2 t}{4} \tag{5-42}$$

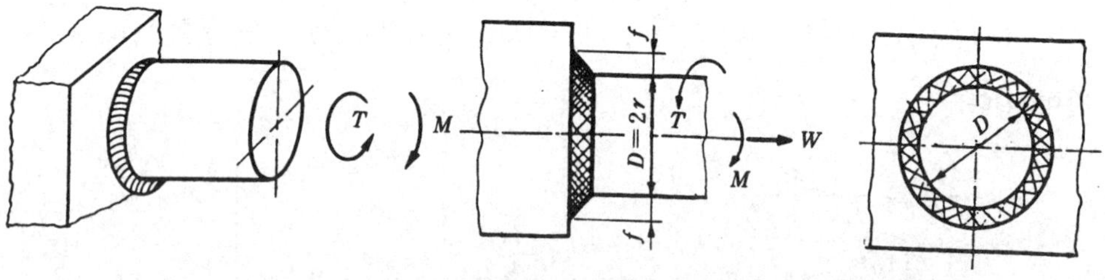

그림 5－36. 원주 한쪽 이음

② 하중 : 그림 5－36과 같이 원주의 둘레에 용접 이음한 곳에서 원형 단면은 필렛 용접을 하므로, 인장 하중(W)은 다음과 같이 구한다.

$$W=\frac{\pi}{4}[(D+1.414f)^2-D^2]\sigma_t \tag{5-43}$$

③ 응력 : 식 (5－43)에서 인장 응력(σ_t)은

$$\sigma_t=\frac{W}{A}=\frac{W}{\frac{\pi}{4}[(D+1.414)^2-D^2]} \tag{5-44}$$

로 되고, 용접부에 생기는 응력의 상태는 비틀림 모멘트(T)가 작용할 때, 목 단면에 따라 $W=2T/D$ 인 전단력이 작용한다. 고로 전단 응력(τ)은 목 단면적을 근사적으로 πDt 로 나타내므로 $\tau=W/\pi Dt$ 이고, 이 식에 $W=2T/D$ 를 대입하면 $\tau=\frac{2T}{\pi D^2 t}$ 가 되며, $t=\frac{f}{1.414}$ 이므로, 전단 응력(τ)은

$$\tau=\frac{2\times\sqrt{2}\,T}{\pi D^2 f}=\frac{2.83T}{\pi D^2 f}=\frac{W}{A}=\frac{W}{0.707fD\pi} \tag{5-45}$$

로 된다. 또 위 식 (5－43)에서 $t=\frac{f}{1.414}$ 를 대입하면

$$\sigma_b=\frac{M}{Z}=\frac{32(D+1.414f)M}{\pi[(D+1.414f)^4-D^4]} \tag{5-46}$$

로 되고, 위와 같이 $t=\frac{f}{1.414}$ 를 대입하면 굽힘 응력(σ_b)은 다음과 같다.

$$\sigma_b = \frac{M}{Z} = \frac{4M}{\pi D^2 t} = \frac{4\times\sqrt{2}M}{\pi D^2 f} = \frac{5.66M}{\pi D^2 f} \tag{5-47}$$

또한, 굽힘 응력과 전단 응력을 고려할 때, 합성 응력($\sigma_{\max}$)은

$$\sigma_{\max} = \sqrt{\sigma_b{}^2 + \tau^2} \tag{5-48}$$

로 되고, 비틀림 응력(τ)은 다음과 같이 된다.

$$\tau = \frac{T\, r_{\max}}{I_P} = \frac{T(D+1.414f)/2}{\frac{\pi}{32}[(D+1.414f)^2 - D^4)]} \tag{5-49}$$

(2) 양쪽 이음일 때

① **회전력** : 그림 5－37과 같이 원주 양 둘레에 필렛 용접 이음을 했을 때, 용접부가 받는 회전력은 림 부보다 보스 부가 더 크므로 보스부 회전력(W)은 다음과 같다.

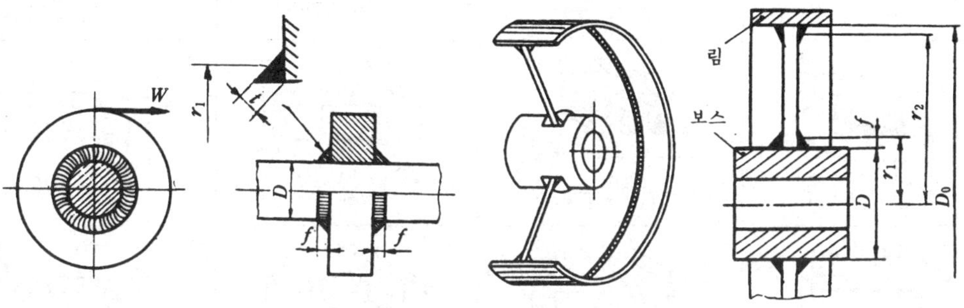

(a) (b) (c)

그림 5－37. 원주 양쪽 이음

$$W = \frac{T}{r_1} \tag{5-50}$$

② **회전 토크** : 하중(W)과 반지름(r_1)을 고려한 회전 토크(T)는 다음과 같다.

$$\left.\begin{aligned} T &= Z_p\tau_a = \frac{\pi}{16}d^3\tau_a = Wr_1 \\ &= \frac{\pi}{32}\frac{2}{D+1.414f}[(D+1.414f)^4 - D^4]\tau \end{aligned}\right\} \tag{5-51}$$

③ **반지름** : 보스와 림에서 접촉부까지의 반지름(r_1, r_2)은 다음과 같다.

$$\left.\begin{aligned} r_1 &= \frac{D}{2} + \frac{f}{4} \\ r_2 &= \frac{D_0}{2} - \frac{f}{4} \end{aligned}\right\} \tag{5-52}$$

④ **응력** : 하중(W)과 단면적을 고려할 때, 평균 전단 응력(τ)은 다음과 같다.

$$\tau = \frac{W}{0.707fl} = \frac{W}{0.707f\,2\pi r_1\times 2} = \frac{2.83T}{\pi D^2 f} \tag{5-53}$$

표 5-4. 용접 이음의 응력 계산식(C. H. Jennings)

(1)  $\sigma=\frac{W}{tl}$	(2) 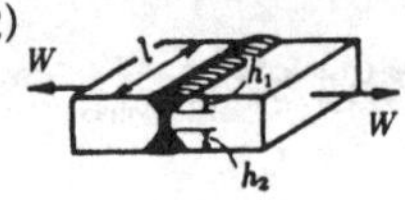 $\sigma=\frac{W}{(h_1+h_2)l}$	(3)  $\sigma_b=\frac{6M}{lt^2}$	(4) 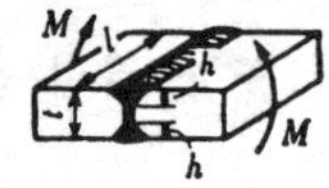 $\sigma_b=\frac{3tM}{lh(3t^2-6th+4h^2)}$
(5) 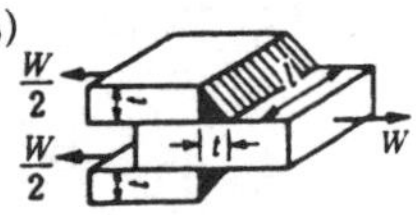 $\sigma=\frac{0.707W}{tl}$	(6) 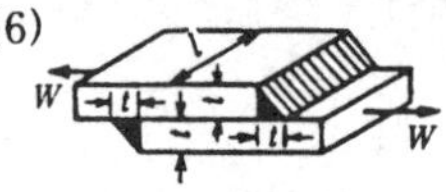 판두께가 같을 때 $\sigma=\frac{0.707W}{tl}$	(7)  A, B의 응력이 같을 때 $\sigma=\frac{1.414W}{(t_1+t_2)l}$	(8)  A $\sigma=\frac{1.414W}{(t_1+t_2)l}$ B $\sigma=\frac{1.414Wt_2}{hl(t_1+t_2)}$
(9) 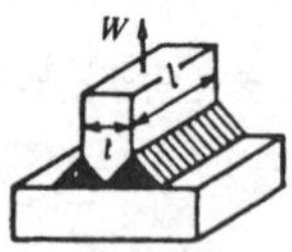 $\sigma=\frac{W}{tl}$	(10) 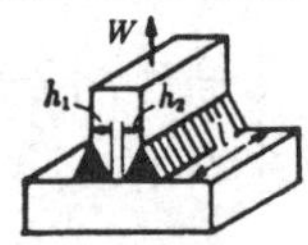 $\sigma=\frac{W}{(h_1+h_2)l}$	(11) 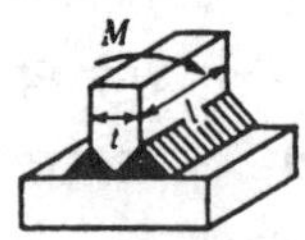 $\sigma_b=\frac{6M}{lt^2}$	(12) 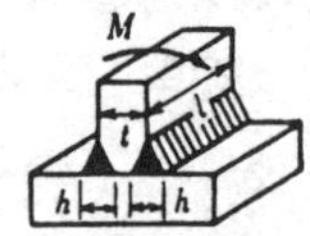 $\sigma_b=\frac{3tM}{lh(3t^2-6th+4h^2)}$
(13) 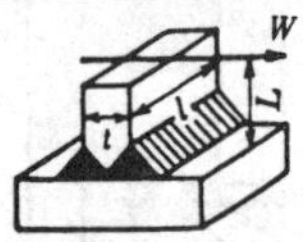 $\sigma_b=\frac{6WL}{lt^2}$ $\tau=\frac{W}{lt}$	(14) 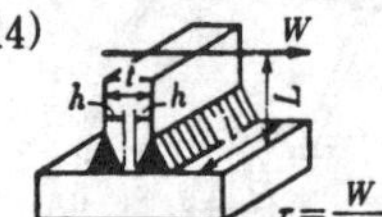 $\tau=\frac{W}{2lh}$ $\sigma_b=\frac{3tWL}{lh(3t^2-6th+4h^2)}$	(15) 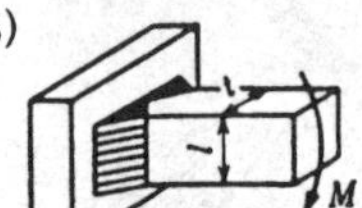 $\sigma_b=\frac{6M}{tl^2}$	(16) 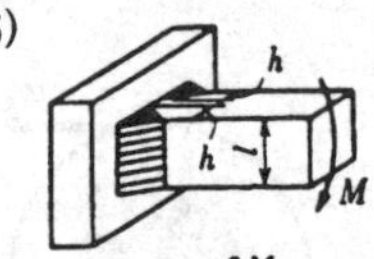 $\sigma_b=\frac{3M}{hl^2}$
(17) 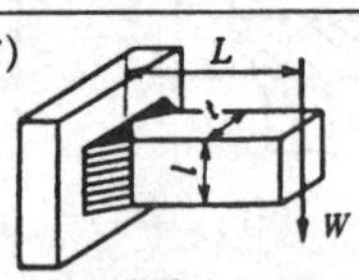 $\sigma_b=\frac{6WL}{tl^2}$ $\tau=\frac{W}{tl}$	(18) 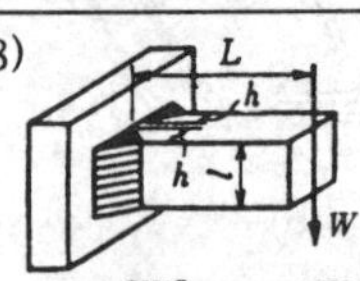 $\sigma_b=\frac{3WL}{hl^2}$ $\tau=\frac{W}{2hl}$	(19) 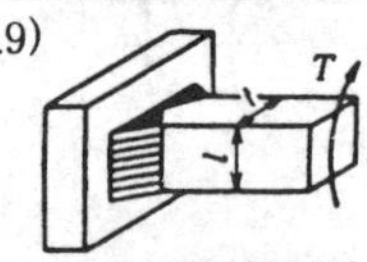 $\tau=\frac{T(3l+1.8t)}{t^2 l^2}$	(20) 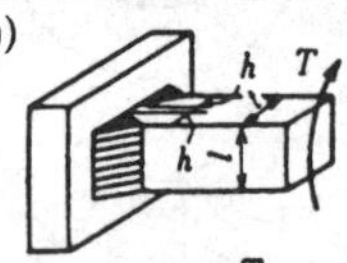 $\tau=\frac{T}{2(t-h)(l-h)h}$
(21) 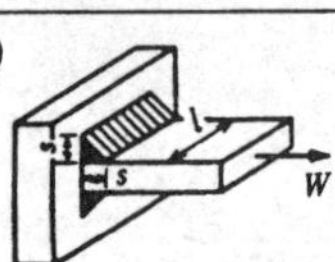 $\sigma=\frac{0.707W}{sl}$	(22) 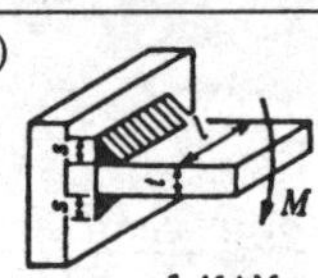 $\sigma_b=\frac{1.414M}{sl(t+s)}$	(23) 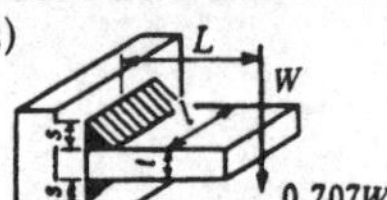 Ave. $\tau=\frac{0.707W}{sl}$ Max. $\sigma=\frac{W}{sl(t+s)}\sqrt{2L^2+\frac{(t+s)^2}{2}}$	(24) 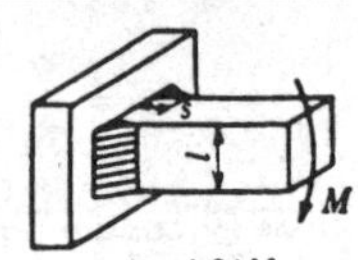 $\sigma_b=\frac{4.24M}{sl^2}$
(25) 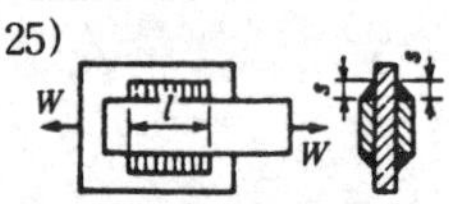 $\tau=\frac{0.354W}{sl}$	(26) 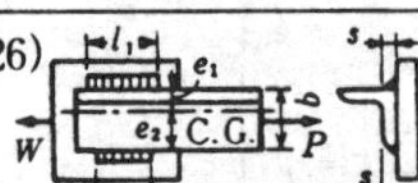 $\tau=\frac{1.414W}{s(l_1+l_2)}$ $l_1=\frac{1.414We_2}{\tau sb}$ $l_2=\frac{1.414We_1}{\tau sb}$	(27) 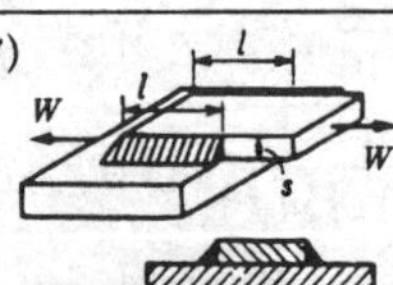 $\tau=\frac{0.707W}{sl}$	(28) 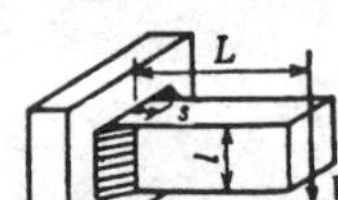 Ave. $\tau=\frac{0.707W}{sl}$ Max. $\sigma_b=\frac{4.24WL}{sl^2}$
(29) 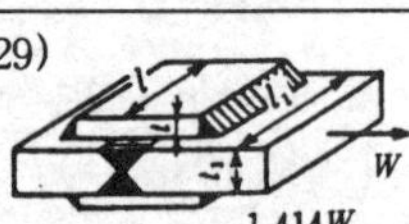 겹치기부분 $\sigma=\frac{1.414W}{2tl+t_1l_1}$ 맞대기부분 $\sigma=\frac{W}{2tl+t_1l_1}$	(30) 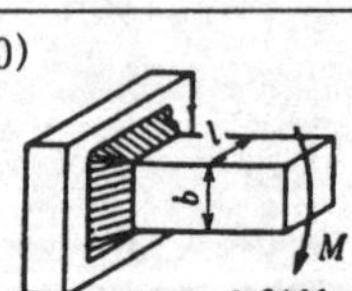 $\sigma_b=\frac{4.24M}{s[b^2+3l(b+s)]}$	(31) 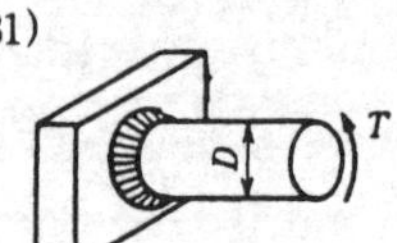 $\tau=\frac{2.83T}{sD^2\pi}$	(32) 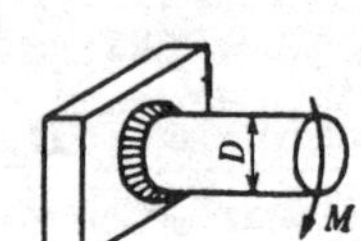 $\sigma_b=\frac{5.66M}{sD^2\pi}$

예제 5-12 그림 5-38과 같은 T형 용접 이음에서 각 방향의 하중 $W_1 =$ 20kN, $W_2 =$ 10kN, $W_3 =$ 15kN이고, 판 두께 30mm, 용접 길이 100mm, 판 높이 120mm, 용접 사이즈 10mm 일 때, 다음을 구하여라.

(1) 하중 W_1에 대한 인장 응력(σ_t)
(2) 하중 W_2에 대한 전단 응력(τ)
(3) 하중 W_2에 대한 굽힘 응력(σ_b)
(4) 하중 W_3에 대한 굽힘 응력(σ_b)
(5) 하중 W_3에 대한 인장 응력(σ_t)
(6) 하중 W_3에 대한 전단 응력(τ)

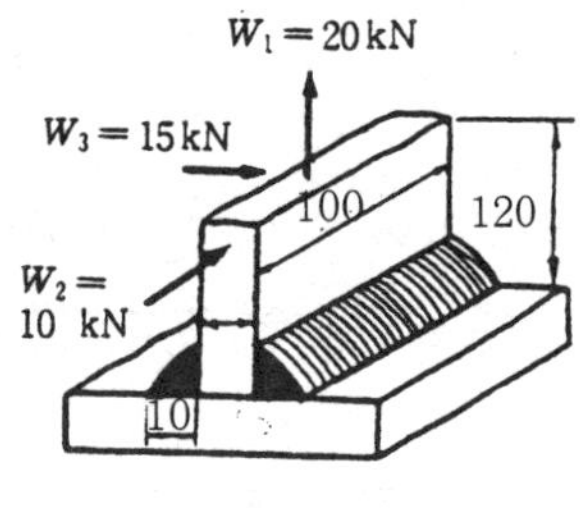

그림 5-38

Solution

(1) $\sigma_t = \dfrac{0.707\,W_1}{fl} = \dfrac{0.707 \times 20 \times 10^3}{10 \times 100} = 14(\text{MPa})$

(2) $\tau = \dfrac{W_2}{1.414fl} = \dfrac{10 \times 10^3}{1.414 \times 10 \times 100} = 7\,(\text{MPa})$

(3) $\sigma_b = \dfrac{4.24\,W_2 L}{fl^2} = \dfrac{4.24 \times 10 \times 10^3 \times 120}{10 \times 100^2} \fallingdotseq 51\,(\text{MPa})$

(4) $t = 0.707f = 0.707 \times 10 = 7.07(\text{mm})$

그림 5-39에서 b_1의 길이는

$b_1 = b + 2t = 30 + 2 \times 7.07 = 44.14(\text{mm})$

굽힘의 중립축에 대한 용접부 단면 2차 모멘트(I_Z)는

$$I_Z = \frac{l(b_1^3 - b^3)}{12} = \frac{100 \times (44.14^3 - 30^3)}{12} = 491664.25(\text{mm}^4)$$

$$Z = \frac{I_Z}{b_1/2} = \frac{I_Z}{44.14/2} = \frac{491664.25}{22.07} = 22277.5(\text{mm}^3) \fallingdotseq 22(\text{m}^3)$$

$$\therefore \sigma_b = \frac{M}{Z} = \frac{W_3 L}{Z} = \frac{15 \times 120}{22} \fallingdotseq 82(\text{MPa})$$

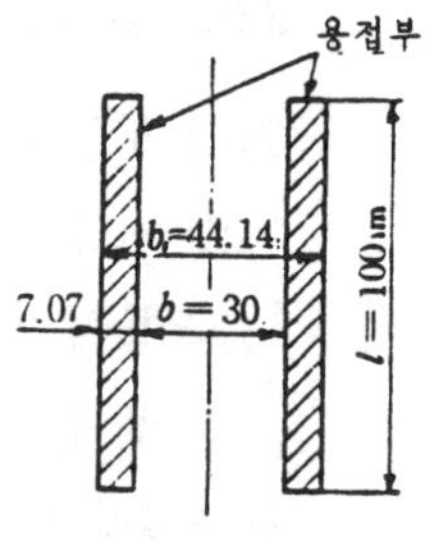

그림 5-39

(5) $\sigma_t = \dfrac{W_3}{1.414fl}\sqrt{1 + \left(\dfrac{2L}{b+f}\right)^2}$

$= \dfrac{15 \times 10^3}{1.414 \times 10 \times 100} \times \sqrt{1 + \left(\dfrac{2 \times 120}{30 + 10}\right)^2} \fallingdotseq 64.5(\text{MPa})$

(6) $\tau = \dfrac{0.707\,W_3}{fl} = \dfrac{0.707 \times 15 \times 10^3}{10 \times 100} = 10.6(\text{MPa})$

예제 5-13 그림 5-40과 같은 각주 T형 필렛 용접 이음에서 용접 사이즈 10mm, 나비 100mm, 길이 200mm일 때, 다음을 구하여라. 단, 용접부의 허용 굽힘 응력 80MPa 이다.

(1) 굽힘 응력(σ_b)
(2) 전단 응력(τ)

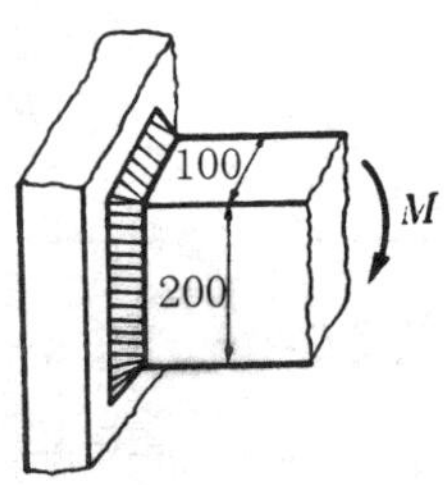

그림 5-40

Solution (1) 각주 T형 필렛 용접 이음에 대한 굽힘 모멘트(M)는

$$M = \frac{(b+1.414f)(l+1.414f)^3 - bl^3}{6(l+1.414f)}\sigma_b$$

$$= \frac{(100+1.414\times10)(200+1.414\times10)^3 - 100\times200^3}{6(200+1.414\times10)}\times80 = 15233(\text{N}\cdot\text{m})$$

$$\therefore \sigma_b = \frac{6Mb}{b^3l-(l-2f)(b-2f)^3}$$

$$= \frac{6\times15233\times10^3\times100}{100^3\times200-(200-2\times10)(100-2\times10)^3} = 84.75(\text{MPa})$$

(2) $$\tau = \frac{M}{2(l-f)(b-f)f} = \frac{15233\times10^3}{2\times(200-10)(100-10)\times10} = 44.5(\text{MPa})$$

예제 5-14 그림 5-41과 같은 원주 T형 용접 이음에서 하중 10kN, 봉의 길이 200mm, 축의 지름 50mm 일 때, 다음을 구하여라. 단, 인장 응력 80MPa, f=5mm이다.

(1) 하중 W_1에 의한 직접 전단 응력(τ_1)
(2) 하중 W 에 의한 굽힘 응력(σ_b)
(3) 봉의 인장 하중(W_2)
(4) 용접부에 생기는 합성 응력(σ_{max})

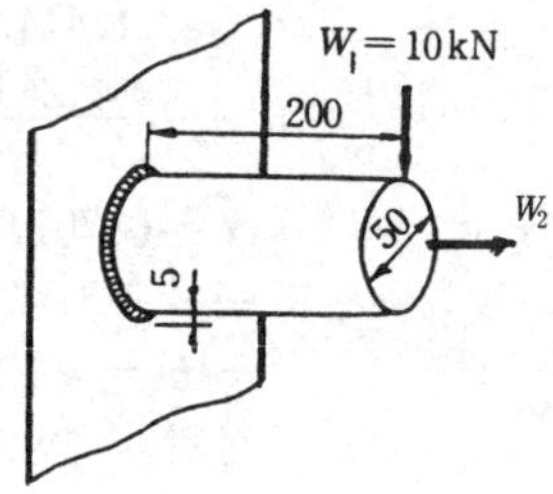

그림 5-41

Solution (1) 용접부의 단면적(A : 한쪽 원주 이음일 때)은

$A = 0.707f\pi D = 0.707\times5\times\pi\times50 ≒ 555(\text{mm}^2)$

$$\therefore \tau_1 = \frac{W_1}{A} = \frac{10\times10^3}{555} ≒ 18(\text{MPa})$$

(2) $t = 0.707f = 0.707\times5 = 3.535(\text{mm})$

$$Z = \frac{\pi}{32}\frac{(D+2t)^4 - D^4}{D+2t} = \frac{\pi}{32}\times\frac{(50+2\times3.535)^4-50^4}{50+2\times3.535} ≒ 7.4(\text{mm}^3)$$

$$\therefore \sigma_b = \frac{M}{Z} = \frac{W_1 l}{Z} = \frac{10\times200}{7.4} = 270(\text{MPa})$$

(3) $$W_2 = \frac{\pi}{4}[(D+1.414f)^2 - D^2]\sigma_t$$

$$= \frac{\pi}{4}[(50+1.414\times5)^2 - 50^2]\times80 = 47538(\text{N}) ≒ 47.5(\text{kN})$$

(4) 합성 응력은 전단 응력과 굽힘 응력이 서로 직각 방향으로 작용하므로

$\sigma_{max} = \sqrt{\sigma_b^2+\tau_1^2} = \sqrt{270^2+18^2} = 270(\text{MPa})$

고로, 전단 응력은 합성 응력보다 작으므로 큰 영향을 미치지 못한다.

예제 5-15 그림 5-42와 같은 원주 T형 용접 이음에서 300rpm, 10PS를 전달하고, 보스의 지름 100mm, 풀리 안지름 380mm, 용접 사이즈 보스부 6mm, 림부는 4mm일 때, 다음을 구하여라.

(1) 보스 용접부(A)의 전단 응력(τ_A) (2) 림 용접부(B)의 전단 응력(τ_B)

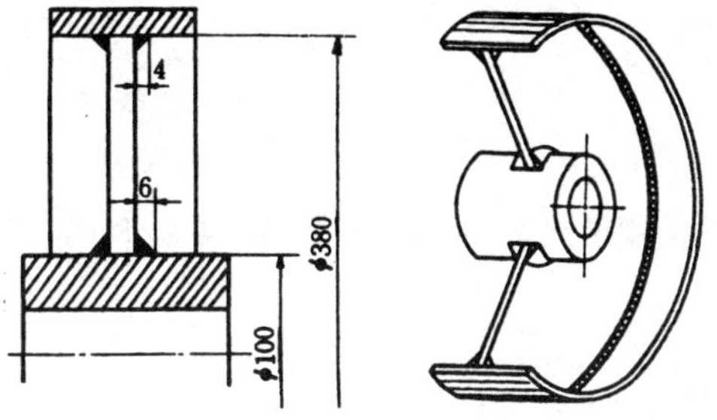

(a)

그림 5-42

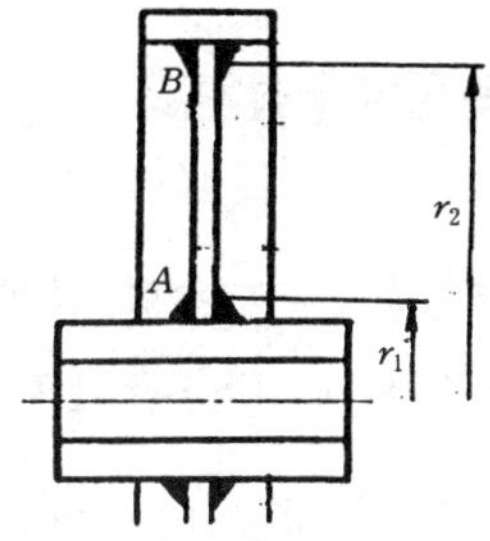

(b) 외형

그림 5-43

Solution

(1) 방법 ① $T = 7020\dfrac{H}{N} = 7020 \times \dfrac{10}{300} = 234(\text{N}\cdot\text{m})$

양측 용접 이므로

$$\therefore\ \tau_A = \frac{2.83T}{\pi D^2 f} \times \frac{1}{2} = \frac{2.83 \times 234 \times 10^3}{\pi \times 100^2 \times 6} \times \frac{1}{2} = 1.7(\text{MPa})$$

방법 ② 그림 5-43에서 보스 접촉부 중심까지의 반지름(r_1)은

$$r_1 = \frac{D}{2} + \frac{f}{4} = \frac{100}{2} + \frac{6}{4} = 51.5(\text{mm})$$

$T = 234\,\text{N}\cdot\text{m}$ [위 방법 ①에서]

$$W_1 = \frac{T}{r_1} = \frac{234 \times 10^3}{51.5} \fallingdotseq 4544(\text{N}) \fallingdotseq 4.5(\text{kN})$$

보스 용접부의 단면적(A)은

$$A = 2 \times 0.707 f 2\pi r_1$$

$$= 1.414 \times 6 \times 2\pi \times 51.5 \fallingdotseq 2744(\text{mm}^2) \fallingdotseq 2.7(\text{m}^2)$$

$$\therefore\ \tau_A = \frac{W_1}{A} = \frac{4.5}{2.7} \fallingdotseq 1.7(\text{MPa})$$

(2) 방법 ① $T = 234\,\text{N}\cdot\text{m}$ [위 (1) 방법 ①에서]

$$\therefore\ \tau_B = \frac{2.83T}{\pi D^2 f} \times \frac{1}{2} = \frac{2.83 \times 234 \times 10^3}{\pi \times 380^2 \times 4} \times \frac{1}{2} = 0.18(\text{MPa})$$

방법 ② $T = 234(\text{N}\cdot\text{m})$ [위 (1) 방법 ①에서]

$$r_2 = \frac{D_0}{2} - \frac{f}{4} = \frac{380}{2} - \frac{4}{4} = 189(\text{mm})$$

$$W_2 = \frac{T}{r_2} = \frac{234 \times 10^3}{189} = 1238(\text{N}) \fallingdotseq 1.2(\text{kN})$$

$$A_1 = 1.141 f 2\pi r_2 = 1.414 \times 4 \times 2\pi \times 189 = 6713(\text{mm}^2) \fallingdotseq 6.7(\text{m}^2)$$

$$\therefore\ \tau_B = \frac{W_2}{A} = \frac{1.2}{6.7} = 0.18(\text{MPa})$$

4. 편심 용접 이음

[1] 축선이 편심된 용접 이음

(1) 하 중

그림 5−44와 같이 비대칭형 필렛 용접 이음으로서, 앵글(angle)을 용접할 때, 편심(또는 편위)된 상태에서의 하중(W)은 다음과 같다.

$$\left.\begin{aligned} W &= 0.707 f l \tau_a = t(l_1 + l_2)\tau_a \\ &= \frac{f l \tau_a}{1.414 S} \end{aligned}\right\} \qquad (5-54)$$

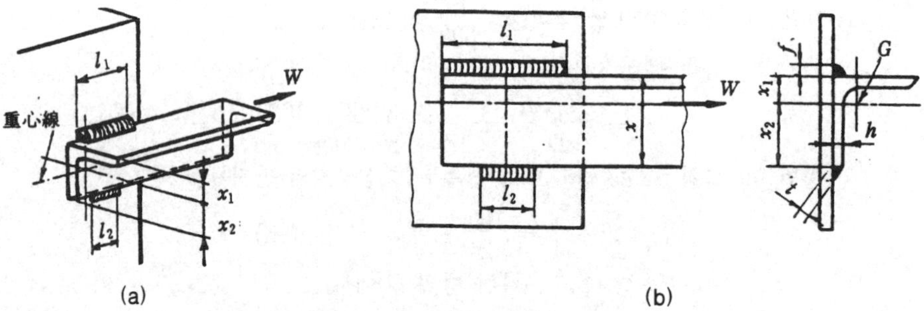

그림 5−44. 편심(축심) 용접 이음

(2) 용접부 길이

위 식 (5−54)에서용접부의 전체 길이(l)는

$$l = l_1 + l_2 = \frac{W}{t\tau_a} = \frac{W}{0.707 f\tau_a} \qquad (5-55)$$

로 되고, 용접부의 강도가 평형하다면 각 용접부에 대한 강도는 $W_1 = tl_1\tau_a$, $W_2 = tl_2\tau_a$ 이고, 도심 축에 대한 모멘트는 $x_1 t l_1 \tau_a = x_2 t l_2 \tau_a$ 이므로, $x_1 l_1 = x_2 l_2$ 로 되고, $x = x_1 + x_2$라고 하면, 각각의 용접 길이 (l_1, l_2)는 각각 다음과 같이 된다.

$$\left.\begin{aligned} l_1 &= \frac{l x_2}{x} = \frac{l_2 x_2}{x_1} \\ l_2 &= \frac{l x_1}{x} = \frac{W/(t\tau_a)}{\dfrac{x_2}{x_1} + 1} \end{aligned}\right\} \qquad (5-56)$$

(3) 응 력

그림 5−44에서 두 필렛이 받는 하중(W)은 목 단면에 비례하므로 전단 응력(τ)은

$$l = l_1 + l_2 = \frac{W}{t\tau_a} = \frac{W}{0.707 f\tau_a} \qquad (5-57)$$

로 구한다.

[2] 편심 하중을 받는 용접 이음

(1) 앞면 용접 이음

① **굽힘 응력** : 그림 5−45와 같은 용접부에 대한 굽힘 모멘트 $M=WL$, 단면 계수 $Z=\frac{tl^2}{6}$ 이므로, 각각 한 쪽의 용접에 대하여 이 값을 굽힘 공식 $M=\sigma_b Z$에 대입하면 굽힘 응력(σ_b)은 다음과 같이 된다.

$$\sigma_b = \frac{M}{Z} = \frac{3WL}{tl^2} = \frac{3WL}{fl^2\cos 45°} = \frac{4.24WL}{fl^2} \tag{5-58}$$

② **전단 응력** : 전단 응력이 균일하게 용접부에 분포되어 있다고 가정할 때, 편심 하중에 의한 전단 응력(τ_s)은

$$\tau_s = \frac{W}{A} = \frac{W}{2tl} = \frac{W}{2lf\cos 45°} = \frac{0.707W}{lf} \tag{5-59}$$

로 되고, 최대 전단 응력설에 의하여 다음과 같은 **최대 전단 응력**(τ_{max})을 얻는다.

$$\tau_{max} = \left[\tau_s^2 + \left(\frac{\sigma_b}{2}\right)^2\right]^{\frac{1}{2}} = \left[\left(\frac{W}{2tl}\right)^2 + \left(\frac{3WL}{2tl^2}\right)^2\right]^{\frac{1}{2}} \tag{5-60}$$

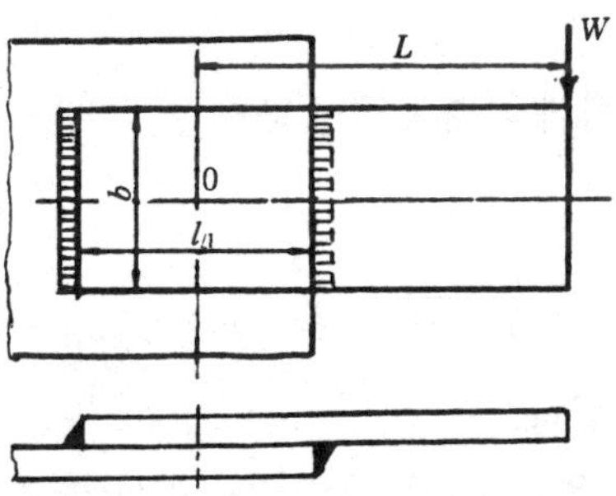

그림 5−45. 편심 앞면 용접 필렛 이음

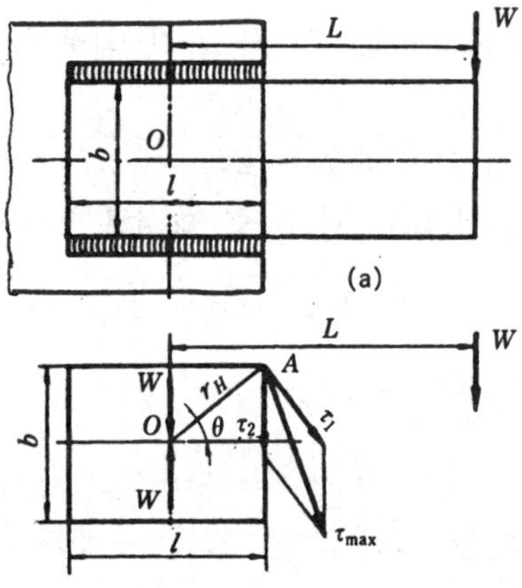

그림 5−46. 상하 2측 필렛 옆면 용접 이음

(2) 옆면 용접 이음

① **2측 필렛 용접일 때** : 그림 5−46과 같이 WL의 모멘트를 받을 때 $M=WL$ 로 인하여 용접부의 어느 점에 생기는 응력은 중심 0에서의 거리에 비례한다.

그림 5−46에서 A점에서 일어나는 **전단 응력**(τ_1)은

$$\tau_1 = \frac{M}{Z_p} = \frac{WL}{Z_p} = \frac{WLr_H}{0.707fI_G} = \frac{WLr_H}{tI_G} = \frac{WLr_H}{I_p} \tag{5-61}$$

로 된다. 단, 위 식에서

$$r_H = \sqrt{\frac{b^2 + l^2}{4}} \tag{5-62}$$

으로 구하고, 용접선의 0점에 대한 **극관성 모멘트**(I_G 또는 I_p)는 다음의 식에서 구한다.

$$\left.\begin{aligned} I_G &= \frac{(l+b)^3}{6} \ (\text{4측 필렛이음}) \\ &= \frac{l(3b^2+l^2)}{6} \ (\text{상하 2측 필렛이음}) \\ &= \frac{b(3l^2+b^2)}{6} \ (\text{좌우 2측 필렛이음}) \end{aligned}\right\} \tag{5-63}$$

위 식은 그림 5-47을 참조한다.

$$\left.\begin{aligned} I_p &= \frac{(l+b)^3}{6} 0.707f \\ &= \frac{l(3b^2+l^2)^3}{6} 0.707f \\ &= \frac{b(3l^2+b^2)^3}{6} 0.707f \end{aligned}\right\} \tag{5-64}$$

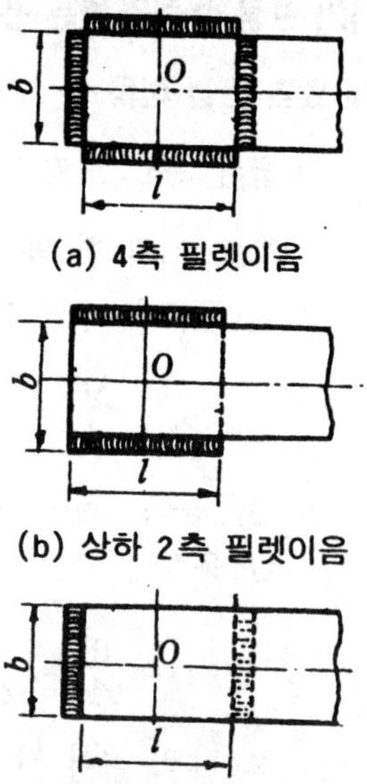

(a) 4측 필렛이음
(b) 상하 2측 필렛이음
(c) 좌우 2측 필렛이음

그림 5-47. 필렛 이음

그리고 직접 전단력 W에 의하여 생기는 **직접 전단 응력**(τ_2)은

$$\tau_2 = \frac{W}{0.707f(2l)} = \frac{W}{2tl} = \frac{W}{1.414fl} \tag{5-65}$$

로 되고, τ_1과 τ_2를 합성하면 코사인(cosine) 법칙에서 **합성 전단 응력**($\tau_{\max}$)은

$$\tau_{\max} = \sqrt{\tau_1{}^2 + \tau_2{}^2 + 2\tau_1\tau_2\cos\theta} \tag{5-66}$$

로 되며, $\cos\theta$는 b와 l이 다를 때는 $\theta = \tan^{-1}\frac{b}{\ell}$ 또는 $\theta = \sin^{-1}\frac{b}{2r_H}$ 로 구하고, $b = \ell$ 일 때는 $\theta = 45°$이므로 $\cos 45° = 0.707$로 한다.

② **4측 필렛 용접일 때** : 그림 5-48과 같이 4변을 필렛 용접 이음한 구조에서 편심 하중 W가 작용하면, 이 효과는 용접부의 도심 0에 작용하는 직접 전단력 W와 0 둘레의 모멘트 $M = WL$로 대치할 수 있다.

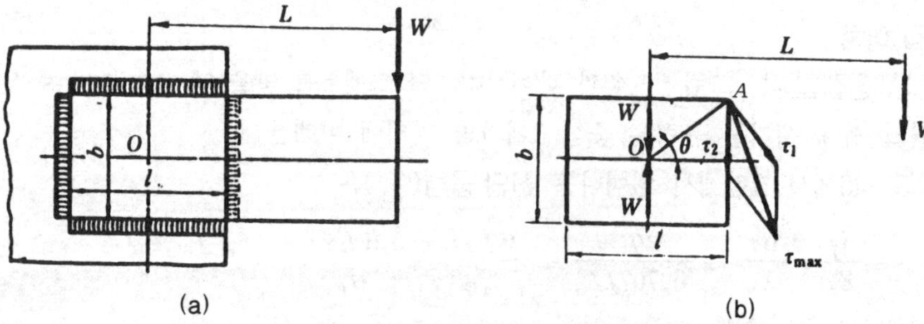

(a) (b)

그림 5-48. 4측 필렛 앞면 용접 이음

이 때에 A점에서 발생하는 전단 응력(τ_1)은 식 (5−61)을 그대로 사용하고, 직접 전단력 W에 의하여 생기는 전단 응력(τ_2)은 다음과 같다.

$$\tau_2 = \frac{W}{1.414 f(b+l)} \tag{5-67}$$

또 A점에 있어서 τ_1과 τ_2의 합성 전단 웅력(τ_{max})은 식 (5−66)을 그대로 사용한다.

예제 5－16 그림 5−49와 같은 축선 편심 용접 이음에서 산형강 L 50×50×5를 필렛 이음으로 40kN의 인장력을 받을 때, 용접부의 길이 l_1, l_2를 구하여라. 단, 용접부의 허용 전단 응력 80MPa, 용접 사이즈 5mm 이다.

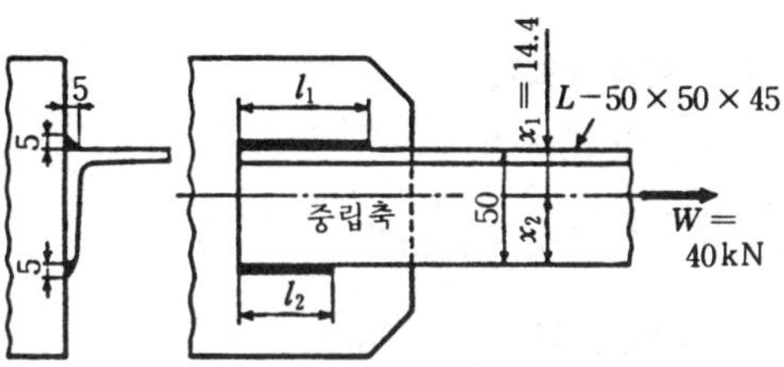

그림 5−49

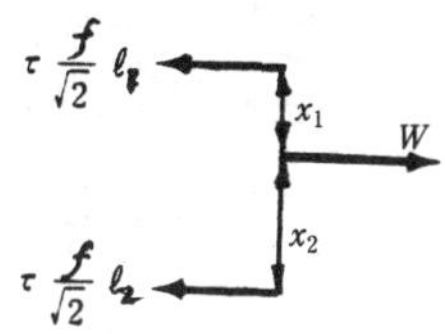

그림 4−50

Solution 방법 ① 용접부의 전체 길이(l_1)는

$$l = \frac{W}{0.707 f\tau_a} = \frac{40\times10^3}{0.707\times5\times80} \fallingdotseq 142(\text{mm})$$

또는 그림 5−50과 같이 수평 방향 힘에 대한 평행한 힘

$$W = \frac{f}{\sqrt{2}}\tau l_1 + \frac{f}{\sqrt{2}}\tau l_2 \text{ 에서}$$

$$l = l_1 + l_2 = \frac{\sqrt{2}W}{\tau_a f} = \frac{1.414\times40\times10^3}{80\times5} \fallingdotseq 142(\text{mm})$$

중심축에서의 거리 x_2는

$$x_2 = x - x_1 = 50 - 14.4 = 35.6(\text{mm})$$

$$\therefore\ l_1 = \frac{l x_2}{x} = \frac{142\times35.6}{50} = 101(\text{mm})$$

$$l_2 = \frac{l x_1}{x} = \frac{142\times14.4}{50} \fallingdotseq 41(\text{mm})$$

방법 ② $x_1 = 14.4$mm, $x_2 = 35.6$mm(위 방법 ①)일 때, 용접부 목두께(t)는

$$t = 0.707f = 0.707\times5 = 3.535(\text{mm})$$

$$\therefore\ l_2 = \frac{W/t\tau_a}{(x_2/x_1)+1} = \frac{40\times10^3/(3.535\times80)}{(35.6/14.4)+1} = 41(\text{mm})$$

$$l_1 = \frac{l_2 x_2}{x_1} = \frac{41\times35.6}{14.4} \fallingdotseq 101(\text{mm})$$

예제 5-17 그림 5-51과 같은 브래킷(bracket)에서 W_1 과 W_2의 방향으로 작용하는 하중을 각각 구하여라. 단, 용접 길이 80mm, 거리 C=25mm, 용접 사이즈 8mm, 용접부 의 허용 굽힘 응력 150MPa 이다.

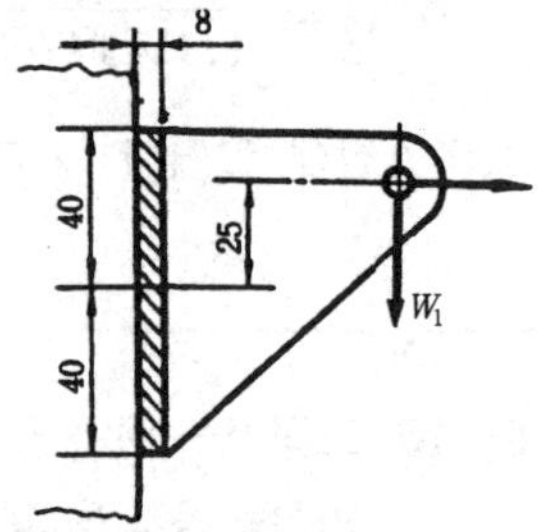

그림 5-51

Solution (1) W_1 의 하중

$M=\sigma_b Z,\ M=W_1 C$ 이므로

$$W_1 C=\sigma_b Z =2\times 0.707 f l^2 \frac{\sigma_b}{6}$$

$$\therefore\ W_1 = 1.414 f l^2 \frac{\sigma_b}{6C}$$

$$= 1.414\times 8\times 80^2\times\frac{150}{6\times 25} = 72.4(\text{kN})$$

(2) W_2 의 하중

방법 ① 용접부의 면적(A)은 양쪽 이음이므로

$$A=2\times 0.707 fl = 1.414\times 8\times 80 = 905(\text{mm}^2)$$

$$Z=\frac{1.414 fl^2}{6}=\frac{1.414\times 8\times 80^2}{6} \fallingdotseq 12066(\text{mm}^3)$$

$$\therefore\ W_2=\frac{AZ\sigma_b}{Z+AC}=\frac{905\times 12066\times 150}{12066+905\times 25}\fallingdotseq 47.2(\text{kN})$$

방법 ② 하중에 의한 응력 (σ_t)과 모멘트에 의한 응력 (σ_b)일 때

$$\sigma_{\max}=\sigma_t+\sigma_b=\frac{W}{A}+\frac{M}{Z}=\frac{W}{2tl}+\frac{WC}{(tl^2/6)/2}=\sigma_a$$

$$\rightarrow \sigma_a = W_2\left(\frac{1}{2tl}+\frac{3C}{tl^2}\right)$$

$$\therefore\ W_2=\frac{\sigma_b}{\frac{1}{2tl}+\frac{3C}{tl^2}}=\frac{\sigma_b}{\frac{1}{1.414 fl}+\frac{3C}{0.707 fl^2}}$$

$$=\frac{150}{\frac{1}{1.414\times 8\times 80}+\frac{3\times 25}{0.707\times 8\times 80^2}}\fallingdotseq 47.2(\text{kN})$$

방법 ③ $\sigma_t=\frac{W_2}{2tl}=\frac{W_2}{2\times 0.707\times 8\times 80}=0.0011 W_2$

$$M=1.414 fl^2\frac{\sigma_b}{6}=0.2356 fl^2\sigma_b \text{에서}$$

$$\sigma_b=\frac{6M}{1.414 fl^2}=\frac{6\times W_2\times 25}{1.414\times 8\times 80^2}=0.00207 W_2$$

$$\sigma=\sigma_t+\sigma_b=0.0011 W_2+0.00207 W_2=150$$

$$\therefore\ W_2\fallingdotseq 47.4(\text{kN})$$

예제 5－18 그림 5－52(a)와 같은 상하 2측 편심 필렛 용접 이음에서 30kN의 편심 하중을 받을 때, 다음을 구하여라. 단, 용접 사이즈 6mm 이다.

(1) 하중에 의한 직접 전단 응력(τ_2)
(2) 극관성 모멘트(I_G, I_P)
(3) 모멘트에 의한 용접부 전단 응력(τ_1)
(4) 용접부의 최대 전단 응력(τ_{max})

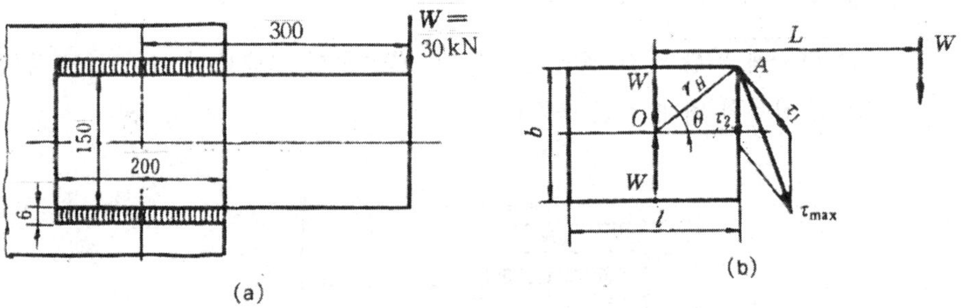

그림 5－52

Solution

(1) 방법 ① $\tau_2 = \dfrac{W}{1.414fl} = \dfrac{30\times10^3}{1.414\times6\times200} \fallingdotseq 18(\text{MPa})$

방법 ② $\tau_2 = \dfrac{W}{0.707f(2l)} = \dfrac{30\times10^3}{0.707\times6(2\times200)} = 18(\text{MPa})$

방법 ③ $A = 2tl = 2\times0.707fl = 1.414\times6\times200 = 1696.8(\text{mm}^2)$

$\therefore\ \tau_1 = \dfrac{W}{A} = \dfrac{30\times10^3}{1696.8} \fallingdotseq 18(\text{MPa})$

(2) $I_G = \dfrac{l(3b^2+l^2)}{6} = \dfrac{200(3\times150^2+200^2)}{6} \fallingdotseq 3583(\text{m}^4)$

$I_P = \dfrac{l(3b^2+l^2)0.707f}{6} = \dfrac{200\times(3\times150^2+200^2)}{6}\times0.707\times6 \fallingdotseq 15200(\text{m}^4)$

(3) 방법 ① $r_H = \sqrt{\dfrac{b^2+l^2}{4}} = \sqrt{\dfrac{150^2+200^2}{4}} = 125(\text{mm})$

$Z_P = \dfrac{I_P}{r_H} = \dfrac{15200}{125} \fallingdotseq 122\ (\text{m}^4)$

$\therefore\ \tau_1 = \dfrac{WL}{Z_P} = \dfrac{30\times300}{122} \fallingdotseq 74(\text{MPa})$

방법 ② $\tau_1 = \dfrac{WLr_H}{0.707fI_G} = \dfrac{30\times300\times125}{0.707\times6\times3583} \fallingdotseq 74(\text{MPa})$

방법 ③ $\tau_1 = \dfrac{WLr_H}{I_P} = \dfrac{30\times300\times125}{15200} \fallingdotseq 74(\text{MPa})$

방법 ④ $\tau_1 = \dfrac{WLr_H}{tI_G} = \dfrac{30\times300\times125}{0.707\times6\times3583} \fallingdotseq 74(\text{MPa})$

(4) $\tau_{max} = \sqrt{\tau_1^2+\tau_2^2+2\tau_1\tau_2\cos\theta} = \sqrt{74^2+18^2+2\times74\times18\times\cos36.9°} \fallingdotseq 89(\text{MPa})$

단, 위에서 각 θ는 다음과 같이 구한다.

방법 ①: $\theta = \tan^{-1}(b/l) = \tan^{-1}(150/200) = 36.9(°)$

방법 ②: $\theta = \sin^{-1}(b/2r_H) = \sin^{-1}(150/2\times125) = 36.9(°)$

방법 ③: $\theta = \cos^{-1}\dfrac{l-x}{r_H} = \cos^{-1}\dfrac{200-100}{125} = 36.9(°)$

예제 5-19 그림 5-53과 같은 4측 필렛 용접 이음에서 60kN의 편심 하중을 받을 때, 다음을 구하여라. 단, 용접 사이즈 8mm이다.

(1) 하중에 의한 직접 전단 응력(τ_2) (2) 굽힘 모멘트에 의한 전단 응력(τ_1)

(3) 용접부의 최대 전단 응력(τ_{max})

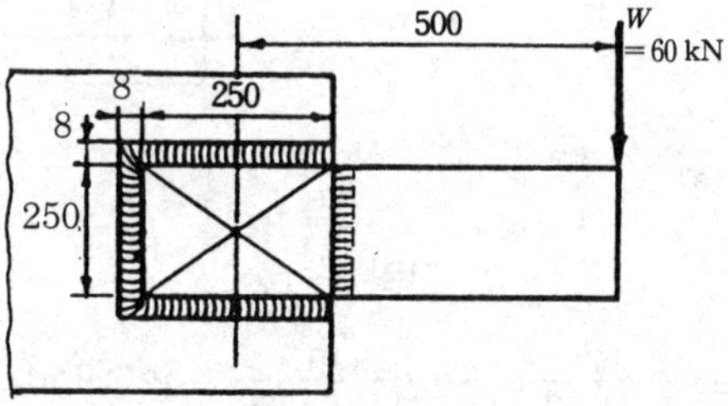

그림 5-53

Solution

(1) 방법 ① $\tau_2 = \dfrac{W}{1.414f(b+l)}$

$$= \frac{60\times10^3}{1.414\times8(250+250)} \fallingdotseq 11(\text{MPa})$$

방법 ② $t = 0.707f = 0.707\times8 \fallingdotseq 5.7(\text{mm})$

$$\therefore \tau_2 = \frac{W}{2(tl+tb)} = \frac{60\times10^3}{2(5.7\times250+5.7\times250)} \fallingdotseq 11(\text{MPa})$$

(2) 도심에서 A점까지의 거리 (r_H)와 극 단면 계수 (I_P)는

$$r_H = \sqrt{\frac{b^2+l^2}{4}} = \sqrt{\frac{250^2+250^2}{4}} \fallingdotseq 177(\text{mm})$$

$$I_P = \frac{(l+b)^3}{6}\times0.707f = \frac{(250+250)^3}{6}\times0.707\times8$$

$$= 118\times10^6(\text{mm}^4) = 118\times10^3(\text{m}^4)$$

$$\therefore \tau_1 = \frac{WLr_H}{I_P} = \frac{60\times500\times177}{118\times10^3} \fallingdotseq 45(\text{MPa})$$

(3) $\theta = \tan^{-1}\dfrac{b}{l} = \tan^{-1}\dfrac{250}{250} = 45(°)$

$$\therefore \tau_{max} = \sqrt{\tau_1{}^2+\tau_2{}^2+2\tau_1\tau_2\cos\theta}$$

$$= \sqrt{45^2+11^2+2\times45\times11\times\cos45°} \fallingdotseq 53(\text{MPa})$$

제5장 연습문제

•논문형

1. 용접 이음의 종류를 들고, 간단히 설명하여라.
2. 용접부의 결함에 대하여 설명하여라.
3. 용접부에 대한 다음을 설명하여라.

(1) 용접부에 대한 변형 (2) 용접부에 대한 잔류 응력

(3) 앞 (1), (2)항의 해소 방안

4. 용접 효율에 대하여 설명하여라.
5. 목두께의 산정 방법에 대하여 설명하여라.
6. 맞대기 용접 이음의 인장 강도와 전단 강도 식을 유도하여라.
7. T형 필렛 용접 이음의 강도 식을 유도하여라.

•계산형

5-1. 그림 5-54와 같은 앞면 필렛 겹치기 용접 이음에서 30kN의 하중을 받고, 판 두께 10mm, 판 나비(용접 길이) 80mm일 때, 용접부에 발생하는 인장 응력을 구하여라.

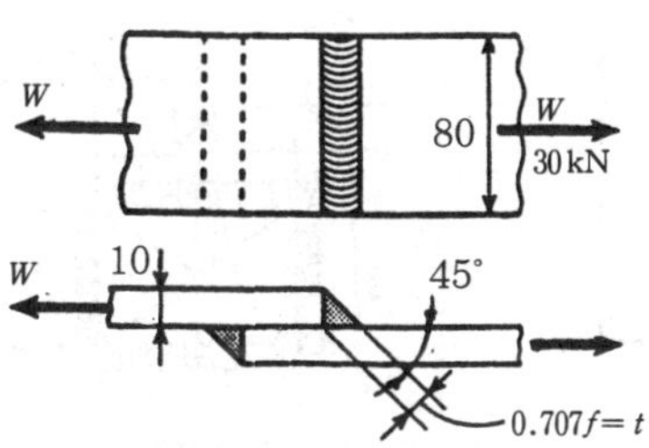

그림 5-54

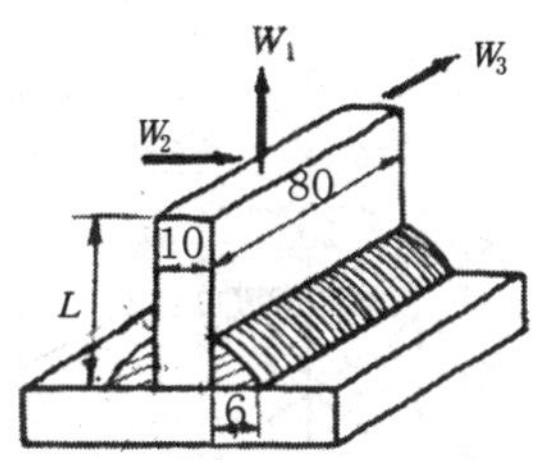

그림 5-55

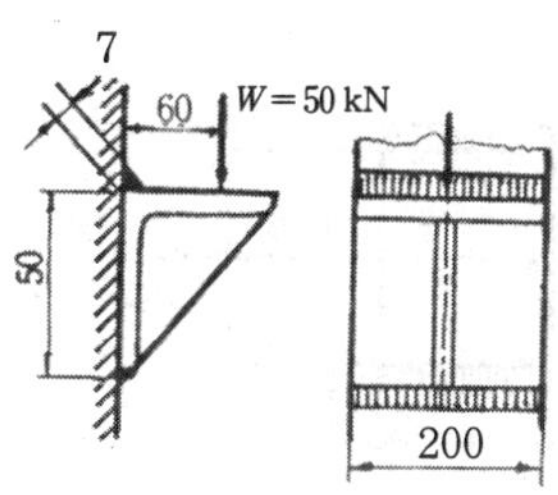

그림 5-56

5-2. 그림 5-55와 같은 T형 용접 이음에서 용접 사이즈 6mm, 판 두께 10mm, 용접 길이 80mm일 때, 인장 하중(W_1 ~ W_3)을 구하여라. 단, 용접부 허용 인장 응력 80MPa, 허용 전단 응력 90MPa이다.

5-3. 그림 5-56과 같은 브라킷을 벽면에 필렛 용접 이음하여 하중 50kN을 받을 때, 용접부 A에 대하여 하중 W에 의한 다음을 구하여라.

(1) 직접 인장력(수직 하중)(W_V) (2) 인장력(수평 하중)(W_H)

(3) 합성 인장력(W_R) (4) 인장 응력(σ_{max})

5-4. 그림 5-57과 같은 T형 용접 이음에서 판 두께 20mm, 용접 길이 150mm, 판 높이 60mm일 때, 하중과 전단 응력을 구하여라. 단, 허용 굽힘 응력 35MPa이다.

5-5. 그림 5-58과 같은 T형 용접 이음에서 하중 15kN, 용접 길이 100mm, 판 높이 80 mm, 판 두께 20mm일 때, 다음을 구하여라. 단, 용접 두께 8mm이다

(1) 용접부의 전단 응력(τ) (2) 용접부의 최대 전단 응력(τ_{max})

(3) 용접부의 굽힘 응력(σ_b)

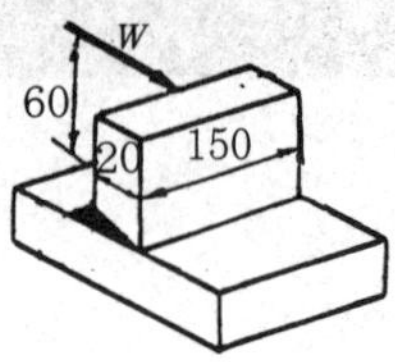

그림 5-57

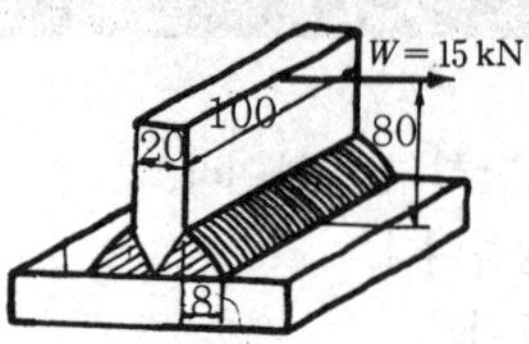

그림 5-58

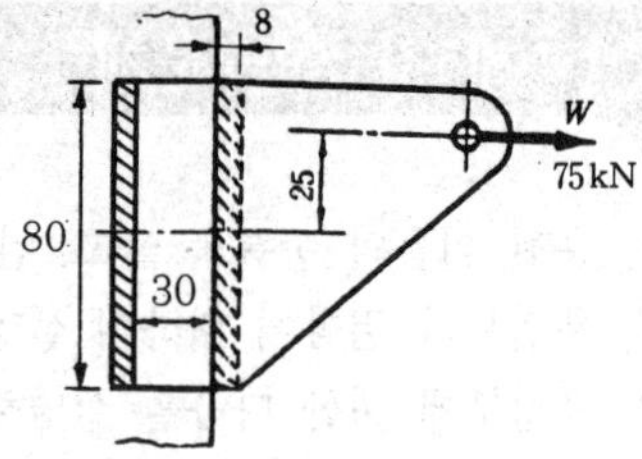

그림 5-59

5-6. 그림 5-59와 같은 편심 앞면 2곳 필렛 용접 이음에서 편심 하중 75kN이 작용할 때, 다음을 구하여라. 단, 용접 길이 80mm, $f=$ 8mm, 용접 거리 30mm이다

(1) 하중 W에 의한 인장 응력(σ_t) (2) 용접부 2곳의 관성 모멘트(I_P)

(3) 용접부의 단면 계수(Z) (4) 회전 모멘트에 의한 굽힘 응력(σ_b)

(5) 용접부에 생기는 최대 응력($\sigma_{\max}$)

5-7. 그림 5-60과 같이 50kN의 인장 하중을 받는 옆면 필렛 용접 이음에서 용접 사이즈 10mm, 용접 길이 120mm일 때, 용접부의 전단 응력을 구하여라.

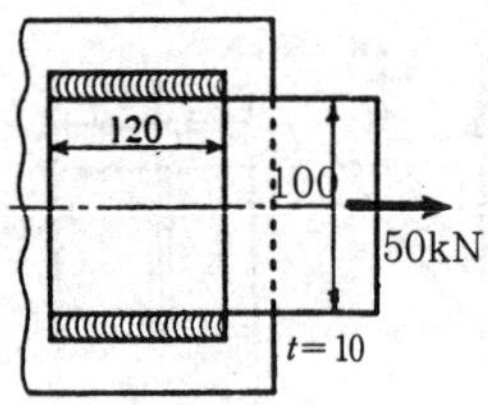

그림 5-60

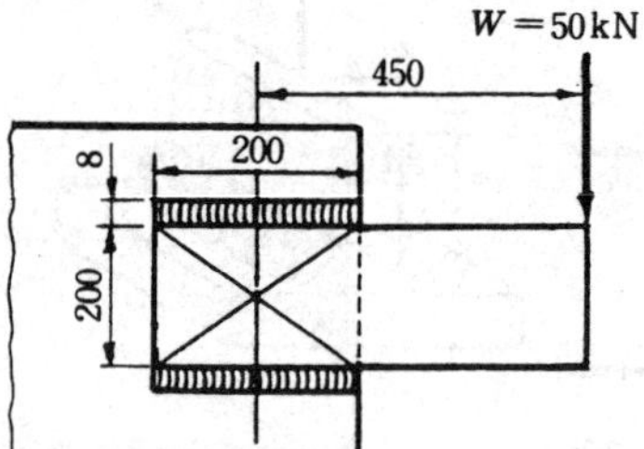

그림 5-61

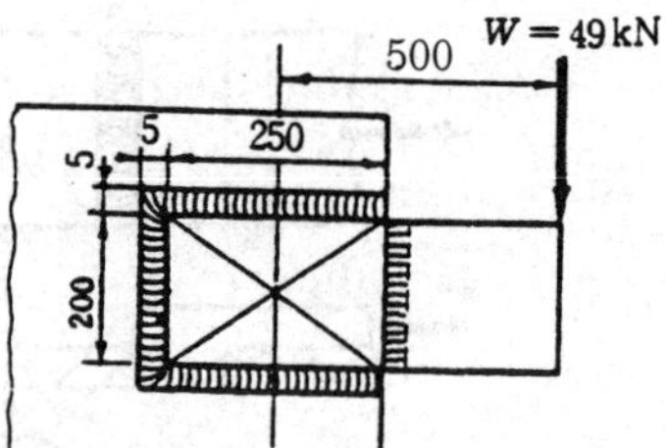

그림 5-62

5-8. 그림 5-61과 같이 두 곳이 필렛 용접으로 되어 50kN의 하중을 받고, 용접부 다리 길이 8mm일 때, 용접부의 최대 전단 응력을 구하여라.

5-9. 그림 5-62와 같은 4측 필렛 용접 이음에서 49kN의 편심 하중을 받을 때, 다음을 구하여라. 단, 용접 사이즈 5mm이다

(1) 하중에 의한 직접 전단 응력(τ_1) (2) 굽힘 모멘트에 의한 전단 응력(τ_2)

(3) 용접부에 발생하는 합성 전단 응력(τ_R)

Answer

5-1. 26.5MPa 5-2. W_1=54kN, W_2=61kN, W_3=61kN

5-3. (1) 25kN (2) 20kN (3) 32kN (4) 23MPa 5-4. (1) 5.8kN (2) 1.9MPa

5-5. (1) 7.5MPa (2) 11.2MPa (3) 180MPa

5-6. (1) 83MPa (2) 686m^2 (3) 16m^3 (4) 117MPa (5) 200MPa

5-7. 29.5MPa 5-8. 122MPa 5-9. (1) 15.4MPa (2) 73MPa (3) 85.5MPa

III

축계 기계 요소 설계

6. 축의 설계
7. 축 이음의 설계
8. 미끄럼 베어링
9. 구름 베어링

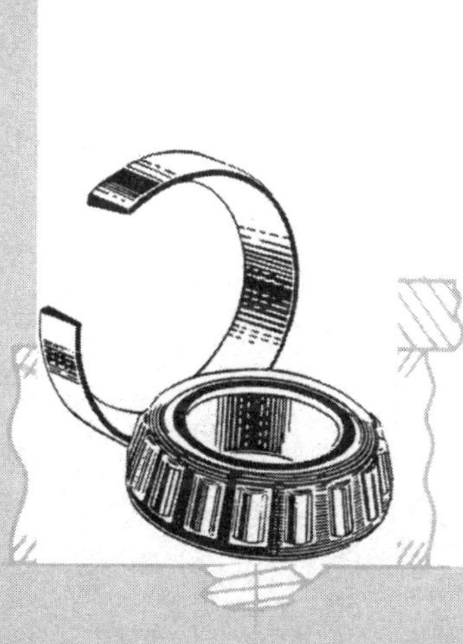

✦ 기계의 중심을 이루는 축과 축을 연결시켜 사용하는 축 이음 그리고 이들을 지지하는 베어링에 대한 일반 사항과 설계에 대하여 알아본다.

제6장 축(shaft)

기계 중심을 이루는 것으로 풀리, 기어, 플라이 휠, 차륜 등이 부착된 상태에서 회전 운동 및 요동(搖動) 운동을 하여 동력을 전달시키는 것을 축(軸 : shaft)이라 한다.

6-1 일반 사항

축에는 일반적으로 그림 6-1과 같이 키 홈이 설치되며, 그림 (b)와 같이 축 끝을 저널(journal), 축 끝을 받치는 부품을 **미끄럼 베어링**(sliding bearing)이라 한다.

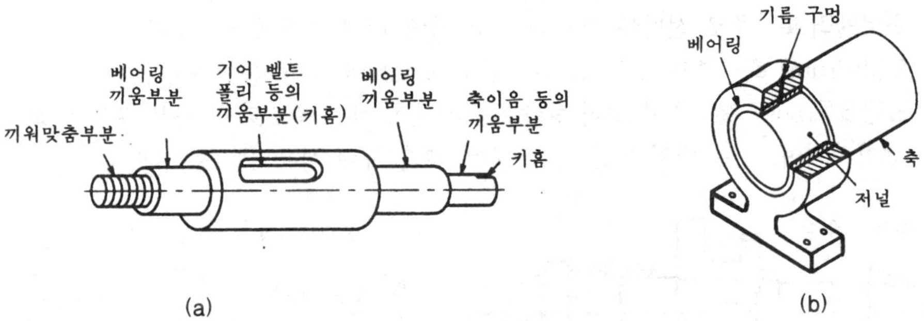

그림 6-1. 축과 축받침

1. 축의 종류

[1] 하중의 형식에 따라

축에 작용하는 하중에 따라 (1) 굽힘만을 받는 축 (2) 비틀림만을 받는 축 (3) 굽힘, 비틀림, 인장, 접촉 등의 작용을 동시에 2종류 이상 받는 축으로 구분된다.

(1) 굽힘만을 받는 축 : 주로 굽힘을 받는 축이다.

저널이나 차량의 차축(axle), 기차, 전차 등과 같은 축으로서, 이것에는 **정지축**(축 자체가 정지하고 있는 차축)과 **회전축**(축 자체가 회전하는 차축)이 있다(그림 6-2).

(2) 비틀림을 받는 축 : 동력 전달을 주목적으로 하는 동력 축을 말한다.

① **전동축** : 주로 비틀림과 굽힘 작용으로 동력을 전달시키는 축이다(그림 6-3).

a. **주축**(主軸) : 원동기에서 직접 동력을 받는 축을 말한다.

b. **선축**(線軸) : 주축에서 동력을 받아 각 공장에 분배하는 축을 말한다.

c. **중간축**(中間軸) : 선축에서 동력을 받아 각 기계에 동력 전달하는 축을 말한다.

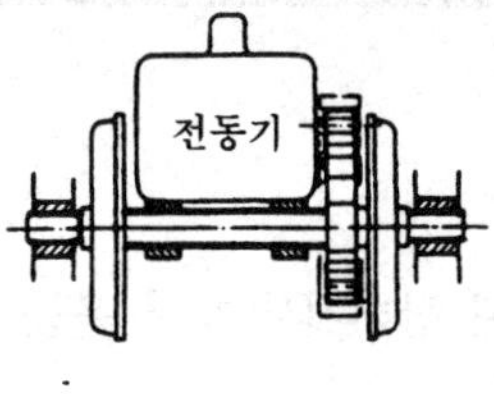

그림 6-2

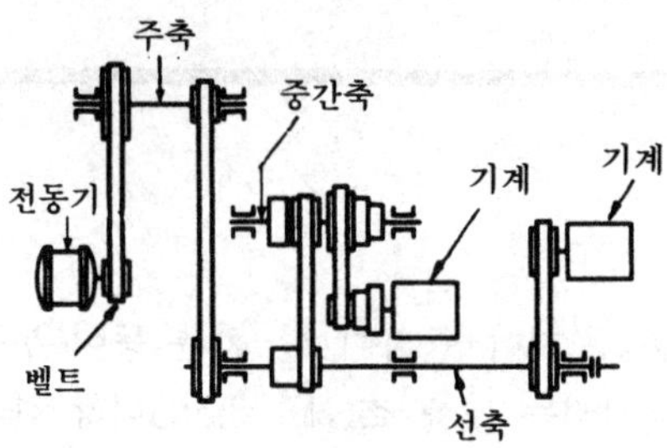

그림 6-3

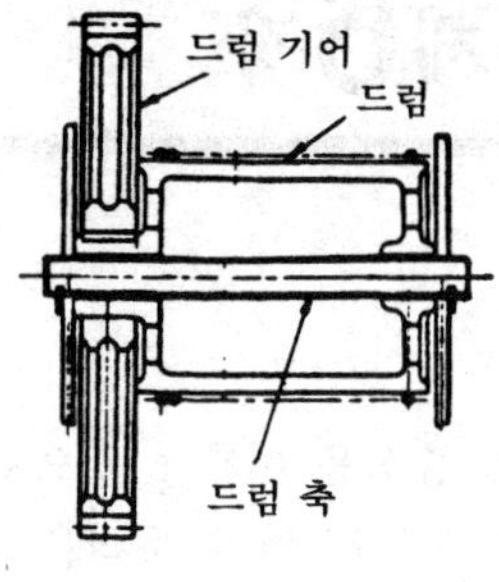

그림 6-4

② **작업축** : 축 자체가 직접 작업을 하는 축이다(그림 6-4~그림 그림 6-7).

a. **스핀들**(spinde) **축** : 비틀림 모멘트와 굽힘 모멘트를 받는 축으로서, 때로는 축 방향의 하중도 작용한다. 그리고 강도가 크고, 변형량이 적으며, 높은 정밀도가 요구 된다. 주로 선반, 밀링 머신 등의 공작 기계의 주축이 이에 해당된다.

b. **프로펠러 축** : 주로 선박에 사용되는 축 외에 내연 기관에 사용된다.

c. **드럼**(drum) **축** : 주로 토목 공사용 윈치(winch)에 사용되는 축이다.

d. **크랭크**(crank) **축** : 축이 길이 방향으로 직선이 아닌 축으로서, 왕복 운동을 회전 운동으로 변화시키며, 주로 내연 기관 중 자동차 엔진 축에 사용되는 축이다.

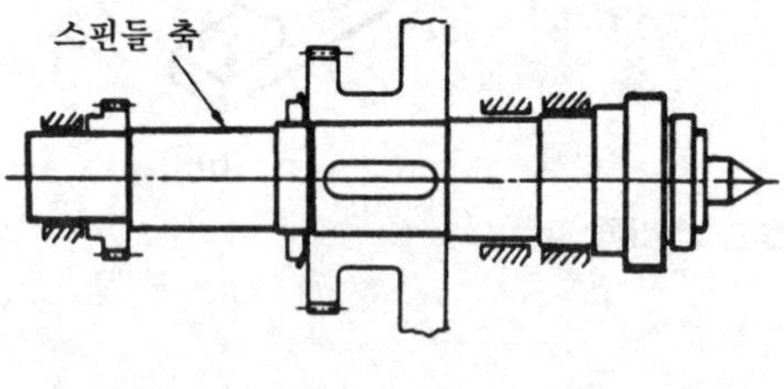

그림 6-5. 스핀들 축

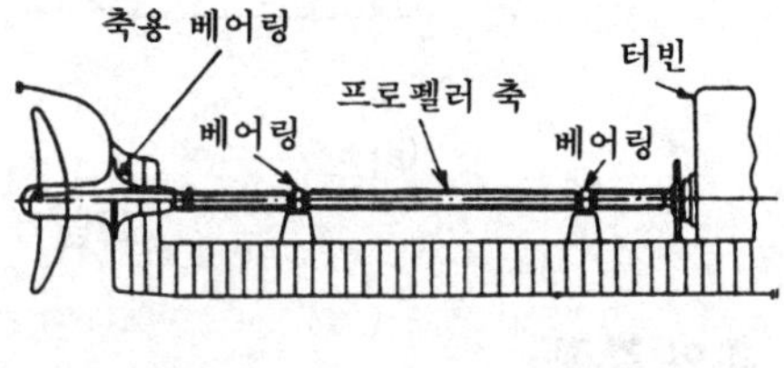

그림 6-6. 프로펠라 축

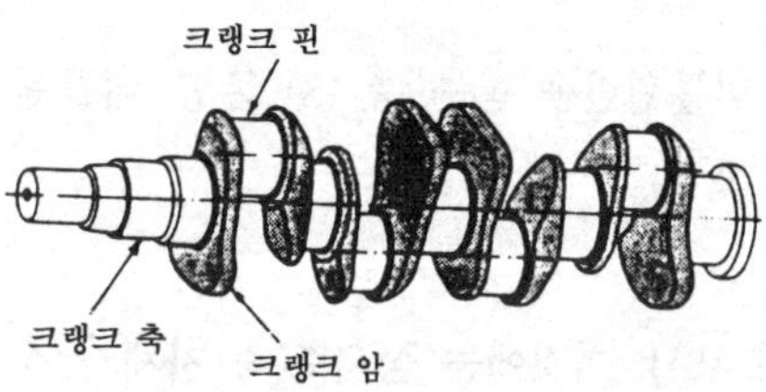

그림 6-7. 크랭크 축

그림 6-8. 플랙시블 축

③ **플렉시블**(flexible) **축** : 자유롭게 휘어질 수 있는 강선(鋼線)을 2~3중으로 감은 나사 모양의 축이다(그림 6-8).

a. **특성** : 굴곡이 자유로워서 축선 방향이 변하여도 작은 회전 토크의 전달을 할 수 있고, 비틀림 강성도가 상당히 있으나 굽힘 강성도는 극히 작다.

b. **용도** : 공간상의 제한으로 일직선 형태의 축을 사용할 수 없을 때 사용한다.

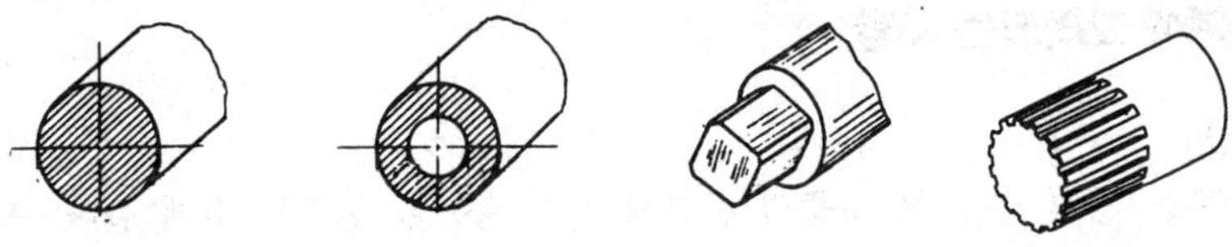

(a) 속찬축　(b) 속빈축　(c) 각축　(d) 스플라인 축

그림 6-9. 단면에 따른 축

[2] 단면과 모양에 따라

(1) **단면에 따라** : 원형 축[둥근 축으로 속찬축(sold shaft : 실축, 중실축이라고도 하며, 속이 비어 있지 않은 축), 속빈축(中空軸 : hollow shaft), 각축(角軸), 스플라인 축 등이 있다(그림 6-9).

(2) **모양에 따라** : 직선축, 테이퍼축, 단붙임축, 곡선축(crank shaft) 등이 있다.

2. 축의 재료

축의 재료는 응력과 하중, 마모와 부식, 회전속도 등을 고려하여 정하나 일반적으로 기계 구조용 탄소강재(SM 25C~SM 50C)가 사용되며, 설계, 강도 가공상의 조건에 따라 합금강(SNC, SCM), 단강(SF), 주강(GC) 등을 사용하기도 한다(표 6-1).

(1) **공장용 전동축** : 간단한 기계 축은 냉간 인발봉을 표면 경화시켜 사용한다.

(2) **저하중인 축** : 탄소 함유량 0.2~0.3%인 냉간 압연 탄소강을 사용한다.

(3) **고속 고하중인 축** : SM 25C~SM 50C, SF, SCM, SNCM 등을 사용한다.

(4) **지름 95mm 이상인 축** : 탄소 함유량 0.4~0.5%인 열간 압연 강재를 사용한다.

(5) **지름 150mm 이상인 축** : 열간 압연 강재 또는 단조강재를 사용한다.

(6) **굽힘과 비틀림을 받는 축** : 침탄, 담금, 뜨임 등을 한 강재를 사용한다.

(7) **인장과 압축을 받는 축** : 조질강(調質鋼)을 사용하고, 열처리된 강재를 사용한다.

(8) **특수 용도의 축** : SNCM, SNC, SCM 등을 사용한다.

표 6-1. 축의 재료

재료	기호	용도	재료	기호	용도
기계 구조용 탄소강재	SM25C~SM25C SM35C~SM40C SM45C SM15CK	소형 축, 모터축, 차축, 일반 축 크랭크 축, 컨넥팅 로드 캠축, 피스톤 핀	니켈 크롬강	SNC 236, 415 SNC 631, 815 836	소형 축, 피스톤 핀 크랭크 축, 캠 축 추진축
닉켈 크롬 몰리브덴강	NCM 220, 240 SNCM 415, 420 SNCM 431, 439 447, 616, 625 630, 815	소형 축, 중형 축 일반축, 크랭크 축, 터빈 날개대형 축, 피스톤 핀 강력 축류, 강력 기어	크롬강	SCr 415, 420 SCr 430, 435 450	캠축, 스플라인 축, 중, 대형 일반 축
			코롬 몰리브덴강	SCM 415 SCM 420, 421 SCM 430, 432 SCM 445, 822	피스톤 핀, 일반 축, 피스톤 핀 크랭크 축, 차축, 대형 축,

3. 축의 설계에 고려되는 사항

(1) 강도(strength)

정하중, 반복 하중, 충격 하중 등 하중의 종류에 따라 충분한 강도를 갖게 한다. 특히 키 홈, 원주 홈, 단붙임 축의 집중 응력 등에 의한 피로와 충격에 주의한다.

(2) 강성(rigidity)

축에 작용하는 하중에 의한 변형도가 일정한 한계값을 초과하지 않도록 하고, 굽힘 모멘트를 받는 축은 축의 처짐, 비틀림 모멘트를 받는 축은 비틀림 각으로 제한한다.

(3) 응력 집중(stress concentration)

축에 키 홈이나 코터 구멍, 노치, 단붙임 등이 있는 부분은 단면적이 감소하고, 변화가 급격히 발생되므로 응력 집중을 피할 수 있도록 설계한다.

(4) 변형(strain)

① **처짐 변형** : 굽힘 하중을 받는 축에서는 강도가 충분하더라도 처짐이 어느 한도 이상이 되면 베어링 압력의 불균형이 생긴다. 따라서 축의 종류에 따라 처짐의 양이 어느 일정한 한도 이내에 있도록 처짐의 제한을 하여 설계해야 될 것이다.

② **비틀림 변형** : 주기적 또는 확실한 전동을 요하는 축은 비틀림 각에 어느 제한을 받게 된다. 그리고 축의 비틀림 각이 크면 기계적 불균형이 생기므로, 확실한 전동 을 요하는 축에 있어서 축의 비틀림 각에 제한을 하여 설계해야 한다.

(5) 진동(vibration)

축의 굽힘 진동 또는 비틀림 진동에 의하여 특히 공진(共振)(resonance) 현상에 의하여 축이 파괴된다. 따라서 축의 회전 속도를 축의 고유 진동수보다 훨신 낮은 값 에 위치한다. 운전의 안정을 잃는 경우가 가끔 일어나므로, 고속 회전의 회전체에 대 하여서는 진동에 주의하고, 진동 방지의 대책을 강구해야 된다.

(6) 열응력(thermal stress)

제트 엔진, 증기 터빈의 회전축과 같이 고온 상태에서 사용되는 축에 있어서는 열응력, 열팽창 등에 주의하여 설계하여야 된다. 축의 길이가 변화하려고 하더라도 그 변화가 구속되어 있으면 축에 열응력이 생기고 베어링 하중이 증가한다.

(7) 열팽창(thermal expansion)

고온 부근에서 운전되는 가스 터빈, 증기 터빈 등의 축은 온도 상승으로 인하여 축의 길이가 변화하고 베어링 하중도 증가하게 되므로, 이러한 조건에서 사용되는 축의 설계에 있어서는 열팽창에 따른 열응력을 고려하여야 한다.

(8) 부식(corrosion)

선박의 프로펠러 축(marine propeller shaft), 수차 축(water turbine shaft) 및 펌프 축(pump shaft) 등과 같이 항상 액체 중에 접촉하고 있는 축은 전기적, 화학적 또는 그 합병 작용에 의하여 부식(腐蝕)되고, 또 타격적인 접촉압력이 작용하 는 측면은 괴식(塊蝕)하여 소모하게 되므로, 축의 설계에서 미리 주의해야 한다.

6-2 축의 설계

축을 설계할 때는 주어진 운전 조건과 하중 조건하에서 파손되지 않도록 다음과 같이
(1) 충분한 강도(strength)를 갖게 할 것.
(2) 처짐(deflection)과 비틀림이 어느 한도 이내에 있게 필요한 강성도(stiffness) 를 갖도록 할 것.
(3) 위험 속도(critical speed)로부터 25% 이상 떨어진 상태에서 사용할 것.

이상의 조건들이 요구된다. 이상의 3가지 조건들은 서로 관련되지 않으므로, 각 조건에 대하여 축의 치수를 구하고, 형상을 결정하도록 해야 된다.

1. 강도에 의한 축의 설계

축의 강도(强度) 계산에 있어서는 전단, 굽힘, 인장, 압축의 각 응력 또는 그들의 조합 응력의 검토는 물론, 베어링의 성능에 대한 관련을 고려해야 한다.

[1] 정하중을 받는 축

정하중(靜荷重)의 축은 굽힘, 비틀림, 굽힘과 비틀림을 받을 때로 나누어 설계한다.

(1) 굽힘만을 받는 축

기차, 전차, 자동차 등의 차축과 같이 주로 굽힘만을 받는 축은 베어링을 지점으로 하는 보(beam)로 생각하고 계산한다.

① **굽힘 응력(σ_b)** : 굽힘 모멘트의 크기는 축의 지지 방법 및 하중의 종류 등에 따라 변화하지만 위험 단면에서의 최대 굽힘 응력의 관계는 속찬축과 속빈축(표 6-2 그림 참조)으로 구분하여 재료 역학의 굽힘 공식 $\sigma_b = \dfrac{M}{Z}$ 을 사용한다.

M : 축에 작용하는 굽힘 모멘트(N·mm : 표 6-3)), σ_b : 굽힘 응력(N/mm^2)

Z : 단면 계수(mm^3) $\left(Z = \frac{\pi}{32} d^3\right)$, σ_a : 축 재료의 허용 굽힘 응력(N/mm^2)

x : 지름 계수($x = d_1/d_2$), d : 속찬축의 지름(mm)

d_2 : 속빈축의 바깥 지름(mm), d_1 : 속빈축의 안 지름(mm) 일 때

$$\left.\begin{aligned}\sigma_b &= \frac{M}{Z} = \frac{M}{\frac{\pi}{32}d^3} = \frac{10.2M}{d^3} \quad \text{(속찬축)} \\ &\left.\begin{aligned} &= \frac{M}{\frac{\pi}{32}\frac{(d_2{}^4 - d_1{}^4)}{d_2}} \\ &= \frac{M}{\frac{\pi}{32}d_2{}^3(1-x^4)} \leq \sigma_a \end{aligned}\right\} \text{(속빈축)}\end{aligned}\right\} \quad (6-1)$$

> *** 설계상 주의** : 위 식에서 σ_b는 축에 키 홈이 없을 때 40~120N/mm^{2}으로 취한다.

② **굽힘 모멘트(M)** : 속찬축과 속빈축의 굽힘 모멘트 $M=\sigma_b Z$에서 다음과 같다.

$$
\left.\begin{aligned}
M &= \frac{\pi}{32}d^3\sigma_b \ (\text{속찬축}) \\
&\left.\begin{aligned}
&= \frac{\pi}{32}\left(\frac{d_2{}^4-d_1{}^4}{d_2}\right)\sigma_b \\
&= \frac{\pi}{32}d_2{}^3(1-x^4)\sigma_b
\end{aligned}\right\}(\text{속빈축})
\end{aligned}\right\} \quad (6-2)
$$

③ **축의 지름(d)** : 위 식 (6-2)에서 다음과 같이 된다.

$$
\left.\begin{aligned}
d &= \sqrt[3]{\frac{10.2M}{\sigma_b}} \ (\text{속찬축}) \\
&\left.\begin{aligned}
d_2 &= \sqrt[3]{\frac{10.2M}{(1-x^4)\sigma_b}} \\
d_1 &= \sqrt[3]{d_2{}^4-\frac{10.2Md_2}{\sigma_b}}
\end{aligned}\right\}(\text{속빈축})
\end{aligned}\right\} \quad (6-3)
$$

위 식에서 굽힘 모멘트 M은 하중의 위치에 따라 표 6-3의 공식을 이용하여 구한다. 그리고 안지름(d_1)은 d_2를 우선 구한 후, $d_1=xd_2$로 구할 수 있다. 또, 축의 지름(d)은 식 (6-3)에서 구한 값보다 약간 큰 값을 KS 규격의 표 6-4에서 선정한다.

표 6-2는 속찬축과 속빈축의 주요 공식을 나타낸 것이다.

표 6-2. 속찬축과 속빈축의 주요 공식

종류	속찬축	속빈축
모 양	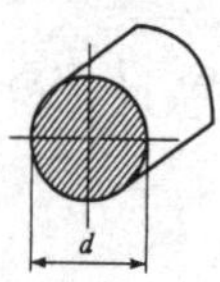	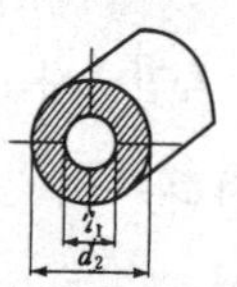
단면 2차 모멘트(I)	$\frac{\pi}{64}d^4$	$\frac{\pi}{64}(d_2{}^4-d_1{}^4)$
극단면 2차 모멘트(I_P)	$\frac{\pi}{32}d^4$	$\frac{\pi}{32}(d_2{}^4-d_1{}^4)$
단면 계수 (Z)	$\frac{\pi}{32}d^3$	$\frac{\pi}{32}\left(\frac{d_2{}^4-d_1{}^4}{d_2}\right)$
극단면 계수 (Z_P)	$\frac{\pi}{16}d^3$	$\frac{\pi}{16}\left(\frac{d_2{}^4-d_1{}^4}{d_2}\right)$
단면적(A)	$\frac{\pi}{4}d^2$	$\frac{\pi}{4}(d_2{}^2-d_1{}^2)$
전단 응력 (τ_a)	$\frac{16T}{\pi d^3}$	$\frac{16T}{\pi(d_2{}^4-d_1{}^4)}d_2$

표 6-3. 차축의 굽힘 모멘트

번호	모양 · 공식
(1)	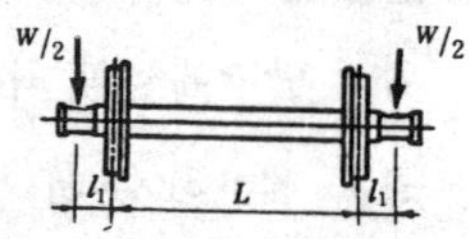
	$M=\frac{W}{2}l_1$
(2)	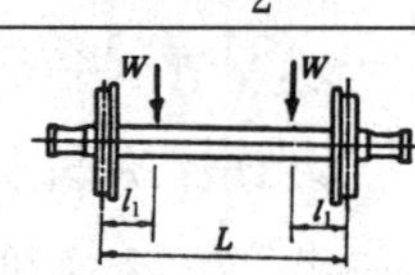
	$M- Wl_1$
(3)	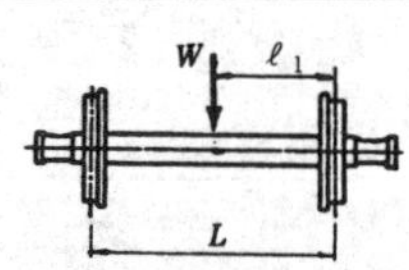
	$M=\frac{W}{2}l_1$

표 6－4. 축의 지름(KS B 0406)

4	**7**	**11.2**	17	24	35	48	65	**90**	120	170	240	320	420	530
4.5	**7.1**	12	**18**	**25**	**35.5**	50	70	95	**125**	**180**	**250**	340	440	**560**
5	**8**	**12.5**	19	**28**	38	55	**71**	**100**	130	190	260	**355**	**450**	600
5.6	**9**	14	**20**	30	**40**	**56**	75	105	**140**	**200**	**280**	360	460	**630**
6	**10**	15	22	**31.5**	42	60	**80**	110	150	220	300	380	480	
6.3	11	**16**	**22.4**	32	**45**	**63**	85	**112**	**160**	**224**	**315**	**400**	**500**	

비고 굵은 치수는 해당 크기의 구름 베어링 안지름이 없는 것이다.

예제 6－1 그림 6－10에서 40kN의 하중을 받는 차축의 허용 굽힘 응력 50N/mm^{2}일 때, 축의 지름을 구하여라.

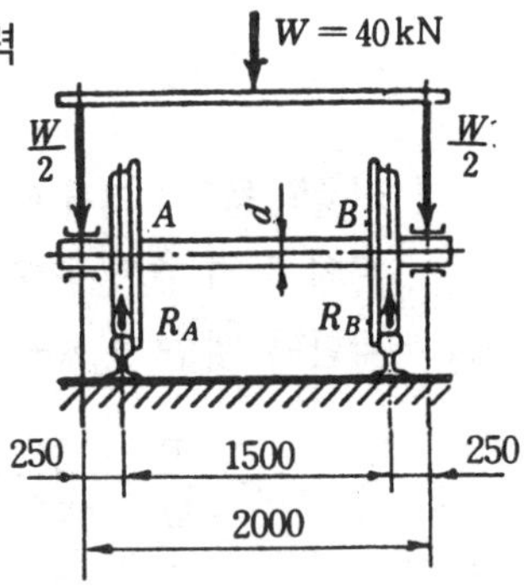

그림 6－10

Solution

$$M=\frac{Wl_1}{2}=\frac{40\times250}{2}=5000\ (\mathrm{N\cdot m})$$

$$\therefore\ d=\sqrt[3]{\frac{10.2M}{\sigma_b}}=\sqrt[3]{\frac{10.2\times5000\times10^3}{50}}$$

$$=100(\mathrm{mm})$$

예제 6－2 그림 6－11과 같은 탄광차(자중 2kN)에 10kN의 하중이 작용할 때, 다음을 구하여라. 단, 허용 굽힘 응력은 2kN/cm^2 이다.

(1) 1개의 차륜 상 하중(W)
(2) 축의 굽힘 모멘트(M)
(3) 축의 단면계수(Z) (4) 축의 지름(d)

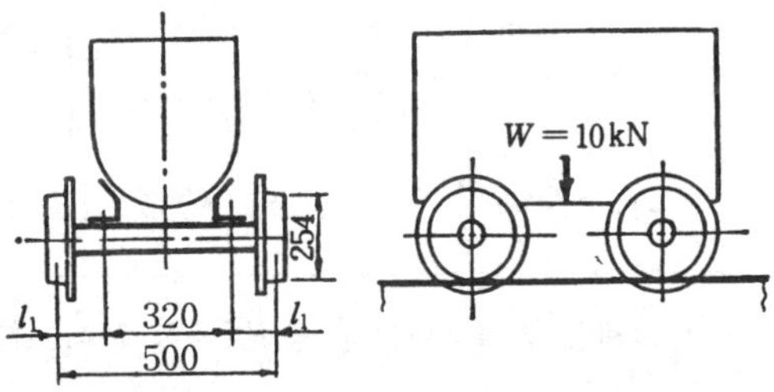

그림 6－11

Solution (1) 1개의 차륜상의 하중 $W_1=10$ kN, 탄광차의 자중 $W_0=2$ kN 이므로

$$W=\frac{W_1+W_0}{4}=\frac{10+2}{4}=3(\mathrm{kN})$$

(2) 그림 6－12와 같이 길이(l_1)는

$$l_1=\frac{50-32}{2}=9(\mathrm{cm})$$

$$\therefore M=Wl_1=3\times9=27\ (\mathrm{kN\cdot cm})$$

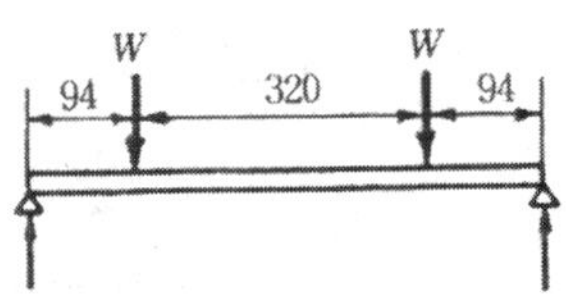

그림 6－12

(3) $Z=\frac{M}{\sigma_b}=\frac{27}{2}=13.5\ (\mathrm{cm}^3)$

(4) $d=\sqrt[3]{\frac{10.2M}{\sigma_b}}=\sqrt[3]{\frac{10.2\times27}{2}}\fallingdotseq5.2\ (\mathrm{cm})$

(2) 비틀림만을 받는 축

그림 6−13과 같이 회전체 즉, 기어 또는 벨트 풀리(belt pulley) 등을 부착한 전동축과 같이 주로 비틀림 작용을 받는 축에 대하여 적용할 수 있다.

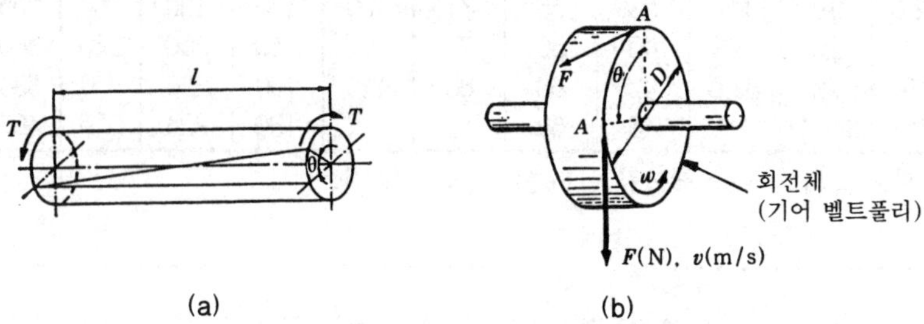

그림 6−13. 비틀림을 받는 축

① **비틀림 응력** : 그림 6−13에서 지름 d인 축이 회전할 때 축에 회전 토크가 작용하 면 전단 응력이 생겨 축의 외주에서 비틀림이 최대가 된다. 이 때에 축에 작용하는 비틀림 응력(τ_a)과 극단면 계수(Z_p)는 재료 역학의 비틀림 공식 $T=\tau_a Z_p$ 에서

$$\tau_a=\frac{T}{Z_p}=\frac{16T}{\pi d^3}(\text{속찬축})=\frac{16T}{\pi d^3(1-x^4)}(\text{속빈축}) \qquad (6-4)$$

$$\left.\begin{aligned} Z_p&=\frac{T}{\tau_a}=\frac{\pi}{16}d^3 \ (\text{속찬축}) \\ &=\frac{\pi}{16}\left(\frac{d_2{}^4-d_1{}^4}{d_2}\right) \\ &=\frac{\pi}{16}d_2{}^3(1-x^4) \end{aligned}\right\} \ (\text{속빈축}) \qquad (6-5)$$

로 되고, 위 식에서 x는 축의 지름비 $(x=d_1/d_2)$이다.

> **＊ 설계상 주의** : 비틀림 응력은 키 홈이 없는 축일 때, $\tau_a=20\sim60\text{N/mm}^2$로 취한다.

② **각속도** : 축의 회전수 N, 속도 v 일 때, 각속도(ω : rad/s)는 다음과 같다.

$$\omega=\frac{2\pi N}{60}=\frac{\pi N}{30}=\frac{2v}{D} \qquad (6-6)$$

③ **회전 토크** : 위 식 (6−5)에서 회전 토크(T)는 다음과 같이 된다.

$$\left.\begin{aligned} T&=\frac{\pi}{16}d^3\tau_a\ (\text{속찬축})=\frac{\pi}{16}d_2{}^3(1-x^4)\tau_a\ (\text{속빈축}) && ① \\ &=P\frac{D}{2}=(T_1-T_2)\frac{D}{2}=F\frac{D}{2} && ② \\ &=7020\frac{H_{PS}}{N}=9550\frac{H_{kW}}{N}(\text{N}\cdot\text{m}) && ③ \\ &=716200\frac{H_{PS}}{N}=974000\frac{H_{kW}}{N}(\text{kg}_f.\ \text{mm})(\text{중력 단위}) && ④ \end{aligned}\right\} \qquad (6-7)$$

위 식에서 P는 힘(N), F는 회전력(마찰력 : N), T_1, T_2는 장력(N)을 나타낸다.

④ 축의 지름

a. **속찬축일 때** : 위 식 (6−7) ①과 (6−7) ③에서 속찬축에 대한 축의 지름은

$$\left.\begin{aligned}
d &= \sqrt[3]{\frac{5.1T}{\tau_a}} && ① \\
&= 153\sqrt[3]{\frac{H_{PS}}{\tau_a N}}\,(\mathrm{cm}) = 169\sqrt[3]{\frac{H_{kW}}{\tau_a N}}\,(\mathrm{cm}) && ② \\
&= 71.5\sqrt[3]{\frac{H_{PS}}{\tau_a N}}\,(\mathrm{cm}) = 79.2\sqrt[3]{\frac{\mathrm{H_{PS}}}{\tau_a \mathrm{N}}}\,(\mathrm{cm})\ (\text{중력 단위}) && \\
&= 330\sqrt[3]{\frac{H_{PS}}{\tau_a N}}\,(\mathrm{mm}) = 365\sqrt[3]{\frac{H_{kW}}{\tau_a N}}\,(\mathrm{mm}) && ③ \\
&= 154\sqrt[3]{\frac{H_{PS}}{\tau_a N}}\,(\mathrm{mm}) = 171\sqrt{\frac{\mathrm{H_{KW}}}{\tau_a \mathrm{N}}}\,(\mathrm{mm})\ (\text{중력단위}) && \\
&= \frac{330}{\sqrt[3]{\tau_a}}\sqrt[3]{\frac{H_{PS}}{N}}\,(\mathrm{mm}) = \frac{365}{\sqrt[3]{\tau_a}}\sqrt[3]{\frac{H_{kW}}{N}}\,(\mathrm{mm}) && ④ \\
&= K\sqrt[3]{\frac{H_{PS}}{N}} = K\sqrt[3]{\frac{H_{kW}}{N}} && ⑤
\end{aligned}\right\} \quad (6-8)$$

로 되고, 위 식 ⑤에서 K는 전단 응력(τ_a)에 따른 계수이고, 전단 응력에 따라서 표 6−5에서 찾는다.

일반 공장용 전동축(재료 : 연강)의 전단 응력은 일반적으로 21N/mm^{2}으로 하면, 표 6−5에서 K=120(PS일 때)인 것을 알 수 있다.

표 6−5. 계수(K)

τ_a (N/mm^2)	K		τ_a (N/mm^2)	K	
	PS	kW		PS	kW
	$\frac{330}{\sqrt[3]{\tau_a}}$	$\frac{365}{\sqrt[3]{\tau_a}}$		$\frac{330}{\sqrt[3]{\tau_a}}$	$\frac{365}{\sqrt[3]{\tau_a}}$
10	154	171	50	90	100
12	144	180	55	87	97
13	140	155	57	86	76
15	134	149	60	85	94
17	130	143	65	83	92
20	121	135	70	81	89
21	120	133	75	79	87
25	113	125	80	77	85
27	110	122	85	75	84
30	106	118	90	74	82
35	101	113	95	73	81
40	96.5	107	100	71	79
45	93	104			

b. 속빈축일 때 : 위 식 (6−7) ①과 식 (6−8)에서 다음과 같이 된다.

$$\left.\begin{aligned} d_2 &= \sqrt[3]{\frac{5.1T}{(1-x^4)\tau_a}} = 1.72\sqrt[3]{\frac{T}{(1-x^4)\tau_a}} & ① \\ &= d\cdot\sqrt[3]{\frac{1}{(1-x^4)}} & ② \\ &= 153\sqrt[3]{\frac{H_{Ps}}{(1-x^4)\tau_a N}}\,(\text{cm}) = 79.2\sqrt[3]{\frac{H_{kw}}{(1-x^4)\tau_a N}}\,(\text{cm}) & ③ \\ &= 330\sqrt[3]{\frac{H_{Ps}}{(1-x^4)\tau_a N}}\,(\text{mm}) = 365\sqrt[3]{\frac{H_{kw}}{(1-x^4)\tau_a N}}\,(\text{mm}) & ④ \\ &= K\sqrt[3]{\frac{H_{Ps}}{(1-x^4)N}} = K\sqrt[3]{\frac{H_{kw}}{(1-x^4)N}} & ⑤ \\ d_1 &= x\,d_2 = \sqrt[4]{1-\frac{5.1T}{d_2{}^3\tau_a d_2}}\cdot d_2 = \sqrt[4]{d_2{}^4-\frac{5.1d_2\times 7020\text{H}}{\tau_a N}} \end{aligned}\right\} \quad (6-9)$$

⑤ 전달 동력(H) : 위 식 (6−7) ③에서 다음과 같이 된다.

$$\left.\begin{aligned} H &= \frac{TN}{7020}\,(\text{PS}) = \frac{\text{TN}}{9550}\,(\text{kW}) & ① \\ &= \frac{Wv}{735} = \frac{Fv}{735} = \frac{T\omega}{735} = \frac{Pv}{735}\,(\text{PS}) = \frac{Pv}{1000}\,(\text{kW}) & ② \end{aligned}\right\} \quad (6-10)$$

위 식 ②에서 W는 하중, F는 마찰력(또는 회전력), P는 힘 또는 벨트의 유효 장력을 각각 나타낸다.

⑥ 축의 강도비와 중량비

a. 강도비 : 그림 6−14와 같이 속찬축의 지름 d와 속빈축의 바깥 지름 d_2와의 비를 구해볼 때, 속찬축과 속빈축이 같은 T를 받아서 같은 응력 τ_a를 발생한다 면 비틀림에 대한 강도비(ε_1)는 다음과 같다.

$$\text{강도비}(\varepsilon_1) = \frac{\text{속빈축의 강도}}{\text{속찬축의 강도}} = \frac{\pi d_2{}^3(1-x^4)/16}{\pi d^3/16} = \frac{d_2{}^3(1-x^4)}{d^3}$$

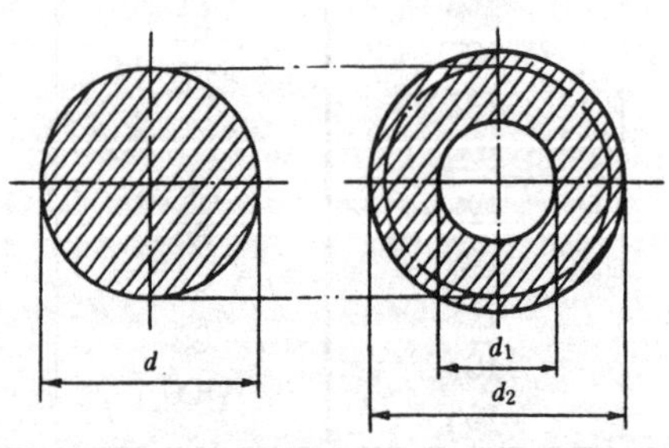

(a) 석찬축 (b) 속빈축

그림 6−14. 속찬축과 속빈축의 비교

또, 속찬축과 속빈축의 비틀림 모멘트 $T=\frac{\pi}{16}d^3\tau_a=\frac{\pi}{16}\left(\frac{d_2^{\,4}-d_1^{\,4}}{d_2}\right)\tau_a$ 에서

$\frac{\pi}{16}d^3=\frac{\pi}{16}d_2^{\,3}(1-x^4)$로 변환 시키면 $d_2=\sqrt[3]{\frac{5.1T}{\tau_a}}\cdot\sqrt[3]{\frac{1}{1-x^4}}$로 되고, 여기에서 $d=\sqrt[3]{\frac{5.1T}{\tau_a}}$ 이므로, 속빈축의 바깥 지름(d_2)은 다음과 같이 된다.

$$d_2=d\sqrt[3]{\frac{1}{(1-x^4)}} \tag{6-11}$$

위에서 속찬축의 지름 d와 속빈축의 바깥 지름 d_2와의 강도비(ε_1)는

$$\varepsilon_1=\frac{d_2}{d}=\sqrt[3]{\frac{1}{1-x^4}} \tag{6-12}$$

로 되고, 위 식에서 $x<1$ 이므로, x^4은 1에 비해 값이 작게 되고, $1-x^4$은 1에 가까워진다.

예 : 속빈축 d_1이 d_2의 1/2일 때 $x=\frac{d_1}{d_2}=0.5$ 이므로 $x^4=0.0625$가 되고,

$1-x^4=0.9375$가 되므로, 이 경우 식 (6−11)에서 $\frac{d_2}{d}=\sqrt[3]{\frac{1}{0.9375}}=1.022$ 가 된다.

＊ 설계상 주의

① 속빈축에서는 d_2가 속찬축의 지름 d보다 조금만 크면 같은 크기의 강도가 얻어진다.
② 속찬축보다 d_2가 약간 크게 되나 무게는 훨씬 가볍게 되고 강도와 강성도 크게 되므로 속빈축이 우수하다.
③ 속빈축은 공작 제작비가 비싸게 소요되므로, 육지의 공장 등에서는 속찬축을 사용하는 수가 많다.
④ 속빈축은 강도가 크고 무게가 가벼워야 되는 항공기, 선박 등의 축은 속빈 축을 사용하는 것이 원칙이다.

b. **중량비** : 동일한 재료로서 길이를 같게 만든 속찬축과 속빈축에 있어서 무게가 같을 때에는 단면적이 같으므로 중량비(ε)는 다음과 같이 나타낼 수 있다.

$$\text{중량비}(\varepsilon)=\frac{\text{속빈축의 중량}}{\text{속찬축의 중량}}=\frac{\text{속빈축의 단면적}}{\text{속찬축의 단면적}}=\frac{\frac{\pi}{4}(d_2^{\,2}-d_1^{\,2})}{\frac{\pi}{4}d^2}$$

$$\varepsilon=\frac{d_2^{\,2}-d_1^{\,2}}{d^2}=\frac{d_2^{\,2}(1-x^2)}{d^2}=1-x^2\left(\sqrt[3]{\frac{1}{1-x^4}}\right)^2 \tag{6-13}$$

예제 6-3 200rpm, 10PS를 전달하는 속찬축의 지름을 구하여라. 단, 축의 허용 비틀림 응력은 50MPa이다.

Solution

$$T = 7020\frac{H}{N} = 7020 \times \frac{10}{200} = 351(\mathrm{N \cdot m})$$

$$\therefore\ d = \sqrt[3]{\frac{5.1T}{\tau_a}} = \sqrt[3]{\frac{5.1 \times 351 \times 10^3}{50}} = 32.95 \fallingdotseq 35\ (\mathrm{mm})$$: (규격표에서)

예제 6-4 500rpm으로 회전하는 축의 지름 20mm일 때, 전달 동력(kW)을 구하여라. 단, 허용 전단 응력 20MPa이다.

Solution

$$T = \frac{\pi}{16}d^3\tau_a = \frac{\pi}{16} \times 20^3 \times 20 = 31.4(\mathrm{N \cdot m})$$

$$\therefore\ H = \frac{TN}{9550} = \frac{31.4 \times 500}{9550} = 1.64\ (\mathrm{kW})$$

예제 6-5 5PS, 400rpm을 전달하는 바깥 지름 50mm인 속빈축의 안지름을 구하여라. 단 허용 전단응력 $40\,\mathrm{N/mm^2}$이다.

Solution

$$T = 7020\frac{H}{N} = 7020 \times \frac{5}{400} = 87.25\ (\mathrm{N \cdot m})$$

$$x = \sqrt[4]{1 - \frac{5.1T}{\tau_a d_2{}^3}} = \sqrt[4]{1 - \frac{5.1 \times 87.25 \times 10^3}{40 \times 50^3}} = 0.99$$

$$\therefore\ d_1 = xd_2 = 0.99 \times 50 = 49.5 \fallingdotseq 50\ (\mathrm{mm})$$

예제 6-6 그림 6-15와 같은 V 벨트 풀리의 지름 1m에 걸리는 긴장측 장력 $T_1 = 6\,\mathrm{kN}$, 이완측 장력 $T_2 = 3\,\mathrm{kN}$일 때, 축의 지름을 구하여라. 단, 허용 비틀림 응력 50MPa이다.

Solution

V 벨트의 유효 장력(P)과 회전 토크(T)는

$$P = T_1 - T_2 = 6 - 3 = 3\ (\mathrm{kN})$$

$$T = P\frac{D}{2} = 3 \times \frac{1000}{2} = 1500(\mathrm{N \cdot m})$$

$$\therefore\ d = \sqrt[3]{\frac{5.1T}{\tau_a}} = \sqrt[3]{\frac{5.1 \times 1500 \times 10^3}{50}} \fallingdotseq 53.5(\mathrm{mm})$$

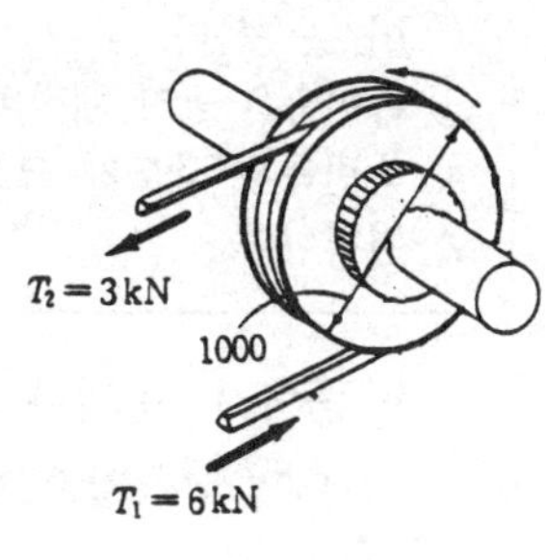

그림 6-15

예제 6-7 8000 N·m의 비틀림 모멘트를 받는 속찬축과 지름비 $x = 0.5$인 속빈축에 대한 다음을 구하여라. 단, 축의 허용 비틀림 응력 48MPa이다.

(1) 속찬축의 바깥 지름(d) (2) 속빈축의 바깥 지름(d_2)과 안지름(d_1)

Solution

(1) $d = \sqrt[3]{\frac{5.1T}{\tau_a}} = \sqrt[3]{\frac{5.1 \times 8000 \times 10^3}{48}} \fallingdotseq 95\ (\mathrm{mm})$

(2) 방법 ① : $d_2 = d\sqrt[3]{\frac{1}{1 - x^4}} = 95 \times \sqrt[3]{\frac{1}{1 - 0.5^4}} = 97(\mathrm{mm})$

방법 ② : $d_2 = \sqrt[3]{\dfrac{5.1T}{(1-x^4)\tau_a}} = \sqrt[3]{\dfrac{5.1\times8000\times10^3}{(1-0.5^4)\times48}} \fallingdotseq 97(\text{mm})$

(2) $d_1 = xd_2 = 0.5\times97 = 48.5\,(\text{mm})$

예제 6-8 바깥 지름 60mm, 안지름 30mm인 속빈축과 동일한 재료로 비틀림 강도를 갖는 속찬축의 지름을 구하여라.

Solution

$T = \dfrac{\pi}{16}d^3\tau_a = \dfrac{\pi}{16}\left(\dfrac{d_2^{\,4}-d_1^{\,4}}{d_2}\right)\tau_a$에서 동일 재료일 때 τ_a가 같으므로, 앞 두 식에서

$d = \sqrt[3]{\dfrac{d_2^{\,4}-d_1^{\,4}}{d_2}} = \sqrt[3]{\dfrac{60^4-30^4}{60}} \fallingdotseq 60(\text{mm})$

예제 6-9 속빈축의 지름 $d_2 = 60$mm, $d_1 = 48$mm, 회전수 960rpm일 때, (1) 전달 동력(kW), (2) 속찬축일 때의 지름을 구하여라. 단, 축의 허용 전단 응력 36MPa이다.

Solution

(1) 지름비 $x = d_1/d_2 = 48/60 = 0.8$이므로

$T = \dfrac{\pi}{16}d_2^{\,3}(1-x^4)\tau_a = \dfrac{\pi}{16}\times60^3(1-0.8^4)\times36 \fallingdotseq 901(\text{N}\cdot\text{m})$

$\therefore\ H = \dfrac{TN}{9550} = \dfrac{901\times960}{9550} \fallingdotseq 90.6\,(\text{kW})$

(2) $d = \sqrt[3]{\dfrac{5.1T}{\tau_a}} = \sqrt[3]{\dfrac{5.1\times901\times10^3}{36}} \fallingdotseq 50.3\,(\text{mm})$

예제 6-10 1인 몸무게 686N, 10인용 엘리베이터의 자중 10kN, 상승 속도 1.5m/s일 때, 엘리베이터의 전달 동력((PS)을 구하여라.

Solution

전체 중량 $W = 686\times10 + 10\times10^3 = 16860(\text{N})$

$\therefore\ H = \dfrac{Wv}{735} = \dfrac{16860\times1.5}{735} = 34.4\,(\text{PS})$

예제 6-11 바깥 지름 60mm, 안지름 48mm인 속빈축이 900rpm으로 회전할 때, 다음을 구하여라. 단, 축의 허용 전단 응력 35MPa이다.

(1) 속찬축의 지름(d) (2) 속빈축의 전달 동력(kW)

Solution

(1) $x = \dfrac{d_1}{d_2} = \dfrac{48}{60} = 0.8$

$\therefore\ d = d_2\sqrt[3]{1-x^4} = 60\times\sqrt[3]{1-0.8^4} = 50.6(\text{mm})$

(2) $T = \dfrac{\pi}{16}\tau_a(1-x^4)d_2^{\,3} = \dfrac{\pi}{16}\times35\times(1-0.8^4)\times60^3$

$= 875350(\text{N}\cdot\text{mm}) \fallingdotseq 875(\text{N}\cdot\text{m})$

$\therefore\ H = \dfrac{TN}{9550} = \dfrac{875\times900}{9550} \fallingdotseq 82(\text{kW})$

(3) 굽힘과 비틀림을 동시에 받는 축

그림 6-16과 같이 벨트 풀리, 기어, 선박의 프로펠러, 수차축 등은 비틀림과 함께 굽힘을 받는다. 이 때에는 축의 단면에 굽힘과 비틀림에 의한 조합 응력이 작용한다.

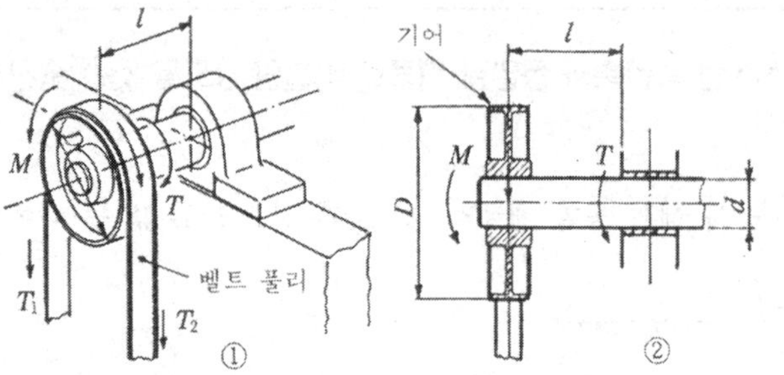

그림 6-16(1). 벨트 폴리와 기어 붙임축

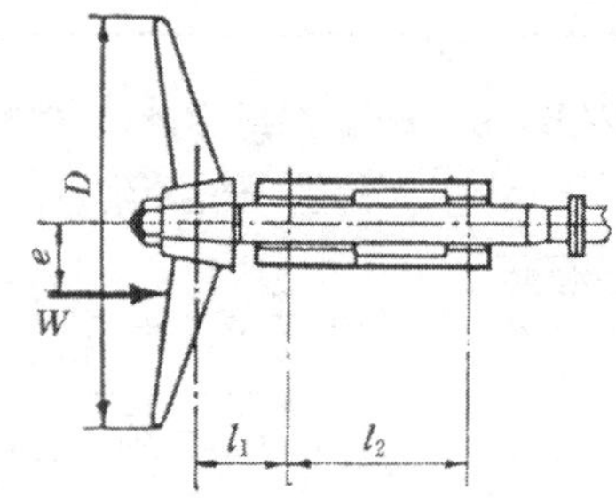

그림 6-16(2). 프로펠러축

① **상당 응력** : 그림 6-17에서 굽힘 모멘트 M은 축 방향에 굽힘 응력 σ를 생기게 하고, 비틀림 모멘트 T는 전단 응력 τ를 생기게 한다. 그림 (a)에서 속빈축의 임의 단면 mm에서 축 외주 측면의 점 A 및 축 외주 아래면의 B점에 미소 부분을 고려하여 여기에 작용하는 응력 상태를 나타내면 그림 (b)와 같이 된다. 축의 임의 단면 B에서 수직 응력과 전단 응력의 조합 응력이 작용하면 시점보다 사용 조건이 양호하므로 B점의 응력 상태에서 **모어 원**(Mohr´s circle)을 그어 보면 그림 (c)와 같이 된다.

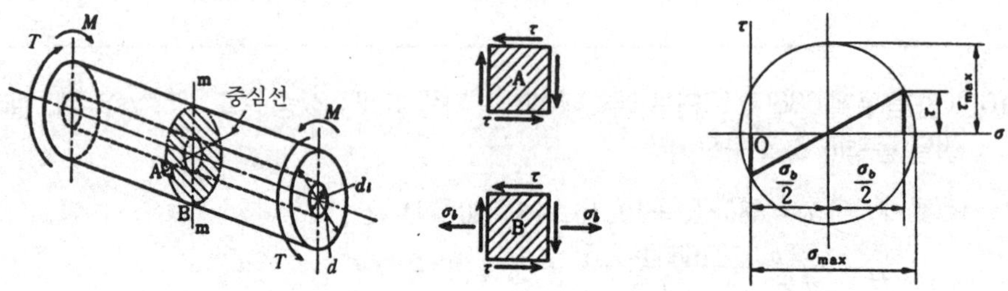

(a) (b) (c) B점의 모어원

그림 6-17. 굽힘과 비틀림을 받는 축(축의 모어 원)

일반적으로 축에는 하중에 의한 굽힘 모멘트와 동력 전달에 의한 토크를 동시에 받는 경우가 가장 많다. 이 때에 축의 임의 단면에 이와 같은 2가지의 모멘트가 동 시에 작용할 때 단면에는 전단 응력과 굽힘 응력이 동시에 생긴다. 이러한 두 응력의 조합에 의한 응력 상태에서의 모어원에 대한 최대 주응력설과 최대 전단 응력 설에 의하여 **최대 인장 응력**(σ_{max})과 **최대 전단 응력**(τ_{max})은 다음과 같이 구해진다.

$$\left.\begin{aligned}\sigma_{max} &= \frac{1}{2}\sigma_b + \frac{1}{2}\sqrt{\sigma_b{}^2 + 4\tau^2} \\ \tau_{max} &= \frac{1}{2}\sqrt{\sigma_b{}^2 + 4\tau^2}\end{aligned}\right\} \quad (6-14)$$

그런데 $M = \frac{\pi}{32}\sigma_b{}^3$, $T = \frac{\pi}{16}\tau d^3$이므로, $\sigma = \frac{32M}{\pi d^3}$와 $\tau = \frac{16M}{\pi d^3}$를 위 식에 각각 대입하여 정리하면

$$\left.\begin{aligned}\sigma_{max} &= \frac{10.2}{d^3}\left\{\frac{1}{2}(M + \sqrt{M^2 + T^2}\right\} = \frac{10.2}{d^3}M_e \\ \tau_{max} &= \frac{5.1}{d^3}(\sqrt{M^2 + T^2}) = \frac{5.1}{d^3}T_e\end{aligned}\right\} \quad (6-15)$$

로 되고, 위 식에서 $\frac{1}{2}(M + \sqrt{M^2 + T^2}) = M_e$는 **상당 굽힘 모멘트**, $\sqrt{M^2 + T^2} = T_e$를 **상당 비틀림 모멘트**라 한다.

② **상당 모멘트** : 축의 파손이 최대 인장 응력, 최대 전단 응력, 최대 변형 중 어느 것에 의하여 다음의 축에 대한 파괴의 3가지 학설 중에서 선택하여 결정한다.

a. **최대 주 응력설**(maximum principal stress theory)

축의 최대 수직 응력과 같은 굽힘 응력이 생긴 동일한 효과를 주는 **상당 굽힘 모멘트**(squivalent bending moment) M_e는 다음의 랭킨(Rankine)식으로 구한다.

$$M_e = \frac{1}{2}(M + \sqrt{M^2 + T^2}) = \frac{1}{2}(M + T_e) \quad (6-16)$$

위 상당 굽힘 모멘트 M_e는 M과 T가 동시에 조합되어 작용할 때이다.

b. **최대 전단 응력설**(maximum shearing stress theory)

축의 최대 전단 응력과 같은 비틀림 응력이 생긴 동일한 효과를 주는 상당 비틀림 모멘트(equivalent twisting moment) T_e는 다음의 게스트(Guest) 식을 사용한다.

$$T_e = \sqrt{M^2 + T^2} \quad (6-17)$$

위 식에서 **상당 비틀림 모멘트** (T_e)는 그림 6-18에서 굽힘 모멘트 ($M = Wl$)와 그림 6-19에서 비틀림 모멘트($T = Wr$)가 조합하여 작용할 때이다.

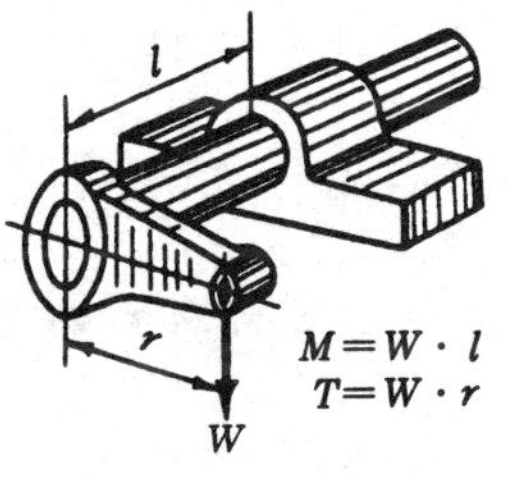

그림 6-18

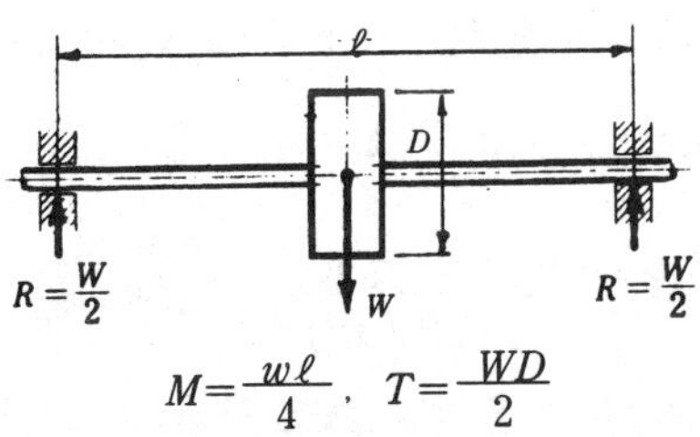

그림 6-19

c. **최대 변형률설**(maximum strain theory)

축의 파손은 최대 변형에 기인한 것으로, **상당 굽힘 모멘트** M_e는 다음의 생 배낭(Saint-Vennant)의 식으로 구한다.

$$M_e = 0.35M + 0.65\sqrt{M^2 + (\alpha_0 T)^2} \qquad (6-18)$$

단, $\alpha_0 = \dfrac{\sigma_a}{1.3\tau_a}$ 이고, α_0는 0.47~1.15의 값으로 연강일 때 0.47이다.

> **＊ 설계상 주의**
> a. 일반적으로 강과 같이 연성 재료의 축은 최대 전단력설이 가장 잘 일치하고, 계산도 안전축에 있게 되므로, 게스트의 식이 많이 채용된다.
> b. 주철과 같은 취약 재료에서는 최대 주응력설이 가장 잘 일치하므로, 랭킨의 식이 많이 사용된다.

③ **축의 지름** : 축에 작용하는 조합 응력의 효과를 검토하여 설계할 때는 같은 효과를 가져올 수 있는 M_e 또는 T_e를 고려하여 축의 지름을 구한다.

a. **비틀림 모멘트에 의할 때**(연강과 같은 연성 재료일 때) : 최대 전단 응력이 어느 값 이상으로 되었을 때, 식 (6－18)을 사용하여 $\sigma_{\max}$ 또는 $\tau_{\max}$ 를 축의 허용 응력(σ_a, τ_a)으로 잡아 축 지름을 결정한다. 이 때 T_e만이 비틀림 단독으로 작용할 때, 식 (6－8)과 식 (6－9)에서 상당 비틀림 모멘트와 상당 굽힘 모멘트를 구하여 M_e만이 작용하는 것으로 생각하여 볼 때, 축 재료의 전단 응력(τ_a) 은 속찬축에서는 $\tau_a = \dfrac{5.1}{d^3}\sqrt{M^2 + T^2}$이 되고, 속빈축에서는 $\tau_a = \dfrac{5.1}{(1-x^4){d_2}^3}\sqrt{M^2 + T^2}$ 로 되므로, **속찬축 지름**(d)과 **속빈축 바깥 지름**(d_2)은 다음과 같이 된다.

$$\left.\begin{aligned} d &= \sqrt[3]{\frac{5.1T_e}{\tau_a}} = \sqrt[3]{\frac{5.1}{\tau_a}\sqrt{M^2 + T^2}} \ \text{(속찬축)} \\ d_2 &= \sqrt[3]{\frac{5.1T_e}{(1-x^4)\tau_a}} = \sqrt[3]{\frac{5.1}{(1-x^4)\tau_a}\sqrt{M^2 + T^2}} \ \text{(속빈축)} \end{aligned}\right\} \qquad (6-19)$$

b. **굽힘 모멘트에 의할 때**(주철과 같은 취성 재료일 때) : 이 때 축 재료의 파손은 최대 주응력이 어느 값 이상으로 되었을 때 생기며, 식 (6－8)과 식 (6－9)에서 상당 비틀림 모멘트와 상당 굽힘 모멘트를 구하여 M_e만이 작용하는 것이라 생각해 볼 때, 축의 굽힘 응력(σ_b)이

속찬축은 $\sigma_b = \dfrac{10.2}{d^3}\dfrac{1}{2}(M + \sqrt{M^2 + T^2}) = \dfrac{5.1}{d^3}(M + \sqrt{M^2 + T^2})$이다.

속빈축은 $\sigma_b = \dfrac{5.1}{(1-x^4){d_2}^3}(M + \sqrt{M^2 + T^2})$이 되므로, **속찬축 지름**(d)과 **속빈축 바깥 지름**(d_2)은 다음의 식으로 구한다.

$$\left.\begin{aligned} d &= \sqrt[3]{\frac{10.2M_e}{\sigma_b}} = \sqrt{\frac{5.1}{\sigma_b}(M+\sqrt{M^2+T^2})}\ (\text{속찬축}) \\ d_2 &= \sqrt[3]{\frac{10.2M_e}{(1-x^4)\sigma_b}} = \sqrt[3]{\frac{5.1}{(1-x^4)\sigma_b}(M+\sqrt{M^2+T^2})}\ (\text{속빈축}) \end{aligned}\right\} \quad (6-20)$$

위 식 (6−19)와 식 (6−20)에서 d를 각각 구하고, 큰 쪽의 값을 취한다.

c. **중간 재료일 때** : 중간의 연성, 취성을 갖는 재료의 축에는 식 (6−19)와 식 (6−20)의 두 식으로부터 구한 큰 쪽의 값을 축 지름으로 결정하는 것이 안전하다.

표 6−6은 일반적으로 사용되는 축 재료의 허용 응력을 나타낸 것이다.

표 6−6. 축 재료의 정하중에 대한 허용 응력

축의 재료		비틀림 τ_a(N/mm^2)	굽힘 σ_b(N/mm^2)	비틀림과 굽힘 τ_a(N/mm^2)
보통의 압연강	키 홈 없음	53.2	110	55
	키 홈 있음	41(위의 0.75배)	82.3(위의 0.75배)	41
강도를 아는 강		탄성 한도의 30% 이하 인장 강도의 18% 이하	탄성 한도의 60% 이하 인장 강도의 36% 이하	탄성 한도의 30% 이하 인장 강도의 18% 이하

예제 6−12 지름 5cm인 속찬축이 50kN · cm의 굽힘 모멘트와 100kN · cm의 비틀림 모멘 트를 동시에 받을 때, 다음을 구하여라.

(1) 최대 굽힘 응력(σ_{max}) (2) 최대 전단 응력(τ_{max})

Solution

(1) $M_e = \frac{1}{2}(M+\sqrt{M^2+T^2}) = \frac{1}{2}(50+\sqrt{50^2+100^2}) = 81(\text{kN}\cdot\text{cm})$

$\therefore\ \sigma_{max} = \frac{10.2M_e}{d^3} = \frac{10.2\times 81}{5^3} \fallingdotseq 6.6(\text{kN/cm}^2)$

(2) $T_e = \sqrt{M^2+T^2} = \sqrt{50^2+100^2} \fallingdotseq 112(\text{kN}\cdot\text{cm})$

$\therefore\ \tau_{max} = \frac{5.1T_e}{d^3} = \frac{5.1\times 112}{5^3} \fallingdotseq 4.6(\text{kN/cm}^2)$

예제 6−13 그림 6−20과 같은 레버에 5kN의 하중이 가해 질 때, 축의 지름을 구하여라. 단, 허용 굽힘 응력 70MPa, 허용 비틀림 응력 60MPa이다.

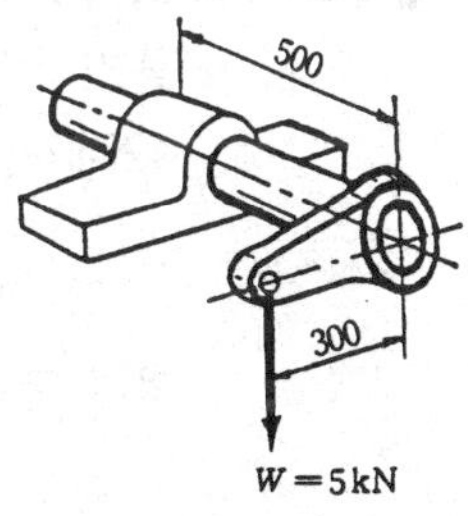

그림 6−20

Solution

$M = Wl = 5\times 500 = 2500(\text{N}\cdot\text{m}) = 2.5(\text{kN}\cdot\text{m})$

$T = Wr = 5\times 300 = 1500(\text{N}\cdot\text{m}) = 1.5(\text{kN}\cdot\text{m})$

(1) 비틀림 모멘트에 의한 경우

$T_e = \sqrt{M^2+T^2}$

$= \sqrt{2.5^2+1.5^2} \fallingdotseq 2.9(\text{kN}\cdot\text{m})$

$\therefore\ d_T = \sqrt[3]{\frac{5.1T_e}{\tau_a}} = \sqrt[3]{\frac{5.1\times 2.9\times 10^6}{60}} \fallingdotseq 63(\text{mm})$

(2) 굽힘 모멘트의 의한 경우

$$M_e = \frac{1}{2}(M + T_e) = \frac{1}{2}(2.5 + 2.9) = 2.7(\text{kN} \cdot \text{m})$$

$$\therefore\ d_M = \sqrt[3]{\frac{10.2 M_e}{\sigma_b}} = \sqrt[3]{\frac{10.2 \times 2.7 \times 10^6}{70}} \div 73.3(\text{mm})$$

고로, 큰 쪽을 취하여 75mm로 결정한다.

예제 6-14 그림 6-21과 같이 하중 400N, 긴장측 장력 800N, 이완측 장력 500N이 작용할 때, 다음을 구하여라. 단, 축의 굽힘 응력 50MPa, 비틀림 응력 40MPa 이다.

(1) 축의 비틀림 모멘트(T)
(2) 축의 굽힘 모멘트(M)
(3) 축의 지름(d)

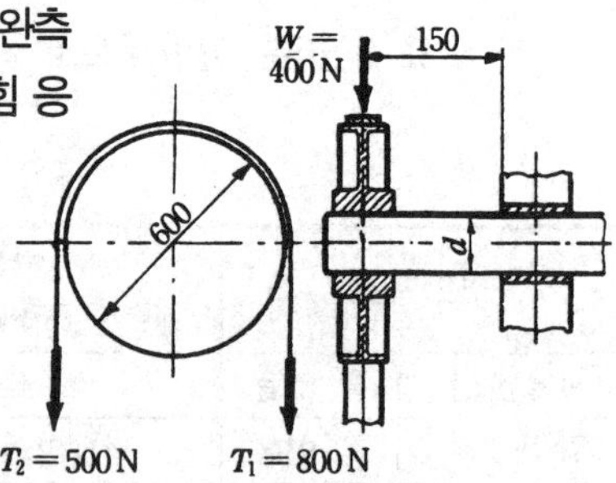

그림 6-21

Solution

(1) $T = (T_1 - T_2)\dfrac{D}{2} = (800 - 500) \times \dfrac{600}{2}$

$= 90 \times 10^3\ (\text{N} \cdot \text{mm}) = 90(\text{N} \cdot \text{m})$

(2) $M = \sqrt{W^2 + (T_1 + T_2)^2}\ l$

$= \sqrt{400^2 + (800 + 500)^2} \times 150 = 204\ (\text{N} \cdot \text{m})$

(3) $T_e = \sqrt{M^2 + T^2} = \sqrt{204^2 + 90^2} \fallingdotseq 223\ (\text{N} \cdot \text{m})$

$$M_e = \frac{1}{2}(M + T_e) = \frac{1}{2}(204 + 223) = 213.5\ (\text{N} \cdot \text{m})$$

상당 비틀림에 의할 때

$$d = \sqrt[3]{\frac{5.1 T_e}{\tau_a}} = \sqrt[3]{\frac{5.1 \times 223 \times 10^3}{40}} \fallingdotseq 32\ (\text{mm})$$

상당 굽힘 모멘트에 의할 때

$$d = \sqrt[3]{\frac{10.2 M_e}{\sigma_b}} = \sqrt[3]{\frac{10.2 \times 213.5 \times 10^3}{50}} \fallingdotseq 35\ (\text{mm})$$

고로, 안전을 위하여 큰 쪽 값 35mm를 축의 지름으로 결정한다.

예제 6-15 그림 6-22와 같이 2m인 축이 90rpm, 4PS을 전달하고, 벨트 풀리 무게 65N일 때, 축의 지름을 구하여라. 단, 비틀림 응력 42MPa, 굽힘 응력 30MPa이다.

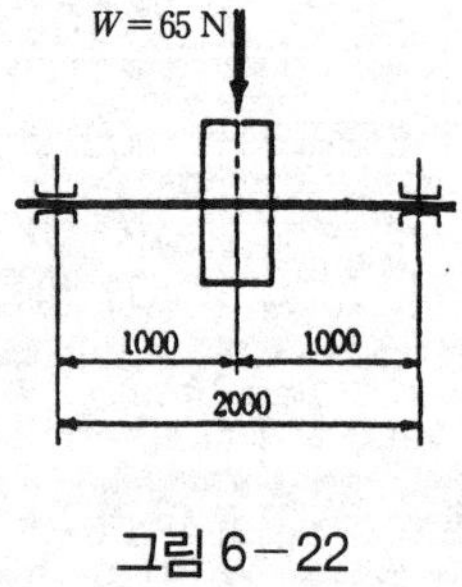

그림 6-22

Solution

$$T = 7020\frac{H}{N} = 7020 \times \frac{4}{90} = 312\ (\text{N} \cdot \text{m})$$

최대 굽힘 모멘트는 중앙 하중점에 생기므로

$$M = \frac{Wl}{4} = 65 \times \frac{2000}{4} = 32.5\ (\text{N} \cdot \text{m})$$

축이 비틀림과 굽힘을 동시에 받으므로 비틀림 모멘트에 의할 때

$$T_e=\sqrt{M^2+T^2}=\sqrt{32.5^2+312^2}\fallingdotseq 314\ (\mathrm{N\cdot m})$$

$$\therefore\ d_T=\sqrt[3]{\frac{5.1T_e}{\tau_a}}=\sqrt[3]{\frac{5.1\times 314\times 10^3}{42}}=33.66\ (\mathrm{mm})$$

굽힘 모멘트에 의할 때

$$M_e=\frac{1}{2}(M+T_e)=\frac{1}{2}(32.5+314)=173.25\ (\mathrm{N\cdot m})$$

$$\therefore\ d_M=\sqrt[3]{\frac{10.2M_e}{\sigma_b}}=\sqrt[3]{\frac{10.2\times 173.25\times 10^3}{30}}=38.9\ (\mathrm{mm})$$

고로, 큰 쪽 값을 취하여 40mm로 결정한다.

예제 6-16 그림 6-23과 같은 풀리 장치에서 축의 지름 50mm, 풀리의 지름 400mm, 긴 장측과 이완측의 장력 T_1=500N, T_2=200N일 때, 다음을 구하여라.

(1) 축 양측 A, B의 반력(R_A, R_B)

(2) 단면 계수(Z)

(3) 극단면 계수(Z_P)

(4) 상당 모멘트(T_e, M_e)

(5) 비틀림 응력(τ)

(6) 굽힘 응력(σ_b)

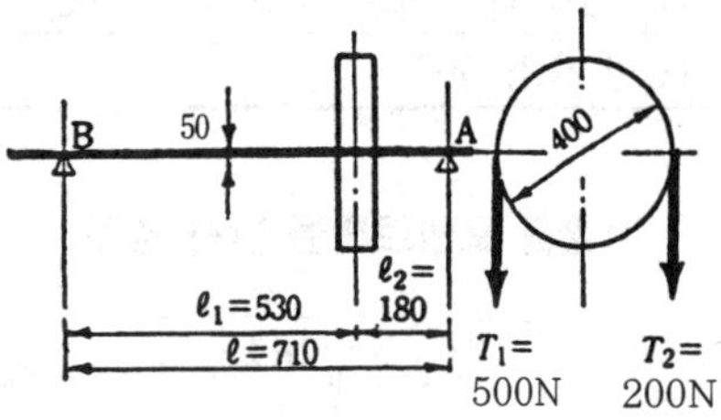

그림 6-23

Solution

(1) $R_A=\dfrac{(T_1+T_2)l_1}{l}$

$$=\frac{(500+200)\times 53}{71}=523\ (\mathrm{N})$$

$$R_B=(T_1+T_2)-R_A=700-523=177\ (\mathrm{N})$$

(2) $Z=\dfrac{\pi}{32}d^3=\dfrac{\pi}{32}\times 5^3\fallingdotseq 12.3\ (\mathrm{cm}^3)$

(3) $Z_p=\dfrac{\pi}{16}d^3=\dfrac{\pi}{16}\times 5^3\fallingdotseq 24.5\ (\mathrm{cm}^3)$

(4) $T=\dfrac{D}{2}(T_1-T_2)=\dfrac{40}{2}(500-200)=6\times 10^3\ (\mathrm{N\cdot cm})=6(\mathrm{kN\cdot cm})$

$$M=R_A l_2=523\times 18=9414\ (\mathrm{N\cdot cm})\fallingdotseq 9.4(\mathrm{kN\cdot cm})$$

$$\therefore\ T_e=\sqrt{M^2+T^2}=\sqrt{9.4^2+6^2}=11.2\ (\mathrm{kN\cdot cm})$$

$$M_e=\frac{1}{2}(M+T_e)=\frac{1}{2}(9.4+11.2)=10.3\ (\mathrm{kN\cdot cm})$$

(5) $\tau=\dfrac{5.1T_e}{d^3}=\dfrac{5.1\times 11.2\times 10^3}{5^3}\fallingdotseq 457\ (\mathrm{N/cm}^2)$

(6) $\sigma_b=\dfrac{10.2M_e}{d^3}=\dfrac{10.2\times 10.3\times 10^3}{5^3}\fallingdotseq 838\ (\mathrm{N/cm}^2)$

[2] 동(動)하중을 받는 축

축에 작용하는 굽힘 모멘트는 일정하지 않은 경우가 많으며, 복잡하게 변동하거나 충격적으로 작용한다. 또 축의 어느 단면은 설치물(기어, 벨트 풀리 등)의 중량과 풀리에 작용하는 벨트의 장력 때문에 회전할 때 마다 반복 하중을 받게 된다.

이상과 같은 동적 영향을 고려하여 축에 작용하는 M에 대하여 계수 k_m을 곱하고, T에 대하여 k_t를 곱하여 각각 $k_m M$, $k_t T$(표 6−7)로 하여 축의 지름을 계산한다.

표 6−7. 동적 효과 계수 k_m, k_t의 값

하중의 종류	회전축		정지축	
	k_t	k_m	k_{tt}	k_m
정하중 또는 극히 약한 동하중	1.0	1.5	1.0	1.0
심한 변동 하중 또는 약한 충격 하중	1.0~1.5	1.5~2.0	1.5~2.0	1.5~2.0
격렬한 충격 하중	1.5~3.0	2.0~3.0	−	−

(1) 비틀림 모멘트만을 받는 경우

$$\left.\begin{aligned} d &= \sqrt[3]{\frac{5.1}{\tau_a} k_t T} \quad (\text{속찬축}) \\ d_2 &= \sqrt[3]{\frac{5.1}{(1-x^4)\tau - a} k_t T} \quad (\text{속빈축}) \end{aligned}\right\} \tag{6−21}$$

(2) 굽힘 모멘트만을 받는 경우

$$\left.\begin{aligned} d &= \sqrt[3]{\frac{10.2}{\sigma_a} k_m M} \ (\text{속찬축}) \\ d_2 &= \sqrt{\frac{10.2}{(1-x^4)\sigma_a} k_m M} \ (\text{속빈축}) \end{aligned}\right\} \tag{6−22}$$

(3) 굽힘 모멘트와 비틀림 모멘트를 동시에 받는 경우

$$\left.\begin{aligned} d &= \sqrt[3]{\frac{5.1}{\tau_a} \sqrt{(k_m M)^2 + (k_t T)^2}} \quad (\text{연성 재료}) \\ &= \sqrt[3]{\frac{5.1}{\tau_a} [k_m M + \sqrt{(k_m M)^2 + (k_1 T)^2}]} \quad (\text{취성 재료}) \end{aligned}\right\} (\text{속찬축}) \tag{6−23}$$

$$\left.\begin{aligned} d_2 &= \sqrt[3]{\frac{5.1}{(1-x^4)\tau_a} \sqrt{(k_m M)^2 + (k_t T)^2}} \quad (\text{연성 재료}) \\ &= \sqrt[3]{\frac{5.1}{(1-x^4)\tau_a} \left\{k_m M + \sqrt{(k_m M)^2 + (k_t T)^2}\right\}} \quad (\text{취성 재료}) \end{aligned}\right\} (\text{속빈축}) \tag{6−24}$$

예제 6 - 17 250rpm으로 20PS을 전달하는 축의 지름을 구하여라. 단, 축의 굽힘 응력 98 MPa, 굽힘 작용은 무시하고, 회전 토크에 급격한 변동이 있다.

Solution 축이 급격한 변동을 일으킬 때, 표 6-7에서 동적 효과 계수 $k_t = 1.5$ 이므로

$$T = 7020 \times \frac{H}{N} = 7020 \times \frac{20}{250} = 516.6\,(\mathrm{N \cdot m})$$

$$\therefore\ d = \sqrt[3]{\frac{5.1 k_t T}{\tau_a}} = \sqrt[3]{\frac{5.1 \times 1.5 \times 516.6 \times 10^3}{98}} = 35.2 \fallingdotseq 36\,(\mathrm{mm})$$

예제 6 - 18 800rpm, 15kW의 동력을 전달하는 전동축에 굽힘 모멘트 300N · m일 때, 축의 지름을 구하여라. 단, 축의 $\tau_a = 50\,\mathrm{MPa}$이고, 축은 가벼운 동하중을 받는다.

Solution

$$T = 9550\frac{H}{N} = 9550 \times \frac{15}{800} = 179\,(\mathrm{N \cdot m})$$

축이 가벼운 동하중을 받으므로, 표 6-7에서 $k_t = 1,\ k_m = 1.5$ 이므로

$$d = \sqrt[3]{\frac{5.1}{\tau_a}\sqrt{(k_m M)^2 + (k_t T)^2}} = \sqrt[3]{\frac{5.1}{0.05}\sqrt{(1.5 \times 300)^2 + (1 \times 179)^2}} = 36.7 \fallingdotseq 38\,(\mathrm{mm})$$

예제 6 - 19 그림 6-24의 기어 감속기 축이 1500rpm, 1.5kW를 전달하고, 5kN의 동하중이 작용할 때, 축의 지름을 구하여라. 단, 축의 재료는 연강이고, 인장 강도는 550MPa이다.

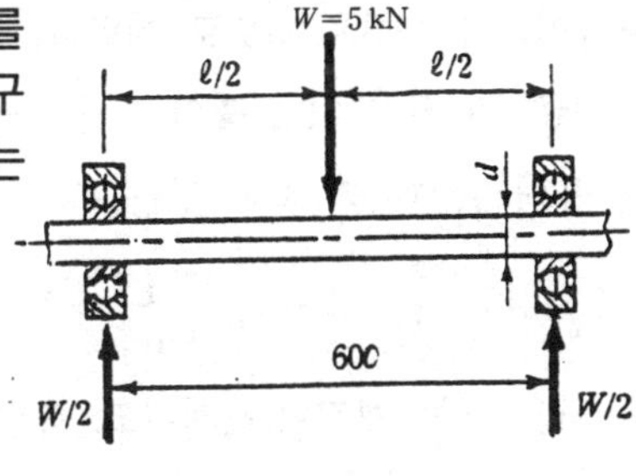

그림 6-24

Solution 축에 작용하는 비틀림과 굽힘 모멘트는

$$T = 9550\frac{H}{N} = 9550 \times \frac{1.5}{1500} = 9.55\,(\mathrm{N \cdot m})$$

$$M = \frac{Wl}{4} = 5\frac{\times 60}{4} = 750\,(\mathrm{N \cdot m})$$

기어 감속 장치는 변동 하중을 받으므로 표 6-7에서 $k_m = 2.0$, $k_t = 1.5$이다. 표 6-6으로부터 허용 비틀림 응력(τ)은 인장 강도의 18%로 잡으므로

$$\tau = 550 \times 0.18 = 99\,(\mathrm{MPa})$$

또, 키 홈에 의한 비틀림 강도비 $\varepsilon = 0.75$로 할 때, 비틀림 응력(τ_a)은

$$\tau_a = 99 \times 0.75 \fallingdotseq 74.3\,(\mathrm{MPa})$$

$$\therefore\ d = \sqrt[3]{\frac{5.1}{\tau_a}\sqrt{(k_m M)^2 + (k_t T)^2}} = \sqrt[3]{\frac{5.1 \times 10^3}{74.3}\sqrt{(2 \times 750)^2 + (1.5 \times 9.55)^2}} = 46.9 \fallingdotseq 48\,(\mathrm{mm})$$

[3] 노치(notch)붙임 축

(1) 키 홈 붙이 축

일반적으로 축에 키 홈을 만들면 키 홈 밑 부분에 응력 집중(stress concentrati－on)이 생기어 축의 강도가 감소하며, 특히 충격 하중을 받을 때는 그 영향이 현저하 다. 1개의 키 홈을 받는 축의 비틀림에 대한 형상 계수(α : 응력 집중 계수)와 홈의 나비 및 모서리의 반지름(r) 사이의 관계를 그림 6－25에 나타냈다.

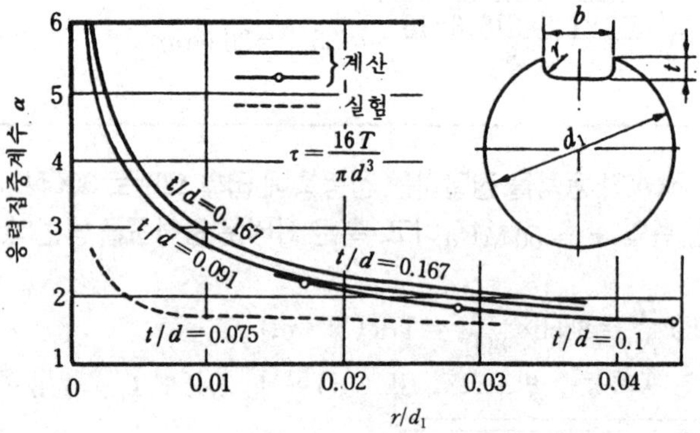

그림 6－25. 키 홈의 형상 계수(α)

키 홈의 응력 집중은 홈 밑부의 둥근 부분 r 에 현저하게 영향이 있으므로, 설계상 가능하면 r 를 크게 하는 것이 좋고, r 는 축 지름의 2~3% 이상으로 잡는 것이 응력 집중상 바람직하며, 묻힘 키에 대하여는 1.2~3% 정도로 취한다.

지금, 키 홈이 없는 축의 기준 응력은 $\tau_a=5.1T/{d_1}^3$ 이고, 형상 계수(α)와 키 홈 붙이 축의 비틀림 응력(τ_1)과 키 홈이 없는 축의 비틀림 응력(τ_a)과의 관계는

$$\tau_1=\alpha\,\tau_a=\alpha\,\frac{5.1T}{{d_1}^3} \qquad (6-25)$$

로 되고, α 는 재질에 관계없고, 축의 모양에 의해서만 결정된다. 비틀림 모멘트를 받는 키 홈이 있는 축의 설계에 있어서는 축의 지름 30~60mm 범위 내에서 다음과 같은 무어(H. F. Moore)의 실험식을 사용한다.

β_1 : 키 홈붙이 축과 키 홈이 없는 축의 탄성 한도에 있어서의 비틀림 강도의 비(비틀림 강도만을 필요로 하는 축에 대한 비틀림 강도비)

β_2 : β_1과 같을 때의 비틀림 각 비(비틀림 강성만을 필요로 하는 축에 대한 비틀림 강성비)

d : 축의 지름(mm)　　b : 키 홈의 나비(mm)　　t : 키 홈의 깊이(mm)일 때

$$\left.\begin{aligned}\beta_1&=\frac{\text{키 홈 붙임 축의 강도}}{\text{키 홈 없는 축의 강도}}=1+0.2\frac{b}{d}+1.1\frac{t}{d}\ \ (\text{강도상에서})\\ \beta_2&=\frac{\text{키 홈 붙임 축의 비틀림 각}}{\text{키 홈 없는 축의 비틀림 각}}=1+\frac{0.4b}{d}+\frac{0.7t}{d}\ \ (\text{강성상에서})\end{aligned}\right\} \qquad (6-26)$$

위 식에서 β_1의 값은 묻힘 키일 때 $d>20$mm에서 $\beta_1=0.65\sim0.85$ 정도로 취한다.

키 홈에 의한 축의 강도는 치수에서 대체로 75%로 감소하는 것으로 본다. 묻힘 키의 경우를 하한 지름에 대하여 도시하면 그림 6-26과 같이 된다.

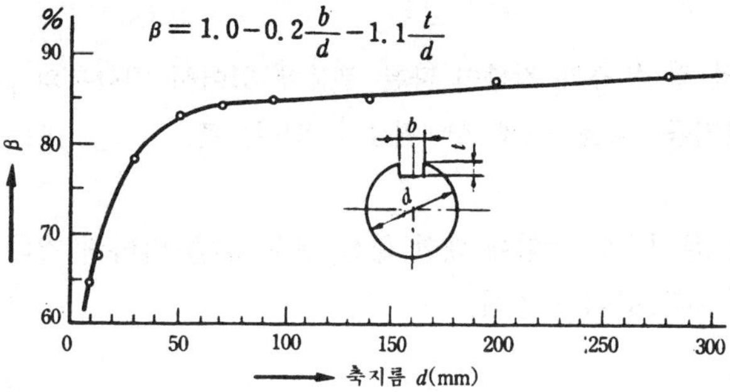

그림 6-26. 키 홈의 영향 계수

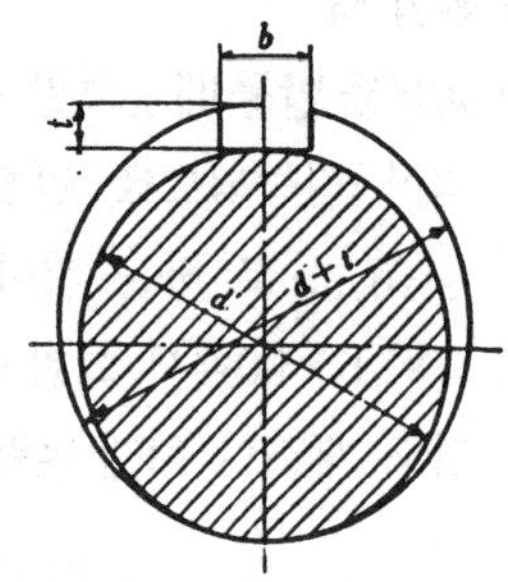

그림 6-27

실제로 키 홈이 없는 축의 지름 d에 키 홈의 응력 집중을 고려하여 보정한 축의 지름 d_1은 비틀림 강도와 강성상에서 다음과 같이 구한다.

$$\left.\begin{aligned} d_1 &= \beta_1 d = \left(1+0.2\frac{b}{d}+1.1\frac{t}{d}\right)d \text{ (비틀림 강도상에서)} \\ &= \beta_2 d = \left(1+0.4\frac{b}{d}+0.7\frac{t}{d}\right)d \text{ (비틀림 강성상에서)} \end{aligned}\right\} ① \\ = d+t = \sqrt[3]{\alpha}\, d \quad ② \qquad (6-27)$$

또는 그림 6-27과 같이 키 홈이 없는 축의 설계를 한 후 키 홈 높이(깊이)를 가산하여 키 홈붙이 축의 지름($d_1=d+t$)을 구하여도 근사 값이 얻어진다.

(2) 반원 홈 붙이 축

그림 6-28과 같이 반원의 홈이 만들어져 있는 축의 굽힘에 있어서 응력 집중 개소의 최대 응력(σ_1)은 다음과 같이 구한다.

b : 반원 홈 나비(mm), σ_0 : 응력 집중을 생각하지 않는 경우의 응력(N/mm^2) 일 때

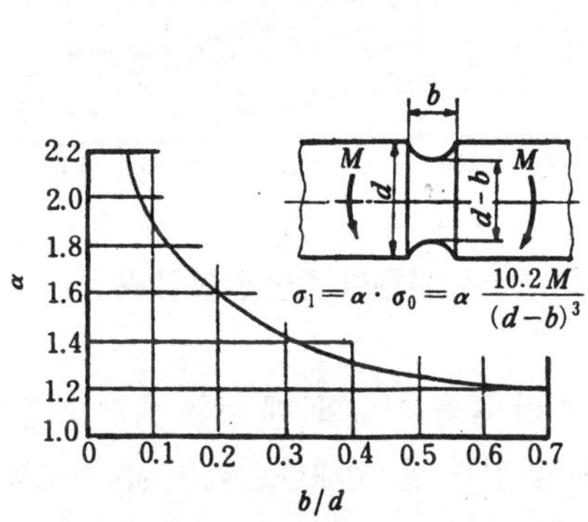

그림 6-28. 반원 홈붙이 굽힘 응력 집중 계수

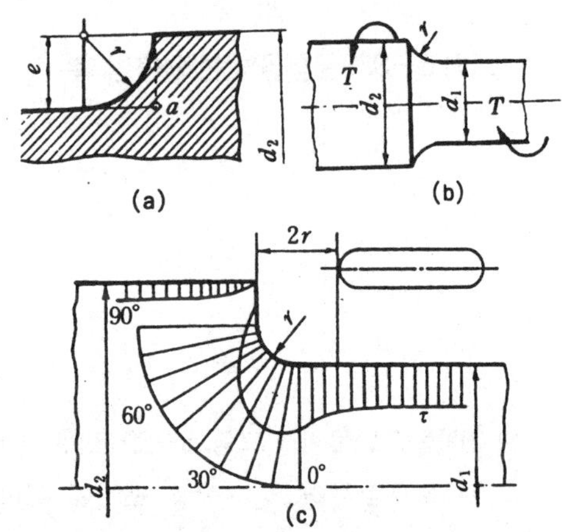

그림 6-29. 노치부의 집중 응력

$$\sigma_1 = \alpha\sigma_0 = \alpha\frac{10.2M}{(d-b)^3} \qquad (6-28)$$

반원 홈 붙이 축은 응력 집중 관계상 $2r/d_1$ 는 0.16 이상으로 하는 것이 바람직하다.

(3) 단 붙임 축

① **굽힘을 받을때** : 그림 6-29 (a)와 같이 축의 지름이 다른 부분에 있어서 직각부의 a 점에 응력이 집중되므로 필렛(fillet) 반지름 r 를 크게 할 필요가 있다. 즉, $r=e$ 또는 적어도 $r=0.5e$ 로 하는 것이 좋다.

그림 6-30에서 그림 6-32는 단 붙임축의 굽힘에 대한 형상 계수(α)를 나타낸 것이고, 응력 집중 개소의 최대 응력(σ_1)은 다음과 같이 구한다.

$$\sigma_1 = \alpha\,\sigma_0 = \alpha\frac{10.2M}{{d_1}^3} \qquad (6-29)$$

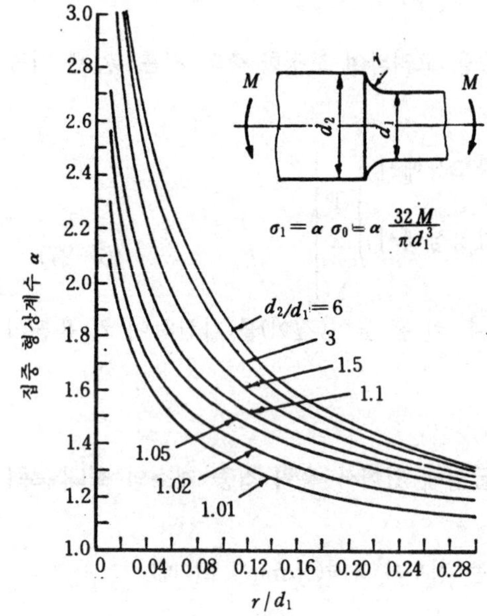

그림 6-30. 굽힘을 받는 단붙임 축

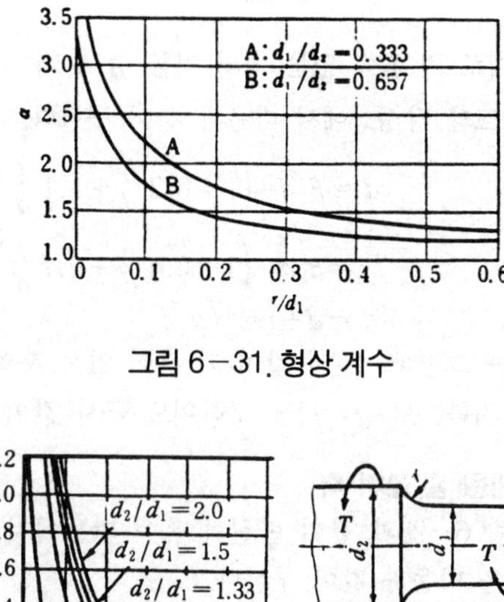

그림 6-31. 형상 계수

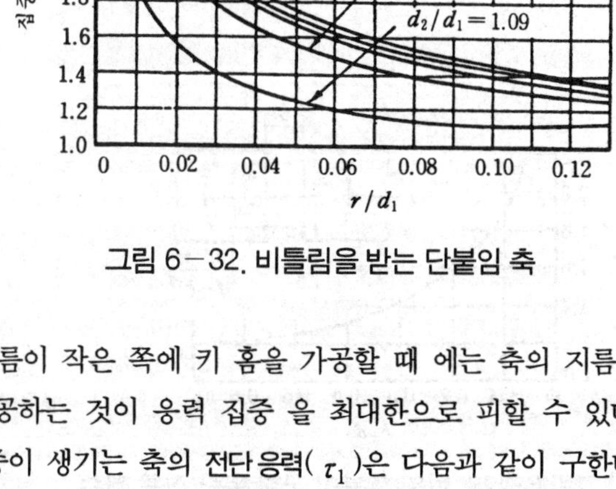

그림 6-32. 비틀림을 받는 단붙임 축

② **비틀림을 받을때** : 그림 6-29(c)와 같이 지름이 작은 쪽에 키 홈을 가공할 때 에는 축의 지름이 큰 쪽으로부터 $2r$ 이상 떨어진 곳에 가공하는 것이 응력 집중 을 최대한으로 피할 수 있다. 단 붙임 축이 비틀림을 받을 때, 응력 집중이 생기는 축의 전단응력(τ_1)은 다음과 같이 구한다.

$$\tau_1 = \alpha\,\tau_a = \alpha\,\frac{5.1T}{{d_1}^3} \qquad (6-30)$$

그림 6-32는 강제의 단 붙임축이 반복 비틀림을 받을 때 r의 영향을 헤롤드(W. Herold)가 실험 도시한 것으로, 축의 D, d, r에 따라서 형상 계수 α는 변화하 며, 필렛이 예리한 경우는 그렇지 않은 경우의 축의 1.5배가 된다.

예 : $d_1 = 10\,\text{cm}$, $d_2 = 8\text{cm}$, $r = 0.5\,\text{cm}$일 때, 축의 형상 계수는 $d_2/d_1 = 1.25$, $r/d_1 =$ 0.063 이므로, $\alpha = 1.5$로 $\tau_1 = \alpha\,\tau_a = 1.5 \times \frac{5.1T}{{d_1}^3}$로 되어 응력 집중을 고려하지 않을 때의 응력(τ_a)의 1.5배가 되는 것을 알 수 있다.

예제 6-20 400rpm, 5PS을 전달하는 축이 기어를 구동할 때, 키 홈에 생기는 응력 집중 을 보정하기 위한 다음을 구하여라. 단, 축의 재질은 연강이다.

(1) 키 홈이 없는 축의 지름(d) (2) 키 홈이 있는 축의 지름(d_1)

Solution (1) 축의 재질이 연강일 때, $\tau_a \fallingdotseq 21\,\text{MPa}$ 이므로

$$T = 7020\frac{H}{N} = 7020 \times \frac{5}{400} = 87.75\,(\text{N}\cdot\text{m})$$

$$\therefore\ d = \sqrt[3]{\frac{5.1T}{\tau_a}} = \sqrt[3]{\frac{5.1 \times 87.75 \times 10^3}{21}} = 27.7 \fallingdotseq 28\,(\text{mm})$$

(2) 강도상에서

$d = 28\text{mm}$일 때, 키의 치수 $b \times h = 7 \times 7\text{mm}$이고, $t = 3.5\text{mm}$이므로

$$d_1 = \left(1 + 0.2 \times \frac{b}{d} + 1.1\frac{t}{d}\right)d$$

$$= \left(1 + 0.2 \times \frac{7}{28} + 1.1 \times \frac{3.5}{28}\right) \times 28 = 33.2 \fallingdotseq 35\,(\text{mm})$$

강성상에서

$d = 40\text{mm}$일 때, 키의 치수 $b \times h = 10 \times 8\text{mm}$이고, $t = 4\text{mm}$이므로

$$d_1 = \left(1 + 0.4 \times \frac{b}{d} + 0.7\frac{t}{d}\right)d$$

$$= \left(1 + 0.4 \times \frac{10}{40} + 0.7 \times \frac{4}{40}\right) \times 40 = 44 \fallingdotseq 48\,(\text{mm})$$

또는 강도상에서 볼 때, 그림 6-26에서 $t/d = 3.5/35 = 0.1$이고, r를 3% 정도로 잡을 때 $r = 35 \times 0.03 = 1.05$이며, $r/d = 1.05/35 = 0.02$이므로 $\alpha \div 1.8$ 정도가 된다. 또, 축의 재질이 연강일 때 $\tau_a = 21\,\text{MPa}$이므로, 식 (6-25)에서

$$\tau_1 = \alpha\,\tau_a = \alpha\frac{5.1T}{{d_1}^3} = \alpha\frac{5.1}{{d_1}^3} \times 7020\frac{H}{N}$$

$$\therefore\ d_1 = \sqrt[3]{\frac{\alpha \times 5.1 \times 7020H}{\tau_a N}} = \sqrt[3]{\frac{1.8 \times 5.1 \times 7020 \times 10^3 \times 5}{21 \times 400}} = 34 \fallingdotseq 35\,(\text{mm})$$

이상에서 볼 때, 축 보정을 위하여 선정된 키가 보정 후의 축 지름에 적용 할 수 없을 때는 키를 약간 큰 것으로 선정하고, 보정후 축 지름을 선정한다.

2. 강성에 의한 축의 설계

축의 강성(剛性) 또는 강도(剛度 : stiffiness)에 의한 설계에서는 축이 비틀림을 받을 때 변형에 의한 비틀림 각과 굽힘에 의한 처짐량과 처짐각 등을 고려하여 계산한다.

[1] 축의 비틀림 강성

(1) 비틀림 모멘트만이 작용하는 축

① **응력과 모멘트** : 그림 6-33과 같이 축에 비틀림 모멘트(T)가 작용하면 축이 비틀려 B에서 B'로 된다. 이 때에 축의 재료 내에 생기는 **전단 응력**(τ_a)과 **비틀림 모멘트**(T)는 다음과 같다.

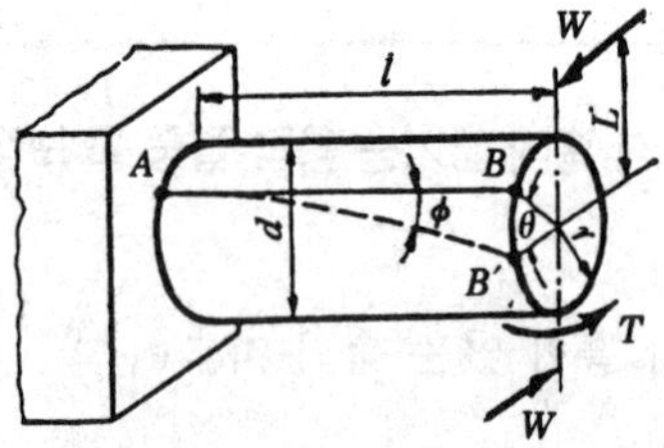

그림 6-33. 축의 비틀림

표 6-8. G의 값

재료	G(N/mm^2)
연 강	$(80\sim84)\times10^3$
Ni 강	84×10^3
황 동	42×10^3
청 동	43×10^3

θ : 비틀림 각(rad), I_P : 축의 극 2차 단면 계수($I_P=\pi d^4/32$)

G : 축 재료의 가로 탄성 계수(N/mm^2 : 표 6-8)일 때

$$\left.\begin{aligned}\tau_a&=\frac{\theta r G}{l}\\ T&=\frac{\tau_a}{r}I_P\end{aligned}\right\} \qquad (6-31)$$

② **비틀림 각** : 축에 비틀림 모멘트가 작용할 때 비틀림각이 너무 크면 비틀림 진동으로 축이 쉽게 파괴되어 비틀림각에 어떤 제한을 두어야 하므로, 축의 회전에 따른 비틀림각(θ : rad)은 재료 역학의 공식으로부터 유도된 위 식 (6-31)의 관계에서 $\theta=\dfrac{Tl}{GI_P}=\dfrac{Tl}{G}\dfrac{32}{\pi d^4}$ 이므로, 이 식을 정리하면 다음과 같이 된다.

$$\theta=\frac{10.2Tl}{Gd^4}(\text{속찬축})=\frac{10.2Tl}{G(d_2{}^4-d_1{}^4)}(\text{속빈축}) \qquad (6-32)$$

위에서 각 θ(rad)를 도(度 : deg)로 환산을 하려면 rad값과 deg 값을 비례식으로 만들면 π : $180=\theta$: θ°에서 $\pi\theta^\circ=180\theta$ 이므로, $\theta^\circ=\dfrac{180}{\pi}\theta=\dfrac{180}{\pi}\times\dfrac{Tl}{GI_P}=57.3\dfrac{Tl}{GI_P}$ 로 되어, 비틀림각(θ° : deg)은 다음과 같이 된다.

$$\left.\begin{aligned} \theta° &= 583.9\frac{Tl}{Gd^4}\text{(속찬축)} \quad ① \\ &= 583.9\frac{Tl}{G(d_2{}^4 - d_1{}^4)}\text{(속빈축)} \quad ② \end{aligned}\right\} \qquad (6-33)$$

③ **비틀림 모멘트** : 식 (6−31), 식 (6−32), 식 (6−33)에서 이음과 같다.

$$\left.\begin{aligned} T &= \frac{\pi}{32}Gd^4\theta\left(\text{단}, \theta = \frac{\pi\theta°}{180}\right) \\ &= \frac{Gd^4\theta°}{583.9\ell} \end{aligned}\right\} \qquad (6-34)$$

> **＊ 설계상 주의**
>
> a. 전동축에 비틀림 모멘트가 작용하면 축에는 비틀림각 만큼 비틀려지는 데, 이 비틀림각 θ(rad)가 너무 크면 동력 전달상 비틀림 강도가 충분해도 축의 운동은 불확실하게 되고, 진동 등 기타 여러 가지의 나쁜 영향을 미친다.
> b. 비틀림각의 값은 T에 비례하여 변화하기 때문에 비틀림 모멘트가 변동하는 축에는 더욱 심하게 된다. 따라서 축의 비틀림 강도와는 관계없이 비틀림 강성의 양면에서 설계하는 경우가 있다.
> c. G는 강재의 종류나 열처리에 의하여 큰 차이가 없으므로, 비틀림 강성으로부터 축을 설계하는 경우에는 0.1~0.4%의 보통 강재로 충분하다.

④ **축의 지름** : 식 (6−32)에서 비틀림 변형에 의한 축의 지름(d)은

$$\left.\begin{aligned} d &= \sqrt[4]{\frac{10.2Tl}{G\theta}}\left(\theta = \frac{\pi}{180}\theta° \text{ 일 때}\right) \\ &= \sqrt[4]{\frac{10.2T}{G\theta}}\left(\theta = \frac{\pi}{180}\frac{\theta°}{l} \text{ 일 때}\right) \end{aligned}\right\}\text{(속찬축)}$$
$$= \sqrt[4]{\frac{10.2T}{(1-x^4)G\theta}}\left(\theta = \frac{\pi}{180}\frac{\theta°}{l}\right) \quad \text{(속빈축)} \qquad (6-35)$$

로 구하고, 또한, 비틀림각($\theta°$)을 알고, 축의 지름을 구할 때는 식 (6−33)에서 변형된 다음의 식을 이용한다.

$$\left.\begin{aligned} d &= \sqrt[4]{583.9\frac{Tl}{G\theta°}} \text{ (속찬축)} \\ &= \sqrt[4]{583.9\frac{Tl}{(d_2{}^4 - d_1{}^4)G\theta°}} \text{ (속빈축)} \end{aligned}\right\} \qquad (6-36)$$

⑤ **바하의 축 지름** : 일반적으로 전동 축에 작용하는 최대의 비틀림 모멘트 T에 의한 비틀림각 $\theta°$를 축의 길이 1m에 $1/4°$($\theta° \leq 0.25°/m$: 0.004363rad) 이내에 있도록 제한하여 설계해야 된다고 바하(Bach)는 주장 하였으며, 보통 연강축에 대하여 $G=80\times10^3\text{N/mm}^2$으로 하고, 회전수(N)와 전달마력(H) 을 고려할 때, 식 (6−36)의 속찬축의 공식에 $T=7020H/N$를 대입하여 비틀림각을 구하면

$\theta° = 583.9\frac{7020H/N}{Gd^4}\times1000$이므로, **축의 지름**(d)은 다음과 같이 된다.

$$d = \sqrt[4]{\frac{1.64\times10^{13}H_{PS}}{GN}} = \sqrt[4]{\frac{2.23\times10^{13}H_{kW}}{GN}} \quad (6-37)$$

또, 위 식에서 $G=80\times10^3\text{N/mm}^2$($G=80\,\text{GPa}$)으로 하여 식을 정리하면

$$d = 120\sqrt[4]{\frac{H_{PS}}{N}} = 130\sqrt[4]{\frac{H_{kW}}{N}} \ (\text{속찬축}) \quad (6-38)$$

$$\left.\begin{aligned} d_2 &= 120\sqrt[4]{\frac{H_{PS}}{N(1-x^4)}} = 130\sqrt[4]{\frac{H_{kW}}{N(1-x^4)}} \\ d_1 &= x\,d_2 \end{aligned}\right\} (\text{속빈축}) \quad (6-39)$$

로 되며, 위 식을 바하(Bach)의 **축 지름 공식**이라 한다. 그리고 위 식은 축을 강 성에 기준을 두어 축의 길이 1m에 1/4°이내에 비틀림각을 제한하도록 유도한 식이다.

⑥ **전달 동력** : 비틀림 모멘트를 고려한 전달 동력(H)은 다음의 식으로 구한다.

$$\left.\begin{aligned} H &= \frac{TN}{7020}(\text{PS}) = \frac{\text{TN}}{9550}(\text{kW}) \quad ① \\ &= \frac{Wv}{735} = \frac{Fv}{735} = \frac{Tw}{735} = \frac{Pv}{735}(\text{PS}) = \frac{\text{P}v}{1000}(\text{kW}) \quad ② \end{aligned}\right\} \quad (6-40)$$

예제 6-21 비틀림 모멘트 480N・m를 받는 전동축의 지름을 강성상에서 구하여라. 단, 축의 가로 탄성계수 80GPa, 축의 강성은 1m에 대하여 0.25° 로 제한한다.

Solution

방법 (1) $d = \sqrt[4]{\frac{10.2\,T}{G\theta}} = \sqrt[4]{\frac{10.2\times480}{80\times4.36^{-6}}} = 61(\text{mm})$

단, 위에서 $\theta = \frac{\pi}{180}\frac{\theta^\circ}{l} = \frac{\pi}{180}\times\frac{0.25}{1000} = 4.36^{-6}$

방법 (2) $d = \sqrt[4]{583.9\frac{Tl}{G\theta^\circ}} = \sqrt[4]{583.9\times\frac{480\times1000}{80\times0.25}} = 61\,(\text{mm})$

방법 (3) $d = 120\sqrt[4]{\frac{H}{N}} = 120\times\sqrt[4]{\frac{150}{300}} = 61(\text{mm})$

예제 6-22 300rpm, 150PS을 전달하는 축의 다음을 구하여라. 단, 허용 비틀림 응력 40 MPa, 전단 탄성 계수 $G=83$GPa이다.

(1) 강도상의 지름(d) (2) 강성상의 지름(d)

Solution

(1) $T = 7020\frac{H}{N} = 7020\times\frac{150}{300} = 3510\,(\text{N}\cdot\text{m})$

$\therefore\ d = \sqrt[3]{\frac{5.1T}{\tau_a}} = \sqrt[3]{\frac{5.1\times3510\times10^3}{40}} = 76.5 \fallingdotseq 78\,(\text{mm})$

(2) $d = \sqrt[4]{583.9\frac{Tl}{G\theta^\circ}} = \sqrt[4]{583.9\times\frac{3510\times1000}{83\times0.25}} = 99.7 \fallingdotseq 100\,(\text{mm})$

이상에서 비틀림 강성에 의할 때는 축의 길이 1m당 비틀림각 1/4° =0.25° 이내로 제한하므로, 강도상에서 78mm, 강성상에서 100mm이므로, 두 조건 을 모두 만족시키는 100 mm로 축의 지름을 결정한다.

예제 6－23 200rpm으로 40PS을 전달하는 연강제 속찬축의 지름을 강도와 강성상에서 구하고, 검토하여라.

Solution (1) 강도상에서 : 축의 재료는 일반적으로 연강을 사용하므로 $\tau_a = 21\,\text{MPa}$로 할 때, 바하의 축 지름 공식을 사용하면

$$d = K\sqrt[3]{\frac{H}{N}} = 120\sqrt[3]{\frac{40}{200}} = 70(\text{mm})$$

(2) 강성상에서 : 바하의 축 지름 공식을 사용하면

$$d = 120\sqrt[4]{\frac{H}{N}} = 120\sqrt[4]{\frac{40}{200}} = 80(\text{mm})$$

(3) 검토 : 강도와 강성상에서 큰 쪽의 값 $d = 85\text{mm}$(표 6－4)로 선정한다. 만일 연강의 축에 대하여 τ_a의 값을 선정한 것이 만족한 가를 검토하기 위하여 $G = 83\,\text{GPa}$일 때, 비틀림각($\theta°$)을 구하여 살펴보면

$$\theta° = 583.9\frac{Tl}{Gd^4} = 583.9 \times \frac{7020 \times \frac{40}{200} \times 1000}{83 \times 85^4} = 0.19\,(°/\text{m})$$

가 되어 $\theta \leq 0.25°/\text{m}$를 충분히 만족시키므로, $d = 85\text{mm}$로 결정한다. 또 비틀림각 $\theta° = 0.25°/\text{m}$보다 클 때는 τ_a 값을 작게 잡아서 계산해 본다.

예제 6－24 9kN・m의 비틀림 모멘트를 받는 속빈축의 길이 2m, 지름 계수 0.8일 때, 비 틀림각을 구하여라. 단, 허용 비틀림 응력 56MPa, $G = 80\text{GPa}$ 이다.

Solution 속빈축의 바깥 지름 (d_2)과, 안지름 (d_1)를 구해야 되므로

$$d_2 = \sqrt[3]{\frac{5.1T}{(1-x^4)\tau_a}} = \sqrt[3]{\frac{5.1 \times 9 \times 10^6}{(1-0.8^4) \times 56}} = 111(\text{mm})$$

$$d_1 = xd_2 = 0.8 \times 111 = 89(\text{mm})$$

$$\therefore\ \theta° = 583.9\frac{Tl}{(d_2^{\,4} - d_1^{\,4})G} = 583.9 \times \frac{9 \times 10^6 \times 2}{(111^4 - 89^4) \times 80} = 1.48(°)$$

예제 6－25 200rpm, 10PS을 전달하는 축에 대하여 다음을 구하여라. 단, 축의 허용 전단 응력 25MPa, $G = 82\text{GPa}$이다.

(1) 축의 지름(d) : (단, 키 홈 고려 1/0.75를 곱하고, 아래 표 이용)

축의 지름 (mm)	45, 50, 55, 60, 65, 70, 75

(2) 축의 길이 1.5m 일 때, 비틀림각 (°)

Solution (1) $T = 7020\frac{H}{N} = 7020 \times \frac{10}{200} = 351\,(\text{N} \cdot \text{m})$

키 홈이 없는 축의 지름(d)은

$$d = \sqrt[4]{\frac{5.1T}{\tau_a}} = \sqrt[4]{\frac{5.1 \times 351 \times 10^3}{25}} = 41.5\,(\text{mm})$$

키 홈을 고려한 축의 지름(d_1)은

$$d_1 = \frac{1}{0.75}d = \frac{1}{0.75} \times 41.5 = 55.3\,(\text{mm})$$

$$\therefore\ d_1 \fallingdotseq 60(\text{ mm})$$

(2) $\theta° = 583.9\frac{Tl}{Gd^4} = 583.9 \times \frac{351 \times 1500}{82 \times 60^4} = 0.289(°)$

예제 6 – 26 바깥 지름 10cm, 안지름 5cm, 길이 100cm인 속빈축이 비틀림 모멘트 2kN · cm 일 때, 다음을 구하여라. 단, $G = 80$GPa 이다.

(1) 비틀림 응력(τ_a) (2) 비틀림각(°)

Solution

(1) 속빈축의 극단면 계수 $Z_p = \frac{\pi}{16}\left(\frac{{d_2}^4 - {d_1}^4}{d_2}\right)$ 이므로

$$\tau_a = \frac{T}{Z_p} = \frac{16T}{\pi}\left(\frac{d_2}{{d_2}^4 - {d_1}^4}\right)$$

$$= \frac{16 \times 2 \times 10^3}{\pi}\left(\frac{10}{10^4 - 5^4}\right) = 10.8(\text{ N/cm}^2)$$

(2) $\theta° = 583.9\frac{Tl}{G({d_2}^4 - {d_1}^4)}$

$$= 583.9 \times \frac{2 \times 100}{80(10^4 - 5^4)} = 0.155\,(°)$$

예제 6 – 27 지름 50mm, 길이 1000mm인 연강제 속찬축이 150rpm으로 회전할 때, (1) 비틀림 각, (2) 전달 동력(kW)을 구하여라. 단, 축재료의 허용 비틀림 응력 $\tau_a = 40$ MPa[4.1kgf/mm²], G = 80 GPa이다.

Solution

(1) $\theta° = 583.9\frac{Tl}{Gd^4} = 583.9 \times \frac{\frac{\pi}{16} \times 50^3 \times 40 \times 1000}{80 \times 10^3 \times 50^4} = 1.14(°)$

(2) $H = \frac{TN}{9550} = \frac{\frac{\pi}{16} \times 50^3 \times 40 \times 150}{9550} = 15420(\,W) \fallingdotseq 15.4(\text{kW})$

$$= \frac{TN}{974000} = \frac{\frac{\pi}{16} \times 50^3 \times 4.1 \times 150}{974000} \fallingdotseq 15.4(\text{ kW})$$ [중력 단위일때]

예제 6 – 28 축의 지름 50mm의 속찬축 300rpm으로 회전하고, 축의 길이 1m당 1/4° 이내의 비틀림각을 제한할 때, 전달 마력(PS)을 구하여라. 단, $G = 80$GPa 이다.

Solution

$$T = \frac{Gd^4\theta°}{583.9l} = \frac{80 \times 50^4 \times 1/4°}{583.9 \times 1000} \fallingdotseq 214\,(\text{N} \cdot \text{m})$$

$$\therefore\ H = \frac{TN}{7020} = \frac{214 \times 300}{7020} \fallingdotseq 9\,(\text{PS})$$

[2] 굽힘 모멘트만이 작용하는 축

① 축이 굽힘 모멘트를 받으면 축 중심선은 최초의 위치에서 처지게 되고, 축에 생기는 굽힘 응력이 허용 응력 이하라도 처짐량이 어느 정도 커지면 베어링내 압력 에 대한 불균일, 축에 장착된 기어의 이물림이 나빠지고, 벨트 장력이 감소하여 동력 전달이 나쁘게 되므로, 축의 처짐에 어느 정도의 제한을 주어 축을 설계한다.

② 축은 주로 굽힘 모멘트를 받을 때 비틀림 강성도의 영향이 고려된다. 그리고 축에 기어나 벨트 풀리의 중심 거리가 맞지 않을 때, 다음의 영향을 받는다.

a. 베어링 내의 압력의 분포가 한쪽으로 치우쳐서 과열의 원인이 된다.

b. 기어가 정착되어 있을 때에는 이 물림 성능이 나빠진다.(특히 베벨 기어에서)

c. 벨트의 장력이 감소하여 소정의 동력을 전달할 수 없게 된다.

d. 원심력에 의한 내력이 부가되고, 진동의 원인이 된다.

(1) 집중 하중을 받는 축

일반적으로 축이 굽힘 모멘트 M을 받으면 축의 중심선은 최초의 위치에서 처진다. 이 처짐은 정도 즉, 처짐의 양 δ는 하중의 크기와 위치 또 축의 지름과 형상, 베어링 사이의 거리, 재질 등에 따라 다른 것은 재료 역학에 취급되어 있다. 또 3점 이상의 베어링으로 받쳐져 있을 때에는 연속보로서 계산한다.

① 집중 하중을 받을 때 : 그림 6－34에서 베어링 간격이 l mm인 축의 중앙부에 W의 집중 하중을 받고 있는 연속축의 경우에는 양단 지지보에서의 최대 처짐 (δ)과 처짐각(β)은 재료 역학의 공식에서 다음과 같다.

δ : 보의 처짐량(mm/m)(표 6－9)

E : 세로 탄성계수(206×10^3 N/mm^2)

I : 단면 2차 모멘트(mm^4) $\left(I=\frac{\pi d^4}{64}\right)$일 때

$$\delta=\frac{Wl^3}{48EI} \qquad (6-41)$$

$$\beta=\frac{Wl^2}{16EI} \qquad (6-42)$$

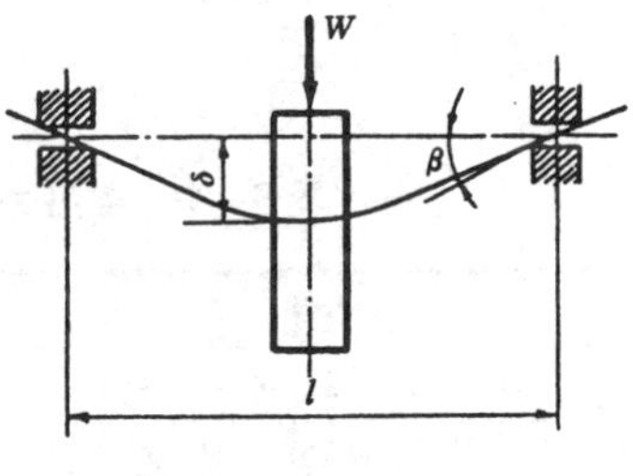

그림 6－34. 집중 하중을 받는 축

위 두 식으로부터 $\frac{\delta}{\beta}=\frac{l}{3}$의 관계를 얻는다.

＊ 설계상 주의

① 일반적인 전동축에서 최대 처짐각 $\beta=1/1000$rad 이하가 되도록 제한하고 있다.

② 처짐각의 제한 값을 위 식에 대입하면 $\delta=\beta\frac{l}{3}\leq\frac{l}{3000}$로 된다.

③ 집중 하중을 받는 경우, 처짐량은 축의 길이의 1/3000 이하로 제한한다.

④ 축의 길이 1m에 대하여 $\delta\leq\frac{1000}{3000}=0.33$mm/m로 제한하여 설계한다.

표 6-9. 축의 최대 처짐량(δ)

하중 조건	최대 처짐량(δ)	하중 조건	최대 처짐량(δ)
① 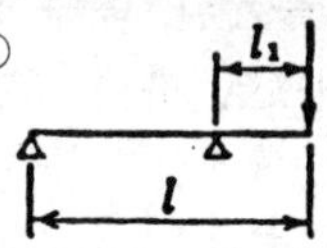	$\delta=\dfrac{Wll_1^{\,2}}{3EI}$	④ 	$\delta=\dfrac{Wl_1(3l^2-4l_1^{\,2})}{24EI}$
② 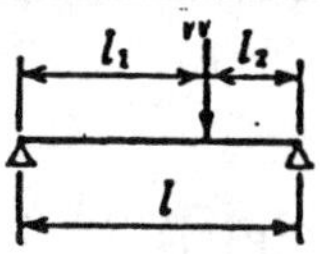	$\delta=\dfrac{Wl_1(l^2-l_1^{\,2})^{3/2}}{9\sqrt{3}EIl}$	⑤ 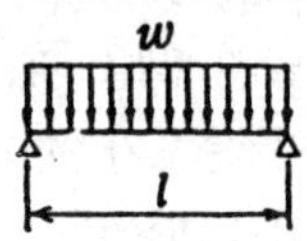	$\delta=\dfrac{5wl^4}{384EI}$
③ 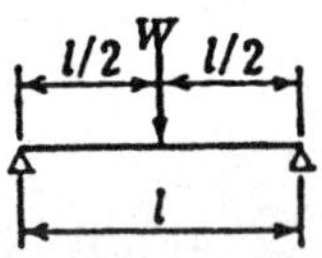	$\delta=\dfrac{Wl^3}{48EI}$	–	

② 양 끝 지지일 때 : 그림 6-34와 같이 축이 양 끝 지지일 때, 축 자중을 무시하 면 최대 처짐량 (δ)은 $\delta=\dfrac{Wl^3}{48EI}$ 에서 $I=\dfrac{\pi}{64}d^4$ 이므로, $\delta=\dfrac{Wl^3}{48E(\pi d^4/64)}$ 이 되어 축의 지름(d)은 다음과 같이 나타낸다.

$$d=\sqrt[4]{\frac{4Wl^3}{3E\pi\delta}} \qquad (6-43)$$

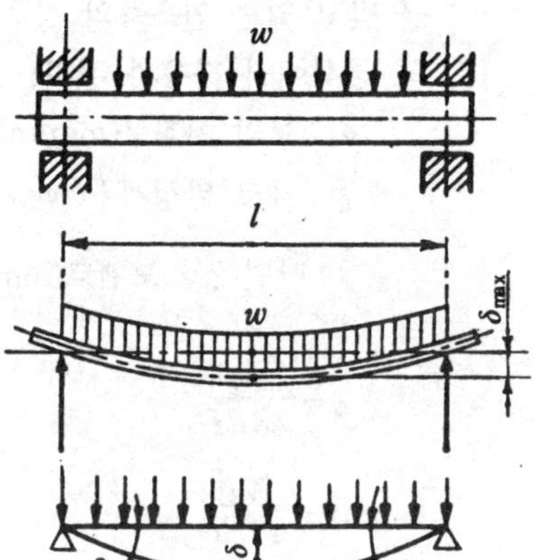

그림 6-35. 등분포 하중을 받는 축

표 6-10. 축의 처짐 제한(δ)

축		δ (mm/m)
공장 전동축(벨트 구동)		≦0.35
전동축	균 일 분 포 하 중	≦0.30
	중 앙 집 중 하 중	≦0.33
터빈축	원 통 형 로 터 축	≦0.026~0.128
	원 판 형 로 터 축	≦0.128~0.165
	선반 주축(주축끝)	≦0.05~0.2
	기 어 축	≦0.05

＊ 설계상 주의

① 전기 기기(모터, 발전기 등), 증기 터빈, 가스 터빈과 같이 로터, 케이싱의 틈이 작을 때와 기어의 물림의 부정(不正)을 방지 또는 베어링에 무리가 생기지 않도록 하기 위하여 처짐량을 일정한 값 이상이 되지 않도록 제한한다.

② 공작 기계의 주축 등에서 처짐의 크기가 직접 가공 정밀도에 영향을 미치므로, 주축 끝에서의 처짐을 가공 정밀도로부터 제한하게 된 처짐의 제한은 여러가지 사용 목적에 따라 다르나, 처짐의 제한을 열거하면 표 6-10과 같다.

(2) 등분포 하중을 받는 축

그림 6−35와 같이 양끝이 베어링으로 지지되어 단위 길이당의 등분포 하중 w (N/cm)만을 받는 단순보(또는 축)일 때에 양 끝의 기울기는 대칭이므로, 같은 값을 가지며, 처짐각(β)과 축의 중앙에서의 처짐량(δ)은 다음과 같이 된다.

$$\beta = \frac{wl^3}{24EI} \qquad (6-44)$$

$$\delta = \frac{5wl^4}{384EI} = \frac{5Wl^3}{384EI} \qquad (6-45)$$

위 두 식에서 $\frac{\delta}{\beta} = \frac{5}{16}l$ 이므로, $\beta \leq \frac{1}{1000}$ 을 대입하면 $\delta = \frac{l}{3200}$ 로 된다. 즉, 등분포 하중을 받는 경우에 처짐량은 축 길이의 1/3200 이하로 제한하여 설계해야 된다.

예제 6−29 베어링간 거리 500mm, 축의 지름 50mm인 축의 중앙에 집중 하중 500N이 작용 할 때, 축의 처짐을 구하여라. 단, E=210GPa이다.

Solution 축의 양 끝을 단순 지지보로 볼 때 축 단면의 관성 모멘트(I)는

$$I = \frac{\pi}{64}d^4 = \frac{\pi}{64} \times 5^4 = 30.6\ (\text{cm}^4)$$

$$\therefore\ \delta = \frac{Wl^3}{48EI} = \frac{500 \times 50^3}{48 \times 210 \times 10^5 \times 30.6} = 0.002\ (\text{cm}) = 0.02(\text{mm})$$

예제 6−30 스팬 800mm, 지름 55mm 인 축이 균일 분포하중 600N을 받을 때, 다음을 구 하여라. 단, 축의 자중은 무시하고, E=210GPa 이다.

(1) 축의 처짐각(β) (2) 축의 처짐량(δ)

Solution

(1) $I = \frac{\pi}{64}d^4 = \frac{\pi}{64} \times 5.5^4 \fallingdotseq 45(\text{cm}^4)$

$$\therefore\ \beta = \frac{wl^3}{24EI} = \frac{600 \times 80^3}{24 \times 210 \times 10^5 \times 45} = 0.0135(°)$$

(2) $\delta = \frac{5Wl^3}{384EI} = \frac{5 \times 300 \times 80^3}{384 \times 210 \times 10^5 \times 45} = 4.23^{-3}\ (\text{cm}) = 0.0423(\text{mm})$

예제 6−31 그림 6−36과 같이 벨트 풀리의 하중 600N을 받을 때, 처짐을 구하여라. 단, E=206GPa 이다.

Solution

$$I = \frac{\pi}{64}d^4 = \frac{\pi}{64} \times 5^4 \fallingdotseq 30.7\ (\text{cm}^4)$$

$$\therefore\ \delta = \frac{Wl_1^2 l_2^2}{3EIl} = \frac{600 \times 20^2 \times 30^2}{3 \times 206 \times 10^5 \times 30.7 \times 5}$$

$$= 0.02\ (\text{cm})$$

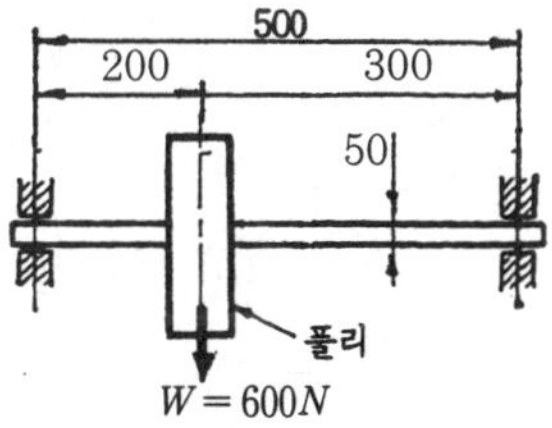

그림 6−36

예제 6−32 축의 중앙에 1kN 의 하중을 받는 전동축의 위험 속도 150rpm, 길이 800mm 일 때, 축의 지름 을 구하여라. 단, E=210GPa 이다.

Solution 하중점의 처짐량(δ)은 $\delta = \dfrac{Wl^3}{48EI} = \dfrac{1\times 800^3}{48\times 210 \times \dfrac{\pi}{64} d^4} = \dfrac{1035284.6}{d^4}$ 이고, 위험 속도의 식 $N_c = \dfrac{30}{\pi}\sqrt{\dfrac{g}{\delta}}$ 에서

$$150 = \frac{30}{\pi}\sqrt{\frac{9800 d^4}{1035284.6}} = 0.92955\, d^2$$

$$\therefore\ d = \sqrt{\frac{150}{0.92955}} = 12.7(\text{mm})$$

예제 6-33 그림 6-37과 같이 축의 중앙에 무게 3kN의 풀리를 설치하고, 양끝 지지로 베어링 사이의 거리 500mm, 최대 휨 량 0.025mm 일 때, 축의 지름을 구하여라. 단, 축의 자중은 무시하고, E=206GPa이다.

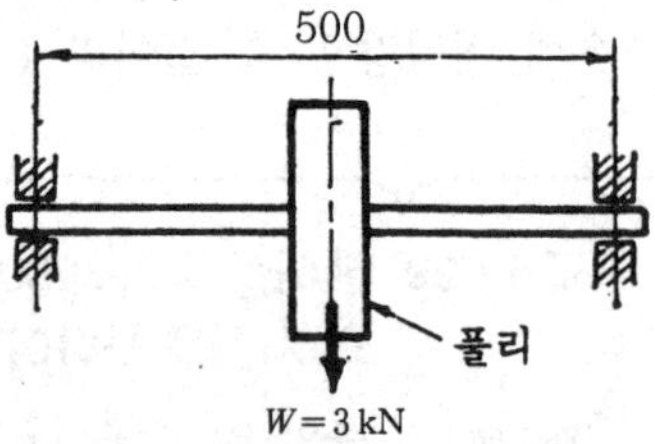

그림 6-37

Solution $d = \sqrt[4]{\dfrac{4Wl^3}{3E\pi\delta}} = \sqrt[4]{\dfrac{4\times3\times500^3}{3\times206\times\pi\times0.025}} \fallingdotseq 75\ (\text{mm})$

예제 6-34 그림 6-38과 같이 1m인 축에 10kN·cm의 회전 토크와 굽힘 하중 500N을 동시에 받을 때, 다음을 구하여라. 단, 축의 처짐량 0.8cm, 비틀림각 θ=1/3° (deg), 전단 응력 390 N/cm², G=8.5 ×105 N/cm², E=206GPa이다.

(1) 축의 지름(d)
(2) 처짐량을 제한한 축의 지름(d_1)
(3) 비틀림 각을 제한한 축의 지름(d_2)

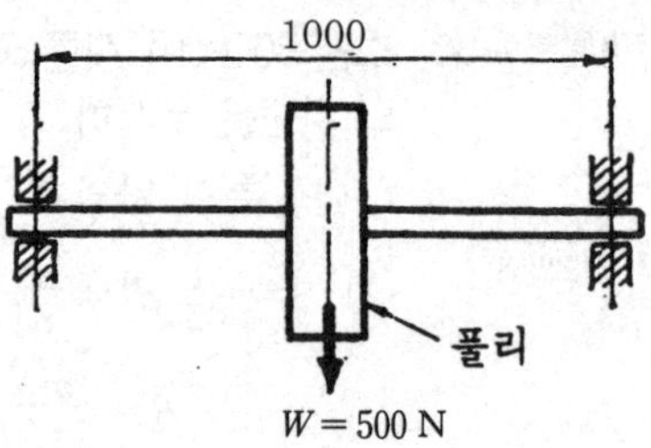

그림 6-38

Solution

(1) $M = \dfrac{Wl}{4} = \dfrac{500\times100}{4} = 12.5\ (\text{kN}\cdot\text{cm})$

$$\therefore\ d = \sqrt[3]{\frac{5.1}{\tau_a}\sqrt{M^2+T^2}}$$

$$= \sqrt[3]{\frac{5.1\times10^3}{390}\sqrt{12.5^2+10^2}} = 5.94\ (\text{cm})$$

(2) $\delta = \dfrac{Wl^3}{48EI} \leqq \delta = 0.08,\ I = \dfrac{\pi}{64}d^4$ 에서

$$\therefore\ d_1 = \sqrt[4]{\frac{4Wl^3}{3\pi E\delta}} = \sqrt[4]{\frac{4\times500\times1000^3}{3\pi\times206\times10^3\times0.08}} = 59.9\ (\text{mm}) = 5.99(\text{cm})$$

(3) $\theta = \dfrac{1°}{3}\times\dfrac{\pi}{180} = 0.0058\ (\text{rad})$

$$\therefore\ d_2 = \sqrt[4]{\frac{10.2\,Tl}{G\theta}} = \sqrt[4]{\frac{10.2\times10\times10^3\times100}{8.5\times10^5\times0.0058}} = 6.74\ (\text{cm})$$

예제 6-35 그림 6-39와 같이 축(60mm)에 벨트 풀리의 무게 3kN, 장력 8kN(긴장측), 1.5N(이 완측)을 각각 받을 때, 축의 최대 처짐을 구하여라. 단, E=206GPa, 축의 자중은 무시한다.

Solution

$I=\frac{\pi d^4}{64}=\frac{\pi}{64}\times 6^4=63.6\ (\text{cm}^4)$

벨트 풀리의 무게에 의한 수직 방향의 최대 처짐(δ_1)은

$$\delta_1=\frac{Wl_1^{\,2}l}{3EI}=\frac{3\times 20^2\times 100}{3\times 206\times 10^2\times 63.6}$$

$$=0.03(\text{cm})$$

벨트의 인장력에 의한 수평 방향의 최대 처짐(δ_{max})은

$$\delta_2=\frac{(T_1+T_2)l_1^{\,2}l}{3EI}=\frac{(8+1.5)\times 20^2\times 100}{3\times 206\times 10^2\times 63.6}=9.67\ (\text{cm})$$

$$\therefore\ \delta_{max}=\sqrt{\delta_1^{\,2}+\delta_2^{\,2}}=\sqrt{0.03^2+9.67^2}=9.67\ (\text{cm})$$

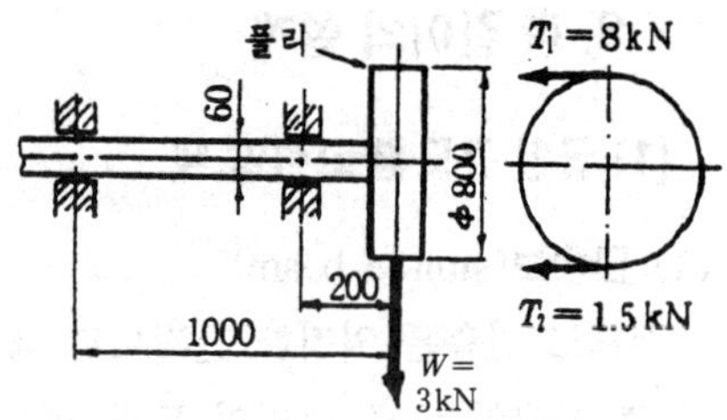

그림 6-39

예제 6-36 그림 6-40과 같이 12kN의 회전체가 부착된 축의 길이 $l_1=300$mm, $l=1000$ mm일 때, 다음을 구하여라. 단, 축 허용 굽힘 응력 60MPa, $E=206$GPa이다.

(1) 축의 지름(d)
(2) 처짐 0.6mm일 때, 축의 지름(d')
(3) 속빈축으로 교체 했을 때, 굽힘 모멘트(M_1)
(4) 속빈축의 바깥 지름(d_2)과 안지름(d_1) : (단, 지름비 $x=0.6$)

Solution

(1) $M=\frac{Wl}{4}=\frac{12\times 1000}{4}=3000\ (\text{N}\cdot\text{m})$

$$\therefore\ d=\sqrt[3]{\frac{10.2M}{\sigma_b}}$$

$$=\sqrt[3]{\frac{10.2\times 3000\times 10^3}{60}}$$

$$=79.3\ (\text{mm})$$

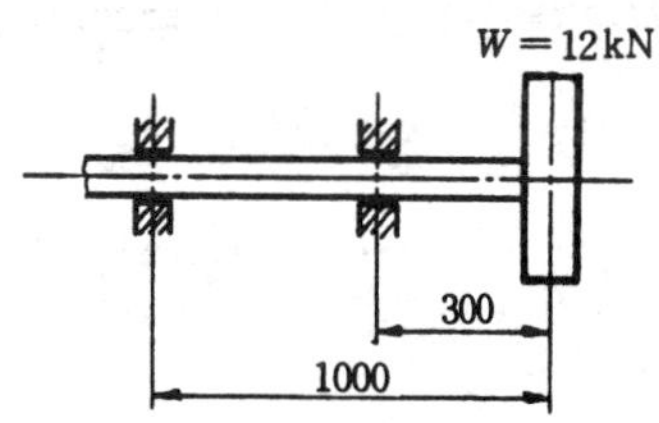

그림 6-40

(2) 축의 처짐 (δ)과 단면 2차 모멘트(I)의 식

$\delta=\frac{Wl_1^{\,2}l}{3EI}$ (표 6-9①)와 $I=\frac{\pi d^4}{64}$ 의 관계에서

$$d'=\sqrt[4]{\frac{64Wl_1^{\,2}l}{3E\pi\delta}}=\sqrt[4]{\frac{64\times 12\times 300^2\times 1000}{3\pi\times 206\times 0.6}}\fallingdotseq 87.8\ (\text{mm})$$

(3) $M_1=Wl_1=12\times 300=3620\ (\text{N}\cdot\text{m})$

(4) $d_2=\sqrt[3]{\frac{10.2M}{(1-x^4)\sigma_b}}=\sqrt[3]{\frac{10.2\times 3000\times 10^3}{(1-0.6^4)\times 60}}=83.7\ (\text{mm})$

$d_1=x\,d_2=0.6\times 83.7\fallingdotseq 50.2(\text{mm})$

3. 축 길이의 설계

[1] 굽힘 강도를 고려할 때

(1) 단순보(simple beam)

실제로 긴축은 일정한 간격으로 베어링에 의해 받쳐지는 연속보이지만 계산을 간단하게 하기 위하여 축 자체의 무게, 풀리의 무게, 벨트의 인장력 등의 축에 미치는 힘이 전체 길이에 균일하게 분포되고, 양끝에서 자유로 받쳐져 있는 단순보로 생각한다.

축 중앙에 있어서 최대 굽힘 모멘트에 의하여 생기는 굽힘 응력을 구하고, 비틀림 모멘트에 의하여 생기는 전단 응력과를 합성하여 축의 강도와 길이를 결정한다.

지금, 축의 단위 길이마다의 중량(w)은 다음과 같이 구한다.

ρ : 축 재료의 비중량 (7.691×10^{-5}N/mm^3 $=0.00785$Kg$_f$/cm^3)일 때

$$w=\frac{\pi}{4}d^2\rho \qquad (6-46)$$

또, 축의 자중 및 부속물의 무게, 벨트의 인장력 축의 길이(l) 등에 대한 총합을 축 자중의 C(4~5)배라고 하면, 축의 전체 중량 W(N)은 다음과 같이 구한다.

$$W=C\frac{\pi}{4}d^2l\rho \qquad (6-47)$$

그림 6－42와 같이 전동축은 비틀림 모멘트(T) 외에 축의 자중, 풀리, 기어, 벨트의 인장력, 기어 물림의 반력, 축의 굽힘, 축이음의 편심 등에 의한 굽힘 모멘트가 작용한다. 이 때에 베어링으로 받쳐진 구간에서 최대 굽힘 모멘트(M)는

$$M=\frac{W}{8}l=Z\sigma_b=\frac{\pi}{32}d^3\sigma_b \qquad (6-48)$$

로 되고, 위 식 (6－48)에서 M 에 의하여 생기는 굽힘 응력(σ_b)은

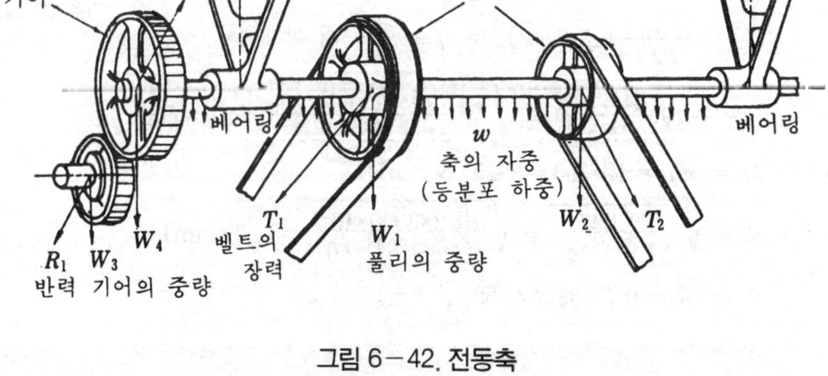

그림 6－42. 전동축

$$\sigma_b = \frac{Wl}{8}\frac{32}{\pi d^3} = \frac{4Wl}{\pi d^3} \tag{6-49}$$

로 되고, 식 (6-47)과 (6-48)에서 $\frac{1}{8}C\frac{\pi}{4}d^2 l\rho = \frac{\pi}{32}\sigma_b d^3 2$이므로, 다음과 같이 된다.

$$\sigma_b = C\frac{l^2}{d}\rho \tag{6-50}$$

축이 굽힘과 비틀림에 대한 허용 응력을 σ_a와 τ_a라 할 때 $\sigma_a = \tau_a = 4\text{kN/cm}^2$(연강)이고, 비틀림 모멘트에 의하여 생기는 전단 응력 1.2kN/cm^2를 초과하지 않게 하면 생 배낭(Saint-Venant)의 최대 변형 파괴설에 따라 다음과 같이 계산할 수 있다.

$$400 = 0.32C\rho\frac{l^2}{d} + 0.65\sqrt{\left(C\rho\frac{l^2}{d}\right)^2 + 4(0.77\times120)^2}$$

$$\therefore \frac{l^2}{d} = \frac{370}{C\rho} \tag{6-51}$$

하중의 상태가 명확하지 못할 때, 축의 자중을 포함하여 $C=4\sim4.5$로 하여도 좋으므로, 연강에 대하여 $\rho = 7.691\times10^{-4}\,\text{N/cm}^3$일 때, $C\rho = 4.5\times0.007691 = 0.0353$이므로 $\frac{l^2}{d} = \frac{370}{0.0353} \doteqdot 10000$이 된다. 고로, 축의 길이($l$)는 다음과 같이 된다.

$$l = 100\sqrt{d} \tag{6-52}$$

*** 설계상 주의**

일반적으로 전동축은 축간 거리가 길수록 경제적이나, 축의 처짐이 커지기 때문에 무거운 회전체나 장력이 큰 벨트 풀리 등은 될 수록 베어링에 가깝게 부착하는 것을 피한다.

(2) 연속보

일반적으로 공장 전동축에 있어서 축은 몇 개의 베어링으로서 연달아 받쳐져 있는 연속보(coninuous beam)로 취급된다. 그리고 강도로부터 베어링 사이의 간격[지지 간격]을 정할 때는 축을 연속보로 보고, 자중 및 지지물의 중량에 의한 굽힘 모멘트와 허용 굽힘 응력으로부터 소요 간격을 구할 수 있다.

그림 6-43과 같이 연속보의 상태로 축이 지지되고 있는 경우, 균일 분포 하중 w가 작용하고 있는 것으로 가정한다. 축의 양끝 부분에 해당되는 l_1의 보는 일단 지지 타단 고정이고, 중간 부분에 해당되는 l_2의 보는 양단 고정으로 볼 수 있다.

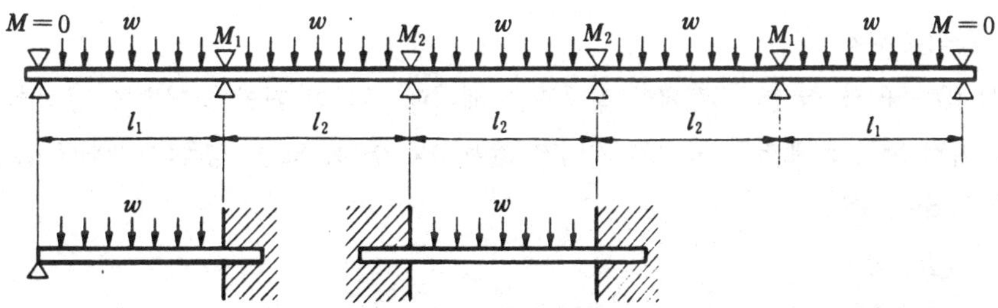

그림 6-43. 연속보로 된 축

지금, 등분포 하중 w(N/cm)을 축의 무게는 자중의 4배로 계산한다.

$$\left.\begin{aligned} w&=4\times\frac{\pi}{4}d^2\rho \\ &=4\times\frac{\pi}{4}\times d^2\times 7.69\times10^{-5}=2.41\times10^{-4}d^2 \end{aligned}\right\} \qquad (6-53)$$

그림 6－43에서 축 양 끝부(l_1)는 일단 지지, 타단 고정 보이고, 중간부(l_2)에서는 양끝 고정보이므로, 중간 베어링부에 발생하는 최대 굽힘 모멘트는 $w=W/l$, 외단 구간의 최대 굽힘 모멘트는 $Wl/8$이고, 중간 구간의 최대 굽힘 모멘트는 $Wl/12$로 되며, 중간 구간이 양끝 구간의 2/3가 되므로, 구간의 길이는 약간 길게 설계한다.

① **양끝(외단) 구간의 길이** : 축의 끝부 베어링은 단순 지지보로서, 분포 하중에 의한 베어링의 최대 굽힘 모멘트와 단면의 굽힘 응력과의 관계는 $M_1=\dfrac{wl_1^{\,2}}{8}=\dfrac{\pi}{32}d^3\sigma_b$ 이므로 최대 굽힘 모멘트(M_1)는 $\sigma_b=29.4\text{N/mm}^2$일 때, 다음과 같이 된다.

$$\left.\begin{aligned} M_1&=\frac{wl_1^{\,2}}{8} \\ &=\frac{1}{8}\times2.41\times10^{-4}d^2l_1^{\,2}=\frac{\pi}{32}d^3\sigma_b \end{aligned}\right\} \qquad (6-54)$$

고로, 위 식에서 **축의 길이**(l_1)는 받침보의 경우와 같이 되므로, 다음과 같다.

$$l_1=310\sqrt{d} \qquad (6-55)$$

② **중간 구간의 길이** : 베어링 모두 축의 중간에 위치할 때 분포 하중에 의한 베어링 의 최대 굽힘 모멘트와 단면의 굽힘 모멘트와의 관계는 $M_1=\dfrac{wl_2^{\,2}}{12}=\dfrac{\pi}{32}d^3\sigma_b$ 이므로, 최대 굽힘 모멘트(M_2)는

$$\left.\begin{aligned} M_2&=\frac{wl_2^{\,2}}{12} \\ &=\frac{1}{12}\times2.41\times10^{-4}d^2l_2^{\,2}=\frac{\pi}{32}d^3\sigma_b \end{aligned}\right\} \qquad (6-56)$$

로 되고, 위 식에서 **축의 길이**(l_2)는 다음과 같이 된다.

$$l_2=380\sqrt{d} \qquad (6-57)$$

위 식 (6－56)과 식 (6－57)에서 전동축은 베어링 사이의 거리가 멀수록 경제적이 지만 처짐이 커지기 때문에 베어링 사이의 거리가 짧을수록 좋다. 또한, 영국의 안윈(Unwin)이 제안한 식은 다음과 같다.

$$l=K_1\sqrt{d} \qquad (6-58)$$

단, 위 식에서 계수 K_1은 표 6－11에서 선정한다.

표 6－11. $l=K_1\sqrt{d}$의 K_1값

적용 축		축자중만의 경우	2~3개의 풀리기어 붙이 축	방적기 등의 제조 공장의 축
K_1	cm	90~120	80~88	64~72
	mm	285~380	250~280	200~230

[2] 굽힘 강성을 고려할 때

전동축에는 베어링 사이에 몇 개의 하중이 걸리는 경우가 많으므로, 이들을 균일 분포 하중 w 가 작용한 것으로 가정해서 계산한다.

지금, w 를 축의 자중의 4배로 가정한다면 다음과 같이 나타낼 수 있다.

$$w=4\times\frac{\pi}{4}d^2\rho(\text{N/cm}) \tag{6-59}$$

위에서 축의 자중을 포함해서 w 는 축 자중의 4~5배로 가정한다. 또한 균일 분포 하중 w 가 작용할 때의 최대 처짐각 $\beta=\frac{wl^3}{24EI}$ 이고, 이 식에 $E=206\times10^3\text{N/mm}^2$, $I=\frac{\pi}{64}d^4(\text{mm}^4)$, $\beta\leqq\frac{1}{1000}$ 을 대입하여 베어링 거리(스팬) l 을 구하면

$$\left.\begin{aligned}\beta&=\frac{\pi d^2\times7.691\times10^{-5}\times l^3\times64}{24\times2.1\times10^4\times\pi d^4}\\&\leqq\frac{1}{1000}\end{aligned}\right\} \tag{6-60}$$

로 되어 $l\fallingdotseq46.5\sqrt[3]{d^2}$으로 되나, 축의 길이(l)는 다음과 같이 나타낸다.

$$\left.\begin{aligned}l&=50\sqrt[3]{d^2}\ \ (d,l:\ \text{cm})\\&=100\sqrt[3]{d^2}\ \ (d,l:\ \text{mm})\end{aligned}\right\} \tag{6-61}$$

또는, 위 식 대신 다음과 같이 표시하여 계산하기도 한다.

$$l=K_2\sqrt[3]{d^2}(\text{mm}) \tag{6-62}$$

$$K_2=232\sqrt[3]{1000\frac{(\delta/l)}{m}} \tag{6-63}$$

단, 위 식에서 m은 부하비로서, $m=\frac{\text{하중(자중 포함)}}{\text{축의 자중}}$이다. 또한, $\frac{\delta}{l}$ 의 허용값이 작고, m의 값이 커서 즉, 계수 K_2(표 16－12)의 값이 작을 때는 l은 강성 조건에서 제한되고, 반대로 K_2의 값이 클 때, l은 강도 조건에서 제한을 받는다.

표 6－12는 식 (6－62)에서 계수 K_2의 값을 적용 축에 따라 나타낸 것이다.

> **＊ 설계상 주의**
> 축에 발생하는 축의 응력이 축 재료의 허용 응력 이하라도 굽힘이 어느 정도 이상 크게 되면, 베어링이 편(片) 접촉을 발생하거나 기어의 맞물림 성능을 저하시키고, 굽힘 진동을 일으키는 원인이 된다.

표 6-12. $l=K_2\sqrt[3]{d^2}$에 있어서 계수 K_2의 값

적용 축	허용 굽힘		계수 K_2				
	δ/l	δ mm/m	m=1	m=2	m=3	m=4	m=5
공장용 전동축	1/1000	1.0	109	87	76	69	64
	1/1200	0.83	103	81	71	65	60
기어가 부착되어 있는 전동축	1/1500	0.67	95	76	66	60	55
	1/2000	0.50	87	69	60	55	51
	1/3000	0.33	76	60	52	48	44
터빈 또는 전기 기계의 축	1/4000	0.25	69	55	48	43	40
	1/5000	0.20	64	51	44	40	37
	1/10000	0.10	51	40	35	32	30

예제 6-37 지름 90mm의 터빈용 전동축에서 자중과 하중이 100N/m로 걸릴 때, 축의 길이를 구하여라.

Solution

$$m=\frac{100}{50}=2,\ \delta/l=1/4000(\text{표 } 6-12)\text{이므로}$$

$$\therefore\ l=K_2\sqrt[3]{d^2}=232\sqrt[3]{1000\times\frac{(\delta/l)}{m}}\times\sqrt[3]{d^2}$$

$$=232\times\sqrt[3]{1000\times\frac{(1/4000)}{2}}\times\sqrt[3]{90^2}\fallingdotseq 2300\ (\text{mm})=2.3(\text{m})$$

예제 6-38 그림 6-44와 같이 베어링 거리가 2m인 전동축의 지름 60mm일 때, 축의 자중과 그 외 하중의 합 $W=1.5$kN이 균일하게 분포되어 있다고 가정하여 축의 길이를 구하고, 검토하여라.

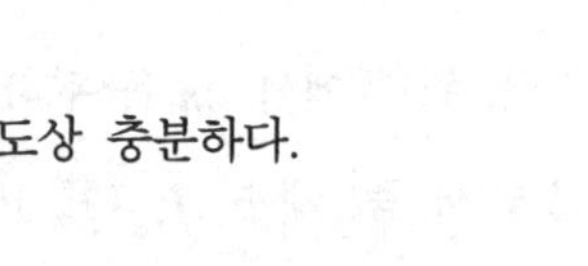

그림 6-44

Solution 축에 생기는 굽힘 응력(σ_b)과 처짐 (δ)은

$$\sigma_b=\frac{Wl}{8}\frac{32}{\pi d^3}=\frac{1500\times2000\times32}{8\times\pi\times60^3}=17.7\ (\text{MPa})$$

축 재료가 연강일 때, 허용 굽힘 응력은 50MPa로 취해도 강도상 충분하다.

$$\delta=\frac{5}{384}\frac{Wl^3}{EI}=\frac{5}{384}\times\frac{1500\times2000^3}{206\times10^3\times(\pi/64)\times60^4}$$

$$=1.19\ (\text{mm/2m})\fallingdotseq 0.6(\text{mm/m})$$

가 되어 제한 값 0.33mm/m 보다 크다는 것을 알 수 있다. 이 때 베어링 간 거리를 다음과 같이 구해보면 표 6-11에서 $K_1=250$일 때

$$l=K_1\sqrt{d}=250\sqrt{60}=1940(\text{mm})[\text{굽힘 강도상에서}]$$

$$l=100\sqrt[3]{d^2}=100\times\sqrt[3]{60^2}=1533(\text{mm})[\text{굽힘 강성상에서}]$$

로 각각 계산되나 주어진 베어링간 거리 2m는 크므로, 축의 변형을 제한값 이하로 유지하기 위한 베어링 스팬으로 l=1533mm보다 작게 설계하는 것이 좋다.

4. 위험 속도의 설계

축은 비틀림이나 처짐이 커지면 축 재료가 탄성체이므로 이것을 회복하려는 에너지가 발생하고 이 에너지는 운동에너지로 되어 축의 원형을 중심으로 변형을 교대로 반복하게 된다. 특히 이 변화의 주기가 축 자체의 비틀림 또는 가로 진동의 고유 진동 주기와 일치하면 진폭은 점차로 증대하여 공진 현상을 일으켜서 결국에는 축의 탄성 한도를 초과하여 파손한다. 이와 같은 축의 고유 진동수에 해당되는 회전 속도를 **위험 속도**(critical speed)라고 한다.

회전축에서 신축(伸縮)에 의한 세로 진동(longitudinal vibration), 처짐에 의한 가로 진동(transverse vibration), 비틀림에 의한 비틀림 진동(torsional vibration)이 고려되나 세로 진동에 대해서는 위험성이 크지 않으므로, 주로 비틀림 진동과 가로 진동을 고려한다.

[1] 비틀림 진동

위험 속도는 일반적으로 축의 재료, 지름, 베어링간 거리, 축에 가해지는 하중의 종류, 하중의 크기 등에 의하여 달라지나 축에 작용하는 비틀림 모멘트의 변동 주기가 축의 고유 진동 주기와 일치하면 공진이 일어나고 비틀림의 위험 속도(N_c)가 발생한다.

예를 들어, 기통수가 작은 크랭크축은 베어링간 거리가 짧으므로 가로 진동을 고려할 필요가 없고, 왕복 운동 부분의 관성력 변화로부터 오는 주기적인 비틀림 모멘트의 변화에 대한 진동을 고려해야 한다.

그림 6-45와 같이 관성 모멘트 I, I_1, I_2 인 2개의 회전체를 갖는 축의 진동에 대한 위험 속도(N_c)는

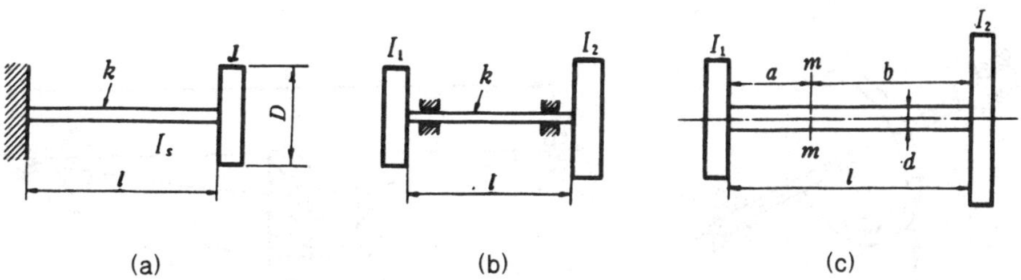

그림 6-45. 비틀림 진동계

ω : 축의 진동수 $\left\{\omega=\sqrt{\dfrac{k}{I}}=\sqrt{\dfrac{GI_p}{Il}}=2\pi N_c\,(\mathrm{rad/s})\right\}$, D : 회전체의 지름(mm)

I_P : 축의 극단면 2차 모멘트 $\left(I_p=\dfrac{\pi}{32}d^4\right)(\mathrm{mm}^4)$, W : 전 중량(N)

l : 축의 길이(mm), k : 축의 비틀림 스프링 상수 $\left[k=\dfrac{T}{\theta}=I_p\dfrac{G}{l}=\dfrac{\pi}{32l}Gd^4\ (\mathrm{N\cdot mm/rad})\right]$

I, I_1, I_2 : 회전체의 질량 극관성 모멘트($\mathrm{N\cdot mm^2\cdot s^2}$)

I_s : 축의 질량 극 관성 모멘트($\mathrm{N\cdot mm^2\cdot s^2}$)일 때

$$
N_c = \frac{60\omega}{2\pi} = \frac{30}{\pi}\omega\,(\text{rpm})
$$

$$
\left.\begin{aligned}
&= \frac{30}{\pi}\sqrt{\frac{GI_p}{Il}} = \frac{30}{\pi}\sqrt{\frac{G\pi d^4}{32Il}}\left(\begin{array}{c}\text{축의 관성}\\ \text{모멘트 무시}\end{array}\right)\\
&= \frac{30}{\pi}\sqrt{\frac{GI_p}{(I+I_s/3)\,l}}\left(\begin{array}{c}\text{축의 관성}\\ \text{모멘트 고려}\end{array}\right)
\end{aligned}\right\}(\text{그림 } a)
\qquad (6-64)
$$

$$
= \frac{30}{\pi}\sqrt{\frac{GI_p}{l}\,\frac{I_1+I_2}{I_1I_2}}\,(\text{그림 } b)
$$

로 구하고, 위 식에서 $I_1 = \frac{W_1D_1{}^2}{4g}$, $I_2 = \frac{W_2D_2{}^2}{4g}$, $g = 980\,\text{cm/s}^2$이다.

[2] 가로 진동

축 설계에 있어서는 강도 및 강성을 고려하여 축 지름이나 길이를 결정하는 것 이 외에 송풍기, 압축기, 터빈, 펌프 등과 같이 베어링간 거리가 커서 회전체의 무게와 축의 자중에 의한 처짐이 크게 되므로, 굽힘에 의한 가로 진동을 검토하여야 한다. 이 경우 재료의 불균일, 가공, 조립의 정밀도 불량 등이 축심과 중심의 불일치로 원심력이 생기므로 굽힘에 의한 가로 진동의 위험 속도를 검토해야 한다.

(1) 1개의 회전체를 가진 축

그림 6−46과 같이 질량 $m\,(\text{N}\cdot\text{s}^2/\text{mm})$인 1개의 회전체를 가진 축이 각속도 $\boldsymbol{\omega}\,(\text{rad/s})$로 회전하여 $\delta\,(\text{mm})$의 처짐이 생겼다면 축에 작용하는 원심력 F는

$$
F = m(\delta + e)\omega^2 \qquad (6-65)
$$

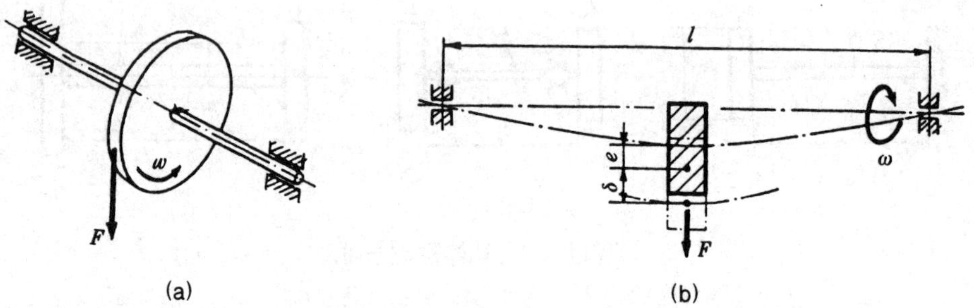

(a) (b)

그림 6−46 1개의 회전체를 갖는 축

로 표시되고, e는 편심량이다. 이 F에 의하여 δ의 처짐을 일으켜서 평형되어 있으므로, 원심력과 축의 굽힘과의 관계는 훅의 법칙에 의하여 $F = k\delta$로 되고, 이것은 $m(\delta + e)\omega^2 = k\delta$로 나타낼 수 있으므로, 처짐($\delta$)은 다음과 같다.

$$
\delta = \frac{m\omega^2 e}{k - m\omega^2} = \frac{e}{\dfrac{k}{m\omega^2} - 1} \qquad (6-66)
$$

여기서 $e \neq 0$, $k = m\omega_c{}^2$ 일 때, δ는 무한대가 되므로, 이 때의 각속도를 ω_c라 할 때, 이것이 위험속도가 된다.

$$\omega_c=\sqrt{\frac{k}{m}} \tag{6-67}$$

그리고 회전체의 무게 $W=mg$와 $W=k\delta$에서 $mg=k\delta$이므로, $k=\frac{mg}{\delta}$로 된다. 또 $m=\frac{W}{g}$이므로, 이들을 N_c의 식에 대입하면 위험 속도(ω_c : rad/s)는

N_c : 회전축의 위험 속도(rpm), k : 축의 스프링 상수[$=w/\delta$ (N/cm)]

g : 중력 가속도(9.8m/s^2 또는 980cm/s^2), δ : 하중점의 처짐(m)(또는 cm)

m : 1개의 회전체의 질량[$m=W/g$(N · s^2/cm)]일 때

$$\omega_c=\sqrt{\frac{d}{m}}=\sqrt{\frac{g}{\delta}} \tag{6-68}$$

로 되고, 축 자중을 무시할 때, 위 식을 위험 속도 N_c(rpm)로 고치면 다음과 같다.

$$\left.\begin{aligned} N_c&=\frac{60}{2\pi}\omega_c=\frac{30}{\pi}\sqrt{\frac{k}{m}}=\frac{30}{\pi}\sqrt{\frac{\beta g}{W}}=\frac{30}{\pi}\sqrt{\frac{g}{\delta}} \\ &=300\sqrt{\frac{1}{\delta}} \end{aligned}\right\} \tag{6-69}$$

위 식에서 δ의 계산은 재료 역학 공식에 의하여 산출하고, 축 양끝의 지지 조건을 고려해야 한다. 축의 회전수 $N=(0.7\sim1.3)N_c$의 범위 외에서 회전하도록 한다.

① 회전체 위치가 다르고, 축이 양끝 자유 지지일 때(자중 무시)(그림 6-47)

$$N_c=\frac{30}{\pi}\sqrt{\frac{3EI(\ell_1+l_2)}{Wl_1{}^2l_2{}^2}}=114.6d^2\sqrt{\frac{E(l_1+l_2)}{Wl_1{}^2l_2{}^2}} \tag{6-70}$$

② 회전체 위치가 다르고, 축의 양끝이 고정보와 같을 때(자중 무시)(그림 6-48)

$$N_c=\frac{30}{\pi}\sqrt{\frac{3EI(\ell_1+l_2)}{Wl_1{}^3l_2{}^3}}=114.6d^2\sqrt{\frac{E(l_1+l_2)}{Wl_1{}^3l_2{}^3}} \tag{6-71}$$

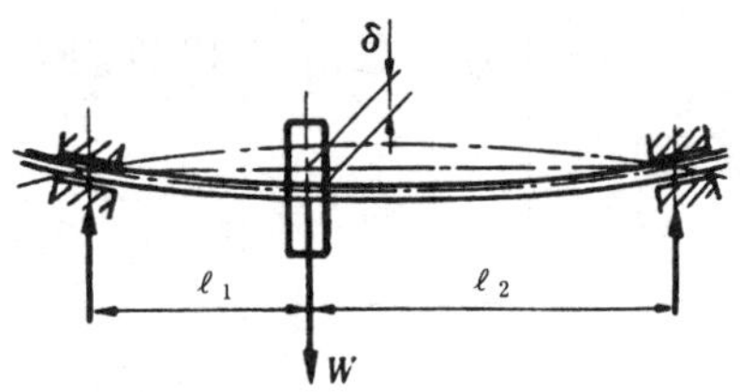

그림 6-47

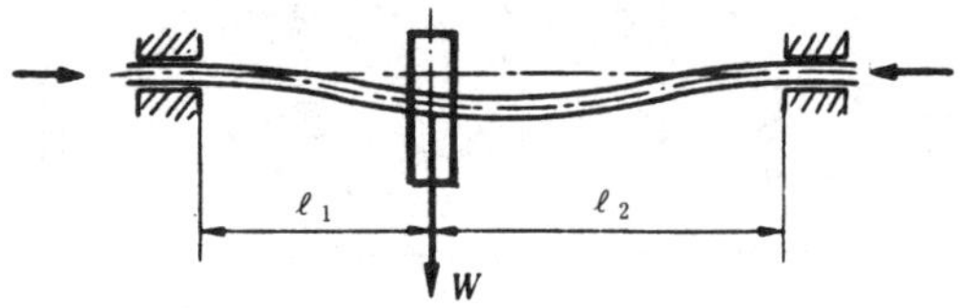

그림 6-48

③ 균등포 하중을 받고 자중을 고려한 경우[w : 축의 단위 길이 무게(N/cm)]

$$\left.\begin{aligned} N_c&=\frac{30}{\pi}\frac{\pi^2}{l^2}\sqrt{\frac{EIg}{w}}=654\frac{d^2}{l^2}\sqrt{\frac{E}{w}}\ \text{(양끝 자유지지)} \\ &=\frac{30}{\pi}\frac{22.45}{l^2}\sqrt{\frac{EIg}{w}}=1488\frac{d^2}{l^2}\sqrt{\frac{E}{w}}\ \text{(양끝 회전축선 방향지지)} \end{aligned}\right\} \tag{6-72}$$

＊ 설계상 주의

① 처짐 진동에 의한 위험을 방지하려면, 처짐을 되도록 작게하여 위험 속도의 값을 되도록 높이고, 위험 속도에 의한 축의 파괴를 방지해야 될 것이다.
② 특별히 고속도가 아닌 일반 기계에서는 회전체의 경감, 축의 증대, 공작부의 가공 정도의 향상 등에 의하여 위험 속도를 방지할 수 있다.
③ 축의 상용 회전수는 위험 속도로부터 25% 이상 떨어져야 한다.
④ 기계의 상용 회전수는 항상 제 1차 위험 속도로부터 축 고유 진동수의 25% 이내가 되지 않도록 하는 것이 좋다. 즉, 1000rpm의 제 1차 고유 진동수로 하는 축에서는 상용 회전 속도를 750rpm 이하 또는 1250rpm 이상으로 하는 것이 좋다.

표 6－13은 여러 가지 축의 지지 상태에 따른 위험 속도(N_c)를 구하는 공식을 나타낸 것이다.

표 6－13. 축의 위험 속도

(1) 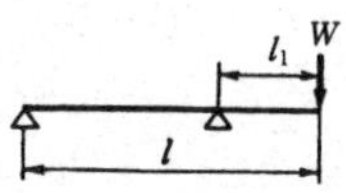	$N_c=\frac{30}{\pi}\sqrt{\frac{3000gEI}{Wl_1^2 l}}=1638\sqrt{\frac{EI}{Wl_1^2 l}}$	(7) 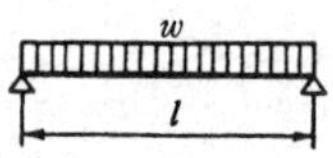	$N_c=\frac{30}{\pi}\sqrt{\frac{98000gEI}{wl^3}}=9363\sqrt{\frac{EI}{wl^3}}$
(2) 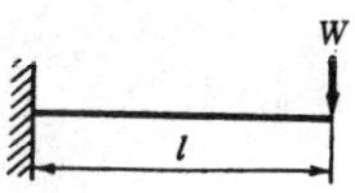	$N_c=\frac{30}{\pi}\sqrt{\frac{3000gEI}{Wl^3}}=1638\sqrt{\frac{EI}{Wl^3}}$	(8) 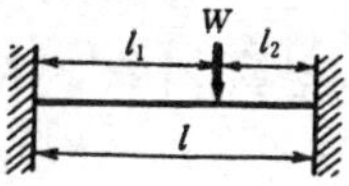	$N_c=\frac{30}{\pi}\sqrt{\frac{3000gEIl^3}{Wl_1^3 l_2^3}}=1638\sqrt{\frac{EIl^3}{Wl_1^3 l_2^3}}$
(3) 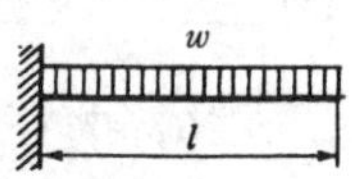	$N_c=\frac{30}{\pi}\sqrt{\frac{12400gEI}{wl^3}}=3331\sqrt{\frac{EI}{wl^3}}$	(9) 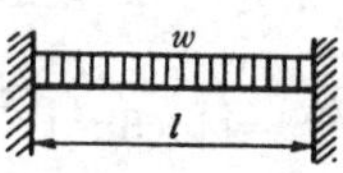	$N_c=\frac{30}{\pi}\sqrt{\frac{502000gEI}{wl^3}}=21190\sqrt{\frac{EI}{wl^3}}$
(4) 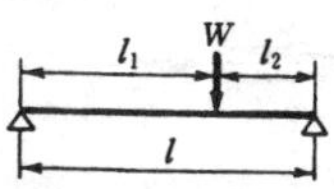	$N_c=\frac{30}{\pi}\sqrt{\frac{3000gEIl}{Wl_1^2 l_2^2}}=1638\sqrt{\frac{EIl}{Wl_1^2 l_2^2}}$	(10) 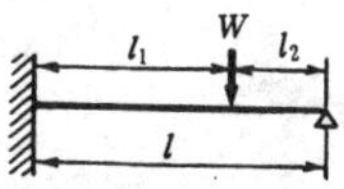	$N_c=\frac{30}{\pi}\sqrt{\frac{12000gEIl^3}{Wl_1^3 l_2^3(3l+l_2)}}=3276\sqrt{\frac{EIl^3}{Wl_1^3 l_2^3(3l+l_2)}}$
(5) 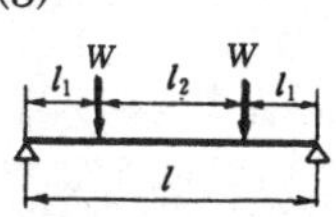	$N_c=\frac{30}{\pi}\sqrt{\frac{6000gEI}{Wl_1^2(3l-4l_1)}}=2317\sqrt{\frac{EI}{Wl_1^2(3l-4l_1)}}$	(11) 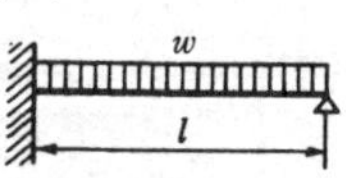	$N_c=\frac{30}{\pi}\sqrt{\frac{237000gEI}{wl^3}}=14560\sqrt{\frac{EI}{wl^3}}$
(6) 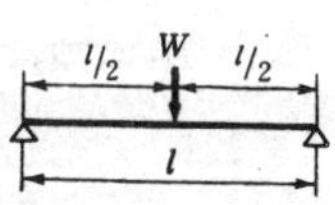	$N_c=\frac{30}{\pi}\sqrt{\frac{48gEI}{Wl^3}}=207\sqrt{\frac{EI}{Wl^3}}$	(12) 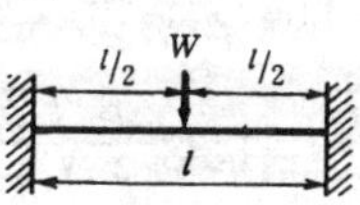	$N_c=\frac{30}{\pi}\sqrt{\frac{192gEI}{Wl^3}}=4.14\sqrt{\frac{EI}{Wl^3}}$

(2) 여러 개의 회전체를 갖는 축

그림 6－49와 같이 양끝이 자유로 지지되어 있고, 축의 자중은 무시한 상태에서 여러개의 회전체를 갖는 축의 경우 무게 W_1, W_2, W_3……의 회전체의 설치 위치에서의 정적 처짐을 δ_1, δ_2, δ_3……라 할 때, 축이 굽어져 있는 축의 위험 속도(N_c)는

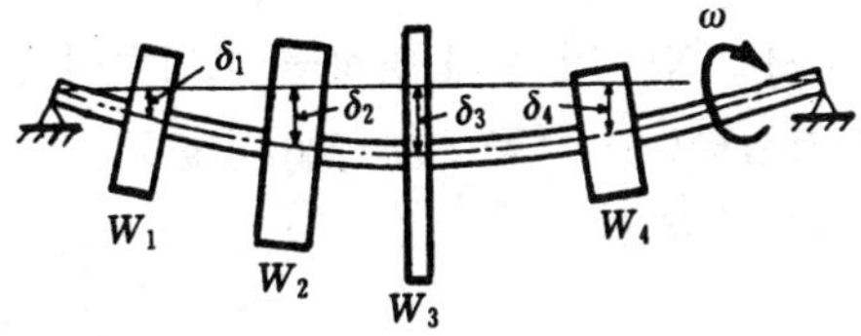

그림 6－49. 여러 개 회전체의 축

$$N_c = \frac{30}{\pi}\sqrt{\frac{g(W_1\delta_1 + W_2\delta_2 + W_3\delta_3 + \cdots)}{W_1\delta_1^{\,2} + W_2\delta_2^{\,2} + W_3\delta_3^{\,2} + \cdots}} \tag{6－73}$$

로 나타낸다. 즉, 축의 각 하중 점의 정적인 굽힘이 구하여지면 위 식에서 위험 속도를 구할 수 있다. 그러나 여러 개의 회전체가 고정된 축의 가로 진동을 구하기 위하여 각 회전체의 무게 W_1, W_2, W_3…을 단독으로 붙였을 때의 위험 속도를 N_1, N_2, N_3…라 하고, 축 자체의 위험 속도를 N_0 라 하면, 축의 자중을 고려할 때 다음의 던커레이 실험 공식(Dunkerley equation)을 사용한다.

N_0 : 회전체의 부착이 없는 축 자중만의 위험 속도(rpm)

N_1, N_2 : 각 회전체가 각각 단독으로 축에 설치하였을 경우의 회전 속도(rpm)

N_c : 축에 모든 회전체를 부착한 상태에서의 위험 속도(rpm)일 때

$$\frac{1}{N_c^{\,2}} = \frac{1}{N_0^{\,2}} + \frac{1}{N_1^{\,2}} + \frac{1}{N_2^{\,2}} \cdots\cdots \tag{6－74}$$

예제 6－39 그림 6－50과 같이 3kN의 하중을 받는 전동축의 지름 40mm일 때, 다음을 구하여라. 단, G＝210GPa이다.

(1) 처짐량(δ)　　　　(2) 위험 속도(N_c)

Solution (1) 축 단면의 관성 모멘트(I)는

$$I = \frac{\pi}{64}d^4 = \frac{\pi}{64}\times 4^4 \fallingdotseq 12.56\ (\text{cm}^4)$$

$$\therefore\ \delta = \frac{Wl_1^{\,2}l}{3EI}$$

$$= \frac{3\times10^3\times6.5^2\times25.5}{3\times210\times10^5\times12.56} = 0.004\ (\text{cm})$$

(2) $N_c = \dfrac{30}{\pi}\sqrt{\dfrac{g}{\delta}} = \dfrac{30}{\pi}\sqrt{\dfrac{980}{0.004}} = 4729\ (\text{rpm})$

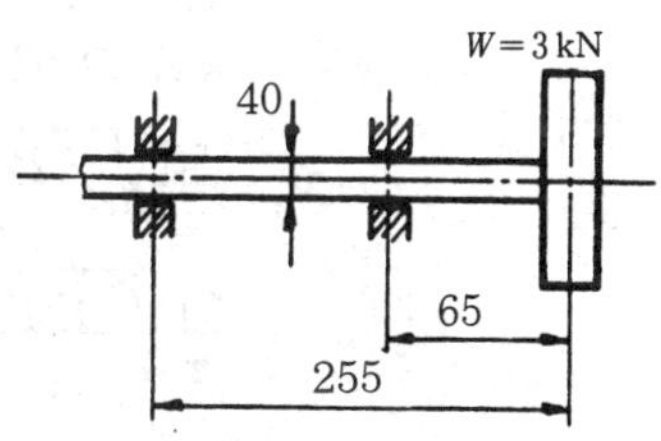

그림 6－50

제 6-40 그림 6-51과 같이 600N의 집중 하중을 받는 축이 3750rpm, 20kW를 회전비 $i=1/3$로 감속하여 전달할 때, 다음을 구하여라. 단, 축의 자중은 무시하고, 축의 허용 비틀림 응력 25 MPa이다.

(1) 상당 비틀림 모멘트(T_e)
(2) 축의 지름(d) : (단, 키 홈의 영향을 고려하여 1/0.75배 한다.)
(3) 축의 최대 처짐량(δ) : (단, $E=206\,\text{GPa}$)
(4) 축의 위험 속도(N_c)

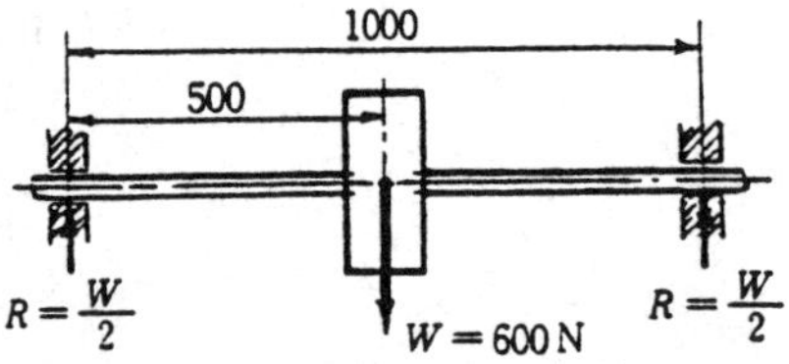

그림 6-51

Solution

(1) $i=\dfrac{N_2}{N_1}=\dfrac{1}{3}$

$$N_2=\frac{N_1}{3}=\frac{3750}{3}=1250\ (\text{rpm})$$

$$T=9550\frac{H}{N_2}=9550\times\frac{20}{1250}=152.8\ (\text{N}\cdot\text{m})$$

$$M=W\frac{l}{4}=600\times250=150(\ \text{N}\cdot\text{m})$$

$$\therefore\ T_e=\sqrt{M^2+T^2}=\sqrt{150^2+152.8^2}=214\ (\text{N}\cdot\text{m})$$

(2) $d=\sqrt[3]{\dfrac{5.1T_e}{\tau_a}}=\sqrt[3]{\dfrac{5.1\times214\times10^3}{25}}=35.2\ (\text{mm})$

$$\therefore\ d=\frac{35.2}{0.75}\fallingdotseq47\ (\text{mm})=4.7(\text{cm})$$

(3) $I=\dfrac{\pi}{64}d^4=\dfrac{\pi}{64}\times4.7^4=23.9\ (\text{cm}^4)$

$$\therefore\ \delta=\frac{Wl^3}{48EI}=\frac{600\times100^3}{48\times206\times10^5\times23.9}=0.025\ (\text{cm})$$

(4) $N_c=300\sqrt{\dfrac{1}{\delta}}=300\sqrt{\dfrac{1}{0.025}}=1897\ (\text{rpm})$

예제 6-41 그림 6-52와 같은 축의 지름 22mm에 무게 20N인 풀리를 붙이고 있을 때, 축 전체의 위험 속도를 구하여라. 단, 축의 자중 5N, $E=206\,\text{GPa}$이다.

Solution

$$I=\frac{\pi d^4}{64}=\frac{\pi}{64}\times22^4=11493\ (\text{mm}^4)$$

축의 자중을 고려할 때, 위험 속도(N_o)는 표 6-14 (3)에서

$$N_0=\frac{30}{\pi}\sqrt{\frac{12400\,gEI}{w\,l^3}}$$

$$=\frac{30}{\pi}\sqrt{\frac{12400\times9.8\times206\times10^3\times11493}{5\times160^3}}\fallingdotseq35800\ (\text{rpm})$$

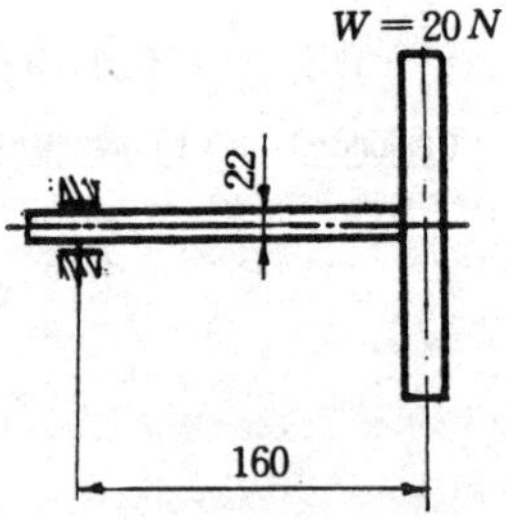

그림 6-52

외팔보 끝에 집중 하중이 작용하는 것으로 생각하면 위험 속도(N_1)는

$$N_1=\frac{30}{\pi}\sqrt{\frac{3000gEI}{Wl^3}}=\frac{30}{\pi}\sqrt{\frac{3000\times9.8\times206\times10^3\times11493}{20\times160^3}}\fallingdotseq8800\,(\text{rpm})$$

$$\therefore\ N_c=\sqrt{1/\frac{1}{{N_0}^2}+\frac{1}{{N_1}^2}}=\sqrt{1/\frac{1}{35800^2}+\frac{1}{8800^2}}=8770(\text{ rpm})$$

예제 6-42 그림 6-53과 같은 축의 지름 50mm, 회전수 800rpm, 풀리의 하중 6kN을 받 을 때, 다음을 구하여라. 또, 축은 자중을 무시하고, 양끝 자유 지지, 비중량 $7.69\times10^{-6}\text{kg}_f/\text{mm}^3$, $E=210\text{ GPa}$이다.

(1) 축의 처짐 (δ)
(2) 회전체의 위험 속도 (N_1) :
(3) 축 위험 속도(자중 고려) (N_0)
(4) 축의 전체 위험 속도 (N_C)
(5) 위험 속도의 검토

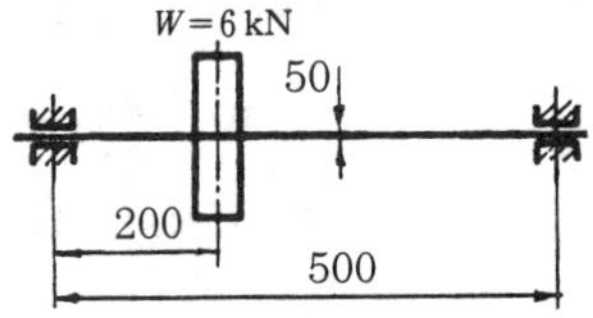

그림 6-53

Solution

(1) $I=\frac{\pi}{64}d^4=\frac{\pi}{64}\times5^4=30.7\,(\text{cm}^4)$

$$\therefore\ \delta=\frac{Wl^3}{48EI}=\frac{6000\times50^3}{48\times210\times10^5\times30.7}=0.0242\,(\text{cm})$$

(2) 회전체 위치가 다르고, 축의 양끝이 자유 지지이므로

$$N_1=114.6d^2\sqrt{\frac{E(l_1+l_2)}{W{l_1}^2{l_2}^2}}=114.6\times5^2\sqrt{\frac{210\times10^5(20+30)}{6000\times20^2\times30^2}}=1918\,(\text{rpm})$$

$$\left[=\frac{30}{\pi}\sqrt{\frac{g}{\delta}}=\frac{30}{\pi}\sqrt{\frac{980}{0.0242}}=1920\,(\text{rpm})\right]$$

(3) $w=\frac{\pi}{4}d^2\rho=\frac{\pi}{4}\times50^2\times7.69\times10^{-6}=0.015\,(\text{kg}_f)\fallingdotseq0.15(\text{N})$

축의 자중을 고려한 양끝 자유 지지일 때, 위험 속도(N_C)는

$$N_0=\frac{645d^2}{l^2}\sqrt{\frac{E}{w}}=645\times\frac{5^2}{50^2}\sqrt{\frac{210\times10^3}{0.15}}=7738\,(\text{rpm})$$

$$\frac{1}{{N_c}^2}=\frac{1}{{N_0}^2}+\frac{1}{{N_1}^2}=\frac{1}{7738^2}+\frac{1}{1918^2}=1.94\times10^{-8}$$

$$\therefore\ N_c=\sqrt{1/1.94\times10^{-8}}\fallingdotseq7255\,(\text{rpm})$$

$$\left[=\sqrt{10^8/1.94}=7255\,(\text{rpm})\right]$$

(5) 상용 회전수 800rpm 이므로 차이는

$$\frac{N_C-N'}{N_C}\times100=\frac{7255-800}{7255}=88.9\%>25\%$$

상용 회전수 800rpm은 위험 속도로부터 ±25% 이상 떨어져야 하므로 사용 회전수가 위험 속도로부터 ±25% 범위 내에 있지 않으므로 안전하다.

예제 6-43 그림 6-54와 같이 하중 $W_1=800\,\text{N}$, $W_2=600\,\text{N}$, 축의 지름 60mm일 때, 축의 전체 위험 속도를 구하여라. 단, 축의 비중량 $7.69\times10^{-5}\,\text{N/mm}^3$, $E=210\,\text{GPa}$이다.

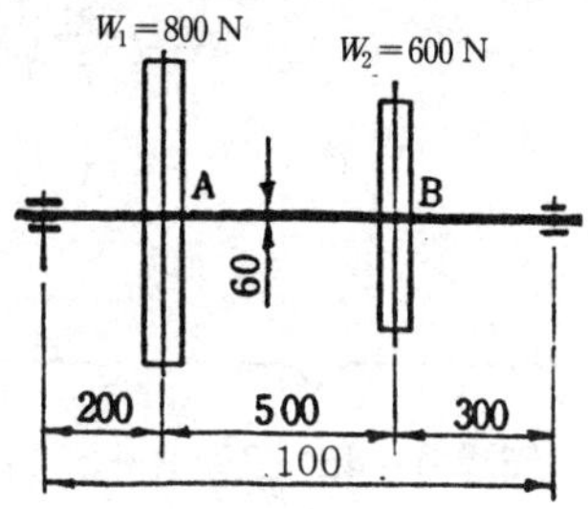

그림 6-54

Solution 단면 2차 모멘트(I)는

$$I=\frac{\pi d^4}{64}=\frac{\pi}{64}\times60^4$$

$$\fallingdotseq 6.36\times10^5\,(\text{mm}^4)\fallingdotseq 63.6(\text{cm}^4)$$

회전체가 2개이므로, 던커레이의 식을 사용하고, 축의 자중만에 의한 위험 속도를 구한다.

$$W=\frac{\pi}{4}d^2l\rho=\frac{\pi}{4}\times60^2\times1000\times7.69\times10^{-5}=217\,(\text{N})$$

축 자체의 위험 속도(N_0)는

$$N_0=\frac{30}{\pi}\sqrt{\frac{98gEI}{Wl^3}}$$

$$=\frac{30}{\pi}\sqrt{\frac{98\times10^3\times9.8\times210\times10^3\times6.36\times10^5}{217\times1000^3}}\fallingdotseq7350\,(\text{rpm})$$

풀리 A의 위험 속도(N_1)는

$$N_1=\frac{30}{\pi}\sqrt{\frac{3000gEIl}{W_1{l_1}^2(l_2+l_3)^2}}$$

$$=\frac{30}{\pi}\sqrt{\frac{3000\times9.8\times210\times10^3\times6.36\times10^5\times1000}{800\times200^2\times800^2}}\fallingdotseq4200\,(\text{rpm})$$

풀리 B의 위험 속도(N_2)는

$$N_2=\frac{30}{\pi}\sqrt{\frac{3000gEIl^2}{W_2(l_1+l_2)^2{l_3}^2}}$$

$$=\frac{30}{\pi}\sqrt{\frac{3000\times9.8\times210\times10^3\times6.36\times10^5\times1000}{600\times700^2\times300^2}}\fallingdotseq3680\,(\text{rpm})$$

축의 전체 위험 속도(N_C)는

$$\therefore\ N_c=\sqrt{1/\frac{1}{{N_0}^2}+\frac{1}{{N_1}^2}+\frac{1}{{N_2}^2}}$$

$$=\sqrt{1/\frac{1}{7350^2}+\frac{1}{4200^2}+\frac{1}{3680^2}}\fallingdotseq2580(\text{rpm})$$

위에서 위험 속도 2580rpm에 대하여 실제 사용 회전수는 ±25% 이내 들지 않게 설계해야 되므로, 2580×0.25 =645rpm에서 (2580−645)rpm로부터 (2580+645)rpm 사이에서 사용하는 축의 회전수가 되지 않아야 한다. 즉, 축의 위험 속도 범위는 1935rpm~3225rpm이 된다.

제6장 연습문제

•논문형

1. 축의 종류와 특성을 설명하여라.
2. 축을 설계할 때, 고려하여야할 사항을 설명하여라.
3. 바하의 축 공식을 유도하여라.
4. 키 홈이 축에 미치는 영향을 설명하여라.
5. 축의 파괴에 대한 3가지 학설에 대하여 설명하여라.
6. 무어(Moore)의 실험식에 의한 축의 설계에 대하여 설명하여라.
7. 축의 강도와 강성에 따른 축의 지름 설계에 대하여 설명하여라.
8. 축의 베어링간 거리를 굽힘 강도와 강성에서 구별하여 설명하여라.
9. 축의 위험 속도에 대하여 설명하고, 던커레이(Dunkerley)의 실험식을 설명하여라.

•계산형

6-1. 8kN · m의 굽힘 모멘트를 받는 속빈축의 지름비 $x=0.6$일 때, 바깥 지름과 안지름 을 구하여라. 단, 축의 허용 굽힘 응력 48MPa이다.

6-2. 1500kW, 1200rpm의 교류 전동기를 사용할 때, 다음을 구하여라. 단, 허용 전단 응력 40MPa, 지름비 $x=0.5$이다.

(1) 속찬축의 바깥 지름(d) (2) 속빈축의 바깥 지름(d_2)

(3) 속빈축의 안지름(d_1) (4) 속빈축의 중량 감소율(%)

6-3. 250N · m의 굽힘 모멘트와 60N · m의 비틀림 모멘트를 동시에 받는 축에 대하여 다음 을 구하여라. 단, 허용 굽힘 응력 50MPa, 허용 비틀림 응력 40MPa이다.

(1) 상당 비틀림 모멘트(T_e) (2) 상당 굽힘 모멘트(M_e)

(3) T_e에 의한 축의 지름(d_T) (4) M_e에 의한 축의 지름(d_M)

6-4. 그림 6-55의 축에서 10kN을 지름 50cm의 드럼에 감아 올릴 때, 필요한 축의 지 름을 구하여라. 단, 축의 비틀림 응력 4kN/cm, 굽힘 응력 8kN/cm이다.

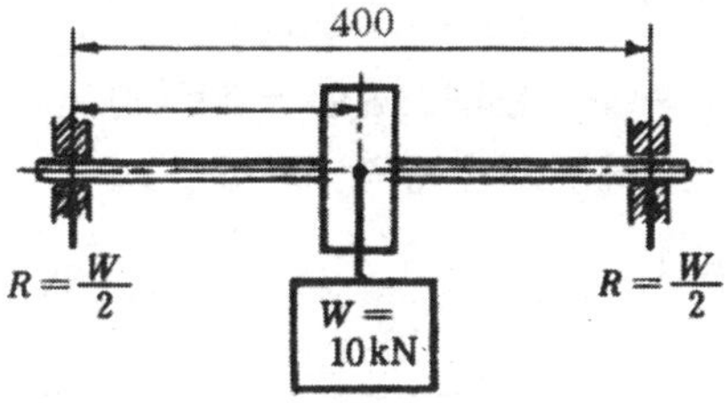

그림 6-55

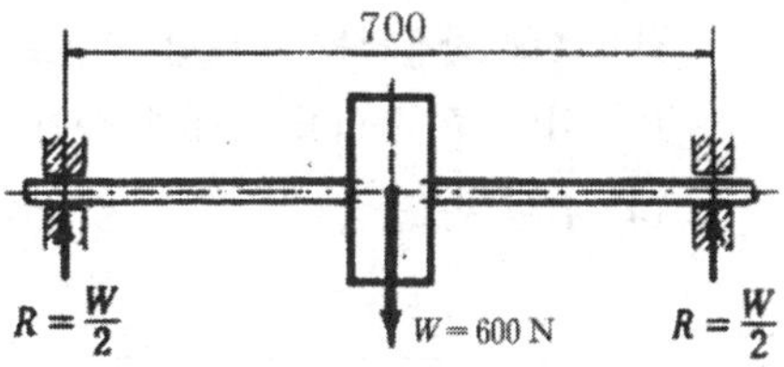

그림 6-56

6-5. 그림 6-56의 풀리가 600N의 하중을 받고, 1800rpm, 2kW의 동력을 전달할 때, 다음을 구하여라. 단, 축의 허용 전단 응력 80MPa이다.

(1) 비틀림 모멘트(T) (2) 상당 굽힘 모멘트(M_e)

(3) 축의 상당 비틀림 모멘트(T_e) : (단, 동적 효과 계수 $k_m=2.0$, $k_t=1.5$)

(4) 축의 지름(d) : (단, 키 홈을 고려하여 1/0.75배)

6-6. 200rpm, 14kW를 전달하는 길이 6m의 속찬축에 비틀림 각이 전 길이에 대하여 3°이내로 하기 위한 축의 지름을 구하여라. 단, $G=81\,\text{GPa}$이다.

6-7. 그림 6-57의 벨트 전동 장치에서 800rpm, 16kW를 전달하고, 풀리 자중 W=60N, 긴장측 장력 120N, 이완측 장력 60N일 때, 다음을 구하여라.

(1) 굽힘 모멘트(M)

(2) 비틀림 모멘트(T)

(3) 상당 비틀림 모멘트(T_e)

(4) 상당 굽힘 모멘트(M_e)

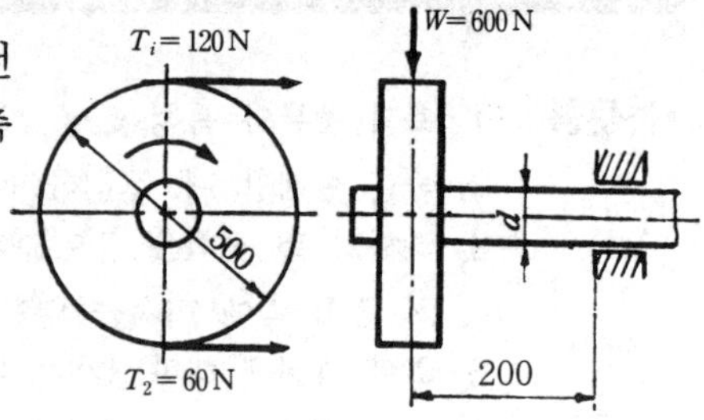

그림 6-57

6-8. 그림 6-58의 벨트 전동 장치가 1000rpm, 20kW를 전달할 때, 다음을 구하여라. 단, 벨트 풀리의 무게 600N, 장력 120N(긴장측), 60N(이완측)이다.

(1) 비틀림 모멘트(T)

(2) 굽힘 모멘트(M)

(3) 상당 굽힘 모멘트(M_e)

(4) 굽힘 응력(σ_b)

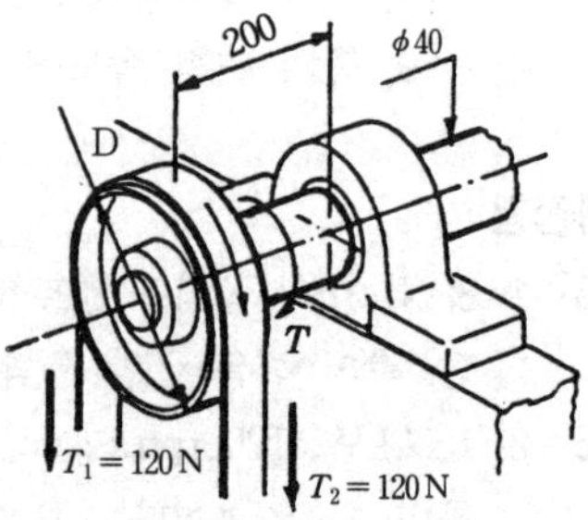

그림 6-58

6-9. 허용 비틀림 응력 50MPa, 비틀림 모멘트 300N · m를 받는 연강제 속찬축의 길이 1m일 때, 비틀림 각을 구하여라. 단, G=81GPa이다.

6-10. 축의 길이 1m, 지름 50mm, 150rpm으로 회전할 때, 다음을 구하여라. 단, 축의 허용 비틀림 응력 $\tau_a=40\,\text{MPa}$, $G=80\,\text{GPa}$이다.

(1) 허용 비틀림 각($\theta°$) (2) 전달 동력(kW)

6-11. 스팬 1.5m, 지름 55mm인 축의 양끝에 베어링으로 받쳐있고 축 중앙에 무게 600 N의 풀리가 장착 되었을 때, 다음을 구하여라. 단, 축 자중 무시, E=210GPa이다.

(1) 축의 처짐각(β) (2) 축의 처짐량(δ)

6-12. 2000rpm, 10PS을 전달하는 전동축의 중앙에 200N의 하중을 받고, i=1/5일 때, 다음을 구하여라. 단, $l=600\,\text{mm}$, 축의 자중은 무시한다.

(1) 축에 작용하는 비틀림 모멘트(T) (2) 축에 작용하는 굽힘 모멘트(M)

(3) 최대 주 응력설에 대한 축의 지름(d) : (단, 허용 전단 응력 30N/mm^2)

(4) 위험 속도(N_c) : (단, $E=21\times10^4\,\text{N/mm}^2$)

Answer

6-1. (1) 125mm (2) 75mm 6-2. (1) 115mm (2) 117mm (3) 58.5mm (4) 77.6%

6-3. (1) 257N · m (2) 253.5N · m (3) 32mm (4) 37.2mm 6-4. 7cm

6-5. (1) 10.6N · m (2) 105N · m (3) 210N · m (4) 32mm 6-6. 56mm

6-7. (1) 48N · m (2) 191N · m (3) 197N · m (4) 122.5N · m

6-8. (1) 191N · m (2) 156N · m (3) 201N · m (4) 32MPa

6-9. 2.3° 6-10. (1) 1.18°(2) 15.4kW 6-11. (1) 0.134°(2) 0.447mm

6-12. (1) 175.5N · m (2) 30N · m (3) 31mm (4) 4470rpm

제 7 장 축 이음(shaft coupling)

원동축(driving shaft)과 종동축(driven shaft)을 연결하여 동력을 전달시키는 장치를 축이음(shaft coupling)이라 하고, 이것에는 운전 중에 동력의 전달을 차단할 수 없이 반영구적으로 고정하는 커플링(coupling)과 운전 중에 동력 전달을 단속할 수 있는 클러치(clutch)가 있다.

7-1 커플링

7-1-1. 일반 사항

운전 중 절대로 단속할 수 없고, 장치한 후에는 분해하지 않으면 연결을 분리시킬 수 없는 축이음을 커플링(coupling)이라 한다.

[1] 종 류

(1) **고정 커플링**(fixed coupling) : 두 축이 동일 선상에 있는 커플링이다.
  ① **원통형 커플링** : 머프 커플링, 마찰 원통 커플링, 반 겹침 커플링, 셀러 커플링, 분할 원통 커플링
  ② **플랜지 커플링** : 단조 플랜지 커플링, 조립식 플랜지 커플링, 세레이션 커플링

(2) **플렉시블 커플링**(flexible coupling) : 두 축이 동일선상에 있으나 정확하지 않은 유연성 커플링이다.
  ① **탄성형 커플링** : 휨식 커플링(벨트용), 압축식 커플링(스프링용, 고무용, 가죽용, 강판용)
  ② **전단형 커플링** : 리본용 커플링, 합성 고무용 커플링
  ③ **간격형 커플링** : 기어용 커플링, 체인용 커플링, 링크용 커플링
  ④ 신축형(伸縮形) 커플링

(3) **올덤 커플링**(oldham coupling) : 두 축이 평행이나 편심되어 있는 커플링이다.

(4) **유니버설 커플링**(universal coupling) : 두 축이 같은 평면 내에 있고, 그 축선 이 어떤 각도로 교차하는 경우에 사용되는 커플링이다.

[2] 축 이음 사용

그림 7-1과 같이 전동 모터에 의하여 구동되는 압축기에서 모터, 감속기(기어 부분), 압축기에는 회전축이 사용되며, 각각의 기능을 갖고, 이것을 축이음으로 연결시켜 기계의 주된 동작으로 토크의 전달을 행한다.

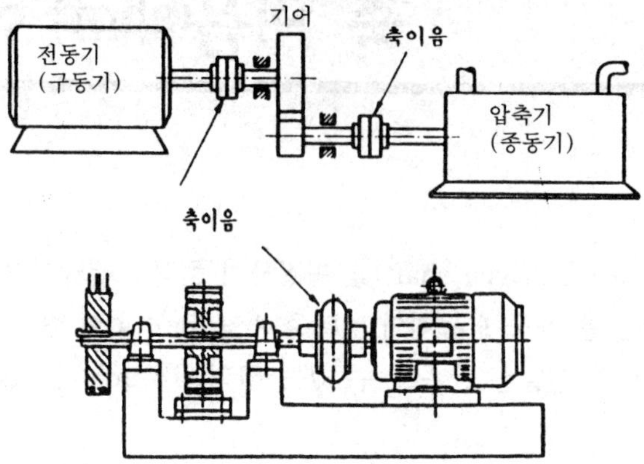

그림 7－1. 축 이음 사용 예

표 7－1은 각종 축이음의 종류에 따른 성능 치수를 비교한 것이다.

표 7－1. 축이음의 종류에 따른 비교(최대 나비 구멍지름 기준)

종류 \ 성능 치수		축 구멍		성 능				주요치수				축심사이 허용값	
		호칭 지름 d mm	지름비	토크 T kgf·m	축 응력 τa kgf/mm²	회전수 N rpm	원주 속도 v m/s	바깥 지름 A mm	바깥지름/축구멍지름 L/d_{max}	전길이 L mm	전길이/축구멍 길이 L/d_{max}	편심 δ mm	편각 α °
플랜지형	고정	25~100	1.8~1.4	6.3~400	2~2.1	6000~3000[1]	35~55[1]	112~355	4.5~3.5	80~250	3.2~2.5	0.05	0.006
플랜지형	굽힘	18~160	1.8~1.4	1~1600	0.8~2	4000~1000[2]	19~34[2]	90~630	5~3.5	59~365	3.3~2.3	0.1~0.3	0.2
기어형		25~560	1.6, 1.4	20~[3] 1.12×10⁵	6.5~3[3]	4000~600[4]	21~40[4]	100~1250	4~2.2	88~1160	3.5~2.1	1~12	3
체인형		22~200	2~2.5	8~1800	3.7~1.1	4500~1000[5]	18~25[5]	75~475[5]	3.4~2.4[5]	80~310	3.6~1.6	0.2~1.2	1
고무	규격	16~200	1.6	1~2000	1.25	2500~400	—[6]	63~1250	4, 6.3	56~800	2.8~5	0.2~2.5	1~4
고무	전단형	18~200	1.25~2.5	4~1000	0.6~3.9	5000~1000	26~37	100~700	5.7~3.5	93~620	5.2~3.1	1~7	4
고무	압축형	20~110	1.8~3.15	1~200	0.35~1	3000	8~40	50~250	2.6~2.2	62~322.5	3.1~2.6	0.3~0.5	1
유니버설	A형	6~50	—	0.32~20[7]	7.5~0.8[7]	3500~560[8]	3.3~3	14~100	2.3~2 (2)	32~200	5.3~4	—	—
유니버설	B형			0.4~40[7]	9.5~1.6[7]		2.9~2.6	12~90	2.1~1.8	30~200	5~4	—	—

(주) : (1) 본체의 재료가 SF 440A일 때의 값　(2) 본체의 재료가 GC 20일 때의 값
(3) N=100rpm, 경사각 α =0°일 때의 값　(4) 정사각 α =1.5°이고, 전달 토크가 작을 때의 값
(5) 케이스 붙이일 때의 값　(6) 최저 시험 회전수의 값
(7) N=500rpm, 교차각 α =10°일 때의 값
(8) 교차각 10°, 윤활이 양호하고 전달 토크가 작을 때의 값

1. 고정 커플링

일직선상에 배치되어 있는 두 축을 견고하게 연결한 것으로서, 볼트 또는 키를 사용하여 접합하고, 두 축 사이의 상호 이동이 전혀 허용되지 않는 원통형의 구조로 된 커플링을 고정 커플링(fixed coupling)이라 한다.

① **특성** : 온도의 변화 등으로 축의 팽창 및 수축으로 인한 축 방향 하중을 흡수하는 능력과 진동 등으로 인한 축심의 불일치를 흡수하는 능력이 작다.

② **설계상 주의**

a. 중심 맞추기와 회전 균형을 완전하도록 한다.

b. 커플링의 설치와 분해가 쉽고, 회전부에 돌기부가 없도록 한다.

c. 소형으로 하여 충분한 전동 능력을 갖게 한다.

d. 진동에 의한 이완 발생이 없어야 하고, 경량이며, 저렴하여야 한다.

[1] 원통형 커플링

가장 간단한 구조로서, 두 축의 끝을 맞대어 일직선으로 맞추고, 접촉면을 보스로 끼워 맞춤하여 키 또는 마찰력으로 이동하는 것을 **원통형 커플링**(cylindrical coupling)이라 한다. 이것은 축방향의 이동이 없어야 하고, **종류**에는 머프 커플링, 마찰 원통 커플링, 반겹침 커플링, 셀러 커플링, 분할 원통 커플링이 있다.

(1) 머프 커플링(muff coupling)

일반적으로 주철재로 된 원통에 두 축을 양쪽으로 끼워 맞대고 키로 고정한 것으로 **슬리브**(sleeve) **커플링**이라고도 한다(그림 7−2).

① **특성** : 축이음으로서는 가장 간단한 구조로 되어 있고, 가격도 저렴하며, 축 방향 의 하중에 약하다.

② **용도** : 축 지름과 하중이 작을 때 사용되며, 인장력의 작용 축에는 부적당하다.

③ **사용** : 작업상 안전을 위하여 나무 덮개, 양철판의 안전 커버를 씌어서 사용한다.

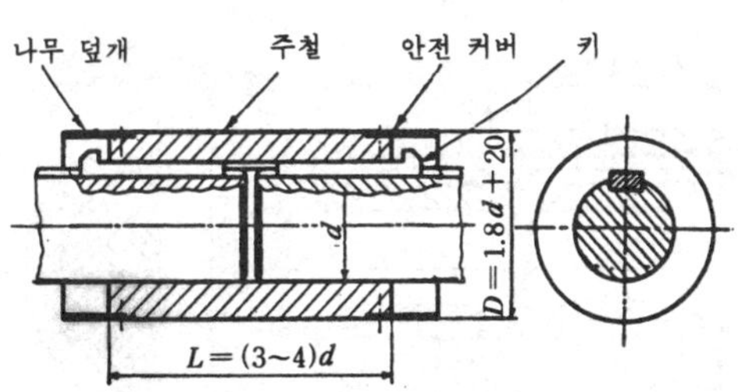

그림 7−2. 머프 커플링

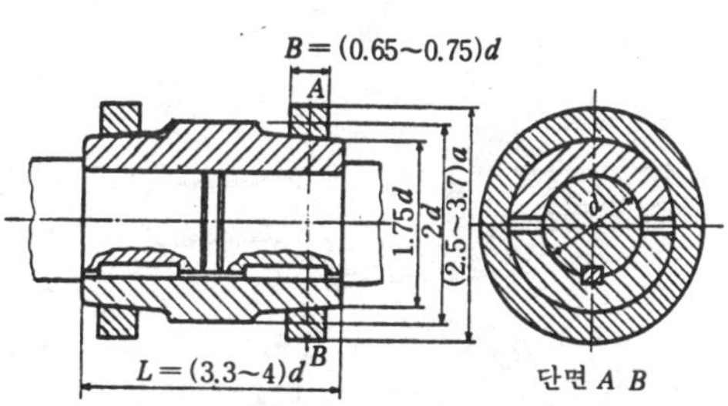

그림 7−3. 마찰 원통 커플링

(2) 마찰 원통 커플링(friction clip coupling)

두개로 분할된 원통으로 된 것을 두 축의 끝에 끼우고, 반원통 바깥쪽 양측의 테이퍼부에 링을 끼워 조인다(그림 7−3).

① **특성** : 큰 토크의 전달에는 부적당하나 설치 및 분해가 쉽고, 축의 임의 곳에 고정할 수 있으므로 전동축의 연결에 편리하다.

② **사용** : 진동이나 충격이 있는 곳에는 두 개의 원통이 이완되므로 사용하지 않는 것이 좋다.

③ **용도** : 긴 전동축이나 150mm이하 정도의 진동이 없는 축에 적합하게 사용된다.

(3) 반겹침 커플링(half lap coupling)

축의 끝을 약간 크게하여 경사지게 겹쳐서 키로 고정한 것이다(그림 7-4). **용도**는 축 방향에 인장력이 작용할 때 사용된다.

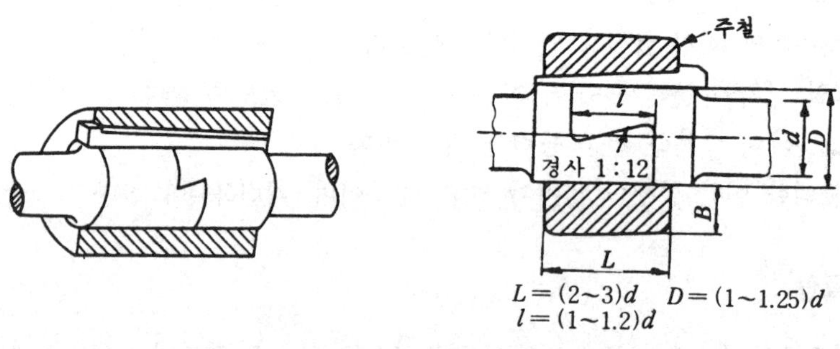

(a) (b)

그림 7-4. 반겹침 커플링

(4) 셀러 커플링(seller's coupling)

축의 양 끝에 내면이 원뿔로 되어 있어 바깥 통을 끼우고, 그 속에 바깥면이 원뿔면으로 된 안통 2개를 축의 양 끝에 넣어 3개의 볼트로 죈 것이다(그림 7-5).

① **특성** : 연결할 양 축의 지름이 다소 달라도 결합할 수 있다

② **구조** : 그림 중 3개의 볼트는 내외 원뿔면 사이의 미끄럼을 방지하는 안전 키의 역할을 한다. 또 비틀림 모멘트의 전달은 내외 원뿔의 테이퍼 끼움과 구멍 원뿔과 축 사이의 졸라매는 압력에 의한 마찰을 이용하여 행하게 된다.

③ **용도** : 축의 지름 135mm 정도까지 사용할 수 있다.

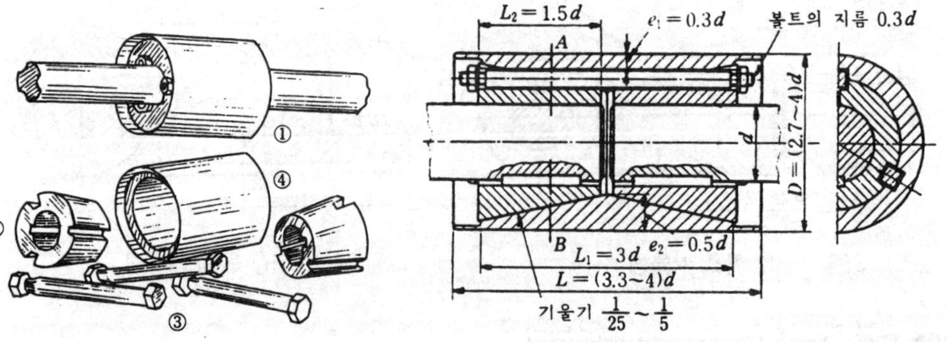

(a) 분해 (b) 조립

그림 7-5. 셀러 커플링

(5) 분할 원통 커플링(split muff coupling)

축의 양 끝에 두개로 분할된 주철 또는 주강제의 원통을 축의 양 끝에 끼우고, 볼트로 원통을 졸라 맨 것을 **클램프 커플링**(clamp coupling)이라고 한다(그림 7-6).

① 사 용

a. 전달 토크가 작을 때는 볼트(소형 축일 때 2개, 대형 축일 때 3~4개 사용)로 죄어 이음을 축에 고정시키면 되나 토크가 클 때에는 평행 키를 사용한다.

b. 볼트 머리나 너트가 외측으로 노출되는 것을 방지하기 위하여 원통의 바깥쪽을 철판 등으로 안전 커버를 만들어 사용하기도 한다.

② 용도 : 일반적으로 축의 지름 200mm까지에 사용된다.

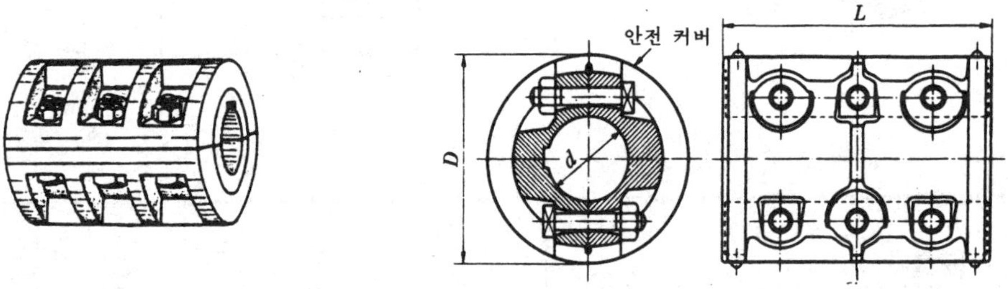

(a) (b)

그림 7-6. 분할 원통 커플링

[2] 플랜지 커플링

양 끝 플랜지면의 중앙에 요철을 만들어 억지 끼워 맞춤으로 축심을 일치시킨 것을 **플랜지 커플링**(flanged coupling : KS B 1551)(표 7-2의 그림)이라 한다.

(1) 재 료

① 몸체 : 회 주철품(GC 200)이 많이 사용되며, 그 외에 탄소 주강품(SC 42), 탄소강 단강품(SF 440A), 기계 구조용 탄소강재(SM 25C) 등이 사용되며, 고속 회전용으로는 주강제가 사용되기도 한다.

② 볼트와 너트 : 일반 구조용 압연 강재(SS 400)가 사용된다.

③ 스프링 와셔 : 경강 선재가 사용된다.

(2) 용 도

① 공장용 전동축 또는 일반용 커플링으로 축 지름 200mm 정도까지 사용되고 있다.

② 축 지름 200mm 이상이고, 큰 하중이나 충격이 작용할 때는 축 끝을 주조하여 플랜지를 축과 일체로 만든 **주조식 플랜지 커플링**(그림 7-7) (선박용 기관의 축과 프로 펠라의 축 등에 사용)이 사용된다.

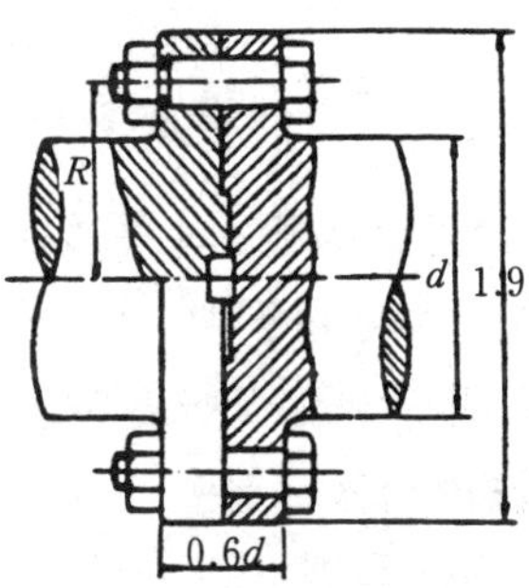

그림 7-7. 단조 커플링

표 7－2. 플랜지의 커플링의 모양 및 치수(KS B 1551)

(단위 : mm)

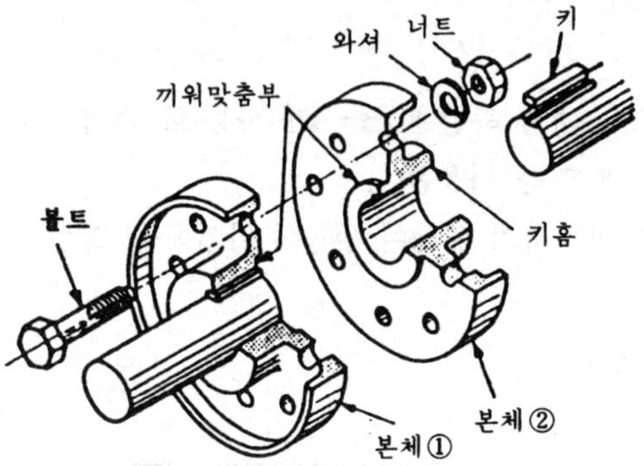

(a)

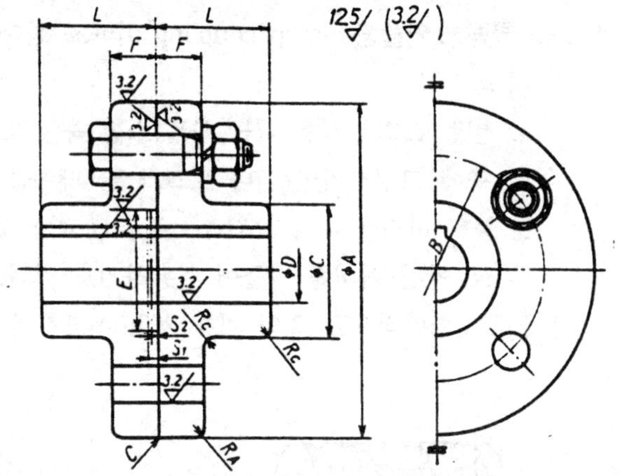

(b)

(단위 : mm)

바깥지름 (A)	D 구멍지름		L	g	D_B	b	H	K	볼트		끼움부 E	토크 T_1 N·m	전단응력 N/cm²	볼트전단응력 N/cm²	단면적 cm²
	최대축	최소축							Z	δ					
112	25	16	40	45	75	16	25	4	4	10	40	61.7	2019	1049	0.785
125	28	18	45	50	85	18	28	4	4	10	45	88	2048	1323	0.785
140	35.5	20	50	63	100	18	28	4	4	10	56	176	2009	2244	0.785
160	45	25	56	80	115	18	28	6	4	14	71	348	1950	2019	1.54
180	50	28	63	90	132	18	28	6	6	14	80	490	1999	11607	1.54
200	56	31.5	71	100	140	22.4	40	6	6	16	90	696	2019	1656	2.00
224	63	35.5	80	112	170	22.4	40	6	6	16	100	980	1999	2038	2.00
250	71	40	90	125	180	28	50	8	6	20	112	1372	1960	1617	3.14
280	80	50	100	140	200	28	50	8	8	20	125	1960	1950	1908	3.14
315	90	63	112	160	236	29	50	8	10	20	140	2744	1920	1578	4.90
355	100	71	125	180	260	35.5	63	8	10	25	160	3920	1999	2009	4.90

2. 플렉시블 커플링

커플링 플랜지의 연결부에 매개물 즉, 벨트, 스프링, 고무, 가죽, 직물, 강철판 이 외에 기어, 롤러 체인 등을 이용하여 두 축이 유연하게 움직이고, 두 축의 중심선이 정확히 일치하지 않고, 어느 각도로 한 쪽이 기울어도 사용되는 것을 **플렉시블 커플링**(flexibility coupling) 또는 **휨 커플링, 유연성 커플링**이라고도 한다.

① 특 성

a. 두 축 사이에 약간의 축심이 어긋남과 축의 팽창 및 수축을 흡수할 수 있다.

b. 휨의 성질을 이용하여 커플링의 간격을 넓히거나 구동축에 생기는 변동 토크, 충격, 진동 등의 완화 작용을 한다.

c. 베어링의 무리를 소멸시키고, 소음이 없는 커플링의 필요성이 생기게 된다.

d. 두 축 간의 회전력만을 전달하고, 굽힘 진동과 비틀림 진동은 전달되지 않는다.

② 형 식

a. **탄성형**(彈性形) : 양 플랜지의 연결에 피혁 또는 고무 등 가소성을 갖는 비금속 재료의 탄성을 이용하거나 또는 강철 스프링의 탄성을 이용하여 굴소성(屈塑性)을 주는 형식으로서, 휨 탄성형, 압축 탄성형, 전단 탄성형 등의 형식이 있다.

b. **간극형**(間隙形) : 주요 접촉부의 간극을 넓게 만들고, 이것으로 무리를 완화시키는 형식으로 롤러(roller) 커플링과 기어(gear) 커플링이 있다.

③ 설계상 주의

a. 구조가 간단하고, 마모가 작으며, 운전이 정숙하여야 한다.

b. 무리의 완화 작용과 진동의 감쇠 작용이 좋아야 한다.

c. 부착물에 의한 고장이 없어야 한다.

d. 필요시 전기적으로 절연되어 있어야 한다.

④ **매개물** : 커플링 몸체 사이에 가죽, 고무, 스프링, 직물, 강철판 등을 이용한다.

⑤ **용도** : 탄성체의 개입으로 축이음의 간격을 넓이거나 구동축에 생기는 변동 토크, 충격, 진동 등의 완화 작용에 사용된다.

(1) 탄성식 커플링

① **벨트 휨 커플링** : 두 축 끝에 고정된 원판 플랜지 둘레를 각각 다수의 돌기에 1개의 벨트를 지그재그형으로 감고, 좌우 원판을 연결시킨 것이다(그림 7-8).

a. **특성** : 비틀림 진동을 방지하고, 전기 절연성이 우수하며, 벨트의 인장력으로 전동하고, 오래 사용하면 벨트의 탄성이 감소되므로 때때로 교환하여 사용한다.

b. **용도** : 수력 원동기와 발전기의 커플링으로 사용된다.

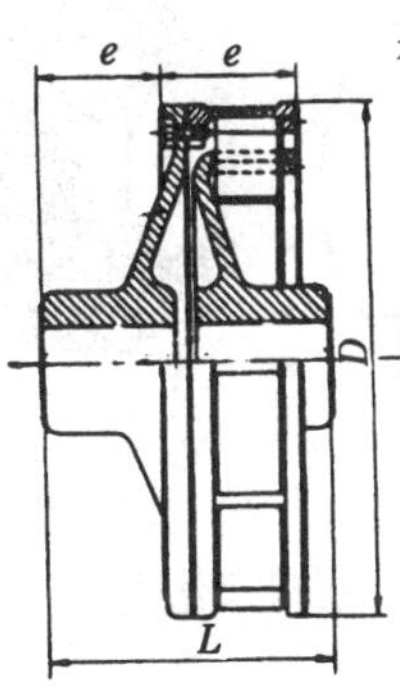

그림 7-8. 가죽 벨트용 휨 커플링 그림

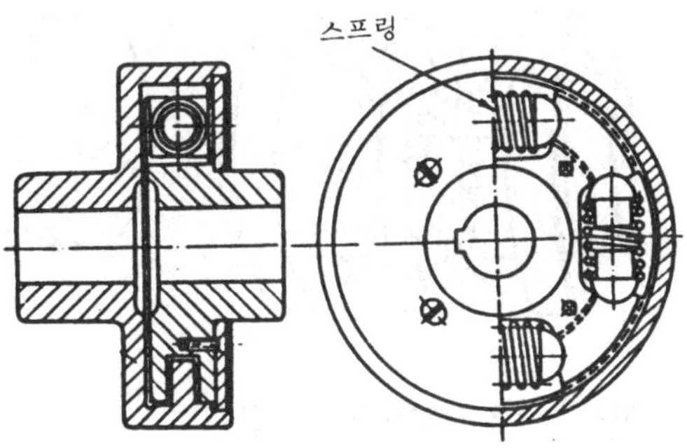

7-9. 압축 스프링 휨 커플링

② **압축 스프링 휨 커플링** : 주강의 플랜지 속에 강철로 만든 코일 스프링과 리벳 모양의 스프링 밀기를 중개물로 연결한 것으로 **누털**(nuttall) **커플링**이라고도 한다 (그림 7-9). **특성**은 충격과 진동의 완화작용이 크다.

③ **고무 휨 커플링** : 방진 고무의 탄성을 이용한 커플링이다.

가. **특성** : 구조가 비교적 간단하고, 감쇠 작용이 뛰어나 진동 및 충격과 축심의 어긋남을 잘 흡수한다.

나. **종류** : 고무 부위가 받는 힘의 형태에 따라 압축형(거미형, 고무 블록형, 고무 부시형)과 전단형(타이어형, 디스크형, 샌드위치형, 도넛형)이 있다. 또한 고 무의 형태에 따라 링형, 부시형, 원판형, 스프로킷형, 합성형, 벨로즈형이 있다.

다. **사용** : 두 축 사이가 매우 크거나 어긋난 경우, 충격과 진동이 심한 경우, 큰 토크의 전달을 요구하는 것에는 사용할 수 없다.

a. **고무 링 휨 커플링** : 고무를 이용한 커플링으로서 진동의 방지에 효과가 있고, 모터와 펌프의 연결에 많이 사용된다(그림 7－10).

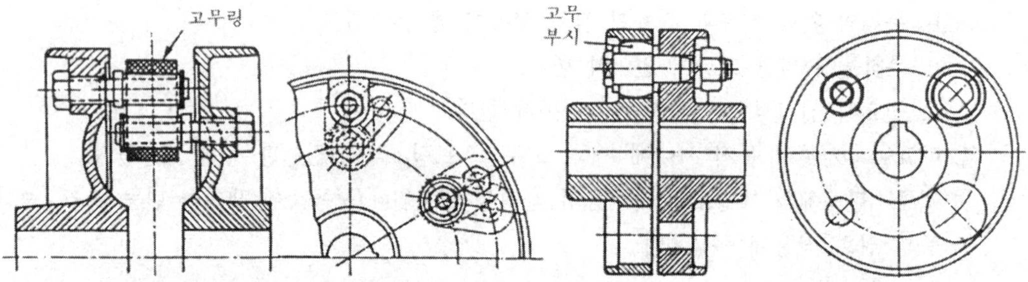

그림 7－10. 안장 고무륜 커플링 그림 7－11. 고무 부시 휨 커플링

b. **고무 부시 휨 커플링** : 플랜지 본체의 볼트 구멍의 지름보다 약간 큰 구멍에 고무 부시를 넣고, 볼트를 관통하여 졸라매어 연결한 휨 커플링이다(그림 7－11).

c. **고무 원판 휨 커플링** : 고무로 된 특수형의 원판 또는 타원판을 사용한 것이다 (그림 7－12).

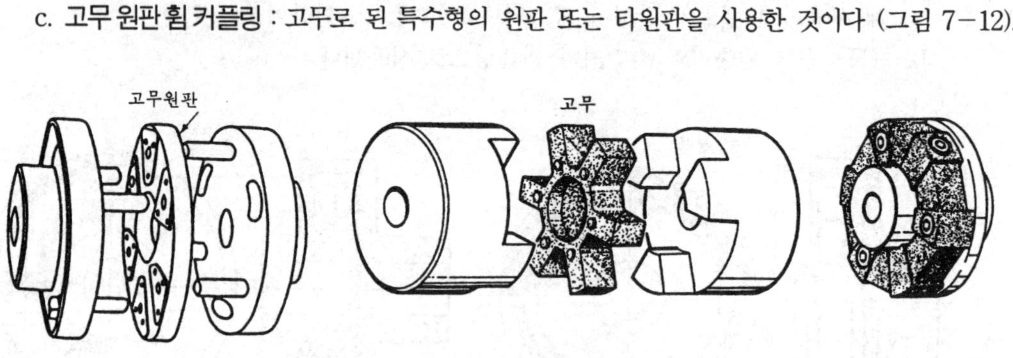

(a) 압축형 (b) 인장 압축혐

그림 7－12. 고무원판 휨 커플링 그림 7－13. 고무 스프로킷 휨 커플링

d. **고무 스프로킷 휨 커플링** : 고무를 스프로킷 형으로 만들어 압축이나 전단 등의 탄성 효과를 이용하여 만든 것이다(그림 7－13).

e. **합성 고무 전단 휨 커플링** : 합성 고무의 전단에 의한 탄성을 이용항 커플링으로서, 두 축의 중심 사이가 크게 어긋나는 경우나 충격과 진동이 심한 경우에 사용되나, 큰 토크는 전달하지 못한다(그림 7－14).

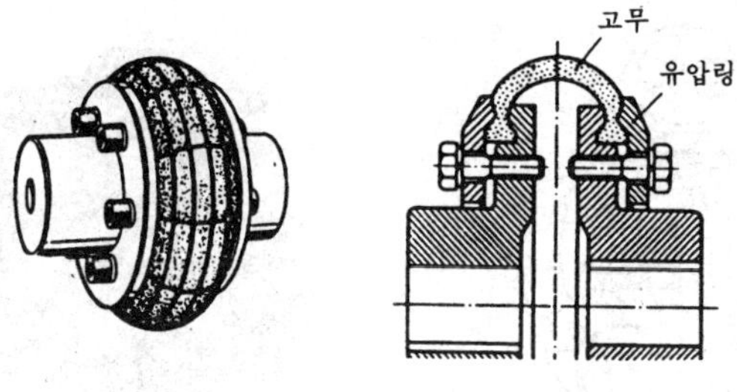

(a) (b)

그림 7－14. 합성고무 휨 커플링

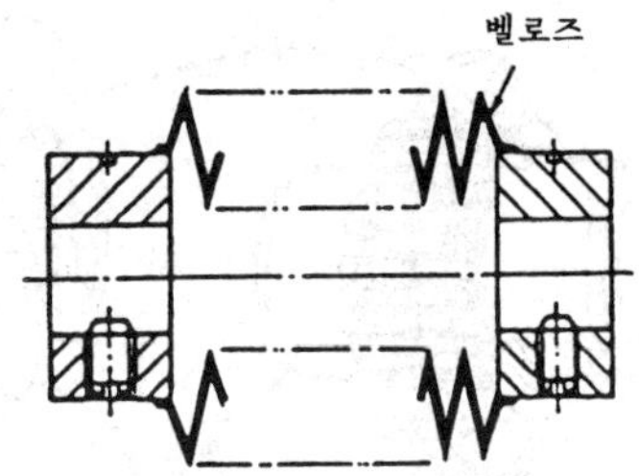

그림 7－15. 벨로즈 축 이음

f. **벨로즈**(bellows) **휨 커플링** : 두 축의 끝에 고정된 2개의 보스를 직접 주름이 있고, 호스 모양의 고무 제품의 주름관(벨로즈)으로 연결한 것이다(그림 7－15).
   - **특성** : 두 축의 만나는 각이 일치하지 않을 때에도 비교적 높은 비틀림 강성을 갖고, 백래시가 없다.
   - **용도** : 비교적 낮은 토크에 사용되며, 축의 지름 15mm 이하의 정밀한 제어용 제품에 사용되며, 주로 전동기, 발전기, 감속기 등의 축 이음이나 긴축의 이음 등에 사용된다.

g. **하디**(hardy) **휨 커플링** : 강판, 피혁, 직포, 직물 등을 겹친 것을 볼트로 연결한 것으로, 기름이 필요 없고, 마멸의 염려가 없는 것이 특징이다(그림 7－16).

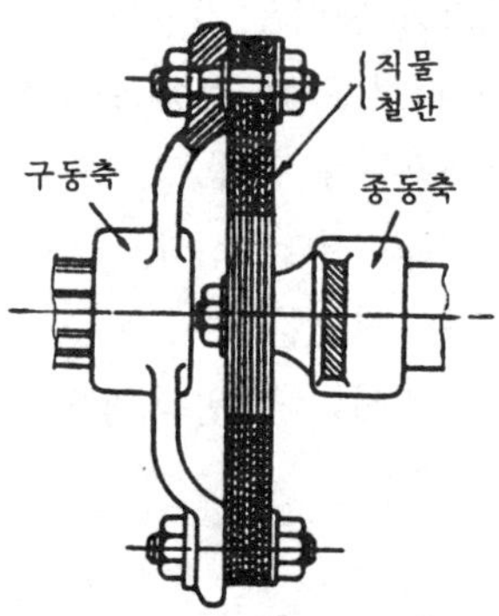

그림 7－16. 하디 커플링

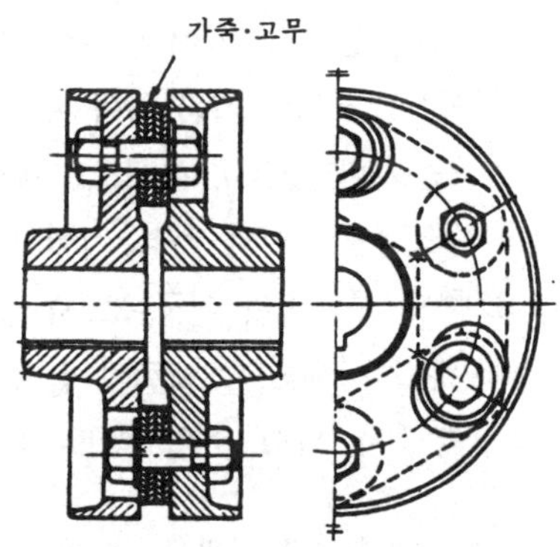

그림 7－17. 가죽 휨 커플링

h. **가죽 휨 커플링** : 플랜지 사이에 가죽 조각을 끼워 사용한 것으로 탄성력을 이용한 것이다(그림 7－17).

i. **그리드 휨 커플링**(grid flexible coupling) : 두 축 방향의 일직선 홈에 경강선의 S자 모양의 금속 격자(grid)를 지그재그형으로 감아 집어 넣어 연결시킨 것으로, 스틸 휨 커플링, 페이크(faik) 커플링, 비비(bibby) 커플링이라고도 한다(그림 7－18).
   - **종류** : 케이스의 모양에 따라 SH(수평 케이스형), SV(수직 케이스형)이 있다.
   - **재료** : 허브는 SM45C, SF 45, SC 46, 그리드는 HSWR 72B로 만든다.

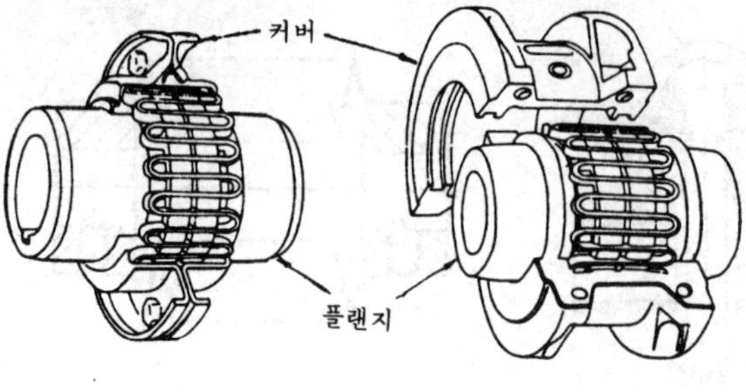

(a) 수직 분할형 (b) 수평 분할형

그림 7－18. 그리드 휨 커플링

그림 7－19(1). 기어 커플링

(2) 간극(間隙)식 커플링

주로 접촉부의 간격을 넓게 만들어 이것으로 진동과 충격을 완화시키는 커플링이다.

a. **특성** : 탄성은 없으나 축선이 약간 경사져도, 강도가 커서 고속 회전할 수 있다.

b. **종류** : 기어 커플링과 롤러 체인 커플링이 있다.

① **기어 커플링**(gear coupling) : 같은 치수의 바깥 기어와 안 기어를 서로 맞물리어 회전력을 전달하고, 진동과 충격을 완화시키는 것이다[그림 7－19(1), (2)]. 이것은 KS B 1553에 규격화되어 있다.

a. **특성** : 내외 기어의 이(齒) 사이에 틈새가 축의 편심을 어느 정도 흡수하고, 고속 및 큰 토크에 견디며, 기어 잇수에 따라 높은 회전 토크의 능력을 갖는다.

b. **종류** : 구조에 따라 양쪽 보통형(SS), 보통 볼 모터형(SM), 보통 연장축형 (SE), 양쪽 사이드 커버형(CC), 사이드 커버 연장축형(CE)의 5종류가 있다.

c. **구조** : 안기어와 바깥 기어가 서로 맞물려 회전력을 전달시킨다.

d. **용도** : 두 축이 어긋나도 별로 지장이 없이 토크를 전달할 수 있어 고속 회전의 축 이음에 많이 사용된다. 예로서 압축기. 크레인, 기중기, 컨베이어, 원심 펌프, 교반기, 팬, 발전기, 송풍기, 믹서, 유압 펌프, 광산 기계 등에 사용된다.

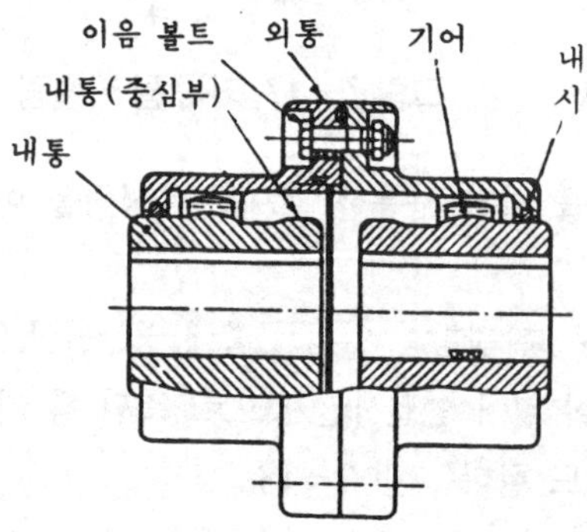

그림 7－19(2). 기어 커플링

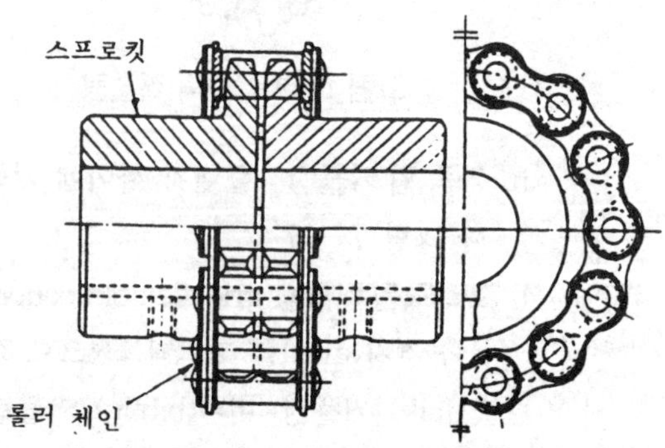

그림 7－20. 롤러 체인 휨 커플링

② **롤러 체인 커플링**(roller chain coupling) : 결합할 두 축의 끝에 스프로킷 휠을 키 박음하여 장착하고, 2줄의 체인을 사용하여 두 축에 끼워져 있는 스프로킷 휠을 이은 것으로, 롤러 체인과 스르로킷 사이에서 가소성(可撓性)을 주는 형식이 다(그림 7-20).

a. **특성** : 소형은 비교적 큰 토크를 전달시킬 수 있다.

b. **구조** : 스프로킷을 축에 끼워 고정하는 복열의 롤러 체인을 감아 토크를 전달하는 구조로 되어 있다.

c. **종류** : 롤러 체인형, 사일런트 체인형, 플라스틱 체인형이 있다.

d. **용도** : 주로 회전 속도가 중간 속도이고, 일정항 하중이 작용하는 기계에 장착되는 교반기, 컨베이어, 기중기, 펌프 등에 사용된다.

(3) 신축 커플링(expansion coupling)

십자형 암으로 상대방의 턱 사이에 들어가 축 방향으로 이동할 수 있게 되어 있는 것이다(그림 7-21).

① **특성** : 회전 토크가 이 턱에 걸려서 전달되고, 작용하는 압력은 500N/cm²이다.

② **용도** : 축의 길이가 10m 이상일 때 온도 변화에 대한 늘음을 위하여 사용되며, 작은 지름의 축은 축의 팽창 10~12mm 마다 큰 축의 지름에 대하여는 25mm 마다 신축(伸縮) 커플링 1개씩을 붙인다.

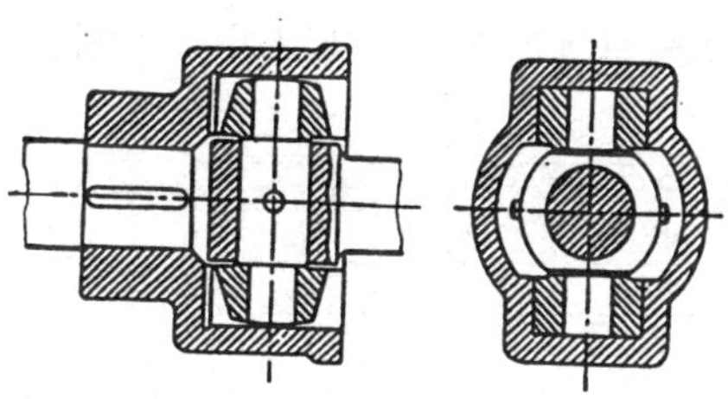

그림 7-21. 신축 커플링

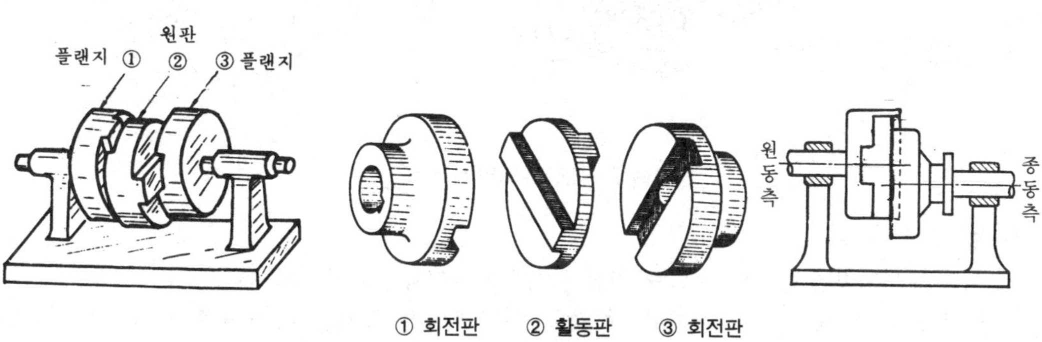

(a) 외형　(b) 플랜지　(c) 조립도

그림 7-22. 올덤 커플링

3. 올덤 커플링

2개의 축이 평행하고 축선 위치가 어긋났을 때 각속도 변화없이 회전력을 전달시키는 것을 올덤 커플링(oldham's coupling)이라 한다(그림 7－22).

(1) 특 성

① 각속도를 일정하게 하고, 마찰 손실을 작게 하기 위하여 윤활을 한다.

② 축의 회전에 따라 중간 원판은 원심력이 달라서 진동을 일으키기 쉬우므로 고속 회전의 이음에는 부적합하다.

(2) 구 조

① 한 개의 원반 ② 앞뒤에 서로 직각 방향에 키 모양의 돌기를 만들어 이것을 그 돌기에 맞는 지름 방향 홈이 파져 있는 양편 플랜지 ①, ③사이에 끼여 놓는다.

② 한쪽의 축을 회전시키면 중앙의 원판이 홈에 따라서 미끄러지며 다른 쪽의 축 에 회전을 전달시킨다. 용도는 두 축의 사이가 비교적 가까운 경우에 사용된다.

4. 유니버설 커플링

두 축이 같은 평면 내에 있으면서 그 중심선이 서로 어느 각도($\alpha \leq 30°$)로서 교차하고 있을 때 사용되는 축이음이다(그림 7－23). 이것은 유니버설 조인트(universal joint) 또는 훅의 조인트(Hook's joint)라고도 하며, 구면(球面) 2종 크랭크 기구의 응용이다. 이것은 KS B 1554에 규격화되어 있다.

구 분	구동축 A	종동축 B
회전각	θ_A	θ_n
각속도	ω_A	ω_n

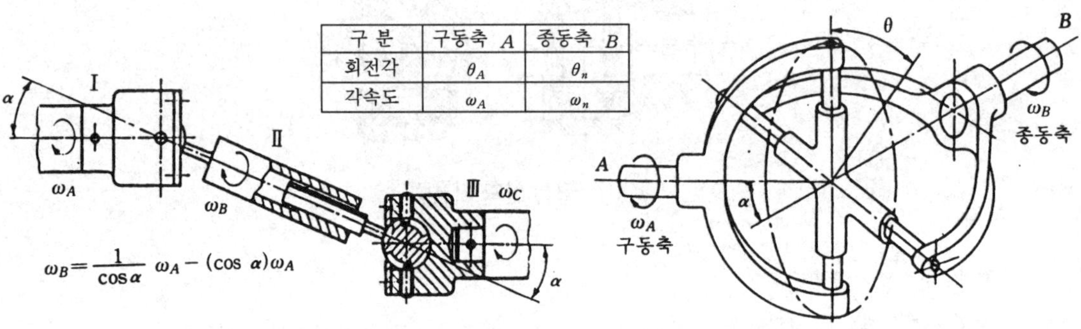

(a) (b)

그림 7－23. 유니버설 커플링

(1) 특 성

① 두 축의 회전비는 1 : 1로 같으나 회전 각속도는 1/2회전을 주기로 변화한다.

② 회전 중에 양 축 각도가 변하며, 두 축이 어떤 각도로 교차할 때 구동축이 일정한 각속도로 회전하여도 종동축 회전 각속도는 회전각에 따라 변동하는 단점이 있다.

(2) 구조 : 그림 7－23 (b)와 같이 원동축 A와 종동축 B의 양끝은 두 갈래로 나누어져 여기에 십자형의 저널(journal)을 조인트로서 회전할 수 있도록 연결한 것이다.

(3) 용도 : 자동차, 공작 기계, 전달 기구, 압연 롤러의 전동축 등에 많이 쓰인다.

7-1-2. 커플링의 설계

1. 원통 커플링

(1) 접선력

그림 7-24와 같이 분할 원통 커플링에서 키의 작용은 생각하지 않고, 축과 원통 사이의 마찰에 의하여서만 축의 비틀림 모멘트를 전달시키는 것이라고 생각하면 **접선력** (P_t : 마찰력 또는 전달력)은 다음과 같이 구한다.

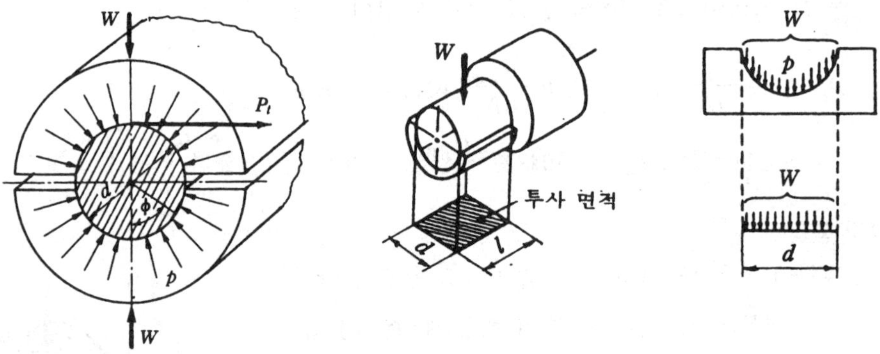

(a) (b) (c)

그림 7-24. 원통 커플링의 마찰력

W: 원통을 졸라매는 힘(N), μ : 마찰 계수, l : 축과 원통의 접촉 길이(mm)
p : 원통과 축 사이에 생기는 접촉 압력(N/mm²), dl : 투사면적(mm²)일 때

$$P_t = \mu p \pi dl = \mu \frac{W}{dl} \pi dl = \mu \pi W \quad (7-1)$$

> **＊ 설계상 주의**
> 위 식에서 μ=0.2~0.25 정도로 하고, 접촉 압력 p의 허용값은 주 철과 강일 때 30~50N/mm², 강과 강일 때 50~90N/mm² 정도로 취한다.

(2) 접촉면 압력

원통을 죄는 힘 W가 작용할 때, 위 식에서 접촉면 압력(p)은 다음과 같이 된다.

$$p = \frac{W}{dl} = \frac{P_t}{\mu \pi d l} \quad (7-2)$$

(3) 전달 토크와 하중

마찰력을 고려한 상태에서 전달 토크(T)와 하중(W)은 식 (7-1)과 식 (7-2)에서 다음과 같이 된다.

$$T = \frac{P_t d}{2} = \pi \mu W \frac{d}{2} \quad (7-3)$$

$$W = p d l = \frac{2T}{\mu \pi d} \quad (7-4)$$

2. 분할 원통 커플링

분할 원통 커플링(클램프 커플링)은 일체형 원통 커플링의 설계에 사용되는 접촉 면압과 전달 토크에 관한 역학 공식이 똑같이 적용된다.

(1) 접선력

그림 7-25에서 회전수(N)와 동력(H)을 고려할 때 $P_t=\dfrac{2T}{d}$ 이고, $T=702000\dfrac{H_{PS}}{N}$ (N·cm) $=955000\dfrac{H_{kW}}{N}$ (N·cm)이므로 접선력(P_t)은 다음과 같이 된다.

$$\left.\begin{aligned} P_t &= 1404\frac{H_{PS}}{dN}(\text{kN}) = 1910\frac{H_{KW}}{dN}(\text{kN})(\text{d : cm}) \\ &= 143240\frac{H_{PS}}{dN}(\text{kg}_\text{f}) = 194800\frac{H_{KW}}{dN}(\text{kg}_\text{f})(\text{d : cm})(\text{중력 단위}) \end{aligned}\right\} \quad (7-5)$$

(2) 인장력과 횡압

축의 접선 방향에 작용하는 힘은 $P_t=\mu ZW$이고, 볼트의 골지름 δ_1일 때, 볼트의 인장력(W : 볼트의 수직 하중)과 축의 횡압(橫壓 : P)은 다음과 같이 구한다.

$$\left.\begin{aligned} W &= \frac{P_t}{\mu Z} = \frac{2T}{\mu dZ} & ① \\ &= 1404\frac{H_{PS}}{\mu dNZ} = 1910\frac{H_{kW}}{\mu ZdN} & ② \\ &= \frac{\pi}{4}\delta_1^{\,2}\sigma_t Z & ③ \end{aligned}\right\} \quad (7-6)$$

$$P=\frac{\pi T}{4\mu d} \quad (7-7)$$

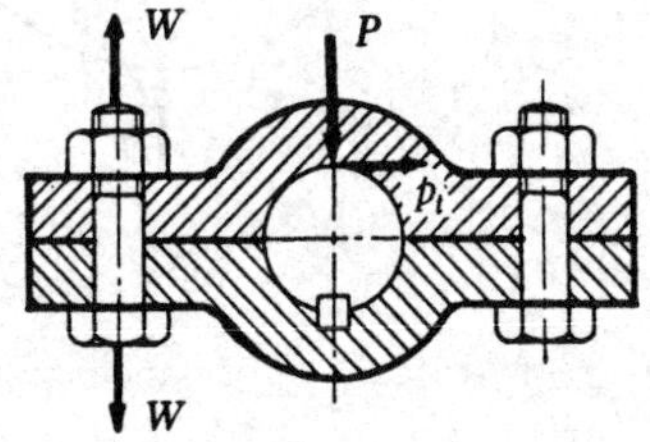

그림 7-25. 분할 원통 커플링

단, 위 식에서 볼트 개수는 예로서 $Z=6$ 개일 때, 하나의 축에 대하여 3개로 한다.

(3) 볼트의 지름

위 식 (7-6)②, ③에서 허용 인장 응력 σ_t(N/cm^2)일 때, 볼트의 지름(δ)은 다음과 같이 된다.

$$\left.\begin{aligned} \delta &= 1337\sqrt{\frac{H_{ps}}{\mu ZdN\sigma_t}} = 1560\sqrt{\frac{H_{kW}}{\mu ZdN\sigma_t}} \\ &= 427\sqrt{\frac{H_{PS}}{\mu ZdN\sigma_t}} = 498\sqrt{\frac{H_{KW}}{\mu ZdN\sigma_t}}(\text{중력 단위}) \end{aligned}\right\} \quad (7-8)$$

(4) 회전 토크

커플링이 전달할 수 있는 전달 토크와 접촉면의 압력에 의한 볼트의 인장력(W)을 고려할 때, 마찰에 의한 회전 토크(T)는 다음과 같이 된다.

$$T=\mu\pi W\frac{d}{2} = 7020\frac{H_{ps}}{N} = 9550\frac{H_{kw}}{N}\ (\text{N}\cdot\text{m}) \quad (7-9)$$

예제 7-1 500rpm, 5PS을 전달하는 마찰 원통 커플링에서 볼트에 작용하는 힘 2kN 일 때, 축의 지름을 구하여라. 단, $\mu=0.15$ 이다.

Solution 마찰 스플릿 원통 커플링은 분할 원통 커플링과 같으므로

$$T=7020\frac{H}{N}=7020\times\frac{5}{500}=70.2(\mathrm{N\cdot m})$$

$$\therefore d=\frac{2T}{\mu\pi W}=\frac{2\times70.2\times10^3}{0.15\pi\times2000}=149(\mathrm{mm})$$

예제 7-2 200rpm, 150PS을 전달하는 분할 원통 커플링에 대한 다음을 구하여라. 단, 볼트의 수 8개, 축의 전단 응력 1kN/cm^2, 인장 응력 20kN/cm^2, $\mu=0.2$ 이다.

(1) 축의 원주 방향 힘(접선력)(P_t) (2) 축의 횡압(P)
(3) 볼트의 인장력(W) (4) 볼트의 골지름(δ_1)

Solution

(1) $T=702000\dfrac{H}{N}=702000\times\dfrac{150}{200}=526500(\mathrm{N\cdot cm})=526.5(\mathrm{kN\cdot cm})$

$$d=\sqrt[3]{\frac{5.1T}{\tau_a}}=\sqrt[3]{\frac{5.1\times526.5}{1}}=13.9(\mathrm{cm})\doteqdot14(\mathrm{cm})$$

∴ 방법 ① $P_t=1404\dfrac{H}{dN}=1404\times\dfrac{150}{14\times200}=75.2(\mathrm{kN})$

방법 ② $P_t=\dfrac{2T}{d}=\dfrac{2\times526.5}{14}=75.2(\mathrm{kN})$

방법 ③ $P_t=143240\dfrac{H}{dN}=143240\times\dfrac{150}{14\times200}\fallingdotseq7674(\mathrm{kg_f})$ (중력 단위계)

(2) $P=\dfrac{\pi T}{4\mu d}=\dfrac{\pi\times526.5}{4\times0.2\times14}=147.6(\mathrm{kN})$

(3) $W=\dfrac{P_t}{\mu Z}=\dfrac{75.2}{0.2\times\frac{8}{2}}=94(\mathrm{kN})$

(4) 방법 ① $\delta_1=1337\sqrt{\dfrac{H_{PS}}{\mu ZdN\sigma_t}}=1337\sqrt{\dfrac{150}{0.2\times4\times14\times200\times20\times10^3}}=2.45(\mathrm{cm})$

방법 ② $\delta_1=\sqrt{\dfrac{4W}{\pi\sigma_t}}=\sqrt{\dfrac{4\times94}{\pi\times20}}\fallingdotseq2.45(\mathrm{cm})$

방법 ③ $\delta_1=427\sqrt{\dfrac{H_{ps}}{\mu ZdN\sigma_t}}=427\sqrt{\dfrac{150}{0.2\times4\times14\times200\times2\times10^3}}$
$\fallingdotseq2.47(\mathrm{cm})$ (중력 단위)

예제 7-3 축 지름 50mm인 클램프 커플링에 4-M12 (골지름 9.73mm)의 볼트를 사용할 때, 다음을 구하여라. 단, 인장 응력 50MPa, 허용 전단 응력 30MPa, $\mu=0.2$ 이다.

(1) 마찰에 의한 전달 토크(T_1) (2) 축의 전달 토크(T_2)

Solution

(1) $W=\dfrac{\pi}{4}\delta_1^{\,2}\sigma_t\dfrac{Z}{2}=\dfrac{\pi}{4}\times9.73^2\times50\times\dfrac{4}{2}=7431.8(\mathrm{N})\fallingdotseq7.4(\mathrm{kN})$

$$\therefore\ T_1=\mu\pi W\frac{d}{2}=0.2\pi\times 7.4\times\frac{50}{2}\fallingdotseq 116\,(\text{kN})$$

(2) $T_2=\frac{\pi}{16}d^3\tau_a=\frac{\pi}{16}\times 50^3\times 30\fallingdotseq 735937.5\,(\text{N})\fallingdotseq 734(\text{kN})$

예제 7-4 6−M18 인 볼트로 체결된 분할 원통 커플링의 축 지름 50mm일 때, 다음을 구하여 라. 단, 축의 허용 전단 응력 10MPa, $\mu=0.2$이다.

(1) 볼트에 생기는 인장력 (또는 수직 하중)(W)
(2) 볼트에 생기는 인장 응력 (σ_t) : (단, $\delta_1=15.294\text{mm}$)

Solution

(1) $T=\frac{\pi}{16}d^3\tau_a=\frac{\pi}{16}\times 50^3\times 10\fallingdotseq 245300(\text{N}\cdot\text{mm})\fallingdotseq 245(\text{N}\cdot\text{m})$

$$\therefore\ W=\frac{2T}{\pi\mu d}=\frac{2\times 245}{\pi\times 0.2\times 50}\fallingdotseq 15.6\,(\text{kN})$$

(2) 분할 커플링에 대하여는 $Z=6$일 때, 3개의 볼트로 해야 되므로

$$\sigma_t=\frac{4W}{\pi\delta_1{}^2Z}=\frac{4\times 15.6\times 10^3}{\pi\times 15.294^2\times 3}\fallingdotseq 28.3\,(\text{MPa})$$

예제 7-5 200rpm, 15PS을 전달하는 분할원통 커플링이 8개의 볼트로 고정되었을 때, 다 음을 구하여라. 단, 축의 전단 응력 21MPa, $\mu=0.2$ 이다.

(1) 축의 지름(d) (2) 축의 원주 방향 힘(P_t)
(3) 축의 횡압 (축을 죄는 힘 : P) (4) 볼트의 인장력(W)
(5) 볼트에 생기는 인장 응력 (σ_t) : (단 , $\delta_1=26.2\text{mm}$)

Solution

(1) $T=7020\frac{H}{N}=7020\times\frac{15}{200}=526.5(\text{N}\cdot\text{m})$

$$\therefore\ d=\sqrt[3]{\frac{5.1T}{\tau_a}}=\sqrt[3]{\frac{5.1\times 526.5\times 10^3}{21}}=50.4\fallingdotseq 55(\text{mm})$$

(2) $P_t=\frac{2T}{d}=\frac{2\times 526.5}{55}=19.1(\text{kN})$

(3) $P=\frac{\pi T}{4\mu d}=\frac{\pi\times 526.5}{4\times 0.2\times 55}=37.6(\text{kN})$

(4) $W=\frac{P_t}{\mu Z}=\frac{19.1}{0.2\times 4}=23.9(\text{kN})$

(5) $\sigma_t=\frac{W}{\frac{\pi}{4}\times\delta_1{}^2}=\frac{23.9\times 10^3}{\frac{\pi}{4}\times 26.2^2}=44.4(\text{MPa})$

예제 7-6 300rpm으로 회전하는 원통형 커플링의 축 지름 50mm, 이음매에 작용하는 힘 (수직 하중) 2kN일 때, 전달 마력(PS)을 구하여라. 단, $\mu=0.2$이다.

Solution

$$T=\pi\mu W\frac{d}{2}=\pi\times 0.2\times 2\times\frac{50}{2}=31.4\,(\text{N}\cdot\text{m})$$

$$\therefore\ H=\frac{TN}{7020}=\frac{31.4\times 300}{7020}=1.34\,(\text{PS})$$

3. 플랜지 커플링

(1) 축의 전달 토크

그림 7-26에서 플랜지를 볼트로 죄면 이음 면에 수직 압력이 생기고, 이 때의 마찰력에 의한 축의 전달 토크(T_1)는

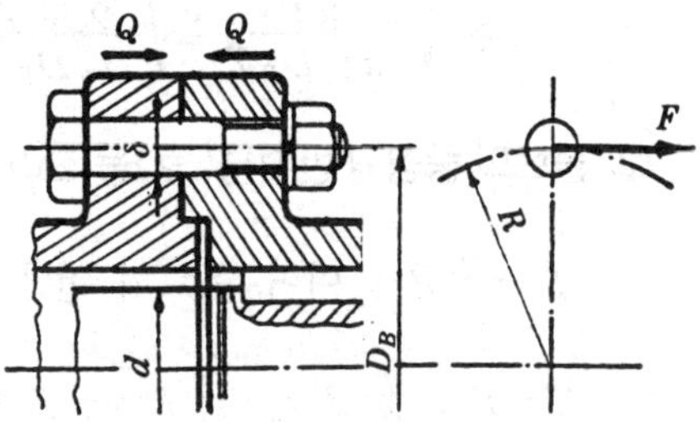

그림 7-26. 접선력

F : 볼트 1개 마다의 접선력(N)

Q : 볼트 1개에 작용하는 인장력(N)

μ : 플랜지면 사이의 마찰계수

D_B : 마찰면의 평균 지름 $[(D_1+D_2)/2]$일 때

$$T_1 = F\frac{D_B}{2}Z = \mu Q\frac{D_B}{2}Z \qquad (7-10)$$

로 구하고, 위 식에서 플랜지가 주철일 때, $\mu=0.2\sim0.3$정도로 취한다.

(2) 볼트의 전단력에 의한 전달 토크

플랜지를 죄는 볼트는 전단 토크에 의한 전단을 받으므로, 커플링을 되도록 베어링 근처에 설치하면 굽힘에 의한 영향이 없으므로, 볼트의 전단력에 의한 전달 토크 (T_2)는 다음과 같이 된다.

τ_b : 볼트의 전단 응력(N/mm^2)

δ : 볼트의 지름(mm)

$$T_2 = \frac{\pi}{4}\delta^2\tau_b\frac{D_B}{2}Z = \pi\delta^2\tau_b\frac{D_B}{8}Z \qquad (7-11)$$

(3) 볼트의 인장력에 의한 전달 토크

축에 작용하는 굽힘 하중에 의한 볼트의 인장을 고려할 때, 전달 토크(T_3)는

$$T_3 = \mu\frac{\pi}{4}\delta_1{}^2\sigma_t\frac{D_B}{2}Z = \mu\pi\delta_1{}^2\sigma_t\frac{D_B}{8}Z \qquad (7-12)$$

로 되고, 이상의 T_1, T_2, T_3의 합이 최대 저항 모멘트가 되며, 축에 작용하는 전달 토크를 T라 할 때, T_1, T_2, $T_3 \geq T$로 하는 것이 좋다.

(4) 전단 응력과 인장 응력

플랜지를 죄는 볼트는 전단 하중과 축에 작용하는 굽힘 하중에 따라 인장을 받게 되므로, 식 (7-11)과 식 (7-12)에서 전단 응력(τ_b)과 인장 응력(σ_t)은 다음과 같다.

$$\left.\begin{aligned}\tau_b &= \frac{8T}{\pi\delta^2 Z D_B} = \frac{2.55T}{\delta^2 Z D_B}\\ \sigma_t &= \frac{8T}{\mu\pi\delta_1{}^2 Z D_B} = \frac{2.55T}{\mu\delta_1{}^2 Z D_B}\end{aligned}\right\} \qquad (7-13)$$

(5) 볼트의 지름

① **전단 응력을 고려할 때** : 위 식 (7−11)에서 다음과 같다.

$$\delta=\sqrt{\frac{8T}{\pi\tau_b D_B Z}}=\sqrt{\frac{2.55T}{\tau_b D_B Z}} \tag{7-14}$$

② **볼트의 중심원 반지름(R)을 고려할 때** : 그림 7−26에서 볼트의 중심원 반지름 $R=\frac{D_B}{2}$ 이고,

$T=\frac{\pi}{16}d^3\tau_a$ 이며, 볼트의 전단 저항 모멘트 $T_2=\frac{\pi}{4}\delta^2 R\tau_b Z$ 이므로

$T=T_2=\frac{\pi}{16}d^3\tau_a=\frac{\pi}{4}\delta^2 R\tau_b Z$ 에서 $\tau_a=\tau_b$ 로 가정하면 다음과 같이 된다.

$$\delta=0.5\sqrt{\frac{d^3}{ZR}} \tag{7-15}$$

*** 설계상 주의**

① 일반적으로 $\mu=0.15\sim0.25$로 하고, 인장 응력 약 30N/mm^2 이하로 잡았을 때, 전단 응력은 약 20N/mm^2 이하로 취하면 δ는 마찰력에 의한 것보다 전단력에 의한 값이 작게 된다.

② 볼트가 받는 응력 해석에서 증명되는 바와 같이 볼트의 지름이 작은 범위에서는 δ가 조금 작아져도 응력은 급속히 증가되어 위험하게 되므로, 10mm 정도 크게 계산 값을 취하면 안전하다.

(6) 회전 토크와 응력(플랜지 뿌리부에 대한)

① **회전 토크** : 그림 7−27에서 플랜지 뿌리부가 전달할 수 있는 전달 토크(T)는 다음과 같이 구한다.

b : 플랜지의 두께(mm)

g : 플랜지 뿌리의 지름(보스의 지름 : mm)

R_b : 플랜지 뿌리의 반지름(보스의 반지름)(mm)

τ_f : 플랜지 뿌리의 전단 응력(N/mm^2)일 때

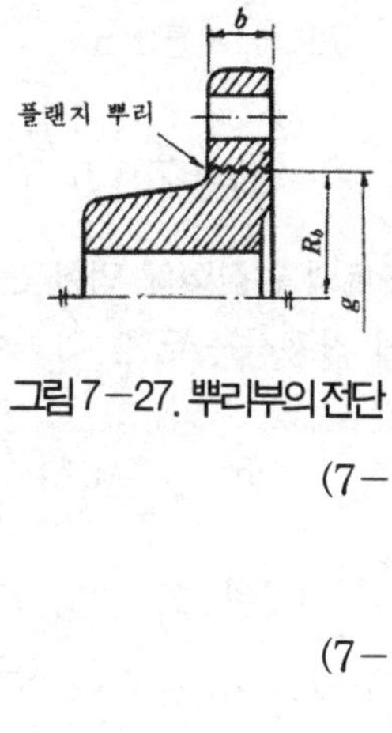

그림 7−27. 뿌리부의 전단

$$T=\pi g b\frac{g}{2}\tau_f=2\pi R_b^{\,2} b\tau_f \tag{7-16}$$

② **전단 응력** : 위 식 (7−16)에서 다음과 같다.

$$\tau_f=\frac{2T}{\pi g^2 b}=\frac{T}{2\pi R_b^{\,2} b} \tag{7-17}$$

(7) 전달마력

$$H=\frac{TN}{7020}(\text{PS})=\frac{TN}{9550}(\text{kW}) \tag{7-18}$$

예제 7−7 600rpm으로 회전하는 플랜지 커플링의 축의 지름 80mm, 축의 중심에서 300mm 떨어진 원주상에 6개의 볼트로 고정 되었을 때, 다음을 구하여라. 단, 축과 볼트 의 전단 응력 20MPa이다.

(1) 전달 마력(kW)　　(2) 전단에 의한 볼트의 지름(δ)

Solution

(1) $T=\frac{\pi}{16}d^3\tau_a=\frac{\pi}{16}\times 80^3\times 20 \fallingdotseq 2010\times 10^3(\mathrm{N\cdot mm})=2010\ (\mathrm{N\cdot m})$

$\therefore\ H=\frac{TN}{9550}=\frac{2010\times 600}{9550}\fallingdotseq 126.3\,(\mathrm{kW})$

(2) $D_B=300\times 2=600\,(\mathrm{mm})$

$\therefore\ \delta=\sqrt{\frac{8T}{\pi\tau_b ZD_B}}=\sqrt{\frac{8\times 2010\times 10^3}{\pi\times 20\times 6\times 600}}\fallingdotseq 8.4\,(\mathrm{mm})$

예제 7-8 플랜지 커플링에서 볼트 1개에 작용하는 인장력 500N, 볼트의 지름 10mm, 골 지름 8.376 mm, 마찰면의 평균 지름 85mm 일 때, 볼트의 인장 토크를 고려한 전체 모멘트를 구하여라. 단, 볼트의 허용 전단 응력 48MPa, 허용 인장 응력 60MPa, $Z=4$, $\mu=0.15$이다.

Solution

축과 볼트의 전달 토크(T_1, T_2)는

$T_1=Q\mu\frac{D_B}{2}Z=500\times 0.15\times\frac{85}{2}\times 4\fallingdotseq 12750(\mathrm{N\cdot mm})\fallingdotseq 12.8(\mathrm{N\cdot m})$

$T_2=\pi\delta^2\tau_b\frac{D_B}{8}Z=\pi\times 10^2\times 48\times\frac{85}{8}\times 4\fallingdotseq 640560(\mathrm{N\cdot mm})\fallingdotseq 641(\mathrm{N\cdot m})$

볼트의 인장을 고려한 전달 토크 (T_3)는

$T_3=\mu\pi\delta_1{}^2\sigma_t\frac{D_B}{8}Z=0.15\pi\times 8.376^2\times 60\times\frac{85}{8}\times 4\fallingdotseq 84263(\mathrm{N\cdot mm})$

$\therefore\ T=T_1+T_2+T_3=12.8+641+84.3=738.1(\mathrm{N\cdot mm})$

예제 7-9 그림 7-28과 같이 6-M24 인 볼트를 사용한 플랜지 커플링에서 축의 지름 100mm, 볼트의 피치원 지름 200mm 일 때, 다음을 구하여라. 단, 축의 허용 비틀림 응력 12MPa, $\mu=0.2$이다.

(1) 볼트에 생기는 전단 응력 (τ_b)

(2) 볼트에 생기는 인장 응력(σ_t) : (단, $\delta_1=20.752\,\mathrm{mm}$)

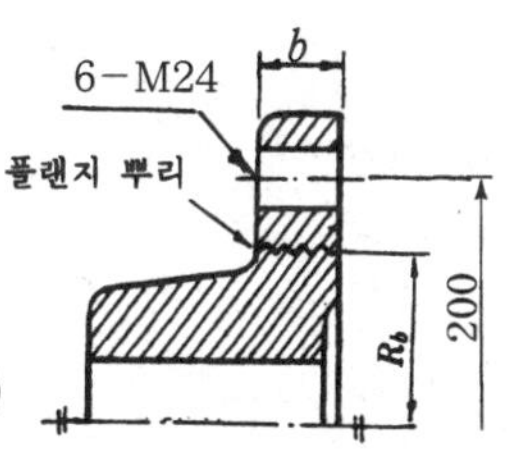

그림 7-28

Solution

(1) $T=\frac{\pi}{16}d^3\tau_a=\frac{\pi}{16}\times 100^3\times 12\fallingdotseq 2355(\mathrm{N\cdot m})$

$\therefore\ \tau_b=\frac{8T}{\pi\delta^2 ZD_B}=\frac{8\times 2355\times 10^3}{\pi\times 24^2\times 6\times 200}\fallingdotseq 8.7(\mathrm{MPa})$

(2) $\sigma_t=\frac{8T}{\mu\pi\delta_1{}^2 ZD_B}=\frac{8\times 2355\times 10^3}{0.2\pi\times 20.752^2\times 6\times 200}=58(\mathrm{MPa})$

예제 7-10 그림 7-29와 같은 플랜지 커플링의 축 회전수 500rpm, 볼트 체결력 1kN, 볼트 의 피치원 지름 200mm일 때, 다음을 구하여라. 단, $\mu=0.25$ 이다.

(1) 마찰력에 의한 전달 마력(kW)

(2) 볼트의 전단 응력(τ_b) : (단, $\delta_1=13.835\,\mathrm{mm}$)

(3) 볼트의 인장 응력(σ_t)

Solution

(1) $T=\mu Q\frac{D_B}{2}Z=0.25\times1\times\frac{200}{2}\times6=150(\text{N}\cdot\text{m})$

$\therefore H=\frac{TN}{9550}=\frac{150\times500}{9550}=9.85(\text{kW})$

(2) $T=9550\times\frac{H}{N}=9550\times\frac{7.85}{500}\fallingdotseq150(\text{N}\cdot\text{m})$

$\therefore \tau_b=\frac{8T}{\pi\delta^2ZD_B}=\frac{8\times150\times10^3}{\pi\times16^2\times6\times200}$

$=1.24(\text{MPa})$

(3) $\sigma_t=\frac{8T}{\mu\pi\delta_1^2ZD_B}=\frac{8\times150\times10^3}{0.25\pi\times13.835^2\times6\times200}=6.65(\text{MPa})$

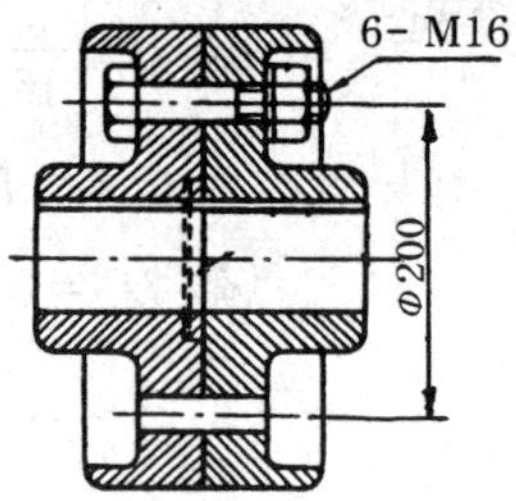

그림 7－29

예제 7－11 그림 7－30의 플랜지 커플링(100rpm, 20PS)에 대한 다음을 구하여라. 단, 볼트 골 지름 $\delta_1=13.835$mm, 볼트의 허용 인장 응력 60MPa, $\mu=0.2$ 이다.

(1) 볼트의 전단 응력(τ_b)과 인장 응력(σ_t)
(2) 플랜지 뿌리부 전단 응력(τ_f)
(3) 마찰력에 의한 전달 동력(PS)

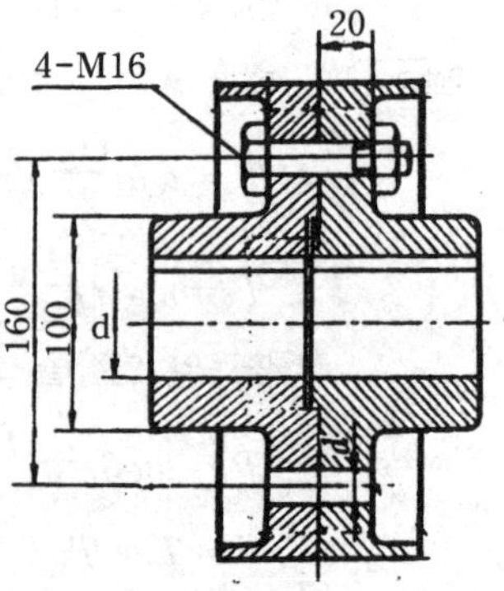

그림 7－30

Solution

(1) $T=7020\frac{H}{N}=7020\times\frac{20}{100}=1404(\text{N}\cdot\text{m})$

$\therefore \tau_b=\frac{8T}{\pi\delta^2ZD_B}=\frac{8\times1404\times10^3}{\pi\times16^2\times4\times160}$

$=21.8(\text{MPa})$

$\sigma_t=\frac{8T}{\mu\pi\delta_1{}^2ZD_B}=\frac{8\times1404\times10^3}{0.2\pi\times13.835^2\times4\times160}=146(\text{MPa})$

(2) $\tau_f=\frac{2T}{\pi g^2b}=\frac{2\times1404\times10^3}{\pi\times100^2\times20}=4.5(\text{MPa})$

(3) $Q=\frac{\pi}{4}\delta_1{}^2\sigma_t=\frac{\pi}{4}\times13.835^2\times60\fallingdotseq9015(\text{N})$

$T_1=\mu Q\frac{D_B}{2}Z=0.2\times9015\times\frac{160}{2}\times4=576978(\text{N}\cdot\text{mm})\fallingdotseq577(\text{N}\cdot\text{m})$

$\therefore H=\frac{T_1N}{7020}=\frac{577\times100}{7020}=8.2(\text{PS})$

예제 7－12 200rpm, 100kW를 전달하는 플랜지 커플링의 축 지름 50mm, 볼트(6－M14)의 피치원 반지름 70mm, 플랜지 뿌리부의 바깥 지름 80mm, 두께 18mm일 때, 다음을 구하여라 단, 허용 인장 응력 80MPa, 골지름 11.835mm, $\mu=0.3$ 이다.

(1) 볼트에 생기는 전단 응력(τ_b)
(2) 볼트의 인장만으로 전달할 수 있는 동력(kW)

Solution

(1) $T=9550\frac{H}{N}=9550\times\frac{100}{200}=4775(\text{N}\cdot\text{m})$

$\therefore \tau_b=\frac{8T}{\pi\delta^2ZD_B}=\frac{8\times4775\times10^3}{\pi\times14^2\times6\times140}=73.89\fallingdotseq74(\text{MPa})$

(2) $T=\mu\pi\delta_1{}^2\sigma_t Z\dfrac{D_B}{8}=0.3\,\pi\times11.835^2\times80\times6\times\dfrac{140}{8}\fallingdotseq1108(\mathrm{N\cdot m})$

$$\left[\begin{array}{l} Q=\dfrac{\pi}{4}\delta_1\sigma_t=\dfrac{\pi}{4}\times11.835^2\times80\fallingdotseq8796(\mathrm{N}) \\ \therefore T=\mu Q\dfrac{D_B}{2}Z=0.3\times8796\times\dfrac{140}{2}\times6\fallingdotseq1108(\mathrm{N\cdot m}) \end{array}\right.$$

$$\therefore H=\frac{TN}{9550}=\frac{1108\times200}{9550}=23.2(\mathrm{kW})$$

예제 7-13 20PS, 150rpm인 전동축(반경강)에 사용하는 플랜지 축이음을 설계하여라.

Solution 축 지름을 결정하고, 나머지 치수는 축의 지름에 따라 경험식으로 결정한다. 그 외 각부에 생기는 응력과 전달 동력을 검산하고, 사용 목적에 따라서 검토한다.

(1) 축의 지름

축 재질이 반경강이므로 허용 비틀림 응력 30N/mm^{2}으로 할 때, 식 (6-8)에서

$$d=K\sqrt[3]{\frac{H_{ps}}{N}}=106\times\sqrt[3]{\frac{20}{150}}=54.1(\mathrm{mm})$$

$\therefore d=56(\mathrm{mm})$(키 홈을 고려)

(2) 각부의 치수

표 7-2에서 치수는 그림 7-31과 같고, 표 3-1에서 $d=56\mathrm{mm}$에 대한 $b\times h=15\times10\,\mathrm{mm}$일 때, 키 홈 깊이는 5mm이다.

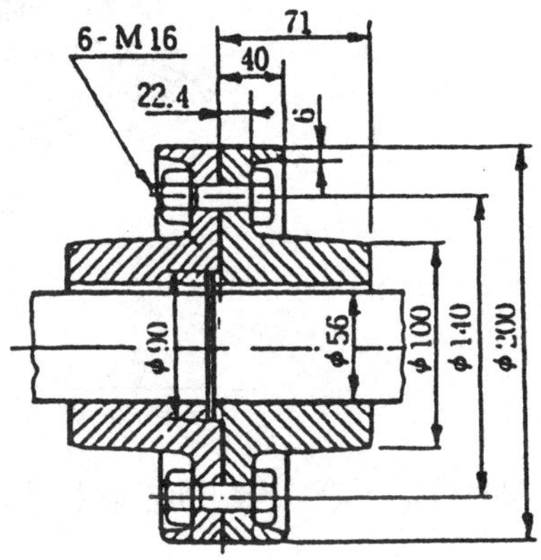

그림 7-31

(3) 응력의 검산

$$T=7020\frac{H}{N}=7020\times\frac{20}{150}=934(\mathrm{N\cdot m})$$

① 볼트의 전단 응력 : 표 7-1에서

$\delta=16\mathrm{mm},\ Z=6$개, $D_B=140\mathrm{mm}$ 이므로

$$\tau_b=\frac{8T}{D_B\pi\delta^2Z}=\frac{8\times934\times10^3}{140\pi\times16^2\times6}=11(\mathrm{MPa})<20\mathrm{MPa}$$

② 플랜지 뿌리부 전단 응력(τ_f) : 표 7-1에서 $g=100\mathrm{mm},\ b=22.4\mathrm{mm}$이므로

$$\tau_f=\frac{2T}{\pi g^2b}=\frac{2\times934\times10^3}{\pi\times100^2\times22.4}=2.6(\mathrm{MPa})<20\mathrm{MPa}$$

③ 키의 전단 응력(τ) : 키의 치수는 표 3-1에서 $d=56\mathrm{mm}$일 때 $b\times h=15\times10\mathrm{mm}$이고, 축과 키의 재질이 같을 때

$$l=\frac{\pi d^2}{8b}=\frac{\pi\times56^2}{8\times15}=82(\mathrm{mm})$$

$$\therefore \tau=\frac{2T}{d\,bl}=\frac{2\times934\times10^3}{56\times15\times82}=27(\mathrm{MPa})<30\mathrm{MPa}$$

고로, 위 모든 응력이 설계값 이하이므로, 반경강 재료에 대하여 안전하다.

4. 유니버설 커플링

(1) 각속비

원동축이 일정한 각속도로 회전할 때, 종동축의 각속비는 그림 17-32 (b)에서 $\overline{OF} = R\cos\theta_1$, $\overline{B'F} = R\sin\theta_1$, 그림 (c)에서 $\overline{OG} = R\cos\theta_1\cos\alpha$이므로

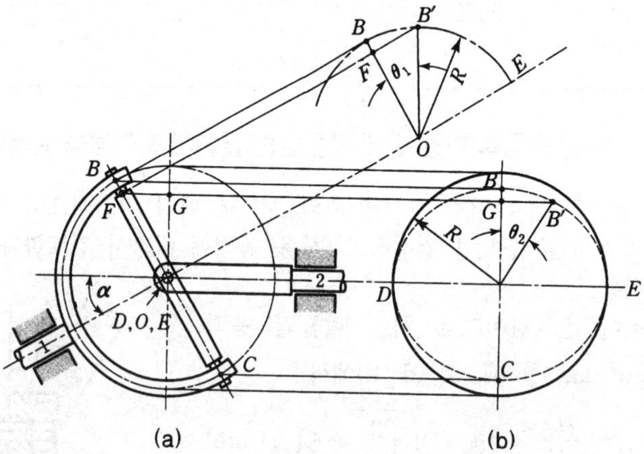

그림 17-32

$$\tan\theta_2 = \frac{\overline{B'F}}{OF\cos\delta} = \frac{R\sin\theta_1}{R\cos\theta_1\cos\alpha} = \frac{\tan\theta_1}{\cos\alpha} \tag{7-19}$$

위 식을 시간 t 로 미분하여 정리하면 다음과 같다.

$$\sec^2\theta_2\frac{d\theta_2}{dt} = \frac{\sec^2\theta_1 d\theta_1}{\cos\delta dt} \tag{7-20}$$

또한, 각속도 $\omega_1 = \frac{d\theta_1}{dt}$, $\omega_2 = \frac{d\theta_2}{dt}$로 놓고, $\tan\theta_2 = \frac{\tan\theta_1}{\cos\alpha}$인 관계를 이용하면

$$\frac{\omega_1}{\omega_2} = \frac{\sec^2\theta_2\cos\alpha}{1+\tan^2\theta_2\cos^2\alpha} \tag{7-21}$$

로 되고, 위 식에서 $\cos^2\delta = 1-\sin^2\alpha$이므로, 각속비($\frac{\omega_1}{\omega_2}$)는 다음과 같이 된다.

α : 두 축선의 교차각(경사각), θ : 구동축의 회전각, $ø$: 종동축의 회전각

ω_1 : 구동축의 각속도, ω_2 : 종동축의 각속도일 때

$\tan ø = \cos\alpha \tan\theta$

$$\left.\begin{aligned} ø = \frac{T_1}{T_2} = \frac{\omega_2}{\omega_1} = \frac{\cos\alpha}{1-\sin^2\theta\sin^2\alpha} \\ \frac{\omega_{2max}}{\omega_1} = \frac{\omega_1}{\omega_{2min}} = \frac{1}{\cos\alpha} \end{aligned}\right\} \tag{7-22}$$

$$\omega_B = \frac{\cos\alpha}{1-\sin^2\theta\sin^2\alpha}\omega_A \tag{7-23}$$

위 식에서 각속도비는 교차각 α 뿐만 아니라 구동축의 회전각에 따라 변함을 알 수 있다. 일반적으로 α 는 30°이하에서 사용하며, 저속에는 45°까지 사용할 수 있다. 그리고 두 축의 교차각 α 가 0이면 두 축은 같은 각속도($\omega_1 = \omega_2$)로 회전한다.

종동축의 회전각 ø는 $\phi_{max} = 1/\cos\alpha$, $\phi_{min} = \cos\alpha$ 이고, ø의 변동률(ε)은 다음 표와 같다.

α	0°	5°	10°	20°	30°
$\varepsilon = \frac{ø_{max}}{ø_{min}}$	1	1.008	1.031	1.132	1.333

(2) 종동축의 각속도

구동축의 회전각(θ_A) 0°, 90°, 180°, 270°, 360°에 따라 종동축의 각속도(ω_B)는 다음 표와 같이 성립한다.

θ	0°	90°	180°	270°	360°
ω_B	$(\cos\alpha)\omega_A$	$\frac{1}{\cos\alpha}\omega_A$	$(\cos\alpha)\omega_A$	$\frac{1}{\cos\alpha}\omega_A$	$(\cos\alpha)\omega_A$

그림 17-33에서 속비 ω_B/ω_A는 축이 1/4회전할 때 마다 최소 $\cos\alpha$ 에서 최대 $1/\cos\alpha$의 사이를 변화한다. 즉, 반회전을 주기로서 종동축 B 의 각속도 ω_B 의 변화가 반복된다. 따라서 ω_B 의 변화에 ω_A 에 대한 비는 다음과 같이 된다.

$$\frac{(1/\cos\alpha)\omega_A - (\cos\alpha)\omega_A}{\omega_A} = \left(\frac{1}{\cos\alpha}\right) - \cos\alpha = \tan\alpha\ \sin\alpha \tag{7-24}$$

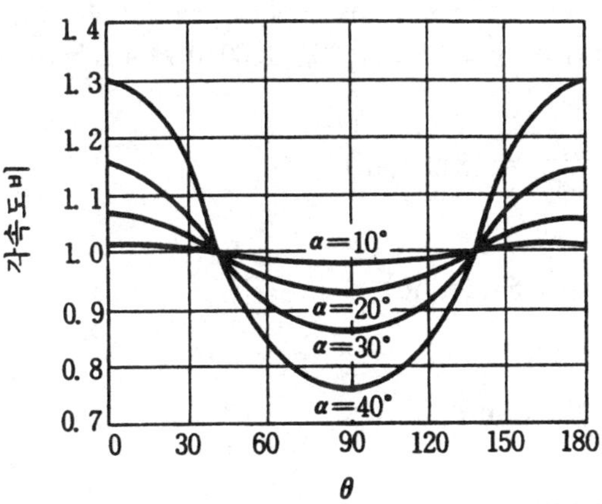

(a)

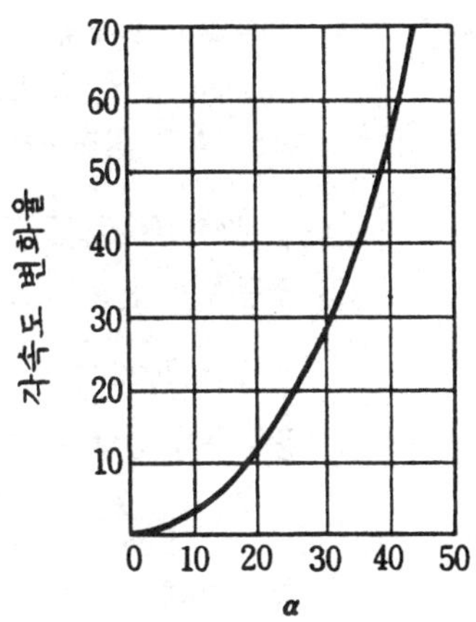

(b)

그림 17-33

즉, α 의 여러 가지 값에 대하여 다음 표와 같은 관계가 성립한다.

$\alpha°$	2	4	5	6	8	10	12	14	16	18	20	24	28	30
각속도 변동률(ε)	0.15	0.5	0.8	1.1	2	3.1	4.4	6	7.9	10	12.4	18	25	28.9

(3) 각속비의 개선

각속비의 변화를 원하지 않을 때에는 $\alpha=5°$ 이하로 제한하고, 10°이상은 부적합하다. 또 α가 너무 크면 각속비의 변화도 크게 되므로 위하여는 운동의 조화를 얻지 못한다. 이러한 결점을 없애고, 회전을 원활하게 하기 위하여 그림 7−34와 같이 중간축 C를 양 축간에 설치하여 각 축을 C축의 같은 축은 반대 축에 나오게 하여 같은 경사각 α가 되도록 하면 각속비는 항상 1이 된다. 이와 같이 연구한 것이 등각속(等角速) 유니버설 커플링이다.

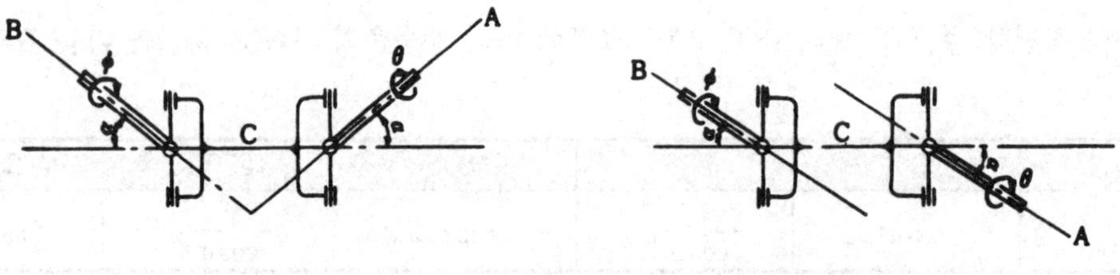

그림 7−34. 유니버설 커플링 중간축의 설치

예제 7−14 1600rpm, 4PS의 구동축과 30° 경사진 종동축을 갖는 훅 유니버설 조인트에서 종동축의 회전수와 축의 지름을 구하여라. 단, $\tau_a=30\text{N/mm}^2$ 이다.

Solution (1) 종동축은 원동축의 회전속도의 cos α 배에서 1/cos α 배의 사이에서 변 동한다. 고로, $\cos 30°=0.866$이므로, 종동축의 순간 최저 회전수는 1600×0.866=1386rpm이 된다. 고로 최고 회전수는

$$N_2=N_1\frac{1}{\cos\alpha}=1600\times\frac{1}{0.866}=1848(\text{rpm})$$

(2) 구동축의 전달 토크는

$$T_1=7020\frac{H}{N}=7020\times\frac{4}{1600}=17.55(\text{N}\cdot\text{m})$$

종동축의 전달 토크는

$$T_2=\frac{T}{\cos\alpha}=\frac{17.55}{0.866}=20.27(\text{N}\cdot\text{m})$$

축의 지름(d)은 식 (6−8)에서

$$d=\sqrt[3]{\frac{5.1T_2}{\tau_a}}=\sqrt[3]{\frac{5.1\times20.27\times10^3}{30}}=15(\text{mm})$$

7-2 클러치

7-2-1. 일반 사항

운전 중 필요에 따라 결합과 단속(斷續) 즉, 원동축의 동력원을 정지하지 않고, 종동축에 동력을 연결 또는 끊을 필요가 있을 때 사용되는 것을 클러치(clutch)라 한다. 용도는 공작 기계나 건설 기계 등의 속도 변환 장치 등에 사용된다.

1. 맞물림 클러치

서로 물리는 한 쌍의 원형으로 된 플랜지를 축 방향으로 이동시켜 동력을 전달하거나 차단시킬 수 있게 한 것을 맞물림 클러치(claw clutch) 또는 조(jaw) 클러치라 한다(그림 7−35).

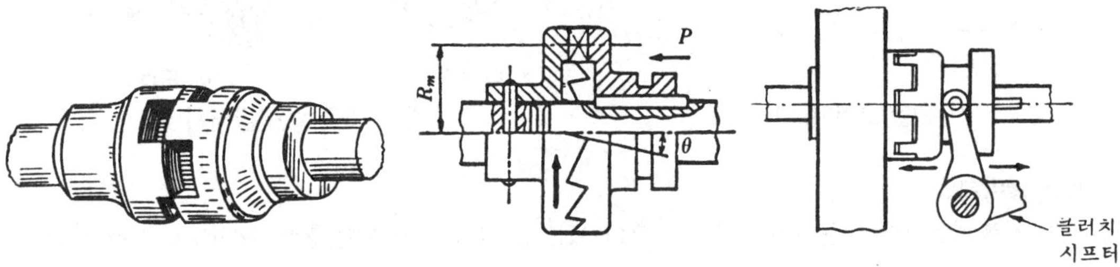

(a) 각형 클러치 (b) 산형 클러치 (c) 이동 장치

그림 7−35. 맞물림 클러치

① 턱의 종류 : 서로 맞물리는 플랜지면 턱 종류는 표 7−3과 같이 5종류가 있다.

표 7−3. 맞물림 클러치의 종류와 특성

클러치 턱의 형상	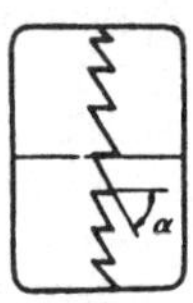 (1) 이(齒)형	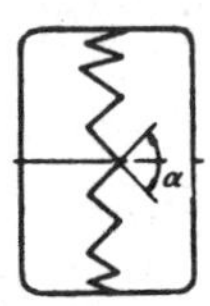 (2) 산 형	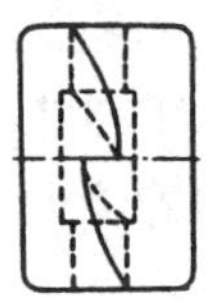 (3) 나선형	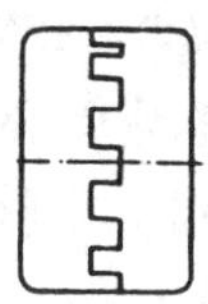 (4) 각 형	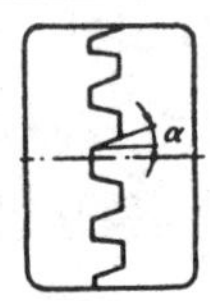 (5) 사다리형	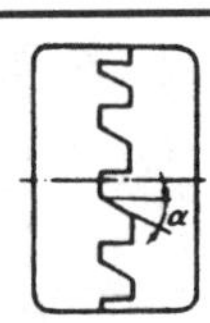
하중	비교적 작은 하중		비교적 큰 하중	큰 하 중		매우 큰 하중
착탈	운전 중 가능(비교적 낮은 속도일 때)			정지 중 가능		
회전방향	일정	변화	일정	변 화		일정
회전수	20~150	60~200	20~150	2~20	10~20	20~30

비고 회전수(rpm)는 운전 중 연결시킬 때의 수치이다.

② 특성 : 동력 전달시 손실이 없고, 소형, 경량의 하중을 전달한다. 그리고 종동 축에 순간적인 큰 회전력을 전달할 수 있다.

③ 구조 : 플랜지에 턱(claw) 또는 조(jaw : 올가미)로 만들어져 있다.

2. 마찰 클러치

(1) 원뿔 클러치

플랜지 접촉면이 원뿔형인 것을 **원뿔 클러치**(cone clutch)라 한다(그림 7−36). 이것은 축 방향으로 누르는 힘이 원판 클러치보다 작은 데 비해 큰 전달 동력을 얻을 수 있는 장점이 있다.

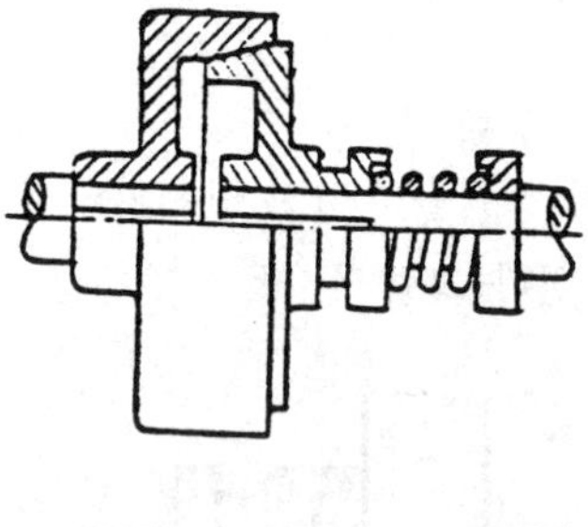

그림 7−36. 원뿔 클러치

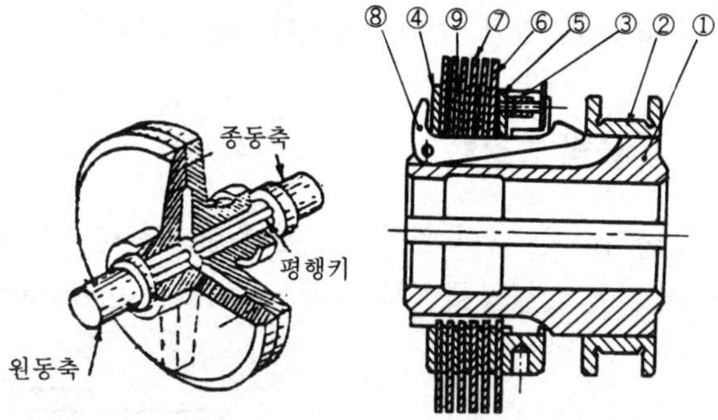

(a) 단판 (b) 다판

그림 7−37. 원판 클러치

(2) 원판 클러치

클러치 접촉면을 1개 또는 여러 개의 원판(多板)으로 접촉시켜 원동축과 종동축을 마찰에 의해 토크를 전달시키는 것을 **원판 클러치**(disk clutch)라 한다(그림 7−37).

① **특성** : 회전 중심 위치가 변화하면 회전 중심 부근에서 마찰력 방향이 수시로 변화하며 클러치 작동이 불안정하게 된다.

② 종 류

a. **마찰면 수에 따라** : 단판식(單板式 : 마찰 원판의 수가 1개인 것)과 다판식(多板式 : 마찰 원판이 2개 이상인 것)[그림 (b)]이 있다.

b. **접촉면에 따라** : 습식(濕式 : 드럼 속에 기름을 채워 접촉판이 기름 속에서 작동하는 것)과 건식(乾式 : 기름을 사용하지 않는 것)이 있다.

c. **축 방향 작동 방법에 따라** : 기계식과 유압식이 있다.

③ **조작 방식** : 스프링, 토글(toggle), 유압, 전자 기구, 공기압 등의 기구에 의하여 행하여진다. 원판의 바깥 둘레 부분만 접촉시키고, 중앙부를 떼어 놓은 것은 마찰력을 효과적으로 작용시키기 위한 것이다.

④ **용도** : 구조를 간단히 하기 위하여 단판식은 자동차에 주로 사용되고, 소형으로 하기 위한 다판식은 주로 공작 기계에 사용된다.

3. 자동 클러치

임의 동력을 단속하는 것이 아니고 운전 조건이 변화될 때, 자동적으로 동력의 단속을 행하는 것으로, 종류는 정(定) 토크 클러치, 일방향 클러치, 원심 클러치가 있다.

(1) 정 토크 클러치

설정된 토크 값보다 과대한 토크가 가해질 때 자동적으로 작동하여 출력측에 발생된 과부하를 입력측에 전달하지 않는 것에 따라 기계의 보호, 재해의 방지 등을 행하는 클러치로서, 기계적인 정(定) 토크 클러치에는 파괴식, 분리식, 마찰식의 3형식이 있다.

① **파괴식 정토크 클러치** : 그림 7-38 (a)와 같이 과부하에 다라 숏핀이 전단되어 토크 선달을 단절한다. 이 방식은 자동적으로 재조정되지 않으므로 설정 토크의 조정은 숏(shot) 핀 부분의 교환에 따라 이루어진다.

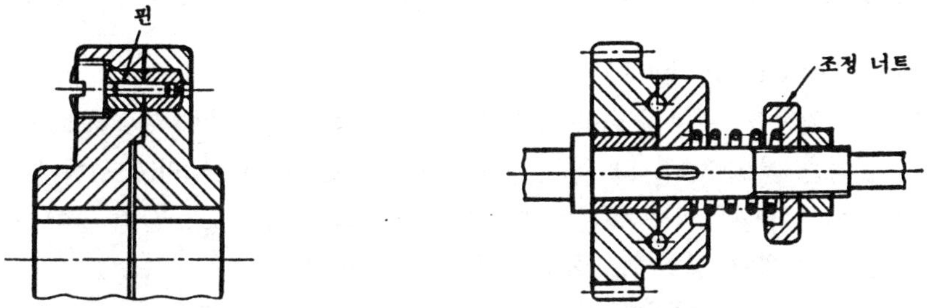

(a) 파괴식 (b) 분리식

그림 7-38. 정(定)토크 클러치

② **분리식 정(定)토크 클러치**[그림 7-38 (b)]

a. 볼을 사용한 분리식으로 과부하에 따라 볼이 홈의 경사면에 설치되어 피동측이 구동측에서 분리되어 토크 전달을 단절한다.

b. 과부하가 제거되면서 자동적으로 재조정되어 재토크의 전달이 행하여지고 설정 토크의 조정은 압축 코일 스프링의 강도를 조정 노트로 가감한다.

③ **마찰식 정토크 클러치** : 마찰 클러치와 같은 구조로서 코일 스프링, 접시 스프링 등의 압축력에 따라서 마찰재에 생기는 마찰력으로 토크의 전달이 행하여진다.

(2) 원심 클러치

원심력에 의하여 마찰면이 접촉하며, 원동축이 시동되어 점차 회전 속도가 상승하면 클러치가 걸리도록 되어 있는 것을 **원심(遠心) 클러치**(centrifugal clutch)라 한다. 종류에는 접촉편 클러치와 분체 클러치가 있다.

① **접촉편 클러치** : 종동축에 클러치 원통이 있고, 원동축에 클러치 슈가 있어서 회전 중에 원심력에 의하여 마찰 면끼리 접촉하도록 되어 있다(그림 7-39).

a. **작동** : 운전중 회전이 빠르게 되면 클러치 슈는 원심력으로 스프링의 힘에 저항하여 외축으로 열려 클러치 드럼에 강력히 접촉하여 회전이 전달되는 것이다.

b. **용도** : 섬유 기계, 제지 기계, 부하가 걸리고 있어서 시동할 수 없는 내연 기관, 스타터(motor starter)의 기동 전류를 감소시키는 데 사용된다.

② **분체 클러치** : 원동축에 케이싱을 설치하고, 종동축에는 로터(rotor)를 부착하여 케이싱 속에 강재의 분체(粉體)를 채워서 사용하는 클러치이다(그림 7-40).

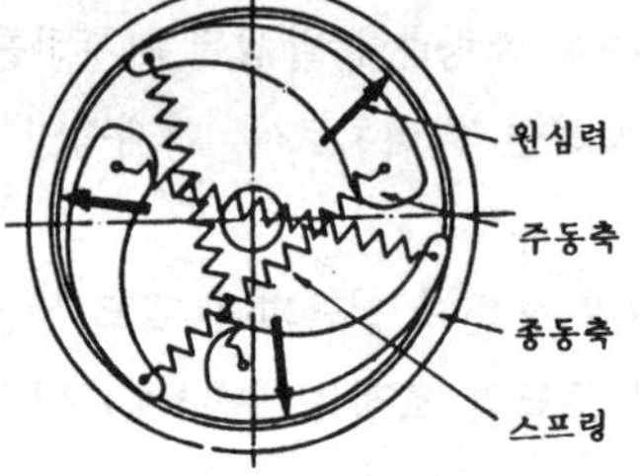

그림 7－39. 접촉편 클러치

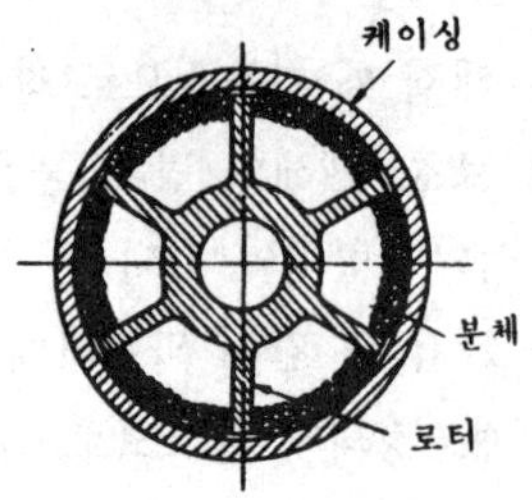

그림 7－40. 분체 클러치

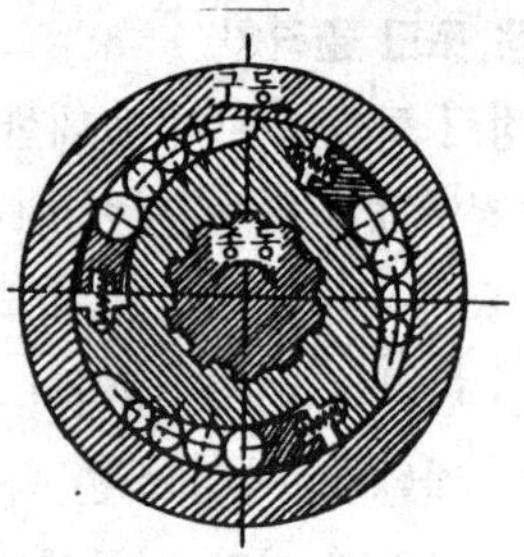

그림 7－41. 일방향 클러치

(3) 일방향 클러치(overrunning clutch)

그림 7－41과 같이 원동축으로부터 한쪽 방향의 회전 토크만을 종동축에 전달하고, 반대 방향의 회전 토크는 전달하지 못하는 것으로 비(非) 역전 클러치(overrunning clutch)라고도 한다.

① **특징** : 구동축의 회전에 의하여 전동체가 쐐기 모양의 공간속으로 끌려 들어가면 클러치 효과가 생기고, 그 반대인 경우에는 클러치 효과가 없어진다.

② **종류** : 롤러(또는 볼) 클러치와 래칫 클러치가 있다(그림 7－42).

③ **구 조**

a. 적당한 쐐기 모양으로 만들어진 공간 속에 여러 개의 볼이나 롤러와 같은 전동체가 삽입되어 있다.

b. 쐐기 모양의 공간은 내륜에 만들어진 것과 외륜에 만들어진 것이 있다. 또 전동체 자체를 쐐기 작용을 할 수 있도록 캠 모양으로 만든 것도 있다.

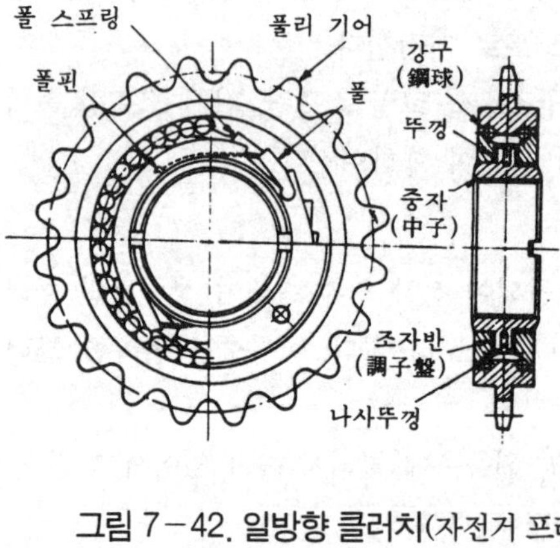

그림 7－42. 일방향 클러치(자전거 프라이 휠)

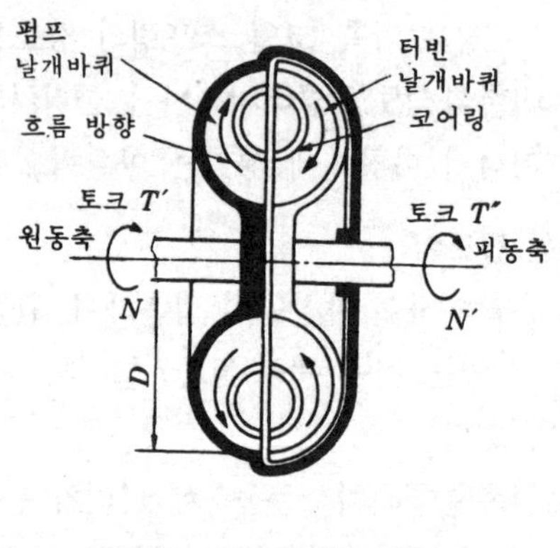

그림 7－43. 유체 클러치

(4) 유체 클러치(fruid clutch)(그림 7－43)

펌프 축을 구동하여 유체에 에너지를 공급하고, 이것을 터빈에 흘려보내 원동기에 터빈축을 부하에 결합하여 동력을 전달하는 것이다

① **작동** : 직선 방사상의 날개를 갖는 2개의 임펠러(펌프 및 터빈)을 대치시켜서 이것에 적당량의 기름을 체운 것으로 펌프 축을 원동기에, 터빈축을 부하에 결합하여 동력을 전달한다.

② 특성

a. 원동기의 시동이 쉽다.

b. 과부하의 상태가 발생하더라도 원동기를 보호하며 축의 비틀림 진동과 충격을 완화한다.

c. 다수의 원동기로 한 개의 부하와 역전을 쉽게 운전할 수 있다.

d. 변속의 자동화를 행할 수 있다.

③ 용도 : 철도 차륜, 자동차, 선박, 건설 기계, 산업 기계 등의 동력 전달에 많이 사용된다.

4. 원주 클러치

마찰면이 원주로 되어 있는 것을 **원주 클러치**(rim clutch)라 한다(그림 7-44). 이것은 마찰면에 힘을 가하기 위한 마찰면은 반지름 방향 즉, 축심을 향하여 움직인다.

① 종류 : 마찰면의 외주에 접촉하는 것에 따라 블록 클러치[그림 (a), (b)], 분할륜 클러치[그림 (c)], 밴드 클러치 [그림 (d)] 등이 있다(그림 7-44).

② 용도 : 전동 능력은 비교적 크며, 저속 중하중용에 사용한다.

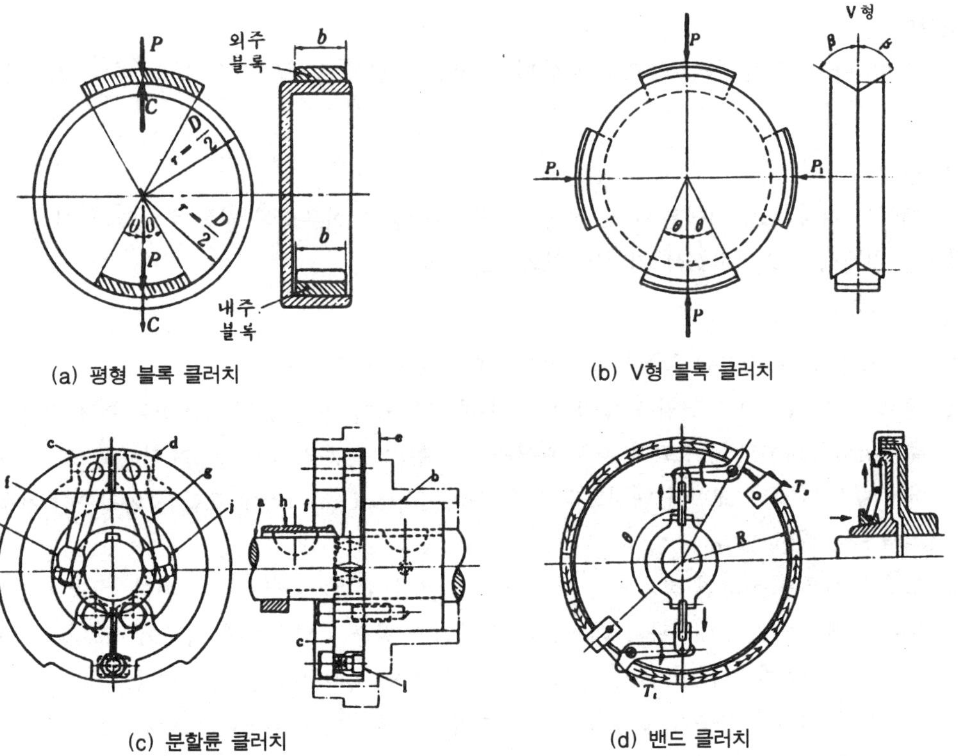

(a) 평형 블록 클러치

(b) V형 블록 클러치

(c) 분할륜 클러치

(d) 밴드 클러치

그림 7-44. 원주 클러치

5. 전자 클러치

유압 대신에 전자력을 이용하여 마찰 입력을 발생시키는 것을 **전자(電磁) 클러치**(electro magnetic clutch)라 한다(그림 7-45).

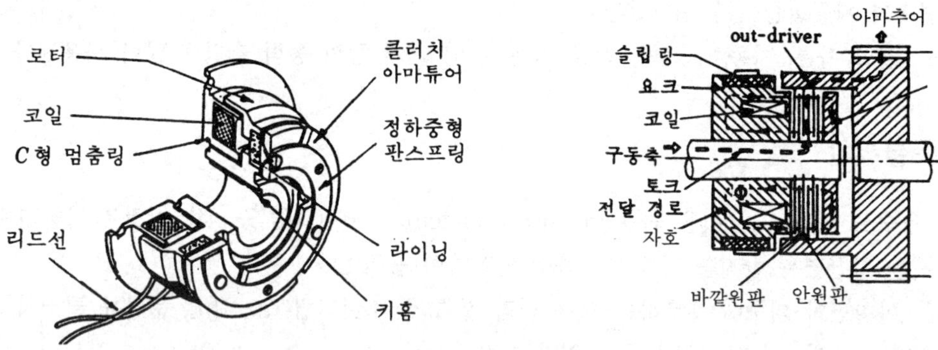

(a) 외형 (b) 작동 원리

그림 7-45. 전자 클러치

(1) 종 류

건식, 습식, 다판, 단식, 복식 등으로 구별되고, 코일의 결합 방식과 작동 방식 마찰 조정에 따라 구분된다.

(2) 기 능

원격 제어가 가능하고, 기능은 수치 제어, 서보 제어 등에 이용되어 원동기와 부하 사이의 회전 토크 전달과 기계적인 스위치로서 기계로 임의 조절한다.

(3) 작동 원리

그림 7-45와 같이 전자석 부분과 마찰판 부분으로 구성되어 있다.

① 전자석 부분은 여자 코일을 내장하고, 축에 고정되어 있는 요크(york)와 축에 교합하는 아마추어(armature)로 구성되며, 아마추어는 축방향의 운동을 제어할 수 있도록 되어 있다.

② 마찰 부분은 축에 교합한 내원판과 아웃 드라이버(out driver)에 교합한 외원판이 차례로 겹쳐져서 구성되어 있다.

③ 코일에 전류를 통하면 점선과 같이 자속이 발생하여 자기회로가 형성된다. 이것으로부터 아마추어가 흡인되므로 내원판과 외원판이 압착되어 원판은 마찰력에 의하여 하나로 되어 회전한다. 따라서 마찰력에 의하여 원동축에서 종동축에 회전 토크를 전달한다.

④ 전기가 끊어지면 자속이 소실되고, 아마추어는 해방되어 마찰력은 없어지므로, 클러치는 떨어진다. 또한 코일의 공전은 스프링을 통하여 행해진다.

(2) 용 도

산업 기계의 자동화, 고속화에 따른 전기 기계, 공작 기계 등에 사용된다.

7-2-2. 클러치의 설계

1. 맞물림 클러치

(1) 접선력

그림 7-46에서 턱의 중앙에 작용하는 힘 즉, 접선력(P_t)은 다음과 같이 구한다.

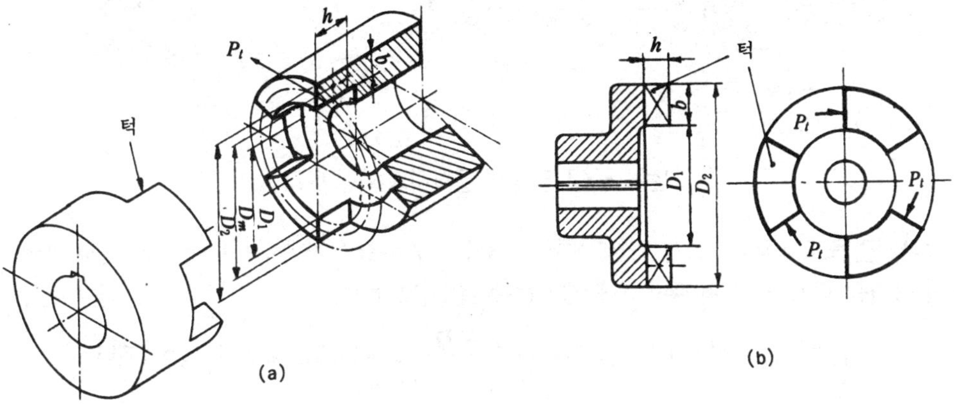

그림 7-46. 맞물림 클러치

P_m : 턱의 접촉 압력(N/mm^2), Z : 턱의 개수, h : 턱의 높이(mm)

τ_f : 턱 뿌리의 전단 응력(N/mm^2), b : 턱의 나비(mm) $\left(b=\dfrac{D_2-D_1}{2}\right)$일 때

$$\left.\begin{aligned} P_t &= A_1\tau_f Z = \frac{\pi}{8}(D_2{}^2-D_1{}^2)\tau_f Z \\ &= A_2 P_m Z = \frac{(D_2-D_1)h}{2}P_m Z \end{aligned}\right\} \qquad (7-25)$$

위 식에서 턱 뿌리의 단면적(A_1)과 턱의 접촉 면적(A_2)은 다음과 같이 구한다.

$$\left.\begin{aligned} A_1 &= \frac{\pi}{8}(D_2{}^2-D_1{}^2) \\ A_2 &= (D_2-D_1)\frac{h}{2} \end{aligned}\right\} \qquad (7-26)$$

> *** 설계상 주의**
> ① 턱의 수(Z), 높이(h)는 전달 토크나 회전 속도 등에 따라 결정된다.
> ② 턱의 수는 펀칭 머신(punching machine), 전단기(剪斷機 : shear machine) 등에는 Z=2~ 4, 가끔 착탈하는 공작 기계의 경우에는 Z=24개 까지로 취한다.

(2) 전달 토크

① **평균 지름**을 고려할 때 : 그림 7-47과 같이 클러치의 턱에 접선력이 균일하게 작용하고, 평균 반지름상에 작용할 때의 **전달 토크**(T)는 다음과 같다.

R_m : 평균 반지름 [$(D_2+D_1)/4$](mm), D_2, D_1 : 이뿌리 외측과 내측 지름(mm)일 때

$$T=P_tR_mZ=P_t\left(\frac{D_2+D_1}{4}\right)Z \tag{7-27}$$

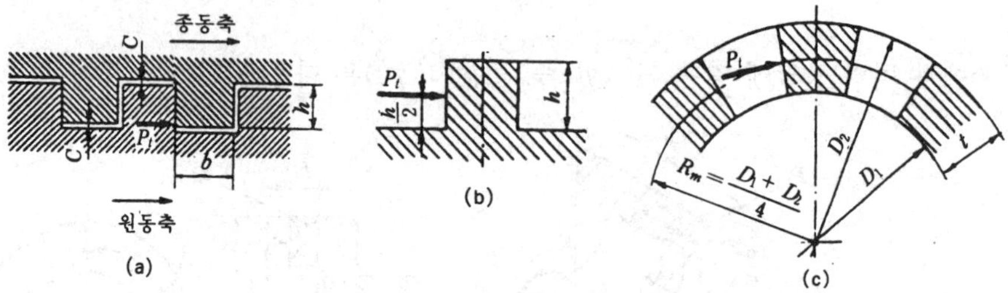

그림 7-47. 맞물림 클러치의 회전 토크

② 턱 뿌리면을 고려할 때 : 그림 7-47에서 클러치의 구동축이 회전하면 턱이 서로 물려 뿌리면에 전단 응력을 받게 되어 턱 뿌리면에 생기는 전달 토크(T)는

$T=A_1\tau_fR_mZ=\frac{\pi}{8}(D_2{}^2-D_1{}^2)\tau_f\left(\frac{D_2+D_1}{4}\right)Z$ 이므로, 다음과 같이 된다.

$$T=\frac{\pi}{32}(D_2{}^2-D_1{}^2)(D_2+D_1)\tau_f \tag{7-28}$$

③ 접촉면 압력을 고려할 때 : 그림 7-47에서 구동축의 회전으로 턱이 피동축의 턱에 압력을 가하여 피동축이 회전할 때, 턱의 접촉면 압력(P_m)으로 전달할 수 있는 전달 토크(T)는

$T=A_2P_mR_mZ=\frac{(D_2-D_1)h}{2}P_m\left(\frac{D_2+D_1}{4}\right)Z$ 이므로, 다음과 같이 된다.

$$T=\frac{(D_2{}^2-D_1{}^2)}{8}hP_mZ \tag{7-29}$$

(3) 굽힘 응력

그림 17-48과 같이 턱에 작용하는 굽힘 하중은 전달 토크($T=P_tR$)에 의하여 구해지며, 하중은 턱의 중앙에 작용하나 안전을 위하여 턱의 끝에 작용하는 것으로 본다.

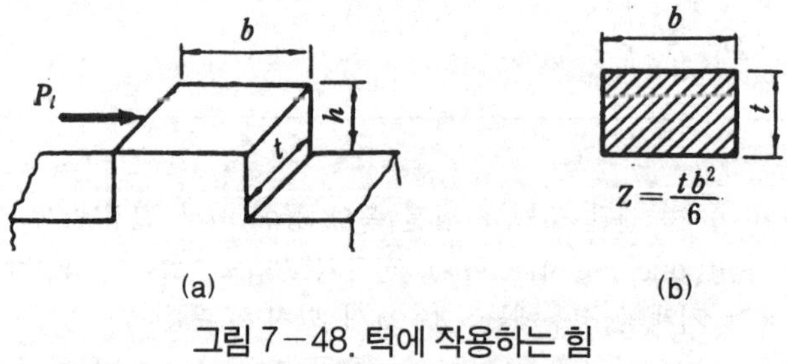

그림 7-48. 턱에 작용하는 힘

그림 7-48과 같이 턱의 정면에서 본 턱 뿌리에 작용하는 굽힘 모멘트 $M=P_th$, 턱의 단면 계수 $Z=tb^2/6$와 $\sigma_b=M/Z$의 관계에서 굽힘 응력(σ_b)은 다음과 같다.

h : 턱 높이(mm), t : 턱 두께(mm), b : 턱 나비(mm)일 때

$$\left.\begin{aligned}\sigma_b &= \frac{P_t h}{tb^2/6} \\ &= \frac{Th}{R_m(tb^2/6)Z} \\ &= \frac{24Th}{(D_2+D_1)tb^2 Z}\end{aligned}\right\} \quad (7-30)$$

(4) 이뿌리의 전단 응력

① **전달 토크를 고려할 때** : 이의 단면에 작용하는 접촉면 압력의 합을 클러치 턱의 이(齒) 단면 중앙에 작용하 는 집중 하중으로 대체시킬 수 있을 때, 턱 뿌리면의 전단을 고려한 전달 토크의 식을 고려한 다면 이뿌리에 생기는 전달 토크(T)는 $T = A_1\tau_f\left(\frac{D_2+D_1}{4}\right)Z = \frac{\pi}{8}(D_2{}^2 - D_1{}^2)\tau_f\left(\frac{D_2+D_1}{4}\right)Z$ 이므로, **전단 응력**(τ_f)은 식 (7−28)에서 다음과 같이 된다.

$$\tau_f = \frac{32T}{\pi(D_2+D_1)(D_2{}^2 - D_1{}^2)} \quad (7-31)$$

② **평균 지름을 고려할 때** : 평균 지름(D_m)과 접선력(P_t)을 고려했을 때, **전단 응력**(τ_f)은 식 (7−25)에서 다음과 같다.

$$\tau_f = \frac{2P_t}{\pi D_m b} = \frac{8P_t}{\pi(D_2{}^2 - D_1{}^2)} \quad (7-32)$$

③ **최대 전단 응력** : 이뿌리에는 전단 응력과 굽힘 응력이 동시에 걸리므로, **최대 전단 응력설**에 의하여 이뿌리에 생기는 최대 전단 응력(τ_{max})은 다음과 같다.

$$\tau_{max} = \frac{1}{2}\sqrt{\sigma_b{}^2 + 4\tau_f{}^2} \quad (7-33)$$

(5) 접촉면 압력

이의 단면에 작용하는 접촉면 압력의 합을 이의 단면 중앙에 작용하는 집중 하중으로 대체 시킬 수 있을 때 접촉면 단면적 $A_2 = \left(\frac{D_2 - D_1}{2}\right)h$로 하고, 압력을 고려한 전달 토크는 $T = A_2 P_m R_m Z = \frac{1}{2}(D_2 - D_1)hP_m\frac{1}{4}(D_2+D_1)Z$ 이므로, **접촉면 압력**(P_m)은 다음과 같이 된다.

$$\left.\begin{aligned}P_m &= \frac{8T}{(D_2{}^2 - D_1{}^2)hZ} \\ &= \frac{P_t}{bhZ}\end{aligned}\right\} \quad (7-34)$$

* **설계상 주의** : 위 식에서 P_m은 보통 강철일 때, 30N/mm^2 정도로 취한다.

예제 7-15 그림 7-49와 같이 지름 $D_1 = 70$mm, $D_2 = 125$mm인 각형 맞물림 클러치에 설치된 축의 지름 50mm일 때, 다음을 구하여라. 단, 턱 높이 30mm, 축의 허용 전단 응력 21MPa, $\mu = 0.15$ 이다.

(1) 접촉면 압력(P_m)
(2) 이뿌리에 생기는 전단 응력(τ_f)
(3) 턱에 작용하는 접선력(P_t)

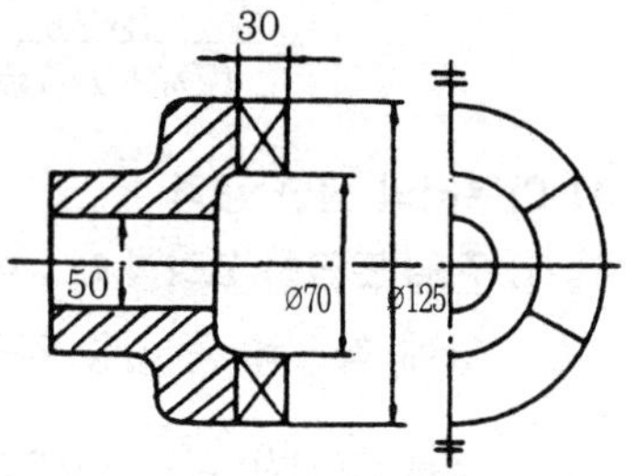

그림 7-49

Solution

(1) $T = \frac{\pi}{16} d^3 \tau_a = \frac{\pi}{16} \times 50^3 \times 21 \fallingdotseq 515(\text{N} \cdot \text{m})$

$$\therefore P_m = \frac{8T}{(D_2^{\,2} - D_1^{\,2}) h Z} = \frac{8 \times 515 \times 10^3}{(125^2 - 70^2) \times 30 \times 3} = 4.3(\text{MPa})$$

(2) $$\tau_f = \frac{32T}{\pi (D_1 + D_2)(D_2^{\,2} - D_1^{\,2})} = \frac{32 \times 515 \times 10^3}{\pi(70+125)(125^2 - 70^2)} = 2.5(\text{MPa})$$

(3) 방법 ① $P_t = \frac{4T}{D_1 + D_2} = \frac{4 \times 515}{70 + 125} = 10.6(\text{kN})$

② $P_t = \frac{\pi}{8}(D_2^{\,2} - D_1^{\,2})\tau_f = \frac{\pi}{8}(125^2 - 70^2) \times 2.5 = 10.6(\text{kN})$

③ $P_t = \frac{(D_2 - D_1)h}{2} P_m Z = \frac{(125-70) \times 30}{2} \times 4.3 \times 3 \fallingdotseq 10.6(\text{kN})$

예제 7-16 그림 7-50과 같은 각형 맞물림 클러치에서 접선력 500N, 지름 $D_2 = 120$mm, $D_1 = 70$mm 일 때, 다음을 구하여라. 단, 턱의 수 3개, 턱의 두께 20mm, 턱의 나비 25mm, 턱의 높이 10 mm 이다.

(1) 회전 토크(T) (2) 굽힘 응력(σ_b)

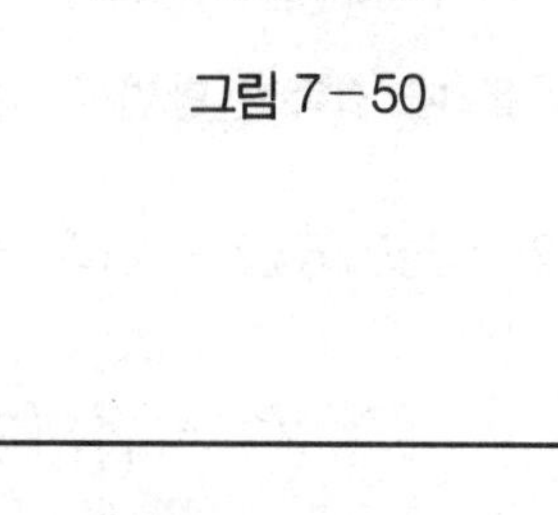

그림 7-50

Solution

(1) $R_m = \frac{D_1 + D_2}{4} = \frac{70 + 120}{4} = 47.5(\text{mm})$

$$\therefore T = P_t R_m = 500 \times 47.5 = 23750(\text{N} \cdot \text{mm})$$

(2) $\sigma_b = \frac{6P_t h}{tb^2} = \frac{6 \times 500 \times 10}{20 \times 25^2} = 2.4(\text{MPa})$

예제 7-17 5PS, 200rpm으로 회전하는 클로우 클로치에서 바깥 지름 70mm, 안지름 50mm 일 때, 턱의 나비를 구하여라. 단, 굽힘 응력 20MPa, 턱의 수 3개, 턱 두께 3mm, 접촉면 압력 20MPa이다.

Solution

$$T = 7020\frac{H}{N} = 7020 \times \frac{5}{200} = 175.5\,(\mathrm{N \cdot m})$$

$$h = \frac{8T}{(D_2^{\,2} - D_1^{\,2})P_m Z} = \frac{8 \times 175.5 \times 10^3}{(70^2 - 50^2) \times 20 \times 3} = 9.75\,(\mathrm{mm})$$

$$\therefore\ b = \sqrt{\frac{24Th}{(D_1 + D_2)\,t\,\sigma_b Z}} = \sqrt{\frac{24 \times 175.5 \times 10^3 \times 9.75}{(50 + 70) \times 3 \times 20 \times 3}} \fallingdotseq 43.6\,(\mathrm{mm})$$

예제 7-18 그림 7-51과 같이 200rpm, 4kW를 전달하는 각형 클러치에서 지름 $D_2 = 100$ mm, $D_1 = 60$mm일 때, 다음을 구하여라. 단, 턱의 수 3개, $h = 30$ mm, $t = 35$mm이다.

(1) 접선력(P_t) (2) 이뿌리 전단 응력(τ_f)

(3) 접촉면 압력(P_m) (4) 최대 전단 응력(τ_{max})

Solution

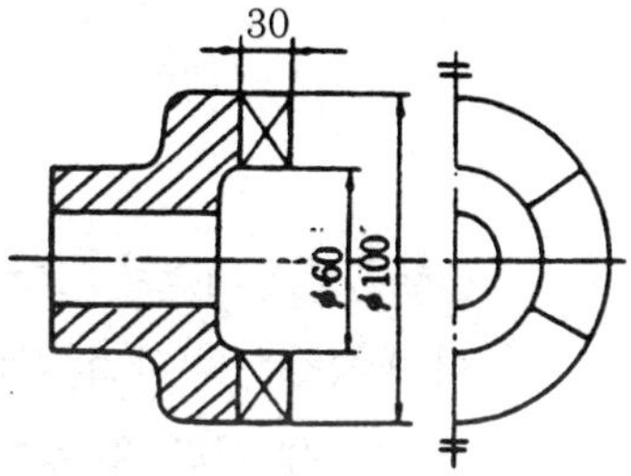

그림 7-51

(1) $$T = 9550\frac{H}{N} = 9550 \times \frac{4}{200} = 191\,(\mathrm{N \cdot m})$$

$$D_m = \frac{D_1 + D_2}{4} = \frac{60 + 100}{2} = 80\,(\mathrm{mm})$$

$$\therefore\ P_t = \frac{2T}{D_m} = \frac{2 \times 191}{80} \fallingdotseq 4.8\,(\mathrm{kN})$$

(2) 방법 ①: $$b = \frac{D_2 - D_1}{2} = \frac{100 - 60}{2} = 20\,(\mathrm{mm})$$

$$\therefore\ \tau_f = \frac{2P_t}{\pi D_m b} = \frac{2 \times 4.8 \times 10^3}{\pi \times 80 \times 20} \fallingdotseq 2\,(\mathrm{MPa})$$

방법 ②: $$\tau_f = \frac{32T}{\pi(D_1 + D_2)(D_2^{\,2} - D_1^{\,2})} = \frac{32 \times 191 \times 10^3}{\pi(60 + 100)(100^2 - 60^2)} \fallingdotseq 2\,(\mathrm{MPa})$$

(3) $$P_m = \frac{8T}{(D_2^{\,2} - D_1^{\,2})hZ} = \frac{8 \times 191 \times 10^3}{(100^2 - 60^2) \times 30 \times 3} \fallingdotseq 2.65\,(\mathrm{MPa})$$

(4) $$\sigma_b = \frac{24Th}{(D_1 + D_2)Zb^2 t} = \frac{24 \times 191 \times 10^3 \times 30}{(60 + 100) \times 3 \times 20^2 \times 35} \fallingdotseq 21\,(\mathrm{MPa})$$

$$\therefore\ \tau_{max} = \frac{1}{2}\sqrt{\sigma_b^{\,2} + 4\tau_f^{\,2}} = \frac{1}{2}\sqrt{21^2 + 4 \times 2^2} \fallingdotseq 10.7\,(\mathrm{MPa})$$

예제 7-19 200rpm으로 회전하는 맞물림 클러치의 지름 $D_1 = 75$mm, $D_2 = 125$mm일 때, 전 달 마력(PS)을 구하여라. 단, 턱 높이 25mm, $Z = 3$, $P_m = 2.5$ MPa 이다.

Solution

$$T = \frac{D_2^{\,2} - D_1^{\,2}}{8} h P_m Z = \frac{125^2 - 75^2}{8} \times 25 \times 2.5 \times 3 \fallingdotseq 234\,(\mathrm{N \cdot m})$$

$$\therefore\ H = \frac{TN}{7020} = \frac{234 \times 200}{7020} = 6.6\,(\mathrm{PS})$$

2. 원뿔 클러치

(1) 축방향의 힘

그림 7−52와 같이 원동축 클러치 A 에 축 방향 힘 P로 밀어붙여 종동축의 클러치 B에 접촉시키면 접촉 원뿔면에 직각 힘(F_1)이 생기고, 브레이크 작동을 하게 된다.

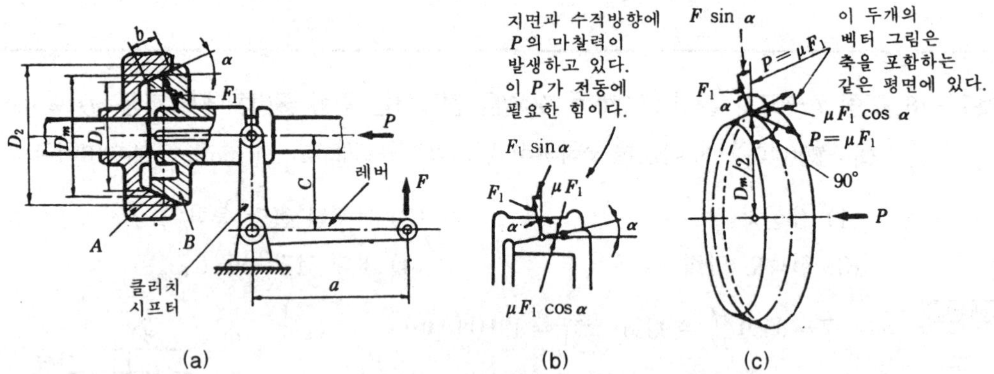

그림 7−52. 원뿔 클러치의 작동력

① **접촉면상의 체결력** : 그림 7−52 (b)에서 접촉면에 수직하게 작용하는 힘(F_1)과 이 힘에 대하여 발생하는 마찰력(μF_1) 및 축 방향(수평 방향) 힘(P)은 축선 방향으로 서로 미는 힘의 평행 조건에 따라 축 방향 힘 즉, 체결력(P)은

$$P = F_1 \sin\alpha + \mu F_1 \cos\alpha = F_1(\sin\alpha + \mu\cos\alpha) \qquad (7-35)$$

로 되고, 위 식에서 α 는 원뿔 반각(경사각 : 표 7−4 참조)이다.

표 7−4. 원뿔 클러치의 설계 자료

마찰면의 재료	경사각(α)	마찰 계수(μ)	허용 면압 P_m (N/cm²)
금속과 가죽	10°~12°	0.15~0.20	5~8
금속과 석면	11°~14.5°	0.20~0.20	7~10
금속과 콜크가 섞인 금속	8°~12°	0.22~0.30	5~8
주철과 주철	8°~12°	0.07이하	30~35
주철과 목재	11.5°~14°	0.20~0.30	20~30

＊설계상 주의

① 위 식에서 마찰 계수는 마찰 재료의 종류, 마찰면의 다듬질 상태, 건조 또는 기름의 유무, 평균 미끄럼 속도 등에 따라서 다르게 된다.

② 접촉면에 수직으로 작용하는 힘에 의한 마찰력(μF_1)은 전달 토크가 충분히 전달 될 수 있는 회전력(P)보다 커야 된다.

③ α (보통 10°~12° 정도)는 작을수록 P가 작아도 좋으나 α 가 너무 작아 마찰각 또는 그 이하로 되면 사용할 때 충격 수반하고, 안쪽 원뿔을 빼낼 때 힘이 든다.

④ 원뿔각 α 가 작을수록 큰 토크를 전달할 수 있으나 너무 작으면 클러치를 밀 때 과대한 충격이 생기거나 클러치를 떼어내기가 어렵게 된다.

⑤ 원뿔 클러치는 원판 클러치보다 마찰 계수가 크므로 큰 동력을 전달할 수 있다.

② **토크와 면압력상의 체결력** : 평균 지름과 접촉 면압력(P_m)을 고려한 체결력(P)은

$$\left.\begin{aligned} P &= \frac{2T}{\mu D_m}(\sin\alpha + \mu\cos\alpha) = \frac{2T}{\mu' D_m} \\ &= \pi D_m b P_m(\sin\alpha + \mu\cos\alpha) \\ &= \frac{2(\sin\alpha + \mu\cos\alpha)7020\,\mathrm{H/N}}{\mu(D_1 + b\sin\alpha)} \end{aligned}\right\} \quad (7-36)$$

로 되고, 위 식에서 $\mu' = \dfrac{\mu}{\sin\alpha + \mu\cos\alpha}$ 로 구하며, 일정한 토크 T를 전달하려면 원뿔각 (2α)을 작게 할수록 축 방향으로 밀어 붙이는 힘 P는 작아짐을 알 수 있다.

(2) 접촉면의 직각 하중

① **원뿔 반각을 고려한 수직력** : 브레이크 작동을 위하여 가해지는 힘 P에 따라 발생되는 접촉면의 수직력 즉, 직각 하중(F_1)은 식 (7−35)에서

$$F_1 = \frac{P}{\sin\alpha + \mu\cos\alpha} \quad (7-37)$$

로 되고, F_1은 축 방향으로 작은 힘을 가해도 큰 접촉 압력을 얻는다.

② **평균 지름을 고려한 수직력** : 전달 토크와 마찰면의 평균 지름 $D_m[=(6\sim8)d]$을 고려할 때, 접촉면의 직각 하중(F_1)은 다음과 같다.

$$F_1 = \frac{2T}{\mu D_m} \quad (7-38)$$

③ **접촉 면압을 고려한 수직력** : 원뿔 접촉면 나비(b)와 접촉면 사이의 허용 면압력(P_m : $\mathrm{N/mm^2}$)을 고려할 때, 직각 하중(F_1)은

$$F_1 = \pi D_m b P_m \quad (7-39)$$

으로 되고, 접촉면 압력 P_m은 마찰면의 재료에 따라 표 7−4를 참고한다.

(3) 레버에 작용하는 힘

그림 7−52와 그림 7−53에서 레버의 치수 a, c일 때, 레버에 작용하는 힘(F)은 다음과 같이 구한다.

$$\left.\begin{aligned} F &= \frac{2Tc}{\mu D_m a}(\sin\alpha + \mu\cos\alpha)\ (\text{원뿔}) \\ &= P\frac{c}{a}\ (\text{원판 클러치일 때}) \end{aligned}\right\} \quad (7-40)$$

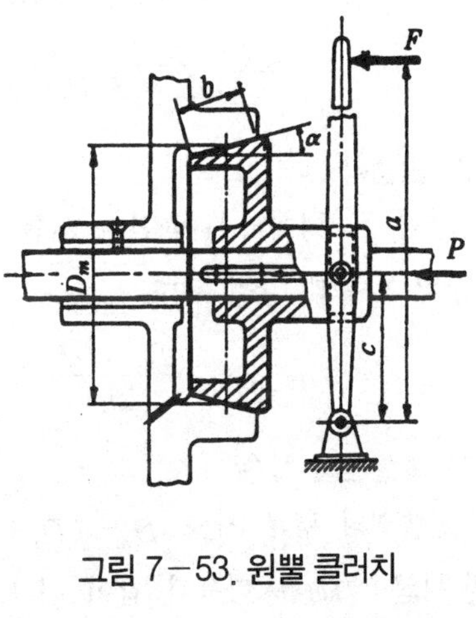

그림 7−53. 원뿔 클러치

(4) 전달 토크

클러치의 원주 방향 마찰력 $P=\mu F_1$ 에 의하여 전달되는 원뿔면이 전달할 수 있는 전달 토크(T)는 다음과 같다.

$$\left.\begin{aligned} T &= P\frac{D_m}{2} = \mu F_1 \frac{D_1+D_2}{4} = \mu \pi P_m \frac{{D_m}^2}{4}(D_2-D_1) \quad ① \\ &= \pi \mu b P_m \frac{{D_m}^2}{2} = 2\pi \mu b P_m {R_m}^2 \quad ② \\ &= \frac{\pi\mu\, {D_m}^2 P_m b}{2(\sin\alpha+\mu\cos\alpha)} \quad ③ \\ &= 7020\frac{H_{ps}}{N} = 9550\frac{H_{kw}}{N} \quad ④ \end{aligned}\right\} \qquad (7-41)$$

단, 위 식에서 D_m, μ, α를 정하여 축 방향 힘 P를 구할 수도 있다.

(5) 접촉면의 평균 면압력

접촉면에 수직으로 작용하는 힘 F_1은 접촉 면적($\pi D_m b$)으로 나눈 값으로, 위 식 (7−39)와 식 (7−41)에서 접촉면의 평균 면압력(P_m)은 다음과 같이 된다.

$$\left.\begin{aligned} P_m &= \frac{F_1}{\pi D_m b} = \frac{2T}{\pi\mu {D_m}^2 b} \\ &= \frac{P}{\pi D_m b(\sin\alpha+\mu\cos\alpha)} \end{aligned}\right\} \qquad (7-42)$$

*** 설계상 주의**

접촉면 압력은 재료의 압축 허용 응력보다 작아야 된다.

(6) 접촉면 나비 : 위 식 (7−39)와 식 (7−42)에서 다음과 같이 된다.

$$\left.\begin{aligned} b &= \frac{F_1}{\pi D_m P_m} = \frac{2T}{\pi\mu {D_m}^2 P_m} = \frac{D_2-D_1}{2\sin\alpha} \\ &= \frac{P}{\pi D_m P_m(\sin\alpha+\mu\cos\alpha)} = \frac{4471\times10^3 H_{PS}}{\mu {D_m}^2 N P_m} \end{aligned}\right\} \qquad (7-43)$$

(7) 원뿔각

그림 7−54에서 원뿔면의 지름 D_1, D_2일 때. 원뿔각 (α)은 다음과 같이 된다.

$$\alpha = \sin^{-1}\frac{D_2-D_1}{2b} \qquad (7-44)$$

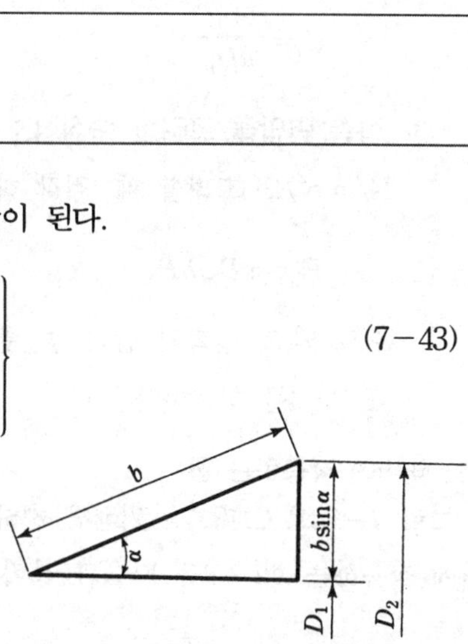

그림 7−54. 원뿔 클러치의 기하학

(8) 마찰면의 치수

원뿔면의 평균 지름 $D_m=(D_1+D_2)/2$, 평균 반지름 $R_m=(D_1+D_2)/4$이므로, 안지름 (D_1)과 바깥 지름 (D_2)은 다음과 같이 된다.

$$\left.\begin{aligned} D_1 &= D_2 - 2b\sin\alpha = D_m - b\sin\alpha = 2\left(R_m - \frac{b}{2}\sin\alpha\right) \\ D_2 &= D_1 + 2b\sin\alpha = D_m + b\sin\alpha = 2\left(R_m + \frac{b}{2}\sin\alpha\right) \end{aligned}\right\} \quad (7-45)$$

(9) 전달 동력

전달 토크 $T = 7020\dfrac{H}{N} = \pi\mu b P_m \dfrac{D_m^{\ 2}}{2}$ 에서 전달 동력(H)은 다음과 같이 구한다.

$$\left.\begin{aligned} H &= \frac{bD_m^{\ 2}\mu N P_m}{4471\times10^3}\,(\mathrm{PS}) = \frac{bD_m^{\ 2}\mu N P_m}{6080\times10^3}\,(\mathrm{kW}) \\ &= \frac{\mu D_m N P}{1404\times10^{3}(\sin\alpha + \mu\cos\alpha)}\,(\mathrm{PS}) \\ &= \frac{\mu D_m N P}{1910\times10^{3}(\sin\alpha + \mu\cos\alpha)}\,(\mathrm{kW}) \end{aligned}\right\} (\text{SI 단위}) \quad (7-46)$$

$$\left.\begin{aligned} &= \frac{bD_m^{\ 2}\mu N P_m}{456000}\,(\mathrm{PS}) = \frac{bD_m^{\ 2}\mu N P_m}{620000}\,(\mathrm{kW}) \\ &= \frac{\mu D_m N P}{1432400(\sin\alpha + \mu\cos\alpha)}\,(\mathrm{PS}) \\ &= \frac{\mu D_m N P}{1948000(\sin\alpha + \mu\cos\alpha)}\,(\mathrm{kW}) \end{aligned}\right\} (\text{중력 단위}) \quad (7-47)$$

예제 7-20 원뿔 클러치의 평균 지름 300mm, 접촉 나비 75mm, 2 $\alpha = 22°$ 일 때, 축 방향으로 밀어 붙이는 힘을 구하여라 . 단, 허용 면압력 0.03N/mm², $\mu = 0.2$이다.

Solution

$$P = \pi D_m b P_m(\sin\alpha + \mu\cos\alpha)$$
$$= \pi\times300\times75\times0.03(\sin 11° + 0.2\times\cos 11°) = 821(\mathrm{N})$$

예제 7-21 500rpm으로 회전하는 원뿔 클러치의 접촉면 지름 $D_2 = 150$mm, $D_1 = 140$mm일 때, 다음을 구하여라. 단, 접촉면 압력 0.3MPa, 접촉 나비 35mm, $\mu = 0.2$이다.

(1) 전달 동력(PS) (2) 축 방향으로 누르는 힘(P)

Solution

(1) $D_m = \dfrac{D_2 + D_1}{2} = \dfrac{150 + 140}{2} = 145(\mathrm{mm})$

$F_1 = P_m\pi b D_m = 0.3\pi\times35\times145 = 4780(\mathrm{N}) = 4.78(\mathrm{kN})$

$T = \mu F_1\dfrac{D_m}{2} = 0.2\times4.78\times\dfrac{145}{2} = 69.3(\mathrm{N\cdot m})$

$\therefore\ H = \dfrac{TN}{7020} = \dfrac{69.3\times500}{7020} = 4.9\ (\mathrm{PS})$

(2) $\alpha = \sin^{-1}\dfrac{D_2 - D_1}{2b} = \sin^{-1}\dfrac{150-140}{2\times35} = 8.13(°)\quad \therefore\ \cos\alpha = 0.9897$

$\therefore\ P = \dfrac{2T}{\mu D_m}(\sin\alpha + \mu\cos\alpha) = \dfrac{2\times69.3}{0.2\times145}\times(0.1428 + 0.2\times0.9897) = 1.6(\mathrm{kN})$

예제 7-22 1500rpm, 3PS을 전달하는 원뿔 클러치(또는 원뿔 브레이크) 에서 경사각 15°, 평균 반지름 40mm 일 때, 다음을 구하여라, 단, P_m= 0.7MPa, μ= 0.1이다.

(1) 바깥 지름(D_2)과 안지름(D_1)　　(2) 마찰면의 나비(b)
(3) 상당 마찰 계수(μ')　　(4) 축 방향 힘(P)

Solution

(1) $D_2=2(R_m+\frac{b}{2}\sin 15°)=2(40+\frac{20}{2}\times 0.259)=85.2$(mm)

$D_1=2(R_m-\frac{b}{2}\sin 15°)=2(40-\frac{20}{2}\times 0.259)=74.8$ (mm)

(2) 방법 ①: $T=7020\frac{H}{N}=7020\times\frac{3}{1500}\fallingdotseq 14$(N·m)

$$D_m=\frac{D_1+D_2}{2}=\frac{74.8+85.2}{2}=80\ (\text{mm})$$

$$\therefore\ b=\frac{2T}{\pi\mu D_m{}^2 P_m}=\frac{2\times14\times10^3}{\pi\times0.1\times80^2\times0.7}\fallingdotseq 20(\text{mm})$$

방법 ②: $F_1=\frac{T}{\mu R_m}=\frac{14}{0.1\times40}\fallingdotseq 3.5$(kN)

$$\therefore\ b=\frac{F_1}{2\pi R_m P_m}=\frac{3.5\times10^3}{2\pi\times40\times0.7}=19.9\fallingdotseq 20(\text{mm})$$

방법 ③: $P=\frac{2T}{\mu D_m}(\sin\alpha+\mu\cos\alpha)$

$$=\frac{2\times14}{0.1\times80}(\sin 15°+0.1\times\cos 15°)\fallingdotseq 1.24\ (\text{kN})$$

$$\therefore\ b=\frac{P}{\pi D_m P_m(\sin\alpha+\mu\cos\alpha)}$$

$$=\frac{1.24\times10^3}{\pi\times80\times0.7(\sin 15°+0.1\times\cos 15°)}\fallingdotseq 20\ (\text{mm})$$

방법 ④ $H=\frac{bD_m{}^2\mu NP_m}{4471\times10^3}$ (PS)에서

$$b=\frac{4471\times10^3 H}{D_m{}^2\mu NP_m}=\frac{4471\times10^3\times3}{80^2\times0.1\times1500\times0.7}\fallingdotseq 20\ (\text{mm})$$

(3) $\mu'=\frac{\mu}{\sin\alpha+\mu\cos\alpha}=\frac{0.1}{\sin 15°+0.1\times\cos 15°}=0.281$

(4) $P=\frac{T}{\mu' R_m}=\frac{14}{0.281\times40}\fallingdotseq 1.2$(kN)

예제 7-23 그림 7-55의 원뿔 클러치(또는 원뿔 브레이크)가 1000rpm, 40PS을 전달하고, 원동축의 지름 40mm일 때, 다음을 구하여라. 단, 종동축의 허용 전단 응력 50 MPa, 접촉면 압력 0.1MPa, 레버 치수 a=300mm, c=250mm, μ=0.23이다.

(1) 접촉면 나비(b) : (단, $D_m=7d$)　(2) 접촉면 직각 하중(F_1)
(3) 레버에 작용하는 힘(F)(단, α=6° 30′)

(4) 축방향의 힘(P)　　　　(5) 종동축의 지름(d)

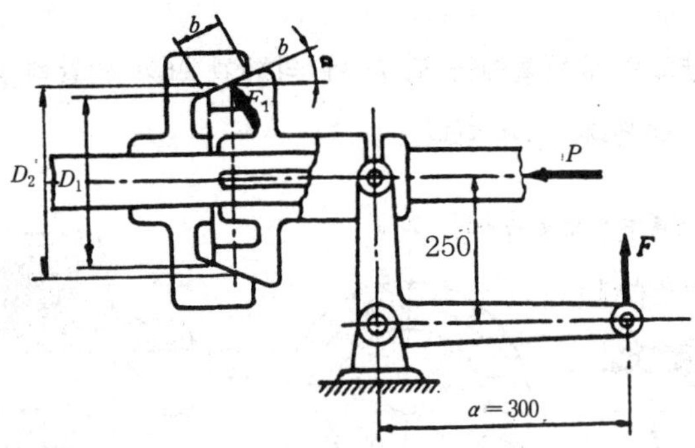

그림 7-55

Solution

(1) $T=7020\dfrac{H}{N}=7020\times\dfrac{40}{1000}\fallingdotseq 281(\mathrm{N\cdot m})$

$D_m=7d=7\times 40=280(\mathrm{mm})$

$\therefore\ b=\dfrac{2T}{\mu\pi {D_m}^2 P_m}=\dfrac{2\times 281\times 10^3}{0.23\pi\times 280^2\times 0.1}=99(\mathrm{mm})$

(2) $F_1=\dfrac{2T}{\mu D_m}=\dfrac{2\times 281}{0.23\times 280}\fallingdotseq 8(\mathrm{kN})$

(3) $F=\dfrac{2Tc}{D_m a}\dfrac{(\sin\alpha+\mu\cos\alpha)}{\mu}$

$=\dfrac{2\times 281}{280}\times\dfrac{250}{300}\times\dfrac{(\sin 6^\circ\ 30'+0.23\times\cos 6^\circ\ 30')}{0.23}\fallingdotseq 2.48(\mathrm{kN})$

(4) $P=\pi D_m b P_m(\sin\alpha+\mu\cos\alpha)$

$=\pi\times 280\times 99\times 0.1(\sin 6^\circ\ 30'+0.23\times\cos 6^\circ\ 30')=2610(\mathrm{N})$

(5) $d=\sqrt[3]{\dfrac{5.1T}{\tau_a}}=\sqrt[3]{\dfrac{5.1\times 281\times 10^3}{50}}\fallingdotseq 31(\mathrm{mm})$

예제 7-24 200rpm으로 회전하는 원뿔 클러치의 평균 지름 155mm, 접촉 나비 30mm일 때, 전달 마력(kW)을 구하여라. 단, 접촉면 압력 0.3MPa, $\mu=0.2$이다.

Solution

방법 ① $T=\mu\pi b P_m\dfrac{{D_m}^2}{2}$

$=0.2\pi\times 30\times 0.3\times\dfrac{155^2}{2}\fallingdotseq 68(\mathrm{N\cdot m})$

$\therefore\ H=\dfrac{TN}{9550}=\dfrac{68\times 200}{9550}\fallingdotseq 1.4(\mathrm{kW})$

방법 ② $H=\dfrac{b{D_m}^2\mu N P_m}{6080\times 10^3}$

$=\dfrac{0.3\times 155^2\times 0.2\times 200\times 0.3}{6080\times 10^3}=1.4\ (\mathrm{kW})$

3. 원판 클러치

(1) 축 방향의 힘

그림 7−56에서 축 방향으로 밀어붙이는 힘 P 에 의하여 판의 면압력 P_m이 접촉면에 균일하게 분포될 때 축 방향 힘(P)은 다음과 같이 된다.

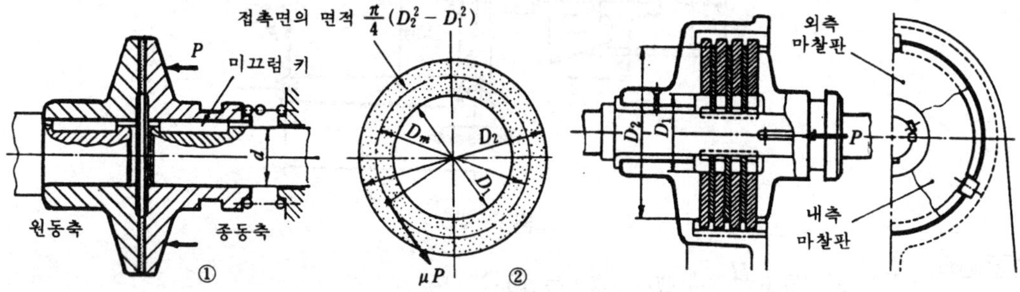

(a) 단판식 (b) 다판식

그림 7−56. 원판 클러치의 작용 힘

D_m : 접촉면의 평균 지름 $\left(\frac{D_2+D_1}{2}\right)$(mm), Z : 다판 클러치[그림 (b)]의 접촉면 수

b : 접촉면의 나비 [$b=(D_2-D_1)/2$](mm)(그림 7−57 참조)

D_1, D_2 : 접촉면의 안지름과 바깥 지름(mm), P_m : 접촉면 평균 압력(N/mm²)

A : 접촉 면적 $\left\{A=\frac{\pi}{4}(D_2{}^2-D_1{}^2)\right\}$(mm)일 때

$$\left.\begin{aligned} P&=\pi bD_mP_m \\ &=\frac{2T}{\mu D_m Z}=\frac{4T}{\mu(D_2+D_1)Z} \\ &=AP_m=\frac{\pi}{4}(D_2{}^2-D_1{}^2)P_m \end{aligned}\right\} \qquad (7-48)$$

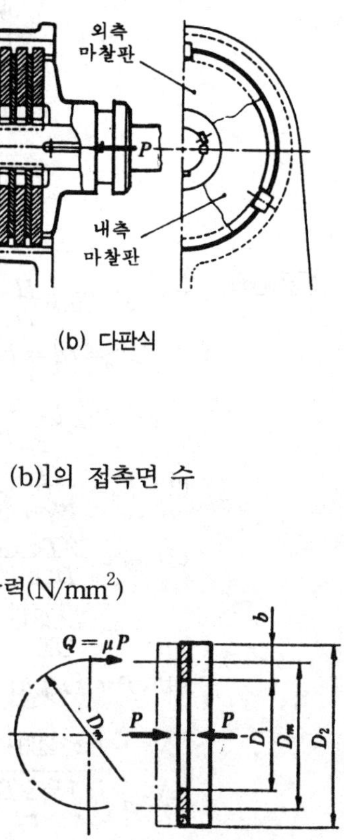

그림 7−57. 원판 클러치의 작용힘

＊ 설계상 주의

① 접촉면에 수직으로 작용하는 축 방향 힘(P)에 의한 마찰력(μP)은 전달 토크가 충분히 전달되게 하기 위하여는 회전력보다 커야 된다.
② 클러치의 전달 토크(T)를 크게 하려면 원판의 중심부를 접촉되지 않도록하여 접촉면의 평균 지름(D_m)을 크게 한다. 이와 같이 하게 되면 접촉면의 속도 차이를 될 수록 작게 하고, 마멸도 균일하게 설계할 수 있다.
③ 접촉면의 안지름 크기는 $D_1=(0.12\sim0.14)D_2$ 정도로 취한다.

(2) 접촉면의 평균 압력

축 방향에서 P의 힘으로 밀 때, 마찰 접촉면에 작용하는 **평균 압력**(P_m)은 위 식 (7−48)에서 다음과 같이 된다.

$$P_m = \frac{P}{\pi b D_m} = \frac{4P}{\pi(D_2{}^2 - D_1{}^2)} \qquad (7-49)$$

또한, 토크를 전달하기 위하여 축 방향으로 가해야할 최소한의 힘 P 와의 관계 식 (7-48) ①, ② 에서 다음과 같이 된다.

$$P_m = \frac{2T}{\pi \mu b D_m{}^2 Z} = \frac{4T}{\pi \mu b D_m (D_1 + D_2)} \qquad (7-50)$$

*** 설계상 주의**

P_m의 값은 접촉면이 강과 강일 때 0.18~0.25N/mm^{2}로 잡고, 다른 재료와 조합 되었을 때는 그 이하로 잡는다.

표 7-5는 클러치의 마찰 계수(μ)와 허용 접촉면 압력(P_m)을 나타낸 것이다.

표 7-5. 원판 클러치의 μ 와 접촉면 압력(P_m)

접촉면 재료	마찰 계수(μ)			접촉면 압력 P_m (N/cm^2)
	건 조	그리스	윤 활	
목 재 와 주 철	0.35~0.20	0.12~0.08	–	42~63
피 혁 과 주 철	0.5~0.3	0.20~0.15	0.15~0.12	7~28
파 이 버 와 금 속	–	0.20~0.10	–	7~28
석 면 과 금 속	0.5~0.35	0.30~0.25	0.25~0.20	21~56
콜 크 와 금 속	0.35	0.30~0.25	0.25~0.22	6~11
주 철 과 주 철	0.2~0.15	0.10~0.06	0.10~0.05	105~175
청 동 과 주 철	–	0.10~0.05	0.10~0.05	56~84
강 철 과 주 철	0.35~0.25	0.12~0.07	0.10~0.06	84~140

(3) 전달 토크

그림 7-56에서 접촉면에 생기는 접선력은 $Q = \mu P$ 로서 접촉면 평균 지름 원주 상에 접선 방향으로 작용하므로, 전달되는 토크 (T)는 다음과 같이 된다.

$$\left.\begin{aligned} T &= Q\frac{D_m}{2}Z = \mu P\frac{D_m}{2}Z = \mu P\frac{(D_2 + D_1)}{4}Z & ① \\ &= \mu\pi b D_m{}^2\frac{P_m}{2}Z = \mu\pi b D_m P_m\frac{D_2 + D_1}{4}Z & ② \\ &= \mu\frac{\pi}{16}(D_2{}^2 - D_1{}^2)(D_1 + D_2)P_m & ③ \\ &= 7020\frac{H_{ps}}{N} = 9550\frac{H_{kw}}{N} & ④ \end{aligned}\right\} \qquad (7-51)$$

＊ 설계상 주의

① 전달 토크의 크기는 접촉면을 누르는 힘과 재질 사이의 마찰 계수에 의하여 변화 하나 접촉면 압력에는 한도가 있으므로, 표 7-5의 경험값을 사용하는 것이 좋다.
② 전달 토크가 클 때는 마찰면을 축 방향으로 배열한 다판 클러치를 사용한다.

(4) 원판의 치수

위 식 (7-50)에서 $D_1/D_2=x$ 로 할 때, 원판의 안지름(D_1)과 바깥 지름(D_2)은

$$\left.\begin{aligned} D_2 &= \sqrt[3]{\frac{16T}{\mu Z\pi P_m(1+x)^2(1-x)}} = D_m+b \\ D_1 &= xD_2 = D_m-b \end{aligned}\right\} \qquad (7-52)$$

로 되고, 위 식에서 $D_2/D_1=1.5$ 정도로 취한다.

(5) 최대 압력 속도계수

압력과 속도의 관계를 나타내는 압력 속도계수(pv : N/mm^2 · m/s)는 다음과 같다.

$$pv = P_m\frac{\pi D_m N}{60\times1000} \leq 2\ \text{MPa}\cdot\text{m/s}(\text{설계값}) \qquad (7-53)$$

＊ 설계상 주의

실제의 경우 H와 N이 주어지므로, P_m과 μ의 값을 적당히 주면 D_1, D_2가 결정되며, P_m의 값이 너무 크면 빨리 마멸되고, 너무 작으면 클러치의 치수가 크게되어 대형으로 된다.

(6) 전달 동력

$T=\dfrac{\mu ZPD_m}{2}=7020\dfrac{H}{N}$ 와 $P=\pi D_m bP_m$ 의 관계에서 전달 동력(H)은 다음과 같다.

$$H_{PS}=\frac{\mu PD_mNZ}{2\times7020}=\frac{\mu\pi bD_m{}^2P_mNZ}{2\times7020} \qquad (7-54)$$

예제 7-25 다판 클러치(또는 다판 브레이크)의 지름 $D_1=180$ mm, $D_2=220$mm일 때, 축 방향으로 밀어 붙이는 힘을 구하여라. 단, 허용 접촉면 압력 0.2MPa, $\mu=$ 0.2이다.

Solution

방법 (1) $P=\dfrac{\pi}{4}(D_2{}^2-D_1{}^2)P_m$

$$=\frac{\pi}{4}(220^2-180^2)\times0.2=2512(\text{N})\fallingdotseq2.5(\text{kN})$$

방법 (2) $D_m=\dfrac{D_1+D_2}{2}=\dfrac{180+220}{2}=200(\text{mm})$

$$b=\frac{D_2-D_1}{2}=\frac{220-180}{2}=20(\text{mm})$$

$$\therefore P=\pi bD_mP_m=\pi\times20\times200\times0.2=2512(\text{N})\fallingdotseq2.5(\text{kN})$$

예제 7-26 50PS을 전달하는 다판 클러치(또는 다판 브레이크)의 지름 $D_1 = 180$mm, $D_2 = 258$mm일 때, 다음을 구하여라. 단, 접촉 압력 0.2MPa, $\mu = 0.2$, $Z = 6$이다

(1) 축 방향 스러스트 하중(P) (2) 회전 토크(T)
(3) 회전수(N)

Solution

(1) $P = P_m \frac{\pi}{4}(D_2{}^2 - D_1{}^2) = 0.2 \times \frac{\pi}{4}(258^2 - 180^2) \fallingdotseq 5365$(N)

(2) $b = \frac{D_2 - D_1}{2} = \frac{258 - 180}{2} = 39$(mm)

$D_m = \frac{D_1 + D_2}{2} = \frac{180 + 258}{2} = 219$(mm)

$\therefore\ T = \mu \pi Z D_m{}^2 b \frac{P_m}{2}$

$= 0.2\pi \times 6 \times 219^2 \times 39 \times \frac{0.2}{2} = 704797\ (\text{N} \cdot \text{mm}) \fallingdotseq 705(\text{N} \cdot \text{m})$

(3) $T = 7020 \frac{H_{PS}}{N}$ 에서

$N = 7020 \frac{H_{PS}}{T} = 7020 \times \frac{50}{705} \fallingdotseq 498$(rpm)

예제 7-27 500rpm, 20PS을 전달하는 원판 클러치(또는 원판 브레이크)의 바깥 지름과 안지름을 구하여라, 단, 지름 계수 1.5, 접촉면 압력 0.3MPa, $\mu = 0.2$이다.

Solution

$T = 7020 \frac{H}{N} = \mu \frac{\pi}{4}(D_2{}^2 - D_1{}^2) P_m \frac{(D_1 + D_2)}{4}$ 에서

$7020 \times \frac{20}{500} = 0.2 \times \frac{\pi}{4}[(1.5D_1)^2 - D_1{}^2] \times 0.3 \times \frac{(D_1 + 1.5D_1)}{4}$

$281 \times 10^3 = 0.2 \times \frac{\pi}{4} \times 1.25 \times 0.3 \times \frac{2.5}{4} D_1{}^3$

$\therefore\ D_1 = \sqrt[3]{\frac{16T}{\mu\pi \times 1.25 \times 0.3 \times 2.5}} = \sqrt[3]{\frac{16 \times 281 \times 10^3}{0.2\pi \times 1.25 \times 0.3 \times 2.5}} \fallingdotseq 197$(mm)

$D_2 = x D_1 = 1.5 \times 197 = 296$(mm)

예제 7-28 $N = 1400$rpm으로 8PS을 전달하는 다판 클러치의 $D_1 = 40$mm, $D_2 = 80$mm일 때, 접촉면의 수를 구하여라. 단, 접촉면 압력 0.2N/mm^2, $\mu = 0.2$이다.

Solution 축의 회전 토크 T와 D_m, b 는

$T = 7020 \frac{H}{N} = 7020 \times \frac{8}{1400} \fallingdotseq 40\ (\text{N} \cdot \text{m})$

$D_m = (D_1 + D_2)/2 = (40 + 80)/2 = 60$(mm)

$b = (D_2 - D_1)/2 = (80 - 40)/2 = 20$(mm)

$\therefore\ Z = \frac{2T}{\pi \mu D_m{}^2 b P_m} = \frac{2 \times 40 \times 10^3}{\pi \times 0.2 \times 60^2 \times 20 \times 0.2} \fallingdotseq 9$(개)

예제 7-29 그림 7-58과 같은 원판 클러치(또는 원판 브레이크)에서 300rpm, 3PS을 전달 할 때, 다음을 구하여라. 단, $\mu=0.15$이다.

(1) 축 방향의 힘(P) (2) 러버에 가하는 힘(F)

(3) 평균 압력(P_m)

Solution

(1) $T=7020\dfrac{H}{N}=7020\times\dfrac{3}{300}=70.2\,(\mathrm{N\cdot m})$

$D_m=\dfrac{D_2+D_1}{2}=\dfrac{150+90}{2}=120\,(\mathrm{mm})$

$\therefore\ P=\dfrac{2T}{\mu D_m}=\dfrac{2\times70.2}{0.15\times120}=7.8\,(\mathrm{kN})$

(2) $F=P\dfrac{c}{a}=7.8\times\dfrac{90}{120}\fallingdotseq5.9\,(\mathrm{kN})$

(3) 방법 ①: $b=\dfrac{D_2-D_1}{2}=\dfrac{150-90}{2}=30\,(\mathrm{mm})$

$\therefore\ P_m=\dfrac{P}{\pi D_m b}=\dfrac{7.8\times10^3}{\pi\times120\times30}=0.69\,(\mathrm{MPa})$

방법 ②: $P_m=\dfrac{2T}{\pi\mu b\,D_m^{\ 2}}=\dfrac{2\times7.02\times10^3}{\pi\times0.15\times30\times120^2}=0.69\,(\mathrm{MPa})$

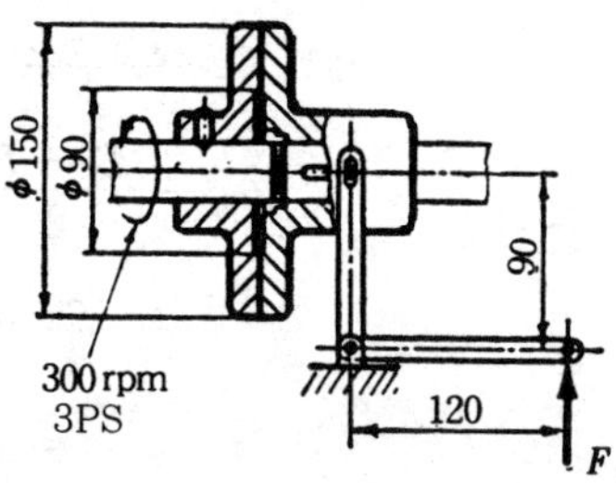

그림 7-58

예제 7-30 1250rpm으로 회전하는 원판 클러치의 지름 $D_1=120$mm, $D_2=200$mm 일 때, 전달 동력(PS)을 구하여라. 단, 접촉면 압력 0.3N/mm^2, $\mu=0.2$이다.

Solution

$T=\mu\dfrac{\pi}{16}(D_2^{\ 2}-D_1^{\ 2})(D_1+D_2)P_m$

$=0.2\times\dfrac{\pi}{16}(200^2-120^2)(120+200)\times0.3=96460(\mathrm{N\cdot mm})$

$\therefore\ H=\dfrac{TN}{7020}=\dfrac{96.46\times1250}{7020}=17\,(\mathrm{PS})$

예제 7-31 $N=200$rpm인 원판 클러치의 안지름 $D_1=200$mm일 때, 전달 마력(kW)을 구하 여라. 단, 접촉면 압력 0.15N/mm^2, $D_2/D_1=1.5$, $\mu=0.3$ 이다.

Solution

$D_2=1.5D_1=1.5\times200=300(\mathrm{mm})$

$D_m=\dfrac{D_1+D_2}{2}=\dfrac{200+300}{2}=250(\mathrm{mm})$

$b=\dfrac{D_2-D_1}{2}=\dfrac{300-200}{2}=50(\mathrm{mm})$

$T=\mu\pi b\dfrac{D_m^{\ 2}}{2}P_m=0.3\pi\times50\times\dfrac{250^2}{2}\times0.15\fallingdotseq221\,(\mathrm{N\cdot m})$

$\therefore\ H=\dfrac{TN}{9550}=\dfrac{221\times200}{9550}=4.6\,(\mathrm{kW})$

제7장 연습문제

•논문형

1. 커플링과 클러치를 분류하고, 그 특성을 설명하여라.
2. 커플링과 클러치의 설계상 요점을 열거하여라.
3. 플랜지 커플링의 강도 설계에 대하여 설명하여라.
4. 유니버설 조인트의 운동 특성과 각속비에 대하여 설명하여라.
5. 원통 커플링의 전달 토크에 대하여 설명하여라.
6. 원판 클러치와 원뿔 클러치의 전달 토크를 설명하여라.

•계산형

7-1. 200rpm, 40PS을 전달하는 마찰 원통 커플링의 축 지름 50mm일 때, 다음을 구하여라. 단, 접촉면 압력 10MPa, $\mu=0.15$이다

(1) 수직 하중(W) (2) 접선력(P_t)

(3) 커플링의 길이(l)

7-2. 800rpm으로 60kW를 전달하는 플랜지 커플링에서 다음을 구하여라. 단, 볼트의 피치원 지름 330mm, 볼트의 수 6개, 전단 응력 20N/mm^{2}이다.

(1) 축의 지름(d) (2) 볼트의 지름(δ)

7-3. 1800rpm, 200PS를 전달하는 플랜지 커플링에서 볼트 중심원 지름 150mm일 때, 다음을 구하여라. 단, 볼트의 수 3개, 볼트의 허용 전단 응력 150MPa이다

(1) 회전 토크(T) (2) 볼트의 지름(δ)

(3) 플랜지 뿌리부 두께(b) : (단, 플랜지 뿌리부 허용 전단 응력 16MPa, 플랜지 뿌리부 지름 30mm)

7-4. 200rpm으로 50PS을 전달하는 플랜지 커플링에 볼트의 지름 50mm인 10개로 고 정하고, 볼트의 피치원 지름 500mm일 때, 볼트가 받는 다음을 구하여라. 단, 플랜지 의 바깥 지름 700mm, $\mu=$ 0.25이다.

(1) 전단 응력(τ) (2) 인장 응력(σ_t)

7-5. 4-M10인 볼트로 고정된 플랜지 커플링이 400rpm으로 회전할 때, 다음을 구하여라. 단, 볼트의 피치원 지름 300mm, 볼트 허용 인장 응력 50MPa, $\delta_1=8.376$mm, $\mu=0.1$이다.

(1) 볼트의 인장력(체결력, 수직 하중)(Q) (2) 축의 전달 마력(PS)

(3) 볼트에 작용하는 전단 응력(τ_b)

7-6. 500rpm, 30PS의 동력을 전달하는 원뿔 클러치의 다음을 구하여라.

(1) 평균 지름(D_m) : (단, $\tau_a=$ 30MPa, 평균 지름은 축 지름의 6배)

(2) 접촉면의 직각 하중(F_1) : (단, $\mu=$ 0.25)

(3) 스러스트 하중(P) : (단, 원뿔각 22°)

(4) 접촉면 나비(b) : (단, 접촉면 압력 0.25MPa)

7-7. 500rpm, 30PS을 전달하는 원뿔 클러치에서 다음을 구하여라. 단, 평균 지름 300mm, $\alpha=8°$, 접촉면 압력 1MPa, $\mu=0.15$이다.

(1) 밀어 붙이는 힘(P) (2) 접촉 나비(b)

7-8. 1000rpm, 20PS을 전달하는 원뿔 클러치(또는 원뿔 브레이크)의 접촉면 평균지름 300mm일 때, 다음을 구하여라. 단, 원뿔각 22°, $\mu=0.25$이다.

(1) 축 방향 스러스트 하중(P) (2) 마찰면에 작용하는 수직 하중(F_1)

7-9. 그림 7-59의 원뿔 클러치가 300rpm, 1.5PS을 전달할 때, 다음을 구하여라. 단, $\alpha=20°$, $D_m=120$mm, $P_m=0.3$MPa, $\mu=0.3$이다.

(1) 마찰면의 나비(접촉 나비 : b) (2) 레버에 가하는 힘(조작력 : F)

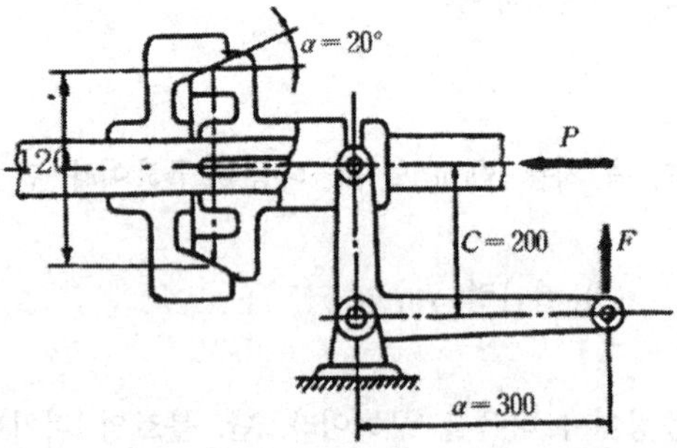

그림 7-59

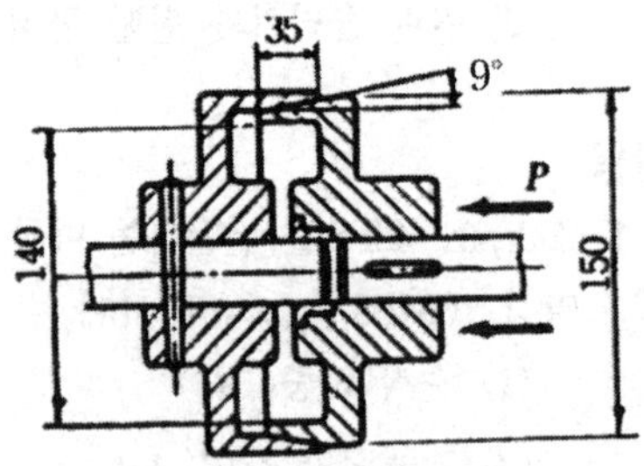

그림 7-60

7-10. 그림 7-60에서 회전 500rpm인 원뿔 클러치의 지름 $D_1=140$ mm, $D_2=150$ mm, $b=35$mm 일 때, 다음을 구하여라. 단, $P_m=0.3$MPa, $\mu=0.2$이다.

(1) 접촉면 수직력(F) (2) 회전 토크(T)

(3) 축 방향으로 누르는 힘(P) (4) 전달 동력(PS)

7-11. 4kW, 600rpm으로 회전하는 원판 클러치에서 $D_1=120$ mm일 때, 다음을 구하여 라. 단, 지름비 $D_2/D_1=1.5$, $\mu=0.15$이다.

(1) 축 방향으로 밀어 붙이는 힘(P) (2) 접촉면 압력(P_m)

7-12. 1600rpm으로 회전하는 다판 클러치의 치수 $D_1=200$ mm, $D_2=260$ mm일 때, 전달 동력(PS)을 구하여라. 단, 축 방향으로 누르는 힘 700N, $Z=8$, $\mu=0.1$이다.

7-13. 원판 클러치의 치수 $D_1=100$ mm, $D_2=160$ mm이고, 200rpm으로 회전할 때, 전달 동력(kW)을 구하여라. 단, 접촉면 압 0.2N/mm², $\mu=0.2$이다.

Answer

7-1. (1) 119N (2) 56kN (3) 477mm 7-2. (1) 57mm (2) 6.8mm

7-3. (1) 780N · m(2) 6mm (3) 34.5mm 7-4. (1) 0.358MPa (2) 1MPa

7-5. (1) 2.7kN (2) 9.2PS (3) 34MPa

7-6. (1) 252mm (2) 13.4kN (3) 5.8kN (4) 68mm

7-7. 5.38kN (2) 20mm 7-8. (1) 1.6kN (2) 3.7kN 7-9. (1) 17.3mm (2) 811kN

7-10. (1) 4.78kN (2) 69.3mm (3) 1.6kN (4) 4.9PS 7-11. (1) 5.7kN (2) 0.4MPa

7-12. 14.7PS 7-13. 0.67kW

제8장 미끄럼 베어링(sliding bearing)

축이 회전할 때 축의 끝이나 중간의 회전부에 사용되는 것으로, 축과 베어링 메탈(bearing metal)이 얇은 유막을 사이에 두고 상대 미끄럼 운동을 하는 것을 **미끄럼 베어링**(sliding bearing)이라 한다(그림 8-1).

8-1 일반 사항

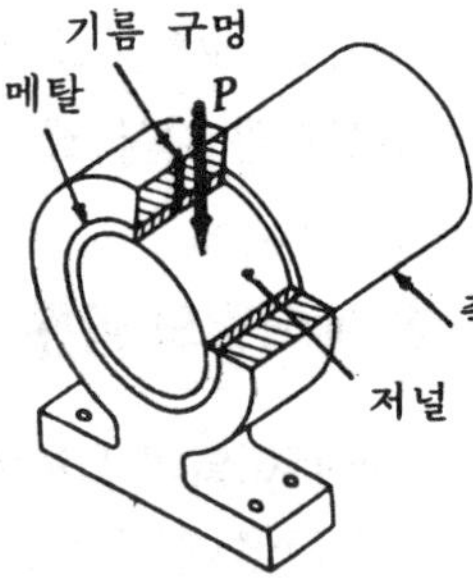

그림 8-1. 미끄럼 베어링

1. 특 성

(1) 장 점

① 베어링의 수명이 길다.
② 마찰 저항과 내 충격성이 크다.
③ 운전 소음과응력 변동이 작다.
④ 일반적으로 고속 성능이 가능하다.
⑤ 정압(靜壓) 베어링은 고속 고하중에 유리하다.
⑥ 정압 베어링은 부대 설비가 고가이나 중압(中壓) 베어링은 염가이다.
⑦ 동압(動壓) 베어링은 고속 저하중에 유리하다.
⑧ 축심의 변동이 가능하다.

(2) 단 점

① 베어링의 회전시 눌러 붙음에 주의하여야 한다.
② 베어링의 지름을 극히 작게 할 수 있으나, 나비가 크게 된다.
③ 중압 베어링에서는 유막의 구성력이 감소되고, 불리하다.
④ 저(抵) 융점 금속을 베어링 메탈로 사용하므로 고온에 약하다.
⑤ 레이디얼 하중과 스러스트 하중을 단독으로 밖에 받을 수 없다.
⑥ 정압 베어링에는 고압에서 급유 장치를 설치해야 된다.
⑦ 동(動) 마찰 저항과 정압 베어링에서는 기동시 마찰 저항이 아주 작다.
⑧ 동압 베어링에서는 축심의 변동이 작다.
⑨ 기름의 누수 방지 대책을 강구하여야 한다.
⑩ 규격의 통일이 불충분하고, 교환성이 나쁘다.

2. 설계상 주의

(1) 마모와 마찰 저항이 작고, 손실 동력을 극소화해야 된다.
(2) 구조가 간단하고, 유지와 보수, 수리 등이 쉬워야 한다.
(3) 강도를 충분히 취하고, 눌러 붙음에 주의 하여야 한다.
(4) 과대한 열이 발생하여 베어링의 사용 온도를 높지 않게 한다.
(5) 치수를 정확하게 하고, 베어링의 간극을 정확히 설치한다.
(6) 진동 하중과 축의 진동에 대하여 충분히 고려하여야 한다.
(7) 마찰면내에 물, 먼지 등의 침입이 되지 않게 한다.
(8) 하중과 미끄럼 속도에 의하여 마찰면이 파괴되지 않게 한다.
(9) 윤활유를 유효하게 사용하고, 소비량을 적게 하여야 한다.
(10) 고속도, 고하중일 때 열의 방산(放散)에 대하여 고려한다.
(11) 윤활제의 다량 공급에 의한 냉각법을 고려한다.

3. 베어링의 종류

(1) 축과 베어링의 접촉에 따라

① **미끄럼 베어링**(sliding bearing) : 축(또는 저널)과 베어링 사이에서 미끄럼에 의하여 접촉하며, 상대 운동을 하는 것이다[그림 8-2 (a)].
종류는 일체 베어링(통쇠 베어링)과 분할 베어링이 있다(그림 8-29).

② **구름 베어링**(rolling bearing) : 볼(ball) 또는 롤러(roller)에 의해서 구름 접촉하는 것이다[그림 8-2 (b)].
종류는 레이디얼 베어링과 스러스트 베어링으로 구분된다(표 9-1).

(2) 하중의 방향에 따라(그림 8-2)

① **레이디얼 베어링**(radial bearing) : 레이디얼 하중 즉, 축선에 직각으로 작용하는 하중을 지지한다.

② **스러스트 베어링**(thrust bearing) : 스러스트 하중 즉, 축선 방향으로 작용하는 하중을 지지한다.

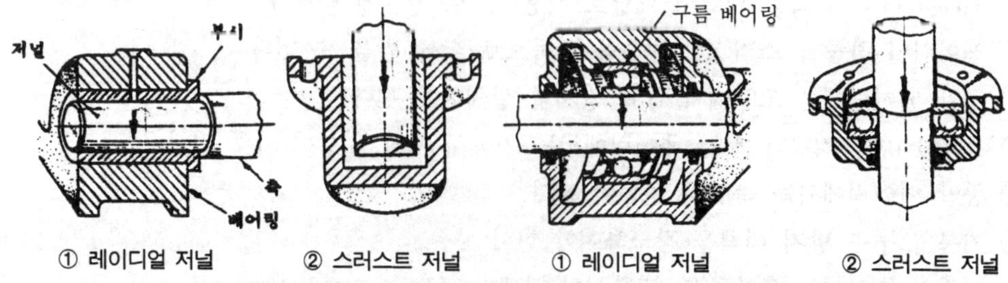

① 레이디얼 저널 ② 스러스트 저널 ① 레이디얼 저널 ② 스러스트 저널
(a) 미끄럼 베어링 (b) 구름 베어링

그림 8-2. 축과 베어링의 접촉에 따른 종류

4. 저널의 종류

축의 끝이나 중간 부분이 베어링에 받쳐지고 있는 축을 저널(journal)이라 한다.

(1) 레이디얼 저널(radial journal : 그림 8-3, 그림 8-4)

축의 중심선에 직각 방향으로 하중이 작용하는 것으로서, 다음의 2가지가 있다.

① **축끝 저널**(end journal)　　② **중간 저널** (neck journal)

그림 8-3. 축끝 저널

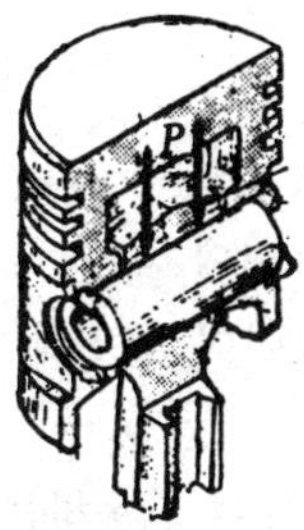

그림 8-4 중간 저널

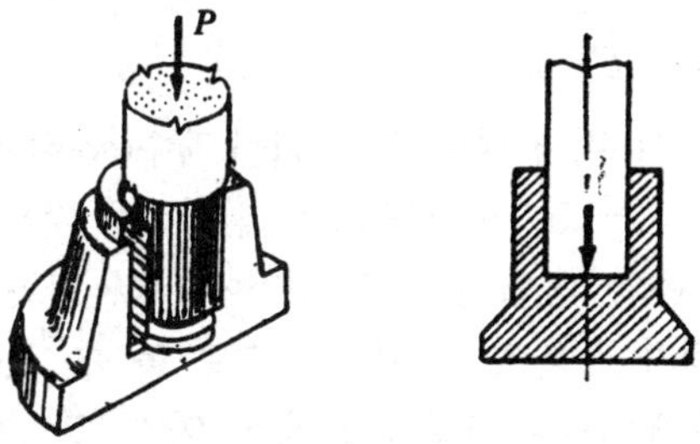

(a)　(b)

그림 8-5. 피벗 저널

(2) 스러스트 저널(thrust journal)

축 중심선에 따라 하중이 작용하는 것으로, 저속 회전이나 중하중 운전에 사용된다.

① **피벗 저널**(pivot) : 축방향의 하중이 비교적 적을 때에 사용한다(그림 8-5).

② **피벗 칼라 저널**(pivot collar journal) : 축방향의 하중이 비교적 클 때 사용하며, 선박의 프로펠러 축, 원심 펌프의 축 등에 사용된다(그림 8-6).

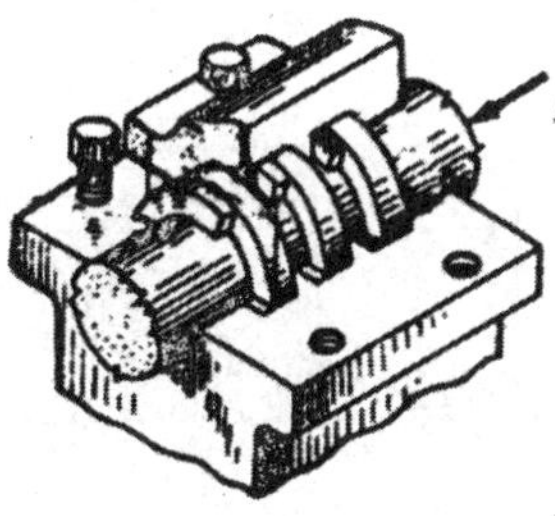

그림 8-6. 피벗 칼라 저널

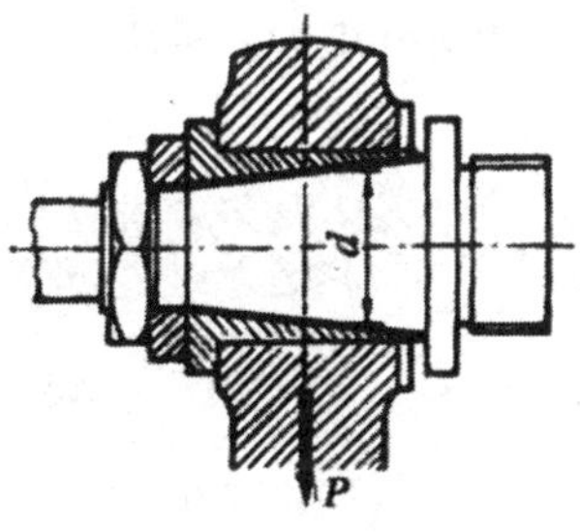

그림 8-7. 원뿔 저널

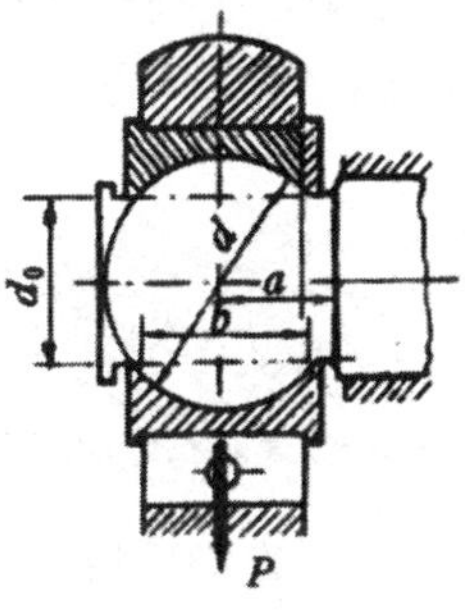

그림 8-8. 구형 저널

(3) 원뿔 저널(cone journal : 그림 8-7)

선박의 주축과 같이 축 방향 및 이에 직각 방향으로 동시에 하중이 걸리는 것이다.

(4) 구면 저널(spherical journal)

원뿔 저널의 끝이 구면(球面)으로 받쳐지며, 축 방향을 변화시킬 수 있게 되어 있다 그림 8-8과 같이 구면형, 저널은 베어링 면적이 비교적 작으나, 공작이 어렵고, 특수한 경우에만 사용된다.

8-2 마찰과 점도

1. 미끄럼 베어링의 마찰

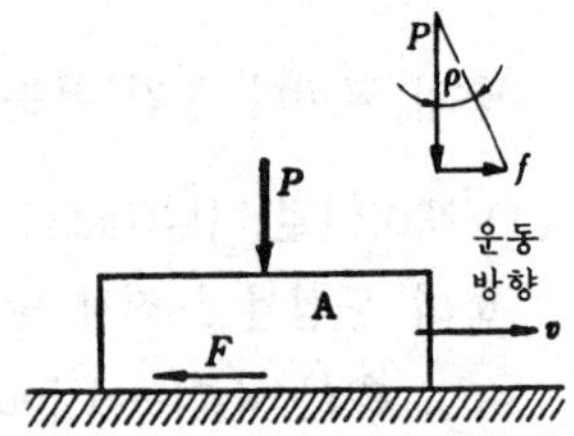

그림 8-9. 미끄럼 마찰

그림 8-9에서 물체 A가 평면상을 일정한 속도로 접촉면 사이의 수력 P에 의하여 미끄럼을 행하고 있을 때, 접촉면에 작용하는 마찰력 F는 **쿨롬**(coulomb)의 법칙에 의해 다음의 관계가 있다.

$$F = \mu P \tag{8-1}$$

위 식에서 비례 상수 μ를 **마찰 계수**(coefficient of friction)라 한다.

실제로 μ는 단순한 계수로서, 엄밀하게 말하면 접촉면의 재질, 접촉면의 상태, 윤활제의 유무, 하중의 크기, 온도, 속도 등 여러 조건에 따라 변화하는 값이기 때문에 정수로 취급할 수 없다. 단, 각 조건의 변화가 적은 범위 때는 정수로 볼 수 있다.

미끄럼 베어링의 마찰에 있어서 2개의 고체가 접촉하여 활동하는 경우, 그 접촉면은 다음의 3가지 마찰상태 중에서 어느 하나의 상태를 취하게 된다.

(1) 고체 마찰(solid friction)

접촉면 사이에 윤활제의 공급이 없는 경우의 마찰 상태로서 **건조 마찰**(dry friction)이라고도 한다. 이 상태는 재료의 탄성, 접촉면의 거칠기, 접촉 압력, 상대 속도 등에 따라 변화하므로 마찰계수도 이들의 영향을 받으며 값은 $\mu=$ 0.14~0.25 정도이다.

(2) 경계 마찰(boundary friction)

그림 8-10 (a)와 같이 완전 윤활 마찰 상태와 고체면 사이에 윤활제가 개재하고 있어도 어느 곳에서는 양 활동면이 깨져 직접 접촉하여 윤활 작용이 완전하지 못하게 되는 마찰 상태로서 고체와 유체 마찰의 중간 정도 되는 것으로 **혼성 마찰**이라고도 한다.

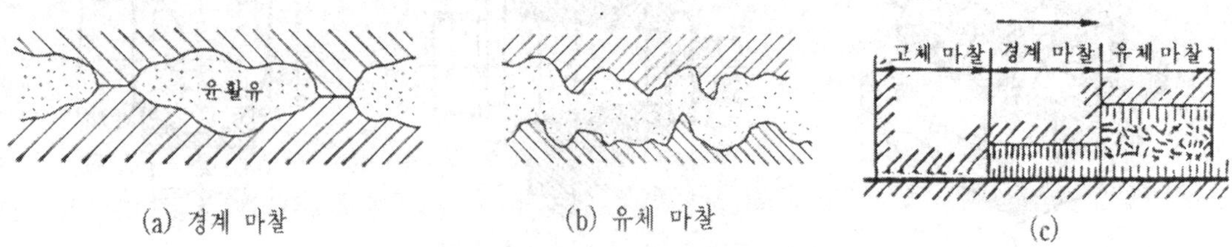

(a) 경계 마찰 (b) 유체 마찰 (c)

그림 8-10. 마찰의 종류

(3) 유체 마찰(fluid friction)

그림 8-10 (b)와 같이 접촉면 사이에 윤활제가 충분한 유막을 형성하여 접촉면이 서로 완전히 떨어져 있는 경우의 마찰 상태이다. 따라서 이 마찰은 기름의 전단 저항, 즉 기름의 점성(viscosity)에만 기인하는 것이며, 접촉면의 재질, 표면의 상태에는 무관계이므로 마찰계수는 극히 작다. 그러므로 마멸이나 발열은 아주 미소하며, 베어링으로서는 가장 양호한 상태인 것이다. 그림 8-12 (c)는 이상의 마찰 상태를 나타낸 것이다.

2. 점도와 밀도

(1) 점도(粘度)

그림 8-11과 같이 평면상에 판자가 있고, 양자 사이에 기름이 개재하여 판자가 속도 u로 운동하고, 기름의 속도 분포가 흐름의 방향에 수직의 단면에서 균일하다고 하면 평면에 접하여 직선적으로 변화하는 것으로 생각된다. 여기서 임의 기름은 단위 시간 후에는 일종의 전단 변형이 생기는 것이 되고 이것에 수반되어 전단 저항이 생긴다.

지금 판이 속도 u로 유막의 두께 h인 윤활유의 막상을 미끄러질 때 판 A의 아래 기름의 미소층은 판과 함께 이동하지만 제일 아래층은 정지하고 있다. 그림에서 판 A를 움직이는 힘 F, 판이 기름에 접하는 면적을 A라 하면 점성 유체에 대한 뉴턴의 법칙에 따라 유체내의 전단 강도 τ는 y축 상의 속도 경사 du/dy에 비례하므로

A : 판의 면적(cm^2)

F : 판을 이동시키는데 필요한 힘(dyne)

$du/dy\left(\frac{u}{h}\right)$: 속도의 변화율(rate of change of velocity), 변형률 또는 속도 기울기

η : 절대 점성 계수(absolute viscosity) 또는 점도(viscosity)일 때

$$\tau = \frac{F}{A} = \eta\frac{du}{dy} \tag{8-2}$$

로 되고, 위 식에서 η는 유체 고유의 값으로 y축 방향에 u가 직선적으로 증가할 때 각 층 속도 변화가 선형적일 때 즉, du/dy가 일정한 경우 U/h로 쓸 수 있으므로

$$\tau = \frac{F}{A} = \eta\frac{U}{h} \tag{8-3}$$

위 식에서 판을 이동 시키는데 필요한 힘 F는

$$F = \eta\frac{U}{h}A \tag{8-4}$$

로 나타내며, 이 때에 절대 점성 계수(η)는

$$\eta = \frac{Fh}{Au} \tag{8-5}$$

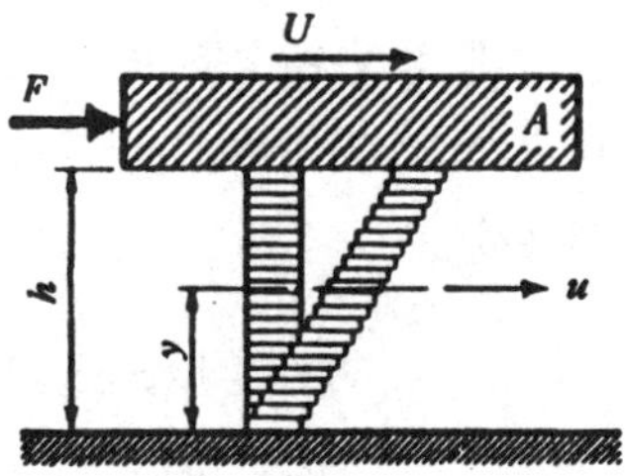

그림 8-11. 윤활 유막의 형성

로 되고, 위 식을 C.G.S 단위로 나타내면 다음과 같이 된다.

$$\eta = \frac{F\,(\mathrm{dyn}) \times h\,(\mathrm{cm})}{A\,(\mathrm{cm}^2)\,\mathrm{u}\,(\mathrm{cm/s})} = \frac{Fh}{Au}\ (\mathrm{dyn \cdot s/cm^2}) \tag{8-6}$$

(2) 포아즈(Poise)

절대 점도의 단위는 단위계에 따라 다르며, U(cm/s), F(dyne)이므로 η(dyn · sec/ cm^2)는 1(cm)의 유막 두께로 면적 1(cm^2)의 판을 1(cm/sec)의 속도로 움직이는 데 필요한 1(dyn)의 힘을 말하며 이 단위를 포아즈(poise)라 한다.

C.G.S 절대 단위계 즉, 절대 점성 계수(absolute viscosity)에서는 단위를 포아즈라고 하며, 기호 P로 나타낸다. 1P는 유막의 두께 1cm당, 1cm/s의 속도 기울기일 때의 전단 강도가 1dyne/ cm^2인 것을 나타낸다. 즉 점성 계수의 공업 단위로서는 $N \cdot s/m^2$가 사용되므로 다음의 관계가 이루워 진다.

$$\left.\begin{aligned} 1P &= 1dyne \cdot s/cm^2 = 0.1N \cdot s/m^2 = 1.02\times10-{}^2kg_f/m^2 \\ &= 10\times10^{-6}N \cdot s/cm^2 = 1\times10^{-1}N \cdot s/m^2 = 0.1Pa \cdot s \end{aligned}\right\} \quad (8-7)$$

대부분의 윤활유 점도는 1poise보다 작으므로 점도의 실용 단위로서 절대 점도의 1/100를 센티 포아즈(centi−poise : cP)라 하고, 점도의 단위로 많이 사용된다.

점성 계수의 공업 단위로는 $kg_f \cdot s/m^2$이 사용되므로 $1P = 1.02\times10^{-2}$ kg_f/m^2의 관계가 이루어 진다. 절대 점도 계수의 단위 사이의 관계는 다음과 같다.

$$\left.\begin{aligned} 1\,(cP) &= 1.176\times10^{-3}N \cdot s/m^2 = 1.176\times10^{-7}N \cdot s/cm^2 \\ &= 0.99\times10^{-10}N \cdot s/mm^2 = 1\times10^{-3}Pa \cdot s = 1mPa \cdot s \\ &= 102\times10^{-10}kg_f \cdot s/mm^2 \end{aligned}\right\} \quad (8-8)$$

기름의 절대 점도는 centi−poise(cP)로 표시될 때가 많으나, 공학상은 $N \cdot s/m^2$를 사용하는 것이 계산상 편리하다. 68.4°F의 물은 1cP와 같으며, 절대 점도 $\eta\, N \cdot s/m^2$ 와 $\eta\,(cP)$ 사이의 관계는 다음과 같다.

$$\eta\,(N \cdot s/m^2) = \frac{\eta(cP)}{9800} = v(m^2/s) \cdot \rho\,(N/m^3) \quad (8-9)$$

(3) 스토크(Stoke)

절대 점성 계수를 η, 밀도를 ρ라고 할 때, $v=\mu/\rho$를 동점성(動粘性) 계수(kinematic viscosity)라고 하고, 과거에는 m^2/s의 단위를 사용하였다. 이 절대 단위를 스토크(Stoke)라 하고, St의 기호로 사용한다.

$$1St = 1\,(cm^2/s) = 1\times10^{-4}m^2/s \quad (8-10)$$

$$1cSt = 0.01St = 1\times10^{-6}m^2/s = 1mm^2/s \quad (8-11)$$

즉, 1 St의 1/100의 단위를 센티 스토크(centi−Stoke)라 하고, cSt의 기호로 표시한다. 또 점성계수를 식섭 측정은 곤란하므로 측정하기 쉬운 동점성 계수를 사용한다.

(4) 점성 계수

절대 점성 계수(η)와 기름의 밀도(ρ) 및 동점성 계수(ν)와의 관계는 다음과 같다.

$$\left.\begin{aligned} &\eta(cP) = \nu(cSt)\rho = 6.81\times1.02\times10^{-4}kg_f \cdot s/m^2 = 6.9\,kg_f \cdot s/m^2 \\ &\eta\frac{lb \cdot s}{in^2} = \frac{\eta(cP)}{6895000} = \eta(cP) \times 0.000000145 \\ &\nu = \frac{\eta}{\rho}\,(cm^2/s) \end{aligned}\right\} \quad (8-12)$$

위 식에서 ρ는 기름의 비중($dyn \cdot s^2/cm^4$)이다.

이 때에 점도의 각종 실용 단위 S와 절대 점도 η와의 관계는 표 8-1과 같다.

표 8-1. 점도 환산

실용 점도 S	운동 점도 (cSt)	실용 점도 S	운동 점도 (cSt)
세일볼트 · 유니버설 레드우드 No. 1	0.220s−180/s 0.26s−171.5/s	레드우드 No. 2 앵글러	2.70s−1120/s 0.147s−374/s

> **＊ 설계상 주의**
> 윤활유의 점도는 온도의 상승에 따라 급속히 감소하고, 밀도는 온도 상승과 더불어 저하한다.

(5) 공업용 점도계의 단위

유체의 점도를 직접 측정하기는 곤란하므로 측정이 쉬운 동점도 계수가 측정된다. 이러한 공업용 점도계는 다음과 같은 것이 있다. 측정기로는 여러 가지 점도계가 있으나 점도계에서 측정되는 것은 동점성 계수 ν이므로, 점성 계수 η를 구하려면 밀도 ρ를 측정해야 한다. 특히 점도 측정을 위하여 사용되는 점도계로 세이볼트 점도계가 있다.

① **세이볼트 점도계**(Saybolt universal viscometer) : 일정 온도에서 표준 모세관 속을 60cc 기름이 통과하는 데 소요되는 시간을 초로 표시한 수치를 **세이 볼트 유니버설초**(秒)(SUV : S″)라 하며, SUV와 η (cP)와의 관계는 다음과 같다.

$$\eta(\text{cP}) = \rho\left(0.22\text{SUV} - \frac{180}{\text{SUV}}\right)(\text{cSt}) = \rho\left(0.22\text{S}'' - \frac{180}{\text{S}''}\right)(\text{cP}) \qquad (8-13)$$

여기서 η, ρ, SUV는 각각 $t°C$에서의 값을 취한다.

② **레드우드 점도계**(Redwood viscometer) : 세이볼트 점도계와 같은 구조로 50cc를 유출 시킬 때 요하는 시간을 초로 나타낸 값을 **레드우드 초**(R'')라 한다.

$$\eta = \rho\left(0.26R'' - \frac{171}{R''}\right)(\text{cP}) \qquad (8-14)$$

③ **앵글러 점도계**(Engler viscometer) : 20°C인 일정량의 물을 유출시키는데 요하는 시간을 t_0, 시험하는 기름을 임의의 온도로 같은 양을 유출시키는데 요하는 시간을 t라 할 때, $E'' = t_0/t$를 **앵글러도**(度)(E'')라 한다.

(6) 밀 도

유체의 점성 계수를 직접 측정하는 것은 곤란하므로 측정하기 쉬운 동점성 계수가 측정된다. 측정기로서는 여러 가지 점도계가 있으나, 점도계에서 측정되는 것은 동점성 계수 ν이므로, 점성 계수 η를 구하려면 밀도 ρ (g/cm^3)를 알아야 한다.

기름 밀도는 온도 상승과 함께 감소하므로 $t°C$에서의 밀도(ρ)는 다음으로 구한다.

ρ : 온도 $t°C$에 있어서의 밀도, ρ_0 : 온도 $t_0°C$에 있어서의 밀도일 때

$$\rho = \rho_0 - 0.000657(t - t_0) \qquad (8-15)$$

8-3 미끄럼 베어링의 윤활

1. 마찰 계수(페트로프 방정식)

그림 8－12에서 축과 베어링 사이에 적당한 틈새가 있고, 윤활유가 충만되어 정지하였을 때에는 그림 (a)와 같이 중심선은 수직이나, 시동하면 금속면이 직접 접촉하기 때문에 그림 (b)와 같인 저널이 이동한다. 그러나 회전이 고속으로 되면 기름도 저널과 더불어 운동을 일으켜서 그림 (d)와 같이 축의 끝 저널을 기름 속에 떠오르게 한다.

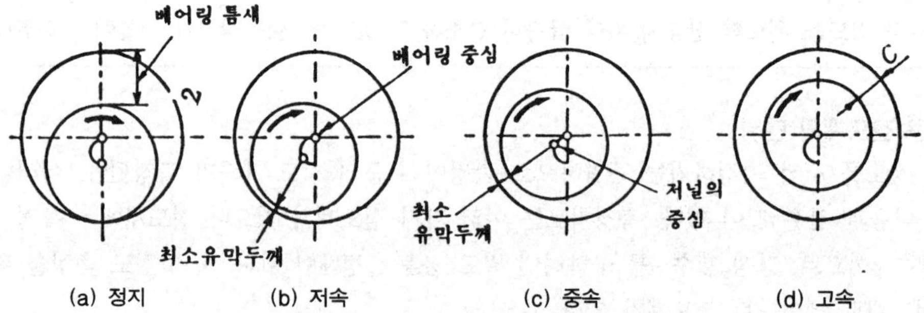

그림 8－12. 회전 속도와 유막 두께

이와 같이 저널 베어링에서 고속이며 점도가 높고 하중이 극히 가벼워 축의 중심이 베어링의 중심과 일치할 때는 반지름 틈새가 베어링의 길이에 따라 일정하다고 가정할 수 있다. 베어링의 마찰 현상은 축이 동심이라는 가정을 이용하여 페트로프(N.P.Petroff : 러시아의 공학 연구자)의 해석 방법을 사용한다. 이것이 중요한 것은 무차원수(dimension less parameter)로 정의 되기 때문이다.

그림 8－13에서 반지름 방향의 틈새(C)가 어느 곳에서나 일정하다고 가정한다면 기름의 전단 강도는 유체의 마찰력 F, 회전 속도 N일 때, 식 (8－2)에서

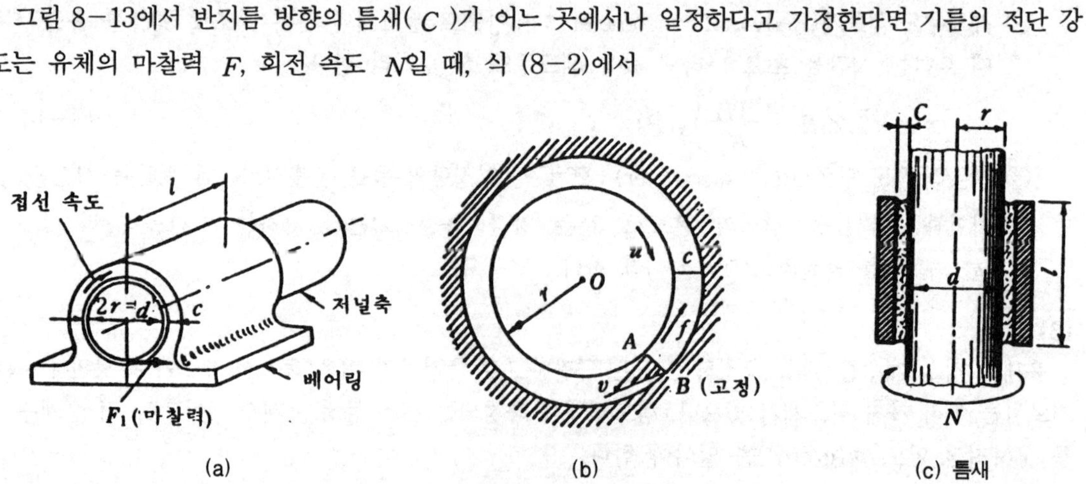

그림 8－13. 단순화한 베어링내 윤활

$$\tau = \frac{F}{A} = \eta\frac{U}{h} = \frac{2\pi r}{C}\frac{\eta N}{60} \tag{8-16}$$

위 식에서 틈새 C는 일반적으로 정밀 기계에서 축심의 흔들림을 적게하기 위하여 될수록 작게하고, 중하중 고속 베어링에서는 윤활유를 충분히 공급하여 윤활과 냉각을 겸해서 행해야 되므로 틈새를 크게 잡는다. 또 식 (8−16)에서 **마찰 저항 토크**(T)는

$$T = (\tau A)r = \frac{2\pi r}{C}\frac{\eta N}{60}(2\pi rl)r = \frac{4\pi^2 r^3 l}{C}\frac{\eta N}{60} \tag{8-17}$$

로 되고, 저널의 표면적을 A, 유막 두께를 h라 할 때

$$T = \frac{Fd}{2} = \frac{\eta Ad}{2}\cdot\frac{U}{h} = \frac{\pi^2\eta ld^3 N}{2h} \tag{8-18}$$

로 되며, 베어링 하중 P, 베어링 압력 $p(\mathrm{N/cm^2})$일 때, 다음과 같이 된다.

$$T = \mu Pr = \mu(2rlp)r = 2r^2\mu lp \tag{8-19}$$

이 때에 베어링 압력은 $p = P/2rl$ 이고, 식 (8−17)과 식 (8−18)을 같게 놓을 때, **마찰 계수**(μ)는

$$\mu = \frac{2\pi^2}{60}\frac{\eta N}{p}\left(\frac{r}{C}\right) \tag{8-20}$$

로 된다. 위에서 $\dfrac{\eta N}{p} = \dfrac{\eta\,(\mathrm{cP})\;N(\mathrm{rpm})}{P/(d\,l\,)(\mathrm{N/cm^2})}$ 이다.

여기에서 **틈새비**(φ)는

$$\phi = \frac{C}{r} \tag{8-21}$$

로 나타내므로, 식 (8−20)은 다음과 같이 된다.

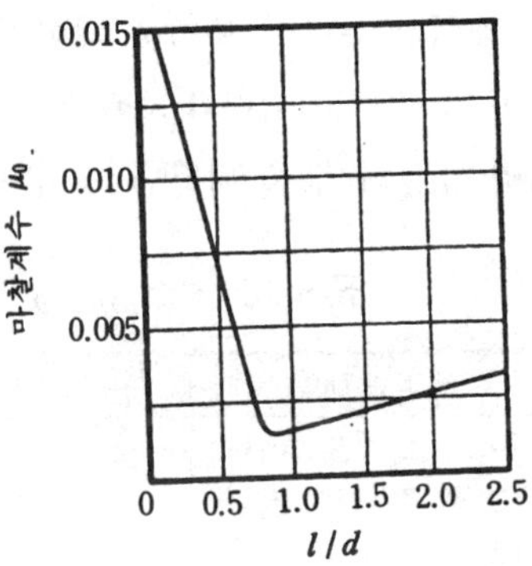

그림 8−14. l/d 과 μ_0와의 관계

$$\mu = \frac{\pi^2}{30}\frac{\eta N}{p}\frac{1}{\phi} \tag{8-22}$$

위 식을 **페트로프**(Petroff)의 **베어링** 식이라 하며, 이 식 중의 $\eta N/p$ 및 틈새비 $\phi = C/r$는 미끄럼 베어링에서 중요한 파라미터이다. 또 $\eta N/p$는 무차원량으로서 **베어링 계수**(beraing modulus)라고 한다. 또한 저널의 축 하중 P를 고려할 때, 위 페트로프의 식은 다음과 같이 나타낼 수 있다.

$$\mu = \frac{F}{P} = \frac{2T}{dP} = \frac{\pi^2\eta ld^2 N}{hP} \tag{8-23}$$

위 식에서 η를 cP로서 표시하면 $1\mathrm{cP} = 102\times10^{-10}\mathrm{kg_f}\cdot\mathrm{s/mm^2}$ 이므로 μ는

$$\mu = \frac{\pi^2}{30}\times102\times10^{-10}\left(\frac{\eta N}{p}\right)\left(\frac{1}{\phi}\right) = 33.5\left(\frac{\eta N}{p}\right)\left(\frac{1}{\phi}\right)\times10^{-10} \tag{8-24}$$

로 되고, μ는 이론식이나 성능 계산법에서 구할 수 있으나, 360° 베어링에서는 l/d로서도 변화하므로, **맥키**(Mackee)는 다음의 식을 사용할 것을 권장하였다.

$$\mu=33.5\left(\frac{\eta N}{p}\right)\left(\frac{1}{\phi}\right)\times10^{-10}+\mu_0 \qquad (8-25)$$

위 식에서 μ_0는 l/d에 의하여 결정되는 상수로서 그림 8-14에서 구할 수 있다.

그리고 베어링 계수 $\eta N/p$의 값은 유막의 두께와 윤활상태의 계산으로 한다. 보통의 조건으로 완전 윤활을 할 때는 상당의 안전율을 생각하여 $\eta N/p$ 값은 14×10^4 이상으로 한다. 또 틈새비 φ는 0.001~0.004의 값을 표준으로 한다.

축의 회전수 N, 절대 점도 η, 베어링의 지름 d, 베어링의 길이 l일 때 베어링의 압력 p는 다음과 같다.

$$\left.\begin{aligned} p&=\frac{\eta N}{(\eta N/p)} \quad ① \\ &=\frac{P}{dl} \quad ② \end{aligned}\right\} \qquad (8-26)$$

이상에서 l이 길면 축이 휘어져서 하중이 평균적으로 걸리지 않을 염려가 있고, 또 l이 적으면 축의 안정성이 나빠지지만 베어링 면의 내하중성이 한계 이하이면 l은 적을수록 좋다. 저하중 고속의 베어링 유막이 두꺼운 베어링에서 l/d은 크고 하중이 클수록 l/d는 적어도 된다.

표 8-2는 베어링의 재료에 따라 $\eta N/p$와 틈새비 φ를 나타낸 것이고, 표 8-3은 베어링의 종류에 따라 l/d의 값을 나타낸 것이다.

표 8-2. 최소 $\eta N/p$와 틈새비(φ)

베어링 재료	$\eta N/p$	$\varphi=c/r$
Sn계 화이트 메탈	280	$(0.5\sim1.0)\times10^{-3}$
Pb계 화이트 메탈	140	$(0.5\sim1.0)\times10^{-2}$
켈멧	50	$(1.2\sim1.5)\times10^{-3}$
Ag-Pb-In	30	$(0.7\sim1.2)\times10^{-3}$

표 8-3. l/d의 값

종류	l/d
자동차 기관주 베어링	0.8~1.8
자동차 크랭크 핀	0.7~1.4
디젤 기관 주베어링	0.6~2.0
증기 터빈 주베어링	1~2
차축	1.8~2
전동축(자동조심 베어링)	2.5~4
전기기계 회전자 베어링	1~2

그림 8-15는 μ와 $\eta N/p$와의 관계를 나타낸 것으로 곡선 $ABCD$를 마찰 특성 곡선 또는 스트리베 곡선(stribeck curvc)이라 하고, 이것은 윤활 상태와 윤활 영역을 노시한 것이다. 그림에서 μ는 A에서 B까지는 감소하고 B에서 C를 향하여 불규칙이며 또 급격히 증가한다. AB 사이를 유체 윤활 영역(완전 윤활 영역), BC 사이를 탄성 유체 윤활, CD 사이를 혼합 윤활, DE 사이를 경계 윤활이라 하며, B에서 E까지를 불완전 윤활 영역이라 한다.

B 점은 유체 윤활에서 탄성 유체 윤활로 옮기는 전이점으로 μ가 최소로 되는 점으로 한계점이라 한다. 그림 8-15 (b)와 같이 축의 회전수에 따라 베어링과의 상대 속도는
증가하므로 마찰이 증가하면 베어링 압력이 작아지고, 저속에서 축은 부상하여 유체 마찰도 증가되므로 고속에서 베어링의 압력이 커지면 μ도 크게 된다는 것을 알 수 있다.

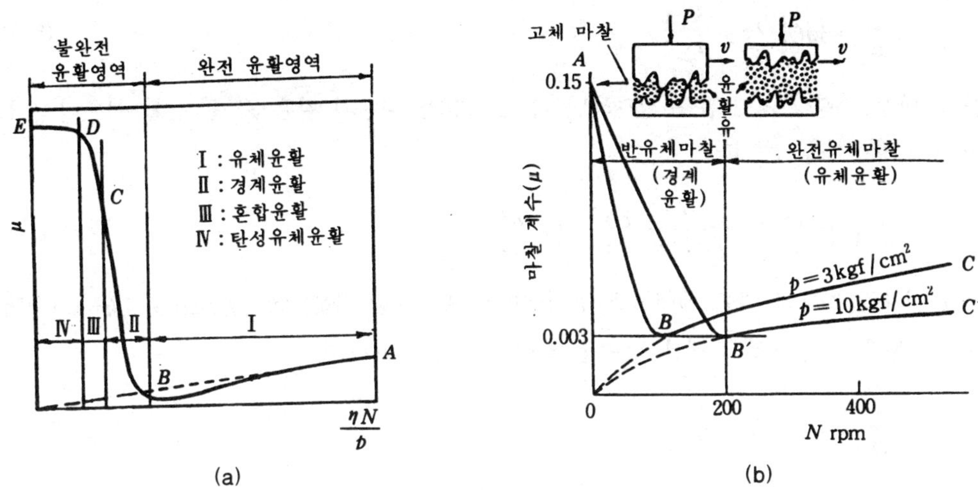

그림 8－15. 마찰 특성 곡선(스트리백 곡선)

2. 레이놀즈 방정식

미끄럼 베어링의 마찰 계수 및 그 밖의 특성 값을 구하기 위하여 점성 유체 역학으로 해석할 때 그림 8－16에서 두 평면 사이의 상대 미끄럼 때문에 기름은 전단력을 받으나 두 평면이 지면에 수직한 방향으로 충분히 길다면 전단의 대부분은 x 방향으로 일어나므로 지면에 수직한 방향의 흐름은 고려할 필요가 없어서 문제는 2차원 문제로 간단해진다. 이론해석을 간단하게 하기 위해 다음 가정을 설정한다.

(1) 윤활유는 뉴턴의 점성 유체법칙에 따른다.

(2) 윤활유의 관성력은 전단력에 비해 작다고 생각하여 생략 한다.

(3) 윤활유는 비압축성이고, 점성계수는 일정하다.

(4) y 방향의 유체 압력은 일정하다.

그림 8－16에서 틈새를 흘러가는 단위마다의 유량 Q는 임의 층에서 속도 U, 압력은 p라 할 때

$$Q=\int_0^h u dy=\frac{Uh}{2}-\frac{h^3}{12\eta}\frac{dp}{dx} \qquad (8-27)$$

로 되고, 연속의 식은 $dQ/dx=0$ 이므로

$$\frac{dQ}{dx}=\frac{U}{2}\frac{dh}{dx}-\frac{d}{dx}\left(\frac{h^3}{12\eta}-\frac{dp}{dx}\right)=0 \qquad (8-28)$$

$$\frac{d}{dx}\left(\frac{h^3}{\eta}\frac{dp}{dx}\right)=6U\frac{dh}{dx} \qquad (8-29)$$

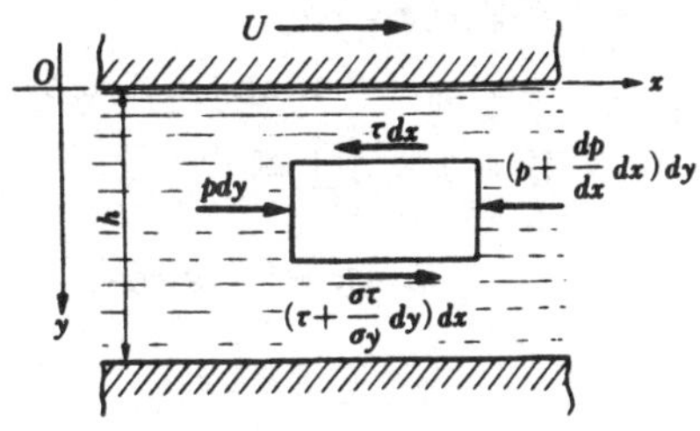

그림 8－16

이것을 1차원 흐름에 대한 **레이놀즈 방정식**(Reynolds equation)이라 한다. h는 x의 함수이므로, 이 식을 풀면 p가 x의 함수로서 구해진다.

식 (8－29)를 적분하여 $dp/dx=0$, $h=h_0$(h_0는 최대 압력 위치에 있어서의 유막 두께)로부터 적분 상수를 결정하면 다음 식이 얻어진다.

$$\frac{dp}{dx}=6\eta U\left(\frac{1}{h^2}-\frac{h_0}{h^3}\right) \tag{8-30}$$

만일 축 방향(z 방향)의 흐름을 생각하면 식 (8-29)는 다음과 같은 3차원 윤활 이론의 기초가 되는 레이놀즈 방정식을 얻는다.

$$\frac{\partial}{\partial x}\left(\frac{h^3}{\eta}\frac{\partial p}{\partial x}\right)+\frac{\partial}{\partial z}\left(\frac{h^3}{\eta}\frac{\partial p}{\partial z}\right)=6U\frac{\partial h}{\partial x} \tag{8-31}$$

위 식은 3차원 흐름에 대한 레이놀즈 방정식이고, 위 식을 적분하고 $dp/dx=0$, $h=h_0$(최대 압력 위치에서의 유막 두께)로부터 적분 상수를 정리하면 다음과 같다.

$$\frac{dp}{dx}=6\eta U\left(\frac{1}{h^2}-\frac{h_0}{h^3}\right) \tag{8-32}$$

위 식으로부터 베어링의 압력 분포를 구할 수 있다.

3. 유막 두께

실제의 저널 베어링에서는 축과 베어링의 관계 위치가 회전중에 회전 속도와 유막 압력에 의하여 그림 8-17과 같이 축심은 편심되어 베어링 틈새는 동일하지 않고 최소 틈새 즉, 유막 두께가 존재한다. 이러한 유막의 쐐기작용으로 유막 중에 생긴 압력이 상승하여 저널을 지지하게 된다.

그림에서 축의 중심 O_1, 베어링의 중심 O_2일 때, 화살표 방향으로 축이 회전하고, 틈새에는 윤활유가 있을 때 베어링의 상태(l, d, r, C, N, P, η)가 주어지면 유막 두께는 이론적으로 다음과 같이 구해진다.

- e : 편심 거리
- ø : 틈새비(ø$= c/r$)
- ε : 편심율(ε =e/c)
- c : 축과 베어링 사이반지름 방향 틈새($R-r$)일 때

$$\left.\begin{aligned} h&=R-r+e\cos\theta \\ &=C+e\cos\theta \\ &=C(1+\varepsilon\cos\theta) \end{aligned}\right\} \tag{8-33}$$

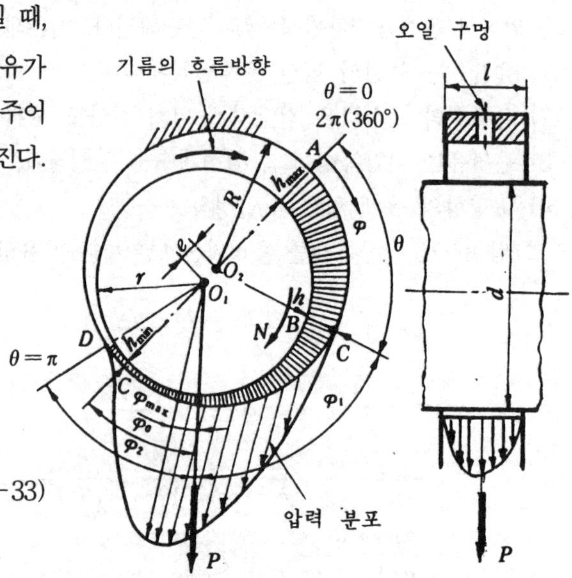

그림 8-17. 유압 압력 분포 상태

따라서 유막의 최대 두께(h_{max})와 최소 두께(h_{min})는 다음과 같이 나타낼 수 있다.

$$\left.\begin{aligned} h_{max} &= C+e=C(1+\varepsilon)(\theta=0,\ 360°) \\ h_{min} &= C-e=C(1-\varepsilon)(\theta=\pi) \end{aligned}\right\} \tag{8-34}$$

4. 좀머 펠트 수

압력 분포를 구하기 위하여 식 (8−32)에 식 (8−33)을 대입하면 압력(p)은

$$p=p_0+\frac{6\eta Ur}{C^2}\left\{\frac{\varepsilon(2+\varepsilon\cos\theta)\sin\theta}{(2+\varepsilon^2)(1+\varepsilon\cos\theta)^2}\right\} \tag{8-35}$$

로 되고, P_0는 $\theta=0$에서의 유막 압력이다. 베어링의 단위 나비에 대한 부하 용량 P는 다음과 같이 된다.

$$P=\int_0^{360°} pr\sin\theta\, d\theta=\eta U\left(\frac{r}{C}\right)^2\left[\frac{12\pi\varepsilon}{(2+\varepsilon)^2\sqrt{1-\varepsilon^2}}\right] \tag{8-36}$$

또 전단 응력을 τ 라고 하면, 축에 작용하는 단위 나비에 대한 마찰 토크(T)는

$$T=r^2\int_0^{2\pi}\tau d\theta=\eta U\left(\frac{r^2}{C}\right)\left\{\frac{4\pi(1+2\varepsilon^2)}{(2+\varepsilon)^2\sqrt{1-\varepsilon^2}}\right\}$$

이 되므로, 마찰 계수 μ는 다음과 같이 된다.

$$\mu=\frac{T}{\mathrm{Pr}}=\frac{c}{r}\left(\frac{1+2\varepsilon^2}{3\varepsilon}\right)$$

한편 위 식에서 부하 용량 P대신에 베어링의 압력 p를 변수로 사용하고, 미끄럼 속도 U대신에 회전수 N을 사용하여 고쳐 쓰면

$$\left(\frac{r}{C}\right)^2\frac{\eta N}{p}=\frac{(2+\varepsilon^2)\sqrt{1-\varepsilon^2}}{12\pi^2\varepsilon} \tag{8-37}$$

로 된다. 즉 $\left(\frac{r}{C}\right)^2\frac{\eta N}{p}$이 일정하면 ε은 일정하게 된다.

이와 같이 모든 성능은 $\left(\frac{r}{C}\right)^2\frac{\eta N}{p}$의 함수로 표시되며, 베어링의 성능을 결정하는 중요한 무차원량이다. 이것을 좀머 펠트는 보다 개선된 해석으로 레이놀즈 방정식에서 이른 결과를 다음과 같이 나타냈다.

$$S=\frac{\eta N}{p}\left(\frac{r}{C}\right)^2=\frac{\eta N}{p}\left(\frac{1}{\phi}\right)^2 \tag{8-38}$$

위 식 S를 **좀머 펠트**(sommer feld) **수**(數)라 하고, 저널 베어링 설계의 기본이 되는 값이다. 이 식은 점도, 속도, 하중, 틈새비와 편심율의 관계를 표시한 것이다. 결국 위 식은 레이놀즈 방정식을 기초로 하여 원통 저널 베어링에 적용시킨 것이다.

표 8−4는 미끄럼 베어링의 설계에 필요한 자료를 나타낸 것이다.

표 8-4. 미끄럼 베어링의 설계 자료

기계명	베어링	최대 허용 압력 p (N/cm²)	최대허용압력속도계수 pv (N/mm²·mm/s)	적정 점성계수 η (cP)	최소허용 $\eta N/p$ $\frac{cP \cdot rpm}{N/mm^2}$	표준 틈새비 φ	지름비 l/d
자동차 및 항공기용 엔진	메인 베어링 크랭크 핀 피스톤 핀	600+~1200△ 1000△+~3500△ 1500×+~4000△	20000 40000 –	70~80	2000 1400 1000	0.001 0.001 <0.001	0.8~1.8 0.7~1.4 1.5~2.2
가스, 중유(重油)기관(4사이클)	메인 베어링 크랭크 핀 피스톤 핀	600×+~1200△ 1200×+~1500△ 1500×+~2000△	1500~2000 2000~3000 –	200~650	2800 1400 700	0.001 <0.001 <0.001	0.6~2.0 0.6~1.5 1.5~2.0
가스, 중유 기관(2사이클)	메인 베어링 크랭크 핀 피스톤 핀	400×~1200△ 700×+~1000△ 800×+~1300△	1000~150 1500~2000 –	200~650	3500 1700 1400	0.001 <0.001 <0.001	0.6~2.0 0.6~1.0 1.5~2.0
선용 중유기관	메인 베어링 크랭크 핀 피스톤 핀	350 400 1000	400~700 700~1000 –	300 400 300	2800 2000 1400	<0.001 <0.001 <0.001	0.7~1.5 0.7~1.2 1.5~1.7
육용 중유 기관[저속]	메인 베어링 크랭크 핀 핀스톤 핀	300 1000 1300	200~300 500~1000 –	600 800 600	2800 800 700	<0.001 <0.001 <0.001	1.0~2.0 0.9~1.3 1.2~1.5
육용 중유 기관[고속]	메인 베어링 크랭크 핀 피스톤 핀	200 400 1300	300~400 400~800 –	150 300 250	3500 800 700	<0.001 <0.001 <0.001	1.5~3.0 0.9~1.5 1.3~1.7
왕복 펌프 압축기	메인 베어링 크랭크 핀 피스톤 핀	200× 400× 700×+	200~300 300~400 –	300~800	4000 2800 1400	0.001 <0.001 <0.001	1.0~2.2 0.9~2.0 1.5~2.0
증기기관차	구동축 크랭크 핀 피스톤 핀	400 1400 1800	1000~1500 2500~2000 –	1000 400 300	4000 700 700	0.001 <0.001 <0.001	1.6~1.8 0.7~1.1 0.8~1.3
차량	축	350	1000~1500	1000	7000	0.001	1.8~2.0
증기 터빈	메인 베어링	1000×~200△	4000	20~100	15000	0.001	1.0~2.0
발전기, 모터 원심 펌프	회자 베어링	100×~150×	200~300	250	25000	0.001	1.0~2.0
전동축	경하중 자동조심하중	20× 100×	100~200	250~600	14000 4000	0.001 0.001	2.0~3.0 2.5~4.0
정방기	스핀들	1	–	20	15000	0.001	–
공작기계	메인 베어링	20~50	50~100	400	150	<0.001	1.0~2.0
펀칭기 전단기	메인 베어링 크랭크 핀	2800× 5500×	←	1000 1000	←	0.001 0.001	1.0~2.0 1.0~2.0
압연기	메인 베어링	2000	5000~8000	500	1400	0.001	1.1~1.5
감속 기어	베어링	50~200	500~1000	300~500	5000	0.001	2.0~4.0

비고 : △ : 강제 급유,+ : 침적 급유× : 적하 또는 링 급유

예제 8-1 지름 25mm인 전동축에 축 하중 60kg_f, 회전수 1000rpm인 미끄럼 베어링이 기름 온도 20° C에서 70° C($90R''$)인 상태에서 (1) 베어링의 길이, (2) 축의 속도, (3) 기름의 밀도, (4) 점성 계수[$90R''$일 때와 윤활유의 점도 30cP일 때], (5) 마찰 모멘트, (6) 마찰 계수, (7) 손실 동력(PS)을 각각 구하여라.

Solution (1) 베어링의 길이(l) : 식 (8-26)에서

$$l=\frac{P}{dp}=\frac{60}{2.5\times2}=12\,(\text{cm})=120(\text{mm})$$

위에서 베어링 압력 p는 표 8-4에서 전동축일 때, 선정한 값이다.

(2) $$v=\frac{\pi dN}{60\times1000}=\frac{\pi\times25\times1000}{60\times1000}=1.3\,(\text{m/s})$$

(3) 기름의 밀도(ρ) : 식 (8-15)에서

$$\rho=\rho_0-0.000657(t-t_0)=0.9-0.000657(70-20)=0.867\,(\text{g/cm}^3)$$

위에서 ρ_0는 20°C일 때, 밀도는 0.9gm이다.

(4) 점성 계수(η)

① $90R''$일 때 : 식 (8-14)에서

$$\eta=\rho\left(0.26R''-\frac{171}{R''}\right)=0.867\left(0.26\times90-\frac{171}{90}\right)=18.6(\text{cP})$$

고로, $\eta N/p=18.6\times1000/2=9300\left(\dfrac{\text{cP}\cdot\text{rpm}}{\text{kg}_f/\text{cm}^2}\right)$

② 점도 30 cP일 때 : 식 (8-8)에서 점도 30cP를 동력 단위로 환산하면

$$\eta=30\times102\times10^{-10}\text{kg}_f\cdot\text{s/mm}^2$$

$$\eta N/p=30\times102\times10^{-10}\times1000/0.02=1.5306^{-4}\left(\frac{\text{cP}\cdot\text{rpm}}{\text{kg}_f/\text{cm}^2}\right)$$

(5) 마찰 모멘트(T) : 화이트 메탈 재료일 때 $\psi=\dfrac{C}{r}=0.001$이므로

$$C=\phi r=0.001\times25/2=0.0125(\text{mm})$$

$$T=\frac{4\pi^2r^3l}{C}\,\frac{\eta N}{60}$$

$$=\frac{4\pi^2\times12.5^3\times120}{0.0125}\times\frac{30\times102\times10^{-10}\times1000}{60}=0.0369(\text{kg}_f\cdot\text{m})$$

(6) 마찰 계수(μ) : 표 8-3에서 전동축일 때 $l/d=2.5$이므로, 그림 8-14 에서 $\mu_o≒0.003$ 정도로 취한다.

$$\mu=33.5\left(\frac{\eta N}{p}\right)\left(\frac{1}{\phi}\right)\times10^{-10}+\mu_0$$

$$=33.5\times(1.5306^{-4})\times\left(\frac{1}{0.001}\right)\times10^{-10}+0.003=0.034$$

(7) $$H=\frac{\mu Pv}{75}=\frac{0.034\times60\times1.3}{75}=0.035(\text{PS})$$

8-4 미끄럼 베어링의 설계

레이디얼 저널과 스러스트 저널로 구분하여 베어링의 압력, 저널의 강도, 마찰열의 순서로 설계한다.

1. 레이디얼 저널

[1] 저널의 강도

(1) 축끝 저널

① 베어링 압력 : 그림 8－18과 같이 축끝 저널에 하중 P가 작용할 때, 그림 (b) 와 같이 하중 P의 방향에 수직한 평면상에 투상한 투사(投射) 면적(A)은 $A=dl$이 된다. 이 때 하중을 투상 면적으로 나눈 평면 압력인 베어링 압력(p: N/mm²)은 다음과 같이 된다.

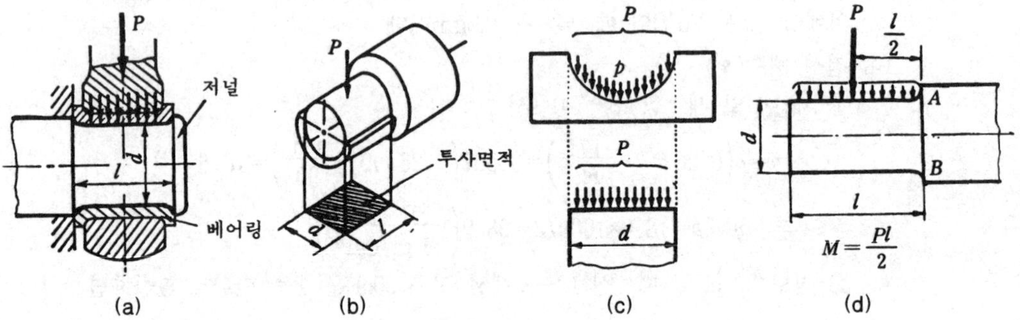

그림 8－18. 미끄럼 베어링과 압력

$$p=\frac{P}{A}=\frac{P}{dl} \tag{8-39}$$

또한, 그림 8－18 (d)에서 하중 P가 작용할 때 $M=Pl/2$이고, $M=\sigma_b Z$이므로 $pdl\frac{l}{2}=\sigma_b\frac{\pi}{32}d^3$에서 베어링 압력(p)은 다음과 같이 된다.

$$p=\frac{\sigma_b}{5.1(l/d)^2} \tag{8-40}$$

> **＊ 설계상 주의**
> p의 값은 재료, 윤활유, 윤활 방법, 회전속도, 하중의 종류, 가공 상 태 등 여러 조건에 따라 다르나 대체적으로 표 8－5와 같고, 치수($d\times\ell$)는 p의 값이 표의 값 이내가 되도록 설계한다.

② 베어링 하중 : 그림 8－19와 같이 저널 면상에 미소 면적 dA를 취하여 여기에 작용하는 압력을 p라 하고, 하중 P가 작용하고 있을 때, $P=\int_0^\pi pdA\sin\alpha$가 성립한다. 여기에서 $dA=l\frac{d}{2}d\alpha$이므로, p가 일정할 때 베어링 하중(P: N)은 다음과 같다.

$$P = pdl \qquad (8-41)$$

표 8-5. 베어링 재료의 허용 압력(p)

재료		p (N/mm²)
축	베어링	
탄소강	탄소강	10~15
	주철	3~6
	청동 또는 황동	7~20
	인청동	15~60
	Cd 합금	10~14
	Pb계 화이트메탈	6~8
	Sn계 화이트메탈	6~10
	Al계 화이트합금	28
	켈밋	20~32
	베클라이트	15~40
	오일리스베어링합금	1.5~20

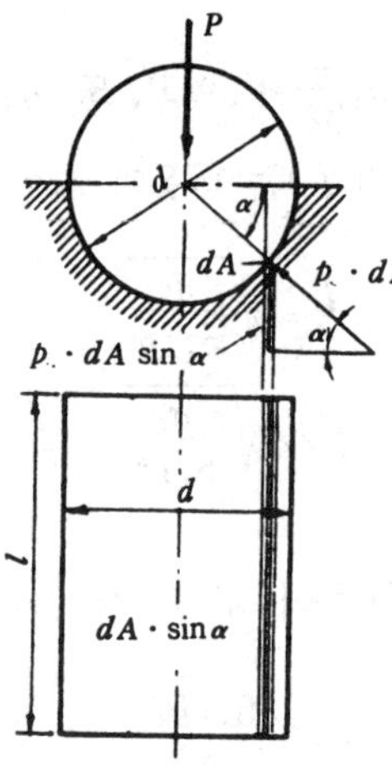

그림 8-19. 저널의 하중

③ **지름** : 그림 8-18 (d)에서 축 끝 저널을 길이 l에 걸쳐서 균일한 압력 분포를 받고 있을 때, 굽힘 모멘트(M)는 저널의 A, B 단면에 생긴다. 또, 하중 P가 저널 길이 $l/2$의 중앙에 작용할 때, 재료 역학의 굽힘 공식에서 $M = Pl/2$ 이고, $M = \sigma_b Z$ 이므로, $Pl/2 = \frac{\pi}{32} d^3 \sigma_b$의 관계에서 축끝 저널의 지름(d)은

$$d = \sqrt[3]{\frac{5.1Pl}{\sigma_b}} \qquad (8-42)$$

로 되고, 지름비(l/d)를 고려할 때는 위 식에서 $d^2 = \frac{5.2Pl}{\sigma_b d} = \frac{5.1P}{\sigma_b}\left(\frac{l}{d}\right)$ 이므로

$$d = \sqrt{\frac{5.1P(l/d)}{\sigma_b}} \qquad (8-43)$$

로 되고, 압력(p)과 지름비(l/d)가 주어질 때에는 $l/d = x$로 놓을 때 $l = xd$이고, $p = \frac{P}{dl} = \frac{P}{dxd} = \frac{P}{d^2}\left(\frac{l}{d}\right)$로 되므로, 저널의 지름(d)은 다음과 같이 된다.

$$d = \sqrt{\frac{P}{p(l/d)}} \qquad (8-44)$$

＊ 설계상 주의

① 회전 운동에 대한 마찰은 저널이 클수록 크게 되므로 마찰에 의한 에너지 손실을 적게 하고, 재료나 경제상으로도 저널의 지름 d는 작게 하는 것이 좋다.

② 베어링 압력을 적당한 값으로 유지하기 위해 면적 dl의 값을 정하면 가늘고 긴 저널이 되어 강도면에서 약해지므로, 강도와 베어링 압력과의 관계로 저널과 지름비 l/d을 결정하면 된다.

④ **지름비와 길이** : 그림 8-18 (d)에서 p를 고려할 때, $M=Pl/2$과 $M=\sigma_b Z$에서 $pdl\frac{l}{2}$ $=\sigma_b\frac{\pi}{32}d^3$ 이고, 또 $pl^2=\frac{\pi}{16}d^2\sigma_b$에서 $\left(\frac{l}{d}\right)^2=\frac{\pi}{16}\frac{\sigma_b}{p}$ 로 되므로, 지름비(l/d)와 저널의 길이(l)는 다음과 같이 된다.

$$\frac{l}{d}=\sqrt{\frac{\sigma_b}{5.1p}} \qquad (8-45)$$

$$l=d\sqrt{\frac{\sigma_b}{5.1p}} \qquad (8-46)$$

⑤ **굽힘 응력**(σ_b) : 식 (8-42)에서 다음과 같이 된다.

$$\sigma_b=\frac{5.1Pl}{d^3} \qquad (8-47)$$

(2) 중간 저널

① **지름** : 그림 8-20과 같이 하중(P)이 작용할 때 최대 굽힘은 저널의 중앙 단면 에 생기고, 재료 역학의 공식에서 최대 굽힘 모멘트 M은 다음과 같이 나타낸다.

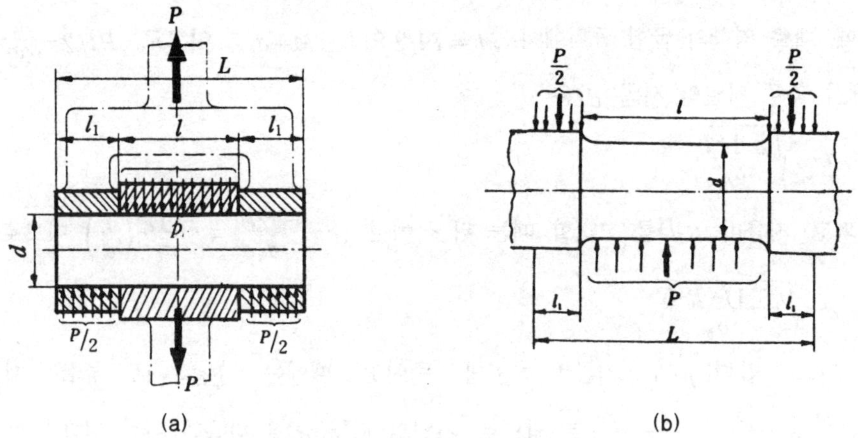

그림 8-20. 중간 저널

L : 저널의 전 길이(mm)

l : 저널의 길이(mm)일 때

$$M=\frac{P}{2}\left(\frac{l}{2}+\frac{l_1}{2}\right)-\frac{P}{2}\frac{l}{4}=\frac{P}{8}(l+2l_1)=\frac{P}{8}L \qquad (8-48)$$

그림 8-20에서 $M=\frac{PL}{8}$과 $M=\sigma_b Z$에서 $\frac{PL}{8}=\frac{\pi}{32}d^3\sigma_b$이고, $d^3=\frac{4}{\pi}\frac{PL}{\sigma_b}=\frac{1.27PL}{\sigma_b}$의 관계에서 저널의 지름(d)은 다음과 같이 된다.

$$d=\sqrt[3]{\frac{1.27PL}{\sigma_b}} \qquad (8-49)$$

② **지름비** : 그림 8-20에서 $L=l+2l_1=el$이고, $e=1.0\sim2.0(\doteqdot1.5)$로 할 때 $L=1.5l$로 된다. 그리고 저널의 전 길이 L과 저널의 부분 길이 l과의 비 $L/l=e$라 하면 $L=el=1.5l$로 하는 것이 보통이므로, 위 식에서 $d^3=1.27\times1.5(\frac{p}{\sigma_b})dl^2$이고, $(l/d)^2=\frac{1}{1.27\times1.5}\frac{\sigma_b}{p}$가 되어 지름비($l/d$)는 다음과 같이 된다.

$$\frac{l}{d}=\sqrt{\frac{\sigma_b}{1.9p}} \tag{8-50}$$

③ **베어링 압력** : 식 (8-50)에서 베어링 압력(p)은 다음과 같이 된다.

$$p=\frac{\sigma_b}{1.9(l/d)^2} \tag{8-51}$$

표 8-6. l/d의 값

기계 \ 베어링 종류		메인 베어링	크랭크 핀	크로스 헤드 핀
증기 기관	고속	2~3	1~1	1.4~1.6
	저속	1.75~2.25	1~1.25	1.2~1.5
	선박용	1~1.5	1~1.5	–
내연 기관	정치형(定置形)	2~2.5	1~1.5	1.5~1.75
	가솔린 기관	1~1.75	1.2~1.4	1.7~2.25
증기 터빈, 발전기 모터, 원심 선풍기		2~3	비고 (1) 실제의 설계에서 l/d 이 커지 면 축이 굵을 때 베어링 끝에 압력이 집중 되어 유막이 파괴 될 우려가 있다. (2) l/d가 작아지면 기름의 누설이 현저하게 유막 압력이 저하하고 부하 능력이 감소 한다.	
공작 기계		2~4		
목공 기계		2.5~4		
양어기(揚御機)		1.5~2		
전동축을 달아 매는 베어링	고정형	2.5~3		
	자동 조심형	3~4		
고정형 보통 베어링	보통형	2.5~3.5		
	유륜(油輪) 주유식	4~5		

＊ 설계상 주의

① 실제의 설계에 있어서는 l/d을 가정하고, p를 찾거나 반대로 p를 가정하고, l/d을 구한다.
② 경험적으로 $l/d=0.6\sim3.0$이 상용되며, 보통 하중의 경우 $l/d=1.0\sim1.5$가 많이 사용된다(표 8-6).

[2] 열전도의 설계

접촉면에 생기는 베어링 압력 외에 마찰열의 발생으로 과열에 의한 늘어 붙음과 전도, 복사 또는 온도의 상승 등에 대한 열전도(熱傳導)의 설계는 다음과 같이 한다.

(1) 마찰 손실 일량

그림 8-21에서 단위 시간 매초당 손실 열량을 마찰 손실 일량(W_f : N · m/s)이라 하며, 마찰력 $F=\mu P$이므로, 다음과 같이 된다.

P : 저널이 받는 하중(N)

F : 마찰력(N)

v : 미끄럼 속도(m/s)일 때

$$\left.\begin{aligned} W_f &= F\,v = \mu P v \\ &= \mu P \times \frac{\pi d N}{60 \times 1000} \end{aligned}\right\} \qquad (8-52)$$

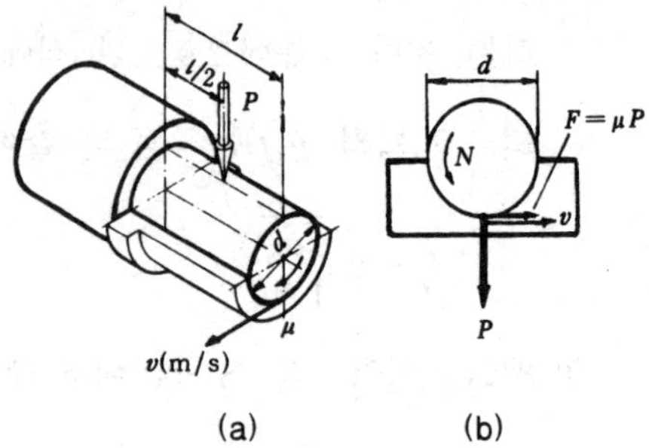

그림 8-21. 마찰 일량

(2) 발생 열량

열소산량(熱消散量)은 저널의 정투사 면적(베어링 면적) dl에 비례할 때, 저널부의 과열을 막기 위하여는 W_f를 dl로 나누어 **발생 열량**(w_f : N/mm² · m/s) 또는 비마찰 작업량, 마찰 일량이라고도 하며, 다음과 같이 나타낸다.

$$w_f = \frac{W_f}{A} = \frac{\mu P v}{dl} = \mu p v \qquad (8-53)$$

위 식은 마찰 계수 μ, 베어링 압력 p, 미끄럼 속도 v의 값으로 된 것을 알 수 있고, 이 때에 pv 값을 **압력 속도 계수** 또는 **발열 계수**라고도 하며, 이 값($pv<0.3$N/mm² · m/s)을 얻는 한도로 제한하면 과열을 방지할 수 있다.

표 8-7은 압력 속도계수(pv)에 대하여 레이첼(Rotsher)이 표시한 값이다.

표 8-7. 베어링의 pv값 (단위 : N/mm² · m/s)

사용 베어링		pv	사용 베어링	pv
전동축 베어링		1~2	선박의 베어링	3~4
증기 기관 주 베어링		1.5~2	철도 차량의 차축 베어링	5
내연기관	건식 메탈 베어링	≤2.5	화이트 메탈 주 크랭크 축 베어링	5
	화이트 메탈 베어링	≤3	선박용 기관의 크랭크 핀 베어링	5~7
왕복 기계의 크랭크 핀 베어링		2.5~3.5	기관차용 차축 베어링	6.5

＊ 설계상 주의

① w_f은 발열 마찰에 의하여 변화하므로 발생 열량은 거의 비례한다.

② 마찰열 때문에 베어링의 온도가 너무 올라가서 고장의 원인이 되는 것을 방지하기 위하여 비마찰 작업량(w_f)이 어느 값을 넘지 않게 제한한다.

③ 발생 열량 $w_f = \mu p v$이므로 μ를 계수로 보고, pv를 제한한다.

(3) 저널의 길이

베어링의 과열을 방지하기 위해서는 pv를 허용값으로 정할 때, 압력과 속도를 고려하여 식 (8−39)와 식 (8−52)에서 $pv=\frac{P}{dl}\frac{\pi dN}{60\times1000}=\frac{\pi PN}{60\times1000\times l}$ 이므로

$$l=\frac{\pi PN}{60\times1000\,pv} \quad (8-54)$$

이 얻어지고, pv의 제한 값으로부터 저널의 길이 l을 구할 수 있다. 표 8−8은 미끄럼 속도(v)에 따른 베어링의 길이(l)를 나타낸 것이다.

표 8−8. 저널의 속도에 따른 길이(l)

속도(v)	l	속도(v)	l
보통 저속 축지름	$l=(0.25\sim1.0)\,d$	$l=2\sim4$(m/s)	$l=(1.8\sim2.5)\,d$
$v<1$(m/s)	$l=1.5\,d$	$v>5$(m/s)	$l=(2.5\sim4)\,d$

(4) 마찰 열량

단위 시간에 발생하는 마찰 열량(Q_f : kcal/s)은 1kcal=4185N · m(427kg$_f$ · m)일 때, 1N · m=1/4185(kcal)이므로, 다음과 같이 된다.

$$\left.\begin{aligned} Q_f &= \frac{\mu Pv}{4185}=\frac{W_f}{4185} \\ &= \frac{\mu Pv}{427}=\frac{W_f}{427}\text{(중력 단위)} \end{aligned}\right\} \quad (8-55)$$

＊ 설계상 주의
마찰 열량은 베어링 몸체로부터 외부로 방산되지만, 발생 열량이 방산 열량보다 커지면, 베어링은 고온도가 되어 윤활 작용을 악화시켜 녹아 붙음(sizing)이 일어난다.

(5) 방산 열량

베어링의 열소산량도 투사면적의 매 cm^{2}이 소산하는 열량을 일의 단위 N/mm^2 · m/s로 표시하고, 저널의 단위 투상 면적당의 방산(放散) 열량(Q_b : N/mm^2 · m/s)에 대하여 페더슨(Pederson)은 다음과 같은 실험식을 발표하였다.

t_a : 대기 온도(℃)

t_b : 베어링의 표면 온도(℃)

K : 베어링의 형식과 주위의 공기의 유통 상태에서 결정되는 실험 상수일 때

$$Q_d=\frac{(t_b-t_a+18.3)^2}{K} \quad (8-56)$$

위 식에서 실험 상수 K는 정지 공기 중에 있는 가벼운 베어링일 때 4.75×10^6, 공기 유통의 양호한 무거운 베어링일 때 2.68×10^6의 값을 각각 사용한다.

> **＊ 설계상 주의**
> 베어링내 허용 온도는 윤활유의 성질과 베어링 용도 등에 따라 다르나 보통 50°C 이상이면 높은 편이고, 되도록 60°C를 넘지 않게 하는 것이 좋다.

(6) 마찰 계수

발생 열량 w_f를 방산 열량 Q_d와 같게 할 때, 베어링의 온도는 일정하게 유지되므로, 식 (8−53)과 식 (8−56)의 우변을 같게 하면 $\mu pv=\dfrac{(t_b-t_a+18.3)^2}{K}$이 되어 마찰 계수는 다음과 같이 된다.

$$\mu=\frac{(t_b-t_a+18.3)^2}{Kpv} \tag{8-57}$$

(7) 손실 동력

단위 시간당 마찰일 $W_f=\mu Pv$일 때, 마찰 손실 일량(W_f)은 전부 마찰열로 되어 동력의 손실을 가져오므로, 마찰일에 의한 손실 동력(H_f)는 다음과 같다.

$$H_f=\frac{W_f}{735}=\frac{\mu Pv}{735}(\text{PS})=\frac{\mu Pv}{1000}(\text{kW}) \tag{8-58}$$

예제 8－2 15KN의 하중을 받는 축끝 저널의 다음을 구하여라. 단, $l/d=2$, 허용 굽힘 응력 45MPa이다.

(1) 저널의 지름(d) (2) 저널의 길이(l)

Solution

(1) $d=\sqrt{\dfrac{5.1P(l/d)}{\sigma_b}}=\sqrt{\dfrac{5.1\times15\times10^3\times2}{45}}=58.3(\text{mm})$

(2) $l=xd=2\times58.3=117(\text{mm})$

예제 8－3 중간 저널에 10kN의 하중이 가해졌을 때, 저널의 지름과 길이를 구하여라. 단, $l/d=1.4$, $L=1.5l$, 허용 굽힘 응력 35N/mm²이다.

Solution

(1) $p=\dfrac{\sigma_b}{1.9(l/d)^2}=\dfrac{35}{1.9\times1.4^2}=9.4(\text{N/mm}^2)$

$dl=\dfrac{P}{p}=\dfrac{10\times10^3}{9.4}=1060(\text{mm}^2)$

여기에 $l=1.4d$을 대입하면 $1.4d^2=1060$이므로

$\therefore d=\sqrt{\dfrac{1060}{1.4}}=27.5(\text{mm})$

(2) 길이(l)

$l=1.4d=1.4\times27.5=38.5(\text{mm})$

예제 8－4 300rpm, 10kN의 하중을 받는 강제 전동 축끝 저널의 다음을 구하여라. 단, 베어링 재료는 황동, $\sigma_b=40\text{MPa}$, $pv=1.2\text{MPa}\cdot\text{m/s}$이다.

(1) 저널의 길이(l)　　　　　(2) 저널의 지름(d)
(3) 치수의 검토

Solution

(1) $l=\dfrac{\pi PN}{60\times1000pv}=\dfrac{\pi\times10\times300}{60\times1.2}\fallingdotseq130(\text{mm})$

(2) $d=\sqrt[3]{\dfrac{5.1Pl}{\sigma_b}}=\sqrt[3]{\dfrac{5.1\times10\times10^3\times130}{40}}\fallingdotseq56(\text{mm})$

(3) $p=\dfrac{P}{d\ell}=\dfrac{10\times10^3}{56\times130}=1.37(\text{MPa})$

표 8-5에서 베어링의 재료가 황동일 때 7~20MPa 범위내이므로, 안전하다. 고로 $d=$ 56mm, $l=$130mm로 결정한다.

예제 8-5 그림 8-22와 같은 편지(片持 : 장시) 크랭크축에 하중 12kN, 지름비 $l/d=1.25$일 때, 베어링 압력을 구하여라. 단, $\sigma_b=800\text{N/cm}^2$이다.

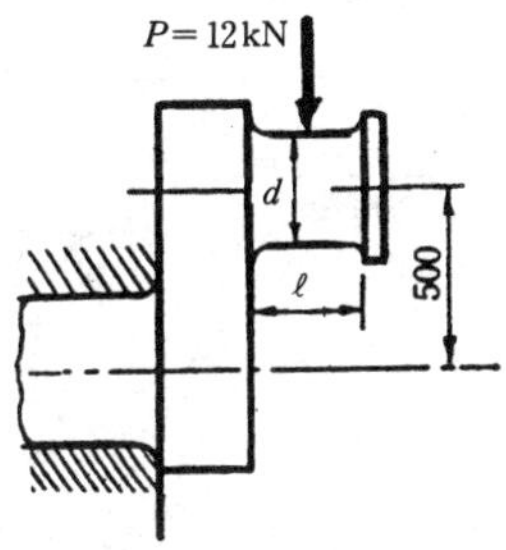

그림 8-22

Solution

$d=\sqrt{\dfrac{5.1P(l/d)}{\sigma_b}}=\sqrt{\dfrac{5.1\times12\times10^3\times1.25}{8}}\fallingdotseq100\ (\text{mm})$

$\therefore\ p=\dfrac{P}{d(l/d)}=\dfrac{12\times10^3}{100\times1.25}=96(\ \text{MPa})$

예제 8-6 길이 100mm인 축끝 저널이 300rpm으로 회전할 때, 베어링 하중을 구하여라. 단, $pv=1$ MPa · m/s이다.

Solution

$l=\dfrac{\pi PN}{1000\times60lpv}$ 에서

$P=\dfrac{1000\times60lpv}{\pi N}=\dfrac{1000\times60\times100\times1}{\pi\times300}\fallingdotseq6400(\text{N})$

예제 8-7 그림 8-23과 같이 하중 15kN을 받는 중간 저널에서 길이 $l=$ 48mm, $l_1=$12mm일 때, 다음을 구하여라.
단, $\sigma_b=$30MPa이다.

(1) 굽힘 모멘트(M)　　(2) 베어링 압력(p)

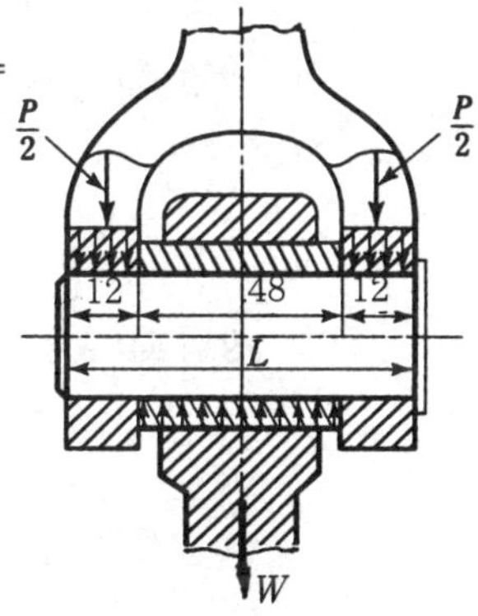

그림 8-23

Solution

(1) $L=l+2l_1=48+2\times12=72\ (\text{mm})$

$\therefore\ M=\dfrac{PL}{8}=\dfrac{15\times72}{8}=135\ (\text{N}\cdot\text{m})$

(2) $d=\sqrt[3]{\dfrac{1.27PL}{\sigma_b}}=\sqrt[3]{\dfrac{1.27\times15\times10^3\times72}{30}}\fallingdotseq36(\text{mm})$

$\therefore\ p=\dfrac{\sigma_b}{1.9(l/d)^2}=\dfrac{30}{1.9(48/36)^2}=8.9\ (\text{MPa})$

예제 8－8 300rpm, 40kN의 하중을 받는 축끝 저널의 지름 150mm, 길이 250mm일 때, 다음을 구하여라.

(1) 베어링 압력(p) (2) 압력 속도계수(pv)

Solution

(1) $p=\dfrac{P}{dl}=\dfrac{40\times10^3}{150\times250}=1.06$(MPa)

(2) $pv=\dfrac{\pi PN}{60000l}=\dfrac{\pi\times40\times300}{60\times250}\fallingdotseq2.5$(MPa · m/s)

예제 8－9 150rpm, 25kN의 하중을 받는 축끝 저널의 손실 일량을 구하여라. 단, $\sigma_b=50$MPa, $pv=1.5$MPa · m/s, $\mu=0.06$이다.

Solution

$l=\dfrac{\pi PN}{60\times1000pv}=\dfrac{\pi\times25\times10^3\times150}{60\times1000\times1.5}=130.8\div131$(mm)

$d=\sqrt[3]{5.1\dfrac{Pl}{\sigma_b}}=\sqrt[3]{5.1\times\dfrac{25\times10^3\times131}{50}}=70$(mm)

$\therefore\ W_f=\mu P\dfrac{\pi dN}{60\times1000}$

$=0.06\times25\times10^3\times\dfrac{\pi\times70\times150}{60\times1000}=824$(N · m/s)

예제 8－10 160rpm으로 60kN의 하중을 지지하는 축끝 저널의 발생 영량을 구하여라. 단, 저널의 지름 250mm, 길이 380mm, μ=0.02이다.

Solution

방법 ① $v=\dfrac{\pi dN}{1000\times60}=\dfrac{\pi\times250\times160}{1000\times60}=2.1$(m/s)

$\therefore\ w_f=\dfrac{\mu Pv}{dl}=\dfrac{0.02\times60\times10^3\times2.1}{250\times380}=0.028$(MPa · m/s)

방법 ② $p=\dfrac{P}{dl}=\dfrac{60\times10^3}{250\times380}=0.63$(MPa)

$\therefore\ w_f=\mu pv=0.02\times0.63\times\dfrac{\pi\times250\times160}{60\times1000}=0.026$(MPa · m/s)

방법 ③ $W_f=\mu P\dfrac{\pi dN}{1000\times60}$

$=0.02\times60\times10^3\times\dfrac{\pi\times250\times160}{1000\times60}=2512$(MPa · m/s)

$\therefore\ w_f=\dfrac{W_f}{A}=\dfrac{2512}{250\times380}=0.026$(MPa · m/s)

예제 8-11 200rpm, 15kN의 하중을 받는 축끝 저널에 대한 다음을 구하여라. 단, $\sigma_b=50$ MPa, $pv=1.5$MPa · m/s, $\mu=0.16$이다.

(1) 베어링 압력(p) (2) 1분 동안의 마찰 열량(Q_f)

Solution

(1) $l=\dfrac{\pi PN}{1000\times 60pv}=\dfrac{\pi\times 15\times 10^3\times 200}{1000\times 60\times 1.5}=105(\text{mm})$

$d=\sqrt[3]{\dfrac{5.1Pl}{\sigma_b}}=\sqrt[3]{\dfrac{5.1\times 15\times 10^3\times 105}{50}}\fallingdotseq 55\ (\text{mm})$

$\therefore\ p=\dfrac{P}{dl}=\dfrac{15\times 10^3}{55\times 105}\fallingdotseq 2.6(\text{MPa})$

(2) $W_f=\mu P\dfrac{\pi dN}{60\times 1000}=0.16\times 15\times 10^3\times\dfrac{\pi\times 55\times 200}{60\times 1000}\fallingdotseq 1382(\text{N}\cdot\text{m/s})$

$\therefore\ Q_f=\dfrac{W_f}{4185}=\dfrac{1382}{4185}\times 60=19.8(\text{kcal/min})$

예제 8-12 500rpm, 8kN의 하중을 받는 축끝 저널에 대한 다음을 구하여라. 단, $p=0.6$ MPa, $pv=2$ MPa · m/s, $\mu=0.06$이다.

(1) 저널의 굽힘 응력(σ_b) (2) 마찰 손실 마력(PS)

Solution

(1) $l=\dfrac{\pi PN}{60\times 1000pv}=\dfrac{\pi\times 8\times 10^3\times 500}{60\times 1000\times 2}=104.6\fallingdotseq 105(\text{mm})$

$d=\dfrac{P}{pl}=\dfrac{8\times 10^3}{0.6\times 105}=126.9\fallingdotseq 127(\text{mm})$

$\therefore\ \sigma_b=\dfrac{5.1Pl}{d^3}=\dfrac{5.1\times 8\times 10^3\times 105}{127^3}=2(\text{MPa})$

(2) $v=\dfrac{\pi dN}{60\times 1000}=\dfrac{\pi\times 127\times 500}{60\times 1000}=3.3(\text{m/s})$

$\therefore H_f=\dfrac{\mu Pv}{735}=\dfrac{0.06\times 8\times 10^3\times 3.3}{735}=2.16(\text{PS})$

예제 8-13 420rpm, 2kN의 하중을 받는 저널 베어링의 지름 100mm, 길이 250mm이고, 대기 온도 20 ℃, 베어링 하우싱 표면 온도 45℃, 방열 상태가 양호할 때, 마찰 손실 마력(PS)을 구하여라.

Solution

$p=\dfrac{P}{dl}=\dfrac{2\times 10^3}{100\times 250}=0.08(\text{MPa})$

$v=\dfrac{\pi dN}{1000\times 60}=\dfrac{\pi\times 100\times 420}{1000\times 60}=2.2(\text{m/s})$

방열 상태가 양호할 때 $K=2.68\times 10^6$ 이므로

$\mu=\dfrac{(t_b-t_a+18.3)^2}{Kpv}=\dfrac{(45-20+18.3)^2}{2.68\times 10^6\times 0.08\times 2.2}=0.0097$

$\therefore\ H_f=\dfrac{\mu Pv}{735}=\dfrac{0.0097\times 2\times 10^3\times 2.2}{735}\fallingdotseq 0.02(\text{PS})$

2. 스러스트 저널

스러스트 저널은 굽힘 강도를 고려하지 않아도 되므로 베어링의 압력, 마찰열 등 레이디얼 저널과 같이 생각하여 피벗 저널과 칼러 저널에 대하여 다음과 같이 설계한다.

(1) 베어링 압력

그림 8－24와 같이 스러스트(추력)를 받는 접촉면에서의 속도는 중심에서 지름 방향으로 갈수록 크므로 비마찰 작업량이 많고 따라서 마찰량도 많다. 그러므로 압력 분포가 일정하지 않아서 그림 8－24 (a)와 같이 외주에서는 압력이 낮고, 중심부에서는 압력이 높은 상태에서 회전한다. 따라서 그림 8－25 (b)와 같이 중심부를 오목하게 하거나 그림 (c)와 같이 칼라로 만든다.

그림 8－25에서 베어링 압력 p (N/mm²)은 스러스트 하중 P (N)을 지탱하는 면적으로 나누어 계산한다.

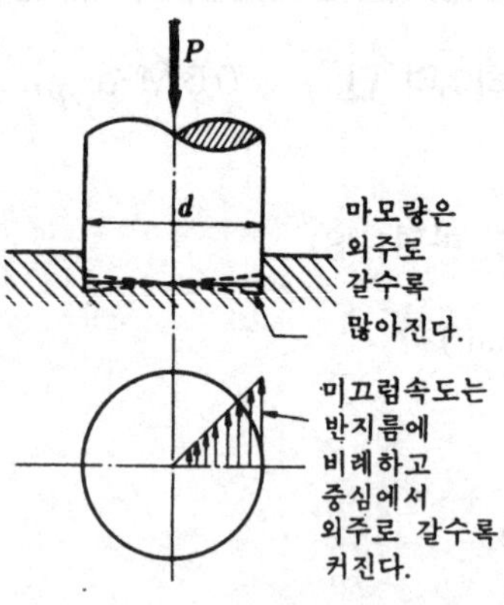

그림 8－24. 피벗 저널의 마모량

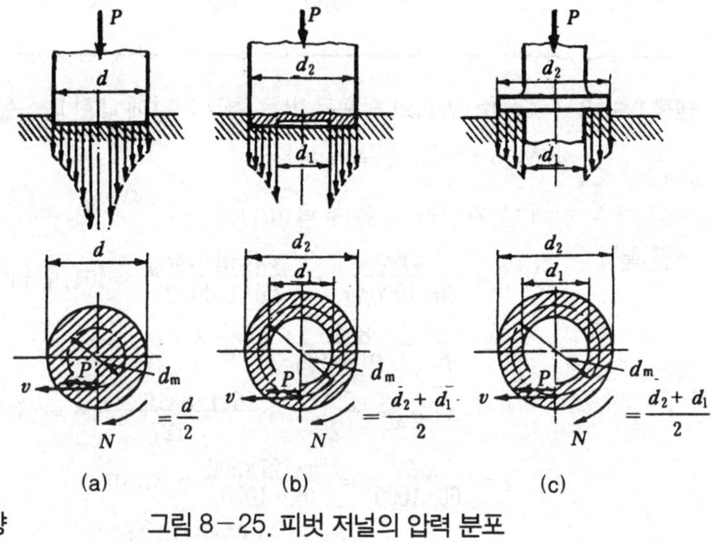

그림 8－25. 피벗 저널의 압력 분포

d_2 : 저널의 바깥 지름(mm)　　d_1 : 저널의 안지름(mm)

b : 베어링면의 나비 $[(d_2-d_1)/2]$(mm)　　d_m : 접촉면의 평균 지름 $[(d_1+d_2)/2]$(mm)

Z : 칼라 저널의 칼라 수일 때

$$
\left.
\begin{aligned}
p &= \frac{P}{\frac{\pi}{4}d^2} \text{[그림 (a)]} & ① \\
&= \frac{P}{\frac{\pi}{4}(d_2{}^2-d_1{}^2)} = \frac{P}{\pi d_m b} \text{[그림 (b), (c)]} & ② \\
&= \frac{P}{\frac{\pi}{4}(d_2{}^2-d_1{}^2)Z} \text{ (칼러 저널)} & ③
\end{aligned}
\right\} \quad (8-59)
$$

＊ 설계상 주의

① 일반적으로 피벗 저널의 베어링 압력은 p =150~200N/cm^2, 칼라 저널에서는 p =30~60N/cm^2 으로 취한다.

② 스러스트 저널의 치수는 $d_2=(1.2\sim1.3)d_1$, $b=(0.1\sim0.3)d_1$(mm) 정도로 취한다.

③ 칼라 저널은 하중의 분담이 불균일하므로, 레이디얼 저널보다 베어링 압력을 아주 작게 하여야 된다.

표 8－9는 저널의 베어링 압력, 그림 8－26은 칼라 저널의 각부 치수를 나타낸다.

표 8－9. 칼라 저널의 허용 베어링 압력

평균 속도(m/s)	p (N/cm^2)
0~0.25	140
0.25~0.50	70
0.5~0.75	53
0.75~1	42
1이상	35

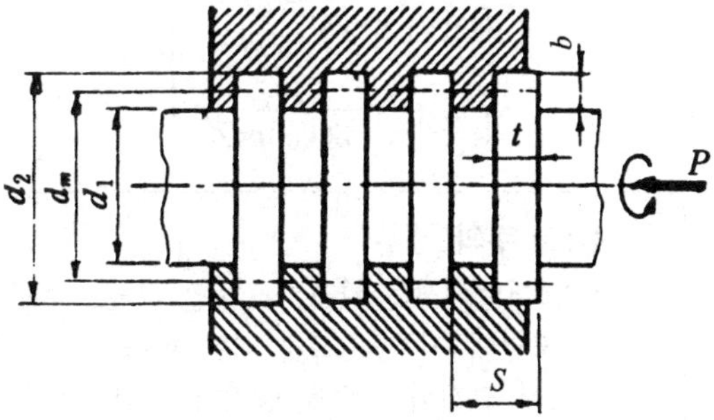

그림 8－26. 칼라 저널

(2) 지 름

① 피벗 저널 : 베어링 하중(P)과 압력(p)을 고려할 때 식 (8－59)에서

$$d=\sqrt{\frac{4P}{\pi p}} \tag{8-60}$$

로 되고, 저널의 속도 $v=\frac{\pi(d/2)N}{60\times1000}$과 스러스트 하중 $P=\frac{\pi}{4}d^2p$에서 $pv=\frac{4P}{\pi d^2}\ \frac{\pi(d/2)N}{60\times1000}$ 을 고려할 때, 발열계수를 고려한 피벗 지름의 지름(d)은 다음과 같이 된다.

$$d=\frac{PN}{30000pv} \tag{8-61}$$

② 칼라 저널 : 압력을 고려한 식 (8－59)에서 다음과 같이 된다,

$$\left.\begin{aligned} d_2&=\sqrt{\frac{4P}{\pi pZ}+d_1{}^2} \\ d_1&=\sqrt{-\frac{4P}{\pi pZ}+d^2} \end{aligned}\right\} \tag{8-62}$$

그림 8－25 (c)의 경우에 $v=\frac{\pi(d_2+d_1/2)N}{60\times1000}$와 $P=\frac{\pi}{4}(d_2{}^2-d_1{}^2)p$에서

$$\left.\begin{aligned} d_2-d_1=2b &= \frac{PN}{30000pv}\text{(피벗 저널)} \\ &= 2h = \frac{PN}{30000pvZ}\text{(칼라 저널)} \\ &= \frac{\mu PN}{30000w_f} = \frac{PN}{C} \end{aligned}\right\} \quad (8-63)$$

로 되어, 저널의 바깥 지름 d_2와 안지름 d_1의 차를 구할 수 있으므로, d_2/d_1를 주거나 또는 d_1, d_2의 어느 것인가 주게 되면 저널의 치수가 결정된다. 또한, 발열을 고려한 칼라 저널의 바깥 지름(d_2)과 안지름(d_1)의 지름은 식 (8−63)에서 다음과 같이 된다.

$$\left.\begin{aligned} d_2 &= d_1 + \frac{PN}{30000pvZ} \\ d_1 &= d_2 - \frac{PN}{30000pvZ} \end{aligned}\right\} \quad (8-64)$$

＊ 설계상 주의

① 칼라 저널에서는 칼라가 1개인 저널로 하중을 지지할 면적을 크게 하려면 나비(b)를 크게 하거나 저널의 지름을 크게 해야 한다.

② 저널이 크게되는 것을 방지하게 위하여 칼라의 수를 늘려서 사용하는 경우가 많다. 일반적으로 칼라의 d_2는 축의 지름 d의 1.5배로 한다.

③ 칼라의 높이 h를 작게 하면 칼라의 수가 증가하고, h를 크게 하면 칼라의 수는 적어도 되나 강성(剛性)상에서 칼라의 두께 t를 크게 하여야 한다.

④ 그림 8−26에서 b를 크게 잡으면 칼라의 수는 작아도 되나 칼라는 굽힘에 대하여 약해져 변형되기 쉬우므로, 칼라의 두께 t를 크게 한다.

(3) 저널의 하중

저널의 압력(p)을 고려할 때는 식 (8−59)에서 다음과 같이 된다.

$$\left.\begin{aligned} P &= \frac{\pi}{4}d^2p\,[\text{그림 } 8-25\,(a)] \\ &= \frac{\pi}{4}(d_2{}^2-d_1{}^2)p = \pi d_m bp\,[\text{그림 } 8-25\,(b),\,(c)] \\ &= \frac{\pi}{4}(d_2{}^2-d_1{}^2)pZ = \pi d_m hpZ\,\text{(칼라 저널)} \end{aligned}\right\} \quad (8-65)$$

또 압력 속도(pv)와 회전수(N)를 고려할 때, 식 (8−63)에서 다음과 같이 된다.

$$P = 30000(d_2-d_1)\frac{pv}{N}Z \quad (8-66)$$

(4) 칼라 저널의 잇수

식 (8−64)과 식 (8−66)에서 다음과 같이 구할 수 있다.

$$Z = \frac{PN}{30000pv(d_2-d_1)} = \frac{PN}{2bC} \quad (8-67)$$

(5) 열전도의 설계

① 마찰 손실 일량(W_f) : 마찰력 $F=\mu P$ 이므로, 여기에 속도(v)를 고려하면 레이디얼 저널과 같이 다음과 같이 나타낼 수 있다.

$$\begin{aligned} W_f &= Fv = \mu P v \\ &= \mu P \frac{\pi(d/2)N}{60\times1000} = \mu P \frac{\pi dN}{120\times1000} \ (\text{피벗 저널}) \\ &= \mu P \frac{\pi\left(\frac{d_2+d_1}{2}\right)N}{60\times1000} = \mu P \frac{\pi(d_2+d_1)N}{120\times1000} \ (\text{컬라 저널}) \end{aligned} \quad (8-68)$$

② 발생 열량(w_f) : 레이디얼 저널과 같이 마찰 손실 일량(W_f)을 저널의 마찰 면적 $A=\frac{\pi}{4}d^2$으로 나누어 다음과 같이 나타낸다.

$$\begin{aligned} w_f &= \frac{\mu P v}{\frac{\pi}{4}d^2} = \mu p v & ① \\ &= \frac{\mu P v}{\frac{\pi}{4}(d_2{}^2 - d_1{}^2)} = \frac{\mu P N}{30000d} \ (\text{피벗 저널}) & ② \\ &= \frac{\mu P v}{\frac{\pi}{4}(d_2{}^2 - d_1{}^2)Z} = \frac{\mu P N}{30000(d_2-d_1)} (\text{칼러 저널}) & ③ \end{aligned} \quad (8-69)$$

> *** 설계상 주의**
> 베어링부 과열을 방지하려면 레이디얼 저널과 같이 위의 발생 열량(w_f)의 값을 어느 한도 이내에 유지하도록 pv 값을 제한하여야 한다.

③ 압력 속도 계수 (발열계수) (pv) : 저널의 압력 식 (8−59)와 속도의 식 (8−68)에서

$pv=\frac{P}{\frac{\pi}{4}d^2}\frac{\pi dN}{120\times1000}$ 과 $pv=\frac{P}{\frac{\pi}{4}(d_2{}^2-d_1{}^2)}\frac{\pi(d_2-d_1)N}{120\times1000}$ 이므로, 다음과 같이 된다.

$$\begin{aligned} pv &= \frac{PN}{30000d} [\text{그림 } 8-25(a)] \\ &= \frac{PN}{30000(d_2-d_1)Z} [\text{그림 } 8-25(b),\ (c)] \end{aligned} \quad (8-70)$$

표 8−10은 최대 허용 압력 속도 계수(pv)의 허용 값을 나타낸 것이다.

표 8−10. 피벗 저널의 pv 허용 값 (단위 : MPa · m/s)

종 류	피벗 저널					칼러 저널	
조 건	보통저널(균일 상태로 회전)	펌프 윤활	크레인	수력 터빈	특별히 냉각할 때	베어링 메탈 조절 가능	베어링 메탈 고정
pv	≤1.7	4~8	≤4	15~25	≤8	100	50

표 8-11. 스러스트 저널의 계산식

구분	(1)	(2)	(3)	(4)
저널의 형상	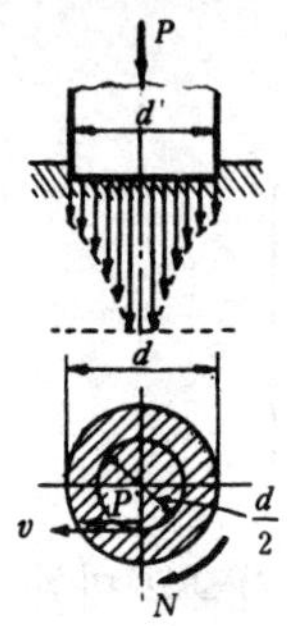	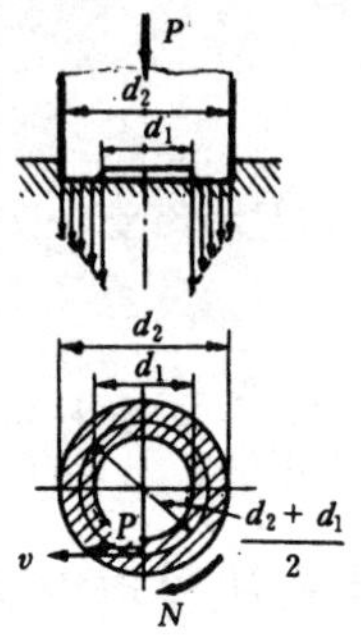	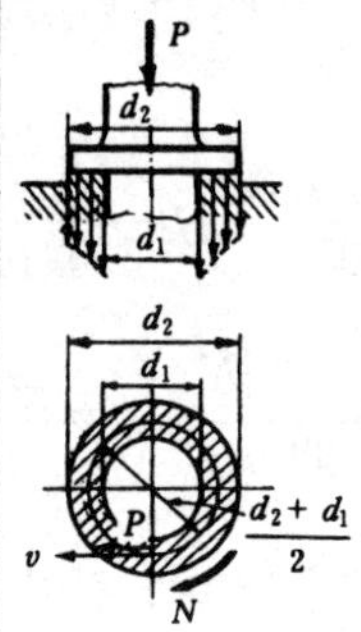	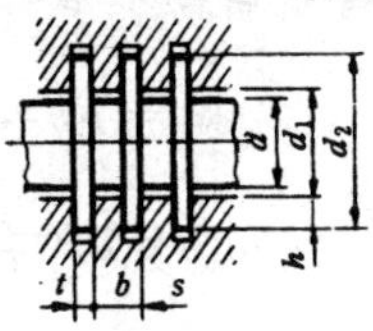 $b=(0.1\sim0.15)d$ $d_2=d_1+2b$ $=d_1+2(0.1\sim0.15)d_1$ $=0.2\sim0.3d_1$ $t=(1\sim0.5)b$
p (N/mm²)	$\frac{P}{\frac{\pi}{4}d^2}$	$\frac{P}{\frac{\pi}{4}(d_2{}^2-d_1{}^2)}$		$\frac{P}{\frac{\pi}{4}(d_2{}^2-d_1{}^2)Z}$
w_f (N/mm² · m/s)	$\frac{\mu PN}{30000d}$	$\frac{\mu PN}{30000(d_2-d_1)}$		$\frac{\mu PN}{30000(d_2-d_1)Z}$
d 또는 d_2-d_1(mm)	$\frac{\mu PN}{30000W_f}=\frac{PN}{C}\left(C=\frac{30000W_f}{\mu}\right)$			
pv (N/mm² · m/s)	$\frac{PN}{30000d}$ 저널의 평균 반지름 $d/4$와 롤러 속도를 v(m/s)로 할 때	$\frac{PN}{30000(d_2-d_1)}$ 저널의 평균 반지름$(d_1+d_2)/4$와 롤러 속도를 v(m/s)로 할 때		$\frac{PN}{30000(d_2-d_1)Z}$

예제 8-14 100rpm, 35kN의 하중을 받는 피벗 저널의 안지름 20mm일 때, 다음을 구하여라. 단, $Z=2$, $p=1$MPa, $pv=2$MPa · m/s이다.

(1) 압력을 고려한 바깥 지름(d_2) (2) 발열을 고려한 바깥 지름(d_2)

Solution (1) 식 (8-62)에서

$$d_2=\sqrt{\frac{4P}{\pi pZ}+d_1{}^2}=\sqrt{\frac{4\times35\times10^3}{\pi\times1\times2}+20^2}=150.6(\text{mm})$$

(2) $$d_2=d_1+\frac{PN}{30000Zpv}=20+\frac{35\times10^3\times100}{30000\times2\times2}=49.4(\text{mm})$$

예제 8-15 180rpm, 26kN의 하중을 받는 피벗 저널의 바깥 지름 120mm일 때, 베어링 압력 을 구하여라. 단, $pv=1.7$MPa · m/s이다.

Solution

$$d_2 - d_1 = \frac{PN}{30000pv} \text{ 에서}$$

$$d_1 = d_2 - \frac{PN}{30000pv} = 120 - \frac{26\times180}{30\times1.7} \fallingdotseq 28(\text{mm})$$

$$\therefore\ p = \frac{P}{\frac{\pi}{4}(d_2^2 - d_1^2)}\quad \frac{26\times10^3}{\frac{\pi}{4}(120^2 - 28^2)} = 2.4(\text{MPa})$$

예제 8-16 그림 8-27과 같은 피벗 저널이 120rpm으로 회전하는 베어링의 압력을 구하여라. 단, $pv = 1.6$MPa · m/s이다.

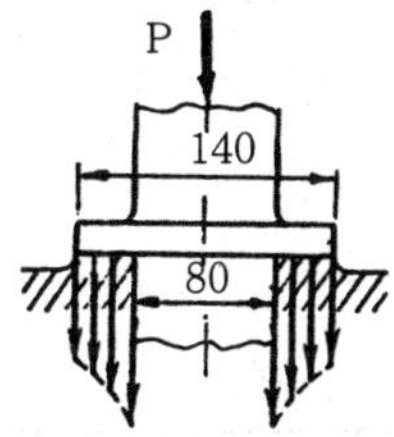

그림 8-27

Solution

$$P = \frac{30000pv}{N}(d_2 - d_1) = \frac{30000\times1.6}{120}\times(140-80)$$

$$= 24(\text{kN})$$

$$\therefore\ p = \frac{P}{\frac{\pi}{4}(d_2^2 - d_1^2)} = \frac{24\times10^3}{\frac{\pi}{4}(140^2 - 80^2)} = 2.3(\text{MPa})$$

예제 8-17 지름 100mm인 축이 25kN의 스러스트를 받고 120rpm으로 회전할 때, 칼라의 수를 구하여라.

Solution 칼라의 바깥 지름 d_2는 축 지름 d의 1.5배로 하므로

$$d_2 = 1.5d = 1.5\times100 = 150(\text{mm})$$

$$d_m = d_2 + d_1/2 = 150 + 100/2 = 125(\text{mm})$$

$$v = \frac{\pi d_m N}{60\times100} = \frac{\pi\times125\times120}{60\times1000} = 0.785(\text{m/s})$$

허용 압력(p)은 표 8-9에서 $v = 0.785$ m/s일 때, $p = 42\text{N/cm}^2$이므로

$$Z = \frac{PN}{30000pv(d_2 - d_1)}$$

$$= \frac{25\times10^3\times120}{30000\times0.42\times0.785\times(150-100)} = 6(\text{개})$$

예제 8-18 280rpm, 35kN의 스러스트 하중을 받는 선박용 터빈축의 지름 $d_2 = 460$mm, $d_1 = 340$mm일 때, 다음을 구하여라. 단, $\mu = 0.05$이다.

(1) 칼라의 수(Z) : (단, $C = 30000$N · m/s)　(2) 베어링 압력(p)
(3) 베어링 압력 속도 계수(pv)　(4) 발생 열량(W_f)

Solution

(1) $$b = \frac{d_2 - d_1}{2} = \frac{460 - 340}{2} = 60\ (\text{mm})$$

$$\therefore\ Z = \frac{PN}{2bC} = \frac{35\times10^3\times280}{2\times60\times30000} = 2.7 \fallingdotseq 3(\text{개})$$

(2) $$p = \frac{P}{\frac{\pi}{4}(d_2^2 - d_1^2)Z} = \frac{35\times10^3}{\frac{\pi}{4}(460^2 - 340^2)\times3} = 0.155(\text{MPa})$$

(3) $pv = \dfrac{PN}{30000(d_2 - d_1)Z} = \dfrac{35\times10^3\times280}{30000(460-340)\times3} = 0.9$(MPa · m/s)

(4) $W_f = \dfrac{\mu PN}{30000(d_2 - d_1)Z} = \dfrac{0.05\times35\times10^3\times280}{30000(460-340)\times3} \fallingdotseq 0.045$(MPa · m/s)

예제 8 – 19 2000rpm으로 회전하는 칼라 저널이 8kN의 하중을 받을 때, 손실 마력(PS)을 구하여라. 단, 칼라의 안지름 100mm, 칼러의 수 4, $p=0.3$MPa, $\mu=0.02$이다.

Solution

$$d_2 = \sqrt{\frac{4P}{\pi p Z} + d_1^{\,2}} = \sqrt{\frac{4\times8\times10^3}{\pi\times0.3\times4} + 100^2} \fallingdotseq 136\ \text{(mm)}$$

$$v = \frac{\pi(d_1 + d_2)N}{120\times1000} = \frac{\pi(100+136)\times2000}{120\times1000} = 12.35\text{(m/s)}$$

$$\therefore\ H = \frac{\mu P v}{735} = \frac{0.02\times8\times10^3\times12.35}{735} = 2.68\ \text{(PS)}$$

예제 8 – 20 600rpm으로 회전하는 피벗 저널의 지름 $d_2=120$mm, $d_1=50$mm 일 때, 다음을 구하여라. 단, $p=1.5\text{N/mm}^2$, $\mu=0.12$이다.

(1) 손실 마력(PS)
(2) $pv=0.3\text{N/mm}^2\cdot\text{m/s}$일 때의 스러스트 하중($P$)

Solution

(1) $P = \dfrac{\pi}{4}(d_2^{\,2} - d_1^{\,2})p = \dfrac{\pi}{4}(120^2 - 50^2)\times1.5 = 13700\ \text{(N)}$

저널 속도(v)는 스러스트 저널(피벗 저널)이므로

$$v = \frac{\pi(d_2 + d_1)N}{120\times1000} = \frac{\pi(120+50)\times600}{120\times1000} = 2.68\ \text{(m/s)}$$

$$\therefore\ H_f = \frac{\mu P v}{735} = \frac{0.12\times13700\times2.68}{735} \fallingdotseq 6\ \text{(PS)}$$

(2) $P = \dfrac{30000(d_2 - d_1)pv}{N} = \dfrac{30000(120-50)\times0.3}{600} = 1050\ \text{(N)}$

예제 8 – 21 300rpm, 28kN의 하중을 받는 스러스트 베어링의 안지름 150mm일 때, 다음을 구하여라. 단, $pv=1.5$MPa · m/s, $\mu=0.15$이다.

(1) 베어링의 압력(p) (2) 마찰 손실 마력(PS)

Solution

(1) $d_2 - d_1 = \dfrac{PN}{30000pv}$ 에서

$$d_2 = \frac{PN}{30000pv} + d_1 = \frac{28\times300}{30\times1.5} + 150 \fallingdotseq 337\ \text{(mm)}$$

$$\therefore\ p = \frac{P}{\frac{\pi}{4}(d_2^{\,2} - d_1^{\,2})} = \frac{28\times10^3}{\frac{\pi}{4}(337^2 - 150^2)} = 0.39\text{(MPa)}$$

(2) $v = \dfrac{\pi(d_1 + d_2)N}{120\times1000} = \dfrac{\pi(150+337)\times300}{120\times1000} = 3.8\ \text{(m/s)}$

$$\therefore\ H_f = \frac{\mu P v}{735} = \frac{0.15\times28\times10^3\times3.8}{735} = 21.7\ \text{(PS)}$$

제8장 연습문제

•논문형

1. 미끄럼 베어링의 종류에 대하여 설명하여라.
2. 저널의 종류에 대하여 설명하여라.
3. 베어링의 마찰과 윤활의 상태를 설명하여라.
4. 페트로프 방정식(Petroff)과 스트리벡(Stribeck) 곡선에 대하여 설명하여라.
5. 점도와 밀도를 구별하여 간단히 설명하여라.
6. 베어링 계수에 대하여 설명하여라.
7. 1차원 흐름의 레이놀드 방정식을 유도하고, 설명하여라.
8. 미끄럼 베어링에 대한 다음을 설명하여라.
   (1) 베어링 평균 압력　　(2) pv값
   (3) 베어링 정수($\eta = N/p$)　　(4) 좀머펠트 수
9. 저널 베어링의 다음을 설명하여라.
   (1) 지름비　　(2) 발열 계수
   (3) 압력 속도 계수
10. 베어링 메탈의 구비 조건을 설명하여라.
11. 미끄럼 베어링의 재료에 대하여 설명하여라.

•계산형

8-1. 400rpm, 20kN의 하중을 받는 축 끝 저널의 지름을 구하여라.
단, σ_b=50MPa, $pv = 2$ MPa · m/s이다.

8-2. 10kN의 하중을 받는 중간 저널의 지름을 구하여라. 단, $l/d = 1.4$, 허용 굽힘 응력 35MPa이다.

8-3. 50kN의 추력을 받는 선박 디젤 엔진축의 저널 안지름 80mm일 때, 바깥 지름을 구 하여라. 단, 칼러의 수 4, 베어링 압력 2MPa이다.

8-4. 400rpm, 18kN의 하중을 받는 축끝 저널의 다음을 구하여라. 단, 베어링 압력 6MPa, 굽힘 응력 60MPa이다.
(1) 저널의 지름(d)과 길이(l)　　(2) $pv = 2$ MPa · m/s일 때, 안전성 검토

8-5. 20kN의 하중을 받는 중간 저널의 다음을 구하여라. 단, $l/d = 1.5$, σ_b=35MPa이다.
(1) 베어링의 압력(p)　　(2) 저널의 지름(d)
(3) 저널의 길이(l)

8-6. 지름 120mm, 허용 굽힘 응력 50MPa인 축끝 저널의 다음을 구하여라. 단, 허용 베어링 압력 4MPa이다.
(1) 저널의 길이(l)　　(2) 저널의 하중(P)

8-7. 수직축의 스러스트 베어링 지름 d_2=120mm, d_1=60mm일 때, 스러스트(추력) 하중을 구하여라. 단, 허용 베어링 압력 1.5MPa이다.

8-8. 300rpm, 22kN의 하중을 받는 칼라 저널의 지름 d_1=280mm, d_2=400mm일 때, 칼라의 수를 구하여라. 단, $pv = 1$ MPa · m/s이다.

8-9. 16kN의 하중을 받는 축끝 저널의 지름 계수 $l/d = x = 2$, $l/d = x = 2$일 때, 다음 을 구하여라. 단, 베어링 압력 2MPa이다.

(1) 저널의 지름(d)　　(2) 저널의 길이(l)

(3) 저널의 굽힘 응력(σ_b)

8-10. 피스톤의 중간 저널에 하중 4.5kN을 받고 핀의 지름 $d_2 = 30$mm, $d_1 = 20$mm, 길이 120mm일 때, 굽힘 응력을 구하여라.

8-11. 200rpm, 15kN의 하중을 받는 축끝 저널 압력을 구하여라. 단, 허용 굽힘 응력 50N/mm^2, 압력 속도(발열) 계수 1.5N/mm^2 · m/s이다 .

8-12. 350rpm, 8kN의 하중을 받는 축끝 저널의 치수 $d \times l = 60 \times 120$ mm일 때, 다음을 구하라.

(1) 허용 굽힘 응력(σ_b)　　(2) 압력 속도계수(pv)

(3) 베어링 압력(p)

8-13. 300rpm, 5.3kN의 하중을 받는 축끝 저널의 지름비 $l/d = 2$일 때, 다음을 구하여 라. 단, 하용 굽힘 응력 45N/mm^{2}이다.

(1) 저널의 지름(d)　　(2) 저널의 길이(l)

(3) 베어링의 압력(p)　　(4) 압력 속도 계수(pv)

8-14. 600rpm, 20kN의 하중을 받는 축끝 저널의 지름비 $l/d = 2$, $v = 2$ m/s일 때, 다 음을 구하여라. 단, $\sigma_b = 50$ MPa, $\mu = 0.005$이다.

(1) 저널의 지름(d)　　(2) 저널의 길이(l)

(3) 압력 속도계수(pv)　　(4) 마찰 손실 일량(W_f)

8-15. 300rpm, 8kN의 하중을 받는 축 끝 저널의 지름 60mm, 길이 120mm일 때, 다 음을 구하여라. 단, $\mu = 0.02$이다.

(1) 저널의 굽힘 응력(σ_b)　　(2) 베어링 압력(p)

(3) 압력 속도계수(pv)　　(4) 마찰 손실 동력(kW)

8-16. 1800rpm, 2.8kN의 하중을 받는 피벗 저널의 지름 $d_1 = 50$mm, $d_2 = 120$mm, 축의 반지름 2cm 일 때, 다음을 구하여라. 단, $p = 1.5$MPa, $\mu = 0.12$이다.

(1) 매분 마찰 열량(Q_f)　　(2) 스러스트 하중(P)

(3) 마찰 손실 동력(kW)

Answer

8-1. 209mm　8-2. 27.6mm　8-3. 120mm

8-4. (1) $d = 46$ mm, $l = 64$ mm (2) 1.44MPa < 6MPa ∴안전

8-5. (1) 8MPa (2) 40mm (3) 60mm　8-6. (1) 188mm (2) 90kN

8-7. 12,7kN　8-8. 2개　8-9. (1) 63mm (2) 126mm (3) 41MPa

8-10. 32MPa　8-11. 2.6MPa　8-12. (1) 22.6MPa (2) 1.2MPa · m/s (3) 1.1MPa

8-13. (1) 35mm (2) 70mm (3) 2.2MPa (4) 1.2MPa · m/s

8-14. (1) 2.45MPa (2) 128mm (3) 4.9MPa · m/s

8-15. (1) 22.2MPa (2) 1.1MPa (3) 1MPa · m/s (4) 0.15kW

8-16. (1) 18.2kcal/min (2) 14kN (3) 13.4kW

제9장 구름 베어링(rolling bearing)

축의 회전에 있어서 마찰과 마멸을 억제하기 위하여 구름 접촉을 하도록 축에 끼워져 사용되는 것을 **구름 베어링**(rolling bearing)이라 한다.

구름 베어링은 마찰면 사이에 전동체의 구름 운동에 의하여 회전 운동을 시켜 하중을 받는 것으로 구름마찰이 미끄럼 베어링보다 작다는 원리를 베어링에 응용한 것이다.

9-1 일반 사항

[1] 특 성

(1) 장 점

① 기동(起動) 저항과 마찰 계수가 작다.(미끄럼 베어링의 10~15%정도 작다)
② 윤활 조건이 용이하고, 기계의 오손이 적다.
③ 회전수, 하중, 온도 등에 의한 마찰계수의 변화가 작다.
④ 신뢰성이 있고, 고속 회전할 수 있다.
⑤ 기동 마찰 (0.002~0.006)이 작고, 기계의 정밀도를 유지할 수 있다.
⑥ 진동 하중에 의하여 전동체와 궤도륜의 접촉부에 눌린 자국이 생기기 쉽다.
⑦ 베어링의 길이를 단축시킬 수 있다.
⑧ 규격화되어 품종이 다양하고, 호환성이 좋고, 대량 생산으로 선택이 자유롭다
⑨ 미끄럼 베어링 만큼 직접적로 점도의 영향을 받지 않는다.
⑩ 궤도와 전동체의 틈새가 극히 작아 축심을 정확하게 유지할 수 있다.
⑪ 과열의 위험이 없고, 급유의 수고가 적다.
⑫ 양 방향의 하중을 하나의 베어링으로 받을 수 있다.
⑬ 점도의 변화에 영향을 받지 않는다.

(2) 단 점

① 가격이 비교적 비싸고, 진동과 소음이 생기기 쉽다.
② 바깥지름이 크게 되고, 내충격과 외부 충격 하중에 약하고, 흡수 능력이 적다.
③ 전동체와 궤도면의 정밀도에 따라 소음이 나기 쉽다.
④ 내외륜의 끼워 맞춤에 주의가 필요하다.
⑤ 부분적인 수리가 불가하고, 베어링 전체를 교환해야 된다.

[2] 구 조

그림 9-1과 같이 내륜(內輪 : inner race), 외륜(外輪 : outer race), 강구(鋼球 : steel ball), 리테이너(補間器 : retainer 또는 cage)의 4가지 부분으로 구성되어 있다.

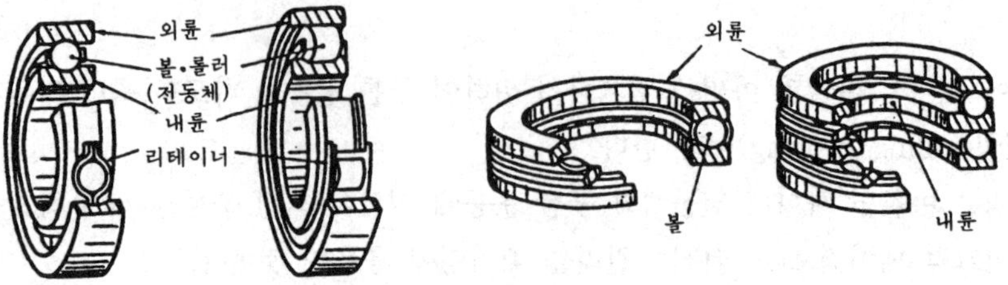

① 볼 베어링 ② 롤러 베어링 ① 단식 ②복식

(a) 레이디얼 베어링 (b) 스러스트 베어링

그림 9-1. 베어링의 구조

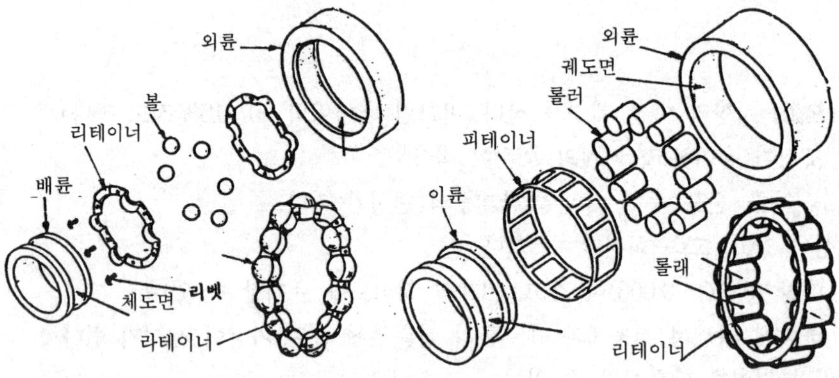

① 분해 ② 조립 ① 분해 ② 조립

(a) 볼 베어링 (b) 롤러 베어링

그림 9-2. 구름 베어링의 분해

(1) 전동체

① **구성** : 2개의 레이스(race) 즉, 궤도륜과 그 사이에 리테이너로 적당한 간격을 유지하는 것을 전동체(轉動體 : rolling element)라 한다(그림 9-2).

② **종류** : 볼, 롤러, 니들(needle), 테이퍼(taper) 롤러, 구면(球面) 롤러, 장구꼴 롤러 등이 있다(그림 9-3).

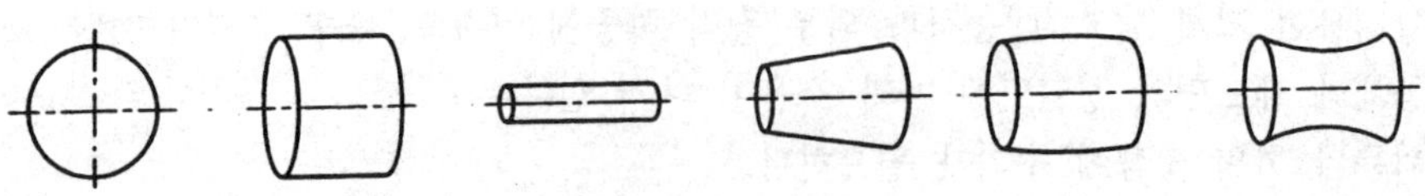

(a) 볼 (b) 원통 롤러 (c) 니들 롤러 (d) 테이퍼 롤러 (e) 구면 롤러 (f) 장구형 롤러

그림 9-3. 전동체의 종류

③ 역할 : 전동체는 축과 베어링 부분의 미끄럼 접촉을 구름 접촉으로 궤도면에 따라 마찰 손실을 최대한으로 감소시키는 역할을 한다.

(2) 리테이너

전동체를 부분적으로 감싸주어 서로 물리지 않게 간격을 고르게 유지시키며, 전동체 끼리 서로 접촉하는 것을 방지하는 역할을 한다.

[3] 종 류

① 전동체에 따라

볼 베어링(ball bearing)과 롤러 베어링(roller bearing)이 있다(그림 9-1).

② 하중 방향에 따라

레이디얼(radial) 베어링과 스러스트(thrust) 베어링이 있다(그림 9-4).

③ 전동체의 배열에 따라

단열형 또는 복열형, 단식형 또는 복식형이 있다(표 9-1).

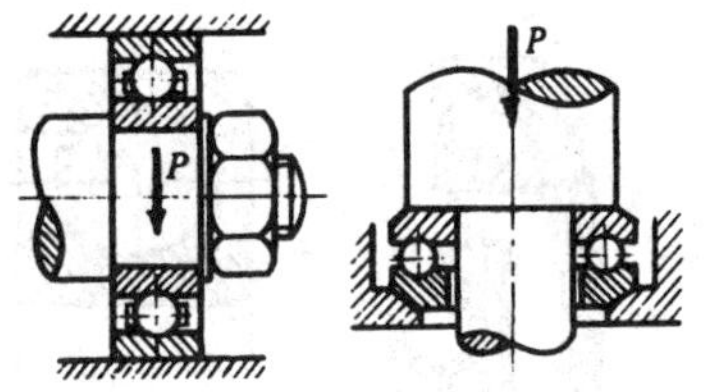

(a) 레이디얼 베어링 (b) 스러스트 베어링

그림 9-4. 하중 방향

표 9-1. 구름 베어링의 종류

형식에 의한 분류	레이디얼 베어링												
	레이디얼 볼 베어링							레이디얼 롤러 베어링					
	레이디얼 콘택트			앵귤러 콘택트			자동 조심	레이디얼 콘택트			앵귤러 콘택트	자동 조심	
	단열 볼 베어링	복열 볼 베어링	마그넷 볼 베어링	단열 앵귤러 볼 베어링	복열 앵귤러 볼 베어링	피벗 볼 베어링	복열 자동 조심 볼 베어링	단열 원통 롤러 베어링	복열 원통 롤러 베어링	핀 롤러 베어링	원뿔 롤러 베어링	단열 자동 조심 롤러 베어링	복열 자동 조심 롤러 베어링
단면 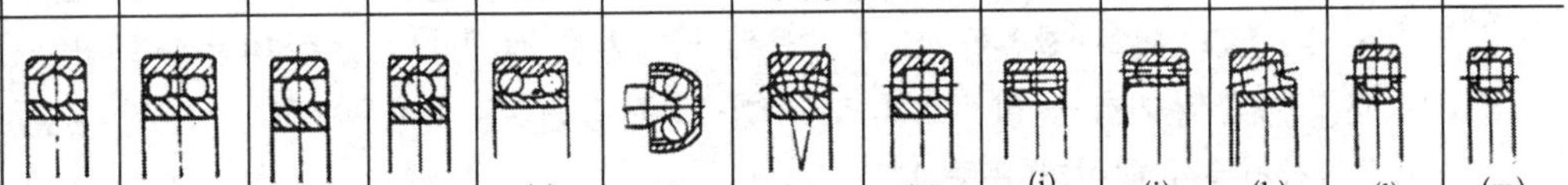	(a)	(b)	(c)	(d)	(e)	(f)	(g)	(h)	(i)	(j)	(k)	(l)	(m)

형식에 의한 분류	스러스트 베어링							
	스러스트 볼 베어링					스러스트 롤러 베어링		
	액셜 콘택트				앵귤러 컨택트	액셜 콘택트		자동 조심
	단식 평면 자리형 스러스트 볼 베어링	단식 중심 자리형 스러스트 볼 베어링	복식 평면 자리형 스러스트 볼 베어링	복식 중심 자리형 스러스트 볼 베어링	앵귤러 스러스트 볼 베어링	스러스트 원통 롤러 베어링	스러스트 원뿔 롤러 베어링	스러스트 자동 조심 롤러 베어링
단면 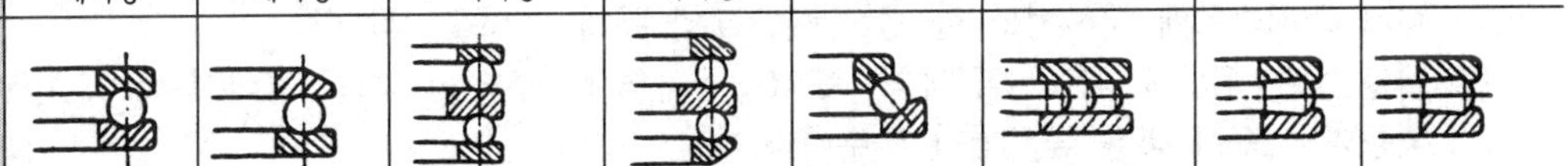	(n)	(o)	(p)	(q)	(r)	(s)	(t)	(u)

1. 볼 베어링

(1) 깊은 홈 볼 베어링(deep groove ball bearing)

비교적 구조가 간단하고, 베어링 중 가장 일반적인 형태로, 궤도면의 홈이 비교적 깊은 홈 형(deep groove) 베어링(그림 9−5)으로서, KS B 2023에 규격화 되어있다.

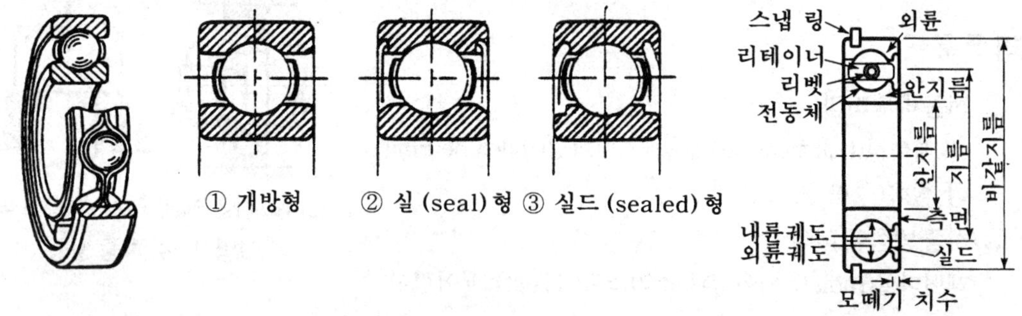

(a) 외형 (b) 종류와 단면 (c) 실드(sealed)형

그림 9−5. 깊은 홈 볼 베어링

① 특성

a. 내, 외륜이 비분리형으로서 내륜은 고정, 외륜은 회전시켜 사용한다.

실드 b. 주로 레이디얼 하중을 받으나 어느 정도의 스러트스 하중도 받을 수 있다.

c. 내외륜의 턱에 의하여 약간의 축 방향 하중을 지지할 수 있다.

d. 볼이 점접촉을 하므로 마찰 토크와 동력 손실이 적고, 고속 회전이 가능하다.

② 구조 : 일반적으로 축을 내륜에 압입하고, 외륜은 하우징에 고정된다.

③ 기 호

a. 밀봉 형태에 따른 기호 → 개방형 : 기호 없음, Z : 한쪽 실드, ZZ : 양쪽 실드, D : 한쪽 접촉형 실, DD : 양쪽 접촉형 실, U : 한쪽 비접촉형 실, UU : 양쪽 비접촉형 실(seal)

b. 호칭 번호 뒤 기호 → N : 스냅 링을 끼울 수 있는 홈 붙이용 NR : 스냅링 홈붙이 설치용, K : 안지름이 테이퍼(표준 1/12)

c. 형식 기호 → 6

④ 용도 : 고속 회전용으로 가장 적합하게 사용된다.

(2) 마그넷 볼 베어링(magneto ball bearing)

외륜의 한 쪽에 턱이 있는 외륜 분리형 구조로서, 내연 기관의 발전(magneto)용으로 개발되어 붙여진 베어링(그림 9−6)이다. 이것은 KS B 2030에 규격화되어 있다.

① 특성 : 설치와 해체가 쉽고, 접촉각이 작아서 깊은 홈 베어링보다 부하 하중을 작게 받는다. 그리고 스러스트에 대하여도 한 쪽 방향으로만 부하 능력을 갖는다.

② 계열 번호 : E(0에서부터+공차역), EN(−공차역에서부터 0까지의 공차역)이 있고, 이 표시는 외륜의 치수에 대한 공차역의 구분이다.

③ 용도 : 고속, 소형 정밀 기기에 사용된다.

그림 9－6.
마그넷 볼 베어링

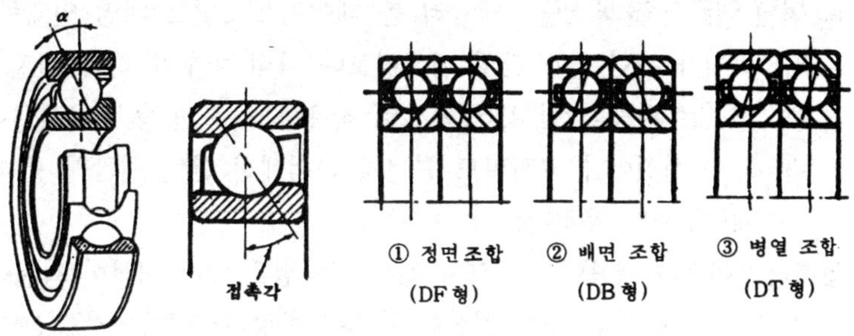

(a) 외형 (b) 단면 (c) 조합의 종류

그림 9－7. 앵귤러 볼 베어링

(3) 앵귤러 콘택트 볼 베어링(angular contact ball bearing)

볼과 내, 외륜의 접촉점을 연결하는 직선이 레이디얼 방향에 대하여 비교적 큰 접촉각을 이루는 베어링(그림 9－7)으로서, KS B 2024에 규격화되어 있다.

① 특성

a. 내륜과 외륜의 턱이 높게 설계되어 한쪽 축 방향 하중을 받을 수 있다.

b. 양쪽 축 방향의 하중을 받기 위하여는 베어링 2개를 조합하여 사용하거나 다른 베어링에 덧붙여 사용한다.

c. 방향으로 예압을 가하여 베어링의 강성을 조정한다.

② 종류

a. **조합 앵귤러 볼 베어링** : 한쪽 축 방향 하중만을 받을 수 있으므로, 하나의 축에 2개 베어링을 조합하여 장치나 하중의 조건에 따라 사용한다[그림 9－7 (c)].

가. **정면 조합 베어링**[기호 : DF(**정면 조합** : face to face)]

• 베어링 외륜의 얇은 부분끼리 맞대는 결합으로서, 양쪽 축 방향 하중과 반지 름 방향의 하중을 받을 수 있으며, 적정량의 예압이 필요하다.

• 유효 하중점 사이의 거리가 가까워 모멘트에 대응하는 힘이 줄어드는 반면, 설치 오차로 인한 경사각이 허용되며, 외륜을 눌러서 예압을 준다.

나. **배면 조합 베어링**[기호 : DB(**배면 조합** : back to back)]

• 베어링 외륜의 두꺼운 부분끼리 맞대는 결합으로, 양쪽 축 방향 하중과 반지름 방향 하중을 받을 수 있으며, 적정량의 예압이 필요하다.

• 유효 하중점 사이의 거리가 멀어서 큰 모멘트 하중이 작용하는 곳에 적합하고, 내륜에 너트를 체결하여 예압을 줄 수 있다.

다. **병열 조합 베어링**[기호 : DT(**병열 조합** : tandem)]

베어링이 한쪽 방향으로 작용하는 큰 축 방향 하중을 분산하여 지지할 수 있으며, 반지름 방향 하중도 지지할 수 있다.

위에서 DF와 DB는 양 방향의 스러스트 하중을 받게 되어 하중의 작용점의 거리가 길어서 모멘트 하중에 대하여 부하 능력이 클 때 사용하는 것이 좋고, DT는 한 방향의 큰 스러스트 하중에 대하여 사용할 때 좋다.

b. **복렬 앵귤러 볼 베어링** : 앵귤러 볼 베어링을 2열로 배열 일체형으로 한 것이다.

가. 설치가 간단하고, 단열 베어링보다 나비 치수가 작아 설치 공간이 좁다.

나. 모멘트 하중을 받고, 양쪽으로 작용하는 축 방향 하중을 지지할 수 있다.

다. 고속 회전이나 고정밀도 회전의 관점에서 단열 앵귤러 볼 베어링이나 조합 앵귤러 볼 베어링보다 못하다.

③ **접촉각** : 내륜과 외륜이 전동체와 접촉하는 점을 잇는 직선이 회전축에 이루는 각 또는 내외륜이 볼과 접촉한 점을 잇는 직선이 반지름 방향과 이루는 각으로서 **호칭 접촉각**은 30°가 표준이고, 그 외에 15°, 20°, 40°가 있다.

특성은 접촉각이 클수록 축 하중 지지 능력이 크고, 작을수록 고속 회전에 유리하다. 또 호칭 접촉각 기호는 A[22°~32°(보통 30°, FAG 베어링은 25°)는 생략 가능], B[32°~45°(보통 40°)], C[10°~22°(보통 15°)]를 사용한다.

(4) 자동 조심 볼 베어링(self-aligning ball bearing)

볼이 복렬로 구성된 비 분리형 베어링으로서 내륜의 궤도는 2개로 분리되어 있고, 각 륜의 궤도면이 베어링 중심을 중심으로 한 구면의 내륜에 볼을 끼우고 외륜에 경사져있는 자동 조심성(調心性) 베어링(그림 9-8)으로서, KS B 2025에 규격화되어 있다. 이것은 안지름이 테이퍼진 경우에 기호 뒤에 K를 붙이며, 표준 테이퍼는 1/12이다.

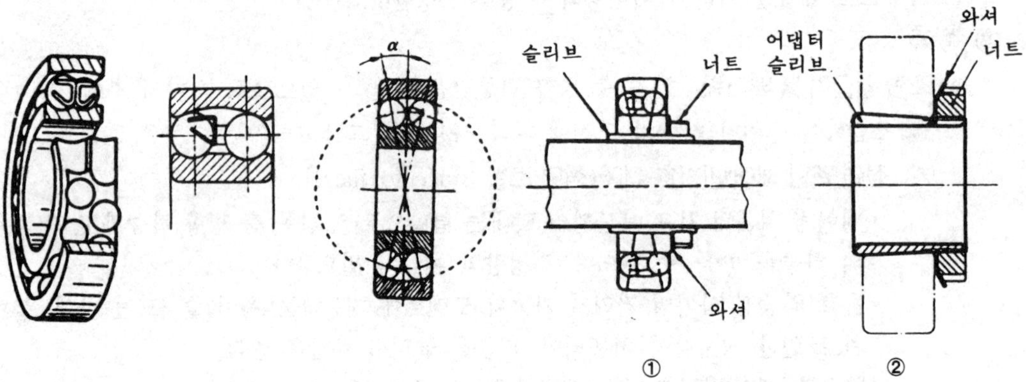

(a) 외형 (b) 단면 (c) (d) 어댑터 설치 베어링

그림 9-8. 자동 조심형 볼 베어링

① **특 성**

a. 축이나 베어링 하우징(housing)의 부착 등에 의한 축심의 어긋남이 자동적으로 기울어져 보정하는 조심 작용을 한다.

b. 허용 조심각은 1.5~3°(최대 4°)로 조절할 수 있어서[그림 9-8 (c) 참조] 베어링에 무리한 힘이 작용하지 않는다.

c. 스러스트 하중이 작용되면 수명이 크게 저하되므로, 하중에 주의해야 한다.

d. 외륜 내면이 큰 구면과 볼은 점접촉의 힘을 전달하는 큰 하중에 견디기 어렵다.

e. 스러스트에는 약하나 마찰은 적고, 베어링 중에 가장 가볍게 회전시킬 수 있다.

② **사용** : 설치 오차를 피할 수 없는 경우, 축이 휘어지는 경우 등 허용 경사각이 비교적 클 때 사용한다. 또 그림 9-8 (d), (e)와 같이 내륜에 테이퍼를 붙여 어댑터(adapter)를 설치한 후 베어링이 빠지는 것을 방지하는 방법도 있다.

(5) 스러스트 볼 베어링(thrust ball bearing)

축 방향의 하중 즉, 스러스트 하중을 받는 곳에 사용되는 볼 베어링이다(그림 9-9).

① **특성**

a. 축의 경사에 민감하고, 축 방향 하중을 견고하게 지지하나 반지름 방향의 하중은 지지할 수 없다.

b. 고속 회전에 부적합하고, 축의 경사를 완화시키기 위하여 외륜과 접촉하는 조심 자리와 와셔를 사용하기도 한다.

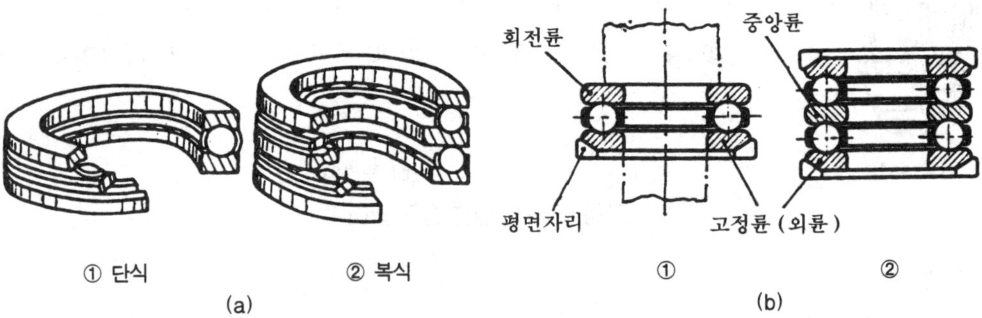

그림 9-9. 스러스트 볼 베어링

② **형식** : 한쪽 방향 하중을 받는 것을 단식(單式), 양쪽 방향 스러스트 하중을 받는 것을 **복식**(複式)이라 한다. 또한 그림 9-9 (b)와 같이 회전륜의 자리는 평면이고, 고정륜의 자리는 평면과 구면(球面)의 있으며, 구면은 자동 조심 작용을 한다.

③ **종류** : 하우징과 결합하는 고정륜의 형태에 따라 평면 자리형, 조심 자리형, 조심 와셔 붙이형으로 구분된다.

④ **구조** : 궤도륜이 자리형으로 축에 끼워지는 쪽을 내륜, 하우싱에 끼워지는 쪽을 외륜이라 한다. 또한 회전륜은 축에 고정되고, 고정륜은 하우징에 고정된다.

(6) 미니아튜어 볼 베어링(miniature ball bearing)

마찰 저항이 적고, 급유를 거의 필요로 하지 않는 베어링으로 안지름이 비교적 작은(9mm 정도까지) 베어링이다(그림 9-10). **용도**는 정밀 측정기의 요동 기구, 항공 계기, 자동 계측기, 영사기, 소형 전동기 등의 회전 부분, 각종 계기류 등에 사용된다.

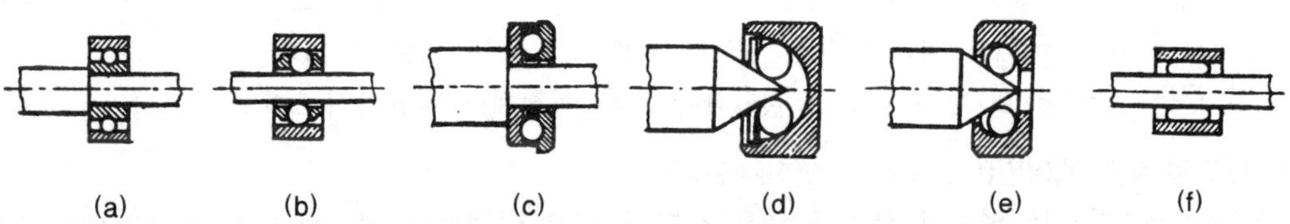

그림 9-10. 미니아튜어 볼 베어링

2. 롤러 베어링

① **종류** : 모양에 따라 원통, 테이퍼, 침상(針狀 : needle) 롤러로 구분한다.

② **용도** : 전동체가 하중을 지지하는 면적이 커서 중하중용에 적합하다.

(1) 원통 롤러 베어링(cylindrical roller bearing)(그림 9-11)

원통형 롤러를 사용한 분리형 베어링으로서, KS B 2026에 규격화되어 있다.

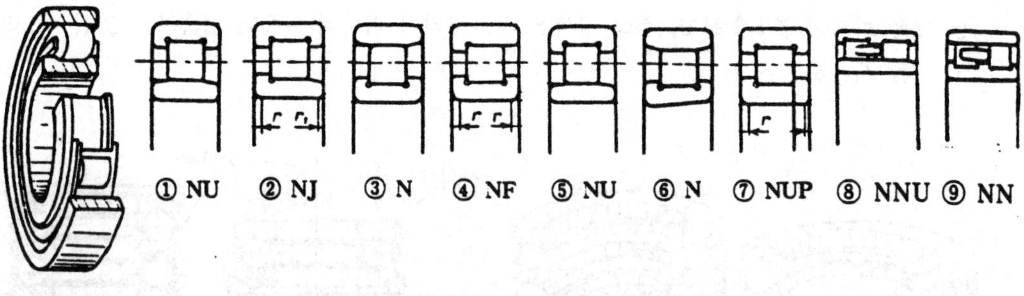

그림 9-11. 원통 롤러 베어링

① **특성**

a. 롤러가 내외륜에서 궤도륜과 선접촉을 하므로 하중의 지지 용량이 크다.

b. 반지름 방향으로 강성이 높고, 중하중에도 견딜 수 있다.

c. 볼 베어링보다 레이디얼 방향의 부하 용량이 크다.

d. 롤러 베어링 중에서 가장 큰 회전 속도로 사용된다.

② **형식** : 내외륜의 턱이 붙은 상태와 배열에 따라 여러 가지가 있다.

a. 분리형으로 단열과 복열, 안내턱이 있는 것과 없는 것이 있다.

b. 한쪽에 안내 턱이 없는 것은 축 방향으로 축이 이동되므로, 스러스트 하중이나 열팽창에 의한 손상이 적다.

③ **기호** : 외륜 양쪽 안내 턱 붙이에는 기호 NU, NJ, NUP, 외륜 한쪽 안내 턱 붙이에는 기호 NF, 외륜 안내 턱이 없는 것에는 기호 N, NN, NUP와 NH형은 약 간의 축 방향 하중을 받을 수 있어 고정축 베어링으로 사용된다.

(2) 구면 롤러 베어링(spherical roller bearing)

구면(球面)으로 되어 있는 롤러를 전동체로 사용한 베어링(그림 9-12)이다.

① **특성** : 자동 조심 작용이 있어서 축심이 어긋났을 때 자동적으로 조절되고, 레이디얼 부하 용량이 크며, 구면을 이용하여 양 방향 스러스트 하중에 견딜 수 있다.

② **용도** : 중하중 및 충격 하중에 적합하나 고속 회전에는 적합하지 않다.

(3) 테이퍼 롤러 베어링(tapered roller bearing)

내외륜 분리형으로 테이퍼 롤러가 내륜의 턱에 의해 안내되는 베어링(그림 9-13)이고, KS B 2027에 규격화되어 있다.

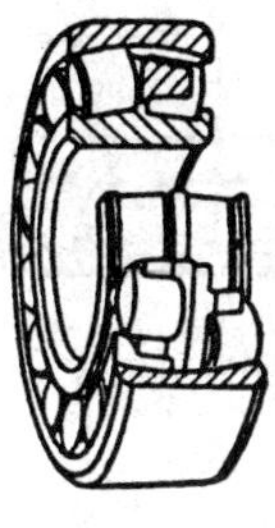

그림 9−12.
구면 롤러 베어링

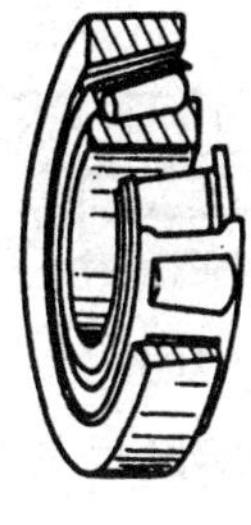

그림 9−13. 테이퍼 롤러 베어링

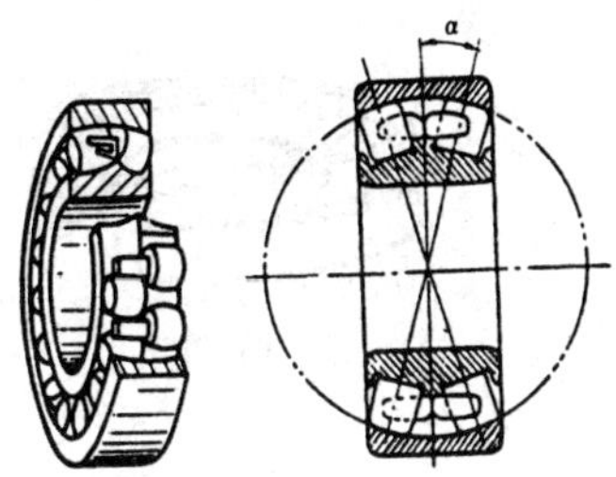

(a) (b)

그림 9−14. 자동 조심 롤러 베어링

① **특성**

a. 설치와 해체가 용이하고, 전동체는 내륜의 턱에 안내되어 구배된 궤도를 구른다.

b. 레이디얼 하중과 한 방향 스러스트 하중의 합성 하중에 대한 부하 능력이 크다.

c. 내륜과 외륜의 간극을 조정하므로서 필요한 틈새가 얻어진다.

② **종류**

a. **단열 베어링** : 접촉각에 따라 표준, 중간, 급 접촉각으로 구분된다.

b. **복렬 베어링** : 배열 방법에 따라 외 방향과 내 방향으로 구분된다.

③ **조합** : 앵귤러 볼 베어링과 같이 정면 조합, 배면 조합, 병렬 조합이 있다.

④ **기호** : 호칭 번호의 뒤 부분에 붙이는 K는 베어링의 주요 치수 및 서보 유닛의 치수가 ISO 355에 따르는 것으로 한다.

⑤ **용도** : 축 방향의 분력이 생길 때 보통 2개를 서로 상대시켜서 사용한다.

(4) 자동 조심 롤러 베어링(self−aligning roller bearing)

외륜 궤도면을 구면형으로 하고 전동체를 복렬로 배열하여 외륜이 축 중심에 맞도록 자동으로 조정되는 베어링(그림 9−14)으로서, KS B 2028에 규격화되어 있다.

① **특성** : 레이디얼 하중과 큰 스러스트 하중도 받고, 충격 하중에도 잘 견딘다.

② **종류** : 전동체를 비대칭 롤러를 사용한 것과 대칭인 롤러를 사용한 것이 있다.

③ **구조** : 외륜은 공용의 구면 궤도로서 중심 작용을 하고, 내륜은 중간 턱으로 분리된 이중 궤도를 갖는다. 용도는 산업 기계의 축에 널리 사용된다.

④ **조심각(調心角)** : 베어링의 종류에 따라 다르며 일반적으로 1~2.5°이다.

⑤ **기호** : 안지름이 원통일 때는 기호가 없고, 테이퍼일 때는 뒤에 K를 붙인다.

(5) 스러스트 롤러 베어링(thrust roller bearing)

큰 축 방향 하중 즉, 스러스트 하중(推力)이 작용할 때 사용되는 베어링(접촉각 : 45°~50°정도, 그림 9−15)으로서, KS B 2042에 규격화되어 있다.

① **특성**

a. 자동 조심 작용을 하고, 설치 오차 및 축의 굽힘을 받아 준다.

b. 고하중에는 견디나 고속 회전에는 부적당하다.

c. 스러스트 하중이 작용할 때, 어느 정도의 레이디얼 하중을 받을 수 있다.

② **형식** : 자리면에 평면 자리형과 구면 자리형이 있다.

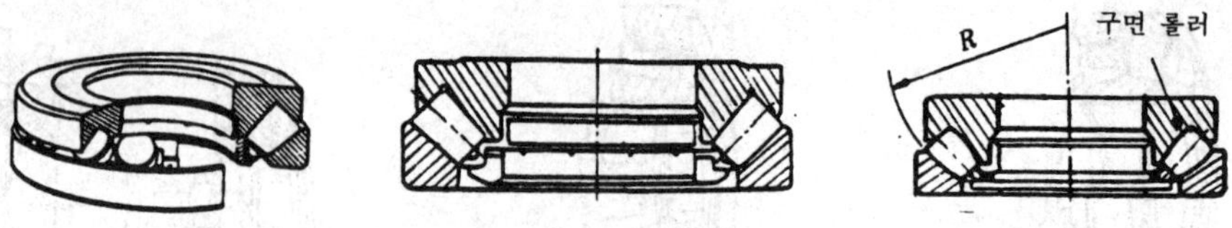

(a) 외형 (b) 평면 자리형 (c) 구면 자리형

그림 9−15. 스러스트 롤러 베어링

(6) 니들 롤러 베어링(needle roller bearing)

단열 분리형이고, 전동체가 길이에 비하여 지름이 아주 작은 바늘 모양의 롤러(지름 2~5mm)를 사용한 베어링(그림 9−16)으로서, KS B 2029에 규격화되어 있다.

① **특성** : 안지름에 비하여 바깥지름이 작아 설치 공간이 작고, 경량화에 좋으며, 강성이 크고, 정밀도가 높다.

② **기호** : NA 계열은 내륜, RNA 계열은 내륜이 없어서 축에 직접 접촉을 한다.

③ **용도** : 반지름 방향의 하중만 받으며 자유측 베어링으로 사용된다.

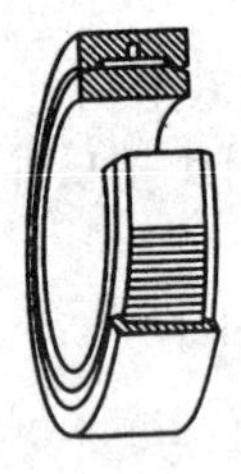

그림 9−16. 니들 베어링

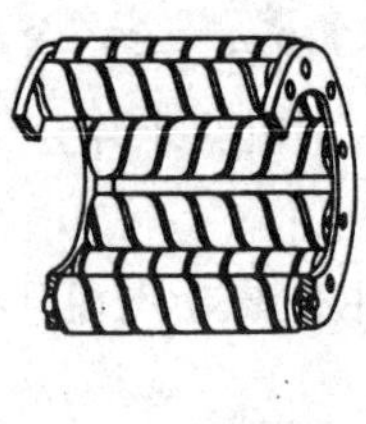

그림 9−17. 플렉시블 베어링

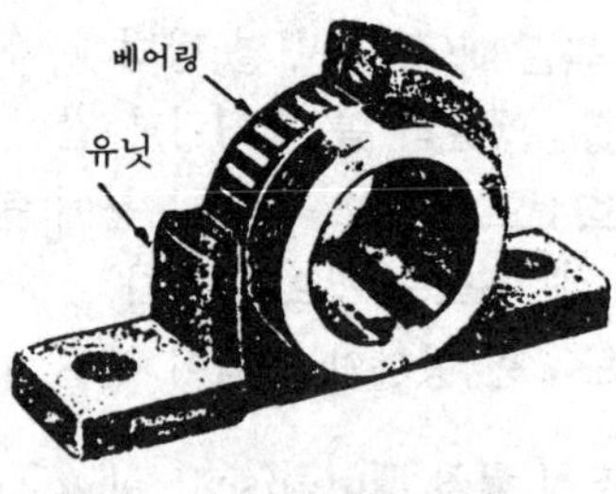

그림 9−18. 베어링 유닛

(7) 플렉시블 롤러 베어링(flexible roller bearing)

1892년에 미국의 해트사(Hyatt B. Co.)에서 고안 한 베어링이다(그림 9−17).

① **구조** : 나선형으로 감은 Cr−V강을 담금질 연마한 것을 롤러로 사용한 것이다.

② **용도** : 탄력이 풍부하고, 충격력이 걸리는 곳에 적합하다.

3. 구름 베어링 유닛

통쇠 베어링에 구름 베어링을 끼워 사용하는 것을 **구름 베어링 유닛**(insert bearing units)이라고 하며(그림 9−18), KS B 2046에 규격화되어 있다.

(1) 구조 : 베어링 외륜과 유닛의 내면이 구면으로 되어 축을 약간 경사시킬 수 있다.

(2) 용도 : 자동 조심 볼 베어링이 큰 하중에 견딜 수 없을 때 또는 회전수 1000rpm 정도까지의 높은 정밀도를 요하는 축에 사용된다.

9-2 구름 베어링의 호칭 번호

KS B 2012에는 KS B 2013(구름 베어링의 주요 치수)에 정한 주요 치수를 가진 구름 베어링 중에서 일반적으로 사용되는 베어링의 호칭 번호에 대하여 규정되어 있다.

1. 호칭 번호

구름 베어링의 호칭 번호를 붙이는 목적은 제조나 사용상 혼란을 방지하고, 또 정리의 편의를 도모하기 위함이다. 따라서 호칭 번호로 주요 치수를 손쉽게 알 수 있으며, 호칭 번호의 앞뒤에 붙이는 기호에 의하여 그 베어링의 특수한 형태를 알 수 있다. 그러므로 구름 베어링을 구입할 때는 반드시 사용 목적에 맞는 호칭 번호를 알아야 한다.

(1) 구 성

기본 번호(베어링 계열 기호, 안지름 번호 및 접촉각 기호)와 **보조 기호**(리테이너 기호, 밀봉 기호 또는 실드 기호, 레이스 모양 기호, 복합 표시 기호, 틈새 기호 및 등급 기호)로 구성되어 있다(표 9-2).

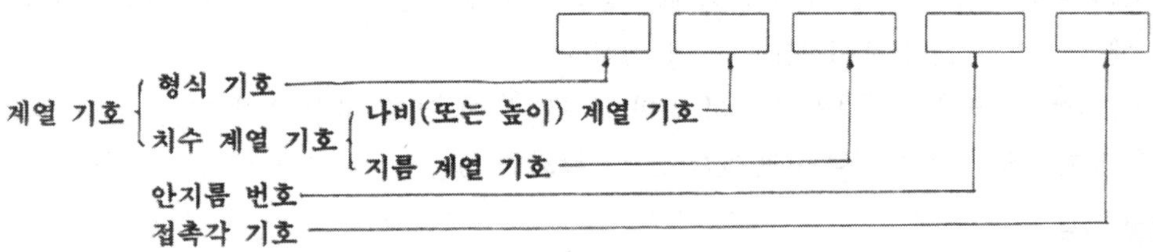

표 9-2. 호칭 번호의 구성(KS B 2012)

배열	(1) 기본 번호					(2) 보조 번호					
	(a)	(b)	(c)	(d)	(e)	(f)	(g)	(h)	(i)	(j)	(k)
	계열 기호	나비 기호	지름 기호	안지름 기호	접촉각 기호	리테이너 기호	실드 기호	레이스 형상 기호	조합 기호	틈새 기호	등급 기호
예 1	6		2	08			Z				P4
예 2	6		3	12			ZZ	N		C2	
예 3	7		2	06	C				DB		P5
예 4	NA	4	9	16		V					

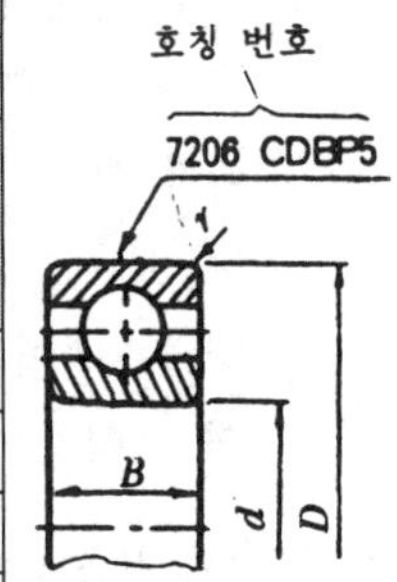

(2) 배 열

호칭 번호의 배열은 원칙으로 표 9-3에 따르고, 호칭 번호는 숫자 또는 기호로 나타내며, 이것은 각각 아라비아 숫자와 라틴 글자의 대문자를 사용한다.

표 9-3. 호칭 번호의 배열

<table>
<tr><th colspan="5">기본번호</th><th colspan="6">보조기호</th></tr>
<tr><th colspan="3">계열 기호</th><th rowspan="3">안지름 번호</th><th rowspan="3">접촉각 기호</th><th rowspan="3">내부 치수 (리테이너 기호)</th><th rowspan="3">실 및 실드 기호</th><th rowspan="3">궤도륜 모양 기호</th><th rowspan="3">조합 기호</th><th rowspan="3">내부 틈새 기호</th><th rowspan="3">등급 기호</th></tr>
<tr><th rowspan="2">형식 기호</th><th colspan="2">치수 기호</th></tr>
<tr><th>나비 및 높이 기호</th><th>지름 기호</th></tr>
</table>

2. 기본 번호

(1) 계열 기호(표 9-4)

베어링의 형식과 치수 계열을 나타내며, 형식 기호 및 계열 기호로 이루어진다.

(2) 형식 기호

베어링의 형식 기호(표 9-3)로서, 베어링의 형식에 따라 정해진 번호 또는 기호를 말하며, 베어링을 호칭할 때 제일 먼저 나오는 기호이다.

① 베어링의 형식 번호가 1, 2, 3, 4일 때에는 복렬 베어링이고, 6, 7일 때에는 단열 베어링이며, N일 때에는 원통 롤러 베어링을 나타낸 것이다.

② 1자의 아라비아 숫자 또는 1자 이상의 라틴 문자로 되어 있고, 치수 계열 22 및 23의 자동 조심 볼 베어링에는 형식 기호가 관례적으로 생략되고 있다.

(3) 치수 계열 기호

① 나비 계열 기호(스러스트 베어링에서는 높이 계열 기호)와 바깥 지름 계열 기호 2자의 아라비아 숫자로 조합한 것이다.

② 치수 계열 기호는 두 자리수로 나타내는 데 1위 숫자는 나비 계열(또는 높이 계열)수이며, 2위 숫자는 지름 계열로 나타낸다.

③ 나비 계열 0 또는 1의 깊은 홈 볼, 앵귤러 볼, 원통 롤러 베어링에는 나비 계열 기호가 생략된다.

비고 : 테이퍼 롤러 베어링의 치수 계열 22C, 23C 및 23D의 라틴 문자 C 또는 D는 호칭 번호의 구성상 접촉각 기호로 취급한다.

(4) 안지름 번호 : 베어링의 안지름(d)을 나타내는 치수가 된다(표 9-5 참조).

① 안지름 번호 00~03은 특수한 번호로서 각각 치수가 다르게 나타나 있다.

② 안지름 번호 04~96mm까지는 그 숫자에 5배하면 안지름 치수가 된다.

③ 안지름 번호 앞에 " / " 표시한 번호는 그 숫자가 그대로 안지름 치수가 된다.

④ 평면 자리형(복식) 스러스트 볼 베어링 안지름 번호는 같은 지름 계열에서 같은 호칭 바깥지름을 가진 단식 평면 자리형 베어링의 안지름 번호와 동일하게 한다.

⑤ 베어링의 치수 규격은 안지름을 기준으로 각각의 안지름에 대하여 여러 가지 크기의 나비와 바깥 지름을 조합한 것으로 구성되어 있다.

표 9－4. 베어링의 계열 기호(KS B 2012)

형식				약도	치수 계열	계열기호	구조 및 특징	
볼 베어링	레이디얼	깊은 홈	단열	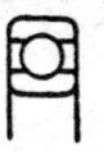	18, 19 10, 12 03, 04	68, 69 60, 62 63, 64	가장 간단하고, 고정밀, 고속에 적당, 레이디얼과 스러스트 하중 을 받을 수 있다.	삽입 홈 없음.
		앵귤러			10, 02 03, 04	70, 72 73, 74	레이디얼 하중과 한 방향의 스 러스트 하중 및 깊은 홈 형보다 큰 부하 가능.	접촉각이 클수록 스러스트 부하 용 량이 크다.
		자동 조심	복열		02, 03 22, 23	12, 13 22, 23	외륜의 궤도면이 구면, 자동 조 심 가능. 스러스트 부하 용량이 작아 영향이 민감하다.	어뎁터 붙이 테퍼 퍼 베어링은 호칭 번호 뒤에 첨가
	스러스트	단식 평면	단열	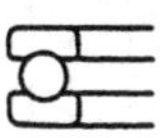	11, 12 13, 14	511 512 513 514	스러스트 하중만을 받는 베어링 으로, 고속 회전에는 적당하지 않 다. 축에 붙일 방향의 궤도륜을 회전륜, 다른 쪽을 고정륜이라 한 다. 고정륜에는 평면 자리, 구면 자리, 구면 와셔 붙이(호칭 번호 의 뒤에 U 첨가) 설치.	단식은 한쪽 방향의 스러스트 하중을 받는 것이고, 복식은 양쪽 방향의 스러스트 하중을 받는 것이다.
		복식 평면		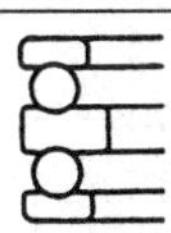	22 23 24	522 523 524		
롤러 베어링	레이디얼	원통형	단열	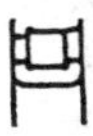	02 03 04	NF 2 NF 3 NF 4	(1) 회전체로 원통 롤러를 사용한다. (2) 내, 외륜 턱의 유무에 따라 N, NU형이 있다. (3) 축 방향으로 약간 이동 가능, 내, 외륜이 분리. (4) 내, 외륜에 턱이 있는 것을 NH형이 있다. (5) NH형은 설치 상 축 방향 위치와 고정할 필요가 있을 때에 사용된다. (6) NJ형과 NF형은 한쪽 방향의 위치를 고정 시킬 수 있으나 반대 측에는 자유로 된다. (7) NH형은 주로 공작 기계의 주축에 사용된다. (8) 무거운 하중이나 충격 하중에 강하고, 축 방향의 열팽창에 대응할 수 있다. (9) 일반적으로 큰 레이디얼 하중과 고압의 회전에 견딜 수 있다.	
					02 03 04	N 2 N 3 N 4		
					02, 22 03, 23 04	NJ2,NJ22 NJ3,NJ23 NJ4		
					10, 02 22, 03 23, 04	NU10 NU2 NU22 NU3 NU23 NU4		
			복열		30	NN30		
					30, 31 22, 32 03, 23	230, 231 222, 232 213, 223	자동 조심형으로 구면 롤러가 복열로 끼워져 있고, 외륜 궤도면이 구면.	베어링 축심이 틀 리는 곳, 저속, 중 하중, 충격 하중
		원뿔형	단열		29, 20 02, 22 03, 23	329, 320 302, 322 323, 303	앵귤러 볼 베어링과 같이 2개를 조합하여 정면 조합(DF), 배면 조합(DB)으로 사용.	부화 용량이 크고 충격에 강하여 공 작 기계의 주축에 적당
		니들형	단열		49	NA 49	길이에 비하여 지름이 작은 롤러를 사용, 단위 면적당 부하 용 량이 커서 형상이 작을수록 좋은 특성이 있으며, 보통 리테이너는 붙어 있지 않다.	내연 기관 피스톤 핀의 베어링에 있 어서와 같이 좁은 곳에서 강한 하중 을 받을 수 있다.
					49	RNA 49		
	스러스트	자동 조심	단열		92 93 94	292 293 294	스러스트 구면 롤러 베어링으로 레이디얼 하중을 약간 받고. 외륜 궤도면이 구면.	스러스트 하중의 용량이 매우 크고 고속에 적당.

표 9-5. 안지름 번호(KS B 2012)

안지름 번호	안지름 치수(mm)	안지름 번호	안지름 치수(mm)	안지름 번호	안지름 치수(mm)	안지름 번호	안지름 치수(mm)	안지름 번호	안지름 치수(mm)
1	1	06	30	22	110	72	360	/ 900	900
2	2	/32	32	24	120	76	380	/ 950	950
3	3	07	35	26	130	80	400	/1000	1000
4	4	08	40	28	140	84	420	/1060	1060
5	5	09	45	30	150	88	440	/1120	1120
6	6	10	50	32	160	92	460	/1180	1180
7	7	11	55	34	170	96	480	/1250	1250
8	8	12	60	36	180	/500	500	/1320	1320
9	9	13	65	38	190	/530	530	/1400	1400
00	10	14	70	40	200	/560	560	/1500	1500
01	12	15	75	44	220	/600	600	/1600	1600
02	15	16	80	48	240	/630	630	/1700	1700
03	17	17	85	52	260	/670	670	/1800	1800
04	20	18	90	56	280	/710	710	/1900	1900
/22	22	19	95	60	300	/750	750	/2000	2000
05	25	20	100	64	320	/800	800	–	–
/28	28	21	105	68	340	/850	850	–	–

(5) 접촉각 기호

볼 또는 롤러 베어링에서 하중이 가해지는 작용선이 반지름 방향과 이루는 각을 접촉각(contact angle)이라 한다(표 9-6).

① 단열 앵귤러 볼 베어링과 단열 원뿔 롤러 베어링의 경우에만 나타나는 각이다.

② 내, 외륜과 볼의 접촉점을 연결하는 직선이 레이디얼 방향과 이루는 각도이다.

표 9-6. 접촉각 기호(KS B 2012)

베어링의 종류	호칭 접촉각	기호	비 고
단열 앵귤러 볼 베어링	10~22° 이하(보통 15°) 22~32° 이하(보통 30°) 32~45° 이하(보통 40°)	C A※ B	※ 기호 생략
단열 테이퍼 롤러 베어링	17° 이하 17~24° 이하(보통 20°) 24~32° 이하(보통 28°)	무 기호 C D	표준 접촉각 중간 접촉각 급 접촉각

3. 보조 기호

보조 기호는 내부 치수, 실(seal) 또는 실드(sealed) 기호, 궤도륜 모양 기호, 조합 기호, 틈새 기호 및 정밀도 등급 기호로 구성된다(표 9-7).

(1) 실은 윤활제의 유실 방지를 위한 것이고, 실드는 비접촉으로 사용되며, 외부의 이물질(먼지 등)에 대한 침입을 방지하기 위한 것이다.

(2) 레이디얼 베어링의 내륜과 외륜 사이에 있는 볼의 내부 틈새로서, 숫자가 클수록 내부 틈새가 크며, CN은 보통 크기의 내부 틈새를 나타낸다. 일반적으로 기호를 쓰지 않는다. 틈새의 크기는 C1에서 C5로 갈수록 크다.

(3) 정밀도 등급 기호에서는 숫자가 작을수록 정밀도가 높은 것이다.

표 9－7. 보조 기호(KS B 2012 부표 3)

내부치수		실, 실드		궤도륜 모양		조합		레이디얼 내부 틈새		등급	
기호	내용	기호	내용	기호	내용	기호	내용	기호	내용	기호	내용
J3	주요 치수 및 서브 유닛 치수가 ISO 355와 일치하는 것	UU	양쪽 실 붙이	없음	내륜 원통 구멍	BD	뒷면 조합	C2	C2 틈새	없음	0급
										P6X	6X급
		u	한쪽 실 붙이	F	플랜지 붙이			CN	CN 틈새	P6	6급
				K	내륜 테이퍼구멍(1/12)						
		ZZ	양쪽 실드 붙이	K30	내륜 테이퍼구멍(1/30)	DF	정면 조합	C3	C3 틈새	P5	5급
				N	외륜 스냅 링 홈붙이			C4	C4 틈새		
		Z	한쪽 실드 붙이	NR	외륜 멈춤링 붙이	DT	병렬 조합	C5	C5 틈새	P4	4급
										P2	2급

4. 호칭 번호의 표시[예 : 6026P6]

(1) 60 : 계열 기호

베어링 계열 기호는 베어링의 형식과 치수 계열로서 이루어진다. 6은 형식 번 호로서 깊은 홈 볼 베어링을 나타낸다. 치수 계열은 나비 계열과 지름 계열의 두 숫자로 이루어지며, 다음과 같은 6종류가 있다. 단, 레이디얼 볼 베어링에서는 나비 기호를 생략한다.

베어링 계열 기호	68	69	60	62	63	64
치수 기호	18	19	10	02	03	04

(2) 26 : 안지름 번호

2는 계열 기호(나비 계열 0, 지름 계열 2)를 나타내고, 안지름 기호×5＝안지 름 치수(mm)이며, 이 예에서는 안지름이 130mm이다. 단, 예 외로서 1에서 9 까지 또는 /22, /23과 같이 숫자 앞에 /을 그은 안지름 기호는 그대로 안지름 치수이고, 00, 01, 02, 03의 안지름 치수는 각각 10, 12, 15, 17mm이다.

(3) P6 : 등급 기호

정밀도 등급(6급)을 나타낸다(아래 표 참조).

등급	0급	6급	5급	4급
기호	무 기호	P6	P5	P4

9-3 구름 베어링의 주요 치수

KS B 2013에는 구름 베어링의 윤곽을 결정하는 주요 치수에 대하여 규정되어 있다. 주요 치수는 바깥 지름(D), 안지름(d), 나비(높이 : B), 모따기(r) 치수이다.

1. 나비 계열 기호

(1) 동일한 베어링의 안지름이 같은 베어링의 바깥 지름에 대하여 나비(또는 높이)의 계열을 나타내는 것이다(그림 9-19).

(2) 레이디얼 베어링에서는 (8), (9), 0, 1, 2, 3, (4), (5), (6)의 순서로 나비가 커지고, 스러스트 베어링에서는 나비 기호 대신 높이 기호를 사용하여 (7), (8), (9), (10), 1, 2, 3, 4, (5), (6)의 순서로 나비가 커진다.

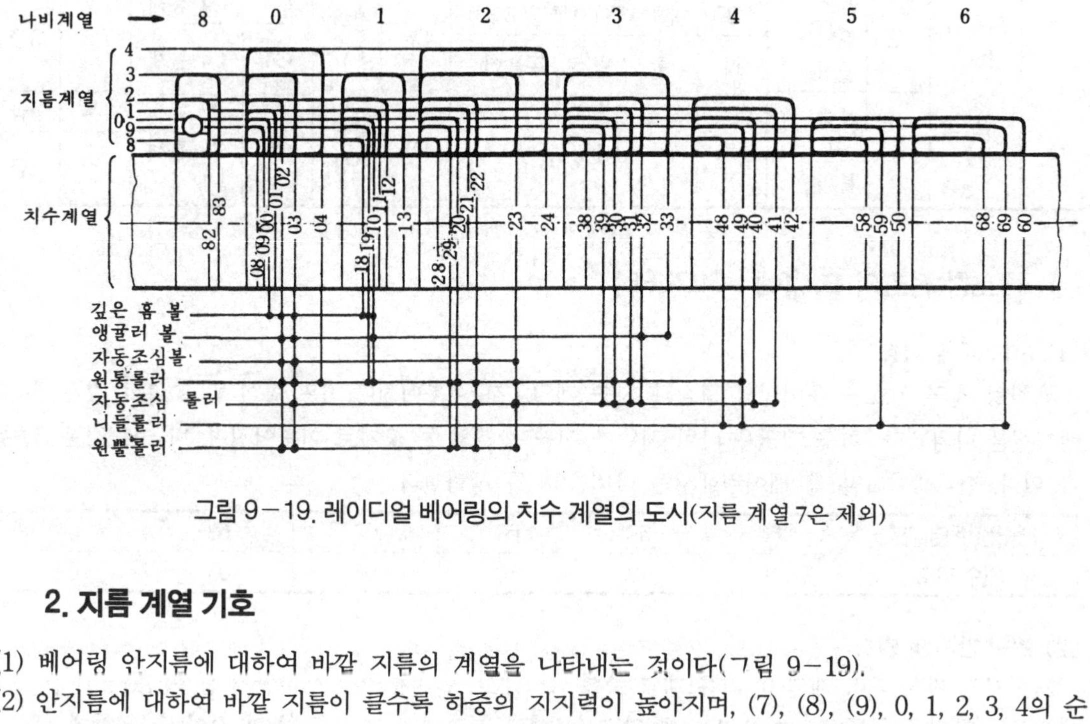

그림 9-19. 레이디얼 베어링의 치수 계열의 도시(지름 계열 7은 제외)

2. 지름 계열 기호

(1) 베어링 안지름에 대하여 바깥 지름의 계열을 나타내는 것이다(그림 9-19).

(2) 안지름에 대하여 바깥 지름이 클수록 하중의 지지력이 높아지며, (7), (8), (9), 0, 1, 2, 3, 4의 순서로 바깥 지름이 커진다.

(3) 기호 0, 1은 특별 경하중, 2는 경하중, 3은 중간 하중, 4는 무거운 하중이다.

3. 치수 계열 기호

(1) 나비(높이)와 지름 계열 기호의 2자 아라비아 숫자를 조합한 것이다(그림 9-19). 즉, 같은 베어링의 안지름에 대한 나비(높이)와 바깥 지름과의 계열을 나타낸다.

(2) 치수 계열에는 레이디얼 베어링의 치수 계열(테이퍼 롤러 치수 계열 제외), 테이퍼 롤러 베어링의 치수 계열, 스러스트 베어링의 치수 계열이 있다.

9-4 구름 베어링의 설계

1. 부하 용량

구름 베어링이 하중에 견딜 수 있는 크기를 **부하 용량**(負荷 容量 : load capacity)이라 하며, 이것에는 정적(靜的) 부하 용량과 동적(動的) 부하 용량이 있다.

(1) 정적 부하 용량

구름 베어링이 정지하고 있는 상태에서 정하중이 작용할 때 견딜 수 있는 하중의 크기를 정적(靜的) 부하 용량(static load capacity)이라 하고 베어링이 하중을 받을 때 각 볼(ball) 또는 롤러에 걸리는 힘의 계산은 스트리벡(stribeck)의 공식을 이용한다.

베어링의 설계는 여러 가지 사항을 고려하여야 하고, 경험을 첨가하여야 하므로 볼의 접촉 압력과 변형에 대한 탄성 역학적 계산은 헤르츠(Hertz)의 계산식을 근거로 한다.

그림 9-20 (a)와 같이 같은 지름의 볼 3개를 1렬로 포개서 시험하고, 어느 일정한 영구 변형(미세한 홈)을 일으키는데 필요한 허용 **압축 하중**(P_0)은 지름 d의 2승에 비례하는 것을 발견하였다.

$$P_0 = kd^2\,(\text{볼 베어링}) = kdl\,(\text{롤러 베어링}) \tag{9-1}$$

위 식에서 k는 **비하중**(比荷重 : specific load)이라 하며, 이것은 허용 단위 압력으로서 재료의 종류, 접촉면의 경도, 볼의 홈 모양, 하중 상태에 따라서 결정되는 상수로서 $d=1\,\text{cm}$일 때 $k=P_0$가 되므로, $d=1\,\text{cm}$ 경우의 값을 **볼의 비하중**이라 한다.

표 9-8은 비하중 k의 값을 베어링의 종류에 따라 나타낸 것이다.

표 9-8. 비하중(k)

베어링의 종류		k
레이디얼 베어링	단열 볼 베어링	6.2
	단열 앵귤러 볼 베어링	6.2
	복렬 앵귤러 볼 베어링	6.2
	복렬 자동조심 볼 베어링	1.7
	원통 롤러 베어링	11
	원뿔 롤러 베어링	11
	구면 롤러 베어링	11
스러스트 베어링	단식 볼 베어링	5
	구면 롤러 베어링	11

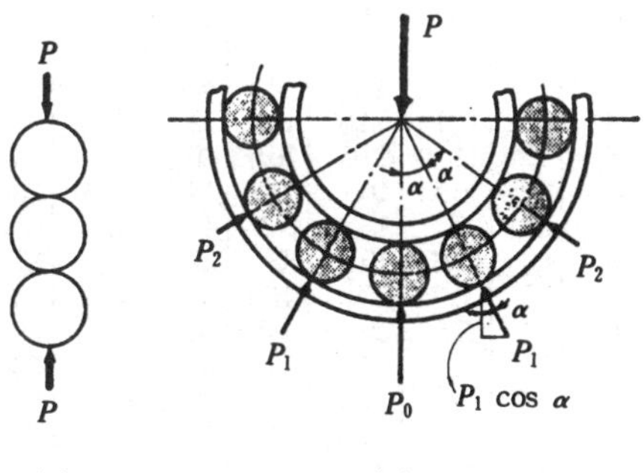

그림 9-20. 볼 베어링의 부하

① **스러스트 볼 베어링일 때** : Z개의 볼이 같은 하중을 부담한다고 생각할 수 있으므로, 이 베어링의 **정적 부하 용량**(P)은 다음과 같이 표시된다.

$$P = Zkd^2 \tag{9-2}$$

② **레이디얼 볼 베어링일 때** : 그림 9-20과 같이 레이디얼 볼 베어링에서 스트리벡에 의하면 레이디얼 하중 P가 작용할 때, 베어링의 하반부에 있는 볼만이 하중 P를 부담하며 상반부의 볼은 무부하의 상태로 된다. 이 부하권 내에 있는 볼에 작용하는 힘을 헤르츠(Hertz)는 탄성적인 파괴 하중을 받는 볼 지름 제곱 d^2 에 정비례한다는 것을 확인하였다. 이 때에 **정적 부하 용량**(P)은 다음과 같다.

i : 볼 베어링에서 볼의 열수, α : 볼의 접촉각, l : 롤러의 길이(mm)일 때

$$\left.\begin{aligned} P &= 0.2Zkd^2 = 0.2Zkd^2 i\cos\alpha \text{ (볼 베어링) ①} \\ &= 0.2Zkd^2 l = 0.217kZdl \text{ (롤러 베어링) ②} \\ &= Zkd^2 = kZd^2 i\sin\alpha \text{ (스러스트 베어링) ③} \end{aligned}\right\} \quad (9-3)$$

위 식을 **스트리벡의 공식**이라 하고, 헤르츠(Hertz)의 이론식이다.

③ **기본 정적 부하 용량** : 베어링이 최대 부하를 받고 있는 전동체와 궤도륜의 접촉부에서 전동체의 영구 변형량과 궤도륜의 영구 변형량의 합이 전동체 지름의 1/1000(0.0001)배가 되는 하중을 정하여 이것을 **기본 정적 부하 용량**(basic static load capacity : C_0)(표 9-9 참조)이라 하고, 다음과 같이 나타낸다.

표 9-9 (1). 구름 베어링의 기본 부하 용량(C, C_0)

(단위 : KN)

종류		단열 깊은 홈 레이디얼 볼 베어링						단열 앵귤러 컨텍트 볼 베어링				자동 조심형 레이디얼 볼 베어링				원통 롤러 베어링			
하중		경하중용		중하중용		중하중용		경하중용		중하중용		경하중용		중하중용		경하중용		중하중용	
형번 / 안지름		6200		6300		6400		7200		7300		1200		1300		N 200		N 300	
번호	d	C	C_0	C	C_0	C	C_0	C	C_0	C	C_0	C	C_0	C	C_0	C	C_0	C	C_0
00	10	4	1.95	6.4	3.8							4.3	1.35	5.6	1.85				
01	12	5.35	2.95	7.6	4.7							4.35	1.5	7.4	2.4				
02	15	6	3.55	9	5.45							5.85	2.05	7.5	2.65				
03	17	7.55	4.45	10.5	6.6	17.7	11					6.5	2.45	9.75	3.75				
04	20	10.1	6.25	12.5	7.9	24	15.6					7.75	3.25	9.8	4.1	9.8	6.95	1.37	9.65
05	25	11	7.05	16.6	10.7	28.1	19	12.7	8.5	20.8	14.6	9.4	4.1	14.1	6.1	11	8.5	18.6	13.17
06	30	15.3	10.1	21.8	14.5	33.5	23.2	17.7	12.7	26.5	19.1	12.2	5.9	16.7	7.9	14.6	11.6	24.5	19.3
07	35	20.1	13.8	26.1	18.1	43	30.5	23.3	17.2	31.5	23.5	12.3	6.75	19.6	10	21.2	17	30	23.6
08	40	22.8	15.8	32	22.6	50	37.5	27.7	21.3	38.5	29.3	14.4	8.2	23.1	12.4	27.5	23.2	37.5	31
09	45	25	18	41.5	30.5	58.5	44	31	24.3	50	39.5	17	9.75	29.7	16.2	29	25	48	39
10	50	27.5	20	48.5	36	68	50	32.5	26	58.5	47	17.8	11	34	17.8	30.5	27	58.5	49.6
11	55	34	25.3	56.5	42.5	78.5	60	40	33	67.5	55	20.9	13.6	40	22.9	36.5	32.5	71	58.5
12	60	41	31.5	64.5	49.6	84.5	67	48.5	40.5	77	63.5	23.5	15.8	44.5	27.1	44	40	85	72
13	65	45	34.5	73	56	92.5	76.5	55	47.5	87	73	24.1	17.5	48.5	29.9	51	47.5	95	81.5
14	70	48.5	38	81.5	64	111	102	60	52.5	98	83	27.5	19.2	58	36	53	50	104	90
15	75	51.5	42	89	72.5	120	110	62	55.5	106	94	30.5	21.8	62	39	62	58.5	127	110
16	80	57	45	96.5	81	127	120	69.5	62.5	115	105	31	24	69	43	71	68	132	120
17	85	65	54.5	104	90	136	132	78	72	124	117	38.5	29	76	49.5	81.5	78	150	132
18	90	75	61.5	112	100	145	146	92	85	134	130	44.5	32.5	90.5	57	98	93	173	156
19	95	85	70.5	120	110			105	97.5	143	143	50	37.5	102	65	114	110	186	170
20	100	95	80	136	132			113	104	162	172	54	41	111	73.5	127	122	216	196
21	105	104	90.5	144	144			123	117	172	187	58	45	121	82.5	14	137	250	224
22	110	113	10.1	161	169			133	132	173	220	68.5	53..2	127	93.5	163	153	300	260
23	115																		
24	120	121	11.5	162	169			143	147	210	250					183	180	340	300

표 9-9 (2). 구름 베어링의 기본 부하 용량(C, C_0)

(단위 : KN)

종류		테이퍼 베어링				구면 롤러 베어링				단식 스러스트 볼 베어링				복식 스러스트 볼 베어링			
하중		경하중용		중하중용		경하중용		중하중용		경하중용		중하중용		경하중용		중하중용	
안지름 \ 형번		30200		30300		22200		22300		51100		51200		52200		52300	
번호	d	C	C_0	C	C_0	C	C_0	C	C_0	C	C_0	C	C_0	C	C_0	C	C_0
00	10									5.7	11.4	7.2	14				
01	12									5.7	11.4	7.7	15				
02	15			12.9	9.8					6.15	12.5	9.9	20	9.9	22		
03	17	10.4	8.6	16.3	16.3					6.9	14.8	10.6	22				
04	20	16	12.9	25.5	16					9.2	20	14	30.5	14	30.5		
05	25	17.6	15.6	30.5	21.6					13	30	18	41	18	41	22.6	49.9
06	30	24	20.8	35.5	28.5					14.2	34	19.8	47	19.8	47	27.8	64
07	35	31	26.5	47.5	37.5					15.8	40.5	26.5	63.5	26.5	63.5	36	85
08	40	36	31	54	45			63	58.5	19.7	51	32	79.8	32	79.8	45	110
09	45	41.5	36	68	57			80	75	21	56	33.5	85	33.5	85	52.7	133
10	50	45.5	40.5	80	67			110	100	22.3	61.5	35	90.5	35	90.5	63.5	164
11	55	56	52	91.5	78			129	118	27.5	75.5	49	129	49	129	76	200
12	60	61	56	108	91.5			156	140	32.5	91.5	53	145	53	145	80	217
13	65	72	65.5	125	108			176	153	33.5	95.5	55	153	55	153	84	233
14	70	78	71	143	122			224	196	35	103	57	161	57	161	98	276
15	75	86.5	81.5	160	137			232	212	36.8	111	59	169	59	169	112	320
16	80	96.5	88	176	153	9.5	102	275	245	37.5	114	60.5	177	60.5	177	117	340
17	85	114	106	200	170	122	132	300	265	39	122	72.5	214	72.5	214	132	397
18	90	127	120	216	190	156	160	355	310	50	154	87.5	265	83.5	265	132	397
19	95	140	132	255	228	183	190	380	340								
20	100	163	156	280	255	212	212	455	405	69.5	218	107	333	107	333	156	484

i : 볼 또는 롤러의 열수

α : 접촉각

d : 볼 또는 롤러의 지름(mm)

Z : 1열 중의 볼 또는 롤러의 수

l : 롤러의 유효 접촉 길이(mm)

f_o : 베어링 각부의 모양, 가공 정밀도 및 재료에 따라 정해지는 계수 (표 9-10)일 때

$$
\left.\begin{aligned}
C_0 &= f_0 iZd^2\cos\alpha \text{ (레이디얼 볼 베어링)} \\
&= f_0 iZdl\cos\alpha \text{ (레이디얼 롤러 베어링)} \\
&= f_0 Zd^2\sin\alpha \text{ (스러스트 볼 베어링)} \\
&= f_0 Zdl\sin\alpha \text{ (레이디얼 롤러 베어링)} \\
&= 0.34 iZd^2\cos\alpha \text{ (자동조심형 볼 베어링)}
\end{aligned}\right\} \quad (9-4)
$$

표 9-10. 계수(f_0)

베어링의 종류		f_0	베어링의 종류		f_0
레이디얼 베어링	깊은 홈 및 앵귤러 볼 베어링 자동 조심형 볼 베어링 롤러 베어링	1.25 0.34 2.2	스러스트 베어링	볼 베어링 롤러 베어링	5 10

(2) 동적 부하용량

회전 중의 구름 베어링이 견딜 수 있는 하중을 **동적(動的) 부하 용량**(dynamic load capacity)이라 하며, 반복응력에 의한 피로 현상을 대상으로 결정되는 것이다.

KS규격에서는 "내륜을 회전시키고, 외륜을 정지시킨 조건하에서 여러 개의 같은 베어링을 개개로 운전하였을 때, 정격 수명이 100만 회전이 되는 방향과 크기가 변동하지 않는 하중"을 **기본 동적 부하 용량**이라 하고, 때로는 간단하게 **기본 부하 용량**[basic load capacity : C(N)](표 9-9 참조)이라 한다.

베어링에 가해진 하중은 방향과 크기가 일정한 경우이다. 그리고 레이디얼 베어링에서는 반지름 방향의 하중만, 스러스트 베어링에서는 축 방향 하중만을 채택한다.

① 레이디얼 베어링일 때

Z : 1열에 있는 전동체의 수, l : 롤러의 유효 길이(mm)

f_c : 베어링 각부의 모양, 가공 정밀도 및 재료에 따라 정해지는 계수(표 9-11)일 때

$$\left.\begin{aligned} C &= \left.\begin{aligned} &f_c(i\cos\alpha)^{0.7}Z^{2/3}d^{1.8} \quad (d \leqq 25.4\,\text{mm}) \\ &= f_c(i\cos\alpha)^{0.7}Z^{2/3}\times 3.647d^{1.4} \quad (d>25.4\,\text{mm}) \end{aligned}\right\}(\text{볼}) \\ &= f_c(il\cos\alpha)^{7/9}Z^{3/4}d^{29/27} \quad (\text{롤러}) \end{aligned}\right\} \qquad (9-5)$$

② 스러스트 베어링일 때

$$\begin{aligned} C &= f_cZ^{2/3}d^{1.8}(\alpha=90°) \\ &= f_c(\cos\alpha)^{0.7}\tan\alpha Z^{2/3}d^{1.8}(\alpha\neq 90°) \end{aligned}\Bigg\}(d \leqq 25.4\,\text{mm}) \quad (\text{볼})$$

$$\begin{aligned} &= f_cZ^{2/3}\times 3.647d^{1.4}(\alpha=90°) \\ &= f_c(\cos\alpha)^{0.7}\tan\alpha Z^{2/3}\times 3.647d^{1.4}(\alpha\neq 90°) \end{aligned}\Bigg\}(d>25.4\,\text{mm}) \quad (\text{볼})$$

$$\begin{aligned} &= f_cl^{7/9}Z^{3/4}d^{29/27}(\alpha=90°) \\ &= f_c(il\cos\alpha)^{7/9}\tan\alpha Z^{3/4}d^{29/27} \quad (\alpha\neq 90°) \end{aligned}\Bigg\}(\text{롤러}) \qquad (9-6)$$

표 9-11. 깊은 홈 볼 베어링의 f_c계수

[D_m : 볼의 중심원 지름(mm)]

$d\cos\alpha/D_m$	f_c	$d\cos\alpha/D_m$	f_c	$d\cos\alpha/D_m$	f_c
0.05	3580	0.14	4470	0.28	4340
0.06	3730	0.16	4530	0.30	4250
0.07	3880	0.18	4550	0.32	4160
0.08	4020	0.20	4550	0.34	4050
0.09	4130	0.22	4530	0.36	3930
0.10	4220	0.24	4480	0.38	3800
0.12	4370	0.26	4420	0.40	3660

2. 베어링의 수명

구름 베어링을 장시간 사용하면 내, 외륜 및 전동체는 반복 응력을 받아서 피로하여 접촉 표면에 일부가 벗겨지는 플레이킹(flaking)이라는 박리(剝離) 현상을 일으켜 진동과 소음으로 사용할 수 없게 된다. 이 때에 최초로 플레이킹이 일어날 때까지의 총회전수(또는 일정 회전 속도에서는 시간)를 베어링의 수명(bearing life)이라 한다.

(1) 정격 수명

구름 베어링의 구조와 치수 등이 똑같은 여러 개의 베어링을 같은 조건에서 개개로 운전하였을 때, 그 중의 90%의 베어링이 피로 박리 현상에 의한 재료의 손상(플레이킹 현상)을 일으킴 없이 회전할 수 있는 총 회전수를 **정격(定格) 수명**(rating life) 또는 계산 수명이라고 하며, 이것을 기준으로 하여 구름 베어링을 설계한다.

정격 수명은 기본 동 정격 하중의 크기에 해당하는 등가 하중이 작용할 때 90%의 신뢰도를 갖고 100만 회전하는 것을 기준으로 정하였다. 즉, 90%의 신뢰도를 나타내는 수명을 기본 정격 수명이라 한다.

구름 베어링의 정격 수명은 많은 실험에 의하여 유도된 다음의 식으로 계산한다.

① **하중과 부하 용량을 고려할 때** : 베어링의 수명을 10^6 회전 단위로 나타내는 **정격 수명**(L_n)은 다음과 같다.

L_n : 정격 수명(단위가 10^6 회전), P : 베어링 하중(N), C : 기본 부하 용량(N)
r : 베어링의 내, 외륜과 전동체의 접촉 상태에서 결정되는 정수(볼 베어링일 때 : 3, 롤러 베어링일 때 : 10/3)일 때

$$L_n = \left(\frac{C}{P}\right)^r \ (10^6 \text{ 회전}) \qquad (9-7)$$

위 식에서 (C/P)를 **하중비**(荷重比)라 하고, C는 표 9-9에서 선택한다. 또 식 (9-10)에서 수명 시간(L_h)을 고려할 때, 정격 수명(L_n)은 다음과 같다.

$$L_n = \frac{60NL_h}{10^6} \qquad (9-8)$$

② **신뢰도와 재료 및 운전(사용) 조건을 고려할 때** : 일군(一群)의 같은 베어링을 같은 조건으로 운전했을 때, 수명이 특정 값 이상으로 되는 베어링 전체의 개수에 대한 비율, 개개의 베어링 신뢰도(信賴度)는 그 베어링의 수명이 특정 값 이상으로 되는 확률로서, 최근 베어링 재료의 진보, 수명에 미치는 윤활 상태의 영향, 신뢰성 등을 고려하여 다음과 같이 보정된 **정격 수명** (L_n)을 사용한다.

a_1 : **신뢰도 계수**(90% 이상의 신뢰도에 붙이는 계수 : 표 9－12)

표 9－12. 신뢰도 계수(a_1)

신뢰도(%)	90	95	96	97	98	99
a_1	1.00	0.62	0.53	0.44	0.33	0.21

a_2 : **재료 계수**(베어링 재료의 개량에 의한 수명 증가, 재료의 화학 성분, 제강법, 성형법, 열처리 등에 의한 영향을 고려한 계수로서 보통 1로 정하나 철속의 불순 물이 특히 적거나 특별한 성분의 재료를 사용했을 때는 1보다 크게 잡고, 치수의 안전을 위하여 고온에서 특별한 열처리를 하여 경도가 낮은 베어링일 때 1보다 작게 취한다. 보통 대기 **용해강** : 1, 진공 탈 가스강 : 3, 진공 용해강 : 5)

a_3 : **운전 조건 계수**[윤활 상태의 양부(良否), 회전 속도, 온도, 베어링의 장착 상태 등에 따른 영향 계수 : 기름의 동점도가 볼 베어링일 때 13mm²/s, 롤러 베어링일 때 20mm²/s 이하, 저속 회전수일 때 1 이하로 선택하고, 전동체와 궤도륜이 윤활제에 의하여 충분히 분리되고, 표면 손상이 거의 없을 때 1로 한다.]일 때

$$L_n = a_1 a_2 a_3 \left(\frac{C}{P}\right)^r \ (10^6 \text{ 회전}) \tag{9-9}$$

(2) 수명 시간

일반적으로 베어링의 수명을 시간으로 나타낼 때 보통 500시간을 기준으로 한다. 그러므로 100만 회전의 수명과 맞게 하기 위해서는 33.3(rpm)×500(h)×60(min)＝ 10^6회전이므로, 33.3rpm으로 500시간의 수명에 견디는 하중이 된다. 그리고 100 만(10^6)회전은 33.3rpm(10^6÷500×60)으로 500시간 회전할 때의 회전수로 된다.

베어링의 수명은 실용상으로 총 회전수로 나타내는 것보다 운전 시간과 회전 속도로 나타내므로, N(rpm)으로 회전하는 베어링의 수명을 시간 단위로 나타낸 수명 시간을 L_h로 하고, 분당 회전수 N으로 회전할 때, 회전수는 회전 속도에 회전 시간을 곱한 33.3(rpm : 회전수/분)×60(분/시간)×500(시간) ＝ $N \times 60 \times L_h$의 관계에서 $L_n \times 10^6$으로 놓으면, 이들의 관계에서 **수명 시간**(L_h)은

$$L_h = \frac{L_n \times 10^6}{60N} = \frac{10^6}{60N}\left(\frac{C}{P}\right)^r (\text{시간}) \tag{9-10}$$

로 되고, 또 위 식에서 L_n을 **정격 수명**이라 한다. 또한, 100만 회전은 33.3rpm으로 500시간 회전한 회전수이므로, 위에서 10^6(회전) ＝33.3(rpm)×60(분) × 500(시간)일 때, 정격 수명은 $L_n = \frac{60NL_h}{10^6}$ $= \frac{60NL_h}{500 \times 33.3 \times 60}$ 로 되어 **수명 시간**(L_h)은 다음과 같이 된다.

$$\left.\begin{aligned} L_h &= 500\left(\frac{C}{P}\right)^r \times \frac{33.3}{N} = 500\left[\left(\frac{C}{P}\right)\sqrt[r]{\frac{33.3}{N}}\right]^r \\ &= 500 f_h{}^r = 500\left(f_n \frac{C}{P}\right)^r \end{aligned}\right\} \tag{9-11}$$

(3) 수명 계수

위 식 (9-11)에서 **수명 계수**((life factor : f_h)는 다음과 같이 나타낼 수 있다.

$$\left.\begin{aligned} f_h &= \left(\frac{C}{P}\right)\sqrt[r]{\frac{33.3}{N}} = \left(\frac{C}{P}\right)f_n & ① \\ &= \sqrt[r]{\frac{L_h}{500}} & ② \\ &= \frac{f_n C}{f_w P}[f_w: \text{하중 계수 : 표 9-14}] & ③ \end{aligned}\right\} \quad (9-12)$$

표 9-13은 베어링 사용 상태와 기계에 따른 L_h와 f_h를 나타낸 것이다.

표 9-13. 구름 베어링의 수명 시간(L_h)과 수명 계수(f_h)

사용 상태	기계의 종류	L_h(hr)	f_h
항상 회전할 필요가 없는 기구	팬(fan)의 개폐기, 자동차 방향 지시기, 문바퀴	500	1
	항공 발동기	500~700	1~3.5
단시간 또는 가끔 사용하는 기계로 만일 사고로 정지되어도 영향이 적은 기계	일반 수동 기계, 가정용 기기, 자전차, 기계 공장의 기중기(hoist), 농업용 기계, 단조 공장 크레인, 핸드 그라인더, 일반 수동 기계	4000 ~ 8000	2~2.5
단속적으로 사용되며, 연속 적으로는 사용되지 않으나 확실성이 필요한 기계	발전소 보조 기계, 컨베어, 엘리베이터, 에스커레이터, 일반 하역 크레인, 기계톱, 건설 기계, 사용도 적은 공작 기계, 응급 기기 등	8000 ~ 14000	2.5~3
1일 8시간 운전되나 풀(full) 로 운전되지 않는 기계	송풍기, 전동차의 차륜, 일반 기계, 크레인, 공장의 모터(전동기), 일반 기어 장치 등	14000 ~ 20000	3~3.5
1일 8시간 운전하고, 전 부하 운전하는 기계	공장 전동축, 공작 기계, 선적용 하역 기계, 항상 운전하는 기중기, 펌프, 송풍기, 압축기, 일반 생산 기계 등	20000 ~ 30000	3.5~4
1일 24시간 연속 운전 기계	일반 펌프, 세퍼레이터, 공작 기계, 윤전기, 원심 분리기, 전동기, 철도 차량, 조 크러셔, 기어 감속 장치, 바이브레이터, 전동 장치	40000 ~ 60000	4.5~5
1일 24시간 연속 운전 중 정지할 수 없는 기계	제지 기계, 전동기, 광산 배수 펌프, 화학 기계, 볼 밀, 송풍기, 크레인, 수도 설비, 선박 기관 등	60000 ~ 100000	6~7

(4) 속도 계수

위 식 (9-12)에서 **속도 계수**(speed factor : f_n)는 다음과 같이 나타낼 수 있다.

$$\left.\begin{aligned} f_n &= \sqrt[3]{\frac{33.3}{N}} = (\text{볼 베어링}) = \left(\frac{33.3}{N}\right)^{10/3}(\text{롤러 베어링}) \\ &= \frac{f_h}{(C/P)} \end{aligned}\right\} \quad (9-13)$$

예제 9－1 No. 6308인 단열 깊은 홈형 볼 베어링이 650rpm의 회전으로 레이디얼 하중 3.2kN을 받을 때, 수명 시간을 구하여라.

Solution 방법 (1) No. 6308의 기본 부하 용량(C)은 표 9－9에서 $C=32$kN이므로

$$L_h=500\left(\frac{C}{P}\right)^r\times\frac{33.3}{N}=500\left(\frac{32}{3.2}\right)^3\times\frac{33.3}{650}\fallingdotseq 25615(\text{hr})$$

방법 (2) $L_h=\dfrac{10^6}{60N}\left(\dfrac{C}{P}\right)^r=\dfrac{10^6}{600\times650}\left(\dfrac{32}{3.2}\right)^3=25640(\text{hr})$

방법 (3) $L_n=\left(\dfrac{C}{P}\right)^r=\left(\dfrac{32}{3.2}\right)^3=1000(10^6\ \text{회전})$

$$\therefore\ L_h=\frac{L_n\times10^6}{60N}=\frac{1000\times10^6}{60\times650}=25640(\text{hr})$$

방법 (4) $L_h=500\left(\dfrac{C}{P}\sqrt[r]{\dfrac{33.3}{N}}\right)^r=500\left(\dfrac{32}{3.2}\times\sqrt[3]{\dfrac{33.3}{650}}\right)^3=25327(\text{hr})$

방법 (5) $f_n=\sqrt[r]{\dfrac{33.3}{N}}=\sqrt[3]{\dfrac{33.3}{650}}=0.371$

$$f_h=\frac{C}{P}f_n=\frac{32}{3.2}\times0.371=3.71$$

$$\therefore\ L_h=500\ f_h^{\,r}=500\times3.71^3=25532(\text{hr})$$

방법 (6) $f_n=0.371$[위 방법 (5)에서]

$$\therefore L_h=500\left(f_n\frac{C}{P}\right)^r=500\times\left(0.371\times\frac{32}{3.2}\right)^3=25532(\text{hr})$$

예제 9－2 볼 베어링 No. 6208의 베어링 하중 600N일 때, 정격 수명을 구하여라

Solution No. 6208일 때, 기본 부하 용량 22.8kN(표 9－9)이므로

$$L_h=\left(\frac{C}{P}\right)^r=\left(\frac{22.8}{0.6}\right)^3\fallingdotseq 54870\ (\text{hr})$$

예제 9－3 등가 레이디얼 하중 620N 이다. 기본 부하 용량 16.6kN을 받고, $N=3500$rpm인 볼 베어링으로 축을 받치고 있을 때. 수명 시간을 구하여라. 단, 하중 계수 $f_w = 2$ 이다.

Solution $P=f_w P_o=2\times0.62=1.24\ (\text{kN})$

$$\therefore\ L_h=500\left(\frac{C}{P}\right)^r\frac{33.3}{N}=500\times\left(\frac{16.6}{1.24}\right)^3\times\frac{33.3}{3500}\fallingdotseq 11400\ (\text{hr})$$

예제 9－4 No. 6213인 볼 베어링의 하중 2.5kN을 받을 때, 다음을 구하여라.

(1) 속도 계수(f_n)와 수명 계수(f_h) : (단, $N=1200$rpm, $C=45$kN)
(2) 베어링의 수명 시간(L_h)

Solution

(1) $f_n = \sqrt[r]{\frac{33.3}{N}} = \sqrt[3]{\frac{33.3}{1200}} = 0.3028$

$f_h = \frac{f_n}{P} C = \frac{0.3028}{2.5} \times 45 = 5.45$

(2) $L_h = 500\ f_h{}^r = 500 \times 5.45^3 \fallingdotseq 80940(\text{hr})$

예제 9-5 단열 레이디얼 볼 베어링(No. 6408)이 부하 용량 43kN과 베어링 하중 3.2kN 을 받고, 600rpm으로 회전할 때, 수명 계수를 구하여라

Solution

$$L_h = 500\left(\frac{C}{P}\right)^r \frac{33.3}{N} = 500 \times \left(\frac{43}{3.2}\right)^3 \times \frac{33.3}{600} \fallingdotseq 67330(\text{hr})$$

$$\therefore\ f_h = \sqrt[r]{\frac{L_h}{500}} = \sqrt[3]{\frac{67330}{500}} = 5.12$$

예제 9-6 2kN의 레이디얼 하중을 받는 No. 6210 베어링이 1000rpm으로 회전할 때, 다음을 구하여라. 단, C=35.8kN이다.

(1) 수명 계수(f_h) (2) 속도 계수(f_n)

Solution

(1) $L_h = 500\left(\frac{C}{P}\right)^r \frac{33.3}{N} = 500\left(\frac{35.8}{2}\right)^3 \times \frac{33.3}{1000} \fallingdotseq 95490(\text{hr})$

$\therefore\ f_h = \sqrt[r]{\frac{L_h}{500}} = \sqrt[3]{\frac{95490}{500}} = 5.76$

(2) $f_n = \sqrt[r]{\frac{33.3}{N}} = \sqrt[3]{\frac{33.3}{1000}} = 0.32$

예제 9-7 No. 1312인 복렬 자동 조심 볼 베어링 (C=44.5kN)에 30×10^3hr의 수명을 줄 때, 다음을 구하여라. 단, 회전수 2500rpm이다.

(1) 수명 계수(f_h) (2) 속도 계수(f_n)

Solution

(1) $L_n = \frac{60NL_h}{10^6} = \frac{60 \times 2500 \times 30 \times 10^3}{10^6} = 4500(\text{hr})$

$P = \frac{C}{\sqrt[r]{L_n}} = \frac{44.5}{\sqrt[3]{4500}} \fallingdotseq 2.7(\text{kN})$

$\therefore\ f_h = \left(\frac{C}{P}\right) \sqrt[r]{\frac{33.3}{N}} = \left(\frac{44.5}{2.7}\right) \times \sqrt[3]{\frac{33.3}{2500}} = 3.9$

(2) $f_n = \sqrt[r]{\frac{33.3}{N}} = \sqrt[3]{\frac{33.3}{2500}} = 0.237$

예제 9-8 No. 1204인 단열 레이디얼 볼 베어링 (C=7.75kN)이 300rpm으로 20000hr의 수명 을 줄 때, 최대 베어링 하중을 구하여라. 단, 하중 계수 1.5이다.

Solution

$$L_n = \frac{60NL_h}{10^6} = \frac{60 \times 300 \times 20000}{10^6} = 360(10^6\text{회전})$$

$$\therefore P = \frac{C}{f_w \times \sqrt[r]{L_n}} = \frac{7750}{1.5 \times \sqrt[3]{360}} = 728(\text{N})$$

3. 베어링 하중

(1) 이론 하중

베어링에 받는 이론 하중(P)은 식 (9−7)과 식 (9−12) ①의 관계에서 다음과 같이 나타낸다.

$$P = \frac{C}{\sqrt[r]{L_n}} = \frac{C}{f_w \sqrt[r]{L_n}} = \frac{f_n}{f_h} C \qquad (9-14)$$

① 구름 베어링의 피로 수명은 베어링에 가해지는 하중이 작으면 길고, 크면 짧으므로 베어링의 수명과 하중의 관계는 그림 9−21 (a) 와 같이 벨러의 곡선(Wöler curve)으로 나타낸다. 그림에서 베어링 파손까지의 반복 회수 N 과 하중 P 와는 직선적인 관계가 아니고 곡선이므로 볼 베어링의 수명은 하중의 3제곱에 반비례 하고, 롤러 베어링은 10/3 제곱에 반비례하는 것을 실험에 의하여 알았다.

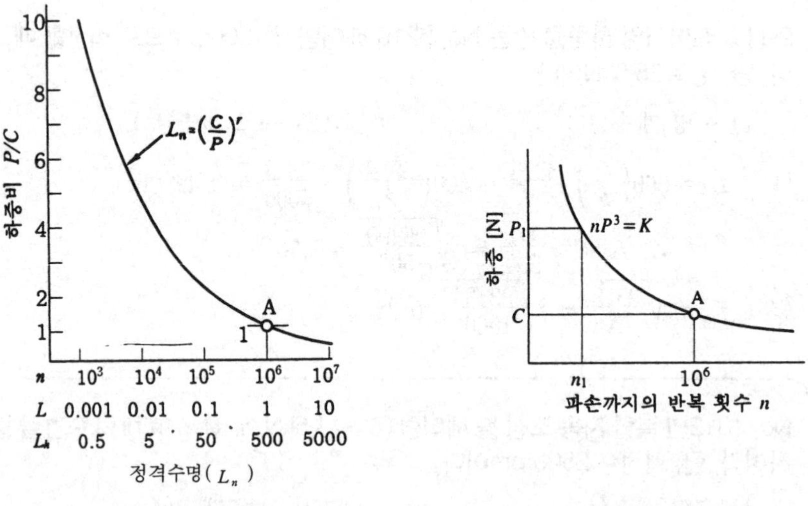

(a) 수명과 하중비 (b) 반복 회수와 하중

그림 9−21. 수명과 하중

② 그림 9−21 (b)는 정격 수명(L_n)과 하중(P)의 관계를 나타낸 벨러의 곡선으로 점 A는 기본 동정격 하중을 표시하며, L_n이 클수록 P가 작아진다.

(2) 실제 하중

베어링에 걸리는 이론상의 하중 식 (9−14)는 일반적으로 축의 중량, 기어나 벨트에 의한 전달력 및 운전 중에 생기는 힘 등에 의하여 결정된다. 그러나 실제로 베어링에는

a. 기계의 외부 충격
b. 베어링의 설치 오차에 의한 진동
c. 기어 정밀도와 다듬질 변형에 의한 영향
d. 벨트에 가해지는 최초 장력의 영향 등 때문에 이론적으로 계산되지 못하는 하중을 받고 있다. 따라서 베어링 하중은 이론 하중에 경험으로부터 구한 보정 계수 등을 곱하여 다음과 같이 나타낸다.

① **일반 기계일 때** : 이론 하중(P_0)에 하중 계수(f_w : 표 9−14)를 곱한다.

$$P = f_w P_0 \tag{9-15}$$

표 9−14. 하중 계수(f_w)

하중 계수 f_w \ 수명 시간 L_h		2000~4000h 때때로 사용할 때	5000~15000h 계속 사용 또는 사용하지 않을 때	20000~30000h 연속적으로 사용할 때	40000~60000h 연속 운전으로서 중요 할 때
1 ~ 1.2	충격이 없는 원활한 운전	가정용 정전기, 기구, 자전거, 핸드 그라인드	컨베어, 호이스트(hoist), 엘리베이터, 에스컬레이터, 톱날 판	일반 펌프, 전동축, 정당(精糖) 분밀기(分密機), 공작 기계, 분리기, 모터 윤전기, 원심 분리기	중요한 주 전동축, 중요한 모터, 발전소 전동기
1.2 ~ 1.5	보통의 운전 상태	−	자동차	철도 차량, 전차, 감속 기어 장치, 소형 엔진	배수 펌프, 송풍기 기중기, 제지 기계, 볼 밀(ball mill)
1.5 ~ 2	어느 정도 충격 수반과 진동	−	탄차 압연기	인쇄 기계, 사무 기계 섬유 기계	전차 주 전동기, 항공기
2 ~ 2.5	진동, 충격을 수반하는 운전	−	건설기계, 진동이 많은 기어 장치, 압연기, 인쇄기	바이브레터, 조 크러셔(jaw crusher)	전차 구동 장치

② **기어 장치에 작용하는 하중** : 기어 전동은 기어의 다듬질 정도 및 설치 오차외 여러 가지 변수들이 작용한다. 그리고 기계의 진동이 그대로 베어링에 전달되므로 기계의 운전 상태를 고려하여 기어 축에 작용하는 **이론 하중**(P_g : 기어에 가해지는 합성력)에 **기계 계수**(f_m : 표 9−15)와 **기어 계수**(f_g : 표 9−16)를 곱하여 구한다.

$$P = f_m f_g P_g \tag{9-16}$$

표 9−15. 기계 계수(f_m)

충격 조건(기계의 조건)	f_m
충격을 받지 않는 운전 기계 (공작 기계, 공조 기계, 발전기, 전동기, 회전로, 터보 송풍기)	1.0~1.2
보통 운전 기계(송풍기, 제지 기계, 내연 기관, 요동식 선별기, 크랭크 축)	1.2~1.5
매우 심한 충격을 받는 기계(압연기, 분쇄기, 건설 기계)	1.5~3.0

표 9−16. 기어 계수(f_g)

기어의 종류	f_g
정밀 연삭 기어(피치 오차, 형상 오차 모두 0.02mm 이하의 것)	1.05~1.1
보통 기계 가공 기어(피치 오차, 형상 오차 모두 0.20mm~0.1mm의 것)	1.1~1.3

③ **풀리 장치일 때** : 기계에서 발생하는 충격을 벨트가 흡수하는 것으로 가정하여 벨 트로 동력이 전동될 때, 베어링 하중이 커지므로 벨트의 유효 장력(P_b : 유효 전 동력)에 **기계 계수**(f_m)와 **벨트 계수**(f_b : 표 9−17)를 곱하면 다음과 같다.

$$P = f_m f_b P_b \tag{9-17}$$

표 9−17. 벨트 계수(f_b)

벨트의 종류		f_b	벨트의 종류	f_b
V 벨트		2~2.5	실크 벨트	3.5~4.5
긴장 풀리를 가진	1겹 가죽 벨트	2.5~3	1겹 가죽 벨트, 고무 벨트	4~5
	2겹 가죽 벨트	3~4.5	2겹 가죽 벨트, 직물 벨트	3.5~6.5
긴장 풀리가 없는	가죽 벨트	3~4	타이밍 벨트	1.1~1.3

(3) 등가 베어링 하중

베어링에서 레이디얼 하중과 스러스트 하중이 동시에 작용할 때 걸리는 하중을 **등가(等價) 베어링 하중**(equivalent bearing load) 또는 **합성 베어링 하중**이라 한다.

그림 9−22와 같이 레이디얼 하중 F_r와 스러스트 하중 F_a가 동시에 작용하고, 구름 베어링에 작용하는 하중이 베어링의 레이디얼 방향의 평면과 각 β가 되는 방향으로 향할 때, 베어링 하중(F)은 다음과 같이 2분력으로 분해된다.

$$\left.\begin{aligned} F_r &= F\cos\beta \text{ (레이디얼 하중)} \\ F_a &= F\sin\beta \text{ (스러스트 하중)} \end{aligned}\right\} \tag{9-18}$$

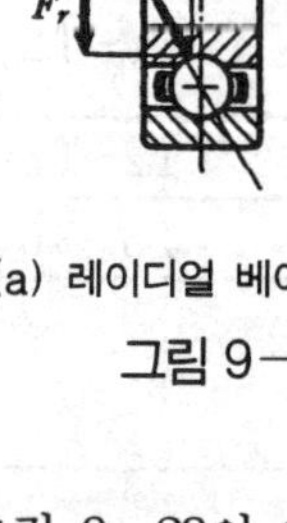

(a) 레이디얼 베어링

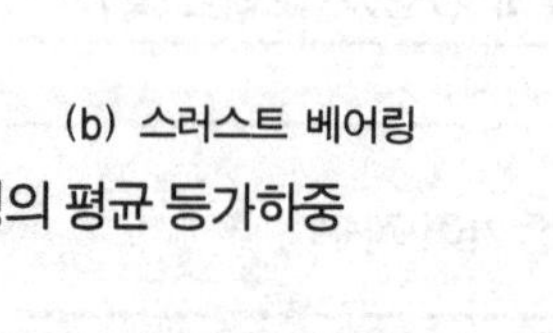

(b) 스러스트 베어링

그림 9−22. 베어링의 평균 등가하중

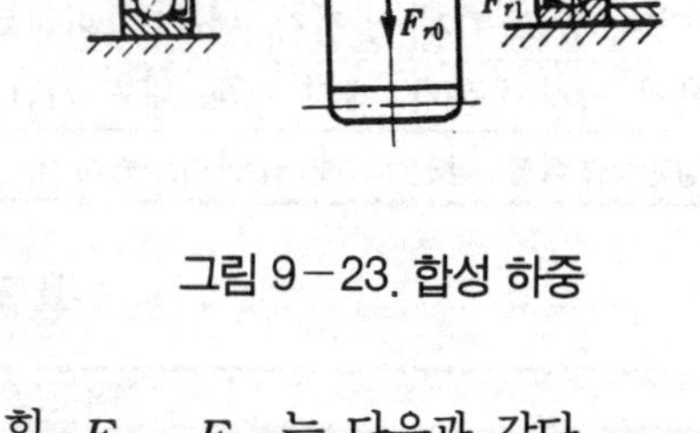

그림 9−23. 합성 하중

그림 9−23의 기어 장치에서 양쪽 베어링에 가해지는 힘 F_{r1}, F_{r2}는 다음과 같다.

$$F_{r1} = \frac{b}{a+b} F_{ro}, \quad F_{r2} = \frac{a}{a+b} F_{ro} \tag{9-19}$$

① **등가 레이디얼 하중(P_r)** : 레이디얼 베어링에서 레이디얼 하중 F_r와 스러스트 하중 F_a가 동시에 작용할 때 **등가 레이디얼 하중**(equivalent radial load : P_r) 또는 동등가(動等價) 하중(equivalent dynamic load)은 다음 식으로 구한다.

X : 레이디얼 계수(표 9-18~ 표 9-21), Y : 스러스트 계수(표 9-18~ 표 9-21)

V : 궤도륜 회전 조건에 따른 회전 계수(내륜 회전 : V=1, 외륜 회전 : V=1.2)일 때

$$P_r = XVF_r + YF_a \qquad (9-20)$$

＊설계상 주의

① 위 식 (9-20)에서 X, Y는 베어링의 종류 및 F_a/F_r에 의하여 정하여지는 값이고, 표에서 $F_a/VF_r < e$ 일 때에는 $X=1$, $Y=0$이 되므로 $P_r = F_r$가 된다.

② e의 값은 F_a/C_0의 값에 의하여 변화하므로, 먼저 이것을 계산하여야 한다.

② **등가 스러스트 하중** : 스러스트, 구면 롤러 베어링과 같이 스러스트 베어링에 스러스트 하중과 레이디얼 하중이 동시에 작용할 때에 이들과 같은 수명을 줄 수 있는 순(純) 스러스트 하중을 환산 할 수 있는 데, 이 때의 하중을 **등가 스러스트 하중** (equvalent thrust load : P_a)이라 한다.

$$P_a = XF_r + YF_a \qquad (9-21)$$

③ **평균 등가 하중** : 베어링 하중이 일정한 방향으로 작용하고, 크기가 최대 하중 (P_{max})과 최소 하중(P_{min})사이를 주기적으로 단조롭게 변동할 때 그림 9-24 (a)와 같이 대략 직선으로 변하는 하중에는 근사적으로 평균 등가 하중(means equivalent load : P_m) 또는 **평균 유효 하중**을 다음과 같이 구한다.

$$P_m = \frac{1}{3}(2P_{max} + P_{min}) \qquad (9-22)$$

a. 베어링에 가해지는 하중이 여러 가지로 변동할 때는 수명 계산에서 식 (9-7)의 하중(P) 대신에 변동 하중에 대한 평균 등가 하중(P_m)을 사용해야 한다.

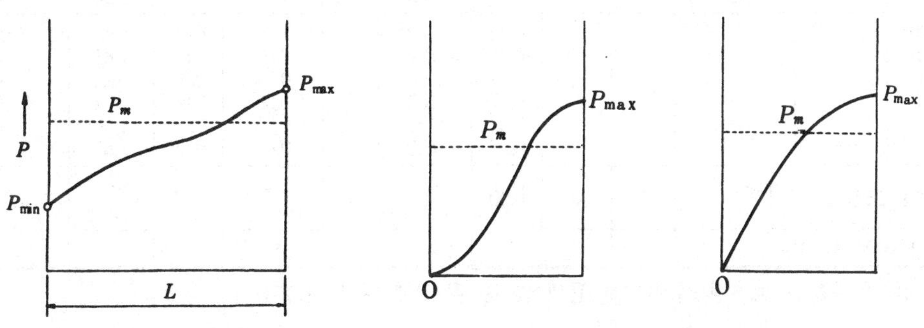

(a) 실제하중 평균등가하중 (b) 정현목선적인 변동하중

그림 9-24. 평균 등가 하중

표 9−18. 레이디얼 볼 베어링의 계수 X및 Y값(1)

베어링 형식		축 방향 하중비(1) $\frac{F_a}{C_0}$	$\frac{F_a}{iZDF_w^2}$	단열 베어링 $\frac{F_a}{F_r} \le e$ X	Y	$\frac{F_a}{F_r} > e$ X	Y	복렬 베어링 $\frac{F_a}{F_r} \le e$ X	Y	$\frac{F_a}{F_r} > e$ X	Y	e 베어링 하중에 따른 변수 (F_a/C_o의 값에 따라 변화)	
깊은		0.014	0.172				2.30				2.30	0.19	
		0.028	0.346				1.00				1.99	0.22	
		0.056	0.689				1.71				1.71	0.26	
홈볼		0.084	1.03				1.55				1.56	0.28	
		0.11	1.38	1	0	0.56	1.45	1	0	0.56	1.45	0.30	
베어링		0.17	2.07				1.31				1.31	0.34	
		0.28	3.45				1.15				1.15	0.38	
		0.42	5.17				1.04				1.04	0.42	
		0.56	6.89				1.00				1.00	0.44	
앵귤러 볼 베어링	α	$\frac{iF_a}{C_0}$	$\frac{F_a}{ZD_w^2}$									단열	복열
		0.014	0.172				2.30		2.78		3.74	0.19	0.23
		0.028	0.346				1.00		2.40		3.23	0.22	0.26
		0.056	0.689	1	0	0.56	1.71	1	2.07	0.78	2.78	0.26	0.30
		0.084	1.03				1.55		1.87		2.52	0.28	0.34
	5°	0.11	1.38				1.45		1.75		2.36	0.30	0.36
		0.17	2.07				1.31		1.58		2.13	0.34	0.40
		0.28	3.45				1.15		1.39		1.87	0.38	0.45
		0.42	5.17				1.04		1.26		1.69	0.42	0.50
		0.56	6.89				1.00		1.21		1.63	0.44	0.52
		0.014	0.172				1.88		2.18		3.06	0.29	
		0.029	0.346				1.71		1.98		2.78	0.32	
		0.057	0.689				1.52		1.76		2.47	0.36	
		0.086	1.03				1.41		1.63		2.29	0.38	
	10°	0.11	1.38	1	0	0.46	1.34	1	1.55	0.75	2.18	0.40	
		0.17	2.07				1.23		1.42		2.00	0.44	
		0.29	3.45				1.10		1.27		1.79	0.49	
		0.43	5.17				1.01		1.17		1.64	0.54	
		0.57	6.89				1.00		1.16		1.63	0.54	
		0.015	0.172				1.47		1.65		2.39	0.38	
		0.029	0.346				1.40		1.57		2.28	0.40	
		0.058	0.689				1.30		1.46		2.11	0.43	
		0.087	1.03				1.23		1.38		2.00	0.46	
	15°	0.12	1.38	1	0	0.44	1.19	1	1.34	0.72	1.93	0.47	
		0.17	2.07				1.12		1.26		1.82	0.50	
		0.29	3.45				1.02		1.14		1.66	0.55	
		0.44	5.17				1.00		1.12		1.63	0.56	
		0.58	6.89				1.00		1.12		1.63	0.56	
	20°	−	−			0.43	1.00		1.09	0.70	1.63	0.57	
	25°	−	−			0.41	0.87		0.92	0.67	1.41	0.68	
	30°	−	−	1	0	0.39	0.76	1	0.78	0.63	1.24	0.80	
	35°	−	−			0.37	0.66		0.66	0.60	1.07	0.95	
	40°	−	−			0.35	0.57		0.55	0.57	1.93	0.14	
	45°	−	−			0.33	0.50		0.47	0.54	1.81	0.34	
자동 조심 볼 베어링				1	0	0.40	0.4 cot α	1	0.42 cot α	0.65	0.65 cot α	1.5 tan α	
마그네토 볼 베어링				1	0	0.5	2.5	−	−	−	−	0.2	

(주) (1) 최대 허용값은 베어링 설계(내부 틈새 및 홈 깊이)에 따라 다르다.

비고 표에 없는 $\frac{F_a}{C_0}$, $\frac{iF_a}{C_0}$, $\frac{F_a}{iZD_w^2}$, $\frac{F_a}{ZD_w^2}$ 또는 α에 대한 X, Y 및 e의 값은 비례 보간법에 의해 구한다.

표 9－19. *X*, *Y*의 값(2)

형 식	베어링 번호	$F_a/F_r \geqq e$		$F_a/F_r > e$		e	형식	베어링번호	$F_a/F_r \geqq e$		$F_a/F_r > e$		e
		X	Y	X	Y				X	Y	X	Y	
테이퍼 롤러 베어링	30203~30204				1.75	0.34	복렬 자동 조심 레이디얼 베어링	1200~1203		2		3.1	0.31
	05~08				1.6	0.37		04~05		2.3		3.6	0.27
	09~22				1.45	0.41		06~07		2.7		4.2	0.23
	24~30	1	0	0.4	1.35	0.44		08~09		2.9		4.5	0.21
	30302~30303				2.1	0.28		10~12		3.4		5.2	0.19
	04~07				1.95	0.31		13~22	1	3.6	0.65	5.6	0.17
	08~24				1.75	0.34		24~30		3.3		5	0.2
								1300~1303		1.8		2.8	0.24
								04~05		2.2		3.4	0.29
								06~09		2.5		3.9	0.25
								10~24		2.8		4.3	0.23
								25~28		2.6		4.0	0.24

표 9－20. 레이디얼 롤러 베어링의 *V*, *X*및 *Y*값

베어링의 형식	V		X				Y				e
	내륜 회전 하중	외륜 회전 하중	단열 롤러베어링		복렬 롤러베어링		단열 롤러베어링		복렬 롤러베어링		
자동 조심 롤러베어링 원뿔 롤러 베어링 $\theta \neq 0$			$\frac{F_a}{VF_r} \leqq e$	$\frac{F_a}{VF_r} > e$	$\frac{F_a}{VF_r} \leqq e$	$\frac{F_a}{VF_r} > e$	$\frac{F_a}{VF_r} \leqq e$	$\frac{F_a}{VF_r} > e$	$\frac{F_a}{VF_r} \leqq e$	$\frac{F_a}{VF_r} > e$	
	1	1.2	1	0.4	1	0.67	0	0.4× cot θ	0.45× cot θ	0.67× cot θ	1.5× cot θ

(주) $\theta=0°$ 일 때는 $F_a=0$, $X=1$, 복렬 롤러 베어링은 대칭형으로 한다.

표 9－21. 스러스트 볼 또는 롤러 베어링의 *Y*및 *X*값

베어링 형식		X			Y			e
		단식 볼 베어링	복식 볼 베어링		단식 볼 베어링	복식 볼 베어링		
		$\frac{F_a}{F_r} > e$	$\frac{F_a}{F_r} \leqq e$	$\frac{F_a}{F_r} > e$	$\frac{F_a}{F_r} > e$	$\frac{F_a}{F_r} \leqq e$	$\frac{F_a}{F_r} > e$	
스러스트 볼 베어링	θ=45°	0.66	1.18	0.66	1	0.59	1	1.25
	=60°	0.92	1.90	0.92	1	0.54	1	2.17
	=70°	1.66	3.89	1.66	1	0.52	1	4.67
	=90°	−	−	−	−	−	−	
베어링 형식		단식 롤러	복식 롤러		단식 롤러	복식 롤러		e
		$\frac{F_a}{F_r} > e$	$\frac{F_a}{F_r} \leqq e$	$\frac{F_a}{F_r} > e$	$\frac{F_a}{F_r} > e$	$\frac{F_a}{F_r} \leqq e$	$\frac{F_a}{F_r} > e$	
스러스트 자동 조심 롤러 베어링, 스러스트 원뿔 롤러 베어링($\theta \neq 90°$)		tan θ	1.5 tan θ	tan θ	1	0.67	1	1.5 tan θ

(주) 복식 볼 또는 롤러 베어링은 대칭형임. θ =90°일 때는 Fr=0, Y=1.

b. 하중의 변동이 간단하고, 그림 9-24 (b)와 같이 $P_{min}=0$ 에서 P_{max} 까지의 사이를 사인 곡선(正弦 曲線 : sine curve)의 상반분(上半分)에 따라 변동할 때에는

$$P_m \fallingdotseq 0.65 P_{min} \tag{9-23}$$

로 되고, 그림 9-24 (c)와 같이 0에서 P_{max}까지의 사이를 사인 곡선의 상반분에 따라 변동할 때에는 다음과 같이 구한다.

$$P_m \fallingdotseq 0.75 P_{min} \tag{9-24}$$

4. 베어링의 선정

기본 부하 용량(C)의 값을 아래 식 (9-25)에서 구한 후, 표 9-10에서 베어링의 호칭 번호를 찾아 베어링번호를 선정(選定)한다.

실제의 베어링 설계에서 주어진 베어링 하중(P)과 정격 수명(L_n), 수명 계수(f_h), 속도 계수(f_n)를 고려할 때, 식 (9-7)과 식 (9-12)에 의하여 기본 부하 용량(C)은

$$\left.\begin{aligned} C &= P\sqrt[r]{L_n} && ① \\ &= P\left(\frac{L_h}{500}\frac{N}{33.3}\right)^r && ② \\ &= \frac{f_h}{f_n}P = \frac{f_h}{f_n f_t}P && ③ \end{aligned}\right\} \tag{9-25}$$

표 9-22. 온도 계수(f_t)

베어링 온도(° C)	f_t
125	0.95
150	0.90
175	0.85
200	0.75

로 되고, 위 식에서 f_t는 베어링 사용 온도에 따른 보정 계수로서 표 9-22와 같다. 또 P는 베어링의 하중이나 베어링에 최대 레이디얼 하중(P_{max})과 최소 레이디얼 하중(P_{min})이 부하될 때에는 위 식 (9-25) ②를 이용할 수도 있다.

5. 최고 사용 회전 속도

베어링은 윤활상의 제약으로부터 그 한계 회전 속도가 결정된다. 이 때에 한계 속도 지수는 dN [N : rpm, d : 베어링 안지름(mm)]의 값으로 표시된다. 즉, dN의 크기에 따라 윤활법이 선택된다. 베어링 최고 사용 총회전수(N)는 다음과 같이 구한다.

$$N = \frac{(dN)}{d} \tag{9-26}$$

표 9-23은 각종 베어링의 dN 값에 대한 윤활법과 한계 dN값을 나타낸 것이다.

표 9－23. 윤활 방법과 한계 속도 지수(dN)

베어링 형식	그리스 윤활	윤활법				
		유욕·비말 (油浴·飛沫)	적하 무상 (滴下霧狀)	강제 (强制)	분무 (噴霧)	제트
단열 레이디얼 베어링	200000	300000	(1)400000	(4)600000	(4)700000	(4)1000000
자동 조심 복렬 베어링	150000	250000	(1)(2)400000	－	－	－
단열 앵귤러 콘택트 베어링	200000	300000	(1)400000	(4)600000	(4)700000	(4)1000000
원통 롤러 베어링	150000	300000	(1)400000	(4)600000	(4)700000	(4)1000000
원뿔 롤러 베어링	100000	200000	(1)250000	(4)300000	－	－
구면 롤러 베어링	100000	200000	－	(2)300000	－	－
스러스트 볼 베어링	100000	150000	－	(2)(3)200000	－	－

(주) (1) KS 상급 이상 정도의 베어링을 사용.
(2) 비틀어 빼내는 리테이너를 갖는 베어링 사용.
(3) 가볍게 예압을 주어 조립할 것.
(4) 고정도, 고속도 리테이너를 사용할 것.

일반 그리스 윤활인 경우, 그리스를 교환하는 시기는 표 9－24를 기준으로 한다.

표 9－24. 한계 속도

베어링 형식	dN	베어링 형식	dN
단식 레이디얼 볼 베어링	1.1×10^{10}	원뿔 롤러 베어링	0.7×10^{10}
복렬 자동조심 볼 베어링	0.9×10^{10}	스러스트 볼 베어링	0.4×10^{10}
단열 앵귤러 컨택트 볼 베어링	0.9×10^{10}	자동조심 롤러 베어링	0.6×10^{10}
원통 롤러 베어링	0.9×10^{10}		

＊ 설계상 주의

① 베어링의 크기와 회전속도에 따라 적당한 윤활법을 선택하는 것은 베어링의 수명을 연장시키는데 가장 중요한 것이다.

② 베어링 윤활은 마찰과 마멸을 감소시키고, 부식을 방지하며, 방진(防振)에도 유효하고, 베어링의 냉각과 방열 작용을 하므로 베어링 수명을 연장시키는데 영향을 미친다.

③ 윤활 방법에서 가장 간단하고, 보수하기 쉬운 그리스 윤활로 설계하는 것이 좋고, 그리스의 수명은 1000hr로 한다.

④ 기름 윤활은 유욕 윤활과 같으며, 적하 무상에서 30~50%, 강제 윤활에서 100% 정도로 크게 취할 수 있다.

예제 9－9 No. 1312(C=44.5kN)인 자동 조심 볼 베어링에 그리스 윤활로 25000시간의 수명 을 줄 때, 실제 베어링 하중을 구하여라 . 단, 사용 한계 회전 속도 250×10^3, 하중 계수 1.5이다.

Solution

No. 1312 $\rightarrow d=12\times5=60$ (mm)

$$N=\frac{(dN)}{d}=\frac{250\times10^3}{60}\fallingdotseq 4167 \text{ (rpm)}$$

$$L_n = \frac{60NL_h}{10^6} = \frac{60\times4167\times25\times10^3}{10^6} \fallingdotseq 6250 \ (10^6 \text{ 회전})$$

$$\therefore P_0 = \frac{C}{f_w \sqrt[r]{L_n}} = \frac{44500}{1.5\times\sqrt[3]{6250}} \fallingdotseq 1610(\text{N})$$

예제 9-10 1000rpm으로 회전하는 레이디얼 볼 베어링의 하중 2.5kN이 작용하고, 기본 부하 용량 27.7kN일 때, 다음을 구하여라.

(1) 베어링의 정격 수명(L_n) (2) 베어링의 수명 시간(L_h)
(3) 하중 계수 1.5일 때의 수명 시간(L_h)

Solution

(1) $L_n = \left(\frac{C}{P}\right)^r = \left(\frac{27.7}{2.5}\right)^3 = 1.36\times10^3 \ (10^6\text{회전})$

(2) $L_h = \left(\frac{C}{P}\right)^r \frac{10^6}{60N} = \left(\frac{27.7}{2.5}\right)^3 \times \frac{10^6}{1000\times60} \fallingdotseq 22670(\text{hr})$

(3) $P = Pf_w = 2.5\times1.5 = 3.75 \ (\text{kN})$

$$\therefore L_h = \frac{10^6}{60N}\left(\frac{C}{P}\right)^r = \frac{10^6}{60\times1000}\left(\frac{27.7}{3.75}\right)^3 \fallingdotseq 6716(\text{hr})$$

예제 9-11 No. 6003인 깊은 홈 볼 베어링이 1600rpm으로 회전하며, 레이디얼 하중 5kN, 스러스트하중 3kN을 동시에 받고, 기본 부하 용량 60kN일 때, 수명 시간을 구하여라. 단, 계수 X=0.56, Y=1.49, 하중 계수 1.5이다.

Solution 등가 레이디얼 하중(P_r)은 내륜 회전으로 보면 $V=1$이므로

$$P_r = XVF_r + YF_a = 0.56\times1\times5 + 1.49\times3 \fallingdotseq 7.3(\text{kN})$$

$$P = f_w P_r = 1.5\times7.3 = 10.95(\text{kN})$$

$$\therefore L_h = \frac{10^6}{60N}\left(\frac{C}{P}\right)^r = \frac{10^6}{60\times1600}\left(\frac{60}{10.95}\right)^3 = 1713(\text{hr})$$

예제 9-12 No. 6908(C=10.7kN, C_O=85.5kN)인 단열 깊은 홈형 볼 베어링의 회전수 600rpm, d=40mm, 레이디얼 하중 18kN, 스러스트 하중 5.7kN 일 때, 베어링 하중을 구하 여라. 단, 내륜 회전, 하중 계수 1.4이다.

Solution X, Y의 값은 표 9-18에서

$$\frac{F_a}{C_0} = \frac{5.7}{85.5} = 0.066 \quad \rightarrow e = 0.27 \quad \rightarrow X = 0.56$$

$$\frac{F_a}{F_r} = \frac{5.7}{18} = 0.317 \quad > e = 0.27 \quad \rightarrow Y \fallingdotseq 1.64$$

위 0.317은 $F_a/C_o = 0.06$에 대한 e=0.27보다 크므로, 표 9-18에서 X=0.56, Y≒1.64 정도로 잡는다.

등가 레이디얼 하중(P_r)은

$$P_r = XVF_r + YF_a = 0.56\times1\times18 + 1.64\times5.7 = 19.4(\text{kN})$$

$$\therefore P = f_w P_r = 1.4\times19.4 \fallingdotseq 27(\text{kN})$$

예제 9-13 단열 레이디얼 볼 베어링 No. 6308이 레이디얼 하중 3.2kN 이 외에 스러트스 하중 1.75kN 이 동시에 작용 할 때, 다음을 구하여라. 단, N=650rpm, 기본 부하 용량 32kN 이다.

(1) 등가 레이디얼 하중(P_r)　　　　(2) 수명 시간(L_h)

Solution (1) No. 6308의 정적 기본 부하 용량 C_o=22.6kN이다. 표 9-18에서

$$\frac{F_a}{C_0} = \frac{1.75}{22.6} = 0.077 \rightarrow e \fallingdotseq 0.27$$

표 9-18에서 X, Y를 구하기 위하여

$$\frac{F_a}{F_r} = \frac{1.75}{3.2} = 0.55 > e \fallingdotseq 0.27$$

따라서 $\frac{F_a}{F_r} > e$ 가 되므로, $\frac{P_a}{C_0}$ 의 값에 해당하는 $X=0.56$, $Y \fallingdotseq 1.59$정도로 볼 수 있다.

참고 계수 Y는 다음과 같이 구할 수도 있다.

표 9-18에서 $\frac{F_a}{C_0} = 0.077$ 은 0.084와 0.056사이에 있으므로 Y 값 도 1.55와 1.71사이가 된다. 고로, Y 값을 비례식으로 구하면

$$Y = 1.71 + \frac{0.077-0.056}{0.084-0.056}(1.55-1.71) = 1.559$$

$$\therefore P_r = XVF_r + YF_a = 0.56\times1\times3200 + 1.559\times1750 = 4520(\text{N})$$

(2) 속도 계수(f_n)와 수명 계수(f_h)는

$$f_n = \sqrt[r]{\frac{33.3}{N}} = \sqrt[3]{\frac{33.3}{650}} = 0.37$$

$$f_h = f_n\frac{C}{P_r} = 0.37\times\frac{32\times10^3}{4520} = 2.6$$

$$\therefore L_h = 500\, f_h^{\,r} = 500\times2.6^3 = 8788(\text{시간})$$

예제 9-14 400rpm 으로 회전하는 레이디얼 볼 베어링의 수명 시간 30×10^3hr, 레이디얼 하중 6kN, 스러스트 하중 2.5kN 일 때, 베어링을 선정 하여라. 단, 베어링 계수 X=0.35, Y=1.80이다.

Solution

$$P_r = XVF_r + YF_a = 0.35\times1\times6 + 1.8\times2.5 = 6.6(\text{kN})$$

$$L_n = \frac{60NL_h}{10^6} = \frac{60\times400\times30\times10^3}{10^6} = 720(\text{hr})$$

$$\therefore C = P_r\sqrt[r]{L_n} = 6.6\times\sqrt[3]{720} \fallingdotseq 59(\text{kN})$$

선정 : 표 9-9에서 6217, 6312, 6410으로 선정한다.

예제 9－15 3kN의 레이디얼 하중과 2kN의 스러스트 하중을 받는 복렬 자동조심 볼 베어 링(α=20°)이 300rpm 으로 30×10^3시간의 수명을 가질 때, 기본 부하 용 량을 구하여라. 단, 하중 계수 1.5이다.

Solution 표 9－18 에서 $e=1.5\times\tan\alpha=1.5\times\tan20° \fallingdotseq 0.546$

$$\frac{F_a}{VF_r}=\frac{2}{1\times3}\fallingdotseq0.667>0.546$$

$X=0.65,\ Y=0.65\times\cot\alpha=0.65\times\cot20°=1.786$

$P_r=XF_r+YF_a=0.65\times3+1.786\times2=5.52(\text{kN})$

$P=P_rf_w=5.52\times1.5=8.28(\text{kN})$

$$L_n=\frac{60NL_h}{10^6}=\frac{60\times300\times30\times10^3}{10^6}=540(10^6\text{ 회전})$$

$$\therefore\ C=P\sqrt[r]{L_n}=8.28\times\sqrt[3]{540}=67.4(\text{kN})$$

예제 9－16 1주일에 42시간 가동하고, 사용 년수 8년의 기계 장치에서 회전수 480rpm인 단열 깊은 홈 볼 베어링 No. 6302를 선정하여 사용하는 데 가능 여부 를 판단하여라. 단, 레이디얼 하중 1.5kN, 하중 계수 1.2이다.

Solution

$P=F_af_w=1500\times1.2=1800(\text{N})=1.8(\text{kN})$

$L_h=1\text{년 주수}\times1\text{주일시간}\times\text{사용년수}=52\times42\times8=17472(\text{hr})$

$$L_n=\frac{60NL_h}{10^6}=\frac{60\times480\times17472}{10^6}=503(10^6\text{회전})$$

$$\therefore\ C=P\sqrt[r]{L_n}=1.8\times\sqrt[3]{503}\fallingdotseq14.3(\text{kN})$$

선정 : 표 9－9에서 No. 6302는 C=9kN<14.3kN에서 사용 불가 하므로, No. 6206(C=15.3kN), No. 6305(C=16.6kN), No. 6403(C= 17.7kN)으로 선정할 수 있다.

예제 9－17 레이디얼 하중 20kN을 받는 단열 레이디얼 볼 베어링의 안지름 50mm일 때, 마찰 손실 동력(kW)을 구하여라. 단, 축의 회전수 600rpm, μ=0.0015이다.

Solution

$$T=\mu P\frac{D}{2}=0.0015\times20\times\frac{50}{2}=0.75(\text{N}\cdot\text{m})$$

$$\therefore\ H=\frac{TN}{9550}=\frac{0.75\times600}{9550}=4.71(\text{kW})$$

제9장 연습문제

논문형

1. 구름 베어링의 구조를 간단히 설명하여라.
2. 구름 베어링의 종류와 특성을 간단히 설명하여라.
3. 구름 베어링의 호칭 방법에 대하여 설명하여라.
4. 앵귤러 볼 베어링 또는 테이퍼 롤러 베어링의 조합에 대하여 설명하여라.
5. 구름 베어리의 부하 용량과 수명에 대하여 설명하여라.
6. 구름 베어링에서 다음을 설명하여라.
   (1) 속도 계수 (2) 수명 계수
   (3) 하중 계수 (4) 정격 수명
   (5) 정적 기본 부하 용량
7. 베어링의 동적 하중과 정적 하중에 대하여 설명하여라.
8. 구름 베어링의 한계 속도 지수를 설명하여라.

계산형

9-1. 300rpm인 베어링(No. 6306)의 수명 30×10^3시간일 때, 계산 수명을 구하여라.

9-2. 단열 레이디얼 볼 베어링 No. 6205에 레이디얼 하중 1.5kN이 작용할 때, 정격 수명을 시간 단위로 구하여라.

9-3. 볼 베어링이 2kN의 하중을 받고, 1000rpm으로 회전할 때, 다음을 구하여라.
단, $C = 35.8\,\text{kN}$ 이다.
(1) 수명 시간(L_h) (2) 속도 계수(f_n)
(3) 수명 계수(f_h)

9-4. 단열 앵귤러 콘택트 볼 베어링 No. 7206에 레이디얼 하중 1kN이 작용하고, 700 rpm으로 회전할 때, 수명 시간을 구하여라. 단, $f_w = 1.2$, $C = 17.7$ kN이다.

9-5. No. 6207인 단열 레이디얼 볼 베어링이 하중 2.5kN을 받고, 150rpm으로 회전 할 때, 수명 시간을 구하여라. 단, $f_w = 1$로 한다.

9-6. 단열 레이디얼 볼 베어링(No. 6308 : 기본 부하용량 32kN)에 그리스 윤활로 1.6 kN의 레이디얼 하중을 받을 때, 다음을 구하여라. 단, 한계 속도 지수 180×10^3이다.
(1) 베어링의 안지름(d) (2) 베어링의 최대 회전수(N)
(3) 베어링이 수명 시간(L_h) : (단, $f_w = 1.5$)

9-7. No. 6210인 볼 베어링의 회전수 920rpm, 레이디얼 하중 2kN, 스러스트 하중 2 kN이 작용할 때, 다음을 구하여라. 단, $C = 27.5$kN, $X = 0.56$, $Y = 1.49$, $f_w = 1.3$ 이다.
(1) 등가 레이디얼 하중(P_r) (2) 베어링 하중(P)
(3) 속도 계수(f_n) (4) 수명 계수(f_h)
(5) 수명 시간(L_h)

9-8. 150rpm으로 회전하는 No. 6010의 단열 깊은 홈 형 볼 베어링에 $F_a = 1$kN, $F_r = 3$kN이 작용할 때, 수명 시간을 구하여라. 단, $C = 14.2$kN, $C_0 = 11$kN이다.

9-9. 500rpm인 복렬 자동 조심형 볼 베어링(No. 1306)의 레이디얼 하중 1kN, 스러스 트 하중 200N을 받을 때, 수명 시간을 구하여라. 단, 충격 없는 정숙한 운전 상태이 고, $X = 1$, $Y = 2.5$ 이다.

9-10. 단열 레이디얼 볼 베어링 No. 6310(부하 용량 48.5kN)이 600rpm으로 회전하고, 3.2kN의 하중을 받을 때, 속도 계수를 구하여라.

9-11. No. 1310인 복렬 자동 조심 볼 베어링에 그리스 윤활로 30000시간의 수명을 줄 때, 다음을 구하여라. 단, $C = 44.3$kN이다.

(1) 최대 사용 가능 회전수(N) (2) 베어링 하중(P)

9-12. No. 6309인 볼 베어링을 400rpm으로 사용할 때, 정격 수명을 유지하기 위한 베 어링 하중을 구하여라. 단, C=42kN이다.

9-13. 단열 레이디얼 볼 베어링이 1kN을 지지하고, 150rpm으로 회전하며, 30000시간 의 수명을 요구할 때, 기본 부하 용량을 구하여라, 단, 하중 계수 1.5이다.

9-14. 450rpm인 볼 베어링의 하중 200N, 수명 시간 60×10^3hr일 때, 다음을 구하여 라. 단. 하중 계수 1.5이다.

(1) 정격 수명 (L_n) (2) 속도 계수(f_n)
(3) 수명 계수(f_h) (4) 기본 부하 용량(C)

9-15. 1000rpm으로 회전하는 송풍기에 사용될 깊은 홈형 볼 베어링에서 최저 하중 1kN, 최고 하중 1.5kN을 받을 때, 다음을 구하여라.

(1) 속도 계수(f_n) (2) 평균 등가 하중(P_m)
(3) 기본 부하 용량(C) : (단, $f_h = 4.5$, 온도 계수 $f_t = 0.9$)

9-16. 10rpm으로 약간 진동이 있고, 레이디얼 하중 8kN이 작용할 때, 다음을 구하여라.

(1) 수명 시간을 최소 8000시간이 필요한 C의 값
(2) 위 C 의 값에 적당한 자동 조심형 레이디얼 볼 베어링의 선정

9-17. 200rpm, 1.5kN의 하중을 지지하는 자동 조심 볼 베어링을 선정하여라. 단, 수명은 30000시간, 약간의 충격이 있는 운전 상태이다.

9-18. 4500rpm, 하중 900N인 자동차 클러치 주축의 수명 18000시간 이상을 유지하기 위한 6300계열의 볼 베어링을 선정하여라. 단, 기계 계수 1.4 , 기어 계수 1.1이다.

Answer

9-1. 540(10^6 회전) **9-2.** 394(10^6 회전) **9-3.** (1) 95490(hr) (2) 0.32 (3) 5.76
9-4. 76330hr **9-5.** 57690hr **9-6.** (1) 40mm (2) 4500rpm (3) 8700hr
9-7. (1) 4kN (2) 5.3kN (3) 0.33 (4) 1.7 (5) 2457hr **9-8.** 9879hr
9-9. 24300hr **9-10.** 0.38 **9-11.** (1) 3000 rpm (2) 2525N **9-12.** 18.3kN
9-13. 9.7kN **9-14.** (1) 1620(10^6회전) (2) 0.42 (3) 4.93 (4) 3520N
9-15. (1) 0.32 (2) 1.33kN (3) 21kN
9-16. (1) C=13495 N (2) No. 6206, No. 6305 **9-17.** No.1212, No. 1308
9-18. No. 6209, No. 6307, No. 6404

IV

간접 전동 기계 요소 설계

10. 평 벨트
11. V 벨트
12. 체인
13. 로프

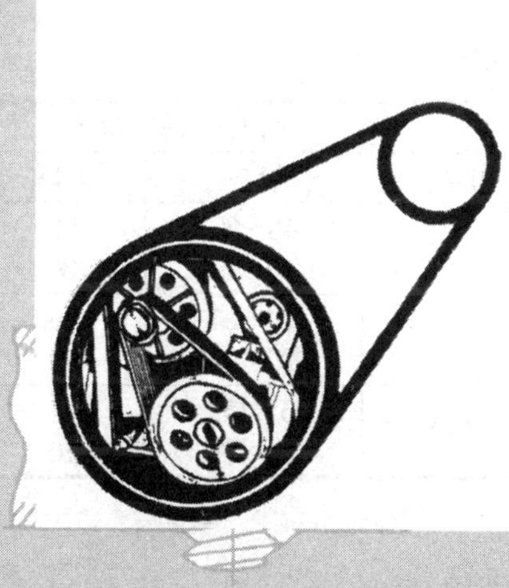

✦ 동력을 간접적으로 전달하는 데 사용되는 벨트, 체인, 로프에 대한 일반 사항과 설계에 대하여 알아본다.

동력을 전달할 때에 축간 거리가 클 때에는 평 벨트, V 벨트, 로프 및 체인 등을 감아 걸어서 간접적으로 동력을 전달하는 데 이와 같은 동력 전달 장치를 간접 전동 장치(wrapping transmission gear) 또는 감아 걸기 전동 장치라 한다.

1. 전동 장치의 특성

(1) 축간 거리가 길어도 사용할 수 있으며, 벨트를 사용시 약간 조정할 필요가 있다.
(2) 미끄럼 또는 크리프로 인하여 각속비가 일정하지 않고, 풀리의 지름비와도 정확히 맞지 않는다.
(3) 평 벨트의 클러치 작동은 벨트 시프팅(shifting)에 의하여 얻어진다.
(4) V 벨트는 작은 풀리를 사용하여 각속비에 약간의 변화는 줄일 수 있다.
(5) 단차를 사용할 때, 자유로운 속도비의 변화를 얻을 수 있다.
(6) 기어 전동과 같이 정확하고, 일정한 회전비를 얻기 어렵다.
(7) 벨트나 로프는 어느 정도의 충격을 흡수한다.
(8) 마찰 전동에 의해서 이루어지므로, 부하가 커지면 미끄러져서 기계에 무리를 일으키는 경우가 적고, 비교적 정숙한 운동을 한다.

2. 전동의 종류

(1) 직접 운동

원동절의 운동을 직접 종동절에 전하는 것으로서, 접촉의 상태에 따라 마찰차와 같이 구름 접촉을 하는 것 또는 기어와 같이 미끄럼 접촉을 하는 것이 있다.

(2) 간접 전동

원동절의 운동을 매개절(벨트, 체인, 로프, 피스톤과 크랭크 축의 연접봉 및 물, 기름, 공기 등의 유체)에 따라 간접적으로 종동절에 전하는 것이다.

표 1은 간접 전동 장치의 종류와 적용 범위를 나타낸 것이다.

표 1. 간접 전동 장치의 적용 범위

매개물	축간 거리(m)	속도비		매개물의 속도(m/s)	
		보통	최대	보통	최대
평 벨트	10 이하	1 : 1~6	1 : 10	10~30	50
V 벨트	5 이하	1 : 1~7	1 : 15	10~18	25
로프(섬유)	10~30	1 : 1~2	1 : 5	10~25	30
로프(강철)	50~100	1 : 1	1 : 7	25~25	25
체인(롤러)	4 이하	1 : 1~7	1 : 10	5 이하	7
체인(사일런트)	〃	1 : 1~8		8 이하	10

제 10 장 평 벨트(flat belt)

평 벨트는 가죽(leather) 또는 고무, 직물 등으로 만든 단면이 평평한 벨트를 고리 모양으로 이어서 2개의 풀리에 적당한 장력으로 걸어서 동력을 전달시키는 것이다.

10-2 일반 사항

(1) 특 성

벨트 전동에서 약간의 미끄럼이 발생하면 일정한 속도비가 다소 변화될 수 있는 단점이 있는 반면 피동축에 과부하가 걸렸을 때 충격을 흡수할 수 있는 장점도 있다.

(2) 종 류

평 벨트는 휨과 탄력성이 필요하므로, 가죽, 직물, 고무, 링크, 레이스, 강철 등의 벨트가 사용되나, 현재로서는 고무 벨트가 일반적으로 가장 많이 사용되고 있다.

① **가죽 평 벨트** : 탄닝 처리 벨트, 크롬 처리 벨트

② **고무 평 벨트** : 면포(綿布) 벨트, 끈(cord) 삽입 벨트가 있고, 규격에는 면포 사용 평 벨트 특종 1, 2, 3종의 나비(25×300mm), 플라이 수(3~8), 인장 강도, 박리 하중 등을 규정하고 있다.

③ **직물 평 벨트** : 목면(木棉) 벨트, 모(毛) 벨트, 마(麻) 벨트

④ **강철 평 벨트**

(3) 구비 조건

평 벨트 재료의 굽힘 응력을 여러 번 반복하여 받으므로 재료는 이러한 응력에 견딜 수 있어야 하고, 진동이나 충격을 흡수할 수 있도록 탄력성이 좋아야 한다.

(4) 벨트의 이음 방법

① **직접 접합법** : 벨트가 운전되는 도중에 끊어져 연결을 필요로 할 때에는 그림 10-1과 같이 접착제를 이용하여 맞대기 이음으로 연결부를 경사지게 접착하는 것을 직접 접합법이라 한다.

② **간접 접합법** : 그림 10-1 (b)와 같이 가죽끈, 그레센트, 볼트, 그리브, 엘리게이터(alligater) 등을 이용하여 벨트의 맞대는 부분에 연결시키는 방법으로, 핀을 이용하는 방법도 있다.

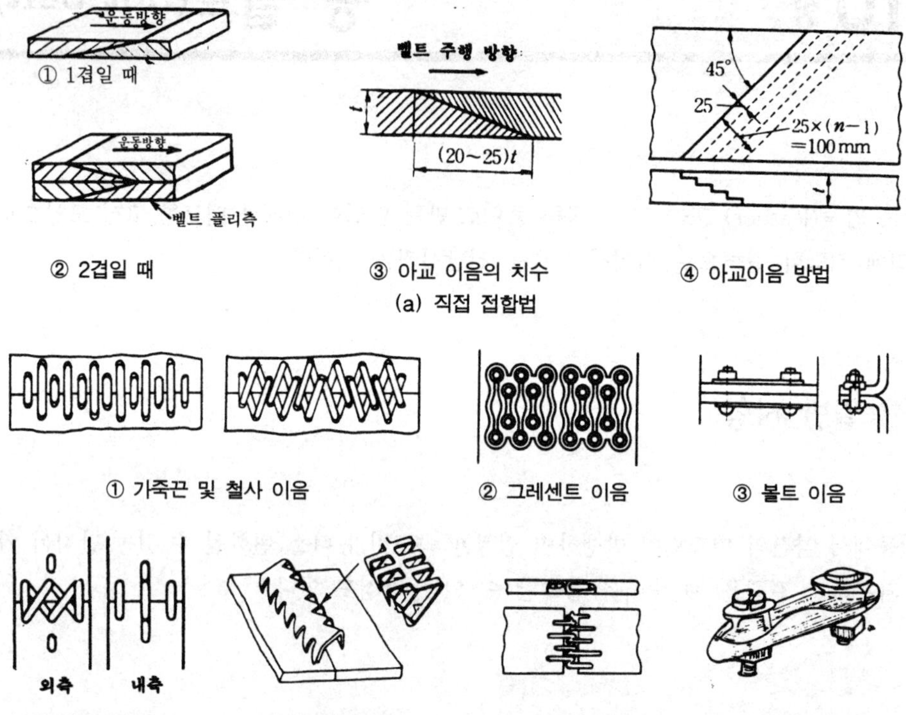

① 1겹일 때 ② 2겹일 때 ③ 아교 이음의 치수 ④ 아교이음 방법

(a) 직접 접합법

① 가죽끈 및 철사 이음 ② 그레센트 이음 ③ 볼트 이음 ④ 가죽끈 이음 ⑤ 엘리게이터 이음 ⑥ 그리브 이음 ⑦ 볼트 관자 이음

(b) 간접 접합법

그림 10−1. 평 벨트의 이음 방법

(5) 벨트 거는 방법

① 종류 : 그림 10−2와 같이 바로 걸기(평행형 걸기 : open belting)와 엇걸기(십자형 걸기 : cross belting)의 2종류가 있다.

② 특 성

a. 엇걸기에서는 바로 걸기에 비해서 접촉각이 커서 전달 동력이 커지나 벨트가 비틀리고, 서로 접촉해서 마멸되기 쉽다.

b. 비틀리는 정도를 작게 하기 위해서 축간 거리를 벨트 나비의 20배 이상이 되도록 설계하고, 벨트의 나비는 될 수록 좁게 한다.

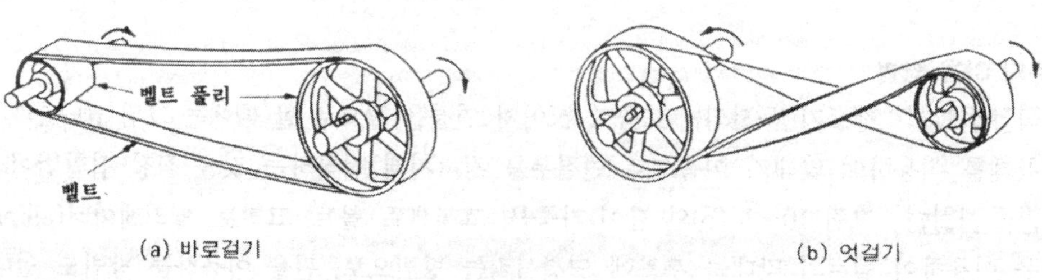

(a) 바로걸기 (b) 엇걸기

그림 10−2. 벨트를 거는 방법

(6) 벨트에 장력을 가하는 방법

① 양 벨트 풀리의 지름 차이가 아주 크거나 축간 거리가 짧을 때에는 접촉각이 작으므 로 미끄럼이 증대한다.

② 미끄럼 현상을 없애기 위하여 그림 10−3과 같이 중간에 긴장 풀리(긴장차)를 설치하면 벨트의 느슨함이 없어져 동력을 원활하게 전달할 수 있다.

③ 축간 거리가 아주 길고, 고속 회전일 때 생기는 플래핑 (flapping) 현상을 없애고, 일정한 장력을 유지하기 위해 다음의 방법이 사용된다.

a. 자중에 의한 방법　　b. 탄성 변형에 의한 방법
c. 스냅 풀리를 사용하는 방법　　d. 보조 풀리를 사용하는 방법
e. 가요(可搖) 전동 기계 이용법　　f. 유성(遊星) 기어 이용법

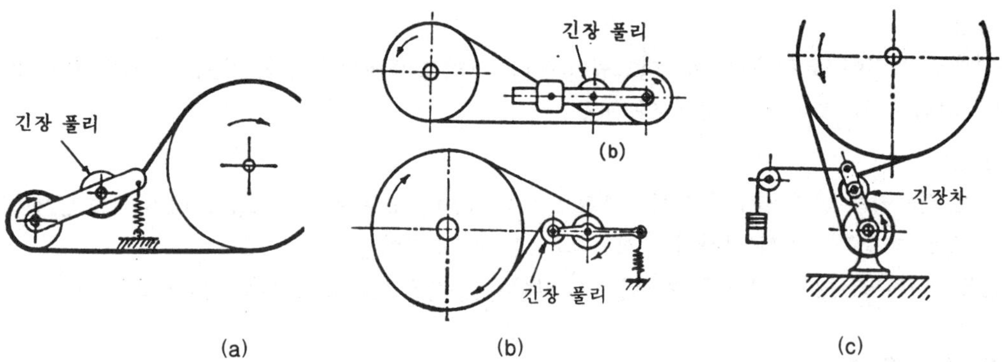

그림 10−3. 장력을 가하는 방법

1. 가죽 벨트

소나 물소의 가죽을 탄닝 또는 크롬 등의 약품으로 연하게 처리하여 만든 것을 가죽 벨트(leather belt)라 한다.

(1) 특 성

① 쇠가죽은 마찰 계수가 크고, 연속 운전을 하여도 열에 의한 손상이 적다.

② 방열성과 탄력성이 좋으며, 충분한 강도를 갖고 있다.

③ 천연 물질이므로 온도나 습도에 민감하여 길이가 변화하고, 원하는 크기를 얻는 데 제한을 받는다.

④ 내열성이 강하기는 하나 40℃ 이상에서 사용하지 않는 것이 좋다.

표 10−2는 가죽 평 벨트의 기계적 성질을 나타낸 것이다.

표 10−2. 가죽 평 벨트의 기계적 성질

종 류	인장 강도(N/mm^2)	연신율(% : 응력 20 N/mm^2일 때)	허용 응력(N/mm^2)
1급품	25 이상	160 이하	25 이상
2급품	20 이상	200 이하	20 이상

(2) 종 류

a. **탄닝 처리 가죽** : 탄성이 풍부하고, 내구력과 방열성이 크며, 늘어남은 작지만 단단하여 유연성이 작기 때문에 작은 지름의 풀리는 부적당하다.

b. **크롬 처리 가죽** : 유연성이 있고, 작은 지름의 풀리에 적합하며, 탄닝 처리한 가죽 평 벨트와 겹쳐 사용하면 형상이 부서지지 않는다.

(3) 구 조

두께는 약 5~8mm 정도로 만들어 사용되고. 5kW이하의 전동에 사용되는 1겹 벨트(single ply belt)가 많이 사용되며, 2겹 벨트, 3겹 벨트가 있다.

2. 고무 벨트

2매 이상의 직물 벨트에 고무를 포개 붙여 만든 것이 고무 벨트(rubber belt)이다.

(1) 특 성

유연하고, 풀리에 잘 접촉되므로, 미끄럼이 적다. 그리고 비교적 수명이 길고, 습기에 잘 견디며, 저렴하다. 그러나 열 또는 기름 등에 약하다.

(2) 구 조

내부에 겹쳐지는 면포 겹수에 의하여 1겹(1 P : 플라이) 고무 벨트, 2겹(2 P) 고무 벨트, 3겹(3 P) 고무 벨트로 호칭하고, 면포 1장의 두께는 약 1.2mm 정도이다.

(3) 용도 : 나비와 두께를 적당히 가감할 수 있어서 운반용으로 널리 사용되고 있다.

3. 직물 벨트

무명, 대마, 합성 섬유 등으로 짜서 만든 것이 직물(織物) 벨트(textile belt)이다.

(1) 특 성

비교적 가벼웁고, 이음매가 없으며, 가죽 벨트보다 인장 강도는 크나 유연성이 적다. 또한 벨트를 연결할 때, 보통은 연결용 쇠줄, 가죽 끈을 사용하나, 가죽에 비하여 연결하기가 힘들고, 값이 싸기 때문에 많이 사용되지만 전달 능력은 가죽보다 못하다.

(2) 인장 강도

가장 많이 사용되는 무명 벨트는 1겹일 때 45~60N/mm^2, 겹친 직물일 때 35~55N/mm^{2}이며, 허용 응력은 2~2.5N/mm^2 정도로 한다.

4. 강 벨트

냉간 압연한 얇은 강철판으로 된 것을 강 벨트(steel belt)로서, 보통 두께가 0.3~1.1mm, 나비 150~250mm의 것이 가장 많이 사용된다.

(1) 특 성

① 인장 강도가 다른 벨트에 비하여 대단히 크며, 가죽 벨트의 약 5배 정도이다.

② 비교적 늘어나지도 않고, 수명이 길며, 인장 강도가 매우 크다.

③ 다른 벨트에 비하여 탄성과 마찰 계수는 떨어지지만 마찰을 증대(크게)하기 위하여 풀리의 표면에 헝겊, 고무, 콜크, 무명 등을 붙인다. 그러나 온도의 변화에 의하여 돌발적으로 끊어질 염려가 있다.

(2) 연결 방법

양끝을 겹쳐서 리벳으로 연결하거나 서로 맞대어 다른 판을 덧댄 다음 납땜한다. 그러나 두 축이 정확히 평행이고, 풀리의 형상이 정확해야 한다.

5. 타이밍 벨트

미끄럼을 없애기 위하여 접촉면에 치형의 맞물림으로 전동하는 것을 타이밍 벨트 (timing belt)라 하고, 큰 힘의 전동에 적합하지 않고, **이붙이 벨트** 또는 치형(齒形) **벨트**라고도 한다(그림 10－4).

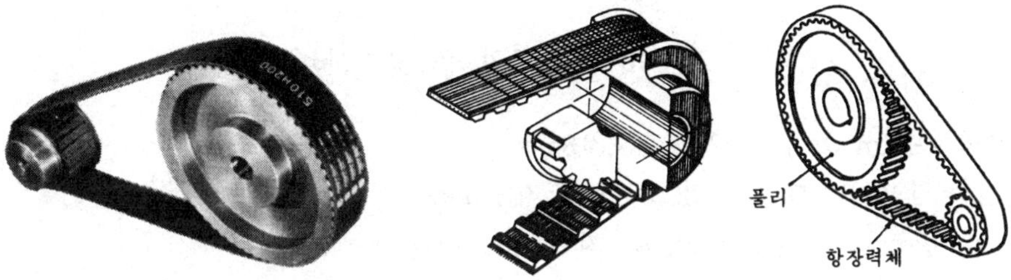

(a) 사린　　(b) 입체도　　(c) 명칭

그림 10－4. 타이밍 벨트

① **이점** : 평 벨트에 비하여 다음과 같은 이점이 있다.
   a. 벨트의 이(齒)와 풀리 이가 물리므로, 슬립(sleep)이나 속도 변동이 거의 없다.
   b. 기어나 체인에 비하여 소음이 적고, 저, 고속에서 원활한 운전이 가능하다.
   c. V 벨트보다 굽힘 저항이 적고, 풀리의 지름을 작게 할 수 있다.
   d. 설치할 때 벨트의 초기 장력이 작아도 되므로 베어링의 부담이 작다.
   e. 축간 거리가 짧아 좁은 장소의 설치에 편리하고, 감속비를 높일 수 있다.

② **길이** : 벨트의 피치선에 따라 측정한 길이로서 가는 V 벨트와 같이 그 길이는 인치의 10배 번호로 나타내거나 생산 업체에 따라 길이를 잇수로 나타내기도 한다.

③ **재질** : 고무 또는 폴리 비닐(poly vinyl) 등의 고분자 재료를 사용한다. 그리고 벨트 풀리의 재료는 연강 또는 플라스틱을 사용한다.

④ **용도** : 식품 제조 기계, 섬유 기계, 사무 기계, 자동 판매기 등의 비교적 소형 자동 기계 또는 자동차 엔진의 크랭크 축과 캠 축사이의 전동에 사용된다.

⑤ **벨트 풀리의 종류** : KS B 1420에는 벨트의 종류에 따라 MXL, XXL, XL(Extra Light), L(Light), H(Heavy), XH(Extra Heavy), XXH(Double Heavy)형의 7 종류로 규정되어 있다.

10-2 평 벨트의 설계

1. 벨트의 설계

(1) 속 도

그림 10−5에서 벨트의 **원주 속도**(v)는 다음과 같다.

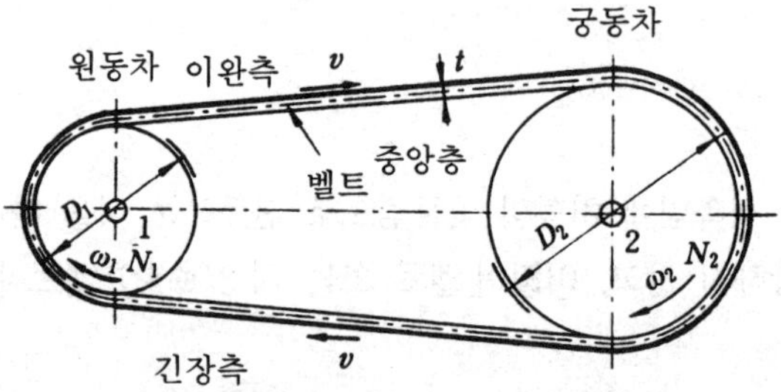

그림 10−5. 벨트의 속도 및 회전비

v : 벨트의 속도(m/s), g : 중력 가속도(9.8m/s^2)

T_1 : 긴장측 장력(N), D_1, D_2 : 원, 종동차의 지름(mm)

N_1, N_2 : 원, 종동차의 회전수(rpm), ω : 각속도(rad/s)일 때

$$\left.\begin{aligned} v &= \frac{\pi D_1 N_1}{60\times1000} = 0.0000524 D_1 N_1 \\ &= \sqrt{\frac{T_1 g}{3\omega}} \end{aligned}\right\} \tag{10−1}$$

＊ 설계상 주의

벨트의 속도는 2~20m/s 정도가 적당하다.

① 벨트는 긴장측과 이완측으로 인하여 벨트와 림의 속도에 차이가 생겨 벨트가 림 면을 기어 가는 듯한 현상이 생기는데 이것을 **크리핑**(creeping)이라 하며, 이로 인하여 벨트의 속도가 1~2% 지연된다.

② 종동 풀리에 하중이 걸릴 때 벨트와 풀리의 림면 사이에 약간의 미끄럼이 생기므로, 종동 풀리의 속도가 늦어지기도 한다.

③ 축간 거리가 길어질 때, 고속으로 벨트 전동이 생길 때 벨트가 타닥거리는 소리를 내면서 파도치는 현상이 생기는데 이것을 **플래핑**(flapping)이라 한다.

(2) 속도비

벨트의 두께 t 일 때, 벨트의 **속도비**(i)는 다음과 같이 구한다.

$$\left.\begin{aligned} i &= \frac{N_2}{N_1} = \frac{\omega_2}{\omega_1} \\ &= \frac{D_1}{D_2} = \frac{D_1 + t}{D_2 + t} \text{ (벨트 두께 고려할 때)} \end{aligned}\right\} \tag{10−2}$$

(3) 벨트의 길이

그림 10−6에서 벨트의 길이(L : mm)는 이론적으로 구하면 다음과 같다.

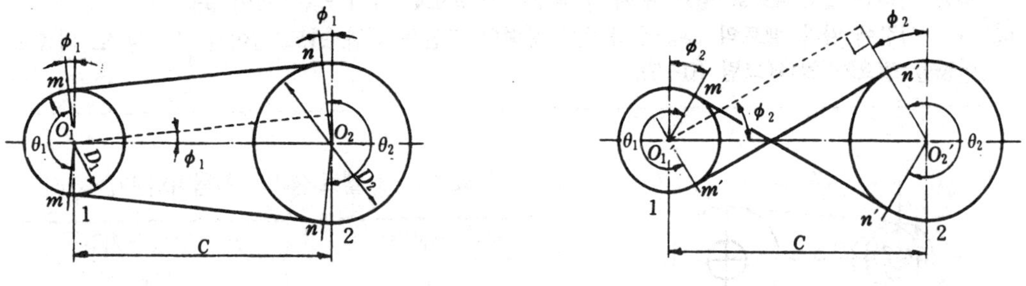

(a) 바로걸기 (b) 엇걸기

그림 10−6. 벨트의 길이와 접촉각

C : 중심 거리(mm), D_1 : 원동차의 지름(mm), D_2 : 종동차의 지름(mm)일 때

$$\left.\begin{aligned} L &= \frac{\pi}{2}(D_1+D_2)+\varnothing_1(D_2-D_1)+2C\cos\varnothing_1 \\ &= \frac{\pi}{2}(D_1+D_2)+\varnothing_2(D_1+D_2)+2C\cos\varnothing_2 \end{aligned}\right\} \tag{10-3}$$

단, 위 식에서 각 $\varnothing_1$, $\varnothing_2$는 다음과 같이 구한다.

$$\left.\begin{aligned} \varnothing_1 &= \sin^{-1}\frac{D_2-D_1}{2C} \\ \varnothing_2 &= \sin^{-1}\frac{D_2+D_1}{2C} \end{aligned}\right\} \tag{10-4}$$

일반적으로 위 식에서 C는 D_1, D_2에 비하여 매우 크며, $\varnothing_1$, $\varnothing_2$가 작을 때는 $\varnothing \fallingdotseq \varnothing_1$, $\cos\varnothing \fallingdotseq 1-(1/2)\varnothing^2$이므로, 벨트의 길이(L)는 근사적으로 다음과 같다.

$$\left.\begin{aligned} L &= 2C+\frac{\pi}{2}(D_1+D_2)+\frac{(D_2-D_1)^2}{4C} \quad (\text{바로 걸기}) \\ &= 2C+\frac{\pi}{2}(D_1+D_2)+\frac{(D_1+D_2)^2}{4C} \quad (\text{엇 걸기}) \end{aligned}\right\} \tag{10-5}$$

＊ 설계상 주의

이론적으로 벨트의 길이를 계산할 때는 벨트의 두께 중심 층에서 계산하나, 일반적으로 두께는 풀리의 지름에 비하여 아주 작으므로 무시해도 좋다.

(4) 축간 거리

양쪽 벨트 풀리와의 중심간 거리로서, 축간 거리(중심 거리 : C)는 다음과 같다.

$$C = \frac{B+\sqrt{B^2 \pm 2(D_2 \pm D_1)^2}}{4} \left(\begin{aligned} -&: \text{바로 걸기} \\ +&: \text{엇 걸기} \end{aligned} \right) \tag{10-6}$$

$$B = L-\frac{\pi}{2}(D_1+D_2) \tag{10-7}$$

＊ 설계상 주의

① 양 벨트 풀리의 축간 거리는 풀리의 지름비에 따라 표 10−3과 같이 취한다.
② 축간 거리는 일반적으로 벨트 두께 t의 2배 이상으로 하지 않는 것이 좋다.
③ 사용 시간에 따라 벨트의 늘음에 대하여 장력의 조절을 위한 벨트 길이의 3% 정 도 외측으로 이동할 필요가 있다(그림 10−7).

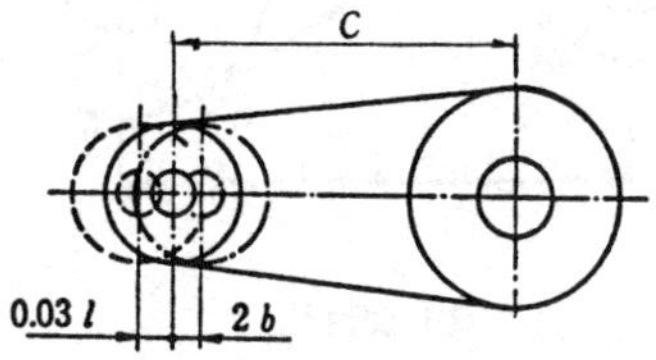

그림 10−7. 축간 거리의 조절

표 10−3. 벨트 풀리의 지름비와 축간 거리

지름비	축간 거리
1 : 2	2.5m 이상
1 : 3	2.5m 이상
1 : 4	2.5m 이상
1 : 5	2.5m 이상
1 : 6	2.5m 이상

(5) 벨트의 접촉각

$$\left.\begin{aligned}\theta_1 &= 180° - 2\phi_1 = 180° - 2\sin^{-1}\left(\frac{D_2 - D_1}{2C}\right) \\ &= \pi - \frac{D_2 - D_1}{C}\,(\text{rad}) \doteq 180° - 57.3\frac{D_2 - D_1}{C}\,(\text{deg}) \\ \theta_2 &= 180° + 2\phi_1 = 180° + 2\sin^{-1}\left(\frac{D_1 - D_2}{2C}\right)\end{aligned}\right\}(\text{바로 걸기}) \qquad (10-8)$$

단, 위 식에서 안전을 고려해서 항상 작은 쪽의 θ_1을 취하게 된다.

$$\left.\begin{aligned}\theta_1 = \theta_2 &= 180° + 2\phi_2 = 180° + 2\sin^{-1}\left(\frac{D_1 + D_2}{2C}\right) \\ &= \pi + \frac{D_1 + D_2}{C}\,(\text{rad}) \doteq 180° + 57.3\frac{D_1 + D_2}{C}\,(\text{deg})\end{aligned}\right\}(\text{엇 걸기}) \qquad (10-9)$$

단, 위 식의 엇걸기에서는 $\theta_1 = \theta_2$ 이므로, θ_1만 구한다.

＊ 설계상 주의

① 미끄럼을 적게 하려면 θ를 크게 하고, θ 가 크면 큰 동력을 전달할 수 있다.
② 바로 걸기에서는 $\theta_1 < \theta_2$, 엇 걸기에서는 $\theta_1 = \theta_2$가 된다.
③ 바로 걸기에서 축간 거리가 짧거나 풀리 지름 차이가 크면 접촉각이 작아진다.
④ 벨트의 이완측이 위쪽일 때가 아래쪽일 때 보다 접촉각이 커진다.
⑤ 엇걸기는 바로 걸기에 비하여 접촉각이 커서 전달 동력이 커지나 벨트가 비틀리고, 서로 접촉하여 마멸되기 쉽다.
⑥ 비틀림 정도를 적게하기 위해서는 축간 거리를 벨트 나비의 20배 이상으로 한다.
⑦ 접촉각은 풀리의 지름과 축간 거리가 좌우되며, 바로 걸기에서 축간 거리가 짧게되면 지름이 작은 풀리의 접촉각은 작게되어 동력 전달이 어렵게 된다.

(6) 벨트의 장력

① **최초 장력** : 벨트 전동에서 벨트와 풀리 사이에 필요한 마찰을 얻으려면 벨트를 걸 때 T_0인 장력을 벨트에 주어야 하는 데, 이 장력 T_0를 **최초 장력**(initial tension) 또는 **초기 장력**이라 하며, 다음과 같이 나타낸다.

T_1 : 긴장측(緊張側) 장력(N), T_2 : 이완측(弛緩側) 장력(N)일 때

$$T_0 = \frac{T_1 + T_2}{2} \qquad (10-10)$$

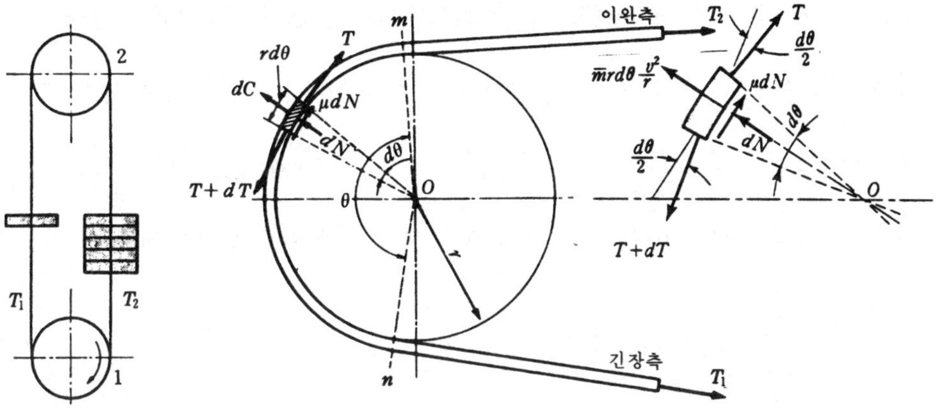

(a) 장력 (b)

그림 10-8. 벨트와 풀리 사이의 힘의 균형

> **＊ 설계상 주의**
>
> 최초 장력은 유효 장력의 1.5배로 한다.
>
> ① 그림 10-8 (a)에서 1의 원동 풀리, 2의 종동 풀리가 그림과 같이 회전할 때, 벨트의 장력은 양측에서 다르며, $T_1 > T_0$, $T_2 < T_0$(즉, $T_1 > T_2$)가 된다.
>
> ② 그림 10-8의 평 벨트에서 벨트가 구동 풀리 쪽으로 들어가는 아래쪽은 인장력을 받아서 긴장측(tight side)이 되고, 구동 풀리로부터 풀려 나오는 위쪽은 인장력을 받지 않으므로 느슨해져서 이완측(loose side)이 된다.
>
> ③ 항상 벨트의 긴장측은 아래쪽, 이완측은 위쪽이 되도록 벨트를 걸어 준다.

② **장력비**(張力比) : 그림 10-8 (b)에서 벨트의 접촉 부분 중 미소 부분 $rd\theta$를 잡 고, 이 부분에 작용하는 힘의 평형을 생각할 때 장력은 미소 부분 T에서 $T+dT$로 증가하고, 이 부분에 원심력 dC, 수직 압력 dN, 마찰력 μdN이 작용한다. 여기에서 반지름 방향의 평형 조건으로부터 **수직 압력**(dN)은

w : 벨트 1m 당 무게(N/m), g : 중력 가속도(9.8m/s^2), e : 자연 대수 밑값(2.71828)

$\frac{wv^2}{g}$: 부가 장력(벨트에 작용하는 원심력의 크기)(N)일 때

$$dN = T\sin\frac{d\theta}{2} + (T+dT)\sin\frac{d\theta}{2} - dC = Td\theta - dC \qquad (10-11)$$

로 되고, 여기에서 원심력은 $dC = \frac{wrd\theta}{g}\frac{v^2}{r} = \frac{wv^2}{g}d\theta$이므로 $dN = \left(\mathrm{T} - \frac{wv^2}{g}\right)d\theta$로 되며, 또, 접선 방향의 평형 조건으로부터 $(T+dT)\cos\frac{d\theta}{2} = T\cos\frac{d\theta}{2} + \mu\, dN$으로 된다. 여기서 $\cos\frac{d\theta}{2} \fallingdotseq 1$로 볼 때, 벨트 장력 증분(增分)은 미소 길이 $rd\theta$에서의 마찰 력에 같아야 하므로 $dT \fallingdotseq \mu dN$ 로 되고, $dN = \left(\mathrm{T} - \frac{wv^2}{g}\right)d\theta$를 $dT = \mu dN$에 대입하면 $\frac{dT}{T-(wv^2/g)} = \mu d\theta$가 되므로, 이것을 $dN = \left(\mathrm{T} - \frac{wv^2}{g}\right)d\theta$와 $dT = \mu dN$에서 전체에 걸쳐 적분하면 T_1과 T_2의 관계식은 $\int_{T_2}^{T_1}\frac{dT}{T-(wv^2/g)} = \int_0^{\theta}\mu d\theta$로 되며, 여기에서 $\log\frac{T_1-(wv^2/g)}{T_2-(wv^2/g)} = \mu\theta$가 얻어진다. 또 경계 조건 $\theta=0$에서 T_2, $\theta=\varnothing$에서 T_1으로 하여 적분하면 다음과 같이 된다.

$$\frac{T_1 - \frac{wv^2}{g}}{T_2 - \frac{wv^2}{g}} = e^{\mu\theta}(\text{원심력 고려}) \qquad (10-12)$$

위 식은 속도 $v \geq 10$m/s일 때의 원심력을 고려한 **장력비**(張力比 : tension ratio) 이다. 또한 $v \leq 10$m/s일 때에는 원심력의 영향을 무시할 수 있으므로, 부가 장력을 소거하면 다음과 같이 된다.

$$\frac{T_1}{T_2} = e^{\mu\theta}(\text{원심력 무시}) \qquad (10-13)$$

위 식을 **아이텔바인**(Eytelwein, 1807년)의 식이라고 한다.

표 10-4는 접촉각(θ)과 μ에 따라 장력비($e^{\mu\theta}$)를 찾는 것이다.

표 10-4. 장력비($e^{\mu\theta}$)

μ	접촉각 θ (rad)											
	90° (π/2)	12° (2π/3)	150° (5π/6)	180° (π)	210° (7π/6)	240° (4π/3)	270° (3π/2)	300° (5π/3)	330° (11π/6)	360° (2π)	540° (3π)	720° (4π)
0.10	1.17	1.23	1.30	1.37	1.44	1.52	1.60	1.69	1.74	1.87	2.57	3.5
0.18	1.33	1.46	1.60	1.76	1.93	2.13	2.33	2.57	2.82	3.10	5.45	9.6
0.20	1.37	1.52	1.69	1.87	2.08	2.31	2.57	2.85	3.16	3.51	6.60	12.3
0.25	1.48	1.69	1.93	2.19	2.50	2.85	3.25	3.71	4.11	4.81	10.6	23.1
0.30	1.60	1.87	2.43	2.57	3.00	3.51	4.12	4.82	5.63	6.58	16.9	43.4
0.40	1.87	2.31	2.85	3.51	4.32	5.34	6.59	8.13	9.98	12.3	43.4	152.4
0.50	2.19	2.84	3.71	4.81	6.23	9.08	10.6	13.7	17.7	23.1	111.3	545.5

＊ 설계상 주의

① 장력비 값은 일반적으로 2~5의 범위 내에 있다.
② 마찰 계수의 값은 정확하게 결정할 수 없고, 접촉면의 성질, 상태, 벨트의 유효 장력, 미끄럼 정도 등 여러 가지 조건이 μ의 값을 변화시킨다.
③ 실제로 설계할 때 채택되는 μ의 값은 실험에서 얻은 최대의 μ가 아니고, 사용하는데 확보할 수 있는 안전 마찰 계수가 되어야 하고, 이것을 표 15-5에 나타냈다.

표 10-5. 안전 마찰 계수(μ)

벨트	풀리의 림면						
	철 또는 강철	나무	종 이	습한 주철	그리스 칠한 주철	기름 칠한 주철	고무, 가죽 붙인 것
탄닝 처리 벨트	0.25	0.3	0.35	0.2	0.15	0.12	0.4
크롬 처리 벨트	0.4	0.45	0.5	0.35	0.25	0.2	0.48
고무 벨트	0.3	0.32	0.35	0.18	—	—	0.42
무명 벨트	0.21	0.24	0.26	0.15	0.12	0.1	0.3
모(毛) 벨트	0.35	0.4	0.45	0.25	0.2	0.15	0.45
발라타 벨트	0.32	0.35	0.48	0.2	—	—	0.4

③ **유효 장력**(有效 張力) : 벨트와 풀리 사이의 마찰을 위하여 벨트에 적당한 장력을 주어야하는데 벨트가 회전을 시작하면 긴장측 T_1은 커지고, 이완측 T_2는 작아 지며, $T_1 - T_2$가 종동차를 회전시키는 전달력 즉, **유효 장력**(effective tension : P)이 되어 다음과 같이 나타낸다.

$$\left.\begin{aligned} P &= T_1 \frac{e^{\mu\theta}-1}{e^{\mu\theta}} \ (\text{원심력 무시}) \\ &= \left(T_1 - \frac{wv^2}{g}\right)\frac{e^{\mu\theta}-1}{e^{\mu\theta}} = \left(T_2 - \frac{wv^2}{g}\right)e^{\mu\theta}-1 \ (\text{원심력 고려}) \\ &= T_1 - T_2 \end{aligned}\right\} \tag{10-14}$$

단, 위 식에서 $\frac{e^{\mu\theta}-1}{e^{\mu\theta}}$의 값은 표 10-6에서 찾아 사용하면 편리하다.

＊ 설계상 주의

유효 장력은 마찰 계수와 벨트 풀리의 접촉각이 클수록 커진다.

④ **부가 장력**(附加 張力) : 원심력에 의하여 벨트에 가해는 힘으로서 다음과 같다.

$$\frac{wv^2}{g} = \frac{0.0098btv^2}{9.8}(N)(\text{가죽 평 벨트일 때}) \tag{10-15}$$

위 식에서 v(m/s), g=9.8(m/s^2), w(N/m)의 단위로 계산한다.

⑤ **단위 길이당 무게** : 평 벨트 1m 당 무게(w) 즉, 단위 길이 당 무게는 가죽 벨 트 재료의 비중 1(고무 벨트일 때 1.2g/cm^3)일 때 다음과 같이 구한다.

b : 벨트의 나비(mm), t : 벨트의 두께(mm)일 때

$w=0.0098bt$(N/m)[$=0.001\ bt$ (kg_f/m : 중력 단위계)] (10−16)

위 식에서 bt의 단위 mm^2을 cm^2으로 나타내려면 100배로 한다. 고로 $w=0.0098\ bt\times100=0.98bt$(N/mm)가 된다.

표 10−6. $\frac{e^{\mu\theta}-1}{e^{\mu\theta}}$의 값

rad	θ° \ μ	0.10	0.15	0.20	0.25	0.30	0.35	0.40	0.45	0.50
1.571	90	0.145	0.210	0.270	0.325	0.376	0.423	0.467	0.507	0.544
1.658	95	0.153	0.219	0.282	0.338	0.392	0.439	0.458	0.524	0.564
1.745	100	0.160	0.230	0.295	0.354	0.408	0.457	0.502	0.544	0.582
1.833	105	0.167	0.240	0.307	0.367	0.423	0.474	0.520	0.563	0.600
1.920	110	0.175	0.250	0.319	0.381	0.438	0.489	0.536	0.579	0.617
2.007	115	0.182	0.260	0.331	0.394	0.452	0.505	0.552	0.595	0.633
2.094	120	0.189	0.270	0.342	0.407	0.467	0.520	0.567	0.610	0.649
2.182	125	0.196	0.279	0.354	0.421	0.480	0.534	0.582	0.625	0.664
2.269	130	0.203	0.288	0.365	0.432	0.494	0.548	0.596	0.640	0.678
2.356	135	0.210	0.298	0.376	0.445	0.507	0.562	0.610	0.654	0.692
2.443	140	0.217	0.307	0.386	0.457	0.520	0.575	0.624	0.667	0.705
2.531	145	0.224	0.316	0.397	0.469	0.532	0.588	0.637	0.680	0.718
2.618	150	0.230	0.325	0.408	0.480	0.544	0.600	0.649	0.692	0.730
2.705	155	0.237	0.333	0.418	0.491	0.556	0.612	0.661	0.704	0.741
2.793	160	0.244	0.342	0.428	0.508	0.567	0.624	0.673	0.715	0.752
2.880	165	0.250	0.351	0.438	0.513	0.579	0.635	0.684	0.726	0.763
2.967	170	0.257	0.359	0.448	0.524	0.589	0.646	0.695	0.737	0.773
3.054	175	0.263	0.367	0.457	0.534	0.600	0.657	0.705	0.747	0.783
3.142	180	0.270	0.376	0.467	0.545	0.610	0.667	0.715	0.757	0.792

표 10−7. $e^{\mu\theta}/(e^{\mu\theta}-1)$의 값

θ°	μ	0.1	0.15	0.2	0.25	0.3	0.35	0.4	0.5
1겹 구동	180°	3.71	2.67	2.14	1.84	1.64	1.50	1.40	1.26
	190°	3.55	2.55	2.06	1.77	1.59	1.45	1.36	1.24
	200°	3.40	2.47	1.99	1.72	1.54	1.42	1.33	1.21
	210°	3.27	2.37	1.93	1.67	1.50	1.38	1.30	1.190
	220°	3.13	2.28	1.87	1.62	1.46	1.35	1.27	1.172
	230°	3.02	2.21	1.81	1.58	1.43	1.32	1.25	1.155
	240°	2.92	2.14	1.76	1.54	1.40	1.30	1.23	1.141
2겹 이상 구동	360°	2.14	1.64	1.40	1.26	1.179	1.125	1.089	1.045
	380°	2.06	1.59	1.36	1.23	1.159	1.109	1.076	1.038
	400°	1.99	1.54	1.33	1.21	1.141	1.095	1.065	1.032
	420°	1.92	1.50	1.30	1.190	1.124	1.084	1.057	1.026
	440°	1.87	1.46	1.27	1.173	1.111	1.074	1.049	1.022
	460°	1.81	1.43	1.25	1.156	1.099	1.064	1.042	1.018
	480°	1.76	1.40	1.23	1.141	1.089	1.057	1.037	1.015

비고 위 표 값에서−1을 하면 $1/(e^{\mu\theta}-1)$의 값이 된다.

⑥ 긴장측과 이완측의 장력

긴장측의 장력(T_1)과 이완측의 장력(T_2)은 속도에 따라 다음과 같이 구한다.

$$\left.\begin{aligned} T_1 &= \frac{e^{\mu\theta}}{e^{\mu\theta}-1}P = \frac{e^{\mu\theta}}{e^{\mu\theta}-1}\frac{735H}{v} \\ T_2 &= \frac{1}{e^{\mu\theta}-1}P = \frac{1}{e^{\mu\theta}-1}\frac{735H}{v} \end{aligned}\right\} \text{(원심력 무시)} \qquad (10-17)$$

$$\left.\begin{aligned} T_1 &= \frac{e^{\mu\theta}}{e^{\mu\theta}-1}P + \frac{wv^2}{g} = \frac{e^{\mu\theta}}{e^{\mu\theta}-1}\frac{735H}{v} + \frac{wv^2}{g} \\ T_2 &= \frac{1}{e^{\mu\theta}-1}P + \frac{wv^2}{g} = \frac{1}{e^{\mu\theta}-1}\frac{735H}{v} + \frac{wv^2}{g} \end{aligned}\right\} \text{(원심력 고려)} \qquad (10-18)$$

단, 위 식에서 $e^{\mu\theta}/e^{\mu\theta}-1$의 값은 표 10−7에서 찾을 수 있다.

(7) 전달 동력

벨트의 유효 장력 P(N)을 받고, 속도 v (m/s)로 전동할 때, **전달 동력**(H)은

$$\left.\begin{aligned} H_{PS} &= \frac{Pv}{735} = \frac{v}{735}\left(T_1 - \frac{wv^2}{g}\right)\frac{e^{\mu\theta}-1}{e^{\mu\theta}} \\ &= \frac{T_1 v}{735}\left(1 - \frac{wv^2}{T_1 g}\right)\frac{e^{\mu\theta}-1}{e^{\mu\theta}} \quad \text{(원심력 고려)} \\ &= \frac{T_1 v}{735}\frac{e^{\mu\theta}-1}{e^{\mu\theta}} \quad \text{(원심력 무시)} \end{aligned}\right\} \qquad (10-19)$$

로 구하고, 전달 동력은 벨트의 속도가 증가하면 초기에는 증가하나 어느 속도 이상에 도달하게 되면 원심력 때문에 오히려 감소한다. 이 때에 위 식을 속도에 관해서 v로 미분 했을 때, 전달 동력이 최대가 되는 **최대 속도**(v_{max})는 다음과 같이 된다.

$$v_{max} = \sqrt{\frac{T_1 g}{3\omega}} \qquad (10-20)$$

또한, 위 식을 식 (10−18)에 대입하면 **최대 전달 동력**(H_{max})은 다음과 같이 된다.

$$H_{max} = \frac{2}{3}\frac{T_1}{735}\sqrt{\frac{T_1 g}{3\omega}}\frac{e^{\mu\theta}-1}{e^{\mu\theta}} \text{(PS)} \qquad (10-21)$$

＊ 설계상 주의

① 벨트에서는 $\mu, \theta,\ e^{\mu\theta}$, 접촉 압력 등을 크게 하면 전달 동력이 증가 된다.
② 가죽 벨트의 선택은 1겹 벨트는 5~7PS 이하, 2겹 벨트는 7PS 이상, 3겹 벨트는 큰 동력에 사용한다.
③ 벨트의 운전 중 큰 동력을 얻기 위하여는 μ가 큰 재료와 이음 효율이 높은 이음 방법을 선택하고, 긴장측 장력에 견딜 수 있는 벨트 나비와 두께를 선택한다.

(8) 벨트의 응력

① 허용 응력 : 그림 10-9에서 벨트는 풀리와 접촉하지 않을 때 T_1과 T_2의 장력만을 받으므로, 벨트가 "훅의법칙"을 따른다고 가정할 때, 장력에 의한 허용 응력(σ_a : 표 10-8)은 다음과 같이 구한다.

b : 벨트의 나비(mm), t : 벨트의 두께(mm), σ_t : 벨트의 인장응력(N/mm^2),

S : 안전율, η : 이음의 효율(%)(표 10-9)일 때

$$\left.\begin{aligned}\sigma_a &= \frac{T_1}{bt} = \frac{T_1}{bt\eta} \quad ① \\ &= \frac{\sigma_t}{S} \quad ②\end{aligned}\right\} \tag{10-22}$$

위 식에서 허용 응력(σ_a)은 각종 벨트와 D/t에 따라 표 10-8과 같다. 또 가죽 벨트의 이음 효율(η) 값은 표 10-9를 참조한다.

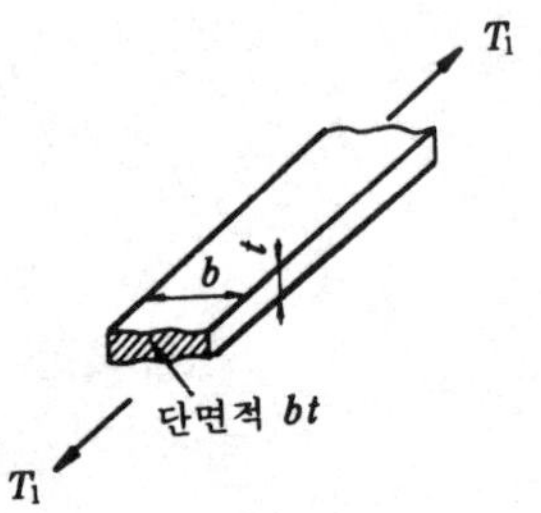

그림 10-9. 벨트의 응력

표 10-8. 벨트의 응력

벨트의 종류		인장 응력(σ_t)	허용 응력(σ_a)
		N/mm^2	N/mm^2
가죽 평 벨트		20~25	2~2.5
목면벨트	1겹	45~60	
	2겹이상	35~55	
고무 벨트		40~55	
강철 벨트		130~150	125
D/t	25~50mm	–	1.6~2.3
	50mm 이상	–	2~3

표 10-9. 가죽 벨트의 이음 효율(η)

이음의 종류	효율(%)
접착제 이음	80~90
철사 이음	85~90
가죽 끈 이음	약 50
이음쇠 이음	30~65

비고 벨트 이음의 강도와 벨드 이음 이 외의 벨트 나비의 강도와의 비를 벨트 이음의 효율(η)이라 한다.

표 10-10. 보정 계수(K_1)

풀리의 지름(mm)	K_1
~100	0.5
100~200	0.6
200~300	0.7
300~400	0.8
400~750	0.9
750~	1.0

*** 설계상 주의**
벨트가 비틀림으로 생기는 응력은 벨트의 나비가 넓고, 축간 거리가 짧을수록 심하다.

② 굽힘 응력 : 풀리의 지름(D)과 벨트의 두께(t)일 때, 벨트의 굽힘 응력(σ_b)은

E : 벨트의 세로 탄성 계수(신품 가죽 : $E=100\sim150$N/mm^2,

중고품 가죽 : $E=200\sim230$N/mm^2), D : 벨트 풀리의 지름(mm)

K_1 : 벨트의 굽힘에 대한 보정 계수(표 10－10)일 때

$$\sigma_b = K_1 E \frac{t}{D} \tag{10-23}$$

로 되고, 위 식에서 E는 일정하지 않으므로, 간단하게 벨트 풀리의 지름을 고려 한 후, K_1을 사용하여 벨트의 강도를 보정(補正)하는 것이 좋다.

③ **최대 인장 응력** : 운전 중 벨트는 긴장측 장력(T_1)과 이완측 장력(T_2)을 받으며, 풀리의 림(rim)면을 따라 회전하면서 굽힘을 받는다. 이 때에 장력에 의한 허용 응력(σ_a)과 굽힘에 의한 굽힘 응력(σ_b)과의 합으로 벨트에 생기는 **최대 인장 응력**(σ_t)은 다음과 같이 나타낸다.

$$\sigma_t = \sigma_a + \sigma_b = \frac{T_1}{bt} + K_1 E \frac{t}{D} \tag{10-24}$$

＊ 설계상 주의

① 일반적으로 허용 응력 σ_a의 값은 벨트의 인장 응력 σ_t의 1/10 이하로 할 필요가 있다.

② 굽힘 응력을 감소시키고, 벨트의 수면을 길게 하려면 풀리를 될 수록 크게 하는 것이 좋고, $D/t > 35$로 하는 것이 바람직하다.

(9) 벨트의 치수 : 나비(b)와 두께(t)로 나타낸다.

① 나비 : 식 (10－22)에서 다음과 같이 나타낸다.

$$b = \frac{T_1}{\sigma_a t} \tag{10-25}$$

② **단면적** : 벨트의 크기(단면적)를 결정하기 위해서는 벨트 내부에 생기는 응력이 벨트의 허용 응력(σ_a) 이하가 되도록 벨트의 **단면적**(bt : mm^2)을 구한다. 즉, T_1을 σ_a로 나누어서 효율(η)을 고려한 상태에서 다음과 같이 구한다.

$$bt = \frac{T_1}{\sigma_a \eta} \tag{10-26}$$

위 식에서 bt를 구한 후 그 값을 표 10－11에서 찾아 b와 t의 크기로 결정한다.

표 10－11. 평 벨트의 단면적($b \times t$) 치수

(단위 : mm)

1겹	b	25 32 38 44	51 57 63 70 76 83 89 95	102 114 127 140 152
	t	3 이상	4 이상	5 이상
2겹	b	51 63 76 89 102 104	127 140 152 165 178	191 203 229 254 279 305
	t	6 이상	7 이상	8 이상
3겹	b	203 229 254 279 305 330 336 381 406 432 457 483 508 559 610 660 711 762		
	t	10 이상		

예제 10-1 그림 10-10과 같이 400rpm, 10PS을 전달하는 평 벨트의 긴장측 장력 1kN, 이완측 장력 500N일 때, 풀리의 지름을 구하여라.

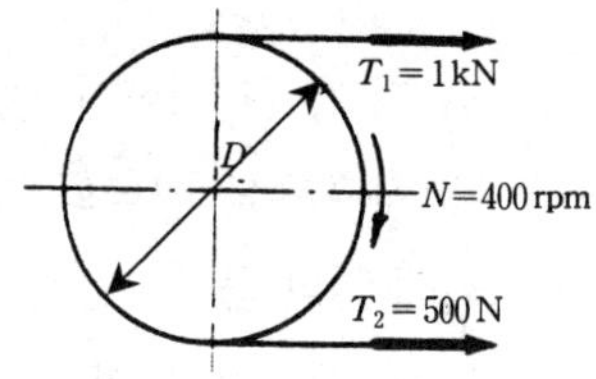

그림 10-10

Solution

$$P = T_1 - T_2 = 1000 - 500 = 500(\text{N})$$

$v = \dfrac{\pi DN}{60\times 1000}$ 과 $H = \dfrac{Pv}{735}$ 에서

$$D = \frac{60\times 1000\times 735H}{\pi NP}$$

$$= \frac{60\times 100\times 735\times 10}{\pi\times 400\times 500} \fallingdotseq 702(\text{mm})$$

예제 10-2 1200rpm, 2.2kW를 전달하는 평 벨트의 원동차(지름 200mm)로부터 2160mm 떨어진 곳의 회전수 300rpm일 때, 긴장측 장력을 구하여라. 단, 벨트의 나비 50mm, 두께 4mm, $\mu = 0.3$이다.

Solution

$$v = \frac{\pi D_1 N_1}{1000\times 60} = \frac{\pi\times 200\times 1200}{1000\times 60} = 12.56(\text{m/s})$$

$$P = \frac{1000H}{v} = \frac{1000\times 2.2}{12.56} \fallingdotseq 175(\text{N})$$

$$D_2 = \frac{D_1 N_1}{N_2} = \frac{200\times 1200}{300} = 800(\text{mm})$$

$$\theta_1 = 180° - 2\sin^{-1}\left(\frac{D_2 - D_1}{2C}\right)$$

$$= 180° - 2\sin^{-1}\left(\frac{800-200}{2\times 2160}\right) = 164(°)$$

$$e^{\mu\theta} = e^{0.3\times 164\times \pi/180} = 2.36$$

$v = 12.56\text{m/s} > 10\text{m/s}$ 일 때, 부가 장력 wv^2/g을 구해야 되므로

$$w = 0.0098bt = 0.0098\times 50\times 4 = 1.96(\text{N/m})$$

$$\frac{wv^2}{g} = \frac{1.96\times 12.56^2}{9.8} = 31.6(\text{N})$$

$$\therefore T_1 = \frac{e^{\mu\theta}}{e^{\mu\theta}-1}P + \frac{wv^2}{g} = \frac{2.36}{2.36-1}\times 175 + 31.6 \fallingdotseq 335(\text{N})$$

예제 10-3 8PS을 전달하는 평 벨트의 속도 10m/s, 긴장측 장력이 이완측 장력의 2배일 때, 벨트의 나비(b)와 두께(t)를 구하여라. 단, 허용 응력 2.5MPa, $\eta = 80\%$이다.

Solution

$$P=\frac{735H}{v}=\frac{735\times8}{10}=588(\text{N})$$

$v=10\text{m/s}$일 때, 원심력을 무시하면 T_1과 T_2 사이에 $T_1=2T_2$이므로

$$\frac{T_1}{T_2}=\frac{2T_2}{T_2}=e^{\mu\theta}=2$$

$$T_1=\frac{e^{\mu\theta}}{e^{\mu\theta}-1}P=\frac{2}{2-1}\times588=1176(\text{N})$$

$$A=bt=\frac{T_1}{\sigma_a\eta}=\frac{1176}{2.5\times0.8}=588(\text{mm}^2)$$

표 10-11에서 1겹 벨트 단면적에 가장 가깝고 안전한 것을 선택하면

$$bt=127\times5=635(\text{mm}^2)$$

고로, $b=127\text{mm}$, $t=5\text{mm}$인 1겹 벨트로 결정한다.

예제 10-4 1200rpm, 2.5PS을 전달하는 평 벨트 풀리의 지름 $D_1=100\text{mm}$, $D_2=500\text{mm}$, 축간 거리 2m일 때, 다음을 구하여라. 단, 허용 인장 응력 2MPa, $t=5\text{mm}$, $\eta=50\%$, $\mu=0.25$이다.

(1) 긴장측과 이완측 장력(T_1, T_2)　　(2) 벨트의 나비(b)

Solution

(1) $$v=\frac{\pi D_1N_1}{60\times1000}=\frac{\pi\times100\times1200}{60\times1000}=6.28(\text{m/s})$$

$$P=\frac{735H}{v}=\frac{735\times2.5}{6.28}\doteqdot293(\text{N})$$

$$\theta=180°-2\sin^{-1}\left(\frac{D_2-D_1}{2C}\right)=180°-2\sin^{-1}\left(\frac{500-100}{2\times2000}\right)=168(°)$$

$$e^{\mu\theta}=e^{0.25\times168\times\pi/180}=2.08$$

$$\therefore\ T_1=P\frac{e^{\mu\theta}}{e^{\mu\theta}-1}=293\times\frac{2.08}{2.08-1}\doteqdot564(\text{N})$$

$$T_2=T_1-P=564-293=271(\text{N})$$

(2) $$b=\frac{T_1}{\sigma_a t\eta}=\frac{564}{2\times5\times0.5}\doteqdot113(\text{mm})$$

표 10-12의 벨트 규격에서 $b=113\text{mm}$보다 약간 큰 $b=127\text{mm}$로 결정한다.

예제 10-5 3000rpm, 5PS을 전달하는 평 벨트 풀리의 지름 100mm일 때, 벨트에 생기는 허용 응력을 구하여라. 단, 벨트의 치수 $b\times t=100\times5\text{mm}$, $e^{\mu\theta}=2$이다.

Solution

$$v=\frac{\pi D_1N}{60\times1000}=\frac{\pi\times100\times3000}{60\times1000}=15.7(\text{m/s})$$

$v=15.7\text{m/s}>10\text{m/s}$보다 크므로 원심력 영향을 고려하면

$$\frac{wv^2}{g}=\frac{0.0098btv^2}{g}=\frac{0.0098\times100\times5\times15.7^2}{9.8}\doteqdot123(\text{N})$$

$$P=\frac{735H}{v}=\frac{735\times5}{15.7}=234(\text{N})$$

$$T_1=P\frac{e^{\mu\theta}}{e^{\mu\theta}-1}+\frac{wv^2}{g}=234\times\frac{2}{2-1}+123=591(\text{N})$$

$$\therefore \sigma_t=\frac{T_1}{bt}=\frac{591}{100\times5}\fallingdotseq 1.2(\text{MPa})$$

예제 10-6 500rpm을 전달하는 평 벨트에서 풀리의 지름 D_1 =180mm, D_2 =360mm, 벨트의 치수 $b\times t=100\times 6$mm일 때, 전달 동력(PS)을 구하여라. 단, C=1.2m, 허용 응력 2.5MPa, η=80%, μ=0.3이다.

Solution

$$v=\frac{\pi D_1 N}{1000\times60}=\frac{\pi\times180\times500}{1000\times60}=4.7(\text{m/s})$$

$$\theta=180°-2\sin^{-1}\frac{D_2-D_1}{2C}$$

$$=180-2\sin^{-1}\frac{360-180}{2\times1200}=171°20'$$

$$T_1=bt\sigma_a\eta=100\times6\times2.5\times0.8=1200(\text{N})$$

$$e^{\mu\theta}=e^{0.3\times171.2\times\pi/180}\doteqdot 2.45$$

$$\therefore H=\frac{T_1 v}{735}\frac{e^{\mu\theta}-1}{e^{\mu\theta}}=\frac{1200\times4.7}{735}\times\frac{2.45-1}{2.45}=4.5(\text{PS})$$

예제 10-7 700rpm으로 회전하는 평 벨트 풀리의 지름 800mm, 나비 200mm, 두께 6mm일 때, 다음을 구하여라.

(1) 벨트의 긴장측 장력(T_1) : (단, $\sigma_a=2$MPa, $\eta=$ 80%)

(2) 원심력에 의한 부가 하중(wv^2/g)

(3) 벨트의 전달 동력(kW) : (단, $\mu=0.2, \theta=175°$)

Solution

(1) $T_1=bt\sigma_a\eta=200\times6\times2\times0.8=1920(\text{N})$

(2) $w=0.0098bt=0.0098\times200\times6\fallingdotseq 11.8(\text{N/m})$

$$v=\frac{\pi D_1 N_1}{60\times1000}=\frac{\pi\times800\times700}{60\times1000}\fallingdotseq 29(\text{m/s})$$

$$\therefore \frac{wv^2}{g}=\frac{11.8\times29^2}{9.8}\fallingdotseq 1013(\text{N})$$

(3) $v=10$m/s보다 위 속도가 크므로

$$e^{\mu\theta}=e^{0.2\times175\times\pi/180}\doteqdot 1.842$$

$$\therefore H=\frac{v}{1000}\left(T_1-\frac{wv^2}{g}\right)\frac{e^{\mu\theta}-1}{e^{\mu\theta}}$$

$$=\frac{29}{1000}(1920-1013)\times\frac{1.842-1}{1.842}=12(\text{kW})$$

2. 벨트 풀리의 설계

벨트 풀리는 KS B 1402에 구조와 종류에 대하여 다음과 같이 규정되어 있다. 그리고 벨트 풀리를 설계할 때에는 림, 보스, 암에 대하여 주로 설계 계산한다.

① 구조

a. 외형에 따라 : 림(rim), 보스(boss), 암(arm)으로 구성된다(그림 10-11).

b. 바깥 둘레 면에 따라 : C형과 F형으로 구분한다(표 10-13의 그림 참조)

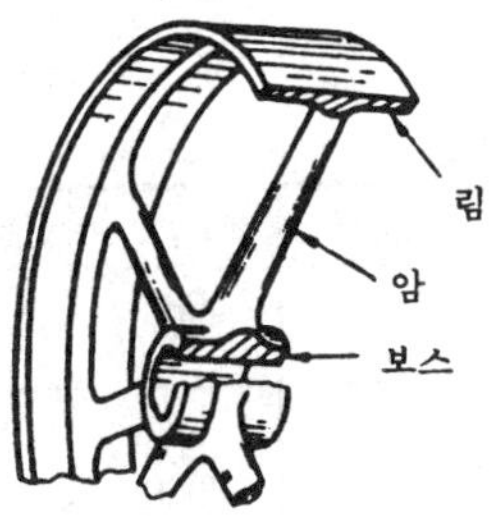

그림 10-11. 풀리의 각부 명칭

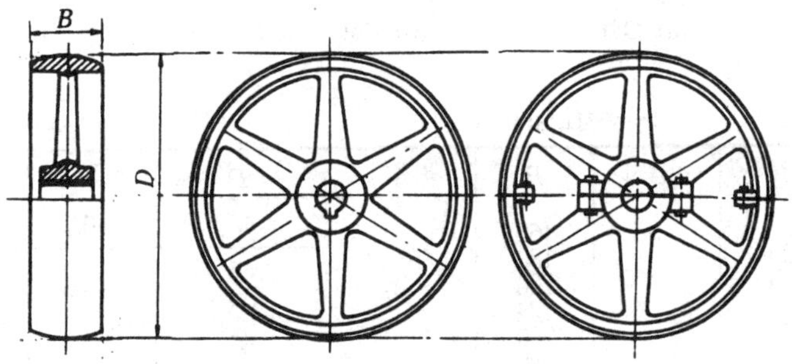

(a)일체형 (b) 분할형

그림 10-12. 평 벨트 풀리의 종류

② 종류 : 일체형과 분할형으로 나누며(그림 10-12), 대부분은 일체형이지만 지름 이 크거나 긴 축의 중간에 부착시키는 것에는 분할형이 사용된다.

(1) 림(rim)

림은 외주면의 모양에 따라 표 10-13의 그림과 같이 C형과 F형으로 구분한다.

① 림의 나비 : 벨트 나비 b일 때, 림의 나비(B)는 다음과 같이 구한다.

$$\left.\begin{aligned} B &= 1.1b + 10\,(\text{mm})\,(\text{바로 걸기}) \\ &= 1.21b + 11\,(\text{mm})\,(\text{원동 풀리}) = 2b(\text{종동 풀리})\}(\text{엇 걸기}) \end{aligned}\right\} \quad (10-27)$$

＊ 설계상 주의

① 일반적으로 벨트의 나비(b)는 림의 나비(B)보다 약간 작게 취한다.

② 원동 풀리에는 평평한 림 면, 종동 풀리에는 중고(中高 : crown)의 림면을 각각 사용하고, 속도 25m/s 이상일 때에는 중고의 림 면을 사용한다.

② 림의 두께(S)와 중고의 높이(h) : S와 h의 치수는 다음과 같이 구한다.

$$\left.\begin{aligned} S &= 0.003D + 0.01B + 2\,(\text{mm}) \\ &= \frac{D}{200} + 3\,(\text{mm})(\text{평탄한 것}) = \frac{D_1}{300} + 2\,(\text{mm})\,(\text{중고의 림}) \end{aligned}\right\} \quad (10-28)$$

표 10-12는 풀리의 호칭 지름과 나비, 표 10-13은 벨트 나비(b)에 따른 림 나비(B)와 중고 높이(h)를 각각 나타낸 것이다.

표 10-12. 평 벨트 풀리의 호칭 지름과 호칭 나비(KS B 1402)

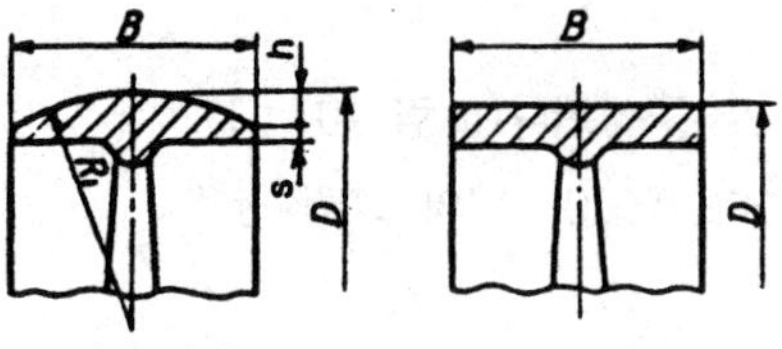

(a) C형 (b) F형

$B=1.1b+10$ (mm) (바로걸기)
$=1.21b+11$ (mm) (원동 풀리)
$=2b$(종동 풀리) } (엇걸기)
h : 중고(中高 : crown) s : 림 두께

(단위 : mm)

(1) 호칭 나비

B	허용차	B	허용차
20, 25, 32, 40, 50, 63, 71	±1	160, 180, 200, 224, 250, 280	±2
80, 90, 100, 112, 125, 140	±1.5	315, 355, 400, 450, 500, 560, 630	±2

(2) 호칭 지름

D	허용차	D	허용차	D	허용차
40	±0.5	160, 180, 200	±2.0	630, 710	±5.0
45, 50	±0.6	224, 250	±2.5	800, 900, 1000	±6.3
56, 63	±0.8	280, 315, 355	±3.2	1120, 1250, 1400	±8.0
71, 80	±1.0	400, 450, 500	±4.0	1600, 1800, 2000	±10.0
90, 100, 112	±1.2	560	±5.0		
125, 140	±1.6				

표 10-13. 평 벨트 풀리의 중고 치수(KS B1402)

(1) 40~355mm (단위 : mm)

D	h
40~112	0.3
125, 140	0.4
160, 180	0.5
200, 224	0.6
250, 280	0.8
315, 355	1.0

(단위 : mm)

(2) 400~2000mm까지

B	125이상	140 170	180 200	224 250	280 315	355	400 이상
D	h(중고) *						
400 450	1	1.2	1.2	1.2	1.2	1.2	1.2
500	1	1.5	1.54	1.5	1.5	1.5	1.5
560	1	1.5	1.54	1.5	1.5	1.5	1.6
630 710	1	1.5	2	2	2	2	2
800 900	1	1.5	2	2.5	2.5	2.5	2.5
1000	1	1.5	2	2.5	3	3	3
1120	1.2	1.5	2	2.5	3	3	3.5
1250	1.2	1.5	2	2.5	3	3.5	4
1400	1.5	2	2.5	3	3.5	4	4
1600	1.5	2	2.5	3	3.5	4	5
1800	2	2.5	3	3.5	4	5	5
2000	2	2.5	3	3.5	4	5	6

$$h=0.01B+(1\sim2)\,(\text{mm}) \\ =\left(\frac{1}{4}\sim\frac{1}{3}\right)\sqrt{B}\,(\text{mm}) \qquad (10-29)$$

(2) 보스(boss : 그림 10－13)

① **종류** : 풀리의 나비보다 약간 작은 일반형인 것[그림 (a)], 일반형의 보스에 기 름 구멍이 있는 것 [그림 (b)], 보스가 밖으로 나간 것[그림 (c)], 보스의 구명 내 부에 기름 홈을 만든 것[그림 (d)] 등이 있다.

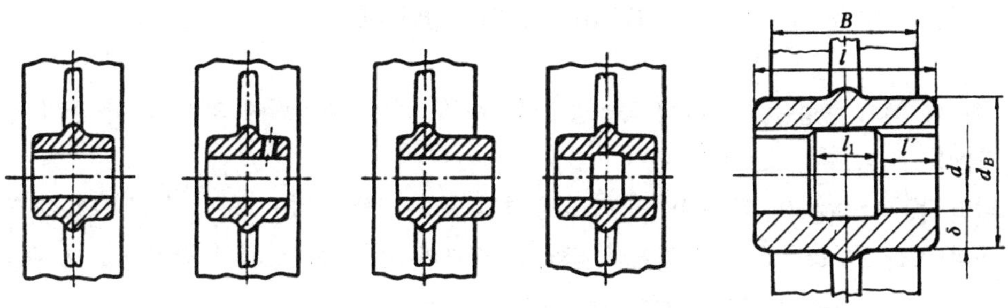

$d_B=(1.7\sim2)d$, $l'=(0.4\sim0.5)d$, $l=(1.2\ 1.5)d\sim B$

(a) (b) (c) (d) (e)

그림 10－13. 보스의 종류

② **각부 치수**

그림 10－13에서와 같이 축 구멍의 지름(d) 일 때, 보스의 바깥 지름(d_B)은

$$d_B=\frac{5}{2}d+10(\text{mm}) \qquad (10-30)$$

로 구하고, $\delta=d_s-d$ 일 때, 보스의 살 두께(δ)는

$$\delta=\frac{d}{3}+5\,(\text{mm})=0.4d+10(\text{mm}) \qquad (10-31)$$

로 구하며, 보스의 길이(l)와 보스가 긴 경우에 중앙부의 여유 길이(l_1)는

$$l=B\,[B=(1.2\sim1.5)d\text{일 때}] \\ =0.7B\,[B>1.5d\text{일 때}] \qquad (10-32)$$

$$l_1=(0.4\sim0.5)d \qquad (10-33)$$

로 구하며, l 이 길 때에는 구멍의 중간에 1/2 정도 의나비에 빈 곳을 만든다(그림 10－14 참조).

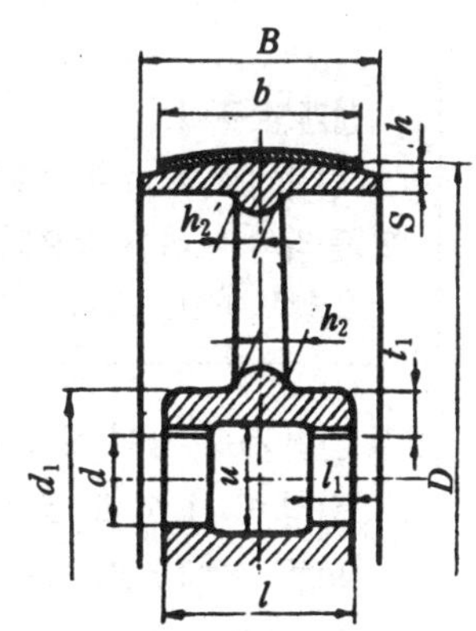

그림 10－14. 풀리 각부 치수

(3) 암(arm)

① **종류** : 직선 암, 곡선 암, S자 암, 2열 암이 있다(그림 10－15).

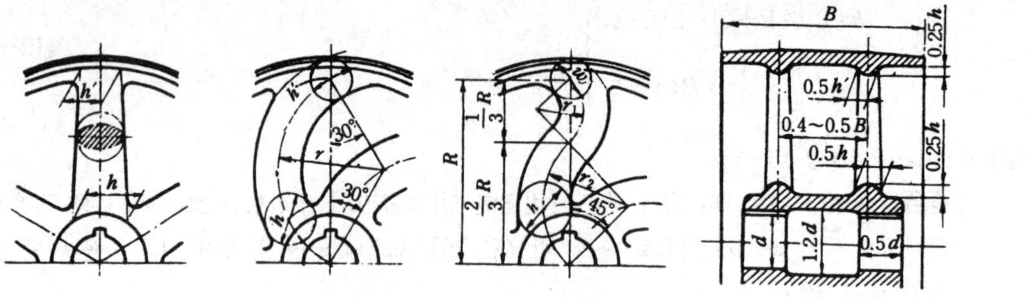

(a) 직선형 (b) 곡선형 (c) S자형 (d) 2열형

그림 10－15. 암 모양의 종류

암은 주조할 때의 변형을 고려하여 곡선형으로 하기도 하나, 원심력에 의한 휨 작 용의 영향이 크므로 최근에는 주로 직선형으로 한다.

② **암의 단면** : 그림 10－15 (a)와 같이 타원형이 공기 저항이 적어 많이 사용되 며 긴 쪽과 짧은 쪽의 비는 2 : 1~1.5 : 1로 잡는다. 그리고 림과의 접속부에서 암의 긴지름을 h_1라고 할 때, $h_1 : h_1' = 5 : 4$의 크기를 갖도록 테이퍼를 붙인다.

③ **암의 수** : 표 10－14와 같이 벨트 풀리의 지름에 따라 정하되, 일반적으로 다음의 경험식에 의하여 암의 수(n)를 구한다.

$$\left.\begin{aligned} n &= \left(\frac{1}{3} \sim \frac{1}{6}\right)\sqrt{D} \\ &= \frac{D}{300} + 2 \\ &= \sqrt{0.023D} \end{aligned}\right\} \qquad (10-34)$$

표 10－14. 평 벨트 풀리 암의 수(n)

풀리의 지름(mm)	n
180 이하	평판형
180~500	4
500~1500	6
1500~2400	8

위 식에서 D는 풀리의 지름을 mm로 나타낸 것이다.

＊ 설계상 주의

① 일반적으로 암의 수는 n=3~8의 범위 내에 있다.

② 풀리의 나비가 작으면 암은 1줄로 하나, $B > 0.1D + 250$ mm 또는 $B > 400$mm 이상으로 되면 2줄로 한다. 그리고 줄 사이의 거리는 (0.4~0.5) B로 한다.

④ **단면 계수**(암의 보스 쪽) : 암의 강도는 그림 10－16과 같이 회전력 F에 대한 굽힘 모멘트와 원심력 이 외에 벨트의 장력에 의한 압축력을 받으나 그 크기를 결정하기 위하여는 회전력에 의한 모멘트를 암의 수의 1/3개로 지지하는 것으로 생각하여 암을 보스에 고정한 외팔보(cantilever)로 보고 다음과 같이 구한다.

암 1개에 걸리는 하중은 그림 10－16과 같이 $F = 3P/n$ 이다. 그리고 암의 짧 은 지름이 그대로 중립축 N이 되므로 $h_2 = 0.5h_1$ 이라 할 때, 암(타원의 경우)의 보스 뿌리 쪽 **단면 계수**(Z)는 다음과 같이 된다.

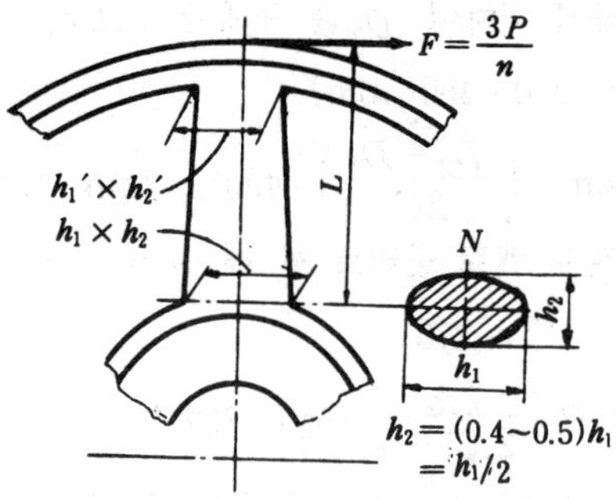

그림 10－16. 암의 굽힘 강도

$$Z=\frac{\pi\times(\text{긴지름})^2\times(\text{짧은 지름})}{32} = \frac{\pi h_1{}^2 h_2}{32} = \frac{\pi h_1{}^2\times 0.5h_1}{32} = \frac{\pi h_1{}^3}{64} \qquad (10-35)$$

⑤ 굽힘 모멘트 : 1개의 암에 작용하는 굽힘 모멘트(M)는 다음과 같다.

P : 유효 전달력(N), h_1 : 암 단면의 긴 지름(mm)

h_2 : 암 단면의 짧은 지름(mm), L : 암의 보스 쪽 뿌리부에서 림 면까지의 거리(mm)

σ_b : 허용 굽힘 응력(N/mm²)[주철 : σ_b=15∼30(N/mm²)]일 때

$$M=PL=\frac{n}{3}\sigma_b Z=\frac{n}{3}\sigma_b\frac{\pi}{64}h_1{}^3 \qquad (10-36)$$

⑥ 암 단면 긴 지름(h_1)과 짧은 지름(h_2) : 기어의 암 1개에 걸리는 하중 $3P/n$ 와 $M=\sigma_b Z$ 에서 $\frac{3PL}{n}=\sigma_b\frac{\pi h_1{}^3}{64}$ 의 관계이므로, 다음과 같이 된다.

$$h_1=\sqrt[3]{\frac{192PL}{\pi n\sigma_b}}, \quad h_2=h_1/2=(0.3\sim 0.5)h_1 \qquad (10-37)$$

> **＊ 설계상 주의**
> 벨트의 원심력에 의한 영향을 고려하여 허용 굽힘 응력을 작게 하는데 주철의 경우 $\sigma_b=10\,\text{N/mm}^2$ 으로 한다.

예제 10－8 400rpm, 2.5kW를 전달하는 평 벨트 풀리의 지름 230mm, i =1/2일 때, 전동 장치를 설계하여라. 단, C=3.6m이다.

Solution [1] 벨트의 치수

$$v=\frac{\pi D_1 N_1}{60\times1000}=\frac{\pi\times230\times400}{60\times1000}=4.82(\text{m/s})$$

$$P=\frac{1000H}{v}=\frac{1000\times2.5}{4.82}=519(\text{N})$$

접촉각(θ)을 구하기 위하여 D_2를 구해야 되므로, $i=D_1/D_2=1/2$에서

$$D_2=2D_1=2\times 230=460(\text{mm})$$

$$\theta=180° -2\sin^{-1}\left(\frac{D_2-D_1}{2C}\right)=180° -2\sin^{-1}\left(\frac{460-230}{2\times 3600}\right)=176(°)$$

μ는 가죽과 강철제 벨트 풀리로 할 때, $\mu=0.3$으로 가정(표 10-5)하면

$$e^{\mu\theta}=e^{0.3\times 176\times \pi/180}=2.51$$

$$T_1=\frac{e^{\mu\theta}}{e^{\mu\theta}-1}P=\frac{2.51}{2.51-1}\times 519=862(\text{N})$$

$\sigma_a=2.5\text{N/mm}^2$(표 10-8), $\eta=80\%$(표 10-9)일 때 벨트의 단면적(A)은

$$A=bt=\frac{T_1}{\sigma_a\eta}=\frac{862}{2.5\times 0.8}=430(\text{mm}^2)$$

1겹 벨트를 사용할 때, 표 10-11에서 $bt=102\times 5=510\text{mm}^2$이 가장 가 까운 값 이므로, $b=102$mm, $t=5$mm로 결정한다.

벨트의 길이(L)는

$$L=2C+\frac{\pi}{2}(D_1+D_2)+\frac{(D_2-D_1)^2}{4C}$$

$$=2\times 3600+\frac{\pi}{2}(230+460)+\frac{(460-230)^2}{4\times 3600}=8288(\text{mm})$$

$$T_0=T_1\left(1-\frac{e^{\mu\theta}-1}{2e^{\mu\theta}}\right)=862\times\left(1-\frac{2.51-1}{2\times 2.51}\right)\fallingdotseq 603(\text{N})$$

다음에 벨트의 굽힘 응력을 고려하여 벨트에 작용하는 최대 응력을 검토하여 보면, 신제품 벨트의 탄성 계수 $E=150\text{N/mm}^2$, $K_1=0.7$(표 10-10에서) 이므로, 허용 인장 응력(σ_t)은 다음과 같이 된다.

$$\sigma_t=\frac{T_1}{bt}+K_1E\frac{t}{D_1}=\frac{862}{510}+0.7\times 150\times\frac{5}{230}=3.97(\text{MPa})$$

[2] 벨트 풀리의 치수

(1) 원동 풀리

① 림의 나비 : $B=1.1b+10=1.1\times 102+10=122(\text{mm})$

표 10-13에서 $B=125$mm, 크라운 $h=1$mm로 결정한다.

② 림의 두께 : $S=\frac{D_1}{300}+2=\frac{230}{300}+2\fallingdotseq 3(\text{mm})$

③ 축의 지름 : 축은 연강일 때 $\tau_a\fallingdotseq 21$MPa으로 취하면

$$d=K\sqrt[3]{\frac{H}{N_1}}=133\sqrt[3]{\frac{2.5}{400}}\fallingdotseq 25(\text{mm})\rightarrow \therefore\ d=28(\text{mm})$$

④ 보스의 치수

a. 길이 $l=0.7B=0.7\times 125=87.5(\text{mm})\fallingdotseq 90(\text{mm})$

b. 여유 $l_1=0.5d=0.5\times 28=14(\text{mm})$

c. 지름 $d_B=\frac{5}{3}d+10=\frac{5\times 28}{3}+10=56.7\fallingdotseq 60(\text{mm})$

⑤ 암의 치수

a. 개수 $n=4$ (표 10－15에서)

b. 암의 보스 쪽 뿌리부에서 림 면까지의 거리(L_0)

$$L_0=\frac{D_1-d_b}{2}=\frac{230-60}{2}=85(\text{mm})$$

c. 암 단면의 긴 지름 (h_1)과 짧은 지름(h_2) : $\sigma_b=20\text{MPa}$로 취하면

$$h_1=\sqrt[3]{\frac{192PL_0}{\pi n\sigma_b}}=\sqrt[3]{\frac{192\times519\times85}{\pi\times4\times20}}=32.5\fallingdotseq34(\text{mm})$$

$$h_2=\frac{h_1}{2}=\frac{34}{2}=17(\text{mm})$$

⑥ 림과 접촉부 암의 긴 지름(h_1')과 짧은 지름 (h_2')

$$h_1'=\frac{4}{5}h_1=\frac{4}{5}\times34=27.2\fallingdotseq28(\text{mm})$$

$$h_2'=h_1'/2=28/2=14(\text{mm})$$

(2) 종동 풀리

① 림의 나비 : $B=125\text{mm}$, 크라운 : $h=1.5\text{mm}$(원동 풀리와 동일)

② 림의 두께 : $S=\frac{D_2}{300}+2=\frac{460}{300}+2=3.5\fallingdotseq4(\text{mm})$

③ 축의 지름 : 기어의 회전수(N_2)를 구한 후 계산한다.

$$N_2=iN=\frac{1}{2}\times400=200(\text{rpm})$$

$$\therefore d=K\sqrt[3]{\frac{H}{N_2}}=133\times\sqrt[3]{\frac{2.5}{200}}\fallingdotseq31 \qquad \therefore d=35(\text{mm})$$

④ 보스의 치수

a. 길이 : $l\fallingdotseq90(\text{mm})$

b. 여유 : $l_1=14(\text{mm})$ (원동 풀리와 동일)

c. 지름 : $d_B=\frac{5}{3}d+10=\frac{5\times35}{3}+10=68.3\fallingdotseq70(\text{mm})$

⑤ 암의 치수

a. 개수 : 4개 (표 10－15에서)

b. 보스와의 접촉부의 암의 단면 치수

$$L_0=\frac{D_2-d_B}{2}=\frac{460-70}{2}=195(\text{mm})$$

c. 암 단면의 긴 지름(h_1')과 짧은 지름 (h_2')은

$$h_1=\sqrt[3]{\frac{192PL_0}{\pi n\sigma_b}}=\sqrt[3]{\frac{192\times519\times195}{\pi\times4\times20}}\fallingdotseq44(\text{mm})$$

$$h_2=\frac{44}{2}=22(\text{mm})$$

⑥ 림과 접촉부 암의 긴 지름(h_1')과 짧은 지름(h_2')은

$$h_1'=\frac{4}{5}h_1=\frac{4}{5}\times44=35.2\fallingdotseq36(\text{mm})$$

$$h_2'=h_1'/2=36/2=18(\text{mm})$$

이상을 정리하여 도시하면, 치수와 도면은 표 10-15, 그림 10-17과 같다.

표 10-15. 풀리의 치수

(단위 : mm)

구분			원동 풀리	종동 풀리	구분			원동 풀리	종동 풀리	구분			원동 풀리	종동 풀리
림	나비	B	122	125	보스	길이	l	90	90	암	개수	n	4	4
	크라운	r	1.5	1.5		여유	l_1	14	14		긴지름	h	34	44
	두께	S	3	4		지름	d_B	60	70		짧은 지름	h'	28	22

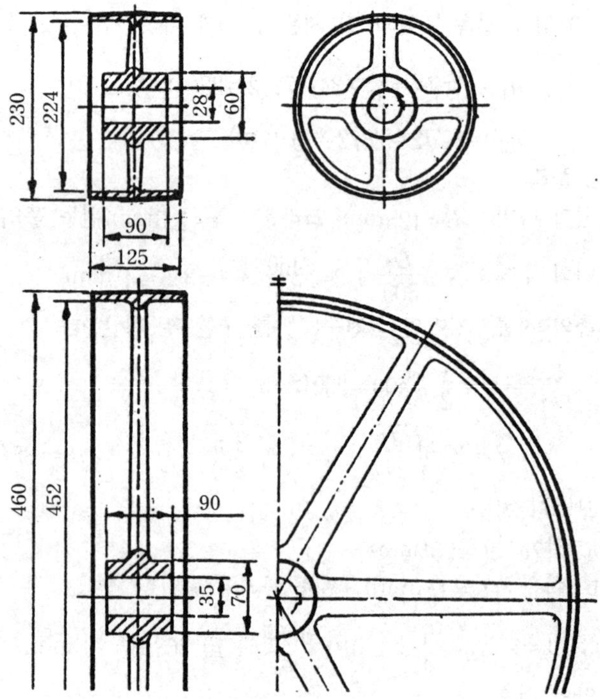

그림 10-17. 평 벨트 풀리의 치수

제10장 연습문제

•논문형

1. 간접 전동 장치의 특성을 설명하여라.
2. 감아걸기 전동의 종류와 적용 범위를 설명하여라.
3. 평 벨트 장치에서 긴장차와 안내차의 차이를 설명하여라.
4. 평 벨트의 길이와 접촉각을 구하는 공식을 설명하여라.
5. 아이텔바인(Eytelwein)의 공식을 유도하고, 설명하여라.
6. 평 벨트에서 긴장측 장력을 구하는 공식을 설명하여라.
7. 평 벨트 전동에서 원심력과 장력비를 설명하여라.
8. 평 벨트의 최대 전달 마력과 속도와의 관계를 설명하여라.

•계산형

10-1. 20m/s의 속도로 운전되는 평 벨트에서 원심력에 의한 벨트의 부가 장력 200N일 때, 벨트의 길이 1cm에 대한 무게를 구하여라.

10-2. 3600rpm으로 회전하는 평 벨트 풀리의 지름 $D_1=100$mm일 때, 부가 장력을 구하 여라. 단, 벨트의 단면적 280mm^{2}이다.

10-3. 600rpm, 4PS을 전달하는 벨트 장치에서 풀리의 지름 $D_1=400$mm, $D_2=600$mm 일 때, 다음을 구하여라. 단, 축간 거리 2.5m, 벨트의 치수 $b \times t = 60 \times 3$mm, $\mu = 0.3$이다.

(1) 유효 장력(P) (2) 장력비($e^{\mu\theta}$) (3) 긴장측과 이완측의 장력(T_1, T_2)

10-4. 10PS, 1200rpm인 평 벨트 장치에서 풀리의 지름 300mm, 종동차의 회전수 400rpm일 때, 다음을 구하여라. 단, 축간 거리 5m, $\mu=0.2$, 원심력은 무시한다. : (단 $\theta= 173044'$)

(1) 종동 풀리의 지름(D_2) (2) 벨트의 속도(v)

(3) 원심력을 무시한 긴장측 장력(T_1) : (단, $\theta=173°44'$)

10-5. 300rpm, 7.5PS을 전달하는 플랜저 펌프의 풀리, 지름 450mm일 때, 벨트에 생 기는 긴장측 장력을 구하여라. 단, $\theta = 180°$, $\mu = 0.3$이다.

10-6. $v = 12$m/s, 20PS을 전달하는 평 벨트 전동 장치에서 다음을 구하여라. 단, 벨트 1m당 무게 2.7N/m, $\theta=150°$, $\mu=0.3$이다.

(1) 유효 장력(P) (2) 긴장측 장력(T_1)

(3) 이완측 장력(T_2) (4) 초기(최초) 장력(T_0)

10-7. 600rpm, 5kW를 전달하는 평 벨트 장치에서 풀리의 지름 $D_1=200$mm, $D_2=400$mm일 때, 최대 장력을 평행 걸기와 십자 걸기로 나누어 구하여라. 단, 축간 거리 1m, $\mu=0.25$, 원심력은 무시한다.

10-8. 15kW, 1500rpm인 평 벨트 전동 장치에서 원동차 지름 300mm, 종동차 회전수 300rpm일 때, 다음을 구하여라. 단, 축간 거리 2.1m, $w = 0.2$ N/m이다.

(1) 원심력에 의한 부가 하중(wv^2/g) (2) 유효 장력(P)

(3) 장력비($e^{\mu\theta}$) : (단, $\mu=0.25$) (4) 긴장측과 이완측의 장력(T_1, T_2)

10-9. 1225rpm, 7.5kW를 전달하는 평 벨트의 종동축에 350rpm을 전달할 때, 벨트의 나비를 구하여라. 단, 모터 풀리의 지름 300mm, 축간 거리 2.5m, 허용 인장 응력 3MPa, t=4mm, η =80%, μ=0.3이다.

10-10. 5PS, 3600rpm을 전달하는 평 벨트 풀리의 지름 D_1=100mm, θ=135°일 때, 다음을 구하여라. 단, 벨트 인장 응력 20MPa, S=12, η =80%, μ=0.25이다.

(1) 벨트의 장력 증가분(wv^2/g) (2) 벨트의 허용 응력(σ_a)

(3) 유효 장력(P) (4) 장력비($e^{\mu\theta}$) (5) 벨트의 단면적(A)

(6) 벨트의 나비(b)

10-11. 평 벨트 풀리의 지름 600mm, 유효 장력 1.2kN일 때, 다음을 구하여라.
단, $b \times t = 100 \times 6$mm, E=100GPa, 보정 계수 K=0.5, $e^{\mu\theta} = 2.5$, η =80%이다.

(1) 벨트의 허용 응력(σ_a) (2) 벨트의 굽힘 응력(σ_b)

(3) 벨트의 최대 인장 응력(σ_t)

10-12. v = 26m/s인 평 벨트의 긴장측 장력 360N일 때, 전달 동력(PS)을 구하여라. 단, θ =170°, 벨트 1m당 무게 2.8N/m, μ=0.2이다.

10-13. v = 9.8m/s로 운전되는 평 벨트 전동 장치에서 다음을 구하여라. 단, θ =150°, μ=0.4이다.

(1) 유효 장력 300N일 때의 전달 동력(PS)

(2) 벨트 1m 당 무게 4N/m일 때의 전달 동력(PS) : (단, $v = 30m/s$ 일 때)

10-14. 1200rpm으로 운전되는 평 벨트 풀리의 지름 D_1=250mm, 벨트의 치수 $b \times t = 140 \times 5$mm일 때, 다음을 구하여라. 단, 허용 응력 2.5MPa, θ=180°, $e^{\mu\theta} = 2.13$, $w = 0.0098bt$(N/m), η = 80%이다.

(1) 부가 장력(wv^2/g) (2) 긴장측 장력(T_1)

(3) 베어링 유효 장력(P) (4) 전달 동력(PS)

Answer

10-1. 4.9N/m **10-2.** 101N **10-3.** (1) 234N (2) 2.5 (3) T_1=417N, T_2=183N
10-4. (1) 90cm (2) 18.8m/s (3) 862N **10-5.** 1292N **10-6.** (1) 1225N (2) 2254N (3) 1069N (4) 593N **10-7.** (1) 1526N (2) 1307N
10-8. (1) 11.8N (2) 625N (3) 1.897 (4) T_1=1334N, T_2=709N **10-9.** 71mm
10-10. (1) 0.36A (2) 1.67MPa (3) 193.4N (4) 1.8 (5) 351mm^2 (6) 95mm
10-11. (1) 4.2MPa (2) 0.5MPa (3) 4.7MPa **10-12.** 2.6PS
10-13. (1) 1.8PS (2) 1.15PS **10-14.** (1) 172.5N (2) 1400N (3) 651N (4) 14PS

제 11 장 V 벨트(V belt)

V 벨트는 사다리 모양의 단면을 가지고 있으며, 이음매가 없는 벨트로 V형 홈이 파져 있는 V 풀리(V-pulley)에 밀착시켜 쐐기 작용에 의하여 마찰력을 증대시키도록 되어 있다(그림 11-1).

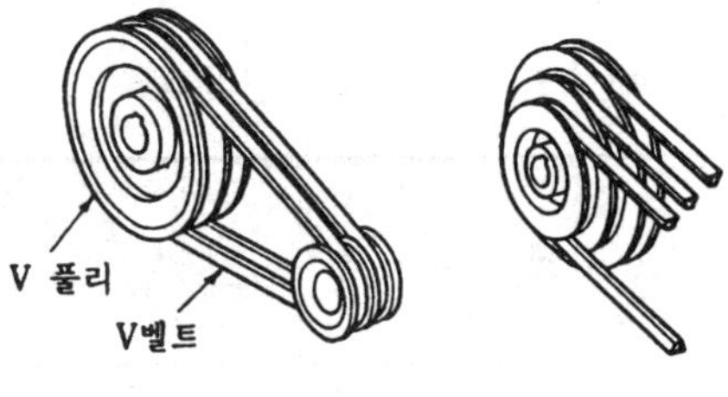

(a) (b) 단불이 풀리

그림 11-1. V벨트와 풀리

11-1 일반 사항

1. V 벨트

(1) 특 성

① 평 벨트보다 유익한 점

a. 마찰력과 고무의 굴곡성이 크며, 미끄럼이 적다.

b. 협소한 장소에도 설치 가능하고, 이음매가 없어서 운전이 정숙하다.

c. 충격의 완화 작용으로 소음을 방지할 수 있다.

d. 홈의 양면에 밀착되므로, 마찰력이 평 벨트보다 크다.

e. 속도비가 1 : 7 정도가 보통이나 1 : 10 정도로 가능하다.

f. 원주 속도는 10~15m/s가 보통이나 25m/s 정도도 가능하다.

g. 미끄럼과 장력이 적으므로, 베어링의 부담 하중도 적다.

h. 비교적 지름이 작은 홈 차에 사용할 수 있고, 접촉각 120°정도까지 사용된다.

i. 벨트가 벗겨질 염려가 없으며, 두 축 사이의 거리가 단축된다.

j. 비교적 작은 인장력으로 평 벨트보다 큰 회전력을 전달할 수 있다.

k. 전동 효율은 96~99% 정도이다.

② 결 점

a. 벨트의 길이를 조절할 수 없다.

b. 동일한 방향의 회전일 때에만 사용 가능하다.

c. 베어링의 위치를 이동할 때에는 설비가 필요하다.

d. V 벨트가 바깥쪽 홈 풀리의 바깥 둘레 면과 일치하게 해야 한다.

e. V 벨트가 안쪽 홈 풀리의 밑바닥 면에 접촉하지 않게 해야 한다.

(2) 종 류

① **용도에 따라** : 일반 산업용, 자동차용, 농기구용으로 분류된다.

② **단면에 따라** : 표준 V 벨트와 가는 나비 V 벨트가 있다.

③ **크기에 따라** : M, A, B, C, D, E형의 6종류(KS M 6535에 규정 : 표 11－1) 가 있으며, 동력 전달용으로 M형을 제외한 5종류의 것이 주로 사용된다.

표 11－1. V 벨트의 표준 치수와 강도(KS M 6535)

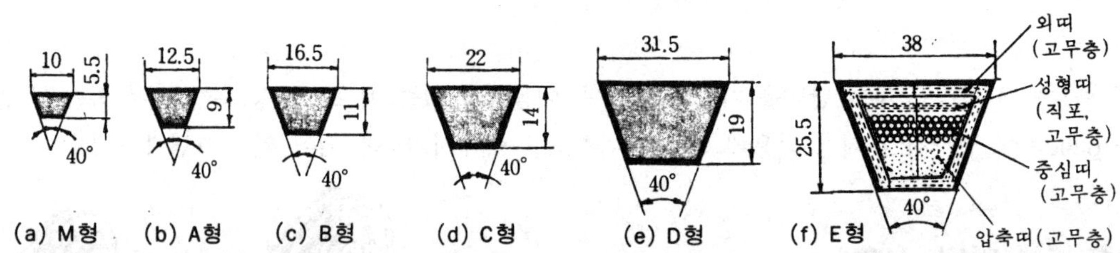

단면	형	a mm	b mm	단면적 A mm^2	$\theta°$	인장강도 σ_t kN/본	중량 w N/본	허용장력 T_1 N	허용인장응력 N/mm²	피치원 지름 D_1 mm
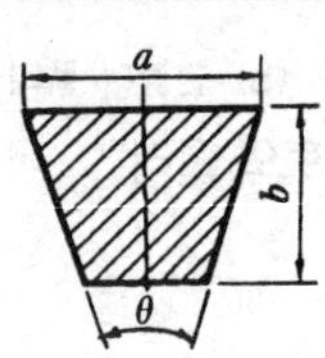	M	10.0	5.5	44.0	40	1.17이상	0.52	100	2.25	50
	A	12.5	9.0	83.0	40	2.45 〃	0.97	180	2.16	65
	B	16.5	11.0	137.5	40	3.53 〃	1.62	300	2.16	120
	C	22.0	14.0	236.7	40	5.88 〃	2.74	500	20.6	180
	D	31.5	19.0	467.1	40	9.80 〃	5.49	1000	20.6	300
	E	38.0	25.0	732.3	40	14.7 〃	8.60	1500	19.6	480

(3) 단면 구조

단면 구조는 (4)항의 재료를 사용하여 다음과 같은 단면 구조로 한다(그림 11－2).

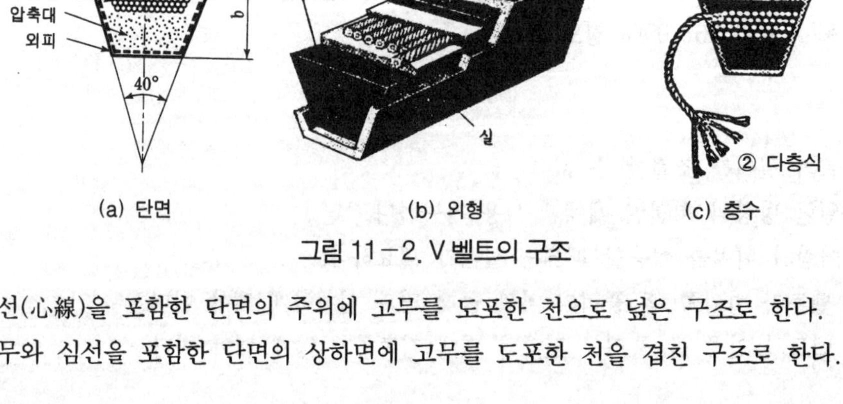

그림 11－2. V 벨트의 구조

① 심선(心線)을 포함한 단면의 주위에 고무를 도포한 천으로 덮은 구조로 한다.

② 고무와 심선을 포함한 단면의 상하면에 고무를 도포한 천을 겹친 구조로 한다.

③ 실(糸)은 항장체(抗張體)로서 동력 전달의 주체가 되는 부분이고, 벨트의 늘음을 적게 하며, 강도는 이음 부분에서 유지되며, 단층식과 다층식이 있다[그림 (c)].

a. **단층식** : 축간 거리가 짧은 기계, 고속 운전, 충격이 적은 연속 운전 등 비교적 작은 벨트 풀리용으로 사용된다.

b. **다층식** : 동력이 큰 기계, 충격이 많은 기계 등에 적합하다.

(4) 재 료

V 벨트 재료는 KS M 6535(일반용 V 고무 벨트)에 다음과 같이 규정하고 있다.

① **고무** : 고무는 V벨트의 사용 목적에 적합하게 배합한 것으로 사용한다.

② **천** : 면, 합성 섬유 기타 사용 목적에 적합한 것을 사용한다.

③ **심선** : 합성 섬유 기타 사용 목적에 적합한 것을 사용한다.

(5) 호칭 번호와 길이

① **호칭 번호** : V 벨트 풀리의 피치원을 지나는 길이를 유효 둘레라 하고, 유효 둘레를 인치(inch)로 나타낸 숫자를 말한다.

② **길이** : M형은 바깥 둘레로 표시하고, A~E형은 벨트의 유효 둘레(호칭 번호 × 25.4mm)로 표시한다.

(6) 용 도

연속적으로 정확한 변속을 행할 때 또는 기계를 정지시키거나, 운전 중에 변속을 행하는 무단 변속 장치에 주로 사용된다.

(7) 사용 예

그림 11-3은 중간차의 이동에 따른 전동기 측과 운전 기계 측 사이의 거리 변화(축간거리 l_1, l_2의 중감)에 따라 속도의 변화 상태를 나타낸 것으로, V 벨트에 대한 사용 예이다.

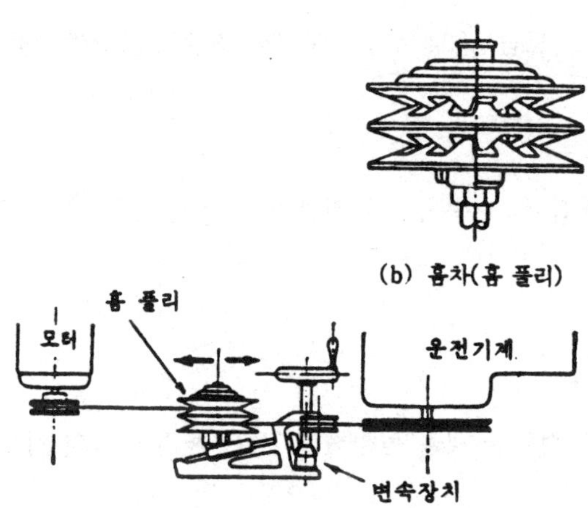

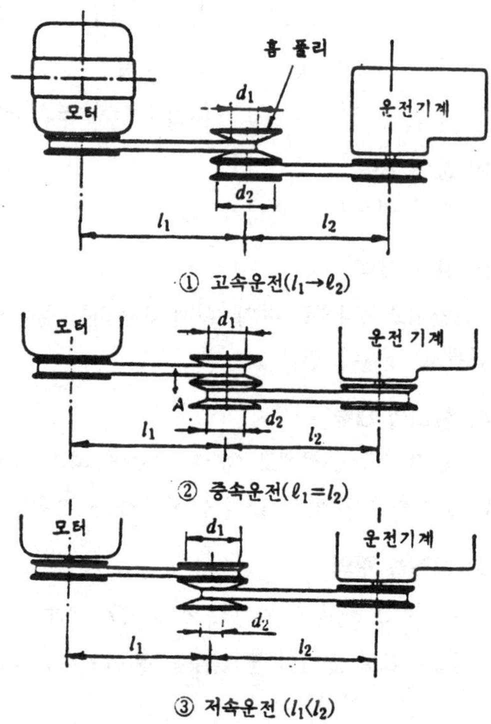

(a) 무단 변속장치 (b) 사용예 ($l_n < l_2$)

그림 11-3. V 벨트의 사용 예

(8) 설계상 주의

① 풀리는 같은 방향 회전에만 이용되고, 그 길이를 조정할 수 없으므로 축의 위치가 약간 움직일 수 있도록 되어 있어서 적당한 장력을 줄 수 있는 구조로 하여야 한다.

② V 벨트를 홈에 끼울 때 벨트 바깥쪽이 홈 바깥 둘레면과 일치하게 설치한다.

③ V 벨트의 안쪽이 홈 바퀴의 밑바닥 면에 접촉하지 않게 한다.

2. V 벨트 풀리

KS B 1400에는 KS M 6535를 사용하는 주철제 V 벨트 풀리에 대하여 규정되어 있다. V 벨트 홈 바퀴를 V 벨트 풀리(pulley) 또는 시브(sheave)라고 한다.

(1) 종 류

보스의 위치에 따라 I ~ V형으로 구분된다(그림 11－4).

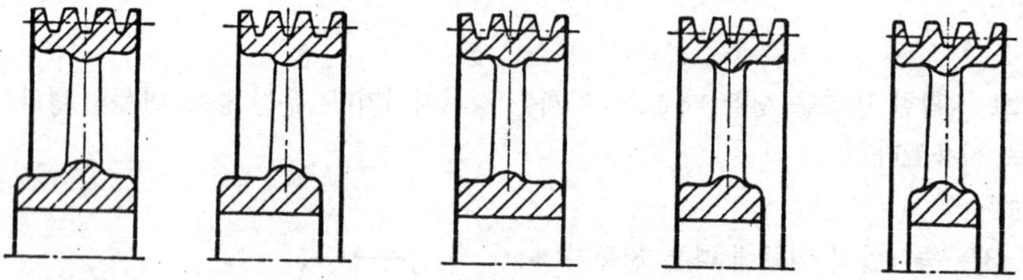

(a) I형 (b) II형 (c) III형 (d) IV형 (E) V형

그림 11－4. 보스 위치에 의한 V 벨트 풀리의 모양

(2) 홈의 개수

A형에 대응하는 풀리의 홈 개수는 1~3개, B형은 1~5개, C형은 3~6개로 한다.

(3) 홈의 각도

일반적으로 40°로 하며, 이에 대응하는 풀리의 홈 각도는 V 벨트의 각도보다 작은 34°, 36°, 38° 등 3종류로 나뉘어 진다.

(4) 풀리의 재료

일반적으로 주철제로 하고, 경우에 따라 강판, 경합금, 고속에는 주강제가 사용된다. 그리고 풀리 A, B, C형은 강판제 풀리를 사용하는 경우도 있다.

(5) 설계상 주의

① 호칭 지름은 피치원 지름(D_1)으로 나타낸다.

② V벨트 풀리의 홈 각도는 풀리의 지름에 따라 적합한 것을 선정하고, 작은 풀리는 홈의 각도를 작게 한다.

③ 풀리의 홈 밑바닥은 V벨트가 박힐 때 6~10mm 정도의 틈이 생기도록 하고, 홈과 홈 사이의 거리는 V 벨트의 나비보다 3~6mm 정도 크게 한다.

④ V 벨트를 감을 때 벨트의 중심선을 통과하는 피치원은 굽힘을 고려하여 될수록 큰 쪽을 선택한다.

⑤ 풀리의 홈 각도는 V 벨트의 각도보다 작게 하고, V 벨트의 수명, 전동 효율에 영향을 미치므로 정밀 다듬질 한다.

⑥ 벨트의 내구력과 효율을 충분히 발휘하기 위하여 홈의 각도와 모양을 정확히 가공하여야 하고, 홈 표면은 아주 매끈하게 다듬질하여야 한다.

표 11－2. V 벨트 풀리 홈 부의 모양 및 치수(KS B 1400)

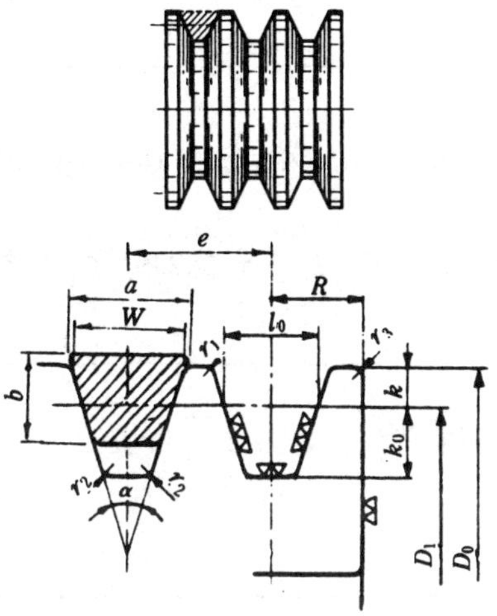

V 벨트 풀리의 종류

종류 \ 홈수	1	2	3	4	5	6
A	A 1	A 2	A 3	－	－	－
B	B 1	B 2	B 3	B 4	B 5	－
C	－	－	C 3	C 4	C 5	C 6

비고 (1) M형, D형, E형의 V 벨트를 사용한다.
(2) V 벨트 풀리에서 홈 수의 규정은 아니다.

(단위 : mm)

형별	호칭 지름(D_1)	$\alpha°$	l_0	k	k_0	e	f	r_1	r_2	r_3	b
M	50 이상 71 이하 71 초과 90 이하 90을 초과	34 36 38	8.0	2.7	6.3	([1])	9.5	0.2～0.5	0.5～1.0	1～2	5.5
A	71 이상 100 이하 100 초과 125 이하 125를 초과	34 36 38	9.2	4.5	8.0	15.0	10.0	0.2～0.5	0.5～1.0	1～2	9.0
B	125 이상 169 이하 169 초과 200 이하 200을 초과	34 36 38	12.5	5.5	9.5	19.0	12.5	0.2～0.5	0.5～1.0	1～2	11.0
C	200 이상 250 이하 250 초과 315 이하 315를 초과	34 36 38	16.9	7.0	12.0	25.5	17.0	0.2～0.5	1.0～1.6	2～3	14.0
D	355 이상 450 이하 450을 초과	36 38	24.6	9.5	15.5	37.0	24.0	0.2～0.5	1.6～2.0	3～4	19.0
E	500 이상 630 이하 630을 초과	36 38	28.7	12.7	19.3	44.5	29.0	0.2～0.5	1.6～2.0	4～5	25.5

비고 ([1]) M형은 원칙으로 1줄만 걸친다.

11-2 V 벨트의 설계

V 벨트 전동 장치를 설계할 때는 먼저 전달 동력에 따라 원동축과 종동축의 회전수 및 기계장치의 종류(부하의 성질)가 주어지면 이것에 적당한 장치를 설계한다.

1. 일반 계산식

(1) 속도 : 평 벨트 속도의 식 (10−1)을 그대로 사용한다.

$$v=\frac{\pi D_1 N_1}{60\times 1000}=0.0000524D_1N_1 \tag{11-1}$$

*** 설계상 주의**

① 일반적으로 원주 속도는 최대 25m/s까지 가능하나, 고속 운전도 가능하며, 내구력을 고려하여 10∼15m/s로 하는 것이 좋다.

② 피치원 지름(D_1)은 V 벨트 풀리의 최소 피치원 지름으로서 표 11−1에 찾으며, D_1은 속도, 접촉각, 벨트의 길이 등을 계산하는 데 이용된다.

(2) 속도비 : 평 벨트의 속도비(i) 식 (10−2)를 그대로 사용한다.

$$i=\frac{N_2}{N_1}=\frac{\omega_2}{\omega_1}=\frac{D_1}{D_2} \tag{11-2}$$

*** 설계상 주의**

① 일반적으로 1 : 7 정도까지가 적당하나, 특히 큰 속도비를 요구할 때에는 1 : 10 정도까지 가능하다. 특별한 경우 1 : 20 정도까지 할 때도 있다.

② 속도비가 클 때는 작은 풀리의 접촉각이 작아져서 이동 미끄럼을 일으키기 쉬우므로, 이 때는 중심 거리를 크게 하거나 초기 장력을 증가 시켜야하므로 $P_1-P_2\ \ /P_1+P_2\leq 0.6$일 때, 이동 미끄럼을 일으키지 않는다.

(3) 접촉각

V벨트는 바로 걸기로만 사용하므로, 평 벨트 접촉각(θ_1)의 식 (10−8)을 사용한다.

$$\left.\begin{aligned}\theta_1&=180°-2ø_1=180°-2\sin^{-1}\left(\frac{D_2-D_1}{2C}\right)\\&=\pi-\frac{D_2-D_1}{C}\,(\text{rad})\fallingdotseq 180°-57.3\frac{D_2-D_1}{C}\,(\text{deg})\end{aligned}\right\} \tag{11-3}$$

(4) 길이 : 평 벨트의 바로 걸기 식 (10−5)를 그대로 사용한다.

$$L=2C+\frac{\pi}{2}(D_1+D_2)+\frac{(D_2-D_1)^2}{4C} \tag{11-4}$$

위 식에 의하여 구한 길이는 표 11−3에서 약간 큰 값을 선정하여 결정한다.

표 11－3. V벨트의 길이

호칭 번호	유효 둘레(L_0)			
	A형	B형	C형	D형
80	2032	2032	2032	
81	2057	2057		
82	2083	2083	2083	
83	2108	2108		
84	2134	2134		
85	2159	2159	2032	
86	2184	2184		
87	2210	2210		
88	2235	2235	2235	
89	2261	2261		
90	2286	2286	2286	
91	2311	2311		
92	2337	2337	2337	
93	2362	2362		
94	2388	2388		
95	2413	2413	2413	
96	2438	2438		
97	2464	2464		
98	2489	2489	2489	
99	2515	2515		
100	2540	2540	2540	2540
102	2591	2591	2591	
105	2667	2667	2667	2667
108	2743	2743	2743	
110	2794	2794	2794	2794
112	2845	2845	2845	
115	2921	2921	2921	2921
118	2997	2997	2997	
120	3048	3048	3048	3048
122	3099	3099	3099	
125	3175	3175	3175	3175
128	3251	3251	3251	
130	3302	3302	3302	3302

호칭 번호	유효 둘레(L_0)				
	A형	B형	C형	D형	E형
132		3353	3429		
135	3429	3429	3353	3429	
138		3505	3505		
140	3556	3556	3556	3556	
142			3607		
145	3683	3683	3683	3683	
148			3759		
150	3810	3810	3810	3810	
155	3937	3937	3937	3937	
160	4064	4064	4064	4064	
165	4191	4191	4191	4191	
170	4318	4318	4318	4318	
175		4445	4445	4445	
180	4572	4572	4572	4572	4572
185		4699	4699	4699	
190		4826	4826	4826	
195		4953	4953		
200		5080	5080	5080	
205			5207		
210		5334	5334	5334	5334
215			5461		
220		5588	5588		
225			5715		
230			5842	5842	
240			6096	6096	6096
250			6350	6350	
260			6604	6604	
270			6858	6858	6858
280				7112	
300				7620	7620
310			7874		
330			8382	8382	

＊ 설계상 주의

① V 벨트의 길이는 V형 단면의 중앙부에서 측정한 유효 둘레의 길이 또는 유효 둘레 즉, 유효 원주 길이(유효 길이 : efflctive length)의 길이를 인치로 표시한 수치를 호칭 번호로 표시한다.

② 유효 둘레는 벨트의 높이 b일 때, "안둘레＋ πb＝바깥 둘레－ πb"로 표시한다.

(5) 축간 거리

V 벨트의 중심 거리라고도 하며, 축간 거리(C)는 다음의 근사식으로 구한다.

$$C=\frac{B+\sqrt{B^2-2(D_2-D_1)^2}}{4} \text{①} =K\left\{1-\frac{(D_2-D_1)^2}{8K^2}\right\} \text{②} \qquad (11-5)$$

단, 위 식에서 B와 K는 길이 L_0(표 11－3)일 때, 다음과 같이 구한다.

$$\left.\begin{aligned} B &= L - 1.57(D_1 + D_2) \\ K &= \frac{1}{2}\left[L_o - \frac{\pi}{2}(D_1 + D_2)\right] \end{aligned}\right\} \qquad (11-6)$$

그림 11－5는 속도비에 따른 축간 거리(C)를 개략적으로 나타낸 것이다.

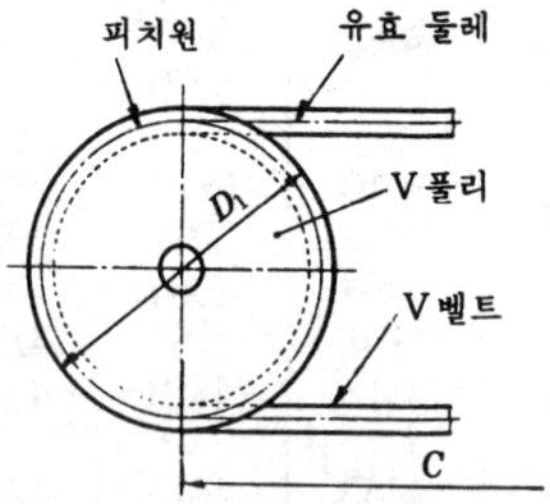

(a)

속도비	개략 축간 거리(C)
100～200	2×큰 풀리 지름(D)
200～300	1×큰 풀리 지름(D)
300 이상	1½×큰 풀리 지름(D)

(b)

그림 11－5. 축간 거리

예제 11－1 V벨트 전동 장치(바로 걸기)에서 $D_1=300$mm, $D_2=1150$mm, 축간 거리는 약 1500mm로 할 때, 다음을 구하여라.

(1) V 벨트의 길이(L)　　(2) 정확한 축간 거리 (C)

(3) 호칭 번호의 결정

Solution (1) V 벨트의 길이 : 식 (11－4)에서

$$L = 2C + \frac{\pi(D_2 + D_1)}{2} + \frac{(D_2 - D_1)^2}{4C}$$

$$= 2\times1500 + \frac{\pi}{2}\times(1150 + 300) + \frac{(1150 - 300)^2}{4\times1500} \doteqdot 5397\,(\text{mm})$$

(2) 정확한 축간 거리 : 식 (11－5) ①에서

$$C = \frac{B + \sqrt{B^2 - 2(D_2 - D_1)^2}}{4}$$

$$= \frac{3120.5 + \sqrt{3120.5^2 - 2(1150 - 300)^2}}{4} = 1500\,(\text{mm})$$

단, $B = L - 1.57(D_1 + D_2) = 5397 - 1.57(300 + 1150) = 3120.5$(mm)

또는 식 (11－6)에서 K를 구하면 $L \doteqdot 5397$mm보다 약간 큰 값 $L_0 = 5461$ (표 11－3에서)이므로

$$K = \frac{1}{2}\left[L_0 - \frac{\pi}{2}(D_1 + D_2)\right] = \frac{1}{2}\left[5461 - \frac{\pi}{2}(300 + 1150)\right] = 1592\,(\text{mm})$$

$$\therefore C = K\left[1 - \frac{(D_2 - D_1)^2}{8K^2}\right] = 1592\times\left[1 - \frac{(1150 - 300)^2}{8\times1592^2}\right] = 1535(\text{mm})$$

(3) 호칭 번호 : 위에서 V 벨트의 길이 $L=5397$mm 보다 약간 큰 값을 표 11－3에서 찾으면 $L_0=5461$mm이므로, 번호 215번으로 C형을 선택한다.

2. 강도 설계

(1) V 벨트의 장력

① V 벨트 장력과 풀리의 림(rim)에 작용하는 힘의 공식은 평 벨트의 경우와 같다.

② V 벨트의 장력비($e^{\mu'\theta}$), 유효 장력(P), 긴장측 및 이완측의 장력(T_1, T_2) 등 은 표 11-4와 같이 평 벨트의 식을 사용하되, $\mu \rightarrow \mu'$로 하여 사용한다.

표 11-4. V벨트의 장력과 마찰 계수 및 벨트의 중량

구분		원심력 고려	원심력 무시	식 번호
장력비		$e^{\mu'\theta}= T_1-\frac{wv^2}{g}/T_2-\frac{wv^2}{g}$	$e^{\mu'\theta}= T_1/T_2$	(11-7)
장력	유효	$P= T_1- T_2= T_1\left(1-\frac{wv^2}{T_1g}\right)\frac{e^{\mu'\theta}-1}{e^{\mu\theta}}$	$P= T_1- T_2= T_1\frac{e^{\mu'\theta}-1}{e^{\mu'\theta}}$	(11-8)
	긴장측	$T_1=\frac{e^{\mu'\theta}}{e^{\mu'\theta}-1}P+\frac{wv^2}{g}$	$T_1=\frac{e^{\mu'\theta}}{e^{\mu\theta}-1}P$	(11-9)
	이완측	$T_2=\frac{1}{e^{\mu'\theta}-1}P+\frac{wv^2}{g}$	$T_2=\frac{1}{e^{\mu'\theta}-1}P$	(11-10)

위 표 11-4에서 μ'(겉보기 마찰 계수)의 값은 표 11-5에서 찾는다.

표 11-5. V 벨트의 겉보기 마찰 계수(μ')

α \ μ	0.20	0.25	0.30	0.35	0.40	0.5
34	0.41	0.47	0.52	0.56	0.59	0.65
35	0.41	0.46	0.51	0.55	0.59	0.64
36	0.40	0.46	0.50	0.55	0.58	0.63
37	0.39	0.45	0.50	0.56	0.57	0.62
38	0.39	0.44	0.49	0.53	0.57	0.61
39	0.38	0.44	0.49	0.53	0.56	0.60
40	0.38	0.43	0.48	0.52	0.56	0.60

(2) 단위 길이당 무게

위 표에서 w는 V 벨트의 단위 길이당 무게(N/m)로서 다음과 같이 구한다.

$$w=\frac{A(\text{단면적: cm}^2)\times 100(\text{cm})\times 12(\text{비중:N/cm}^3)}{1000} \qquad (11-11)$$

위 식에서 단면적 A는 표 11-1에서 단위 mm^2을 cm^2으로 바꾸어 계산한다. 그리고 V 벨트의 비중은 12(N/cm^3)이다.

(3) 겉보기 마찰계수

그림 11−6에서 V 벨트를 풀리의 홈에 힘 P로 밀어 붙일 때, 측면에 수직으로 반력 R가 생겨서 이 힘이 마찰력 μR의 저항력으로 된다. 이 때에 반지름 방향의 힘에 대한 균형을 생각하면, $P=2R\sin\frac{\alpha}{2}$ 에서

$$R=\frac{P}{2\sin(\alpha/2)} \tag{11-12}$$

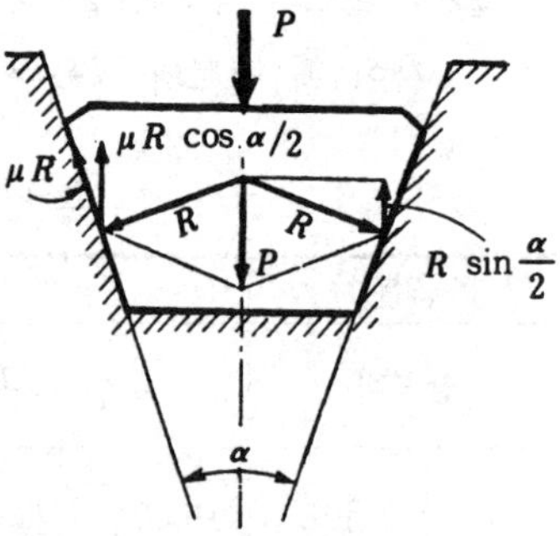

그림 11−6. V 벨트의 힘

로 되고, 벨트가 홈 풀리를 회전시킬 때의 회전력(P)은 접선 방향의 마찰력이므로

$$\left.\begin{aligned} P&=2R\sin\frac{\alpha}{2}+2\mu R\cos\frac{\alpha}{2} \\ &=2\left(R\sin\frac{\alpha}{2}+\mu R\cos\frac{\alpha}{2}\right) \end{aligned}\right\} \tag{11-13}$$

$$\therefore R=\frac{P}{2\left(\sin\frac{\alpha}{2}+\mu\cos\frac{\alpha}{2}\right)} \tag{11-14}$$

로 된다. 위 식에서 μ는 V 벨트와 풀리의 홈 면 사이에 대한 마찰 계수이다. 그리고 V 홈에 수직한 힘 R에 의하여 양 측면의 회전력(마찰력 또는 접선력)은 $2\mu R$ 이므로, 벨트를 누르는 힘 P에 관한 식으로 변환하면

$$F=2\mu R=\frac{\mu P}{\sin\frac{\alpha}{2}+\mu\cos\frac{\alpha}{2}}=\mu' P \tag{11-15}$$

로 되고, 여기에서 μ'는 다음과 같이 나타낸다.

$$\mu'=\frac{\mu}{\sin\frac{\alpha}{2}+\mu\cos\frac{\alpha}{2}} \tag{11-16}$$

위 식에서 μ'를 **겉보기 마찰 계수**(apparent coefficient friction) 또는 유효 마찰계수(effective coefficient of friction), 등가 마찰 계수, 상당 마찰 계수, 환산 마찰계수, 외관 마찰 계수 등으로 불린다.

> *** 설계상 주의**
> $\mu' > \mu$ 이므로, V 벨트 쪽이 훨씬 큰 회전을 얻게 된다.

(4) V 벨트의 선정

표 11−6은 전달 동력과 속도에 따라 V 벨트의 형을 선정하는 기준이 된다. 이 표에서 우선 전달 동력 (PS, kW)과 속도(v)가 결정되면 형식 중에서 큰 것을 선택한다.

그림 11−7은 전달 동력(PS 또는 kW)과 원동 풀리의 회전수(N_1)가 정해졌을 때, V 벨트의 형을 선정하는 선도이다.

표 11-6. V 벨트의 선택 기준

전달 동력		속도(m/s)		
kW	PS	10 이하	10~17	17 이상
1.5 이하	2 이하	A	A	A
1.5~4	2~5	B	B	A 또는 B
4~8	5~10	B 또는 C	B	B
8~20	10~25	C	B 또는 C	B 또는 C
20~35	25~50	C 또는 D	C	C
35~75	50~100	D	C 또는 D	C 또는 D
75~110	100~150	E	D	D
110 이상	150 이상	E	E	E

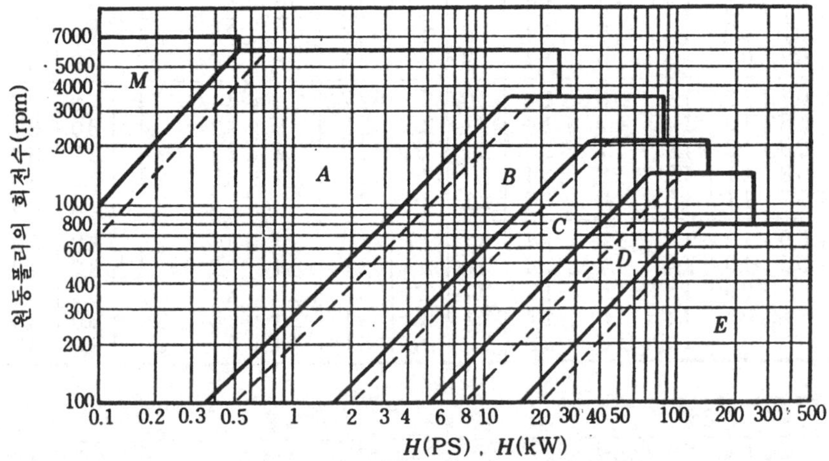

※ 그림 중 점선은 H(PS), 실선은 H(kW)

그림 11-7. V 벨트의 형 선정(KS M 6535 참고 그림 1)

(5) V 벨트 1개의 전달 동력

1개 V벨트가 전달할 수 있는 전달 동력(H_0)은 평 벨트의 식을 그대로 사용한다.

$$H_{0\,(PS)} = \frac{Pv}{735} = \frac{v}{735}\left(T_1 - \frac{wv^2}{g}\right)\left(\frac{e^{\mu'\theta}-1}{e^{\mu'\theta}}\right) \quad \text{(원심력 고려)}$$

$$= \frac{T_1 v}{735}\left(1 - \frac{wv^2}{T_1 g}\right)\left(\frac{e^{\mu'\theta}-1}{e^{\mu'\theta}}\right)$$

$$= \frac{T_1 v}{735}\,\frac{e^{\mu'\theta}-1}{e^{\mu'\theta}} \quad \text{(원심력 무시)} \qquad (11-17)$$

V 벨트 1개 전달 동력(H_o)은 표 11-7(kW)과 표 11-8(PS)에서 찾는다.

표 11-7. V 벨트 1개의 전달 동력(H_o)

(단위 : kW)

속도 m/s	M형					A형					B형				
	원동차 피치원 지름(mm)					원동차 피치원 지름(mm)					원동차 피치원 지름(mm)				
	※40	45	50	65	70 이상	※60	70	90	100	115	130 이상	※100	115	130	150	180 이상
5	0.2	0.3	0.4	0.5	0.6	0.6	0.7	0.9	1.0	1.0	1.1	0.9	1.2	1.3	1.6	1.8
6	0.2	0.4	0.5	0.6	0.7	0.7	0.9	1.1	1.2	1.3	1.4	1.2	1.4	1.6	2.0	2.2
7	0.3	0.4	0.5	0.7	0.8	0.8	1.1	1.2	1.3	1.5	1.6	1.3	1.6	1.9	2.3	2.5
8	0.3	0.5	0.6	0.8	0.9	0.9	1.2	1.4	1.5	1.7	1.8	1.5	1.8	2.1	2.5	2.8
9	0.3	0.5	0.7	0.9	1.0	1.0	1.3	1.5	1.7	1.9	2.0	1.6	2.0	2.4	2.8	3.2
10	0.4	0.6	0.7	1.0	1.1	1.1	1.4	1.7	1.9	2.0	2.1	1.8	2.2	2.6	3.1	3.4
11	0.4	0.6	0.8	1.0	1.2	1.2	1.5	1.8	2.0	2.2	2.3	1.9	2.4	2.8	3.3	3.7
12	0.4	0.6	0.8	1.1	1.3	1.2	1.6	1.9	2.1	2.3	2.5	2.1	2.6	3.0	3.6	4.0
13	0.4	0.7	0.9	1.2	1.4	1.3	1.7	2.1	2.3	2.5	2.7	2.2	2.7	3.2	3.8	4.3
14	0.4	0.7	0.9	1.2	1.5	1.4	1.8	2.2	2.4	2.7	2.8	2.3	2.8	3.3	4.1	4.6
15	0.4	0.7	0.9	1.3	1.5	1.4	1.9	2.3	2.5	2.8	3.0	2.3	2.9	3.5	4.2	4.8
16	0.4	0.7	1.0	1.4	1.6	1.4	2.0	2.4	2.7	2.9	3.1	2.4	3.0	3.6	4.4	5.0
17	0.4	0.8	1.0	1.4	1.7	1.4	2.1	2.5	2.8	3.0	3.2	2.4	3.0	3.7	4.6	5.2
18	0.4	0.8	1.0	1.4	1.7	1.5	2.1	2.5	2.9	3.2	3.4	2.4	3.1	3.8	4.8	5.4
19	0.3	0.8	1.1	1.5	1.8	1.4	2.1	2.6	2.9	3.3	3.5	2.4	3.2	3.9	4.9	5.6
20	0.3	0.7	1.1	1.5	1.8	1.4	2.1	2.6	3.0	3.2	3.5	2.4	3.2	3.9	4.9	5.7
21	0.2	0.6	1.0	1.4	1.7	1.4	2.1	2.7	3.0	3.4	3.6	2.3	3.2	3.9	5.0	5.8
22		0.5	1.0	1.4	1.7	1.4	2.0	2.7	3.1	3.4	3.7	2.2	3.2	4.0	5.1	5.9
23			0.9	1.3	1.6	1.3	2.1	2.7	3.1	3.5	3.7	2.1	3.1	3.9	5.1	6.0
24			0.8	1.3	1.6	1.2	2.1	2.7	3.1	3.5	3.8	2.0	3.0	3.9	5.1	6.0
25				1.2	1.5	1.2	2.0	2.6	3.1	3.4	3.7	1.9	2.9	3.7	5.0	5.9

속도 m/s	C형						D형					E형				
	원동차 피치원 지름(mm)						원동차 피치원 지름(mm)					원동차 피치원 지름(mm)				
	※180	200	230	250	280	300 이상	※260	300	330	380	430 이상	※410	460	510	610	710
5	2.1	2.5	2.9	3.1	3.3	4.4	3.7	3.7	5.4	6.3	6.8	5.9	7.8	7.8	9.3	10.1
6	2.5	3.0	3.5	3.7	3.9	4.1	4.5	4.3	6.3	7.3	8.2	7.0	8.4	9.4	11.0	12.2
7	2.9	3.4	4.0	4.3	4.5	4.8	5.2	4.9	7.4	8.5	9.4	8.1	9.8	10.8	12.7	14.2
8	3.3	3.9	4.5	4.8	4.2	5.4	5.8	5.6	8.4	9.7	10.7	8.1	10.3	12.3	14.4	16.0
9	3.6	4.3	5.1	5.4	4.7	6.0	6.3	6.3	9.4	10.9	11.9	10.1	12.7	13.7	15.9	17.8
10	4.0	4.8	5.5	5.9	5.3	6.6	6.6	6.9	10.4	12.0	13.2	10.9	13.0	15.0	17.6	19.5
11	4.3	5.2	6.0	6.3	6.9	7.2	7.4	7.5	11.3	13.0	14.2	11.8	14.3	16.3	19.2	21.2
12	4.6	5.6	6.5	6.9	7.4	7.8	7.8	8.0	12.1	14.0	15.4	12.5	15.4	17.4	20.6	22.8
13	4.9	6.0	6.9	7.3	7.9	8.3	8.3	8.5	17.9	15.0	16.5	13.2	16.5	18.5	22.0	24.4
14	5.2	6.3	7.3	7.8	8.4	8.9	8.7	9.0	12.7	15.9	17.6	13.7	17.5	19.5	23.3	25.9
15	5.4	6.6	7.7	8.2	8.8	9.3	9.0	9.4	14.3	16.7	18.5	14.1	17.5	20.5	24.5	27.4
16	5.5	6.9	8.0	8.6	9.3	9.8	9.3	9.9	15.1	17.5	19.6	14.7	18.4	21.4	25.7	28.7
17	5.6	7.2	8.3	8.9	9.6	10.2	9.6	10.2	15.7	18.2	20.5	15.1	19.2	22.2	26.7	29.5
18	5.7	7.3	8.6	9.2	10.0	10.6	9.7	10.4	16.2	18.9	21.2	15.4	19.8	22.8	27.6	31.0
19	5.7	7.5	8.8	9.5	10.3	10.9	9.8	10.7	16.6	19.6	21.9	15.6	20.3	13.3	28.4	32.0
20	5.8	7.5	9.0	9.7	10.5	10.2	9.8	11.0	16.9	20.1	22.4	15.7	20.7	23.7	29.2	32.9
21	5.8	7.6	9.2	9.8	10.7	11.4	9.8	11.0	17.0	20.4	22.9	15.5	20.0	24.0	29.9	33.6
22	5.8	7.6	9.2	10.0	10.8	11.6	9.6	11.0	17.1	20.7	23.2	15.3	20.1	24.1	30.2	34.7
23	5.7	7.6	9.3	10.0	10.9	11.7	9.3	11.0	17.1	20.8	23.5	15.0	20.1	24.1	30.5	34.7
24	5.5	7.4	9.3	10.1	11.0	11.8	8.8	10.8	17.0	20.8	23.7	14.5	20.0	24.0	30.7	35.1
25	5.4	7.3	9.2	10.1	11.1	11.9	8.0	10.6	16.8	20.8	23.8	13.9	19.8	23.8	30.8	35.3

표 11-8. V 벨트 1개의 최대 전달 동력(H_o)

(단위 : PS)

v (m/s)	A	B	C	D	E	v (m/s)	A	B	C	D	E
5.0	0.9	1.2	3.0	5.5	7.5	13.3	2.2	2.8	6.7	12.9	17.5
5.5	1.0	1.3	3.2	6.0	8.2	13.5	2.2	2.9	6.9	13.3	18.0
6.0	1.0	1.4	3.4	6.5	8.9	14.0	2.3	3.0	7.1	13.7	18.5
6.5	1.1	1.5	3.6	7.0	9.9	14.5	2.3	3.1	7.3	14.1	19.0
7.0	1.2	1.6	3.8	7.5	10.3	15.0	2.4	3.2	7.5	14.5	19.5
7.5	1.3	1.7	4.0	8.0	11.0	15.5	2.5	3.3	7.7	14.8	20.0
8.0	1.4	1.8	4.3	8.4	11.6	16.0	2.5	3.4	7.9	15.1	20.5
8.5	1.5	1.9	4.6	8.8	12.2	16.5	2.5	3.5	8.1	15.4	21.0
9.0	1.6	2.1	4.9	9.2	12.8	17.0	2.6	3.6	8.3	15.7	21.4
9.5	1.6	2.2	5.2	9.6	13.4	17.5	2.6	3.7	8.5	16.0	21.8
10.0	1.7	2.3	5.5	10.0	13.0	18.0	2.7	3.8	8.6	16.3	22.2
10.5	1.8	2.4	5.7	10.5	14.6	18.5	2.7	3.9	8.7	16.6	22.6
11.0	1.9	2.5	5.9	11.0	14.2	19.0	2.8	4.0	8.8	16.9	23.0
11.5	1.9	2.6	6.1	11.5	15.8	19.5	2.8	4.1	8.9	17.2	23.3
12.0	2.0	2.7	6.3	12.0	16.4	20.0	2.8	4.2	9.0	17.5	23.5
12.5	2.1	2.8	6.5	12.5	17.0						

(6) V 벨트의 전달 동력

V 벨트 Z개의 전달 동력(H)은 V 벨트 1개의 전달 동력(H_0)과 접촉각 수정계수(k_1 : 표 11-9), 부하 수정계수 (k_2 : 표 11-10)를 고려하여 다음과 같이 구한다.

$$H = H_0 k_1 k_2 Z \tag{11-18}$$

표 11-9. 접촉각 수정 계수(k_1)

$\theta°$	180	175	170	165	160	155	150	145	140	135	130	125	120	110	100	90
k_1	1	0.99	0.98	0.97	0.95	0.94	0.92	0.9	0.88	0.86	0.84	0.82	0.8	0.76	0.72	0.67

표 11-10. 부하 수정 계수(k_2)

부하의 종류	기계의 종류	k_2
하중의 변화가 적은 것.	펌프 · 송풍기 · 컨베이어 · 인쇄 기계 등	1.00
약간 충격이 있는 것.	목공 기계 · 경 공작 기계 · 면조 기계 등	0.90
왕복 압축하는 것(단식 크랭크)	공기 압축기 등	0.85
급격하게 역전하는 것.	크레인 · 윈치, 제지기, 제빙기 등	0.80
큰 충격이 있는 것	분쇄기 · 제분기 · 원심 분리기 등	0.75
동시에 초과 부하가 있는 방적기, 광산 기계, 섬유 기계, 유전 기계 등의 시동 회전력 또는 기동(起動) 하중(peak road)에 대한 정격 동력에 대하여	100~150%의 것	0.72
	150~200%의 것	0.64
	200~250%의 것	0.50

＊ 설계상 주의

① 접촉각 θ가 180°보다 작게 되면 전달 동력이 감소된다.

② 표 11-10에서 하중의 작용 상태와 운전 기계의 종류에 따라서 허용 전달 동력을 수정하여 V 벨트의 치수와 가닥수를 결정하는 것이 설계상 좋다.

(7) V 벨트의 개수

전달 동력을 고려한 V 벨트의 개수(가닥수 또는 구루수 : Z)는 다음과 같이 구한다.

$$\left.\begin{aligned} Z &= \frac{H}{H_0 k_1 k_2} \\ &= \frac{735 H_{PS}}{T_1 v \dfrac{e^{\mu'\theta}-1}{e^{\mu'\theta}}} = \frac{S T_1}{F_a} \end{aligned}\right\} \tag{11-19}$$

위 식에서 S는 안전율(표 11-11), F_a는 허용 장력으로 표 11-1의 T_1값과 같게 본다. 일반적으로 V 벨트 속도가 빠르고, 지름이 작을수록 가는 것이 적당하다.

표 11-12는 전달 동력(kW)과 회전수(N)에 따라서 개수(Z)를 선택하는 것이다.

표 11-11. V 벨트 기계 장치와 안전율(S)

기계	S	기계	S	기계	S
각반기(각반기)	1.0~1.2	컨베이어	1.0~1.6	인쇄기계	1.2
컴프레서	1.2~1.4	발전기	1.2	펌프	1.2~2.0
분쇄기	1.4~1.6	공작기계	1.0~1.4	세탁기	1.2
제분기	1.4~1.6	제지기계	1.2~1.4	섬유기계	1.2~1.8

표 11-12. V 벨트의 개수(Z)

kW \ 회전수 rpm	480	576	720	865	960	1120	1420	1720	형
150	15	14	12	12	12	12	11	11	E
110	12	12	11	11	11	10	10		
90	16	14	12	11	10	9	8	7	
75	14	12	10	10	10	10	8	8	D
55	10	9	9	9	9	9	8	8	
37	7	6	6	6	6	6	5	5	
30	6	6	5	5	5	5	4	4	
22			9	8	8	7	7	7	
18				7	7	6	5	5	C
15				6	6	5	4	4	
11					4	4	7	7	
7.5					7	6	5	5	B
5.5					6	5	4	4	
4					4	3	3	3	
2					5	5	4	3	
1.5					4	3	2	2	
0.75					2	2	2	2	A
0.4					2	2	2	2	
0.2					1	1	1	1	

표 11-13. V 벨트 풀리의 나비(B)

(단위 : mm)

Z \ 형식	M	A	B	C	D	E
1	19	20	24	32	48	58
2	32	36	44	58	85	102
3	45	52	64	84	122	146
4	58	68	84	110	159	190
5	71	84	104	136	196	234
6	84	100	124	162	233	278
7	97	116	144	188	270	322
8	110	132	164	214	307	366
9	123	148	184	240	344	410
10	136	164	204	266	381	454
11		180	224	292	418	498
12		196	244	318	455	542
13		212	264	344	492	586
14		228	284	370	529	630
15			304	396	566	674
16			324	422	603	718
17			344	448	640	762
18				474	677	806
19				500	714	850
20				526	751	894

(8) V 벨트 풀리의 나비

V 벨트의 개수(Z)가 위 식에 의하여 결정되면 V 벨트 풀리의 나비(B)는

$$B = e(Z-1) + 2R \tag{11-20}$$

로 구하고, 위 식에서 e 와 R 는 표 11−2에서 V 벨트의 형에 따라 찾을 수 있다.

표 11−13은 V 벨트 가닥수와 형에 따라 풀리의 나비(B)를 찾을 수 있는 것이다.

예제 11－2 7.5PS을 전달하는 송풍기의 회전 속도를 1200rpm에서 약 390rpm으로 떨어뜨리고, 원동 V 풀리의 지름 180mm일 때, 다음을 구하여라. 단, 축간 거리 700mm, $\alpha = 36°$, $\mu = 0.3$이다.

(1) 벨트의 길이(L)　　　　(2) 장력비($e^{\mu\theta}$)

(3) 유효 장력(P)

Solution

(1) $D_2 = D_1 \dfrac{N_1}{N_2} = 180 \times \dfrac{1200}{390} \fallingdotseq 560\text{(mm)}$

$$\therefore L = 2C + \frac{\pi}{2}(D_2 + D_1) + \frac{(D_2 - D_1)^2}{4C}$$

$$= 2 \times 700 + \frac{\pi}{2}(560 + 180) + \frac{(560 - 180)^2}{4 \times 700} = 2613.3\text{(mm)}$$

(2) $\mu' = \dfrac{\mu}{\sin\alpha/2 + \mu\cos\alpha/2} = \dfrac{0.3}{\sin 36°/2 + 0.3 \times \cos 36°/2} = 0.505$

$$\theta = \pi - \frac{D_2 - D_1}{C} = \pi - \frac{560 - 180}{700} = 2.598\text{(rad)}$$

$$\therefore e^{\mu'\theta} = e^{0.505 \times 2.598} \fallingdotseq 3.78$$

(3) $v = \dfrac{\pi D_1 N_1}{60 \times 1000} = \dfrac{\pi \times 180 \times 1200}{60 \times 1000} = 11.3\text{(m/s)}$

$$\therefore P = \frac{735H}{v} = \frac{735 \times 7.5}{11.3} \fallingdotseq 489\text{(N)}$$

예제 11－3 $v = 15$m/s인 V 벨트의 허용 장력 200N일 때, V벨트 1개의 전달 동력(PS)을 구하여라. 단, V 벨트의 단면적 83mm², 홈의 각 40° , 접촉각 145° , $\mu = 0.3$이다.

Solution

$w = A \times 100 \times \text{비중}/1000 = 0.83 \times 100 \times 12/1000 = 0.996\text{(N/m)}$

$$\therefore wv^2/g = 0.996 \times 15^2/9.8 = 22.9\text{(N)}$$

$$\mu' = \frac{\mu}{\sin\alpha/2 + \mu\cos\alpha/2} = \frac{0.3}{\sin 20° + 0.3 \times \cos 20°} = 0.481$$

$$e^{\mu'\theta} = e^{0.481 \times 145 \times \pi/180} = 3.378$$

$$\therefore H_0 = \frac{v}{735}\left(T_1 - \frac{wv^2}{g}\right)\frac{e^{\mu'\theta} - 1}{e^{\mu'\theta}}$$

$$= \frac{15}{735}(200 - 22.9) \times \frac{3.378 - 1}{3.378} = 2.5\text{(PS)}$$

예제 11-4 (1) v=10m/s, (2) v=25m/s일 때의 B형 V벨트 1개의 전달 동력(PS)을 각각 구하여라. 단, θ =137°, μ=0.4이다.

Solution (1) v=10m/s일 때 : 원심력 무시

$$\mu' = \frac{\mu}{\sin\ \alpha/2 + \mu\ \cos\ \alpha/2} = \frac{0.4}{\sin\ 20^\circ\ +0.4\times\cos\ 20^\circ} = 0.56$$

$$e^{\mu'\theta} = e^{0.56\times137\times\pi/180} = 3.82$$

T_1=300(N)(표 11-1)이므로

$$H_0 = \frac{T_1 v}{735}\frac{e^{\mu'\theta}-1}{e^{\mu'\theta}} = \frac{300\times10}{735}\times\frac{3.82-1}{3.82} \fallingdotseq 3(\text{PS})$$

(2) v=25m/s일 때 : 원심력 고려

B형 V 벨트의 단면적 A=137.5mm²=1.375cm²이므로,

$w = A\times100\times12/1000 = 1.375\times100\times12/1000 = 1.65$(N/m)

$$\therefore\ H_0 = \frac{v}{735}\frac{e^{\mu'\theta}-1}{e^{\mu'\theta}}\left(T_1 - \frac{wv^2}{g}\right)$$

$$= \frac{25}{735}\times\frac{3.82-1}{3.82}\times\left(300 - \frac{1.65\times25^2}{9.8}\right) \fallingdotseq 4.9(\text{PS})$$

예제 11-5 54PS, v = 900m/min인 크레인에 사용될 V벨트(D형)의 접촉각 160° 일 때, 다음을 구하여라. 단, μ=0.4이다.

(1) 1개의 전달 마력(H_0) (2) V벨트의 개수(Z)

Solution (1) 주어진 속도의 단위 m/min을 m/s로 환산해야 되므로

v =900m/min=900/60(m/s)=15(m/s)

D형 V 벨트일 때, A=467.1mm²(표 11-1)=4.671cm², T_1 = 1000(N)이므로

$w = A\times100\times12/1000 = 4.671\times100\times12/1000 = 5.6$(N/m)

V 벨트 1개당 전달 동력(PS)을 구하기 위한 공식에서 긴장측 장력(T_1)은

$$\mu' = \frac{\mu}{\sin\alpha/2 + \mu\cos\alpha/2} = \frac{0.4}{\sin 20^\circ + 0.4\times\cos 20^\circ} = 0.56$$

$$e^{\mu'\theta} = e^{0.56\times160\times\pi/180} = 4.77$$

$$\therefore\ H_0 = \frac{v}{735}\left(T_1 - \frac{wv^2}{g}\right)\frac{e^{\mu'\theta}-1}{e^{\mu'\theta}}$$

$$= \frac{15}{735}\times\left(1000 - \frac{5.6\times15^2}{9.8}\right)\times\frac{4.77-1}{4.77} = 14(\text{PS})$$

(2) k_1 =0.95(표 11-9), k_2 =0.8(표 11-10)이므로

$$\therefore\ Z = \frac{H}{H_0 k_1 k_2} = \frac{54}{14\times0.95\times0.8} = 5(\text{개})$$

(별해) $H = H_0 k_1 k_2 Z$에서 표를 이용할 때

H_o : 표 11－8에서 $v = 15\,m/s$, D형일 때 $H_0 \fallingdotseq 14.5$(PS)

k_1 : 표 11－9에서 $k_1 = 0.95$

k_2 : 표 11－10에서 $k_2 = 0.8$

$$\therefore Z = \frac{H}{H_0 k_1 k_2} = \frac{54}{14.5 \times 0.95 \times 0.8} \fallingdotseq 5(\text{개})$$

참고

벨트 허용 인장력이나 마찰 계수 값을 어떻게 잡는가에 따라 H_o의 값에 약간의 차이가 있으므로, 계산으로 구한 H_o와 표를 이용하여 구한 H_o와 는 약간의 차이가 있어 반드시 일치하지는 않는다.

예제 11－6 765rpm으로 회전하는 V 벨트를 사용한 컴프레서에서 풀리의 지름 300mm, 유효 장력 1.4kN, $\theta = 157.6°$(2.75rad)일 때, C형 V벨트의 다음을 구하여라. 단, 안전율 1.4, $\mu' = 0.48$이다.

(1) 긴장측 장력(T_1) (2) 벨트의 개수(Z)

Solution

(1) $v = \dfrac{\pi DN}{60 \times 1000} = \dfrac{\pi \times 300 \times 765}{60 \times 1000} = 12(\text{m/s}) > 10\text{m/s}$

$e^{\mu'\theta} = 2.718^{0.48 \times 2.75} = 3.743$

단위 길이당 무게 w는 C형 V 벨트의 단면적(A)이 표 11－1에서 $A = 236.7\ \text{mm}^2 = 2.367\text{cm}^2$이므로

$$w = \frac{A \times 100 \times 12}{1000} = \frac{2.367 \times 100 \times 12}{1000} = 2.84(\text{N/m})$$

$$T_1 = \frac{e^{\mu'\theta}}{e^{\mu'\theta} - 1} P + \frac{wv^2}{g} = \frac{3.743}{3.743 - 1} \times 1400 + \frac{2.84 \times 12^2}{9.8} \fallingdotseq 1966(\text{N})$$

(2) 표 11－11에서 안전율 1.4(컴프레서일 때)이고, 표 11－1에서 $F_a = T_1 = 500$N이므로

$$\therefore Z = \frac{ST_1}{F_a} = \frac{1.4 \times 1966}{500} \div 6(\text{개})$$

예제 11－7 1150rpm, 37kW의 모터에 의하여 300rpm의 V 벨트를 이용한 분쇄기를 설계 하여라. 단, 축간 거리 1.5m, $\mu = 0.3$이다.

Solution

형의 선정은 표 11－6에서 결정한다. 만일 형의 선정에서 동력 kW를 PS로 결정할 때는 다음과 같이 한다.

$$H = 37 \times \frac{1000}{735} = 50.3(\text{PS})$$

표 11－6에서 D형으로 한다. 또 D형일 때, 표 11－1에서 $D_1 = 300$mm이므로

$$v = \frac{\pi D_1 N_1}{60 \times 1000} = \frac{\pi \times 300 \times 1000}{60 \times 1000} = 15.7(\text{m/s})$$

접촉각을 구하기 위하여 풀리의 바깥 지름(D_2)을 알아야 하므로

$$D_2 = D_1 \frac{N_1}{N_2} = 300 \times \frac{1150}{300} = 1150(\text{mm})$$

$$\theta = 180° - 2\sin^{-1}\frac{D_2 - D_1}{2C}$$

$$= 180° - 2\sin^{-1}\frac{1150 - 300}{2 \times 1500} = 147(°) = 2.56\ (\text{rad})$$

$$\mu' = \frac{\mu}{\sin\frac{\alpha}{2} + \mu\cos\frac{\alpha}{2}} = \frac{0.3}{\sin 20° + 0.3 \times \cos 20°} = 0.48$$

$$e^{\mu'\theta} = e^{0.48 \times 2.56} = 3.42$$

$v = 15.7(\text{m/s}) > 10\text{m/s}$이므로, 원심력을 고려하여 wv^2/g을 구해야 되므로, D형의 단면적 $A = 467.1\text{mm}^2 = 4.671\text{cm}^2$이므로

$$w = \frac{4.671 \times 100 \times 12}{1000} = 5.6(\text{N/m})$$

$$\therefore \frac{wv^2}{g} = \frac{5.6 \times 15.7^2}{9.8} = 140.85 \fallingdotseq 141(\text{N})$$

V벨트의 개수(Z)를 구하기 위하여 우선 V벨트 1개의 전달 마력(H_o)을 구하 려면 우선 D 형일 때 표 11-1에서 $T_1 = 1000\text{N}$이므로

$$H_0 = \frac{v}{1000}\left(T_1 - \frac{wv^2}{g}\right)\frac{e^{\mu'\theta} - 1}{e^{\mu\theta}}$$

$$= \frac{15.7}{1000} \times (1000 - 141) \times \frac{3.42 - 1}{3.42} = 9.5 \fallingdotseq 10\ (\text{kW})$$

$k_1 = 0.91$(표 11-9), $k_2 = 0.75$(표 11-10)이므로

$$Z = \frac{H}{H_0 k_1 k_2} = \frac{37}{10 \times 0.91 \times 0.75} = 5.4 \fallingdotseq 6(\text{개})$$

$$L = 2C + \frac{\pi}{2}(D_1 + D_2) + \frac{(D_2 - D_1)^2}{4C}$$

$$= 2 \times 1500 + \frac{\pi}{2}(300 + 1150) + \frac{(1150 - 300)^2}{4 \times 1500} \fallingdotseq 5397(\text{mm})$$

$L_0 = 5842(\text{mm})$ (∵표 11-3에서 D형일 때, 5397mm보다 큰 값 선정)

$$K = \frac{1}{2}\left[L_0 - \frac{\pi}{2}(D_1 + D_2)\right] = \frac{1}{2}\left[5842 - \frac{\pi}{2}(300 + 1150)\right] \fallingdotseq 1783$$

$$\therefore C = K\left[1 - \frac{(D_2 - D_1)^2}{8K^2}\right] = 1783\left[1 - \frac{(1150 - 300)^2}{8 \times 1783^2}\right] = 1733(\text{mm})$$

제11장 연습문제

•논문형

1. V 벨트 전동의 특성을 설명하여라.
2. V 벨트의 자립 조건에 대하여 설명하여라.
3. V 벨트 장치에서 외관 마찰 계수를 설명하여라.
4. V 벨트 장치의 전동 마력을 설명하여라.

•계산형

11-1. $v=30$m/s인 V 벨트의 단위 길이당 무게 1.5N/m, 긴장측 장력 200N일 때, 회전력(유효 장력)을 구하여라. 단, 장력비 4이다.

11-2. $v=10$m/s인 B형 V 벨트 1개의 전달 동력(PS)을 구하여라. 단, $\theta=137°$, $\mu=0.4$ 이다.

11-3. 1500rpm 의 모터로 펌프를 매분 300회전 시키는 B형 V 벨트의 원동 풀리 지름 140mm일 때, 다음을 구하여라. 단, 축간 거리 1m, 마찰 계수 0.3이다.

(1) 종동 풀리의 지름(D_2)　　(2) 벨트의 속도(v)
(3) V 벨트의 단면적(A)　　(4) 허용 장력(T_1)
(5) 단위 길이의 무게(w)　　(6) 부가 하중(wv^2/g)
(7) 상당 마찰 계수(μ')　　(8) 접촉각 ($\theta°$)
(9) 장력비($e^{\mu'\theta}$) (10) V 벨트 1개의 전달 동력(PS)

11-4. $v=20$m/s인 V벨트의 긴장측 장력 500N일 때, 다음을 구하여라. 단, $\theta=160°$, 벨트의 단위 길이당 무게 5.6N/m, 계수 $k_2=0.75$, $\mu=0.3$이다.

(1) 장력비($e^{\mu'\theta}$) : (단, $\alpha=40°$)　　(2) 1개의 전달 동력(PS)
(3) 전체의 전달 동력(PS) : (단, 벨트의 개수 3개)

11-5. $v=18$m/s인 V 벨트의 유효 하중 8kN일 때, 1개의 전달 동력(PS)을 구하여라. $\theta=180°$, $A=$ 467.1 mm2, 벨트의 비중 12N/cm3, 안전 계수 10, $\mu=0.3$이다.

11-6. 15PS , 1750rpm을 V 벨트로 전동하는 냉동기용 압축기의 V 풀리 지름 135mm, 긴장측 장력 400N일 때, 다음을 구하여라.

(1) 벨트의 형식　　(2) 벨트의 계수(Z)

11-7. 50PS, $N_1=1150$rpm의 모터로 300rpm의 건설 기계를 V 벨트로 운전할 때, 다음을 각각 구하여라. 단, $C=1.5$m, $D_1=300$mm, $D_2=1150$mm, $\mu'=0.48$, $w=5.6$N/m, 허용 장력 860N, 부하 수정 계수 $k_2=0.75$ 이다.

(1) 부가 장력(wv^2/g)　　(2) 장력비($e^{\mu'\theta}$)
(3) V 벨트 1개의 전달 동력(PS)　　(4) V 벨트의 가닥수(Z)

11-8. 2000rpm으로 회전하는 A형 V 벨트의 호칭 지름 80mm일 때, V 벨트 1개 의 전달 동력(PS)을 구하여라. 단, $\theta=120°$, $\mu=0.25$이다.

11-9. 10PS , 400rpm에 의하여 V 벨트로 운전되는 인쇄 기계가 있다. 모터 측의 풀리는 지름 120mm, 회전수 1150rpm, 축간 거리는 큰 V 풀리의 지름과 같다고 할 때, 다음을 구하여라. 단, $C=345$mm, $T_1=400N$, $\mu=0.3$이다.

(1) V 벨트의 형　　(2) V 벨트의 매수(Z)

11－10. 전동기측 V 벨트 풀리(D_1=300mm)가 1400rpm으로 210rpm의 공작 기계를 운 전할 때, V 벨트 1개의 전달 동력(PS)을 구하여라. 단, 축간 거리 3m, T_1=860N, $w=5$N/m, $\mu=0.3$이다.

11－11. v=15m/s, 15kW, 500rpm으로 구동되는 공기 압축기의 V 벨트 개수를 구하여 라. 단, 전동기의 회전수 1420rpm , 풀리의 중심 거리 약 500mm로 하고, V 벨 트 1개의 전달 동력 H_0, 계수 k_1, k_2는 표를 이용한다.

11－12. 1200rpm으로 회전되는 V 벨트 풀리의 지름 D_2=600mm, 회전수 400rpm인 종 동 측 풀리를 구동할 때, 다음을 구하여라. 단, 축간 거리 1.8m이다.

(1) 원심력에 의한부가 하중(wv^2/g) : (단, $w=1.6$N/m)

(2) V 벨트의 장력비($e^{\mu'\theta}$) : (단, $\alpha=40°$, $\mu=0.25$)

(3) V 벨트 1개의 전달 동력(kW) : (단, T_1=900N)

11－13. 1500rpm, 5PS을 전달하는 모터로 펌프 기계를 300rpm으로 회전시키는 V 벨 트 풀리 지름 140mm일 때, 다음을 구하여라. 단, 축간 거리 1m, μ=0.3, $A=137.5\text{mm}^2$이다.

(1) 겉보기 마찰 계수(μ')
(2) 종동 풀리의 지름(D_2)
(3) 장력비($e^{\mu'\theta}$)
(4) 속도(v)
(5) 단위 길이 당 무게(w)
(6) 유효 장력(P)
(7) 긴장측 장력(T_1)
(8) 1개의 전달 동력(H_0)

11－14. 2PS, 1500rpm의 모터로 어느 기계의 주축에 300rpm을 전달하고, 축간 거리 500mm일 때, V 벨트의 개수를 구하여라. 단, D_1=120mm, μ=0.23이다.

11－15. 1440rpm, 1.5kW를 전달하는 V 벨트 풀리의 지름 150mm일 때, A형 V 벨트 의 개수를 구하여라. 단, θ=120°, 계수 k_1=0.8, k_2=0.75, μ=0.25이다.

11－16. 5PS, 1750rpm 의 모터가 3000rpm으로 운전되는 광산 기계의 풀리를 축간 거 리 최소 375mm로 하였을 때, 다음을 구하여라. 단, μ=0.3이다.

(1) V 벨트의 형
(2) V 벨트의 개수(Z)

Answer

11－1. 46.8N **11－2.** 3PS **11－3.** (1) 700mm (2) 11m/s (3) 138mm² (4) 300N (5) 1.65 N/m (6) 20.4N/m (7) 0.48 (8) 147°29′ (9) 3.43 (10) 3PS

11－4. (1) 3.8 (2) 5.4PS (3) 12PS **11－5.** 12PS **11－6.** (1) C형 (2) 4매

11－7. (1) 185N (2) 3.4 (3) 11.7PS (4) 6매 **11－8.** 1.3PS **11－9.** (1) C형 (2) 5매

11－10. 9.85PS **11－11.** 5매 **11－12.** (1) 26N (2) 3.54 (3) 8kW

11－13. (1) 0.48 (2) 700mm (3) 3.43 (4) 11m/s (5) 1.65N/m (6) 334N (7) 161N (8) 1.5PS

11－14. 2매 **11－15.** 2매 **11－16.** (1) B형 (2) 2매

제12장 체인(chain)

체인 전동은 체인(chain)을 스프로킷 휠(sprocket wheel)에 걸어 사용하므로 비교적 큰 속비라도 확실하게 동력을 전달할 수 있다. 용도는 대체로 축간 거리가 짧으면서 기어 전동을 사용할 수 없고, 속도비를 확실히 유지하고 싶을 때 체인 전동이 사용된다.

1. 체인의 특성

(1) 장 점

① 미끄럼이 없는 일정한 속도비를 얻을 수 있다.
② 체인의 길이를 자유롭게 조절이 가능하고, 여러 개 축의 전동이 가능하다.
③ 초기 장력이 필요 없고, 정지할 때, 장력이 작용하지 않는다.
④ 접촉각은 90° 이상이면 되고, 축간 거리도 비교적 짧게 잡을 수 있다.
⑤ 체인의 탄성으로 어느 정도 충격 하중을 흡수 시킬 수 있다.
⑥ 내열(耐熱), 내유(耐油), 내습성(耐濕性)이 강하다.
⑦ 인장 강도가 커서 큰 동력을 전달할 수 있고, 전동 효율도 95% 이상이다.
⑧ 마멸이 생겨도 효율이 별로 저하되지 않는다.
⑨ 기어보다 정숙한 운전을 할 수 있고, 유지 및 수리가 간단하며, 수명이 길다.

(2) 단 점

① 진동과 소음이 나기 쉽고, 마모에 따라 그 정도가 더 심해진다.
② 고속 회전의 전동에 부적합하고, 윤활이 필요하다.
③ 회전각 전달의 정확도가 좋지 못하다.
④ 링크의 피치 단위로 치수를 조절하고, 사일런트 체인은 가격이 비싸다.

2. 체인의 종류(표 12－1 참조)

(1) 전동에 따라

블록 체인(block chain), 롤러 체인(roller chain), 사일런트 체인(silent chain)의 3가지가 있으나, 롤러 체인과 사일런트 체인이 가장 많이 사용된다.

(2) 속도에 따라

저속에 롤러 체인(roller chain), 고속에 사일런트 체인(silent chain), 운반용으로 링크 또는 코일 체인(coil chain)과 블록 체인(block chain) 등이 사용된다.

(3) 구조에 따라

롤러형(롤러 체인, 옵셋 체인), 부시형(부시드 체인, 핀틀 체인), 핀형(스터드 체인, 바란스 체인, 블록 체인), 분리형(디텃쳐블 체인), 숏 링크형(숏 링크 체인), 사일런트형(사일런트 체인) 등이 있다.

(4) 용도에 따라

① **동력 전달용** : 롤러 체인, 부시드 체인, 옵셋 체인, 사일런트 체인, 디텃쳐블 체인

② **물품 운반용** : 핀틀 체인, 컴비네이션 체인, 어터치먼트 붙이 체인 등

③ **중량물 낙하, 삭인용** : 스터드 체인, 밸런스 체인, 블록 체인, 쇼트 링크 체인 등

표 12-1. 체인의 종류

번호	종류	구조	용도	그림
1	롤러 체인	가장 간단한 구조로 링, 플레이트, 부시, 롤러, 핀 등으로 구성	고속, 일반 동력 전동 체인	
2	부시드 체인	롤러 체인의 롤러를 생략한 것으로, 다소의 마찰은 있으나 구조가 간단하고, 저렴하다.	저속 소하중 동력 전동용, 운반용	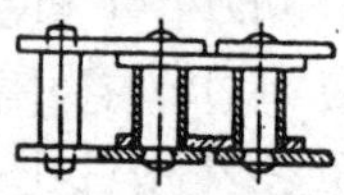
3	핀틀 체인	링과 부시를 일체로 하여 주조로 만든 것으로, 핀으로 연결되어 강도 나 정밀도는 낮으며 안가이다.	운반용	
4	스터드체인	링 플레이트를 핀으로 연결한 것으로 링 플레이트는 필요에 따라 몇 매를 겹쳐서 만드므로 강도가 크다.	저속 전동용, 중량물의 하강 삭인용	
5	밸런스체인 웨이트체인	링 플레이트를 겹쳐 핀으로 연결시켜 체인 스프로킷에 물리게 한 것이다.	중량물의 하강 삭인용	
6	블록 체인	4, 5번의 중간적인 것으로 강제 블록을 강제의 플레이트 및 핀으로 연결시킨 것이다.	중량물의 하강 삭인용	
7	옵셋 체인	링 플레이트를 옵셋형으로 절곡하여 만든 것으로 충격하중을 흡수하며, 큰 하중에 견딜 수 있다.	큰 하중 저속 전동용(토목 기계 등)	
8	사일런트 체인	내측에 치형을 갖는 링 플레이트를 겹쳐 만든 것으로, 특수한 핀으로 연결되어 있다.	고속 동력 전동용	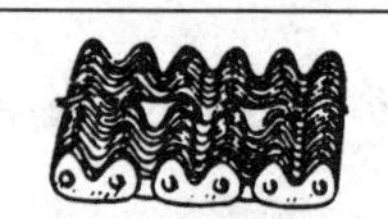
9	디텃쳐블 체인	핀틀 체인을 간단하게 한 것으로 간편하며, 강도, 정밀도가 낮다.	저속, 소하중 동력 전동용	
10	쇼트링크 체인	둥근 링을 용접 또는 단접하여 만든 것이다.	중량물의 하강 삭인용	
기타	컴비네이션(combination) 체인, 하이 피치(high pitch) 체인, 어터치먼트(atach-mant) 체인, 컨베이어(conveyor) 체인 등			

12-1 롤러 체인

그림 12-1과 같이 롤러 링크(roller link)와 핀 링크(pin link)를 교대로 연속적으로 연결한 체인이다. KS B 1407에는 일반적인 전동에 사용되는 부시가 있는 롤러 체인(roller chain)에 대하여 규정되어 있다.

1. 일반 사항

[1] 구 조

그림 12-2와 같이 단열 롤러 체인은 핀(pin), 링크(link), 부시(bush), 롤러(roller) 등을 연속적으로 조합한 것이고, 이음에는 보통 이음 링크와 옵셋 링크를 사용한다.

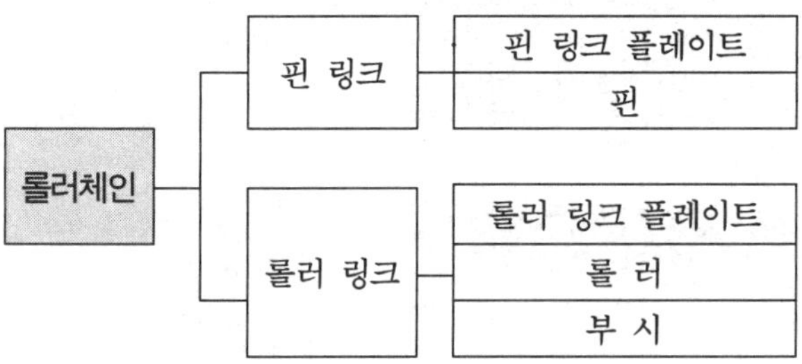

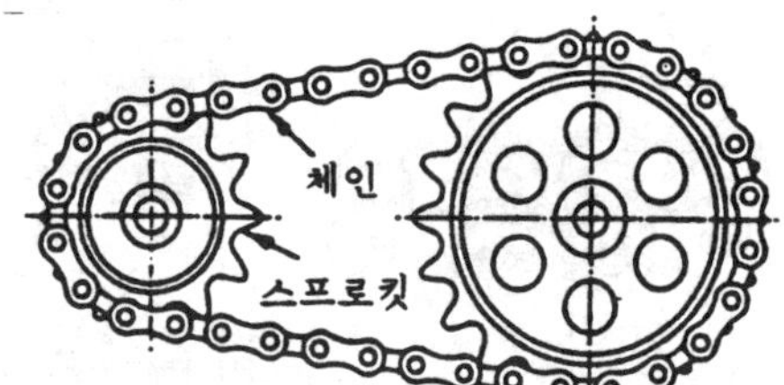

그림 12-1. 롤러 체인

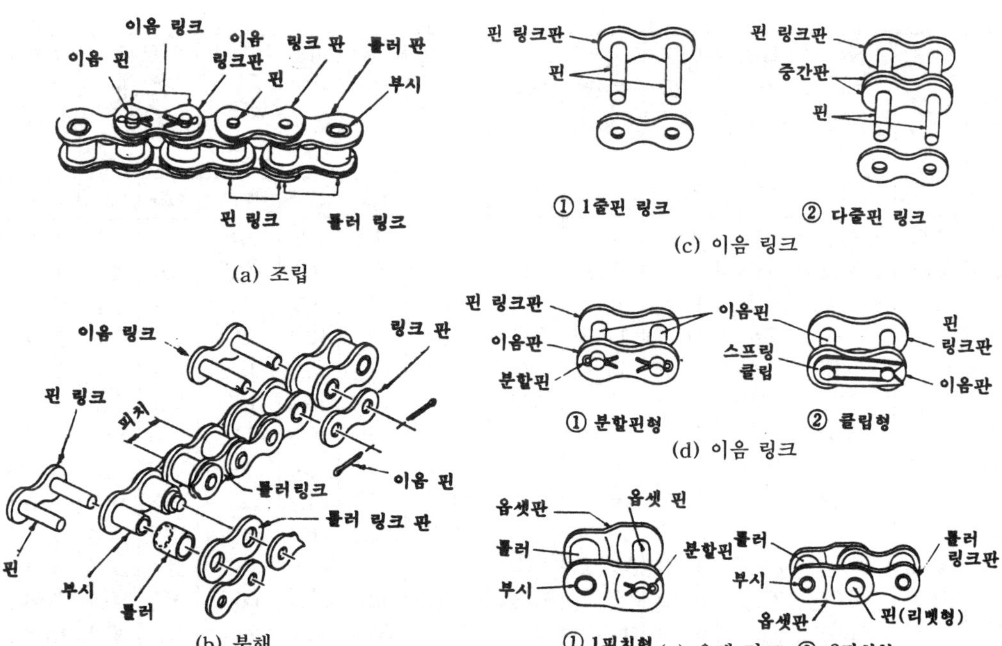

그림 12-2. 롤러 체인의 구성

(1) **부시**는 링크의 간격을 일정하게 유지하기 위하여 집어넣은 것이고, 핀(pin), 부시, 롤러가 3중으로 되어 있다.

(2) **핀 링크의 구조**는 2개의 강판제 누에 고치형으로, 2개의 링크를 번갈아서 연결하여 긴 체인으로 만든 것이다. 링크가 홀수일 때에는 옵셋 형을 사용한다.

(3) **링크의 구조**는 롤러를 끼운 부시 양끝에서 2개의 롤러 링크 판에 2개의 부시를 고정한 것이다. 그림 12－2 (e)와 같이 양쪽의 플레이트가 평행으로 되어 이음 링크는 이어 맺을 수 없으므로, 옵셋 링크(offset link)로 이어 맺는다.

표 12－2는 전동용 롤러 체인의 형상과 치수를 나타낸 것이다.

표 12－2. 전동용 롤러 체인의 모양 및 치수(KS B 1407)

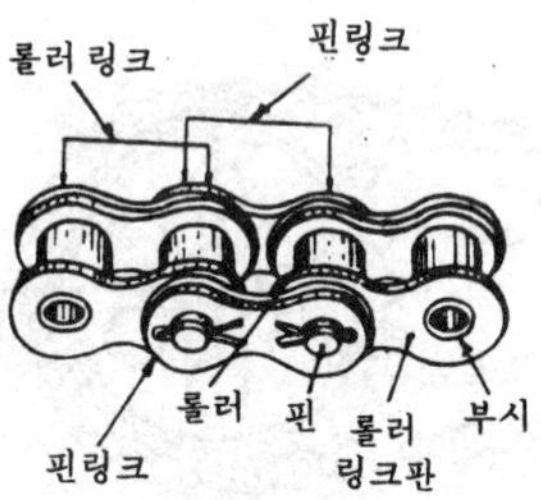

(a) 롤러 체인의 구조

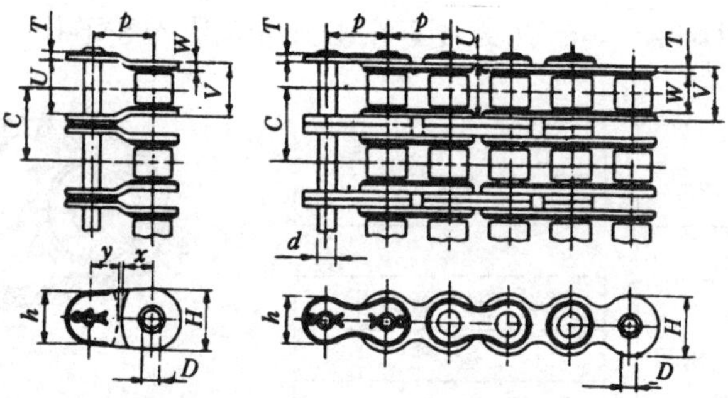

(b)

$Dr=\frac{5}{8}\cdot p=(\sqrt{2B})$

$W=\frac{5}{8}\cdot p$

$d=\frac{5}{16}\cdot p(=\frac{Dr}{2})$

$T=\frac{1}{8}\cdot p$

$H=0.95p$

$h=0.82p$

(단위 : mm)

호칭 번호	피치 p	롤러 바깥 지름 D_r	롤러 링크 안나비 W	링크 바깥 나비 V	핀 링크 안나비 U	핀 바깥 지름 d	부시 안지름 D	핀부 길이 L	핀링 크판 높이 h	링크 판높이 H	옵셋 링크판 x	옵셋 링크판 y	가로 피치 (다열) C	링크 판 두께 T
		최대	최소	최대	최소	최대	최소	최대	최대	최대	최대	최소	기준	참고
25	6.35	3.30(2)	3.10	4.80	4.86	2.31	2.33	4.8	5.2	6.0	2.7	3.1	6.4	0.75
35	9.525	5.08(2)	4.68	7.46	7.51	3.59	3.61	8.6	7.8	9.0	4.0	4.6	10.1	1.25
41(1)	12.70	7.77	6.25	9.06	9.12	3.59	3.61	9.0	8.5	9.9	5.3	6.1	－	1.25
40	12.70	7.94	7.85	11.17	11.23	3.97	4.00	10.6	10.4	12.0	5.3	6.1	14.4	1.5
50	15.87	10.16	9.40	13.84	13.90	5.09	5.12	12.1	13.0	15.0	6.6	7.7	18.1	2.0
60	19.05	11.91	12.57	17.75	17.81	5.96	5.99	16.2	15.6	18.1	7.9	9.2	22.8	2.4
80	25.40	15.88	15.75	22.60	22.66	7.94	7.97	20.0	20.8	24.1	10.6	12.2	29.3	3.2
100	31.75	19.05	18.90	27.45	27.51	9.54	9.57	24.1	26.0	30.1	13.2	15.3	35.8	4.0
120	38.10	22.23	25.22	35.45	35.51	11.11	11.15	29.2	31.2	36.2	15.8	18.3	45.4	4.8
140	44.45	25.40	25.22	37.18	37.24	12.71	12.75	32.2	36.4	42.2	18.5	21.4	48.9	5.6
160	50.80	28.58	31.55	45.21	45.27	14.29	14.33	37.3	41.6	48.2	21.1	24.4	58.5	6.4
200	63.50	39.69	37.85	54.88	54.94	19.85	19.89	48.5	52.0	60.3	26.3	30.4	71.6	8.0
240	76.20	47.63	47.35	67.81	67.87	23.81	23.85	55.8	62.4	72.4	31.5	36.4	87.8	9.5

(주) (1) D_r은 부시의 바깥지름을 나타낸다. (2) 4(1)은 경량형이며, 단열만으로 한다.

[2] 호칭 번호 (표 12-3 참조)

롤러 체인의 크기는 호칭 번호로 표시하고, 25~240 사이에 13종류가 있다. 체인의 호칭 번호 중 No. 40…에서 앞 숫자 4…는 체인의 피치(in)를 1/8 in의 배수로 나타낸 것이다. 예를 들면 피치 4/8 in의 4배이므로 4, 피치 5/8 in의 5배이므로 5등으로 하며, 부시드 체인은 5를 더하여 45, 55… 등으로 나타낸다.

표 12-3. 단열 롤러 체인의 호칭번호(KS B 1407)

호칭 번호	25, 35, 50, 41, 50, 60, 80, 100, 120, 140, 160, 200, 200, 240
예	(1) 호칭 번호 60 : 피치 19.05 mm(19.05÷3.175=6)이고, 롤러가 있는 것. (2) 호칭 번호 35 : 피치 9.525 mm(19.25÷3.175=3)이고, 롤러가 없는 것. (3) 호칭 번호 41 : 피치 12.70 mm(12.70÷3.175=4)이고, 경량형인 것. (4) 호칭 번호 80-2 : 피치가 25.40이고 2열 롤러 체인인 것
비고	단열 체인 호칭 번호는 피치 3.175mm로 나눈 수에 다음의 수를 끝에 붙인다. 0 : 롤러가 있는 것, 5 : 롤러가 없는 것, 1 : 경량형

[3] 스프로킷 휠

(1) 구조(그림 12-3)

평판형(A형), 한쪽 보스형(B형), 양쪽 보스형(C형), 보스 분리형(D형)이 있다.

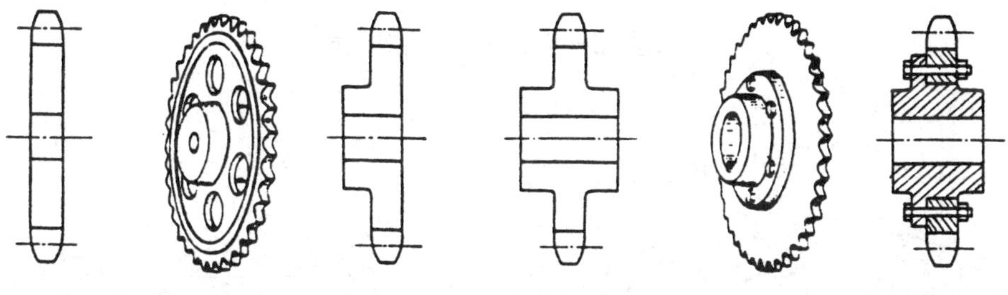

(a) 평판형 (A형) (b) 한쪽 보스형 (B형) (c) 양쪽 보스형(C형) (d) 보스 분리형(D형)

그림 12-3. 스프로킷 휠의 종류

(2) 잇 수

① 스프로킷 휠(sprocked wheel)의 잇수는 보통 10~70개의 범위가 좋다.

② 잇수가 작으면 굴곡 각도가 커져서 원활한 운전을 할 수가 없으며, 진동을 일으켜 수명을 단축시킨다.

③ 잇수는 17개 이상일 때 굴곡 각도는 20°보다 작다.

④ 각도 변화가 작으나 17개 이하가 되면 굴곡 각도가 급격히 증가하여 원활한 운전을 할 수 없으므로 잇수는 17개 이상으로 하는 것이 좋다.

⑤ 저속의 경우에는 6개까지 사용된다.

⑥ 이의 마멸을 균일하게 하려면 될 수록 홀수 개로 하는 것이 좋다.

(3) 치 형

① **필요 조건** : 그림 12-4와 같이 치형은 체인이 스프로킷 휠에 진입 또는 퇴거할 때에 롤러의 운동을 방해하지 않도록 한다. 치형의 필요 조건은 다음과 같다.

a. 치절 공작이 쉽고, 항상 적당한 압력각을 유지할 수 있을 것.

b. 체인이 스프로킷 휠을 출입할 때 걸리지 않을 것.

② **종류** : 호브나 단일 커터로 쉽게 절삭할 수 있도록 여러 가지의 모양이 있다.

a. 일반적으로 그림 12-4와 같이 ASA치형과 BS치형이 있고, ASA치형에는 U 형과 S형이 있다(그림 12-5).

b. BS치형은 치절 커터의 형상을 규정함으로서 간접적으로 이의 모양이 결정되는 것이고, 커터에는 No. 1(잇수 9~12), No. 2(잇수 13~19), No. 3(잇수 20 이상)의 3종류가 있다.

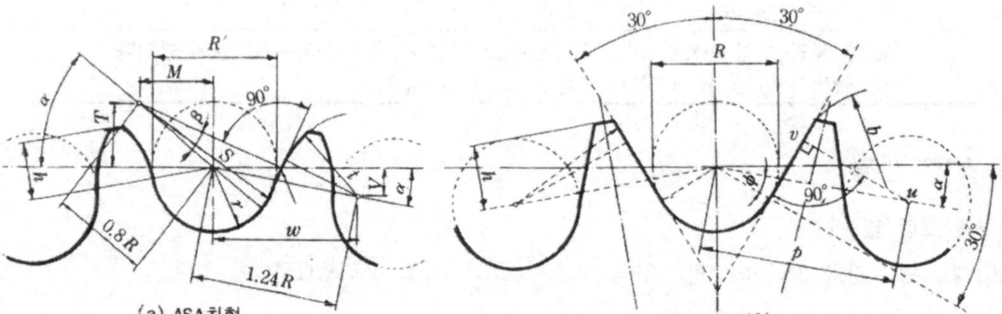

(a) ASA치형 (b) BS치형

그림 12-4. 스프로킷 휠의 치형

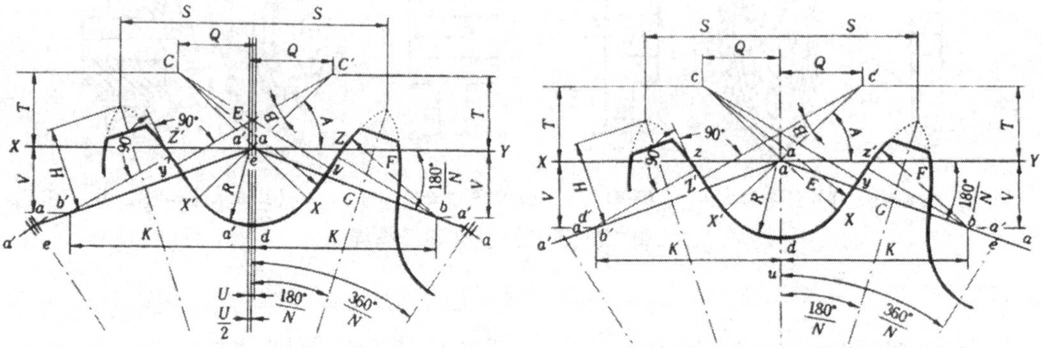

(a) U치형 (b) S치형

그림 12-5. ASA 치형의 종류

(4) 재 료

① 이(齒)의 재료는 인성과 내마모성이 동시에 필요하며, 표면 경화 열처리를 한다.

② 일반적으로 바깥 지름이 작은 스프로킷 휠은 단강을 사용하고, 바깥 지름이 큰 스 프로킷 휠에는 주철을 사용한다.

2. 롤러 체인의 설계

[1] 체 인

(1) 속 도

① 평균 속도 : 체인의 속도(v)는 다각형의 스프로킷에 벨트를 걸은 것과 같은 상태 가 되므로, 이 때에 체인의 평균 속도(v_m)는 다음과 같이 된다.

D : 스프로킷 휠의 피치원 지름(mm)($\pi D \doteqdot pZ$)

p : 체인의 피치(mm) [롤러 체인일 때 : $p=(115000/Z)^{2/3}$ (mm)]

N_1, N_2 : 양 스프로킷의 회전수(rpm)

Z_1, Z_2 : 양 체인 스프로킷 휠의 잇수일 때

$$v_m = \frac{\pi D_1 N_1}{60 \times 1000} = \frac{p Z_1 N_1}{60 \times 1000} \tag{12-1}$$

표 12−4는 롤러 체인 스프로킷에 대한 잇수 17개일 때, 적당한 최고 속도를 나타 낸 것이다.

표 12−4. 롤러 체인 스프로킷의 최고 속도(17개일 때)

(rpm)

호칭 번호	40	50	60	80	100	120	140	160	200
최고 회전수	2600	1500	1450	960	670	500	400	330	240

② 최대 속도 : 스프로킷 휠의 잇수(Z)는 많을수록 체인에 충격을 작게 주고, 체인 의 피치 p도 작을수록 원활한 운전을 할 수 있으므로, 체인의 최대 가능 속도를 다음과 같이 제한한다.

$$v_{max} = \frac{2Z_1}{\sqrt{p}} \tag{12-2}$$

그러나 실제로는 그림 12−6과 같이 정다각형에 벨트를 감는 상태가 되므로, 정다각형의 정점으로 체인이 진입하면 속도는 최대가 되고, 정다각형의 변을 따라 진입 하면 속도는 최소가 된다.

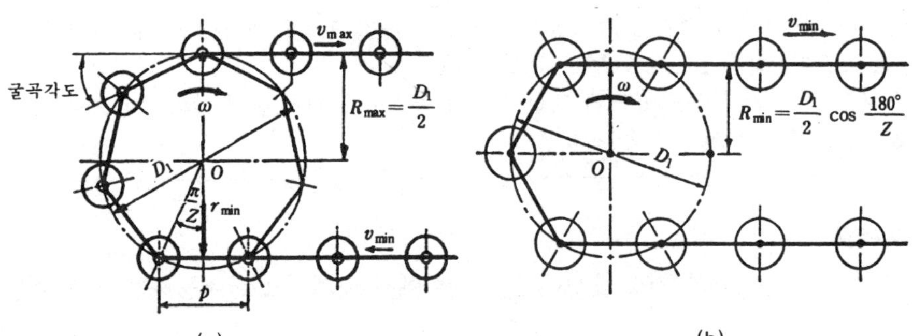

그림 12−6. 체인의 속도 변동률

$$\left.\begin{aligned} v_{max} &= \frac{\pi D_1 N}{60\times 10000} = \frac{D}{2}\omega \\ v_{min} &= \frac{\pi D_1 N}{60\times 1000}\cos\frac{\alpha}{2} = \frac{D}{2}\omega\cos\frac{\pi}{Z} \end{aligned}\right\} \quad (12-3)$$

표 12-5는 피로 파괴 방지를 고려하여 결정한 허용 회전 속도를 나타낸 것이다.

표 12-5. 롤러 체인의 최고 허용 회전 속도(rpm)

작은스프로킷 휠잇수	롤러 체인 번호								
	40	50	60	80	100	120	140	160	200
13	2180	1570	1180	750	535	415	305	260	185
14	2380	1720	1290	820	585	455	335	280	205
15	2560	1850	1390	880	630	490	360	305	220
16	2720	1960	1480	935	670	520	380	325	235
17	2860	2060	1550	985	700	550	400	340	245
18	2980	2150	1610	1020	730	570	415	355	255
19	3080	2220	1670	1060	755	590	430	365	265
20	3160	2280	1720	1090	775	605	440	375	270
21	3230	2330	1750	1110	790	620	450	385	280
22	3290	2370	1780	1130	805	630	460	390	280
24	3360	2420	1820	1160	825	645	470	400	290
26	3378	2438	1830	1160	829	649	474	400	290
30	3370	2430	1830	1160	825	645	470	400	290
32	3310	2386	1794	1140	811	633	462	392	284
35	3220	2320	1740	1110	790	615	450	380	275
40	2970	2140	1610	1020	730	570	415	355	255
45	2670	1930	1450	920	655	515	375	320	230
48	2466	1780	1342	851	607	476	345	293	212
54	2042	1472	1110	701	499	390	285	243	176
60	1580	1140	860	545	390	305	220	185	135

*** 설계상 주의**

① 체인은 최대 체인의 속도와 최소 체인의 속도와의 사이를 주기적으로 변화하므로, 장력의 변동, 소음, 진동의 원인이 된다.

② 가장 적당한 체인의 속도(v)는 5m/s 이하로서 롤러 체인일 때 2~3m/s, 사일런트 체인일 때 4~6m/s로서, 최대 10m/s를 넘지 않게 한다.

③ 스프로킷 휠의 회전 속도가 크게 되면 체인이 스프로킷 휠에 물릴 때의 충격으로 수명이 짧아지므로, 회전 속도에 제한을 둔다.

(2) 속도 변동률

체인의 최대 속도(v_{max})와 최소 속도(v_{min}) 사이에서 주기적으로 변동하는 속도 변동률(ε)은 다음과 같다.

$$\varepsilon = \frac{v_{max} - v_{min}}{v_{max}} \times 100 = (1 - \cos\frac{\pi}{Z}) \times 100 \quad (12-4)$$

(3) 굴곡 각도

그림 12-8과 같이 체인이 스프로킷 휠에 감겼을 때의 굴곡 각도(α)는 체인의 원활한 운전이나 마멸과 밀접한 관계가 있다.

$$\alpha = \frac{360°}{Z} \tag{12-5}$$

(4) 속도비

체인의 전동에서는 피치원 지름과 잇수가 비례하지 않으므로 기어와 같이 속도비(i)를 피치원 지름의 역비로 표시할 수 없다.

$$i = \frac{N_1}{N_2} = \frac{Z_2}{Z_1} \tag{12-6}$$

표 12-6은 롤러 체인과 사일런트 체인의 속도비와 사용 속도를 나타낸 것이다.

표 12-6. 속도비와 사용 속도의 비교

구분	롤러 체인			사일런트 체인		
	보통	최대	최저	보통	최대	최저
속 도 비	1 : 5 이하	1 : 7	-	1 : 6 이하	1 : 8	-
사 용 속 도	5m/s 이하	7m/s	2~3m/s	7m/s 이하	10m/s	4~6m/s

(5) 링크의 수

링크의 수 L_n은 평 벨트의 길이를 구하는 계산식과 같이 근사식으로 계산한다.

C : 축간 거리[mm : $C=(40\sim50)\,p$], p : 체인의 피치(mm), Z : 스프로킷의 잇수일 때

$$\left.\begin{aligned} L_n &= \frac{2C}{p} + \frac{Z_1+Z_2}{2} + \frac{p}{C}\left(\frac{Z_2-Z_1}{2\pi}\right)^2 \\ &= \frac{2C}{p} + \frac{Z_1+Z_2}{2} = \frac{(Z_2-Z_1)^2 p}{4C\pi^2} \\ &= \frac{2C}{p} + \frac{Z_1+Z_2}{2} + \frac{0.0257p}{C}(Z_2-Z_1)^2 \end{aligned}\right\} \tag{12-7}$$

＊ 설계상 주의

링크 수는 정수(interger)이어야 하고, 위 식에서 얻은 값의 끝수(소수점 이하)가 적어도 올려서 1링크로 한다.

(6) 체인의 길이

체인의 길이는 링크의 남은 수가 허용되지 않으므로, 한 쌍의 스프로킷 휠에 필요한 체인의 길이는 링크의 수에 피치 p를 곱해야 얻어진다.

$$L = L_n p \tag{12-8}$$

(7) 중심 거리

중심 거리 또는 축간 거리(C)는 다음과 같이 된다.

$$
\left.\begin{aligned}
C &= \frac{L_n - \dfrac{Z_1+Z_2}{2} + \sqrt{\left(L_n - \dfrac{Z_1+Z_2}{2}\right)^2 - 8\left(\dfrac{Z_2-Z_1}{2\pi}\right)^2}}{4} \times p \\
&= \frac{1}{8}\left[A - \sqrt{A^2 - 8\left(\frac{Z_2-Z_1}{\pi}\right)^2}\right]
\end{aligned}\right\} \qquad (12-9)
$$

단, 위 식에서 $A=2L-(Z_1+Z_2)$, $C=(40\sim50)p$, $C_{max}=80p$, $C_{min}=30p$로 한다.

(8) 유효 장력

① 파단 하중과 안전율을 고려할 때 : 일반적으로 유효 장력(P : 전달력)의 결정은 파단 하중(P_B : 절단 하중)(표 12−11)과 안전율 S로서 정하여지며, 원심력에 의한 장력과 자중에 의한 장력을 무시하고 계산한다.

$$
P=\frac{P_B}{S} \qquad (12-10)
$$

표 12−7은 안전율 S의 값이고, 표 12−8은 체인의 최대 장력을 나타낸 것이다.

표 12−7. 안전율(S)

구분		S
롤 러 체 인		5~20정도
사 일 런 트 체 인		30~50정도
속 도	0.4m/s 이하	7이상
	0.4~1m/s	8이상

표 12−8. 체인의 최대 장력(P)

속 도(v)	최대 장력 (파단 강도에 대한)	
	표준 상태	나쁜 조건
0.12m/s 이하	1/5	1/8
0.12~0.25m/s	1/6	1/10
0.25~0.5m/s	1/7	1/12

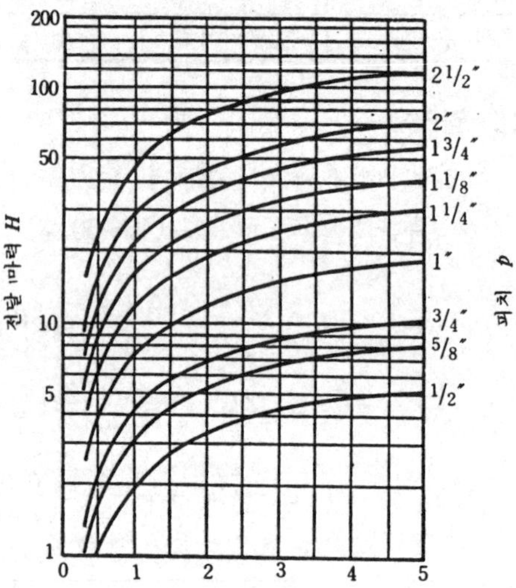

그림 12−7. 롤러 체인의 전달마력

＊ 설계상 주의

① 장력의 결정은 체인의 파단 하중과 안전율로 결정한다.
② 체인의 안전율은 일반적으로 $S=10$으로 하고, 속도가 빠를수록 큰 값을 취한다.
③ 축간 거리가 짧으며, 윤활이 어려울 때에는 $S=20$정도로 취한다.
④ 속도가 느릴 때에는 $S=7$정도로 취하고, 표 12−7을 참조한다.

② **체인의 운전 조건을 고려할 때** : 체인의 전동 기계와 운전 상태 및 시간, 원동기 등을 고려한 조건에서의 유효 장력(P)은 다음의 식으로 구한다.

P_B : 체인의 파단 하중(N), f : 운전 상태에 따른 부하 계수(표 12−9)

S : 안전 계수(보통 운전일 때 7~10), i : 다열 계수(표 12−10)일 때

$$\left.\begin{aligned} P &= \frac{P_B}{fS}\,i \quad ① \\ &= \frac{2.5p^2}{f(3+v)}\,i \quad ② \end{aligned}\right\} \qquad (12-11)$$

위 식 ②는 원심력을 무시하고, 표준 롤러 체인의 허용 장력을 구할 때 사용한다.

표 12−9. 부하 계수(f)

부하의 특징			1일의 사용 시간			
			10	24	10	24
전동 조건	보통의 전동	원심 펌프, 송풍기, 일반 수송 장치 등 부하가 균일한 것	1.0	1.2	1.4	1.7
	충격을 수반하는 전동	다통 펌프, 압축기, 공작 기계 컨베이어 등 부하 변동이 중간쯤 되는 것	1.2	1.4	1.7	2.0
	큰 충격을 수반하는 전동	프레스(press), 분쇄기, 토목 및 광산 기계 등 부하 변동이 격심한 것	1.4	1.7	2.0	2.4
원동기의 종류			전동기 터빈 엔진		디젤 엔진 단동 엔진	

표 12−10. 다열 계수(i)

열수	i
1	1.0
2	1.7
3	2.5
4	3.3
5	3.9
6	4.6

(9) 전달 동력

체인 전동에서는 최초 장력을 줄 필요가 없고, 긴장측의 장력은 자중에 의한 것이며, 이것을 무시하면 긴장측의 장력이 회전력으로 된다. 즉, 이완측의 장력은 거의 0 이므로, 긴장측의 장력이 최대 장력이 되고, 이것이 바로 전달력이 된다.

유효 장력(P), 파단 하중(P_B), 안전율(S)을 고려할 때 **전달 동력**(H)은

$$\left.\begin{aligned} H &= \frac{Pv_m}{735}\,(\mathrm{PS}) = \frac{Pv_m}{1000}\,(\mathrm{kW}) \\ &= \frac{P_B v_m}{735S}\,(\mathrm{PS}) = \frac{P_B v_m}{1000S}\,(\mathrm{kW}) \end{aligned}\right\} \qquad (12-12)$$

로 되고, 체인의 속도와 피치에 따른 전달 동력은 그림 12−7에서 찾을 수 있다.

표 12−11은 롤러 체인의 전달 동력(PS)과 최대 회전수를 나타낸 것이다.

> **＊ 설계상 주의**
> 체인을 선정할 때에는 기계의 부하 상태, 잇수, 체인의 파단 하중과 안전율을 고려한다.

표 12-11. 롤러 체인의 전달 마력 및 최대 회전수

호칭 번호	롤러 체인 피치 p mm	롤러 체인 내폭 W mm	파단 하중 P_B kN	전달 동력 (PS) 체인의 속도 v(m/min) 15	25	50	75	100	150	200	250	300	최대 회전수 rpm
40	12.7	7.9	14.2	0.60	0.82	1.45	2.92	1.53	3.60	4.06	3.55	4.15	2100
50	15.88	9.5	22.1	0.91	1.44	2.57	3.48	4.24	5.40	6.27	6.95	7.47	1820
60	19.05	12.7	32.0	1.28	2.03	3.62	4.92	5.98	7.63	8.84	9.78	10.53	1530
80	25.40	15.8	56.5	2.28	3.62	6.48	8.78	10.67	13.60	15.82	17.50	18.80	970
100	31.76	19.0	88.5	3.69	5.86	10.46	14.18	17.24	22.00	25.51	28.22	30.40	680
120	38.10	25.4	128	5.01	7.95	14.20	19.25	23.40	29.87	34.67	38.33	41.27	530
140	44.45	25.4	174	6.83	10.83	19.34	26.22	31.89	40.87	47.20	52.22	56.20	380
160	50.80	31.7	227	8.62	13.70	24.48	33.94	40.33	51.47	59.73	66.06	71.07	325
200	63.50	38.1	354	14.5	23.01	41.01	55.70	67.73	86.40	100.3	110.9	119.3	240

(10) 스프로킷 휠 각부 치수

① 피치원 지름 : 그림 12-8 (b)에서 피치(p)와 피치원 지름(D_1)과의 관계는 $\sin\alpha/2 = \overline{AB}/\overline{OA} = (p/2)/(D_1/2)$이고, $\alpha = 2\pi/Z$, $\alpha/2 = 180^\circ / Z$ 가 되므로, 피치원 지름(D_1)은 다음과 같다.

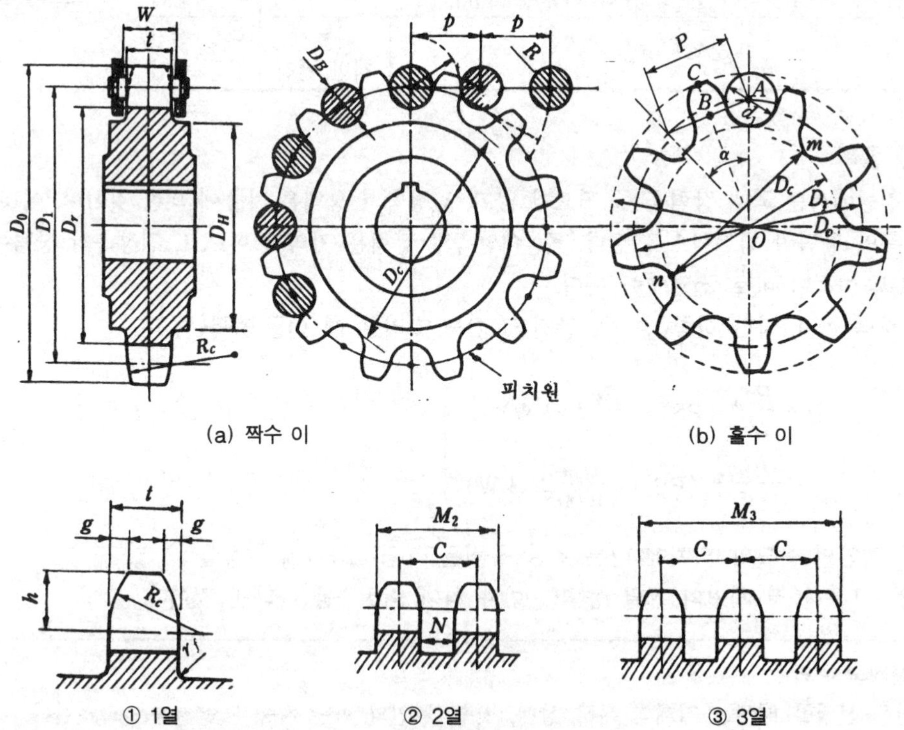

(a) 짝수 이　　(b) 홀수 이

① 1열　② 2열　③ 3열

(c) 열수

그림 12-8. 스프로킷 휠의 각부 치수

표 12-12. 스로킷 휠의 각부 치수(그림 12-8 참조)

호칭번호	피치 p	적용 롤러		가로 치형										가로피치 C
		바깥지름 D_B (최대)	링나비 W (최소)	모따기나비 g(약)	모따기깊이 h(약)	모따기반지름 R_c (최소)	원호 r_f 최대	이나비 t(최대)			2, 3열			
								단열	2열 3열	4열 이상	M_2	M_3	N	
40	12.70	7.94	7.95	1.6	6.4	13.5	0.5	7.2	7.0	6.5	21.4	35.8	7.4	14.4
50	15.875	10.16	9.53	2.0	7.9	16.9	0.6	8.7	8.4	7.9	26.5	44.6	9.7	18.1
60	19.05	11.91	12.70	2.4	9.5	20.3	0.8	11.7	11.3	10.6	34.0	56.8	11.6	22.8
80	25.40	15.88	15.88	3.2	12.7	27.0	1.0	14.6	14.1	13.3	43.3	72.6	15.3	29.3
100	31.75	19.05	19.05	4.0	15.9	33.8	1.3	17.6	17.0	16.1	52.8	88.6	18.8	35.8
120	38.10	22.23	25.40	4.8	19.0	40.5	1.5	23.5	22.7	21.5	68.0	103.4	22.8	45.4
140	44.45	25.40	25.40	5.6	22.2	47.3	1.8	23.5	22.7	21.5	71.5	120.4	26.3	48.9
160	50.80	28.58	31.75	6.4	25.4	54.0	2.0	29.4	28.4	27.0	86.9	145.4	30.1	58.5
200	63.50	39.69	38.10	7.9	31.8	67.5	2.5	35.3	34.1	32.5	105.6	177.2	37.6	71.6

$$D_1 = \frac{p}{\sin \frac{180°}{Z_1}}, \quad D_2 = \frac{p}{\sin \frac{180°}{Z_2}} \qquad (12-13)$$

또한, 마이크로미터 등으로 측정한 이뿌리 사이 거리 $mn = D_1$으로 볼 때, $D_1 = mn + D_B$가 구해지나 홀수이일 때 피치원 지름 (D_1)은 다음과 같이 구한다.

$$D_1 = \frac{(mn + D_{B)}}{\cos(\pi/2Z)} \qquad (12-14)$$

위에서 측정한 이뿌리 거리 mn을 캘리퍼 지름(caliper diameter)이라 한다.

② 바깥 지름 : 그림 12-8 (b)에서 $\overline{OC}$ 는 $\overline{BC}$ 와 $\overline{OB}$의 합이고, $\overline{BC} = 0.3p$ 로 가정하고, $\overline{OB} = \overline{AB}\cot\alpha/2 = (p/2)\cot(\alpha/2)$인 관계가 성립되므로, $D_o = 2 \times 0.3p + 2(p/2)\cot(\alpha/2)$에서 바깥 지름(D_0)은 다음과 같이 정리된다.

$$D_o = p\left(0.6 + \cot\frac{180°}{Z}\right) = D_1 + D_B \qquad (12-15)$$

③ 스프로킷 잇수

$$Z_1 = \frac{60 \times 1000\, v_m}{N_1 p} \qquad (12-16)$$

④ 최대 보스 지름 및 최대 홈 지름

$$D_H = p\left(\cot\frac{180°}{Z} - 1\right) - 0.76 \qquad (12-17)$$

⑤ 이뿌리의 거리 : D_b : 롤러 바깥 지름(mm) R : 롤러의 지름(mm)일 때

$$\left.\begin{aligned} D_c &= D_r \text{(짝수의 잇수)} \\ &= D_1\cos\frac{90°}{Z} - D_B = p\frac{1}{2\sin\frac{180°}{2Z}} - D_B \text{(홀수의 잇수)} \end{aligned}\right\} \qquad (12-18)$$

예제 12-1 2PS, 400rpm을 전달하는 롤러 체인 전동 장치에서 $i=1:2$, 피치 12.7mm, $v=3$ m/s 일 때, 다음을 구하여라. 단, $C=500$mm이다.

(1) 파단 하중(P_B)(단, $S=10$)　　(2) 원동차와 종동차의 잇수(Z_1, Z_2)
(3) 체인의 길이(L)

Solution

(1) $P=\dfrac{735H}{v}=\dfrac{735\times2}{3}=490(\text{N})$

$\therefore\ P_B=PS=490\times10=4900(\text{N})$

(2) $Z_1=\dfrac{v\times60\times1000}{N_1p}=\dfrac{3\times60\times1000}{400\times12.7}=35.4 \doteqdot 35(\text{매})$

$i=\dfrac{N_2}{N_1}=\dfrac{Z_1}{Z_2}=\dfrac{1}{2}\quad\therefore\ Z_2=70(\text{매})$

(3) $L_n=\dfrac{2C}{p}+\dfrac{1}{2}(Z_1+Z_2)+\dfrac{p}{4C}\left(\dfrac{Z_2-Z_1}{\pi}\right)$

$=\dfrac{2\times500}{12.7}+\dfrac{1}{2}(35+70)+\dfrac{12.7}{4\times500}\left(\dfrac{70-35}{\pi}\right)\doteqdot 132(\text{링크})$

$\therefore\ L=L_np=132\times12.7=1676.4(\text{mm})$

예제 12-2 7.5kW, 1150rpm인 전동기에서 510rpm인 캠축을 롤러 체인으로 전동할 때, 다음을 구하여라. 단. $i=1:2$, $v=4$m/s이다.

(1) 체인의 파단 하중(P_B)
(2) 스프로킷 잇수(Z_1, Z_2) : (단, $p=15.88$mm)

Solution

(1) 안전율(S)은 표 12-2에서 롤러 체인일 때, 10정도로 잡는다.

$P_B=\dfrac{1000HS}{v_m}=\dfrac{1000\times7.5\times10}{4}=18750(N)\doteqdot 18.7(\text{kN})$

(2) $Z_1=\dfrac{60\times1000v_m}{N_1p}=\dfrac{60\times1000\times4}{1150\times15.88}=13.1\doteqdot 13(\text{매})$

$Z_2=iZ_1=2\times13=26(\text{매})$

예제 12-3 1000rpm, 6PS을 전달하는 롤러 체인의 번호를 결정하여라. 단, 하중은 때때로 50%정도의 초과를 고려하고, $S=15$이다.

Solution

원동차의 잇수는 보통 17매 이상으로 하므로, 체인의 번호 No. 40, 50, 60에 대한 안전율 S를 구하여 안전 계수의 크기에 따라 결정한다.

(1) 번호 No. 40일 때 : 표 12-2에서 $p=12.7$mm이므로

$v_m=\dfrac{Z_1N_1p}{60\times1000}=\dfrac{17\times1000\times12.7}{60\times1000}=3.6(\text{m/s})$

$P=\dfrac{735H}{v_m}=\dfrac{735\times6}{3.6}=1225(\text{N})$

50%의 초과 하중을 고려하고, 파단 하중 $P_B=14.2$kN이므로

$$P=1225\times1.5=1838(\text{N})$$

$$\text{안전율 : } S=\frac{P_B}{P}=\frac{14.2\times10^3}{1838}=7.7$$

(2) 번호 No. 50일 때 : 표 12−2에서 $p=15.88$mm, $P_B=22.1$kN이므로

$$v_m=\frac{1000\times15.88\times17}{60\times1000}=4.5(\text{m/s})$$

$$P=\frac{735H}{v_m}\times1.5=\frac{735\times6\times1.5}{4.5}=1470(\text{N})$$

$$\text{안전율 : } S=\frac{P_B}{P}=\frac{22.1\times10^3}{1470}=15$$

(3) 번호 No. 60일 때 : 표 12−2에서 $p=19.05$mm, $P_B=32$kN이므로

$$v_m=\frac{1000\times19.05\times17}{60\times1000}=5.4(\text{m/s})$$

$$P=\frac{735H}{v_m}\times1.5=\frac{735\times6\times1.5}{5.4}=1225(\text{N})$$

$$\text{안전율 : } S=\frac{P_B}{P}=\frac{32\times10^3}{1225}\fallingdotseq26$$

이상에서 No. 60은 속도와 안전율이 크고, No. 50은 안전율이 충분하지 않다. 고로, No. 40을 2열로 롤러 사용하면 $S=7.7\times2=15.4$가 되어 적당하다.

예제 12-4 No. 40의 롤러 체인이 300rpm으로 회전하고, $Z_1=45$일 때, 전달 동력(kW)을 구하여라. 단, 1일 모터로 10시간 운전하고, 약간의 충격이 있다.

Solution 체인 번호 No. 40의 피치는 표 12−2에서 $p=12.7$mm이므로

$$v_m=\frac{pN_1Z_1}{60\times1000}=\frac{12.7\times300\times45}{60\times1000}=2.86(\text{m/s})$$

파단 하중(P_B)은 14.2kN(표 12−11)]이고, 부하 계수 $f=1.2$(표 12−9), $S\fallingdotseq10$(표 12−7), 다열 계수 $i=1$(표 12−10)이므로

$$P=\frac{P_B}{fS}i=\frac{14.2\times10^3}{1.2\times10}\times1\fallingdotseq1183(\text{N})$$

$$\therefore\ H=\frac{Pv_m}{1000}=\frac{1183\times2.86}{1000}\fallingdotseq3.4(\text{kW})$$

예제 12-5 3.7kW를 전달하는 토목 기계의 롤러 체인 장치를 설계하여라. 단, $N_1=900$rpm, $N_2=300$rpm, 축간 거리 600mm, $Z_1=17$, 하중은 때때로 50% 정도 초과하고, $S=16$ 이다.

Solution 우선 주어진 안전율 $S=16$에 알맞는 체인의 번호를 선정하기 위하여 다음과 같이 No. 40, No. 50, No. 60에 대하여 구하여 본다.

공식 \ 번호	No. 40	No. 50	No. 60
(1) 평균 속도 $v_m=\frac{pZ_1N_1}{60\times1000}$	$v_m=\frac{12.7\times17\times900}{60\times1000}$ $=3.24\,(\text{m/s})$	$v_m=\frac{15.88\times17\times900}{1000\times60}$ $=4.05\,(\text{m/s})$	$v_m=\frac{19.05\times17\times900}{1000\times60}$ $=4.86\,(\text{m/s})$
(2) 최대 하중(50%의 초과를 고려) $P_{\max}=\frac{1000H}{v_m}\times1.5$	$P_{\max}=\frac{1000\times3.7}{3.24}\times1.5$ $=1713(\text{N})$	$P_{\max}=\frac{1000\times3.7}{4.05}\times1.5$ $=1370(\text{N})$	$P_{\max}=\frac{1000\times3.7}{4.86}\times1.5$ $=1142(\text{N})$
(3) 안전율 $S=P_B/P_{\max}$	$S=\frac{14200}{1713}=8.3$	$S=\frac{22100}{1370}=16$	$S=\frac{32000}{1142}=28$

이상의 결과에서 No. 60은 안전율이 과대하고, No. 50은 안전율이 충분하지 않다. 고로 No. 40의 체인을 2열 체인으로 사용하면 체인의 속도도 크지 않고, 안 전율은 $S=8.3\times2=16.6$이므로 요구를 만족한다.

(4) 종동차의 잇수(Z_2) : $Z_2=Z_1\frac{N_1}{N_2}=17\times\frac{900}{300}=51$(개)

항목 · 공식	원동차	종동차
(5) 피치원 지름 $D_1=\frac{p}{\sin\frac{180°}{Z_1}}$	$D_1=\frac{12.7}{\sin\frac{180°}{17}}=\frac{12.7}{\sin 10.59°}$ $=69.10\,(\text{mm})$	$D_2=\frac{12.7}{\sin\frac{180°}{51}}=\frac{12.7}{\sin 3.529°}$ $=206.3\,(\text{mm})$
(6) 바깥 지름 $D_0=p\left(0.6+\cot\frac{180°}{Z_1}\right)$	$D_{01}=12.7\left(0.6+\cot\frac{180°}{17}\right)$ $=75.34\,(\text{mm})$	$D_{02}=12.7\left(0.6+\cot\frac{180°}{51}\right)$ $=213.55\,(\text{mm})$
(7) 이뿌리원 지름 $D_r=D_1-D_B$	$D_{r1}=D_1-D_B=69.1-7.94$ $=61.16\,(\text{mm})$ (D_B: 표 12-12)	$D_{r2}=D_2-D_B=206.3-7.94$ $=198.36\,(\text{mm})$

(8) 가로 피치 : $C=14.4$mm(표 12-12에서)

(9) 이 나비 : $M_2=21.4$mm(표 12-12에서)

(10) $$L_n=\frac{2C}{p}+\frac{1}{2}(Z_1+Z_2)+\frac{0.0257p}{C}(Z_2-Z_1)^2$$
$$=\frac{2\times600}{12.70}+\frac{1}{2}(17+51)+\frac{0.0257\times12.7}{600}(51-17)^2$$
$=130$(링크)

(11) $L=pL_n=12.7\times130\doteqdot1650\,(\text{mm})$

이상의 계산에 의하여 원동 스프로킷의 치수를 나타내면, 그림 12-9와 같다.

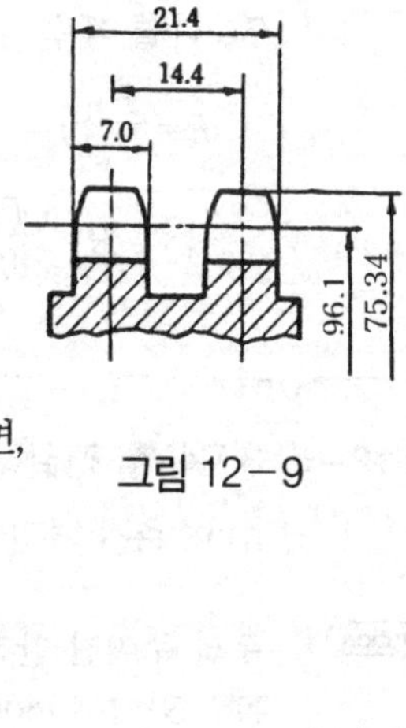

그림 12-9

12-2 사일런트 체인

여러 매 강판을 겹쳐서 핀으로 결합한 것을 사일런트 체인(Silent chain)이라 한다.

1. 일반 사항

(1) 특 성

① 운전이 원활하고, 고속 회전에도 정숙하다.

② 전동 효율이 98% 이상까지 도달한다.

③ 모양과 치수에 높은 정밀도가 요구되므로, 공작이 어렵고, 값이 바싸며, 무겁다.

④ 장시간 사용으로 늘음이 생기므로 물림 상태가 나쁘게 되고, 소음을 발생한다.

(2) 구 조

표 12−13 그림과 같이 양쪽에 3각형 다리의 강판을 연결하여 필요한 길이로 하고, 전달 동력에 따라 링크를 가로로 몇 줄이고 나란히 설치하여 적당한 나비를 갖는다.

표 12−13과 표 12−14는 사일런트 체인의 규격 치수를 나타낸 것이다.

표 12−13. 사일런트 체인의 규격 치수

(a) 외형

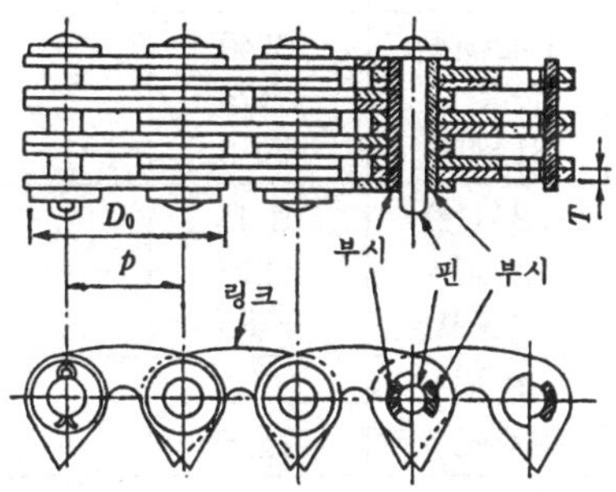

(b)

피치(p)		링크 플레이트(mm)		핀의 지름	부시 두께	와셔(mm)		면각
(in)	(mm)	길이(D_o)	두께(T)	d(mm)	d_1(mm)	지름(D1)	두께(t)	(β)
3/8	9.52	17.25	1.52	2.77	0.71	6.35	1.52	60°, 70° 및 80°
1/2	12.70	22.27	1.52	3.17	1.02	7.24	1.52	50° 및 60°
5/8	15.87	27.48	1.52	4.75	1.27	9.25	1.52	52° 및 60°
3/4	19.05	32.94	1.52	4.75	1.25	10.46	1.52	52°, 60° 및 70°
1	25.40	43.61	1.52	6.35	1.25	12.70	2.03	52°
1¼	31.75	54.02	3.04	8.71	2.03	15.87	2.03	52°
1½	38.10	74.69	3.04	11.10	2.03	19.05	2.03	60° 및 52°
2	50.80	86.00	3.04	14.27	2.03	22.22	2.03	52°

표 12-14. 사일런트 체인의 치수

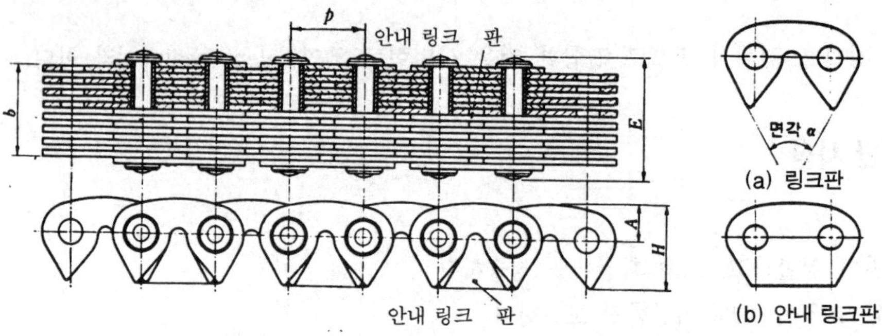

(단위 : mm)

피치 p	체인 나비 b(호칭)	리벳 핀의 길이 E	스프로킷 피치 지름으로부터의 체인 높이 A (최소)	체인 높이 H (최대)	파단 하중 P_B(kN)	평균 중량 (N/m)
9.525 mm (3/8″)	12.7(½)	15.21	4.93	10.11	0.85	5.7
	19.1(¾)	21.56	4.93	10.11	12.7	8.3
	25.4(1)	27.91	4.93	10.11	17	11.2
	31.8(1¼)	34.26	4.93	10.11	21.3	14.0
	38.1(1½)	46.96	4.93	10.11	25.5	18.6
	50.8(2)	53.31	4.93	10.11	34	22.3
12.70 mm (1/2″)	19.2(⅓¼)	22.40	6.53	13.44	25.4	11.2
	25.4(1)	28.75	6.53	13.44	34	14.9
	31.8(1¼)	35.10	6.53	13.44	42.2	18.6
	38.1(1½)	41.45	6.53	13.44	50.8	22.3
	50.8(2)	54.15	6.53	13.44	68	29.8
	63.5(2½)	66.85	6.53	13.44	84.8	37.2
	76.2(3)	79.55	6.53	13.44	102	44.6
	88.9(3½)	92.25	6.53	13.44	118.8	52.1
19.05 mm (3/4″)	38.1(1½)	42.67	9.80	20.17	76.7	33.5
	50.8(2)	55.37	9.80	20.17	102.1	44.6
	63.5(2½)	68.07	9.80	20.17	127.5	55.8
	76.2(3)	80.77	9.80	20.17	133.3	67.0
	101.1(4)	106.17	9.80	20.17	204.1	89.3
	127.0(5)	131.57	9.80	20.17	254.9	111.6
25.40 mm (1″)	76.2(3)	80.80	13.06	26.85	204.1	89.3
	101.6(4)	106.20	13.06	26.85	272.2	119.0
	127.0(5)	131.60	13.06	26.85	340.2	148.8
	152.4(6)	157.00	13.06	26.85	408.2	178.6

비고 스프로킷 이(齒)의 모양이 인벌류트 치형인 것을 직선의 것보다 운전이 정숙하고, 체인의 속도 $v=$ 30m/s, $H=$100kW의 고속, 큰 용량의 전동도 가능하다.

① 링크 판은 냉간 압연 강재로 성형하고, 열처리를 하여 강인성과 내마모성을 준다.

② 이음 핀은 냉간 인발 강재에 표면 경화를 하고, 바깥 둘레를 연마 다듬질한다.

③ 스프로킷 휠의 바깥지름은 보통 피치원 지름과 같게 되어 있다.

(3) 연결 형식

① **레이놀즈 사일런트 체인**(Reynolds silent chain : 영국 Manchester의 Hans Renold에 의하여 고안된 것) : 그림 12-10 (a)와 같은 핀 이음으로 링크 벨트형이라 하고, 2개의 라이너를 집어넣은 것이다. 그림에서 부시 m'는 링크 판 A에, 부시 m은 링크 판 B에 고정되어 있다.

② **모스 사일런트 체인**(Morse silent chain : The Morse Chain Co.에 의하여 고안된 것) : 그림 (b)와 같이 핀 대신에 받침 a, b에서 접촉하도록 되어 있는 것으로 링크의 굴곡 운동을 핀 사이의 로커 운동으로 바꿔서 마모를 작게 한 것이다. 이것은 2개 핀으로 굴곡 운동을 핀 로커 운동으로 바꿔 마모를 작게 한다.

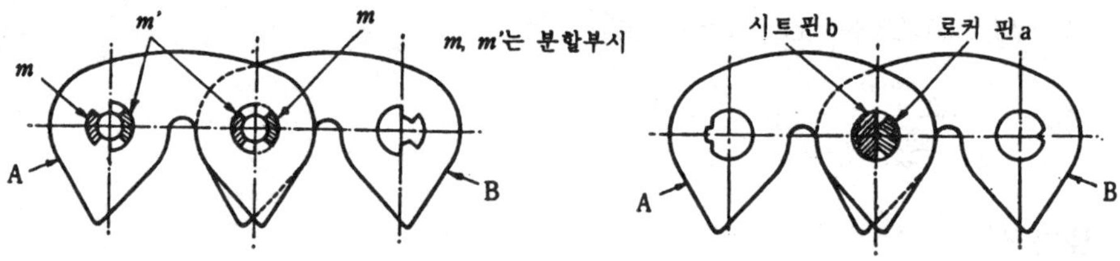

(a) 레이놀즈형 사일런트 체인 (b) 모스형 사일런트 체인

그림 12-10. 사일런트 체인의 연결 형식

(4) 안내 링크(그림 12-11)

이것은 안내 링크 판으로 운전 중 가로 미끄럼을 방지하기 위하여 설치한다.

그림 (a)는 체인 안내 링크를 중앙에 집어넣은 것을 센터 가이드형(center guide type) 체인이라고 한다. 이 때에는 스프로킷 휠의 중앙에 홈(溝)을 파놓아야 된다.

그림 (b)는 안내 링크가 체인의 양쪽에 달려 있는 사이드 가이드형 체인이다.

그림 (c)는 가이드 링크 판 없는 것을 넌 가이드형(non guide type)이라 하며, 이것은 스프로킷 휠의 이부분 양측에 플랜지를 설치하여 가로 미끄럼 이동을 방지한다.

(a) 센터 가이드형 (b) 사이드 가이드형 (c) 넌 가이드형

그림 12-11. 안내 링크

2. 사일런트 체인의 설계

(1) 속도 : 롤러 체인의 속도와 같이 사용된다.

$$v=\frac{\pi D_1 N_1}{1000\times 60}=0.0000524 D_1 N_1=\frac{p Z_1 N_1}{60000} \tag{12-19}$$

속도는 $v=7\,\mathrm{m/s}$ 이하로서 특히 4~6m/s가 가장 적당하다. 그리고 피치가 작으면 최대 10m/s까지 허용되나 고속일수록 소음이 크게 나고 내구성을 해친다.

(2) 각부 치수

체인의 길이(L)는 평 벨트의 공식을 그대로 사용하고, 이끝원 지름(D), 작용면 최소 지름(B), 피치원 지름(D_1)은 다음과 같이 구한다.

$$D=p\left(\cot\frac{180°}{Z}-0.22\right)(\mathrm{in}) \tag{12-20}$$

$$B=p\sqrt{1.51523+\left(\cot\frac{180°}{Z}-1.1\right)^2}\ (\mathrm{in}) \tag{12-21}$$

$$D_1=\frac{p}{\sin\frac{180°}{Z}}\ (\mathrm{mm}) \tag{12-22}$$

(3) 양면이 맺는 각

그림 12−12에서 링크의 양 끝의 경사면이 맺는 각을 면각(面角) α라 할 때, $\frac{\alpha}{2}=\left(\alpha-\frac{360°}{Z}\right)-\frac{\alpha}{2}$ 이고, 스프로킷 휠 1개 이의 양면이 맺는 각 β는 다음과 같다.

α : 이 한 개의 양 측면이 맺는 각

$360°/Z$: 스프로킷 1개의 중심각

Z : 잇수일 때

$$\therefore\ \beta=\alpha-\frac{720°}{Z}=\alpha-\frac{4\pi}{Z} \tag{12-23}$$

일반적으로 면각은 50°, 60°, 70°, 80°의 4종류가 있다.

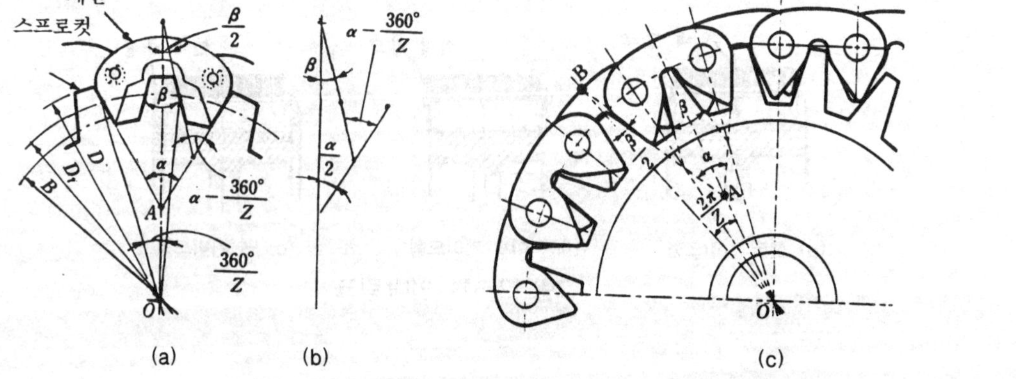

그림 12−12. 면각

＊ 설계상 주의

① 스프로킷 휠의 바깥 지름은 일반적으로 피치원 지름과 같다.
② 스프로킷 휠의 잇수는 면각 $\alpha=52°$일 때 17~120개가 사용되고, α가 클 때 11~15까지 감소시킬 수 있으나 일반적으로 17개 이상으로 한다.
③ 스프로킷 휠의 마멸을 균일하게 하기 위하여 잇수는 될수록 홀수로 한다.
④ 축간 거리는 롤러 체인과 같이 피치의 30~50 p 정도로 하고, 이것 보다 짧으면 체인의 굴곡 회수가 많아져 체인의 수명이 짧아지고, 이것보다 길게 하면 진동을 일으키기 쉽다.
⑤ 링크의 수는 짝수로 하는 것이 좋고, 축간 거리를 조정할 수 있도록 한다.

(4) 파단 하중

파단 하중(P_B)은 각 제품에 따라 다르나 일급 제품에 대하여 다음 식으로 구한다.

p : 체인의 피치(cm)

b : 체인의 나비(cm)일 때

$$P_B=3773pb(\text{si 단위})=385pb(\text{중력 단위}) \qquad (12-24)$$

(5) 전달 동력

사일런트 체인의 전동을 선택하려면 전달 동력, 원동축과 종동축의 회전수, 지름 하중 상태, 안전율(s)을 고려하여 전달 동력(H : ps)은 다음의 식으로 구한다.

$$H=\frac{P_w v}{735}=\frac{P_B v}{735S} \qquad (12-25)$$

단, 위 식에서 유효 하중 $P_w=P_B/S$로 구한다.

표 12−15는 체인의 피치(p)와 나비(b) 또는 속도(v)를 알고, 체인 1″마다의 전달 마력을 찾을 수 있다.

표 12−15. 사일런트 체인의 나비 25.4mm당 전달 마력(PS)

피치 p mm	나비 b (mm)	속도 v (m/s)														v_{max} m/s
		2.5	3	3.5	4	4.5	5	5.5	6	6.5	7	7.5	8	8.5	9	
9.52	12.7~76.2	1.74	1.96	2.14	2.32	2.44	2.59	2.73	2.83	2.94	2.98	3.09	3.20	8.31	3.42	6.5
12.70	12.7~101.0	2.24	2.52	2.77	3.00	3.12	3.38	3.53	3.68	3.78	3.90	3.93	3.96	3.99	4.02	6.5
15.88	25.4~152.4	2.77	3.13	3.42	3.70	3.93	4.16	4.37	4.55	4.68	4.82	4.93	5.04	5.15	5.26	6.5
19.05	25.4~152.4	3.42	3.86	4.21	4.53	4.86	5.24	5.37	5.58	5.78	5.90	6.08	6.26	6.44	6.62	6.5
25.40	50.8~254.0	4.68	5.28	5.79	6.21	6.69	7.02	7.32	7.65	7.92	8.13	8.37	8.61	8.85	9.09	6.5
31.75	76.2~304.8	5.41	6.13	6.65	7.22	7.71	8.12	8.56	8.87	9.14	9.41	9.60	9.70	9.95	10.0	7.5
38.10	76.2~304.8	7.14	8.07	8.77	9.52	10.2	10.7	11.3	11.7	12.1	12.4	12.7	13.0	13.1	13.2	7.5
50.80	152~457	9.52	10.7	11.7	12.6	13.6	14.3	15.1	15.6	16.1	16.5	16.9	17.2	17.5	17.6	8.0

표 12－16은 사일런트 체인의 안전율(S)을 나타낸 것이다.

표 12－16. 안전율(S)의 값

하중의 상태	10시간 이하 (1일중)		24시간(1일중)	
	모터 터빈	내연 기관	모터 터빈	내연 기관
충 격 이 없 다	1	1.3	1.3	1.7
충격이 중간 정도	1.3	1.7	1.7	2.
충 격 이 크 다	1.7	2	2	2.5

예제 12－6 1200rpm으로 회전하는 사일런트 체인 피치 12.7mm($p=1/2''$), 나비 25.4mm, 잇수 $Z_1=17$, $Z_2=50$일 때, 다음을 구하여라. 단, $S=1.3$이다.

(1) 스프로킷의 바깥 지름(D)
(2) 작용면의 최소 지름(B)
(3) 스프로킷의 피치원 지름(D_1)
(4) 속도(v)
(5) 파단 하중(P_B)
(6) 유효 하중(P_w)
(7) 전달 동력(kW)

Solution

(1) $D=p\left(\cot\dfrac{\pi}{Z_1}-022\right)\times 25.4$

$=12.7\left(\cot\dfrac{180°}{17}-0.22\right)\times 25.4=1758.7(\text{mm})$

(2) $B=p\sqrt{1.515213+\left(\cot\dfrac{\pi}{Z_1}-1.1\right)^2}\times 25.4$

$=12.7\times\sqrt{1.515213+\left(\cot\dfrac{\pi}{17}-1.1\right)^2}\times 25.4=1526.4(\text{mm})$

(3) $D_1=\dfrac{p}{\sin(180°/Z_1)}=\dfrac{12.7}{\sin(180°/17)}=72(\text{mm})$

이상은 작은 스프로킷 휠에 대한 것이고, 큰 스프로킷 휠에 대하여는 위 계산 공식을 그대로 이용하여 $Z_2=50$을 적용하여 구하면 된다.

(4) $v=\dfrac{pZN}{1000\times 60}=\dfrac{12.7\times 17\times 1200}{60000}=4.3(\text{m/s})$

(5) $P_B=3773pb=3773\times 1.27\times 2.54 \fallingdotseq 12.2(\text{kN})$

(6) $P_w=\dfrac{P_B}{S}=\dfrac{12200}{1.3}=9385(\text{N})$

(7) $H=\dfrac{P_w v}{1000}=\dfrac{9385\times 4.3}{1000}\fallingdotseq 40(\text{kW})$

제12장 연습문제

•논문형

1. 체인 전동의 특성을 설명하여라.
2. 체인의 종류와 특성을 설명하여라.
3. 롤러 체인과 사일런트 체인을 비교 설명하여라.
4. 체인 전동의 속도 변동률에 대하여 설명하여라.
5. 스프로킷 휠의 피치원 지름과 바깥 지름 공식을 설명하여라.
6. 사일런트 체인의 면각과 양면이 맺는 각에 대하여 설명하여라.
7. 사일런트 체인 전동에서 안내 링크의 역할을 설명하여라.

•계산형

12－1. No. 50인 롤러 체인으로 3.7kW의 동력을 전달할 때, 안전 계수 20이상으로 유지 하기 위한 체인의 속도를 구하여라. 단, 파단 하중 22.1kN이다.

12－2. $v = 3$m/s, 8PS을 전달하는 롤러 체인 장치에서 750rpm인 원동축에서 250rpm 인 종동축에 전달할 때, 다음을 구하여라. 단, $S = 15$이다.

(1) 단열 롤러 체인의 전달력(P)　　(2) 원동축 스프로킷의 잇수(Z_1)

(3) 종동축 스프로킷의 피치원 지름(D_2)

12－3. No. 50인 롤러 체인(파단 하중 22.1kN, 피치 15.88mm)이 8kW를 전달할 때, 다음을 구하여라. 단, $Z_1 = 20$, $S = 15$이다.

(1) 허용 하중(P) (2) 속도(v)　　(3) 사용 회전수(N_1)

12－4. 3kW, 750rpm을 전달하는 체인 전동 장치에서 i=1/3, $v_m = 2$m/s일 때, 다음을 구하여라. 단, 피치 19.05mm이다.

(1) 유효 장력(P)　　(2) 잇수(Z_1, Z_2)

12－5. No. 50(파단 하중 22.1kN, 피치 15.88mm)인 롤러 체인이 3.7kW, 750rpm의 구동축을 250rpm으로 감속 운전할 때, 다음을 구하여라. 단, 원동 스프로킷 휠 잇수 17개이다.

(1) 안전율(S)　　(2) 종동 스프로킷의 잇수(Z_2)

12－6. 12kW를 전달하는 체인 스프로킷의 속도 $v = 6m/s$, $N_1 = 1200$rpm, $N_2 = 300$rpm 일 때, 다음을 구하여라. 단, 피치 15.88mm, 사용 계수 $k = 1$, $S = 15$이다.

(1) 체인의 파단 하중(P_B)　　(2) 스프로킷 휠의 잇수(Z_1, Z_2)

12－7. No. 40인 2열 롤러 체인($p = 12.7$mm)이 10kW, 1200rpm을 전달하고, $v = 5$ m/s, 600rpm으로 펌프를 움직일 때, 다음을 구하여라. 단, 축간 거리 500mm, 1 일 24시간 운전, 부하 계수 $f =$ 1.3, 다열 계수 1.7, $S = 10$이다.

(1) 파단 하중(P_B)　　(2) 스프로킷 잇수(Z_1, Z_2)

(3) 스프로킷 피치원 지름(D_1, D_2)　　(4) 스프로킷 바깥 지름(D_{01}, D_{02})

12－8. 1000rpm으로 회전하는 롤러 체인으로 종동축에 250rpm을 전달시킬 때, 다음을 구하여라. 단, $v = 3$m/s, 피치 19.05mm이다.

(1) 스프로킷의 잇수(Z_1, Z_2)　　(2) 스프로킷 피치원 지름(D_1, D_2)

12-9. 30kW인 모터로 450rpm을 전달하는 섬유 기계에 사용할 롤러 체인에 가해지는 작용 하중을 구하여라. 단, $Z_1=16$, $p=38.1$mm이다.

12-10. $N_1=1000$rpm, $N_2=200$rpm, 10PS을 전달하는 롤러 체인의 속도 4.5m/s일 때, 다음을 구하여라. 단, $p=15.88$mm, $S=15$이다.

(1) 잇수(Z_1, Z_2) (2) 전달 하중(P)

12-11. No. 60인 롤러 체인(파단 하중 : 36.5kN)의 원동 스프로킷 회전수 600rpm, 잇 수 $Z_1=20$, $Z_2=67$, 축간 거리 740mm일 때, 다음을 구하여라. 단, $p=19.05$mm, $S=12$이다.

(1) 체인의 길이(L) (2) 링크의 수(L_n)

(3) 전달 동력(kW)

12-12. $Z_1=18$인 롤러 체인 스프로킷의 피치 15.88mm, $N=800$rpm일 때, 전달 동력 (kW)을 구하여라. 단, 파단 강도 21kN, 안전율 15이다.

12-13. No. 50인 롤러 체인(파단 하중 22.1kN, 피치 15.88mm)이 800rpm으로 종동 축에 250rpm을 전달할 때, 다음을 구하여라. 단, 구동 휠 잇수 15, $S=10$이다.

(1) 종동 스프로킷의 피치원 지름(D_2)

(2) 속도(v)

(3) 전달동력(kW)

12-14. No. 50인 롤러 체인(파단 하중 22.1kN, $p=15.88$mm)으로 750rpm의 구동축 을 250rpm으로 감속 운전할 때, 다음을 구하여라. 단, $Z_1=17$, $S=16$이다.

(1) 체인의 속도(v) (2) 종동 스프로킷의 피치원 지름(D_2)

(3) 체인의 전달 동력(kW)

12-15. $v=0.8$m/s인 롤러 체인의 파단 하중 22.1kN일 때, 전달 동력(PS)을 구하여라. 단, 부하 계수 1.4, 다열 계수 1.7, $S=10$이다.

Answer

12-1. 3.3m/s 12-2. (1) 1960N (2) 13개 (3) 237mm

12-3. (1) 1473N (2) 5.4m/s (3) 1039rpm 12-4. (1) 1500N (2) $Z_1=9$개, $Z_2=27$개

12-5. (1) 20 (2) 51개 12-6. (1) 30.6kN (2) $Z_1=19$개, $Z_2=76$개

12-7. (1) 15.3kN (2) $Z_1=20$개, $Z_2=40$개 (3) $D_1=81$mm, $D_2=151$mm (4) $D_{01}=87.8$mm, $D_{02}=168.9$mm

12-8. (1) $Z_1=10$개, $Z_2=40$개 (2) $D_1=61.65$mm, $D_2=242.8$mm 12-9. 6565N

12-10. (1) $Z_1=17$개, $Z_2=85$개 (2) 24.5kN

12-11. (1) 2336.11mm (2) 124개 (3) 11.6kW 12-12. 5.3kW

12-13. (1) 243mm (2) 3.18m/s (3) 6.9kW

12-14. (1) 3.4m/s (2)258 mm (3) 4.7kW 12-15. 2.9PS

제13장 로프(rope)

로프 전동장치는 목면(cotton), 마(hemp), 강선(steel wire) 등으로 만든 로프(rope)를 홈 바퀴(grooved wheel)에 감아 걸어서 회전을 전달하는 것이다(그림 13-1).

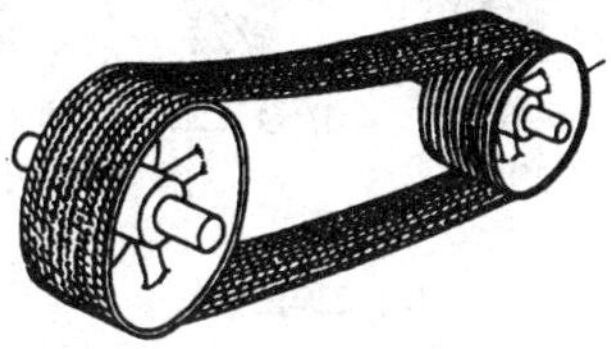

(a)

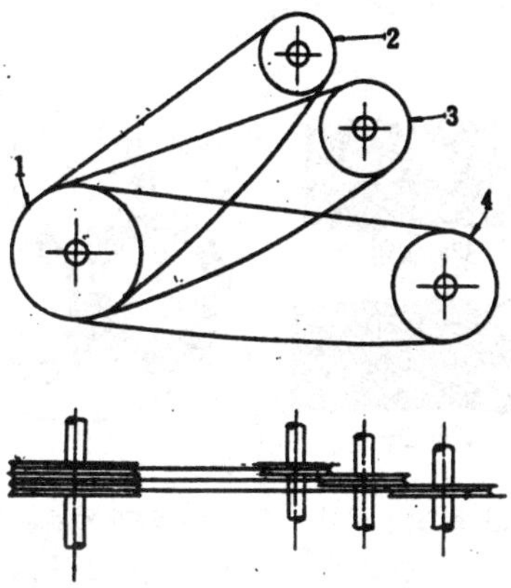

(b)

그림 13-1. 로프 전동

13-1 일반 사항

1. 섬유질 로프

섬유질(纖維質) 로프(textile rope)는 목면, 대마를 재료로 만든 로프를 말한다.

(1) 종 류

① 대마 로프(hemp rope) : 일본 대마를 원료로 하는 백마 로프(白麻綱)와 마닐라 대마를 원료로 하는 마닐라 로프(manilla rope), 콜타르 및 특수한 염료에 잠겨서 방 부시킨 타르 로프(tar rope) 등의 3가지가 있다.

a. 장점 : 비바람에 강하여 옥외 사용에 적합하고, 인장력은 80~150N/cm^2이다.

b. 단점 : 탄성이나 가소성(可塑性)이 적어 지름이 작은 풀리에는 적합하지 않고, 썩는 것을 방지하기 위하여 파라핀, 수지, 흑연 등을 침투시켜 사용한다.

② 면(綿) 로프 : 면화(棉花)의 솜을 자아 만든 실로 만든 무명 로프이다.

a. 장점 : 강도나 풍우에 대한 내구성은 떨어지나 탄성이 있고, 유연하여 잘 굽어지는 탄성과 가소성이 풍부하여 지름이 작은 로프 풀리에 걸어 사용할 수 있으며, 옥내용으로 쓰인다. 사용 인장력이 80~100N/cm^2이다.

b. 단점 : 강도가 작고, 비바람에 약하며, 습기의 영향을 받기 쉬우므로 옥외의 사용시 수명이 짧아진다.

(2) 꼬는 방법

① 면 또는 마 로프는 섬유로 만든 실(yarn)을 꼬아서 작은 스트랜드(strand)를 만들고, 그림 13−2와 같이 3개 또는 4개의 스트랜드를 꼬아서 로프를 만든다.

② 일반적으로 실은 왼쪽 꼬임, 스트랜드는 오른쪽 꼬임, 로프는 왼쪽 꼬임을 한다.

③ 3개를 합하여 꼬은 3개 꼬임과 4개를 합하여 꼬은 4개 꼬임이 있다.

④ 3개 꼬임은 작은 동력의 전달에 사용되고, 주로 4개 꼬임을 사용한다.

⑤ 4개 꼬임은 중심에 별도로 심(芯 : center core)을 넣는다. 따라서 4개 꼬임쪽이 로프 풀리와 접촉 면적이 크다.

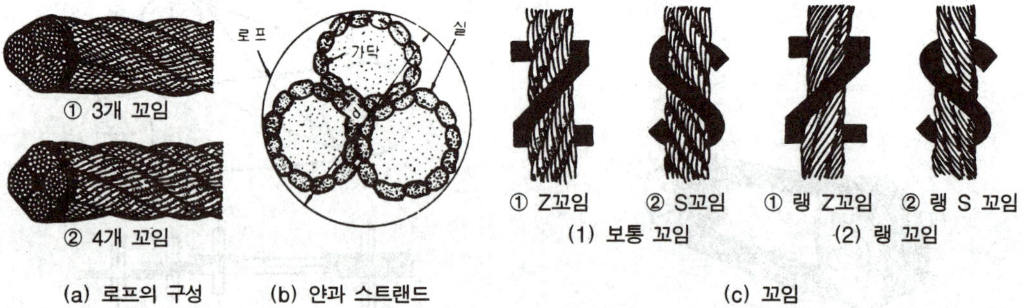

그림 13−2. 섬유 로프와 와이어 로프의 꼬임 방향

⑥ 보통 실은 왼쪽 꼬임, 스트랜드는 오른쪽 꼬임, 로프는 왼쪽 꼬임으로 한다.

⑦ 작은 동력의 전동에는 3개 꼬임을 사용하나 보통 4개 꼬임을 사용한다.

⑧ 전동용 섬유 로프는 크기가 25~50mm 정도의 것을 사용하며, 굵은 것을 한개보다 가는 것을 여러 개 사용하는 것이 좋다.

(3) 꼬임 종류[그림 13−2 (c)]

① **보통 꼬임** : 스트랜드의 꼬임과 로프의 꼬임이 반대 방향인 것으로 랭 꼬임에 비하여 소선(素線)의 꼬임이 경사가 급격하여 접촉 면적이 좁다. **특성**은 소선의 마멸이 빠르고, 로프가 엉키지 않아서 취급이 쉽다.

② **랭 꼬임** : 스트랜드의 꼬임과 로프의 꼬임이 같은 방향인 것으로 꼬임의 경사가 완만하므로 접촉 면적이 넓다.

a. **특성** : 마멸에 의한 손상이 적어 내구성이 좋고, 유연성이 좋으나 엉킴이 많아 취급에 주의하여야 한다.

b. **용도** : 광산용으로 많이 사용된다.

(4) 섬유질 로프 풀리(그림 13−3)

V형 홈의 바퀴를 **로프 풀리**(rope pulley) 또는 **시브**(sheave), **활차**(滑車)라고 한다. 홈 속에 쐐기 모양으로 끼워져서 30~60° 정도의 홈 경사면에 접촉하도록 하여 이곳에서의 마찰력으로 동력을 전달하는 것이므로 로프는 홈의 바닥에 접촉하지 않도록 한다.

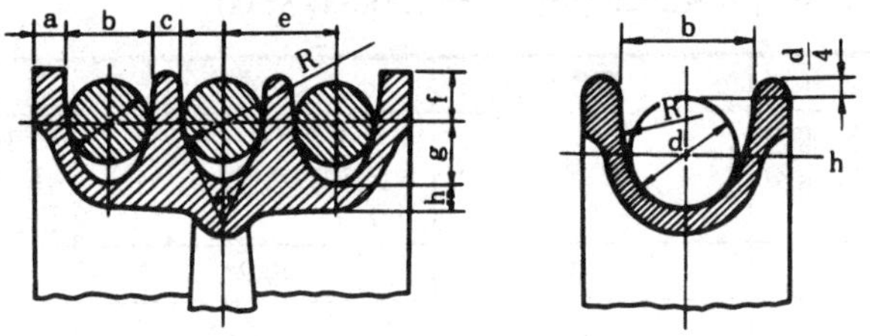

d= 로프 지름
$a=0.35d+0.15$
$b=1.25d$
$c=0.2d+0.15\text{cm}$
$f=0.7d$
$q=0.875d$
$h=0.4d+0.15\text{cm}$
$\theta=45°$ 또는 60~30°

(a) 로프와 풀리 (b) 안내 풀리

그림 13-3. 섬유질 로프 풀리

2. 와이어 로프

질이 좋은 강선(wire) 즉, 소선[경강선재(HSWR)]를 열처리하여 몇 번이고 다이(die)를 통과시켜 필요한 크기로 만들어, 아연 도금한 후에 꼬아서 만든 것을 와이어 로프(wire rope)라 한다(그림 13-4).

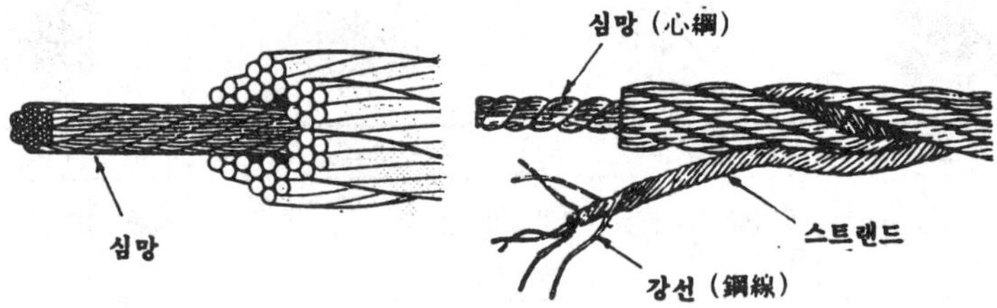

(a) (b)

그림 13-4. 와이어 로프의 구조

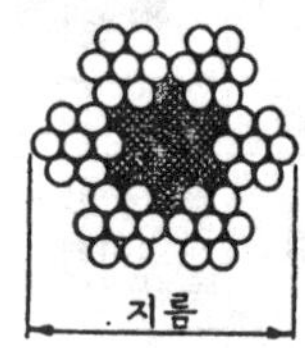

그림 13-5. 와이어 로프의 크기

(1) 특 성

① 강도가 크고, 내구성이 높아서 큰 동력의 전달에 사용된다.
② 중심에 대마심을 넣은 것으로 유연성을 주어 자유로이 굽어지게 되어 있다.
③ 윤활유를 포함하게 되므로 철사 사이의 마찰을 감소시키고 내구성을 높인다.
④ 속도는 6~10m/s(최대 25m/s), 속도비는 보통 1 : 1, 중심 거리 C=50~100mm (최대 150m)로 한다.

(2) 크 기

원둘레와 지름으로 표시하고(그림 13-5). 원둘레는 외접원의 원둘레를 말하고, 지름도 외접원의 지름을 말한다. 단면은 표 13-1과 같다.

(3) 구 조

강선의 철사를 몇가닥 또는 수십 가닥을 적당하게 꼬아서 스트랜드를 만들고, 이 스트랜드를 여러 개 모아 그 중심에 대마심(hemp core)을 집어 넣은 것이다.

(4) 꼬임 종류(그림 13-2)

① **보통 꼬임**(ordinary lay) : 가닥의 꼬임 방향과 소선의 꼬임 방향이 서로 반대인 것으로 보통 Z꼬임(왼 꼬임), 보통 S꼬임(오른 꼬임)이 있으며, 일반적으로 많이 사용된다.

표 13－1. 와이어 로프의 단면 및 구조 (KS D 3514)

호별6	1호	2호	3호	4호	5호
구성	7가닥 6꼬임 중심 섬유	12가닥 6꼬임 중심 및 각 스트랜드 중심 섬유	19가닥 6꼬임 중심 섬유	24가닥 6꼬임 중심 및 각 스트랜드 중심 섬유	30가닥 6꼬임 중심 및 각 스트랜드 중심 섬유
기호	6×7	6×12	6×19	6×24	6×30
단면	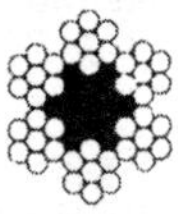	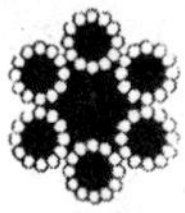			
호별	6호	7호	8호	9호	10호
구성	37가닥 6꼬임 중심 섬유	61가닥 6꼬임 중심 섬유	플랜드형 3각심 7가닥 6꼬임 중심 섬유	플랜드형 둥근선 3각심 7가닥 6꼬임 중심 섬유	실형 19가닥 6꼬임 중심 섬유
기호	6×37	6×61	6×F{(3×2+3)－7}	6×F{(3×2+3)+12+12}	6×S(19)
단면		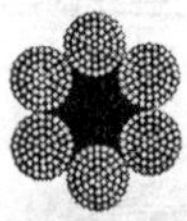	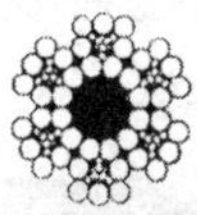	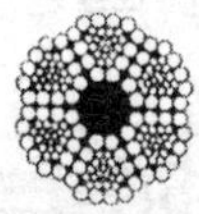	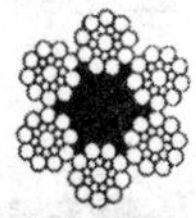
호별	11호	12호	13호	14호	15호
구성	워린톤형 19가닥 6꼬임 중심 섬유	필러형 25가닥 6꼬임 중심 섬유	필러형 29가닥 6꼬임 중심 섬유	필러형 25가닥 6꼬임 중심 7가닥 6꼬임 공심	실형 19가닥 8꼬임 중심 섬유
기호	6×W(19)	6×Fi(25)	6×Fi(29)	7×7+6×Fi(25)	8×S(19)
단면	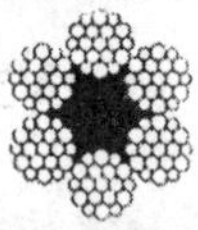	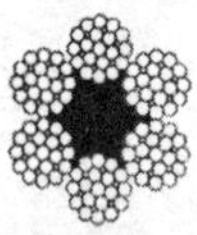			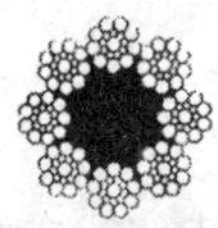
호별	16호	17호	18호	19호	20호
구성	워린톤형 19가닥 8꼬임 중심 섬유	필러형 25가닥 8꼬임 중심 섬유	필러형 29가닥 6꼬임 중심	워린톤형 26가닥 6꼬임 중심 섬유	워린톤형 실형 31가닥 6꼬임 중심 섬유
기호	8×W(19)	8×Fi(25)	7×7+6×Fi(29)	6×WS(26)	6×WS(31)
단면		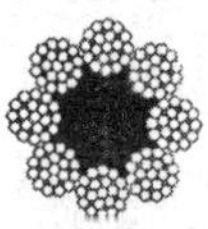			
호별	21호	22호	23호	24호	25호
구성	워린톤형 실형 36가닥 6꼬임 중심 섬유	워린톤형 실형 41가닥 6꼬임 중심 섬유	세미 실형 37가닥 6꼬임 중심 섬유	실필러형 36본선 6꼬임 중심 섬유	실필러형 36본선 6꼬임 와이어 로프
기호	6×WS(36)	6×WS(41)	6×SeS(37)	6×D－Fi(36)	7×7+6×S－Fi(36)
단면		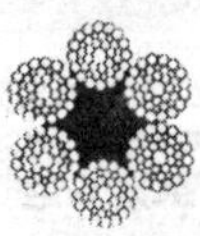	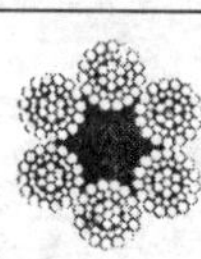	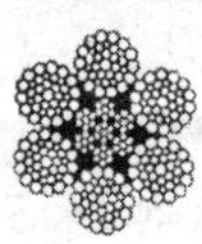	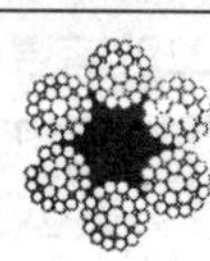

a. **특성** : 소선과 로프축은 평행이고, 취급이 쉬우며, 꼬임이 강고하여 모양이 잘 흐트러지지 않는다. 단점은 소선이 짧은 거리에 걸쳐 외부와 접촉하므로 국부적으로 단선을 일으키기 쉽다.

b. **용도** : 일반 하물용으로 많이 사용된다.

② **랭 꼬임**(lang's lay) : 가닥과 로프의 꼬임 방향이 같은 방향인 것으로 랭 Z꼬임, 랭 S꼬임이 있으며, 일반적으로 Z 꼬임이 편리하고, 많이 사용된다.

a. **특성** : 접촉면이 넓어 마멸이 적고, 내구성이 우수하고, 소선은 긴 거리에 걸쳐서 외부와 접촉하므로, 로프의 내마모성이 크고, 유연하다.

b. **용도** : 삭도(索道)용, 광산용 기중기 등에 주로 사용된다.

(5) 구 성

외이어 속의 "스트랜드 수×스트랜드 속의 소선수"로 나타낸다. 그리고 구조에 따라 1~7호, 8호 (가), (나), 9호 (가), (나), 10~17호의 19종류로 구분하고, 로프의 단면 및 구조는 호별 또는 구성된 기호로 표시한다.

(6) 용 도

하물 수송용, 윈치 드럼용, 유전의 착정(鑿井 : 우물을 팜)용, 기중기의 하양용, 엘리베이터, 광산 기계, 삭도, 선박, 어업, 우물을 파는 작업 기계 등에 사용된다.

(7) 로프 거는 방법

로프는 1가닥의 굵은 로프를 사용하는 것보다 여러 가닥의 가는 로프를 사용하는 것이 좋으며, 축간 거리가 멀 때에는 1가닥으로 전동 시킨다(그림 13-6).

① **병렬식**(竝列式 : multiplesystem, English) : 2개의 로프 풀리 사이에 로프 를 서로 독립되게 감는 방식이다.

a. 하중이 각 로프에 고르게 분배되어 작용한다.

b. 로프 1가닥이 절단되어도 전동이 가능하므로 많이 사용된다.

c. 단점은 각 로프의 장력이 고르지 못하고, 이음매에 의하여 진동이 크다.

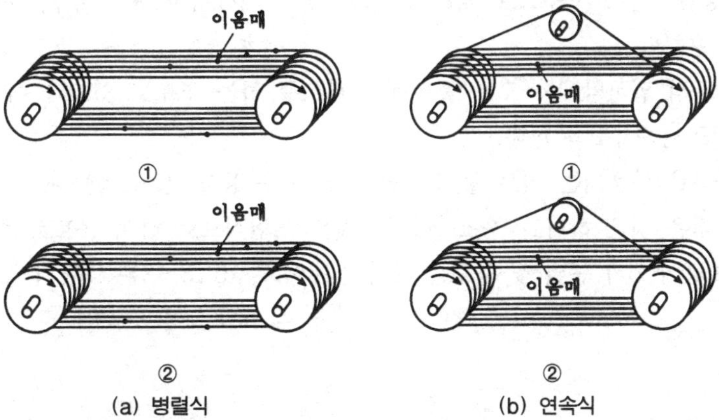

그림 13-6. 로프 거는 방법

② 연속식(連續式 : continuous system, American system) : 긴 로프 1가닥을 양 로프 풀리에 여러번 감아 사용하는 방식이다.

a. 운전 중 진동이 작고, 장력의 조절이 쉽다.

b. 단점은 운전 중 로프가 한 곳이라도 절단되면 운전이 불가능하다.

(8) 와이어 로프 풀리

와이어 로프는 그 자체가 무거우므로 V홈 풀리(시브)의 밑 부분을 넓게하여 로프를 접촉시켜서 동력을 전달시키는 것이다(그림 13-7).

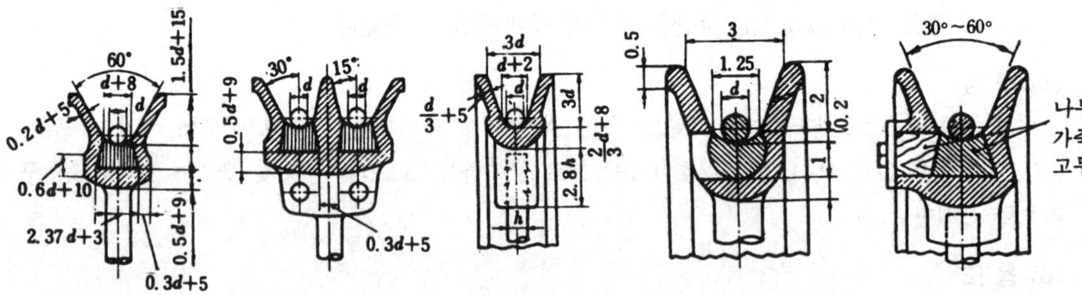

그림 13-7. 와이어 로프의 풀리

① **특성** : 와이어 로프가 외주의 홈V 경사면에 바쳐지고, 쐐기 작용에 의하여 마찰력이 커지게 한 것은 V 벨트 풀리와 거의 같다.

② **홈 각도** : 30~60° 정도이고, 보통 45°로 한다.

③ **접촉각** : 120°정도로 하고, 로프 둘레의 1/3정도로 접촉시켜 사용한다.

④ **재료** : 풀리는 일반적으로 주철 또는 주강으로 만든다.

⑤ **홈 바닥**

a. 로프의 마멸을 방지하여 오래 견딜 수 있게 V홈 밑바닥에 로프 반지름보다 0.4~1.5mm 정도 큰 둥글기의 반지름으로 맺으며, 미끄럼을 방지하기 위하여 나무, 가죽, 고무 등을 삽입하여 사용한다.

b. 로프는 홈의 밑바닥에서 로프 풀리에 맞닿도록 하는 경우도 있으나 이 때에는 그 원주의 1/3 정도 접촉하도록 한다.

c. 안내 풀리로 사용되는 시브 풀리에는 가죽, 고무 등을 집어 넣는다.

d. 풀리가 작은 것은 하나로 주조하나 큰 것은 조립식으로 하여 볼트로 졸라맨다.

표 13-2는 로프의 구성과 종별 및 용도를 나타낸 것이고, 표 13-3은 파단 하중에 따른 구분을 나타낸 것이다.

표 13-2. 로프의 구성과 종별 및 용도

호별	도금의 유무 꼬는 법 구성	기호	도금 보통 Z 종별	도금 보통 Z 용도	도금 없음(裸 : naked) 보통 Z 또는 S 종별	보통 Z 또는 S 용도	랭 Z 또는 S 종별	랭 Z 또는 S 용도
1	6×7		G	정삭(精索)	–	–	A	삭도(索道)
2	6×12		〃	정삭	–	–	–	–
3	6×19		A,G	정삭 · 동삭	A,B	크레인 · 윈치	A,B	윈치 · 삭도
4	6×24		〃	〃	A	동삭	–	–
5	6×30		G	동삭(動索)	–	–	–	–
6	6×37		A,G	동삭	A,B	크레인	–	–
7	6×61		〃	〃	A,B	〃	–	–
8(가)	6×(△+7)		–	–	–	–	A,B	윈치 · 삭도
8(나)	6×F{(3×2+3)+7}		–	–	–	–	–	〃
9(가)	6×F(△+12+12)		–	–	–	–	A,B	〃
9(나)	6×F{(3×2+3)+12+12}		–	–	–	–	–	〃
10	(가)6×S(19)		A,G	동삭	A,B	동삭 · 착정	A,B	동삭
	(나)6×S(19)		–	–	E	엘리베이터	–	–
11	(가)6×W(19)		A,G	동삭	A,B	동삭	A,B	동삭
	(나)6×W(19)		–	–	E	엘리베이터	–	–
12	(가)6×Fi(25)		A,G	정삭 · 동삭	A,B	동삭크레인	A,B	동삭
	(나)6×Fi(25)		–	–	E	엘리베이터	–	–
13	6×Fi(29)		A,G	–	A,B	동삭크레인	A,B	동삭
14	7×7+6×Fi(25)		A	–	B	동삭	〃	〃
15	8×S(19)		–	–	A,B,E	엘리베이터	A,B,E	–
16	8×W(19)		–	–	〃	〃	〃	–
17	8×Fi(25)		–	–	〃	〃	〃	–
18	7×7+6×Fi(29)		A	–	A,B	〃	A,B	–
19	6×WS(26)		A,G	–	〃	〃	〃	–
20	6×WS(31)		〃	–	〃	〃	〃	–
21	6×WS(36)		〃	–	〃	〃	〃	–
22	6×WS(41)		〃	–	〃	〃	〃	–
23	6×SeS(37)		〃	–	〃	〃	〃	–
24	6×D−Fi(36)		〃	–	〃	〃	〃	–
25	7×7+S−Fi(36)		〃	–	〃	〃	〃	–

표 13-3. 파단 하중에 따른 구분(KS B 3514)

종별	비고
A종 1620 N/mm^2(165 kg_f/mm^2) 급	비도금 및 도금 후 냉간 가공한 것[1]
B종 1770 N/mm^2(180 kg_f/mm^2) 급	〃 [2]
E종 1320 N/mm^2(135 kg_f/mm^2) 급	비도금
G종 1470 N/mm^2(150 kg_f/mm^2) 급	도금(도금 후 냉간 가공한 것)[1]

비고 (1) [1]은 소선의 지름 2.8mm 이하, [2] 는 소선의 지름 2.24mm 이하

(2) ( )의 수치는 파단 하중의 산출 기초로 소선의 공칭 인장 강도 값.

13-2 로프 전동의 설계

1. 일반 계산식

(1) 속 도

로프의 속도는 느릴 때 원심력을 고려하지 않아도 좋으나 일반적으로 v=15~30m/s의 범위 내에 있을 때 가장 적당하고, 이 속도에서는 원심력을 고려한다.

(2) 속도비

벨트 전동의 공식을 사용하고, 홈 풀리 지름은 보통 로프의 중심선까지로 하나, 면, 마 로프일 때는 로프가 홈 밑에 접촉하지 않는 홈의 양측 경사면으로 접촉할 때의 접 촉점까지로 한다. 일반적으로 1 : 1 또는 1 : 2로 하며, 특히 클 때는 1 : 5정도로 한다.

(3) 접촉각 : 평 벨트의 공식을 사용한다.

(4) 로프의 지름

① **섬유 로프의 지름** : 일반적으로 $d=D/30$(면 로프) $=D/40$(대마 로프) $=D/50$(와이어 로프)로 하고, 표준 치수는 표 13-6에서 찾을 수 있다.

② **와이어 로프의 지름** : 일반적으로 사용되는 3호(6×19)를 사용하며, 벨트 인장력 (T_1)과 안전율 (S)을 고려하여 파단 하중(P_B)을 구하고, 표 13-8에서 결정한다.

(5) 로프 풀리의 지름

① 풀리의 지름(D)은 와이어 로프 $D \geq 50d$, 대마 로프 $D \geq 40d$, 면 로프 $D \geq 30d$로 취한다.

② 인장차의 홈 밑바닥 반지름은 로프 단면의 반지름보다 약간 크게 한다.

③ 풀리의 지름은 소선 지름(δ)의 500배 이상으로 하고, 풀리의 지름 D가 로프의 지름 δ에 비하여 작으면 로프의 수명이 단축된다.

(6) 마찰 계수

① 섬유질 로프[면(綿), 마(麻)로프] 전동의 상당 마찰 계수(μ')는 V 벨트의 공식을 사용하고, μ'의 값은 홈의 각 α가 작을수록 크게 된다. 그러나 α가 너무 작게 되면 로프를 손상 시키기 쉬우므로 $\alpha=45°$로 하여 μ의 값에 따라 μ'의 값은 표 13-4와 같다.

② 면 로프, 마 로프와 주철제 로프 풀리 사이의 마찰 계수는 대략 μ=0.1~0.3 정도로 한다. 와이어 로프 풀리의 홈밑 삽입 재료에 따른 마찰 계수를 표 13-4에 나타냈다. 표 13-6은 D/d의 값을 나타낸 것이다.

③ 동력 전달용의 경우 로프와 시브 사이의 마찰 계수는 보통 μ=0.15 정도이고, 전동 효율은 로프 지름이 25mm 일 때 0.9~0.95, 50mm일 때 0.85~0.9 이다.

표 13－3. 각종 로프의 허용 인장력과 사용 조건

종류		인장 응력 σ(N/cm²)	속도 v(m/s)	회전비 i	풀리의 지름(D)	축간 거리 l(m)
섬유 로프	무명	80~100	16~25	1 : 2 최대 (1 : 5)	30 d	10~30 (>6)
	대마	80~150			40 d	
와이어 로프		500~800	6~10(작은 동력) 20~25(큰 동력)	1 : 1	≧50 D (D >1m)	50~100 (최대 150)

표 13－4. 섬유 로프의 μ와 μ'

μ	0.10	0.15	0.20	0.25	0.30	0.35
μ'	0.21	0.29	0.35	0.40	0.45	0.50

표 13－5. 와이어 로프 홈 풀리의 μ

구분	건조	그리스 도포
금속제 홈차	0.17	0.07
홈밑 목재 삽입	0.24	0.14
홈밑 가죽 삽입	0.50	0.20

표 13－6. 와이어 로프의 D/d

기호	D/d
6×7	70 이상 최소 56
6×19	42 이상 최소 34
6×24	34 이상 최소 28
6×37	30 이상 최소 24

표 13－7. 섬유 로프의 지름(mm)

4	6	8	9	10	12
14	16	18	20	22	24
26	28	30	32	34	36
38	40	42	45	50	55
60	65	70	75	80	85
90	95	100	110	120	

표 13－8. 3호(6×19) 와이어 · 로프의 파단 하중(P_B : kN)

꼬임	보통	보통 랭			중량 (참고) (N/m)
종별 / 지름	도금	나 · 도금	나(裸)		
	G종	A종	B종		
			보통	랭	
4	8.1	8.8	9.4	9.6	0.58
5	12.7	13.8	14.6	15	0.91
6.3	20.1	21.8	23.3	23.8	1.44
8	32.4	35.2	37.5	38.4	2.33
9	41.1	44.6	47.4	48.6	2.95
10	50.7	55	58.6	60.0	6.34
11.2	63.6	69	73.5	75.3	4.57
(12)	(73)	(79.2)	(84.3)	(86.4)	(5.24)
12.5	79.2	85.9	91.5	93.8	5.69
14	99.3	108	115	118	7.13
16	130	141	150	154	9.32
18	164	178	190	194	11.8
20	203	220	234	240	14.6
22.4	254	276	294	301	18.3
(24)	(292)	(317)	—	(346)	(21.0)
25	317	344	366	375	22.8
(26)	(343)	(372)	—	(406)	(24.6)
28	397	431	459	470	28.5
30	456	495	527	540	32.8
31.5	503	546	581	595	36.1
(32)	(519)	(563)	—	(614)	(37.3)
33.5	569	617	657	673	40.8
(34)	—	(636)	—	(694)	(42.1)
35.5	639	693	738	756	45.9
(36)	—	(713)	—	(778)	(47.2)
37.5	713	773	824	844	51.2
(38)	—	(794)	—	(866)	(52.6)
40	811	880	937	960	58.2
42.5	915	993	1060	1080	65.7
45	1030	1110	1190	1220	73.7
47.5	1140	1240	1320	1350	82.1
50	1270	1380	1460	1500	91.0

④ **안전율** : 와이어 로프의 풀리에 사용되는 와이어 로프의 안전율(S)은 사람, 화물 공동인 엘리베이터일 때 $S=10$, 기타 기중기일 때 $S=6$. 정적인 와이어 로프일 때 $S=4$ 정도로 취한다.

(7) 로프의 장력

그림 13−8에서 로프가 정지했을 때는 상하측이 모두 같은 모양과 길이로 보아도 좋으므로 이것을 풀리의 지름 D가 같고, 동일한 높이에 있는 상태에서 생각하면 포물선 AB의 방정식은 $y=ax^2$으로 표시되므로 $x=l/2$ 일 때, $y=h$면 $a=4h/l^2$를 얻는다.

$$y=\frac{4h}{l^2}x^2,\quad \frac{dy}{dx}=\frac{8h}{l^2}x \qquad ①$$

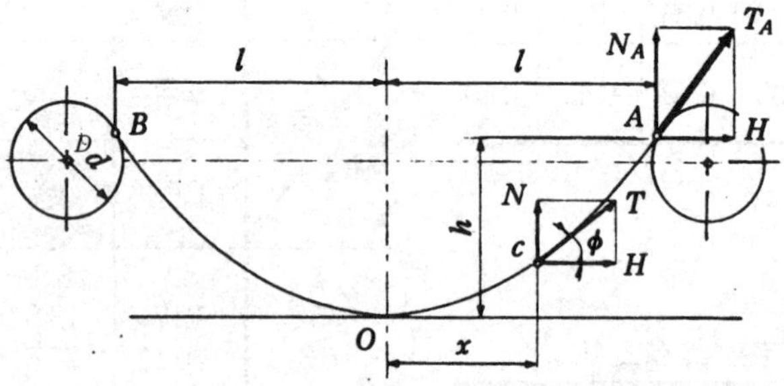

그림 13−8. 로프의 처짐과 장력

지금 로프가 정지 상태에서 C점에 작용하는 장력을 T, 그 수평 분력을 H, 수직 분력을 N이라 할 때, 로프는 이 상태에서 균형이 되어 있어야 하고 로프에 작용하는 외력은 중력뿐이며, 수평 방향의 외력은 전혀 없으므로 H는 x에 관계없이 어디서나 일정한 값이 된다.

로프의 단위 길이에 대한 중량을 w로 하고, 로프의 처짐이 얼마 되지 않으면, 로프의 길이는 수평 거리와 거의 같다고 볼 수 있으므로 $N=wx$로 된다.

T가 수평 방향과 맺는 각을 θ라 하면

$$\tan\theta=\frac{dy}{dx}=\frac{N}{H}=\frac{wx}{H} \qquad ②$$

위 식을 적분하면 $y=\frac{w}{2H}x^2+C_1$, $x=0$ 이면, $y=0$ 이므로 $C_1=0$ 이다. 따라서

$$y=\frac{w}{2H}x^2 \qquad ③$$

따라서 식 ①, ③은 같은 곡선을 나타내므로, $\frac{4h}{l^2}=\frac{w}{2H}$가 되어 수평 분력은

$$H=\frac{wl^2}{8h} \qquad ④$$

로 되고, A점에서의 로프 자중에 의한 장력을 $N=wl/2$로 놓으면 이 값은 최대 값이고, 위 식 ④를 사용하면 자중에 의한 로프의 장력(T)은 다음과 같이 된다.

$$T=\sqrt{H^2+N^2}=\sqrt{\left(\frac{wl^2}{8h}\right)^2+\left(\frac{wl}{2}\right)^2}=\frac{wl^2}{8h}\sqrt{1+\frac{16h^2}{l^2}} \qquad (13-1)$$

이항 정리로 전개하여 h는 l에 비해 작으므로 고차 항을 생략하면

$$T_A \doteqdot \frac{wl^2}{8h}\left(1+\frac{8h^2}{l^2}\right)=\frac{wl^2}{8h}+wh=H+wh \qquad (13-2)$$

와이어 로프에서는 $h/l=0.03\sim0.06$ 정도이고, 식 (13-1)과 식 (13-2)에서

$$T_A=T_B=3.5wl \qquad (13-3)$$

로 되고, 연속식 로프에서는 긴장측과 이완측의 장력이 거의 동일하다.

> **＊ 설계상 주의**
> 로프 전동에서의 최초 장력은 벨트의 경우와 같이 축간 거리를 조절 하거나 긴장차를 사용하여 얻을 수 있으나 수평 방향의 전동이고, 축간 거리가 긴 경우에는 로프의 자중으로 인하여 상당한 최초 장력이 주어진다.

(8) 로프의 처짐량

그림 13-9에서 로프의 처짐량 또는 수하량(垂下良 : h)은 양 축간의 거리, 로프의 크기와 속도량, 풀리의 위치, 대기의 습도 등에 다라서 다르게 되므로 식 (13-1)에서 다음과 같이 구한다.

l : 축간 거리(mm)

h : 처짐량(mm)

T : 자중에 의한 로프의 장력(N)

w : 로프의 단위 길이에 대한 중량(N)

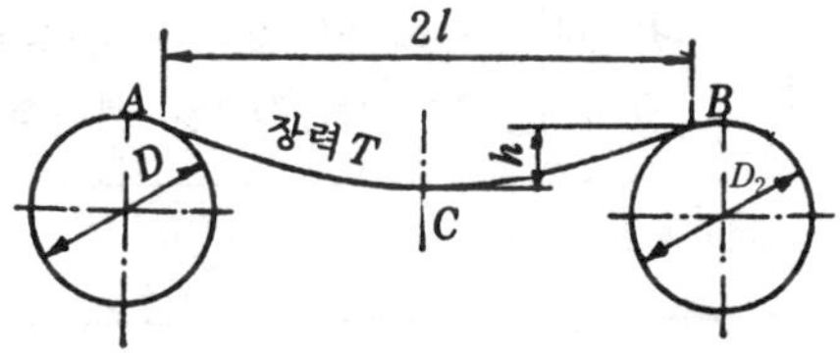

그림 13-9. 로프의 길이와 처짐량

$$h=\frac{T}{2w}-\sqrt{\frac{T^2}{4w^2}-\frac{l^2}{8}}=\frac{wl^2}{8T} \qquad (13-4)$$

표 13-9는 로프의 단위 길이당 중량(w)을 나타낸 것이다.

표 13-9. 로프의 단위 길이 당 중량 w (N/m)

지름 d(mm)	25	30	35	40	45	50	55
마로프	5.2	7.3	10.5	14	17	20	24
와이어로프	4.6	6.5	8.5	12.5	15.0	19.0	22.5

지름 d(mm)	19.0	22.2	25.4	28.5	32.0	35.0	38.1	41.0	44.4	47.6	50.8
면로프	3.4	4.6	6.3	7.9	9.5	11.2	12.8	15.2	17.4	19.7	22.1

지름 d(mm)	9	10	11	12	13	14	15	16	18	20	22	24	26	28	30
강선로프	2.6	3.1	3.8	4.5	5.1	6.1	7.0	7.9	9.1	11.5	13.0	14.6	18	20	23

(8) 로프의 길이

그림 3-9와 같이 로프를 2개의 풀리 사이에 걸었을 때, A, B 사이의 로프 길이(L_0)는

$$L_0 = 2\int_0^{l/2}\sqrt{(dx)^2+(dy)^2}=2\int_0^{l/2}\sqrt{1+(dy/dx)^2dx} \quad ①$$

로 되고, 위 식을 개략화 한 식 $\sqrt{1+x} \fallingdotseq 1+x/2$를 다시 사용하면 L_0는

$$L_0 \fallingdotseq 2\int_0^{l/2}[1+(\frac{8H}{l^2}x)^2]dx \quad ②$$

로 되어. 소요 로프의 길이(L_0)는 근사적으로 다음 식으로 구해진다.

$$L_0 = l\left(1+\frac{8h^2}{3l^2}\right) = \ell + \left(\frac{8h^2}{3\ell}\right) \quad (13-5)$$

따라서, 로프 전체의 길이(L)은 다음과 같이 된다.

$$L \doteqdot \pi D + 2l\left(1+\frac{8h^2}{3l^2}\right) = \frac{\pi}{2}(D_1+D_2)+2L_0 \quad (13-6)$$

＊ 설계상 주의

① 로프 전동에서는 축간 거리가 길기 때문에 로프는 늘어지고, 자연적으로 늘어져 있는 모양을 현수선(懸垂線 : catenary)이라고 하지만, 이것은 근사적으로 포물선으 로서 계산할 수 있다.
② D는 시브의 피치원[로프가 감겼을 때, 로프의 중심을 지나는 원] 지름으로 한다.
③ 로프의 축간 거리는 섬유 로프일 때 10~30m 정도, 와이어 로프일 때 50~100m 정도로 취한다.
④ 필요한 로프의 전 길이는 아래쪽도 같은 모양으로 처진다고 할 때, 속도비를 1 : 1 로 하면 $2L+\pi D$로서 개략적으로 계산할 수 있다.

예제 13-1 마 로프 전동에서 축간 거리 12m, 긴장측의 장력 2kN, 이완측의 장력 900N 일 때, 긴장측과 이완측의 처짐량을 구하여라.

Solution 로프 1m 당 무게는 표 13-9에서 7.3N이고, 처짐량 h은 식 (13-4)에서

긴장측일 때 : $h=\frac{wl^2}{8T_1}=\frac{7.3\times12^2}{8\times2000}=0.0657\,(\text{m})=6.57(\text{cm})$

이완측일 때 : $h=\frac{wl^2}{8T_2}=\frac{7.3\times12^2}{8\times900}=0.146\,(\text{m})=14.6(\text{cm})$

예제 13-2 축간 거리 20m인 로프 풀리에서 면 로프가 0.5m 처져 내려갔을 때, 로프에 생기는 (1) 인장력, (2) 로프의 길이를 구하여라. 단, 로프의 지름은 19mm이다.

Solution (1) 로프 1m 당 무게는 표 13-9에서 3.4N/m이므로, 장력(T)은

$$T=\frac{wl^2}{8h}+wh=\frac{3.4\times20^2}{8\times0.5}+3.4\times0.5=34.17(\text{N})$$

(2) 접촉점에서 접촉점까지의 로프의 길이(L_0)은 식 (13-5)에서

$$L_0=l\left(1+\frac{8}{3}\frac{h^2}{l^2}\right)=20\times\left(1+\frac{8}{3}\times\frac{0.5^2}{20^2}\right)=20.03(\text{m})$$

2. 강도 설계

와이어 로프에 발생되는 응력은 다음과 같다.

① 접촉면의 마찰력 때문에 로프에 작용하는 **인장 응력**(σ_t)

② 굽힘 때문에 로프에 생기는 **굽힘 응력**(σ_b) : 이것은 로프를 구성하는 소선의 성질과 꼬임 방법, 시브 풀리의 지름 등에 의하여 다르다.

③ 로프가 풀리의 림을 운동하므로 작용하는 **원심 응력**(σ_f) : 이것은 비교적 작기 때문에 생략하더라도 큰 지장은 없다. 특히 속도가 늦을 때는 생략된다.

(1) 인장 응력

접촉면의 마찰력으로 로프에 작용하는 인장력을 P라 할 때, 인장 응력(σ_t)은

δ : 소선의 지름(mm), E : 소선 재료의 세로 탄성 계수($E=206\times10^3$N/mm^2)

Z : 소선의 단면 계수(mm^3), I : 소선 단면의 관성 모멘트(mm^4)

D : 로프 풀리의 피치원 지름($D=2R$)(mm), n : 소선의 가닥수일 때

$$\sigma_t=\frac{P}{\frac{\pi}{4}\delta^2 n} \qquad (13-7)$$

로 되고, 로프의 속도가 늦은 경우에는 원심 응력은 무시한다. 이 때 바하가 취한 σ_t을 고려하면 소선의 전체 응력(σ)은

$$\sigma=\sigma_b+\sigma_t=C\frac{E\delta}{2R}+\frac{P}{\frac{\pi}{4}\delta^2 n}=\frac{3}{8}\frac{E\delta}{D}+\frac{P}{\frac{\pi}{4}\delta^2 n} \qquad (13-8)$$

로 되고, 여기에서 인장력(P)은

$$P=0.785\left(\sigma-C\frac{E\delta}{2R}\right)\delta^2 n \qquad (13-9)$$

로 된다. 또한, 소선의 가닥수 n과 허용 응력 σ와 풀리의 반지름 R를 결정하고, 소선의 지름 δ 를 여러 가지로 바꾸면 반대로 P 를 최대로 하는 δ 의 값을 알 수 있고, 이것은 $\frac{dP}{d\delta}=0$로 하여 위 식을 풀면 다음과 같이 된다.

$$\frac{R}{\delta}=\frac{3CE}{4\sigma} \qquad (13-10)$$

위 식에서 σ의 허용값은 소선의 지름과 풀리의 크기에 따라 결정되어야 한다. 우수한 재료에 대해서는 10kN/cm^2 정도로 취할 수 있으나, 보통 6~7kN/cm^2 정도로 한다. 그리고 $\sigma=7$kN/cm^2, $E=206\times10^5$N/cm^2, $C=3/8$이라면 $R/\delta=800$을 얻는다. 이것은 풀리의 크기와 로프를 구성하는 소선의 가닥소가 일정할 때 로프의 최대 인장 강도는 풀리의 반지름과 소선 지름과의 비가 800일 때 생긴다는 것을 의미한다.

표 13−10은 로프의 허용 인장 응력(σ)을 나타낸 것이고, 표 13−11은 R/δ의 여러 값에 대한 σ_b와 σ_t의 값을 구한것이며, 표 13−12는 와이어 로프의 크기, 철사의 크기 및 중량, 허용 전달력의 일례를 참고로 표시한 것이다. 이것은 대마 로프에도 적용되며, $D \geq 175d$로 한 것이다.

표 13−10. 로프의 허용 인장 응력(N/cm²)

v (m/s)	5	10	15	20	25
무명 로프	60~70	55~65	50~60	40~50	30~40
대마 로프	75~100	70~95	65~90	50~80	80~120

표 13−11. σ_b와 σ_t의 값 (단위 : N/cm²)

R/δ	σ_b	σ_t	σ_T
650	5655	1205	6860
700	5253	1607	
750	4900	1960	
850	4596	2264	
880	4322	2538	
900	4087	2773	
950	3871	2989	
1000	3675	3185	

표 13−12. 와이어 로프의 크기와 무게

로프 지름 d(mm)	전달력 P(KN)	소선의 지름 δ(mm)	철사의 가닥수 n	중량 w(N/m)
9	0.5	1.0	36	2.6
10	0.6	1.0	42	3.1
11	0.7	1.2	36	3.8
12	0.85	1.2	42	4.5
13	1.0	1.4	36	5.1
14	1.2	1.4	42	6.1
15	1.4	1.4	48	7.0
16	1.6	1.6	42	6.1
18	1.8	1.6	48	7.9
20	2.1	1.8	48	9.1
22	2.4	1.8	54	3.0
24	2.7	1.8	60	4.6
26	3.0	2.0	60	8.0
28	3.3	2.0	60	20.0
30	3.65	2.0	72	22.0

(2) 굽힘 응력

와이어 로프의 굽힘 응력(σ_b)은 로프를 구성하는 철사의 성질과 꼬임 방법, 풀리의 지름 등에 따라 다르다. 여기에서 반지름 R의 원호에 굽혀져 있다고 할 때, 로프의 굽힘 모멘트 $M = \frac{EI}{R} = \frac{EZ\delta}{2R} = \sigma_b Z$ 이므로, 재료 역학에서 **굽힘 응력**(σ_b)은

$$\sigma_b = \frac{E\delta}{2R} = \frac{E}{D}\delta \qquad (13-11)$$

로 되고, 위 식은 로프를 구성하는 각 소선이 서로 평행한 경우에 적용하고, 실제로는 수정 계수 C를 곱한다. C의 값은 로프의 재료 및 꼬임 방법에 따라 다르나 바하(Bach)는 평균 $C=3/8$을 취하여 **굽힘 응력**(σ_h)을 다음과 같이 나타낸다.

$$\sigma_b = C\frac{E}{D}\delta = \frac{3E}{8D}\delta \qquad (13-12)$$

(3) 원심 응력

로프의 원심력(遠心力)에 의하여 생기는 원심 응력(σ_f : N/cm^2)은

$$\sigma_f = 0.0984v^2 \tag{13-13}$$

이고, 로프의 단위 길이당 무게 w (N/m)일 때, 로프의 원심력(F)은 다음과 같다.

$$F = \frac{wv^2}{g} \tag{13-14}$$

위 식에서 로프의 단면적 $\frac{\pi}{4}\delta^2 n$(cm^2)으로 나누어 표시하면 원심 응력(σ_f)은

$$\sigma_f = \frac{w}{\frac{\pi}{4}\delta^2 n}\frac{v^2}{g} \tag{13-15}$$

로 되고, 위 식에서 w는 로프 재료의 비중량(N/cm^3), 처짐 δ=0.8~0.2mm, 로프의 지름 d=9~30 mm가 보통이다. 이상을 종합한 전체 응력(δ_T)은 다음과 같다.

$$\sigma_T = \sigma_b + \sigma_t + \sigma_f \tag{13-16}$$

표 13－13은 w=78N/cm^{2}으로 하고, v와 원심 응력(σ_f)의 관계를 나타낸 것이다.

표 13－13. v와 σ_t와의 관계

v (m/s)	5	10	15	20	25	30	35	40
σ_f (N/cm^2)	19.5	78	176	312	488	701	956	1248

(4) 전달 동력

섬유 로프의 경우, 홈 바닥에 접촉하는 것은 V 벨트와 같으므로, V 벨트의 식을 사용하면 로프 1개의 전달 동력(H_0)은 다음과 같이 나타낸다.

$$\begin{aligned} H_{0(PS)} &= \frac{Pv}{735} = \frac{T_1 v}{735}\frac{e^{\mu'\theta}-1}{e^{\mu'\theta}} \quad (\text{원심력 무시}) \\ &= \frac{v}{735}\left(T_1 - \frac{wv^2}{g}\right)\frac{e^{\mu'\theta}-1}{e^{\mu'\theta}} \\ &= \frac{T_1 v}{735}\left(1 - \frac{wv^2}{T_1 g}\right)\frac{e^{\mu'\theta}-1}{e^{\mu'\theta}} \quad (\text{원심력 고려}) \end{aligned} \tag{13-17}$$

단, 면, 삼, 대마 로프는 일반적으로 원심력 영향을 고려하지 않는다.

> **＊ 설계상 주의**
> 로프의 전동 효율(η)은 로프의 지름 25mm일 때 90~95%, 50mm 정 도까지는 85~90%, 저속으로 가닥수가 적으면 94~97%, 고속으로 여러 개를 걸 경 우에는 80% 정도로 한다.

표 13－14는 무명 로프의 지름과 속도에 따른 원심력과 전달 동력을 나타낸 것이다.

표 13－14. 무명 로프의 전달 동력(H)과 원심력(P)

지름mm / v(m/s)	25		30		35		40		45		50	
	P (N)	동력 (PS)	P (N)	동력 (PS)	P (N)	동력 (PS)	P (N)	동력 (PS)	P (N)	동력 (PS)	P (N)	동력 (PS)
10	41	7.1	60	9.4	82	14.7	106	17.4	135	22.1	167	26.3
12	60	8.3	86	11.0	117	17.2	153	20.3	194	25.0	240	30.7
14	81	9.4	117	12.5	160	19.5	210	23.0	264	29.2	326	34.6
16	105	10.3	153	13.6	214	21.3	275	25.2	346	32.1	426	38.0
18	135	11.0	194	14.6	265	23.2	345	27.1	436	34.4	540	40.7
20	165	11.7	240	15.2	327	24.4	426	28.4	540	36.2	666	42.6
22	202	12.1	290	15.6	395	25.4	516	28.4	652	37.4	806	43.9
24	211	12.2	345	15.8	470	25.8	615	28.6	776	37.8	960	44.2
26	282	12.2	405	16.5	553	25.8	721	28.4	913	37.4	116	42.6

(5) 로프의 가닥수

로프에 생기는 응력과 장력의 관계에서 로프의 가닥수(n)는 다음과 같이 구한다.

$$n=\frac{T_1}{\frac{\pi}{4}d^2\sigma} \tag{13-18}$$

＊ 설계상 주의

일반적으로 위의 공식에 의하여 계산된 가닥수에 1~2 가닥 정도를 추가로 고려하여야 한다. 로프는 크기가 굵으면 자중도 크고, 굽힘에 의하여 생기 는 마모도 심하므로, 가느다란 로프를 여러 개 걸어서 사용하는 것이 좋다.

예제 13－3 10PS, 200rpm의 동력을 지름 80cm의 풀리로 같은 회전수를 다른 축에 전달 할 때, 와이어 로프(3호 : 6×19)의 크기를 구하여라. 단, 풀리의 홈 밑에는 가죽, 로프에는 약간의 기름이 있고, 안전율 10, $\mu=0.2$이다.

Solution

$$v=\frac{\pi D_1 N_1}{60\times1000}=\frac{\pi\times800\times200}{60\times1000}\fallingdotseq 8.4(\text{m/s})$$

풀리가 같은 회전수일 때, $\theta=180°$가 되므로

$$e^{\mu\theta}=e^{0.2\times180\times\pi/180}=1.87$$

$$T_1=\frac{735H}{v}\frac{e^{\mu\theta}}{e^{\mu\theta}-1}=\frac{735\times10}{8.4}\times\frac{1.87}{1.87-1}\fallingdotseq 1880(\text{N})$$

$$F_B=T_1S=1880\times10=18.8(\text{kN})$$

$$\therefore \phi=6.3$$

위에서 18.8kN보다 약간 큰 것으로 표 13－2에서 20.1kN~23.8kN에 해당됨.

예제 13－4 300rpm, 5PS을 전달하는 로프 풀리의 지름 400mm, $i=1:1$일 때, 다음을 구 하여라. 단, $\mu=0.2$이다.

(1) 마 로프일 때의 인장력(T_1)　　　(2) 와이어 로프일 때의 인장력(T_1)

Solution

(1) $v = \frac{\pi D_1 N_1}{60 \times 1000} = \frac{\pi \times 400 \times 300}{60 \times 1000} \fallingdotseq 6.3(\mathrm{m/s})$

$\mu' = \frac{\mu}{\sin\alpha/2 + \mu\cos\alpha/2} = \frac{0.2}{\sin 45°/2 + 0.2 \times \cos 45°/2} = 0.35$

$e^{\mu'\theta} = e^{0.35\pi} = 3$($i = 1:1$일 때, $\theta = 180° = \pi$)

$\therefore\ T_1 = \frac{735H}{v}\frac{e^{\mu'\theta}}{e^{\mu'\theta}-1} = \frac{735 \times 5}{6.3} \times \frac{3}{3-1} \fallingdotseq 875(\mathrm{N})$

(2) 와이어 로프일 때에는 μ를 그대로 사용하므로

$e^{\mu\theta} = e^{0.2\pi} = 1.87$

$\therefore\ T_1 = \frac{735H}{v}\frac{e^{\mu\theta}}{e^{\mu\theta}-1} = \frac{735 \times 5}{6.3} \times \frac{1.87}{1.87-1} \fallingdotseq 1254(\mathrm{N})$

예제 13-5 600rpm, 50PS을 전달하는 섬유 로프로 300rpm의 기계를 운전할 때, 다음을 구하여라. 단, $v = 25$m/s, 축간 거리 1.5m, $\sigma_t = 20$N/cm², 로프의 단위 길이당 무게 5.3N/m, $\alpha = 45°$, $\mu = 0.2$이다.

(1) 로프의 지름(d)　　　(2) 풀리의 접촉각(θ)
(3) 로프의 유효 장력(P)　　　(4) 긴장측 장력(T_1)
(5) 로프의 가닥수(n)

Solution

(1) $D_1 = \frac{60 \times 1000v}{\pi N} = \frac{60 \times 1000 \times 25}{\pi \times 600} \fallingdotseq 800(\mathrm{mm})$

섬유 로프일 때, $d = D_1/30$이므로

$d = \frac{D_1}{30} = \frac{800}{30} = 26.6(\mathrm{mm})\quad \therefore\ d = 28(\mathrm{mm})$

(2) $D_2 = D_1\frac{N_1}{N_2} = 800 \times \frac{600}{300} = 1600(\mathrm{mm})$

$\therefore \theta = 180° - 2\sin^{-1}\frac{D_2 - D_1}{2C} = 180° - 2\sin^{-1}\frac{1600-800}{2 \times 1500} = 177(°)$

(3) $P = \frac{735H}{v} = \frac{735 \times 50}{25} = 1470(\mathrm{N})$

(4) $v = 25\mathrm{m/s} > 10\mathrm{m/s}$이므로, 원심력을 고려하면 부가 장력 ($wv^2/g$)은

$\frac{wv^2}{g} = \frac{5.3 \times 25^2}{9.8} = 338(\mathrm{N})$

$\mu' = \frac{\mu}{\sin\alpha/2 + \mu\cos\alpha/2} = \frac{0.3}{\sin 45°/2 + 0.3 \times \cos 45°/2} = 0.45$

$e^{\mu'\theta} = e^{0.45 \times 177 \times \pi/180} = 4$

$\therefore T_1 = P\frac{e^{\mu'\theta}}{e^{\mu'\theta}-1} + \frac{wv^2}{g} = 1470 \times \frac{4}{4-1} + 338 = 2290(\mathrm{N})$

(5) $n = \frac{T_1}{\frac{\pi}{4}d^2\sigma_t} = \frac{2290}{\frac{\pi}{4} \times 28^2 \times 0.2} = 18.6 \fallingdotseq 19$(가닥)

제13장 연습문제

•논문형

1. 로프 전동의 특성을 설명하여라.
2. 섬유질 포프와 와이어 로프의 꼬임 방법을 구별하여 설명하여라.
3. 로프 전동에서 감는 방법과 특성을 설명하여라.
4. 와이어 로프에 발생되는 응력을 종류별로 설명하여라.
5. 로프 전동에서 장력과 수하량을 설명하여라.

•계산형

13-1. 8PS, 150rpm으로 회전하고, 소선의 지름 1.5mm의 강선 20개로 된 와이어 로프 풀리의 지름 1200mm일 때, 로프 내에 생기는 조합 응력을 구하라.

13-2. 14PS, 250rpm의 동력을 지름 80cm의 로프 풀리로 같은 회전수를 다른 축에 전달 할 때, 3호(6×19)의 로프로서 홈 밑에는 가죽, 로프에는 약간의 기름을 발랐을 때, 로 프의 크기를 구하여라. 단, $S=10$, $\mu=0.1$이다.

13-3. 8kW, 200rpm의 동력을 지름 700mm의 로프 풀리로 1 : 1인 종동축에 전달하기 위 하여 3호(6×19) 섬유 로프 1개를 사용할 때, 로프의 크기(표에서 선정)를 구하여라. 단, $\mu=0.2$, $S=10$이다.

13-4. 15PS, 300rpm을 지름 900mm의 섬유 로프 풀리로 동력을 전달할 때, 긴장측 장력 을 구하여라. 단, $\theta=165°$, $\mu'=0.3$이다.

13-5. 300rpm, 20PS을 전달하는 로프 풀리의 지름 600mm, $i=1:1$일 때, 마 로프 1개의 긴장측 장력을 구하여라. 단, $S=10$, $\mu'=0.2$이다.

13-6. 3호 3종(파단 하중 234kN)의 와이어 로프를 사용하여 500PS를 전달할 때, 가닥수 를 구하여라. 단, $\mu=0.3$, $\theta=180°$, $v=10$m/s, 안전율 10, 효율 80%이다.

13-7. $v=20$ m/s, 300PS을 전달하는 삼 로프 전동 장치에서 로프의 지름 40mm일 때, 로 프의 가닥수를 구하여라. 단, $\sigma_t=5$MPa, $\alpha=45°$, $\theta=180°$, $\mu=0.2$이다.

13-8. 300rpm, 30PS을 전달하는 와이어 로프의 속도 20m/s일 때, 다음을 구하여라. 단, $\theta=180°$, $\alpha=45°$, $\sigma_t=40\text{N/mm}^2$이다.

(1) 로프의 지름(d)　　　(2) 로프의 가닥수(n)

13-9. $D_1=1150$mm, $N_1=430$rpm 이고, 400PS을 면 로프에 의하여 $D_2=2450$mm인 종동 풀리에 전달할 때, 다음을 구하여라. 단, 축간 거리 900cm, 홈의 각도 45°, $\mu=0.2$, $\theta=3$rad, 로프의 허용 인장 응력 90N/cm2이다.

(1) 로프의 크기(d)　　　(2) 로프의 가닥수(n)

Answer

13-1. 120MPa　13-2. 8mm　13-3. 6.3mm　13-4. 1362N　13-5. 33600N
13-6. 3가닥　13-7. 3가닥　13-8. (1) 26mm (2) 6가닥
13-9. (1) 38mm (2) 18가닥

V

마찰 전동 기계 요소 설계

14. 마찰차

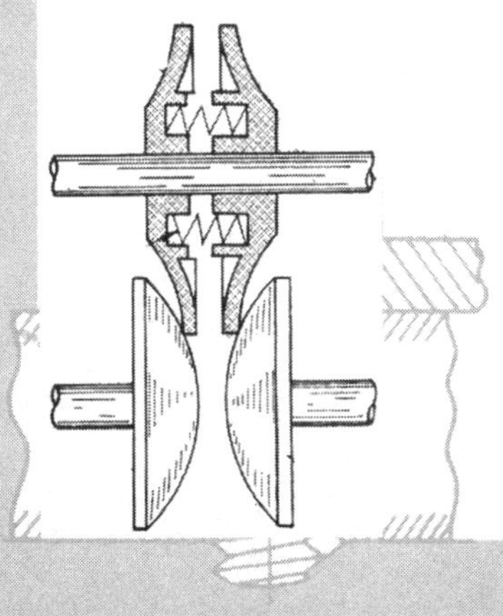

✦ 2개의 바퀴를 직접 접촉시켜 동력을 전달시키는 마찰차와 각종 기어에 대한 일반 사항과 설계에 대하여 알아본다.

제14장 마찰차(friction wheel)

기구학적으로 특수한 모양의 바퀴를 사용하여 1회전 속도비를 변화시킬 수 있으나, 주로 단면이 원형인 바퀴로서, 두 축 사이가 비교적 작을 때 구름 마찰에 의하여 회전을 전달하는 것을 **마찰차**(摩擦車 : friction wheel)라 한다(그림 14-1).

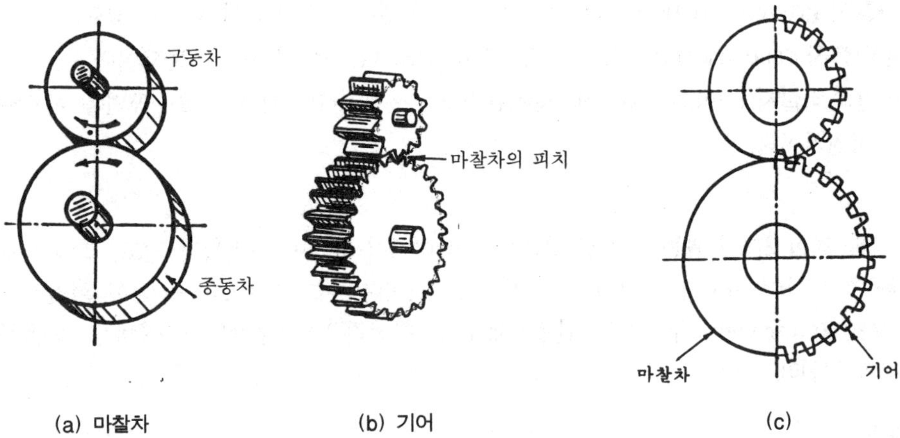

그림 14-1. 마찰차와 기어

(1) 특 성

① 장 점

a. 양 바퀴가 구름 접촉 회전하므로 접촉선 위의 한 점에 속도는 항상 같다.

b. 큰 동력을 전달할 수는 없으나, 기어와 같이 속도비를 일정하게 유지하거나, 운전이 정숙한 것, 전동의 단속이 무리없이 가능하다.

c. 전동의 단속과 회전 속도의 변경이 가능하다.

d. 작은 동력을 정확하게 전달할 수 있고, 운전 중 과부하가 작용하여도 미끄럼이 일어나 과부하에 의한 구동축의 손상을 방지할 수 있다.

e. 종동차에 과부하가 생기면 힘이 종동축에 전달되지 않고, 손상을 방지한다.

f. 어느 범위 내에서 속도비를 연속적으로 변화시킬 수 있다.

g. 접촉선상의 한 점에서 두 마찰차의 표면 속도가 동일하다.

h. 충격 하중이 가해질 때 오히려 안전장치의 역할을 하는 효과가 있다.

i. 두 마찰차 사이에 구름 마찰이 생기나 미끄럼 마찰은 생기지 않는다.

② 단 점

a. 동력 전달상에서 약간의 미끄럼이 있고, 정확한 회전 속도를 전달할 수 없다.

b. 큰 동력 전달시 누르는 힘이 커서 이에 따라 베어링 작용 하중이 증가한다.

c. 양 마찰차의 누르는 힘은 베어링 마찰의 손실이 커져서 다른 전동 장치에 비하여 전동 효율(원통 마찰차, 원뿔 마찰차는 약 85~90%, 홈 마찰차는 약 90%, 무단 변속 마찰차는 약 80%이하로 낮아짐)이 나빠진다.

(2) 종 류

① **원통 마찰차**(cylindrical friction wheel) : 두 축이 평행하고 바퀴는 원통형이다.

② **홈 마찰차**(grooved friction wheel) : 두 축이 평행하고 접촉면에 V홈이 있다.

③ **원뿔 마찰차**(cone friction wheel) : 두 축이 어느 각도로 만나는 원뿔형이다.

④ **무단 변속 마찰차**(infinite variable speed friction wheel) : 원판, 원뿔, 곡면을 이용하여 변속하는 마찰차이다.

(3) 구 조

그림 14－1과 같이 2개의 원통이 직접 접촉하는 상태에서 좌측이 마찰차가 되고, 그림의 우측이 마찰차에 이(齒)를 만들어 사용하면 기어(gear)가 되는 것이다. 여기에서 동력을 받아 회전하는 마찰차를 **원동차**[原動車 (driver) : 구동차], 원동차로부터 회전력을 전달받는 마찰차를 **종동차**[從動車(follower) : 피동차]라 한다.

(4) 응용 범위

① 전달하여야 될 힘이 그다지 크지 않고, 정확한 속비를 중요시하지 않는 경우.

② 회전 속도가 너무 커서 보통의 기어를 사용할 수 없는 경우.

③ 양 축 사이의 동력을 빈번히 단속할 때와 안전 장치의 역할이 필요한 경우.

(5) 설계상 주의

① 마찰차와 마찰차 사이의 미끄럼을 작게 하고, 접촉면에 마찰계수를 크게 하기 위하여 그림 14－2와 같이 주철제 본체에 경질 고무, 파이버, 가죽, 목재, 종이 등을 붙여서 사용한다. 이 때 재료는 원동차에 라이닝하여 사용한다.

② 마찰차는 미끄럼 때문에 충격적인 하중이 가해지는 경우에는 오히려 안전 장치의 역할을 하는 효과가 있는 것으로 설계한다.

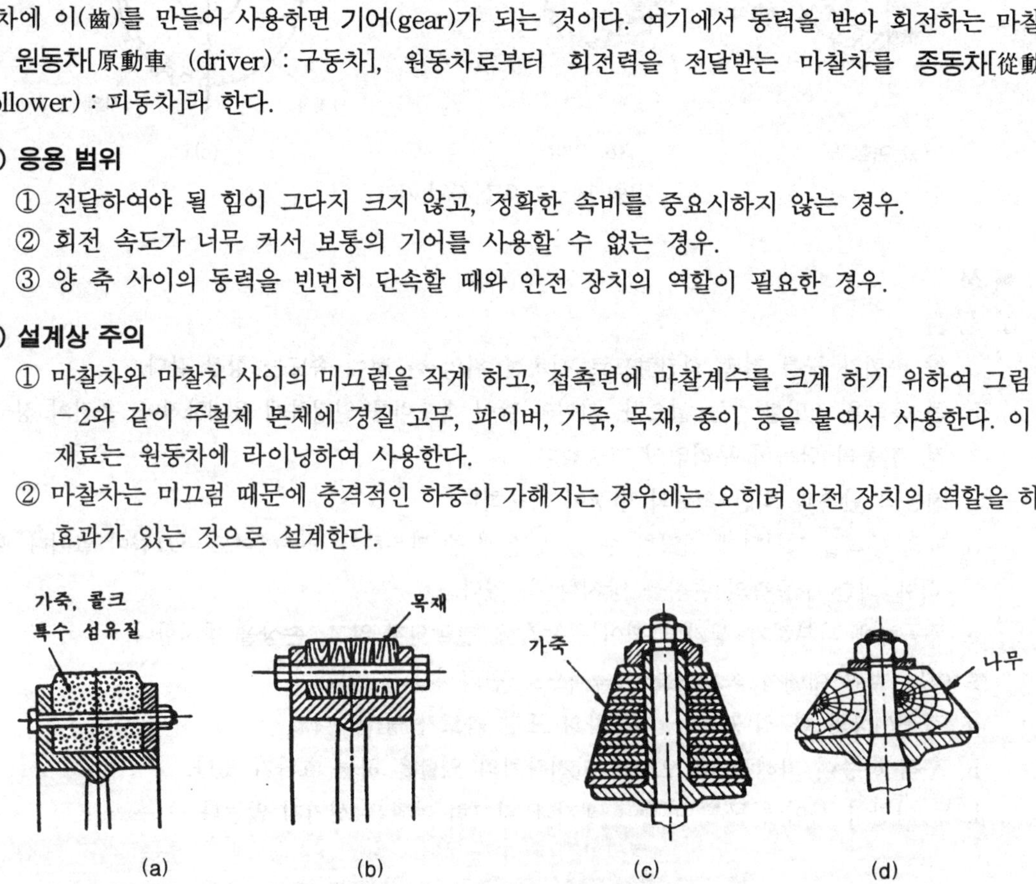

그림 14－2. 마찰 재료와 라이닝

14-1 원통 마찰차

1. 평 마찰차

두 축이 평행한 것으로 직접 원통이 접촉하여 동력을 전달하는 것을 **평**(平) **마찰차**(Spur friction wheel)라 한다.

(1) 속 도

그림 14−3에서 원통 마찰차에 미끄럼이 전혀 없다고 가정하면 양 바퀴의 접촉면의 원주 속도(v)는 다음과 같이 나타낸다.

$$v = \frac{\pi D_A N_A}{1000 \times 60} = 0.0000254 D_A N_A \qquad (14-1)$$

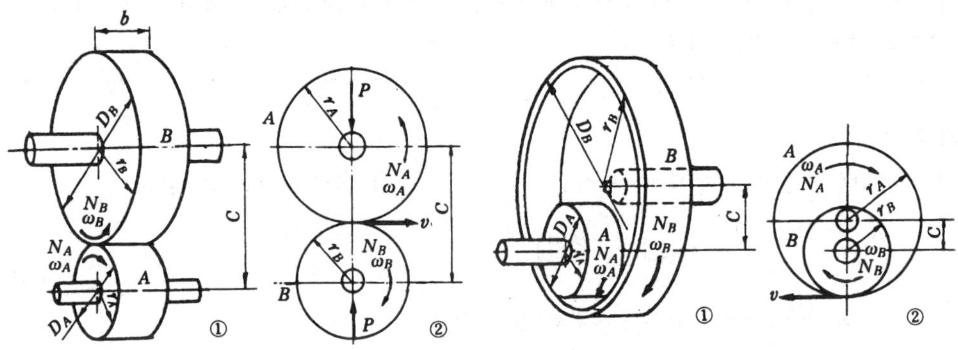

(a) 외접 (b) 내접

그림 14−3. 평 마찰차의 회전비

> **＊ 설계상 주의**
> 마찰차는 접촉 상태에 따라 외접과 내접으로 구분되며, 2개의 바퀴 를 접촉시켜 회전하므로, 양차의 원주 속도는 동일하나 회전시 미끄럼을 일으켜 정확한 전동에는 적합하지 않다.

(2) 속도비(velocity ratio)

그림 14−4와 같이 접촉면에서 원주 속도가 같으므로

N_A : 원동차에 회전수(rpm)
N_B : 종동차에 회전수(rpm)
D_A : 원동차의 지름(mm)
D_B : 종동차의 지름(mm)
w_A : 원동차의 각속도(rad/s)
w_B : 종동차의 각속도(rad/s)
r_A : 원동차의 반지름(mm)
r_B : 종동차의 반지름(mm)일 때

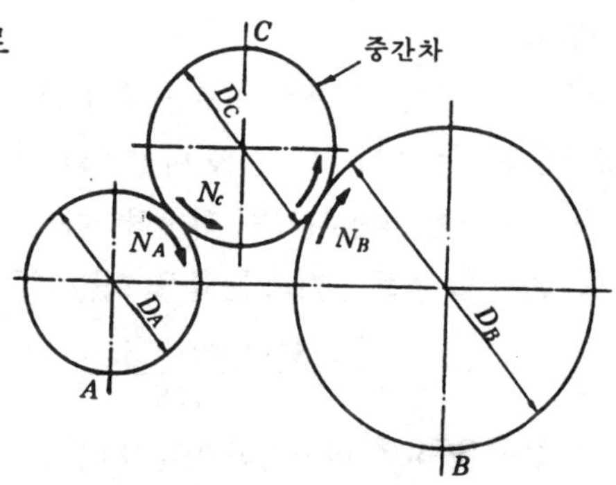

그림 14−4. 중간차

$$i=\frac{N_B}{N_A}=\frac{D_A}{D_B}=\frac{\omega_A}{\omega_B}=\frac{r_A}{r_B} \tag{14-2}$$

로 되고, 회전 속도는 지름에 반비례한다. 또한, 외접을 시키면서 회전 방향을 같게 하려면 그림 14-5와 같이 양 차 사이에 C차를 삽입하면 된다. 이 경우의 속도비(i)는

$$i=\frac{N_B}{N_A}=\frac{N_C}{N_A}\frac{N_B}{N_C}=\frac{D_A}{D_C}\frac{D_C}{D_B}=\frac{D_A}{D_B} \tag{14-3}$$

이므로, **중간차** C는 속도비에는 아무런 영향이 없고, 회전 방향만을 변화시킨다. 이 중간차를 **아이들 휠**(idle wheel)이라고 한다.

> **＊ 설계상 주의**
> ① 중간차의 크기에도 무관계이므로 임의의 지름의 것을 사용할 수 있다.
> ② 중간차의 수가 홀수인 경우에는 회전 방향은 같고, 짝수인 경우에는 반대가 되나, 2개 이상의 중간차를 사용하는 일은 거의 없다.

(3) 축간 거리

그림 14-4에서 외접과 내접에 따라 축간 거리 C(중심 거리)는 다음과 같다.

$$\left.\begin{aligned} C&=\frac{D_A+D_B}{2}=r_A+r_B(\text{외접})\\ &=\frac{D_B-D_A}{2}=r_B-r_A(\text{내접}:D_B>D_A)\end{aligned}\right\} \tag{14-4}$$

(4) 마찰차의 지름

원동차 및 종동차의 지름 D_A, D_B는 외접과 내접에 따라 다음과 같이 구한다.

$$D_A=\frac{2C}{\frac{N_A}{N_B}+1}=\frac{2C}{\frac{1}{i}+1}(\text{외접})=\frac{2C}{1-\frac{N_A}{N_B}}=\frac{2C}{1-\frac{1}{i}}(\text{내접}) \tag{14-5}$$

$$D_B=\frac{2C}{\frac{N_B}{N_A}+1}=\frac{2C}{i+1}(\text{외접})=\frac{2C}{\frac{N_B}{N_A}-1}=\frac{2C}{i-1}(\text{내접}) \tag{14-6}$$

(5) 회전력

그림 14-5에서 양 차를 누르는 힘 P를 작용시켜 A차가 회전하면, 접촉점에는 마찰력 Q가 생겨서 B차를 회전시킨다. 이 Q를 마찰차의 **회전력**(driving force : 전달력, 마찰력)이라 하며, 이것이 원동차와 종동차를 구동시키는 회전력이다.

① 양 차를 누르는 힘과 동력 및 회전수를 고려할 때

$$Q\leq\mu P=\frac{60\times1000\times735H_{PS}}{\pi DN} \tag{14-7}$$

② 접촉 압력(표 14－1)과 마찰차 나비를 고려할 때

$$Q\leq fb \tag{14-8}$$

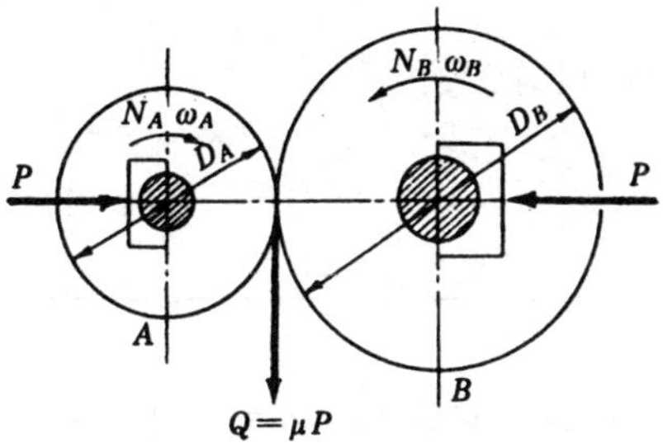

그림 14-5. 원통마찰차의 전동

표 14-1. 마찰 계수 및 허용 접촉 압력(f)

표면 재료	μ	허용 접촉 압력 f	
		N/mm²	kg_f/mm^2
주 철 과 주 철	0.1~0.15	20~30	2.0~3.0
주 철 과 종 이	0.15~0.2	5~7	0.5~0.7
주 철 과 가 죽	0.2~0.3	7~15	0.7~1.5
주철과 단단한 나무	0.2~0.3	17~25	1.7~2.5
주철과 연한 나무	0.2~0.3	10~15	1.0~1.5

*** 설계상 주의**

① 회전력 Q 에 의해서 베어링부에 주는 영향을 생각해서 특히 작은 베어링을 사용할 때는 마모 등에 주의해야 한다.
② 양차를 누르는 힘 P 는 스프링이나 나사를 이용해서 밀어붙이지만 간단한 경우는 레버(lever), 지렛대, 중력 등을 사용하기도 한다.
③ 원동차의 표면 재료는 비철 재료, 종동차에는 금속 재료를 사용하면 구동차가 마멸이 쉽게 된다. 또 표면 재료를 반대로 하면 원동차가 회전할 때, 종동차에 부하가 걸려 정지 상태와 같게 된다.

(6) 전달 동력

마찰차가 전달할 수 있는 최대 전달 동력(H)은 다음과 같이 나타낸다.

$$H=\frac{Qv}{735}=\frac{\mu Pv}{735}\,(\mathrm{PS}) \qquad (14-9)$$

위 식에서와 같이 전달 동력을 크게 하기 위해서는 주 속도를 크게 하는 외에 마찰 계수 (표 14-1) 및 회전력 Q 를 크게 하면 된다.

(7) 마찰 계수

회전력(Q)과 양차를 누르는 힘(P)을 고려한 마찰 계수(μ)는

$$\mu=\frac{Q}{P}=\tan\rho \qquad (14-10)$$

로 되고, 위 식에서 ρ는 마찰각이다.

*** 설계상 주의**

① μ를 크게 하기 위하여 표면 재료는 가죽, 종이, 고무 등을 붙여서 사용하기도 한다. 그러나 μ의 값(최대값 60% 정도)은 무제한으로 크게 할 수 없다.
② μ의 값은 표면 재료에 의해 결정되나, 실험에 의하면 운전 중 미끄럼에 의하여 생기는 종동차의 회전 속도가 2~6% 감소되어, 이 때에 μ가 최대값이 된다.
③ 미끄럼이 ②항과 같이 증가하면 운전은 불안전하게 되고, 미끄럼이 갑자기 증가되어 종동차는 정지하게 된다.

(8) 마찰차의 나비

그림 14-3에서 접촉선마다의 마찰차 나비(b)는 다음과 같이 나타낸다.

$$b \geq \frac{P}{f} \tag{14-11}$$

*** 설계상 주의**

① 이나비 b를 너무 크게 하면 마찰차의 접촉성이 떨어지므로 대략 마찰차의 지름과 같은 정도 ($b \leq D$)로 한다.

② 마찰차 나비 1mm마다 허용 접촉 압력(f)을 넘지 않도록 나비의 치수를 충분하게 취한다.

예제 14-1 그림 14-6과 같이 $C=250$mm, 속비 3인 원통 마찰차의 지름(외접과 내접)을 구하여라.

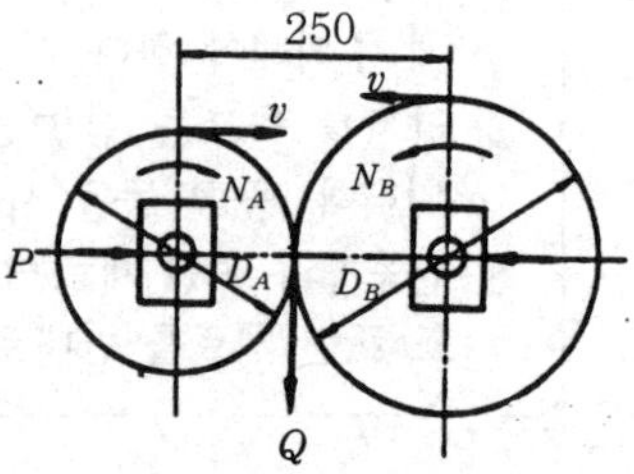

(a) 외접

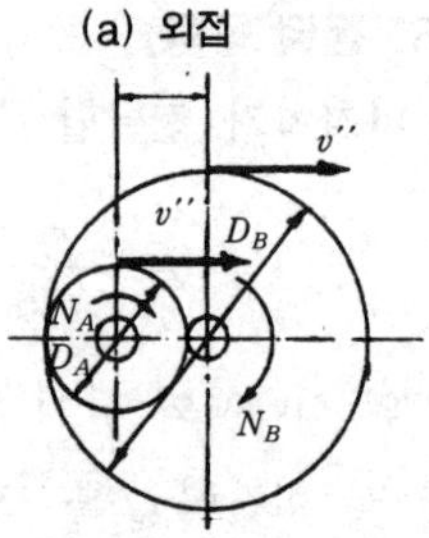

(b) 내접

그림 14-6

Solution

(1) 외접일 때[그림 (a)]

$$i=\frac{D_A}{D_B}=3 \rightarrow D_A=3D_B$$

$$C=\frac{D_A+D_B}{2} \rightarrow 250=\frac{3D_B+D_B}{2}$$

$$\therefore D_B=125(\text{mm})$$

$$D_A=3D_B=3\times125=375(\text{mm})$$

(2) 내접일 때[그림 (b)]

$$2C=D_A-D_B=3D_B-D_B=2D_B=500$$

$$\therefore D_B=\frac{500}{2}=250(\text{mm})$$

$$D_A=3D_B=3\times250=750(\text{mm})$$

예제 14-2 그림 14-8에서 500rpm, 4kW를 전달하는 원통 마찰차에 대한 마찰력을 구하여라. 단, $\mu=0.2$이다.

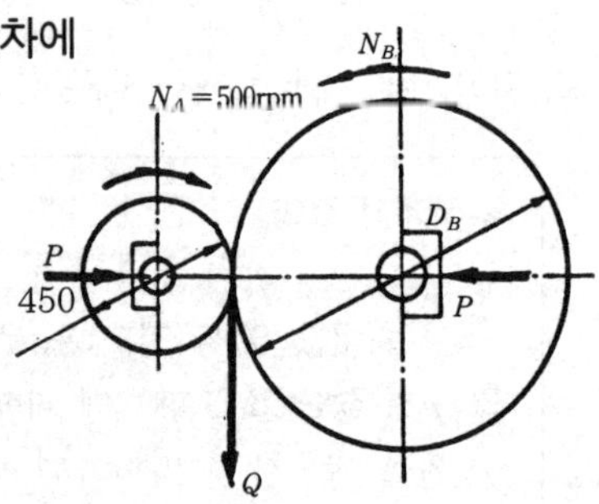

그림 14-7

Solution

방법 ① $v=\dfrac{\pi D_A N_A}{60\times1000}=\dfrac{\pi\times450\times500}{60\times1000}\fallingdotseq 11.8(\text{m/s})$

$$\therefore Q=\frac{1000H}{v}=\frac{1000\times4}{11.8}\fallingdotseq 339(\text{N})$$

방법 ② $H=\dfrac{Qv}{1000}=\dfrac{Q}{1000}\dfrac{\pi D_A N_A}{60\times1000}$ 에서

$$\therefore Q=\frac{1000\times60\times1000H}{\pi D_A N_A}=\frac{1000\times60000\times4}{\pi\times450\times500}\fallingdotseq 339(\text{N})$$

예제 14-3 750rpm, 2PS을 전달하는 원통 마찰차가 400rpm을 종동차에 전달시키고, $D_B = 475$mm 일 때, 마찰차를 밀어 붙이는 힘을 구하여라. 단, $\mu = 0.3$ 이다.

Solution

$i = \frac{D_A}{D_B} = \frac{N_B}{N_A} = \frac{400}{750}$ 에서

$D_A = \frac{N_B D_B}{N_A} = \frac{400 \times 475}{750} = 253$(mm)

$v = \frac{\pi D_A N_A}{60 \times 1000} = \frac{\pi \times 253 \times 750}{60 \times 1000} \fallingdotseq 10$(m/s)

$\therefore\ P = \frac{735H}{\mu v} = \frac{735 \times 2}{0.3 \times 10} \fallingdotseq 495$(N)

예제 14-4 그림 14-8과 같이 원통 마찰차의 회전수 $N_A = 300$rpm, $N_B = 100$rpm, 마찰 차를 밀어 붙이는 힘 2kN일 때, 다음을 구하여라. 단, $\mu = 0.2$ 이다.

(1) 양 마찰차의 지름(D_A, D_B)

(2) 전달 동력(PS)

Solution

(1) $i = \frac{D_A}{D_B} = \frac{N_B}{N_A} = \frac{100}{300} = \frac{1}{3} \rightarrow D_B = 3D_A$

$C = \frac{D_A + D_B}{2}$ 에서

$2C = D_A + D_B = 4D_A = 2 \times 400$

$\therefore D_A = \frac{2 \times 400}{4} = 200$(mm)

$D_B = 3D_A = 3 \times 200 = 600$(mm)

(2) $v = \frac{\pi D_A N_A}{60 \times 1000} = \frac{\pi \times 200 \times 300}{60 \times 1000} = 3.14$(m/s)

$\therefore\ H = \frac{\mu P v}{735} = \frac{0.2 \times 2000 \times 3.14}{735} = 1.68$(PS)

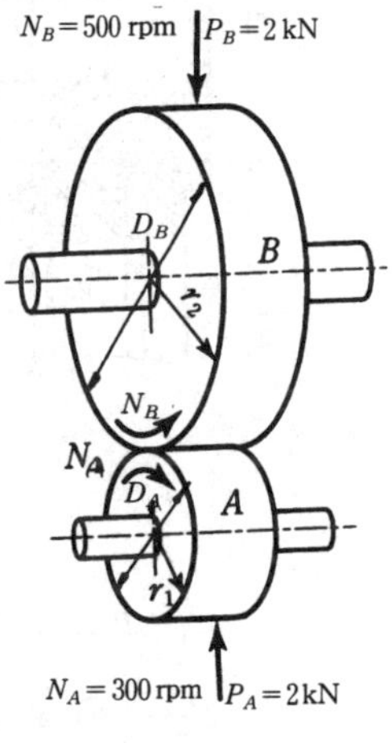

그림 14-8

예제 14-5 그림 14-9와 같은 마찰차의 회전수 $N_A = 200$rpm, $N_B = 100$rpm, C=300 mm, 밀어붙이는 힘 1.5kN 일 때, 전달 동력(PS)을 구하여라. 단, $\mu = 0.3$ 이다.

Solution

$i = \frac{N_B}{N_A} = \frac{100}{200} = \frac{1}{2} = \frac{D_A}{D_B} \rightarrow D_B = 2D_A$

$C = \frac{D_A + D_B}{2} = \frac{D_A + 2D_A}{2} = \frac{3D_A}{2}$ 에서

$D_A = \frac{2C}{3} = \frac{2 \times 300}{3} = 200$(mm)

$v = \frac{\pi D_A N_A}{60 \times 1000} = \frac{\pi \times 200 \times 200}{60 \times 1000} = 2.1$(m/s)

$\therefore\ H = \frac{\mu P v}{735} = \frac{0.3 \times 1500 \times 2.1}{735} = 1.268$ (PS)

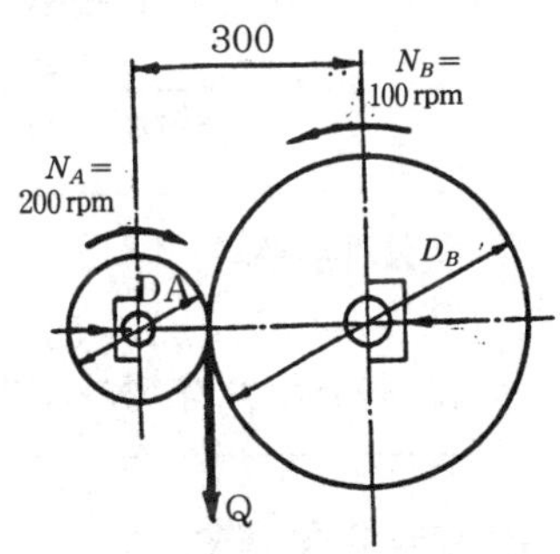

그림 14-9

2. 홈 마찰차

원통 마찰차에 V 홈을 만들어 동일한 압력에 대하여 큰 회전력을 얻을 수 있도록 한 것을 홈 마찰차(grooved friction wheel)라 한다(그림 14－10).

홈 마찰차는 반지름 방향으로 밀어붙이는 힘(P)은 증가시키지 않고, 접촉면적을 증가시켜 전달 동력을 크게 하려고 개선한 것이다.

(1) 수직력

그림 14－10과 같이 반지름 방향으로 밀어붙이는 힘 P에 의하여 접촉홈의 경사면에 수직력 F가 생기고, 또 마찰력 μF가 작용한다. 그림 (c)에서 홈 각도를 2α라면 반지름 방향의 분력 P_1과 마찰력 μF의 반지름 방향 분력 P_2는 다음과 같이 주어진다.

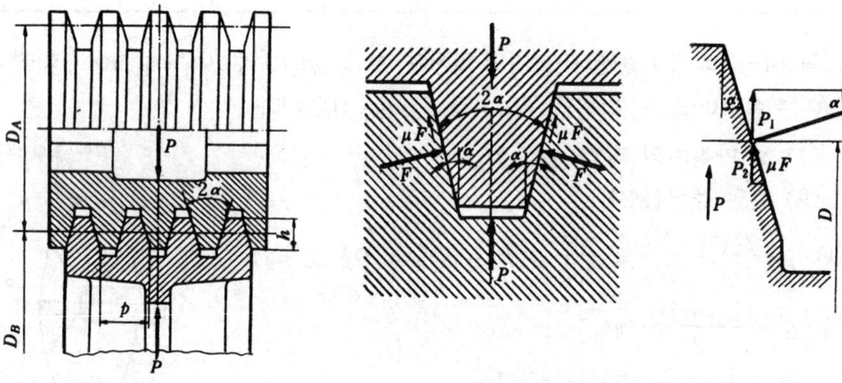

(a) (b) (c)

그림 14－10. 홈 마찰차에 받는 힘

$$\left.\begin{aligned} P_1 &= F\sin\alpha \\ P_2 &= \mu F\cos\alpha \end{aligned}\right\} \tag{14-12}$$

따라서 바퀴를 밀어붙이는 힘 P와 P_1+P_2는 평행이므로

$$P = P_1 + P_2 = F(\sin\alpha + \mu\cos\alpha) \tag{14-13}$$

로 되고, 위 식에서 수직력(F)은 다음과 같이 구한다.

$$F = \frac{P}{\sin\alpha/2 + \mu\cos\alpha/2} \tag{14-14}$$

> **＊ 설계상 주의**
> ① 홈 각도는 $2\alpha = 30\sim40^\circ$ 이고, 홈 피치는 3~20mm로서, 보통 10mm 정도이다.
> ② 수직력 P가 증가하면 베어링에 작용 하중이 커져 베어링 수명이 짧아진다.

(2) 상당 마찰 계수

홈 마찰차는 원통 마찰차보다 접촉 면적이 더 크므로 이를 보정하여 주는 것을 상당(또는 유효) 마찰 계수라 한다.

그림 14－10에서 회전력으로 작용하는 힘은 바퀴의 접선 방향 마찰력으로서 μF이고, 이것을 P' 라 하면 $P' = \mu F = \dfrac{\mu P}{\sin\alpha/2 + \mu\cos\alpha/2} = \mu' P$로 되므로 **상당 마찰 계수**(μ')는

$$\mu' = \frac{\mu}{\sin\alpha/2 + \mu\cos\alpha/2} \qquad (14-15)$$

로 되고, 평 마찰차와 V 홈 마찰차는 같은 힘으로 밀어 붙일 때 다음과 같다.

$$P' : P = \frac{\mu}{\sin\alpha/2 + \mu\cos\alpha/2} : \mu = \mu' : \mu$$

＊ 설계상 주의

① μ'는 평 마찰차의 마찰 계수 μ의 $1/\sin\alpha + \mu\cos\alpha$배로 증가한 것이다.
② 원통 마찰차에 비해서 홈 마찰차의 경우는 같은 밀어붙이는 힘에 대해 마찰 계수가 μ에서 μ'로 증가함을 알 수 있다. 만약, μ=0.1일 때, 전달력은 $F' : F = 2.8 : 1$이 된다.

(3) 홈의 깊이

그림 14－11에서 밀어붙이는 힘 P가 마찰차 전체에 반지름 방향으로 작용할 때, 다음과 같은 경험식을 많이 사용한다.

$$h = 0.94\sqrt{\mu' P} \qquad (14-16)$$

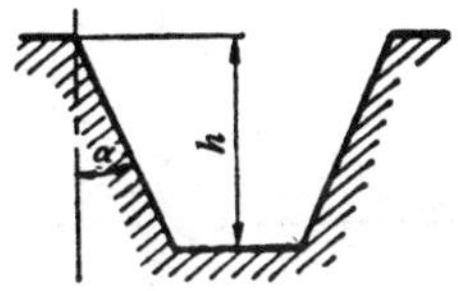

그림 14－11. 홈의 깊이

＊ 설계상 주의

① 홈의 깊이가 깊을수록 탈착이 어렵고, 접촉이 나빠져 발열과 소음이 발생한다. 이러한 현상은 속도가 증가할수록 더욱 심해진다. 그리고 속도가 클수록 심해서 홈의 깊이는 되도록 작은 것이 좋다.
② 위 ①과 같은 현상을 방지하기 위하여 $h = 0.05D$가 되도록 상한 값을 정한다.
③ 홈 마찰차는 마멸, 소음, 마찰 손실 등이 홈 부분에서 생기므로 효율은 0.89~0.99 정도이다.

(4) 홈의 수

접촉부분의 전체 길이는 $\ell = 2Zh/\cos\alpha$이므로, 홈의 수 Z는

$$Z = \frac{\ell\cos\alpha}{2h} \qquad (14-17)$$

로 구하고, 홈의 수는 일반적으로 $Z = 5 \sim 6$개 정도로 취한다.

(5) 전달 마력

상당 마찰 계수 (μ')와 밀어 붙이는 힘 (P)을 고려할 때 다음과 같다.

$$H_{PS} = \frac{\mu' P v}{735} \qquad (14-18)$$

예제 14 - 6 C=600mm, N_A=400rpm, N_B=200rpm, 4kW를 전달하는 홈 마찰차의 (1) 원동차 지름, (2) 밀어붙이는 힘을 구하여라. 단, 홈의 각도 40°, μ=0.15이다.

Solution

(1) 방법 ① $D_A=\dfrac{2C}{1+(N_A/N_B)}=\dfrac{2\times600}{1+(400/200)}=400$(mm)

방법 ② $\dfrac{D_A}{D_B}=\dfrac{1}{2}$ $\quad\therefore\ D_A=0.5D_B$

$\dfrac{0.5D_B+D_B}{2}=C$에서 $1.5D_B=2C=2\times600$ $\quad D_B=800$(mm)

$\therefore\ D_A=0.5D_B=0.5\times800=400$(mm)

$\left[=\dfrac{2C}{1+(N_A/N_B)}=\dfrac{2\times600}{1+(400/200)}=400(\text{mm})\right]$

(2) $v=\dfrac{\pi D_A N_A}{1000\times60}=\dfrac{\pi\times400\times400}{1000\times60}=8.38$(m/s)

$\mu'=\dfrac{\mu}{\sin\alpha+\mu\cos\alpha}=\dfrac{0.15}{\sin20°+0.15\cos20°}=0.311$

$\therefore\ P=\dfrac{1000H}{\mu'v}=\dfrac{1000\times4}{0.311\times8.38}=1534.8$(N)

예제 14 - 7 4kW를 전달하는 홈 마찰차의 회전수 $N_A=400$rpm, $N_B=200$rpm일 때, 다음을 구하여라. 단, 축간 거리 600mm, 홈 각 $2\alpha=40°$, 접촉압력 25MPa, μ=0.15 이다.

(1) 마찰차의 지름(D_A, D_B)
(2) 마찰열에 작용하는 수직력(F)
(3) 홈의 길이(h)
(4) 홈의 개수(Z)

Solution

(1) $i=\dfrac{D_A}{D_B}=\dfrac{N_B}{N_A}=\dfrac{200}{400}=\dfrac{1}{2}\ \rightarrow\ D_A=0.5D_B$

$C=\dfrac{D_A+D_B}{2}=\dfrac{0.5D_B+D_B}{2}=\dfrac{1.5D_B}{2}$

$\therefore\ D_B=\dfrac{2C}{1.5}=\dfrac{2\times600}{1.5}=800$ (mm)

$D_A=0.5D_B=0.5\times800=400$(mm)

(2) $v=\dfrac{\pi D_A N_A}{60\times1000}=\dfrac{\pi\times400\times400}{60\times1000}=8.4$(m/s)

$\mu'=\dfrac{\mu}{\sin\alpha+\mu\cos\alpha}=\dfrac{0.15}{\sin20°+0.15\times\cos20°}=0.311$

$P=\dfrac{1000H}{\mu'v}=\dfrac{1000\times4}{0.311\times8.4}\fallingdotseq1531(N)$

$\therefore\ F=\dfrac{P}{\sin\alpha+\mu\cos\alpha}=\dfrac{1531}{\sin20°+0.15\times\cos20°}\fallingdotseq3170$(N)

(3) $h=0.94\sqrt{\mu'P}=0.94\sqrt{0.311\times1531}=20.5$(mm)

(4) $Z=\dfrac{f}{2hf}=\dfrac{3170}{2\times20.5\times2.5}=3$(개)

예제 14-8 1.5kW를 전달하는 홈 마찰차의 회전수 $N_A=750$rpm, $N_B=350$rpm일 때, 다음을 구하여라. 단, $C=250$mm, $2\alpha=30°$, 접촉면 압력 20MPa, $\mu=0.1$ 이다.

(1) 마찰차의 지름(D_A, D_B)　　(2) 양차를 밀어 붙이는 힘(P)
(3) 홈 벽에 수직인 힘(F)

Solution

(1) 방법 ① $D_A=\dfrac{2C}{(\dfrac{N_A}{N_B})+1}=\dfrac{2\times250}{(\dfrac{750}{350})+1}\fallingdotseq160\text{(mm)}$

$D_B=2C-D_A=2\times250-160=340\text{(mm)}$

방법 ② $D_A+D_B=D_A+\dfrac{15}{7}D_A=\dfrac{22}{7}D_A=500$

$\therefore D_A=500\times\dfrac{7}{22}\fallingdotseq160\ \text{(mm)}$

$D_B=\dfrac{15}{7}D_A=\dfrac{15}{7}\times160=343\fallingdotseq340\ \text{(mm)}$

(2) $v=\dfrac{\pi D_A N_A}{60\times1000}=\dfrac{\pi\times160\times350}{60\times1000}=2.93\text{(m/s)}$

$\mu'=\dfrac{\mu}{\sin\alpha+\mu\cos\alpha}=\dfrac{0.1}{\sin15^\circ+0.1\times\cos15^\circ}=0.282$

$\therefore P=\dfrac{1000H}{\mu' v}=\dfrac{1000\times1.5}{0.282\times2.93}\fallingdotseq1815\text{(N)}$

(3) 홈 벽에 수직으로 작용하는 힘(F)은 $\mu F=\mu' P$에서

$F=\dfrac{\mu' P}{\mu}=\dfrac{0.282\times1815}{0.1}=5118\text{(N)}$

예제 14-9 그림 14-12와 같은 홈 마찰차의 회전수 $N_A=300$rpm, $N_B=100$rpm, $2\alpha=30°$, 축간 거리 400mm, 두 바퀴를 밀어 붙이는 힘 2.5kN 일 때, 전달 동력(kW)을 구하여라. 단, $\mu=0.2$ 이다.

Solution

$i=\dfrac{N_B}{N_A}=\dfrac{100}{300}=\dfrac{1}{3}=\dfrac{D_A}{D_B}\ \rightarrow\ D_B=3D_A$

$C=\dfrac{D_A+D_B}{2}=\dfrac{D_A+3D_A}{2}=\dfrac{4D_A}{2}$

$D_A=\dfrac{2C}{4}=\dfrac{2\times400}{4}=200\text{(mm)}$

$v=\dfrac{\pi D_A N_A}{60\times1000}=\dfrac{\pi\times200\times300}{60\times1000}=3.14(\text{ m/s})$

$\mu'=\dfrac{\mu}{\sin\alpha+\mu\cos\alpha}=\dfrac{0.2}{\sin15^\circ+0.2\cos15^\circ}=0.44$

$\therefore H=\dfrac{\mu' P v}{1000}=\dfrac{0.44\times2500\times3.14}{1000}=3.45(\text{kW})$

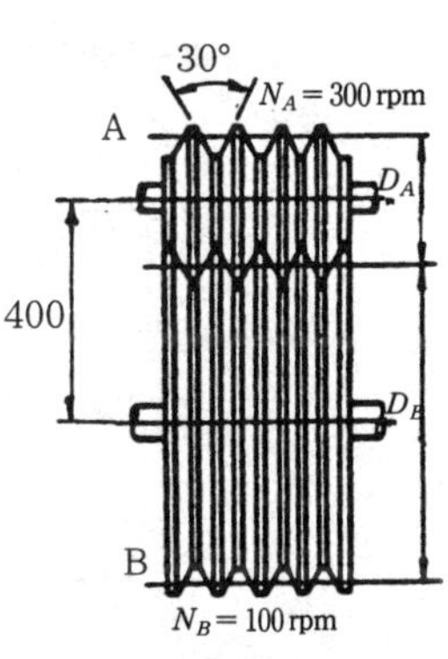

그림 14-12

3. 원뿔차

두 축이 구름 접촉을 하면서 어느 각도로 맞추게 될 때 사용되는 것을 **원뿔 마찰차**(bevel frivtion wheel) 또는 **베벨 마찰차**라고도 한다(그림 14－13).

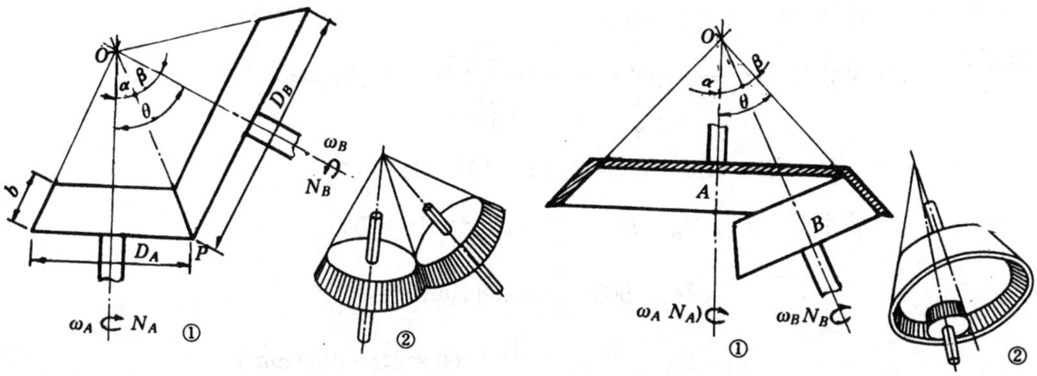

그림 14－13. 원뿔차의 속도비

(1) 속도비

그림 14－14에서 점 P를 지나는 원형 단면의 지름비는 일정하므로, 양 바퀴의 속도비는 어느 정도 일정하고, 원뿔 표면의 어느 부분을 사용하여 원뿔 마찰차를 만들더라도 속도비는 변하지 않으며 다음과 같이 구한다.

N_A, N_A : 회전수(rpm), θ : 축각(두 축이 이루는 각), α, β : 원뿔각일 때

$$\left.\begin{aligned} i &= \frac{N_B}{N_A} = \frac{\omega_B}{\omega_A} = \frac{D_A}{D_B} = \frac{2OP\sin\alpha}{2OP\sin\beta} = \frac{\sin\alpha}{\sin\beta} \\ &= \frac{\sin\alpha}{\sin(\theta-\alpha)} = \frac{\tan\alpha}{\sin\theta - \cos\theta\tan\alpha} \end{aligned}\right\} \quad (14-19)$$

(2) 원뿔각 ; 외접차와 내접차에 따라 다음과 같이 구한다.

$$\left.\begin{aligned} \alpha &= \tan^{-1}\frac{\sin\theta}{\frac{N_A}{N_D}+\cos\theta} = \tan^{-1}\frac{\sin\theta}{\frac{1}{i}+\cos\theta} \\ \beta &= \tan^{-1}\frac{\sin\theta}{\frac{N_B}{N_A}+\cos\theta} = \tan^{-1}\frac{\sin\theta}{i+\cos\theta} \end{aligned}\right\} \text{(외접차)} \quad (14-20)$$

$$\left.\begin{aligned} \alpha &= \tan^{-1}\frac{\sin\theta}{\cos\theta-\frac{N_A}{N_B}} = \tan^{-1}\frac{\sin\theta}{\cos\theta-\frac{1}{i}} \\ \beta &= \tan^{-1}\frac{\sin\theta}{\frac{N_B}{N_A}-\cos\theta} = \tan^{-1}\frac{\sin\theta}{i-\cos\theta} \end{aligned}\right\} \text{(내접차)} \quad (14-21)$$

단, $\theta=\alpha+\beta$, $\frac{N_B}{N_A}=i$ 이고, $\theta=90°$일 때에는 다음과 같이 구한다.

$$\alpha=\tan^{-1}\frac{N_B}{N_A}, \quad \beta=\tan^{-1}\frac{N_A}{N_B} \tag{14-22}$$

(3) 베어링에 걸리는 하중

① **수직 하중과 회전력** : 그림 14－14와 같이 베어링을 이용하여 양 원뿔차를 축 방향으로 밀어 붙여서 접촉면에 수직한 힘 P를 주기 위하여 A와 B바퀴에 F_A와 F_B의 힘을 가하면 접촉면에 수직 방향으로 서로 누르는 힘 P_A, P_B가 발생되며, 그 마찰력에 의하여 회전을 전달하게 된다. 이 때에 양 원뿔차의 힘에 대한 관계에서 **축방향 스러스트 하중**(F)은 다음과 같다.

$$\left.\begin{aligned} F_A &= P_A\sin\alpha \\ F_B &= P_B\sin\beta \end{aligned}\right\} \tag{14-23}$$

고로, **접촉 수직 하중**(P_A, P_B)은 다음과 같다.

$$\left.\begin{aligned} P_A &= \frac{F_A}{\sin\alpha} \\ P_B &= \frac{F_B}{\sin\beta} \end{aligned}\right\} \tag{14-24}$$

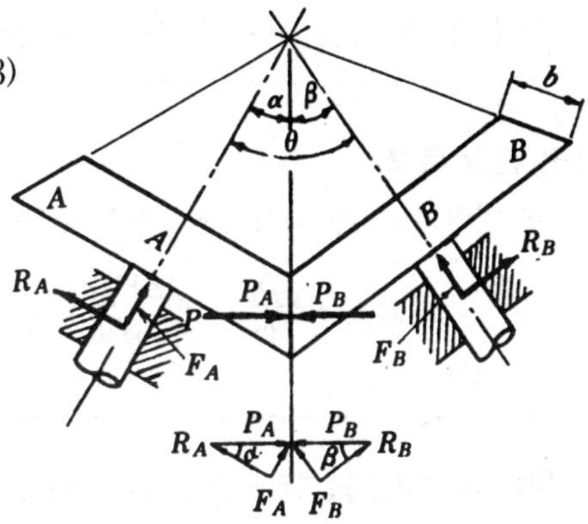

그림 14－14. 원뿔 마찰차 힘

② **회전력** : 위에서 힘 P는 접촉선의 중앙에 작용한다고 가정할 때 원주 속도의 평균 속도

$$v=0.0000524\,\frac{(D_B+D_B)}{2}\,N_B \tag{14-25}$$

로 되고, 또 마찰에 따른 회전력은 다음과 같다.

$$\mu P=\frac{\mu F_A}{\sin\alpha}=\frac{\mu F_B}{\sin\beta} \tag{14-26}$$

③ **합성 하중** : 그림 14－14에서 반력 R_A, R_B는 A와 B바퀴의 베어링에의 가로 하중으로 작용하고, $\theta=90°$ 일 때 $R_A=P_A$, $R_B=P_B$로 된다.

$$\left.\begin{aligned} R_A &= \frac{F_A}{\tan\alpha} \\ R_B &= \frac{F_B}{\tan\beta} \end{aligned}\right\} \tag{14-27}$$

베어링 A, B에 작용하는 합성 하중 R_A, R_B는

$$\left.\begin{aligned} R_A &= \sqrt{F_A{}^2+(\mu F_B)^2} \\ R_B &= \sqrt{F_B{}^2+(\mu F_B)^2} \end{aligned}\right\} \tag{14-28}$$

로 되고, F_A와 F_B는 스러스트이므로 일반적으로 스러스트 베어링에 사용된다.

(4) 원뿔차의 나비

그림 14－15에서 접촉선 1mm 마다 작용하는 힘을 접촉 압력 f (N/mm^2)로 할 때, 접촉선의 길이(또는 나비) b는 다음과 같이 구한다.

$$\left.\begin{aligned} b &= \frac{P}{f} = \frac{P_A}{f\sin\alpha} = \frac{P_B}{f\sin\beta} \quad ① \\ &= \frac{D_{A2}-D_{A1}}{2\sin\alpha} = \frac{D_{B2}-D_{B1}}{2\sin\beta} \quad ② \end{aligned}\right\} \tag{14-29}$$

위 식에서 ②는 원뿔차 A, B의 작은 끝부와 큰 끝부의 지름을 각각 나타낸다. 또한 μ와 f의 허용값은 평 마찰차의 값을 그대로 사용한다.

> **＊ 설계상 주의**
> 원뿔 마찰차의 나비(b)는 두 마찰차 사이에 누르는 힘(수직력) P에 의하여 마찰차가 압축 파괴되지 않도록 $b \geq P/f$ 의 조건을 만족하여야 한다.

(5) 전달 동력

평 마찰차나 홈 마찰차의 전달 동력(H)을 구하는 식을 그대로 사용한다.

$$H_{PS} = \frac{\mu P v}{735} = \frac{\mu F_A v}{735\sin\alpha} = \frac{\mu F_B v}{735\sin\beta} \tag{14-30}$$

예제 14－10 그림 14－15와 같이 4PS, 360rpm을 전달하는 원뿔 마찰차(2축이 직교)의 원동차 지름 300mm, 속비 1/2 일 때, 다음을 구하여라. 단, 접촉면 압력 20MPa, $\mu=0.25$이다.

(1) 종동차의 지름(D_B)　　(2) 마찰면의 나비(b)
(3) 마찰차의 베어링 하중(R_A, R_B)

Solution

(1) $D_B = 2D_A = 2\times300 = 600$(mm)

(2) $v = \dfrac{\pi D_A N_A}{60\times1000} = \dfrac{\pi\times300\times360}{60\times1000} = 5.65$(m/s)

$P = \dfrac{735H}{\mu v} = \dfrac{735\times4}{0.25\times5.65} \fallingdotseq 2081$(N)

$\therefore\ b = \dfrac{P}{f} = \dfrac{2081}{20} \fallingdotseq 104$(mm)

(3) $\alpha = \tan^{-1}\dfrac{N_B}{N_A} = \tan^{-1} i = \tan^{-1}\dfrac{1}{2} = 26°57'$

$\beta = \theta - \alpha = 90° - 26°30' = 63.30'$

$F_A = P\sin\alpha = 2081\times\sin26°30' = 930$(N)

$F_B = P\sin\beta = 2081\times\sin63°30' = 1860$(N)

$\therefore\ R_A = \dfrac{F_A}{\tan\alpha} = \dfrac{930}{\tan26.57°} \fallingdotseq 1860$(N)

$R_B = \dfrac{F_B}{\tan\beta} = \dfrac{1860}{\tan63.43°} \fallingdotseq 930$(N)

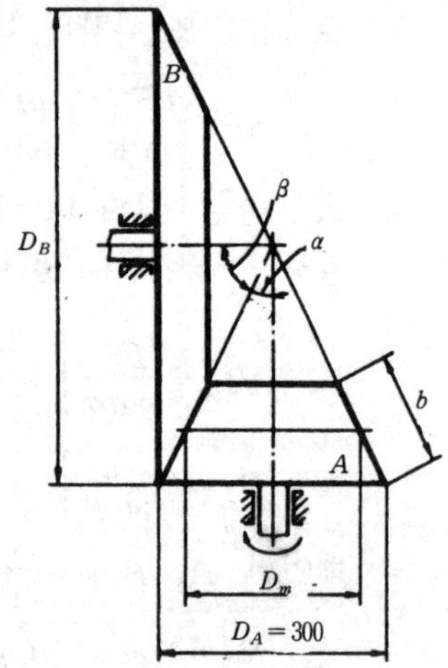

그림 14－15

예제 14－11 그림 14－16과 같이 속도비 2 : 1, 축각 90° 인 원뿔 마찰차에서 원동차(주철 N_A=400rpm, D_B=600mm)로부터 4PS를 전달하고, 원동차(종이)와의 접촉면 나비 150mm일 때, (1) 평균 지름, (2) 스러스트 하중, (3) 접촉면의 나비가 적당한가 검토 하여라. 단, μ=0.3이다.

Solution (1) 평균 지름(D_m)

$$\alpha = \tan^{-1}\frac{200}{400} = \tan^{-1}\frac{1}{2} = 26°30'$$

방법 ① : 원뿔 $\overline{OR}$의 길이는

$$\overline{OR} = \frac{D_A}{2} \times \frac{1}{\sin\alpha}$$

$$= 300 \times \frac{1}{\sin 26°30'} = 672(\text{mm})$$

$$\therefore\ D_m = D_B \times \frac{\overline{OR} - 75}{\overline{OR}}$$

$$= 600 \times \frac{672-75}{671} = 533(\text{mm})$$

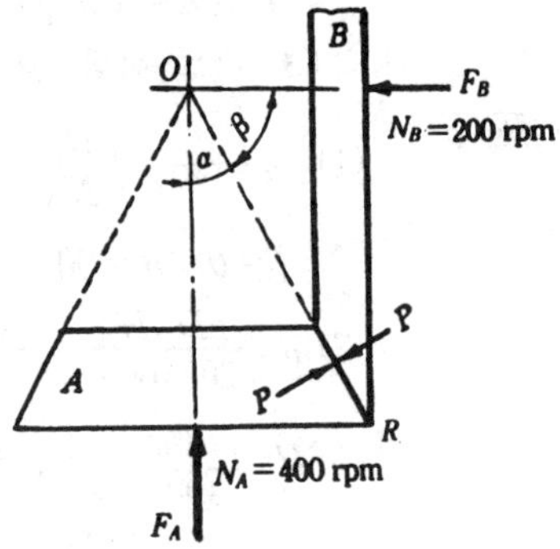

그림 14－16

방법 ② : 원뿔각 β는

$$\beta = \tan^{-1}\frac{400}{200} = \tan^{-1}\frac{2}{1} = 63°30'$$

$$\therefore\ ①\ D_m = D_B - 2\times\frac{b}{2}\sin\alpha = 600 - 2\times\frac{150}{2}\sin 26°30' = 533(\text{mm})$$

$$②\ D_m = D_B - 2\times\frac{b}{2}\cos\beta = 600 - 2\times\frac{150}{2}\cos 63°30' = 533(\text{mm})$$

(2) 스러스트 하중(F_A, F_B)

원동차의 평균 지름인 곳에서 원주 속도 v는

$$v = \frac{\pi D_m N_A}{1000\times 60} = \frac{\pi\times 533\times 400}{1000\times 60} = 11.2(\text{m/s})$$

접촉면에 수직인 힘 (P)은 식 (14－31)에서

$$P = \frac{735H}{\mu v} = \frac{735\times 4}{0.3\times 11.2} = 875(\text{N})$$

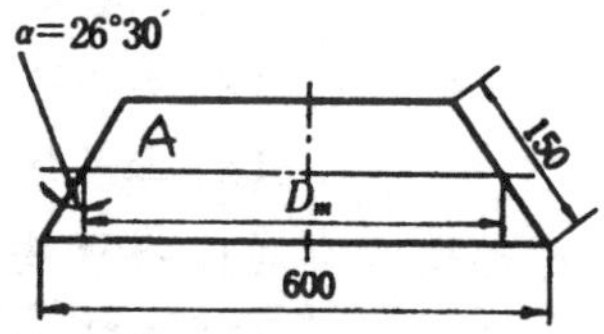

그림 14－17

각 축의 스러스트는 식 (14－23)에서

$$F_A = P_A\sin\alpha = 875\times\sin 26°30' = 391(\text{N})$$

$$F_B = P_B\sin\beta = 875\times\sin 63°30' = 782.6(\text{N})$$

이상을 도시하면 그림 14－17과 같이 나타낼 수 있다.

(3) 접촉면의 나비 검토

$$f = \frac{P}{b} = \frac{875}{150} = 5.8(\text{N/mm}^2)$$

고로, 표 14－1에서 주철과 종이인 경우 $f=5\sim 7\text{N/mm}^2$ 이므로, 주어진 나비 150mm는 적당하다고 볼 수 있다.

예제 14-12 $i=1:2$인 원뿔 마찰차의 지름 $D_A=150$mm, 회전수 $N_A=300$rpm 일 때, 다음을 구하여라. 단, $\mu=0.25$이다.

(1) 원뿔각(α, β) (2) 수직 하중(P) : (단, H=1.5PS)
(3) 가로 하중(R_A) (4) 축 방향의 힘(F_A)

Solution

(1) $\alpha=\tan^{-1}\frac{D_B}{N_A}=\tan^{-1}i=\tan^{-1}\frac{1}{2}=26°30'$

$\beta=\theta-\alpha=90°-26°30'=63°30'$

(2) $v=\frac{\pi D_A N_A}{60\times1000}=\frac{\pi\times150\times300}{60\times1000}=2.4$(m/s)

$H=\frac{\mu P v}{735} \rightarrow 1.5=\frac{0.25\times P\times2.4}{735}$ 에서

$\therefore P=\frac{735\times1.5}{0.25\times2.4}=1838$(N)

(3) $R_A=P\cos\alpha=1838\times\cos26°30' \doteqdot 1644$(N)

(4) $F_A=P\sin\alpha=1838\times\sin63°30'=823$(N)

예제 14-13 그림 14-18과 같이 $\theta=90°$인 원뿔 마찰차의 지름 $D_A=300$mm, $D_B=150$mm, 접촉 나비 50mm, 종동차의 회전수 500rpm일 때, 다음을 구하여라. 단, 접촉면 압력 20MPa, $\mu=0.25$ 이다.

(1) 마찰차의 원뿔각(α, β)
(2) 접촉면의 수직력(P)
(3) 스러스트 하중(F_A, F_B)
(4) 평균 속도(ν_m)
(5) 전달 동력(PS)

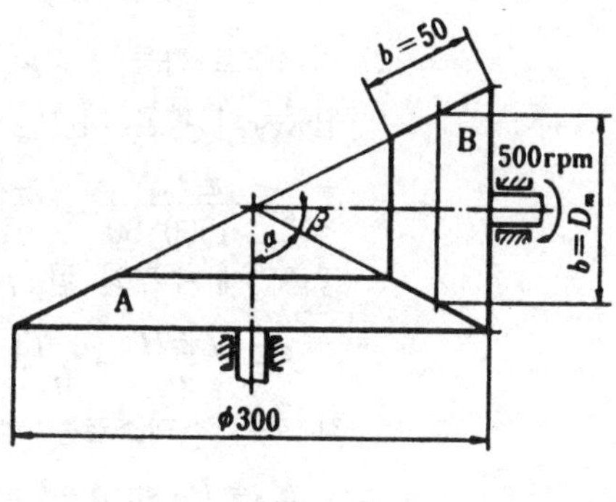

그림 14-18

Solution

(1) $\alpha=\tan^{-1}\frac{D_A}{D_B}=\tan^{-1}\frac{300}{150}=63°30'$

$\beta=\theta-\alpha=90°-63°30'=26°30'$

(2) $P=fb=20\times50=1000$(N)

(3) $F_A=P\sin\alpha=1000\times\sin63°30' \doteqdot 894$(N)

$F_B=P\sin\beta=1000\times\sin26°30' \doteqdot 447$(N)

(4) $D_m=D_B-2\times\frac{b}{2}\cos\beta=150-2\times\frac{50}{2}\cos26°30' \doteqdot 105.3$(mm)

$\therefore v_m=\frac{\pi D_m N_B}{60\times1000}=\frac{\pi\times105.3\times500}{60\times1000} \doteqdot 2.76$(m/s)

(5) $H=\frac{\mu P v_m}{735}=\frac{0.25\times1000\times2.76}{735} \doteqdot 0.94$(PS)

14-2 무단 변속 장치

원동축의 회전 속도를 일정하게 유지한 상태로 종동축에 임의의 회전을 줄 수 있는 것을 무단 변속 장치(無斷 變速 裝置 : infinite variable speed drive)라 한다. 이것은 큰 동력을 전달하기는 곤란하며, 원판차, 원뿔차, 구면차 등을 이용한다.

1. 원판차

그림 14-19는 롤러 원판 장치로서 2축이 직교하고, 롤러 B는 축 II를 좌우로 이동시키므로서 원판의 회전 속도를 자유로 연속적으로 변화시킬 수 있다. 롤러 B가 원판 A의 중심에 있으면 롤러 나비의 양쪽에 반대 방향 미끄럼이 생겨 원판은 정지한다.

그림 14-20은 마찰차를 이용한 마찰 프레스의 구동 부분으로 원판차 B, C가 원판차 A에 접촉되어 A차의 회전 방향이 반대로 되어 나사봉 D가 상하로 움직인다.

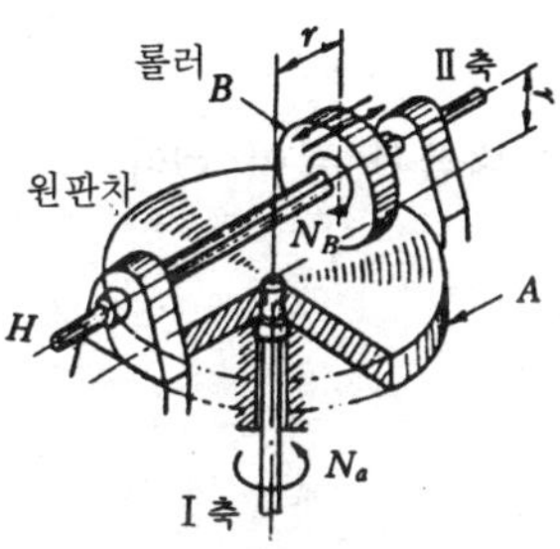

그림 14-19. 원판차

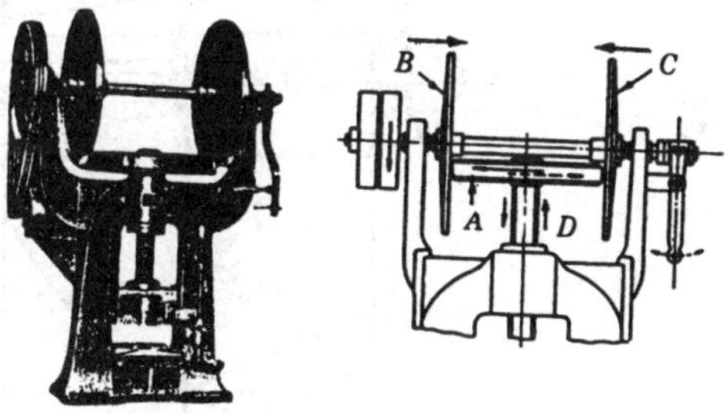

(a) 외형 (b) 정면도

그림 14-20. 마찰 프레스

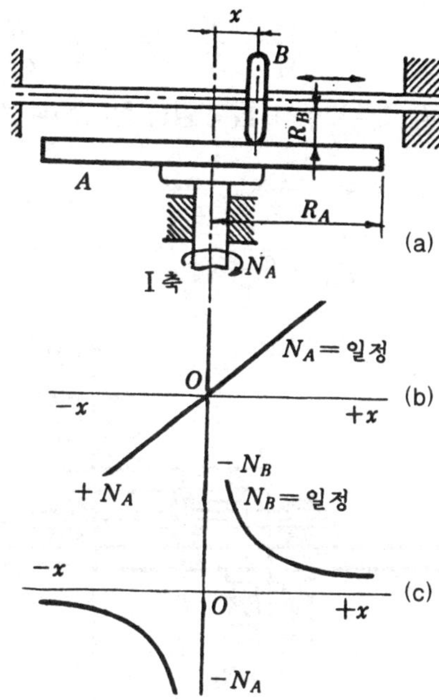

그림 14-21. 원판차 1개일 때

(1) 원판차 1개일 때

그림 14-21에서 I축에는 원판차(disc wheel) A를 고정하고, II축에는 롤러 B를 미끄럼 키 또는 스플라인축을 이용해서 II축 위를 자유로이 이동하면서 회전할 수 있도록 한다. 이 때에 B차의 위치에 따른 속도비(i)는

$$i = \frac{\text{롤러의 회전 속도}}{\text{원판차의 회전 속도}} = \frac{N_B}{N_A} = \frac{x}{R_B} \tag{14-31}$$

로 변하고, R_B는 일정하므로 x를 변화시키면 i가 변한다. 또 양 축의 토크 T_A, T_B도 변하고, 다음과 같은 관계가 성립한다.

$$\frac{T_A}{T_B} = \frac{x}{R_B} \quad \text{또는} \quad \frac{T_B}{T_A} = \frac{R_B}{x} \tag{14-32}$$

그림 14-23 (a)의 경우, 속도 변화는 그림 (b), (c)와 같이 토크 변화는 반대가 된다.

지금 Ⅰ축의 회전수 N_A를 일정하게 하면, Ⅱ축의 회전수 N_B의 변화는 그림 (b)와 같이 되고, N_B를 일정하게 하고 N_A를 변화시키면 그림 (c)와 같이 된다.

(2) 원판차 2개일 때

그림 14-22와 같이 원판차(A, B) 2개를 사용하여 그 사이에 롤러 C를 끼우면 굽힘 모멘트를 제거시킬 수 있으며, $\frac{N_C}{N_A} = \frac{x}{R_C}$, $\frac{N_B}{N_C} = \frac{R_C}{a-x}$ 의 관계에서 속도비(i)는

$$i = \frac{N_B}{N_B} = \frac{N_C}{N_A}\frac{N_B}{N_C} = \frac{x}{R_C}\frac{R_C}{a-x} = \frac{x}{a-x} \tag{14-33}$$

로 되고, 접촉면에서 접촉 방향 힘(F)과 회전 토크(T_B)는 다음과 같이 된다.

$$F = \frac{T_A}{x} = \frac{T_B}{a-x} \tag{14-34}$$

$$T_B = \frac{a-x}{x} T_A \tag{14-35}$$

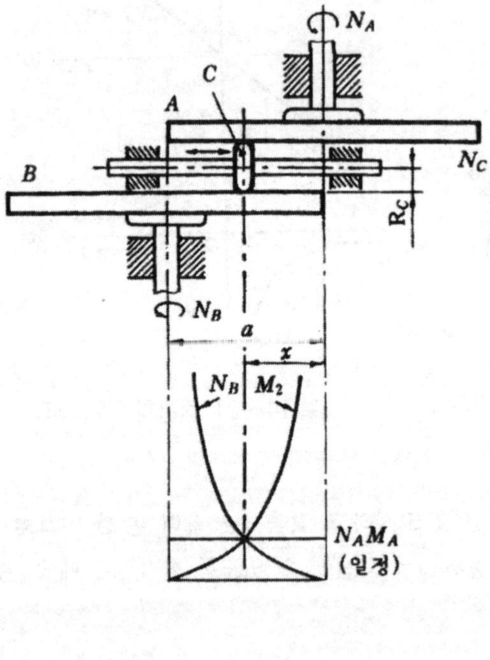

그림 14-22. 원판차 2개일 때

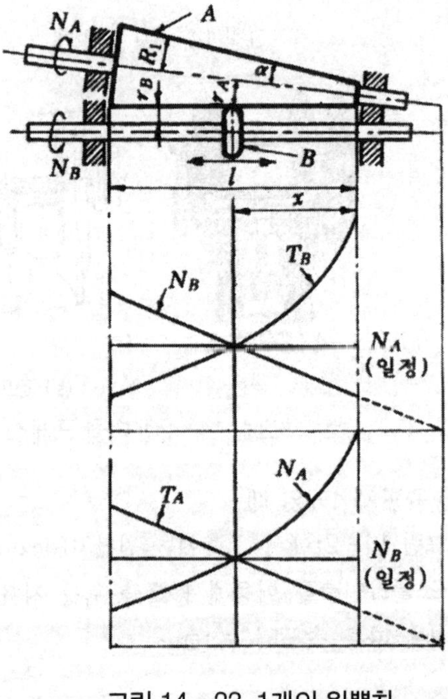

그림 14-23. 1개의 원뿔차

2. 원뿔차

그림 14−23과 같이 1개의 원뿔차 A에 롤러 B를 접촉시켜 회전하는 것으로, 마찰차의 위치에 따라 속도비가 변화한다.

(1) 원뿔차 1개일 때

그림 14−23에서 $r_A = \frac{R_A}{l}x$ 이므로 **회전 속도**(N_B)는 다음과 같이 된다.

R_A : 원뿔의 최대 반지름(mm), x : 원뿔 꼭지점에서 마찰차까지의 거리(mm)
ℓ : 원뿔의 꼭지점에서 최대 반지름의 단면에 이르는 모선의 길이(mm)일 때

$$N_B = N_A \frac{r_A}{r_B} = \frac{N_A R_A}{r_B l} x \tag{14-36}$$

가 되어, 그림과 같이 마찰차 B의 속도는 직선적으로 변화한다.

원뿔차 A에 대한 롤러 B의 **속도비**(i)는

$$i = \frac{N_B}{N_A} = \frac{r_A}{r_B} = \frac{R_1 x}{r_B l} \tag{14-37}$$

양차의 접촉면에서의 **접선 방향 힘**(F)는

$$F = \frac{T_A}{r_A} = \frac{T_B}{r_B} \tag{14-38}$$

이므로, 마찰차 B에 작용하는 **회전 토크**(T_B)는 다음과 같고, 쌍곡선으로 변화한다.

$$T_B = T_A \frac{r_B}{r_A} = \frac{T_A r_B l}{R_A} \frac{1}{x} \tag{14-39}$$

(2) 원뿔차 2개일 때

원뿔차 A의 **회전수**(N_A)와 회전 토크(T_A)는

$$N_A = N_B \frac{r_B}{r_A} = \frac{N_B r_B l}{R_A} \frac{1}{x} \tag{14-40}$$

로 되고, 원뿔차 B의 회전 토크(T_A)는 다음과 같다.

$$T_A = T_B \frac{r_A}{r_B} = \frac{T_B R_A}{r_B l} x \tag{14-41}$$

이 형식의 변속 장치를 2쌍 조합하여 그림 14−24와 같이 나타낼 때 이것을 에반스의 마찰차(Evan′s friction cone)라 하고, 평행 축 사이의 변속 장치로 사용되며, 어느 쪽을 구동차로 하여도 같은 관계를 얻는다.

원뿔의 꼭지점에서 최소 지름의 단면까지의 축선 길이는 $l_0 = l\frac{R_0}{R_A}$ 이고, 두 축의 중심간 거리 (r_A, r_B)는 다음과 같다.

l_0 : 원뿔 꼭지점에서 최소 지름 단면까지의 축선 길이(mm)

l : 원뿔 꼭지점에서 최대 지름 단면까지의 축선 길이(mm)

R_A : 원뿔의 최대 반지름(mm)

R_B : 원뿔의 최소 반지름(mm)일 때

$$\left.\begin{aligned} r_A &= \frac{R_A}{l}x, \\ r_B &= \frac{R_A}{l}\left[1+\frac{R_0}{R_A}\right]-x \end{aligned}\right\} \quad (14-42)$$

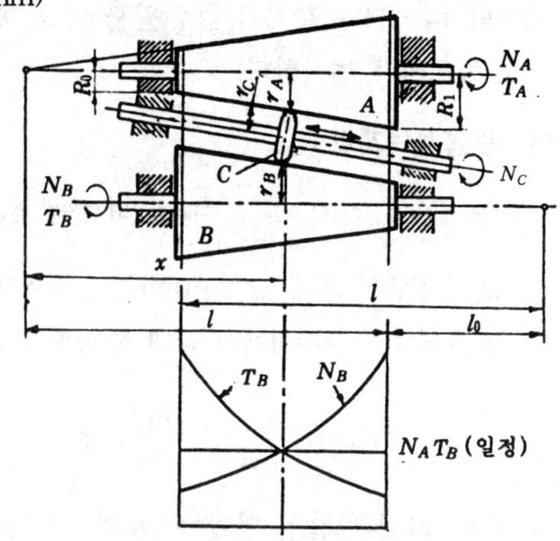

그림 14-24. 2개의 원뿔차

원뿔차와 원동차와의 속도비는 다음과 같다.

$$\left.\begin{aligned} &\frac{N_C}{N_A}=\frac{r_A}{r_C},\ \frac{N_B}{N_C}=\frac{r_C}{r_B} \\ &\frac{N_C}{N_A}=\frac{R_{xA}}{r_A},\ \frac{N_B}{N_A}=\frac{r_A}{R_{xB}} \\ &\frac{N_B}{N_A}=\frac{R_{xA}}{r_A},\ \frac{r_A}{R_{xB}}=\frac{R_{xA}}{R_{xB}} \end{aligned}\right\} \quad (14-43)$$

또한, 원뿔차 A에 대한 원뿔차 B의 속도비(i)는 다음과 같다.

$$\left.\begin{aligned} i &= \frac{N_B}{N_A}=\frac{r_A}{r_B}=\frac{x}{l\left(1+\dfrac{R_0}{R_A}\right)-x}=\frac{R_A x}{l(R_A+R_0)-R_A x} \\ &= \frac{N_B N_C}{N_C N_A}=\frac{r_C r_A}{r_B r_C}=\frac{r_A}{r_B}=\frac{x}{l_o+l-x} \end{aligned}\right\} \quad (14-44)$$

단, C의 반지름 r_C는 원동축과 종동축 사이의 속도비에는 영향을 미치지 않는다.
중간차는 두 원뿔차의 각속비에 관계하지 않는다.

$$M_2=PR_{x2}=\frac{N_1[\,l_1(R_1+R_0)-R_1x]}{R_1x} \quad (14-45)$$

위 식에 $x=l_0$, $x=l_A$를 대입 하므로서, 속도비는 $R_0\,/\,R_A$에서 $R_A\,/\,R_0$ 사이로 변화한다. 또, 원동차와 중간차와의 접촉면에서의 접선 방향의 힘(F)은

$$F=\frac{T_A}{r_A}=\frac{T_A l_A}{R_A}\frac{1}{x} \quad (14-46)$$

이며, 같은 힘이 그대로 중간차와 종동차와의 접촉면에 작용한다고 생각하면 종동축에 작용하는 회전 토크(T_B)는 다음과 같이 된다.

$$T_B=Fr_B=\frac{T_A[\,l_A(R_A+R_0)-R_Ax]}{R_Ax} \quad (14-47)$$

예제 14 – 14 그림 14－25와 같은 원판차 지름 500mm, 회전수 1500rpm, 종동차의 지름 530 mm, 나비 40mm, 이동 범위는 $x=40\sim190$일 때, 다음을 구하여라. 단, 허용 접촉 압력 20MPa, $\mu=$ 0.2 이다.

(1) B차의 회전수($N_{B\ min}, N_{B\ max}$) (2) B차의 원주 속도(v_{min}, v_{max})
(3) B차의 최대 전달 동력(H_{max})

Solution

(1) 그림에서 B차의 반지름은

$R_B=530/2=265$(mm)

$N_B=N_A/R_B x$ 이며, N_B는 x의 증가에따라 $x=40$mm에서 최소가 되므로

$$N_{B\ min}=\frac{N_A}{R_B}x=\frac{1500}{265}\times40=226.4\text{(rpm)}$$

또한, $x=190$mm에서 N_B는 최대가 되므로

$$N_{B\ max}=\frac{N_A}{R_B}x=\frac{1500}{265}\times190=1075.5\text{(rpm)}$$

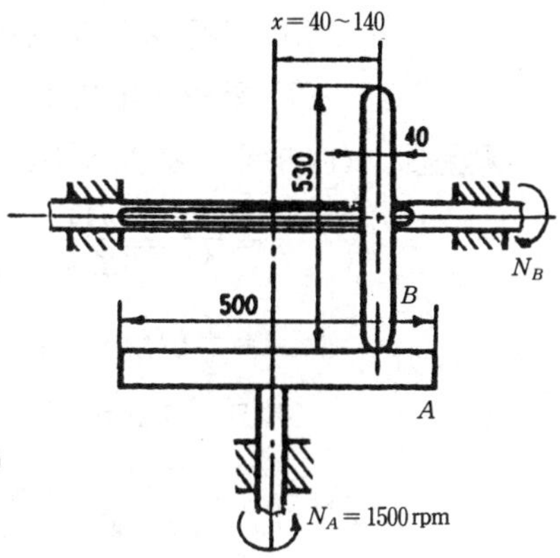

그림 14－25

(2) $$v_{min}=\frac{\pi D_{A\ min}N_A}{60\times1000}=\frac{\pi\,2x_{min}N_A}{60\times1000}=\frac{\pi\times80\times1500}{1000\times60}=6.3\text{(m/s)}$$

$$v_{max}=\frac{\pi D_{A\ max}N_A}{60\times1000}=\frac{\pi\,2x_{max}N_A}{60\times1000}=\frac{\pi\times380\times1500}{1000\times60}=29.8\text{(m/s)}$$

(3) $P=fb=20\times40=800$ (N)

$$\therefore H_{min}=\frac{\mu P v_{min}}{735}=\frac{0.2\times800\times6.3}{735}=1.37\text{(PS)}$$

$$H_{max}=\frac{\mu P v_{max}}{735}=\frac{0.2\times800\times29.8}{735}\fallingdotseq6.5\text{(PS)}$$

예제 14 – 15 그림 14－26과 같은 에반스(Evan's) 마찰차에서 A 차의 지름 $D=150$mm, d 100mm, 길이 200mm이고, A차의 위치가 B차의 큰 지름 쪽에서 50mm 떨어 진 곳에 있고, 500rpm으로 회전할 때, 종동차 B의 회전수를 구하여라.

Solution

$$\alpha=\tan^{-1}\frac{D-d}{2l}=\tan^{-1}\frac{150-100}{2\times200}=7.125(^\circ)$$

$$\therefore N_B=\frac{d+2x\tan\alpha}{D-2x\tan\alpha}N_A=\frac{100+2\times50\times\tan7.125^\circ}{150-2\times50\times\tan7.125^\circ}\times500=499.2\text{ (rpm)}$$

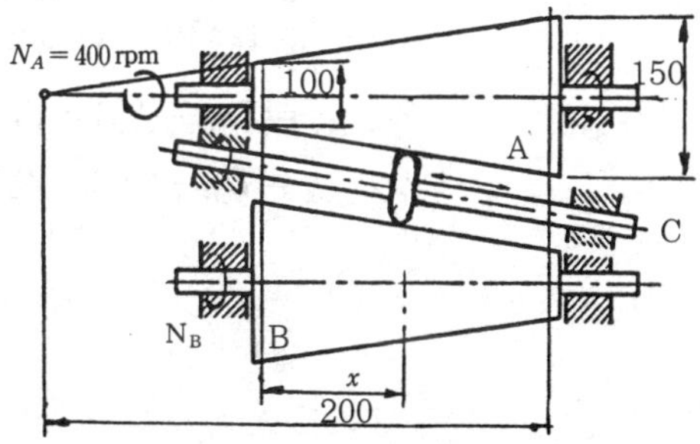

그림 14－26

예제 14-16 그림 14-27과 같이 2PS, 750rpm을 전달하는 에반스 마찰차의 속도비 1/3, 축간 거리 300mm일 때, 다음을 구하여라. 단, 허용 접촉 압력 15MPa, 테이퍼 각 20°, $\mu=0.2$ 이다.

(1) 원동차의 지름(D_A, D_B)
(2) 벨트가 좌, 우측 끝에 왔을 때의 힘(P_1, P_2)
(3) 가죽 벨트의 나비(b)
(4) 마찰차의 길이(l)
(5) 전체 양차의 나비(L)
(6) 양차 지름의 증가분(y)
(7) 원동차의 최소 및 최대 지름($D_{A\ min}, D_{A\ max}$)

Solution (1) 양차는 같은 치수로 하고 가죽의 두께를 무시할 때

$$i=\frac{N_B}{N_A}=\frac{D_A}{D_B}=\frac{1}{3}\quad \therefore D_B=3D_A$$

$$A=\frac{1}{2}(D_A+D_B)=2D_A=300$$

$$\therefore D_A=150(\text{mm}),\ D_B=3\times150=450(\text{mm})$$

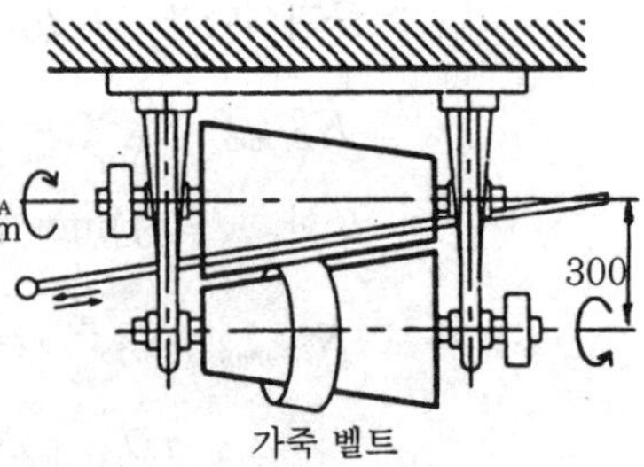

그림 14-27

(2) $$v=\frac{\pi D_A N_A}{1000\times60}=\frac{\pi\times150\times750}{1000\times60}=5.9(\text{m/s})$$

$$\therefore P_1=\frac{735H}{\mu v}=\frac{735\times2}{0.2\times5.9}=1246(\text{N})$$

$$v=\frac{\pi\times450\times750}{1000\times60}=17.7(\text{m/s})$$

$$\therefore P_2=\frac{735H}{\mu v}=\frac{735\times2}{0.2\times17.7}=415(\text{N})$$

(3) $$b=\frac{P_1}{f}=\frac{1246}{15}=85(\text{mm})$$

(4) 그림 14-28과 같이 테이퍼 각 20°이므로

$$\tan10°=(450-150)\frac{l}{2}$$

$$\therefore l=850(\text{mm})$$

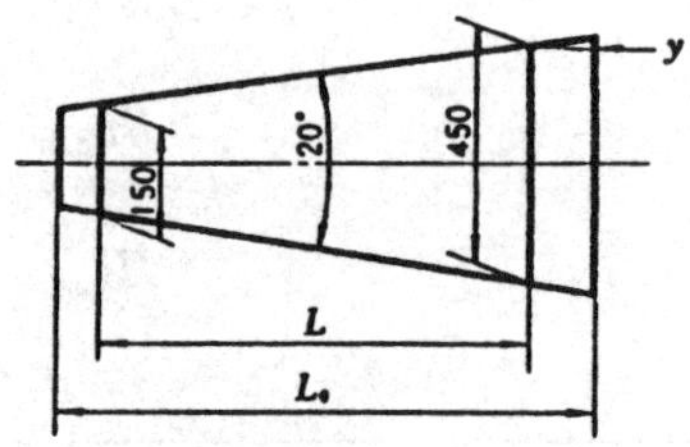

그림 14-28

(5) 벨트 가죽의 나비 85mm를 양 쪽으로 반반씩 첨가할 때

$$L=l+b=850+85=935(\text{mm})$$

(6) 지름은 85mm에 대한 것만큼 증감하므로 이 지름의 증감분을 y라고 하면

$$y=\frac{85}{2}\tan10°=42.5\times0.1763=7.5(\text{mm})$$

(7) $$D_{A\ min}=D_A-(2y)=150-(2\times7.5)=135(\text{mm})$$

$$D_{A\ max}=D_B+(2y)=450+(2\times7.5)=465(\text{mm})$$

3. 구면차

구면(球面)을 마찰차로 이용한 것으로서 종류는 평행축과 직교하는축에 사용되는 구면차로 그림 14-29와 그림 14-30의 것들이 있다.

(1) 평행축의 구면차

① **그림 14-30 (a)의 마찰차** : 동일 축 상에 2개의 접시형 마찰차 즉, 우 종동차 A, B를 마주 보게하여 붙이고, 그 사이에 2개의 중간차 C를 A, B에 접촉시킨 후 C의 회전축을 기울여 변속시키는 장치로서 원환(圓環) 마찰차라고도 한다. 용도는 주로 연삭기에 사용된다.
이것은 서로 평행한 두 축에 사용되는 것으로, 중간 마찰차(C)가 접촉한 마찰차의 부위에 따라 회전 속도비가 달라지는 경우를 나타낸다.
마찰차의 접촉점에서 속도가 같다는 조건으로부터 각속비(i)는 다음과 같다.

$$i = \frac{N_B}{N_A} = \frac{N_B N_C}{N_C N_A} = \frac{R_C R_1}{R_2 R_C} = \frac{R_1}{R_2} (R_C = \text{일정}) \tag{14-48}$$

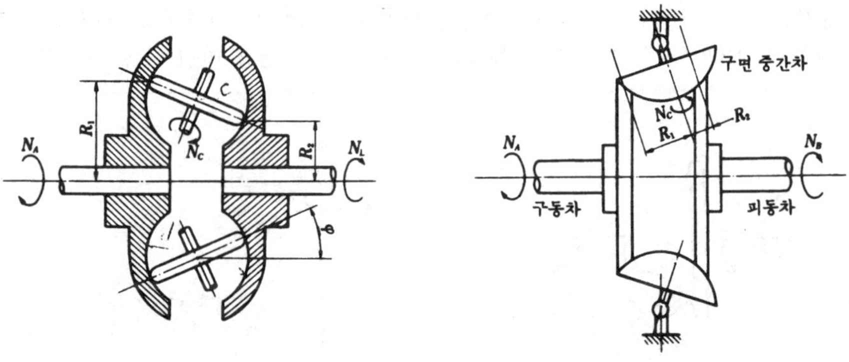

(a) (b)

그림 14-29. 구면차의 종류

그림 (a)에서 A, B의 회전수 N_A, N_B일 때, 종동차의 회전수(N_B)는 다음과 같다.

$$N_B = \frac{D + d\sin\theta}{D - d\sin\theta} N_A \tag{14-49}$$

*** 설계상 주의**
중간 마찰차의 회전 반지름은 일정하나 접촉 위치에 따라 원동축과 종동축 마찰차의 회전 반지름이 각각 변화한다.

② **그림 14-30 (b)의 마찰차** : 동일 축 상에 2개의 반원인 중간차 즉, 구면 마찰차(원동축과 종동축 마찰차는 동일 마찰차)를 사용한 것으로서, 회전 반지름이 일정하다.
접촉점에서 속도가 같다는 조건으로부터 각속비(i)는 다음과 같다.

$$i = \frac{N_B}{N_A} = \frac{N_B N_C}{N_C N_A} = \frac{R_2 R_A}{R_B R_1} = \frac{R_2}{R_1} (R_A = R_B) \tag{14-50}$$

＊ 설계상 주의

구면 중간차의 자세각이 변하면 원동차와 중간차 접촉점이 변화 하고, 중간차와 종동차 접촉점도 변한다. 즉, 중간차의 회전 중심으로부터 원동차와의 접촉점까지 거리가 변화하고, 종동차와의 접촉 점까지의 거리가 변화한다.

(2) 직교축의 구면차

① **그림 14－30 (a)의 마찰차** : 직교축에 각각 구면 마찰차를 하나씩 붙이고, 그 사이에 중간차를 끼워 중간차의 축 회전으로 양 마찰차의 접촉면을 변화시키는 것으로, 중간 마찰차가 접촉한 마찰차의 위치에 따라 원동축과 종동축 마찰차의 반지름이 각각 달라지며, 이 때에 각속비(i)는 다음과 같다.

$$i=\frac{N_B}{N_A}=\frac{N_BN_C}{N_CN_A}=\frac{R_CR_1}{R_2R_C}=\frac{R_1}{R_2}(R_C=\text{일정}) \quad (14-51)$$

＊ 설계상 주의

중간 마찰차는 원통 마찰차로서 회전 반지름은 일정하나 접촉 위 치에 따라 원동축과 종동축의 마찰차의 회전 반지름이 각각 변화한다. 용도는 주 로 소형 드릴링 머신 등에 사용된다.

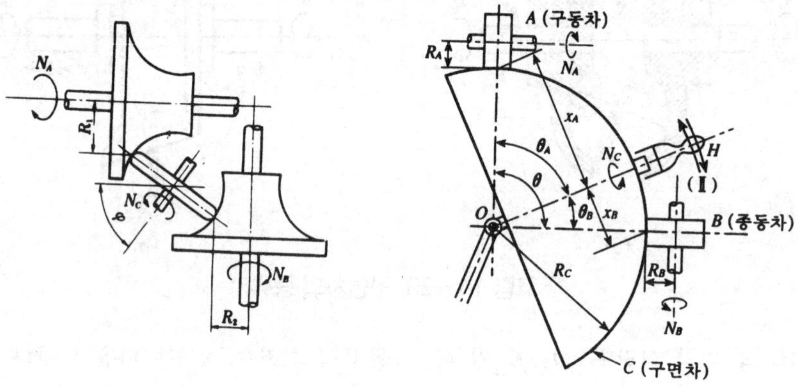

(a) (b)

그림 14－30. 구면차

② **그림 14－30 (b)의 마찰차** : 직교축에 접하는 중간차(구면차)를 붙이고, 핸들을 설치한 것이다. 이것은 구면차 C가 구동차 A로부터 종동 마찰차 B에 전동하는 것으로, 핸들 H에 의하여 구면차 C를 중심축 O의 주위에 경사시켜 마찰차 A, B의 접촉 위치에 따라서 그 작용하는 반지름 x_A, x_B를 바꿔서 변속한다.

N_A, R_A, D_A : 원동차 A의 회전수, 반지름, 지름(mm)

N_B, R_B, D_B : 종동차 B의 회전수, 반지름, 지름(mm)

N_C, R_C : 구면차의 회전수, 반지름(mm)일 때

$$N_C=\frac{R_A}{x_A}N_A \quad (14-52)$$

$$N_B = \frac{x_B}{R_B} N_C = \frac{x_B}{R_B}\left(\frac{R_A}{x_A} N_A\right) = \frac{R_A}{R_B}\frac{x_B}{x_A} N_A \qquad (14-53)$$

원동차 A의 회전 평면과 종동차 B의 회전 평면 C의 축과 이루는 교각을 각각 θ_A, θ_B라고 하면 $x_A = R_C \sin\theta_A$, $x_B = R_C \sin\theta_B$가 되므로 식 (14-53)은

$$N_B = \frac{R_A}{R_B} = \frac{R_C \sin\theta_B}{R_C \sin\theta_A} N_A = \frac{R_A \sin\theta_B}{R_B \sin\theta_A} N_A = \frac{D_A \sin\theta_B}{D_B \sin\theta_A} N_A \qquad (14-54)$$

로 되고, H에 의해 θ_A, θ_B를 변화시키면 연속적으로 무단 변속이 된다.

b. 원동차와 구면차의 속도비

$$\frac{N}{N_A} = \frac{R_A}{x_A} = \frac{R_A}{D_A \cos\theta_A} \qquad (14-55)$$

c. 종동차와 구면차의 속도비

$$\frac{N}{N_B} = \frac{R_B}{x_B} = \frac{R_B}{D_B \cos\theta_B} \qquad (14-56)$$

d. 원동축과 종동축의 속도비

$$i = \frac{N_B}{N_A} = \frac{x_B}{x_A} = \tan\theta \qquad (14-57)$$

원동축과 종동축의 마찰차가 원통 마찰차로서, 접촉 부위에서 속도가 같으므로 $\frac{N_C}{N_A} = \frac{R_A}{R_1}$, $\frac{N_B}{N_C} = \frac{R_2}{R_B}$의 관계가 성립한다. 또한 접촉 부위에서 기하학적으로 구면의 반지름 R일 때, $R_1 = R\sin\theta_A$, $R_2 = R\sin\theta_B$의 관계에서 두 원통 마찰차의 반지름이 같다면 $(R_A = R_B)$ 회전 속도비(i)는 다음과 같이 된다.

$$i = \frac{N_B}{N_A} = \frac{N_C N_B}{N_A N_C} = \frac{R_A R_2}{R_1 R_B} = \frac{R_2}{R_1} = \frac{\sin\theta_A}{\sin\theta_B} \qquad (14-58)$$

예제 14-17 그림 14-31과 같은 구면차에서 원동차가 일정하게 회전할 때, 종동차의 속도 변화 상태를 조사하여라. 단, 원동축과 곡면차의 회전축이 이루는 각은 θ_1이다.

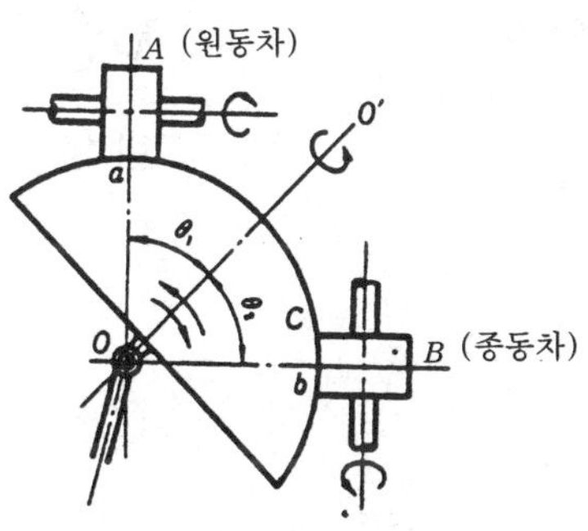

그림 14-31

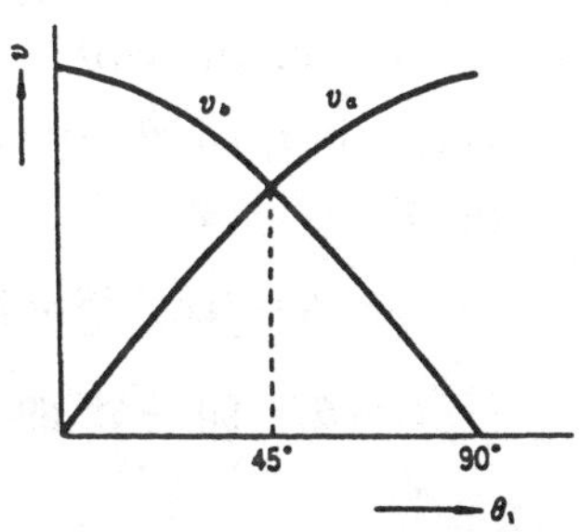

그림 14-32

Solution 원동차 A의 회전이 구면차 C에 전달되고, C차가 N_C 회전을 하고 있다. A차 의 속도 v_A는 C차가 $\overline{OO}$를 축으로 회전할 때, 접촉점 a의 선속도가 같다.

a점의 선속도 v_a는

$$v_a = \frac{2\pi \overline{Oa} \sin\theta_1 \times N_C}{1000\times 60} = \frac{2\pi \overline{Oa} \times N_C}{1000\times 60} = \sin\theta_1$$

마찬가지로 종동차 B의 원주 속도는 접촉점 b 의 선속도와 같고, $\overline{Oa} = \overline{Ob}$ 이므로

$$v_b = \frac{2\pi \overline{Ob} \sin\theta_2 \times N_C}{1000\times 60} = \frac{2\pi \times \overline{Oa} \times N_C}{1000\times 60} = \sin\theta_2$$

$\theta_1 + \theta_2 = 90°$ 이므로

$$v_b = \frac{2\pi \times \overline{Oa} \times N_C}{1000\times 60} = \sin(90° - \theta_1) = \frac{2\pi \times \overline{Oa} \times N_C}{1000\times 60} \cos\theta_1$$

$$\therefore v_a : v_b = \sin\theta_1 : \cos\theta_1$$

이것을 그래프로 도시하면 그림 14－32와 같다

예제 14－18 그림 14－33과 같은 곡면 마찰차에서 원동차와 종동차의 원주 속도가 5 : 1 이 되게 할 때, 원동축과 곡면 마찰차 축 사이의 각을 구하여라.

Solution 원동차의 회전이 곡면차 C 에 전달되고, C 가 N_c만큼 회전하였다고 하면 A차의 원주 속도 v_a는 C 차가 $\overline{OO'}$를 축으로 하여 회전할 때, 접촉점 a 의 선속도와 같으므로, a 의 선속도는

$$v_a = \frac{2\pi \overline{Oa} \sin Q_1 N_c}{60\times 1000} \qquad ①$$

점 b의 선속도는

$$v_b = \frac{2\pi \overline{Ob} \sin Q_2 N_c}{60\times 1000} \rightarrow Q_2 = 90 - Q_1$$

$$\therefore v_b = \frac{2\pi \overline{Ob} N_c}{60\times 1000} \sin(90 - Q_1) \qquad ②$$

위 식 ①, ②로부터

$$v_a : v_b = \frac{2\pi \overline{Oa} N_c}{60\times 1000} \sin\theta_1 : \frac{2\pi \overline{Ob} N_c}{60\times 1000} : \cos\theta_1$$

$$= \sin\theta_1 : \cos\theta_1$$

$$5:1 = \sin\theta_1 : \cos\theta_1 \rightarrow \sin\theta_1 = 5\times\cos\theta_1$$

$\tan\theta_1 = 5$이므로

$$\therefore \theta_1 = \tan^{-1}5 = 78.69(°)$$

$$\theta_2 = 90° - 78.69° = 11.31(°)$$

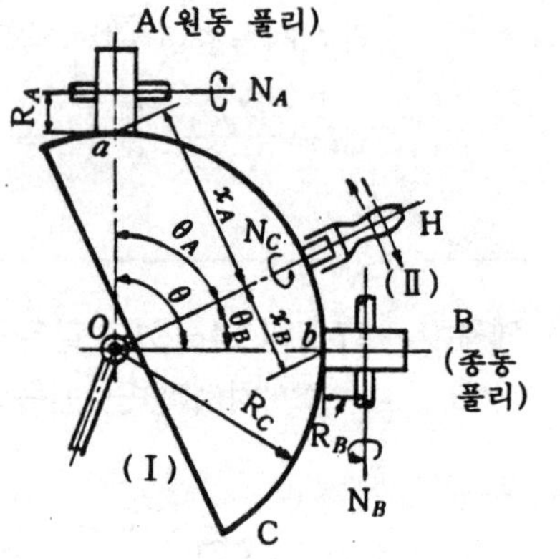

그림 14－33

제14장 연습문제

•논문형

1. 마찰차 전동의 특성을 설명하여라.
2. 마찰차의 종류를 설명하여라.
3. 마찰차의 라이닝에 대하여 설명하여라.
4. 홈 마찰차의 등가 마찰 계수를 설명하여라.
5. 원뿔 마찰차에 대한 다음을 설명하여라.
   (1) 각속비와 축각의 관계　　(2) 베어링에 거리는 하중
   (3) 전동 마력
6. 무단 변속기의 종류와 특성에 대하여 설명하여라.
7. 마찰차에 의한 무단 변속 장치를 설명하여라.

•논문형

14-1. $N_A=300$rpm, $N_B=200$rpm인 평 마찰차의 축간거리 300mm일 때, 다음을 구하여라.
(1) 외접일 때, 양차의 지름(D_A, D_B)　　(2) 내접일 때, 양차의 지름(D_A, D_B)

14-2. 20PS, 1500rpm으로 회전하는 평 마찰차를 1.5kN으로 밀어붙일 때, 종동차의 지름을 구하여라. 단, $\mu=0.35$이다.

14-3. 15PS인 평 마찰차의 회전수 $N_A=1200$rpm, $N_B=300$rpm일 때, 다음을 구하여라. 단, $v=15$ m/s, 접촉면 압력 10MPa 이다.
(1) 원동차의 지름(D_A)　　(2) 종동차의 지름(D_B)
(3) 접촉 나비(b)

14-4. 그림 14-34와 같이 10PS, 500rpm을 전달하는 원통 마찰차의 지름 $D_A=300$mm, $D_B=400$ mm일 때, 다음을 구하여라. 단, 접촉면 압력 20MPa, $\mu=0.2$ 이다.
(1) 외접일 때, 밀어붙이는 힘(P_1)
(2) 외접일 때, 마찰차의 나비(b_1)
(3) 내접일 때, 밀어붙이는 힘(P_2)
(4) 내접일 때, 마찰차의 나비(b_2)

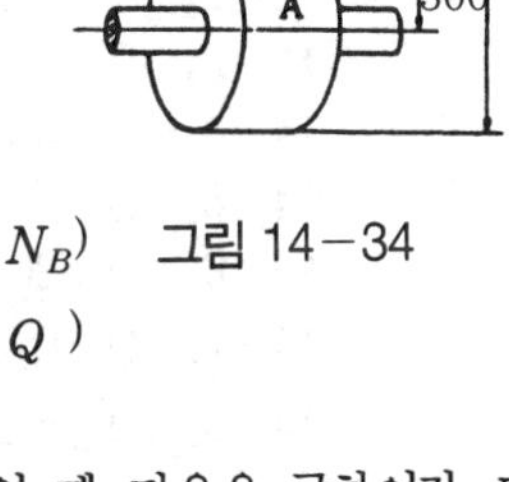

그림 14-34

14-5. 원통 마찰차의 지름 $D_A=300$mm, $D_B=400$mm, 나비 70mm, $N_A=300$rpm으로 회전할 때, 다음을 구하여라. 단, 허용 면압력(저항 능력) 20MPa, $\mu=0.2$ 이다.
(1) 마찰차의 속도비(i)　　(2) 종동차의 회전수(N_B)
(3) 마찰차를 누르는 힘(P)　　(4) 마찰차의 전달력(Q)
(5) 마찰차의 전달 동력(kW)

14-6. $\nu=12$m/s, 3PS인 홈 마찰차 지름 $D_A=300$mm, $N_A=450$rpm일 때, 다음을 구하여라. 단, $v=12$m/s, $2\alpha=30°$, 접촉 깊이 10mm, 허용 접촉 압력 25MPa, $\mu=0.15$ 이다.
(1) 홈에 밀어붙이는 힘(P)　　(2) 홈의 개수(Z)

14-7. 5kW를 전달하는 원뿔 마찰차(θ=90°)의 회전수 $N_A = 1000$rpm, $N_B = 500$rpm, 원동차의 지름 600mm일 때, 다음을 구하여라. 단, 접촉 나비 150mm, $\mu=0.2$ 이다.

(1) 마찰차의 속도비(i) (2) 원뿔각(α, β)

(3) 원동차의 최소 지름($D_{A'}$) (4) 마찰차를 누르는 힘(P)

(5) 원동차와 종동차의 스러스트 하중(F_A, F_B)

14-8. 축각 80°인 원뿔 마찰차의 회전수 200rpm으로 종동차에 84rpm을 전달하 고, 접촉면의 수직력 4.3kN일 때, 다음을 구하여라.

(1) 양차의 축각(α, β) (2) 축방향의 스러스트 하중(F_A, F_B)

14-9. 240rpm, 1.5kW를 전달하는 원뿔 마찰차(서로 직교)의 지름 D=300mm, 속도비 4 : 3일 때, 다음을 구하여라. 단, 접촉면 압력 15MPa, $\mu=0.3$이다.

(1) 종동차의 지름(D_B) (2) 양차의 나비(b)

(3) 원뿔각(α, β) (4) 축 방향의 힘(F_A, F_B)

14-10. 5PS, 500rpm을 전달하는 원뿔 마찰차(2축이 직교)의 속비 3/5, 접촉 나비 150mm, 종동차의 지름 600mm일 때, 다음을 구하여라. 단, $\mu=0.25$ 이다.

(1) 마찰차의 평균 지름(D_m) (2) 마찰차를 누르는 힘(P)

(3) 접촉 압력(f)

14-11. 그림 14-35와 같은 원판 마찰차에서 원동차의 지름 $D_A = 600$mm, $N_A = 1400$rpm, 종동차 지름 $D_B = 500$ mm, 나비 50mm일 때, 다음을 구하여라. 단, 이동 범위 30~150mm, 허용 접촉 압력 15MPa, $\mu=0.3$ 이다.

(1) 최소 및 최대 회전수($N_{B\ \min}, N_{B\ \max}$)

(2) 양차를 밀어붙이는 힘(P)

(3) 최소 및 최대 원주 속도($v_{\min}, v_{\max}$)

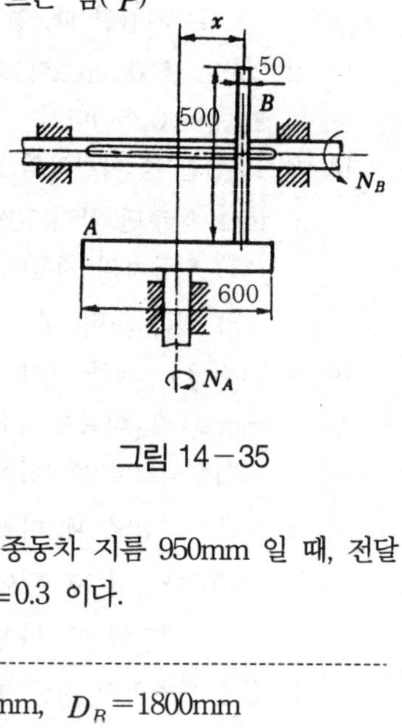

그림 14-35

14-12. 2kN의 축 방향 힘이 가해지는 원뿔 마찰차의 속비 1/2, v=7 m/s 일 때, 전달 동력(PS)을 구하여라. 단, θ =75 °, $\mu=0.2$ 이다.

14-13. 750rpm인 원통 마찰차가 400rpm으로 종동축에 회전시키고, 종동차 지름 950mm 일 때, 전달 동력(kW)을 구하여라. 단, b=110mm, 면압력 10MPa, $\mu=0.3$ 이다.

Answer

14-1. (1) D_A=240mm (2) D_B=360mm (2) D_A=1200mm, D_R=1800mm

14-2. 356.6mm 14-3. (1) 239mm (2) 956mm (3) 73.5mm

14-4. (1) 4682N (2) 234mm (3) 3586N (4) 179mm

14-5. (1) 1/0.75 (2) 225rpm (3) 1400N (4) 280N (5) 1.3kW

14-6. (1) 520N (2) 2가닥

14-7. (1) 0.5 (2) α=26.57°, β=63.43° (3) 466mm (4) 896N (5) F_A=401N, FB=801N

14-8. (1) α=21.08°, β=58° 54′ (2) F_A=1547N, F_B=3683N

14-9. (1) 400mm (2) 88.4mm (3) α=36.9°, β=53.1° (4) F_A=769N, F_B=1060 N

14-10. (1) 471mm (2) 1986N (3) 13.2MPa

14-11. (1) N_{Bmin}=168mm, N_{Bmax}=840mm (2) 750N (3) $v_{\min}$ =4.4m/s, $v_{\max}$ =2.2m/s

14-12. 9.7PS 14-13. 6.57kW

Ⅵ

기어 전동

기계 요소 설계

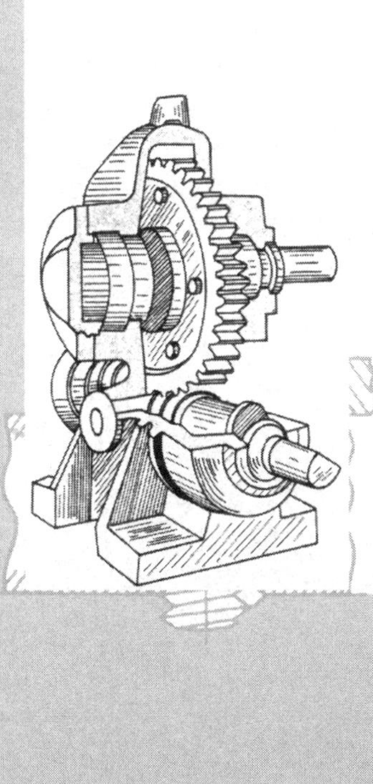

✦ 동력 전달에서 축간 거리가 짧은 경우에 연속 되는 회전 운동을 전달시키는 기어(齒車 : gear) 즉, 스퍼 기어, 헬리컬 기어, 베벨 기어, 웜 기어에 대한 일반 사항과 설계에 대하여 알아본다.

1. 기어의 종류(표 1, 표 2)

(1) 두 축의 상대 위치에 따라

① 두 축이 평행할 때

a. 스퍼 기어(spur gear)
b. 내(內) 기어
c. 헬리컬 기어(helical gear)
d. 랙과 피니언(rack and pinion)
e. 이중 헬리컬 기어[헤링본 기어(herringbone gear)]

② 두 축이 어느 각도로 만날 때

a. 직선(straight) 베벨 기어
b. 헬리컬(helical) 베벨 기어
c. 스파이럴(spiral) 베벨 기어
d. 마이터(miter) 베벨 기어
e. 앵귤러(angular) 베벨 기어
f. 제롤(zerol) 베벨 기어
g. 스쿠(skew) 베벨 기어

③ 두 축이 만나지도 평행하지도 않을 때

a. 웜 기어(worm gear)
b. 스쿠 기어(skew gear)
c. 나사 기어(crossed helical gear)
d. 하이포이드 기어(hypoid gear)
e. 페이스 기어(face gear)

(2) 절삭가공 방법에 따라

① 성형(成形) 치절 기어 : 밀링 머신에 의한 조합 기어로서, 하급 기어에 사용된다.

② 창성(創成) 치절 기어 : 홉(hob), 피니언 및 랙형 커터 등 전문 기계로 절삭된다.

(3) 치형 곡선에 따라

① 사이클로이드 기어(cycloid gear)

② 인벌류트 기어(involute gear)

③ 컴퍼짓 기어(composite gear)

(4) 사용 목적에 따라

① 동력 기어　② 산출(算出) 기어　③ 펌프 기어

(5) 전위 여부에 따라

① 표준 기어(그림 15-22)　② 전위 기어(그림 15-23)

(6) 기어 소재의 재료에 따라

① 주철 기어　② 주강 기어　③ 탄소강 기어
④ 합금강 기어　⑤ 일반 연강 기어　⑥ 합성수지 기어
⑦ 인청동 기어　⑧ 포금 기어 등

(7) 가공 방법에 따라

① 절삭 기어　② 주조(鑄造) 기어　③ 전조(轉造) 기어
④ 식치(植齒) 기어　⑤ 인발(引拔) 기어

표 1. 기어의 종류

축의 상대 위치		종류	회전 방향	피치면	잇줄	접촉
두축 동일 평면	평면축	스퍼 기어	반대	원통면	직선	직선
		헬리컬 기어	반대	원통면	곡선	직선
		더블 헬리컬 기어	반대	원통면	곡선	직선
		내기어	동일	원통면	직선	직선
		랙과 피니언	동일	원통면, 평면	각선	직선
	교차축	직선 베벨 기어	반대	원뿔면	직선	직선
		헬리컬 베벨 기어	반대	원뿔면	직선	직선
		국선 베벨 기어	반대	원뿔면	곡선	곡선
		제롤 베벨 기어	반대	원뿔면	원호	곡선
		교차축 정면 기어	반대	원뿔면	직선	점
		나사 기어	반대	원통면	나선곡선	점
		나사 랙	동일	원통면, 평면	나선곡선	점
두축비 평행	회전축	웜 기어	–	원통면	나선곡선	점, 곡선
		원통 웜 기어	–	장고형	나선곡선	점, 곡선
		장고형 웜 기어	–	원통면	나선곡선	점, 곡선
		헬리코이드 기어	반대	회전 쌍곡면	직선	직선
		하이포이드 기어	–	원뿔면	곡선	점, 직선, 곡선
		어긋난 축 평면 기어	반대	원통면	직선	점

표 2. 기어의 종류 에 따른 설계 자료

종류	잇수비	효율 (%)	최고 속도 (m/s)	동력 (kW)	종류	잇수비	효율 (%)	최고 속도 (m/s)	동력 (kW)
스퍼 기어	1:1~5:1	97~99.5	일반 : 20 정밀 : 100	2240	제롤 베벨 기어	1:1~8:1	97~99.5	일반 : 5 정밀 : 50	745
내기어	1:1~7:1	97~99.5	일반 : 20 정밀 : 100	2240	스파이럴 베벨 기어	1:1~8:1	97~99.5	일반 : 20 정밀 : 130	3730
헬리컬기어	1:1~10:1	97~99.5	일반 : 20 정밀 : 100	22400	하이포이드 기어	1:1~10:1	90~98	일반 : 20 정밀 : 50	745
베벨 기어	1:1~20:1	97~99.5	〃	420	웜 기어 원통형	3:1~100:1	50~90	일반 : 25 정밀 : 50	560
헬리컬 및 이중 기어	2:1~20:1	97~99.5	〃	23500	웜 기어 장고형	3:1~100:1	50~98	일반 : 20 정밀 : 50	745
나사 기어	1:1~100:1	50~95	일반 : 20 정밀 : 50	75	스피로이드 기어	9:1~100:1	50~98	〃	370
직선 베벨 기어	1:1~8:1	97~99.5	일반 : 5 정밀 : 50	370	원뿔 기어 평기어 원뿔 기어 헬리컬	1:1~5:1 1:1~10:1	97~99.5	헬리컬 기어와 동일	100

표 3. 기어의 종류

상대위치	명 칭	이의 접촉	설 명	그림
두 축이 평행인 경우	① 스퍼 기어	직선	이끝이 직선, 축에 평행한 원통 기어.	
	② 랙	직선	원통 기어의 피치 원통 반지름을 무한대로 한 기어.	
	③ 헬리컬 기어	직선	이끝이 헬리컬 선을 가지는 원통 기어.	
	④ 헬리컬 랙	직선	헬리컬 기어의 피치 원통의 반지름을 무한대로 하여 얻어지는 랙.	
	⑤ 헤링본기어 2중 헬리컬 기어	직선	양쪽으로 나선형으로 된 기어를 조합한 것을"헤링본 기어"라 하고, 평행 두 축 간에 운동을 전달	
	⑥ 내 기어	직선 곡선	원통 또는 원뿔의 안쪽에 이가 만들어져 있는 기어.	
두 축이 어느 각도로 만나는 경우	⑦ 베벨 기어	직선	교차되는 두 축 간에 운동을 전달하는 원뿔형의 기어.	
	⑧ 마이터 기어	직선	직각이 아닌 두 축 간에 운동을 전달하는 잇수가 같은 한 쌍의 베벨 기어.	
	⑨ 앵귤러 베벨 기어	직선	직각이 아닌 두 축 간에 운동을 전달하는 베벨 기어의 한 쌍.	
	⑩ 크라운 기어	직선	피치면이 평면인 베벨 기어를 말하고, 스퍼 기어에서 랙에 해당.	
	⑪ 직선 베벨 기어	직선	이끝이 피치원뿔의 모선과 일치하는 경우의 베벨 기어.	
	⑫ 스파이럴 베벨 기어	직선	이 기어는 이것과 물리는 크라운 기어의 이끝이 곡선으로 된 베벨 기어.	
	⑬ 제롤 베벨 기어	곡선	나선각이 0인 한 쌍의 스파이럴 베벨 기어.	
	⑭ 스쿠 베벨 기어	직선	이것과 물리는 크라운 기어의 이끝이 직선이고, 꼭지점에 향하지 않은 기어.	
두 축이 만나지도 평행하지도 않는 경우	⑮ 스쿠 기어	직선	교차하지 않고, 또 평행하지도 않는 두 축(스큐 축)간에 운동을 전달하는 기어.	
	⑯ 나사 기어	점	헬리컬 기어의 한 쌍을 스쿠 축 사이의 운동 전달에 이용되는 기어.	
	⑰ 하이포이드 기어	곡선	스쿠 측간에 운동을 전달하는 원뿔형 기어의 한 쌍.	
	⑱ 페이스 기어	점	스퍼 기어 또는 헬리컬 기어와 서로 물리는 원판상의 기어의 한 쌍.	
	⑲ 웜 기어	곡선	웜과 이와 물리는 웜 휠에 의한 기어의 한 쌍을 총칭하여 웜 기어.	
	⑳ 웜	직선	한줄 또는 그 이상의 줄수를 갖는 나사 모양의 기어를 웜, 일반적으로는 원통형.	
	웜 휠	점	웜과 물리는 기어.	
	장고꼴 웜 기어	곡선	장고꼴 웜 기어와 물리는 웜 기어.	

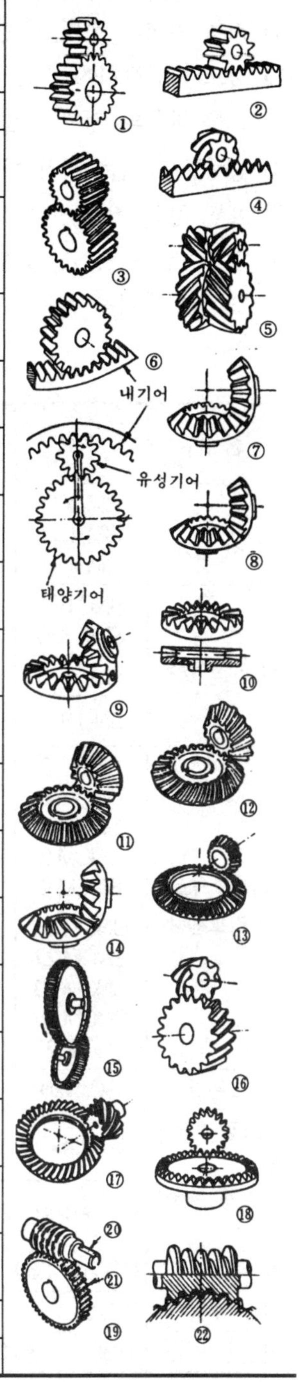

2. 기어용 재료

성능과 용도에 따라서 철계 금속(주철, 주강, 탄소강, 합금강 등), 비철계 금속(황동, 청동, 인청동 등), 비금속 재료[수지계(樹脂系)]로 크게 나눈다.

(1) 소형 기어는 봉재, 중형 기어는 단조 후 절삭, 대형 기어는 주로 주강이다.

(2) 강도가 중요하지 않은 기어는 저탄소강, 주철 등이 사용된다.

(3) 보통 하중의 기어는 절삭 가능할 정도의 경도(H_B=220~250정도)로 한다.

(4) 중하중 기어는 형삭 가공을 하고, 담금질하여 경도를 높인 후 사용한다.

(5) 표면 경화 기어는 내마모성과 인성, 충격, 피로 강도가 높은 재료를 사용한다.

(6) 담금질강의 기어는 표면 경화강보다 탄소량과 내부 강도가 높게하여 사용한다.

표 4는 기어용 재료의 종류를 나타낸 것이다.

표 4. 기어용 재료

종류	재료	열처리(° C)		인장 강도 (N/mm^2)	브리넬 시험(H_B)	비고
		담금질	탬퍼링			
기계 구조용 탄소 강재	SM 30C	850~900 水冷	550~650 急冷	550 이상	152~212	SM 35C는 고주파 담금질에 적당.
	SM 45C	820~870 〃	〃	700 〃	201~269	
	SM 55C	800~850 〃	〃	800 〃	229~285	
니켈, 크롬강	SNC 631	829~880 油冷	〃	850 〃	248~302	일반적으로 고주파 담금질을 하지 않음. SNC 210, SNC 220은 표면 담금질
	SNC 836	829~880 〃	〃	950 〃	269~320	
	SNC 415	850~900 〃	150~200 空冷	800 〃	217~321	
	SNC 815	830~880 〃	〃	1000 〃	285~388	
니켈, 크롬, 몰리브덴강	SNCM 2	820~879 〃	570~670 급냉	950 〃	269~321	강력 우수한 기어의 재료.
	SNCM 5	820~879 〃	550~650 〃	1000 〃	302~352	
	SNCM 7	820~879 〃	580~680 〃	〃	293~352	
	SNCM 8	820~879 〃	〃	〃	〃	
	SNCM 9	920~870 〃	〃	〃	302~363	
	SNCM 21	850~909 〃	150~200 공냉	850 〃	249~341	표면 담금질용.
	SNCM 22	850~900 〃	〃	900 〃	255~341	
	SNCM 23	850~900 〃	〃	1000 〃	293~375	
	SNCM 25	830~880 〃	〃	1100 〃	311~375	
	SNCM 26	850~900 〃	100~200 〃	1200 〃	341~388	
크롬강	SCr 420	850~909 유냉	150~200 〃	850 〃	235~321	
탄소강 단강품	SF 50, SF 55, SF 60	보통 기어용 어닐링 불림강.				
탄소강 주강품	SC 460, SC 490	보통 큰 기어용, 주조 후 열처리 시행.				
회 주철품	GC 200, 250, 300, 350	경하중으로 충격이 작을 때 사용. 주조후 연둔함				
청동 주물	BrC 3	내식성, 내마성으로 웜 및 휠 등에 사용.				
인청동 주물	PBC 1, PBC 2					
비금속 재료	베이클라이트, 플라스틱, 나일론	내마모성이 강하고 소음방지용에 사용. 기계적 성질이 떨어지며, 부하가 적은 소형 기어용.				

제15장 스퍼기어(spur gear)

평행한 두 축 간에 회전 운동을 하여 동력을 전달하는데 사용되는 것으로, 축에 평행한 기어를 스퍼 기어 또는 평 기어, 평 치차(平齒車)라고도 한다.

15-1 일반 사항

1. 특성

큰 회전력을 높은 효율로 전달할 수 있고, 두 축간의 회전 속도비가 일정하다.

2. 종류

(1) 외형에 따라(그림 15-1)

기어 기구의 목적으로서는 동력의 전달과 운동의 전달이 있으며, 서로 물리는 한 쌍의 기어에서 큰 쪽을 기어(gear), 작은 쪽을 피니언(pinion)이라 한다.

① 외(外) 기어 : 원통의 외측에 이를 만든 것으로, 두 축의 회전 방향은 반대이다.

② 내(內) 기어 : 원통의 내측에 이를 만든 것으로, 두 축의 회전 방향은 동일하다.

③ 랙(rack) : 피치원 반지름이 무한대로 회전 운동을 직선 운동으로 변화시킨다.

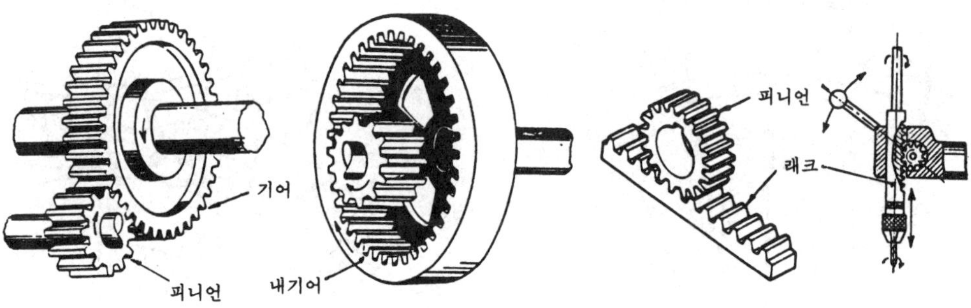

(a) 외 기어 (b) 내 기어 (c) 랙과 피니언

그림 15-1. 외형에 따른 기어의 종류

(2) 동력 전달에 따라

① 구동(驅動) 기어(driver, driving gear) : 서로 물리는 기어 중에서 동력을 받아 운동을 전달하는 기어로서, 원동(原動) 기어라고도 한다.

② 피동(被動) 기어(follower, driven gear) : 서로 물리는 기어 중에서 구동 기어에 의해서 운동을 전달받는 기어로서, 종동(從動) 기어라고도 한다.

(3) 이의 높이에 따라

① **높은 이**(高齒 : full depth gear) : 이의 틈을 제외한 이 높이가 $h=2\,\mathrm{m}$인 것을 말한다. 특히 운전 성능의 향상을 원하는 치형으로 채용되고, 특수한 공구와 높 은 정밀도를 요구하기 때문에 일반적은 아니다.

② **낮은 이**(低齒 : stub tooth gear) : 틈을 제외한 이높이가 $h=1.6\,\mathrm{m}$인 이를 말한다. 이것은 이 굽힘 강도가 증대되고, 최소 치수가 감소하는 장점이 있으므로 상당히 사용되어 왔으나, 여러 성능이 좋지 못하므로 현재는 생산량이 감소되고 있다.

③ **보통 이**(full dept tooth) : 이끝 높이(a)를 모듈(m)과 같게 한($a=m$) 이(齒)를 말한다.

3. 각부의 명칭

기어의 이(齒)에 대한 각부의 명칭은 그림 15－2와 같고, 용어에 대하여는 KS B 0102, 기호는 KS B 0053에 수록되어 있다.

(1) 피치원(pitch circle) : 축에 수직인 평면과 피치원이 만나는 원이다.

(2) 원주 피치(circular pitch) : 피치원상의 이에서 이까지의 원호 길이(p)이다.

(3) 지름 피치(diametral pitch) : 잇수를 기준 피치원 지름(in)으로 나눈 값(p_d)이다.

(4) 이끝 높이(addendum) : 피치원에서 이끝원까지의 거리(a)이다.

(5) 이뿌리 높이(dedendum) : 피치원에서 이뿌리원까지의 거리(d)이다.

(6) 이높이(whole depth) : 이의 총 높이($h=a+d$)이다.

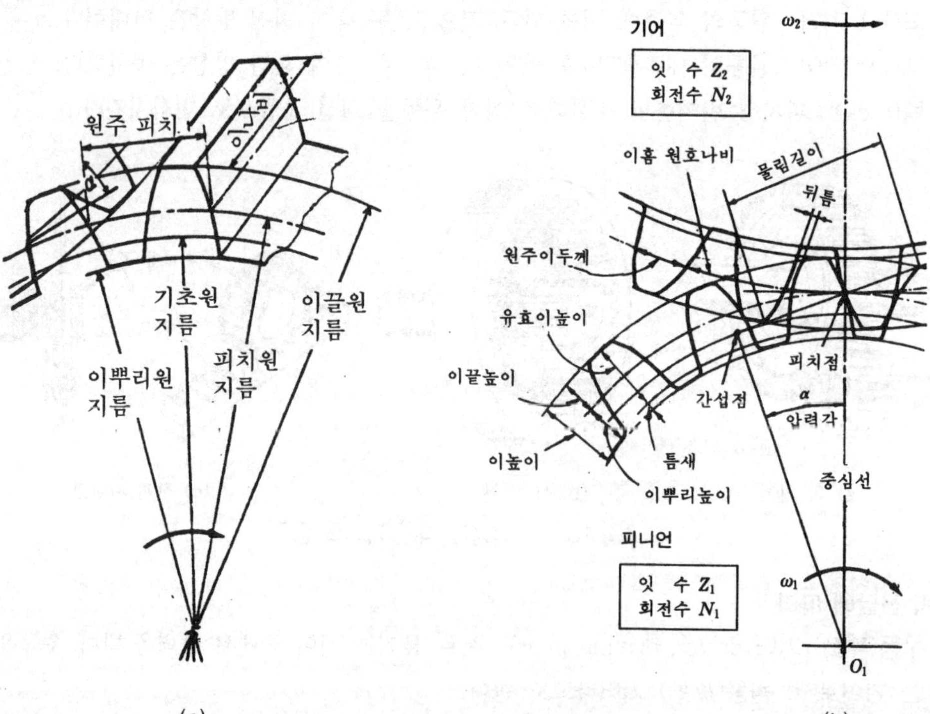

그림 15－2. 기어 각부의 명칭

(7) 유효 이높이(working depth) : 한 쌍의 기어에서 이끝 높이의 거리(h)이다.
(8) 원주 이두께(circular tooth thickness) : 피치원에 따라 측정한 원호 이두께이다.
(9) 이 나비(face width) : 축선 방향으로 측정한 이의 길이를 말한다.
(10) 이끝 틈새(clearance) : 이뿌리원에서 상대 기어의 이끝원까지 거리(c)이다.
(11) 뒤 틈(back lash) : 한 쌍의 기어를 물리게 했을 때의 이상이 간극(c_n)이다.
(12) 잇 면(tooth surface) : 기어의 이가 물려서 닿는 면(f)이다.
(13) 피치선(pitch line) : 랙에 있어서 기어의 피치원에 해당되는 것을 말한다.
(14) 기초원(base circle) : 인벌류트 기어를 만드는 기초가 되는 원을 말한다.

4. 치형 곡선

그림 15-3과 같이 미끄럼 접촉을 하면서 접촉점(P)에서 2개의 이의 접촉 곡선에 세운 공통 법선 $\overline{N_1N_2}$가 이 두 기어의 중심선 위의 일정한 점인 피치점을 항상 통과해야 된다는 조건을 만족시키는 이의 접촉 곡선을 치형 곡선(tooth profile)이라 한다.

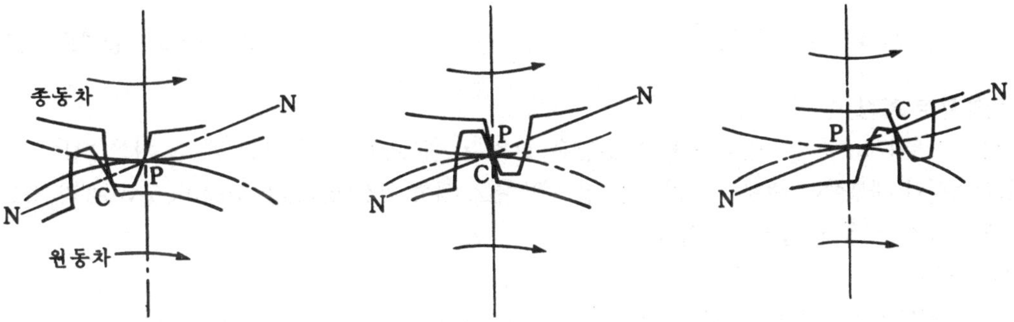

그림 15-3. 이 접촉의 시작

KS B 1414에는 일반용 스퍼 기어의 치형에 대하여 "KS B 1404(인벌류트 기어의 치형 및 치수)에 규정된 압력각 20°, 이끝 높이가 모듈과 같고, 이뿌리 높이가 모듈의 1.25배와 같은 **인벌류트 치형**으로 한다."라고 규정되어 있다.

[1] 치형의 조건

치형 곡선은 회전 운동을 전달하는 접촉면이므로, 일정한 회전비의 미끄럼 접촉의 기구학적 구비 조건을 만족시켜야 하며, 실용상 다음 사항을 만족시켜야 된다.

① 공작이 쉬워야 한다. ② 충분한 강도를 가지고 있어야 한다.
③ 마찰이 적어야 한다. ④ 교환성이 있어야 한다.

[2] 치형 곡선의 종류

치형을 형성하는 잇면의 곡선을 **치형 곡선**(그림 15-4)이라 하고, 이것에는 **인벌류트 치형 곡선**(involute curve)과 사이클로이드 치형 곡선(cycloid curve)이 있다.

① **인벌류트 기어**(involute gear) : 기어의 치형에 인벌류트 곡선(그림 15-5)을 이용한 기어를 말한다.

② **사이클로이드 기어**(cycloid gear) : 사이클로이드 곡선(cycloid curve : 그림 15-7)을 이용한 기어를 말한다.

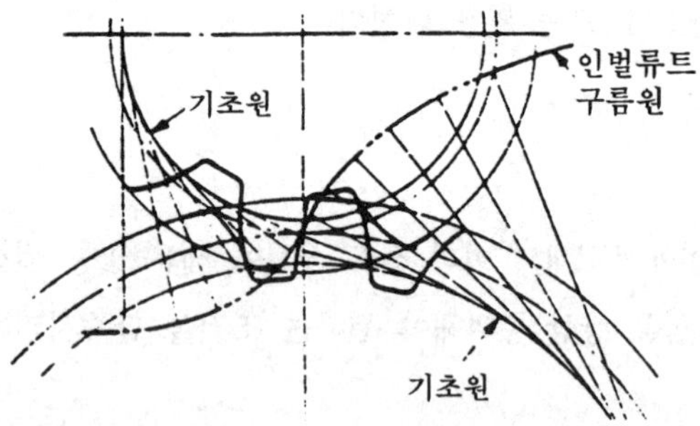

그림 15-4. 치형 곡선

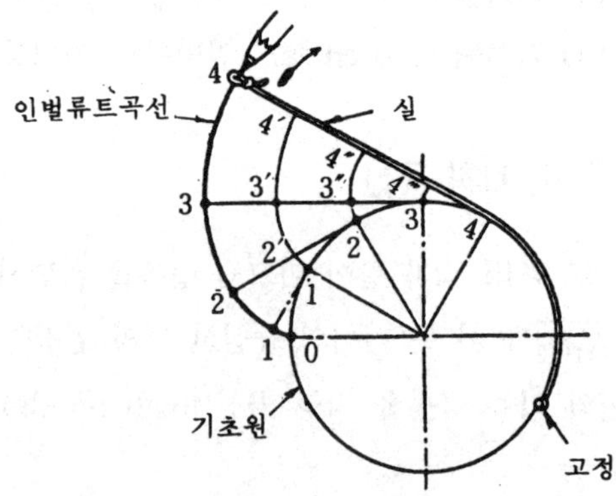

그림 15-5. 인벌류트 곡선

(1) 인벌류트 치형

그림 15-5와 같이 기어의 기초원 위에 감은 실을 O에서부터 풀어 나갈 때 실 위의 1점이 그리는 궤적(기초원의 내부에는 존재하지 않는다.)을 인벌류트 치형 곡선(involute tooth curve)이라 하고, 이 곡선을 이용한 것을 **인벌류트 기어**라 한다.

① 용 어

a. **작용선** : 그림 15-6에서 $\overline{N_1N_2}$는 기초원의 공통 접선을 작용선이라 하고, 이것이 인벌류트 곡선으로 그리는 구름 직선에 일치하기 때문에 2개의 인벌류트 곡선은 $\overline{N_1N_2}$ 위의 P 점에서 서로 접하는 **공통 법선**(작용선)이 된다.

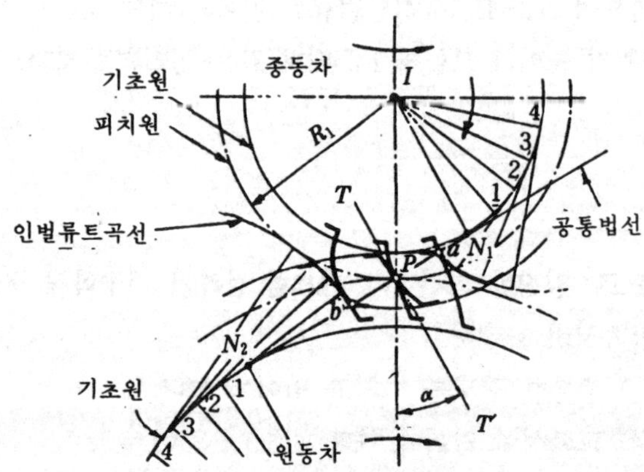

그림 15-6. 인벌류트 치형

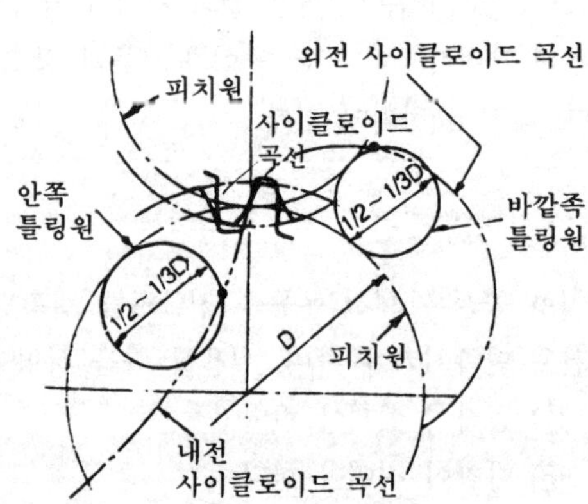

그림 15-7. 사이클로이드 치형

b. **피치점** : 한 쌍의 기어가 서로 물릴 때 피치원의 교점이 중심선과 만나는 점(P)을 말한다.

c. **기초원** : 그림 15−6에서 P 점을 지나는 공통 법선 $\overline{N_1N_2}$에 접하는 원으로서 인벌류트 치형이 시작되는 점에 해당된다.

d. **피치원** : 기어 중심에서 피치점과의 거리를 반지름으로 그린 원에서 피치원 지름이 무한대로 된 기어 즉, 랙의 인벌류트 치형이 접촉 궤적 $\overline{N_1N_2}$ 에 직각인 직선으로 되어 나사산의 각도가 2α 인 사다리꼴 치형으로 된다.

e. **압력각** : 그림 15−6에서 공통 법선 $\overline{N_1N_2}$를 인벌류트 기어의 작용선 또는 압력선이라 하고, 한 쌍의 인벌류트 치형 접촉점 a, b 는 항상 이 선상을 이동 하며, 피치점 P 에 있어서 $\overline{TT'}$ 의 직각에 세운 수직선과 작용선과 맺는 각 α 를 압력각(壓力角 : pressure angle)이라 한다. 이것에는 14.5°, 20°가 있다.

② **용도** : 제작이 쉽고, 호환성이 좋아 일반 기계의 동력 전달용으로 많이 사용된다.

(2) 사이클로이드 치형

그림 15−7에서 피치원 기초원으로 하여 이 위를 작은 원의 구름원(rolling circle)이 미끄럼 없이 굴러갈 때, 이 구름원 위의 한 점이 긋는 궤적(사이클로이드 곡선을 치형 곡선)으로 형성한 것을 **사이클로이드 치형**(cycloid tooth)이라 한다.

① **치형 곡선** : 그림 15−7에서 고정된 하나의 원둘레를 한 개의 원이 구를 때, 그 구름원(rolling circle)의 원둘레 위의 한 점이 그리는 곡선을 **외전**(外轉) 사이클로이드(epicycloid) 곡선, 안둘레를 구를 때 그리는 곡선을 **내전**(內轉) 사이클로이드(hypocycloid) 곡선이라 한다.

② **이 점**

a. 인벌류트 치형에 비하여 미끄럼이 적다는 이점이 있어서 마모상 유리하다.

b. 물림률을 비교적 크게 잡을 수 있고, 최소 잇수는 인벌류트 기어보다 작다.

c. 미끄럼률은 이끝면과 이뿌리 면에서 각각 일정하다.

③ **단 점**

a. 원주 피치와 구름원 크기가 같아야 호환성이 있으며, 치형 가공이 인벌류트 치형보다 까다롭다.

b. 제작이 곤란하여 일반 전동용으로는 사용하기 어렵다.

④ **용도** : 정밀 측정기의 기어, 시계, 기타 정밀 기계의 계기와 같은 부하가 적고, 정확을 요하는 곳에 사용되나, 곡선 자체가 이론적이기 때문에 학문의 연구에만 사용될 뿐이다.

[3] 기어의 치형 제작

기어를 제작하는 방법에는 창성 기어와 성형 기어로 분류한다. 기어의 절삭 가공 방법에는 창성법(호브 절삭법, 피니언 커터법, 랙 커터법)과 성형법(성형 엔드밀법, 성형 프레스법)이 있다.

(1) 절삭에 의한 치형(그림 15-8 참조)

① **밀링**(milling)에 의한 치형 가공 : 총형 공구(forming cutter)가 회전 운동을 하고, 가공될 기어가 왕복 이송을 하며 절삭한다.

② **셰이퍼**(shaper)에 의한 치형 가공 : 랙 공구(rack cutter)와 피니언 공구 (pinion cutter)를 사용하는 두 가지 방법이 있다.

③ **호브**(hob)에 의한 **치형 가공** : 호브 공구가 기어 축에 평행한 방향으로 왕복 이송과 회전 운동을 하여 절삭하며, 가공될 기어는 회전 이송을 한다.

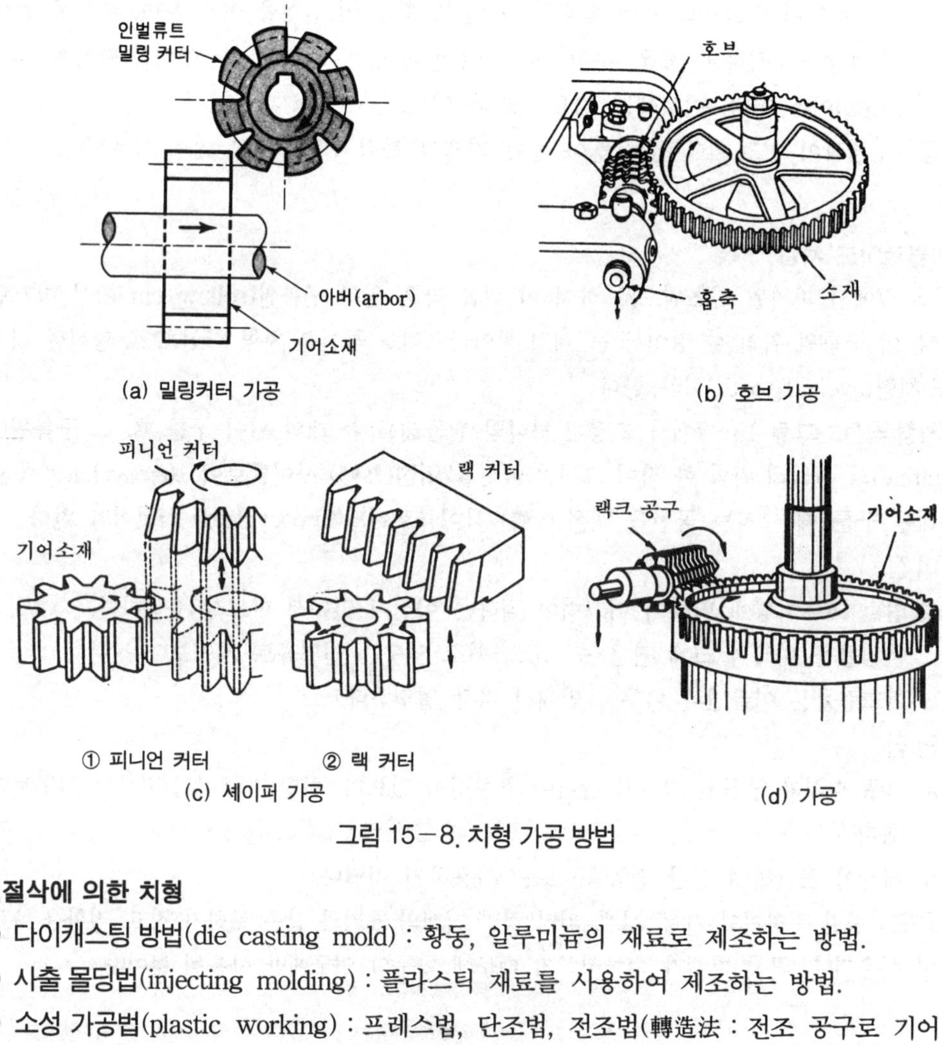

그림 15-8. 치형 가공 방법

(2) 비절삭에 의한 치형

① **다이캐스팅 방법**(die casting mold) : 황동, 알루미늄의 재료로 제조하는 방법.

② **사출 몰딩법**(injecting molding) : 플라스틱 재료를 사용하여 제조하는 방법.

③ **소성 가공법**(plastic working) : 프레스법, 단조법, 전조법(轉造法 : 전조 공구로 기어 소재에 압력을 가하면서 회전시켜 만드는 방법) 등의 제조 방법.

④ **기타 방법** : 주조법, 분말 야금법, 압출법 등이 있다.

15-2 스퍼 기어의 설계

일반적으로 전동용 기어를 설계할 때에는 전달 마력, 원동차의 회전수, 속도비 등이 주어지면 이 조건 등으로 다음의 순서에 의하여 설계하게 한다.

① 기어의 전달 동력과 회전 속도를 알고, 축의 지름을 구한다.
② 축의 지름을 기준으로 피니언과 기어의 잇수, 피치원 지름을 구한다.
③ 회전 속도와 전달 동력에서 이(齒)에 작용하는 회전력을 구한다.
④ 기어의 굽힘 강도와 면압 강도상에서 이의 크기(모듈, 이나비)를 구한다.
⑤ 기어의 재질과 각부의 크기(림, 리브, 암, 보스 등)를 구한다.

1. 일반 계산식

[1] 이(齒)의 크기

기어의 이에 대한 크기를 나타낼 때에는 모듈(m)에 따른다(KS B 1404). 그리고 이 때에 같은 크기의 피치원이라도 잇수를 적게 하여 이를 크게 깎아 기어를 만들 수 있고, 반대로 잇수를 많이 하고, 개개의 이를 작게 깎아 기어를 만들어 낼 수도 있다. 따라서 이의 크기를 결정하기 위한 기준은 그림 15−9와 같이 3가지가 있다.

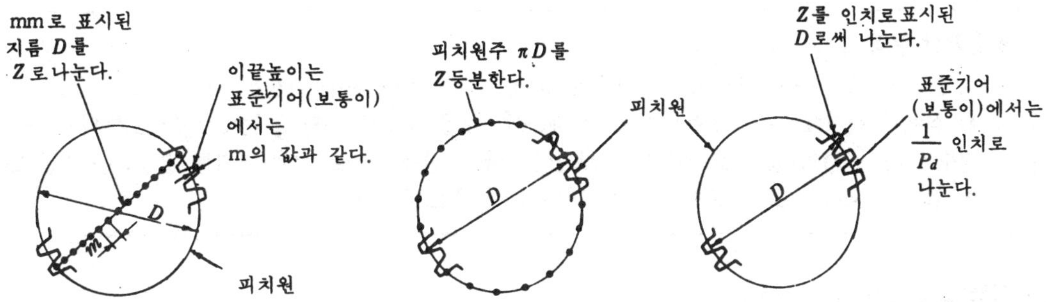

(a) 모듈 (b) 원주 피치 (c) 지름 피치

그림 15−9. 이의 크기 비교

(1) 모듈(module)

피치원의 지름(D : mm)을 잇수(Z)로 나눈 값이다[그림 15−9 (a)].

$$m=\frac{D}{Z}=\frac{p}{\pi}=\frac{25.4}{p_d} \qquad (15-1)$$

미터 단위계를 사용 하는 나라에서 널리 사용되는 이의 크기를 표시하는 단위이다.

*** 설계상 주의**

① 모듈(m)은 그 값이 클수록 이의 크기는 정비례하여 크게 된다.
② 지름피치의 경우 p_d의 값이 크게 될 수록 이의 크기는 작게 되어 반비례 한다.
③ 모듈과 지름 피치를 임의로 결정하면 이크기의 종류가 너무 많고, 다르게 되어 공작이 매우 불편하므로 표준 규격에 따라 표 15−1과 같이 정해져 있다.

표 15-1. 모듈의 표준값(KS B 1404)

(단위 : mm)

1계열	2계열	3계열	1계열	2계열	3계열	1계열	2계열	3계열	1계열	2계열	3계열
0.1	0.15	0.65	0.8	0.9	0.75	4	3.5	3.75	16	14	13
0.2	0.25		1	1.75	3.25	5	4.5	6.5	20	18	15
0.3	0.35		1.25	2.25		6	5.5		25	22	
0.4	0.45		1.5	2.75		8	7		32	28	
0.5	0.55		2			10	9		40	36	
0.6	0.7		2.5			12	11		50	45	
			3								

비고 (1) 1계열을 우선적으로, 필요에 따라 2계열, 3계열의 순서로 선택한다.
(2) 이 규격은 인벌류트 스퍼 기어와 헬리컬 기어의 치형 치수에 대하여 규정한다.

(2) 원주 피치(circulae pitch)

피치원의 원둘레(πD : mm)를 잇수(Z)로 나눈 값이다[그림 15-9 (b)].

$$p=\frac{\pi D}{Z}=\pi m=\frac{\pi}{p_d} \tag{15-2}$$

기준 피치원 위의 원호 피치로서 **기준 피치**(p : circular pitch)라고도 한다.

＊설계상 주의

① p를 기준으로 하여 이끝 높이, 이뿌리 높이, 그 외 기타 치수 비율을 결정한다.

② 위 식에서 분자에 π가 포함되어 있기 때문에 D를 정수로 하면 p는 소수가 포함되고, p를 정수로 하면 D의 값이 소수가 되어 계산이 매우 곤란해지므로, 이의 크기를 결정하는 기준으로는 별로 사용되지 않고, 모듈과 지름 피치 등이 주로 사용된다.

(3) 지름 피치(diametral pitch)

기어의 잇수(Z)를 피치원 지름(in)으로 나눈 값이다[그림 15-9 (c)].

$$\left.\begin{aligned} p_d &= \frac{Z}{D(\text{in})}=\frac{\pi}{p(\text{in})} \quad ① \\ &= \frac{25.4}{m}=\frac{25.4Z}{D(\text{mm})} \quad ② \end{aligned}\right\} \tag{15-3}$$

인치제를 채용하고 있는 나라에서 이의 크기를 표시하는 단위로 사용되고 있다.

＊설계상 주의

지름 피치는 모듈의 역수로 나타내나 p_d의 단위가 인치이므로, 수치로는 모듈의 역수로 표시할 수 없다.

표 15-2는 모듈, 원주 피치, 지름 피치, 표 15-3은 모듈, 원주 피치 지름 피치, 표 15-4는 지름 피치, 원주 피치 및 모듈에 대한 표준 치수를 각각 나타낸 것이다.

표 15-2. 원주 피치, 모듈, 지름 피치의 관계

구분	기호	p 기준	m 기준	p_d 기준
원주 피치	p	$\frac{\pi D}{Z}$	πm	$\frac{\pi}{p_d(\text{in})}$, $\frac{25.4\pi}{p_d(\text{mm})}$
모듈	m	$\frac{p}{\pi}$	$\frac{D}{Z}$	$\frac{25.4}{p_d}$
지름 피치	p_d	$\frac{\pi}{p(\text{in})}$, $\frac{25.4\pi}{p(\text{mm})}$	$\frac{25.4}{m}$	$\frac{Z}{D(\text{in})}$, $\frac{25.4Z}{D(\text{mm})}$

표 15-3. 모듈, 원주 피치, 지름 피치에 대한 표준 치수

모듈 m(mm)	원주 피치 p(mm)	지름 피치 p_d(in)	모듈 m(mm)	원주 피치 p(mm)	지름 피치 p_d(in)	모듈 m(mm)	원주 피치 p(mm)	지름 피치 p_d(in)
0.2	0.628	127.000	1.25	3.297	20.320	6	18.850	4.233
0.25	0.785	101.600	1.5	4.712	16.933	7	21.991	3.629
0.3	0.942	84.667	1.75	5.498	14.514	8	25.133	3.175
(0.35)	1.100	72.571	2	6.283	12.700	9	28.274	2.822
0.4	1.257	63.500	2.25	7.069	11.289	10	31.416	2.540
(0.45)	1.414	56.444	2.5	7.854	10.160	11	34.558	2.009
0.5	1.571	50.800	2.75	8.639	9.236	12	37.699	2.117
(0.55)	1.728	46.182	3	9.425	8.467	13	40.841	1.954
0.6	1.885	42.333	3.25	10.210	7.815	14	43.982	1.810
(0.65)	2.042	39.077	3.5	10.996	7.257	15	47.124	1.693
(0.7)	2.199	36.286	3.75	11.781	6.773	16	50.269	1.588
(0.75)	2.356	33.867	4	12.566	6.350	18	56.549	1.411
0.8	2.53	31.750	4.5	14.137	5.644	20	62.832	1.270
0.9	2.827	28.222	5	15.708	5.080	22	69.115	1.155
1.0	3.142	25.400	5.5	17.279	4.618	25	78.540	1.061

(주) ( )안의 수치는 될 수 있는 한 사용하지 않는다.

표 15-4. 지름 피치, 원주 피치 및 모듈에 대한 표준 치수

지름 피치 p_d(in)	원주 피치 p(mm)	모듈 m(mm)	지름 피치 p_d(in)	원주 피치 p(mm)	모듈 m(mm)	지름 피치 p_d(in)	원주 피치 p(mm)	모듈 m(mm)
24	3.325	1.058	9	8.866	2.822	3	26.599	8.466
22	3.627	1.154	8	9.975	3.175	$2\frac{1}{2}$	31.919	10.160
20	3.990	1.270	7	11.400	3.628	$2\frac{1}{4}$	35.465	11.288
18	4.433	1.411	6	13.299	4.233	2	39.898	12.700
16	4.987	1.587	5	15.959	5.080	$1\frac{3}{4}$	45.598	14.514
14	5.700	1.814	$4\frac{1}{2}$	17.733	5.644	$1\frac{1}{2}$	53.198	16.933
12	6.650	2.116	4	19.949	6.350	$1\frac{1}{4}$	63.837	20.320
10	7.980	2.540	$3\frac{1}{2}$	22.799	7.257	1	79.797	25.400

[2] 스퍼 기어 각부의 치수

(1) 바깥 지름

$$\left.\begin{aligned} D_0 &= D+2a \ (m \text{ 기준}) \\ &= mZ+2m=m(Z+2) \\ &= \frac{2+Z}{p_d}(p_d\text{기준})(\text{인치}) \end{aligned}\right\} \qquad (15-4)$$

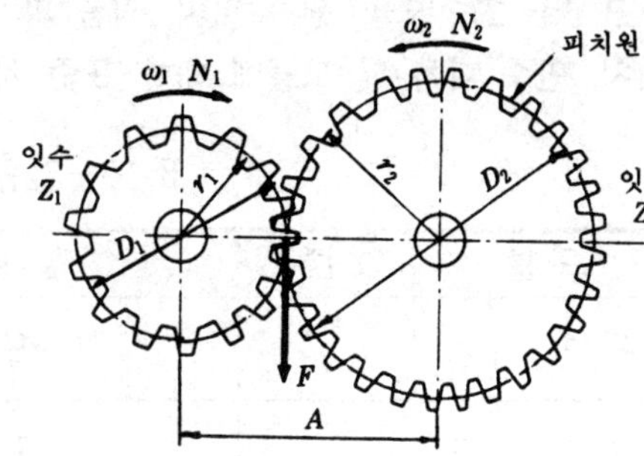

입력		출력
작은 토크	→	큰 토크
$T_1=r_1\cdot F$		$T_2=r_2\cdot F$
회전수 大		회전수 小
$2\pi\omega_1$	→	$2\pi\omega_2\frac{N_1}{N_2}\cdot(2\pi\omega_1)$

그림 15－10. 기어의 치수

(2) 피치원 지름

$$\left.\begin{aligned} D &= mZ \ (m \text{ 기준}) \\ &= \frac{Z}{p_d}(p_d\text{기준}) \end{aligned}\right\} \qquad (15-5)$$

(3) 중심 거리

$$\left.\begin{aligned} A &= \frac{D_1+D_2}{2}=\frac{Z_1+Z_2}{2}\text{ m(mm)} \\ &= \frac{Z_1+Z_2}{2p_d}(\text{인치}) \end{aligned}\right\} \qquad (15-6)$$

(4) 속도와 속비 : 구동 기어의 원주 피치 p_1일 때

$$v=\frac{\pi D_1 N_1}{60\times 1000}=\frac{p_1 Z_1 N_1}{60\times 1000} \qquad (15-7)$$

$$i=\frac{N_2}{N_1}=\frac{D_1}{D_2}=\frac{mZ_1}{mZ_2}=\frac{Z_1}{Z_2} \qquad (15-8)$$

로 되고, 기타의 치수는 표 15－5 및 표 15－6의 공식을 참조한다.

표 15－5. 인벌류트 스퍼 기어 및 헬리컬 기어의 치수(KS B 1404)

항목	기호	스퍼 기어		헬리컬 기어			
				이직각 방식		축직각 방식	
		표준	전위	표준	전위	표준	전위
모듈	m	m		m_n		m_s	
압력각	α_o	$\alpha_o=20^\circ$		$\alpha_n=20^\circ$		$\alpha_s=20^\circ$	
피치원 지름	D_1	Zm		$Z_{m_n}/\cos\beta_0$		Zm_s	
이높이	h	$h\geq 2.25m$		$h\geq 2.25m_n$		$h\geq 2.25m_s$	
전위량	xm	0	xm	0	$x_n m_n$	0	
이끝높이	a	m	$(1+x)m$	m_n	$(1+x_n)m_n$	m_s	$(1+x_s)m_s$
정면원호 이두께[1)]	t	$\frac{\pi m}{2}$	$(\frac{\pi}{2}\pm 2x\tan\alpha_0)m$	$\frac{\pi m_n}{2\cos\beta_0}$	$(\frac{\pi}{2}\pm 2x_n\tan\alpha_n)\frac{m_n}{\cos\beta_0}$	$\frac{\pi m_s}{2}$	$(\frac{\pi}{2}\pm 2x_n\tan\alpha_n)\frac{m_n}{\cos\beta_0}$

(주) [1)] ±가＋일 때에는 바깥 지름,－일 때에는 내 기어에 각각 적용한다.

표 15-6. 스퍼 기어 각부의 계산 식

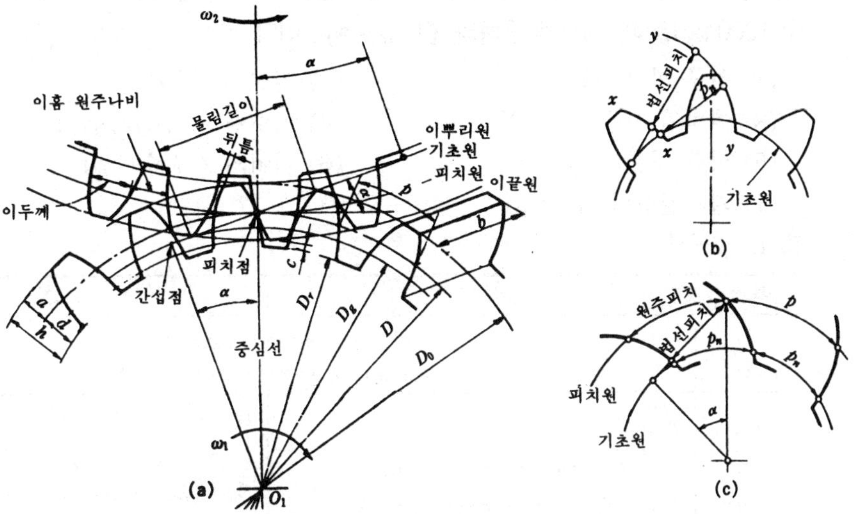

각부의 명칭	기호	미터 식 (mm)	인치 식(in)
모 듈	m	$m=\frac{p}{\pi}=\frac{D}{Z}=\frac{D_0}{Z+2}=\frac{25.4}{p_d}=\frac{p_n}{\pi\cos\alpha}$	–
지 름 피 치	p_d	–	$p_d=\frac{\pi}{p}=\frac{Z}{D}=\frac{Z+2}{D_0}$
원 주 피 치	p	$p=\pi m=\frac{\pi D}{Z}=\frac{\pi D_0}{Z+2}=\frac{p_n}{\cos\alpha}$	$p=\frac{\pi}{p_d}=\frac{\pi D}{Z}$
법 선 피 치	p_n	–	$p_n=\pi D_g/Z=p\cos\alpha=\pi m\cos\alpha$
바 깥 지 름	D_o	$D_0=(Z+2)m=D+2m$	$D_0=\frac{Z+2}{p_d}=D+\frac{p_d}{2}$
피 치 원 지름	D	$D=mZ=\frac{pZ}{\pi}=\frac{D_0 Z}{Z+2}$	$D=\frac{Z}{p_d}=\frac{pZ}{\pi}$
기 초 원 지름	D_g	$D_g=D\cos\alpha=Zm\cos\alpha$	$D_g=p_n Z/\pi$
이뿌리원 지름	D_r	$D_r=(Z-2.31416)m=D-2.31416m$	$D_r=(Z-2.31416)p_d=D-(2.31416)p_d$
잇 수	Z	$Z=\frac{D}{m}=\left(\frac{D_0}{m}\right)-2=\frac{D_g}{m\cos\alpha}$	$Z=p_d D=D_0 p_d-2$
이 두 께	t	$t=\frac{\pi m}{2}=\frac{p}{2}$	$t=\frac{\pi}{2p_d}=\frac{p}{2}=\frac{1.25}{p_d}$
이 끝 높 이	a	$a=m$	$a=1/p_d=0.3183p$
이 뿌 리 높이	d	$d=a+c\geqq 1.25m$	$d=a+c=\frac{1.25}{p_d}=0.3983p$
총 이 높 이	h	$h=a+d\geqq 2.25m$	$h=a+d=\frac{2.25}{p_d}=0.6866p$
이 끝 틈 새	c	$c\geqq 0.25m$	$c=\frac{0.25}{p_d}=\frac{t}{10}$
중 심 거 리	A	$A=(D_1+D_2)/2=(Z_1+Z_2)m/2$	$A=Z_1+Z_2/2p_d$

예제 15-1 $m=4$, 피니언의 잇수 $Z_1=24$, 기어의 잇수 $Z_2=96$인 표준 스퍼 기어에서 피니언의 회전수 1200rpm일 때, 다음을 구하라. 단, $\alpha=20°$ 이다.

(1) 원주 피치(p)　　(2) 법선 피치(p_n)
(3) 피치원 지름(D_1, D_2)　　(4) 기초원 지름(D_{g1}, D_{g2})
(5) 바깥 지름(D_{01}, D_{02})　　(6) 기어의 회전수(N_2)
(7) 피치원상의 속도(v)

Solution 표 15-6에서

(단위 : mm)

번호	피니언	기어
(1) (2)	$p=\pi m=\pi\times4=12.65$ $p_n=\pi m\cos\alpha=\pi\times4\times\cos20°=11.8$	
(3) (4) (5) (6)	$D_1=mZ_1=4\times24=96$ $D_{g1}=D_1\cos\alpha=96\times\cos20°=90.2$ $D_{01}=(Z_1+2)m=(24+2)\times4=104$ $N_1=1200(\text{rpm})$	$D_2=mZ_2=4\times96=384$ $D_{g2}=D_2\cos\alpha=394\times\cos20°=360.8$ $D_{02}=(Z_2+2)m=(96+2)\times4=392$ $N_2=N_1\dfrac{Z_1}{Z_2}=1200\times\dfrac{24}{96}=300(\text{rpm})$
(7)	$v=\dfrac{\pi D_1N_1}{60\times1000}=\dfrac{\pi\times96\times1200}{60\times1000}=6(\text{m/s})$	

예제 15-2 $Z_1=25$, 피니언 바깥 지름 100mm, 속비 1/3인 스퍼 기어의 피치원 지름(D_1, D_2)을 구하라.

Solution

$$m=\frac{D_{01}}{Z_1+2}=\frac{100}{25+2}=2(\text{mm})$$

$$i=\frac{Z_1}{Z_2}=\frac{1}{3}\ \rightarrow\ Z_2=3Z_1=3\times25=75(\text{매})$$

$$\therefore\ D_1=mZ_1=2\times25=50(\text{mm})$$

$$D_2=mZ_2=2\times75=150(\text{mm})$$

예제 15-3 $m=5$, $Z=60$인 스퍼 기어의 다음을 구하여라. 단, 압력각 20°이다.

(1) 기초원 지름(D_g)　　(2) 법선 피치(p_n)

Solution (1) $D=mZ=5\times60=300(\text{mm})$

$$\therefore\ D_g=D\cos\alpha=300\times\cos20°\ ≒\ 282(\text{mm})$$

$$[=mZ\cos\alpha=5\times60\times\cos20°\ ≒282(\text{mm})]$$

(2) $p_n=m\pi\cos\alpha=5\times\pi\times\cos20°=14.76(\text{mm})$

예제 15-4 감속 장치의 스퍼 기어가 파손되어 측정한 결과 피니언의 바깥 지름 108mm, 이끝 원주 피치 약 13.57mm, 축간 거리 250mm일 때, 다음을 구하여라. 단, $Z_1=25$이다.

(1) 모듈(m)　　(2) 큰 기어의 잇수(Z_2)

Solution (1) 방법 ① : $m=\frac{p}{\pi}=\frac{13.57}{\pi}=4.3 \fallingdotseq 4$

방법 ② : $m=\frac{D_{01}}{Z_1+2}=\frac{108}{25+2}=4$

(2) 방법 ① : $Z_1=\frac{\pi D_{01}}{p}=\frac{\pi \times 108}{13.57}=25$(매)

$D_1=mZ_1=4\times 25=100$(mm)

$A=\frac{D_1+D_2}{2} \rightarrow D_1+D_2=2A$

$D_2=2A-D_1=250-100=400$(mm)

$Z_2=\frac{D_2}{m}=\frac{400}{4}=100$(매)

방법 ② : $A=\frac{(Z_1+Z_2)}{2}m \rightarrow Z_1+Z_2=\frac{2A}{m}$

$\therefore Z_2=\frac{2A}{m}-Z_1=\frac{2\times 250}{4}-25=100$(매)

예제 15-5 기초원 지름 D_{g1} = 480mm, D_{g2} = 580mm, 피치 25mm인 스퍼 기어의 중심 거리를 구하여라. 단, $\alpha=14.5°$ 이다.

Solution

$Z_1=\frac{D_{g1}}{m\cos\alpha}=\frac{D_{g1}}{(p/\pi)\cos\alpha}=\frac{480}{(25/\pi)\cos 14.5°}=62$(매)

$Z_2=\frac{D_{g2}}{(p/\pi)\cos\alpha}=\frac{580}{(25/\pi)\cos 14.5°}=75$(매)

$\therefore A=\frac{Z_1+Z_2}{2}m=\frac{Z_1+Z_2}{2}\left(\frac{p}{\pi}\right)=\frac{62+75}{2}\times\frac{25}{\pi}=545.4$(mm)

예제 15-6 그림 15-11에서 $m=6$, $Z_1=40$, $Z_2=65$, $\alpha=20°$ 인 스퍼 기어의 다음을 구하여라.

(1) 기초원 지름(D_{g1}, D_{g2})

(2) 바깥 지름(D_{01}, D_{02})

(3) 원주 피치(p_1, p_2)

(4) 중심 거리(A)

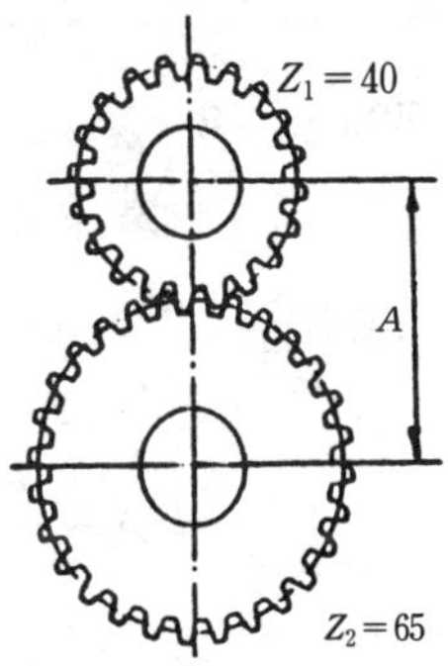

그림 15-11

Solution (1) $D_1=mZ_1=6\times 40=240$ (mm)

$D_2=mZ_2=6\times 65=390$(mm)

$\therefore D_{g1}=D_1\cos\alpha=240\times\cos 20°=240\times 0.86=206.4$(mm)

$D_{g2}=D_2\cos\alpha=390\times\cos 20°=390\times 0.86=336$(mm)

(2) $D_{01}=m(Z_1+2)=6\times(40+2)=252$(mm)

$$D_{02}=m(Z_2+2)=6\times(65+2)=402\text{(mm)}$$

(3) $p_1=\dfrac{\pi D_1}{Z_1}=\dfrac{\pi\times240}{40}=18.84\text{(mm)}$

$$p_2=\frac{\pi D_2}{Z_2}=\frac{\pi\times390}{65}=18.84\text{(mm)}$$

(4) $A=\dfrac{(Z_1+Z_2)m}{2}=\dfrac{(40+65)\times6}{2}=315\text{(mm)}$

예제 15-7 그림 15-12와 같은 기어에서 축간 거리 100mm인 기어 A(구동축)와 B(종동축)의 회전비 2 : 3 일 때, 다음을 구하여라.

(1) $m=2$일 때, 잇수(Z_A, Z_B) (2) $m=5$일 때, 잇수(Z_A, Z_B)

Solution (1) $N_A : N_B = 2 : 3$

$$D_A : D_B = 3 : 2$$

$$D_A=200\times\frac{3}{3+2}=120\text{(mm)}$$

$$D_B=200\times\frac{2}{3+2}=80\text{(mm)}$$

$$\therefore Z_A=\frac{D_A}{m}=\frac{120}{2}=60\text{(매)}$$

$$Z_B=\frac{D_B}{m}=\frac{80}{2}=40\text{(매)}$$

(2) $Z_A=\dfrac{D_A}{m}=\dfrac{120}{5}=24\text{(매)}$

$$Z_B=\frac{D_B}{m}=\frac{80}{5}=16\text{(매)}$$

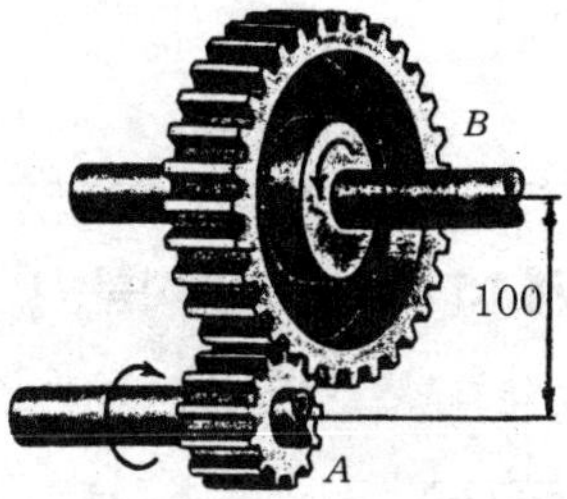

그림 15-12

예제 15-8 $m=6$, $N_1=1400$rpm, $N_2=600$rpm인 스퍼 기어의 축간 거리 210mm일 때, 잇수(Z_1, Z_2)를 구하여라.

Solution

$$i=\frac{N_2}{N_1}=\frac{600}{1400}=\frac{D_1}{D_2}=\frac{3}{7} \quad \therefore D_2=2.33D_1$$

$$A=\frac{D_1+D_2}{2}=\frac{D_1+2.33D_1}{2}=210\text{(mm)}$$

$$\therefore Z_1=\frac{2A}{m(1+1/i)}=\frac{2\times210}{6[1+1/(3/7)]}=21\text{(매)}$$

$$Z_2=\frac{2A}{i}=\frac{420}{(3/7)}=49\text{(매)}$$

또는 $Z_2=\dfrac{2A}{m(1+i)}=\dfrac{2\times210}{6(1+3/7)}=49\text{(매)}$

2. 물림률

한 쌍의 기어에 있어서 서로 물리어 연속적으로 회전 운동을 전달하기 위해서는 항상 적어도 한 쌍 이상의 이의 접촉이 작용선상에 행하여져야 한다.

그림 15－13에서 한 쌍의 기어가 회전할 때 각각의 기어 이끝원과 작용선과의 교점 a, b 일 때 a 점에서 물림이 시작하여 피치점 P 를 지나 b 점에서 끝나게 된다. 이 때접촉 시작점에서 피치점까지 거리 $\overline{aP}$ 를 **접근 물림 길이**(S_a : length of approach path), 피치점부터 접촉이 끝나는 점까지 거리 $\overline{Pb}$ 를 **퇴거 물림 길이**(S_r : length of recess path)라 하며, 위 두 길이의 합인 작용선 $\overline{aPb}$ 의 길이를 **물림 길이**(S : length of path contact)라 한다. 이것은 작용선 방향의 피치인 법선 피치보다 커야 하며, **물림 길이**(S)를 법선 피치(p_n)로 나눈 값을 **물림률** (contact ratio) 또는 **접촉률**이라 하며, 다음과 같이 구한다.

ε : 표준 기어 물림률($\varepsilon=\varepsilon 1+\varepsilon 2$)

S : 물림 길이(mm)($S=S_a+S_r$)(작용선상에서)

ε_1 : 퇴거 물림률, p_n : 법선 피치(mm)

ε_2 : 접근 물림률일 때

$$\varepsilon=\frac{S}{p_n}=\frac{S_a+S_r}{p_n}=\varepsilon_1+\varepsilon_2 2 \qquad (15-9)$$

위 식에서 $p_n=\dfrac{\pi D_g}{Z}$ (표 15－6)로 구하며, 물림 길이(S)는

$$S=S_a+S_r \qquad (15-10)$$

로 구하고, **접근 물림 길이**(S_a)와 **퇴거 물림 길이**(S_r)는 다음과 같이 구한다.

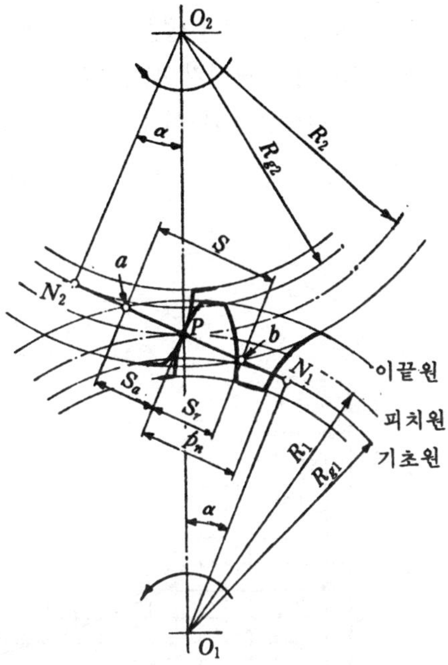

그림 15－13. 물림 길이

a_1, a_2 : 피니언과 기어의 이끝 높이(mm)

D_1, D_2 : 피니언과 기어의 피치원 지름(mm)

R_1, R_2 : 피니언과 기어의 피치원 반지름(mm)일 때

$$\left.\begin{aligned} S_a&=\sqrt{\left(\frac{D_2}{2}+a_2\right)^2-\left(\frac{D_2}{2}\cos\alpha\right)^2}-\frac{D_2}{2}\sin\alpha \\ &=\sqrt{(R_2+a_2)^2-(R_2\cos\alpha)^2}-R_2\sin\alpha \end{aligned}\right\} \qquad (15-11)$$

$$\left.\begin{aligned} S_r&=\sqrt{\left(\frac{D_1}{2}+a_1\right)^2-\left(\frac{D_1}{2}\cos\alpha\right)^2}-\frac{D_1}{2}\sin\alpha \\ &=\sqrt{(R_1+a_1)^2-(R_1\cos\alpha)^2}-R_1\sin\alpha \end{aligned}\right\} \qquad (15-12)$$

표준 기어의 경우 공구 압력각(α)과 잇수 Z_1, Z_2로서 물림률을 구할 때는 $a=m$, $p_n=p\cos\alpha$, $p=\pi m$, $R_1=\frac{1}{2}Z_1 m$, $R_2=\frac{1}{2}Z_2 m$ 이므로, 물림률(ε)은 다음과 같이 표시된다.

$$\left.\begin{aligned}\varepsilon_1=\varepsilon(Z_1)&\frac{\sqrt{\left(\frac{Z_1+2}{2}\right)^2-\left(\frac{Z_1\cos\alpha}{2}\right)^2}-\frac{Z_1}{2}\sin\alpha}{\pi\cos\alpha}\\ \varepsilon_2=\varepsilon(Z_2)&=\frac{\sqrt{\left(\frac{Z_2+2}{2}\right)^2-\left(\frac{Z_2\cos\alpha}{2}\right)^2}-\frac{Z_2}{2}\sin\alpha}{\pi\cos\alpha}\end{aligned}\right\}\quad(15-13)$$

$$\therefore\ \varepsilon=\varepsilon_1(Z_1)+\varepsilon_2(Z_2)\quad(15-14)$$

$$=\frac{1}{2\pi\cos\alpha}[\sqrt{(Z_1+2)^2-(Z_1\cos\alpha)^2}+\sqrt{(Z_2+2)^2-(Z_2\cos\alpha)^2}-(Z_1+Z_2)\sin\alpha]\quad(15-15)$$

물림률이 1보다 커야 물림 길이가 법선 피치보다 크게 되므로 한 쌍의 이가 물림이 끝나기전에 다음 한 쌍의 이가 물리기 시작한다.

그림 15-14는 Z와 식 (15-13)의 관계를 $\alpha=14.5°$, $\alpha=20°$에 대하여 도시한 것으로 Z_1과 Z_2에 대한 ε_1, ε_2를 각각 구하여 $\varepsilon=\varepsilon_1+\varepsilon_2$에서 물림률을 구할 수 있다.

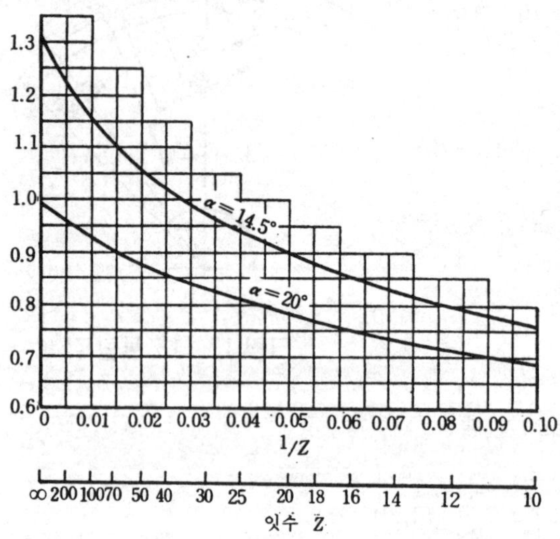

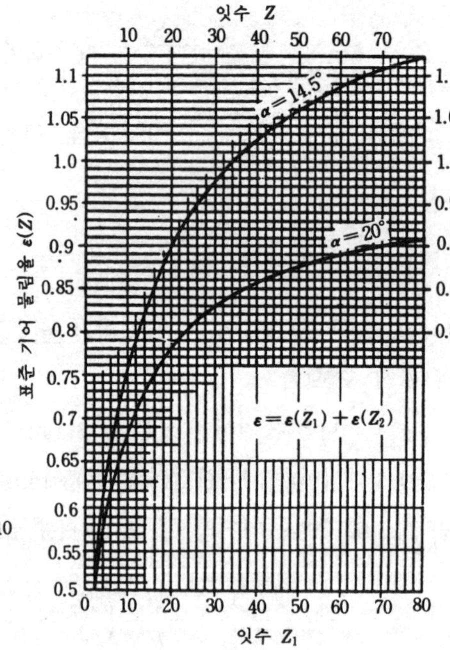

그림 15-14. 표준 스퍼 기어의 물림률

＊ 설계상 주의

① 실제 기어의 물림률은 $\varepsilon>1$이 필요 조건이며, 일반적으로 $\varepsilon=1.4\sim2.5$(물림률은 반드시 1이상일 것)의 범위에 있어야 한다.

② ε의 값이 클수록 맞물림 잇수가 많고, 전달력은 분산되며, 회전이 원활하게 된다. 따라서 ε값 크기는 기어의 진동과 소음 또는 이의 마모 등에 크게 영향을 미친다.

③ ε의 값은 $\alpha=14.5°$일 때 $\varepsilon<2.6$ 까지 얻으므로, $\alpha=14.5°$ 쪽이 유리하다. 그러나 잇수가 적고, 압력각이 작아지면 언더컷이 커져서 오히려 ε의 값이 저하한다. 그러므로 언더컷이 생기지 않는 범위에서 압력각이 작을수록 물림률이 좋다.

④ 일반적으로 물림률 $\varepsilon>1.2$로 하고, 보통 동력 전달용의 기어에서는 운전 성능상 될수록 물림률의 값을 크게 잡는다.

3. 미끄럼률

① 기어가 서로 물려서 회전 운동을 할 때, 양 기어의 피치원은 구름 접촉을 하기 때문에 잇면상의 피치점에서는 구름 접촉뿐이지만, 잇면 위의 다른 점에서는 구름 접촉과 동시에 반드시 미끄럼 접촉을 한다.

② 맞물려 돌아가는 한 쌍의 인벌류트 기어에서 접촉점이 피치점에 도달하면 미끄럼의 상대속도가 0이 되어 순수한 구름 운동을 하게 된다.

(1) 미끄럼의 발생

기어가 회전할 때 일정한 각속비를 유지하려면 잇면에 수직 방향(법선 방향)의 속도와 접선 방향의 상대 속도가 있어야 한다. 이 접선 방향의 상대 속도 때문에 미끄럼이 발생한다. 이 미끄럼으로 열이 발생하고, 잇면의 마모와 동력의 손실이 생기게 된다.

① 접촉점이 피치점에 가까울수록 미끄럼률이 작다.

② 이뿌리와 이 끝에서 마모가 가장 심하다.

③ 미끄럼의 크기는 치형이나 잇면의 접촉 위치에 따라 다르다.

④ 잇면에는 마찰이 생기고, 동력 손실을 일으켜 기어 장치의 효율을 저하시킨다.

⑤ 인벌류트 치형에서는 접촉부위에 따라 미끄럼률의 차이가 심하다.

⑥ 사이클로드 치형에서는 이끝에서 피치원까지의 부분과 피치원에서 이뿌리면까지 부분에서 미끄럼률이 일정하고, 미끄럼률은 잇면에 고르게 분포된다. 따라서 마멸이 작고 균일하다.

(2) 미끄럼률

그림 15－15 (a)와 같이 한 쌍의 치형이 P점에서 접촉하고 있는 순간에 점 P_1, P_2 와 그림 (b)와 같이 원호(미소 회전 w에 의한 치형의 미소 변위) ds_1과 ds_2의 길이가 서로 다르므로, 한 쪽의 호가 다른 쪽의 원호에 대하여 미끄러지는 비율을 **미끄럼률** (sliding ratio)이라고 한다.

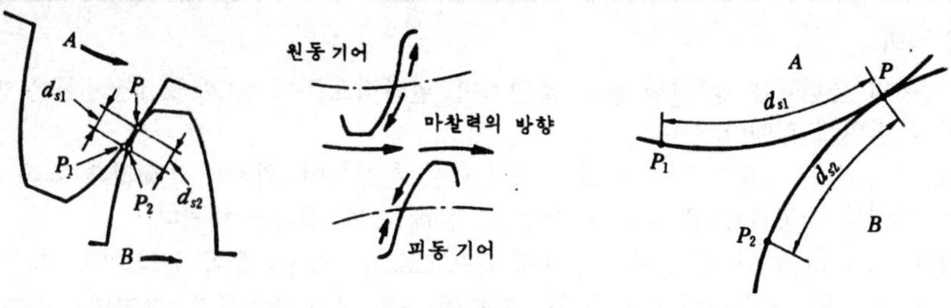

(a) (b) (c)

그림 15−15. 미끄럼 률

그림 15−15 (b)에서 한상의 이(齒)가 A, B기어의 점 P에서 접촉할 때, 화살표 방향으로 회전하여 어느 정도 시간이 지난 후 P_1과 P_2점은 $PP_1 = ds_1$, $PP_2 = ds_2$ 이고, $ds_1 < ds_2$로 된다.

(3) 곡률 반지름과 미끄럼률

① 이(齒)가 피치점으로 접근할 때

a. **곡률반지름** : 그림 15−16에서 피치점과 접촉점 사이의 거리를 l_1이라 할 때, 각각의 기어에 대한 **곡률 반지름**(ρ_1, ρ_2)은

$$\left.\begin{aligned} \rho_1 &= R_1 \sin\alpha - l_1 (\text{구동 기어}) \\ \rho_2 &= R_2 \sin\alpha + l_1 (\text{피동 기어}) \end{aligned}\right\} \qquad (15-16)$$

로 되고, l_1은 접근 물림 길이 S_a보다 작거나 같은 양수이다.

b. **물림률** : 한 쌍의 기어에서 잇면의 변위를 ds_1, ds_2라 하고, O_1을 중심으로 하는 구동 기어의 이뿌리면과 O_2를 중심으로 하는 피동 기어의 이끝면이 접촉하기 시작하여 피치점에서 접촉할 때까지의 각각의 기어에 대한 **물림률**(σ_1, σ_2)은 다음과 같이 나타낸다.

$$\left.\begin{aligned} \sigma_1 &= \frac{ds_2 - ds_1}{ds_1} = \frac{l_1(R_1 + R_2)}{R_2(R_1 \sin\alpha - l_1)} (\text{구동 기어}) \\ \sigma_2 &= \frac{d_{S1} - d_{S2}}{d_{S2}} = \frac{l_2(R_1 + R_2)}{R_1(R_2 \sin\alpha + l_1)} (\text{피동 기어}) \end{aligned}\right\} \qquad (15-17)$$

② 이(齒)가 피치점으로 되거힐 때

a. **곡률반지름** : 그림 15−16 (a)에서 이(齒)가 피치점으로 접근할 때 피치점과 접촉점 사이의 거리를 l_2라면, 각각의 기어에 대한 **곡률 반지름**(ρ_1, ρ_2)은

$$\left.\begin{aligned} \rho_1 &= R_1 \sin\alpha - l_1 (\text{구동 기어}) \\ \rho_2 &= R_2 \sin\alpha + l_2 (\text{피동 기어}) \end{aligned}\right\} \qquad (15-18)$$

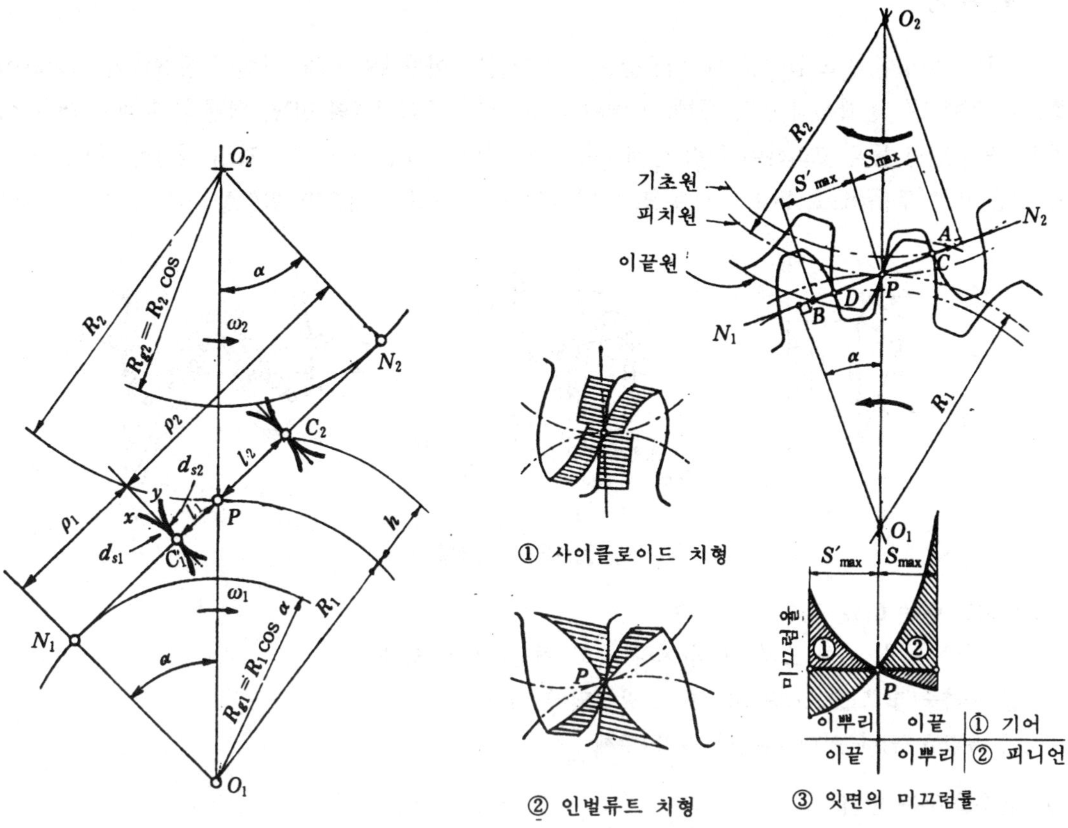

(a) 곡률 반지름 (b) 미끄럼률

그림 15－16. 곡률 반지름과 미끄럼률

로 되고, l_2는 퇴거 물림 길이 S_r보다 작거나 같은 양수이다.

b. **물림률** : O_1을 중심으로 하는 구동 기어 이끝면과 O_2를 중심으로 하는 피동 기어 이뿌리면이 접촉할 때까지 각 기어에 대한 **물림률**(σ_1, σ_2)은 다음과 같다.

$$\left.\begin{aligned}\sigma_1 &= \frac{ds_2 - ds_1}{ds_1} = \frac{l_1(R_1 + R_2)}{R_2(R_1 \sin\alpha - l_1)}\text{(구동 기어)}\\ \sigma_2 &= \frac{d_{S1} - d_{S2}}{d_{S2}} = \frac{l_2(R_1 + R_2)}{R_1(R_2 \sin\alpha + l_1)}\text{(피동 기어)}\end{aligned}\right\} \quad (15-19)$$

(4) 미끄럼률의 변화

① 인벌류트 치형은 그림 15－16 (b)와 같이 피치점에서 0이고, 양끝으로 감에 따라 증대되고, 사이클로이드 치형은 피치점의 앞과 뒤에 있어서 각각 일정하다.

② 사이클로이드 치형에서는 이끝면과 이뿌리면에서 미끄럼률의 크기에 차이가 있으나 잇면에 비교적 고르게 분포되어 있고, 인벌류트 치형에서는 차이가 심하다.

③ 기어와 피니언의 경우에도 인벌류트 치형에서는 차이가 있음을 그림 15－16 (b) ③에서 알 수 있다.

4. 뒤 틈

한 쌍의 기어가 물고 돌아갈 때 이론상으로 생각하면 이두께와 이홈 사이에 틈새없이 접촉하여도 좋으나 실제로는 윤활유의 유막 두께, 기어의 치수 오차, 중심거리의 변동, 열팽창, 부하의 의한 이의 변형, 축의 변형 등을 고려하여 물림 상태에서 이의 뒷면에 그림 15－17과 같이 적당한 틈새, 즉 잇면의 놀음 또는 뒤틈(back lash : C_n) 또는 백 래시를 허용하지 않으면 원할한 전동을 할 수 없다.

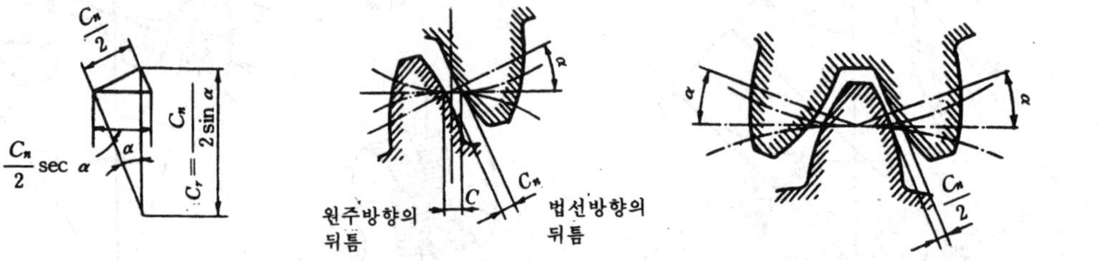

그림 15－17. 뒤틈

(1) 뒤틈을 주는 이유

① 치형 오차, 피치 오차, 편심(이와 축의 처짐) 가공 오차

② 중하중(重荷重), 고속 회전으로 발열되어 팽창

③ 윤활을 위한 잇면 사이의 유막 두께

(2) 뒤틈을 주는 방법

뒤틈을 주는 방법에는 전위 기어를 제작하여 다음의 2가지 방법에 의한다.

① 중심 거리를 반지름 방향의 길이만큼 크게(또는 연장)하는 방법

그림 15－17과 같이 뒤틈은 잇면의 수직인 접촉선상에서 측정한 틈새의 길이로써 표시된다.

C : 피치 원주 위의 뒤틈 길이(mm), c_n : 법선 방향의 뒤틈 길이(mm)

c_r : 반지름 방향의 길이(mm), β : 헬리컬 기어의 나선각, α_s : 정면 압력각일 때

$$C = \frac{C_n}{\cos\alpha}\text{(스퍼 기어)} = \frac{C_n}{\cos\alpha_s \cos\beta}\text{(헬리컬 기어)} \quad (15-20)$$

$$C_r = \frac{C_n}{2\sin\alpha} \quad (15-21)$$

＊ 설계상 주의

① 뒤틈의 크기는 절삭된 기어의 피치 오차에 의하여 좌우되는 동시에 여러 가지 요소에 의하여 영향을 받으므로 뒤틈을 이론적으로 구하는 것은 거의 불가능하다.

② 법선 방향의 뒤틈은 $C_n = (0.03 \sim 0.05)$m으로 한다. 단, 이 값은 $m = 2.5 \sim 25$의 범위에서 피치 원주 속도가 7.5m/s 이하의 경우에 적용되며, $m = 2.5$ 이하 또는 원주 속도가 7.5m/s 이상의 경우에는 위 식에서 구한 값보다 크게 한다.

③ 잇면 높이는 너무 크면 소음과 진동이 크므로 필요 이상으로 크게 하지 않는다.

② 기어의 이두께를 작게(또는 얇게)하는 방법

기어의 이두께를 작게 하려면 부(—)로 전위하면 된다. 그리고 이끝 틈새 계수 $k=0.25$, 공구, 압력각 α일 때, 전위 계수(15-3. 3항 참조)는 다음과 같다.

$$x_1 = \frac{k_1}{2\cos\alpha_c}, \quad x_2 = \frac{k_2}{2\cos\alpha_c} \qquad (15-22)$$

＊ 설계상 주의

① 바깥지름을 그대로 하면, 양 기어의 이높이와 이끝부가 그 만큼 증가하게 된다.

② 양 기어의 잇수가 상당히 많을 때에는 $k_1=k_2$로 하고, 피니언의 잇수가 적고, 기어의 잇수가 많을 때에는 $k_1=0$, $k_2=k$로 하여 기어의 이두께만을 얇게 한다.

③ 속도비가 클 때에는 큰 기어의 이두께 만을 감하고, 속도비가 1에 가까울 때는 양쪽의 이두께를 같이 얇게 한다.

5. 이(齒)의 간섭과 언더컷

앞에서와 같이 한 쌍의 치형의 접촉점은 항상 작용선상에 있어야 하고, 이의 물림도 작용선 위에서 이루어져야 한다.

[1] 이의 간섭

그림 15-18에서 한 쌍의 기어를 물려서 회전시킬 때, 피니언의 잇수가 최소 잇수보다 작을 때나 잇수비가 클 때, 한쪽 기어의 이끝이 상대 쪽 이뿌리에 부딪쳐서 이를 파고드는 데 이러한 현상을 이의 간섭(干涉 : interference of tooth)이라 한다.

그림 15-18 (b)에서 간섭이 일어나는 큰 기어의 이끝원이 접점 N_1을 넘어서 N_1 점의 바깥쪽을 통과할 때이고, N_1점을 통과하는 경우가 간섭이 일어나지 않는 극한 점이 된다. 이 한계점 N_1 또는 N_2를 기어의 간섭점(interference point)이라고 한다.

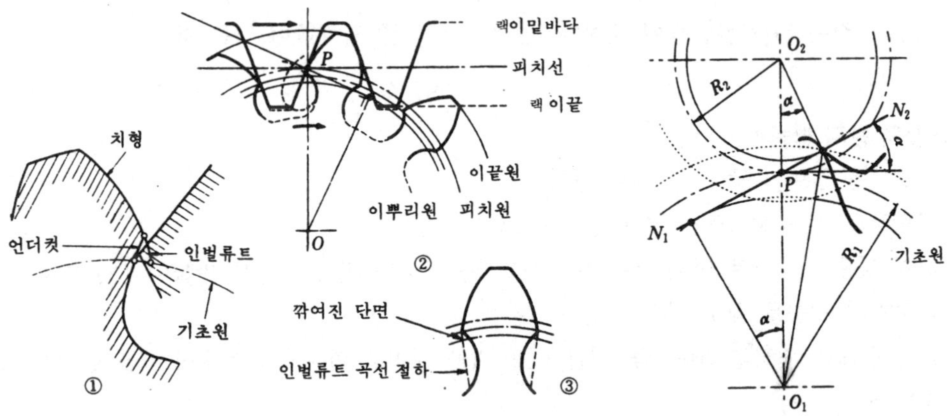

(a) 이의 간섭 (b) 간섭점

그림 15-18. 이의 간섭과 간섭점

[2] 언더컷

랙 공구나 호브로 기어를 창성할 때에 간섭이 생겨 두 면 기어의 이뿌리를 깎아내어 좁아지게 되는 것을 언더컷(under cut) 또는 절하(切下)라 한다(그림 15－19). 언더컷이 생기면 이뿌리 두께가 가늘게 되어 강도가 저하하고, 전동이 원활하지 못하다.

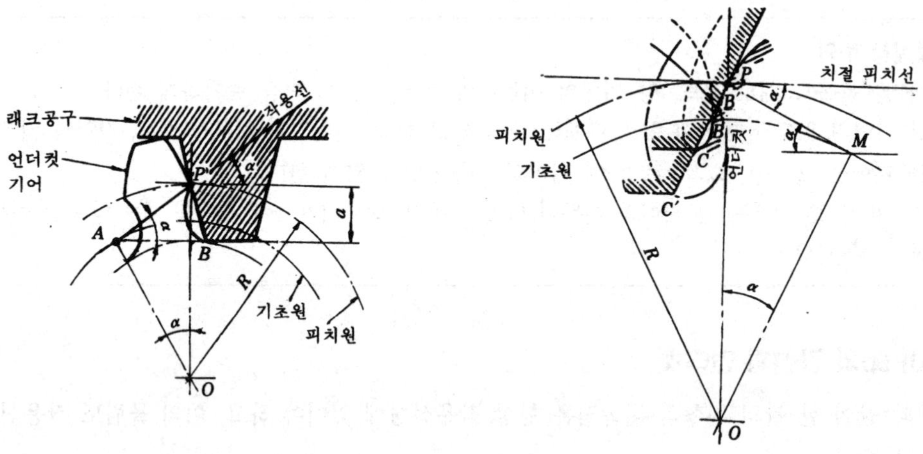

(a) 이의 언더컷 (b) 언더컷의 발생

그림 15－19. 언더컷

(1) 언더컷의 발생

기어를 절삭할 때 그림 15－19 (b)와 같이 공구의 끝이 C를 넘어서 C' 점까지 이동 하게 되면 C' 점이 긋는 트로코이드는 인벌류트의 뿌리의 부분과 간섭하여 이부분을 깎여 나가게 하고, 언더컷이 생긴다.

① 잇수가 적을 때와 양쪽의 잇수비가 클 때
② 피니언의 잇수가 아주 적을 때
③ 피니언과 기어의 잇수비(Z_2/Z_1)가 극히 클 때
④ 한계잇수(Z_g)보다 작을 때
⑤ 잇수가 적은 피니언과 랙이 맞물릴 때
⑥ 압력각이 작을 때

(2) 인더컷의 방지 방법

① 이높이를 줄여서 낮은이로 제작한다.
② 압력각을 증가(20° 또는 그 이상으로 크게)시킨다
③ 한계 잇수 이상으로 만들거나 낮은 이의 사용 또는 전위 기어를 만들어 사용한다.
④ 피니언의 잇수를 최소 잇수로 한다.
⑤ 치형에 대한 수정을 한다. 즉, 이끝 면을 깎아 내거나 피니언의 이뿌리 면을 반지름 방향으로 파낸다.

6. 한계 잇수

랙 공구로 기어의 이를 절삭할 때, 언더컷 방지를 위한 한계 잇수(Z_g)를 알아본다.

(1) 피니언(작은 기어 : Z_1)

그림 15-20에서 간섭이 일어나는 것은 랙의 이끝선 AB가 기어의 기초원상의 작용선 접점 A를 통과하는 경우가 한계가 되고, 다음의 관계가 있다.

a : 이끝 높이(mm), R : 피치원 반지름(mm), P : 피치점일 때

$$\overline{Pb} = \overline{Pa}\sin\alpha = \overline{OP}\sin\alpha\ \sin\alpha = \overline{OP}\sin^2\alpha = R\sin^2\alpha = a \qquad ①$$

언더컷을 일으키는 한계는 압력각과 기어의 잇수에 관계되므로, $D=mZ$에서 Z 대신 Z_g로 할 때 $2R=mZ_g$이므로, $R=\dfrac{mZ_g}{2}$로 되어 위 관계식 ①에 대입하면 다음과 같이 된다.

$$\frac{mZ_g}{2}\sin^2\alpha = a \qquad (15-23)$$

① 높은 이와 낮은 이의 기어일 때 : 한계 잇수(Z_g)는 위 식에서 다음과 같다.

$$Z_g = \frac{2a}{m\sin^2\alpha} \qquad (15-24)$$

② 보통 이(기준 치형)의 기어일 때 : $a=m$이므로, 위 식에 대입하면 한계 잇수(Z_g : 또는 취소 잇수)는 다음과 같이 된다.

$$Z_g \geq \frac{2}{\sin^2\alpha} = Z_1 \qquad (15-25)$$

표 15-7. 언더컷의 한계 잇수(Z_g)

α	20°	14.5°
이론적	17	32
실용적	14	26

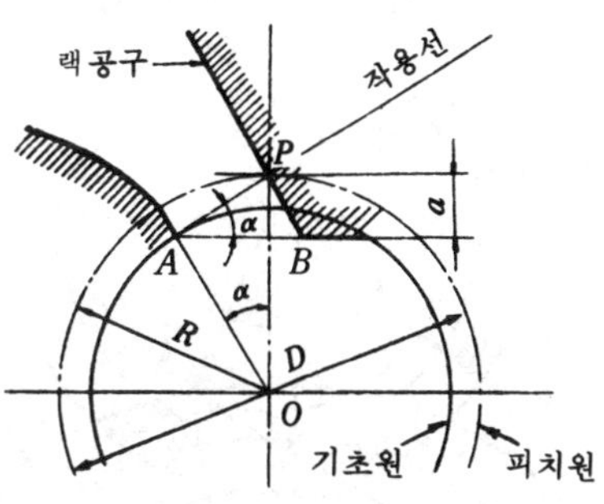

그림 15-20. 치형의 간섭과 한계 잇수

＊ 설계상 주의

① 랙과 물리는 피니언의 잇수가 Z_g의 잇수보다 크면 간섭은 일어나지 않는다. 그러나 $Z < Z_g$일 때는 언더컷이 발생한다.

② 공구 압력각 $\alpha=14.5°$와 $\alpha=20°$의 경우에 대하여 계산하면 표 15-7과 같이 각 압력에 대하여 최소 잇수는 이론적으로 $Z_g=32$개, $Z_g=17$개가 된다.

③ 압력각 14.5°에서는 32매, 20°에서는 17매 이하에서 간섭이 생기게 된다.

④ 실제로서는 약간의 언더컷은 관계없으나 실용상 14.5°에서 26개, 26°에서 14개 까지로 되어 있다.

⑤ 한계 잇수를 계산한 값에서 소숫점 이하를 올린 값이 언더 컷을 일으키지 않는 값이 된다.

(2) 기어(큰 기어 : Z_2)

한 쌍이 물고 돌아가는 기어의 간섭은 작은 기어의 이뿌리 면에서 일어나므로 다음 식으로 간섭을 일으키지 않은 큰 기어의 잇수를 선정할 수가 있다.

그림 15－21에서 이끝원과 작용선과의 교점이 간섭점과 일치하는 곳이므로 △ $O_2N_1N_2$에서 다음과 같이 나타낼 수 있다.

$$\left.\begin{aligned}(R_2+a)^2 &= R_2{}^2\cos+(R_1\sin\alpha+R_2\sin\alpha)^2\\ &= R_1{}^2\sin^2\alpha+R_2{}^2+2R_1R_2\sin^2\alpha\end{aligned}\right\}\qquad ①$$

위 식에서 $R_1=\dfrac{mZ_1}{2}$, $R_2=\dfrac{mZ_2}{2}$ 이므로, 이것들을 위 식에 대입하면 다음과 같다.

$$Z_2=\frac{m^2Z_1{}^2\sin^2\alpha-4a^2}{2m(2a-mZ_1\sin^2\alpha)}\qquad ②$$

위 식은 높은 이와 낮은 이에 대한 한계 잇수이고, 표준 기어에서는 $a=m$ 이므로 위 식에 대입하면 큰 기어의 한계 잇수(Z_2)는 다음과 같이 된다.

$$\left.\begin{aligned}Z_2 &\leqq \frac{Z_1{}^2\sin^2\alpha-4}{4-2Z_1\sin^2\alpha}(\alpha=14.5°)\\ &\leqq \frac{0.117Z_1{}^2-4}{4-0.234Z_1{}^2}(\alpha=20°)\end{aligned}\right\}\qquad (15-26)$$

표 15－8은 한계 잇수를 속도비와 압력각의 크기에 따라 구분하여 나타낸 것이다.

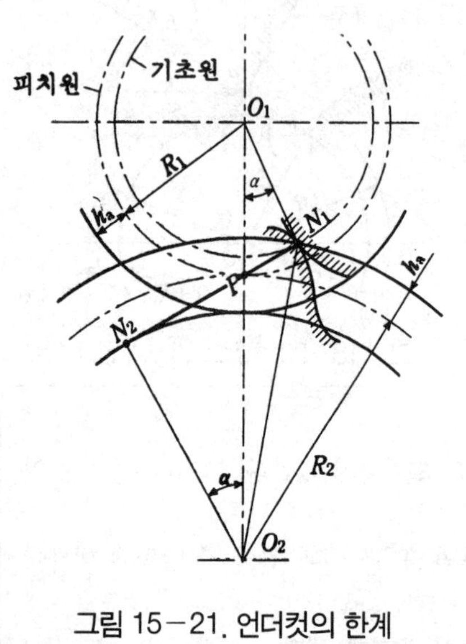

그림 15－21. 언더컷의 한계

표 15－8. 피니언의 한계 잇수

속도비 i	피니언 최소 잇수 Z_1		속도비 i	피니언 최소 잇수 Z_1	
	α			α	
	14.5°	20°		14.5°	20°
1 : 1	21	12	1 : 3.1	26	16
1 : 1.2	22	13	1 : 4.1	27	16
1 : 1.4	23	14	1 : 6.9	28	17
1 : 1.8	24	14	1 : 16	29	17
1 : 2.3	25	15	래크	30	17

예제 15-9 $m=8$, $\alpha=20°$, $Z_1=20$, $Z_2=26$인 스퍼 기어의 다음을 구하여라.

(1) 물림 길이(S)　　(2) 물림률(ε)

Solution

(1) $D_1=Z_1m=20\times8=160$(mm)

$D_2=Z_2m=26\times8=208$(mm)

$a_1=a_2=m=8$(mm)

$$S_a=\sqrt{\left(\frac{D_2}{2}+a_2\right)^2-\left(\frac{D_2}{2}\cos\alpha\right)^2}-\frac{D_2}{2}\sin\alpha$$

$$=\sqrt{\left(\frac{208}{2}+8\right)^2-\left(\frac{208}{2}\cos20°\right)^2}-\frac{208}{2}\times\sin20°=19.1\text{(mm)}$$

$$S_r=\sqrt{\left(\frac{D_1}{2}+a_2\right)^2-\left(\frac{D_1}{2}\cos\alpha\right)^2}-\frac{D_1}{2}\sin\alpha$$

$$=\sqrt{\left(\frac{160}{2}+8\right)^2-\left(\frac{160}{2}\cos20°\right)^2}-\frac{160}{2}\times\sin20°=18.4\text{(mm)}$$

$$\therefore S=S_a+S_r=19.1+18.4=37.5\text{(mm)}$$

(2) 방법 ① $p_n=\pi m\cos\alpha=\pi\times8\times\cos20°=23.6$(mm)

$$\therefore \varepsilon=\frac{S}{p_n}=\frac{37.5}{23.6}\fallingdotseq1.59$$

방법 ②

$$\varepsilon(Z_1)=\frac{\sqrt{\left(\frac{Z_1+2}{2}\right)^2-\left(\frac{Z_1\cos\alpha}{2}\right)^2}-\frac{Z_1}{2}\sin\alpha}{\pi\cos\alpha}$$

$$=\frac{\sqrt{\left(\frac{20+2}{2}\right)^2-\left(\frac{20\cos20°}{2}\right)^2}-\frac{20}{2}\sin20°}{\pi\times\cos20°}=0.78$$

$$\varepsilon(Z_2)=\frac{\sqrt{\left(\frac{Z_2+2}{2}\right)^2-\left(\frac{Z_2\cos\alpha}{2}\right)^2}-\frac{Z_2}{2}\sin\alpha}{\pi\cos\alpha}$$

$$=\frac{\sqrt{(14)^2-\left(\frac{26\times0.9397}{2}\right)^2}-13\times0.3420}{\pi\times0.9397}=0.81$$

$$\therefore\varepsilon=\varepsilon(Z_1)+\varepsilon(Z_2)=0.78+0.81=1.59$$

예제 15-10 압력각 20° 인 치형의 이끝 높이 $a=1.2$m인 높은이와 $a=0.8$m인 낮은이의 경우, 표준이($\alpha=20°$, $\alpha=14.5$일 때)에 대하여 래크 공구를 사용하여 절삭할 때, 언더컷을 일으키지 않는 한계 잇수를 구하여라.

Solution

(1) 높은이 : $Z_g=\dfrac{2a}{m\sin^2\alpha}=\dfrac{2\times1.2m}{m\times\sin^2 20°}=20.5\fallingdotseq21$(매)

(2) 낮은이 : $Z_g=\dfrac{2a}{m\sin^2\alpha}=\dfrac{2\times0.8m}{m\times\sin^2 20°}=13.7\fallingdotseq14$(매)

(3) 표준이 : $Z_g=\dfrac{2}{\sin^2\alpha}=\dfrac{2}{\sin^2 20°}=17$(매)

$$Z_g=\frac{2}{\sin^2\alpha}=\frac{2}{\sin^2 14.5°}=32\text{(매)}$$

15-3 전위 기어의 설계

1. 일반 사항

[1] 표준 기어

기준 랙 공구를 이용하여, 그림 15−22와 같이 기준 랙 모양 공구의 표준 피치선과 기어의 기준 피치원을 피치점에서 서로 구름 운동을 하도록 하면, 이두께가 원주 피치의 1/2인 기어가 창성되는 데, 이 기어를 **표준 기어**(standard gear)라 한다.

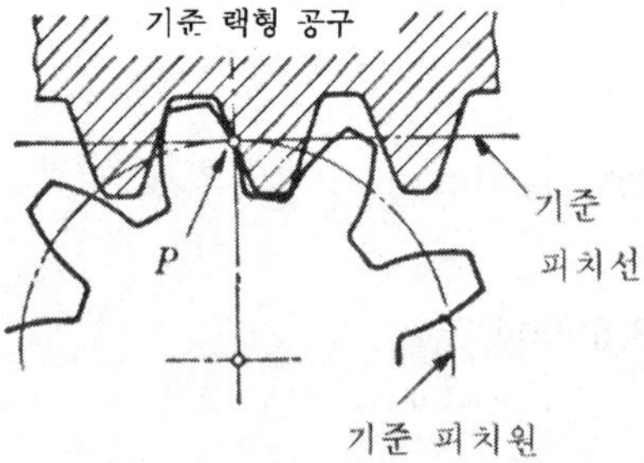

그림 15−22. 표준 기어

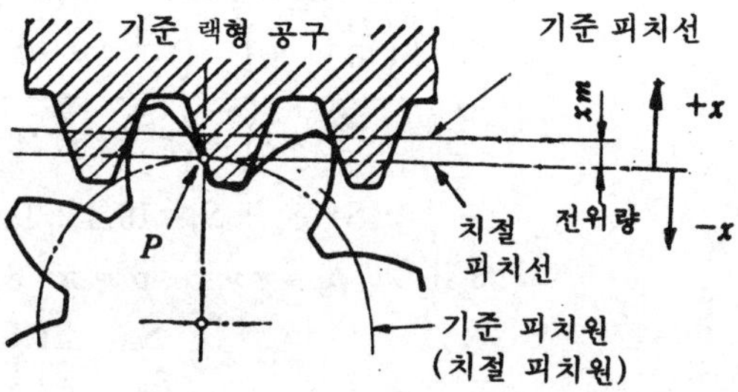

그림 15−23. 전위 기어

[2] 전위(轉位) 기어

그림 15−23과 같이 기준 랙 공구의 기준 피치선을 기어의 기준 피치원보다 위로 xm(전위량)만큼 이동시켜 절삭된 기어를 **전위 기어**(profile shifted gear)라 한다.

(1) 특 성

① 기어의 중심 거리를 자유로 변경할 수 있다.
② 표준 기어에서 언더 컷된 잇수라도 전위에 의해 피할 수가 있다.
③ 모듈에 비하여 강한 이가 얻어지고, 최소 잇수를 극히 적게 할 수 있다.
④ 설계상 기어의 중심 거리가 변경 불가능할 때, 전위량으로 조정할 수 있다.
⑤ 물림률을 증대시키고, 공구의 종류가 적어도 된다.
⑥ 교환성이 없게 되고, 계산이 복잡하며, 베어링 압력을 증대시킨다.

(2) 사용 목적

전위 기어는 본래 언더컷을 방지하기 위하여 고안된 것이지만, 그 후 일반 기어에도 적응하게 되어 전위량 xm을 적절하게 선정 하므로서, 다음과 같은 목적에 사용된다.

① 이의 간섭에 따른 언더컷을 방지할 때,
② 이의 강도를 조정하기 위하여 이 두께를 변화시킬 때.
③ 물림률, 미끄럼률을 적당히 취하여 운전 성능을 향상시킬 때.
④ 중심 거리를 그대로 두고, 잇수비를 바꾸고 싶을 때.
⑤ 변환 기어 등에서 이 끝을 예리하게 하고 싶을 때(주로 계기용).

[3] 전위량과 전위 계수

(1) 전위량(轉位量)

KS B 0102 규격에는 "전위 기어에 속하는 기준 랙 치형 공구를 물리는 경우, 기준 랙 공구의 기준 피치선과 기어의 기준 피치원과의 어긋난 거리가 전위량이다."라고 되어 있다.

(2) 전위 계수(轉位 係數)

① 그림 15−24에서 거리 CG가 전위량이고, 기어의 기준 피치원 바깥쪽에 전위된 +전위량과 반대로 랙 중심선이 기어의 피치원에서 안쪽에 떨어져 있는 −전 위량이 있다. 이 전위량은 계산상으로 전위 계수로 표시하는 경우가 많다. 이 때에 랙 공구의 기준 피치와 기어의 피치원과의 어긋난 양은 모듈과 전위 계수 (x)와로 나타낸다. 이 때에 어긋난 거리를 모듈의 함수로 표시하며, xm(전위 계수×모듈 : mm)을 **전위량**(addendum modification)이라 하고, x 를 **전위 계수**(addendum modification coefficient)라 한다.

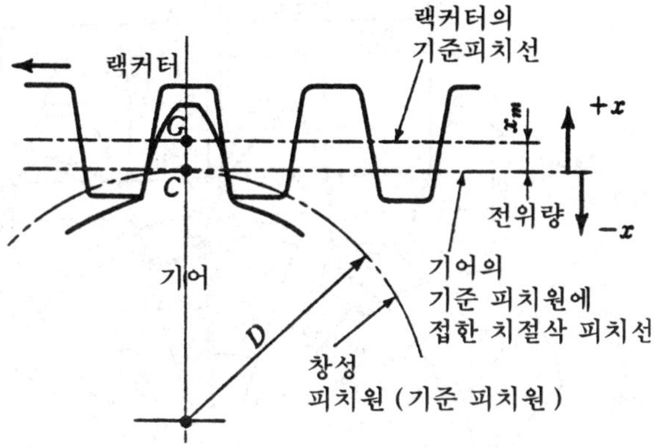

그림 15−24. 전위 기어의 전위량

② 그림 15−24와 같이 랙 공구의 피치선을 치절 피치선보다 어긋나게 치절하고 있는 상태에서 정(正 : +) 전위로 할 때, 랙 공구의 피치선을 반지름 방향으로 멀리할 때로서 이두께가 굵어진다. 부(負 : −) 전위로 할 때는 랙 공구의 피치선을 반지름 방향으로 접근시킬 때로서 이두께가 가늘어진다.

③ x의 값을 적당하게 선택 하므로서 이두께 크기를 임의로 조정할 수 있다.

[4] 공구 압력각과 물림 압력각

전위 기어에서 기준 피치원 압력각은 그대로 **공구**(工具) **압력각**(cutter pressure angle : α)과 같다. 그러나 한 쌍의 전위 기어가 서로 맞물린 상태에서 압력각은 공구 압력각보다 크며, 이것을 **물림 압력각**(operating pressure angle : α_b)이라 한다.

피치점에서의 공구와 물림 압력각과의 관계를 알아내는 것이 설계의 기본이 된다.

2. 각부의 치수(표 15－9 참조)

(1) 기준 피치원의 이두께 $t=\left(\frac{\pi}{2}+2x\tan\alpha\right)m$ (15－27)

(2) 법선 피치(기초원 위의 피치) $p_n=\pi m\cos\alpha$ (15－28)

(3) 기초원 위의 이밀 각 $x=\frac{\pi}{Z}-\frac{4x\tan\alpha}{Z}-2\ \mathrm{inv}\ \alpha$ (15－29)

(4) 기초원 위의 이두께 각 $\delta=\frac{\pi}{Z}+2\ \mathrm{inv}\,\alpha+\frac{4x\tan\alpha}{Z}$ (15－30)

(5) 이의 홈 나비 $\overline{PQ}=\left(\frac{\pi}{2}-2x\tan\alpha\right)m$ (15－31)

표 15－9. 전위 기어의 각부 계산식

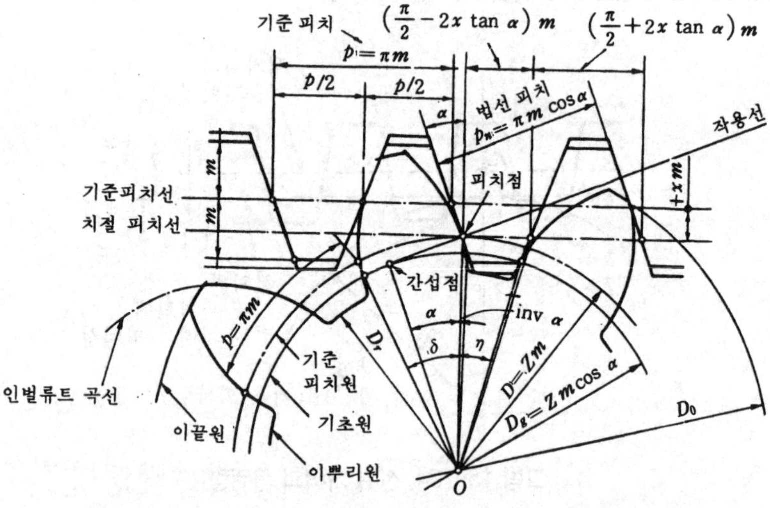

<table>
<tr><th colspan="2">명칭</th><th>공식</th><th>명칭</th><th colspan="2">공식</th></tr>
<tr><td rowspan="4">바깥 지름 (D_o)</td><td rowspan="2">피니언 (D_{01})</td><td rowspan="2">$D_{01}=(Z_1+2)m+2(y-x_2)m$
$=(Z_1+2)m+2x_2m$
$=(Z_1+2)m+2(y-x_2)m+2A_c$</td><td>이뿌리원 지름(D_r)</td><td colspan="2">$D_{r1}=(Z_1-2-2k+2x_1)m$
$D_{r2}=(Z_2-2-2k+2x_2)m$</td></tr>
<tr><td rowspan="2">이끝높이 (a)</td><td colspan="2" rowspan="2">$a_1=(D_{01}-D_1)/2$
$a_2=(D_{02}-D_2)/2$</td></tr>
<tr><td rowspan="2">기어 (D_{02})</td><td rowspan="2">$D_{02}=(Z_1+2)m+2(y-x_1)m$
$=(Z_2+2)m+2x_2m$
$=(Z_2+2)m+2(y-x_1)m+2A_c$</td></tr>
<tr><td>이뿌리 높이(d)</td><td colspan="2">$d_1=H-a_1$
$d_2=H-a_2$</td></tr>
<tr><td colspan="2">피치원 지름 (D)</td><td>$D_1=\frac{2A_fZ_1}{Z_1+Z_2}=\frac{Z_1m\cos\alpha}{\cos\alpha_b}$
$D_2=2A_fD_1=\frac{Z_2m\cos\alpha}{\cos\alpha_b}$</td><td>총 이높이 ($H$)</td><td colspan="2">$H=(2+c)m-(x_1+2_2-y)m$
$=(2+c)m-(x_1+x_2-y)m+Ac$</td></tr>
<tr><td colspan="2">기초원 지름 (D_g)</td><td>$D_{g1}=mZ_1\cos\alpha$
$D_{g2}=mZ_2\cos\alpha$</td><td>중심 거리 (A_f)</td><td colspan="2">$A_f=\frac{D_{01}+D_{02}}{2}-2m=\frac{D_{g1}+D_{g2}}{2\cos\alpha_b}=\frac{(Z_1+Z_2)m}{2}+ym$</td></tr>
</table>

3. 전위 계수

일반 기어에는 언더컷을 방지해야 하므로 전위 계수의 최소값은 언더컷 한계의 전위 계수가 있고, 최대값은 이끝에서의 한계 전위 계수가 있다. 따라서 전위 계수 x 의 값은 어느 범위 내에서 임의로 취할 수 있으므로 그 선택에 있어서는 많은 제안이 있다. 실제의 설계에 있어서 그 기어의 사용 목적과 사용 상태를 고려하여 결정해야 하되, 방법은 다음의 3가지가 있다.

(1) 언더컷 방지의 전위 계수

언더컷을 방지하기 위한 전위 계수는 그림 15-25에서+의 방향(바깥 방향)으로 xm 만큼 전위시킨 경우 랙의 이끝 높이 $\overline{Pb}$ 는 랙의 이끝 높이(m)에서 전위량(xm)을 뺀 길이가 되므로 다음과 같이 된다.

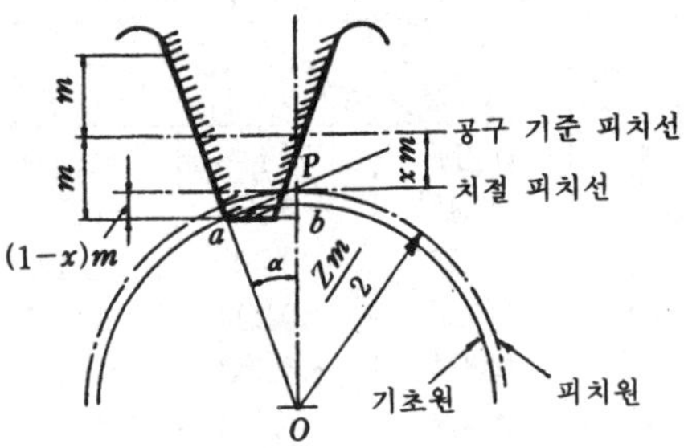

그림 15-25. 언더컷이 생기지 않는 전위

표 15-10. 언더컷 한계 전위 계수

x \ α		20°	15°	14.5°
이론적	$x=1-\frac{Z}{Z_g}$	$x=1-\frac{Z}{17}$	$x=1-\frac{Z}{30}$	$x=1-\frac{Z}{32}$
실용적	$x=\frac{Z_g-Z}{Z_g}$	$x=\frac{14-Z}{17}$	$x=\frac{25-Z}{30}$	$x=\frac{26-Z}{32}$

$$\overline{Pb}=(1-x)m \qquad ①$$

또한, 이끝 높이 $\overline{Pb}$의 길이를 구하기 위해 △ aPO와 △ bPa가 닮은꼴임을 이용하면

$$\overline{Pb}=\overline{OP}\sin^2\alpha=\frac{mZ_g}{2}\sin^2\alpha \qquad ②$$

로 된다. 그리고 언더컷이 발생하지 않으려면 기초원 안쪽에서 기어의 물림이 생기지 않아야 하므로 위 식 ①, ②에서 $(1-x)m\le\frac{mZ_g}{2}\sin^2\alpha$가 성립되어 관계를 정리하면

$$x\ge1-\frac{Z}{2}\sin^2\alpha \qquad ③$$

로 되고, 또한 위 식을 표준 압력각에 적용하면 위 이론식에서 전위 계수(x)는

$$\left.\begin{aligned}x&\ge1-\frac{Z}{Z_g}=1-\frac{Z}{32}\quad(\alpha=14.5°)\\x&\ge1-\frac{Z}{Z_g}=1-\frac{Z}{17}\quad(\alpha=20°)\end{aligned}\right\} \qquad (15-32)$$

로 되고, 위 식에 의하여 선정하면 언더컷이 발생하지 않는다.

위 식은 이론적 결과이고, 실용적으로는 한계 잇수가 작으므로 다음과 같이 사용하여도 언더컷이 일어나지 않는다(표 15−10 참조).

$$\left.\begin{aligned} x &\geq 1-\frac{Z_g-Z}{Z_g}=\frac{14-Z}{17}\,(\alpha=20°) \\ x &\geq 1-\frac{Z_g-Z}{Z_g}=\frac{26-Z}{32}\,(\alpha=14.5°\ ) \end{aligned}\right\} \qquad (15-33)$$

언더컷을 방지하기 위하여는 x의 값은 큰 쪽이 안전하다. 그리고 기어의 접촉 응력과 미끄럼률을 작게하기 위하여는 큰 것이 유리하다.

표 15−11은 스퍼 기어의 언더컷 방지를 위한 전위 계수의 값을 나타낸 것이다.

표 15−11. 스퍼 기어의 언더컷 방지 전위 계수 x의 값

Z	$\alpha=14.5°$		$\alpha=20°$		Z	$\alpha=14.5°$		$\alpha=20°$	
	$x=1-\frac{Z}{32}$	$x=\frac{26-Z}{32}$	$x=1-\frac{Z}{17}$	$x=\frac{14-Z}{17}$		$x=1-\frac{Z}{32}$	$x=\frac{26-Z}{32}$	$x=1-\frac{Z}{17}$	$x=\frac{14-Z}{17}$
5	0.844	0.656	0.706	0.529	19	0.406	0.219	−0.118	−0.294
6	0.812	0.625	0.647	0.471	20	0.375	0.188	−0.176	−0.353
7	0.781	0.594	0.588	0.412	21	0.344	0.156	−0.235	−0.412
8	0.750	0.562	0.529	0.353	22	0.312	0.125	−0.294	−0.471
9	0.719	0.531	0.471	0.294	23	0.281	0.094	−0.353	−0.529
10	0.688	0.500	0.412	0.235	24	0.250	0.062	−0.412	−0.588
11	0.656	0.469	0.353	0.176	25	0.219	0.031	−0.471	−0.647
12	0.625	0.438	0.294	0.118	26	0.188	0	−0.529	−0.706
13	0.594	0.406	0.235	0.059	27	0.156	−0.031	−0.588	−0.765
14	0.562	0.375	0.176	0	28	0.125	−0.062	−0.647	−0.824
15	0.531	0.344	0.118	−0.059	29	0.094	−0.094	−0.706	−0.882
16	0.500	0.312	0.059	−0.118	30	0.062	−0.125	−0.765	−0.941
17	0.469	0.281	0	−0.176	31	0.031	−0.156	−0.824	−0.000
18	0.438	0.250	−0.059	−0.235	32	0	−0.188	−0.882	

＊ 설계상 주의

① 접촉 응력 및 미끄럼 률을 작게 하기 위해서는 될수록 x의 값을 크게 하는 것이 안전하므로, 식 (15−32)의 이론 한계를 기준으로 설계하는 것이 좋다.

② 일반의 기어에서 x 값은 위래의 식에서 구한 값보다 약간 크게 하는 것이 좋다.

③ 언더컷을 방지하려면 래크의 이끝선이 피니언의 기초원 바깥에 있어야 한다.

(2) 중심 거리를 표준 기어의 값과 같게하는 전위 계수

이것은 가장 간단하게 전위 계수를 선택하는 방법이다.

① 기어에서 피니언에+전위 계수를 주고, 기어에 같은 크기의−전위 계수를 주면 피니언쪽의 이끝 높이는 크고, 기어의 이끝 높이는 작게 된다.

② ①의 경우 $x_2=-x_1,\ \alpha_b=\alpha,\ y=0$로 되어 $A=\frac{(Z_1+Z_2)}{2}m$이므로, 중심 거리 (A)는 표준 기어의 것과 같아진다. 그러므로 피니언의 이뿌리에서 언더컷이 방지되므로 널리 쓰인다.

*** 설계상 주의**

① 간단히 전위 계수를 선택할 수 있고, 전위 기어와 같이 복잡한 계산이 필요 없다.

② 중심 거리가 공작에 편리한 값으로 되고, 물림률도 일반적으로 크게 된다.

③ 두 기어에 언더컷 방지를 위한 이론적 조건은 $Z_1+Z_2\geq 34(\alpha=20°)$, $Z_1+Z_2\geq 64(\alpha=14.5°)$, 실용적 조건은 $Z_1+Z_2\geq 28(\alpha=20°)$, $Z_1+Z_2\geq 52(\alpha=14.5°)$ 로 할 필요가 있다.

(3) 메리트의 전위 계수

공구 압력각 $\alpha=20°$이고, 전위 계수 $x_1=x_2=0.5$로서, 잇수 10 이상의 일반 기계용 기어에 많이 사용된다. 이것은 영국의 메리트(Merrit)씨 고안에 의한 것으로서 영국 규격(BS)의 방법에 규정된 것이다.

① $Z_1+Z_2\geq 60$인 경우(중심 거리 불변)

피니언(x_1)과 기어(x_2)의 전위 계수는 다음과 같이 구한다.

$$\left.\begin{aligned} x_1&=0.02(30-Z_1) \quad ① \\ &=0.4\left(1-\frac{Z_1}{Z_2}\right) \quad ② \\ x_2&=-x_1=-\left(x_1+\frac{C_n}{2\sin\alpha}\right) \end{aligned}\right\} \tag{15-34}$$

*** 설계상 주의**

① 위 식 ①, ②에서 큰 값을 취하고, $x_2=-x_1$으로 할 때 중심 거리 증가 계수 $y=0$이 되어 중심 거리의 변동이 없게 된다. 단, 계산된 피니언의 전위 계수 x_1의 값 범위는 $0\leq x_1\leq=0.4$이어야 한다.

② 기어를 전위하면 기어의 지름이 변하는데+전위를 하면 지름이 크게되고, −전위를 하면 지름은 작게 된다.

③ 피니언을 x_1 전위하였을 때 상대 기어에 $x_2=-x_1$의 값의 −전위를 하면 $\alpha=\alpha_b$이고, 중심 거리 증가 계수 $y=0$이 되어 압력각과 중심 거리가 불변하므로 표준 기어와 같게 된다.

② $Z_1+Z_2<60$인 경우(중심 거리 증가)

피니언(x_1)과 기어(x_2)의 전위 계수는 다음과 같이 구한다.

$$\left.\begin{aligned} x_1&=0.02(30-Z_1) \\ x_2&=0.02(30-Z_2) \end{aligned}\right\} \tag{15-35}$$

＊ 설계상 주의

a. 위 ②항의 경우에는 중심 거리 증가 계수 y를 구하여야 된다.

b. 위 두 식을 더하면 $x_1+x_2>0$이 되어 중심 거리가 증가하는 조건($y>0$)이 된다. 단, 계산된 피니언의 x 값은 어느 경우에도 $0 \leq x_1 \leq 0.4$이어야 한다.

c. 식 (15−34)의 경우는 $y=0$ 이므로 계산이 간단하고, 식 (15−35)의 경우는 $x_1+x_2=0.02(60-Z_1-Z_2) \neq 0$ 이므로 $y \neq 0$ 이고, 계산이 복잡하므로 그림 15−30과 그림 15−31의 선도를 이용하는 것이 좋다.

4. 인벌류트 함수

그림 15−26과 같이 기어의 기초원상의 Q_1에서 뻗어나간 인벌류트 곡선 Q_1, Q_2 위의 임의 점 Q를 잡고, Q에서 기초원에 접선 QT를 그리면 $\angle TOQ=\alpha$ (rad)와 $\angle Q_1OQ=\phi$(rad)가 된다. 또한, $\overline{OT}\tan\alpha=\overline{QT}=\widehat{Q_1T}=\widehat{OT}(\phi+\alpha)$이고, 인벌류트의 성질에서 $\overline{TQ}$는 기초원 위의 원호 $\widehat{TQ_1}$과 같으므로 $\overline{TQ}=R_g(\alpha+\phi)$로 되고, 그리고 직삼각형 QTO에서 $\overline{TQ}$는 $R_g\tan\alpha$가 되며 $R_g\tan\alpha=R_g(\alpha+\phi)$로 됨을 알 수 있다. 고로 공구 압력각 α의 **인벌류트 함수**(ϕ)는 다음과 같이 나타낸다.

$$\phi=\tan\alpha-\alpha=\text{inv}\,\alpha \tag{15-36}$$

위 식에서 각 ϕ를 각 α의 **인벌류트 함수**(函數)(involute function)라 하고, inv α (α는 rad)로 표시하며, 이것은 부표 3에 표시되어 있다.

인벌류트 함수는 기어의 설계나 기어의 이(齒)에 대한 임의 점의 이두께 측정 등의 계산에 사용된다.

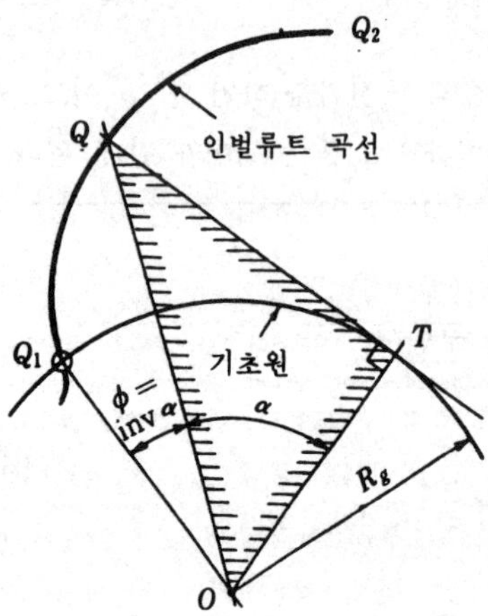

그림 15−26. 인벌류트 곡선

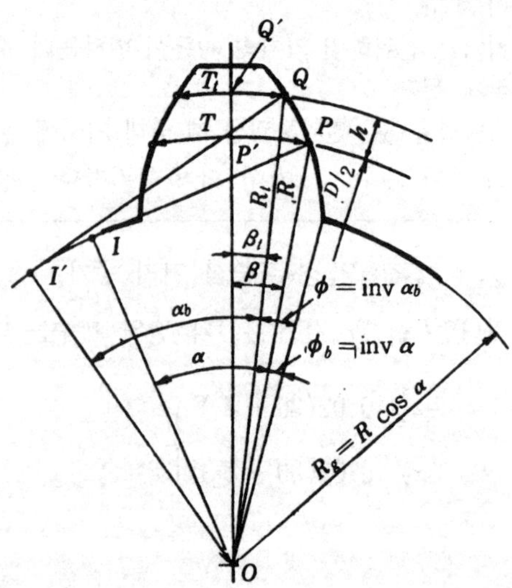

그림 15−27. 기어의 임의점 상의 이두께

5. 이두께 측정식

(1) 원호 이두께

그림 15−27에서 기어의 기초원을 알고 있는 인벌류트 치형이 있을 때 반지름 R의 원을 따라 측정한 이두께 T를 기어 마이크로미터로 측정하여 미리 알고 있다면 R_t 반지름 위의 원호 이두께 T_t를 구할 수 있다.

그림 15−27에서 $\frac{T}{2}=\beta R$, $\frac{T_1}{2}=\beta_t R_t$이므로, $\frac{T}{2R}-\frac{T_1}{2R_t}=\beta_t-\beta_1=ø_b-ø=\text{inv}\,\alpha_b-\text{inv}\,\alpha$로 되고, 원호 이 두께($T_t$)는

$$T_t=2R_t\left(\frac{T}{2R}+\text{inv}\alpha-\text{inv}\,\alpha_b\right) \tag{15-37}$$

로 되고, 또한 기초원 반지름(R_g)과 물림 압력각(α_b)은

$$R_g=R\cos\alpha \tag{15-38}$$

$$\alpha_b=\cos^{-1}\frac{R_g}{R_t}=\cos^{-1}\frac{R\cos\alpha}{R_t} \tag{15-39}$$

로 된다. 위 식에서 피치원 반지름 $R=R_g/\cos\alpha$를 이용하여 $\cos\alpha$와 $\cos\alpha_b$를 구하고, 인벌류트 함수표에서 α, α_b에 대한 inv α와 inv α_b를 구하여 T_t를 계산한다.

(2) 이끝 반지름

그림 15−28에서 기어의 임의의 피치원 반지름 R에 대한 이두께 T를 알고 있을 때, 이 끝이 뾰족하게 될 때의 반지름 R_t를 구할 수 있다.

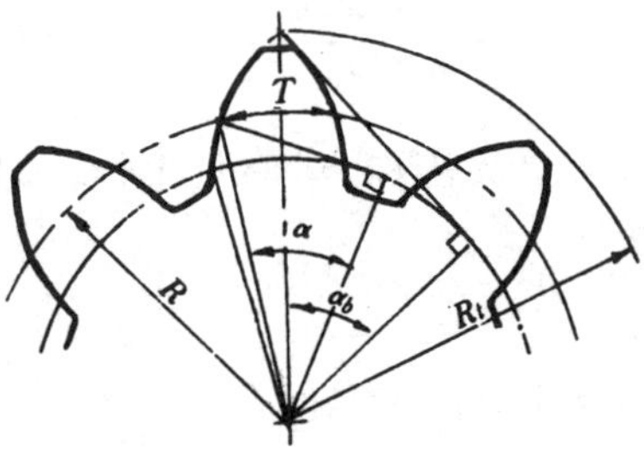

그림 15−28. 이끝이 뾰족하게 되는 반지름

위 식 (15−27)에서 이두께 $T_t=0$ 되면 $\frac{T}{2R}+\text{inv}\alpha-\text{inv}\,\alpha_b=0$가 되므로, $\text{inv}\,\alpha_b=\frac{T}{2R}+\text{inv}\alpha$로 되며, $\text{inv}\,\alpha_b$와 α_b를 구한 후 반지름(R_t)을 다음과 같이 구한다.

$$R_t=\frac{R\cos\alpha}{\cos\alpha_b} \tag{15-40}$$

6. 전위 기어의 물림 방정식(물림 압력각)

그림 15－29에서 래크 공구의 치절 피치선은 기어의 치절 피치원과 구름 접촉을 하므로, 치절 피치원상의 이두께는 공구의 치절 피치선상의 이의 홈 나비와 같게 된다.

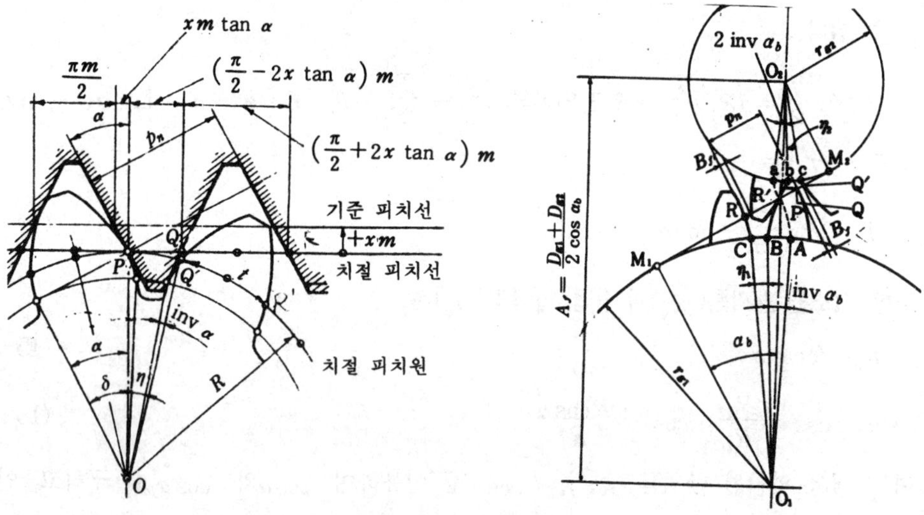

(a) (b)

그림 15－29. 전위 기어의 물림

그림에서 이절삭 피치원의 원호 PQ'의 중심에 대한 각 $\angle POQ'$는 다음과 같다.

$$\angle POQ' = \frac{PQ'}{R} = \frac{(\frac{\pi}{2} - 2x\tan\alpha)m}{mZ/2} = \frac{\pi - 4x\tan\alpha}{Z} \qquad ①$$

η : 기초원상의 이밑각으로서 기초원상의 이홈이 기어의 중심에 대하여 이루는 각

$\text{inv}\alpha$: 공구 압력각일 때

$$\eta = \angle POQ' - 2\,\text{inv}\alpha \qquad ②$$

위 식 ①과 식 ②에서 다음의 관계식이 성립된다.

$$\eta = \frac{\pi}{Z} - \frac{4x\tan\alpha}{Z} - 2\,\text{inv}\alpha \qquad ③$$

위 식 ③은 일반적으로 성립되는 식이므로 한 쌍의 전위 기어에서

$$\eta_1 = \frac{\pi}{Z_1} - 2\,\text{inv}\alpha - \frac{4\tan\alpha}{Z_1}x_1 \qquad ④$$

로 되고, 한편 인벌류트 치형의 성질로부터 법선 피치 p_n, 백 래시 C_n일 때, 그림 15－29(b)에서 법선 피치와 법선 방향 뒤틈 길이의 합 $(p_n + C_n)$은 원호 AC와 원호 ac의 합과 같으므로 다음과 같이 나타낸다.

$$p_n + C_n = \text{원호 } AC + \text{원호 } ac = r_{g1}(\text{각 } AO_1C) + r_{g2}(\text{각 } aO_2c)$$

$$= r_{g1}(\eta_1 + 2\,\mathrm{inv}\,\alpha_b) + r_{g2}(\eta_2 + 2\,\mathrm{inv}\,\alpha_b)$$

$$= \frac{Z_1 p_n}{2\pi}(\eta_1 + 2\,\mathrm{inv}\,\alpha_b) + \frac{Z_2 p_n}{2\pi}(\eta_2 + 2\,\mathrm{inv}\,\alpha_b)$$

$$= \frac{(Z_1 + Z_2)p_n}{\pi}\,\mathrm{inv}\,\alpha_b + \frac{(Z_1\eta_1 + Z_2\eta_2)p_n}{2\pi} \qquad (15-40)$$

위 식에서 $\mathrm{inv}\,\alpha_b$는 물림 압력각으로 정리하면 다음과 같이 된다.

$$\left.\begin{aligned}\mathrm{inv}\,\alpha_b &= \left\{ p_n + C_n - \frac{(Z_1\eta_1 + Z_2\eta_2)\,p_n}{2\pi}\right\} \times \frac{\pi}{(Z_1 + Z_2)\,p_n} \\ &= \frac{1}{Z_1 + Z_2}\left\{\pi\left(1 + \frac{C_n}{p_n}\right) - \frac{Z_1\eta_1 + Z_2\eta_2}{2}\right\}\end{aligned}\right\} \qquad (15-41)$$

위 식에 식 ④와 $p_n = \pi m \cos\alpha$ 를 대입하면 다음과 같은 방정식이 성립된다.

$$\left.\begin{aligned}\mathrm{inv}\,\alpha_b &= 2\tan\alpha\frac{x_1 + x_2}{Z_1 + Z_2} + \mathrm{inv}\,\alpha + \frac{C_n}{m\cos\alpha(Z_1 + Z_2)} \quad ① \\ &= 2\tan\alpha\frac{x_1 + x_2}{Z_1 + Z_2} + \mathrm{inv}\,\alpha\ (\text{백래시 무시할 때}) \quad ②\end{aligned}\right\} \qquad (15-42)$$

이것을 **전위 기어의 물림 방정식**이라 하고, 전위 기어의 기본 설계 공식이 된다. 그리고 위 식을 변형하면 다음과 같이 된다.

$$\frac{\mathrm{inv}\,\alpha_b - \mathrm{inv}\,\alpha}{\tan\alpha} = \frac{2(x_1 + x_2)}{Z_1 + Z_2} \qquad (15-43)$$

위 식의 양변을 **함수** $B(\alpha_b)$ 라 한다. 또한 위 식에서 변형하면 다음과 같이 된다.

$$x_1 + x_2 = \frac{\mathrm{inv}\,\alpha_b - \mathrm{inv}\,\alpha}{2\tan\alpha}(Z_1 + Z_2) \qquad (15-44)$$

7. 전위 기어의 중심 거리

전위 기어의 중심 거리 (A_f)는 표 15−9에서 $A_f = \dfrac{D_{g1} + D_{g2}}{2\cos\alpha_b}$ 로 표시되며, 이 식에서 기초원 지름 $D_{g1} = Z_1 m\cos\alpha$, $D_{g2} = Z_2 m\cos\alpha$ 이므로

$$\left.\begin{aligned}A_f &= \frac{Z_1 m\cos\alpha + Z_2 m\cos\alpha}{2\cos\alpha_b} \\ &= \left(\frac{Z_1 + Z_2}{2}\right)m\frac{\cos\alpha}{\cos\alpha_b}\end{aligned}\right\} \qquad (15-45)$$

로 되어, 위 두 식을 정리하면

$$A_f = \left(\frac{Z_1 + Z_2}{2}\right)m + \frac{Z_1 + Z_2}{2}\left(\frac{\cos\alpha}{\cos\alpha_b} - 1\right)m \qquad (15-46)$$

으로 되고, 위 식에서 $\left(\frac{Z_1+Z_2}{2}\right)m=A$는 표준 스퍼 기어의 중심 거리이고,

$\frac{Z_1+Z_2}{2}\left(\frac{\cos\alpha}{\cos\alpha_b}-1\right)=y$로 놓으면 위 식은 다음과 같이 된다.

$$A_f=A+ym=\left(\frac{Z_1+Z_2}{2}\right)m+ym=\left(\frac{Z_1+Z_2}{2}+y\right)m \tag{15-47}$$

위 식에서 y를 중심 거리 증가 계수라 하고, ym을 중심 거리 증가량이라 한다.

또한 위 식 (15−46)에서 $\left(\frac{\cos\alpha}{\cos\alpha_b}-1\right)=B_v(\alpha_b)$로 놓은 후 y를 나타내면

$$\left.\begin{aligned} y&=\frac{Z_1+Z_2}{2}\left(\frac{\cos\alpha}{\cos\alpha_b}-1\right) \quad ① \\ &=\frac{Z_1+Z_2}{2}B_v(\alpha_b) \quad ② \end{aligned}\right\} \tag{15-48}$$

로 되고, 위 식의 y는 단위 모듈(1m)마다의 중심 거리 변화량을 나타내는 값이며, 그림 15−31에서 찾을 수 있다. 또한, 위 식에서 함수 $B_v(\alpha_b)$는 다음과 같이 구한다.

$$\left.\begin{aligned} B_v(\alpha_b)&=\left(\frac{\cos\alpha}{\cos\alpha_b}-1\right) \quad ① \\ &=\frac{B(\alpha_b)}{\sqrt[4]{1+28.6\,B(\alpha_b)}}\ (\alpha=14.5°) \quad ② \\ &=\frac{B(\alpha_b)}{\sqrt[4]{1+13\,B(\alpha_b)}}\ (\alpha=20°) \quad ③ \end{aligned}\right\} \tag{15-49}$$

위 식에서 함수 $B(\alpha_b)$는 다음과 같이 구한다.

$$\left.\begin{aligned} B(\alpha_b)&=\frac{\mathrm{inv}\,\alpha_b-\mathrm{inv}\alpha}{\tan\alpha} \quad ① \\ &=\frac{2(x_1+x_2)}{Z_1+Z_2} \quad ② \\ &=B_v(\alpha_b)\sqrt{1+13.6\,B_v(\alpha_b)}\ (\alpha=14.5°) \quad ③ \\ &=B_v(\alpha_b)\sqrt{1+7\,B_v(\alpha_b)}\ (\alpha=20°) \quad ④ \end{aligned}\right\} \tag{15-50}$$

함수 $B(\alpha_b)$와 $B_v(\alpha_b)$의 값은 기본 식에서 α를 구하여 다음에 y의 식에 대입하는 대신에 부표에서 $B(\alpha_b)$를 구하고, 이에 대응하는 $B(\alpha_b)$와 $B_v(\alpha_b)$를 구하면 된다.

만일, 백래시(뒤틈) C_n을 주면 C_n을 주기 위한 중심 거리 증가량 (A_c)은

$$A_c=\frac{C_n}{2\sin\alpha_b} \tag{15-51}$$

로 구하고, 백 래시를 고려한 전위 기어의 중심 거리 (A_f)는 다음과 같이 된다.

$$A_f = \left(\frac{Z_1+Z_2}{2}\right)m + ym = \left(\frac{Z_1+Z_2}{2} + y\right)m(\text{백래시 무시}) \quad ①$$
$$= \left(\frac{Z_1+Z_2}{2}\right)m + ym + \frac{C_n}{2\sin\alpha_b}(\text{백래시 고려}) \quad ② \qquad (15-52)$$

*** 설계상 주의**

① 일반적으로 공구 압력각 α와 Z_1, Z_2가 주어지고, x_1, x_2의 값이 결정되면 물림 압력각 α_b를 식 (15−42)로부터 계산한다. 이 때 인벌류트 함수표를 사용한다.

② α_b가 구해지면 y를 계산하고, 최종적으로 중심 거리를 산출한다.

③ α_b와 y를 구할 때 그림 15−30과 그림 15−31을 사용하면 편리하다.

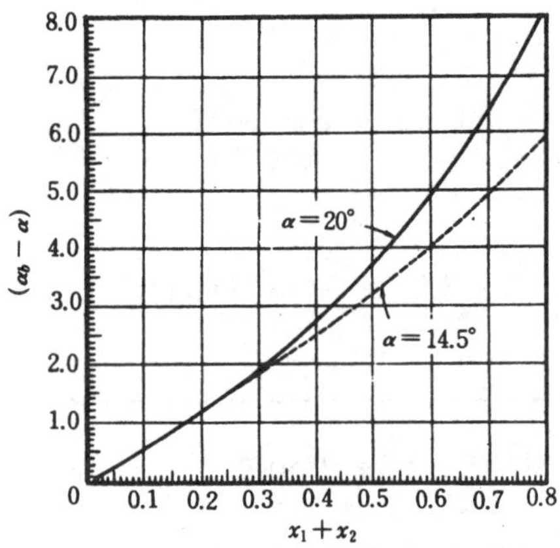

그림 15−30. (x_1+x_2)에서 α_b를 계산
(전위 계수의 합에서 맞물림 압력각을 구하는 선도)

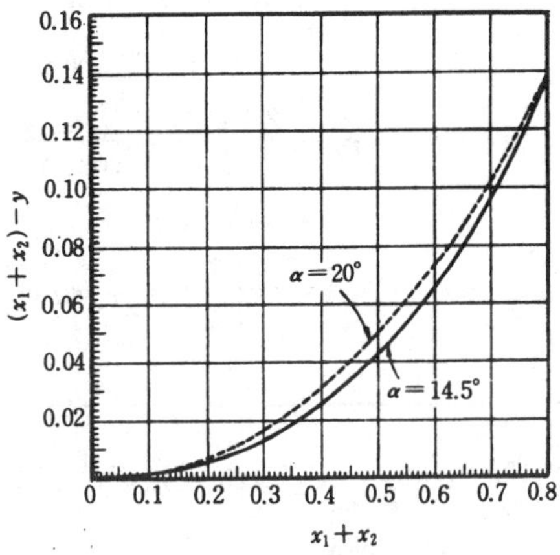

그림 15−31. y를 계산
(전위 계수의 합에서 중심거리 증가 계수를 구하는 선도)

예제 15 − 11 $Z_1 = 10, Z_2 = 27$을 갖는 스퍼 기어의 전위 계수를 구하여라.

(1) 언더컷 방지를 위한 전위 계수 ($\alpha=14.5°$ 와 $\alpha=20°$ 일 때)

(2) 메리트의 전위 계수 ($\alpha=20°$)

Solution (1) 한계 잇수(Z_g)는 표 15−10에서 $Z_g=32(\alpha=14.5°)$, $Z_g=17(\alpha=20°)$ 이므로

$$x=1-\frac{Z_1}{Z_g}=1-\frac{10}{32}=0.6875(\alpha=14.5°\text{ 일 때})$$

$$x=1-\frac{Z_2}{Z_g}=1-\frac{27}{17}=-0.588(\alpha=20°\text{ 일 때})$$

(2) $Z_1+Z_2=10+27=37<60$이므로

$$x_1=0.02(30-Z_1)=0.02(30-10)=0.4$$

$$x_2=0.02(30-Z_2)=0.02(30-27)=0.06$$

예제 15－12 $Z_1=10$, $Z_2=27$, $m=3$인 전위 스퍼 기어의 다음을 구하여라. 단, $\alpha=14.5°$, $C_n=0$, $\text{inv}\ 14.5°=0.005545$이다

(1) 중심 거리 증가량 (ym)　　　　(2) 중심 거리 (A_f)

Solution

(1) $x_1=1-\dfrac{Z_1}{Z_g}=1-\dfrac{10}{32}=0.638$

$x_2=1-\dfrac{Z_2}{Z_g}=1-\dfrac{27}{32}=0.157$

$\text{inv}\ \alpha_b=\text{inv}\ \alpha+2\tan\ \alpha\dfrac{\chi_1+\chi_2}{Z_1+Z_2}$

$=\text{inv}\ 14.5°+2\times\tan 14.5°\times\dfrac{0.688+0.157}{10+27}=0.017359$

$\therefore\ \alpha_b=21(°)$(부표에서)

$\therefore\ ym=\dfrac{Z_1+Z_2}{2}(\dfrac{\cos\ \alpha}{\cos\ \alpha_b}-1)m=\dfrac{10+27}{2}(\dfrac{\cos\ 14.5°}{\cos\ 21°}-1)\times 3$

$=2.109(\text{mm})$

(2) $A_f=(\dfrac{Z_1+Z_2}{2})m+ym=(\dfrac{10+27}{2})\times 3+2.109=57.6(\text{mm})$

예제 15－13 $\alpha=20°$, $m=3$, $Z_1=12$, $Z_2=24$ 인 전위 기어의 다음을 구하여라.

(1) 전위 계수$(x_1,\ x_2)$　　　　(2) 물림 압력각(α_b)
(3) 중심거리 증가 계수(y)　　　　(4) 중심거리(A_f)
(5) 백래시를 고려한 중심거리(A_f) (단, $C_n=0.15$)

Solution

(1) $\alpha=20°$ 이고, $Z_1+Z_2=12+24=36<60$이므로

$x_1=0.02(30-Z_1)=0.02(30-12)=0.36$

$x_2=0.02(30-Z_2)=0.02(30-24)=0.12$

(2) $\alpha_b=\text{inv}^{-1}[2\tan\alpha\times\dfrac{x_1+x_2}{Z_1+Z_2}+\text{inv}\alpha]$

$=\text{inv}^{-1}[2\times 0.364\times\dfrac{0.48}{36}+0.0149]=23.5(°)$

(3) 방법 ①: $y=\dfrac{Z_1+Z_2}{2}\left(\dfrac{\cos\alpha}{\cos\alpha_b}-1\right)=\dfrac{12+24}{2}\left(\dfrac{\cos 20°}{\cos 23.5°}-1\right)=0.4454$

방법 ②: $B(\alpha_b)=\dfrac{2(x_1+x_2)}{Z_1+Z_2}=\dfrac{2(0.36+0.12)}{12+24}=0.02665$

$B_v(\alpha_b)=\dfrac{B(\alpha_b)}{\sqrt[4]{1+13B(\alpha_b)}}=\dfrac{0.02665}{\sqrt[4]{1+13\times 0.02665}}=0.02468$

$\therefore\ y=\dfrac{Z_1+Z_2}{2}B_v(\alpha_b)=\dfrac{12+24}{2}\times 0.02468=0.44424$

(4) $A_f=\left(\frac{Z_1+Z_2}{2}+y\right)m=\left(\frac{12+24}{2}+0.4577\right)\times 3=55.34\text{(mm)}$

(5) $A_c=\frac{C_n}{2\sin\alpha_b}=\frac{0.15}{2\sin 23.5^\circ}=0.188\text{(mm)}$

$\therefore A_f=\frac{Z_1+Z_2}{2}m+ym+A_c=\left(\frac{12+24}{2}\times 3\right)+(0.44424\times 3)+0.188=55.52\text{(mm)}$

예제 15-14 $Z_1=12,\ Z_2=18,\ m=5,\ \alpha=14.5^\circ$인 전위 기어에 대한 다음을 구하여라.

(1) 함수 $[B(\alpha_b)]$ (2) 물림 압력각(α_b)

Solution

(1) $x_1=1-\frac{Z_1}{Z_g}=1-\frac{12}{32}=+0.625$

$x_2=1-\frac{Z_2}{Z_g}=1-\frac{18}{32}=+0.4375$

$\therefore B(\alpha_b)=\frac{2(x_1+x_2)}{Z_1+Z_2}=\frac{2(0.625+0.4375)}{12+18}=0.00708$

(2) $\alpha_b=\text{inv}^{-1}\left\{\frac{2(x_1+x_2)}{Z_1+Z_2}\tan\alpha+\text{inv}\,\alpha\right\}$

$=\text{inv}^{-1}\left\{\frac{2\times(0.625+0.4375)}{12+18}\times\tan 14.5^\circ+\text{inv}\,14.5^\circ\right\}=23^\circ 20'$

예제 15-15 $m=3,\ Z_1=12,\ Z_2=27$인 전위 기어의 $A_f=61$mm일 때, 다음을 구하여라.

(1) 전위 계수(x_1, x_2) : (단, $\alpha_b=20^\circ$) (2) 전위량(xm)

Solution

(1) 방법 ① : $\text{inv}\,\alpha_b=\text{inv}\,\alpha+2\tan\alpha\frac{x_1+x_2}{Z_1+Z_2}$

$\text{inv}\,\alpha_b=\text{inv}\,20^\circ+2\tan 20^\circ\frac{x_1+x_2}{12+27}$

$\therefore\ x_1+x_2=\frac{(\text{inv}\alpha_b-\text{inv}\alpha)(Z_1+Z_2)}{2\tan 20^\circ}$

$=\frac{(0.032516-0.014904)\times 39}{2\times 0.3640}=0.945$

고로, $Z_2=27$은 언더컷의 염려가 없으므로 $x_2=0$로서 표준이로 하고, $Z_1=12$의 기어만을 전위하면 $x_1=0.945$이다.

방법 ② : $A=\frac{Z_1+Z_2}{2}m=\frac{12+27}{2}\times 3=58.5\text{(mm)}$

$y=\frac{A_f-A}{m}=\frac{61-58.5}{3}=0.83$

$\frac{2y}{Z_1+Z_2}=\frac{2\times 0.83}{12+27}=0.0425=B_v(\alpha_b)$

함수표에서 $B_v(\alpha_b)=0.0425$에 해당되는 $B(\alpha_b)$의 값은 0.0485 이므로

$$B(\alpha_b)=\frac{2(x_1+x_2)}{Z_1+Z_2} \rightarrow x_1+x_2=B(\alpha_b)\frac{Z_1+Z_2}{2}$$

$$\therefore x_1+x_2=0.0485\times\frac{12+27}{2}=0.945$$

고로, $\alpha=20^\circ$ 일 때, 언더컷 한계 잇수는 17이므로 x는 언더컷을 일으킬 염려가 없기 때문에 $x_1=0.945$, $x_2=0$로 한다.

(2) $x_1 m=0.945\times3≒2.835$(mm)

예제 15-16 $Z_1=16$, $Z_2=32$, $\alpha=20^\circ$ 인 전위 기어의 중심 거리 증가 계수를 구하여라.

Solution [1] 계산식을 이용하는 방법

방법 (1) : 식 (15-48) ①을 이용할 때 : 인벌류트 함수표를 이용한다.

$Z_1+Z_2=16+32=48<60$에서

$$x_1=0.02(30-Z_1)=0.02\times(30-16)=+0.28$$

$$x_2=0.02(30-Z_2)=0.02\times(30-32)=-0.04$$

$$\therefore x_1+x_2=0.28-0.04=0.24$$

$$\mathrm{inv}\alpha_b=\mathrm{inv}\alpha+2\tan\alpha\frac{x_1+x_2}{Z_1+Z_2}$$

$$=\mathrm{inv}\,20^\circ+2\times\tan\,20^\circ\times\frac{0.24}{16+32}=0.018539$$

$\therefore \alpha_b=21.45(^\circ)$[부표 3의 인벌류트 함수표에서]

$$\therefore y=\frac{Z_1+Z_2}{2}\left(\frac{\cos\,\alpha}{\cos\,\alpha_b}-1\right)$$

$$=\frac{16+32}{2}\left(\frac{\cos\,20^\circ}{\cos\,21.45^\circ}-1\right)=0.232$$

방법 (2) : 식 (15-48) ②를 이용할 때 : 함수 $B(\alpha_b)$는 다음의 3가지 방법으로 구할 수 있으며, 이것을 y 구하는 공식에 사용한다.

① $$B(\alpha_b)=\frac{\mathrm{inv}\alpha_b-\mathrm{inv}\alpha}{\tan\alpha}=\frac{\mathrm{inv}21.45^\circ-\mathrm{inv}\,20^\circ}{\tan 20^\circ}$$

$$=\frac{0.018539-0.0149}{0.3639}=0.01$$

② $$B(\alpha_b)=\frac{2(x_1+x_2)}{Z_1+Z_2}=\frac{2(0.28-0.04)}{16+32}=0.1$$

③ $$B_v(\alpha_b)=\frac{\cos\,\alpha}{\cos\,\alpha_b}-1=\frac{\cos\,20^\circ}{\cos\,21.45^\circ}-1=0.01$$

[또는 $$B_v(\alpha_b)=\frac{B(\alpha_b)}{\sqrt[4]{1+13B(\alpha_b)}}=\frac{0.01}{\sqrt[4]{1+13\times0.01}}=0.00967$$

$$\therefore B(\alpha_b)=B_v(\alpha_b)\sqrt{1+7B_v(\alpha_b)}$$

$$=0.00967\sqrt{1+7\times0.00967}=0.0099≒0.01$$]

$$\therefore y=\frac{Z_1+Z_2}{2}B_v(\alpha_b)=\frac{16+32}{2}\times0.00967=0.24$$

[2] 선도를 이용하는 방법

방법 (1) : 그림 15－30을 이용할 때

$x_1 + x_2 = 0.24$일 때, $\alpha_b - \alpha \fallingdotseq 1.4^\circ$ 이므로

$\alpha_b = \alpha + 1.4^\circ = 20 + 1.4^\circ = 21.4^\circ$

$$\therefore\ y = \frac{Z_1 + Z_2}{2}\left(\frac{\cos\alpha}{\cos\alpha_b} - 1\right)$$

$$= \frac{16+32}{2}\left(\frac{\cos 20^\circ}{\cos 21.4^\circ} - 1\right) = 0.232$$

방법 (2) : 그림 15－31을 이용할 때

$x_1 + x_2 = 0.24$일 때, 세로축에서 $(x_1 + x_2) - y \fallingdotseq 0.008$이므로

$\therefore\ y = 0.24 - 0.008 = 0.232$

[3] 함수표를 이용하는 방법

$$B(\alpha_b) = \frac{2(x_1 + x_2)}{Z_1 + Z_2} = \frac{2(0.28 - 0.04)}{16 + 32} = 0.01$$

위 값을 부표 5에서 찾으면 약 21.45˚ 이므로

$\alpha_b = 21.45^\circ$

$$\therefore\ y = \frac{Z_1 + Z_2}{2}\left(\frac{\cos\alpha}{\cos\alpha_b} - 1\right)$$

$$= \frac{16+32}{2}\left(\frac{\cos 20^\circ}{\cos 21.45^\circ} - 1\right) = 0.232$$

예제 15－17 인벌류트 치형에서 $\alpha = 20^\circ$, $R = 120\,\text{mm}$, $T = 15.708\,\text{mm}$일 때, $R_t = 127.5\text{mm}$인 곳의 이 두께를 구하고, 이끝이 뾰족하게 될 때의 반지름을 구하여라.

Solution (1) 이두께(T_t)

$R_g = R\cos\alpha = 120 \times \cos 20^\circ = 120 \times 0.9397 = 112.764(\text{mm})$

$\cos\alpha_b = \dfrac{R\cos\alpha}{R_t} = \dfrac{112.764}{127.5} = 0.8841 \quad \therefore\ \alpha_b = 27^\circ 49' 13''$

$\text{inv}\,\alpha = \text{inv}\,20^\circ = 0.014904$(부표 3에서)

$\text{inv}\,\alpha_b = \text{inv}\,27^\circ\ 49'\,13'' = 0.0405$

$$\therefore\ T_t = 2R_t\left(\frac{T}{2R} + \text{inv}\alpha - \text{inv}\,\alpha_b\right)$$

$$= 2 \times 127.5\left(\frac{15.708}{2 \times 120} + 0.014904 - 0.0405\right) = 10.0725(\text{mm})$$

(2) 이 끝이 뾰족하게 될 때의 반지름(R_t)

$\text{inv}\,\alpha_b = \dfrac{T}{2R} + \text{inv}\alpha = \dfrac{15.708}{2 \times 120} + \text{inv}\ 20^\circ = 0.084 \quad \therefore\ \alpha_b = 33.9(^\circ)$

$$\therefore\ R_t = \frac{R\cos\alpha}{\cos\alpha_b} = \frac{120 \times \cos 20^\circ}{\cos 33.9^\circ} = \frac{112.763}{0.8300} = 135.86(\text{mm})$$

예제 15-18 $m=5,\ Z_1=26,\ Z_2=51,\ \alpha=14.5^\circ$ 인 전위 기어에 대한 다음을 구하여라.

(1) 피니언과 기어의 언더컷 상태

(2) 언더컷이 발생 했을 때의 방지 대책

(3) 중심 거리 (A_f)

Solution

(1) ① 피니언 : $\alpha=14.5^\circ$ 일 때, 언더컷을 일으키는 한계 잇수는 32>26이 므로 언더컷이 발생한다. 고로 언더컷 한계 전위 계수는

$$x_1=1-\frac{Z_1}{32}=1-\frac{26}{32}=0.18751 \fallingdotseq 0.188$$

또는 표 15-11에서 $Z_1=26$ 일 때, $x_1=0.188$ 임을 알 수 있다.

② 기어 : Z_2는 32<51 이므로, 언더컷이 생기지 않아서 그대로 사용하 게 되면 $x_2=0$ 이다.

(2) 피니언 Z_1 에서 $x_1=0.188$ 의+전위를 주어 전위량 $x_1m=0.188\times5=0.94$ mm 만큼 기어를 절삭할 때 홉(hob)을 후퇴시켜 작업한다.

(3) 방법 ① : A_f를 구하는 식에서 y를 구하기 위하여 식 (15-48) ①을 이용할 때 α_b를 구해야 되므로

$$\alpha_b=\text{inv}^{-1}[2\tan\alpha\frac{\chi_1+\chi_2}{Z_1+Z_2}+\text{inv }\alpha]$$

$$=\text{inv}^{-1}[2\times\tan\ 14.5^\circ\times\frac{0.188+0}{26+51}+\text{inv}14.5^\circ]=15.7(^\circ)$$

[또는 그림 15-30에서 가로축 $(x_1+x_2)=0.19$, 세로축 $\alpha_b-\alpha\ \fallingdotseq 1.2^\circ$ 이므로 $\alpha_b=\alpha+1.2^\circ=14.5^\circ+1.2^\circ=15.7(^\circ)$]

$$y=\frac{Z_1+Z_2}{2}\left(\frac{\cos\alpha}{\cos\alpha_b}-1\right)=\frac{26+51}{2}\left(\frac{\cos\ 14.5^\circ}{\cos\ 15.7^\circ}-1\right)=0.1809$$

$$\therefore\ A_f=\frac{(Z_1+Z_2)m}{2}+ym$$

$$=\frac{(26+51)\times5}{2}+0.1809\times5=193.4(\text{mm})$$

방법 ② : A_f를 구하는 식에서 y를 구하기 위하여 식 (15-48) ②를 이용할 때 $B_v(\alpha_b)$를 구해야 되므로

$$B(\alpha_b)=\frac{2(x_1+x_2)}{Z_1+Z_2}=\frac{2(0.188+0)}{26+51}=0.00488$$

$$B_v(\alpha_b)=\frac{B(\alpha_b)}{\sqrt[4]{1+28.6B(\alpha_b)}}=\frac{0.00488}{\sqrt[4]{1+28.6\times0.0048}}=0.0047$$

$$y=\frac{Z_1+Z_2}{2}B_v(\alpha_b)=\frac{26+51}{2}\times0.0047=0.18$$

$$\therefore\ A_f=\frac{(Z_1+Z_2)m}{2}+y\,m$$

$$=\frac{(26+51)\times5}{2}+0.18\times5=193.4(\text{mm})$$

15-4 스퍼 기어의 강도 설계

기어의 설계는 스퍼 기어(supr gear)가 기초가 되고, 사용 목적, 회전수, 속도비 및 전달 동력 등의 조건에 따라 이(齒)의 **굽힘 강도**와 **면압 강도**에 대하여 설계한다.

(1) 기어의 사용 조건

하중의 종류와 크기, 이(齒)의 접촉 상태, 속도 변동, 피로 한도, 주위의 온도 등을 알고, 강도 설계가 이루어져야 한다.

(2) 기어에 발생하는 손상 : 운전 중인 한 쌍의 기어에는 다음과 같은 손상이 발생한다.

① **스코링**(scoring) : 기어 운전 중 고속, 고하중일 때 잇면의 압력이 높아져 잇면 사이의 유막이 파괴되고, 미끄럼에 의하여 생기는 피로 박리, 융착과 용착 및 분리 와를 계속하여 표면의 순간 온도가 높아져 생기는 열적 손상의 현상을 말한다.

② **점부식**(点腐蝕 : pitting) : 기어가 열처리 등에 의하여 표면 경화된 이(齒)에서 흔히 나타나고, 피로에 의하여 생기는 경우로서, 잇면의 피치점에서 이뿌리에 걸쳐서 잇면의 미소한 부분에 다소의 요철이 생기는 현상을 말한다(그림 15－36).

③ **절손**(折損) : 기어가 과대 하중에 의하여 단시간에 이뿌리가 파손되는 현상이다. 그 외에 이(齒)의 압궤(壓潰), 마멸 등의 여러 형태가 있다.

(3) 이(齒)의 강도

동력 전달용 기어의 강도에 대한 검토는 다음과 같다.

① **굽힘 강도** : 일반적으로 이뿌리에 발생하는 굽힘 응력에 의한 이의 절손에 대하여 주로 표면 경화 등을 행한 취성의 이(齒)에 대하여 검토한다.

② **면압 강도** : 잇면 손상이나 장시간 운전하는 취성 재료의 이에 대하여 검토한다.

(4) 기어의 위험 단면

그림 15－32 (a)와 같이 호퍼(Hofer)는 위험 단면이 하중 점의 위치에 관계없이 치형의 중심선과 30°의 각도를 이루는 접선에서 위험 단면의 이두께를 측정하였다.

그림 15－32 (b)는 루이스가 치형에 내접하는 포물선형 균일 강도의 외팔보로 치환하여 이뿌리 응력을 계산하는 방법을 제안하였다.

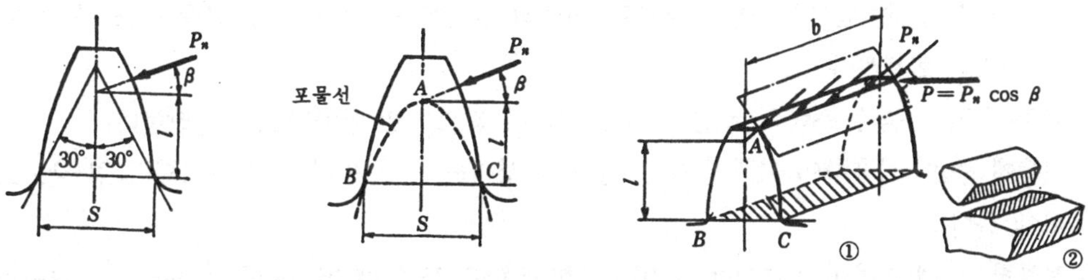

(a) 호퍼의 30° 접선법　　(b) 루이스의 포물선 내접법　　(c) 하중 방향

그림 15－32. 기어의 위험 단면

1. 굽힘 강도

(1) 기어의 굽힘 강도에 대하여는 기어의 접촉점에 가해지는 힘의 크기와 접촉점의 위치가 물림의 진행에 따라 변화하며, 모양도 복잡하여지므로 여러 가지의 계산식이 있을 수 있다.

(2) 기어의 이뿌리 부분 파괴 현상에 대한 강도 계산식은 1892년 루이스(W. Lewis)에 의하여 처음 굽힘 강도에 대한 식을 제안하였고, 또 비데키(E. Videky)에 의하여 1908년 헤르츠(H. R. Hertz)의 접촉 응력 이론을 적용시킨 잇면 응력 계산법이 제안되어 현재의 기어 강도에 대한 계산식의 기초가 되었다.

(3) 기어의 굽힘 강도를 결정하는데 있어서 루이스는 최악의 경우를 생각하여

① 기어의 물림률을 1로 가정한다.

② 전달 토크에 의한 전하중이 1개의 이(齒)끝에 작용한다(실제로 기어가 연속적인 회전이 가능하려면 한 쌍의 이 물림이 끝나기 전에 다음 한 쌍의 이물림이 있어야 하므로 물림률이 보통 1.2~1.8의 범위에서 사용되고 있으나, 루이스는 최악의 경우를 고려하여 1개의 이끝에 전하중이 작용하는 것으로 본 것이다.)

③ 이(齒) 모양은 이뿌리 곡선에 내접하는 포물선을 가로 단면으로 하는 균일 강도의 외팔보로 생각한다.

이상의 가정을 고려하여 루이스는 기어의 이뿌리상 치형에 내접하는 포물선형 균일 강도의 외팔보로 보고, 응력을 계산하는 굽힘 강도를 결정하였다.

[1] 회전력(정하중일 때)

① 그림 15−33과 같이 한 쌍의 이가 회전력을 전달할 때, 항상 잇면에 수직 방향 즉, 작용선의 방향으로 하중이 작용하며, 동시에 이의 중심선에 직각으로 작용하는 굽힘 응력(σ_b), 중심선 방향(반지름 방향)으로 작용하는 압축 응력(σ_c), 수직 응력(σ), 전단 응력(τ)이 발생하며, 이러한 하중들에 따른 응력들은 이의 위험 단면 에 작용하여 그림과 같은 응력 분포를 나타낸다. 그러나 이 중에서 σ_c, σ, τ 는 일반적으로 생략한다.

② 그림 중에서 이끝 A에서 잇면에 작용하는 힘 P_n이 작용하면, 이 힘에 의하여 이의 중심선상에 압축력 P_2와 접선력 P_1이 생기고, 이뿌리 B, C에는 굽힘 응력, 압축 응력, 수직 응력, 전단 응력이 발생한다.

③ 압축 응력과 전단 응력은 굽힘 응력에 비하여 작으므로 일반적으로 생략한다.

④ 이끝에 P_1이 작용하여 이뿌리 부분 B, C에 생기는 굽힘 응력은 그 재료의 굽힘 강도보다 작아야 한다.

⑤ 접선력 P_1에 의하여 이뿌리에 생기는 굽힘 응력을 구할 때 점 A의 높이를 l , 이뿌리의 이두께 $\overline{BC}=S$, 기어의 나비 b라 하고, 이를 하나의 외팔보로 생각한다.

(1) 모듈 기준 회전력

그림 15−33에서 $P_1 = P_n \cos\beta$와 $P_n = P/\cos\alpha$가 성립되어 이 관계를 이용하면 이뿌리에 가해지는 굽힘 모멘트(M), 단면 계수(Z), 굽힘 응력(σ_b),
이끝 원주 방향의 분력(P_1)은 각각 다음과 같이 나타낸다.

P : 피치 원주상의 회전력(N)
M : 굽힘 모멘트(N · mm)
Z : 단면계수($Z = bS^2/6$)
α : 압력각
P_a : 잇면에 수직으로 작용하는 전체 하중(N)
P_1 : 이끝에서 원주 방향의 분력(N)
S : 포물선의 이뿌리 두께(mm)
l : 포물선의 길이(mm)일 때

$$M = P_1 l = P_n l \cos\beta \quad ①$$

$$Z = \frac{bS^2}{6} \quad ②$$

$$\sigma_b = \frac{M}{Z} = \frac{6P_1 l}{bS^2} = \frac{6P_n l \cos\beta}{bS^2} \quad ③$$

$$P_1 = P_n \cos\beta = P\frac{\cos\beta}{\cos\alpha} \quad ④$$

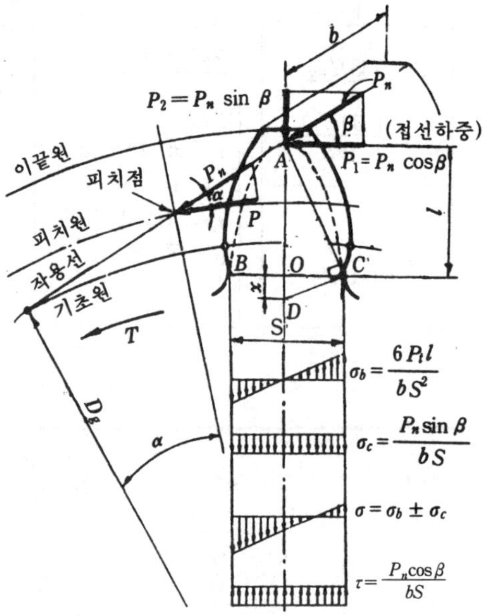

그림 15−33. 이의 강도

또한, 위 식에서 $P_n = P/\cos\alpha$ 이므로, 이것을 위 식 ③에 대입하게 되면 피치점에서의 회전력 P는 다음과 같이 된다.

$$P = \sigma_b b\frac{S^2}{6l}\frac{\cos\alpha}{\cos\beta} \quad \text{(a)}$$

또 기어 각부의 치수는 모듈 단위로 나타내므로, 위 식의 S, l을 단위 모듈로 나타내게 되면 위 식 (a)는

$$P = \sigma_b bm\frac{S^2}{6lm}\frac{\cos\alpha}{\cos\beta} \quad \text{(b)}$$

로 되고, 위 식에서

$$\frac{S^2}{6lm}\frac{\cos\alpha}{\cos\beta} = y \quad \text{(c)}$$

로 놓았을 때, 위 식 (c)를 식 (b)에 대입하면 **회전력**(P : 전달력, 전달 하중)은

$$P = \sigma_b bmy \quad (15-53)$$

로 되고, 위 식을 **루이스**(Lewis)의 **설계 공식**이라 한다. 이것은 모듈을 기준으로 할 때의 식이며, y를 **치형 계수** (form factor : 강도 계수 또는 루이스 계수)라 한다. 이것은 잇수에 의하여 결정되는 계수로서 잇수, 압력각, 이높이 등에 의해 변한다.

$$P = \sigma_b\ b\ m\ y$$

회전력 (굽힘 강도)	굽힘 응력 (재료 강도)	이 나비 (이의 크기)	모듈 (이의 크기)	치형 계수 (이의 크기)
$P = \dfrac{735H_{PS}}{v} = \dfrac{1000H_{KW}}{v}$	$\sigma_b = f_v f_w f_\varepsilon \sigma_a$	$b ≒ 10m$	최종적으로 구하는 값	표 15−14
$v = \dfrac{\pi D_1 N_1}{60 \times 1000}$	f_v : 표 15−15 f_w : 표 16−16 $f_\varepsilon = 1$(스퍼 기어) σ_a : 표 15−12	일반적으로 스퍼기어 일 때	표 15−4 에서 우선 정하기도 한다.	원주 피치 기준일 때 $y = 0.124 - \dfrac{0.684}{Z}\ (\alpha = 14.5^\circ)$ $= 0.154 - \dfrac{0.912}{Z}\ (\alpha = 20^\circ)$

표 15−12. 기어 재료의 허용 굽힘 응력(σ_b)

재료	기호	인장 강도 σ(N/mm²)	브리넬 강도 H_B	허용반복 굽힘 응력 $\sigma_b(\sigma_a)$ (N/mm²)	양진 회전 굽힘 피로강도 σ w (N/mm²)
주 철	GC 150	> 150	140~160	70	30~80
	GC 200	> 200	160~180	90	45~110
	GC 250	> 250	180~240	110	60~140
	GC 300	> 300	190~240	130	75~165
주 강	SC 410	> 410	140	120	140~240
	SC 450	> 450	160	190	160~260
	SC 480	> 480	190	200	190~320
기 계 구 조 용 탄소강재	SM 25C	> 450	111~163	210	200~350
	SM 28C	> 460	115~180	220	200~360
	SM 30C	> 480	117~200	240	210~370
	SM 33C	> 500	119~220	250	210~380
	SM 35C	> 520	121~235	260	220~390
	SM 38C	> 540	130~240	270	220~390
	SM 40C	> 560	140~248	280	230~390
	SM 43C	> 570	150~260	290	240~400
	SM 45C	> 580	163~269	300	250~400
	SM 48C	> 600	169~275	320	260~400
	SM 50C	> 620	175~282	340	270~400
표 면 담금질강	SM 15CK	> 450	400 : 기름담금질	294	−
	SNC 415	> 784	600 : 물 담금질	343~392	
	SNC 815	> 980	600 : 물 담금질	392~539	
니 켈 크롬 강	SNC 236	> 735	212~255	350~400	−
	SNC 631	> 833	248~302	400~600	
	SNC 836	> 931	269~321	400~600	
청 동		176이상	85	49 이상	−
황동계 합금(델타 메탈)		343~588	−	98~196	
인 청 동 (주 물)		186~294	70~100	49~69	
니 켈 청 동 (주 조)		627~882	180~260	196~294	
페 놀 수 지 등		−	−	29~49	−

위 식에서 각 기호의 사용은 다음과 같이 한다.

① σ_b(굽힘 응력) : 반복 하중에 대한 재료의 굽힘 강도로서 표 15-12에서 $\sigma_b(\sigma_a)$ 의 값은 σ_{wb} 값과 평균적으로 근사하므로 $\sigma_b = \sigma_{wb}$의 값 전후로 정한다.

② b(이나비) : $b = Km$ 으로 구하고, K는 이나비 계수(face width factor : 표 15-13)이다. 일반적으로 스퍼 기어에 대하여 b의 값은 다음과 같이 취한다.

$$\left.\begin{aligned} b &\fallingdotseq 10m \\ &= (2\sim3)p \ (p : \text{원주 피치}) \end{aligned}\right\} \qquad (15-54)$$

표 15-13. 이나비 계수(K)

구분		스퍼 기어	베벨 기어	헬리컬 기어	이중 헬리컬 기어	웜 기어
일반 전달용 기어 (보통의 경우)	모 듈 기 준	5~15	5~8	10~18	18~30	6~8
	지름 피치 기준	2.5~3.5	1.5~2.5	3.5~6	6~10	1~3
큰 동력 전달용 기어 (특수의 경우)	모 듈 기 준	16~20	8~10	18~20	30~40	8~10
	지름 피치 기준	5~8	2.5~3.5	6~7	10~12	2~4

(주) 헬리컬 기어에서는 축 직각 모듈 기준임.

*** 설계상 주의**

① 일반적으로 $b \fallingdotseq 10m$로 구하고, b를 크게 취하면 하중이 잇면의 전체에 균일하게 분포하지 않는다.

② 정밀도가 불량한한 잇면은 고른 하중이 작용하기 어렵기 때문에 보통 $b = (3\sim4)p$ 정도로 하고, 특별히 정밀도가 좋을 때는 $b = 40p$ 정도로 한다.

③ 이나비 b가 넓을 때에는 이의 방향에 따라서 잇면을 수정하여 이나비 중앙 부근에서 접촉되도록 그림 15-34와 같이 크라우닝(crowning)을 하는 것이 좋다.

그림 15-34. 크라우닝

③ m(모듈) : 대략적인 모듈 값을 결정하기 위하여 다음 식을 사용할 수도 있다. 그러나 일반적으로 식 (15-53)에 대입하여 식을 변형한 후 구한다.

$$\left.\begin{aligned} m &= \sqrt{\frac{P}{(5\sim15)\sigma_b y}} \ (\text{모듈 기준}) \\ &= D_1\left(0.091 - \sqrt{0.0082 - \frac{0.465w}{\sigma_b D_1}}\right) \ (\alpha = 14.5°) \\ &= D_1\left(0.084 - \sqrt{0.007 - \frac{0.35w}{\sigma_b D_1}}\right) \ (\alpha = 20°) \end{aligned}\right\} \qquad (15-55)$$

단, 위 식에서 D_1은 피치원 지름(mm), w는 이나비 1mm에 작용하는 하중 (N : 단위 길이당 무게)으로 $w = \sigma\left(0.39m - 2.15\frac{m^2}{D}\right)$ 또는 $w = \frac{P}{b}$로 구한다.

＊ 설계상 주의

강도를 높이려고 모듈을 크게 하게 되면 잇수가 적어져서 언더컷을 피하기 위한 한계 잇수의 제한을 받는다. 그리고 잇수가 적을 경우에는 물림률이 작아지게 된다.

④ y (치형 계수) : 표 15－14에서 압력각과 잇수에 따라 선정한다.

a. 표 중에서 $y(\beta=\alpha)$의 값은 그림 15－33에서 P_n이 피치점에서 한 개의 이(齒)에 전부 작용할 때의 치형 계수로서 영국 규격에 채택되고 있다.

b. 기어의 정밀도가 높을 때 사용할 수 있고, 일반적으로는 y 값을 사용한다.

표 15－14. 스퍼 기어의 치형 계수 y 의 값

α	$\alpha=14.5°$ 표준 기어			$\alpha=20°$ 표준 기어			$\alpha=20°$ 낮은이 기어		
기준	모듈		원주피치	모듈		원주피치	모듈		원주피치
Z	y	$y(\beta=\alpha)$	y'	y	$y(\beta=\alpha)$	y'	y	$y(\beta=\alpha)$	y'
12	0.237	0.355	0.067	0.277	0.415	0.078	0.338	0.496	0.099
13	0.249	0.377	0.071	0.292	0.443	0.084	0.350	0.515	0.103
14	0.261	0.399	0.075	0.308	0.468	0.089	0.365	0.540	0.108
15	0.270	0.415	0.078	0.319	0.490	0.093	0.374	0.556	0.111
16	0.279	0.430	0.081	0.325	0.503	0.097	0.386	0.578	0.115
17	0.289	0.446	0.084	0.330	0.512	0.100	0.391	0.587	0.117
18	0.293	0.459	0.086	0.335	0.522	0.104	0.399	0.603	0.120
19	0.299	0.471	0.088	0.340	0.534	0.106	0.409	0.616	0.123
20	0.305	0.481	0.090	0.346	0.543	0.108	0.425	0.628	0.125
21	0.311	0.490	0.092	0.352	0.553	0.111	0.420	0.638	0.127
22	0.313	0.496	0.093	0.354	0.559	0.112	0.426	0.647	0.129
24	0.318	0.509	0.095	0.359	0.572	0.116	0.434	0.663	0.132
26	0.327	0.522	0.098	0.367	0.587	0.119	0.443	0.679	0.135
28	0.332	0.534	0.100	0.372	0.597	0.121	0.448	0.688	0.137
30	0.334	0.540	0.101	0.377	0.606	0.124	0.453	0.697	0.139
34	0.342	0.553	0.104	0.388	0.628	0.127	0.461	0.713	0.142
38	0.347	0.565	0.106	0.400	0.650	0.130	0.469	0.729	0.145
43	0.352	0.575	0.108	0.411	0.672	0.132	0.474	0.738	0.147
50	0.357	0.587	0.110	0.422	0.694	0.135	0.486	0.757	0.151
60	0.365	0.603	0.113	0.433	0.713	0.138	0.493	0.773	0.154
75	0.369	0.613	0.115	0.443	0.735	0.142	0.504	0.792	0.158
100	0.374	0.622	0.117	0.454	0.757	0.145	0.512	0.807	0.161
150	0.378	0.635	0.119	0.464	0.779	0.148	0.523	0.829	0.165
300	0.385	0.650	0.122	0.474	0.801	0.150	0.536	0.855	0.170
래크	0.390	0.660	0.124	0.484	0.823	0.154	0.550	0.880	0.175

(2) 원주 피치 기준 회전력

앞 식 (c)에서 $S^2=4xl$ 로 할 때, $xl=(\frac{S}{2})^2$ 이고, $\frac{S^2}{6lp}\frac{\cos\alpha}{\cos\beta}=y'$는 $y'=\frac{4xl}{6lp}\frac{\cos\alpha}{\cos\beta}$ $=\frac{2x}{3p}\frac{\cos\alpha}{\cos\beta}$ 로 되어, 원주 피치(p)를 기준으로 할 때의 회전력(P')은 다음과 같이 된다.

$$P' = \sigma_b b p y' = \sigma_b b p \frac{2x}{3p} \frac{\cos\alpha}{\cos\beta} = \sigma_b b \pi m y' \quad (15-56)$$

위 식은 피치원 지름을 알고, 잇수를 알 수 없을 때 사용되며, y'는 표 15-14에서 찾고, $\alpha = \frac{D_g(\text{기초원 지름})}{D_o(\text{바깥 지름})}$, $\beta = \tan\alpha - (\frac{\pi}{2Z} + \text{inv}\,\alpha)$로 각각 구할 수 있다. 또한 치형 계수($y'$)의 값은 원주 피치 기준일 때에는 다음의 식으로 구할 수도 있다.

$$y' = 0.124 - \frac{0.684}{Z_1} (\alpha = 14.5°)$$
$$= 0.154 - \frac{0.912}{Z_1} (\alpha = 20°) \quad (15-57)$$

(3) 지름 피치 기준 회전력

이(齒)의 크기가 인치(inch)로 된 기어에 대하여 회전력(P'')은 다음과 같다.

$$P'' = 25.4\pi b y'' \frac{\sigma_b}{p_d} \quad (15-58)$$

[2] 실용(實用)회전력(동하중일 때)

실제로 기어가 회전할 때에는

① 이뿌리의 응력 집중 ② 기어의 가공 정밀도
③ 전달 동력에 의한 이의 변형 ④ 잇면 사이의 미끄럼 속도의 주기적 변화
⑤ 축의 탄성 등에 의한 변동 하중 ⑥ 기어의 이와 축의 굽힘에 의한 변동
⑦ 속도가 빠를수록 받는 충격 하중에 따라 그 값은 속도에 비례하여 크게 변화된다. 따라서 이(齒)에는 굽힘 하중이 반복적으로 가해져 동적인 굽힘 하중은 원주 속도 영향을 받으므로, 바스(G. Barth)는 이것을 고려한 실험식으로서 식 (15-53)에 속도 계수 f_v를 제시한 **실용 회전력**(P)을 다음과 같이 나타냈다.

$$P = f_v \sigma_b b m y \quad ①$$
$$P' = f_v \sigma_b b p y' = f_v \sigma_b b \pi m y' \quad ②$$
$$P'' = f_v 25.4\pi b y'' \frac{\sigma_b}{p_d} \quad ③ \quad (15-59)$$

위 식이 수정된 **루이스의 실용 설계 공식**이고, 식 중의 **기호 사용**은 다음과 같다.

(1) f_v (속도 계수) : 피치원의 원주 속도 v (m/s)에 의한 동적 부가하중을 고려한 계수로서, 속도에 따라 표 15-15의 공식을 사용한다.

> *** 설계상 주의**
> 기어의 모듈이 같고, 잇수(Z)가 작으면 피치원이 작아지고, 원주 속도(v)가 작아지므로 속도 계수(f_v) 값이 커져 강도상 유리하다.

(2) α_b**(굽힘 응력)** : 기어의 회전 토크는 피치원상의 원주 속도가 증가하고, 충격적인 하중이 가해지면 허용 전달력이 작아지도록 가공 정밀도, 회전 속도, 운전 상태 및 하중의 종류, 물림률 등을 고려하기 위해서는 속도 계수 f_v와 하중 계수 f_w, 물림 계수 f_ε, 허용 응력 σ_a를 사용하여 수정된 다음의 허용 굽힘 응력(σ_b)을 이용한다.

$$\sigma_b = f_v f_w f_\varepsilon \sigma_a \tag{15-60}$$

위 식을 바스(Barth)의 식이라 한다.

표 15-15. 속도 계수(f_v)

기어		v(m/s)		f_v	적용 범위	적용 예
일반 기어		저속	0.5~5	$\dfrac{3.05}{3.05+v}$	기계 다듬질을 하지 않거나, 거친 기계 다듬질 기어	크레인, 윈치, 시멘트 밀, 방직기 권상기 등
정밀 기어	A	중속	5~10	$\dfrac{6.1}{6.1+v}$	기계 다듬질 기어	전동기, 전기 기관차, 기타 일반 기계의 기어 등
	B		10~20	$\dfrac{15}{15+v}$	정밀 절삭 가공, 셰이빙, 연삭 다듬질, 래핑 다듬질 기어	공작 기계, 정밀 기계, 고속 기계, 감속 기계 등
고정밀 기어		고속	20~50	$\dfrac{5.55}{5.55+\sqrt{v}}$	고정밀 절삭 가공, 연마 래프, 고정밀 기계 다듬질	증기 터빈, 송풍기, 공작 기계, 변속기, 고속 기계 등
비금속 기어		중속	≦20	$\dfrac{0.75}{1+v}+0.25$	합성 수지, 비금속 재질의 기어	전동기용 소형 기어, 제조기어, 기타 경하중용 소형 기어 등

① **하중 계수**(f_w) : 기어에 걸리는 하중에 따라 표 15-16에서 선정하고, f_v, f_w는 1보다 작은 계수로 이에 작용하는 하중이 충격적일 때에는 f_v, f_w, σ_b를 작게 취하 여 안전도를 높인다.

표 15-16. 하중 계수(f_w)

비교적 조용한 정하중	0.80	하중이 변동하는 하중	0.74	충격을 수반하는 하중	0.67

비고 하중 계수(f_w) 값이 주어지지 않았을 때에는 1로 취한다.

② **물림 계수**(f_ε) : 일반적으로 기어의 물림률은 보통 1.2~1.8의 범위에서 사용되고 있으나, 루이스는 일반적으로 스퍼 기어에서는 $2 > \varepsilon > 1$의 경우가 많으므로 안전을 위하여 $f_\varepsilon = 1$로 하여 계산하는 것을 보통으로 잡았다.

이상에서 볼 때 위의 속도 계수(f_v), 하중 계수(f_w), 물림 계수(f_ε)가 주어졌을 때 에 실용 회전력(P)은 다음과 같이 구할 수도 있다.

$$P = f_v f_w f_\varepsilon \sigma_b b m y \tag{15-61}$$

[3] 전달 동력

기어의 이(齒)에는 허용 하중 만큼의 힘이 항상 기어의 피치원 상의 피치점에 작용하여 회전하는 것으로 보고, 회전력(P)을 고려할 때 전달 동력(H)은 다음과 같다.

$$H = \frac{Pv}{735}\,(\mathrm{PS}) = \frac{Pv}{1000}\,(\mathrm{kW}) \tag{15-62}$$

단, 위 식에서 P는 피니언과 기어에 대하여 각각 구하고, 작은 쪽의 값을 선택한다.
또한, 동력(H)을 v의 속도로 전달할 때 이에 작용하는 하중(P)은 다음과 같다.

$$P = \frac{735\,H_{PS}}{v} = \frac{1000\,H_{kW}}{v} \tag{15-63}$$

[4] 전동 효율

기어의 전동 효율(η)은 기어가 전달되는 동력의 감소 비율을 나타낸다.

H_1 : 피니언의 전달 동력, H_2 : 기어의 전달 동력, T : 회전 토크, ω : 각속도일 때

$$\eta = \frac{H_2}{H_1} = \frac{T_2\omega_2}{T_1\omega_2} \tag{15-64}$$

예제 15 – 19 10PS, 250rpm을 전달하는 스퍼 기어의 속도비 1.5, 피치원 지름 약 15cm일 때, 다음을 구하여라. 단. $\sigma_b = 35$MPa, 이 나비 $2.5p^2$이다.

(1) 잇수(Z_1, Z_2)　　　　(2) 정확한 피치원 지름(D_1, D_2)

Solution (1) $v = 0.000524 D_1 N_1 = 0.000524 \times 15 \times 250 = 1.97\,(\mathrm{m/s})$

$$P = \frac{735H}{v} = \frac{735 \times 10}{1.97} = 3730\,(\mathrm{N})$$

$$f_v = \frac{3.05}{3.05 + v} = \frac{3.05}{3.05 + 1.97} = 0.6$$

$$P = 3730 = f_v \sigma_b b = 0.6 \times 35 \times 2.5p^2 = 52.5p^2 \qquad \therefore p = \sqrt{\frac{3730}{52.5}} \fallingdotseq 26\,(\mathrm{mm})$$

$$\therefore Z_1 = \frac{\pi D_1}{p} = \frac{\pi \times 150}{26} = 18(\text{매})$$

$$Z_2 = iZ_1 = 1.5 \times 18 = 27(\text{매})$$

(2) $$D_1 = \frac{Z_1 p}{\pi} = \frac{18 \times 26}{\pi} = 149\,(\mathrm{mm})$$

$$D_2 = \frac{Z_2 p}{\pi} = \frac{27 \times 26}{\pi} \div 223.57\,(\mathrm{mm})$$

예제 15 – 20 600rpm, 18.5kW를 전달하는 스퍼 기어의 피치원 지름 약 150mm 일 때, 다음을 구하여라. 단, 이나비 10m, 허용 굽힘 응력 $\sigma_{b1} = 300$MPa(피니언), $\sigma_{b2} = 130$MPa(기어), 치형 계수 0.313 이다.

(1) 기어의 회전력(P)　　　　(2) 모듈(m_1, m_2) : (단, 굽힘 강도상에서)

Solution

(1) $v = \frac{\pi D_1 N_1}{60 \times 1000} = \frac{\pi \times 150 \times 600}{60 \times 1000} = 4.7$(m/s)

$\therefore P = \frac{1000H}{v} = \frac{1000 \times 18.5}{4.7} \fallingdotseq 3928$(N)

(2) $f_v = \frac{3.05}{3.05+v} = \frac{3.05}{3.05+4.7} = 0.393$

피니언에 대한 회전력 (P_1)은

$P_1 = f_v \sigma_{b1} mby = 0.393 \times 300 \times m \times 10m \times 0.313 = 3928$

$\therefore m_1 = \sqrt{\frac{3928}{0.393 \times 300 \times 10 \times 0.313}} \fallingdotseq 3.26 \quad \therefore m_1 = 3.5$

기어에 대한 회전력 (P_2)은

$P_2 = f_v \sigma_{b2} mby = 0.393 \times 130 \times m \times 10m \times 0.313 = 3928$

$\therefore m_2 = \sqrt{\frac{3928}{0.393 \times 130 \times 10 \times 0.313}} \fallingdotseq 4.9 \quad \therefore m_2 = 5$

고로, 위 결과에서 큰 쪽 값 $m=5$로 결정한다.

예제 15-21 그림 15-35와 같은 한 쌍의 스퍼 기어 ($\alpha = 30°$)에 대한 모듈을 다음 조건에 서 구하여라. 단, 축의 허용 전단 응력 40MPa 이다.

구분	전달 동력	회전수	속비	피치원 지름	이나비	재 질	하중 계수
피니언	7.5kW	500	1/3	약 100mm	10m	SM 35C(H_B=200)	$f_w = 0.8$
기어		–		–		GC 250	

Solution

(1) 피니언에 대하여

$v = \frac{\pi D_1 N_1}{60 \times 1000} = \frac{\pi \times 100 \times 500}{60 \times 1000}$

$= 2.62$(m/s)

$P = \frac{1000H}{v} = \frac{1000 \times 7.5}{2.62} \fallingdotseq 2863$(N)

$v = 2.62$ m/s이므로, 표 15-15에서

$f_v = \frac{3.05}{3.05+v} = \frac{3.05}{3.05+2.62} = 0.538$

표 15-12에서 $\sigma_a = 260$ MPa, $y = 0.377$

(표 15-14에서 평균값)이므로

$\sigma_b = f_v f_w \sigma_a = 0.538 \times 0.8 \times 260 = 112$(MPa)

$P_1 = \sigma_b bmy \rightarrow 2863 = 112 \times 10mm \times 0.377$

$m_1 = \sqrt{\frac{2863}{112 \times 10 \times 0.377}} = 2.6$

$\therefore m_1 = 3$

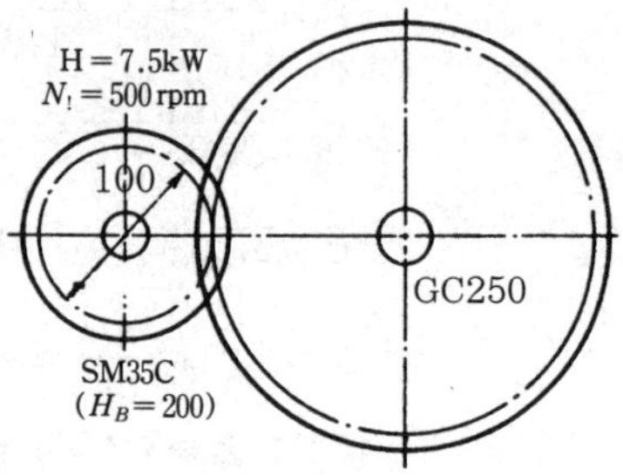

그림 15-35

(2) 기어에 대하여

$$Z_2 = \frac{d_1}{m_1} \times \frac{1}{i} = \frac{100}{3} \times 3 = 100(\text{매})$$

$Z_2 = 100$일 때 $y_2 = 0.454$, $\sigma_a = 110\,\text{MPa}$(GC 250일 때, 표 15−12)이므로

$$\sigma_b = f_v f_w \sigma_a = 0.538 \times 0.8 \times 110 = 47.3(\text{MPa})$$

$$P_2 = \sigma_b bmy = 47.3 \times 10mm \times 0.454$$

$$\therefore m_2 = \sqrt{\frac{2863}{47.3 \times 10 \times 0.454}} = 3.65 \qquad \therefore m_2 = 4$$

위 결과에서 큰 쪽 값 $m = 4$로 결정한다.

예제 15 – 22 250rpm, 7.5kW를 전달하는 스퍼 기어의 피치원 지름 500mm 일 때, 다음을 구하여라. 단. 허용 응력 90MPa이다.

(1) 기어의 회전력(P) (2) 속도 계수 (f_v)

(3) 모듈 (m) : (단, 하중 계수 0.8, 치형 계수 0.347)

Solution

(1) $v = \dfrac{\pi D_1 N_1}{60 \times 1000} = \dfrac{\pi \times 500 \times 250}{60 \times 1000} = 6.55(\text{m/s})$

$$\therefore P = \frac{1000H}{v} = \frac{1000 \times 7.5}{6.55} = 1145(\text{N})$$

(2) $v = 6.55\,\text{m/s}$이므로, 표 15−15에서 중속으로 볼 때

$$f_v = \frac{6.1}{6.1 + v} = \frac{6.1}{6.1 + 6.55} = 0.482$$

(3) 방법 ① : 하중 계수 (f_w)를 주었으므로

$$\sigma_b = f_v f_w \sigma_a = 0.482 \times 0.8 \times 90 = 34.7(\text{MPa})$$

$$P = \sigma_b bmy = 34.7 \times 10mm \times 0.347$$

$$\therefore m = \sqrt{\frac{P}{10\sigma_b y}} = \sqrt{\frac{1145}{10 \times 34.7 \times 0.347}} = 3$$

방법 ② : 하중 계수를 고려한 회전력 공식에서

$$P = f_v f_w \sigma_a bm\ y = 0.482 \times 0.8 \times 90 \times 10 \times m^2 \times 0.347 = 1.15 \times 10^3$$

$$\therefore m = \sqrt{\frac{1.15 \times 10^3}{0.482 \times 0.8 \times 90 \times 10 \times 0.347}} = 3$$

예제 15 – 24 $Z = 80$, $m = 5$, $N_1 = 200\,\text{rpm}$, $\alpha = 20°$인 스퍼 기어의 전달 동력(PS)을 굽힘 강도상에서 구하여라. 단, $f_w = 0.8$, $\sigma_a = 90$MPa, $y = 0.443$, $b = 50$mm이다.

Solution

$$v = \frac{\pi DN}{60 \times 1000} = \frac{\pi m Z_1 N_1}{60 \times 1000} = \frac{\pi \times 5 \times 80 \times 200}{60 \times 1000} = 4.19(\text{m/s})$$

속도 계수(f_v)는 $v = 5\,\text{m/s}$이하이므로, 표 15−15의 식에서

$$f_v = \frac{3.05}{3.05 + v} = \frac{3.05}{3.05 + 4.19} = 0.42$$

$$\sigma_b = f_v f_w \sigma_a = 0.42 \times 0.8 \times 90 = 30(\text{MPa})$$

$$P = \sigma_b b m y = 30 \times 50 \times 5 \times 0.443 \doteqdot 3248(\text{MPa})$$

$$\therefore\ H = \frac{Pv}{735} = \frac{3248 \times 4.19}{735} \doteqdot 18.5(\text{PS})$$

예제 15 – 24 다음과 같은 조건에 대한 스퍼 기어의 전달 동력(PS)을 구하여라.

구분	잇수	재질	회전수	모듈	압력각	원주 피치	허용 응력	하중계수
피니언	$Z_1 = 20$	SM 45C	1450rpm	4	20°	3mm	600MPa	0.8
기어	$Z_2 = 80$	SC 49						

Solution

$$D_1 = mZ_1 = 4 \times 20 = 80(\text{mm})$$

$$v = \frac{\pi D_1 N_1}{60 \times 1000} = \frac{\pi \times 80 \times 1450}{60 \times 1000} = 6.1(\text{m/s})$$

$$f_v = \frac{6.1}{6.1 + v} = \frac{6.1}{6.1 + 6.1} = 0.5$$

$$\sigma_b = f_v f_w \sigma_a = 0.5 \times 0.8 \times 600 = 240(\text{MPa})$$

$$b = 10\text{m} = 10 \times 4 = 40(\text{mm})$$

원주 피치 기준일 때, 치형 계수 y'는 식 (15−57)에서 $\alpha = 20°$ 일 때

$$y' = 0.154 - \frac{0.912}{Z_1} = 0.154 - \frac{0.912}{20} = 0.1$$

$$P = f_v \sigma_b b p y' = 0.5 \times 240 \times 40 \times 3 \times 0.1 = 1440(\text{N})$$

$$\therefore\ H = \frac{Pv}{735} = \frac{1440 \times 6.1}{735} \fallingdotseq 8.8(\text{PS})$$

예제 15 – 26 아래와 같은 조건으로 된 스퍼 기어의 전달 동력(kW)을 구하여라.

모듈	잇수		회전수	허용 응력	치형 계수	하중 계수	접촉응력계수
5	$Z_1=60$	$Z_2=90$	200rpm	90MPa	0.433	0.8	0.53

Solution

$$v = \frac{\pi D_1 N_1}{60 \times 1000} = \frac{\pi m Z_1 N_1}{60 \times 1000} = \frac{\pi \times 5 \times 60 \times 200}{60 \times 1000} = 3.14(\text{m/s})$$

$$f_v = \frac{3.05}{3.05 + v} = \frac{3.05}{3.05 + 3.14} = 0.493$$

굽힘 강도와 면압 강도상에서의 회전력(P_1, P_2)은

$$P_1 = f_v f_w \sigma_a b m y = 0.493 \times 0.8 \times 90 \times 10 \times 5 \times 5 \times 0.433 \fallingdotseq 3843(\text{N})$$

$$P_2 = f_v K D_1 b \frac{2Z_2}{Z_1 + Z_2} = 0.493 \times 0.53 \times 5 \times 60 \times 10 \times 5 \times \frac{2 \times 90}{60 + 90} \fallingdotseq 4703(\text{N})$$

위 P_1, P_2 에서 작은 쪽의 값을 하중(P)으로 취하면 전달 동력(H_{KW})은

$$\therefore\ H = \frac{P_1 v}{1000} = \frac{3843 \times 3.14}{1000} \doteqdot 12(\text{kW})$$

2. 면압 강도

스퍼 기어나 헬리컬 기어의 잇면은 직선으로 접촉하고, 그 접촉에 의한 응력이 재료의 한도값을 초과하면 잇면에 현저한 마모가 발생하거나 피팅으로 불리는 잇면 손상이 발생하여 진동이나 소음을 일으키는 원인이 된다.

기어의 수명은 이의 굽힘 강도가 충분하게 되면 잇면의 마모에 의하여 결정된다. 앞에서의 굽힘 강도는 비교적 짧은 시간에 사용할 때의 문제이나 마모는 면압(面壓)에 의하여 발생하고, 또한 오랜 시간에 대한 문제가 된다.

(1) 점 부식

① 잇면의 마모에는 원주 속도와 잇면의 접촉 입력 및 윤활 상태, 운전 시간 등이 그 주요이며, 속도와 접촉 압력이 큰 기어에는 잇면 사이에 점착력이 증가하여 미끄럼 작용과 일부 표면의 피로 현상 때문에 마모가 생긴다.

② 기어의 운전 중 한 쌍의 기어 잇면 사이에 작용하는 수직 하중이 너무 과중하면 기어의 회전과 더불어 큰 반복 응력이 생겨 심한 마모(그림 15-36)가 생긴다.
위와 같은 기어 잇면에 손상 등이 생기는 것을 점부식(點腐蝕 : pitting)이라 한다.

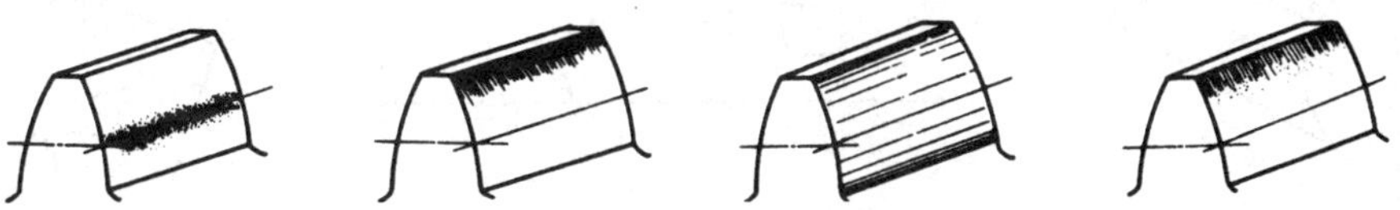

(a) P형 (b) S형 (c) B형 (d) PS형

그림 15-36. 점부식의 종류

③ 접촉 압력이 너무 크면 접촉에 의한 응력이 재료의 한도 값을 초과하면 잇면에 현저한 마모가 발생하거나, 점 부식으로 불리는 잇면 손상이 발생하여 진동이나 소음을 일으키는 원인이 된다.

④ 일반적으로 표면 강화되지 않은 재료는 면압 강도에 의해 부하 능력이 정해진다.
이상과 같이 잇면에 마모와 점 부식 또는 스코링 현상 등이 일어나기 때문에 이에 굽힘 강도가 충분하여도 잇면에 생기는 접촉 응력이 기어의 재료에 따라 정해진 값보다 이내에 있도록 잇면의 면압 강도상에서 설계하는 것도 중요하다.

(2) 접촉 응력

기어의 이에 대한 접촉 응력은 1908년 비데키(E · Videky))가 헤르츠(H · R · Hertz)의 접촉 응력 이론을 기어의 윗면에서 발생하는 접촉 응력 계산에 적용하였다.

그림 15-37과 그림 15-38에서 2개의 이가 접촉하고 있을 때, 그 접촉선의 부분은 각각의 곡률 반지름을 반지름으로 하는 2개의 평행한 원주가 접촉하고 있다고 생각할 수 있는 2개 원주면의 최대 접촉(압축) 응력(σ_c)은 다음과 같이 표시된다.

σ_c : 압축(접촉) 응력(N/mm²)

b : 접촉 길이(mm)

E_1, E_2 : 원통 재료의 영률(세로 탄성 계수)(N/mm²)

ρ_1, ρ_2 : 원주면 곡률 반지름(mm)(그림 15-37)일 때

$$\sigma_c^2 = \frac{0.35P_n\left(\frac{1}{\rho_1}+\frac{1}{\rho_2}\right)}{b\left(\frac{1}{E_1}+\frac{1}{E_2}\right)} \tag{15-65}$$

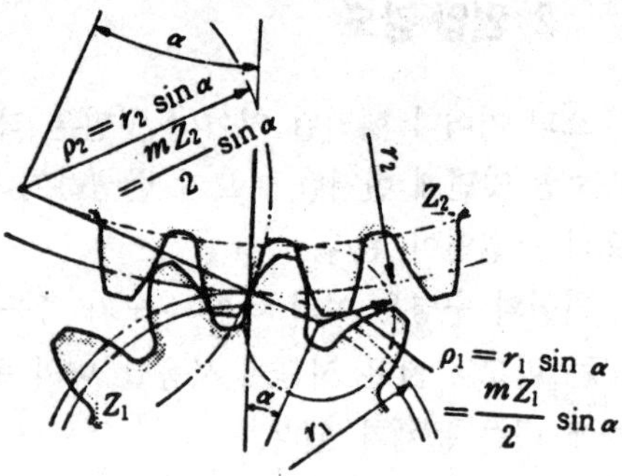

그림 15-37. 곡률 반지름

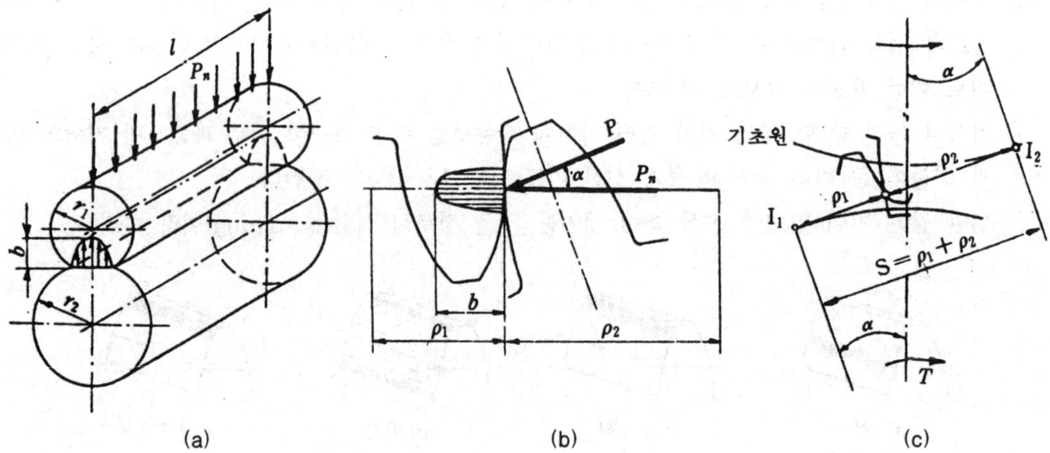

그림 15-38. 잇면의 접촉 압력

위 식은 기어의 잇면에 적용하며, 잇면의 곡률 반지름은 치형의 위치에 따라 다르지만 반지름으로서 피치점의 잇면에 대한 곡률 반지름을 취한다.

그림 15-38에서 한 쌍의 이가 피치점에서 접하는 곡률 반지름(ρ_1, ρ_2)은

$$\rho_1 = \frac{D_1}{2}\sin\alpha, \qquad \rho_2 = \frac{D_2}{2}\sin\alpha \tag{15-66}$$

로 되고, 위 식과 원주 사이의 압축 하중 $P_n = P / \cos\alpha$ 을 식 (15-65)에 대입하면 잇면의 압축(접촉) 응력은

$$\sigma_c^2 = \frac{0.35P\frac{2}{D_1\sin\alpha}\frac{D_1+D_2}{D_2}}{b\cos\alpha\left(\frac{1}{E_1}+\frac{1}{E_2}\right)} \tag{15-67}$$

로 되고, 위 식을 정리하면 다음과 같이 된다.

$$\sigma_c^2 = \frac{0.35P\frac{D_1+D_2}{D_1D_2}\times 2}{b\sin\alpha\,\cos\alpha\left(\frac{1}{E_1}+\frac{1}{E_2}\right)} \tag{15-68}$$

(3) 면압 하중

① 정하중일 때 하중

굽힘 강도에서와 같이 피치 원주상에 작용하는 면압 하중(P) 또는 전달력은 피치원 지름 $D_1=m_1Z_1$, $D_2=m_2Z_2$이고, $\sin\alpha\cos\alpha=\frac{1}{2}\sin^2\alpha$이므로, 위 식 (15－68)에서 다음과 같이 나타낼 수 있다.

$$P=\frac{\sigma_c{}^2\sin2\alpha}{2.8}bm\frac{2Z_1Z_2}{Z_1+Z_2}\left(\frac{1}{E_1}+\frac{1}{E_2}\right) \quad (15-69)$$

단, 위 식에서

$$K=\frac{\sigma_c{}^2\sin2\alpha}{2.8}\left(\frac{1}{E_1}+\frac{1}{E_2}\right) \quad (15-70)$$

로 나타내고, 이 K를 **접촉면 응력 계수** 또는 비응력 계수(N/mm^2)로서 압력각 (α)과 재질에 따라 표 15－17에서 취한다. 또한, 위 식을 간단히 하고, 기어의 잇수와 피치원 지름을 고려하여 계산하기 위한 식으로 만들기 위하여 기어의 잇수를 Z_1, Z_2라고 하면 $Z_1/Z_2=D_1/D_2$이므로 다음과 같이 된다.

$$P=KD_1b\frac{2Z_2}{Z_1+Z_2}=KD_2b\frac{2Z_1}{Z_1+Z_2} \quad (15-71)$$

표 15－17. 접촉면 응력 계수(K)

기어 재료		K(N/mm²)		기어 재료		K(N/mm²)	
피니언 (H_B)	기어 (H_B)	α=14.5°	α=20°	피니언 (H_B)	기어 (H_B)	α=14.5°	α=20°
강철(150)	강철(150)	0.20	0.27	강철(400)	강철(400)	2.34	3.11
〃 (200)	〃 (150)	0.29	0.39	〃 (500)	〃 (400)	2.48	3.29
〃 (250)	〃 (150)	0.40	0.53	〃 (600)	〃 (400)	2.62	3.48
강철(200)	강철(200)	0.40	0.53	강철(500)	강철(500)	243	3.89
〃 (250)	〃 (200)	0.52	0.69	〃 (600)	〃 (600)	4.30	5.69
〃 (300)	〃 (200)	0.66	0.86	강철(150)	주 철	0.30	0.39
강철(250)	강철(250)	0.66	0.86	〃 (200)	〃	0.59	0.79
〃 (300)	〃 (250)	0.81	1.07	〃 (250)	〃	0.98	1.30
〃 (350)	〃 (250)	0.98	1.30	〃 (300)	〃	1.05	1.39
강철(300)	강철(300)	0.98	1.30	강철(150)	인 청 동	0.31	0.41
〃 (350)	〃 (300)	1.16	1.54	〃 (200)	〃	0.62	0.82
〃 (400)	〃 (300)	1.27	1.68	〃 (250)	〃	0.92	1.35
강철(350)	강철(350)	1.37	1.82	주 철	주 철	1.32	1.88
〃 (400)	〃 (350)	1.59	2.10	니켈 주철	니켈 주철	1.40	1.86
〃 (450)	〃 (350)	1.70	2.26	니켈 주철	인 청 동	1.16	1.55

② 동하중일 때 하중

위 식도 굽힘 강도 식에서와 마찬가지로 $D_1 = mZ_1$ 이므로, 속도 계수 f_v를 고려한 면압 하중 (P)은 다음과 같이 나타낼 수 있다.

$$P = f_v K D_1 b \frac{2Z_2}{Z_1 + Z_2} = f_v K m b \frac{2Z_1 Z_2}{Z_1 + Z_2} \tag{15-72}$$

(4) 전달 동력

기어의 이(齒)에는 허용 하중 만큼의 힘이 항상 기어의 피치원 상의 피치점에 작용하여 회전하는 것으로 볼 때, 전달 동력(H)은 다음과 같다.

$$H = \frac{Pv}{735}\,(\mathrm{PS}) = \frac{Pv}{1000}\,(\mathrm{kW}) \tag{15-73}$$

＊ 설계상 주의

① 기어 설계에서 일반적으로 이(齒)의 굽힘 강도와 면압 강도상의 회전력(P)를 계산하여 작은 쪽의 값을 취하여 전달 동력(H)을 구하는 데 사용한다.

② 기어에 부하가 작고 마멸이 적을 때는 굽힘 강도를 고려하면 되나, 오랜 시간에 걸쳐 전체 부하로 운전하는 경우에는 면압 강도도 검토하여 설계한다.

3. 스코링 강도

기어의 운전시 고속 고하중의 경우에는 이의 접촉으로 잇면 압력이 높아져 기어 잇면 사이의 유막(油膜)이 파괴되어 기어 표면 온도가 순간적으로 상승 할 때, 잇면이 융착(融着)하여 생기는 열적 손상을 스코링(scoring)이라 한다.

(1) 스코링의 발생 원인

① 잇면의 법선 하중과 운전 조건

② 윤활 방법, 점도, 조성 성분 등의 성질

③ 기어의 회전 속도와 물림 길이

④ 치형의 종류와 잇면의 정밀도

⑤ 기어의 재질

(2) 스코링의 방지 대책

① 기어의 이끝에 작용하는 큰 접촉 압력의 발생을 막고, 유막을 유지 시킨다.

② 압력 속도 계수[광유(鑛油) : 8.2×10^6N/s, 기어유 : 11.2×10^7N/s]를 제한하거나 이직각 치형 수정과 크라우닝을 한다.

③ 기어가 서로 접합하기 쉬운 재료를 피한다.

④ 기어 윤활에서 극압 첨가제(최고 온도의 허용값 : 광유 SAE 30일 때 218℃)가 들어간 점도가 높은 기름을 선택한다.

⑤ 기름의 점도는 온도에 따라 변화하므로 최고 온도 허용 값[광유 SAE 10 : 121℃, 광유 SAE 30 : 190℃, 광유 SAE 60 : 260℃, 광유 SAE90(기어유) : 316℃]을 관리한다.

예제 15 – 26 다음과 같은 표준 스퍼 기어의 회전력을 굽힘 강도상에서 구하여라.

구분	재질	압력각	모듈	잇수	회전수	이나비	하중 계수
피니언	SM 35C	20°	3	25	750rpm	35	0.8
기 어	GC 250			50	375rpm		

Solution

$D_1 = mZ_1 = 3\times25 = 75$(mm)

$v = \dfrac{\pi D_1 N_1}{60\times1000} = \dfrac{\pi\times75\times750}{1000\times60} = 2.94$(m/s)

$f_v = \dfrac{3}{3+v} = \dfrac{3}{3+2.94} = 0.5$

$\sigma_{b1} = f_v f_w \sigma_{a1} = 0.5\times0.8\times260 = 104$(MPa)

$\sigma_{b2} = f_v f_w \sigma_{a2} = 0.5\times0.8\times110 = 44$(MPa)

단, 위에서 σ_{a1}은 피니언 재질 SM 35C일 때, 표 15－12에서 260MPa, σ_{a2}는 기어 재질 GC 250일 때, 110MPa이다.

표 15－14에서 $y_1=0.363$ ($Z_1=25$일 때), $y_2=0.422$($Z_2=50$일 때)이므로

$\therefore P_1 = \sigma_{b1} bmy_1 = 104\times35\times3\times0.363 = 3960$(N)

$P_2 = \sigma_{b2} bmy_2 = 44\times35\times3\times0.422 = 1950$(N)

예제 15 – 27 다음과 같은 조건의 스퍼 기어에 대한 다음을 구하여라.

구분	재질	압력각	회전수	전달 마력	중심 거리	이나비	치형 계수
피니언	SM 45C (H_B=250)	14.5°	800	15kW	400mm	10m	0.313
기 어	GC 300		200				

(1) 굽힘 강도상 피니언의 모듈(m_1) (2) 굽힘 강도상 기어의 모듈(m_2)

(3) 면압 강도상의 허용 전달 하중(P)

Solution

(1) $i = \dfrac{N_2}{N_1} = \dfrac{D_1}{D_2} = \dfrac{D_1}{D_2} = \dfrac{200}{800} = \dfrac{1}{4} \rightarrow D_2 = 4D_1$

$A = \dfrac{D_1+D_2}{2} = \dfrac{D_1+4D_1}{2} = \dfrac{5D_1}{2} = 400$(mm)

$D_1 = 2\times400/5 = 160$(mm), $D_2 = 4\times160 = 640$(mm)

$v = \dfrac{\pi D_1 N_1}{1000\times60} = \dfrac{\pi\times160\times800}{1000\times60} = 6.7$(m/s)

$f_v = \dfrac{6.1}{6.1+v} = \dfrac{6.1}{6.1+6.7} = 0.4765$

$P = \dfrac{1000H}{v} = \dfrac{1000\times15}{6.7} \fallingdotseq 2239$(N)

피니언의 허용 굽힘 응력을 SM 45C일 때, $\sigma_b = 300$MPa(표 15－12)

$P = f_v \sigma_b bmy \rightarrow 2239 = 0.4765\times300\times10mm_1\times0.313$

$$\therefore m_1 = \sqrt{\frac{2239}{0.4765 \times 300 \times 10 \times 0.313}} = 2.24$$

(2) 기어 재질 GC 300일 때, $\sigma_b = 130\text{MPa}$이므로

$$\therefore m_2 = \sqrt{\frac{2239}{0.4765 \times 130 \times 10 \times 0.313}} = 3.4 \qquad \therefore m = 4$$

위 m_1, m_2에서 큰 쪽 값 $m \fallingdotseq 4$를 선택한다.

(3) $b = 10m = 10 \times 4 = 409(\text{mm})$

$$Z_1 = \frac{D_1}{m} = \frac{160}{4} = 40(\text{매}),\quad Z_2 = \frac{D_2}{m} = \frac{640}{4} = 160(\text{매})$$

$$\therefore\ P = f_v K m b \frac{2Z_1 Z_2}{Z_1 + Z_2} = 0.4765 \times 0.98 \times 4 \times 40 \times \frac{2 \times 40 \times 160}{40 + 160} = 4782(\text{N})$$

단, 위에서 접촉 응력 계수(K)는 $\alpha = 14.5°$, 강철($H_B = 250$), 주철일 때, 표 15－17에서 $K = 0.98\text{MPa}$이다.

예제 15－28 다음과 같은 조건의 스퍼 기어에 대하여 다음을 구하여라.

구분	재질	잇수	회전수	모듈	압력각	이나비
피니언	GC 300	$Z_1 = 20$	$N_1 = 500\text{rpm}$	3	$\alpha = 20°$	30mm
기 어	GC 150	$Z_2 = 50$	$N_2 = 200\text{rpm}$			

(1) 굽힘 강도상의 허용 전달 하중 (P_1, P_2)

(2) 면압 강도상의 허용 전달 하중 (P_3)

(3) 기어의 전달 동력(PS)

Solution (1) $D_1 = mZ_1 = 3 \times 20 = 60(\text{mm})$

$$v = \frac{\pi D_1 N_1}{60 \times 1000} = \frac{\pi \times 60 \times 500}{60 \times 1000} = 1.57(\text{m/s})$$

$v = 1.57\text{ m/s} < 5\text{m/s}$ 이므로

$$f_v = \frac{3.05}{3.05 + v} = \frac{3.05}{3.05 + 1.57} = 0.66$$

① 피니언 : $\sigma_b = 130\text{ MPa}$(표 15－12), $y_1 = 0.346$ (표 15－14)

$$P_1 = f_v \sigma_b b m y = 0.66 \times 130 \times 30 \times 3 \times 0.346 = 2672(\text{N})$$

② 기어 : $\sigma_b = 70\text{MPa}$ (표 15－12), $y_1 = 0.422$(표 15－14)

$$P_2 = f_v \sigma_b b m y = 0.66 \times 70 \times 30 \times 3 \times 0.422 = 1755(\text{N})$$

(2) $K = 1.88\text{MPa}$(표 15－17)

$$P_3 = f_v K D_1 b \frac{2Z_2}{Z_1 + Z_2} = 0.66 \times 1.88 \times 60 \times 30 \times \frac{2 \times 50}{20 + 50} \fallingdotseq 3191(\text{N})$$

(3) 위 회전력 $P_1 \sim P_3$ 값 중에서 가장 작은 값 P_2를 취하여 동력을 구한다.

$$\therefore H = \frac{P_2 v}{735} = \frac{1755 \times 1.57}{735} = 3.75(\text{PS})$$

예제 15-29 $m=5, Z_1=14, Z_2=49, \alpha=14.5°$ 인 스퍼 기어가 700rpm, 10PS를 전달할 때, 양 기어의 재질을 결정하여라. 단, 이나비 50mm 이다.

Solution

$$D_1=mZ_1=5\times14=70(\text{mm})$$

$$v=\frac{\pi D_1N_1}{60\times1000}=\frac{\pi\times70\times700}{60\times1000}=2.56(\text{m/s})$$

$$f_v=\frac{3.05}{3.05+v}=\frac{3.05}{3.05+2.56}=0.54$$

$$P=\frac{735H}{v}=\frac{735\times10}{2.56}\fallingdotseq2871(\text{N})$$

(1) 굽힘 강도에서 : $y_1=0.086$, $y_2=0.11$, $b=10m=10\times5=50\text{mm}$ 이므로

$$\sigma_{b1}=\frac{P}{f_v b m y_1}=\frac{2871}{0.54\times50\times5\times0.086}\fallingdotseq247(\text{MPa})$$

$$\sigma_{b2}=\frac{P}{f_v bmy_2}=\frac{2871}{0.54\times50\times5\times0.110}\fallingdotseq193(\text{MPa})$$

(2) 면압 강도에서 : 식 (15-72)에서 K의 값을 구하면

$$K=\frac{P}{f_v mb\dfrac{2Z_1Z_2}{Z_1+Z_2}}=\frac{2871}{0.54\times5\times50\times\dfrac{2\times14\times49}{14+49}}=0.97(\text{MPa})$$

이상의 결과에 의하여 $\sigma_{b1}=247\text{MPa}$, $\sigma_{b2}=193\text{MPa}$ 를 표 15-12에서 찾으면 피니언은 SM 33C, 기어는 SC 46(탄소 주강품)으로 하고, $K=0.97$ MPa를 표 15-17에서 찾으면 $\alpha=14.5°$ 일 때 피니언 $H_B=350$, 기어 $H_B=250$ 임을 알 수 있으므로, 피니언 SM 33C($H_B=350$), 기어 SC 46 ($H_B=250$)으로 결정한다.

예제 15-30 다음의 조건에 따라 스퍼 기어의 $m=4$일 때 전달 마력(kW)을 구하여라.

구분	재질	잇수	N(rpm)	모듈	압력각	하중계수
피니언	SM 40C(H_B=250)	$Z_1=20$	$N_1=450$	4	20°	0.8
기어	GC 150	$Z_2=60$	$N_2=150$			

Solution

(1) 굽힘 강도상에서

$$v=\frac{\pi D_1N_1}{60\times1000}=\frac{\pi\times4\times20\times600}{60\times1000}=2.5(\text{m/s})$$

$$f_v=\frac{3.05}{3.05+v}=\frac{3.05}{3.05+2.5}=0.55$$

① 피니언에 대하여 : $\sigma_a=280\text{MPa}$(표 15-12), $y_1=0.346$(표 15-14)이므로

$$\sigma_b=f_vf_w\sigma_a=0.55\times0.8\times280\fallingdotseq120(\text{MPa})$$

$$P_1=\sigma_b bmy_1=120\times40\times4\times0.346\fallingdotseq6810(\text{N})$$

② 기어에 대하여 : 재질 GC 150일 때, $\sigma_a = 70\,\text{MPa}$(표 15－12), $y_2 = 0.433$(표 15－14)이므로

$$\sigma_b = f_v f_w \sigma_a = 0.5 \times 0.8 \times 70 \fallingdotseq 28(\text{MPa})$$

$$P_2 = \sigma_b bmy_2 = 28 \times 10 \times 4 \times 4 \times 0.433 \fallingdotseq 1940(\text{N})$$

(2) 면압 강도상에서 : 접촉 응력계수 $K = 1.3\text{N/mm}^2$ (표 15－17)이므로

$$P = f_v Kmb\frac{2Z_1Z_2}{Z_1+Z_2} = 0.55 \times 1.3 \times 4 \times 40 \times \frac{2\times 20 \times 60}{20+60} \fallingdotseq 3430(\text{N})$$

이상의 결과에서 최소 전달 하중 2148N이므로

$$\therefore H = \frac{Pv}{1000} = \frac{1940 \times 2.5}{1000} = 4.85(\text{kW})$$

참고

위 계산에서 굽힘 강도와 면압 강도상에서 구한 결과가 다르지만 어느 쪽을 선택할 것인가는 그 기어의 운전 산태와 조건에 따라 결정한다.

① 연속 운전할 때는 마멸에 중점을 두고 면압 강도상에서 계산한다.
② 극히 드물게 운전하는 경우나 연속 운전이라도 경하중이고, 전 부하의 하중이 극히 단시간일 때는 굽힘 강도상에서 계산한다.
③ 강일 때는 일반적으로 면압 강도상에서의 계산이 굽힘 강도상에서의 계 산보다도 넓은 이나비가 필요하다. 주철일 때는 반대의 결과가 된다.
④ 피니언에 대하여 기어의 굽힘 강도가 면압 강도의 값보다 적다. 이것은 주철에 대한 K의 값이 σ_b의 값에 비하여 적기 때문이다. 결국 기어는 굽힘 강도에 비하여 면압 강도가 크게 되는 것이다.

예제 15－31 다음과 같은 조건에서 5.5kW를 전달하는 스퍼 기어의 다음을 구하여라.

구분	재 질	회전수	중심 거리	압력각
피니언	SM 45C($H_B = 250$)	$N_1 = 450\text{rpm}$	약 252mm	20°
기 어	GC 300	$N_2 = 150\text{rpm}$		

(1) 모듈(m)　　(2) 잇수(Z_1, Z_2)
(3) 면압 강도상의 회전력(P)　　(4) 브리넬 경도(H_B)

Solution (1) ① 피니언일 때

$$i = \frac{N_2}{N_1} = \frac{D_1}{D_2} \rightarrow \frac{150}{450} = \frac{1}{3} = \frac{D_1}{D_2} \qquad \therefore 3D_1 = D_2$$

$$A = \frac{D_1+D_2}{2} = \frac{D_1+3D_1}{2} = 2D_1 \rightarrow 252 = 2D_1$$

$$\therefore D_1 = 126(\text{mm})$$

$$v = \frac{\pi D_1 N_1}{1000\times 60} = \frac{\pi \times 126 \times 450}{1000 \times 60} = 2.967(\text{m/s})$$

$$P_1 = \frac{1000H_{KW}}{v} = \frac{1000 \times 5.5}{2.967} \fallingdotseq 1854(\text{N})$$

$$f_v = \frac{3.05}{3.05 + v} = \frac{3.05}{3.05 + 2.967} = 0.5$$

(참고)

$\sigma_b = 300$MPa(표 15-12에서), $b = 10m$으로 가정하고, y=0.377 로 가정 (표 15-14에서 평균값)하고, y는 모듈을 결정한 후, 잇수를 모르는 경우에는 피치원 지름으로부터 잇수를 결정할 수 밖에 없다.

$$P_1 = f_v \sigma_b b m y = f_v \sigma_b 10 m m y$$

$$1854 = 0.5 \times 300 \times 10 mm \times 0.377$$

$$\therefore m = \sqrt{\frac{1854}{0.5 \times 300 \times 10 \times 0.377}} = 1.8 \qquad \therefore m = 2$$

② 기어일 때 : $\sigma_b = 130$MPa (표 15-12에서), 그 외는 피니언에 따른다.

$$\therefore m = \sqrt{\frac{1854}{0.5 \times 130 \times 10 \times 0.377}} = 2.75 \qquad \therefore m = 3$$

이상에서 모듈은 큰 쪽을 취하여 m=3으로 한다.

(2) $Z_1 = \dfrac{D_1}{m} = \dfrac{126}{3} = 42$(매)

$\rightarrow i = \dfrac{Z_1}{Z_2} = \dfrac{1}{3}$ 에서 $3Z_1 = Z_2$

$\therefore Z_2 = 3 \times 42 = 126$(매)

K=0.79MPa(표 15-10에서), $b = 10m = 10 \times 3 = 30$ mm이므로

$$P_2 = f_v K D_1 b \frac{2Z_2}{Z_1 + Z_2} = 0.5 \times 0.79 \times 126 \times 30 \times \frac{2 \times 126}{42 + 126} \fallingdotseq 2240(\text{N})$$

(참고)

위의 값은 전달 하중 1854N에 대하여 안전하고, 만일, 위의 결과가 1860N보다 작거나 너무 클 때는 재질을 바꾸어 K의 값을 변화시키 거나, 모듈을 바꾸어 다시 계산하여 안전한가를 검토한 후 결정 한다.

(3) 브리넬 경도 (H_B) : 표 15-12에서 찾아야 되므로, 접촉 응력 계수(K)는 회전력을 작은 값으로 선택할 때, 다음의 식을 이용한다.

$$K = \frac{P(Z_1 + Z_2)}{f_v b m 2 Z_1 Z_2} = \frac{1854 \times (42 + 126)}{0.5 \times 30 \times 3 \times 2 \times 42 \times 126} = 0.65(\text{MPa})$$

고로, 표 15-17에서 $\alpha = 20°$, $K = 0.65$에 해당되는 피니언의 $H_B = 250$ 임을 알 수 있고, H_B의 증가에 따라 K값도 증가하므로, $H_B = 250$이면 충분하다고 판단된다.

15-5 스퍼 기어 각부의 설계

스퍼 기어 각부의 설계는 다음과 같이 한다.

① 이의 크기를 결정하여 원주상의 이의 각 부분을 결정한다.
② 이의 모양을 알고 림(rim)의 각부 치수를 결정한다.
③ 축의 지름을 기초로 보스(boss)의 각부 치수를 결정한다.
④ 림과 보스와를 연결하여 암(arm)의 치수를 결정한다.

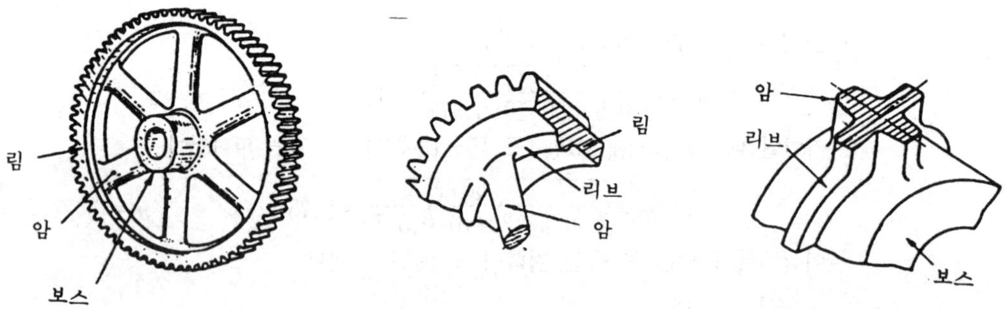

(a) (b) (c)

그림 15-39. 기어 각부의 명칭

기어는 그림 15-39와 같이 림(rim), 리브(rib), 암(arm), 보스(boss)로 나누어 계산한다. 일반적으로 기어의 구조는 피치원 지름의 크기를 기준으로 하여 결정한다.

1. 림

그림 15-40과 같이 림(rim)의 두께(a)는 경하중의 작은 기어는 원주 피치 p 의 (0.5~0.7)배로 하거나, 큰 기어에서는 다시 $a_1=0.5p$ 의 리브를 덧붙여서 보강 한다.

$$\left.\begin{aligned} a &= (0.5\sim0.7)p = 1.57m \ (\text{주철}) \\ &= 0.4p = 1.25 \ (\text{주강 및 강}) \end{aligned}\right\} \quad (15-74)$$

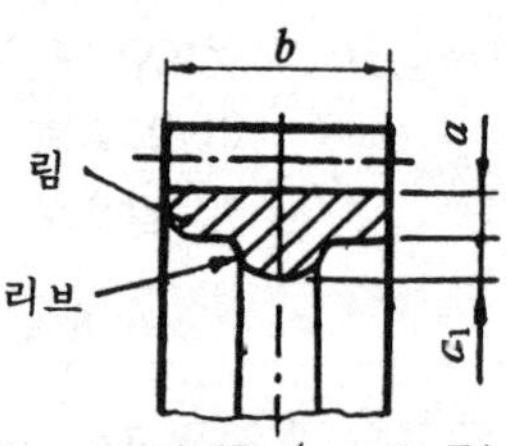

$a=1.57m$(m= 모듈)

그림 15-40

2. 리브

그림 15-40과 같이 리브(rib)의 두께 $a_1=a$ 로 한다.

3. 암

그림 15-41과 같이 암(arm)은 림과 보스를 연결시켜주는 것이다.

① 기어의 피치원 지름이 작은 기어는 이나비 두께로 전체를 제작하기 때문에 암이 별도로 필요 없게 된다.
② 피치원 지름이 커지면 무게를 줄이고, 재료를 효율적으로 사용하기 위하여 림과 보스의 사이를 암으로 연결하는 구조로 만들게 된다.

(1) 종 류

① 피치원 지름 $D=200$mm 정도까지의 것은 그림 15－41 (a)와 같이 웨브형(web type)으로 주조한다. 이 때에 웨브 판에는 중량의 경감을 위하여 구멍을 등간격으로 뚫기도 한다.

② $D<2d$, $D=200$mm 이상이면 그림 15－39 (a)와 같이 암을 설치한다.

③ 피치원 지름 $D<4d$ 정도일 때에는 그림 15－41 (b)와 같이 원판형으로 한다.

④ 피치원 지름 $D<2d$ 정도로 작은 기어에는 그림 15－41 (c)와 같이 축과 일체로 된 통쇠형으로 하고, 이것을 기어 축(gear shaft)이라 한다.

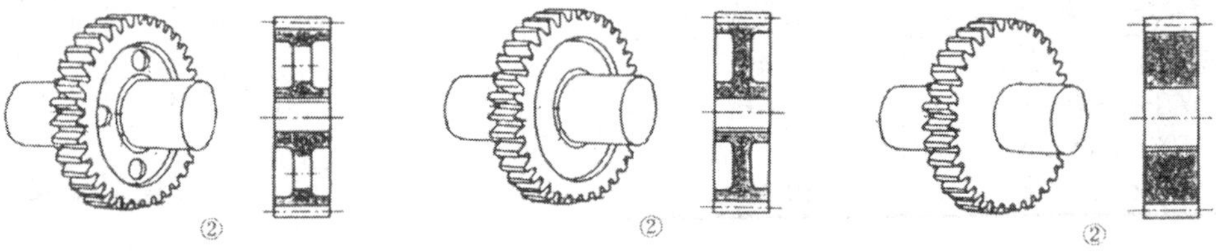

(a) 웨브형　　(b) 원판형　　(c) 통쇠형

그림 15－41. 기어의 암 구조

(2) 암의 단면(그림 15－42 참조)

① 그림 (a)와 (e)의 ＋자형과 (d)의 H형은 이나비가 크고, 중하중(重荷重) 또는 대형 기어에 사용된다.

② 그림 (b)는 타원형의 구조로 간단하여 이나비가 작고, 경하중일 때 사용한다.

③ 그림 (c)는 T형의 단면으로 중하중(中荷重)에 사용된다.

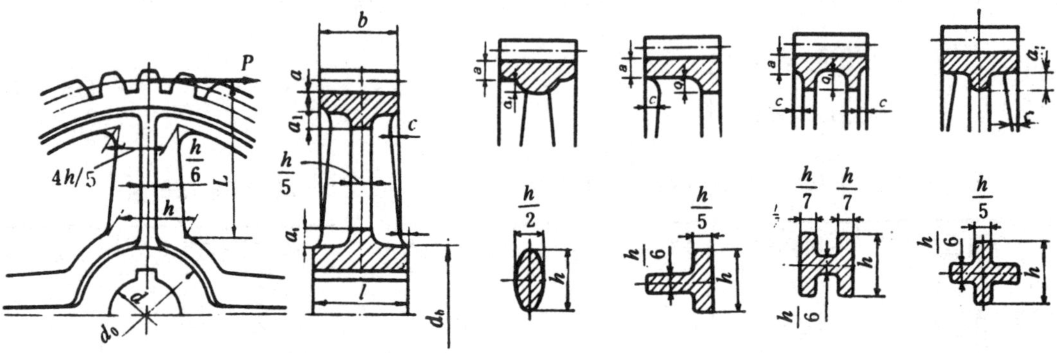

(a) ＋자형　　(b) 타원형　　(c) T자형　　(d) H자형　　(e) ＋자형

$a=a_1=(0.5\sim0.7)p=1.57m$(주철)　$d_b=1.6d_s+5$ mm(동, 주강)　$h=2p$(타원)　$c=0.5p$

$=0.4p=1.25m$(주강 및 강)　$=2d$(주철, 연질 재료)　$h=2.5p$(T. ＋ .H)

그림 15－42. 암의 단면 모양

(3) 암의 수

암의 수는 피치원 지름 D(mm)를 기준으로 다음과 같이 구하거나, 표 15-18을 참고로 하고, 암의 단면, 모양, 치수, 균형 등을 고려하여 암의 단면 치수를 결정한다.

$$\left.\begin{aligned} n &= \frac{1}{7}\sqrt{D} \ (\text{단일 기어}) \\ &= \frac{1}{8}\sqrt{D} \ (\text{분할 기어}) \end{aligned}\right\} \qquad (15-75)$$

표 15-18. 암의 수(n)

피치원 지름(D)	암의 수(n)
600mm 정도까지	4~5
600~1500mm	6
1500~2400mm	8
2400mm 이상	10 또는 12

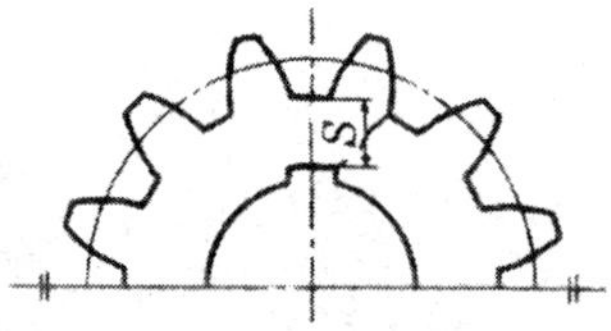

그림 15-43

(4) 이뿌리에서 키 홈 윗면까지의 거리(S) : 그림 15-43에서 다음과 같이 구한다.

$$\left.\begin{aligned} S &\geq 0.7p \ (\text{강 또는 합성 수지}) \\ &\geq 2.2m \\ &\geq 0.9p \ (\text{주철}) \end{aligned}\right\} \qquad (15-76)$$

(5) 이나비

KS B 1404에는 보통 나비(N : 모듈의 6배로서 경하중용)와 넓은 나비(W: 모듈의 10배로서 중하중용)의 2종류로 되어 있다.

일반적으로 계산할 때 이나비는 $b=\phi p$로 구하고, ϕ는 이나비 계수로서, 표 15-19와 같이 기어의 종류에 따라 선택하며, 다음의 식으로 구하거나 그림 15-44의 비례 치수에 의할 수 있다.

$$\left.\begin{aligned} b &= (2.5\sim3.5)p \\ &= 3\pi m = 10m \end{aligned}\right\} \qquad (15-77)$$

표 15-19. 이나비 계수, 최대 속도비, 최소 잇수

기어의 종류	이나비 계수 ϕ	최대 속도비 i	최소 잇수 Z
저속 주물 기어	2	1 : 10	10
보통 전동 기어	2~3.5	1 : 6	18
고속 전동 기어	4.5~6.0	1 : 5	20

표 15-20. 최대 속도(v)

기어 재료	v (m/s)
주철, 강, 주강	4~5
청동과 주철, 강	8~9
비금속과 주철, 강	10~15

*** 설계상 주의**

속도비 i=1 : 2인 경우 잇수비를 20 : 40으로 하지 않고, 20 : 41 또는 19 : 40으로 한다.

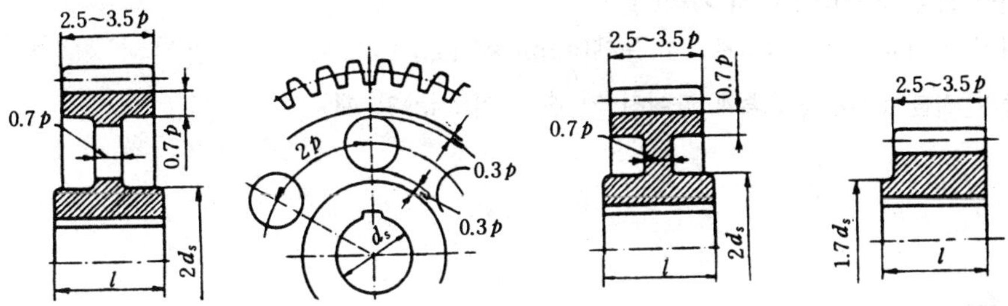

(a) 웨브형　　(b) 원판형　　(c) 통쇠형

그림 15－44. 스퍼 기어 이 나비와 보스의 비례 치수

(6) 암의 나비

그림 15－45와 그림 15－46에서 피치원상에서 암의 이뿌리부까지의 거리를 L이라 할 때, 암 고정단에 해당되는 뿌리부에 작용하는 모멘트 $M=PL=\frac{n}{4}\sigma_b Z$이고, 타원 단면의 암일 때에는 $b=\frac{1}{2}h$라 하고, 중립축은 짧은 위치에 있으므로, 단면 계수(Z) 는

$Z=\frac{\pi\times(\text{긴 지름})^2\times(\text{짧은 지름})}{32}=\frac{\pi h^2}{32}\left(\frac{1}{2}h\right)=\frac{\pi}{64}h^3$ 이 되어 $M=PL=\frac{n}{4}\sigma_b\frac{\pi}{64}h_3$ 에서 암의 나비(h)는 다음과 같이 된다.

$$h=\sqrt[3]{\frac{256PL}{\pi n\sigma_b}} \tag{15-78}$$

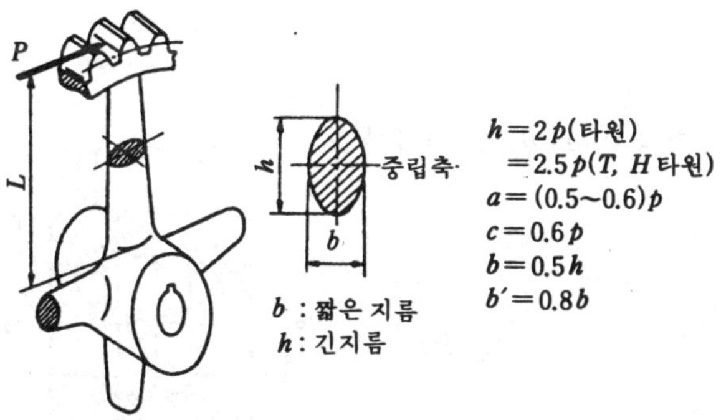

그림 15－45. 암의 강도

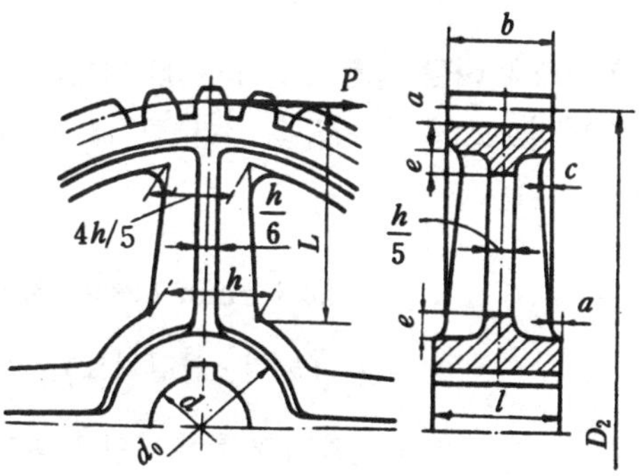

그림 15－46. 암의 크기

＊ 설계상 주의

① 보스 쪽 뿌리를 고정단으로 하고, 피치 원주의 접선 방향에서 암에 직각으로 회전력 P가 작용하는 외팔보를 보고 계산한다. 어느 것이나 굽힘 모멘트에서 암의 단면계수를 구하고, 이것에 맞는 암을 선정한다.

② 회전력 P에 의한 모멘트는 $n/4$개의 암에서 지탱하는 것으로 보고 계산한다. 이 때에 $n=4$인 경우, 1개의 암으로 회전력을 받치는 것으로 생각하고, 안전을 고려해서 4개 이상인 경우에는 $n/4$개가 회전력을 받는 것으로 계산한다.

(7) 이끝에서 암의 이뿌리부까지 거리(L)

D_2 : 피치원 지름(mm), S : 보스의 두께(mm)($S=0.4d_2$)

d_2 : 축의 지름(mm), t : 축에 파여진 키 홈 깊이(mm)일 때

$$L=\frac{D_2}{2}-\frac{d_2}{2}-S-\frac{t}{2} \tag{15-79}$$

4. 보 스

(1) 종류(그림 15-47 참조)

보스(boss)는 모양에 따라 OA, OB, OC, $1A$, $1B$ 및 $1C$형의 6종류가 있다.

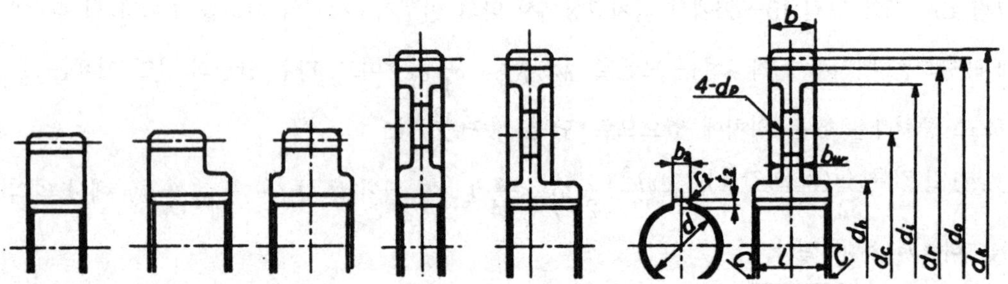

(a) OA형 (b) OB형 (c) OC형 (d) IA형 (e) IB형 (f) IC형

그림 15-47. 일반용 스퍼 기어의 형상

(2) 보스의 바깥 지름(그림 15-48 참조)

일반적으로 축의 지름을 d라 할 때, 보스의 바깥 지름(d_b)는 다음과 같이 구한다.

$$\left.\begin{aligned} d_b &= 1.5d+5\,\text{mm (동, 주강)} \\ &= 2d\ \text{(주철, 연질재료)} \\ &= 1.7d\ \text{(보통 피니언에 대하여)} \end{aligned}\right\} \tag{15-80}$$

$$\left.\begin{aligned} d_b' &= 1.9d+20\,\text{mm (주철)} \\ &= 1.8d+20\,\text{mm (주강 및 강)} \end{aligned}\right\} \tag{15-81}$$

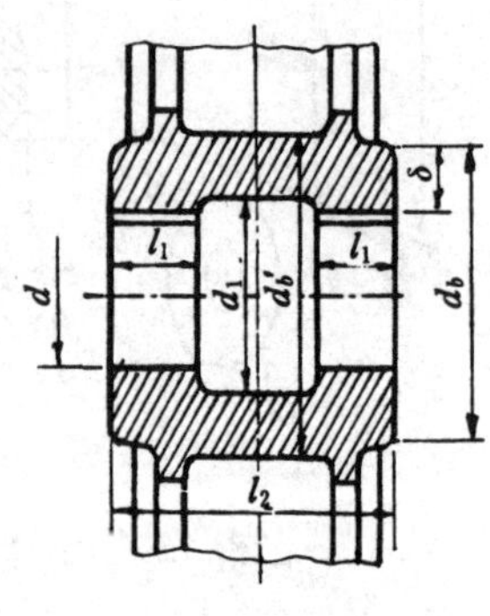

그림 15-48

(3) 보스의 두께

그림 15-48과 같이 키 홈을 제외한 보스의 두께(δ)는 키 홈의 깊이만큼 보스의 바깥 지름을 증가시킨다.

$$\delta=0.4d\ (\text{경하중})=0.44d\ (\text{中하중})=0.5d(\text{重하중}) \tag{15-82}$$

(4) 보스의 길이

그림 15－48과 같이 보스의 길이(l_2)는 다음과 같이 구한다.

$$\left.\begin{aligned} l_2 &= (1.2\sim1.5)d \geqq b+0.25d \\ &= 2b+\frac{D}{40}\text{(원판형, 피니언)} \end{aligned}\right\} \tag{15-83}$$

① 보스의 구멍 d가 커지면 보스의 길이 l_2가 길게 되어, 축과 접촉성이 곤란해지므로, $d>120$ mm로서 l_2가 너무 너무 길 때에는 그림 15－48과 같이 축 구멍의 중앙부에 홈을 깎아낸다. 이 때 **중앙부 지름**(d_1)은 다음과 같이 구한다.

$$d_1 = 1.4d \tag{15-84}$$

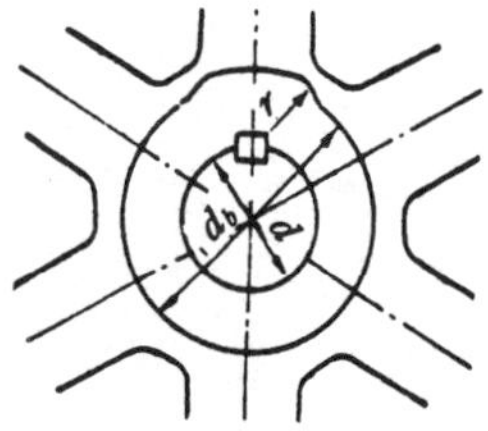

그림 15－49

② 키 홈의 곳에서 보스가 약화될 우려가 있을 때에는 그림 15－49와 같이 살붙이를 하면 된다. 이 때에 r의 치수는 다음과 같이 구한다.

$$r=\frac{1}{2}(d_b\sim d)\sim\frac{1}{2}(d_b-d)+2\,\text{mm} \tag{15-85}$$

그림 15－50은 한 쌍의 스퍼 기어에 대한 각부의 크기를 비례치수로 나타낸 것이다.

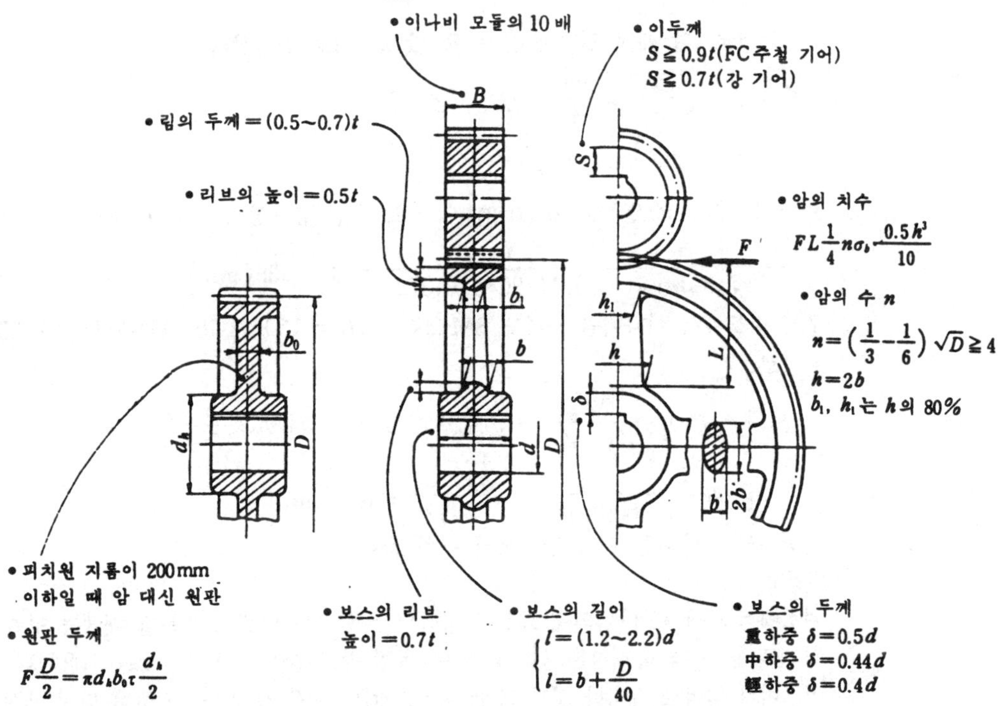

그림 15－50. 스퍼 기어 각부의 크기

예제 15-32 10PS, 800rpm으로 속도비 1 : 4, $\alpha=14.5°$ 인 스퍼 기어를 설계하여라. 단, 피니언 피치원 지름 90mm, 피니언 재질은 SM 25C, 기어 재질은 GC 200이다.

Solution (1) 이의 각부 치수

① 모듈 : $v=\dfrac{\pi D_1 N_1}{60\times1000}=\dfrac{\pi\times90\times800}{60\times1000}=3.77\text{(m/s)}$

$$P=\frac{735H}{v}=\frac{735\times10}{3.77}=1950\text{(N)}$$

$$f_v=\frac{3.05}{3.05+v}=\frac{3.05}{3.05+3.77}=0.44$$

피니언일 때 재질 SM 25C이므로 $\sigma_b=210$MPa(표 15-12에서), $b≒10$m, 치형 계수 $y_1=0.313$(표 15-14에서 평균값)을 사용하면

$$P=f_v\sigma_b bmy_1 \rightarrow 1950=0.44\times210\times10mm\times0.313$$

$$\therefore m=\sqrt{\frac{1950}{0.44\times210\times10\times0.313}}=2.6$$

$$\therefore m=3$$

기어일 때 재질 GC 200이므로 $\sigma_b=90$MPa(표 15-12에서)이고, $y=0.313$일 때, 잇수 $Z_1=22$로 가정하면 $Z_2=Z_1(1/i)=22\times4=88$이나 잇수 90으로 가정하면 $y_2=0.372$를 사용하면

$$\therefore m=\sqrt{\frac{1950}{0.44\times90\times10\times0.372}}=3.8$$

$$\therefore m=4$$

고로, 위 계산 결과에서 큰 쪽 값 $m=4$로 결정한다.

② 잇수 : $Z_1=\dfrac{D_1}{m}=\dfrac{90}{4}=22.5≒23$(매)

$$Z_2=Z_1\frac{1}{i}=23\times4=92\text{(매)}$$

③ 이나비 : $Z_2=92$일 때, $y≒0.372$이므로, 굽힘 강도상에서 이나비는

$$b=\frac{P}{f_v\sigma_b my_2}=\frac{1950}{0.44\times90\times4\times0.372}=33.1≒35\text{(mm)}$$

면압 강도에서 이나비를 구하면 SM 25C의 $H_B=150$(표 15-17)에서 $K=0.3$MPa이므로

$$P=f_vKD_1b\frac{2Z_2}{Z_1+Z_2}\rightarrow1950=0.44\times0.3\times90\times b\times\frac{2\times92}{23+92}$$

$$\therefore b=\frac{1950}{0.44\times0.3\times90}\times\frac{23+92}{2\times92}≒103\text{(mm)}$$

이상에서 이나비를 면압 강도에서 구한 값이 크다.

참고

여기에서 가장 큰 나비의 값으로 결정하되, 굽힘 강도만으로 충분할 때에는 잇면의 윤활 상태를 좋게 유지하는 것으로 하여 굽힘 강도에서 구한 35mm를 사용한다. 만일 이나비가 임의로 가정한 것과 크게 다르면 y_2의 값을 작게하여 모듈을 다시 계산한다.

④ 피치원 지름 : $D_1 = mZ_1 = 4 \times 23 = 92(\text{mm})$, $D_2 = mZ_2 = 4 \times 92 = 368(\text{mm})$

⑤ 바깥 지름 : $D_{01} = m(Z_1 + 2) = 4 \times 25 = 100(\text{mm})$

$D_{02} = m(Z_2 + 2) = 4 \times 94 = 376(\text{mm})$

(2) 축의 지름 : $i = \dfrac{1}{4} = \dfrac{N_2}{N_1} = \dfrac{N_2}{800} \rightarrow 4N_2 = 800$

$\therefore N_2 = 200(\text{rpm})$

허용 전단 응력 $\tau_a = 27\text{MPa}$ 로 가정할 때

$$d_1 = 110\sqrt[3]{\frac{H}{N_1}} = 110\sqrt[3]{\frac{10}{800}} = 25 \fallingdotseq 30(\text{mm})\ (\text{키홈 고려})$$

$$d_2 = 110\sqrt[3]{\frac{H}{N_2}} = 110\sqrt[3]{\frac{10}{200}} = 40 \fallingdotseq 45(\text{mm})\ (\text{키홈 고려})$$

(3) 기어의 각부 치수

a. 림 : 피니언 → 원판형

기 어 → 원주 피치 $p = \pi m = \pi \times 4 = 12.579\ (\text{mm})$

림의 두께 $a = 0.7p = 0.7 \times 12.57 = 9\ (\text{mm})$

림의 리브 높이 $a_1 = 0.5p = 0.5 \times 12.57 = 7\ (\text{mm})$

b. 보스 : 길이 → 피니언 $\delta_1 = 0.4d_1 = 0.4 \times 25 = 10\ (\text{mm})$

기어 $\delta_2 = 0.4d_2 = 0.4 \times 40 = 16\ (\text{mm})$

바깥지름-피니언 $d_{b1} = 1.5d_1 + 5 = 1.5 \times 25 + 5 = 42.5 \fallingdotseq 44\ (\text{mm})$

기어 $d_{b2} = 1.5d_2 + 5 = 1.5 \times 40 + 5 = 65\ (\text{mm})$

c. 암 : 개수 → $n = \dfrac{1}{7}\sqrt{D_2} = \dfrac{1}{7}\sqrt{368} = 2.74 \fallingdotseq 4(\text{매})$

길이 $L = \dfrac{D_2}{2} - \dfrac{d_2}{2} - S - \dfrac{t}{2} = \dfrac{368}{2} - \dfrac{40}{2} - 16 - \left(\dfrac{4}{2}\right) = 146\ (\text{mm})$

긴 지름 $h = \sqrt[3]{\dfrac{256PL}{\pi n \sigma_b}}\sqrt{\dfrac{256 \times 1950 \times 146}{\pi \times 4 \times 210}} = 30\ (\text{mm})$

짧은 지름 $b = 0.5h = 0.5 \times 30 = 15(\text{mm})$

$h_1' = \dfrac{4}{5}h = \dfrac{4}{5} \times 30 = 24(\text{mm})$

예제 15-33 한 쌍의 스퍼 기어 ($\alpha = 20°$)가 아래와 같은 조건일 때, 설계 제도 하여라. 단, 축의 허용 전단 응력 40MPa이다.

구분	재질	동력	속비	회전수	피치원 지름	허용 굽힘 응력	접촉 응력계수	하중 계수
피니언	SM 35C ($H_B = 200$)	7.5 kW	1/3	500rpm	약100mm	260MPa	0.79MPa	0.8
기어	GC 250			–	–	110MPa		

Solution (1) 모듈(m) : 피니언과 기어에 대하여 구한 후 큰 값을 선정한다.

① 피니언

$$v=\frac{\pi D_1 N_1}{1000\times60}=\frac{\pi\times100\times500}{1000\times60}=2.62(\text{m/s})$$

$$P=\frac{1000H}{v}=\frac{1000\times7.5}{2.62}=2860(\text{N})$$

$$f_v=\frac{3.05}{3.05+v}=\frac{3.05}{3.05+2.62}=0.538$$

잇수 Z_1을 모르므로, 표 15−14에서 평균 값 $y_1=0.377$, $\sigma_{b1}=260$MPa, $\sigma_{b2}=110$MPa(표 15−12) 이므로

$$P_1=f_v f_w \sigma_{b1} b\, m\, y_1 \rightarrow 2860=0.538\times0.8\times260\times10mm\times0.377$$

$$\therefore m_1=\sqrt{\frac{2860}{0.538\times0.8\times260\times10\times0.377}}=2.6$$

$$\therefore m=3$$

② 기어 : 잇수 Z_2를 모르므로, 표 15−14에서 평균값 $y_2=0.433$

$$Z_2=\frac{D_1}{m_1}\times\frac{1}{i}=\frac{100}{3}\times\frac{1}{1/3}=100(\text{매})$$

$P_2=f_v f_w \sigma_{b2} b\, m\, y$에서

$$2860=0.538\times0.8\times110\times10mm\times0.433$$

$$\therefore m_2=\sqrt{\frac{2860}{0.538\times0.8\times110\times10\times0.433}}=3.7$$

$$\therefore m=4$$

이상의 계산에서 m=4로 결정한다.

(2) 잇수 (Z_1, Z_2)

$$Z_1=\frac{D_1}{m}=\frac{100}{4}=25(\text{매})$$

$$Z_2=\frac{Z_1}{i}=25\times3=75(\text{매})$$

(3) 이나비(b)

① 굽힘 강도상에서 : 잇수 $Z_2=75$일 때 $y=0.443$이므로

$$b=\frac{P}{f_v f_w \sigma_b m\, y}$$

$$=\frac{2860}{0.538\times0.8\times110\times4\times0.443}=34.9(\text{mm})$$

② 면압 강도상에서 : K=0.79MPa (표 15−17에서)

$$b=\frac{P(Z_1+Z_2)}{f_v Km\times2Z_1Z_2}$$

$$=\frac{2860\times(25+75)}{0.538\times0.79\times4\times2\times25\times75}\fallingdotseq45\ (\text{mm})$$

이상의 계산에서 여유를 고려하여 $b\fallingdotseq48$mm로 결정한다.

(4) 기어의 지름

① 피치원 지름 : $D_1=mZ_1=4\times25=100(\text{mm})$

$D_2 = mZ_2 = 4 \times 75 = 300$(mm)

② 바깥 지름 : $d_{b1} = m(Z_1 + 2) = 4 \times (25 + 2) = 108$(mm)

$d_{b2} = m(Z_2 + 2) = 4 \times (75 + 2) = 308$(mm)

③ 원주 피치 : $p = \pi m = \pi \times 4 = 12.56$(mm)

(5) 림 : 피니언 → 원판형으로 한다.

기어 → 림 두께 $a = 0.7p = 0.7 \times 12.56 = 8.79 \fallingdotseq 10$(mm)

리브 두께 $a_1 = 0.5p = 0.5 \times 12.56 = 6.28 \fallingdotseq 7$(mm)

(6) 축의 지름 : $\tau_a = 40$ MPa으로 할 때

$$T_1 = 9550 \frac{H_{KW}}{N_1} = 9550 \times \frac{7.5}{500} = 143.25(\text{N} \cdot \text{m})$$

$$T_2 = 9550 \frac{H}{N_1 i} = 9550 \times \frac{7.5}{500 \times 3} = 429.75(\text{N} \cdot \text{m})$$

$$\therefore d_1 = \sqrt[3]{\frac{5.1 T_1}{\tau_a}} = \sqrt[3]{\frac{5.1 \times 143250}{40}} = 26.3 \fallingdotseq 35\ (\text{mm})$$

$d_1 = 35$ mm일 때, 표 3-3에서 $b \times h = 10 \times 8$(mm) $\therefore t_1 = 4$mm

$$\therefore d_2 = \sqrt[3]{\frac{5.1 T_2}{\tau_a}} = \sqrt[3]{\frac{5.1 \times 429750}{40}} = 27.9 \fallingdotseq 45(\text{mm})$$

키의 치수 : $b \times h = 12 \times 8$(mm) $\therefore t_2 = 4$mm

(7) 보스의 치수

① 길이 : 피니언 $l_1 = 1.4 d_1 = 1.4 \times 35 = 49 \fallingdotseq 55$(mm)

기어 $l_2 = 1.4 d_2 = 1.4 \times 45 = 63 \fallingdotseq 70$(mm)

② 두께 : 피니언 $\delta_1 = 0.4 d_1 = 0.4 \times 35 = 14$(mm)

기어 $\delta_2 = 0.4 d_2 = 0.4 \times 45 = 18$(mm)

③ 외경 : 피니언 $d_{b1} = d_1 + 2(\delta_2 + t_1)$

$= 35 + 2 \times (14 + 4) = 71 \fallingdotseq 70$(mm)

기어 $d_{b2} = d_2 + 2(\delta_2 + t_2)$

$= 45 + 2 \times (18 + 4) = 89 \fallingdotseq 90$(mm)

④ 보스 리브의 높이 : $e = 0.7p = 0.7 \times 12.56 = 8.79 \fallingdotseq 10$(mm)

(8) 암 : 암의 단면은 타원형으로 한다.

① 개수 : $n = \frac{1}{7}\sqrt{D_2} = \frac{1}{7}\sqrt{300} = 2.47$ $\therefore n \fallingdotseq 4$(매)

② 길이 : $S = 0.4 d_2 = 0.4 \times 45 = 18$(mm)이므로

$$L = \frac{D_2}{2} - \frac{d_2}{2} - S - \frac{t}{2} = \frac{300}{2} - \frac{45}{2} - 18 - \frac{4}{2} \fallingdotseq 145\ (\text{mm})$$

③ 긴 지름 : $h = \sqrt[3]{\frac{256PL}{\pi n \sigma_{b2}}} = \sqrt[3]{\frac{256 \times 2860 \times 145}{\pi \times 4 \times 110}} = 42.5 \fallingdotseq 44$(mm)

$h' = 0.8h = 0.8 \times 44 = 35.2 \fallingdotseq 36$(mm)

④ 짧은 지름 : $b = 0.5h = 0.5 \times 44 = 22$(mm)

$b' = 0.8h = 0.8 \times 22 = 17.6 \fallingdotseq 18$(mm)

(9) 원판형(피니언, 기어)기어일 때의 각부 치수

① 보스 길이 : 피니언에 대하여

$$l_1 \fallingdotseq b + 2m + 0.04D_1 = 48 + 2\times4 + 0.04\times100 = 60(\text{ mm})$$

기어에 대하여

$$l_2 \fallingdotseq b + 2m + 0.04D_2 = 48 + 2\times4 + 0.04\times300 = 68(\text{mm})$$

지름 → 피니언 : $d_{b1} = d_1 + 7t_1 = 35 + 7\times4 = 63(\text{mm})$

기어 : $d_{b2} = d_2 + 7t_2 = 45 + 7\times4 = 73(\text{mm})$

② 원판 두께 → 기어 $b_0 = 0.4b = 0.4\times48 = 19.2 \fallingdotseq 20(\text{mm})$

③ 림 안지름 → 기어 $d_{02} = (D_2 - 2\times1.25m) - 5m$

$= (300 - 2\times1.25\times4) - 5\times4 = 270(\text{mm})$

④ 보어 지름 : $d_{a2} \fallingdotseq 0.25(d_{a2} - d_{b2}) = 0.25\times(270 - 75) = 48.75 \fallingdotseq 50(\text{mm})$

피치원 지름 : $d_{a2} \fallingdotseq 0.5(d_{a2} - d_{b2}) = 0.5\times(270 - 75) = 172.5 \fallingdotseq 170(\text{mm})$

이상이 계산에 따라 (1)~(9)항까지 해당되는 치수에 따른 것은 그림 15−51 (a), 9항의 치수에 따른 것은 그림 (b)에 각각 나타냈다.

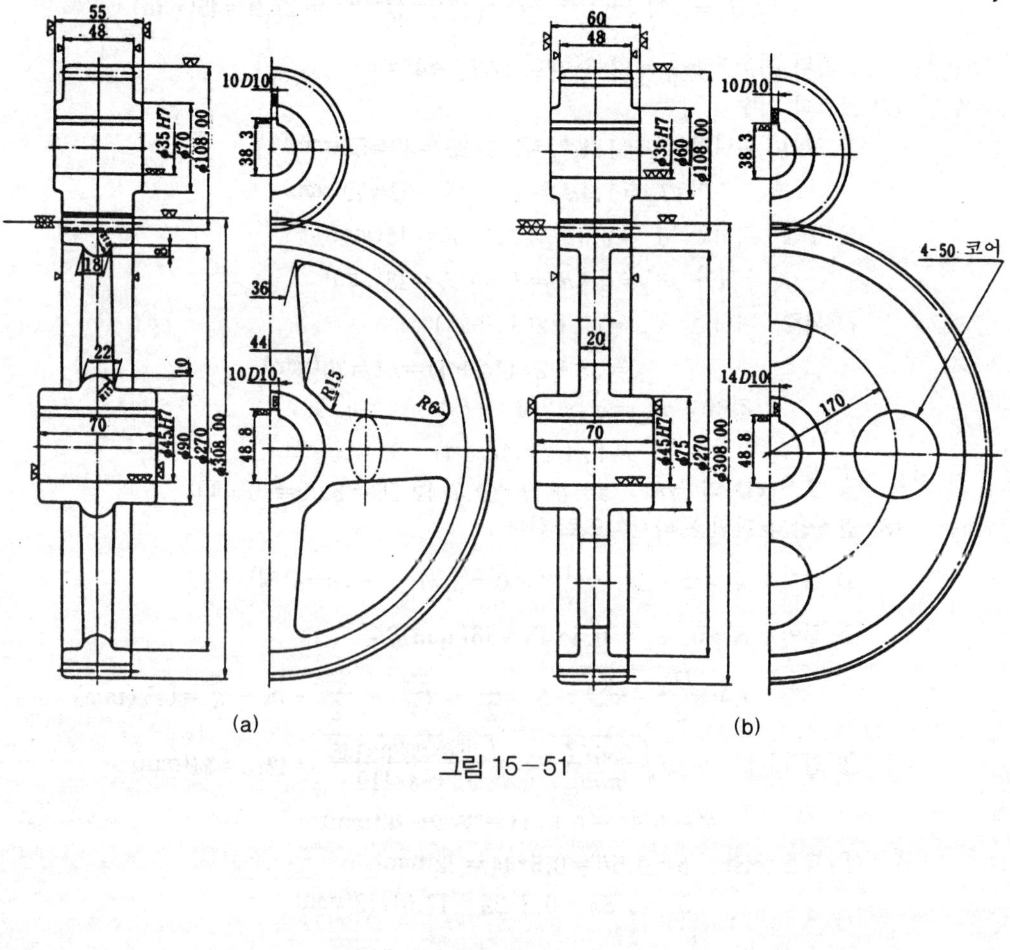

그림 15−51

제15장 연습문제

•논문형

1. 인벌류트 치형의 특성을 설명하여라.
2. 기어의 간섭과 절하 및 방지 방법에 대하여 설명하여라.
3. 기어의 물림률과 미끄럼률에 대하여 설명하여라.
4. 기어의 한계 잇수와 피니언의 최소 잇수에 대하여 설명하여라.
5. 전위 기어의 전위량과 전위 계수에 대하여 설명하여라.
6. 전위 기어의 사용 목적에 대하여 설명하여라.
7. 전위 기어의 중심 거리 증가 계수를 설명하여라.
8. 기어의 피팅 현상과 스코링 현상에 대하여 설명하여라.
9. 스퍼 기어의 회전력을 굽힘 강도와 면압 강도상에서 구분하여 설명하여라.

•계산형

15-1. $Z_1=26$, $Z_2=120$ 축간 거리 730mm인 스퍼 기어의 다음을 구하여라.

(1) 모듈 (m) (2) 원주 피치(p)

(3) 지름 피치 (p_d) (4) 피치원 지름 (D_1, D_2)

15-2. $Z_1=35$, $Z_2=88$ 인 스퍼 기어의 다음을 구하여라.

(1) $m=4$일 때의 중심 거리 (A_1) (2) $p_d=8$일 때의 중심 거리 (A_2)

15-3. $m=4$, 속도비 1/4, 압력각 20°, 중심 거리 100m 인 한 쌍의 스퍼 기어에 대하 여 다음을 구하여라.

(1) 피치원 지름 (D_1, D_2) (2) 잇수 (Z_1, Z_2)

(3) 언더컷이 발생하지 않는 한계 잇수 (Z_g)

15-4. $m=3, Z_1=12, Z_2=30$, $\alpha=14.5°$ 인 전위 기어의 다음을 구하여라.

(1) 전위 계수 (x_1, x_2) (2) 전위량 (x_1m, x_2m)

(3) 인벌류트 함수 (inv α_b) (4) 물림 압력각 (α_b)

(5) 중심거리 증가 계수 (y) (6) 중심 거리 (A_f)

15-5. $Z_1=10, Z_2=27$, $\alpha=14.5°$ 인 전위 기어의 다음을 구하여라.

(1) 전위 계수(x_1, x_2) (2) 물림 압력각(α_b)

(3) 함수 $B_v(\alpha_b)$ (4) 함수 $B(\alpha_b)$ (5) 중심 거리 증가 계수(y)

15-6. $m=5$, $Z_1=14$인 스퍼 기어(720rpm, 30PS을 전달)의 전달 하중을 구하여라.

15-7. 다음과 같은 한 쌍의 스퍼 기어에 대한 피니언과 기어에 대한 회전력(P_1, P_2)을 굽힘 강도상에서 구하여라.

구분	잇수	회전수(rpm)	모듈	압력각	치형 계수	허용 굽힘 응력
피니언	$Z_1=20$	$N_1=250$	5	14.5°	$y_1=0.09$	$\sigma_{b1}=130$MPa
기 어	–	–			$y_2=0.117$	$\sigma_{b2}=90$MPa

15-8. 15PS을 전달하는 한 쌍의 스퍼 기어가 아래의 조건일 때, 다음을 구하여라.

구분	회전수 (rpm)	피치원 지름 (mm)	압력각 α	허용굽힘응력 σ_b (MPa)	치형 계수 y	하중 계수 f_w
피니언	$N_1=900$	$D_1=100$	20°	260	0.360	0.8
기 어	$N_2=300$	–		90	0.443	

(1) 전달 하중(P) (2) 큰 기어의 굽힘 강도에 의한 모듈(m)
(3) 큰 기어의 잇수 (Z_2) : (단, m=5로 가정)

15-9. 300rpm, 15PS을 전달하는 스퍼 기어의 압력각 20° 피치원 지름 200mm일 때, 다음을 구하여라. 단, 이 나비는 모듈의 10배, 치형 계수 $y=0.1\pi$, 허용 굽힘 응력 130MPa, $f_w=1$이다.
(1) 굽힘 강도상의 전달 하중(P_1)
(2) 모듈(m) : [단, $f_v=\dfrac{3.05}{3.05+v}$, 모듈 선정 치수 : 4, 4.5, 5, 5.5, 6]
(3) m=4.5로 가정할 때의 면압 강도상의 하중(P_2) : (단, K=0.186)

15-10. m=3, v=2.5m/s인 스퍼 기어의 전달 동력(kW)을 굽힘 강도상에서 구하여라. 단, 이나비 60mm, 허용 굽힘 응력 200MPa, 치형 계수 0.362이다.

15-11. $m=7$, $Z_1=14$, $Z_2=43$, $N_1=2000$rpm인 고정밀 스퍼 기어의 전달 동력 (kW)을 면압 강도상에서 구하여라. 단, 이나비 42mm, 접촉 응력 계수 1.86이다.

15-12. $m=4$, $Z_1=50$, $Z_2=100$, $v=3.6$m/s, $b=70$mm인 스퍼 기어의 허용 굽힘 응력 300MPa일 때, 다음을 구하여라.
(1) 피니언에 대한 굽힘 강도상의 전달 동력(kW) : (단, $y=0.361$)
(2) 면압 강도상의 전달 동력(PS) : (단, 접촉 응력 계수 0.75)

구분	모듈 m	압력각 α°	잇수 Z	회전수 (rpm)	허용 굽힘 응력 σ_b(N/mm²)	치형 계수 y	접촉 응력계수 K(N/mm²)	이나비 b(mm)
피니언	4	20	25	600	300	0.363	0.98	40
기 어			60	250	130	0.433		

15-13. 아래와 같은 한 쌍의 스퍼 기어에서 다음을 구하여라. 단, 하중 계수 $f_w=1$이다.
(1) 굽힘 강도상에서의 회전력 (P_1, P_2)
(2) 면압 강도상에서의 회전력 (P_3) (3) 전달 동력(kW)

Answer

15-1. (1) 10 (2) 31.4mm (3) 2.54in (4) D_1=260mm, D_2=1200mm
15-2. (1) 246mm (2) 7.6875in
15-3. (1) D_1=40mm, D_2=160mm (2) Z_1=10매, Z_2=40매 (3) 17매
15-4. (1) x_1=0.624, x_2=0.0596 (2) x_1m=2.496mm, x_2m=0.238mm (3) 0.013964 (4) 19.6° (5) 0.582 (6) 86.3mm
15-5. (1) x_1=0.688, x_2=0.157 (2) 21° (3) 0.0371 (4) 0.04456 (5) 0.686
15-6. 8167N 15-7. P_1=2047.5N, P_2=1842.7N
15-8. (1) 4.7m/s (2) 2340N (3) 4.5 (4) 60매 15-9. (1) 3511N (2) 4.5 (3) 1114N
15-10. 17.9kW 15-11. 75kW 15-12. (1) 50kW (2) 31.5PS
15-13. (1) P_1=8590N, P_2=4440N (2) 2728N (3) 8.56kW

제16장 헬리컬 · 베벨 · 웜기어 (helical · bevel · worm gear)

16-1 헬리컬 기어

그림 16－1 (a)처럼 여러 개로 분할한 이나비가 작은 스퍼 기어를 일정한 각도만큼 순차로 고정시킨 것을 **단(段)기어**(stepped gear)라 하고, 이나비의 분할을 무한으로 한 그림 (b)와 같이 원통면 위에 잇줄이 나선으로 된 기어를 **헬리컬 기어**[helical gear : 그림 (c)]라 한다. 또 그림 (d)와 같이 축 방향과 잇줄 방향이 일치하지 않는 기어 즉, 이의 틀어진 방향이 서로 반대인 2개의 헬리컬 기어를 조합한 기어를 이중(二重) 헬리컬 기어[또는 더블 헬리컬 기어(double helical gear), **산형**(山形) **기어**]라고 한다.

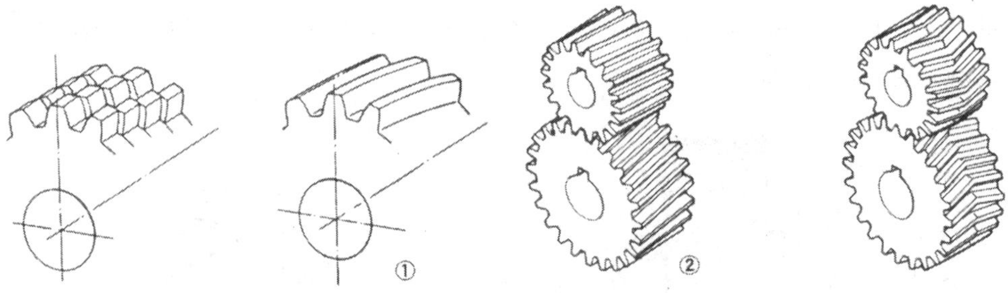

(a) 단기어 (b) 헬리컬 기어 (c) 더블 헬리컬 기어

그림 16－1. 헬리컬 기어

1. 일반 사항

(1) 특 성

① 이의 물림이 연속적인 접촉을 하므로, 이의 물림 길이가 길고, 강도가 강하다.

② 이에 작용하는 힘이 점진적이어서 탄성 변형이 적다.

③ 진동과 소음이 부드럽고, 운전이 정숙하며, 회전비 1/10～1/15이 가능하다.

④ 물림률이 스퍼 기어보다 커서 동일한 이나비일 때, 스퍼 기어보다 효율이 좋고, 하중 전달력이 크며, 잇면의 마멸이 균일하다.

⑤ 임의로 비틀림각을 선정할 수 있으므로, 축간 거리를 조정할 수 있다.

⑥ 한계 잇수가 스퍼 기어보다 적으므로, 잇수가 적은 기어에서도 사용할 수 있다.

(2) 종 류

① **종류** : 스퍼 기어와 같이 OA형, OB형, OC형, $1A$형, $1B$ 및 $1C$형의 6종으로 한다(그림 15−47 참조).

② **용도** : 공작 기계와 공작 기술이 아주 발달되어 고속도 운전의 경우도 거의 소음 이 생기지 않고, 큰 동력을 원활히 전달시킬 수 있게 되었으며, 그 용도가 더욱 확 대되어 가고 있다.

(3) 치형의 크기(KS B 1404)

그림 16−2와 같이 헬리컬 기어는 잇줄이 축각에 대하여 경사져 있고, 치형을 나타내는 방식으로, 축직각 방식(정면 압력각, 정면 모듈을 표준 값을 사용)과 이직각 방식(이직각 압력각, 이직각 모듈을 표준 값을 사용)의 두 가지가 있으며, 이의 크기를 나타내는 기준이 된다.

① **축직각 방식**(normal shaft system) : 축에 이가 직각으로 된 단면의 치형을 기준 래크의 치형으로 표시하고, 이것은 성형법으로 이를 절삭할 때 사용되며, **크기**는 축직각 피치 p_s, 축직각 압력각 α_s, 축직각 모듈 m_s 로 나타낸다.

② **이직각 방식**(normal tooth system) : 잇줄에 직각인 단면의 치형을 기준 랙의 치형으로 표시하고, 이것은 호빙 머신으로 기어를 절삭할 때 사용되며, **크기**는 이직각 피치 p_n, 이직각 압력각 α_n, 이직각 모듈 m_n로 나타낸다. 축직각 방식과 이직각 방식을 비교하면 잇수는 같으나 피치와 모듈은 다르다.

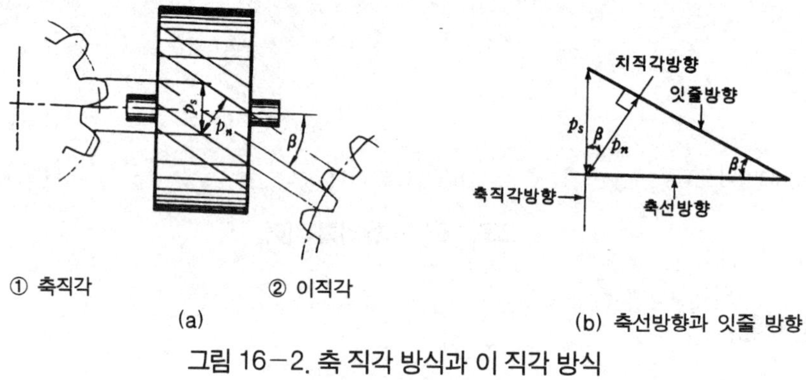

(a) (b) 축선방향과 잇줄 방향

그림 16−2. 축 직각 방식과 이 직각 방식

(4) 설계상 주의

① 기하학적 형상으로 인하여 축 방향 하중이 발생하므로, 축 방향의 하중을 지지하는 베어링의 선정이 필요하다.

② 축 방향의 하중을 없애기 위하여는 비틀림 각이 거의 대칭이 되므로, 조합한 이중 헬리컬 기어를 사용하거나 기어 사이의 홈을 없애고, 반대 방향으로 절삭된 기어를 끼워서 제작된 헤링본 기어(herringbone gear)를 사용한다.

2. 헬리컬 기어의 설계

헬리컬 기어의 설계는 일반적으로 이직각 방식이 합리적으로 사용된다.

[1] 일반 계산식

헬리컬 기어에서는 이직각 피치(p_n) 또는 모듈(m_n)로 이의 크기를 나타내고, 이중 헬리컬 기어에서는 축직각 피치(p_s)와 모듈(m_s)로 나타낸다.

(1) 속도비

두 기어 사이의 속도비(i)는 축직각 방식에서의 잇수로 나타내며, 다음과 같다.

N_1, N_2 : 피니언과 기어의 회전 각속도, Z_1, Z_2 : 피니언과 기어의 잇수일 때

$$i = \frac{N_2}{N_1} = \frac{Z_1}{Z_2} \tag{16-1}$$

(2) 모 듈

그림 16-2에서 **이직각 모듈**(m_n)과 **축직각 모듈**(m_s)은 다음과 같이 나타낸다.

β : 나선각 및 비틀림 각(°), D_s : 피치원 지름(mm), Z_s : 잇수일 때

$$m_n = \frac{p_n}{\pi} = \frac{p_s \cos\beta}{\pi} = m_s \cos\beta \tag{16-2}$$

$$m_s = \frac{D_s}{Z_s} = \frac{m_n}{\cos\beta} \tag{16-3}$$

(3) 바깥 지름

바깥 반지름은 피치원 반지름에 래크 공구의 이끝 높이를 더한 값으로 구한다.

$$D_o = D_S + 2m_n = \left(\frac{Z_s}{\cos\beta} + 2\right)m_n \tag{16-4}$$

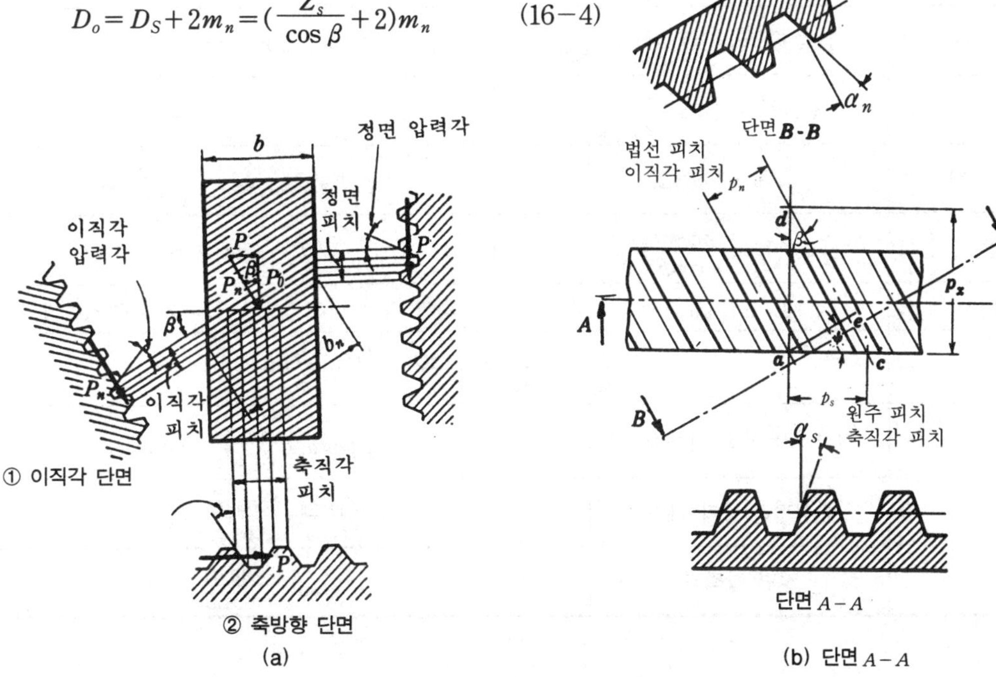

그림 16-3. 헬리컬 기어의 치형

표 16-1. 헬리컬 기어의 치수 계산식

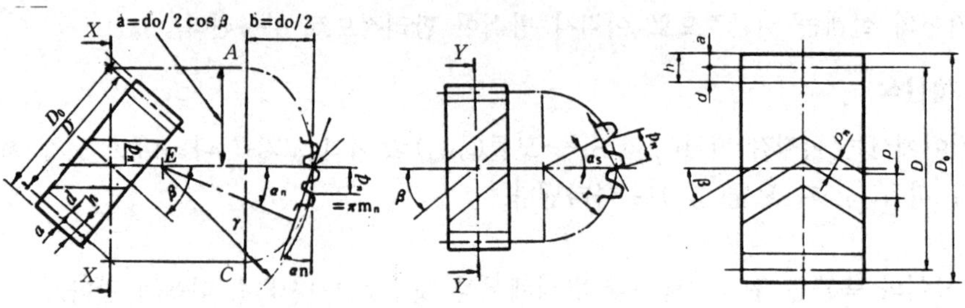

(a) 이직각 단면 치형 (b) 축직각 치형 (c) 산형 기어

항목	이직각 방식	축직각 방식
모듈	$m_n=\frac{p_n}{\pi}=\frac{p_s\cos\beta}{\pi}=m_s\cos\beta$	$m_s=\frac{m_n}{\cos\beta}=\frac{D_s}{Z_s}$
비틀림각	$\beta=\tan^{-1}\left(\frac{\pi D}{L}\right)=\cos^{-1}\left(\frac{Zm_n}{D}\right)$	
압력각	$\alpha_n=\tan^{-1}(\tan\alpha_s\cos\beta)$	$\alpha_s=\tan^{-1}\frac{\tan\alpha_n}{\cos\beta}$
피치	$p_n=\pi m_n=p_s\cos\beta$	$p_s=\pi m_s=\frac{\pi}{\cos\beta}m_n=\frac{p_n}{\cos\beta}$
피치원 지름	$D_S=m_sZ_s=\frac{Z_sm_n}{\cos\beta}$	$D_s=Z_sm_s$
이끝 높이 이뿌리 높이 총 이 높이	$a=m_n=$ 0.89 m_n(이중 헬리컬 기어 사이크스 식)=0.8796 m_n(센더랜드 식) $d\geqq 1.25m_n=$ 1.1 m_n(이중 헬리컬 기어 사이크스 식)=1.0053 m_n(센더랜드 식) $h\geqq 2.25m_n=$ 1.99 m_n(이중 헬리컬 기어 사이크스 식=1.8849 m_n(센더랜드 식)	
바깥 지름	$D_0=D+2m_n=\left(\frac{Z_s}{\cos\beta}+2\right)m_n$	$D_0=D_s+2m_n=Zm_s+2m_n=(Z+2\cos\beta)m_s$
중심거리	$A=\frac{D_1+D_2}{2\cos\beta}=\frac{Z_{s1}+Z_{s2}}{2\cos\beta}m_n$	$A=\frac{Z_1+Z_2}{2}m_s$
법선 피치	$p_e=\pi\cos\alpha_n m_n$	$p_{cs}=\pi\cos\alpha_s m_s=\frac{\pi\cos\alpha_n}{\cos\beta}m_s$
기초원 지름	$D_g=\frac{Z\cos\alpha_n}{\cos\beta}m_n$	$D_g=Z\cos\alpha_s m_s$
리드	$L=\pi d/\tan\beta$	상당 스퍼 기어 잇수: $Z_e=Z/\cos^3\beta$
잇수	$Z=\frac{D}{m_s}=\frac{D\cos\beta}{m_s}=\frac{\pi D}{p}=\frac{(D_g-2m_s)\cos\beta}{m_s}$	
전위 헬리컬 기어 — 이직각 물림 압력각	$\text{inv}\,\alpha_n=2\tan\alpha_n\left(\frac{x_1+x_2}{Z_1+Z_2}\right)+\text{inv}\,\alpha_n$	
전위 헬리컬 기어 — 중심거리 증가 계수	$y=\frac{Z_1+Z_2}{2\cos\beta}\left(\frac{\cos\alpha_n}{\cos\alpha}-1\right)$	
전위 헬리컬 기어 — 정면 압력각	$\alpha_t=\tan^{-1}\frac{\tan\alpha_n}{\cos\beta}$	

(4) 축직각 피치와 이직각 피치(그림 16−3)

기어의 피치원 둘레를 잇수로 나눈 값을 축직각 피치(p_s), 축직각 피치와 비틀림각의 곱을 이직각 피치(p_n)로 구한다.

$$p_S = \pi m_S = \frac{\pi D_S}{Z_S} \qquad (16-5)$$

$$p_n = p_S \cos\beta \qquad (16-6)$$

(5) 피치원 지름

$$D = Z_S m_S = \frac{Z_S m_n}{\cos\beta} \qquad (16-7)$$

(6) 압력각

그림 16−4의 △ OAB에서 $\overline{AB} = h\tan\alpha_n$, △ OAC(또는 △ ABC), $\overline{AB} = \overline{AC}\cos\beta = h\tan\alpha_s\cos\beta$이므로, 축직각과 이직각 압력각 α_s, α_n은 다음과 같다.

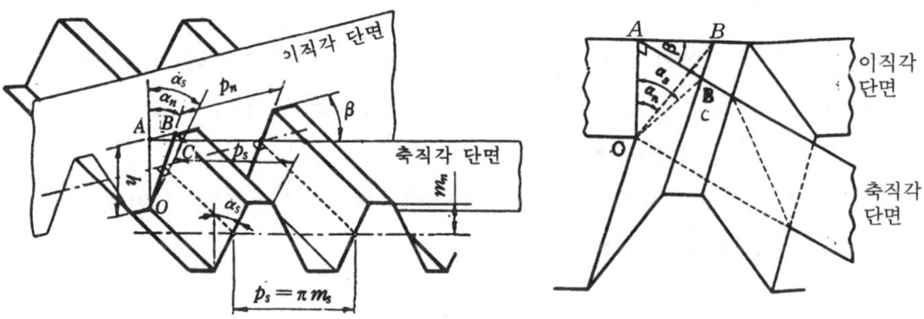

(a) (b)

그림 16−4. 압력각의 관계

$$\alpha_n = \tan^{-1}\cos\beta\,\tan\alpha_s \qquad (16-8)$$

$$\alpha_s = \tan^{-1}\frac{\tan\alpha_n}{\cos\beta} \qquad (16-9)$$

(7) 비틀림 각

그림 16−4에서 축직각 방향과 이직각 방향이 이루는 각 또는 축선 방향과 잇줄 방향이 맺는 각 즉, 비틀림 각(helix angle : 나선각)은 다음과 같이 구한다.

$$\beta = \cos^{-1}\frac{(Z_1+Z_2)m_n}{2A} = \cos^{-1}\frac{Zm_n}{D} \qquad (16-10)$$

종류는 11°21′54″, 15°56′33″, 19°22′12″로 규정(KS B 1415)되어 있다. 일반적으로 10~30°가 사용되나 과도의 스러스트를 방지하기 위하여 보통 β =10~20°로 하고, 20°이상은 드물다. 이중 헬리컬 기어에서는 β =20~45°로 한다.

(8) 중심 거리

두 기어의 중심간 거리(A)는 축직각 방식으로부터 계산하며, 축직각 방식과 이직각 방식의 관계에서 다음과 같다.

$$A = \frac{D_{S1}+D_{S2}}{2} = \frac{Z_{S1}+Z_{S2}}{2} m_S = \frac{D_1+D_2}{2\cos\beta} = \frac{Zs_1+Zs_2}{2\cos\beta} m_n \qquad (16-11)$$

(9) 언더컷 방지 최소 잇수(피니언)

피니언에 대한 언더컷 방지를 위한 피치원 지름의 최소값은 피니언의 축직각 피치원 지름(Ds), 기어 이끝 높이(a)일 때 $\frac{Ds}{2} = \frac{a}{\sin^2\alpha_n} = \frac{m_n}{\sin^2\alpha_n}$ 이고, $Ds = ms\ Zs$, $m_n = \cos\beta$에서 다음과 같이 된다.

$$Zs = \frac{2\cos\beta}{\sin^2\alpha} \qquad (16-12)$$

위 식에서 헬리컬 기어의 최소 잇수는 스퍼 기어보다 작음을 알 수 있다.

[2] 헬리컬 기어의 상당 스퍼 기어

헬리컬 기어에서 잇면에 작용하는 힘에 대한 강도의 설계는 이직각 단면에 대하여 설계하므로 이직각 단면에 대응하는 가상 잇수와 가상의 피치원 지름이 필요하게 된다.

그림 16-5에서 피치원은 진원이나 이직각 단면에서는 P점으로부터 잇줄 BC에 직각인 평면 EF로 끊으면 그 단면은 타원이 된다. P점에 있는 이(齒)는 P점에서 곡률 반지름 R_e와 같은 반지름의 피치원을 가진 스퍼 기어의 치형과 같다.

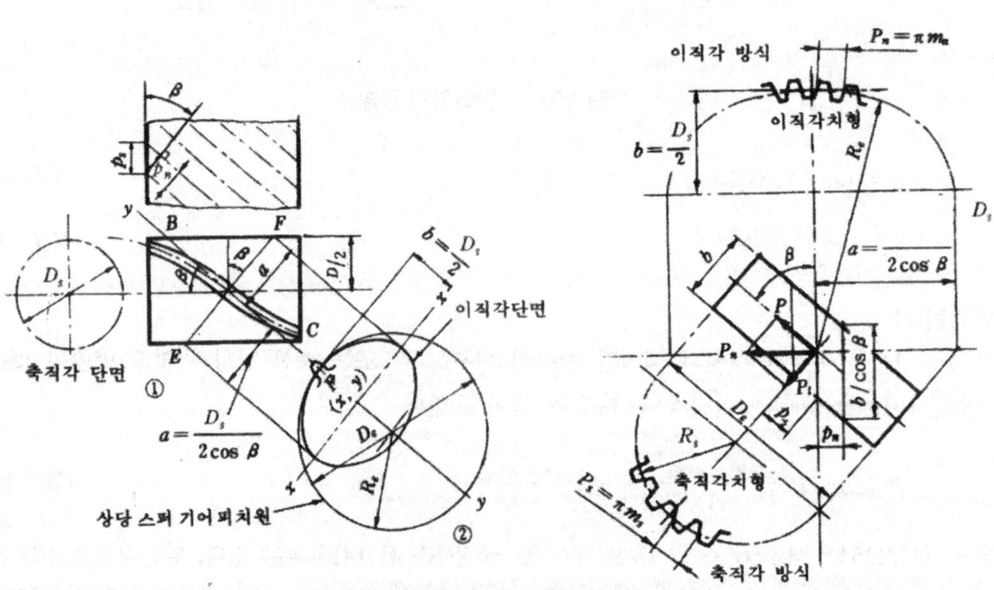

(a) 상당 스퍼 기어의 전개 (b)

그림 16-5. 헬리컬 기어의 상당 스퍼 기어

즉, 헬리컬 기어는 R_e을 피치원 반지름으로 하는 가상 스퍼 기어가 서로 물리고 있는 것으로 생각할 수 있는 데, 이 가상 스퍼 기어를 헬리컬 기어에 대한 **상당 스퍼 기어**(equivalent spur gear)라 한다.

(1) 곡률 반지름

그림 16−5에서 P점으로부터 잇줄 BC에 직각인 평면 EF로 끊으면, 그 단면은 타원이 되고, P점에 있는 이(齒)는 P점에서 곡률 반지름 R_e에 같은 반지름의 피치원을 가진 스퍼 기어의 직선 치형과 같아야 된다.

그림에서 EF 단면의 타원에 대한 축직각 단면에서 피치원 지름 D_S일 때 긴축의 길이 $a=(D_S/2)\cos\beta$이고, 짧은축의 길이 $b=D_S/2$(헬리컬 기어의 피치원 반지름)이 된다. 고로, 위의 a, b의 반지름으로 이직각 단면에서의 피치원을 타원으로 표시하면 $\frac{x^2}{a^2}+\frac{y^2}{b^2}=1$로 되어 타원 곡선 상에서의 점 $P(x, y)$의 **곡률 반지름**(R_e)은

$$R_e=a^2b^2\left(\frac{x^2}{a^4}+\frac{y^2}{b^4}\right)^{3/2}=\frac{\left\{a^2-\left(1-\frac{b^2}{a^2}\right)x\right\}^{3/2}}{ab}$$

로 된다. 고로, P점은 $x=0$, $y=b$이므로 P점에서 곡률 반지름(R_e)은

$$\left.\begin{aligned} R_e&=\frac{a^3}{ab}=\frac{a^2}{b}=\left(\frac{D_S}{2\cos\beta}\right)^2\frac{2}{D_S} \\ &=\frac{D_S}{2\cos^2\beta}=\frac{R_S}{\cos^2\beta} \end{aligned}\right\} \tag{16-13}$$

로 되고, 위 식에서 R_S는 피치원 반지름이고, 이 때 P점에 있는 이는 P점에서 곡률 반지름 R_e와 같은 반지름의 피치원을 가진 스퍼 기어의 직선 치형과 같아야 된다.

(2) 피치원 지름과 잇수

그림 16−5 (b)에서 상당 스퍼 기어의 **피치원 지름**(D_e)은

$$D_e=2R_e=\frac{D_S}{\cos^2\beta}=\frac{m_SZ_S}{\cos^2\beta}=\frac{m_nZ_S}{\cos^3\beta}=m_nZ_e \tag{16-14}$$

로 구하고, 상당 스퍼 기어의 잇수(Z_e)는 다음과 같이 구한다.

$$\left.\begin{aligned} Z_e&=\frac{D_S}{m_n\cos^2\beta}=\frac{Z_Sm_n}{\cos\beta}\,\frac{1}{m_n\cos^2\beta} \\ &=\frac{Z_S}{\cos^3\beta} \end{aligned}\right\} \tag{16-15}$$

설계상 주의

헬리컬 기어를 성형 절삭할 때, 공구 번호를 선정하거나 설계할 경우 실제의 잇수 Z에 의하지 않고, 상당 스퍼 기어의 잇수 Z_e에 의하여 결정한다.

[3] 헬리컬 기어에 작용하는 힘

그림 16－6과 같이 스러스트 회전력이 생길 때, 잇줄에 대한 직각 접촉 하중(P_n)은

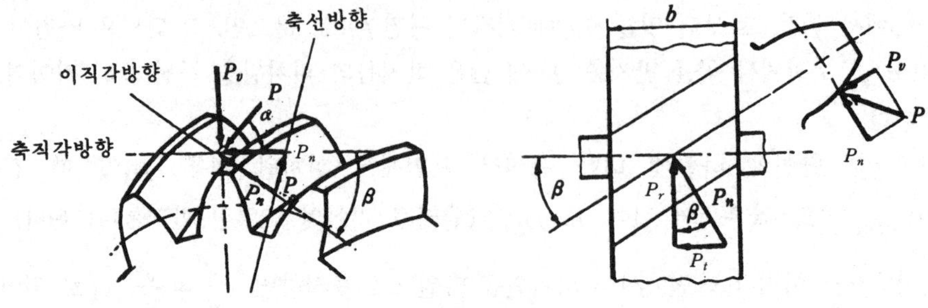

(a) (b)

그림 16－6. 헬리컬 기어에 작용하는 힘

r : 기어의 피치원 반지름(mm), β : 비틀림 각, α_n : 이직각 압력각일 때

$$P_r = \frac{T}{r} = P_n \cos\beta = 14040\frac{H_{PS}}{dN} = \frac{735\,H_{PS}}{v} \tag{16-16}$$

로 구하고, 피치원의 절선 방향 분력(P_r)은

$$P_n = \frac{P_r}{\cos\beta} = P\cos\alpha \tag{16-17}$$

로 구하고, 축 방향 하중(P_t)또는 스러스트 하중은 다음과 같다.

$$P_t = P_r \tan\beta = P_n \sin\beta \tag{16-18}$$

또 잇면에 축직각 피치원에서 원주 방향에 작용하는 회전력 즉, 레이디얼 하중(P)은

$$P = \frac{P_r}{\cos\alpha\cos\beta} = \frac{P_n}{\cos\alpha} \tag{16-19}$$

로 되고, 축에 작용하는 직각 하중(P_v)과 잇줄에 작용하는 직각 하중(P_n)은

$$\left.\begin{aligned} P_v &= P\sin\alpha = \frac{P_r \sin\alpha}{\cos\alpha\cos\beta} \\ &= \frac{P\tan\alpha}{\cos\beta} = P_n \tan\alpha \end{aligned}\right\} \tag{16-20}$$

$$P_n = \frac{P_r}{\cos\beta} = P_n \cos\beta \tag{16-21}$$

로 된다. 또한 피치원상의 접선력(P)과 잇줄 방향의 하중(P_v)이 기어 축에 대하여 가로 하중으로 작용하는 합력(P_R)은 다음과 같이 구한다.

$$P_R = \sqrt{P_r^{\,2} + P_v^{\,2}} = P_r\sqrt{1 + \left(\frac{\tan\alpha_n}{\cos\beta}\right)^2} \tag{16-22}$$

[4] 강도 설계

(1) 굽힘 강도

헬리컬 기어의 굽힘 강도에서는 잇줄에 대하여 직각으로 작용하는 힘 즉, 상당 스퍼 기어에 작용하는 하중(P_n)은

P : 피치 원주상의 접선력(N)

m_n : 이직각 모듈

β : 비틀림 각

y_e : 상당 잇수에 대한 치형 계수[스퍼 기어의 치형 계수 y(표 15－14)를 사용하고, 그림 16－7은 $\alpha=20^\circ$ 일 때의 y_e값을 찾는 도표] 일 때

$$P_n=\frac{P}{\cos\beta}=f_v\sigma_b\frac{b}{\cos\beta}m_n y_e \qquad (16-23)$$

로 구하고, 또한, 위 식에서 b는 잇줄에 따른 방향의 이나비 즉, 유효 이나비 $b_n=b/\cos\beta$ 를 사용하여 양변에서 $\cos\beta$가 소거되면, 스퍼 기어의 경우와 같이 굽힘 강도상의 굽힘 하중(P)은 다음의 식으로 구한다.

$$P=f_v\sigma_b b\, m_n y_e \qquad (16-24)$$

위 식에서 y_e는 D_e에 상당하는 스퍼 기어 y를 구하여 헬리컬 기어 y_e로 취한다.

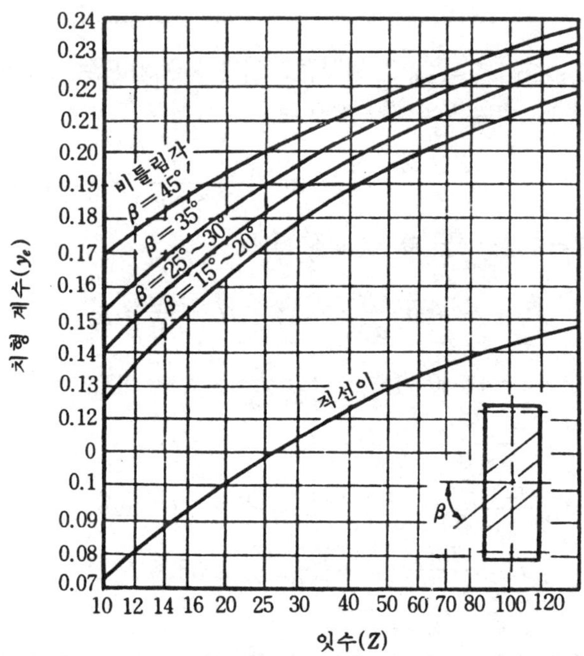

그림 16－7. 헬리컬 기어의 치형 계수 y_e의 값($\alpha=20^\circ$)

(2) 면압 강도

헬리컬 기어는 잇면을 기준으로 해석되므로 잇면 기준에 대한 상당 스퍼 기어의 피니언에 대한 피치원 지름 D_{el} 일 때, $D_{el} = mZ_{el} = \dfrac{m_s \cos\beta Z_1}{\cos^3\beta} = \dfrac{D_1}{\cos^2\beta}$ 로 되고, 다음과 같은 관계식에서 면압 하중(P)이 결정된다.

C_w : 헬리컬 기어의 공작 정밀도를 고려한 면압 계수, b : 축직각 단면의 이나비(mm)

K : 허용 접촉 응력 계수(표 15-17)일 때

$$\left.\begin{aligned} P &= f_v \frac{C_w}{\cos^2\beta} K D_1 b \frac{2Z_2}{Z_1+Z_2} \quad (\qquad\qquad) \\ P' &= f_v \frac{C_w}{\cos^2\beta} K m_s b \frac{2Z_1Z_2}{Z_1+Z_2} \quad (\qquad\qquad) \\ P'' &= f_v \frac{50.8C_w}{\cos^2\beta} K \frac{b}{P_d} \frac{2Z_1Z_2}{Z_1+Z_2} \quad (\qquad\qquad) \end{aligned}\right\} \tag{16-25}$$

위 식에서 면압 계수(C_w)는 일반적으로 다듬질된 기어일 때 $C_w =$ 0.75정도, 한 쌍의 기어가 정밀 공작된 기어일 때 $C_w = 1$정도로 취한다.

(3) 전달 동력

피치점에서 회전력(P)과 피치 원주상 속도(v)를 고려하여 전달 동력(H)을 구한다.

$$H = \frac{Pv}{735}\,(\text{PS}) = \frac{Pv}{1000}\,(\text{kW}) \tag{16-26}$$

위에서 회전력(P)은 굽힘 강도상과 면압 강도상에서 구한 값 중 작은 값을 취한다.

예제 16-1 $m_n = 5$, $Z_1 = 25$, $Z_2 = 100$인 헬리컬 기어가 300rpm으로, 15PS을 전달할 때, 전달 하중을 구하여라. 단, 중심 거리 330mm이다.

Solution

방법 (1) $\beta = \cos^{-1}\dfrac{(Z_1+Z_2)}{2A} m_n = \cos^{-1}\dfrac{25+100}{2\times 330} \times 5 = 18.75\,(^\circ)$

$T = 7020\dfrac{H}{dN_1}$ 와 $T = \dfrac{P}{2}$ 에서

$$P_r = 2\times 7020\frac{H}{dN_1} = 14040H \Big/ \frac{m_n Z_1}{\cos\beta} N_1$$

$$= 14040\times 15 \Big/ \frac{5\times 25}{\cos 18.75^\circ} \times 300 \fallingdotseq 5320(\text{N})$$

방법 (2) $D_1 = \dfrac{m_n Z_1}{\cos\beta} = \dfrac{5\times 25}{\cos 18.75^\circ} = 132(\text{mm})$

$$v = \frac{\pi D_1 N_1}{60\times 1000} = \frac{\pi \times 132\times 300}{60\times 1000} = 2.07(\text{m/s})$$

$$\therefore P_r = \frac{735H}{v} = \frac{735\times 15}{2.07} \fallingdotseq 5326(\text{N})$$

예제 16-2 $m_n = 4$, $Z_1 = 20$, $Z_2 = 80$인 헬리컬 기어가 300rpm, 8PS을 전달할 때, 다 음을 구하여라. 단, 중심 거리 250mm이다.

(1) 종동축의 비틀림 모멘트(T_2) (2) 피니언의 피치원 지름(D_1)
(3) 스러스트(추력) 하중(P_a)

Solution (1) $i = \frac{N_2}{N_1} = \frac{Z_1}{Z_2} = \frac{20}{80} = \frac{1}{4}$

$$N_2 = \frac{1}{4}N_1 = \frac{1}{4} \times 300 = 75(\text{rpm})$$

$$\therefore T_2 = 7020\frac{H}{N_2} = 7020 \times \frac{8}{75} = 749(\text{N} \cdot \text{m})$$

(2) $\beta = \cos^{-1}\frac{(Z_1 + Z_2)m_n}{2A} = \cos^{-1}\frac{(20+80)\times 4}{2\times 250} = 36.87(°)$

$$\therefore D_1 = \frac{mZ_1}{\cos\beta} = \frac{4 \times 20}{\cos 36.87°} = 100(\text{mm})$$

(3) $v = \frac{\pi D_1 N_1}{60 \times 1000} = \frac{\pi \times 100 \times 300}{60 \times 1000} = 1.57(\text{m/s})$

$$P = 735\frac{H}{v} = 735 \times \frac{8}{1.57} \fallingdotseq 3745 \text{직립}$$

$$\therefore P_a = P\tan\beta = 3745 \times \tan 36.87° \fallingdotseq 2808(\text{N})$$

예제 16-3 10 : 1, $m_n = 4, Z_1 = 25, N_1 = 500$rpm 인 헬리컬 기어($\alpha = 20°$)의 다음을 구하여라. 단, 허용 굽힘 응력 260MPa, 치형 계수 0.131, $\beta = 30°$, 이나비 계수 $\phi = 15$, 면압 계수 $C_w = 0.75, K = 1.3$MPa이다.

(1) 상당 기어 잇수(Z_e) (2) 굽힘 강도상의 허용 하중(P_1)
(3) 면압 강도상의 허용 하중 (P_2) (4) 전달 동력(PS)

Solution (1) $Z_e = \frac{Z}{\cos^3\beta} = \frac{25}{\cos^3 30°} = 38.5 \fallingdotseq 39(\text{매})$

(2) $D_1 = \frac{mZ}{\cos\beta} = \frac{4 \times 25}{\cos 30°} \fallingdotseq 115(\text{mm})$

$$v = \frac{\pi D_1 N_1}{60 \times 1000} = \frac{\pi \times 115 \times 500}{60 \times 000} \fallingdotseq 3(\text{m/s})$$

$$b = \phi m = 15 \times 4 = 60(\text{mm})$$

$$f_v = \frac{3.05}{3.05 + v} = \frac{3.05}{3.05 + 3} = 0.6$$

$$\therefore P_1 = f_v \sigma_b b m y_e = 0.6 \times 260 \times 60 \times 4 \times 0.131 \fallingdotseq 4905(\text{N})$$

(3) $Z_2 = 10Z_1 = 10 \times 25 = 250(\text{매})$

$$\therefore P_2 = f_v \frac{C_w}{c^2\beta} K D_1 b \frac{2Z_2}{Z_1 + Z_2}$$

$$= 0.6 \times \frac{0.75}{0.866^2} \times 1.3 \times 115 \times 60 \times \frac{2\times 250}{25 + 250} \fallingdotseq 9918(\text{N})$$

(4) 굽힘과 면압 강도상에서 구한 값 중에서 작은 값 4905(N)을 사용하면

$$H = \frac{P_1 v}{735} = \frac{4905 \times 3}{735} = 20(\text{PS})$$

예제 16-4 다음 조건과 같은 헬리컬 기어의 전달 동력(kW)을 구하여라.

구분	재질	잇수	회전수	m_n	α	β	이나비
피니언	SM 45C($H_B = 200$)	60	900rpm	2.5	20°	25°	$5p_n$
기 어	SM 45C	–	180rpm				

Solution

$$i = \frac{N_2}{N_1} = \frac{180}{900} = \frac{1}{5} = \frac{Z_1}{Z_2} \rightarrow Z_2 = 5Z_1$$

$\therefore\ Z_2 = 5\times 60 = 300(\ \ )$

피치 원주 속도(v)를 구하기 위하여 D_1과 축직각 정면 모듈 m_s를 구한다.

$$m_s = \frac{m_n}{\cos\beta} = \frac{2.5}{\cos 25^\circ} = 2.76$$

$$D_1 = m_s Z_1 = 2.76 \times 60 = 165.6\,(\text{mm})$$

$$D_2 = m_s Z_2 = 2.76 \times 300 = 828\,(\text{mm})$$

$$v = \frac{\pi D_1 N_1}{1000 \times 60} = \frac{\pi \times 165.6 \times 900}{1000 \times 60} = 7.8\,(\text{m/s})$$

$$f_v = \frac{3.05}{3.05 + v} = \frac{3.05}{3.05 + 7.8} = 0.28$$

$$Z_{e1} = \frac{Z_1}{\cos^3\beta} = \frac{60}{\cos^3 25^\circ} = 80.59 \fallingdotseq 81(\text{매})(\text{피니언})$$

$$Z_{e2} = \frac{Z_2}{\cos^3\beta} = \frac{300}{\cos^3 25^\circ} = 402.98 \fallingdotseq 403(\text{매})(\text{기어})$$

(1) 굽힘 강도상의 전달 하중

피니언과 기어의 허용 굽힘 응력 $\sigma_b = 300$MPa(표 15-12), $\alpha = 20^\circ$, $Z_{e1} = 60$에 대한 치형 계수 값을 구하면 표 15-14 에서 $y_{e1} = 0.433$, 잇수 300이상의 것은 $y_{e2} = 0.484$로 하여도 되므로

$$b = 5p_n = 5\pi m_n = 5\pi \times 2.5 = 39.25 \fallingdotseq 40\,(\text{mm})$$

$$P_1 = f_v \sigma_b b m_n y_{e1} = 0.28 \times 300 \times 40 \times 2.5 \times 0.433 \fallingdotseq 3637\,(\text{N})$$

$$P_2 = f_v \sigma_b b m_n y_{e2} = 0.28 \times 300 \times 40 \times 2.5 \times 0.484 \fallingdotseq 4065\,(\text{N})$$

(2) 면압 강도상의 전달 하중

다듬질된 기어일 때 $C_w = 0.75$이고, 비응력 계수는 $H_B = 200$이므로, 표 15-17에서 $K = 0.53\text{N/mm}^2$이다. 여기서 허용 전달 하중(P_3)은

$$P_3 = f_v \frac{C_w}{\cos^2\beta} K b m_s \frac{2Z_1 Z_2}{Z_1 + Z_2}$$

$$= 0.28 \times \frac{0.75}{\cos^2 25^\circ} \times 0.53 \times 40 \times 2.76 \times \frac{2\times 60\times 300}{60 + 300} \fallingdotseq 1500\,(\text{N})$$

위 계산 결과 P_1, P_2, P_3 중에서 최소 전달 하중은 $P_3 = 1500$N이므로

$$\therefore\ H = \frac{P_3}{1000} = \frac{1500 \times 7.8}{1000} = 11.7\,(\text{kW})$$

16-2 베벨 기어

두 축의 중심선이 평행하지 않고, 한 점에서 만나고 있는 경우에 원뿔면상에 방사선으로 이를 깎은 기어를 베벨 기어(bevel gear)라 한다.

1. 일반 사항

(1) 특 성

① 헬리컬 기어에 비하여 운전이 원활하고, 진동과 소음이 적다.

② 큰 속비(1 : 8)에서 효율이 좋고, 이의 접촉면이 크므로, 기어를 작게 할 수 있다.

③ 전동력이 크고, 고속 운전에 적당하다.

(2) 종 류

① 모양에 따라(그림 16－8)

a. 직선이 베벨 기어 : 잇줄이 직선이며, 원뿔의 모선과 일치한다.

b. 헬리컬 베벨 기어 : 잇줄이 경사져 있고, 모선에 대하여 경사져 있다.

c. 스파이럴 베벨 기어 : 잇줄이 곡선이고, 모선에 대하여 경사져 있다.

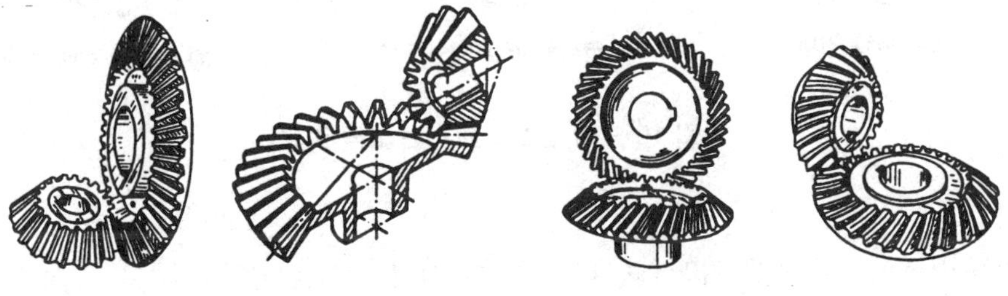

그림 16－8. 베벨기어의 종류

② 축과의 접촉에 따라(그림 16－9)

a. 직선 베벨 기어 b. 제롤 베벨 기어 c. 스파이럴 베벨 기어 d. 페이스 베벨 기어

e. 스쿠 베벨 기어 f. 하이포이드 기어 g. 스피로이드 기어

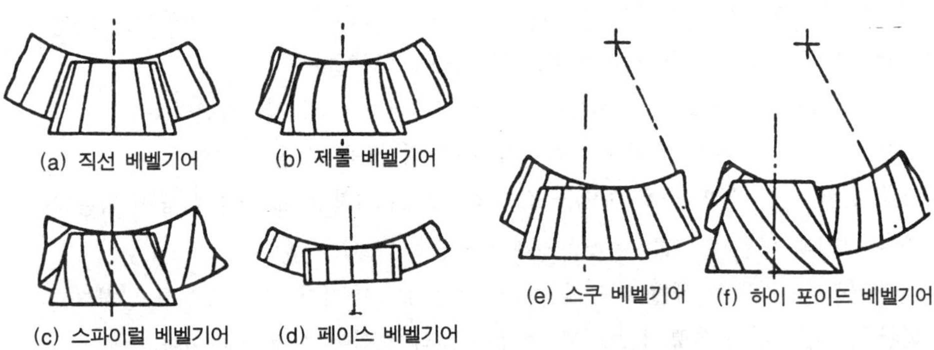

그림 16－9. 축과 립축에 따른 종류

③ **교각(θ)에 따라(그림 16－10)** : 예각 베벨 기어, 보통 베벨 기어, 마이터(miter) 베벨 기어(두 축이 직각이고, 잇수가 같은 한 쌍의 기어), 둔각 베벨 기어, 크라운 (crown) 베벨 기어(피치 면이 평면으로 된 기어), 안지름 베벨 기어가 있다.

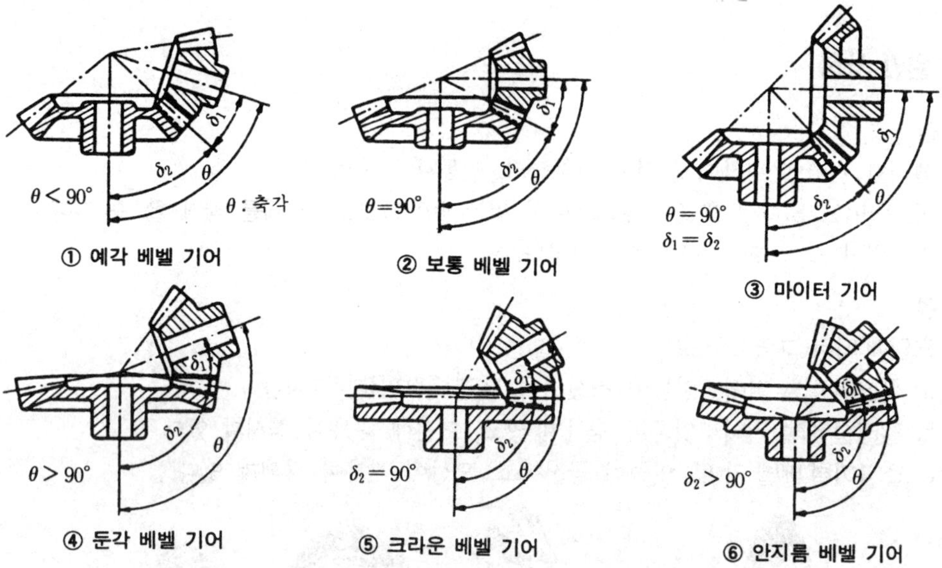

그림 16－10. 2축의 교각에 따른 종류

④ 기타 기어

a. **앵귤러(angular) 베벨 기어** : 축각이 90°가 아닌 기어를 말한다.

b. **제롤 베벨 기어** : 스파이럴 베벨 기어 중에서 이나비의 중앙에서 비틀림 각이 0인 기어로서, 축 방향의 하중을 줄일 수 있는 장점이 있다.

c. **하이포이드 기어** : 평행하지도 않고, 교차하지도 않는 축에서의 스파이럴 베벨 기어로서 인벌류트 치형이 아니고, 운전이 정숙하고, 큰 동력을 전달할 수 잇다.

(4) 각부 명칭

베벨 기어는 바깥쪽에서 안쪽으로 갈수록 비례적으로 작아진다. 특히 바깥쪽을 바깥 끝부(大端部 또는 外端部), 안쪽을 작은 끝부(小端部 또는 內端部)라고 한다.

① **피치원 지름(D)** : 바깥쪽 부분(外端部)에서 본 피치원 지름을 말한다.

② **피치 원뿔각(δ)** : 피치 원뿔에서 꼭지각(원뿔 정각)의 1/2을 말한다.

③ **평균 지름(D_m)** : 잇면 분포 하중을 집중 하중으로 치환할 때 집중 하중이 작용하는 점과 중심과의 거리를 평균 반지름, 이것의 2배를 평균 지름이라 한다.

④ **원뿔 거리(L)** : 피치 원뿔의 꼭지점에서 바깥 끝부까지의 모선 길이를 말한다.

⑤ **이끝 각(θ_k)** : 피치 원뿔의 모선과 이끝 원뿔의 모선이 이루는 각이다.

⑥ **이뿌리 각(θ_f)** : 피치 원뿔의 모선과 이뿌리 원뿔의 모선이 이루는 각이다.

2. 베벨 기어의 설계

[1] 일반 계산식

베벨 기어의 이의 크기는 그림 16－11과 같이 바깥 끝부와 안 끝부에 있어서 다르므로, 바깥 끝부의 크기로 나타낸다.

(1) 속도비

마찰차의 경우와 같으며, 피치원 지름 $D=mZ$에 의하여 속도비(i)를 나타낸다.

$$\left.\begin{aligned} i &= \frac{N_2}{N_1} = \frac{D_1}{D_2} = \frac{Z_1}{Z_2} = \frac{\sin\delta_1}{\sin\delta_2} \\ &= \tan\delta_1 = \frac{1}{\tan\delta_2}\,(\theta = 90^\circ \qquad) \end{aligned}\right\} \tag{16-27}$$

> **설계상 주의**
>
> 최대 속도비(i_{max})는 속도 v >20m/s일 때 1 : 3, v <10m/s일 때 1 : 5로 취한다.

(2) 피치 원뿔각

피치 원뿔 꼭지각의 1/2을 피치 원뿔각(δ)이라 할 때, 다음과 같이 구한다.

① 축각 θ =90° 이 외일 때

$$\left.\begin{aligned} \delta_1 &= \tan^{-1}\frac{\sin\theta}{\dfrac{N_1}{N_2} + \cos\theta} = \tan^{-1}\frac{\sin\theta}{\dfrac{Z_2}{Z_1} + \cos\theta} \\ \delta_2 &= \tan^{-1}\frac{\sin\theta}{\dfrac{N_2}{N_1} + \cos\theta} = \tan^{-1}\frac{\sin\theta}{\dfrac{Z_1}{Z_2} + \cos\theta} \end{aligned}\right\} \tag{16-28}$$

② 축각 θ =90° 일 때

$$\left.\begin{aligned} \delta_1 &= \tan^{-1}\frac{Z_1}{Z_2} \\ \delta_2 &= \tan^{-1}\frac{Z_2}{Z_1} \end{aligned}\right\} \tag{16-29}$$

(3) 피치원 지름

베벨 기어의 바깥 끝부 치형의 모듈을 m이라 할 때, 다음과 같다.

$$\left.\begin{aligned} D_1 &= \frac{N_2}{N_1} D_2 = mZ_1 \\ D_2 &= \frac{N_1}{N_2} D_1 = mZ_2 \end{aligned}\right\} \tag{16-30}$$

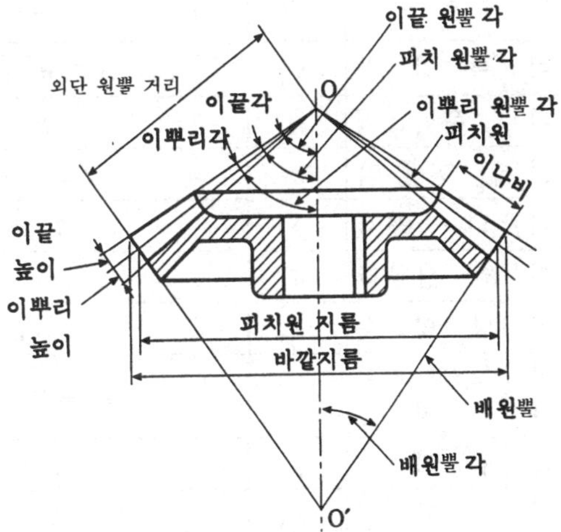

그림 16－11. 베벨 기어

표 16－2. 베벨 기어의 각부 명칭 및 기본 계산식

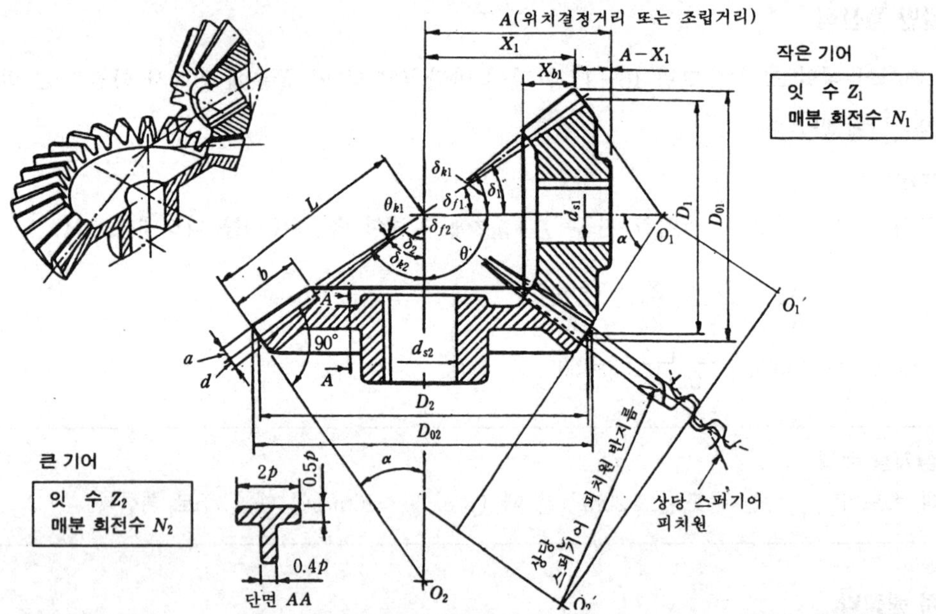

항목	기호	피니언	기어
피 치 원 뿔 각	δ	$\delta_1 = \tan^{-1}(Z_1/Z_2)$	$\delta_2 = \tan^{-1}[\ \sin\theta\ /\ (Z_1/Z_2) + \cos\beta]$
피 치원 지 름	D	$D_1 = (N_2/N_1)D_2 = mZ_1$	$D_2 = (N_1/N_2)D_1 = mZ_2$
이 끝 높 이	a	$a_1 = m$	$a_2 = m$
이 뿌 리 높이	d	$d_1 = m + c$	$d_2 = m + c$
바깥 원뿔 거리	L	$L = D_1/2\sin\delta_1 = mZ_1/2\sin\delta_1$	$L = D_2/2\sin\delta_2 = mZ_1/2\sin\delta_2$
이 끝 각	θ_k	$\theta_{k1} = \tan^{-1}(m/L) = \tan^{-1}\dfrac{2\sin\delta_1}{Z_1}$	$\theta_{k2} = \tan^{-1}(m/L) = \tan^{-1}\dfrac{2\sin\delta_2}{Z_2}$
이 뿌 리 각	θ_A	$\theta_{f1} = \tan^{-1}(d/L) = 2.314\sin\delta_1/Z_1$	$\theta_b = tan^{-1}(d/L) = 2.314\sin\delta_2/Z_2$
이 두 께	t	$t_1 = m\pi/2$	$t_2 = m\pi/2$
이끝 원뿔각	δ_k	$\delta_{k1} = \delta_1 + \theta_{k1}$	$\delta_{k2} = \delta_2 + \theta_{k2}$
이뿌리 원뿔각	δ_f	$\delta_{f1} = \delta_1 - \theta_{f1}$	$\delta_{f2} = \delta_2 - \theta_{f2}$
뒤(背) 원뿔각	δ_b	$\delta_{b1} = 90° - \delta_1$	$\delta_{b2} = 90° - \delta_2$
상 당 잇 수	Z_e	$Z_{e1} = Z_1/\cos\delta_1$	$Z_{e2} = Z_2/\cos\delta_2$
상당 스퍼 기어 바 깥 지 름	D_o	$D_{01} = D_1 + 2a_1\cos\delta_1$	$D_{02} = D_2 + 2a_2\cos\delta_2$
조 립 거 리	X	$X_1 = (D_2/2) - a_1\sin\delta_1$	$X_2 = (D_1/2) - a_2\sin\delta_2$
이 끝 거 리	X_b	$X_{b1} = b\cos\ \delta_{k1}\ /\ \cos\theta_k$	$X_{b2} = b\cos\ \delta_{k2}\ /\ \cos\theta_k$
이 나 비	b	$b = (1/3 \sim 1/4)L$ 단, $b \geqq 8m$	

(4) 원뿔 거리(L)

피치 원뿔의 꼭지점에서 바깥 끝부까지의 모선의 길이로서, 원뿔 거리 또는 바깥 원뿔(外端 圓錐) 거리라고도 한다.

$$L = \frac{D_1}{2\sin\delta_1} = \frac{D_2}{2\sin\delta_2} \tag{16-31}$$

(5) 이나비 : 원뿔 거리(L)를 고려하여 다음과 같이 구한다.

$$b = \left(\frac{1}{3} \sim \frac{1}{4}\right)L \tag{16-32}$$

표 16-2는 베벨 기어의 각부 명칭 및 치수 계산식을 나타낸 것이다.

[2] 베벨 기어의 상당 스퍼 기어

그림 6-12에서 $O'A$를 뒷면 원뿔 반지름(back cone raduis) 또는 상당 스퍼 기어의 반지름이라 한다. $O'A$를 피치원 반지름으로 하고, O''를 중심으로 이끝 높이 AC, 이뿌리 높이 AD를 그대로 이끝 높이, 이뿌리 높이로 하는 하나의 스퍼 기어를 생각하고, 이것을 상당 스퍼 기어(equivalent spur gear)라 한다.

용도는 밀링 머신 등으로 베벨 기어를 깎을 경우, 인벌류트 커터의 커터 번호를 계산하는 경우 및 강도 계산의 경우 등에 사용된다.

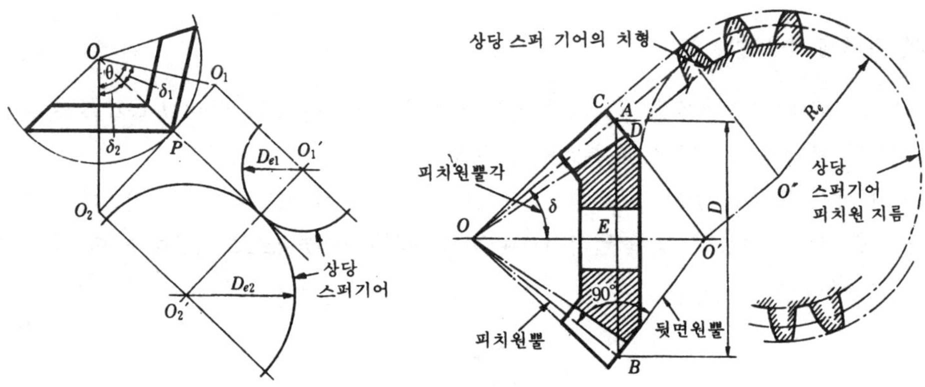

(a) (b)

그림 16-12. 베벨 기어의 전개

(1) 피치원 지름과 모듈

그림 16-12와 같이 $\triangle O'AE$에서 $\angle O'AE = \delta$, $\overline{AE} = D/2$이므로, 피치원 지름(D_{el})과 모듈(m_e)은 다음과 같이 구한다.

D : 베벨 기어의 피치원의 지름($=\overline{AP}$), m_e : 상당 모듈, δ : 피치원뿔각($=\angle AOO'$)

R_e : 뒷면 원뿔의 반지름($=\overline{OA}$) (상당 스퍼 기어의 반지름)

D_e : 베벨 기어의 상당 스퍼 기어 피치원 지름(mm)일 때

$$R_e = \overline{O'A} = \frac{\overline{AE}}{\cos\delta} = \frac{D}{2\cos\delta} \tag{16-33}$$

$$D_{e1} = \left(L - \frac{b}{2}\right)\tan\delta \tag{16-34}$$

$$\left.\begin{aligned} m_e &= m\frac{\left(L - \frac{b}{2}\right)}{L} = m\left(1 - \frac{b}{2L}\right) \\ &= m - \frac{b\sin\delta_1}{Z_1} \end{aligned}\right\} \tag{16-35}$$

(2) 상당 스퍼 기어의 잇수

피치원 지름 $D = Zm$, 상당 스퍼 기어의 피치원 지름 $D_e = Z_e m$ 이고, 베벨 기어 바깥 끝부 치형의 피치 p 이므로, 상당 스퍼 기어의 잇수(Z_e)는

$$\left.\begin{aligned} Z_e &= \frac{D_e}{m} = \frac{2R_e\tan\delta_{01}}{m} = \frac{D}{m\cos\delta} = \frac{Zm}{m\cos\delta} \\ &= \frac{2\pi R_e}{p} = \frac{2\pi D}{2p\cos\delta} = \frac{\pi D}{p}\frac{1}{\cos\delta} = \frac{Z}{\cos\delta} \end{aligned}\right\} \tag{16-36}$$

로 되고, 상당 잇수는 베벨 기어의 잇수보다 많으며, 상당 스퍼 기어의 원주 피치는 근사적으로 베벨 기어의 원주 피치와 같다고 본다.

[3] 베벨 기어에 작용하는 힘

베벨 기어를 받치는 스러스트를 구하려면 먼저 잇면에 작용하는 전체 압력의 합성과 착력점에 대하여 축에 직각인 방향과 축 방향으로 분해해야 한다.

그림 16-13에서 전달력 P가 힘의 착력점에 집중하여 작용한다고 생각하면 잇면에는 압력각 α 의 방향에 대한 힘 P_n 이 작용할 때, 전달력(P)과 피치 원뿔면에 수직으로 작용하는 힘(P_r)은

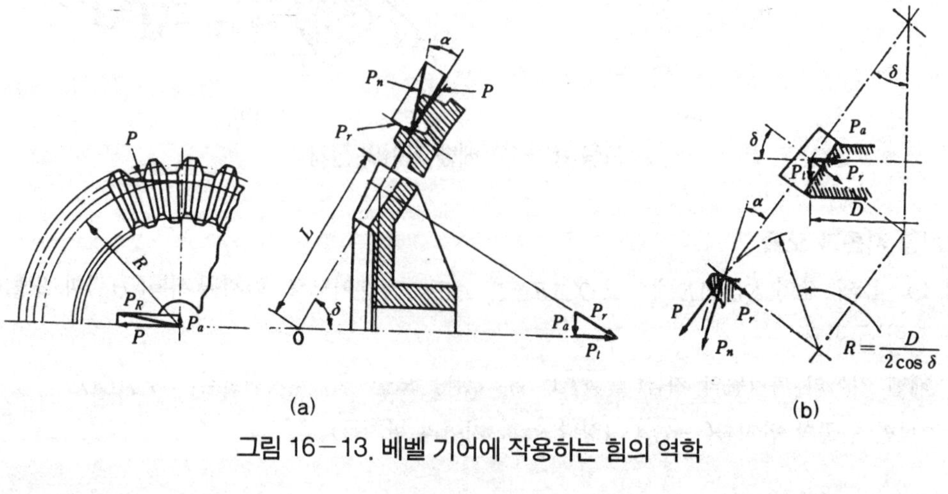

그림 16-13. 베벨 기어에 작용하는 힘의 역학

$$P = P_n \cos\alpha \tag{16-37}$$

$$P_n = \frac{P}{\cos\alpha} \tag{16-38}$$

$$P_r = P_n \sin\alpha = P\tan\alpha \tag{16-39}$$

이고, P는 베어링에 가로 하중으로 작용하고, 스러스트는 없다. 또한, 그림 16-13 (b)에서 P_r에 의한 축에 직각으로 작용하는 하중 즉, **레이디얼 하중**(가로 하중 : P_a)은

$$P_a = P_r\cos\delta = P\tan\alpha\cos\delta \tag{16-40}$$

로 구하고, 잇면에 작용하게 되는 축 방향의 스러스트 크기(힘의 분력) 즉, 축에 작용하는 스러스트 하중(P_t)은

$$P_t = P_r\sin\delta = P\tan\alpha\sin\delta \tag{16-41}$$

로 된다. 또한, 베어링에 작용하는 **전체 가로 하중**(P_R)은 다음과 같다.

$$P_R = \sqrt{P^2 + P_a^{\,2}} = P\sqrt{1 + (\tan\alpha\cos\delta)^2} \tag{16-42}$$

여기에서 P와 P_s의 합력 P_R는 축에 수직한 평면위에 있고, 베어링에 대하여 레이디얼 하중으로서 작용하고, P_t는 스러스트 하중으로 작용한다.

[4] 강도 설계

강도 설계는 바깥 끝부와 이나비의 중앙부를 기준으로 나누어 설계하기도 한다.

(1) 굽힘 강도

그림 16-14와 같이 베벨 기어의 각 단면에 작용하는 하중을 스퍼 기어의 경우와 똑같이 생각할 상태를 그린 것으로서, 이는 절선 방향의 분력 P에 의하여 굽혀서 파괴된다. 그은 이에서 단면의 중심선과 분력의 작용선과의 교점을 꼭지점으로 하고, 이뿌리에 접하는 포물선을 그으면, 이것이 균일 강도의 외팔보(片枝梁 ; cantilever)가 되고, 이뿌리면 이외의 단면은 이것보다 여분의 살을 가지므로 이에서는 이뿌리면이 가장 약하게 된다.

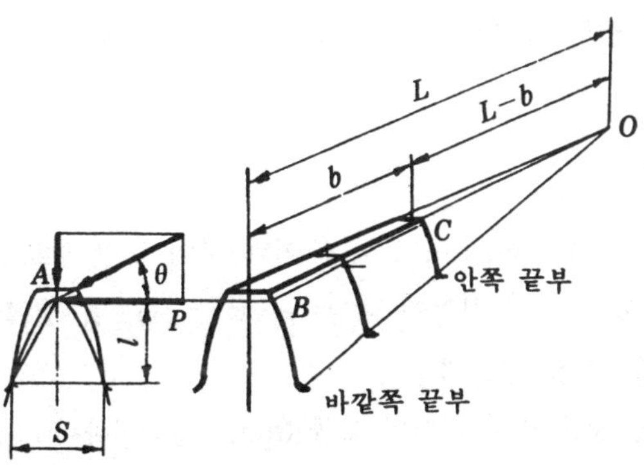

그림 16-14. 베벨 기어의 이의 강도

① **바깥 끝부 기준 하중** : 그림 16−14와 같이 하중이 이의 끝부에서 잇면에 직각으로 작용하고, 굽힘을 일으키는 힘을 그 절선 방향의 분력이라고 한다. 상당 스퍼 기어의 모듈은 바깥 끝부의 것이고, 안쪽부로 갈수록 전달력이나 토크가 작아지므로, 이것을 수정해야 하는 데 이 때에 수정 계수는 이론적으로 베벨 기어의 전달 토크 T, 상당 스퍼 기어의 전달 토크 T_e일 때 다음과 같다.

$$\frac{T}{T_e}=1-\frac{b}{L}+\frac{b^2}{3L^2} \tag{16-43}$$

위에서 보통 3항은 매우 작은 값이므로 무시하면 $1-\frac{b}{L}=\frac{L-b}{L}$ 를 사용한다. 이 계수를 **베벨 기어 계수**라 하고, 베벨 기어 굽힘 강도상의 **굽힘 하중**(P)은

P : D_m으로 된 피치 원주상에서 계산된 회전력(N)

m : 이나비 중앙에서의 치형 모듈, y_e : Z_e에 의한 치형 계수(표 15−14)

σ_b : 스퍼 기어에서 구한 굽힘 응력(N/mm2)일 때

$$\left.\begin{aligned} P&=f_v\sigma_b bmy_e\frac{L-b}{L}(\qquad\qquad) \\ P'&=f_v\sigma_b bpy_{e'}\frac{L-b}{L}(\qquad\qquad\quad) \\ P''&=f_v\sigma_b b\,y_{e''}\frac{25.4}{p_d}\frac{L-b}{L}(\qquad\qquad) \end{aligned}\right\} \tag{16-44}$$

로 되고, 위 식에서 이나비 $b=(1/3\sim1/4)$, $L=(2\sim3)p$로 구한다.

② **이나비의 중앙부 기준 하중** : 평균 피치원 지름 D_m에 해당되는 뒷면 원뿔을 전개한 상당 스퍼 기어에 대하여 이의 크기(p_m 또는 m_m)가 이나비의 온 길이에 걸쳐 균일 하다고 간주하여 계산하고, 압력각과 Z_e는 같으므로, 치형 계수 y_e는 ①항의 경우의 것을 사용하고, 수정 계수는 필요 없다. 이 때에 **평균 모듈**(m_m)은

$$m_m=\frac{D_m}{Z}=\frac{D-b\sin\delta}{Z}=m-\frac{b\sin\delta}{Z}=m\left(1-\frac{b}{2L}\right) \tag{16-45}$$

로 구하고, 이 때에 굽힘 강도상의 **하중**(P)은 다음과 같다.

$$P=f_v\sigma_b bm_m y_e \tag{16-46}$$

(2) 면압 강도

면압 강도 계산은 마모에 견뎌야 하므로, 스퍼 기어와 같이 면압 강도를 구할 때와 같이 바깥 끝부 또는 이나비 중앙부에서의 상당 스퍼 기어에 대한 m 또는 m_m및 Z_e를 표준 스퍼 기어의 면압 강도 식에 대입하여 **면압 하중**(P)을 구한다.

m : 이의 바깥 끝부 모듈(상당 스퍼 기어의 모듈)(mm), b : 이나비(mm)

p_d : 이의 바깥 끝부 지름 피치(상당 스퍼 기어의 지름 피치)(in)일 때

$$P = f_v K m b \frac{2Z_{e1}Z_{e2}}{Z_{e1}+Z_{e2}} (\qquad)$$
$$P'' = 50.8 f_v \sigma_b \frac{b}{p_d} \frac{2Z_{e1}Z_{e2}}{Z_{e1}+Z_{e2}} (\qquad) \quad (16-47)$$

그러나 헤르츠의 접촉 이론에 의한 위 식은 결과 값이 너무나 지나치게 안전한 범위내에 있도록 되어 있어서 많이 사용되지 않기 때문에 오히려 미국의 기어 제작 협회 AGMA(American Gear Manufacure's Association)에서 제시한 다음의 **실험 면압 하중**(P) 식이 널리 사용된다.

f_m : 재료에 의한 재료 계수(표 16－3)

f_s : 사용 기계에 의한 사용 기계 계수(표 16－4)일 때

$$P = 16.4 b\sqrt{D_1} f_m f_s \; (\qquad)$$
$$= 13.4 b\sqrt{mZ_1} f_m f_s \; (\qquad , \qquad) \quad (16-48)$$

표 16－3. 재료 계수(f_m)

피니언	기어	f_m	피니언	기어	f_m
주철, 주강	주철	0.3	기름 담금질강	연강, 주강	0.45
조질강(調質鋼)	조질강	0.35	침탄강	조질강	0.5
침탄강	주철	0.4	기름 담금질강	기름 담금질강	0.80
기름 담금질강	주철	0.4	침탄강	기름 담금질강	0.85
침탄강	연강, 주강	0.45	침탄강	침탄강	1.00

표 16－4. 사용 기계 계수(f_s)

f_s	사용 기계
2.0	자동차, 전차(시동 토크에 의함)
1.0	항공기, 송풍기, 원심 분리기, 기중기, 공작 기계(벨트 구동), 인쇄기, 원심 펌 프, 감속기, 방직기, 목공 기계
0.75	공기 압축기, 전기 공구(휴대용), 광산 기계, 신선기(伸線機), 컨베이어
0.65~0.5	분쇄기, 공작 기계(모터 직결 구동), 왕복 펌프, 압연기

(3) 전달 동력

기어의 접촉 피치점에서 전달 동력(H)은 다음과 같다.

$$H = \frac{Pv}{735} (\mathrm{PS}) = \frac{Pv}{1000} (\mathrm{kW}) \quad (16-49)$$

위 식에서 P는 굽힘 강도상과 면압 강도상에서 구한 것 중 작은 값으로 취한다.

예제 16-5 그림 16-15와 같이 1000rpm, 50PS을 전달하는 베벨 기어 피니언의 피치원 지름100mm, 속비 1/2일 때, 다음을 구하여라.

(1) 큰 기어의 피치원 지름(D_2)　　(2) 원뿔 거리(모선 길이)(L)
(3) 접선력(P)

Solution

(1) $D_2 = 2D_1 = 2 \times 100 = 200(\text{mm})$

(2) $\delta_1 = \tan^{-1} i = \tan^{-1}(1/2) = 26.57(°)$

$$\therefore L = \frac{D_1}{2\sin\delta_1} = \frac{100}{2 \times \sin 26.57°} = 111.8(\text{mm})$$

(3) $v = \frac{\pi D_1 N_1}{60 \times 1000} = \frac{\pi \times 100 \times 1000}{60 \times 1000} = 5.2(\text{m/s})$

$$\therefore P = \frac{735H}{v} = \frac{735 \times 50}{5.2} \fallingdotseq 7067(\text{N})$$

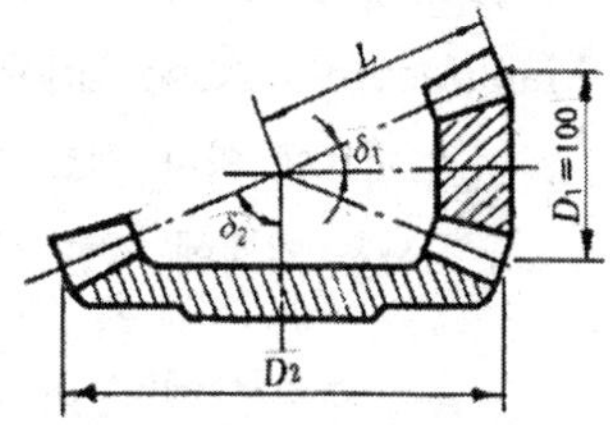

그림 16-15

예제 16-6 $m = 3, Z_1 = 26, Z_2 = 38, N_1 = 950$rpm, 속비 1 : 1인 베벨 기어($\theta = 90°$)의 다음을 구하여라. 단, 이나비 40mm이다.

(1) 굽힘 강도상 허용 전달 하중(P_1) : (단, $\sigma_b = 130$MPa, $y_{e1} = 0.356$)
(2) 면압 강도상 허용 전달 하중(P_2) : (단, K=0.154MPa)

Solution

(1) $v = \frac{\pi D_1 N_1}{60 \times 1000} = \frac{\pi m Z_1 N}{60000} = \frac{\pi \times 3 \times 26 \times 950}{60000} = 3.88(\text{m/s}) < 5\text{m/s}$

$$f_v = \frac{3.05}{3.05 + v} = \frac{3.05}{3.05 + 3.88} = 0.44$$

$$\delta_1 = \tan^{-1}\frac{Z_1}{Z_2} = \tan^{-1}\frac{26}{38} = 34.38(°)$$

$$L = \frac{D_1}{2\sin\delta_1} = \frac{3 \times 26}{2 \times \sin 34.38°} = 69.27(\text{mm})$$

$$\therefore P_1 = f_v \sigma_b b m y_{e1} \frac{L-b}{L}$$

$$= 0.44 \times 130 \times 40 \times 3 \times 0.356 \times \frac{69.27 - 40}{69.27} = 1032.5(\text{지렙})$$

(2) $Z_{e1} = \frac{Z_1}{\cos\delta_1} = \frac{26}{\cos 34.38°} = 31.45 \fallingdotseq 32(\text{매})$

$$\delta_2 = \theta - \delta_1 = 90° - 34.38° = 55.62(°)$$

$$Z_{e2} = \frac{Z_2}{\cos\delta_2} = \frac{38}{\cos 55.62°} = 67.5 \fallingdotseq 68(\text{매})$$

$$\therefore P_2 = f_v K m b \frac{2Z_{e1}Z_{e2}}{Z_{e1} + Z_{e2}}$$

$$= 0.44 \times 0.154 \times 3 \times 40 \times \frac{2 \times 32 \times 68}{32 + 68} = 353.8(\text{N})$$

예제 16-7 그림 16-16에서 $Z_1 = 30, Z_2 = 45, m = 8, N_1 = 320$rpm, $\alpha = 20°$ 인 한 쌍의 주철제 직각 베벨 기어에 대한 다음을 구하여라. 단, $f_w = 0.74$이다.

(1) 상당 스퍼 기어 잇수(Z_{e1}, Z_{e2})

(2) 굽힘 응력(σ_b) : (단, $\sigma_a = 130$ MPa)

(3) 전달 하중(P) : (단, $y_e = 0.39$)

(4) 전달 동력(kW)

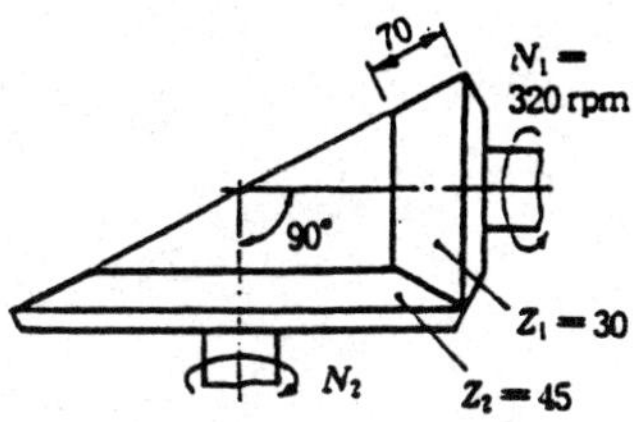

Solution

(1) $\delta_1 = \tan^{-1}\dfrac{\sin\theta}{\dfrac{Z_2}{Z_1} + \cos\theta} = \tan^{-1}\dfrac{\sin 90°}{\dfrac{45}{30} + \cos 90°} = 33.69(°)$ 그림 16-16

$\delta_2 = 90° - \delta_1 = 90° - 33.69° = 56.31(°)$

$$\therefore\ Z_{e1} = \frac{Z_1}{\cos\delta_1} = \frac{30}{\cos 33.69°} = 36(\text{매})$$

$$Z_{e2} = \frac{Z_2}{\cos\delta_2} = \frac{45}{\cos 56.31°} = 81(\text{매})$$

(2) $D_1 = mZ_1 = 8\times 30 = 240(\text{mm})$

$$v = \frac{\pi D_1 N_1}{60\times 1000} = \frac{\pi\times 240\times 320}{60\times 1000} = 4(\text{m/s})$$

$$f_v = \frac{3.05}{3.05 + v} = \frac{3.05}{3.05 + 4} = 0.432$$

$$\therefore\ \sigma_b = f_v f_w \sigma_a = 0.432\times 0.74\times 130 = 41.4(\text{MPa})$$

(3) $L = \dfrac{D_1}{2\sin\delta_1} = \dfrac{240}{2\times\sin 33.69°} = 216.4(\text{mm})$

$$\therefore\ P = \sigma_b b\, m\, y_e \frac{L - b}{L} = 41.4\times 70\times 8\times 0.39\times\frac{216.4 - 70}{216.4} \fallingdotseq 6120(\text{N})$$

(4) $H = \dfrac{Pv}{1000} = \dfrac{6120\times 4}{1000} \fallingdotseq 24.5(\text{kW})$

예제 16-8 아래 조건에서 베벨 기어($\theta = 90°$, $\alpha = 14.5°$)의 전달 동력(kW)을 구하여라 (그림 16-17 참조).

구분	재질	모듈	잇수	피니언 지름	회전수	이나비	하중계수	용도
피니언	SM 45C (H_B=250)	8	40	320mm	180rpm	70mm	0.8	컨베이어
기 어	GC 300		56	–	–			

Solution (1) 굽힘 강도상에서

$$v = \frac{\pi D_1 N_1}{60\times 1000} = \frac{\pi\times 320\times 180}{60\times 1000} = 3\ (\text{m/s})$$

$$f_v = \frac{3.05}{3.05 + v} = \frac{3.05}{3.05 + 3} = 0.5$$

$$\delta_1 = \tan^{-1}\frac{Z_1}{Z_2} = \tan^{-1}\frac{40}{56} = 35.54(°)$$

$$\delta_2 = 90° - 35.54° = 54.46(°)$$

$$Z_{e1} = \frac{Z_1}{\cos\ \delta_1} = \frac{40}{\cos\ 35.54°} = 49(\text{매})$$

$$Z_{e2} = \frac{Z_2}{\cos\ \delta_2} = \frac{56}{\cos\ 54.46°} = 97(\text{매})$$

$$L = \frac{D_1}{2\sin\ \delta_1} = \frac{320}{2\times\sin\ 35.54°} = 276\text{mm})$$

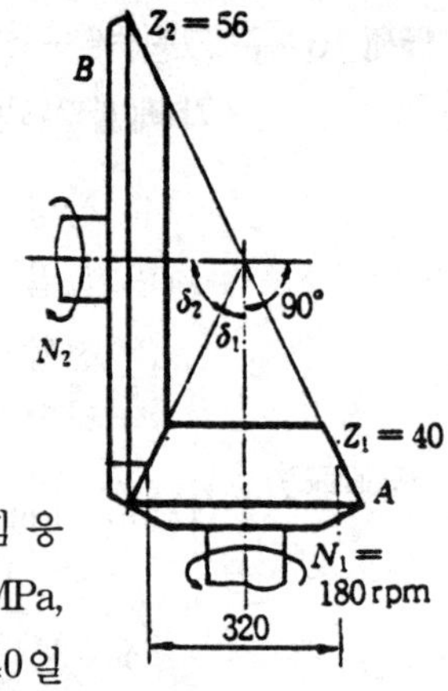

그림 16-17

다음에 피니언과 기어의 회전력((P_1, P_2)을 구하기 위해 굽힘 응력(σ_b)은 표 15-12에서 피니언 SM 45C일 때 $\sigma_{b1} = 300$MPa, 기어 GC 300일 때 $\sigma_{b2} = 130$MPa이고, 치형 계수는 $Z_1 = 40$일 때 $y_{e1} = 0.349$, 기어 $Z_2 = 56$일 때 $y_{e2} = 0.361$이므로, 회전력(전달 하중 : P_1, P_2)

피니언 : $P_1 = f_v f_w \sigma_{b1} bmy_{e1}\frac{L-b}{L}$)

$$= 0.5\times0.8\times300\times70\times8\times0.349\times\frac{276-70}{276} \fallingdotseq 17.5(\text{kN})$$

기 어 : $P_2 = f_v f_w \sigma_{b2} bmy_{e2}\frac{L-b}{L}$

$$= 0.5\times0.8\times130\times70\times8\times0.361\times\frac{276-70}{276} \fallingdotseq 8.3(\text{kN})$$

(2) 면압 강도상에서

표 15-17에서 피니언 강철($H_B = 250$), 기어 주철일 때 K=0.98MPa이므로

$$P_3 = f_v f_w Kmb\frac{2Z_{e1}Z_{e2}}{Z_{e1} + Z_{e2}}$$

$$= 0.5\times0.8\times0.98\times8\times70\times\frac{2\times49\times97}{49+97} \fallingdotseq 14.3(\text{KN})$$

또한, 미국의 AGMA의 공식을 사용 하였을 때, 재료 계수(f_m)는 $f_m = 0.3$ (표 16-3), 기계 계수(f_s)는 컨베이어일 때 $f_s = 0.75$(표 16-4)이므로

$$P_4 = 16.4b\sqrt{D_1}f_m f_s = 16.4 \times 70 \times \sqrt{30} \times 0.3 \times 0.75 \fallingdotseq 1.4(\text{kN})$$

고로, $P_1 \sim P_4$의 값 중 가장 작은 $P_4 = 1.4$kN을 선택하여야 하므로

$$H = \frac{P_4 v}{1000} = \frac{1400\times3}{1000} = 4.2(\text{kW})$$

결국 굽힘 강도만을 중요시 할 때에는 전달 하중이 작은 기어를 고려한 전달 동력 $H = P_2 v/1000 = 8300 \times 3/1000 = 24.9$(kW)를 전달시킬 수 있으나, 면압 강도가 문제될 때에는 H=4.2kW를 안전히 전달시킬 수 있다.

16-3 웜 기어

나사 기어의 일종으로 두 축의 각은 90°가 많고, 동일 평면상에 있지 않은 두 축 사이의 회전을 전달하는 나사 모양의 기어를 웜(worm), 반대쪽 기어를 **웜휠**(worm wheel)이라 하며, 한 쌍의 나사 조합을 **웜기어**(worm gear)라 한다(그림 16－18).

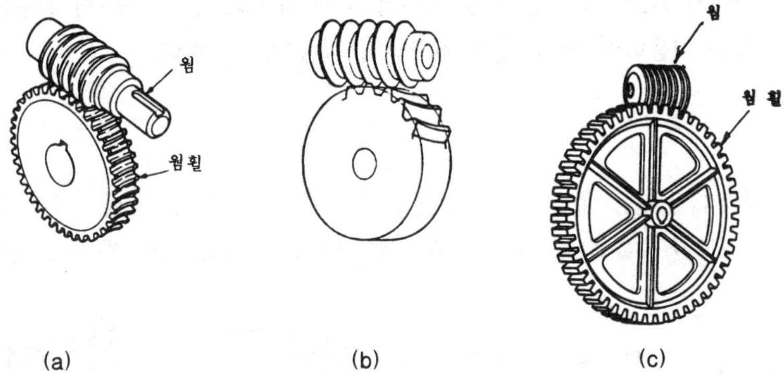

그림 16－18. 웜 기어

1. 일반 사항

(1) 특 성

웜 기어는 주로 웜이 구동 기어가 되고, 웜 휠은 종동 기어가 되어 감속된다.

① 장 점

a. 비교적 적은 용적으로 큰 감속비(1 : 8∼1 : 40)를 얻을 수 있다.

b. 미끄럼과 부하 용량이 크나 효율이 낮고, 역전(逆戰) 방지를 할 수 있다.

c. 운전이 원활하고, 교환성이 없으며, 진동과 소음이 비교적 적다.

② 단 점

a. 잇면 미끄럼이 커서 마찰 손실에 의한 동력 손실이 크게 되어 종동축에 전달되는 동력이 감소된다.

b. 웜에 축방향 하중이 생기고, 진입각이 작으면 접촉면의 마찰이 커진다.

c. 미끄럼에 의한 동력 손실이 커서 전동 효율이 낮다.

d. 인벌류트 원통 기어와 같이 교환성이 없고, 조정이 필요하다.

e. 웜 휠의 공작이 어려워 특수 공구가 필요하며, 연삭 가공이 어렵다.

f. 웜 휠의 정밀 측정이 곤란하며, 고가이다.

g. 웜과 웜 휠에 스러스트 하중이 생긴다.

h. 잇면의 맞부딪침이 있으므로 조정이 필요하다.

I. 웜 휠의 재질에 대한 종류가 많지 않고, 일반적으로 고가이다.

③ **조건** : 웜과 웜 휠이 맞물리려면 다음의 2가지 조건을 만족시켜야 한다.

a. 웜 휠 비틀림각 크기와 웜 리드각이 같아야 하며, 비틀림 방향이 일치해야한다.

b. 웜 휠 축직각 피치는 웜 축 방향 피치와 같아야 맞물리는 이 크기가 같게 된다.

(2) 용 도

① 운전 중 소음이 적고, 물림이 정숙하며, 원활하여 공작 기계의 분할 기구, 윈치 (winch) 등에 사용된다.

② 기어의 중량, 용적이 적게 들고, 큰 속비를 얻을 수 있으므로, 모터, 내연 기관 등 고속도 발동기의 감속 장치로서 가장 많이 사용된다.

③ 웜이 구동 기어가 되고, 웜 휠은 피동 기어가 되어 감속되며, 그 반대의 전동은 절대로 불가능하므로, 이것을 이용하여 역전 방지 기구로서 사용되기도 한다.

(3) 웜

① 종 류

a. **외형에 따라** : 원통형, 장고형, 원뿔형이 있다(그림 16−19). 또 물림 접촉부를 크게 하기 위하여 웜이 장고꼴(長鼓形)로 된 힌들레이 웜(Hindley worm)으로 한 것도 있다(그림 16−20).

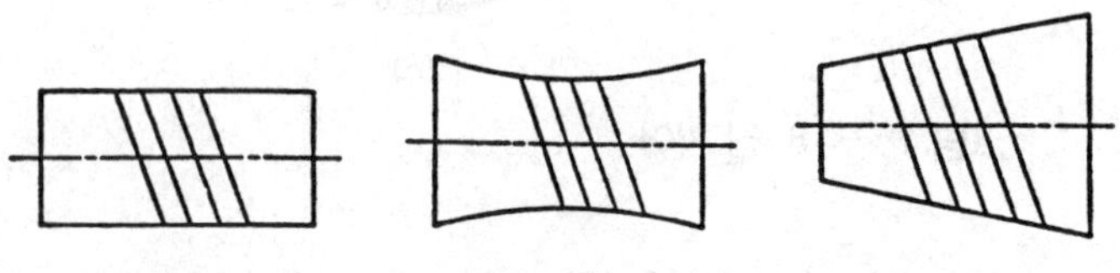

(a) 원통형 (b) 장고형 (c) 원뿔형

그림 16−19. 웜의 종류

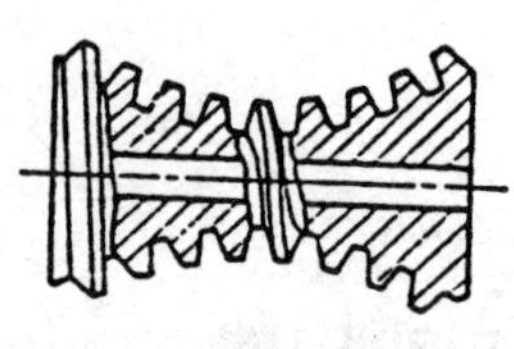

그림 16−20. 힌들레이 웜

b. **치형에 따라** : KS B 1416에 의하면 웜의 나사면에 따라 1형~4형이 있다(그림 16−21).

가. 1형 : 축 평면 위의 치형이 사다리꼴인 것.

나. 2형 : 이홈 직각 평면 위의 치형이 사다리꼴인 것.

다. 3형 : 공구축 평면 위의 모양이 사다리꼴의 밀링 커터 또는 연삭 숫돌의 축을 휨 축에 대하여 리드각 만큼 기울여서 공작한 것.

라. 4형 : 축 직각 평면 위의 치형이 인벌류트 곡선인 것.

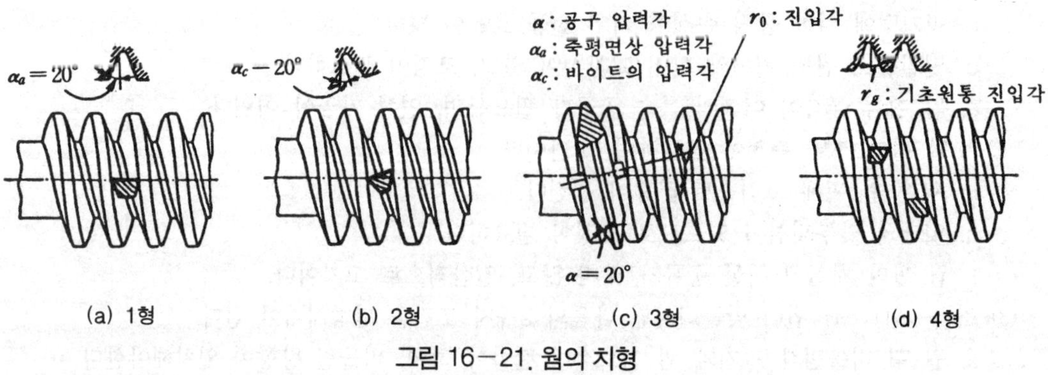

(a) 1형 (b) 2형 (c) 3형 (d) 4형

그림 16−21. 웜의 치형

② 재료

a. 웜 : 웜 휠보다 미끄럼 마찰을 받는 시간이 길기 때문에 보통 강한 침탄강이나 담금질 강을 연삭하여 사용하고, 강, 알루미늄, 청동 등의 조합이 우수하다.

b. 웜휠 : 경하중일 때 주철, 고하중일 때는 포금(砲金) 또는 인청동을 사용한다. 또 주철 또는 친화가 어려운 재질의 웜 휠을 사용할 때에는 정확한 접촉을 줄 수 있도록 공작 정밀도를 올리고, 친화를 위한 예비 운전을 충분히 행한다.

(4) 웜 휠

웜 휠은 종동 기어로서 림의 모양에 따라 다음과 같은 것이 있다(그림 16－22).

① 점접촉으로 웜과 웜 휠을 원통형으로 한 것으로 경하중용에 사용된다[그림 (a)].

② 웜 휠의 이뿌리를 오목형으로 한 것이며, 일반적으로 많이 사용되는 형식으로 선 접촉 부하 능력이 크다[그림 (b)].

③ 웜 휠의 이뿌리와 이끝부를 오목형으로 한 것이며, 휠의 외주에 따르는 중앙부를 가늘게 장고꼴로 만든 것이다[그림 (c), (d)].

④ 림과 암부를 별도로 하여 조립형으로 한 것이다[그림 (e), (f)].

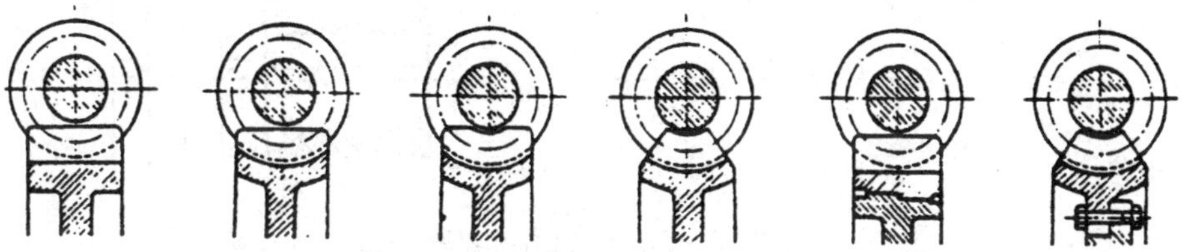

(a) (b) (c) (d) (e) (f)

그림 6－22. 웜 휠 림의 형식

(5) 웜 기어의 종류(그림 16－23)

① 원통 웜과 웜 휠 : 잇면의 접촉이 점접촉으로 부하 능력이 작고, 제작이 간단하여 경하중용으로 사용된다.

② 원통 웜과 웜 휠 : 잇면의 접촉이 선접촉으로 부하 능력이 크고, 제작이 비교적 용이하며, 큰 동력의 전달에 사용된다.

③ 장고꼴 웜과 웜 휠 : 맞물리는 웜 휠과 동심의 원상에 일정한 피치를 가지고 이가 나열되어 있으며, 휠의 외주에 따라 중앙부를 가늘게 장고꼴 웜으로 한 것이다.

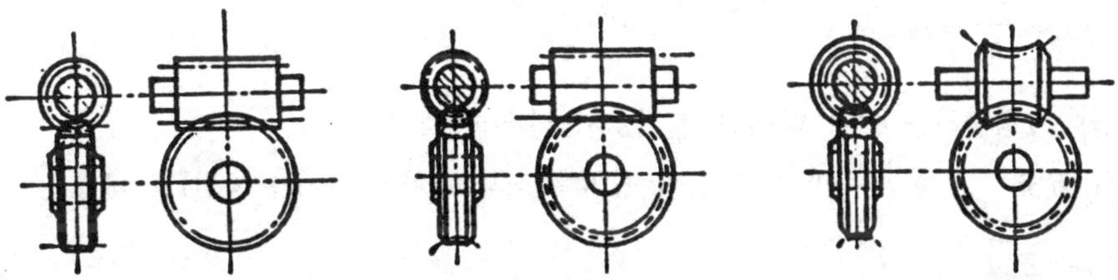

(a) 점접촉 (b) 선접촉 (c) 면접촉

그림 16－23. 접촉에 따른 종류

2. 웜 기어의 설계

[1] 웜(worm)

한 쌍의 웜 기어의 치형에 대하여는 웜의 치형을 기준으로 하고, 웜의 치형은 직선 치형을 가진 기준 랙으로 창성되며, 압력각은 이직각 단면으로, 피치, 모듈 등은 축직각 단면으로 표시된다.

그림 16−24는 웜 기어의 각부 명칭, 표 16−6은 각부 치수 계산을 나타낸 것이다.

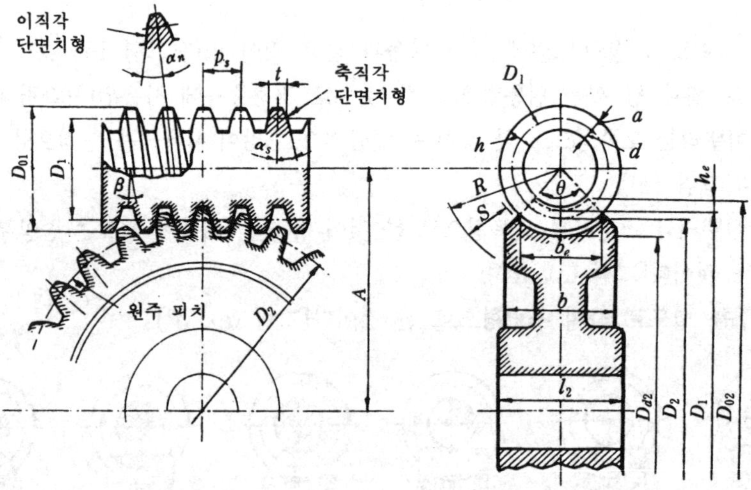

그림 16−24. 웜 기어의 각부 명칭

(1) 모 듈

표준 웜 기어의 축직각 모듈(m_s)과 이직각 모듈(m_n)은 다음과 같이 나타낸다.

m : 웜의 축 방향 모듈, m_s : 축직각 모듈, m_n : 이직각 모듈, β : 웜의 리드각

p_n : 이직각 피치(mm), p_s : 축직각 피치(mm)

p_1 : 웜의 회전 평면상 원주 피치(mm), p_2 : 웜 휠의 정면 원주 피치(mm)일 때

$$m = \frac{m_n}{\cos\beta} \tag{16-50}$$

$$m_s = \frac{p_s}{\pi} = \frac{m_n}{\cos\beta} \tag{16-51}$$

$$m_n = \frac{p_n}{\pi} = m_s\cos\beta = \frac{p_1\sin\beta}{\pi} = \frac{p_2\cos\beta}{\pi} \tag{16-52}$$

(2) 리드 : 웜이 1회전하는 동안 나아간 길이로서 다음과 같다.

Z_w : 웜의 줄수, p : 웜의 축방향 피치(웜 휠의 축직각 피치와 크기가 동일)일 때

$$l = Z_w p \tag{16-53}$$

(3) 압력각 : 공구의 압력각으로 1, 2줄 웜일 때 14.5°, 3, 4줄일 때 20° 이다.

(4) 리드각

웜에서 축직각 방향과 잇줄 방향이 이루는 각으로 축선 방향과 이직각 방향이 이루는 각과 같다. 즉, 웜의 리드각(β : 진입각)은 다음과 같이 구한다.

D_1 : 웜의 피치원 지름(mm), l : 리드(mm), p_s : 축 직각 피치(mm), Z_1 : 줄 수일 때

$$\beta = \tan^{-1}\frac{l}{\pi D_1} = \tan^{-1}\frac{p_s Z_1}{\pi D_1} \tag{16-54}$$

위에서 압력각 14.5°일 때 $\beta=16°$이하, 20°일 때 $\beta=25°$이하로 된다

(5) 피치 : 웜의 축직각 피치(p_s), 이직각 피치(p_n), 지름 피치(p_d)는 다음과 같다.

$$p_s = \pi m_s = \frac{\pi m_n}{\cos\beta} \tag{16-55}$$

$$p_n = \pi m_n = p_s \cos\beta \tag{16-56}$$

$$p_d = \frac{p}{p_n} = \frac{\pi}{p_s \cos\beta} \tag{16-57}$$

표 16-5. 압력각에 따른 웜 휠의 최소 잇수

압력각	14.5°	20°	25°	30°
최소 잇수	32	18	2	8

[2] 웜 휠

(1) 잇수 : 웜 휠의 피치원 지름(D_2)과 모듈의 비로 웜 휠의 잇수(Z_2)를 나타낸다.

$$Z_2 = \frac{D_2}{m} = \frac{\pi D_2}{p_2} \tag{16-58}$$

일반적으로 웜 휠의 최소 잇수는 보통 $Z_2 \geqq 28$, 고속일 때 $Z_2 \geqq 30$으로 취한다.

표 16-5는 압력각에 따른 웜 휠의 최소 잇수를 나타낸 것이다.

(2) 피치원 지름(D_2)

$$\left.\begin{aligned} D_2 &= m_s Z_2 = \frac{Z_2 p_S}{\pi} = \frac{Z_2 p_n}{\pi\cos\beta} \\ &= \frac{Z_2}{p_d \sin\beta} \end{aligned}\right\} \tag{16-59}$$

(3) 이나비(b) : 웜의 바깥 지름 D_{01}일 때, 다음과 같이 나타낸다.

$$b = \left(\frac{2}{5} \sim \frac{3}{5}\right) D_{01} \tag{16-60}$$

(4) 유효 이나비(b_e)

웜 휠의 피치원이 웜의 이끝원과 마나는 점 사이의 직선상 거리 즉, 웜의 피치원에서 그은 접선이 웜의 이끝원과 만나는 점들 사이의 거리이다.

$$b_e = \sqrt{D_{01}{}^2 - D_1{}^2} = 2\sqrt{a(D_1 + a)} \tag{16-61}$$

기타의 치수의 계산식은 표 16-6을 참조한다.

표 16-6. 웜 기어의 각부 기본 계산식

명칭	웜	웜휠	
모듈	$m_n=p_n/\pi=m_s\cos\beta$	$m_s=p_s/\pi=D_1/Z_2=(m/\cos)\beta$	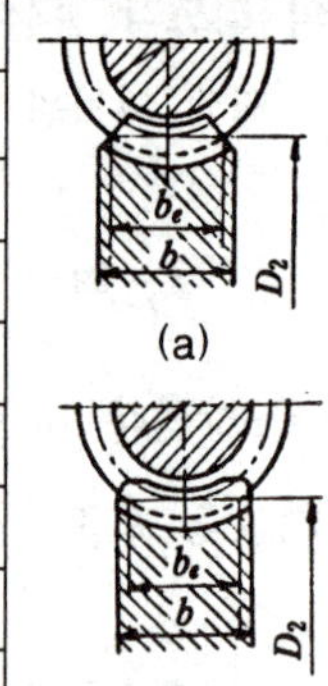 (a) (b)
비틀림각	$\gamma=\cos^{-1}p_n/p_s=\cos^{-1}m_n/m_s$	—	
리드각	$\tan\beta=l/\pi D_1=pZ_1/\pi D_1=Z_1m_s/D_1$	—	
리드	$l=p_sZ_1=\pi m_sZ_1=\pi m_nZ_1/\cos\beta$	$l=\pi D/i$	
피치 축직각	$p_s=l/Z_1=\pi m_n=\pi m_n/\cos\beta$	$p_s=\pi m_s=\pi D/Z=l/Z_2$	
피치 이직각	$p_n=\pi m_n=p_s\cos\beta$	원주 피치 : $p_2=p_n/\cos\beta$	
보스 바깥지름	$D_{b1}=1.66p+25.4$: (A) $=1.7269+25.4$: (B)	$D_2=1.8d+20$ mm	
이끝 틈새	$c=0.2m_s\cos\beta$	—	
피치원 지름	$D_1=\frac{l}{\pi\tan\beta}=\frac{Z_1p_s}{\pi\tan\beta}=\frac{Z_1m_s}{\tan\beta}$ $=2p_s+12.7$(축과 일체인 것) $=2.4p_s+28$(축구멍을 뚫은 것, AGMA) $=2.35p_s+10$(B&S)	$D_2=m_sZ_2=\frac{mZ_2}{\cos\beta}=\frac{p_sZ_2}{\pi}$	
바깥지름	$D_{01}=D_1+2a_2=D_1+2m_s$	$D_{02}=D_t+0.4775p_n$: (A) $=D_t+0.3183p_n$: (B)	
기초원 지름	$D_{g1}=D_1\cos\alpha_s(l/\pi\tan\beta)$	$D_{g2}=m_sZ_2\cos\alpha_s=(mZ_2\cos\alpha/\cos\beta)$	
이 두께	$t=p_s/2=1.571m_s=1.57m_s/\cos\beta$	$D_t=D_2+2a_2=D_t+(D_1-2a)(1-\cos\pi/2)$	
이뿌리원 지름	$D_{d1}=D_1-2d_1$	$D_{d2}=D_2-2d_2$	
이끝 높이	$a=m_s=0.3183p$: (A) $=0.9m_s=0.2865p$: (B) $=m_s(1+0.2\cos\beta)$		
이뿌리 높이	$d=2.157m_s=0.3683p$: (A) $=1.057m_s=0.3365p$: (B) $=m_s(2.2\cos\beta-1)$		
이 높이	$h=2.25m_s=0.6866p_n$: (A) $=2.05m_s=0.6230p_n$: (B) $=2.2m_s\cos\beta$		
유효 이높이	$h_e=2a_1=0.6366p_n$	이나비	$b=2.38p_s+6.35$: (A) $=2.15p_s+5.08$: (B) $=\sqrt{D_{02}^2-D_2^2}+0.6p_s$
보스 유효 길이	$L_c=\sqrt{D_{02}^2-(D_{02}-4a)^2}=L+2p_s$		
나사 길이 (웜의 길이)	$L=(4.5+0.002Z_2)p_s$ $=\sqrt{D_{02}^2-(D_{02}-4a)^2+[(p_s/2)-p_s]}$ $=(14.2+0.063Z_2)m_s=0.6(1+\sqrt{Z})p_s$	유효 이나비	$b_e=\sqrt{D_{02}^2-D_2^2}=2.5p_s$ $=2\sqrt{a(D_1+a)}$
줄수	$Z_s=l/p_s=l/\pi m_s=l\cos\beta/\pi m$	이끝 목부 반지름	$R_2=(D_1/2)-a$
각속도비	$i=\frac{N_2}{N_1}=\frac{Z_1}{Z_2}=\frac{1}{i}$	접촉면의 반지름	$R_1=0.882p_s+1.4$ $=0.914p_s+1.4$
잇수	$Z=\frac{D}{m_s}=\frac{mZ_2}{\cos\beta}=Zi$	림면의 반지름	$R=(D_1/2)+d_2+0.632\pi m$ $=2.2p_n+1.4$: (A) $=(D_1/2)+d_2+0.532\pi m$ $=2.1p_n+1.4$: (B)
중심거리	$A=\frac{D_1+D_2}{2}=\frac{p_n}{2\pi}\left(\frac{Z}{\sin\beta}+\frac{Z}{\cos\beta}\right)$		
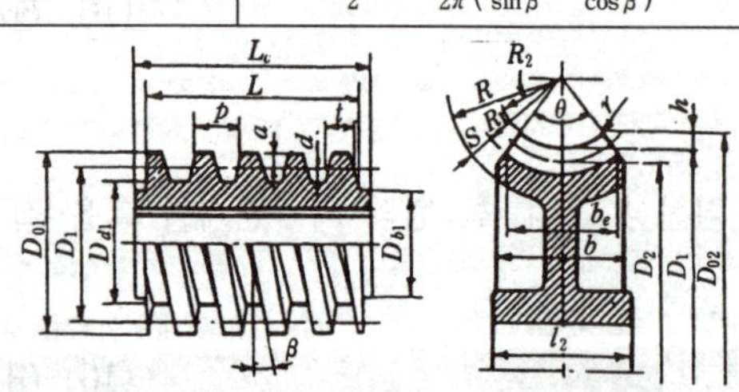 (a) 웜 (b) 웜휠		림의 두께	$S=0.632p_S$: (A) $=0.563p_S$: (B)
		목끝 반지름	$r=0.25p_n$
		이끝 높이 증가량	$k=0.75a_2=0.75m_s$ $=0.50a_2(\alpha<20°)$ $=0.375a_2(\alpha>20°)$ } (B)

비고 이 표에서 (A) : 1, 2줄 나사 (B) : 3, 4줄 나사

[3] 웜과 웜 휠

(1) 각속비

웜이 1회전하는 동안 웜의 치형은 이의 나선의 리드만큼 움직이고, 웜 휠은 웜의 리드와 같은 길이에 해당되는 원호만큼 회전을 한다. 이 때에 웜이 웜 휠을 구동할 때 각속비(i)는 다음과 같다.

N_1 : 웜 회전수(rpm), N_2 : 웜 휠 회전수(rpm), Z_1 : 웜의 줄수, l : 웜 리드(mm)

Z_2 : 웜 휠의 잇수, p : 웜의 피치(mm), D_2 : 웜 휠의 피치원 지름(mm) 일 때

$$i = \frac{N_2}{N_1} = \frac{Z_1}{Z_2} = \frac{l/p}{\pi D_2/p} = \frac{l}{\pi D_2} \tag{16-62}$$

설계상 주의

일반 기어의 속도비는 1 : 1 정도이지만, 웜 기어에서는 1 : 10~1 : 100의 속도비는 보통이다.

(2) 원주 속도비

웜의 원주 속도에 대한 웜 휠의 원주 속도비는 웜이 1회전 하였을 때, 웜이 피치 원주상으로 움직인 길이(πD_2)에 대한 축방향의 전진 길이(l)와의 비이므로, 웜 휠의 원주 속도는 웜의 축방향 속도와 같다.

$$i = \frac{v_1}{v_2} = \frac{l}{\pi D_2} \tag{16-63}$$

[4] 웜 기어에 작용하는 힘

웜 기어에 있어서 이와 축에 작용하는 힘을 구하는데, 웜의 나사면과 웜 휠의 잇면이 이 피치점에서 접촉하고 있는 경우에 대하여 생각한다.

(1) 회전력

그림 16-25에서 접촉면에 작용하는 수직력 P_n일 때, μP_n인 마찰력이 웜의 리드각 방향으로 작용한다.

① 웜의 축 방향 힘 : 웜 휠의 피치원주에 작용하는 접선력 즉, 웜의 축 방향 스러스트 또는 웜의 회전력(P)은 힘의 평행 조건으로부터 다음과 같다.

P_a : 잇면의 수직력(N), μP_a : 잇면의 마찰력

α_n : 이직각 단면의 압력각, P : 웜 휠의 회전력(웜 휠에 작용하는 힘)(N)

μ : 잇면의 마찰 계수일 때

$$P = P_n \cos\alpha_n \cos\beta - \mu P_n \sin\beta \tag{16-64}$$

$$P_n = \frac{P}{\cos\alpha_n \cos\beta - \mu \sin\beta} \tag{16-65}$$

② **웜 휠의 축 방향 힘** : 웜의 피치원주에 작용하는 힘 즉, 웜 휠의 축 방향 스러스트 또는 웜 휠의 회전력(P_1)과 웜 휠의 반지름 방향의 힘(P_2)은 다음과 같다.

$$\left.\begin{aligned} P_1 &= P_n \cos\alpha_n \sin\beta + \mu P_n \cos\beta \\ &= P_n(\cos\alpha_n \sin\beta + \mu\cos\beta) \end{aligned}\right\} \tag{16-66}$$

$$P_2 = P_n \sin\beta = \frac{P_1}{\tan(\beta+\rho')} \tag{16-67}$$

이들의 힘으로부터 웜 휠의 축 직각력은 $\sqrt{P_1{}^2 + P_2{}^2}$ 이고, 웜의 축 직각력은 $\sqrt{P_2{}^2 + P_1{}^2}$ 을 얻는다. 또한 식 (16-65)와 식 (16-67)에서

$$\left.\begin{aligned} P_2 &= P(\tan\beta + \frac{\mu}{\cos\alpha_n}) \\ &= 1 - \frac{\mu}{\cos\alpha_n}\tan\beta \end{aligned}\right\} \tag{16-68}$$

로 되고, 여기에서 $\dfrac{\mu}{\cos\alpha_n} = \mu' = \tan\rho'$ 라고 하면, 웜 휠의 회전력(P_1)은 다음의 관계를 얻을 수 있다.

$$P_1 = P_2 \tan(\beta + \rho') \tag{16-69}$$

③ **마찰각** : 그림 16-25에서 $P = P_n \cos\alpha_n$ 이고, 마찰력은 μP_n 이므로 다음과 같다.

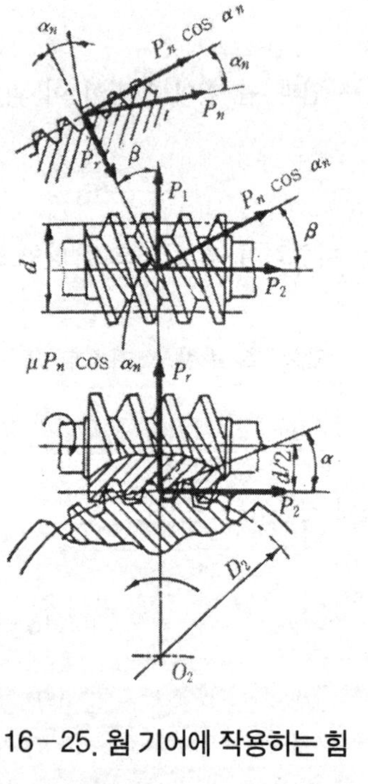

그림 16-25. 웜 기어에 작용하는 힘

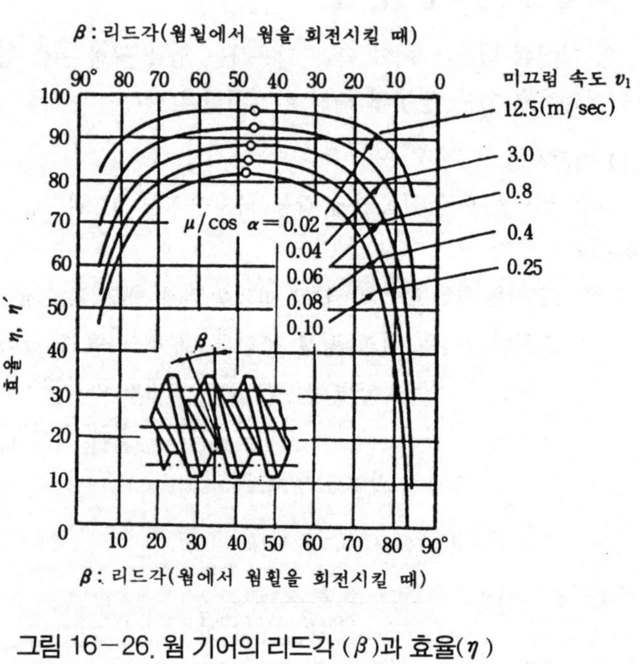

그림 16-26. 웜 기어의 리드각 (β)과 효율(η)

$$\frac{P_1}{P_2}=\frac{\tan\beta+\tan\rho'}{1-\tan\beta\tan\rho'}=\tan(\rho'+\beta) \qquad (16-70)$$

$$\rho'=\tan^{-1}\frac{\mu P_n}{P}=\tan^{-1}\frac{\mu}{\cos\alpha_n} \qquad (16-71)$$

설계상 주의

μ의 값은 기어의 재질, 윤활유의 종류, 윤활유의 상태, 공작의 정밀도 등에 좌우되며, 윤활유의 상태가 좋을 때 $\mu=0.05\sim0.15$, 나쁠 때 $\mu=0.1\sim0.2$정도로 취한다.

그림 16-26은 웜 기어의 리드각과 효율의 관계를 나타낸 것이다.

④ **웜의 회전 토크** : 웜 피치원 반지름 R_w일 때, 웜 회전 토크(T)는 다음과 같다.

$$T=P_1R_w=P_2R_w\tan(\rho'+\beta) \qquad (16-72)$$

(2) 웜 기어의 효율(η)

① **웜을 구동할 때** : 효율은 마찰이 없을 때와 마찰이 있을 때의 비율로 나타낸다.

$$\left.\begin{aligned}\eta=\frac{Pl}{2\pi T}&=\frac{\tan\beta}{\tan(\beta+\rho')}\\&=\frac{\tan\beta}{\dfrac{\tan\beta+\tan\rho'}{1-\tan\beta\tan\rho'}}\end{aligned}\right\} \qquad (16-73)$$

설계상 주의

a. 일반적으로 효율은 $\eta=0.8\sim0.9$(전동용으로 비틀림 각 β가 클 때) 또는 $\eta=0.4\sim0.6$(역전 방지일 때)로 한다.

b. 효율을 크게 하려면 리드각을 크게 하고, 웜의 지름을 작게해야 한다.

c. 마찰각 $\rho=\frac{\mu}{\cos\alpha}$를 적게 하면 좋다. 즉, 잇면의 μ를 작게하고, $\cos\alpha$의 값을 크게 하기 위해서 압력각 α를 작게 하는 것이 좋다.

② **웜 휠을 구동할 때** : 웜 휠을 구동 기어로 하여 웜을 돌리는 경우에는 회전이 반대가 되어 마찰각이 음(－)이 되므로, 이 때의 효율(η)은

$$\eta'=\frac{\tan(\beta-\rho')}{\tan\beta} \qquad (16-74)$$

가 된다. $\beta\leq\rho'$일 때에는 $\eta'\leq0$, 즉, P_1은 음(－)으로 되어 회전 불가능이므로 자동 체결(self-licking)되기 때문에 웜 휠로 웜을 돌릴 수는 없으며, 이 기어를 자동 체결 웜 기어 장치(self-stopping worm gearing)라 한다. 이 원리를 이용하여 역전 장치 기구로 사용할 수 있다. 또한 웜 기어가 받는 **전체 효율**(η)은 다음과 같이 구한다.

η_1 : 웜의 효율, η_2 : 스러스트 베어링의 손실 효율, η_3 : 커터 손실 효율일 때

$$\eta=\eta_1\times\eta_2\times\eta_3+\cdots\cdots \qquad (16-75)$$

[5] 강도 설계

웜 기어의 강도 설계는 일반적으로 웜 휠의 이에 대하여 계산을 한다. 그러나 웜 휠은 그 제작 조건이나 사용 조건 등에 의하여 웜과의 접촉 상태 및 하중 상태가 상당히 복잡하게 변화하며, 이의 강도를 정확하게 구하기 곤란하므로 보통 경험적인 근사식을 따르고 있다.

(1) 굽힘 강도

웜 기어의 굽힘에 대한 허용 하중은 버킹검(Buckingham)이 웜 휠을 헬리컬 기어와 마찬가지로 보고, 웜 휠의 굽힘 강도에 대하여 루이스의 식을 다음과 같이 굽힘 강도상의 전달력 즉, **굽힘 하중** (P_b : 전달력)을 다음과 같이 적용하고 있다.

P_b : 피치 원주상의 최대 전달력(N), f_v : 속도 계수(표 16−7 또는 그림 16−27)

y : 치형 계수(표 16−10), p_n : 웜의 이직각 피치($p_n = p_s \cos\beta$)(mm)

σ_b : 허용 굽힘 응력(N/mm2)(표 16−8), b : 이나비(mm)일 때

$$P_b = f_v \sigma_b p_n b\, y = f_v \sigma_b p_s \cos\beta\, by \qquad (16-76)$$

표 16−7. 웜의 속도 계수(f_v)

재료	f_v
금속 재료	$f_v = \dfrac{6}{6+v_w}$
합성 수지	$f_v = \dfrac{1+0.25v_w}{1+v_w}$

비고 v_w는 웜 휠의 미끄럼 속도(m/s)

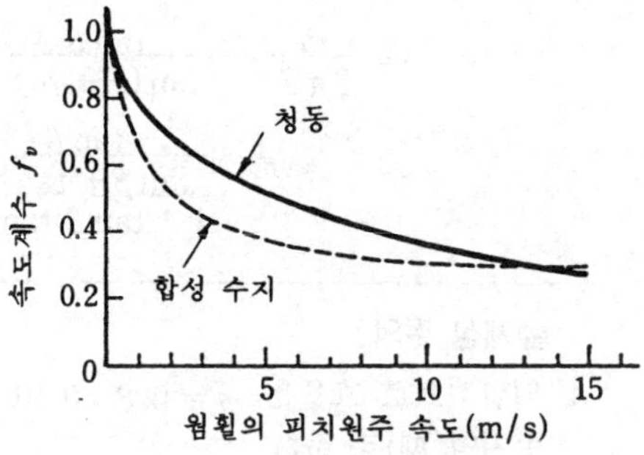

그림 16−27. 속도 계수(m/s)

표 16−8. 웜 휠의 허용 굽힘 응력(σ_b)(N/mm²)

재료	한쪽 방향 회전	양쪽 방향 회전
주철	85	55
기어용 청동	170	113
안티몬 청동	105	70
합성 수지	30	20
황동(주물)	30~50	20~30
인청동	50~80	30~60

표 16−9. 웜 휠의 이뿌리 단면적(A)

리드각(β)	14.5°	20°	25°	30°
A(mm²)	0.60 bp_n	0.70 bp_n	0.75 bp_n	0.75 bp_n

표 16−10. 웜 휠의 치형 계수(y)

압력각(α)	y
14.5°	0.100
20°	0.125
25°	0.150
30°	0.175

표 16−11. 허용 전단 응력(τ_s)

재료	τ_s(N/mm²)
주철	70
기어용 청동	70
안티몬 청동	40

(2) 전단 강도

웜 휠에 작용하는 허용 전단 하중(P_s)은 다음과 같이 구한다.

A : 웜 휠의 이뿌리 단면적(mm^2), τ_s : 허용 전단 응력(N/mm^2)(표 16-11)일 때

$$P_s=\frac{2}{3}A\tau_s \tag{16-77}$$

단, 위 식에서 A는 다음과 같이 구한다.

$$A=0.7\,bp_n=0.7\,b\pi m_n=0.7\,bp_s\cos\beta \tag{16-78}$$

(3) 내압 강도(내마멸 강도)

웜 기어는 잇면의 접촉선 모양 및 위치가 복잡하여 이론적으로 계산하기 어려우므로, 웜 휠에 대한 내압(耐壓) 강도 또는 내마멸(耐磨滅) 강도에 의한 다음과 같은 버킹검(Buckingham)의 실험 허용하중(P_d)식을 사용한다.

$\varnothing$: 리드각의 피치원 지름(표 16-12), b_e : 웜 휠의 유효 이나비(mm)

K : 내마모 계수(표 16-13), D_2 : 웜 휠의 피치원 지름(mm)($D_2=Z_2m$)

t : 마모에 대한 운전 시간 계수(그림 16-28), K_m : 접촉면 응력 계수(표 16-13)일 때

$$\left.\begin{aligned} P_d&=f_v\varnothing D_2b_eK\ (\qquad\qquad)\\ &=7.4f_vtD_2b_eK_m\ (\qquad\qquad)\end{aligned}\right\} \tag{15-79}$$

단, 위 식에서 유효 이나비 $b_e=\sqrt{a(D_1+a)}$ 로서 웜의 피치원 지름(D_1)과 이끝 높이(a)로서 결정된다.

표 16-12. β에 따른 α_n, y, $\varnothing$의 값

β	15° 이하	25° 이하	35° 이하	45° 이하	β	β>10° 이하	β=10° ~25°	β>25°
α_n	14.5°	20°	25°	30.15°	$\varnothing$	1	1.25	1.5
y	0.1	0.125	0.150	0.175				

표 16-13. 웜 기어의 K와 K_m (N/mm^2)

재료		내마모 계수	접촉 응력 계수(K_m)		
웜	웜휠	K	β=0~10°	β=10~25°	β≧25°
강(HB=250 이상)	인청동	0.42	0.42	0.42×1.25	0.42×1.5
담금질강	주철	0.35	0.35	0.35× 〃	0.35× 〃
담금질강	인청동	0.56	0.56	0.56× 〃	0.56× 〃
담금질강	칠드 인청동	0.85	0.85	0.85× 〃	0.85× 〃
담금질강	안티몬 청동	0.85	0.85	0.85× 〃	0.85× 〃
담금질강	합성수지	0.87	0.28	0.28× 〃	0.28× 〃
주철	인청동	0.65	0.56	0.56× 〃	0.56× 〃

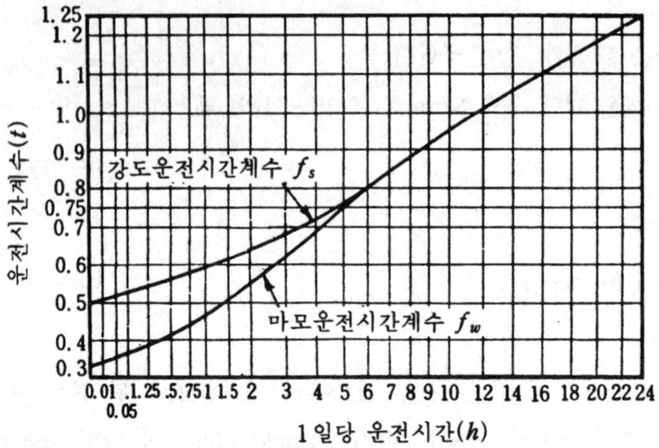

그림 16－28. 마모에 대한 운전 시간 계수(t)

표 16－14. 발열 계수(C)

v_1	C (N/mm²)		
1	3~4	주철	2.5
2.5	2.5~3.0	인청동	4.0
4	2.0~2.5		
5.5	1.5~2.0	Al 청동	5.0
7	1.0~1.2		

비고 v_1은 웜의 미끄럼 속도(m/s)

(4) 웜의 발열 강도

① **발열 하중** : 웜의 발열(發熱) 현상은 기어의 재료, 치형, 공작의 정밀도, 윤활유의 상태와 냉각 장치 등 여러 가지 조건에 의하여 영향을 받으므로, 발열 하중 (P_h)은 다음과 같다.

C : 발열 계수(표 16－14), p_s : 축 직각 단면의 웜의 피치(mm)

b_e' : 웜의 피치원을 따라서 측정한 웜 휠의 유효 이나비(mm)일 때

$$P_h = C\, b_e' p_s \tag{16-80}$$

단, 위 식에서 b_e' 의 값은 다음과 같이 구하고, $\beta = 60° \sim 80°$로 한다.

$$b_e' = \pi D_1 \frac{\beta}{360°} \tag{15-81}$$

② **발열 계수** : 다음의 쿠체바흐(Kutzebach) 실험식을 사용한다.

$$\left.\begin{aligned} C &= \frac{4}{1+0.5v_1} \quad (\qquad\qquad\qquad) \\ &= \frac{6}{1+0.5v_1} \quad (\qquad\qquad\qquad\quad) \end{aligned}\right\} \tag{16-82}$$

③ **속도** : 웜과 웜 휠의 원주 속도는 다음과 같다.

v_1 : 웜의 미끄럼 속도(m/s), v_2 : 웜의 원주 속도 (m/s)

v_w : 웜의 원주 속도(m/s), γ : 비틀림각 일 때

$$\left.\begin{aligned} v_1 &= \frac{v_2}{\cos\beta},\quad v_2 = \frac{\pi D_1 N_1}{60\times1000} (\qquad\qquad\qquad) \\ v_1 &= \frac{v_w}{\cos\gamma},\quad v_w = \frac{\pi D_2 N_2}{60\times1000} (\qquad\qquad\qquad\quad) \end{aligned}\right\} \tag{16-83}$$

웜의 v_1은 웜의 원주 속도와 웜 휠의 원주 속도로부터 얻을 수 있다.

(5) 전달 동력

피치점에서의 전달 동력(H)은 다음과 같이 구한다.

$$H=\frac{Pv}{735}\,(\text{PS})=\frac{Pv}{1000}\,(\text{kW}) \qquad (16-87)$$

단, 위 식에서 P는 굽힘 강도상과 면압 강도상에서 구한 것 중 작은 값을 취한다.

> **설계상 주의**
>
> 웜 기어는 윤활, 미끄럼 속도 및 하중 조건 등에 의한 마찰 손실과 발열로부터 허용 전달 동력을 검토할 필요가 있다.

예제 16-9 그림 16-29와 같이 1200rpm으로 회전하는 웜 기어 장치에서 웜의 줄수 2, 웜 휠의 잇수 80, 웜 휠 축의 지름 50mm일 때, 드럼에 10초 동안 감긴 로프의 길이를 구하여라. 단, 원주 피치는 π이다.

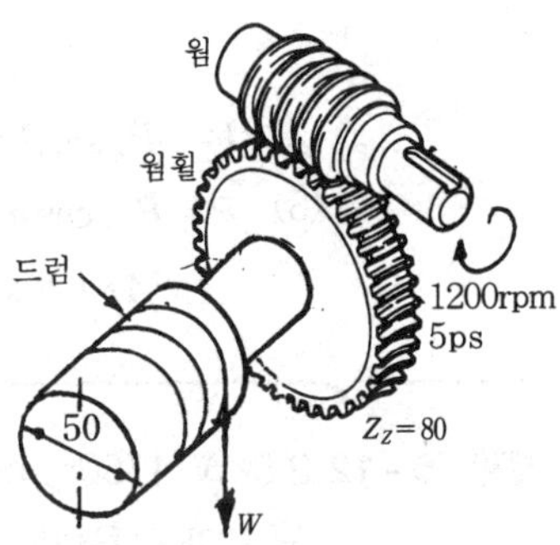

그림 16-29

Solution

$$i=\frac{n}{Z_g}=\frac{2}{80}=\frac{1}{40}$$

$$v=\frac{\pi D_1 N_1}{60\times1000}\,i=\frac{\pi\times50\times1200}{60\times1000}\times\frac{1}{40}$$

$$=0.0785(\text{m/s})=78.5(\text{mm/s})$$

$$\therefore\ l=78.5\times10=785.4(\text{mm})$$

예제 16-10 웜의 줄 수 3, 리드 55mm인 웜 기어에서 웜 휠의 잇수 30, 지름 피치 3일 때, 다음을 구하여라.

(1) 웜의 리드각(β) (2) 중심 거리(A)

Solution

(1) $$m=\frac{25.4}{p_d}=\frac{25.4}{3}=8.47$$

$$p_s=\pi m=\pi\times8.47=26.6(\text{mm})$$

$$D_1=2p_s+12.7=2\times28.6+12.7=65.9(\text{mm})$$

$$\therefore\ \beta=\tan^{-1}\frac{l}{\pi D_1}$$

$$=\tan^{-1}\frac{55}{\pi\times65.9}=0.2658=14.88(^\circ)$$

(2) $$D_2=\frac{Z_2 p_s}{\pi}=\frac{30\times26.6}{\pi}=254(\text{mm})$$

$$\therefore\ A=\frac{D_1+D_2}{2}=\frac{65.9+254}{2}\fallingdotseq160(\text{mm})$$

예제 16 - 11 800rpm, 30PS을 전달하는 웜 기어에서 웜의 줄 수 4, 피치 31.4mm, 피치 원 지름 64mm 일 때, 다음을 구하여라. 단, $\alpha_n=14.5°$, $\mu=0.1$이다.

(1) 웜의 잇면에 대한 수직력(P_n) (2) 반지름 방향의 힘(P_2)

(3) 웜에 작용하는 접선력(P)

Solution

(1) $P_1=\frac{T}{R}=7020\frac{H}{R_1N_1}=7020\times\frac{30}{(64/2)\times 800}=8424(\text{N})$

$\beta=\tan^{-1}\frac{l}{\pi D_1}=\tan^{-1}\frac{4\times 31.4}{\pi\times 64}=32(°)$

$\therefore P_n=\frac{P_1}{\cos\alpha_n\sin\beta+\mu\cos\beta}$

$=\frac{8424}{\cos 14.5°\times\sin 32°+0.1\times\cos 32°}\fallingdotseq 14(\text{kN})$

(2) $P_2=P_n\sin\beta=14\times\sin 32°=7.4(\text{kN})$

(3) $P=P_n(\cos\alpha_n\cos\beta-\mu\sin\beta)$

$=14\times(\cos 14.5°\times\cos 32°-0.1\times\sin 32°)=6.43(\text{kN})$

예제 16 - 12 2.5kW, 1750rpm을 전달하는 웜 기어에서 축 직각 모듈 $m_s=3.5$, 웜의 줄수 2일 때, 웜과 웜 휠에 작용하는 다음을 구하여라. 단, $\alpha_n=14.5°$, $\mu=0.1$이다.

(1) 웜 휠의 속도(v_w)

(2) 웜과 웜 휠의 회전력(P_1, P_2)

Solution

(1) $p_s=\pi m_s=\pi\times 3.5=11(\text{mm})$

$D_1=2p_s+12.7=2\times 11+12.7=34.7\fallingdotseq 35(\text{mm})$

$\therefore v_w=\frac{\pi D_1 N_1}{1000\times 60}=\frac{\pi\times 35\times 1750}{60000}=3.21(\text{m/s})$

(2) $l=p_s Z_1=11\times 2=22(\text{mm})$

$\beta=\tan^{-1}\frac{l}{\pi D_1}=\tan^{-1}\frac{22}{\pi\times 35}=11.32(°)$

$\rho'=\tan^{-1}\frac{\mu}{\cos\alpha_n}=\tan^{-1}\frac{0.1}{\cos 14.5°}=5.898(°)$

$\therefore P_1=\frac{1000H}{v_w}=\frac{1000\times 2.5}{3.21}=779(\text{N})$

$P_2=\frac{P_1}{t(\beta+\rho')}=\frac{779}{t(11.32°+5.898°)}=2509(\text{N})$

예제 16 - 13 줄수 2, 축직각 모듈 $m_s=8$, $N_1=800$rpm, $i=1:20$인 웜 기어 장치에 대한 다음을 구하여라. 단, $\beta=23°$, $\alpha_n=20°$ 이다.

(1) 굽힘 강도상에서 $\sigma_b = 170\text{MPa}$, $y = 0.125, b = 50\text{mm}$일 때

① 웜의 미끄럼 속도(v_1) ② 웜 휠의 원주 속도(v_w)

③ 전달 하중(P_b)

(2) 전단 강도상에서 이나비 50mm, 전단 응력 70MPa일 때

① 웜 휠의 이뿌리 단면적(A)

② 전달 하중(P_s)

(3) 내압 강도상에서 유효 이나비 52mm, $\phi = 1.25, K = 0.56\text{MPa}$일 때, 전달 하중($P_d$)

(4) 전달 동력(kW)과 효율(η) : (단, $\mu = 0.1$)

Solution (1) ① $D_1 = Z_1 m_S = 2 \times 8 = 40(\text{mm})$

웜의 원주 속도(v_2, v_1)는

$$v_2 = \frac{\pi D_1 N_1}{60 \times 1000} = \frac{\pi \times 40 \times 800}{60 \times 1000} = 1.67(\text{m/s})$$

$$v_1 = \frac{v_2}{\cos\beta} = \frac{1.67}{\cos 23^\circ} = 1.8(\text{m/s})$$

② $Z_2 = Z_1 i = 2 \times 20 = 40(\text{매})$

$N_2 = N_1 / i = 800 / 20 = 40(\text{rpm})$

$D_2 = m_S Z_2 = 8 \times 40 = 320(\text{mm})$

$$\therefore v_w = \frac{\pi D_2 N_2}{60 \times 1000} = \frac{\pi \times 320 \times 40}{60 \times 1000} = 0.67(\text{m/s})$$

③ $$f_v = \frac{6}{6 + v_w} = \frac{6}{6 + 0.67} = 0.89$$

$$\therefore P_b = f_v \sigma_b b\, m_S\, y = 0.89 \times 170 \times 50 \times 8 \times 0.125 = 7565(\text{N})$$

(2) ① $A = 0.7 b\pi m_s \cos\beta = 0.7 \times 50 \times \pi \times 8 \times \cos 23^\circ = 810(\text{mm}^2)$

② $P_s = \frac{2}{3} A\tau_s = \frac{2}{3} \times 810 \times 70 = 37800(\text{N})$

(3) $P_d = f_v ø D_2 b_e K = 0.89 \times 1.25 \times 320 \times 52 \times 0.56 = 10367(\text{N})$

(4) ① 위 하중 P_b, P_s, P_d 중에서 가장 작은 값 $P_b = 7565\text{N}$이므로

$$H = \frac{P_b v_w}{1000} = \frac{7565 \times 0.67}{1000} = 5(\text{kW})$$

② $$\rho' = \tan^{-1}\frac{\mu}{\cos\alpha_n} = \tan^{-1}\frac{0.1}{\cos 20^\circ} = 6.07(^\circ)$$

$$\therefore \eta = \frac{\tan\beta}{\tan(\beta + \rho')} = \frac{\tan 23^\circ}{\tan(23^\circ + 6.07^\circ)} = 0.763 = 76.3(\%)$$

예제 16-14 다음과 같은 조건의 웜 기어 장치에 대한 전달 동력(PS)을 구하여라.

구분	재료	압력각	모듈	줄수	피치원지름	회전수	속비	이나비	리드각
웜	담금질강	20°	$m_S=10$	2	95mm	1150rpm	15 : 1	–	23°
웜 휠	청동			–	–	–		30mm	

Solution (1) 굽힘 강도상에서

웜 휠의 잇수 Z_2는 웜의 줄수 2이고, 속비 15 : 1이므로

$$Z_2 = 15 \times 2 = 30(\text{매})$$

$$D_2 = m_s Z_2 = 10 \times 30 = 300(\text{mm})$$

$$N_2 = N_1 i = 1150 \times \frac{1}{15} = 76.6(\text{rpm})$$

$$v_w = \frac{\pi D_2 N_2}{60 \times 1000} = \frac{\pi \times 300 \times 76.6}{6000} = 1.2(\text{m/s})$$

$$f_v = \frac{6}{6 + v_w} = \frac{6}{6 + 1.2} = 0.83$$

기어가 양쪽 방향 회전일 때 $\sigma_b = 113$MPa(표 16−8), $y = 0.125$(평균 값 : 표 16−10) 이므로

$$P_b = f_v \sigma_b b m_S y = 0.83 \times 113 \times 30 \times 10 \times 0.125 = 10608(\text{N})$$

(2) 전단 강도상에서

$$m_n = m_S \cos\beta = 10 \times \cos 23^\circ = 9.205$$

$$p_n = \pi m_n = \pi \times 9.205 = 28.9(\text{mm})$$

$$A = 0.70 b p_n = 0.70 \times 30 \times 28.9 = 607(\text{mm}^2)$$

웜 휠의 재료가 청동일 때, 표 16−11에서 $\tau_s = 70$MPa이므로

$$P_s = \frac{2}{3} A \tau_s = \frac{2}{3} \times 607 \times 70 = 28330(\text{N})$$

(3) 내압 강도상에서 : $a_1 = m_s = 10$mm이므로

$$D_{01} = D_1 + 2a_1 = 95 + 2 \times 10 = 115(\text{mm})$$

$$b_e = \sqrt{D_{01}^2 - D_1^2} = \sqrt{115^2 - 95^2} = 64.8(\text{mm})$$

$\phi = 1.25$(표 16−12), $K = 0.85$MPa(표 16−13)이므로

$$P_d = f_v \phi D_2 b_e K = 0.83 \times 1.25 \times 300 \times 64.8 \times 0.85 = 17140(\text{N})$$

(4) 발열 강도상에서

$$v_1 = \frac{\pi D_1 N_1}{\cos\beta \times 60 \times 1000} = \frac{\pi \times 95 \times 1150}{\cos 23^\circ \times 60 \times 1000} = 6.2(\text{m/s})$$

$$C = \frac{6}{1 + 0.5 v_1} = \frac{6}{1 + 0.5 \times 6.2} = 1.46$$

$$b_e' = \pi D_1 \frac{\beta}{360^\circ} = \pi \times 95 \times \frac{23^\circ}{360^\circ} = 19(\text{mm})$$

$$P_h = C b_e' p_s = C b_e' \pi m_S = 1.46 \times 19 \times \pi \times 10 = 871(\text{N})$$

$$\therefore H = \frac{P_h v_w}{735} = \frac{871 \times 1.2}{735} = 1.4(\text{PS})$$

제16장 연습문제

논문형

1. 헬리컬 기어의 특성에 대하여 설명하여라.
2. 헬리컬 기어의 상당 스퍼 기어에 대하여 설명하여라.
3. 베벨 기어의 특성에 대하여 설명하여라.
4. 베벨 기어의 상당 스퍼 기어에 대하여 설명하여라.
5. 웜 기어의 특성에 대하여 설명하여라.
6. 웜 기어에 작용하는 힘에 대하여 설명하여라.

계산형

A. 헬리컬 기어

16-1. 이직각 모듈 $m_n = 4,\ Z_1 = 25, Z_2 = 50, \beta = 20°$ 인 헬리컬 기어의 다음을 구하여라.

(1) 피치원 지름(D_1, D_2) (2) 바깥 지름(D_{01}, D_{02})

(3) 중심 거리(A)

16-2. 이직각 모듈 $m_n = 3,\ Z_1 = 40,\ \beta = 20°$ 인 헬리컬 기어가 500rpm으로 10kW를 전달할 때, 스러스트 하중을 구하여라.

16-3. $m_n = 3,\ Z_1 = 30,\ Z_2 = 48$, 이직각 압력각 20°, $\beta = 15°$ 인 전위 헬리컬 기어의 다음을 구하여라. 단, 이직각 전위 계수 $x_{n1} = 0.2,\ x_{n2} = 0.3$이다.

(1) 축직각 압력각(α_s) (2) 물림 압력각(α_b)

(3) 중심 거리(A_f)

16-4. $m_n = 4, Z_1 = 20, Z_2 = 100, \beta° = 35°$ 인 헬리컬 기어($\alpha = 20°$)가 1600rpm 으로 회전할 때, 전달 동력(kW)을 구하여라. 단, 이나비는 이직각 피치의 5배 ($b = 5p_n$), $\sigma_b = 90$MPa, 면압계수 $C_w = 1,\ y_e = 0.182, K = 0.28$MPa이다.

16-5. 아래와 같은 조건으로 된 헬리컬 기어의 다음을 구하여라.

구분	모듈	압력각	비틀림 각	잇수	회전수	굽힘 응력	치형 계수	비응력 계수	이나비
피니언	3	14.5°	25°	50	1000rpm	210MPa	0.4383	0.53MPa	$6p_n$
기 어				250	500rpm	130MPa	0.4764		

(1) 속도 계수(f_v)

(2) 굽힘 강도상의 전달 하중(P_1, P_2)

(3) 면압 강도상의 하중(P_3) : (단, $C_w = 0.8$) (4) 전달 동력(PS)

B. 베벨 기어

16-6. 그림 16-30과 같이 450rpm, 15PS을 전달하는 직선 베벨 기어의 속도비 1/2, 피니언의 피치원 지름 160mm일 때, 다음을 구하여라.

(1) 피치 원뿔각(δ) (2) 원뿔 거리(L)

(3) 전달 하중(P)

(4) 모듈(m) : (단, 굽힘 응력 130MPa, $y_e = 0.412$)

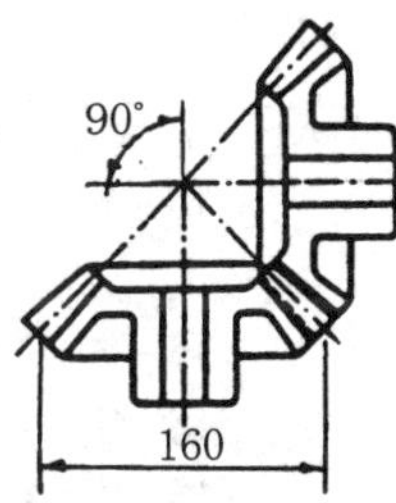

그림 16-30

16-7. $m = 3, Z_1 = 50, Z_2 = 90, \theta = 85°$ 인 베벨 기어의 다음을 구하여라.
(1) 원뿔각(δ_1, δ_2)　(2) 피치원 지름(D_1, D_2)
(3) 바깥 지름(D_{01}, D_{02})　(4) 원뿔 거리(L)
(5) 이나비(b)　(6) 상당 스퍼 기어 잇수(Z_{e1}, Z_{e2})

16-8. $m = 4, Z = 70$, 피치 원뿔각 $78.5°$ 인 베벨 기어가 300rpm. 10kW를 전달할 때, 다음을 구하여라. 단, 이나비 25mm, 압력각 $20°$ 이다.
(1) 축방향 하중(P_t)　(2) 가로 하중(P_a)

16-9. $m = 8, Z = 30, N = 200$rpm인 마이터 베벨 기어의 다음을 구하여라. 단, 재료 계수 0.45, 이나비 65mm, 기계 계수 0.75이다.
(1) 원뿔 거리(L)　(2) 바깥 지름(D_0)
(3) 회전력(P : 전달 하중)　(4) 면압 강도상 전달 동력(PS)

C. 웜 기어

16-10. 웜의 줄수 3, 웜 휠의 잇수 72, 회전수 1800rpm인 웜 기어에서 휠의 회전수를 구하여라.

16-11. 웜 줄 수 2, $Z_2 = 30$, 지름 피치 3, 웜 리드 55mm인 웜 기어의 다음을 구하라.
(1) 웜의 리드각(β)　(2) 웜의 피치원 지름(D_1)

16-12. 웜의 줄 수 2, $N_1 = 1000$rpm일 때, 이것을 40rpm 으로 감속하기 위한 웜 기어에서 웜 휠의 잇수를 구하여라.

16-13. 웜의 줄수 2, 피치원 지름 80mm, $p_n \fallingdotseq 3.14$mm인 웜 기어에서 웜 휠의 잇수 28, 피치원 지름 280mm일 때, 효율을 구하여라. 단, $\mu = 0.06$이다.

16-14. 웜 줄수 1, $N_1 = 600$rpm, 휠의 피치원 지름 390mm, 이나비 80mm, $Z_2 = 30$일 때, 굽힘 강도상의 전달 동력(PS)을 구하여라. 단. $\sigma_b = 85$MPa, $y = 0.125$이다.

16-15. 축직각 모듈 $m_s = 3$, 이직각 압력각 $\alpha_n = 20°$ 인 웜 기어 장치가 다음의 조건일 때, 웜의 스러스트 하중을 구하여라. 단, $\mu = 0.15$이다.

구분	잇수	피치원 지름	회전수(rpm)	재질	이나비	유효 이나비
웜	2줄	$D_1 = 30$mm	$N_1 = 1500$	SM 45C	22mm	20mm
웜 휠	40	$D_2 = 140$mm	$N_2 = 500$	GC 250		

16-16. 1줄 나사($Z_1 = 1$)인 웜의 회전수 600rpm, 웜 휠의 피치원 지름 390mm, 잇수 30일 때, 전달 동력(PS)을 구하여라. 단, 이나비 80mm, 피치 4.084mm, 허용 굽 힘 응력 320MPa이다.

Answer

16-1. (1) D_1=106mm, D_2=212.8mm (2) D_{o1}=114.4mm, D_{o2}=220.8mm (3) 159.63mm　16-2. 1090N　16-3. (1) 20°39′ (2) 22.37°(3) 123mm
16-4. 14.6kW　16-5. (1) 0.25 (2) P_1=900N, P_2=2624N (3) 1997N (4) 23.5PS
16-6. (1) 26.56°(2)178.8mm (3) 2900N (4) 3
16-7. (1) δ_1=27.83°, δ_2=57.17°(2) D_1=150mm, D_2=270mm (3) D_{o1}=51.768mm, D_{o2}=91.084mm (4) L=160.67mm (5) b=40.17mm (6) Z_{e1}=57매, Z_{e2}=166매
16-8. (1) 870N (2) 177N　16-9. (1) 169.5mm (2) 251.3mm (3) 5576N (4) 19.3PS
16-10. 75rpm　16-11. (1) 14.7°(2) 67mm　16-12. 50매　16-13. 29.5%
16-14. 5.6PS　16-15. 282N　16-16. 5.7PS

VII

제어용 기계 요소 설계

17. 브레이크
18. 스프링

✦ 기계에서 속도, 운동, 에너지 등을 제어 조정하는 데 사용하는 브레이크와 스프링에 대한 일반 사항과 설계에 대하여 알아본다.

제 17 장 브레이크(brake)

마찰력을 이용하여 기계 운동 부분의 에너지를 흡수하여 그 운동을 멈추게 하거나 동력의 전달을 제어하기 위한 기계 요소를 **브레이크**(brake)라 한다.

1. 구조

그림 17－1과 같이 마찰력을 발생시키는 **작동부**(드럼, 블록 또는 밴드, 핸들)와 이 부분에 힘을 주는 **조작부**로 구성되어 있고, 조작하는 힘에는 인력(수동력), 증기압, 진공압, 압축 공기압, 유압, 원심력, 전자력, 전기 등이 있다.

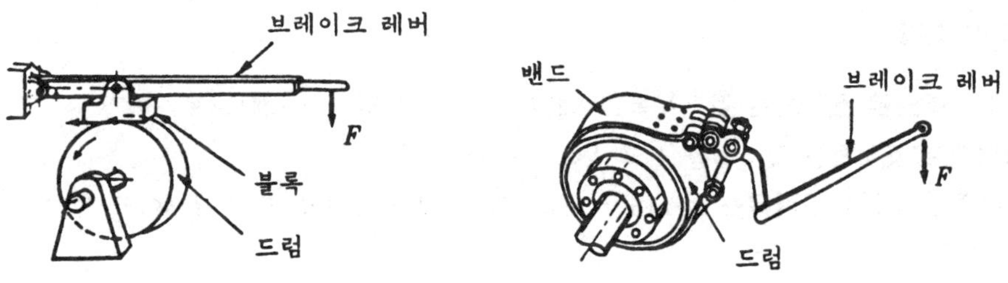

(a) 블록 브레이크 (b) 밴드 브레이크

그림 17－1. 브레이크의 종류

2. 용도

(1) 기계 운동 부분의 속도를 제어하여 운동체를 임의로 감속 또는 정지시키거나 정지 상태를 유지시키는 데 사용된다.
(2) 안전 운전을 확보하기 위한 목적이나 역동 방지에 사용되며, 이것에는 차량, 크레인, 윈치 등이 있다.
(3) 운동 에너지를 고체 마찰에 의하여 열에너지로 바꾸는 데 사용된다.
(4) 운동 정지와 운동 속도의 조절용으로 주로 사용된다.
(5) 클러치와 종류 및 구조면에서 거의 동일하나 기능이 반대이다.
(6) 클러치는 회전 토크를 가하여 가속시키나 브레이크는 회전 토크를 감하여 감소 시킨다.

3. 종 류

[1] 구조에 따라(표 17-1 참조)

(1) 기계적 브레이크

① 원주 브레이크

a. 블록(block) 브레이크[단식(외작용선형, 중작용선형, 내작용선형), 복식]

b. 밴드(band) 브레이크(단동식, 차동식, 합동식)

c. 내확(expeinsion) 브레이크

② 축 방향 브레이크

a. 원판(disk) 브레이크
b. 원뿔(cone) 브레이크

③ 자동 하중 브레이크

a. 웜 브레이크
b. 캠 브레이크
c. 나사 브레이크
d. 코일 브레이크
e. 체인 브레이크
f. 원심력 브레이크
g. 로프 브레이크

④ 폴(pawl) 브레이크

(2) 전자기(電磁氣) 브레이크

[2] 조작에 따라

(1) 반지름 방향으로 조작하는 것 : 블록 브레이크, 내확 브레이크, 밴드 브레이크

(2) 축 방향으로 조작하는 것 : 원판 브레이크, 원뿔 브레이크

(3) 자동 하중에 의하여 조작되는 것 : 체인 브레이크, 나사 브레이크, 코일 브레이크, 캠 브레이크, 원심력 브레이크 등

[3] 조작 부분의 힘에 따라

(1) 운동 정지를 주목적으로 하는 것 : 크레인(crane), 일반 기계용 브레이크 등

(2) 운동 속도의 조절까지도 고려하는 것 : 차량용 브레이크 등

표 17-1. 브레이크의 종류

<table>
<tr><td rowspan="7">(1) 기계적 브레이크</td><td rowspan="4">원주 브레이크</td><td rowspan="3">외주 브레이크</td><td rowspan="2">블록 브레이크</td><td>단식</td><td>외작용선형, 중작용선형, 내작용선형</td></tr>
<tr><td colspan="2">복식 블록 브레이크</td></tr>
<tr><td colspan="2">밴드 브레이크</td><td>단동식, 차동식,합동식 브레이크</td></tr>
<tr><td colspan="4">내주 브레이크(내확 브레이크)</td></tr>
<tr><td colspan="2">축 방향 브레이크</td><td colspan="3">원판 브레이크, 원뿔 브레이크</td></tr>
<tr><td colspan="2">자동 하중 브레이크</td><td colspan="3">웜 브레이크, 캠 브레이크, 체인 브레이크,
나사 브레이크 , 코일 브레이크, 원심력 브레이크</td></tr>
<tr><td colspan="5">라체트 브레이크(폴 브레이크)</td></tr>
<tr><td colspan="6">(2) 전자 브레이크</td></tr>
</table>

17-1 블록 브레이크

그림 17－2와 같이 회전하는 브레이크 드럼(輪 : brake drum)에 1～2개의 브레이크 블록(block)을 브레이크 레버로 밀어붙여 마찰에 의한 제동 작용을 한다.

1. 일반 사항

(1) 특 성

구조(레버, 블록, 드럼)가 간단하나 제동축에 굽힘 모멘트가 작용하고, 큰 제동력을 얻을 수 없다.

(2) 종류(그림 17－2)

① 블록 개수에 따라

a. **단식 블록 브레이크**(single block brake) : 블록이 하나가 설치된 것으로 용도는 제동축의 지름 50mm 이하에 주로 사용되나, 제동 축에 굽힘 모멘트 가 작용하므로, 너무 큰 회전력의 제동에는 사용 되지 않는다[그림 (a), (b)].

b. **복식 블록 브레이크**(double block brake) : 블록이 2개가 배치된 것으로 서, 용도는 철도 차량, 전동 윈치, 기중기, 하역 기계 등에 사용된다[그림 (c)].

② 레버 지점에 따라 : 외 작용선형, 중 작용선형, 내 작용선형이 있다[그림 (b)].

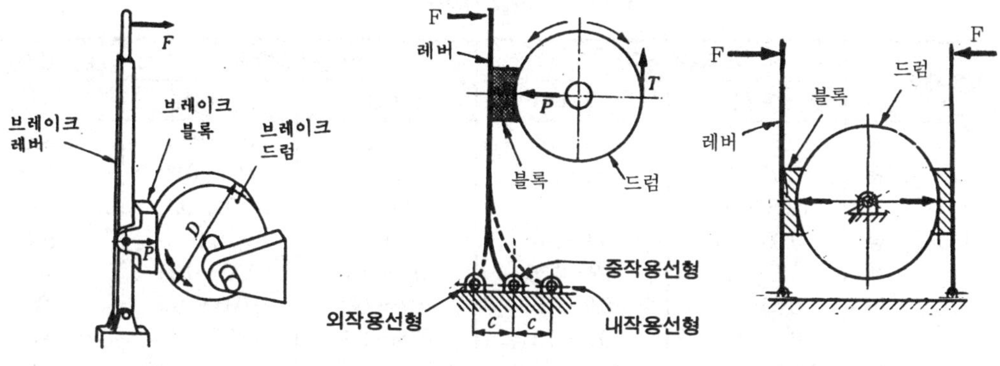

(a) 구조　　(b) 레버의 지점　　(c) 복식 브레이크

그림 7－2. 블록 브레이크

(3) 구조와 재료

① 드럼 : 주철 또는 주강제가 주로 사용된다.

② 블록 : 주철, 주강, 목재, 석면 직물, 가죽 등의 재료를 붙여서 사용한다.

(4) 조작력 : 인력(人力), 스프링 힘, 공기력, 유압력, 원심력, 전자력 등에 의한다.

(5) 마찰 재료의 구비 조건

① 마찰 계수가 높고, 내마모성이 있을 것.

② 상대 금속을 상하지 않게 하고, 열전도가 좋을 것.

③ 고온에 견디고, 주위 조건에 영향을 받지 않을 것.

2. 블록 브레이크의 설계

[1] 단식 블록 브레이크

(1) 제동력

그림 17−2와 같이 브레이크 블록을 드럼에 밀어 붙이므로서, 마찰면에 수직으로 작용하는 브레이크의 압력(블록을 드럼에 밀어 붙이는 힘) P에 의하여 드럼의 원주 접선 방향으로 작용하는 μP를 얻는데 드는 힘을 제동력(Q : 마찰력 또는 회전력)이라 하며, 다음과 같이 구한다.

Q : 제동력(N), T : 브레이크 토크(N · mm), W: 드럼 외주에 걸리는 하중(N)

D : 드럼의 지름(mm), d : 축의 지름(mm), μ : 드럼과 블록 사이의 마찰 계수일 때

$$Q=\mu P=\frac{2T}{D}=\frac{Wd}{D} \tag{17-1}$$

＊ 설계상 주의

① 마찰 계수 μ는 상대 미끄럼 속도, 마찰면의 압력, 온도, 다듬질 정도 등에 의해서 변화하므로, 표 17−2 값의 50 ~ 80%를 쓰는 것이 안전하다.

② 허용 압력은 건식에는 낮은 쪽을, 습식에 있어서는 높은 쪽을 택하면 좋다.

③ 브레이크에 사용되는 마찰 재료는 마찰 계수가 높고, 내마모성이 있는 것이 필요하며, 상대 금속을 상하지 않고, 열전도는 좋으며, 고온에 견디고, 주위 조건에 영향을 받지 않을만한 것이 좋다.

표 17−2. 마찰 재료의 성질

마찰 재료	마찰 계수 μ		허용면 압력 p		최고사용온도
	습식	건식	N/mm²	kgf/mm²	(° C)
주철	0.05~0.12	0.12~0.2	1~1.7	0.1~0.17	300
청동	0.05~0.1	0.1~0.2	0.4~0.8	0.04~0.08	150
담금질강	0.05~0.07	−	0.7~1	0.07~0.1	250
소결합금	0.05~0.1	0.1~0.4	1	0.1	500
목재	0.1~0.15	0.2~0.35	0.3~0.5	0.03~0.05	100
파이버	0.05~0.1	0.3~0.5	0.05~0.2	0.005~0.02	90
코르크	0.2~0.25	0.3~0.5	0.05~0.1	0.005~0.01	90
벨트	0.15~0.2	0.2~0.25	0.03~0.07	0.003~0.007	130
가죽벨트	0.1~0.15	0.3~0.5	0.07~0.25	0.007~0.025	90
석면직물	0.1~0.2	0.3~0.6	0.3~0.6	0.03~0.06	200
석면 성형물	0.08~0.12	0.2~0.5	0.35~0.03	0.035~0.003	200

비고 상대 재료 : 담금질강, 주철 또는 주강으로 한다.

(2) 브레이크 압력

블록의 마찰면에 작용하는 브레이크 압력(P)은 위 식에서 다음과 같이 된다.

$$P=\frac{Q}{\mu}=\frac{2T}{\mu D} \tag{17-2}$$

(3) 브레이크 제동 토크

브레이크 블로과 드럼 사이의 마찰 계수 μ일 때, 제동 토크(T)는 다음과 같다.

$$T=\frac{QD}{2}=\frac{\mu PD}{2}=\frac{Wd}{2} \qquad (17-3)$$

(4) 조작력(操作力)

그림 17-3과 같이 3가지 형식으로서 (a) 외(外) 작용선형(c>0), (b) 중(中) 작용선형(c=0), (c) 내(內) 작용선형(c<0)으로 구분하여 각각 구한다.

브레이크 드럼의 회전에는 우회전과 좌회전의 경우가 있다.

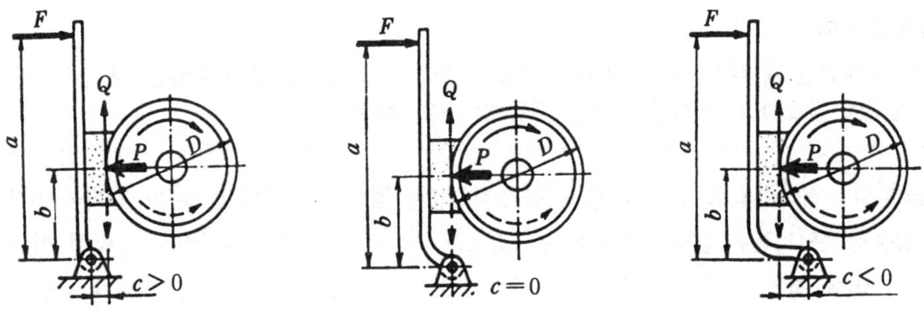

(a) 외작용선형($c>0$) (b) 중작용선형 ($c=0$) (c) 내작용선형 ($c<0$)

그림 17-3. 단식 블록 브레이크의 형식

① **외 작용선형** : 표 17-3 (a)와 같이 블록과 일체로 되어 있는 레버의 평형 조건으로부터 우회전일 때 $Fa-Pb-\mu Pc=0$ 이고, 좌회전일 때 $Fa-Pb+\mu Pc=0$ 이므로, 조작력(F)(또는 레버에 가하는 힘)은 다음과 같이 된다.

$$\left.\begin{aligned} F&=\frac{P}{a}(b+\mu c)=\frac{Q}{\mu a}(b+\mu c)\ (\text{우회전}) \\ &=\frac{P}{a}(b-\mu c)=\frac{Q}{\mu a}(b-\mu c)\ (\text{좌회전}) \end{aligned}\right\} \qquad (17-4)$$

위 식에서 a, b는 작용하는 힘에서 각 지점까지의 거리로서 레버의 치수이다.

＊ 설계상 주의

① 외 작용선형은 드럼이 우회전일 때 브레이크 힘 작용선이 레버 지점의 외측에 있으므로, 블록이 닳는 경우 c의 길이가 짧아져 제동력이 증가하고, 좌회전일 때는 마찰력 방향이 반대이므로 제동력이 감소한다.

② 레버의 치수 $a\,/\,b$ 의 표준 값은 3~6이고, 최대 10을 넘어서는 안된다.

③ 수동의 조작력은 $100\sim150$N가 보통이고, 최대 20N을 초과하지 않게 한다.

④ 브레이크 블록과 드럼 사이의 최대 틈새 표준 값은 2~3mm 정도가 적당하다.

② **중 작용선형** : 그림 17-3 (b)와 같이 작용선이 브레이크 지점 위에 있는 경우로 $c=0$ 가 되므로 회전 방향에는 관계없이 제동 효과가 같으므로 $Fa-Pb=0$ 이고, 좌회전과 우회전이 같아서 조작력(F)은 다음과 같이 된다.

$$F = P\frac{b}{a} = \frac{Qb}{\mu a} \tag{17-5}$$

③ **내 작용선형** : 표 17－3 (c)와 같이 드럼이 우회전일 때 $Fa - Pc + \mu Pc = 0$ 이고, 좌회전일 때, $Fa - Pc - \mu Pc = 0$ 이므로, **조작력**(F)은 다음과 같이 된다.

$$\left.\begin{aligned} F &= \frac{P}{a}(b - \mu c) = \frac{Q}{\mu a}(b - \mu c) \ (\text{우회전}) \\ &= \frac{P}{a}(b + \mu c) = \frac{Q}{\mu a}(b + \mu c) \ (\text{좌회전}) \end{aligned}\right\} \tag{17-6}$$

＊ 설계상 주의

드럼이 우회전일 때 작용선이 브레이크 지점의 내측에 있으므로, 블록이 닳을 때 c의 길이가 짧아져 제동력이 감소하고, 좌회전일 때는 제동력이 증가한다.

※ **자동 잠김** : 일반적으로 $c = (1/5)b$, $\mu = 0.1 \sim 0.6$ 정도를 취한다면 F의 변화는 10% 이하이므로 실용상 큰 지장은 없다. 그러나 $b - \mu c \leqq 0$ 일 때 즉, c가 b에 비해 상당히 커지면 $F \leqq 0$ 이 되어 레버에 힘을 주지 않더라도 자동적으로 브레이크가 걸리게 된다. 따라서 이런 때에는 축의 회전 속도를 제어하는 브레이크로서의 작용은 하지 못한다. 그리고 외작용의 좌회전과 내작용의 우회전에서 $F \leqq 0$, $b - \mu c \leqq 0$로 된다. 즉, $b \leqq \mu c$ 또는 $\mu \geqq b/c$ 이면 자동적으로 브레이크가 걸린다. 이것을 자동 잠김(self－locking of brake) 또는 **자동 체결**이라 한다.

(5) 브레이크 면압력

그림 17－4에서 브레이크 압력을 받을 때 블록과 브레이크 드럼 사이에 생기는 제동 면압력(p : N/mm^2)은 다음 식으로 된다.

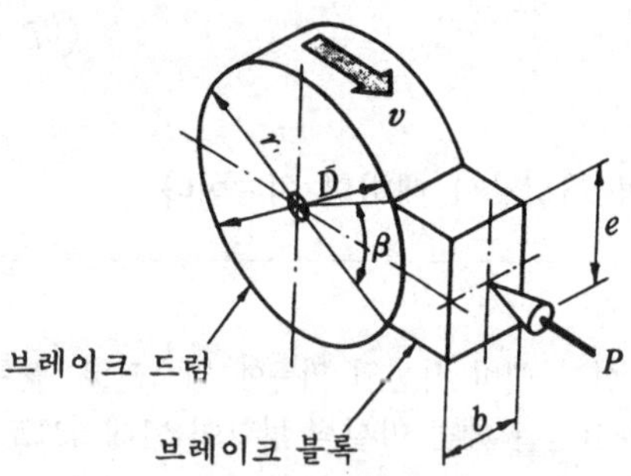

(a)

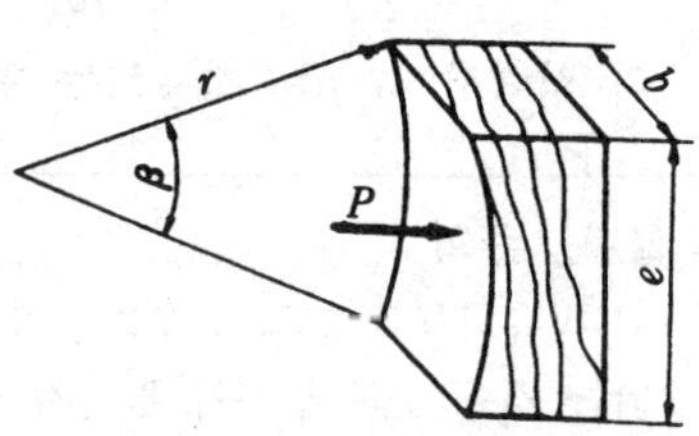

(b) 브레이크 블록의 치수

그림 17－4. 블록 브레이크의 압력

P : 블록을 드럼에 밀어붙이는 힘(N), e : 브레이크 블록의 길이(mm)

b : 브레이크 블록의 나비(mm), D : 브레이크 드럼의 지름(mm)($2r$)

A : 브레이크 블록의 마찰 면적(mm^2)($A = be$)일 때

$$p = \frac{P}{A} = \frac{P}{be} \tag{17-7}$$

(6) 블록의 치수 : 블록 길이(e)는 다음과 같이 구한다.

$$e = \frac{D}{2}\beta\frac{\pi}{180°} \tag{17-8}$$

＊ 설계상 주의

① 블록의 길이 e 의 값이 드럼의 지름 D 에 비하여 작을수록 브레이크 압력은 균일하게 되어 좋으나, 보통 $\beta=50°\sim70°$ 가 되도록 e/D 의 값을 취한다.

② 블록의 길이 e 는 $e<0.5D$ 의 범위에 들면 길이는 적당하다.

(7) 브레이크 용량

브레이크가 마찰에 의한 열량 $W_f=\mu P v$ 이므로, 마찰면의 **단위 면적당 일량**(w_f : N/mm^2 · m/s)은

$$w_f = \frac{W_f}{A} = \frac{\mu P v}{be} = \mu p v \tag{17-9}$$

가 되며, 마찰면에서 단위 면적마다에 발생되는 일량 만큼의 열이 발생하게 된다. 그리고 이 열로 인하여 마찰이 일정한 온도를 유지하기 위하여 마찰 계수, 브레이크 압력(N/mm^2), 속도(m/s)의 상승적으로 이 값들을 알맞게 선택할 필요가 있으며, 이 $\mu p v$ 를 **브레이크 용량**(brake capacity)이라 한다. 즉, 브레이크 블록의 접촉 면적 1mm^2 마다 1초간에 흡수하고, 또 열로 방출해야 되는 에너지이다.

표 17−3은 브레이크 용량 값을 나타낸 것이다.

표 17−3. 브레이크 용량 값

(MPa · m/s^2)

조건	상태	$\mu p v$	조건	상태	$\mu p v$
드럼 자연 냉각	보통 운전으로 사용 정도가 심하지 않을 때	0.6	슈가 목재 일때	장시간 사용하고, 방열이 불량할 때	1.0
	사용 정도가 심할 때	1.0		단시간 사용하고, 방열이 불량할 때	2.0
	방열이 좋고, 사용 정도가 심하지 않을 때	3,0		단시간 사용하고, 방열이 양호할 때	3.0

＊ 설계상 주의

① 브레이크 용량 $\mu p v$ 의 값이 너무 크면 브레이크에 축적되는 열을 방산할 수 없게 되어 늘어 붙음이 생기므로, 어느 정도까지 블록의 치수 be 를 크게 잡아 $\mu p v$ 의 값을 제한하여 설계한다.

② 브레이크의 용량은 브레이크 표면의 허용 압력, 마찰 계수 및 열의 발산 능력에 의하여 결정된다.

(8) 제동 마력 : 위 식 (7−9)에서 다음과 같이 된다.

$$H_{PS} = \frac{\mu P v}{735} \tag{17-10}$$

[2] V 블록 브레이크

그림 17−5에서 마찰면의 제동력을 작은 힘 P로 큰 제동력을 얻기 위하여 쐐기 작용을 가진 V 블록 브레이크를 사용한다.

① **블록을 미는 힘** : 그림에서 브레이크 드럼의 경사면에 수직인 힘을 N 이라 할 때, 블록을 미는 힘(P)은 다음과 같다.

$$P = 2\left(N\sin\frac{\alpha}{2} \times \mu N\cos\frac{\alpha}{2}\right) \quad (17-11)$$

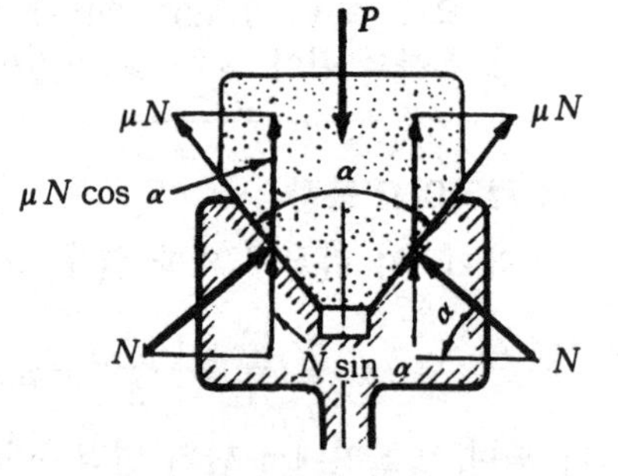

그림 17−5. V 블록 브레이크

② **수직력** : 드럼에 V 블록을 밀어붙일 때 경사면에 수직인 힘(N)은 다음과 같다.

$$N = \frac{P}{2\left(\sin\frac{\alpha}{2} + \mu\cos\frac{\alpha}{2}\right)} \quad (17-12)$$

③ **제동 토크** : $T \leqq 2\mu N$이므로, 다음과 같이 된다.

$$T \leqq \frac{\mu P}{\sin\alpha + \mu\cos\alpha} \quad (17-13)$$

④ **제동력** : 브레이크 드럼과 블록의 미끄럼 방향에 작용하는 마찰력이므로, 그 크기는 2곳의 경사면(마찰면)에 작용하므로, 브레이크의 제동력(Q)은

$$Q = 2\mu N = 2\mu\frac{P}{2\left(\sin\frac{\alpha}{2} + \mu\cos\frac{\alpha}{2}\right)} = \frac{\mu P}{\sin\frac{\alpha}{2} + \mu\cos\frac{\alpha}{2}} \quad (17-14)$$

로 되고, 또한, 위 식에서 $\frac{\mu}{\sin\alpha/2 + \mu\cos\alpha/2} = \mu'$ 로 놓으면 다음과 같다.

$$Q = \mu' P \quad (17-15)$$

위 식에서 μ'를 **등가 마찰계수** 또는 **외관 마찰계수**라 한다.

＊ 설계상 주의

① 실제의 마찰계수 μ가 V홈 때문에 μ'로 증가되므로, V 블록의 제동력은 평 블록보다 크다.

② 실제의 μ가 쐐기형이므로, $1/\left(\sin\frac{\alpha}{2} + \mu\cos\frac{\alpha}{2}\right)$배로 증가한 것으로 생각되며, V형 블록의 제동력에서 보통 평형 블록의 μ 대신에 μ'를 사용한다.

㉮ $\mu = 0.2 \sim 0.4$, $\alpha = 36°$ 일 때, $\mu' = 0.40 \sim 0.58$로 되고, 마찰 계수가 1.5~2 배로 증가한 효과를 표시한다.

③ 식 (17−14)에서 α 가 작을수록 큰 제동력을 얻을 수 있으나, 너무 작게되면 블록이 홈 속에 끼워져 탈착이 곤란하므로, 보통 $\alpha \geq 45°$ 로 한다.

[3] 복식 블록 브레이크

그림 17-6에서 지점 A에서 $F_1 a = Pb$이므로, 스프링의 힘 (F_1)은 다음과 같이 된다.

$$F_1 = \frac{Pb}{a} = \frac{Fe}{d} \text{ [그림 (b), (c)]} \tag{17-16}$$

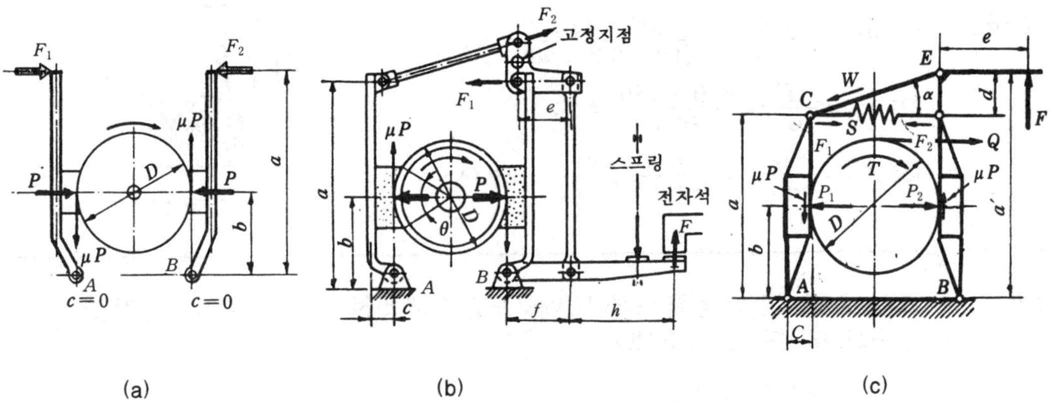

그림 17-6. 복식 블록 브레이크

또한, 지점 E에서의 모멘트 평형으로부터 $F_1 d = Fe$이므로, 전자석의 힘 즉, 스프링 또는 추(weight)에 의한 조작력(F)과 블록을 미는 힘(P)은

$$F = \frac{F_1 d}{e} = \frac{Pbd}{ae} = \frac{Qb}{\mu a} \text{[그림 (a)]} = \frac{Qbd}{\mu ae} \text{[그림 (b), (c)]} \tag{17-17}$$

$$P = F\frac{ae}{bd} \tag{17-18}$$

로 된다. 그리고 제동력은 $Q \leq 2\mu P$ 이므로, 다음과 같이 된다.

$$Q \leq 2\mu F\frac{ae}{bd} \tag{17-19}$$

또한, 복식 블록 브레이크는 단식의 경우보다 2배가 되어 제동 토크(T)는

$$T = 2\mu P\frac{D}{2} = \frac{\mu D}{2}(P_1 + P_2) \tag{17-20}$$

로 되고, 레버의 균형 조건으로부터 블록을 밀어붙이는 힘 P_1(우측), P_2(좌측)는

$$\left.\begin{aligned} P_1 &= \frac{F_1 a'}{b - \mu c} \\ P_2 &= \frac{F_2 a}{b + \mu c} \end{aligned}\right\} \tag{17-21}$$

로 된다. 그리고 브레이크를 제동할 수 있는 전달 동력(H)은 다음과 같다.

$$H_{PS} = \frac{2\pi TN}{60 \times 1000 \times 735} \tag{17-22}$$

예제 17-1 그림 17-7과 같은 블록 브레이크에서 레버의 치수 $a=800\text{mm}$, $b=600\text{mm}$, $c=50\text{mm}$, $F=180\text{N}$ 일 때, 각 지점 $A\sim C$에서 블록을 미는 힘 $P_A\sim P_C$를 구하여라. 단, $\mu=0.2$ 이다.

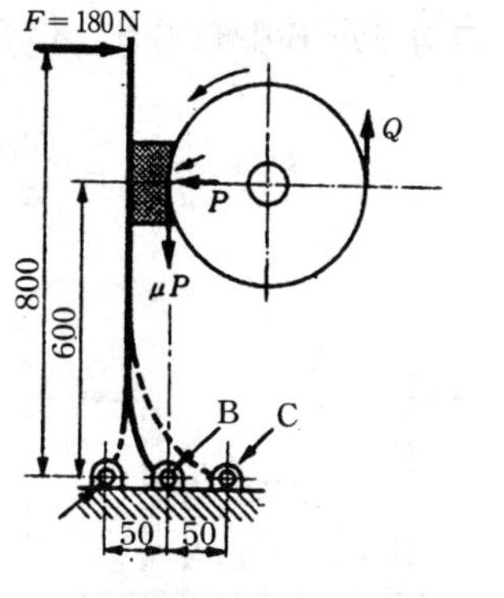

그림 17-7

Solution

(1) $P_A=\dfrac{aF}{b-\mu c}=\dfrac{800\times180}{600-0.2\times50}=244(\text{N})$

(2) $P_B=\dfrac{aF}{b}=\dfrac{800\times180}{600}=24(\text{N})$

(3) $P_C=\dfrac{aF}{b+\mu c}=\dfrac{800\times180}{600+0.2\times50}=236(\text{N})$

예제 17-2 그림 17-8과 같은 블록 브레이크에서 드럼 축에 회전 토크 200N · cm가 작용할 때, 다음을 구하여라. 단, $\mu=0.3$이다.

(1) 베어링의 하중(P_r)
(2) 축에 생기는 굽힘 모멘트(M_b)
(3) 조작력(F)

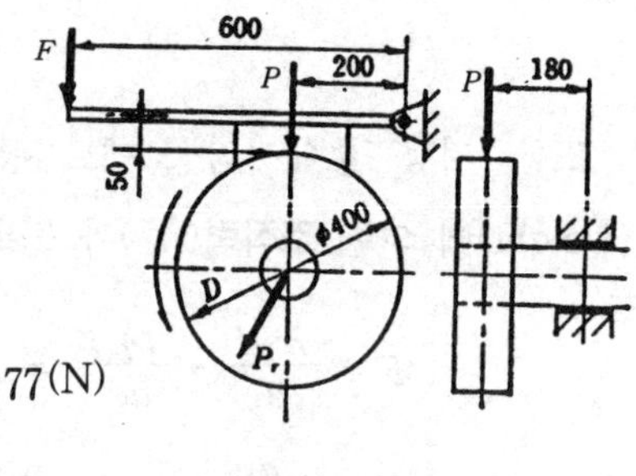

그림 17-8

Solution

(1) $P=\dfrac{2T}{\mu D}=\dfrac{2\times200}{0.3\times40}=33.33(\text{N})$

$Q=\dfrac{2T}{D}=\dfrac{2\times200}{40}=10(\text{N})$ 그림 17-8.

$\therefore\ P_r=\sqrt{P^2+Q^2}=\sqrt{33.33^2+10.0^2}=34.77(\text{N})$

(2) $M_b=P_r\,l=34.77\times180=6258.6(\text{N})$

(3) $F=\dfrac{P}{a}(b+\mu c)=\dfrac{33.3}{600}(200+0.3\times50)=11.9(\text{N})$

예제 17-3 그림 17-9와 같은 블록 브레이크에서 드럼에 80N · m의 회전 토크가 작용할 때, 다음을 구하여라. 단, $\alpha=30^\circ$ 이다.

(1) 드럼의 지름(D) : (단, $\mu=0.3$)
(2) 회전 방향이 반대일 때, 레버의 조작력(F)
(3) 드럼이 V 홈일 때의 조작력(F)

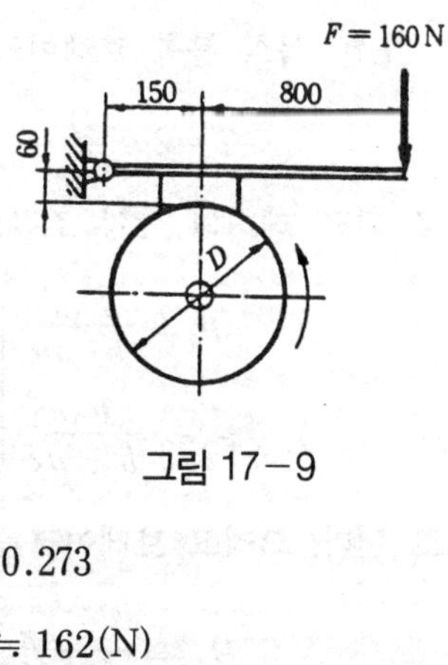

그림 17-9

Solution

(1) 외작용선형, 좌회전이므로

$Q=\dfrac{Fa\mu}{b-\mu c}=\dfrac{160\times950\times0.3}{150-0.3\times60}\fallingdotseq345(\text{N})$

$\therefore\ D=\dfrac{2T}{Q}=\dfrac{2\times80\times10^3}{345}=464(\text{mm})$

(2) $F=\dfrac{Q}{a\mu}(b+\mu c)=\dfrac{345}{950\times0.3}(150+0.3\times60)=203(\text{N})$

(3) $\mu'=\dfrac{\mu}{\sin\alpha+\mu\cos\alpha}=\dfrac{0.3}{\sin30^\circ+0.3\times\cos30^\circ}=0.273$

$\therefore\ F=\dfrac{Q(b-\mu'c)}{\mu a}=\dfrac{345\,(150-0.273\times60)}{0.3\times950}\fallingdotseq162(\text{N})$

예제 17-4 그림 17-10에서 400rpm, 5PS을 전달하는 브레이크의 레버 길이(a)를 구하여라. 단, $\mu=$ 0.25이다.

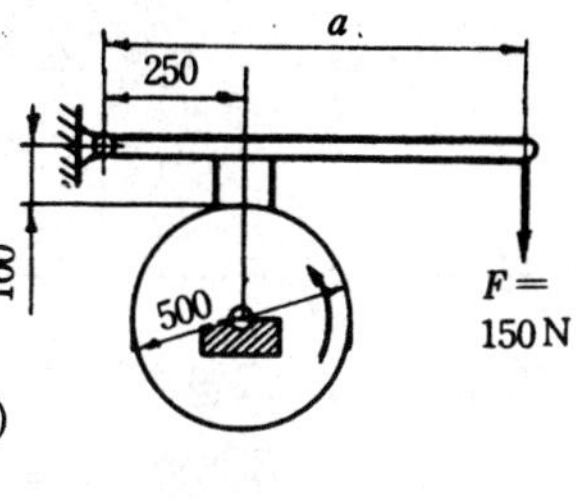

그림 17-10

Solution

$$T=7020\frac{H}{N}=7020\times\frac{5}{400}\fallingdotseq 87.75(\mathrm{N\cdot m})$$

$$Q=\frac{2T}{D}=\frac{2\times 87750}{500}=351(\mathrm{N})$$

$$\therefore a=\frac{Q(b-\mu c)}{F\mu}=\frac{351(250-0.25\times 100)}{150\times 0.25}=2106(\mathrm{mm})$$

예제 17-5 그림 17-11과 같은 블록 브레이크에서 조작력 150N일 때, 다음을 구하여라. 단, 허용 면압력 0.2MPa, $\mu=0.3$이다.

(1) 좌회전일 때의 제동 토크(T)
(2) 블록의 길이(e) : (단, $\beta=50^\circ$)
(3) 블록의 나비(b)

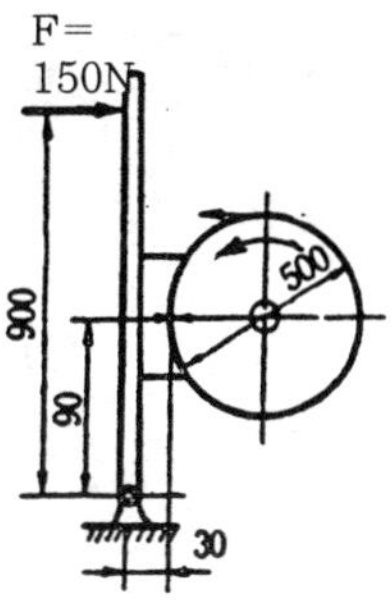

그림 17-11

Solution

(1) $$Q=\frac{F\mu a}{b-\mu c}=\frac{150\times 0.3\times 900}{90-0.3\times 30}=500(\mathrm{N})$$

$$\therefore T=Q\frac{D}{2}=500\times\frac{500}{2}=125(\mathrm{N\cdot m})$$

(2) $$e=\frac{D}{2}\beta\frac{\pi}{180^\circ}=\frac{500}{2}\times 50^\circ\times\frac{\pi}{180^\circ}=218(\mathrm{mm})$$

(3) $$P=\frac{Q}{\mu}=\frac{500}{0.3}\fallingdotseq 1667(\mathrm{N})$$

$$A=\frac{P}{p}=\frac{1667}{0.2}=8335(\mathrm{mm^2})$$

$$\therefore b=\frac{A}{e}=\frac{8335}{218}=38(\mathrm{mm})$$

참고 보통 블록의 길이 $e<0.5D$의 범위에 들면 적당하다.

예제 17-6 그림 17-12와 같은 블록 브레이크에서 레버에 200N의 힘을 가하여 중량물의 자유 낙하를 막을 때, 다음을 구하여라. 단, $\mu=0.25$이다.

(1) 브레이크 제동 토크(T_1)
(2) 중량물의 자연 낙하를 방지 위한 하중(W)
(3) 중량의 낙하에 위한 제동 토크(T_2)

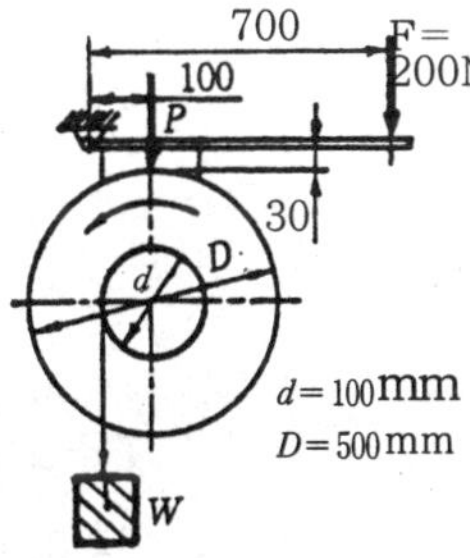

그림 17-12

Solution

(1) 드럼의 회전이 좌회전이므로

$$Q=\frac{F\mu a}{b-\mu c}=\frac{200\times 0.25\times 700}{100-0.25\times 30}=378.4(\mathrm{N})$$

$$\therefore T_1=Q\frac{D}{2}=378.4\times\frac{500}{2}=94.6(\mathrm{N\cdot m})$$

(2) $$W=\frac{2T}{d}=\frac{2\times 94.6\times 10^3}{100}=1892\ (\mathrm{N})$$

(3) $T_2 = W\dfrac{d}{2} = 1892 \times \dfrac{100}{2} = 94.6(\mathrm{N \cdot m})$

이상에서 볼 때 T_1보다 T_2가 작으면 브레이크가 완전히 걸려서 W의 자 연 낙하를 막을 수 있으며, $T_1 = T_2$로 되었을 때가 그 한계이다. 즉, 중량물 무게에 의한 드럼의 회전 토크와 브레이크 제동 토크가 같아야 자유 낙하를 방지할 수 있다.

예제 17-7 그림 17-13의 블록 브레이크에서 레버의 조작력 1.5kN, D=400mm, a= 800mm, b= 80mm, c= 30mm일 때, 다음을 구하여라. 단, μ=0.2이다.

(1) 제동력(Q) : (단, 좌, 우회전일 때)
(2) 제동 토크(T) : (단, 좌, 우회전일 때)
(3) 제동 동력(PS) : (단, N=100rpm, 좌회전일 때)

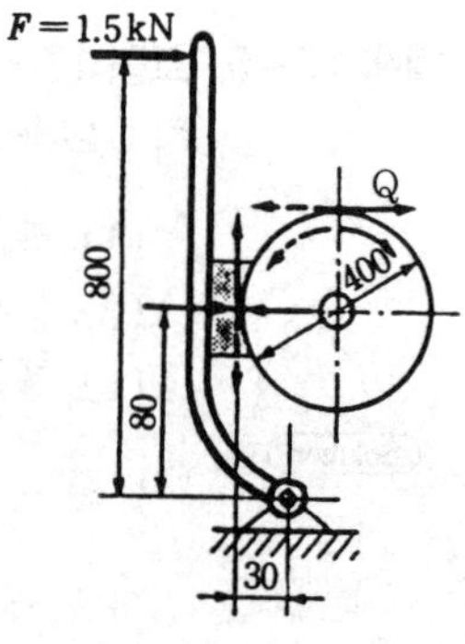

그림 17-13

Solution

(1) $Q = \dfrac{F\mu a}{b+\mu c} = \dfrac{1500 \times 0.2 \times 80}{8+0.2 \times 3} = 2790(\mathrm{N})$ (좌회전)

$= \dfrac{F\mu a}{b-\mu c} = \dfrac{1500 \times 0.2 \times 80}{8-0.2 \times 3} = 3240(\mathrm{N})$ (우회전)

(2) $T = Q\dfrac{D}{2} = 2790 \times \dfrac{40}{2} = 55800(\mathrm{N \cdot cm})$ (좌회전)

$= Q\dfrac{D}{2} = 3240 \times \dfrac{40}{2} = 64800(\mathrm{N \cdot cm})$ (우회전)

(3) $v = \dfrac{\pi DN}{60 \times 1000} = \dfrac{\pi \times 400 \times 100}{60 \times 1000} = 2.1(\mathrm{m/s})$

$P = \dfrac{Fa}{b+\mu c} = \dfrac{1500 \times 80}{8+0.2 \times 3} = 13950(\mathrm{N})$

$\therefore H = \dfrac{\mu P v}{735} = \dfrac{0.2 \times 13950 \times 2.1}{735} = 8(\mathrm{PS})$

예제 17-8 그림 17-14의 복식 블록 브레이크에서 다음을 구하여라. 단, μ=0.3이다.

(1) 블록을 미는 힘(P_1, P_2)
(2) 제동 마력(kW)

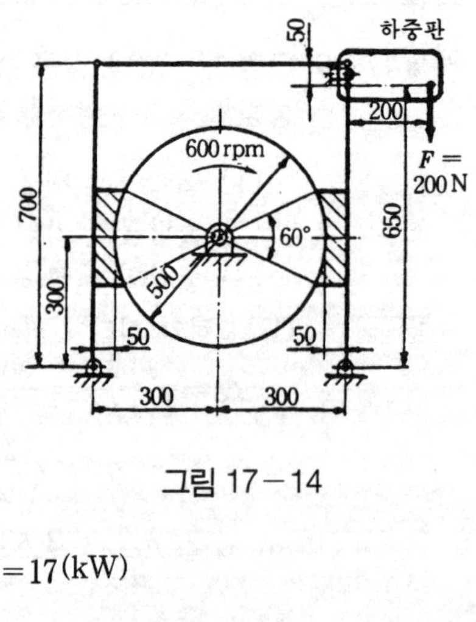

그림 17-14

Solution

(1) $F_1 = \dfrac{Fe}{d} = \dfrac{200 \times 200}{50} = 800(\mathrm{N})$

$\therefore P_1 = \dfrac{F_1 a'}{b-\mu c} = \dfrac{800 \times 650}{300-0.3 \times 50}$
$= 1825(\mathrm{N})$(우측)

$P_2 = \dfrac{F_1 a}{b+\mu c} = \dfrac{800 \times 700}{300+0.3 \times 50}$
$= 1778(\mathrm{N})$(좌측)

(2) $T = \mu\dfrac{D}{2}(P_1 + P_2)$
$= 0.3 \times 250(1825+1778) \fallingdotseq 270(\mathrm{N \cdot m})$

$\therefore H = \dfrac{2\pi NT}{60 \times 1000 \times 1000} = \dfrac{2\pi \times 600 \times 270}{60 \times 1000} = 17(\mathrm{kW})$

17-2 내확 브레이크

그림 17－15와 같이 2개의 브레이크 블록이 브레이크 드럼의 안쪽에서 바깥쪽으로 확장하여 브레이크 드럼에 접촉시켜서 제동하는 것을 **내확(內擴) 브레이크**(internal expansion brake)라 한다. 이것은 복식 블록 브레이크가 변형된 형식으로 **내측 브레이크, 내부 확장식 브레이크, 드럼(drum) 브레이크**라고도 한다.

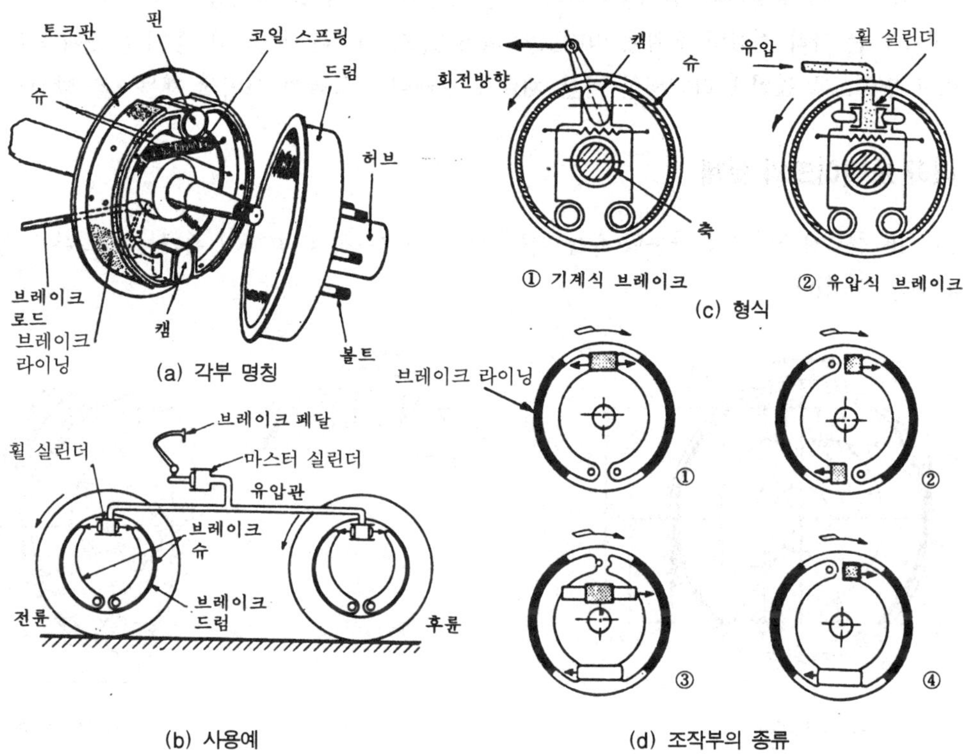

그림 17－15. 내확 브레이크

1. 일반 사항

(1) 특 성

① 마찰면이 안쪽에 있으므로 먼지와 흙, 기름 등이 마찰면에 부착하지 않는다.

② 브레이크 드럼의 바깥면 쪽으로 마찰열이 방산(放散)되므로 편리하다.

(2) 종 류

① **동력에 따라** : 기계식 브레이크, 유압식 브레이크, 압축 공기식 브레이크가 있다.

② **형식에 따라** : 양쪽의 슈(shoe)를 대칭 위치에 배치한 것, 양쪽의 슈를 드럼의 같은 회전 방향에 배치한 것, 양쪽의 슈가 연결되어 있는 것이 있다.

(3) 구 조

회전 운동을 하는 드럼이 바깥쪽에 있고, 2개의 브레이크 블록이 드럼의 안쪽에서 대칭으로 드럼에 접촉하여 제동하는 구조로 되어 있다.

① 드럼(drum) : 마찰 계수가 크고 내마모성이 높은 주철을 사용하여 드럼의 외주에는 방열 효과를 좋게하기 위하여 나비가 넓은 턱을 만들어 사용한다.

② 슈(shoe) : 일반적으로 주철제를 사용하며, 표면에 마찰력을 높이기 위하여 양측의 슈에 라이닝[lining : 그림 17－15 (d)]을 한다.

(4) 작 동

① 브레이크 슈를 확장하여 밀어붙이는데 캠을 사용하거나 유압 장치를 사용한다.

② 2개의 슈는 각각 지점의 주위에 열리도록 되어 있고, 이것은 유압, 캠, 공기압 등에 의하여 밀어서 열고, 그 표면에 라이닝한 마찰 재료와 브레이크 등과의 사이에 제동력을 발생시킨다.

2. 내확 브레이크의 설계

그림 17－16에서 브레이크의 작동력(슈를 미는 힘) F와 수직력 P와의 관계는 접촉부의 압력을 고려하여 구할 수 있다.

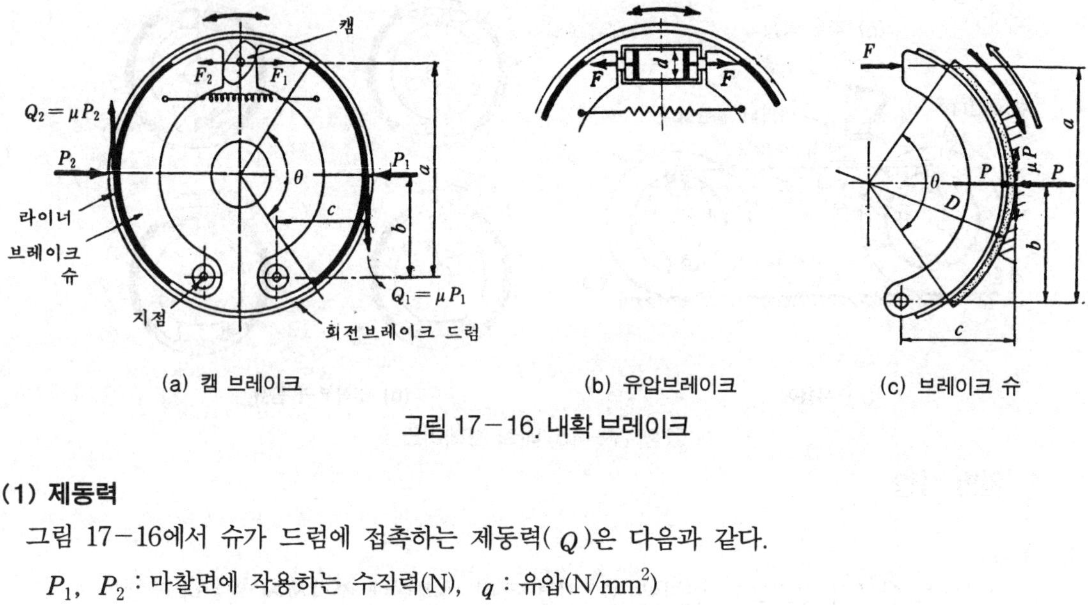

(a) 캠 브레이크　　(b) 유압브레이크　　(c) 브레이크 슈

그림 17－16. 내확 브레이크

(1) 제동력

그림 17－16에서 슈가 드럼에 접촉하는 제동력(Q)은 다음과 같다.

P_1, P_2 : 마찰면에 작용하는 수직력(N), q : 유압(N/mm²)

F_1, F_2 : 블록을 넓히는 데 필요한 힘 또는 작동력(N)

a, b, c : 그림에서 도시한 블록의 치수(mm)일 때

$$Q=\mu P_1+\mu P_2=\mu(P_1+P_2)=\frac{\mu F_1 a}{b-\mu c}+\frac{\mu F_2 a}{b+\mu c} \tag{17-23}$$

$$\left.\begin{aligned} Q_1&=\mu P_1=\frac{\mu F_1 a}{b-\mu c} \\ Q_2&=\mu P_2=\frac{\mu F_2 a}{b+\mu c} \end{aligned}\right\} \tag{17-24}$$

＊ 설계상 주의
위 식들에서 우회전일 때 μP_1이 우측 브레이크 블록을 더욱 눌러 확장 시키려고 하고, 좌측 블록을 안쪽으로 밀어 붙이는 작용을 하므로, 우측 블록 의 제동 작용이 커진다. 그리고 좌회전일 때에는 이와 반대가 된다.

(2) 작동력

유압(q : N/mm^2)을 고려한 상태에서의 작동력(F)은 다음과 같다.

$$F = \frac{\pi}{4} d^2 q \tag{17-25}$$

① **우회전일 때** : 지점에 대한 모멘트의 균형 상태를 생각할 때,

$F_1 a = P_1 b - \mu P_1 c = \mu P_1\left(\frac{b-\mu c}{\mu}\right)$, $F_2 a = P_2 b + \mu P_2 c = \mu P_2\left(\frac{b+\mu c}{\mu}\right)$에서 다음과 같다.

$$\left.\begin{aligned} F_1 &= \frac{P_1}{a}(b-\mu c) \\ F_2 &= \frac{P_2}{a}(b+\mu c) \end{aligned}\right\} \tag{17-26}$$

② **좌회전일 때** : 지점에 대한 모멘트의 균형 상태를 생각할 때 $F_1 a = P_{1b} - \mu P_1 c$, $F_2 a = P_2 b - \mu P_2 c$ 에서 다음과 같다.

$$\left.\begin{aligned} F_1 &= \frac{P_1}{a}(b+\mu c) \\ F_2 &= \frac{P_2}{a}(b-\mu c) \end{aligned}\right\} \tag{17-27}$$

＊ 설계상 주의
작동력(F_1, F_2)은 같지만 브레이크 드럼의 회전 방향에 따라 양쪽 제동력은 달라진다.

(3) 제동 토크 : 드럼의 좌, 우회전에 대한 제동 토크(T)는 다음과 같이 된다.

$$\left.\begin{aligned} T &= (Q_1 + Q_2)\frac{D}{2} = \mu(P_1 + P_2)\frac{D}{2} \\ &= \left(\frac{F_1 a}{b-\mu c} + \frac{F_2 a}{b+\mu c}\right)\frac{\mu D}{2} \quad \text{(우회전)} \\ &= \left(\frac{F_1 a}{b+\mu c} + \frac{F_2 a}{b-\mu c}\right)\frac{\mu D}{2} \quad \text{(좌회전)} \end{aligned}\right\} \tag{17-28}$$

(4) 제동 유압

그림 17－16 (b)에서 유압 실린더 안지름(d)을 알고, 유압(q)은 다음과 같다.

$$q = \frac{4F}{\pi d^2} \tag{17-29}$$

＊ 설계상 주의
슈의 접촉각 θ는 마찰 계수에 따라 $\mu < 0.4$ 일 때에는 $\theta < 90°$, $\mu < 0.2$일 때에는 $\theta < 120°$를 기준으로 하는 것이 보통이다.

예제 17－9 그림 17－17에서 제동력 3.2kN일 때, 필요한 유압을 구하여라. 단, $\mu=0.3$이다.

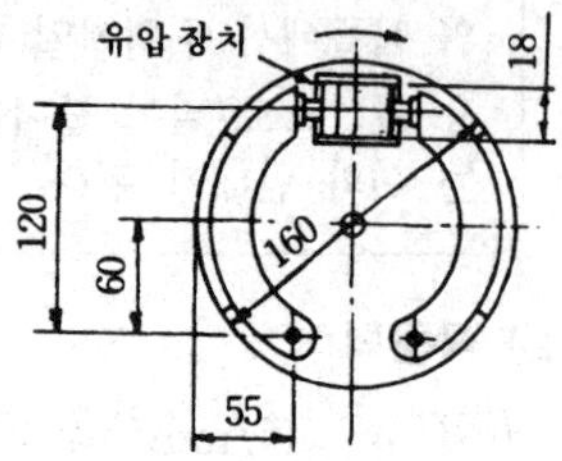

그림 17－17

Solution 우회전이므로, 작동력 F_1은 식 (17－26)에서

$$F_1=\frac{P_1}{a}(b-\mu c)=\frac{3200}{120}(60-0.3\times55)=1160(\text{N})$$

$$\therefore\ q=\frac{4F_1}{\pi d^2}=\frac{4\times1160}{\pi\times18^2}=4.56(\text{N/mm}^2)$$

예제 17－10 그림 17－18과 같은 자동차용 내확 브레이크에서 5.9kN의 브레이크 힘을 생 기게 하기 위한 F의 힘을 구하여라. 단, μ=0.45이다.

Solution 그림에서 브레이크 슈를 좌측 반과 우측 반으로 나누어볼 때, 우 반의 마찰력 $P_1=\frac{Fa}{b+\mu c}$, 좌반의 마찰력 $P_2=\frac{Fa}{b-\mu c}$이고, 또 $\mu(P_1+P_2)$가 마찰 저항으로 되어 다음과 같이 구해진다.

$$P=(P_1+P_2)=\frac{Q}{\mu}=\frac{5900}{0.45}=13.1(\text{kN})$$

$$P_1=\frac{Fa}{b+\mu c}=\frac{F\times31}{16+0.45\times17}=1.29F$$

$$P_2=\frac{Fa}{b-\mu c}=\frac{F\times31}{16-0.45\times17}=3.875F$$

$F(1.29+3.875)=P_1+P_2$ 에서

$5.165F=13.1$

$$\therefore\ F=\frac{13.1}{5.165}\fallingdotseq254(\text{kN})$$

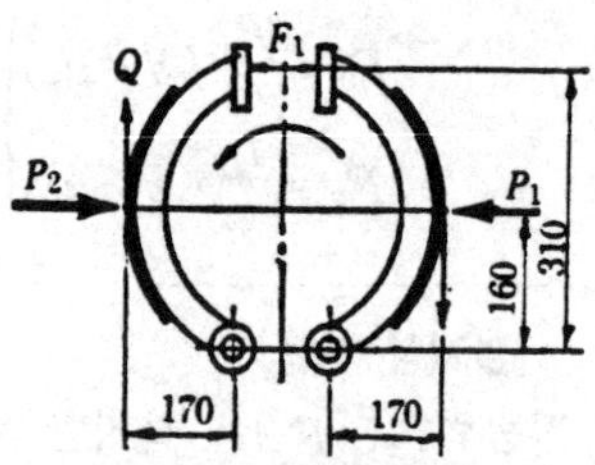

그림 17－18

예제 17－11 그림 17－19에서 유압 400N/cm^2, 500rpm일 때, 제동 마력(PS)을 구하여라. 단, μ=0.3이다.

Solution

$$F=\frac{\pi}{4}d^2q=\frac{\pi}{4}\times1.8^2\times400=1(\text{kN})$$

$$P_1=\frac{Fa}{b-\mu c}=\frac{1\times120}{60-0.3\times55}=2.67(\text{kN})$$

$$P_2=\frac{Fa}{b+\mu c}=\frac{1\times120}{60+0.3\times55}=1.59(\text{kN})$$

$$T=\mu(P_1+P_2)\frac{D}{2}$$

$$=0.3\times(2.67+1.59)\times80=102(\text{kN})$$

$$\therefore\ H=\frac{TN}{7020}=\frac{102\times500}{7020}=7.3(\text{PS})$$

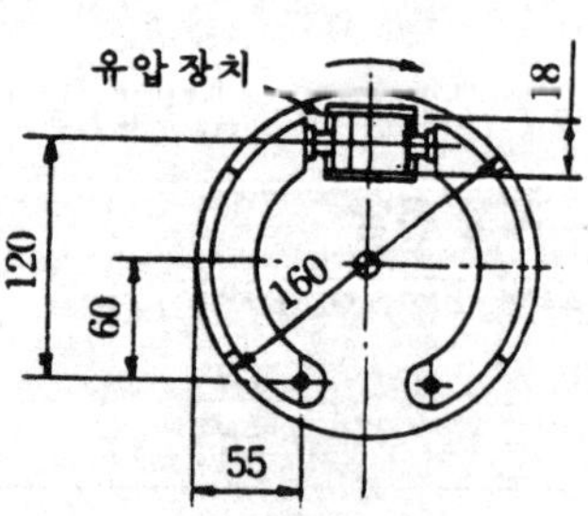

그림 17－19

17-3 밴드 브레이크

그림 17－20과 같이 레버를 사용하여 브레이크 드럼의 표면에 밴드(band)를 감아 걸어서 밴드에 장력을 주어 밴드와 브레이크 드럼 사이의 마찰력에 의하여 제동 작용을 하는 것을 **밴드 브레이크**(band brake)라 한다.

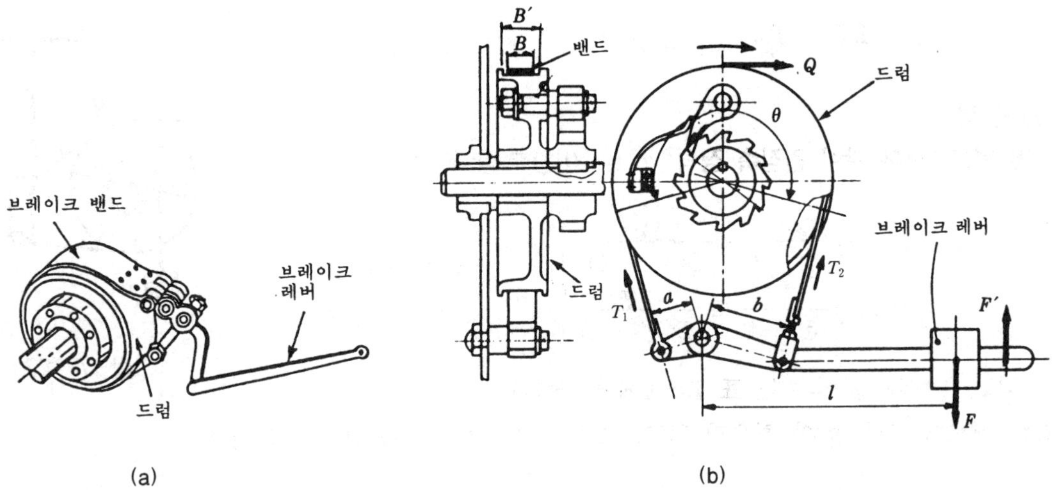

그림 17－20. 밴드 브레이크

1. 일반 사항

(1) 특 성

큰 토크 흡수에 적당하고, 충격 하중에 대하여 고장이 나지 않는다는 이점이 있다.

(2) 종 류(그림 17－21)

레버의 설치 지점 위치에 따라 **단동식**(單動式), **차동식**(差動式), **합동식**(合動式)의 3가지가 있다.

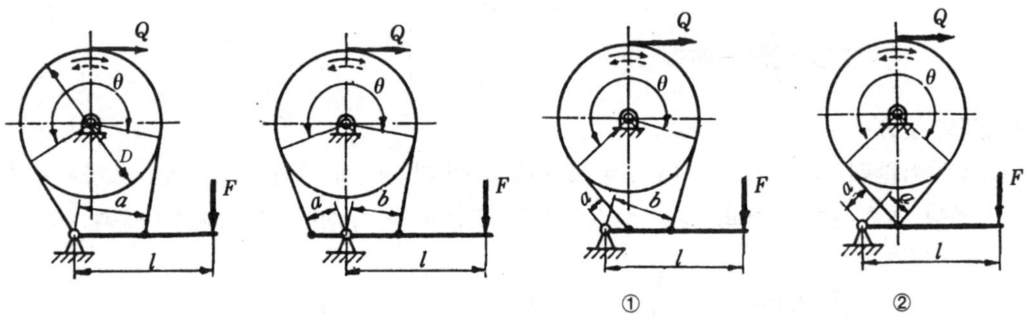

그림 17－21. 밴드 브레이크의 종류

(3) 작동과 용도

마찰력을 크게 하기 위하여 라이닝[lining : 마찰을 줄이거나 고열을 피하기 위해 밴드의 내면에 적절한 재료(나무 조각, 가죽, 석면, 직물 등을 사용하여 안감 붙이기, 속 칠하기 등)]을 한다. 주로 토목 기계, 압연 기계 등에 일반적으로 사용되고 있다.

2. 밴드 브레이크의 설계

(1) 제동력

그림 17−22와 같이 밴드 양 끝의 장력과 밴드와 브레이크 드럼 사이의 압력 분포를 고려할 때, 제동력(Q)은 평 벨트에서와 같이 다음의 식을 사용한다.

$$Q=\frac{2T}{D}=\frac{Wd}{D}=T_1-T_2 \qquad (17-30)$$

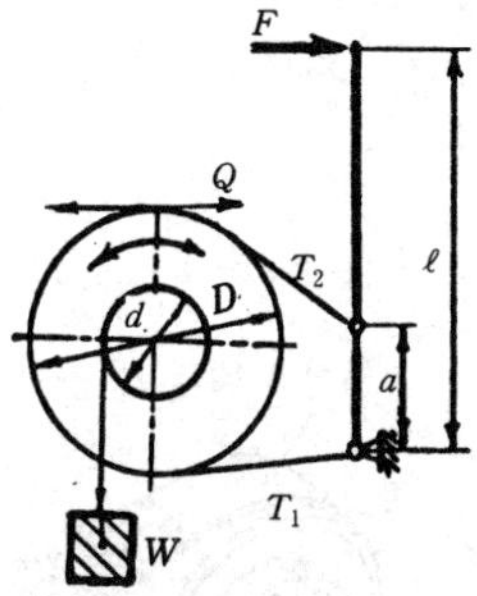

그림 17−22

(2) 장 력

평 벨트에서와 같이 긴장측 장력(T_1)과 이완측 장력(T_2)은

$$\left.\begin{aligned} T_1 &= Q\frac{e^{\mu\theta}}{e^{\mu\theta}-1}=\frac{2Te^{\mu\theta}}{D(e^{\mu\theta}-1)} \\ T_2 &= Q\frac{1}{e^{\mu\theta}-1}=\frac{2T}{D(e^{\mu\theta}-1)} \end{aligned}\right\} \qquad (17-31)$$

로 되고, $e^{\mu\theta}$와 $e^{\mu\theta}-1$는 표 10−6에서 구한다.

또한, 밴드의 나비(B)와 허용면 압력(p)을 고려할 때는 다음의 식으로 구한다.

$$\left.\begin{aligned} T_1 &= \frac{DBp}{2} \\ T_2 &= \frac{T_1}{e^{\mu\theta}}=T_1-Q \end{aligned}\right\} \qquad (17-32)$$

(3) 제동 토크

드럼 지름(D)과 장력비($e^{\mu\theta}$)를 고려할 때, 제동 토크(T)는 다음과 같다.

$$\left.\begin{aligned} T &= Q\frac{D}{2}=(T_1-T_2)\frac{D}{2}=T_1\frac{D}{2}\left(\frac{e^{\mu\theta}-1}{e^{\mu\theta}}\right) \\ &= 7020\frac{H_{PS}}{N}=9550\frac{H_{KW}}{N} \end{aligned}\right\} \qquad (17-33)$$

(4) 레버의 길이

① 단동식일 때 : 그림 17−23 (a)에서 브레이크 레버의 지점에 관한 힘의 모멘 트 평형 조건으로부터 $Fl-aT_2=0$이고, $Fl=T_2a$ 이므로, 드럼의 좌, 우회선 에 대하여 다음과 같이 된다.

$$\left.\begin{aligned} l &= \frac{T_2a}{F}\ (\text{우회전})=\frac{T_1a}{F}\ (\text{좌회전}) \\ &= Q\frac{a}{F}\frac{1}{e^{\mu\theta}-1}\ (\text{우회전})=Q\frac{a}{F}\frac{e^{\mu\theta}}{e^{\mu\theta}-1}\ (\text{좌회전}) \end{aligned}\right\} \qquad (17-34)$$

② 차동식일 때 : 그림 17−21 (b)에서 T와 F와의 관계는 힘의 모멘트 균형에 의하여 $Fl=T_2b-T_1a$ 이므로 다음과 같이 된다.

$$l=\frac{T_2b-T_1a}{F}=\frac{Q(b-ae^{\mu\theta})}{F(e^{\mu\theta}-1)}\ (\text{우회전})=\frac{Q(be^{\mu\theta}-a)}{F(e^{\mu\theta}-1)}\ (\text{좌회전}) \quad (17-35)$$

③ **합동식일 때** : 그림 17−21에서 그림 (c) ①, ②로 나누어 구한다.

가. **그림 ①일 때** : 치수 a, b가 다를 때 $T_1>T_2$, $Q=T_1-T_2$이고, 브레이크 레버의 평형 조건으로부터 좌회전일 때 $Fl=T_1a+T_2b$, 우회전일 때 T_2b+T_1a이므로, 다음과 같이 된다.

$$l=\frac{T_1a+T_2b}{F}\ (\text{좌회전})=\frac{T_2b+T_1a}{F}\ (\text{우회전})=\frac{Q(b+ae^{\mu\theta})}{F(e^{\mu\theta}-1)}\ (\text{우회전})=\frac{Q(be^{\mu\theta}+a)}{F(e^{\mu\theta}-1)}\ (\text{좌회전}) \quad (17-36)$$

나. **그림 ②일 때** : 치수 $a=b$인 경우에는 좌, 우회전 어느 경우에도 브레이크 레버의 평형 조건으로부터 $Fl=T_2a+T_1a$이므로, 다음과 같이 된다.

$$l=\frac{Q}{F}\frac{a(e^{\mu\theta}+1)}{e^{\mu\theta}-1} \quad (17-37)$$

(5) 조작력

① **단동식일 때** : 그림 17−23과 같이 레버를 F의 힘으로 가할 때, 드럼의 좌, 우회전에 대하여 식 (7−31)과 식 (17−34)에서

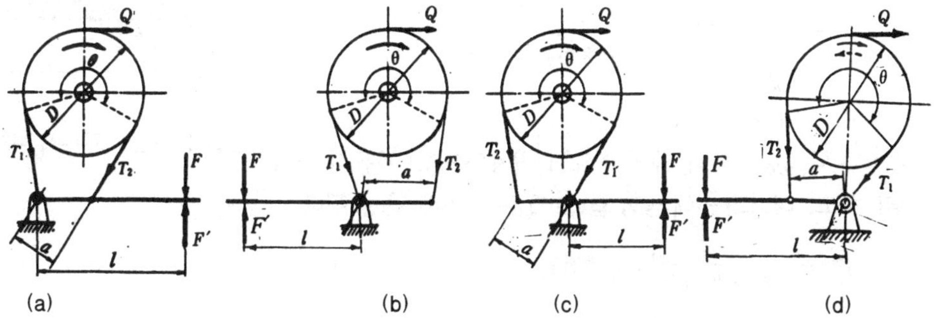

그림 17−23. 단동식 밴드 브레이크

$$F=\frac{T_2a}{l}=Q\frac{a}{l}\frac{1}{e^{\mu\theta}-1}(\text{우회전})=\frac{T_1a}{l}=Q\frac{a}{l}\frac{e^{\mu\theta}}{e^{\mu\theta}-1}(\text{좌회전}) \quad (17-38)$$

로 구하고, 레버의 반대 방향 힘(F')일 때는 다음과 같이 된다.

$$\left.\begin{aligned} F' &= Q\frac{a}{l}\,\frac{e^{\mu\theta}}{e^{\mu\theta}-1}\ (\text{우회전}) \\ &= Q\frac{a}{l}\,\frac{1}{e^{\mu\theta}-1}\ (\text{좌회전}) \end{aligned}\right\} \tag{17-39}$$

＊ 설계상 주의

① 제동력을 얻기 위하여 F의 값을 $e^{\mu\theta}$ 배로 한다. 즉, F가 일정하면 회전 방향에 따라 제동력이 다르게 되고, $\mu\theta$의 값이 클수록 그 차이가 커진다.
② 조작력을 작게하려면 긴장측을 고정점에 연결하고, 이완측을 레버에 연결한다.
③ 밴드의 접촉이 드럼 원주의 70%일 때, 레버의 치수 a=30~50mm 정도, b= (2.5~3) a 정도로 취한다.
④ 마찰 계수 μ는 라이닝이 강철일 때 0.15~0.2, 나무일 때 0.25~0.3정도로 한다.
⑤ 접촉각은 $\mu=0.1$, $\theta=270°$로 하면 $e^{\mu\theta}=1.6$, $\mu=0.5$일 때 $e^{\mu\theta}=10.5$이므로, 이 형식은 방향이 일정한 물건을 올리는 기계 등에 적합하다.

② **차동식일 때** : 그림 17-24와 같이 브레이크 레버의 힘 F를 작용시키면 밴드 의 접촉이 시작하는 측은 이완하는 것 같이 작용하고, 접촉이 끝나는 측은 긴장 되는 것과 같이 작용한다. 그림에서 T와 F와의 관계는 힘의 모멘트 균형에 의하여 $Fl = T_2b - T_1a$ 이므로, 다음과 같이 된다.

$$\left.\begin{aligned} F &= \frac{T_2b - T_1a}{l} \\ &= \frac{Q(b - ae^{\mu\theta})}{l(e^{\mu\theta}-1)} \end{aligned}\right\}(\text{우회전}) \qquad \left.\begin{aligned} &= \frac{T_1b - T_2a}{l} \\ &= \frac{Q(be^{\mu\theta} - a)}{l(e^{\mu\theta}-1)} \end{aligned}\right\}(\text{좌회전}) \tag{17-40}$$

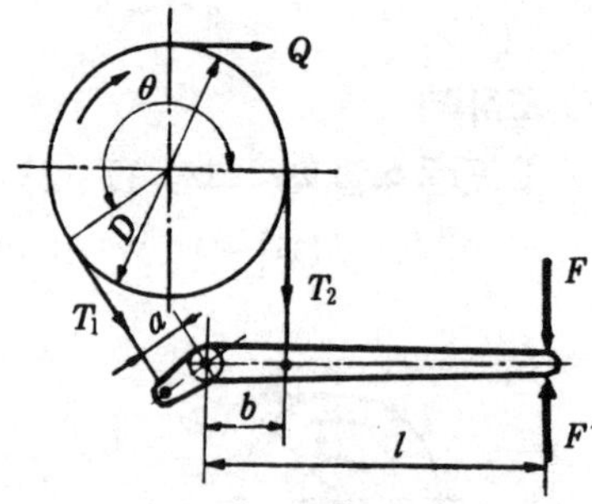

그림 17-24. 차동식 브레이크

즉, F는 b와 $ae^{\mu\theta}$와의 차에 의해서 작용하므로, 차동식 밴드 브레이크라 하고, 레버의 반대 방향 힘(F')은 다음과 같이 된다.

$$\left.\begin{aligned} F' &= \frac{Q(ae^{\mu\theta} - b)}{l(e^{\mu\theta}-1)}\ (\text{우회전}) \\ &= \frac{Q(a - be^{\mu\theta})}{l(e^{\mu\theta}-1)}\ (\text{좌회전}) \end{aligned}\right\} \tag{17-41}$$

＊ 설계상 주의

① 동일한 크기의 브레이크 힘을 내려면 밑에서 상당히 큰 힘을 주어야 된다. 또 한, 브레이크 드럼을 죄는 효과는 자동적으로 작용한다.
② 밴드의 나비 B와 $ae^{\mu\theta}$ 또는 a와 $be^{\mu\theta}$의 비(比)가 너무 작으면 진동이 발생하므로 보통 2.5~3.0정도로 잡는다. 그리고 a, b중에서 작은 편의 값은 30~50mm 정도로 취한다.

※ 자립 잠김 작용

① 우회전일 때 $ae^{\mu\theta} \geq b$, 좌회전일 때 $a \geq be^{\mu\theta}$으로 되면 $F \leq 0$ 으로 되어 자동 정지되고, 회전축의 속도를 제어하는 브레이크로써 사용할 수 없다. 이러한 작 용을 **자립 잠김 작용**(self-locking action) 또는 **자결**(自結) **작용**이라 한다.

② 우회전일 때 $ae^{\mu\theta} = b$ 이면 $F=0$ 로 결정되나 $e^{\mu\theta}$는 항상 1보다 커서 $a<b$ 의 관계이므로, 좌회전일 때 $be^{\mu\theta}$는 언제나 a 보다 크므로, F는 결코 0이 되지 않는다. 따라서 이와 같은 치수로 된 차동식 밴드 브레이크는 드럼이 반 시계 방향으로 자유롭게 회전할 수 있으나 시계 방향의 회전은 불가능한 **역전 방지 장치**(back stop mechanism)로 사용할 수 있다.

③ **합동식일 때** : 그림 17-25와 같이 드럼을 죄는 효과가 합동적으로 된 것이다.

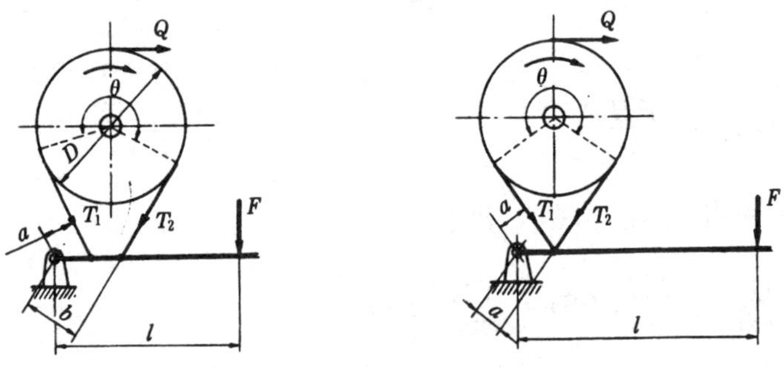

그림 17-25. 합동식 밴드 브레이크

a. **그림** (a)**일 때** : 조작력(F)은 다음과 같다.

$$F = \frac{T_2 a + T_1 b}{l} = \frac{Q(b + ae^{\mu\theta})}{l(e^{\mu\theta} - 1)} \text{(우회전)} \quad (17-42)$$

$$= \frac{T_2 b + T_1 a}{l} = \frac{Q(be^{\mu\theta} + a)}{l(e^{\mu\theta} - 1)} \text{(좌회전)}$$

위 식에서 F는 a와 $be^{\mu\theta}$와의 합에 의해서 변한다.

b. **그림** (b)**일 때** : 조작력(F)은

$$F = \frac{a}{l}(T_1 + T_2) = \frac{Qa(e^{\mu\theta} + 1)}{l(e^{\mu\theta} - 1)} \quad (17-43)$$

로 되어, 회전 방향이 반대가 되어도 F는 변하지 않는다.

(6) 접촉 압력

그림 17-26에서 평 벨트일 때와 같이 대칭 곡선으로 되어, 밴드 브레이크 드럼에 미는 접촉 압력(p)은

T_1 : 긴장측의 장력(N), B : 밴드의 나비(mm), r : 밴드 브레이크 드럼의 반지름(mm)일 때

$$p = \frac{T_1}{Br} = \frac{T_1}{B(D/2)} \qquad (17-44)$$

로 된다. 고로, F가 T_1일 때 최대(p_{max})가 되고, T_2일 때 최소(p_{min})가 된다.

$$\left.\begin{aligned} p_{max} &= \frac{T_1}{Br} = \frac{Qe^{\mu\theta}}{Br(e^{\mu\theta}-1)} \\ p_{min} &= \frac{T_2}{Br} = \frac{Q}{Br(e^{\mu\theta}-1)} \end{aligned}\right\} \qquad (17-45)$$

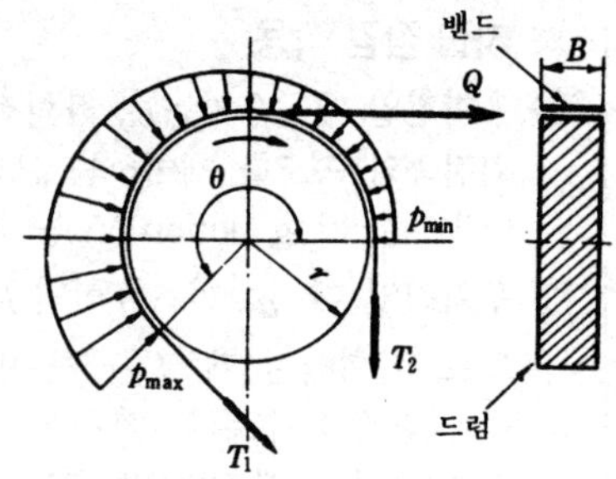

그림 17−26. 밴드의 압력 분포

(7) 제동력

압력에 대한 평균 접촉 압력 $p_m = (p_{max} + p_{min})/2$, 접촉호의 전체 길이 l일 때, 제동력 (Q)은 다음과 같이 된다.

$$Q = \mu B l p_m = \frac{735 H_{PS}}{v} \qquad (17-46)$$

(8) 제동 마력 : 제동 마력(H)은 다음과 같다.

$$H = \frac{Qv}{735} = \frac{TN}{7020}(\text{PS}) = \frac{\text{TN}}{9550}(\text{kW}) \qquad (17-47)$$

(9) 밴드의 치수(표 17−4 참조)

브레이크 제동 마력 H(PS)가 주어지면, 다음의 식에서 B와 l을 설계 한다.

$$Bl = \frac{735 H_{PS}}{\mu p_m} \qquad (17-48)$$

(10) 밴드의 두께(t)와 단면적(A) : 허용 인장 응력 σ_t일 때, 다음과 같이 구한다.

$$t = \frac{T_1}{B\sigma_t} \qquad (17-49)$$

$$A(= bt) = \frac{T_1}{\sigma_t} \qquad (17-50)$$

＊ 설계상 주의

① σ_t는 강철 밴드에 대하여 $\sigma_t = 50 \sim 60\text{N/mm}^2$ (마모 고려)$= 60 \sim 80\text{N/mm}^2$ (마모 무시)로 하고, B는 150mm 이하로 취한다.

② $l = \theta r$로 할 때, 밴드 1감기일 때 $\theta = (1 \sim 1.5)\pi$(rad)로 한다.

③ 라이닝의 두께(t')는 목재에서 30~40mm, 석면 직물에서 5~10mm, 밴드와 드럼과의 틈새를 드럼의 크기에 따라 1~5mm로 한다.

표 17－4. 밴드 브레이크의 설계 치수

(단위 : mm)

항목		기호	치수					
드 럼	지 름	D	250	300	350	400	450	500
	나 비	B'	50	60	70	80	100	120
밴 드	나 비	B	40	50	60	70	80	100
	두 께	t	2	3	3	4	4	4
라이닝	나 비	B_1	40	50	60	70	80	100
	두 께	t'	4~5	4~6.5	5~8	6.5~8	6.5~10	6.5~10

예제 17－12 그림 17－27의 밴드 브레이크에서 제동 토크 60N・m일 때, 레버의 조작력(좌, 우회전일 때)을 구하여라. 단, μ=0.25이다.

Solution

$$Q=\frac{2T}{D}=\frac{2\times 60\times 10^3}{300}=400\,(\text{N})$$

$$e^{\mu\theta}=2.718^{0.25\times 230\times \pi/180}=2.73$$

$$\therefore\ F=Q\frac{a}{l}\frac{e^{\mu\theta}}{e^{\mu\theta}-1}=400\times\frac{7}{40}\times\frac{2.73}{2.73-1}$$

$$=110\,(\text{N})(\text{좌회전})$$

$$=Q\frac{a}{l}\frac{1}{e^{\mu\theta}-1}=400\times\frac{7}{40}\times\frac{1}{2.73-1}$$

$$=40\,(\text{N})\ (\text{우회전})$$

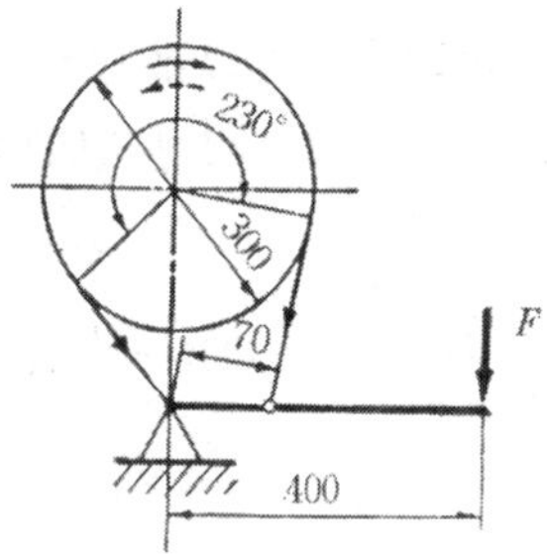

그림 17－27

예제 17－13 그림 17－28과 같은 밴드 브레이크가 300rpm, 20PS의 전달하고, 드럼의 지 름 300mm, 접촉각 270°일 때, 다음을 구하여라. 단 밴드의 두께 3mm, 허용 응력 60MPa, μ = 0.3이다.

(1) 긴장측과 이완측의 장력(T_1, T_2) (2) 밴드의 나비(B)

(3) 브레이크의 용량(μpv) (4) 레버의 조작력(F)

Solution

(1) $$T=7020\frac{H}{N}=7020\times\frac{20}{300}=468(\text{N}\cdot\text{m})$$

$$Q=\frac{2T}{D}=\frac{2\times 468\times 10^3}{300}=3120(\text{N})$$

$$e^{\mu\theta}=e^{0.3\times 270\times\pi/180}=4.11$$

$$\therefore\ T_1=Q\frac{e^{\mu\theta}}{e^{\mu\theta}-1}=3120\times\frac{4.11}{4.11-1}\fallingdotseq 4123(\text{N})$$

$$T_2=Q\frac{1}{e^{\mu\theta}-1}=3120\times\frac{1}{4.11-1}\fallingdotseq 1003(\text{N})$$

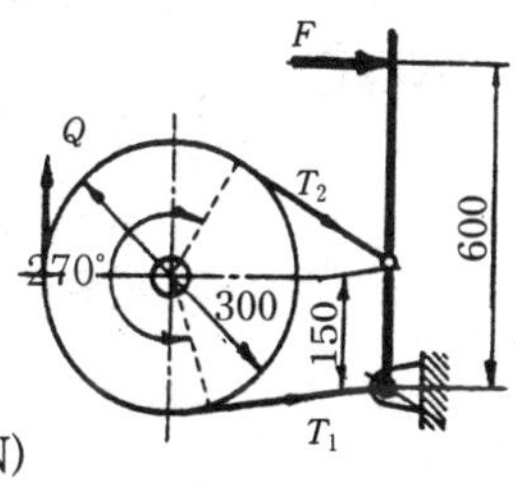

그림 17－28

(2) $B = \dfrac{T_1}{t\sigma_a} = \dfrac{4123}{3 \times 60} = 22.9(\text{mm})$

(3) $v = \dfrac{\pi DN}{60 \times 1000} = \dfrac{\pi \times 300 \times 300}{60 \times 1000} = 4.7(\text{m/s})$

$$A = B\pi D\frac{\theta^\circ}{360} = 22.9\pi \times 300 \times \frac{270^\circ}{360} \fallingdotseq 16179(\text{mm}^2)$$

$$\therefore \mu pv = \frac{Qv}{A} = \frac{3120 \times 4.7}{16179} = 0.9(\text{MPa} \cdot \text{m/s})$$

(4) $Fl = T_2 a$ 에서

$$F = T_2\frac{a}{l} = 1003 \times \frac{150}{600} = 250.75(\text{N})$$

예제 17-14 그림 17-29와 같이 우회전하는 밴드 브레이크에서 제동력 340N일 때, 다음을 구하여라. 단, μ=0.18이다.

(1) 밴드의 장력(T_1, T_2)　　(2) 레버에 가하는 힘(F)

Solution

(1) $e^{\mu\theta} = e^{0.18 \times 240 \times \pi/180} = 2.1$

$$T_1 = \frac{e^{\mu\theta}}{e^{\mu\theta}-1}Q = \frac{2.1}{2.1-1} \times 340 = 649(\text{N})$$

$$T_2 = \frac{1}{e^{\mu\theta}-1}Q = \frac{1}{2.1-1} \times 340 = 309(\text{N})$$

(2) 차동식, 우회전이므로

$$F = \frac{Q(b - ae^{\mu\theta})}{l(e^{\mu\theta}-1)} = \frac{340(15 - 5 \times 2.1)}{80(2.1-1)} \fallingdotseq 17.4(\text{N})$$

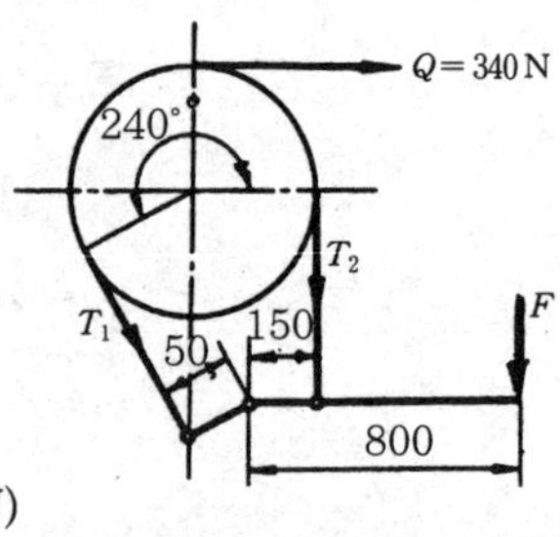

그림 17-29

예제 17-15 그림 17-30과 같은 밴드 브레이크에서 축의 토크 20N・m일 때 ,다음을 구하여라. 단, 허용 인장 응력 40MPa, μ=0.2이다.

(1) 레버의 조작력(F')　　(2) 밴드의 단면적(A)

Solution

(1) $Q = \dfrac{2T}{D} = \dfrac{2 \times 20 \times 10^3}{40} = 1000(\text{N})$

$e^{\mu\theta} = e^{0.21 \times 270 \times \pi/180} = 2.57$

단동식, 좌회전으로 볼 수 있으므로

$$\therefore F' = Q\frac{a}{l}\frac{1}{e^{\mu\theta}-1}$$

$$= 1000 \times \frac{40}{600} \times \frac{1}{2.57-1} = 42.5(\text{N})$$

(2) $T_1 = \dfrac{Qe^{\mu\theta}}{e^{\mu\theta}-1} = \dfrac{1000 \times 2.57}{2.57-1} = 1637(\text{N})$

$$\therefore A = \frac{T_1}{\sigma_t} = \frac{1637}{40} \fallingdotseq 41(\text{mm}^2)$$

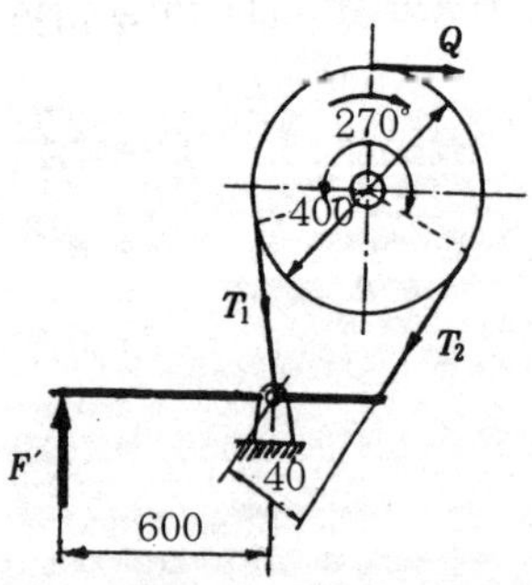

그림 17-30

예제 17－16 그림 17－31과 같은 밴드 브레이크에서 제동 토크 360N・m, F=400N일 때, 다음을 구하여라. 단, 허용 응력 60MPa, 밴드의 두께 2mm, μ = 0.35이다.

(1) 밴드의 나비(B) (2) 레버의 길이(l)

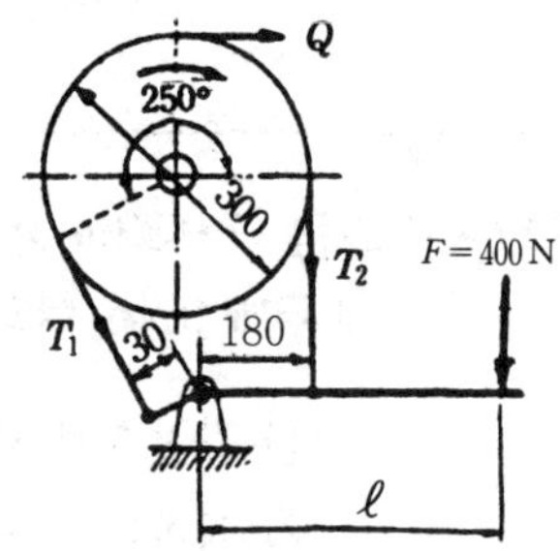

그림 17－31

Solution (1) $e^{\mu\theta} = e^{0.35 \times 250 \times \pi/180} = 4.6$

$$Q = \frac{2T}{D} = \frac{2 \times 360 \times 10^3}{300} = 2400(\text{N})$$

$$T_1 = Q\frac{e^{\mu\theta}}{e^{\mu\theta}-1} = 2400 \times \frac{4.6}{4.6-1} = 3066.7(\text{N})$$

$$\therefore B = \frac{T_1}{t\sigma_t} = \frac{3066.7}{2 \times 60} = 25.5(\text{mm})$$

(2) $T_2 = Q\dfrac{1}{e^{\mu\theta}-1} = 2400 \times \dfrac{1}{4.6-1} \fallingdotseq 666.7(\text{N})$

$$\therefore l = \frac{T_2 b - T_1 a}{F} = \frac{666.7 \times 180 - 3066.7 \times 30}{400} \fallingdotseq 70(\text{mm})$$

$$\left[= \frac{Q(b - ae^{\mu\theta})}{F(e^{\mu\theta}-1)} = \frac{2400 \times (180 - 30 \times 4.6)}{400 \times (4.6-1)} = 70(\text{mm})\right]$$

예제 17－17 그림 17－32와 같은 밴드 브레이크에서 하중 W의 낙하를 방지하기 위하 여 레버 끝에 300N의 힘을 가하고, 작업 동력 6PS일 때, 다음을 구하여라. 단, 허용 인장 응력 80N/mm^2, 밴드의 두께 2mm, $e^{\mu\theta}$=4.4이다.

(1) 제동력(Q)
(2) 자유 낙하를 방지하기 위한 하중(W)
(3) 접촉면 압력(p)
(4) 브레이크의 용량(μpv)

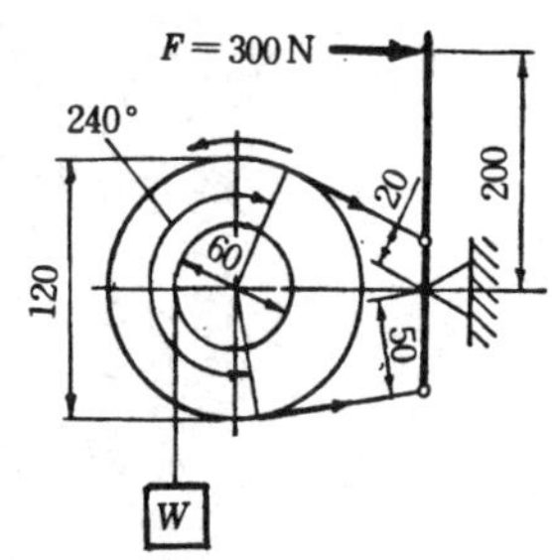

그림 17－32

Solution (1) $Fl = \dfrac{Q}{e^{\mu\theta}-1}(be^{\mu\theta} - a)$에서

$$Q = \frac{Fl(e^{\mu\theta}-1)}{be^{\mu\theta}-a} = \frac{300 \times 200 \times (4.4-1)}{20 \times 4.4 - 50} \fallingdotseq 5368(\text{N})$$

(2) 방법 ①: $W = Q\dfrac{D}{d} = 5368 \times \dfrac{120}{60} \fallingdotseq 10.74(\text{kN})$

방법 ②: $T = Q\dfrac{D}{2} = 5368 \times \dfrac{120}{2} = 322(\text{N}\cdot\text{m})$

$$\therefore W = \frac{2T}{d} = \frac{2 \times 322}{60} = 10.74(\text{kN})$$

(3) $T_1 = Q\dfrac{e^{\mu\theta}}{e^{\mu\theta}-1} = 5368 \times \dfrac{4.4}{4.4-1} \fallingdotseq 6947(\text{N})$

$$B = \frac{T_1}{t\sigma_t} = \frac{6947}{2 \times 80} = 43.4(\text{mm})$$

$$\therefore\ p = \frac{2T_1}{BD} = \frac{2\times6947}{43.4\times120} \fallingdotseq 2.7(\mathrm{MPa})$$

(4) $A = B\pi D\dfrac{\theta°}{360} = 43.4\pi\times120\times\dfrac{240°}{360} = 10902(\mathrm{mm}^2)$

$$\therefore\ \mu pv = \frac{735H}{A} = \frac{735\times6}{10902} = 0.4(\mathrm{MPa\cdot m/s})$$

예제 17-18 그림 17-33과 같은 밴드 브레이크에서 100rpm, 4.2PS일 때, 다음을 구하여 라. 단, 밴드의 두께 1mm, 허용 인장 응력 80MPa, $e^{\mu\theta}=3.1$이다.

(1) 긴장측과 이완측 장력(T_1, T_2)
(2) 레버의 길이(l)
(3) 밴드의 나비(B)
(4) 좌회전일 때, 제동 마력(PS)

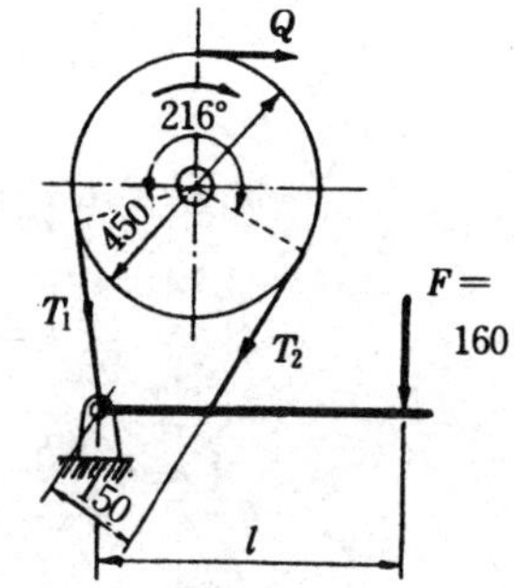

그림 17-33

Solution

(1) $T = 7020\dfrac{H}{N} = 7020\times\dfrac{4.2}{100} = 294.8(\mathrm{N\cdot m})$

$Q = \dfrac{2T}{D} = \dfrac{2\times294800}{450} = 1310(\mathrm{N})$

$\therefore\ T_1 = Q\dfrac{e^{\mu\theta}}{e^{\mu\theta}-1} = 1310\times\dfrac{3.1}{3.1-1} = 1930(\mathrm{N\cdot mm})$

$T_2 = T_1 - Q = 1930 - 1310 = 620(\mathrm{N\cdot mm})$

(2) $l = \dfrac{T_2}{F}a = \dfrac{620}{160}\times150 = 580(\mathrm{mm})$

(3) $B = \dfrac{T_1}{t\sigma_t} = \dfrac{1930}{1\times80} \div 25(\mathrm{mm})$

(4) $Q = F\dfrac{l(e^{\mu\theta}-1)}{ae^{\mu\theta}} = 160\times\dfrac{580(3.1-1)}{150\times3.1} = 420(\mathrm{N})$

$T = Q\dfrac{D}{2} = 420\times\dfrac{450}{2} = 94500(\mathrm{N\cdot mm}) = 94.5(\mathrm{N\cdot m})$

$\therefore\ H = \dfrac{TN}{7020} = \dfrac{94.5\times100}{7020} = 1.35(\mathrm{PS})$

예제 17-19 그림 17-34와 같은 밴드 브레이크에서 300rpm, 조작력 200N일 때, 제동 마력(PS)을 구하여라. 단, $\mu=0.25$이다.

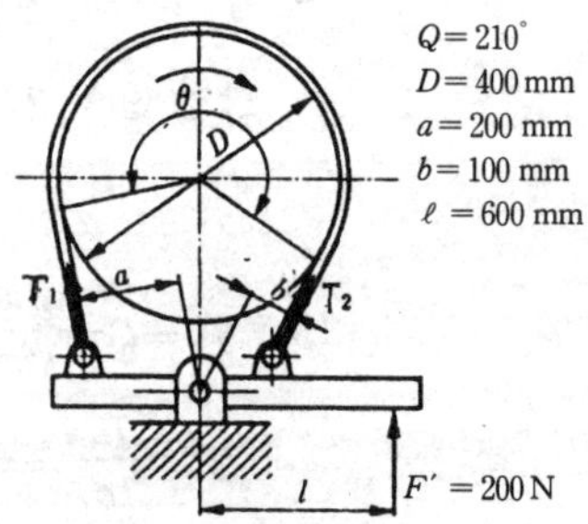

그림 17-34

Solution

$e^{\mu\theta} = e^{0.25\times210\times\pi/180} = 2.5$

$Q = \dfrac{F'l(e^{\mu\theta}-1)}{ae^{\mu\theta}-b} = \dfrac{200\times600(2.5-1)}{200\times2.5-100} = 450(\mathrm{N})$

$T = Q\dfrac{D}{2} = 450\times\dfrac{400}{2} = 90(\mathrm{N\cdot m})$

$\therefore\ H = \dfrac{TN}{7020} = \dfrac{90\times300}{7020} = 3.8(\mathrm{PS})$

17-4 축압 브레이크

브레이크 축의 방향에 압력이 작용하는 것으로서 압력 분포 상태, 구조, 설계 공식 등은 7장의 축이음 중 원판 클러치와 원뿔 클러치를 참고한다.

1. 일반 사항

(1) 특 성

마찰면이 노출되어 있으므로 열의 방열(放熱)이 좋고, 압력 분포가 균일하여 고속에서도 안정된 제동력을 얻을 수 있다.

(2) 종 류

① **원판의 수에 따라** : 단판 브레이크와 다판(多板) 브레이크가 있다.

② **모양에 따라** : 원판 브레이크와 원뿔 브이크가 있다.

a. **원판 브레이크** : 그림 17-35와 같이 축 방향의 하중에 의하여 발생하는 마찰력으로 제동하는 것을 원판(disc) **브레이크**라 한다.

가. 그림 (a)와 같이 마찰면 원판이 단판으로 된 것을 **단판 브레이크**라 한다.

나. 그림 (b)와 같이 여러 개의 원판을 축 방향으로 밀어서 압력을 받게 하여 그 사이에 생기는 마찰력에 의하여 제동 작용을 하는 것을 **다판 브레이크**라 한다. 그림 (c)와 같이 드럼이 안쪽에 있고, 바깥에서 양쪽 대칭으로 되어 있는 드럼을 밀어 붙이면서 동일한 마찰력이 발생하여 사용되는 자동차용 원판 브레이크를 나타낸 것이다. 그 외 자전거의 바퀴 등의 제동에 사용되기도 한다.

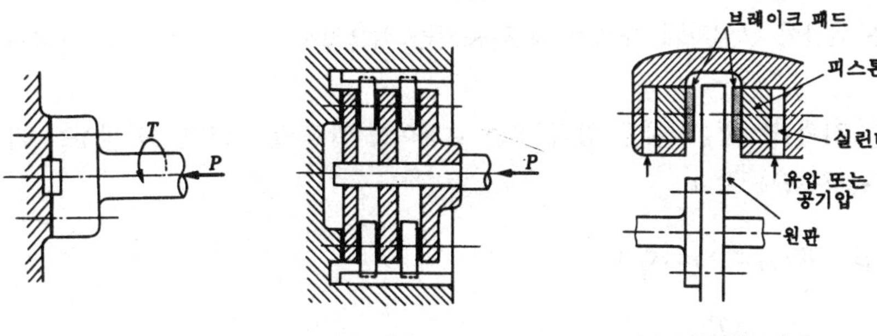

(a) 단판 (b) 다판 (c) 자동차용 단판

그림 17-35 원판 브레이크

b. **원뿔 브레이크** : 축 방향 하중이 접촉면에 수직하중을 발생시키고, 이 수직력으로 접촉면에 발생하는 마찰력으로 제동하는 것을 원뿔 브레이크(cone brake)라 한다(그림 17-36).

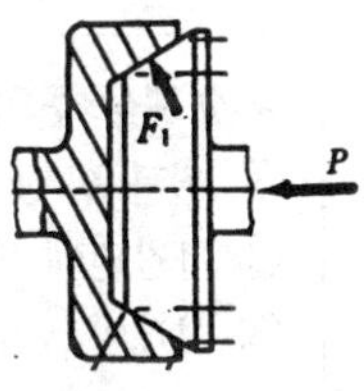

그림 17-36. 원뿔 브레이크

2. 축압 브레이크의 설계

(1) 원판 브레이크

① **제동력** : 그림 17－37에서 브레이크 제동력(Q)은 다음과 같다.

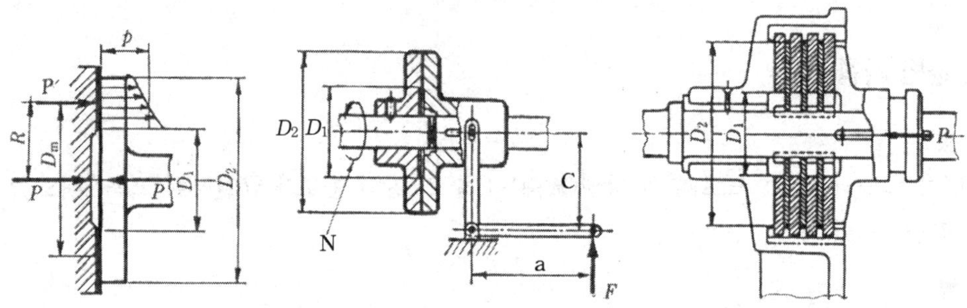

(a) (b) (c) 다판 브레이크

그림 17－37. 원판 브레이크

P : 축 방향에 가해지는 힘(N), Z : 다판의 수일 때

$$Q = \mu P = \mu PZ \tag{17-51}$$

② **제동 토크** : 원판이 균일하게 마모될 때 제동 토크(T)는 다음과 같다.

$$\left.\begin{aligned} T &= QR = \mu PRZ = \frac{\mu P D_m Z}{2} \\ &= \mu P \frac{(D_1 + D_2)Z}{4} \end{aligned}\right\} \tag{17-52}$$

위 식은 원판이 균일하게 마모될 때 적용되는 식으로서 이 경우 안쪽의 압력이 바깥쪽 보다 높다.

③ **축 하중** : 접촉 압력(p : 제동 압력 또는 브레이크 압력)을 고려한 축 방향에 가해지는 축 하중(P)은 다음과 같다.

$$\left.\begin{aligned} P &= \frac{\pi}{4}(D_2{}^2 - D_1{}^2)p \\ &= \frac{4T}{\mu(D_2{}^2 - D_1{}^2)Z} \end{aligned}\right\} \tag{17-53}$$

＊ 설계상 주의

① 원판은 강 또는 청동제로 하고, 제동을 높이기 위하여 직물을 라이닝 한다.
② 마찰면에 대한 계수는 μ=0.05~0.03(마찰면 기름 윤활 상태), μ=0.1(마찰면 건조 상태)로 한다.
③ 브레이크 접촉 압력 p 는 마찰면이 강과 청동일 때 p=0.4~0.8N/mm^2, 강과 직물일 때 p =0.2~0.3N/mm^2 정도로 잡고, 브레이크 용량 μpv=1~3N/mm^2·m/s 범위로 취한다.

(2) 원뿔 브레이크

그림 17−38과 같이 **축 방향 힘**에 의하여 접촉면이 원뿔의 마찰에 의하여 제동한다.

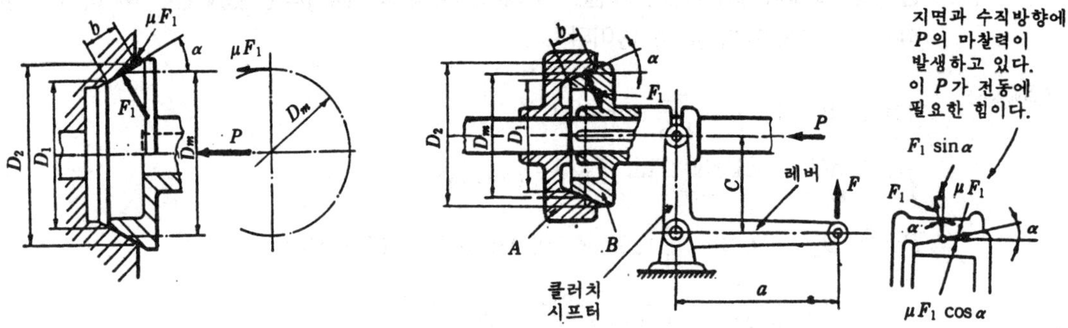

(a) (b) (c)

그림 17−38. 원뿔 브레이크

브레이크 압력(p)과 원뿔 반각(α)을 고려하여 브레이크를 축 방향으로 밀어 붙이는 힘 즉, 축 방향 힘(P)은 다음과 같다.

D_m : 원뿔면의 평균 지름(mm), p : 브레이크 압력(N), α : 원뿔 반각

b : 마찰면 나비(mm), Q : 원뿔면에 수직인 힘(N)일 때

$$P=\pi D_m bp(\sin\alpha+\mu\cos\alpha)=\frac{2(\sin\alpha+\mu\cos\alpha)}{\mu D_m}T \qquad (17-54)$$

위 식에서 $\alpha=10\sim18°$, $\mu=0.18$(주철)$=0.2\sim0.25$(목재)로 취한다. 또한, 원뿔 마찰면에 수직으로 작용하는 힘 즉, 브레이크 **제동력**(F_1)과 **평균 압력**(D_m)은

$$F_1=\pi D_m bp=\frac{2T}{\mu D_m} \qquad (17-55)$$

$$D_m=\frac{1}{2}(D_1+D_2)=\frac{1}{2}[(D_1+(D_2+2b\sin\alpha)] \qquad (17-56)$$

로 되고, 브레이크에 대한 **제동 토크**(T)와 **접촉면 압력**(p)은 다음과 같다.

$$T=\mu F_1\frac{D_m}{2}=\frac{\mu D_m P}{2(\sin\alpha+\mu\cos\alpha)} \qquad (17-57)$$

$$p=\frac{F_1}{\pi D_m b}=\frac{P}{\pi D_m b(\sin\alpha+\mu\cos\alpha)} \qquad (17-58)$$

그림 17−38 (b)와 같은 경우 레버의 치수 a, c[그림 17−38(b)]를 고려한 레버에 가하는 힘 즉, **레버의 조작력**(F)은 다음과 같다.

$$F\geq P\frac{c}{a}\frac{(\sin\alpha+\mu\cos\alpha)}{\mu}\geq\frac{2Tc}{aD_m}\frac{(\sin\alpha+\mu\cos\alpha)}{\mu} \qquad (17-59)$$

예제 17－20 출력 30PS, 스트로크(stroke : 행정) 115mm인 피스톤 속도 5m/s의 자동차의 엔진에 사용할 원판 브레이크의 마찰면 수를 구하여라. 단, 접촉 압력 $p=0.85\text{N/cm}^2$ MPa, $D_1=150$ mm, $D_2=250$mm, $\mu=0.15$이다.

Solution

회전 토크(τ)는 $w=\dfrac{5\pi}{115}$ (s/rad)일 때

$$T=\frac{735H}{w}=\frac{735\times30\times115}{5\pi}=161.5\ (\text{N}\cdot\text{m})$$

$$P=\frac{\pi}{4}(D_2{}^2-D_1{}^2)p=\frac{\pi}{4}(250^2-150^2)\times0.085=2.669(\text{kN})$$

$$\therefore Z=\frac{2T}{\mu PD_m}=\frac{2\times161.5}{0.15\times2.669\times200}=4(\text{매})$$

예제 17－21 800N · cm인 회전 토크를 전달하는 원뿔 브레이크의 회전수 680rpm일 때, 다음을 구하여라. 단, b=30mm, 레버의 치수 $a=100$mm, $c=80$mm, $2\alpha=30°$, $D_1=95$mm, $D_2=100$mm $\mu=0.4$이다.

(1) 축 방향 힘(P) (2) 접촉면 압력(p)
(3) 레버의 조작력(F) (4) 브레이크 용량(μpv)

Solution

(1) $$D_m=\frac{1}{2}[D_1+(D_2+2b\sin\alpha)]$$

$$=\frac{1}{2}[95+(100+2\times30\sin15°)=105(\text{mm})=10,5(\text{cm})$$

$$\therefore P=\frac{2(\sin\alpha+\mu\cos\alpha)}{\mu D_m}T=\frac{2(\sin15°+0.4\cos15°)}{0.4\times10.5}\times800\fallingdotseq246(\text{N})$$

(2) $$F_1=\frac{2T}{\mu D_m}=\frac{2\times800}{0.4\times10.5}=381(\text{N})$$

$$\therefore p=\frac{F_1}{\pi D_m b}=\frac{381}{\pi\times10.5\times3}=3.8(\text{N/cm}^2)$$

(3) $$F=\frac{2Tc}{aD_m\mu}(\sin\alpha+\mu\cos\alpha)$$

$$=\frac{2\times800\times8}{10\times10.5\times0.4}(\sin15°+0.4\times\cos15°)=196.5\ (\text{N})$$

(4) $$v=0.000524D_mN=0.000524\times10.5\times680=3.74(\text{m/s})$$

$$\therefore \mu pv=0.4\times3.8\times3.74\fallingdotseq5.7(\text{N}\cdot\text{m/s}\cdot\text{cm}^2)<10\text{N}\cdot\text{m/s}\cdot\text{cm}^2$$

17-5 폴 브레이크

그림 17－39와 같이 폴(pawl)과 래칫 휠(ratchet wheel)로 구성되어 있으며, 레버의 작동에 의하여 폴을 한 방향으로 간헐적으로 회전시키며 축의 역전(逆轉)을 방지하기 위한 것을 폴 브레이크(pawl brake)라 한다.

1. 일반 사항

(1) 종류(그림 17－39 참조)

① **외측 폴 브레이크** : 래칫 휠 바깥쪽에 이(齒)가 있고, 한쪽 방향 회전은 폴에 의하여 움직이며, 반대 방향의 회전은 폴에 의하여 방해를 받는다.[그림 17－39(a)].

② **내측 폴 브레이크** : 래칫 휠 안쪽에 이가 있도, 큰 장소를 필요로 하지 않으나 폴을 휠의 이끝 원 접선상에 놓을 수 없다. 이것은 비교적 소형이다[그림 17－39(b)].

③ **마찰 폴 브레이크** : 일반 래칫 휠의 소음 발생을 방지하기 위한 것으로 휠에 이를 만들지 않고, 휠과 외주에 대하여 편심의 회전축을 갖는 원호형 폴로서 휠과 폴 사이의 마찰력에 의하여 브레이크 작동을 할 수 있게 한 것이다[그림 17－39(c)].

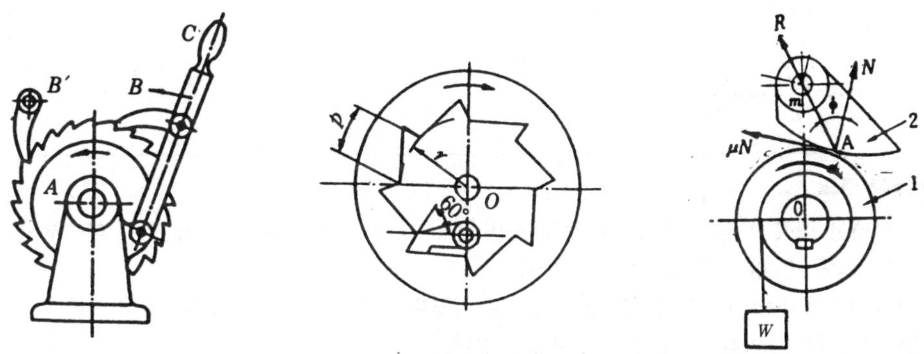

(a) 외측　(b) 내측　(c) 마찰

그림 17－39. 폴 브레이크

(2) 구 조

그림 17－39 (a)와 같이 래칫 휠 A와 폴 B로 구성되어, 레버 C를 요동(搖動) 시킴에 따라 래칫 휠이 화살표 방향으로만 간헐적으로 회전 운동을 하게 된다. 그리고 B'는 래칫 휠의 역전을 방지하기 위한 것으로 지지구라 한다.

(3) 용 도

① **역전 방지** : 자동 하중 브레이크, 일 방향 클러치, 기중기, 시계의 태엽 가구 등

② **토크 및 힘의 전달** : 스크루 잭, 자전거 등

③ **속도 조절용 기계** : 분할 기구 등

④ **이송 기구** : 공작 기계, 눈금 기계, 전화기 등

2. 폴 브레이크의 설계

(1) 외측 폴 브레이크

① **휠의 지름과 회전 토크** : 그림 17－40에서 휠의 피치(p) 와 잇수(Z)를 고려할 때 휠의 지름 (D), 폴에 걸리는 힘(P)을 고려한 회전 토크(T)는 다음과 같다.

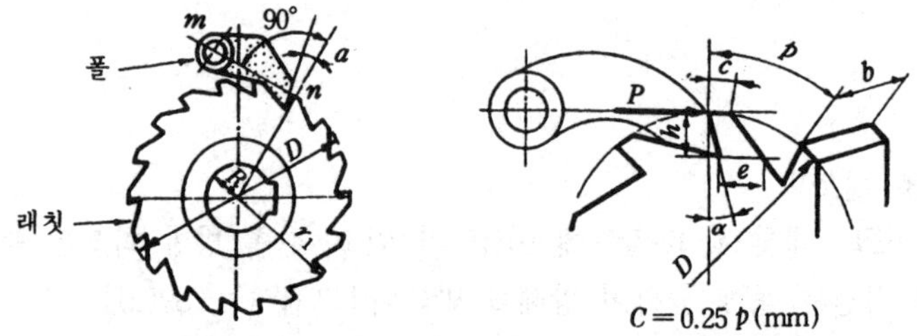

(a) 폴과 래칫 휠　　(b) 래칫 휠에 받는 힘

그림 17－40. 외측 래칫 휠 브레이크

P : 폴에 걸리는 힘(N), D : 래칫 휠의 외접원 지름(mm)

Z : 래칫 휠의 잇수, p : 래칫 휠의 이의 피치(mm)일 때

$$D=\frac{pZ}{\pi} \tag{17-60}$$

$$T=\frac{PD}{2}=\frac{PZp}{2\pi} \tag{17-61}$$

＊설계상 주의

① 위 식에서 래칫 휠의 지름(D)을 크게 하면 피치 p는 작게 되나, 속도가 증가 할수록 충격력이 증가하므로 Z=8~16 정도로 설계한다.

② 그림 17－40 (a)에서 이의 각 α는 마찰각 ρ보다 크게하여 폴이 이뿌리에 확실하게 미끄러져 떨어지게 하고, 이끝 두께 $C=0.25p$로 한다.

② **폴에 걸리는 힘과 피치** : 폴의 중심 m에서 n에 있어 폴이 휠에 걸리도록 하면 접선 방향에 있을 때, 위 식 (17－61)에서 폴에 걸리는 힘(P)과 래칫 휠의 이에 대한 피치(p) 는 다음과 같나.

r_1 : 작은 래칫 휠의 지름(mm), r_2 : 큰 래칫 휠의 지름(mm), h : 이 높이(mm)

b : 휠의 나비(mm), $\varnothing$: 이나비 계수(표 17－5)일 때

$$\left.\begin{aligned} P&=\frac{2\pi T}{Zp}=\frac{2T}{D}=\frac{T}{r_1}=\frac{WR}{r_2} \\ &=\frac{be^2}{6h}\sigma_b=0.119\,\varnothing\,p^2\sigma_b \end{aligned}\right\} \tag{17-62}$$

$$p=\frac{\pi D}{Z} \tag{17-63}$$

③ **면압력, 굽힘 모멘트, 전단 응력** : 이에 작용하는 면 압력(q)과 이뿌리 단면의 굽힘 모멘트(M) 및 래칫 휠의 이뿌리원 전단 응력(τ)은 다음과 같이 구한다.

$$q = \frac{P}{bh} \tag{17-64}$$

$$M = Ph = \frac{be^2}{6} = \sigma_b \tag{17-65}$$

$$\tau = \frac{P}{eb} \tag{17-66}$$

> **＊ 설계상 주의**
> 위 식에서 허용 면압력(q)은 보통 주철일 때 $q = 1 \sim 10\text{N/mm}^2$, 주강과 단강일 때 $q = 15 \sim 30\text{N/mm}^2$으로 취한다.

④ **피치** : 일반적으로 $h = 0.35p$, $e = 0.5p$, $b = 0.25p$, $\phi = b/p$로 설계되므로

$0.35pP = \frac{bp^2}{24}\sigma_a$에서 $Ph = 0.35pP = \frac{bp^2}{24}\sigma_a = \frac{2\pi T}{pZ}h$가 되며, $b = \phi p$로 놓을 때 래칫 휠의 이에 대한 피치(p)는

$$p = 3.75\sqrt[3]{\frac{T}{Z\sigma_b\phi}} \tag{17-67}$$

로 되고, 위 식에서 ϕ=0.5로 잡으면 식 (17-67)은

$$p = 4.72\sqrt[3]{\frac{T}{Z\sigma_b}} \tag{17-68}$$

로 되며, ϕ는 이나비 계수로서 표 17-5와 같이 잡는다.

표 17-5. 면 압력(q), 이나비 계수(ϕ), 굽힘 응력(σ_b)의 값

재료	q N/mm²	$\phi = \frac{b}{p}$	σ_b N/mm²
주철	5~10	0.5~1.0	20~30
연강, 주강	15~30	0.3~0.5	40~60

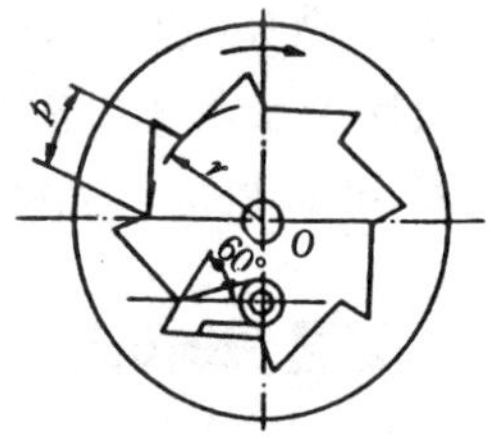

그림 17-41. 내측 래칫 휠

(2) 내측 폴 브레이크

그림 17-41과 같이 래칫 휠의 내측에 폴이 설치된 것을 한다.

이 끝의 두께 $e = p$, 이 높이 $h = 0.35p$, $\phi = b/p$로 하여 계산하면 휠의 이에 대한 피치(p)는 다음과 같다.

$$p = 2.37\sqrt[3]{\frac{T}{\phi Z\sigma_b}} \tag{17-69}$$

> **＊ 설계상 주의**
> ① 래칫 휠 이끝원의 접선 상에 놓을 수 없으므로, 접선과 맺는 각 α=60°로 하여 이의 모양은 마찰각 ρ=14°~17° 만큼 반지름 방향에서 경사시킨다.
> ② 일반적으로 잇수 Z=16~30개, 이높이 h=15~30mm 정도로 취한다.

17-6 자동 하중 브레이크

하중에 의하여 일정한 방향의 회전에 따라 자동적으로 브레이크가 작용하게 되는 것을 자동 하중 브레이크(automatic load brake)라 한다.

1. 웜 브레이크

웜 기어가 회전할 때 생기는 스러스트(推力)를 이용한 것을 웜 브레이크((worm brake)라 한다(그림 17－42). 이것은 기중기 등에 사용된다.

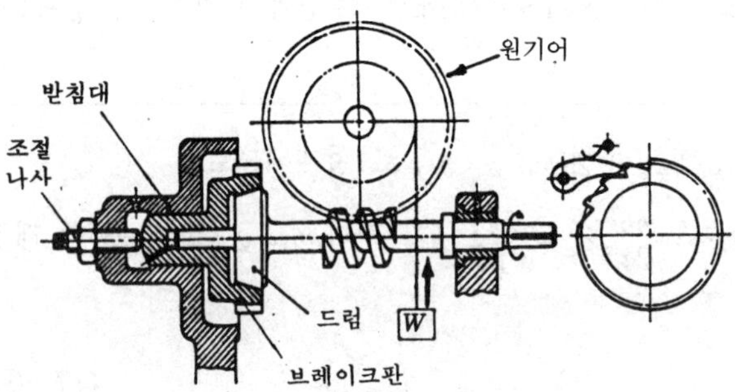

그림 17－42. 웜 브레이크

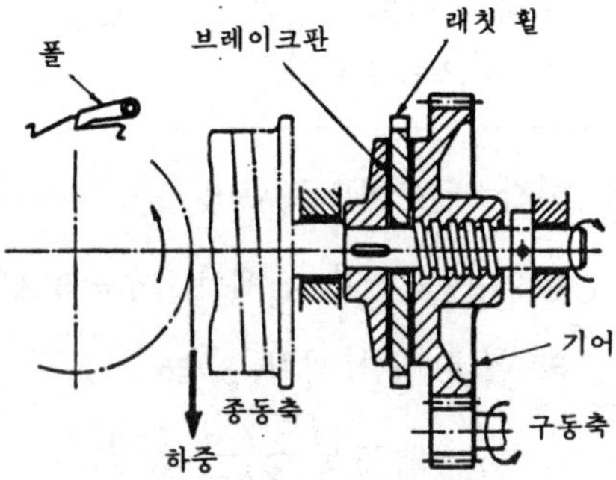

그림 17－43. 나사 브레이크

2. 나사 브레이크

웜 브레이크의 웜 대신에 나사를 사용한 것을 나사 브레이크(screw brake)라 한다(그림 17－43). 이것은 로프를 감아올릴 때 나사 작용으로 브레이크 판이 축과 일체로 되어 클러치 작용하고, 폴은 래칫 이의 위를 미끄러져 나가며 하중이 걸린다.

3. 캠 브레이크

하물이 걸린 로프를 감아올리기 위하여 구동판을 시계 방향으로 회전시키면 구동 날개도 같이 회전시키는 것을 캠 브레이크(cam brake)라 한다(그림 17－44). 이것은 종동캠에 의하여 구동 날개는 확장되어 래칫 휠의 내면에 밀착하여 감아 올려진다.

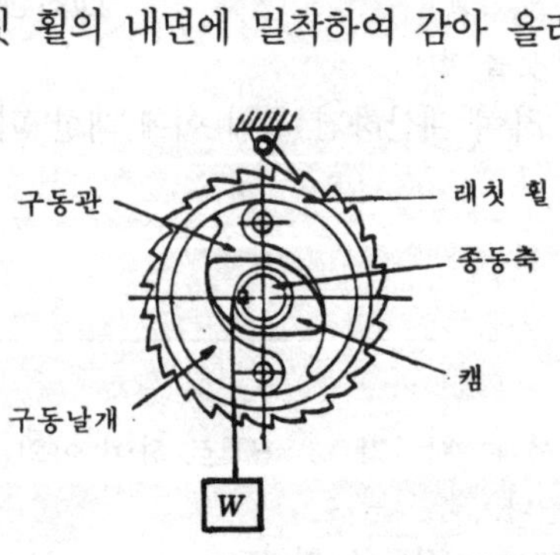

그림 17－44. 캠 브레이크

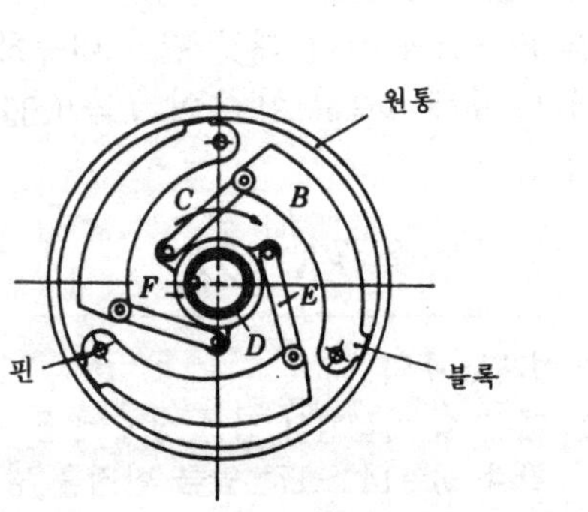

그림 17－45. 원심력 브레이크

4. 원심력 브레이크(그림 17−45)

원통은 브레이크 축과 같이 고정되어 핀에 브레이크 블록 한 끝이 보스의 핀에 꽂혀 원심력으로 작동되는 것을 **원심력**(遠心力) **브레이크**(centrifugal brake)라 한다.

5. 로프 브레이크

감김 드럼에 래칫 휠이 설치되어 드럼을 시계 반대 방향으로 회전시키며, 하중을 걸어 올리는 것을 **로프 브레이크**(rope brake)라 한다(그림 17−46).

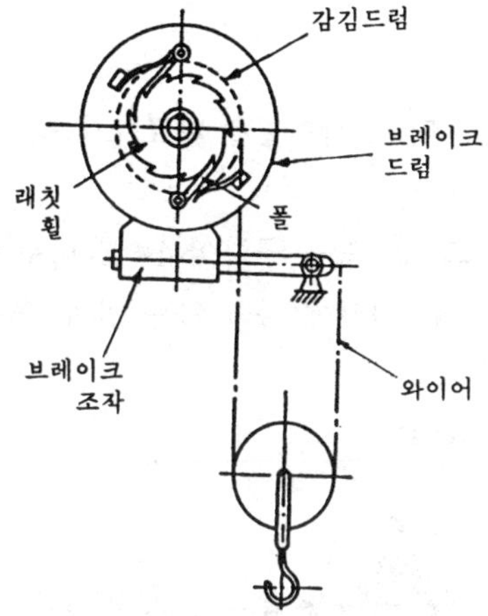

그림 17−46. 로프 브레이크

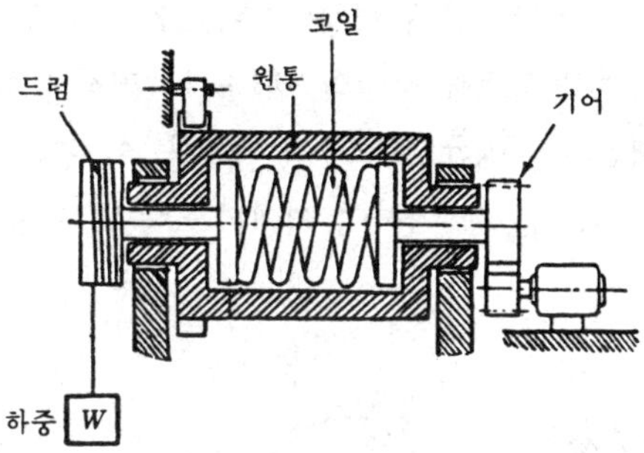

그림 17−47. 코일 브레이크

6. 코일 브레이크(coil brake)

기어가 움직일 때 코일(coil)이 비틀어져 원통 내면에 밀착되어 원통이 회전하는 것(그림 17−47)으로, 래칫은 폴에 대하여 미끄러져 드럼에 의하여 감아올리게 된다.

7. 전자기 브레이크

운동 에너지를 전기 에너지로 바꾸며, 마찰력을 생기게 하는 작동 부분과 이 부분에 힘을 주는 조작 부분으로 구성된 것을 **전자기**(電磁機) **브레이크**(electra−magnetic brake)라고 한다(그림 17−48).

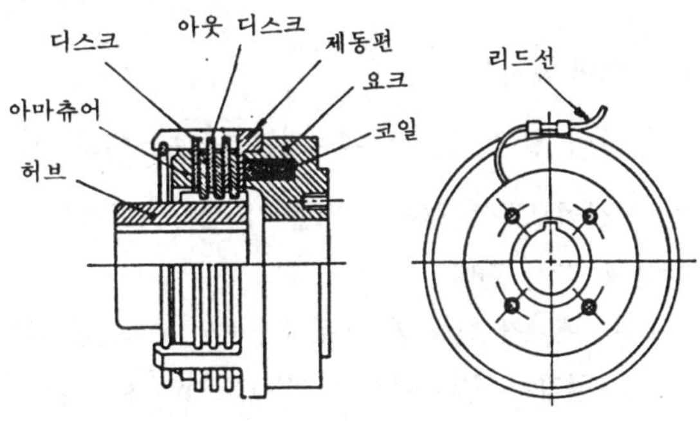

그림 17−48. 전자기 브레이크

(1) 조작력 : 스프링의 힘이지만 전자석에 의하여 스프링의 힘을 완화시켜 브레이크를 푸는 것이다. 따라서 정전의 경우에는 자동적으로 브레이크가 작용하게 된다.

(2) 용도 : 윈치, 크레인, 엘리베이터, 철도 차량, 자동차, 공작 기계 등에 사용된다.

17-7 플라이 휠

브레이크와 같이 일종의 속도 조정 장치를 **플라이 휠**[fly wheel : 그림 17−49 (a)] 또는 **관성차**(慣性車)라고도 한다.

플라이 휠의 사용은 이것이 갖고 있는 큰 관성 모멘트를 이용하여 운동 에너지의 흡수, 저축 및 방출을 적절히 하므로서, 1 사이클 중의 토크가 역 방향으로 작용하는 경우에도 운전을 가능하게 하고, 큰 각속도 변동이 생기지 않도록 정상 운전을 유지시키는 역할을 한다.

1. 변동 에너지

그림 17−49 (b)는 4 사이클 1실린더 디젤 엔진의 토크 곡선이다. 1 사이클을 완료하기까지 토크는 회전 방향(+측)과 반대 방향(−측)으로 심하게 변동한다.

토크 곡선과 가로축 사이의+면적과−면적을 각각 측정하여 그 대수합을 구하여 4π로 나누면 평균 높이에 해당되는 평균 토크가 얻어진다. 이 평균 토크보다 위 또는 아래에 나와 있는 면적 중에서 가장 큰 것 즉, qE에 의하여 최대의 각속도 변동이 일어난다.

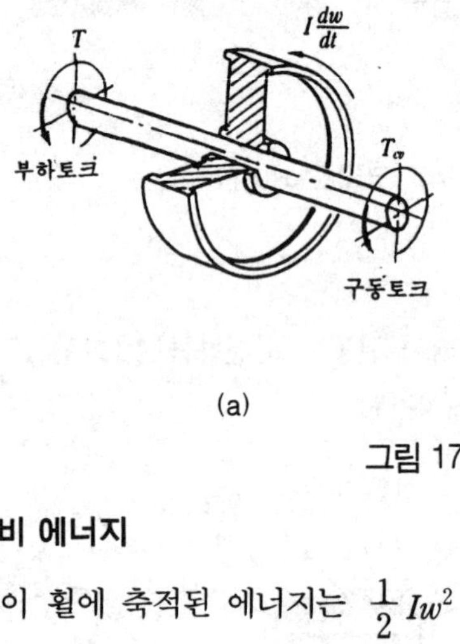

(a)

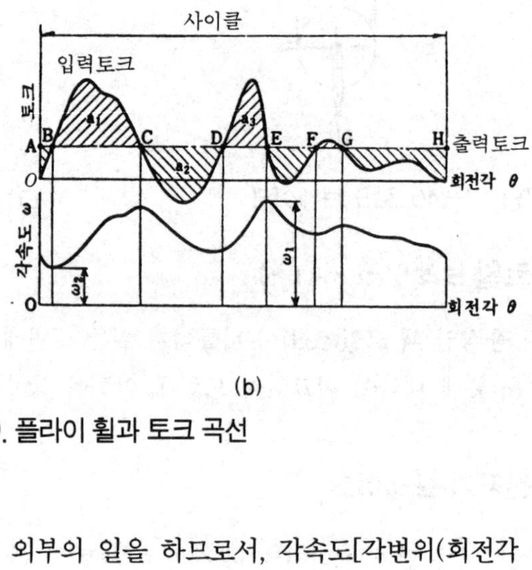

(b)

그림 17−49. 플라이 휠과 토크 곡선

(1) 소비 에너지

플라이 휠에 축적된 에너지는 $\frac{1}{2}Iw^2$이고, 외부의 일을 하므로서, 각속도[각변위(회전각 θ : rad)가 시간적으로 변화하는 비율]가 ω_1으로부터 ω_2로 저하 되었다면 일에 소비된 **소비 에너지**(qE)는 다음과 같이 된다.

q : 에너지 변동 계수(표 17−6), E : 운동 에너지(평균 일량)

I : 플라이 휠의 관성 모멘트(N · m · s²), ω : 평균 각속도(rad/s)

ω_1, ω_2 : 최대 및 최소 각속도(rad/s)일 때

$$qE = \frac{1}{2}I(\omega_1{}^2 - \omega_2{}^2) \tag{17-70}$$

＊ 설계상 주의

실제의 평균 일량을 E라 하면 qE/E는 왕복 기계의 종류와 용량 등에 의하여 다르나, 에너지 변동 계수 q는 보통 실린더의 수가 2이하일 때 0.5~1.2 정도, 실린더 수가 8이면 0.1정도로 취한다 (표 17－6 참조).

표 17－6. 에너지 변동 계수(q)

형식			q
4사이클기관	단동기관	단 기 통 (單 氣 筒)	1.20~1.30
		2 기 통 (360°)	0.50~0.60
		2 기 통 (180°)	0.75~1.10
		대향(對向) 2기통(360°)	0.75~1.10
		대 향 2 기 통 (180°)	0.50~0.60
		병 열 2 기 통	0.50~0.60
		입형(立形)3기통(240°)	0.30~0.95
		입 형 4 기 통 (180°)	0.10~0.33
		입 형 6 기 통 (120°)	0.09~0.29
		입 형 8 기 통 (90°)	0.08~0.27
	복동(複動) 기 관	단기통 기관	0.75~1.10
		2기통 병열형	0.10~0.33

형식			q
2사이클기관	단동기관	단 기 통(크 랭 크 각)	0.50~0.90
		입 형 2 기 통(180°)	~0.50
		입 형 3 기 통(120°)	~0.40
		입 형 4 기 통(90°)	~0.33
		입 형 6 기 통(60°)	~0.10
		입 형 8 기 통(45°)	~0.02
	복동 기관	단기통	0.10~0.50
증기기관	단 기 통 기 관		0.15~0.25
	단 형(單形) 복 식 기 관		0.15~0.25
	복식 기관(크랭크 각 90°)		0.05~0.08
	3 기 통 기 관		0.03

(2) 무게를 고려한 소비 에너지

플라이 휠의 무게를 $W = W_2 - W_1$ 로 놓을 때, 소비 에너지(qE)는 다음과 같다.

W_2 : 반지름, r_2인 원판의 무게(N)

W_1 : 반지름, r_1인 원판의 무게(N)일 때

$$qE = \frac{W({v_{max}}^2 - {v_{min}}^2)}{2g} \tag{17-71}$$

(3) 림의 중량

1 회전중의 출력 E에 대한 과대 또는 과소량을 qE로 할 때, $g = qE/E$이고, 기계 1회전 중의 전 에너지는 $E = (735H \times 60)/N$이므로, $qE = \frac{qH \times 44100}{N}$ 에서

$$W = \frac{432180\,qH_{PS}}{\delta {v_m}^2 N} = \frac{Ig}{{r_m}^2}\text{(단동 2사이클)} = \frac{2Ig}{{r_m}^2}\text{(단동 4사이클)} \tag{17-72}$$

로 되고, 이 식으로부터 플라이 휠의 림 중량을 결정할 수 있다.

(4) 각속도 변동 계수(coefficient of speed fluctuation : δ) **와 각속도**(ω)

$$\delta = \frac{\omega_1 - \omega_2}{\omega} \tag{17-73}$$

$$\omega = \frac{\omega_1 + \omega_2}{2}, \quad \omega_1 = \frac{2\pi N}{60}\ (\text{rad/s}) = \frac{2-\delta}{\delta+2}\,\omega_2 \tag{17-74}$$

위 식 (17−73)을 식 (17−70)에 대입하면 $qE=I\omega^2\delta$에서

$$I=\frac{qE}{\omega^2\delta} \tag{17-75}$$

$$\delta=\frac{qE}{\omega^2 I} \tag{17-76}$$

로 되고, 위 식에서 δ의 값은 작을수록 좋지만 그렇게 하려면 I의 값이 커야 되므로 플라이 휠의 치수와 무게가 커지게 된다. 그리고 δ의 값은 실용상 큰 지장이 없는 정도로 제한할 필요가 있는 데 일반적으로 표 17−7과 같은 값을 사용한다.

표 17−7. 기관의 종류에 의한 허용 각속도 변동 계수(δ)

종류	δ	종류	δ
공기 압축기, 왕복 펌프, 일반 공장 동력용 증기 기관	1/20~1/40	직결 직류 발전기, 운전용 내연 기관	1/100~1/150
제지 및 제분기	1/40~1/50	직결 교류 발전기, 운전용내연 기관	1/150~1/250
일반 공장 동력용 디젤 기관	1/20~1/70	공작 기계	1/35
벨트전동에 의한 직류 발전기, 운전용 디젤 기관	1/70~1/80	방직 기계	1/150~1/300
벨트 전동에 의한 압축기	1/60~1/75	왕복 펌프, 전단기	1/20~1/30

(5) 1사이클 중의 소비 에너지

그림 17−49에서 크랭크 축의 1사이클 중에 얻을 수 있는 에너지는 평균 토크 T_m일 때, 특수한 기계 이 외에는 일반적으로 1사이클 중에 기계가 발생 또는 소비하는 에너지(E)는 다음과 같다.

$$E=4\pi T_m \tag{17-77}$$

(6) 에너지 변동 계수(coefficient of energy fluctuation : q)

$$q=\frac{qE}{E} \tag{17-78}$$

위에서 E에 대한 변동에너지 qE의 비로 나타내면 표 17−6과 같다.

2. 관성 모멘트

식 (17−75)에서 I가 결정되면 이 값을 가진 플라이 휠의 크기를 결정하여야 한다. 물체의 관성 모멘트는 반지름의 제곱과 그 무게에 비례하므로 지름을 크게 하면 같은 관성 모멘트를 갖기 위해서 무게를 크게 줄일 수 있다. 그러나 플라이 휠은 원주 속도, 기계의 모양 및 크기에 의해서 많은 제한을 받는다.

그림 17－50의 플라이 휠 관성 모멘트($I_{1,}$ I_2, I_3)와 림부 관성 모멘트(I)는

I_1 : 림 부분의 관성 모멘트(N · m · s^2)

I_2 : 웨브 부분의 관성 모멘트(N · m · s^2)

I_3 : 보스 부분의 관성 모멘트(N · m · s^2)

I : 플라이 휠 전체의 관성 모멘트(N · m · s^2)

ρ : 플라이 휠 재료의 비중량(N/m^3)

W: 플라이 휠의 중량(N)

B_1 : 림의 나비(mm)

B_2 : 암의 나비(mm)

B_3 : 보스의 나비(mm)

r_1 : 림의 바깥 반지름(mm)

r_2 : 림의 안 반지름(mm)

r_3 : 보스의 바깥 반지름(mm)

r_4 : 보스의 안 반지름(mm)

r : 플라이 휠의 반지름(mm)일 때

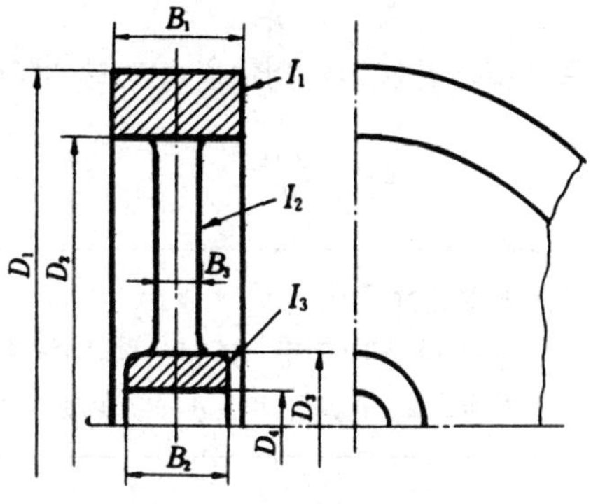

그림 17－50. 웨브형 플라이 휠

$$I=\frac{W}{g}r^2=\frac{\pi B_1\rho}{g}r^4(\text{단기통 2사이클})=\frac{\pi B_1\rho}{2g}r^4(\text{단기통 4사이클}) \tag{17-79}$$

$$\left.\begin{aligned} I_1&=\frac{\pi B_1\rho}{2g}(r_1{}^4-r_2{}^4)\\ I_2&=\frac{\pi B_2\rho}{2g}(r_2^4-r_3^4)\\ I_3&=\frac{\pi B_3\rho}{2g}(r-3^4-r_4^4)\end{aligned}\right\} \tag{17-80}$$

로 구하고, 위와 같은 관성 모멘트를 가진 플라이 휠을 사용하는 경우, 크랭크 축의 1사이클 중의 변형 에너지 qE를 구하기도 한다. 따라서, 플라이 휠 전체의 관성 모멘트 ($I_{\max}$)는 다음과 같이 구해진다.

$$I_{\max}=I_1+I_2+I_3 \tag{17-81}$$

실제의 플라이 휠에서 관성 모멘트를 계산하면 I_1이 대부분을 차지하고, I_3는 매우 작기 때문에 대개 무시한다. 또한 식 (17－70) 및 식 (17－73)과 식 (17－74)에서 다음과 같이 구할 수도 있다.

$$I=\frac{2E}{\omega_1{}^2-\omega_2{}^2}=\frac{qE}{\omega^2\delta} \tag{17-82}$$

3. 플라이 휠의 강도

플라이 휠 각부의 강도 계산은 1사이클 중의 최대 토크에 대하여 행한다. 그리고 휠은 중량이 크므로 회전 중에는 림 부분이 원심력에 의하여 원주 방향의 인장 응력을 받는다. 따라서 강도는 원심력에 의하여 생기는 인장 응력이 기준이 된다.

림 부분만이 회전할 때의 인장 응력(σ_t)은

$$\sigma_t = \frac{r^2\omega^2\rho}{g} \tag{17-83}$$

로 되고, 원심력의 영향을 고려할 때의 인장 응력(σ_t)은 다음과 같다.

$$\sigma_t = \frac{v^2\rho}{g} \tag{17-84}$$

＊ 설계상 주의
원주 방향의 인장 응력은 림의 두께나 반지름에는 무관하게 원주 속도에만 의하여 결정되는 데 일반적으로 주철일 때 $v=30$m/s 이하, 주강일 때 $v=70$ m/s 이하로 취한다.

예제 17 – 22 철판 전단에 40kN · m의 일을 필요로 하고, 축에 500rpm인 플라이 휠의 속도는 20% 저하된다고 할 때, 휠의 관성 모멘트를 구하여라.

Solution 전단 작업 전의 회전 속도는 $N=500$rpm이므로

$$\omega_1 = \frac{2\pi N_1}{60} = \frac{2\pi\times500}{60} = 52.4\,(\text{rad/s})$$

전단 작업 후의 회전 속도는 $N_2 = 500\times0.8 = 400$rpm이므로

$$\omega_2 = \frac{2\pi N_2}{60} = \frac{2\pi\times400}{60} = 41.9\,(\text{rad/s})$$

전단에 사용된 에너지 $E=40$kN · m이므로, 소요의 관성 모멘트는

$$\therefore\ I = \frac{2E}{{\omega_1}^2 - {\omega_2}^2} = \frac{2\times40\times10^3}{52.4^2 - 41.9^2} = 81\,(\text{N}\cdot\text{m}\cdot\text{s}^2)$$

예제 17 – 23 16PS인 단동 사이클 가솔린 기관의 회전수 480rpm이고, 폭발할 때, 에너지의 90%를 플라이 휠(반지름 40cm)에 저축하려 할 때, 다음을 구하여라. 단, 속도 변동률 1/40이다.

(1) 휠의 관성 모멘트(I) (2) 중량(W)

Solution (1) 1PS의 동력은 매분 735×60 = 44.1kN · m인 일량이고, 16PS는 44.1×16 = 705.6kN · m에 상당한다. 단기통 2사이클 기관에서 크랭크축에 1회의 폭발이 일어나므로, 1분간 폭발수는 480이고 1회 폭발할 경우 발생 열량은 705.6/480 = 1.47kN · m이다. 이 중에서 90%가 플라이 휠에 저축된다면

$$qE = 0.9\times1.47 = 1.32\,(\text{kN}\cdot\text{m})$$

플라이 휠의 평균 각속도(ω)는

$$\omega = \frac{2\pi N}{60} = \frac{2\pi\times480}{60} = 50.2\,(\text{rad/s})$$

$$\therefore\ I = \frac{qE}{\omega^2\delta} = \frac{1.32}{50.2^2\times(1/40)} = 0.02\,(\text{kN}\cdot\text{m}\cdot\text{s}^2)$$

(2) $W = \frac{Ig}{r^2} = \frac{0.02\times9.8}{(0.4)^2} = 1.225$ (kN)

제17장 연습문제

•논문형

1. 블록 브레이크의 조작력 공식을 종류별로 설명하여라.
2. 블록 브레이크와 밴드 브레이크의 자동 체결에 대하여 설명하여라.
3. 밴드 브레이크의 조작력 공식을 종류별로 설명하여라.
4. 플라이 휠의 속도 변동율을 설명하여라.
5. 플라이 휠의 에너지 변동 계수를 설명하여라.

•계산형

A. 블록 브레이크

17–1. 그림 17–51과 같이 블록 브레이크에서 $v = 7m/s$, 제동 토크 800N · cm일 때, 다음을 구하여라. 단, 블록의 면적 60cm^2, $\mu=0.25$이다.

(1) 레버에 가하는 힘(F) : (단, 좌, 우회전)

(2) 브레이크의 용량(μpv)

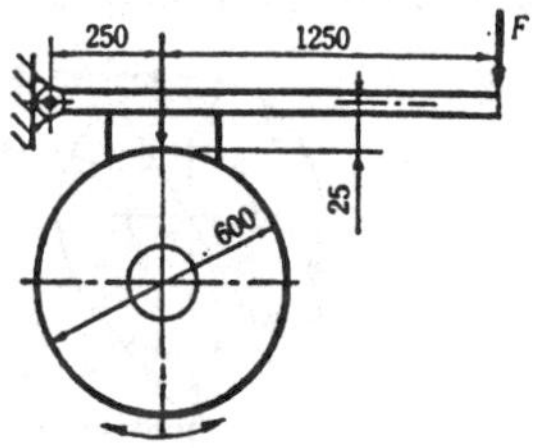

그림 17–51

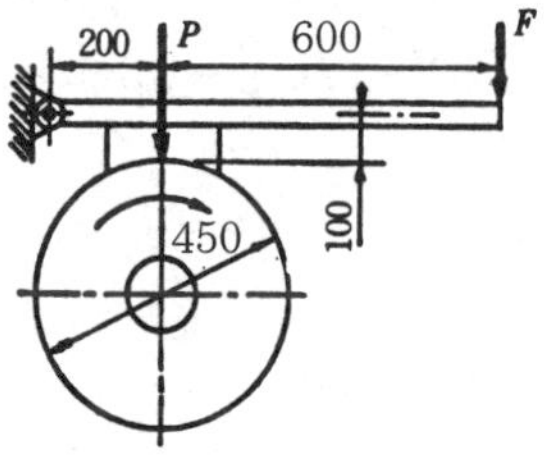

그림 17–52

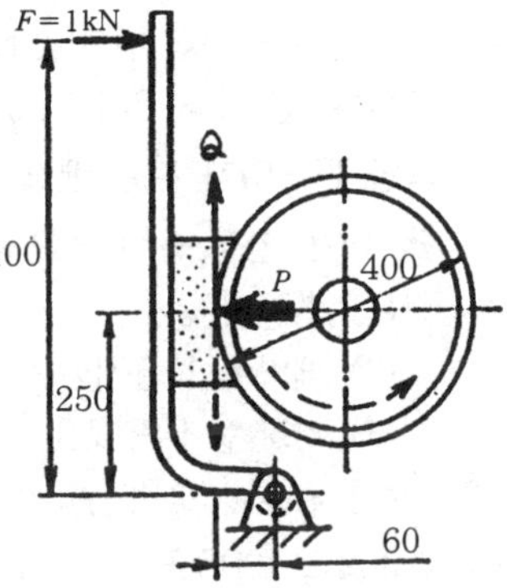

그림 17–53

17–2. 그림 17–52와 같이 블록 브레이크를 500rpm, 5kW를 전달하는 축에 설치할 때, 레버에 소요되는 힘을 구하여라. 단, μ = 0.2이다.

17–3. **그림** 17–53의 블록 브레이크에서 다음을 구하여라. 단, $\mu=0.45$이다.

(1) 블록에 가하는 힘(P) (2) 브레이크의 접촉 면적(A) : (단, 면압 3MPa)

(3) 블록의 길이(e) : (단, β = 60°)

(4) 블록의 나비(b)

17–4. 그림 17–54에서 300rpm으로 회전하는 블록브레이크에서 레버 조작력 200N일 때, 다음을 구하여라. 단, μ = 0.2이다.

(1) 제동력(Q)

(2) 제동 토크(T)

(3) 블록의 미는 힘(P)

(4) 제동 동력(kW)

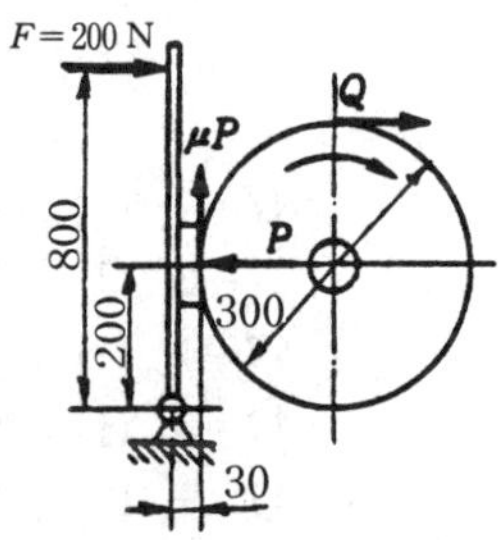

그림 17–54

B. 밴드 브레이크

17-5. 그림 17-55에서 200rpm, 7.5kW를 전달하는 밴드 브레이크의 다음을 구하여 라. 단, 밴드의 두께 1mm, $\mu = 0.25$이다.

(1) 레버의 길이(l)

(2) 밴드의 나비(B) : (단, 허용 응력 75N/mm^2)

(3) 좌회전할 때의 제동 토크(T)

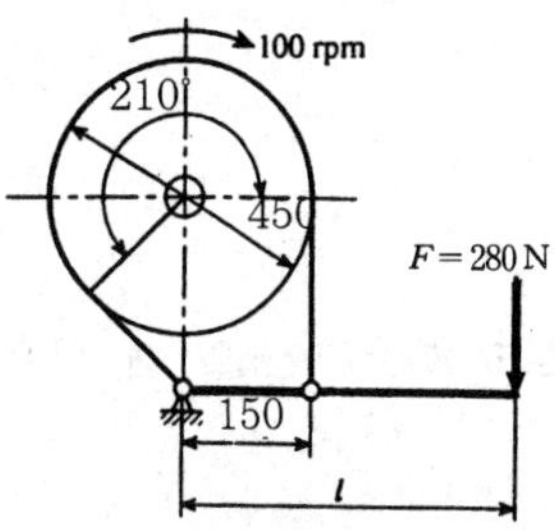

그림 17-55

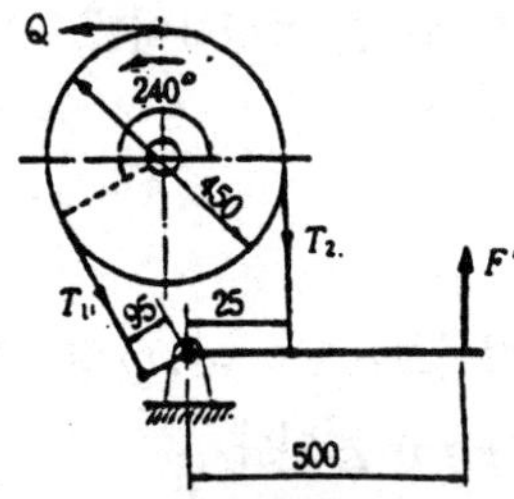

그림 17-56

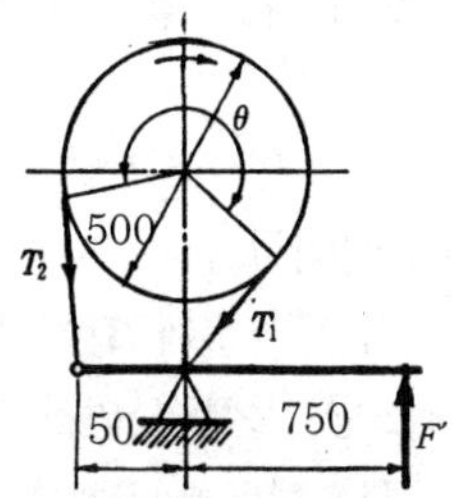

그림 17-57

17-6. 그림 17-56에서 밴드 브레이크 토크 80N·m, 드럼 지름 450mm일 때, 레버에 가하는 힘을 구하여라. 단, $\theta = 240°$, $\mu = 0.3$이다.

17-7. 그림 17-57과 같은 밴드 브레이크에서 축의 비틀림 모멘트 3000N·m일 때, 다음을 구하여라. 단, 허용 인장 응력 50N/mm^2, $e^{\mu\theta}$=3.5, μ=0.3이다.

(1) 회전력(Q)

(2) 레버에 작용시키는 힘(F')

(3) 긴장측 장력(T_1)

(4) 밴드의 나비(B) : (단, 두께 3mm)

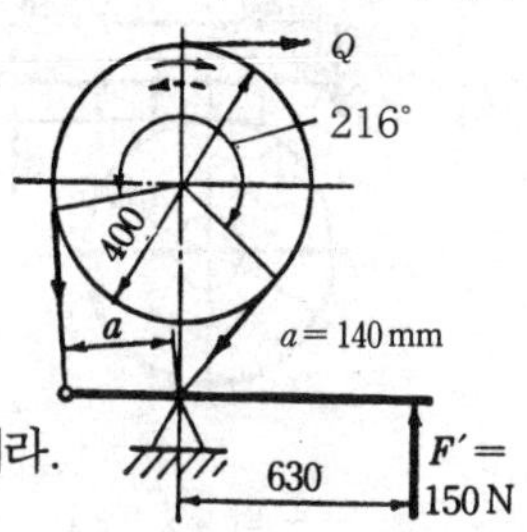

그림 17-58

17-8. 200rpm, 10PS을 전달하는 단동식 밴드 브레이크에서 다음을 구하여라. 단, D= 400 mm, θ= 240°, μ=0.2이다.

(1) 제동력(Q) (2) 장력비($e^{\mu\theta}$)

(3) 긴장측과 이완측 장력(T_1, T_2)

17-9. 그림 17-58과 같은 밴드 브레이크에서 400rpm, 5.2kW를 전달할 때, 다음을 구하여라. 단, 밴드의 두께 1mm, 허용 응력 75MPa, μ = 0.3이다.

(1) 레버의 길이(l)

(2) 밴드의 나비(B)

(3) 좌회전일 때, 제동 마력(kW)

Answer

17-1. (1) 18.3N(우), 17.4N(좌) (2) 3.12N·m/cm^2·s 17-2. 583.5N

17-3. (1) 4490N (2) 1496.6mm^2 (3) 200mm (4) 7.5mm

17-4. (1) 160N (2) 24N·m (3) 777N (4) 0.75kW

17-5. (1) 670mm (2) 33.3mm (3) 169N·m 17-6. 2.14N

17-7. (1) 12kN (2) 319N (3) 16.8kN (4) 112mm

17-8. (1) 1755N (2) 2.3 (3) T_1=3105N, T_2=1350N (4) 1350mm

17-9. (1) 275.3mm (2) 12.2mm (3) 11.9kW

제18장 스프링(spring)

탄성체가 가진 특성과 기능을 이용하여 주로 에너지를 흡수, 축적시키기 위하여 사용되는 기계 요소를 스프링[용수철(龍鬚鐵 : spring)]이라 한다. 스프링은 탄성이 큰 재료로 만들어지며, 하중의 작용에 따라 변형한다.

18-1 일반 사항

1. 특 성

(1) 일반적으로 하중을 받으면 하중에 따른 만큼 변위를 하게 되고, 그 일을 탄성 에너지로 흡수, 축적하는 특성을 가진다.
(2) 제작비가 염가이고, 특히 전용기를 사용하면 아주 저렴하게 된다.
(3) 기능이 정확 유효하고, 경량 소형으로 제조할 수 있다.
(4) 기본 특성에서 동적인 고유 진동을 가지고, 복원성을 이용하여 충격 완화하거나 진동을 방지한다.

2. 기 능

스프링은 하중이 가해지면 큰 변형을 일으켜서 큰 탄성 에너지를 저장하고, 하중을 제거하면 저장된 에너지를 방출하는 기능을 가지고 있다.

(1) 정적(靜的)인 기능

① **하중의 규정, 조정, 복원(復原)** : 저울, 안전 밸브 스프링, 브르돈관 압력계의 스프링 와셔, 조속기(調速機)의 스프링, 계기용 스프링, 밸브 스프링, 스위치의 스프링 등
② **축적 에너지 이용** : 시계 태엽, 계기 모터 스프링, 축음기, 총포의 격심 스프링

(2) 동적(動的)인 기능

① **복원성의 이용** : 내연 기관의 밸브 스프링, 조속기용 스프링, 안전 밸브 스프링, 계측기용 스프링 등
② **진동 완화의 이용** : 차량용 현가(懸架) 스프링, 동적 댐퍼(dynamic damper)

3. 스프링의 용도

(1) 진동 및 충격 에너지 흡수(예 전차, 자동차 등의 대차, 연결기의 완충 스프링).
(2) 에너지를 저축하는 동력원(예 시계, 촬영기의 태엽 스프링).
(3) 복원하려는 성질을 이용한 힘의 부여(예 안전 밸브의 스프링 와셔, 밸브 스프링).
(4) 선형 스프링의 특성을 이용한 힘의 측정(예 스프링 저울의 스프링).

4. 스프링의 종류

(1) 모양에 따라(그림 18−1)

① 코일 스프링(원통형, 원뿔형, 드럼형, 장고형)
② 겹판 스프링(leaf spring)
③ 벌류트 스프링(죽순 스프링)
④ 링 스프링(ring spring)
⑤ 태엽 스프링(spiral spring)
⑥ 접시 스프링(disk spring)
⑦ 와셔 스프링(Washer spring)
⑧ 스냅 스프링(snap spring)
⑨ 지그재그 스프링(zigzag spring)
⑩ 토션 바(torsion bar)
⑪ 비틀림 코일 스프링(torsion spring)
⑫ 선세공(線細工) 스프링

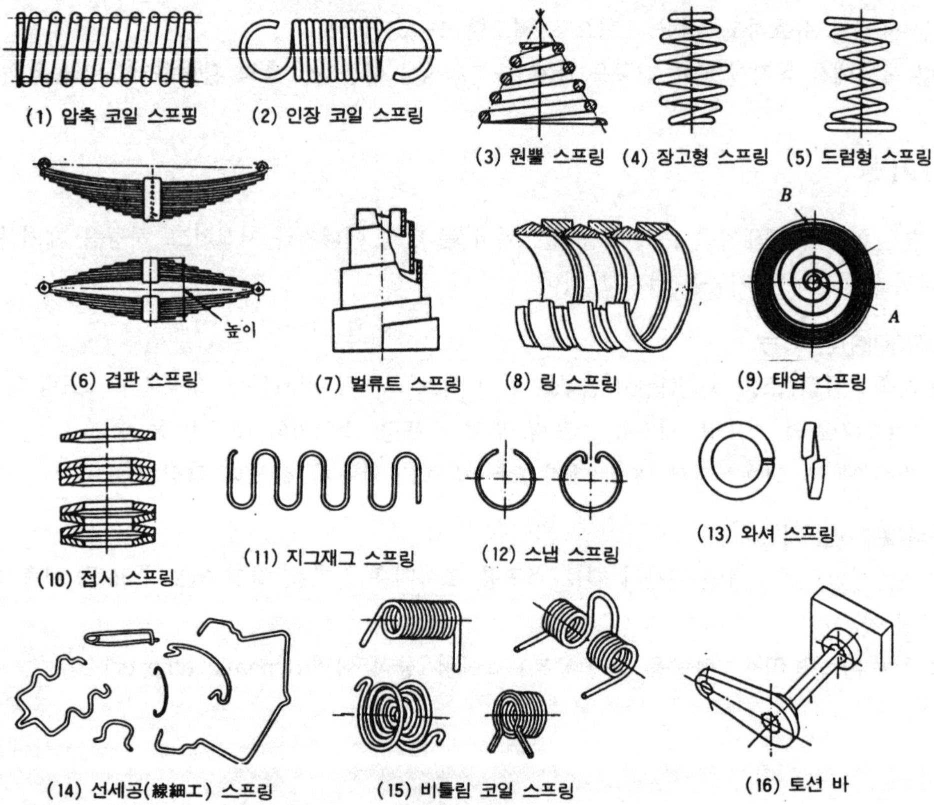

그림 18−1. 모양에 의한 스프링의 종류

(2) 재료에 따라

① **금속 스프링** : 강철 스프링(탄소강, 합금강), 비철 스프링(동합금, 인청동, 황동)

② **비금속 스프링** : 고무, 나무, 합성 수지, 유리, 섬유 강화 복합 재료(FRP) 등

③ **유체 스프링** : 공기, 물, 기름 등

(3) 단면에 따라

① 원형
② 정4각형
③ 직4각형
④ 사다리꼴
⑤ 타원형

(4) 응력에 따라

① **비틀림 응력** : 인장 스프링, 압축 스프링, 토션 바, 벌류트 스프링, 스프링 와셔

② **굽힘 응력** : 판 스프링, 겹판 스프링, 토션 바, 스파이럴 스프링, 접시 스프링 등

③ **인장, 압축 응력** : 링 스프링 등

④ **조합 응력** : 휨 코일 스프링, 가로 하중을 받는 코일 스프링 등

(5) 성형에 따라

① **열간(熱間) 성형 스프링** : 압축 또는 인장 스프링 중, 원형 단면으로 열간에서 성형하는 원통형 코일 스프링을 말한다. 이것은 KS B 2402에 규격화되어 있다.

② **냉간(冷間) 성형 스프링** : 압축 또는 인장 스프링 중 원형 단면으로 성형 후, 저온 어닐링을 하거나, 냉간에서 성형한 원통형 코일 스프링을 말한다. 이것은 KS B 2403에 규격화되어 있다.

(6) 하중에 따라

① 압축 스프링(compression spring)
② 인장 스프링(tension spring)
③ 토션 바 스프링(torsion bar spring)
④ 굽힘을 받는 스프링

(7) 용도에 따라

① **완충 스프링**(butter spring) : 진동, 충격 에너지 등의 흡수, 감쇠(減衰)를 목적으로 한 것.

② **가압 스프링** : 항상 압력을 거는 목적에 사용하는 것.

③ **측정용 스프링** : 힘의 측정을 주로 하는 것.

④ **동력 스프링** : 축적한 에너지를 원동력으로 쓰는 것.

(8) 특성의 이용에 따라

① **하중의 규정, 조정, 복원** : 저울, 안전 밸브 스프링, 부르돈관 압력계의 스프링 와셔, 조속기(調速機)의 스프링, 계기용 스프링, 밸브 스프링, 스위치의 스프링

② **축적 에너지의 이용** : 시계, 계기용 모터의 파워 스프링, 총포의 압력용 스프링

③ **충격의 완화** : 차량의 연결기, 승강기의 완충 스프링

④ **스프링의 진동** : 등시성(等時性 : 전류 주파계의 리드), 진동의 완화 흡수[차량용 현가 스프링(suspension spring), 동적(動的) 뎀퍼(dynamic damper)]

(9) 기 타

① **접시 스프링**(disk spring) : 원판을 원뿔형으로 성형하고 상하 방향에 하중이 작용하도록 되어 있다[그림 18−1 (j)]. 이것은 KS B 2404에 규격화되어 있다. **종류**는 경하중용(L)과 중하중용(H)이 있고, 조합에 따라 병열, 직열, 직병열 혼합형이 있다. **용도**는 와셔, 클러치 스프링, 프레스의 완충 장치용, 높은 반력(대 포 등의 압력)에 사용된다.

② **스파이럴 스프링**(spiral springs) : 단면이 일정한 얇은 평강판 또는 띠강판을 나선형[와권상(渦卷狀)]으로 감은 것[그림 18−1 (i)]으로서, **태엽 스프링**이라고도 한다. 한정된 공간에 감은 면이 서로 접촉되어 있는 것을 태엽이라 한다. **용도**는 시계의 태엽, 장난감 및 축음기 등의 원동력용 스프링 등에 사용된다.

③ **링 스프링**(ring spring) : 원형으로 축방향에 하중이 작용하면 경사면의 작용에 의해 외륜은 팽창하여 인장을 받고 내륜은 좁아서 압축을 받는 것이다[그림 18−1 (h)]. **용도**는 감쇠력이 있어서 철도 차량의 연결기 완충용 등에 사용된다.

④ **비틀림 스프링**(torsion spring) : 코일 양 끝 또는 중간에 암을 만들어 축선의 둘레에 비틀림 모멘트를 받는 스프링이다[그림 18−1 (o)]. **용도**는 주로 소형으로 일용품, 가정용 전기 제품, 힌지(hinge), 자동차의 출발기 등에 사용된다.

⑤ **벌류트 스프링**(volute spring) : 길이가 긴 단면의 평강을 긴 변이 코일의 중심선이 평행하게 원뿔형 또는 죽순(竹筍)모양으로 감은 것이다[그림 18−1 (g)].
용도는 압축용으로 오토바이 차체 완충용, 펌프 밸브 운동 제어 등에 사용된다.

⑥ **토션 바**(torsion bar) : 봉재를 비틀림으로 스프링 작용을 하는 것으로, **특성**은 큰 에너지를 저축할 수 있고, 경량이며, 스프링 특성과 이론 값이 잘 일치한다. **단점**은 부착부의 가공이 복잡하다.

5. 스프링의 용어(그림 18−2∼18−4 참조, KS B 0103에 수록)

(1) 소선(素線)의 지름 : 코일 스프링의 지름을 말한다.

(2) 피치(pitch) : 인접한 소선의 중심 거리를 말한다.

(3) 자유 높이(길이) : 무부하(무하중) 상태에서의 높이(또는 길이)를 말한다.

(4) 밀착 높이(길이) : 부하(하중)를 걸었을 때의 높이(또는 길이)를 말한다.

(5) 스프링 정수 : 스프링의 단위 변형을 주는 데 필요한 하중을 말한다.

(6) 스프링 특성 : 스프링에 가해지는 하중과 이에 생기는 변형과의 관계를 말한다.

(7) 자리 감김과 방향 : 압축 스프링이 작용하지 않는 끝 부분을 자리 감김이라 하고, 감김 방향에 따라 오른쪽 감김과 왼쪽 감김이 있다.

(8) 총 감김수 : 코일의 끝에서 끝까지의 감김수를 말한다.

(9) 유효 감김수 : 코일의 끝에서 끝까지의 감김수인 총 감김수에서 양 끝의 자리 감김수를 뺀 나머지를 말한다.

(10) 자유 감김수 : 무부하일 때 소선이 서로 접하지 않는 부분의 감김수를 말한다.

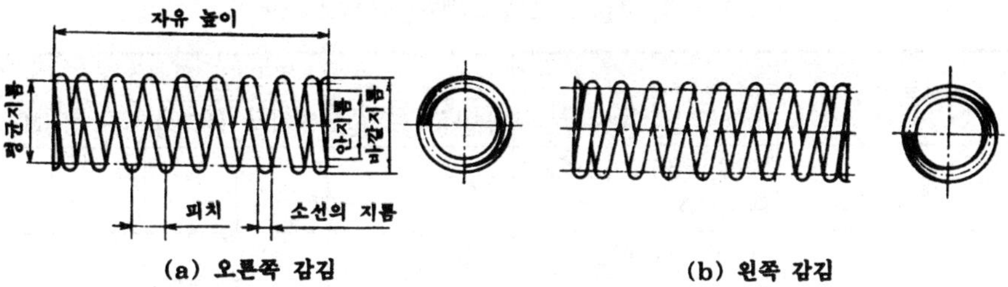

그림 18-2. 스프링의 감김 방향

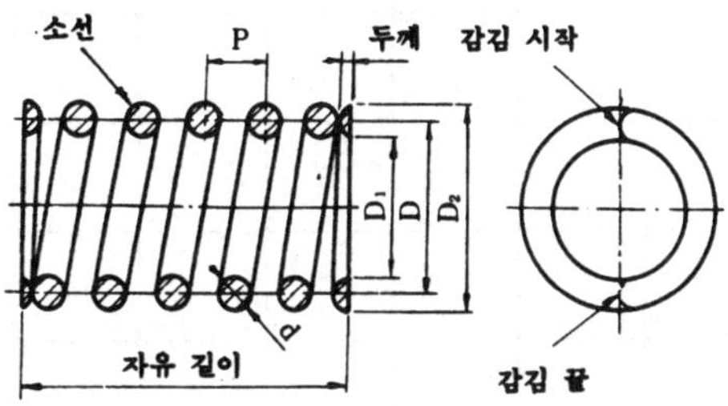

그림 18-3. 각부 명칭

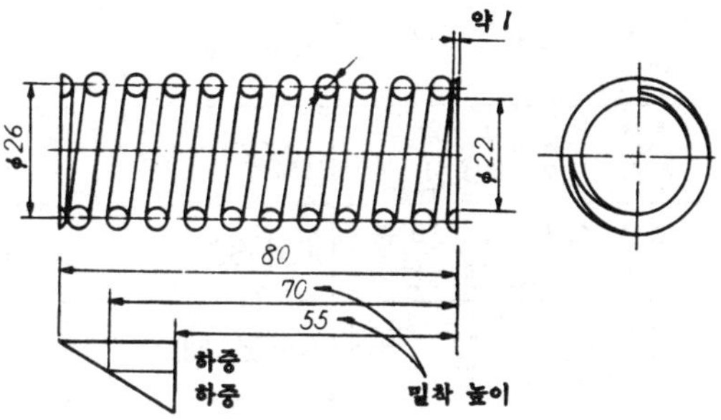

그림 18-4. 하중에 따른 높이

6. 스프링 재료

보통 사용되는 일반용 강재로는 탄소강, Si강, Mn강, Si-Mn강, SI-Cr강, Cr-Mn강, Cr-V강, Cr-Mo강 등이 있고, 특수용 강재로는 청동, 인청동, 스테인리스강, 액체, 고무 등이 있다. 그리고 성형에 따라 열간 성형 스프링(스프링 강재)과 냉간 성형 스프링의 종류는 표 18-1을 참조한다.

(1) 분류에 따른 종류

① **탄성 한도와 피로 한도가 높으며, 충격에 잘 견디는 재료** : 스프링 강(SPS) 등

② **스프링용 강선** : 피아노 선재(PWR), 합금강선 등

③ **부식을 피할 수 있는 재료** : 피아노선(PW), 인청동선(PSR), 스프링용 인청동 판(PBSS), 황동선(BsW) 등

④ **고온 특수용** : 스테인리스강(STS), 고속도강(SKH), 스프링용 양백판(NSSS)

⑤ **비금속 재료** : 고무(방진용), 합성 수지(저하중용), 동합금(황동, 인청동), 니켈 합금, 섬유 강화 복합 재료(FRP), 액체, 고무 등

(2) 재료의 구비 조건

① 가공이 쉬운 재료로서 부식에 강하고, 열처리가 쉬어야 한다.

② 피로 강도와 파괴 인성값이 높아야 한다.

③ 높은 응력에 견딜 수 있고, 영구 변형이 없어야 한다.

KS B 2406에 압축과 인장 코일 스프링에 대한 재료가 규정되어 있다(표 18-1).

표 18-1. 코일 스프링의 재료(KS B 2406)

KS D	종류	기호	용도(참고)						비고
			일반용	도전성	비자성	내열성	내식성	내피로	
3701	스프링 강재	SPS 4,6,7,9,10 SPS 9A, 11A	○						열간 성형
3510	경강선	HSW 2, HSW 3	○						
3556	피아노 선	PW	○					○	냉간 성형
3579	스프링용 탄소강 오일 템퍼선	SWO	○						
3580	밸브 스프링용 오일 템퍼선	SWO-V						○	
3581	밸브 스프링용, 바나듐강, 오일 템퍼선	SWOCV-V				○		○	
3582	밸브 스프링용 실리콘 크롬강 오일 템퍼선	SWOSC-V				○		○	
-	스프링용 실리콘 망간강, 오일 템퍼선	SWOSM(1)	○						
3535	스프링용 스테인리스 강선	STS 302, 304 316, STS 631J1	○			○	○		
5103	황동선	C2600W-H C2600W-EH C2700W-H C2700W-EH		○	○		○		
5513	양백선	C7521W-H C7541W-H		○	○		○		
5102	인청동선	C510W-H C519W -H		○	○		○		
-	베릴륨 강선	C1720W-H		○	○		○		

비고 도전성(導電性), 비자성(非磁性), 내열성(耐熱性), 내식성(耐蝕性), 내피로(耐疲勞)

7. 스프링 서징

코일 스프링에 번동 히중을 줄 때 하중의 주기(週期 . period)가 소선의 고유 진동수 보다 훨신 떨어져 있게 되면 스프링은 균일하게 신축하며, 소선의 피치도 균일하게 된다. 그러나 외력의 주기가 고유 진동수에 가까워지면 소선은 공진(共振 : resonance)을 일으켜 균일하게 신축을 하던 스프링 피치가 불균일하게 되어 피로 파손을 일으킨다. 이와 같이 외력에 의하여 소선이 공진을 일으켜 소선 서로가 이상 운동을 일으키는 것을 **서징**(surging)이라 하며, 그 **방지 대책**은 다음과 같다.

(1) 외력의 주기와 스프링 고유 진동수와의 공진을 피한다.

(2) 스프링 소선의 고유 진동수에 비하여 외력의 주기를 될 수록 작게 한다.

(3) 스프링에 가진(加振)하는 캠의 형상을 가능한 완만하게 한다.

(4) 스프링의 고유 진동수 폭을 다르게 한다[사용 예 : 이중(二重) 스프링, 부등(不等) 피치 스프링, 원뿔 스프링 사용]

8. 판 스프링

(1) 단판 스프링(그림 18－5 참조)

① **단형 단면 스프링** : 1개의 단형 단면으로 된 판으로 비교적 작은 힘이 가해지는 곳에 사용되며, 종류에는 한쪽 지지형(외팔보형)과 양쪽 지지형이 있다[그림 (a)].

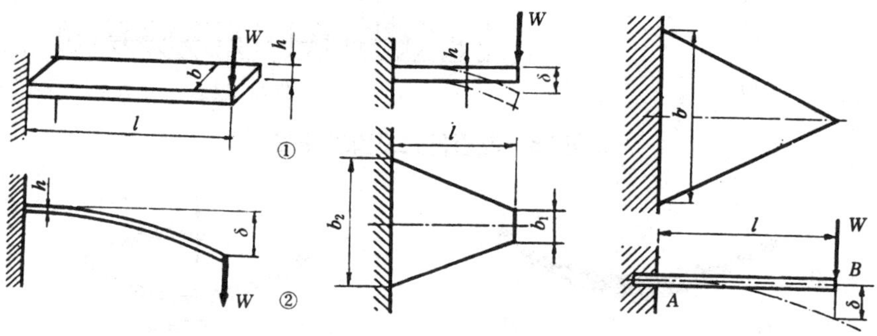

(a) 단형 다판 (b) 사다니꼴 단판 (c) 삼각판

그림 18－5. 판 스프링

② **사다리꼴 단판 스프링** : 사다리꼴형 단판으로 된 스프링이다[그림 (b)].

③ **삼각판 스프링** : 외팔보의 두께를 일정하게 하고 나비를 변화시켜서 균일 강도의 보로 생각할 때 2등변 3각형의 강판 스프링을 말한다[그림 (c)].
그림 18－5 (c) ②와 같이 몇 장으로 분할하여 겹치면 같은 효과를 갖는 균일 강도 보가 된다. 이것을 **겹판 스프링**(laminated spring)이라 하고, 그림 (b)와 같은 스프링을 외팔보형 겹판 스프링이라 한다.

(2) 겹판 스프링

동일한 얇은 판을 같은 나비로 좁고, 길이가 다른 얇은 긴 판자를 여러장 겹쳐서 밴드로 고정시킨 것을 겹판 스프링(leaf spring)이라 한다(그림 18－6).

① **특성**

㉮. 자동차와 철도 차량 현가용 겹판 스프링의 경우, 차체의 구조가 간략화 된다.

㉯ 스프링 판자 사이의 마찰은 스프링이 진동 했을 때 감쇠력으로 작용한다.

㉰ 감쇠력 크기가 적당하면 현가용으로 특성이 좋다.

㉱ 스프링 판자 하나의 손실에 대한 교환이 간편하다.

② **구조** : 그림 18－6과 같이 여러 장의 판은 **밴드**(band) 또는 U볼트로 죄어서 고정시키고, **스팬**(span : 스프링 귀의 중심 거리), 귀(spring eye : 하중을 지지하기 위한 양 끝을 둥글게 감은 부분), **온길이 판**(스팬 이상의 길이를 갖는 판), 모판(母板 : 가장 긴 위 판), **준모판**(둘째 판), **자판**(子板 : 모판과 준 모 판을 제외한 나머지 판)으로 구성되어 있다.

③ **용도** : 주로 자동차의 현가(懸架) 장치로 많이 사용된다.

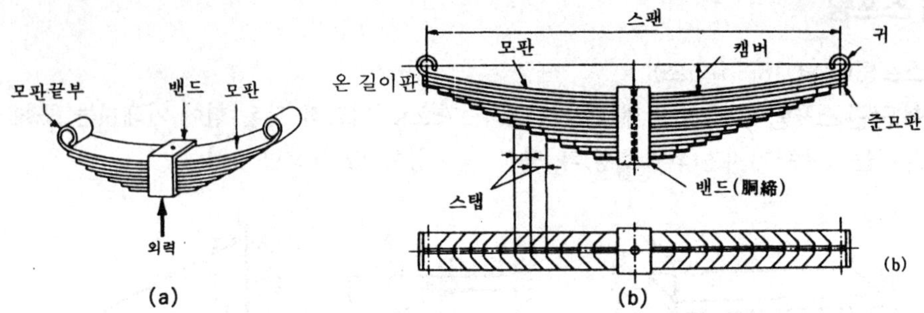

그림 18－6. 겹판 스프링의 구조

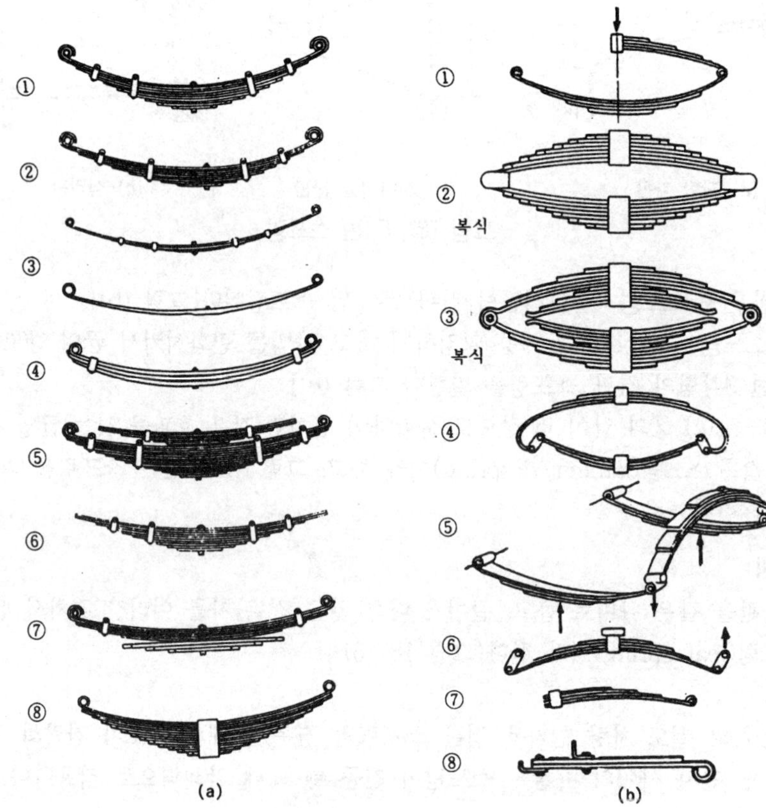

그림 18－7. 겹판 스프링의 종류

④ 종류(그림 18－7)

a. **반 타원식** : 1조의 겹판 스프링을 사용한 것이다[그림 (a)와 (b) ①].

b. **타원식** : 2조의 겹판 스프링을 사용한 것이다[그림 (b) ②, ③].

c. **1/4 타원식** : 반 타원의 스프링에 대한 일종이다[그림 (b) ⑧].

⑤ **표면 처리** : 겹판 스프링의 표면 경화로 피로 한도를 높이기 위하여 숏 피닝 (shot peening)을 실시한다.

18-2 스프링의 설계

1. 코일 스프링

(1) 스프링 상수

① 일반 스프링 : 그림 18−9(a)와 같이 하중 W가 작용할 경우, 변형이 δ일 때, 하중과 변형(처짐)의 관계는 그림 (b)와 같이 스프링 특성에 따라 다르다. 이 때에 스프링 상수(spring constant : k)와 단위 변위에 필요한 하중(W)은 다음과 같이 나타낸다.

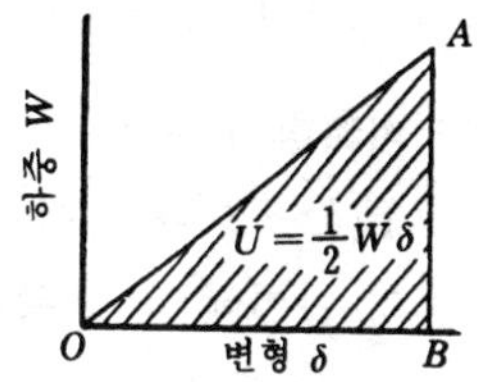

그림 18−8

$$k=\frac{\text{하중(N)}}{\text{처짐 (mm)}}=\frac{W}{\delta}\text{(N/mm)} \qquad (18-1)$$

$$W=k\delta \qquad (18-2)$$

위 식에서 k는 힘과 변형의 비례 정수이다.

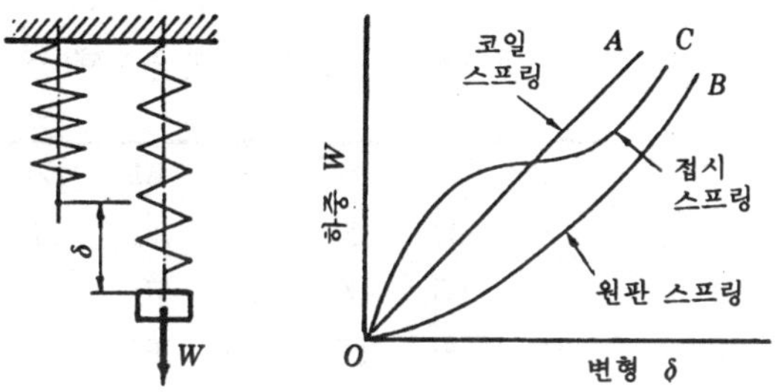

그림 18−9. 스프링의 특성

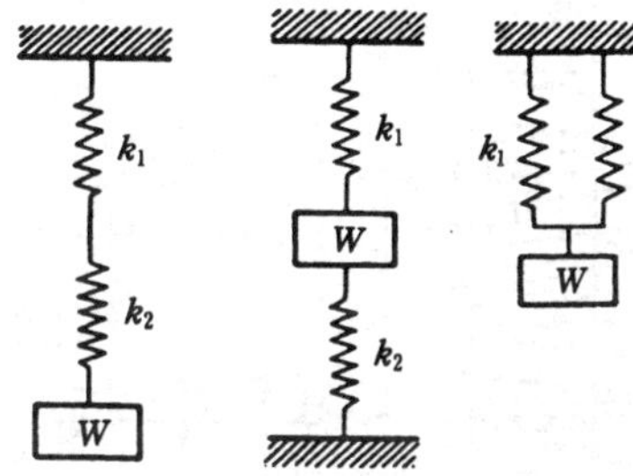

그림 18−10. 조합 스프링

② 조합 스프링 : 그림 18−10과 같이 몇 개의 스프링을 조합시켜 1개의 스프링 으로는 얻을 수 없는 특성을 줄 수 있는 조합 방식으로 직렬과 병렬이 있다.
그림에서 스프링 상수 k, 각각 스프링 상수를 k_1, k_2, $k_3\cdots$ 2일 때, 직렬 스프링 상수는 $1/k=1/k_1+1/k_2+1/k_3\cdots$ 로서 스프링 상수(k)는 다음과 같다.

$$\left.\begin{aligned} k&=\frac{1}{1/k_1+1/k_2+1/k_3\cdots} \quad \text{(직렬)} \\ &=k_1+k_2+k_3+\cdots \quad \text{(병렬)} \end{aligned}\right\} \qquad (18-3)$$

(2) 탄성 에너지 : 스프링 재료의 탄성 한도내 응력이 생기도록 재료에 하중을 가하여 변형을 일으키면 이 때에 소비된 에너지는 변형된 재료 내에 축적된다. 그림 18−8과 같이 하중(W)에 의하여 행해져 변형된 일량 U(N · mm)는 스프링 내부에 탄성 에너지 (elastic energy)로 흡수되어 그 크기는 다음과 같이 나타낸다.

$$U=\frac{1}{2}W\delta=\frac{1}{2}k\delta^2 \qquad (18-4)$$

(3) 스프링 특성

그림 18−9 (b)에서 작용 하중(W)과 변형(δ)의 크기가 비례할 때 즉, 직선 OA 와 같이 W와 δ가 정비례할 때를 선형 스프링, 비례하지 않을 때 즉, OB, OC와 같이 곡선이 되는 특성을 비선형(非線形) 스프링(밸브 스프링, 현가 스프링, 접시 스프링 등)이라 한다. 또한 OB의 특성을 지닌 스프링을 하드 스프링(hard spring), OC의 특성을 지닌 스프링을 소프트 스프링(soft spring)이라 한다. 이와 같이 하중과 하중에 따르는 변형과의 관계를 스프링 특성이라 한다.

(4) 비틀림 모멘트

그림 18−1·과 같이 스프링은 피치각 θ 만큼 경사져 있으나 θ가 매우 작으므로 무시하며, 스프링 소선의 단면에 축 하중(W)이 작용할 때 다음과 같이 된다.

W : 축 하중(N), D : 코일의 평균 지름(mm)(표 18−2)($D \fallingdotseq 8d$)

d : 소선의 지름(mm)(표 18−3), R : 코일의 평균 반지름(mm)일 때

$$T = WR = W\frac{D}{2} \qquad (18-5)$$

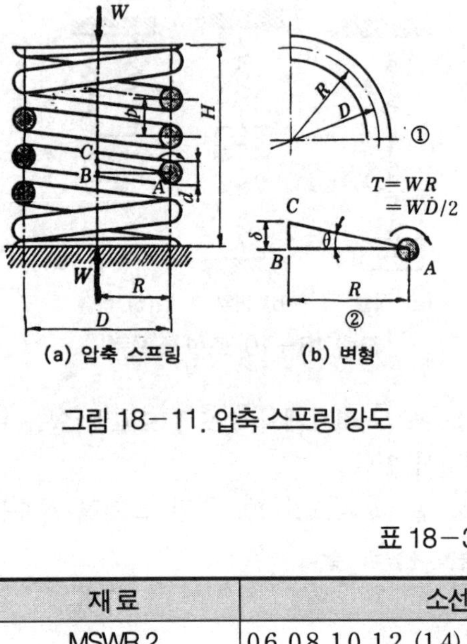

그림 18−11. 압축 스프링 강도

표 18−2. 스프링의 평균 지름(D)

(단위 : mm)

4	5	6	8	10	12	14
16	20	25	30	35	40	45
50	55	60	65	70	75	80
85	90	95	100	105	110	120
130	140	150	160	170	180	
190	200	220	240	260	280	
300	320	340	360			

표 18−3. 스프링 소선의 지름(d)

재 료	소선의 지름(mm) [( )는 될 수록 사용하지 않는다.]
MSWR 2	0.6 0.8 1.0 1.2 (1.4) 1.6 (1.8) 2.0 (2.3) 2.6 2.9 3.2 3.5 4.0 4.5 5.0 5.5 6.0
MSWR 3 PBW	0.6 0.8 1.0 1.2 (1.4) 1.6 (1.8) 2.0 (2.3) 2.6 2.9 3.2 3.5 4.0 4.5 5.0 5.5 6.0 (6.5) 7.0 8.0 9.0 10.0 11.0
SPS 4, 6, 8	6 8 9 10 12 13 14 16 18 19 20 22 24 25 26 28 30 32 34 36 38 40 42 44 46 48 50

(5) 스프링의 응력

① 전단 응력 : 소선 내에 생기는 전단 응력 τ는 스프링 재료의 탄성 한도 내에서

$T = WR = \frac{\pi}{16} d^3 \tau_a$ 이므로, 스프링 단면에 작용하는 평균 전단 응력(τ_a)은

$$\tau_a = \frac{16WR}{\pi d^3} = \frac{8WD}{\pi d^3} = \frac{8CW}{\pi d^2} = \frac{8C^3 W}{\pi D^2} \qquad (18-6)$$

로 된다. 위 식에서 $\frac{D}{d} = \frac{2R}{d} = C$ 이고, C를 스프링 지수(指數)라 한다.

＊ 설계상 주의
위 식은 스프링 1개를 곧은 선재로 보고 계산 하였으나 실제는 원형이므로 스프링의 단면에 작용하는 평균 전단 응력이 구하여지나 실제의 응력 은 이 값보다 크기 때문에 최대 전단 응력(τ_{max})으로 구해야 된다.

② **최대 전단 응력** : 그림 18－12와 같이 스프링의 내, 외측에서 볼 때 내측은 짧고, 외측은 길게 되어 있으므로 내부의 응력 분포는 내측이외측보다 크게 된다. 그러므로 피로 파손이 내측에서 발생하므로 스프링의 단면에는 평균 전단 응력 이외에 직접적인 전단력, 코일 방향의 압축력 및 굽힘 응력 등이 작용하여 그림 18－12 (b)와 같이 복잡한 응력의 분포 상태가 된다.

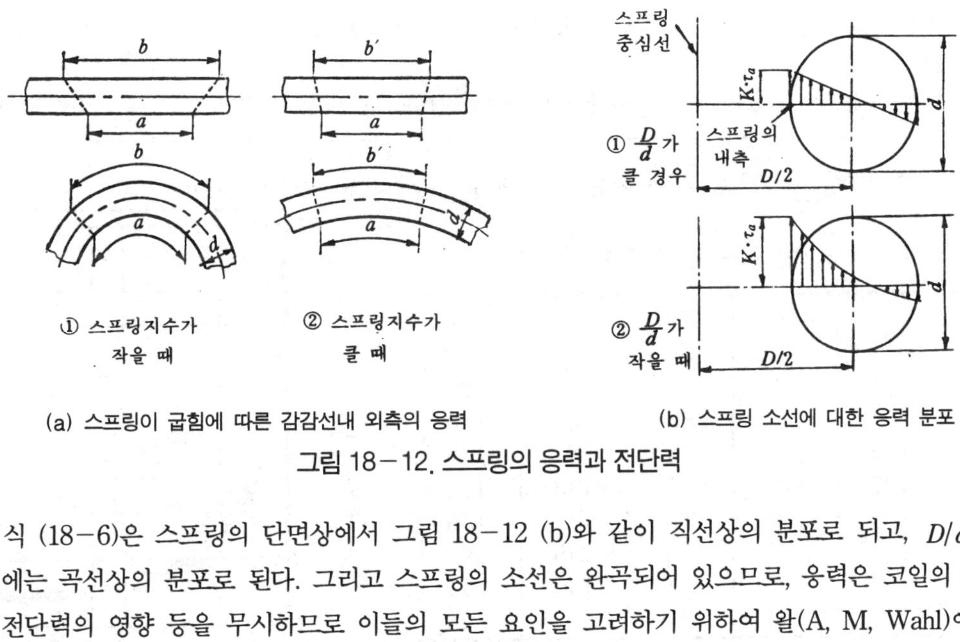

(a) 스프링이 굽힘에 따른 감감선내 외측의 응력　　(b) 스프링 소선에 대한 응력 분포

그림 18－12. 스프링의 응력과 전단력

위 식 (18－6)은 스프링의 단면상에서 그림 18－12 (b)와 같이 직선상의 분포로 되고, D/d가 작을 때에는 곡선상의 분포로 된다. 그리고 스프링의 소선은 완곡되어 있으므로, 응력은 코일의 곡률과 직접 전단력의 영향 등을 무시하므로 이들의 모든 요인을 고려하기 위하여 왈(A, M, Wahl)에 의해 도입된 보정 계수 K를 곱하여 **최대 전단 응력**(τ_{max})은 다음과 같이 보정한다.

$$\tau = \tau_{max} = K\tau_a = K\frac{16RW}{\pi d^3} = K\frac{8WD}{\pi d^3} = K\frac{8CW}{\pi d^2} = K\frac{8C^3 W}{\pi D^2} \qquad (18-7)$$

위 식에서 K를 **응력 수정 계수** 또는 **왈**(Wahl's)의 **보정 계수**라고도 하며, 스프링 지수 C만의 함수(函數)이다.

위 식에서 응력 수정 계수 K는 다음과 같이 구한다.

$$K = \frac{4C-1}{4C-4} + \frac{0.615}{C} \quad ① \\ = \frac{C}{C-1} + \frac{1}{4C} \quad ② \qquad (18-8)$$

위 식 ①은 왈(Wahl)의 수정식이고, ②는 로버(Rover)의 식이다.

＊ 설계상 주의

① 스프링에서 평균 지름 $D=2R$ 에 비하여 소선의 지름 d 가 크게되면, 굵은 소재를 작은 지름에 감는 것이 되므로 제작할 때 파손이 생기가 쉽다.

② C 의 값은 스프링의 실제 계산에 있어서 이론적인 계산식을 수정하여 사용하는 경우에 고려하지 않으면 안 되는 중요한 값이다.

③ 단위 체적당에 흡수되는 에너지를 크게 하려면 좋은 재료를 사용하여 τ 를 크게 취하고, 또 K 를 작게 즉, $C=D/d=2R/d$ 를 크게 할 필요가 있다.

④ C 값이 작으면 K 는 무시할 수 없고, 스프링 제작할 때 곤란 하므로, $D/d=4$ 이상으로 하는 것이 보통이며, 일반적으로 $C=4\sim15$ 범위로 취한다.

⑤ K 의 값은 표 18－4와 같이 C 의 값이 작게 됨에 따라 갑작스럽게 크게 되므로 굵은 소재를 작은 지름에 감는 것은 전단응력을 크게 하는 효과가 되므로 C 를 너무 작게 하지 않는 것이 좋다.

⑥ K 의 값은 C 의 값이 크기에 따라 1에 가까워지므로, $C>12$ 로 되면 $K=1$ 로 계산해도 좋다.

표 18－4와 그림 18－13은 C 에 따른 수정 계수 K 의 값을 나타낸 것이다.

표 18－4. 스프링 지수 C 에 대한 K 의 값

D/d D/a	K	K'	D/d D/a	K	K'
2.0	2.0	1.8	6.0	1.24	1.22
2.5	1.70	1.63	6.5	1.22	1.20
3.0	1.58	1.50	7.0	1.20	1.19
3.5	1.47	1.40	7.5	1.18	1.18
4.0	1.39	1.34	8.0	1.17	1.16
4.5	1.34	1.29	9.0	1.15	1.15
5.0	1.30	1.26	10.0	1.14	1.14
5.5	1.27	1.24	11.0	1.12	1.12

비고 K : 원형 단면 K′ : 4각 단면(a : 일변의 길이)

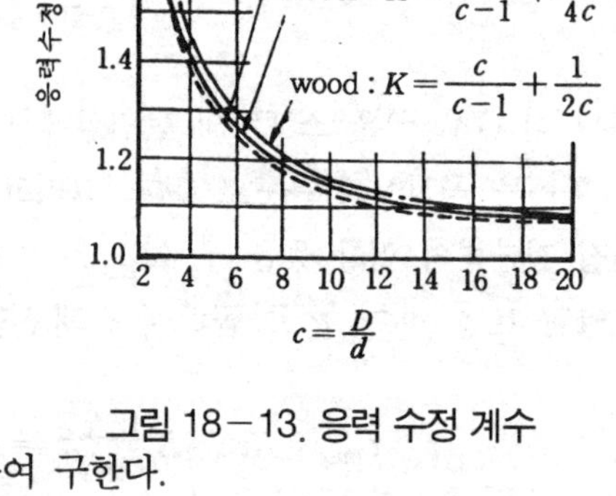

그림 18－13. 응력 수정 계수

③ 설계 허용 응력

a. **정하중을 받는 스프링** : 이것은 식 (18－7)에 의하여 구한다.

가. **압축 스프링** : 허용할 수 있는 최대 응력은 그림 18－14에 따르고, 그림상 응력은 설계상 최대 응력을 나타내는 것으로, 밀착 응력은 이 값을 초과하지 않는 것이 바람직하며, 시험 응력은 이 값을 초과해서는 안 된다. 상용 응력을 고려할 때의 최대 값은 그림의 표시값에 80% 이하로 취하는 것이 좋다.

나. **인장 스프링** : 허용할 수 있는 최대 응력은 그림 18−14의 표시값의 80% 로 한다. 따라서 상용 응력을 고려할 때는 최대값을 그 값의 80%(그림값의 64%)로 하는 것이 좋다.

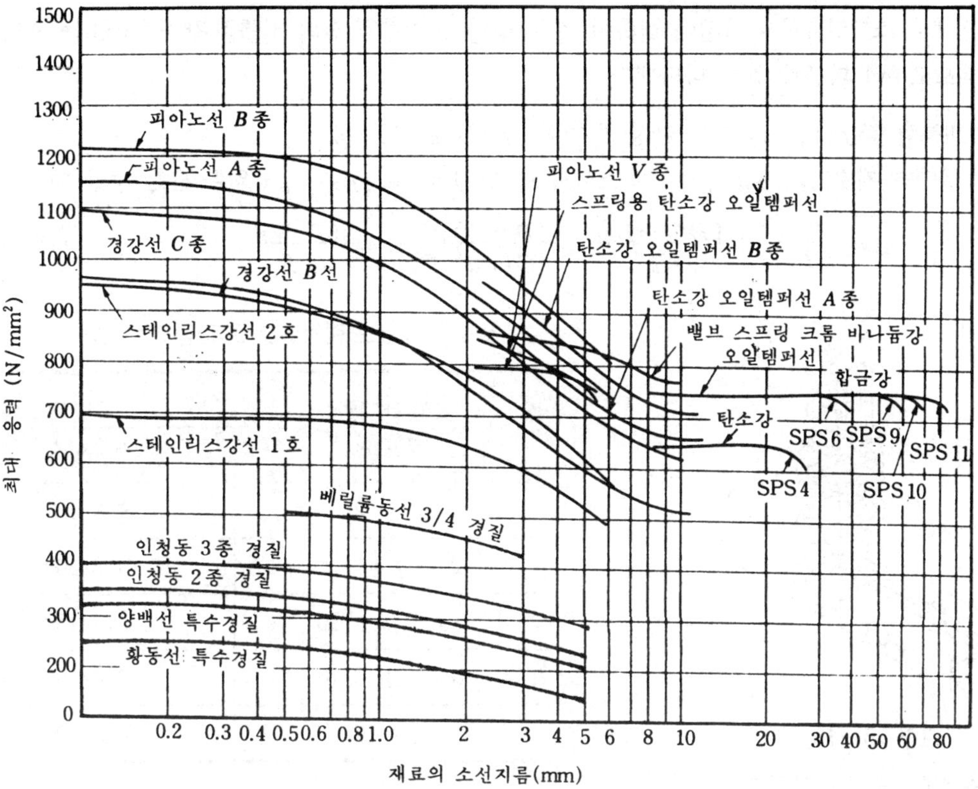

그림 18−14. 정하중에 대한 허용 응력

b. **동하중을 받는 스프링** : 피로 한도 선도를 구하여 안전한 평균 응력, 응력 진폭을 정하여야 한다. 그리고 표면 상태 등 피로 강도에 미치는 영향을 고려하여 정하중보다 낮게 취하여야 한다.

여기에서 표면 상태가 양호한 양진 비틀림 피로 한도 τ_{f1}, 반복 비틀림 한도 (τ_{f2})는 인장 강도 σ_e라 할 때, 다음의 범위에 있다.

$$\left.\begin{aligned}\tau_{f1} &= (0.22 \sim 0.37)\sigma_e \\ \tau_{f2} &= (0.83 \sim 0.93)\tau_{f1}\end{aligned}\right\} \qquad (18-9)$$

c. **반복 하중을 받는 스프링** : 허용 비틀림 응력은 공진에 의한 과대한 응력과 피로를 고려하여 경하중의 응력보다 낮은 값 중에서 적합한 것을 선택한다.

(6) 스프링의 처짐

그림 18−15와 같이 스프링의 변위 δ, 응력 τ의 관계는 스프링의 길이 l, 지름 d인 환봉에 비틀림 모멘트(T)가 작용된 상태와 기본적으로 같게 된다.

그림에서 스프링 1회의 감김에 대하여 $T=DW/2$ 에 의한 소선의 비틀림 각 θ (rad)는 재료 역학의 공식으로부터 다음과 같이 나타낸다.

θ : 비틀림 각(rad), G : 가로 탄성 계수(표 18−5, 표 18−6)

I_P : 극단면 계수($I_p=\pi d^4/32$), l : 소선의 유효 길이($l=\pi Dn$), n : 유효 감김 수일 때

$$\theta=\frac{Tl}{GI_p}=\frac{(WD/2)\pi Dn}{GI_p}=\frac{(DW/2)\pi Dn}{G(\pi d^4/32)}=\frac{16D^2Wn}{Gd^4} \qquad (18-10)$$

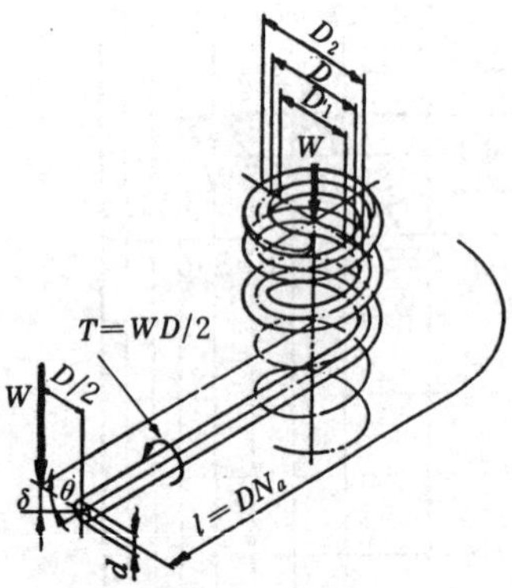

그림 18−15. 압축 스프링의 하중과 굽힘

표 18−5. 스프링강의 가로 탄성 계수(G)

소선의 지름 d (mm)	G N/mm^2
$d \leqq 2$	82.3×103
$2 < d \leqq 5.5$	80.3×103
$5.5 < d \leqq 10$	78.4×103
$10 < d \leqq 16$	75.4×103
$d < 16$	73.5×103

표 18−6. 스프링용 금속의 탄성 계수(KS B 2406)

재료		세로 탄성 계수(E)		가로 탄성 계수(G)		재료 지름 (mm)
		GPa	N/mm^2	GPa	N/mm^2	
스프링 강 강재	SPS 4~10	206	21×104	78	78×103	0.08~12.0
경 강 선	HSW					0.08~10.0
피 아 노 선	PW					0.08~6.0
오 일 템 퍼 선	SWO					2.0~6.0
스 테 인 리 스 강 선	STS 302	186	19×104	69	69×103	0.08~12.0
	STS 304					
	STS 316					
	STS 631 J1	196	20×104	74	74×103	
황 동 선	BsW	98	10×104	39	39×103	0.5~12.0
양 백 선	NSWS	108	11×104	39	39×103	
인 청 동	PBW	98	10×104	42	42×103	
베 릴 륨 동 선	BeCuW	127	13×104	44	44×103	

그림 18−11 (b)에서 $\delta = R\theta = R\dfrac{16D^2Wn}{Gd^4}$이 되어, 스프링의 처짐($\delta$)은

$$\delta = \frac{8nD^3W}{Gd^4} = \frac{64nR^3W}{Gd^4} = \frac{8nC^3W}{Gd} = \frac{8nC^4W}{GD} \tag{18-11}$$

로 된다. 위 식에서 가로 탄성 계수 G의 값은 소선의 지름 범위에 따라 표 18−5에서 취하고, 또 스프링의 재료에 따라서 표 18−6에서 취하기도 한다.

> **＊ 설계상 주의**
> 스프링 처짐은 소선의 지름과 스프링 평균 지름이 영향을 주므로, 부식에 의하여 치수가 감소되면 스프링 상수가 변하므로 방식(防蝕) 처리한다.

(7) 소선의 지름

하중(W)과 전단 응력(τ)을 고려할 때에는 식 (18−7)에서

$$d = \sqrt[3]{K\frac{8WD}{\pi\tau_a}} = \sqrt{K\frac{8CW}{\pi\tau_a}} = \sqrt{K\frac{64W}{\pi\tau_a}} \tag{18-12}$$

로 되고, 처짐(δ)과 감김수(n)를 고려할 때는 식 (18−11)에서 다음과 같이 된다.

$$d = \sqrt[4]{\frac{8nD^3W}{G\delta}} = \frac{8nC^3W}{G\delta} \tag{18-13}$$

(8) 스프링 상수

스프링 상수(또는 정수)는 식 (18−1)과 같이 $k = w/\delta$에서 식 (18−11)에 δ를 대입하여 상수 k를 결정하면 스프링의 지름 제곱이므로, 다음과 같이 구한다.

$$k = \frac{W}{\delta} = \frac{Gd^4}{8D^3n} = \frac{Gd}{8nC^3} = \frac{GD}{8nC^4} = \frac{Gd^4}{64nR^3} \tag{18-14}$$

(9) 스프링 감김수

① **자리 감김수(x_1, x_2)** : 스프링에서 자리 감김(end turn)은 스프링으로서의 기능을 발휘하지 못하는 부분을 말하며, **무효 감김수**라고도 한다(그림 18−16 참조).

이것은 작용된 하중과 이로 인하여 생긴 처짐과의 비례 관계의 정확을 요구하는 것에는 그림 18−16 (b), ①, ②, 완충용에는 그림 ③을 사용하는 것이 좋다.

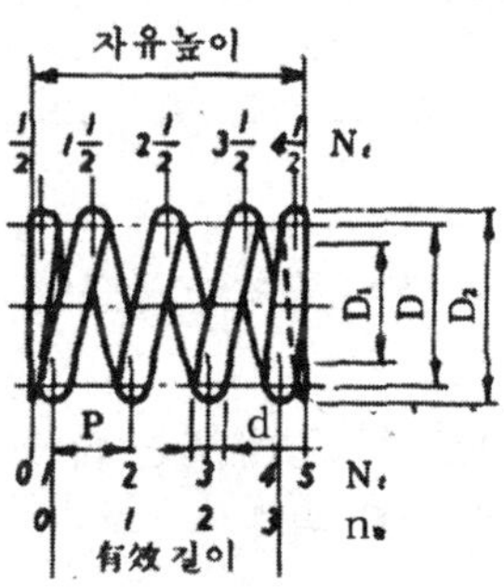

(a) 감김수

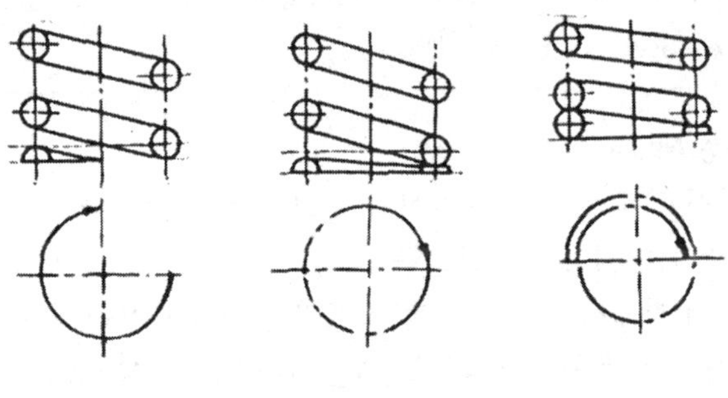

① $\frac{3}{4}$ 감길 ② 1감김 ③ $1\frac{1}{2}$ 감김

(b) 자리모양의 종류

그림 18−16. 압축 스프링의 감김과 자리 모양

② **총 감김수**(N_t) : 스프링의 끝에서 끝까지의 감김수(자리 감김수와 유효 감김수 를 더한 것)로서 다음과 같이 나타낸다.

N_t : 총 감김수, n : 유효 감김수, x_1, x_2 : 코일 양끝부의 자리 감김수일 때

$$N_t = n + (x_1 + x_2) \tag{18-15}$$

위 식에서 스프링 선단만이 다음의 자유 코일에 접할 때, $x_1 = x_2 = 1$, 스프링 선단이 다음의 코일에 접하지 않고, 연삭부의 길이가 3/4감김일 때 $x_1 = x_2 = 0.75$ 로 각각 취한다.

③ **유효 감김수**(number of active coils : n) : 스프링으로서의 기능을 발휘할 수 있는 부분으로 자리 감김수를 제외한 나머지 부분으로서 다음과 같다.

$$n = N_t - (x_1 + x_2)(\text{압축 스프링}) = N_t(\text{인장 스프링}) \tag{18-16}$$

위 식에서 유효 감김수(n)는 일반적으로 3 이상으로 취하는 것이 좋다. 또한, 식 (18-11)에서 유효 감김수(n)는 다음과 같이 구할 수 있다.

$$n = \frac{Gd^4\delta}{64R^3W} = \frac{Gd^4\delta}{8D^3W} = \frac{Gd\delta}{8C^3W} = \frac{GD\delta}{8C^4W} \tag{18-17}$$

(10) 스프링의 높이

① **밀착 높이**(H_s) : 스프링에 하중을 가했을 때의 높이를 말하며, 코일 양끝부의 두께의 합을 x 라 할 때, 다음과 같이 구한다.

$$H_s = (N_t - 1)d + x \tag{18-18}$$

② **자유 높이**(H) : 스프링에 하주d을 가하지 않았을 때의 높이를 말한다.

$$H = H_s + \delta = [(N_t - 1)d + x] + \delta \tag{18-19}$$

위 식에서 압축 스프링 자유 높이(H)와 평균 반지름(D)의 비 H/D 를 **종횡비** (縱橫比 : slenderness ratio)라 한다.

> *** 설계상 주의**
> 종횡비가 크게 되면 스프링은 좌굴(座屈 : buckling)을 일으켜, 스프링이 구부러질 염려가 있으므로, $H/D = 0.8 \sim 4$ 정도로 한다.

(11) 변형 에너지

스프링이 하중에 따라 이루어지는 일 또는 스프링에 대한 탄성 에너지의 흡수와 방출에 따라 스프링에 저축되는 에너지를 말한다.

스프링에 가해진 하중이 선형 스프링에 대하여 행하여진 일량(U)은 스프링에 받는 하중(W)과 소선의 지름(d) 등을 고려할 때, **변형 에너지**(U : N · mm)는 다음과 같이 된다.

$$U = \frac{W\delta}{2} = \frac{4nD^3W^2}{Gd^4} = \frac{32nR^3W^2}{Gd^4} = \frac{V\tau^2}{4K^2G} \tag{18-20}$$

(12) 소선의 체적(부피)

스프링 소선의 유효 길이가 차지하는 체적(부피) 즉, 스프링의 재료에 대한 부피는 다음과 같다.

$$V = AL = \frac{\pi}{4} d^2 \times 2\pi R n = \frac{\pi}{4} d^2 \pi D n \tag{18-21}$$

(13) 스프링의 설계 도표

스프링의 하중(W), 처짐(δ), 평균 지름(D_m) 및 전단 응력(τ)이 주어지고, 유효 감김수(n)와 소선의 지름(d)을 구하는 방법으로는 다음의 식으로 계산하여 구한 후 그림 18－17을 이용한다.

① 그림 18－17에서 KC^3을 구하기 위하여 식 (18－7)에 식 (19－6)과 $d=D/C$를 대입하면

$$KC^3 = \frac{\pi D^2 \tau}{8W} \tag{18-22}$$

로 되고, 위 식에서 KC^3을 산출하여 얻은 값으로 그림 18－18을 사용하여 C^4 과 C의 값을 구한 후 C에 의하여 소선의 지름 $d=D/C$에 구한다.

② 스프링의 유효 감김수(n)는 식 (18－11)에 $d=D/C$를 대입하면

$$n = \frac{GD\delta}{8C^4 W} \tag{18-23}$$

로 된다. 이 식에 그림 18－17에서 구한 C^4의 값을 대입하여 유효 감김수를 구 할 수 있다.

③ 위 식에서 $d,\ n$을 구하려고 해도 사용할 수 있는 식은 2개 밖에 없으므로 풀이는 한번에 결정할 수 없다. 그러나 실제로는 D에 대한 제약이 있는 경우가 많다. 이 경우 그림 18－17의 도표를 사용하여 계산한다.

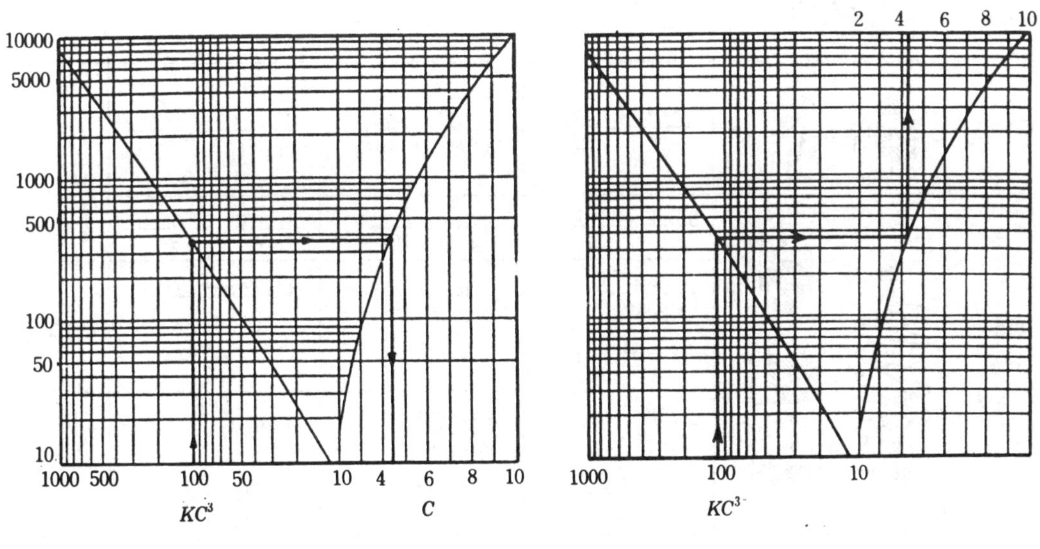

그림 18－17. KC^3에서 C^4 또는 C^3에서 C $\left(\text{또는 } \frac{1}{C}\right)$을 구하는 곡선

표 18-7. 각종 스프링의 계산식

σ : 굽힘 응력(N/mm²), τ : 전단응력(N/mm²), G, E : 가로 탄성 및 세로 탄성 계수(N/mm²)
N : 스프링의 매수 또는 스프링의 감김수, l : 소선의 길이 또는 스팬(mm), δ : 굽힘(mm)
n : 코일 스프링의 유효 감김수, d : 소선의 지름(mm), h : 판 또는 와이어의 두께(mm)
U : 스프링 재료의 단위의 체적 당 저축 에너지(N・mm/mm²), R : 하중의 암의 길이(mm)
b : 판의 나비(mm), 계수 : k_1, k_2, k_3의 값은 표 18-8 참조, r, r_1, r_2 : 소선의 반지름(mm)

종류	모양	최대 응력(σ, τ)	하중(W)	처짐(δ)	에너지 U
평판 스프링	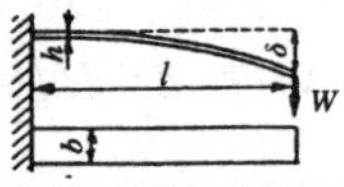	$\frac{6lW}{bh^2} = \frac{3hE\delta}{2l^2}$	$\frac{bh^3E\delta}{4l^3} = \frac{bh^2\sigma}{6l}$	$\frac{4l^3W}{bh^3E} = \frac{2l^2\sigma}{3hE}$	$\frac{\sigma^2}{18E}$
	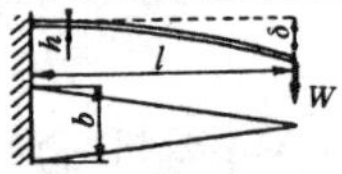	$\frac{6lW}{bh^2} = \frac{hE\delta}{l^2}$	$\frac{bh^3E\delta}{6l^3} = \frac{bh^2\sigma}{6l}$	$\frac{6l^3W}{bh^3E} = \frac{l^2\sigma}{hE}$	
겹판 스프링	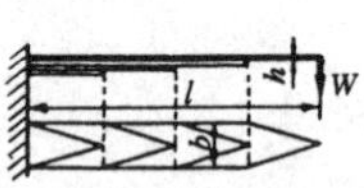	$\frac{6lW}{nbh^2} = \frac{hE\delta}{l^2}$	$\frac{nbh^3E\delta}{6l^3} = \frac{nbh^2\sigma}{6l}$	$\frac{6l^3W}{nbh^3E} = \frac{l^2\sigma}{hE}$	
비틀림코일 스프링	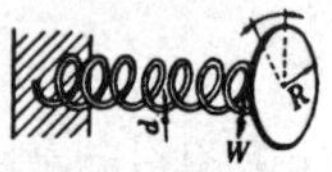	$\frac{32RW}{\pi d^3} = \frac{dE^{\delta}}{2lR}$	$\frac{\pi d^4E\delta}{64lR^2} = \frac{\pi d^3\sigma}{32R}$	$\frac{64lR^2W}{\pi d^4E} = \frac{2lR\sigma}{dE}$	$\frac{\sigma^2}{8E}$
	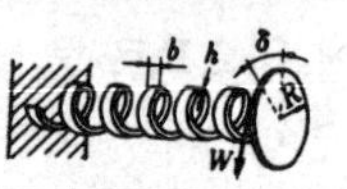	$\frac{6RW}{bh^2} = \frac{hE\delta}{2lR}$	$\frac{bh^3E\delta}{12lR^2} = \frac{bh^2\sigma}{6R}$	$\frac{12lR^2W}{bh^3E} = \frac{2lR\sigma}{hE}$	$\frac{\sigma^2}{6E}$
태엽 스프링	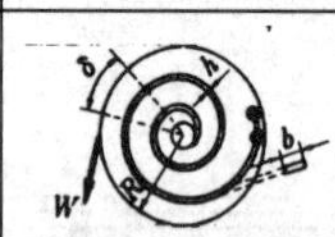				
토션바	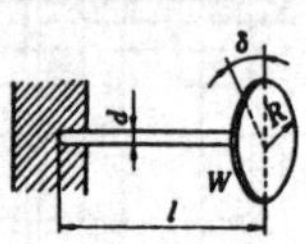	$\frac{16RW}{\pi d^2} = \frac{dG\delta}{2lR}$	$\frac{\pi d^4G\delta}{32lR^2} = \frac{\pi d^3\tau}{16R}$	$\frac{32lR^2W}{\pi d^4G} = \frac{2lR^2\tau}{dG}$	$\frac{\tau^2}{4G}$
원통 코일 스프링	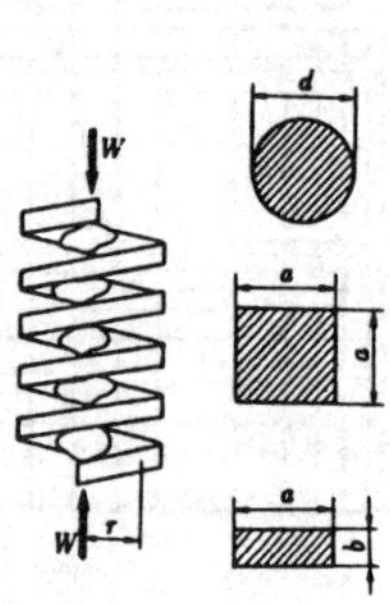	$\frac{16rW}{\pi d^3} = \frac{dG\delta}{n4\pi r^2}$	$\frac{d^4G\delta}{64nr^3} = \frac{\pi d^3\tau}{16r}$	$\frac{64nrW}{d^4G} = \frac{4\pi nr^2\tau}{dG}$	
		$\frac{rW}{0.2082a^2} = \frac{aG\delta}{2096\pi nr^2}$	$\frac{a^4G\delta}{14.23\pi nr^3} = \frac{0.2082a^3\tau}{r}$	$\frac{14.23\pi nr^3W}{a^4G} = \frac{2.96\pi Nr^2\tau}{aG}$	$0.154\frac{\tau^2}{G}$
		$\frac{rW}{k_1ab^2} = \frac{k_2bG\delta}{2\pi k_1nr^2}$	$\frac{k_1ab^3G\delta}{2\pi nr^3} = \frac{k_1ab^2\tau}{r}$	$\frac{2\pi nr^3W}{k_2ab^3G} = \frac{2\pi K_1nr^2\tau}{k_2bG}$	$\frac{k_2\tau^2}{G}$

원뿔 코일 스프링	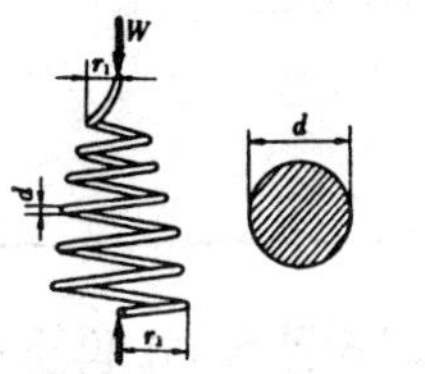	$\frac{16r_2W}{\pi d^2} = r_2dG\delta/\pi n\cdot(r_1+r_2)\cdot(r_1^2+r_2^2)$	$d^4G^\delta/16n\cdot(r_1+r_2)\cdot(r_1^2+r_2^2) = \frac{\pi d^3\tau}{16r_2}$	$16n(r_1+r_2)\cdot(r_1^2+r_2^2)W/a^4G = \pi n(r_1+r_2)\cdot(r_1^2+r_2^2)\tau/r_2dG$	$\frac{r_1^2+r_2^2}{8r_2^2}\cdot\frac{\tau^2}{G}$
벌류트 코일 스프링	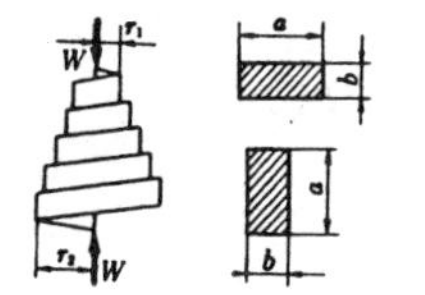	$r_2W/k_1db^2 = 2k_2bGr_2\delta/\pi k_1n(r_1+r_2)\cdot(r_1^2+r_2^2)$	$2k_2ab^3G\delta/\pi n\cdot(r_1+r_2)\cdot(r_1^2+r_2^2) = \frac{k_1ab^2\tau}{r_2}$	$\pi n(r_1+r_2)\cdot(r_1^2+r_2^2)W/2k_2ab^2G = \pi k_1n(r_1+r_2)\cdot(r_1^2+r_2^2)\tau/2k_2bGr_2$	$\frac{k_3(r_1^2+r_2^2)}{2r_2^2}\cdot\frac{\tau^2}{G}$

표 18－8. 단형(短形) 단면의 비틀림 공식에 있어서 k_1, k_2, k_3의 값

a/b	k_1	k_2	k_3	a/b	k_1	k_2	k_3
1.0	0.2082	0.1406	0.1541	2.5	0.2576	0.2094	0.1330
1.1	0.2140	0.1540	0.1487	3.0	0.2672	0.2633	0.1356
1.2	0.2189	0.1661	0.1443	3.5	0.2752	0.2733	0.1385
1.3	0.2234	0.1771	0.1409	4.0	0.2817	0.2808	0.1413
14.	0.2273	0.1869	0.1383	5.0	0.2915	0.2913	0.1458
1.5	0.2310	0.1958	0.1363	6.0	0.2984	0.2983	0.1492
1.6	0.2343	0.2037	0.1348	7.0	0.3033	0.3033	0.1517
1.7	0.2375	0.2108	0.1337	8.0	0.3071	0.3071	0.1535
1.8	0.2404	0.2174	0.1329	9.0	0.3100	0.3100	0.1550
1.9	0.2427	0.2231	0.1324	10.0	0.3123	0.323	0.1562
2.0	0.2459	0.2287	0.1322	∞	0.3333	0.3333	0.1667

④ 위 식에서 먼저 KC^3를 구하고, 그림 18－17의 세로축에 그 값에 대응하는 점을 취하여 그림의 화살표 방향과 같이 C^4와 C의 값을 발견하여 얻어진 C^4와 C의 값을 각각 $n = \frac{GD\delta}{8C^4W}$와 $d = \frac{D}{C}$에 대입하면 n과 d값을 구할 수 있다.

예제 18－1 어떤 스프링 장치에서 처짐 5mm일 때, 다음을 구하여라. 단, $k_1 =$ 0.7N/mm, $k_2 =$ 0.8N/mm이다.

(1) 직렬일 때, 스프링 상수(k)와 하중(W)
(2) 병렬일 때, 스프링 상수(k)와 하중(W)

Solution

(1) ① $k = \frac{1}{1/k_1 + 1/k_2} = \frac{1}{1/0.7 + 1/0.8} = 0.37$(N/mm)

② $W = k\delta = 0.37 \times 5 = 1.85$(N)

(2) ① $k = k_1 + k_2 = 0.8 + 0.7 = 1.5$(N/mm)

② $W = k\delta = 1.5 \times 5 = 7.5$(N)

예제 18-2 하중 100N을 받는 압축 코일 스프링의 처짐 10mm, 소선의 지름 5mm, 평균 지름 40mm일 때, 다음을 구하여라. 단, G=82GPa이다.

(1) 유효 감김수(n)　　　(2) 전단 응력(τ_a)

Solution

(1) $n = \dfrac{Gd^4\delta}{8D^3W} = \dfrac{82\times10^3\times5^4\times10}{8\times40^3\times100} = 10$(감김)

(2) $C = D/d = 40/5 = 8$이므로

$$K = \frac{4C-1}{4C-4} + \frac{0.615}{C} = \frac{4\times8-1}{4\times8-4} + \frac{0.615}{8} = 1.18$$

$$\therefore \tau_a = K\frac{8WD}{\pi d^3} = 1.18\times\frac{8\times100\times40}{\pi\times5^3} = 95\text{(MPa)}$$

예제18-3 증기압 100N/cm²을 받는 밸브의 코일 스프링 안지름 72mm, 평균 지름 100mm, 처짐 26mm일 때, 소선의 지름을 구하여라. 단, 전단 응력 200MPa이다.

Solution

$$W = \frac{\pi}{4}D^2p = \frac{\pi}{4}\times7.2^2\times100 \fallingdotseq 4070\text{(N)}$$

$$d = \sqrt[3]{\frac{8WD}{\pi\tau_a}} = \sqrt[3]{\frac{8\times4070\times100}{\pi\times200}} \fallingdotseq 17.3\text{(mm)}$$

$$C = D/d = 100/17 = 5.88$$

$$\text{k} = \frac{4\text{C}-1}{4\text{C}-4} + \frac{0.615}{\text{C}} = \frac{4\times5.88-1}{4\times5.88-4} + \frac{0.615}{5.88} = 1.25$$

$$\therefore d = \sqrt[3]{\frac{8WDK}{\pi\tau_a}} = \sqrt[3]{\frac{8\times4070\times100\times1.25}{\pi\times200}} = 18.7 \fallingdotseq 20\text{(mm)}$$

예제 18-4 500N의 하중을 받아 50mm 늘어나는 코일 스프링에 대한 다음을 구하여라. 단, $D=8d$, 허용 전단 응력 550MPa, G= 80GPa이다.

(1) 소신의 지름(d) : (난, $K=1.17$)　　　(2) 유효 감김수(n)

(3) 자유 높이(H) : (단, 양 끝부 : 자리 감김수 3/4감김, 두께의 합 0)

(4) 변형 에너지(U)

Solution

(1) $\tau_a = K\dfrac{8WD}{\pi d^3} = K\dfrac{8W8d}{\pi d^3}$ 이므로

$$d = \sqrt{K\frac{64W}{\pi\tau_a}} = \sqrt{1.17\times\frac{64\times500}{\pi\times550}} = 4.6 \fallingdotseq 5\text{(mm)}$$

(2) $D = 8d = 8\times5 = 40$(mm), G=80GPa=80×10³MPa=80×10³N/mm²

$$\therefore\ n = \frac{\delta G d^4}{8D^3 W} = \frac{50\times80\times10^3\times5^4}{8\times40^3\times500} \fallingdotseq 10(\text{감김})$$

(3) 총 감김수 : $N_t = n + (x_1 + x_2) = 10 + (0.75 + 0.75) = 11.5$(감김)

밀착 높이 : $H_s = (N_t - 1)d + x = (11.5 - 1)\times5 + 3/4 = 53.25$(mm)

$$\therefore\ H = H_s + \delta = 53.25 + 50 = 103.25(\text{mm})$$

(4) $U = \dfrac{4nD^3W^2}{Gd^4} = \dfrac{4\times10\times40^3\times500^2}{80\times10^3\times5^4} = 12800(\text{N}\cdot\text{mm})$

예제 18-5 코일 스프링(피아노선 B종)의 평균 지름 30mm, 소선의 지름 6mm일 때, 최대 하중을 구하여라.

Solution

$$C = \frac{D}{d} = \frac{30}{6} = 5$$

$$K = \frac{4C-1}{4C-4} + \frac{0.615}{C} = \frac{4\times5-1}{4\times5-4} + \frac{0.615}{5} = 1.311$$

그림 18-14에서 피아노선(B종) $d = 6$mm의 최대 허용 응력은 약 800 MPa이다. 고로 전단 응력(τ)은 압축 스프링일 때, 최대값을 80%로 취하면 $\tau = 0.8\times800 = 640$MPa 이므로, 하중($W$)은 다음과 같이 된다.

$$W = \frac{\pi d^3 \tau}{8DK} = \frac{\pi\times6^3\times640}{8\times30\times1.311} \doteqdot 1380(\text{N})$$

예제 18-6 100N/cm²의 압력을 받는 안전 밸브 스프링의 평균 지름 50mm로 조립 후 약 25mm의 처짐을 받도록 핸들(지름 : 40mm)을 누를 때, 다음을 구하여라. 단, 허용 전단 응력 250MPa, $C = 5$, $G = 80$GPa이다.

(1) 전단 응력(τ_a) (2) 정확한 처짐량(δ)

Solution

(1) $K = \dfrac{4C-1}{4C-4} + \dfrac{0.615}{C} = \dfrac{4\times5-1}{4\times5-4} + \dfrac{0.615}{5} = 1.31$

$$W = \frac{\pi}{4}d^2 p = \frac{\pi}{4}\times4^2\times100 = 1256(\text{N})$$

$$d = \sqrt[3]{K\frac{8DW}{\pi\tau_a}} = \sqrt[3]{1.31\times\frac{8\times50\times1256}{\pi\times250}} = 9.4 \fallingdotseq 10(\text{mm})$$

$$\therefore\ \tau_a = K\frac{8DW}{\pi d^3} = 1.31\times\frac{8\times50\times1256}{\pi\times10^3} = 209(\text{MPa}) < 250\text{MPa}$$

(2) $n = \dfrac{d^4 G\delta}{8D^3W} = \dfrac{10^4\times80\times10^3\times25}{8\times50^3\times1256} = 15.9 \fallingdotseq 16$(감김)

$$\therefore\ \delta = \frac{8nD^3W}{d^4G} = \frac{8\times16\times50^3\times1256}{10^4\times80\times10^3} \fallingdotseq 25.12(\text{mm})$$

예제 18-7 하중 300N으로 100mm 늘어나는 코일 스프링에서 평균 지름이 소선 지름의 7배일 때, 다음을 구하여라. 단, 허용 전단 응력 600MPa, $G = 80$GPa이다.

(1) 소선의 지름(d) (2) 유효 감김수(n)

Solution (1) 방법 ① : 평균 지름(D)이 소선 지름(d)의 7배이므로

$$C=D/d=7$$

$$K=\frac{4C-1}{4C-4}+\frac{0.615}{C}=\frac{4\times7-1}{4\times7-4}+\frac{0.615}{7}=1.21$$

$$\therefore d=\sqrt{\frac{8CWK}{\pi\tau_a}}=\sqrt{\frac{8\times7\times300\times1.21}{\pi\times600}}=3.28(\text{mm})$$

방법 ② : $\tau_a=K\frac{8WD}{\pi d^3}$ 에서 $\tau_a=1.21\times\frac{8\times300\times7d}{\pi\times d^3}$

$$\therefore d=\sqrt{\frac{1.21\times8\times300\times7}{\pi\times600}}=3.28(\text{mm})$$

(2) $D=Cd=7\times3.28\fallingdotseq23(\text{mm})$

$$\therefore n=\frac{Gd^4\delta}{8WD^3}=\frac{80\times10^3\times3.28^4\times100}{8\times300\times23^3}\fallingdotseq32(\text{감김})$$

예제 18-8 상용 하중 5kN에 80mm의 굽힘이 생기는 코일 스프링의 평균 지름 140mm 일 때, 소선의 지름을 구하고, 검토하여라. 단, 허용 전단 응력 300MPa이다.

Solution 우선 개략적으로 소선의 지름(d)을 구하면

$$d=\sqrt[3]{\frac{8WD}{\pi\tau_a}}=\sqrt[3]{\frac{8\times5000\times140}{\pi\times300}}\fallingdotseq18(\text{mm})$$

d=18mm일 때 $C=D/d=140/18=7.8$이므로, $K\fallingdotseq1.17$(표 18-4)이다.
또한, K에서 보정된 소선의 최대 전단 응력(τ_{max})은

$$\tau_{max}=K\frac{8WD}{\pi d^3}=1.17\times\frac{8\times5000\times140}{\pi\times18^3}=357(\text{MPa})>300(\text{MPa})$$

위 값은 주어진 전단 응력 값보다 크므로, d=20mm로 선정하면 $C=7$, $K=1.20$이고, $\tau_{max}=267<300$MPa가 되어, 주어진 조건을 만족시키므로 d=20mm의 피아노선을 사용한다.

예제 18-9 하중 3.9kN, 평균 지름 50mm, 처짐 26mm인 코일 스프링(스프링 강)의 다음 을 구하여라. 단, 허용 전단 응력 400MPa, G=80GPa이다.

(1) 소선의 지름(d) (2) 유효 감김수(n)

Solution (1) 방법 ① : $d=\sqrt[3]{\frac{8WD}{\pi\tau_a}}=\sqrt[3]{\frac{8\times3900\times50}{\pi\times400}}\fallingdotseq11(\text{mm})$

방법 ② : 그림 18-17의 설계도표를 이용할 때

$$KC^3=\frac{\tau\pi D^2}{8W}=\frac{400\times\pi\times50^2}{8\times3900}\fallingdotseq100$$

그림 18-17에서 $KC^3=100$의 눈금선을 위로 올라가 왼쪽 곡선 과의 교점에서 오른쪽으로 가서 오른쪽 곡선과의 교점에서 아래로 내려가서 C의 눈금을 읽으면 $C=4.4$를 얻는다.

$$\therefore d=\frac{D}{C}=\frac{50}{4.4}=11.36(\text{mm})$$

(2) 위에서 $d\fallingdotseq12$mm로 할 때, $C=D/d=50/12=4.2$이므로

$$n=\frac{GD\delta}{8C^4W}\ \frac{80\times10^3\times50\times26}{8\times4.2^4\times3900}=10.7\fallingdotseq11(\text{감김})$$

2. 판 스프링

[1] 단판 스프링

(1) 직 4각형 단판 스프링

① 한쪽 지지형 : 그림 18－18 (a)에서 자유단에 하중 W가 작용할 때, 재료 역학에서 처짐(δ), 스프링 상수(k), 최대 굽힘 응력(σ_{max})은 다음과 같다.

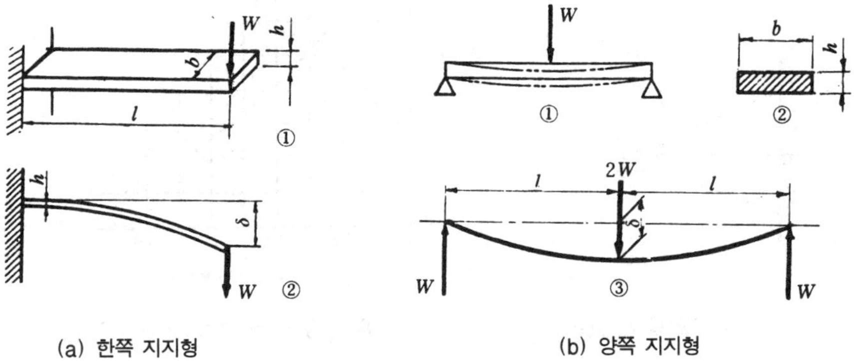

그림 18－18. 단판 스프링

b : 판의 나비(mm), h : 두께(mm), l : 판의 길이(mm)

E : 세로 탄성 계수(N/mm2)($I = bh^3/12$, $Z = bh^2/6$), δ : 자유단의 최대 굽힘(mm)

σ_{max} : 고정단의 표면에 생기는 최대 수직 응력 또는 최대 굽힘 응력(N/mm^2)일 때

$$\delta = \frac{Wl^3}{3EI} = \frac{4Wl^3}{Ebh^3} = \frac{2l^2\sigma_b}{3hE} \tag{18-24}$$

$$k = \frac{W}{\delta} = \frac{3EI}{l^3} = \frac{Ebh^3}{4l^3} \tag{18-25}$$

$$\sigma_{max} = \frac{Wl}{Z} = \frac{6Wl}{bh^2} \tag{18-26}$$

② 양쪽 지지형 : 그림 8－18 (b)에서 단면이 균일한 길이 $2l$의 단순보에 $2W$의 집중 하중이 중앙에 작용할 때, 재료 역학에서 처짐(δ), 스프링 상수(k), 최대 응력(σ_{max}) 및 하중(W)은 다음과 같이 나타낸다.

$$\delta = \frac{4Wl^3}{Ebh^3} \tag{18-27}$$

$$k = \frac{2W}{\delta} = \frac{Ebh^3}{2l^3} \tag{18-28}$$

$$\sigma_{max} = \frac{6Wl}{bh^2} \tag{18-29}$$

$$W = \frac{bh^3E\delta}{4l^3} = \frac{bh^2\sigma_{max}}{6l} \tag{18-30}$$

(2) 사다리꼴 단판 스프링

① 처짐과 최대 응력

그림 18－19와 같은 경우에 재료 역학에서 처짐(δ)은 다음과 같이 나타낸다.

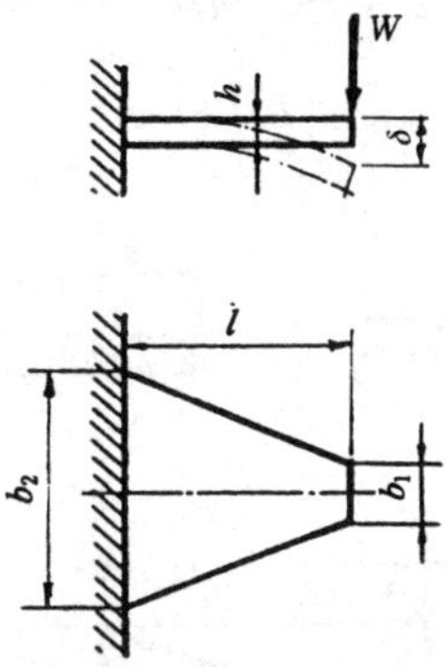

그림 18－19. 사다리꼴 스프링

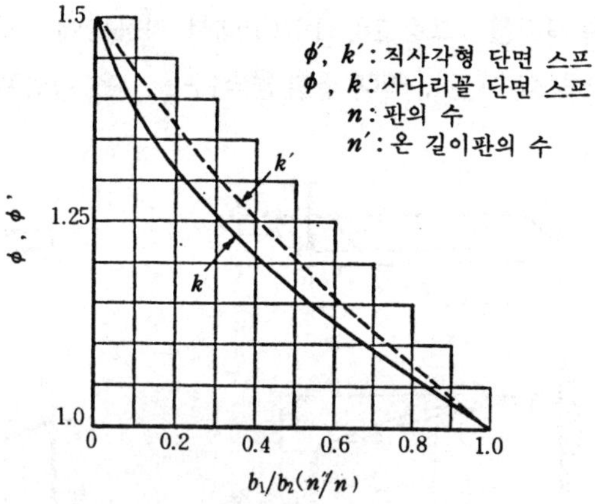

그림 18－20. 형상 수정 계수 ø 의 값

$$\delta = \text{ø}\frac{Wl^3}{3EI} = \text{ø}\frac{4Wl^3}{Enbh^3} \tag{18-31}$$

단, 위 식에서 $I=\dfrac{b_2h^3}{12}$ 이고, ø 는 형상 수정 계수로서 다음과 같이 구한다.

$$\text{ø}=\frac{12}{\left(1-\dfrac{b_1}{b_2}\right)^3}\left[\frac{1}{2}-2\frac{b_1}{b_2}+\left(\frac{b_1}{b_2}\right)^2\left(\frac{3}{2}-\log_e\frac{b_1}{b_2}\right)\right] \tag{18-32}$$

그림 18－21에서 b_1/b_2에 대한 ø를 구할 수 있고, b_1/b_2이 작을수록 즉, 사다리꼴의 단면이 클수록 스프링으로서 효율이 좋다. 그리고 $b_1/b_2=0$ 일 때 3 각형 스프링, $b_1/b_2=1$ 일 때 직4 각형 스프링이고, 이것에 대한 하중(W)과 최대 굽힘 응력($\sigma_{\max}$)은 다음과 같이 나타낸다.

$$W=\frac{b_2h^2}{6l}\sigma_{\max} \tag{18-33}$$

$$\sigma_{\max}=\frac{6Wl}{b_2h^2}=\frac{3Eh\delta}{2\text{ø}\,l^2} \tag{18-34}$$

② 스프링 상수 : 스프링의 형상 계수(ø)를 고려한 상태에서 다음과 같이 구한다.

$$k=\frac{6EI}{\text{ø}l^3}=\frac{Enbh^3}{2\text{ø}l^3} \tag{18-35}$$

참고 : 코일 스프링의 응력이 균일하지 않은 불리한 점을 시정하기 위하여 사다리꼴 단면 스프링을 사용하면 스프링의 응력이 균일하게 걸리므로 이용면에서 편리하다.

(3) 3각판 스프링

그림 18－21과 같이 2등변 3각형 스프링에서 재료 역학에서 응력(σ_{max})과 처짐(δ) 및 하중(W)은 다음과 같이 나타낸다.

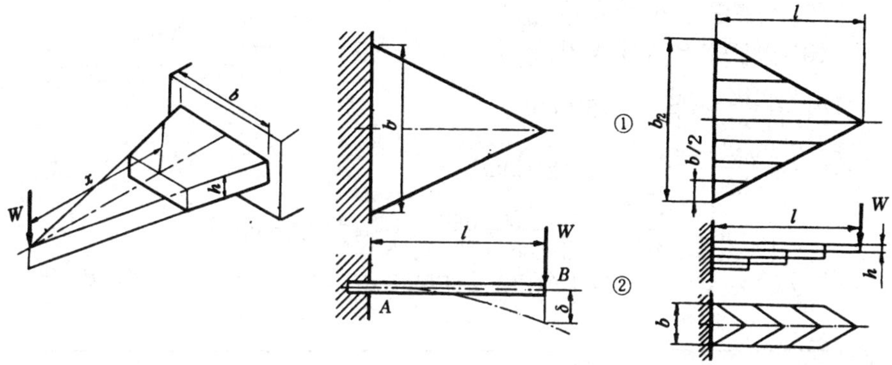

(a) (b) (c)

그림 18－21. 삼각판 스프링

$$\sigma_{max} = \frac{6Wl}{nbh^2} \tag{18-36}$$

$$\delta = \frac{6Wl^3}{nbh^3E} \tag{18-37}$$

$$W = \frac{nbh^2\sigma_{max}}{6l} = \frac{nbh^3E\delta}{6l^3} \tag{18-38}$$

＊ 설계상 주의

삼각판 스프링의 처짐은 균일 강도 보의 처짐에 비하여 크므로, 같은 하중에 의하여 저장되는 탄성 에너지도 커져서 스프링으로 매우 적합하다. 그러나 이 모양의 스프링은 고정단의 나비가 너무 넓어서 실제로 사용하는 데는 불편하므로, 그림 18－21 (b)와 같이 몇 장으로 분할하여 겹치면 같은 효과를 갖는 균일 강도보가 되어 겹판 스프링이 된다.

예제 18－10 1매로 된 양쪽 지지 단판 스프링(재료 : NSWS)의 두께 0.5mm, 나비 15mm, 길이 60mm이고, 하중 0.45N이 작용할 때, 처짐을 구하여라.

Solution 방법 ① 표 18－6에서 스프링 재질 NSWS일 때, $E = 11 \times 10^4 \text{N/mm}^2$ 이므로

$$\delta = \frac{4l^3W}{bh^3E} = \frac{4 \times 60^3 \times 0.45}{15 \times 0.5^3 \times 11 \times 10^4} = 1.89(\text{mm})$$

방법 ② $\sigma_b = \frac{6lW}{bh^2} = \frac{6 \times 60 \times 0.45}{15 \times 0.5^2} = 43.2(\text{N/mm}^2)$

$$\therefore \delta = \frac{2\ell^2\sigma_b}{3hE} = \frac{2 \times 60^2 \times 43.2}{3 \times 0.5 \times 11 \times 10^4} = 1.89(\text{mm})$$

예제 18-11 그림 18-22의 직 4각형 스프링($b\times h=5\times3$mm) 끝에 50N의 하중이 작용할 때, 다음을 구하여라. 단, 스프링 정수 $k=40$N/mm, $E=206$GPa이다.

(1) 하중에 의한 처짐(δ)
(2) 스프링 끝 B의 처짐(δ_B)
(3) 스프링 끝 A의 처짐(δ_A)

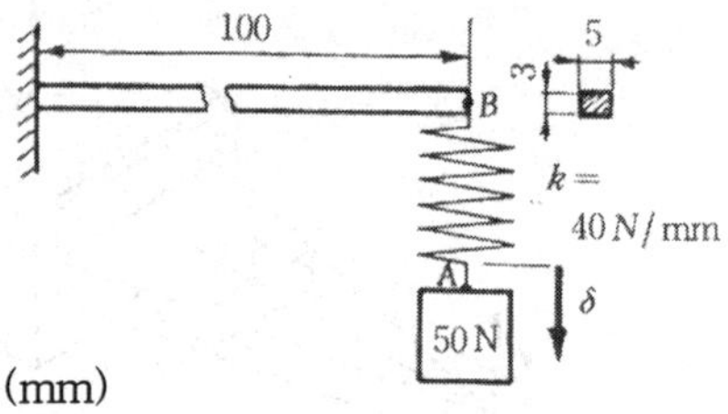

그림 18-22

Solution

(1) $\delta=\frac{W}{k}=\frac{50}{40}=1.25$(mm)

(2) $I=\frac{bh^3}{12}=\frac{5\times3^3}{12}=11.25$(mm^4)

$\therefore\ \delta_B=\frac{Wl^3}{3EI}=\frac{50\times100^3}{3\times206\times10^3\times11.25}=7.05$(mm)

(3) $\delta_A=\delta_B+\delta=7.05+1.25=8.3$(mm)

예제 18-12 그림 18-23과 같이 100mm인 직 사각형 단면 스프링 단면 $b\times h=30\times1$ mm일 때, 다음을 구하여라. 단, $\delta=450$MPa, $E=206$GPa이다.

(1) 하중(W) (2) 처짐(δ)

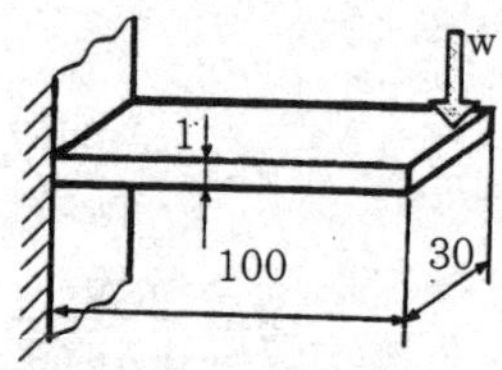

그림 18-23

Solution

(1) $W=\frac{bh^2\sigma_b}{6l}=\frac{30\times1^2\times450}{6\times100}=22.5$(N)

(2) $\delta=\frac{4Wl^3}{Ebh^3}=\frac{4\times22.5\times100^3}{206\times10^3\times30\times1^3}=14.6$(mm)

예제 18-13 그림 18-24에서 하중 50N을 받는 평판 스 프링 길이 100mm, 처짐 5mm일 때, 판의 두께를 구하여라. 단, $\sigma_b=450$MPa, $E=210$GPa이다.

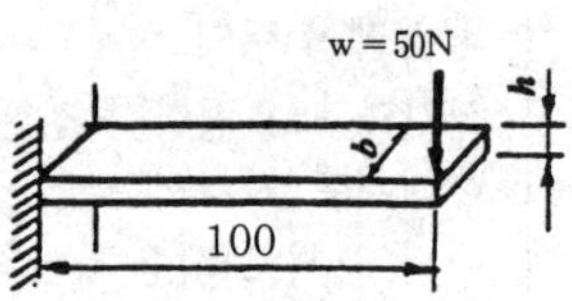

그림 18-24

Solution

$h=\frac{2l^2\sigma_b}{3E\delta}=\frac{2\times100^2\times450}{3\times210\times10^3\times5}$

$\fallingdotseq 2.9$(mm)

예제 18-14 100N의 하중을 받는 스프링의 길이 100mm, 두께 2mm, 처짐 10mm일 때, 다음을 구하여라. 단, $E=210$GPa이다.

(1) 양쪽지지 단판(직 4각) 스프링일 때, 나비(b)와 굽힘 응력(σ_b)
(2) 삼각판 스프링일 때, 나비(b)

Solution

(1) ① $b=\frac{4Wl^3}{h^3E\delta}=\frac{4\times100\times100^3}{2^3\times210\times10^3\times10}=23.8$(mm)

② $\sigma_b=\frac{6Wl}{bh^2}=\frac{6\times100\times100}{23.8\times2^2}=630$(MPa)

(2) $b=\frac{6Wl^3}{h^3E\delta}=\frac{6\times100\times100^3}{2^3\times210\times10^3\times10}=35.7$(mm)

[2] 겹판 스프링

겹판 스프링의 설계에 있어서는 **전개법**과 **판끝법**의 두 가지가 있다.

① 전개법에서는 스프링 판의 스텝, 선단의 테이퍼, 판 두께의 구성의 차이에 의한 영향이 계산식에 반영되어 있지 않는 데 반하여 판끝법에서의 계산은 약간 복잡 하다. 그러나 가정이 실정에 가까우므로, 계산 결과가 실측값과 일치하고, 개개 의 스프링 판에 대한 응력 분포를 정확하게 계산할 수 있는 장점이 있다.

② 스프링을 전개하여 사다리형 또는 3각형 등으로 되지 않는 경우에는 판끝법이 널리 사용되나, 보통의 설계에 있어 서는 다음의 전개법이 많이 사용된다.

(1) 판 두께가 일정한 스프링

① **한쪽 지지 스프링** : 그림 18－21 (b) 또는 그림 18－25와 같이 외팔보형 스프 링에서 두께 h가 같은 경우에는 스프링 판의 끝 부의 형상과 스텝을 무시하고, 그림 18－25 (b)와 같이 변형하여 생각하면 사다리꼴의 캔티레버의 식으로부터 **응력**(σ_b), **처짐**(δ), **스프링 상수**(k)를 다음과 같이 구할 수가 있다.

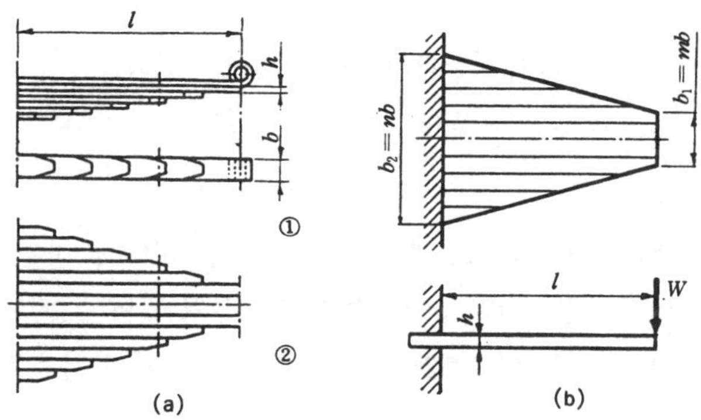

그림 18－25. 한쪽 지지 겹판 스프링

W: 하중(N), l: 스팬(mm), n: 판의 매수, b: 판의 나비(mm), h: 판의 두께(mm)일 때

$$\sigma_b = \frac{6Wl}{n\,bh^2} = \frac{3Eh}{2\varnothing\, l^2}\delta \tag{18-39}$$

$$\delta = \frac{6Wl^3}{nbh^3E} = \varnothing\frac{4Wl^3}{Enbh^3} \tag{18-40}$$

$$k = \frac{Enbh^3}{2\varnothing\, l^3} \tag{18-41}$$

위 식에서 $\varnothing$는 그림 18－20에서 구한다. 표 18－9는 스프링 판의 표준 치수이다.

표 18－9. 스프링 판의 표준 치수

(단위 : mm)

나비(b)	40	45	50	60	65	70	75	90	100	125	150
두께(h)	5, 6	5, 6 8	6, 7 8, 9	5, 6 7	7, 8 10	7, 9 11, 13	5, 6 8, 10	7, 10 (11),(13)	10, (11) (13)	10,(13) (16)	(16)

② 양쪽 지지 스프링

a. 응력 : 그림 18－26과 같이 밴드를 중심으로 하여 반으로 절단된 스프링은 길이 $l/2$, 하중 $W/2$인 외팔보형 겹판 스프링으로 볼 때, 식 (18－36)에 l대신 $l/2$, W대신 $W/2$를 대입하면 응력(σ_b)은 다음과 같다.

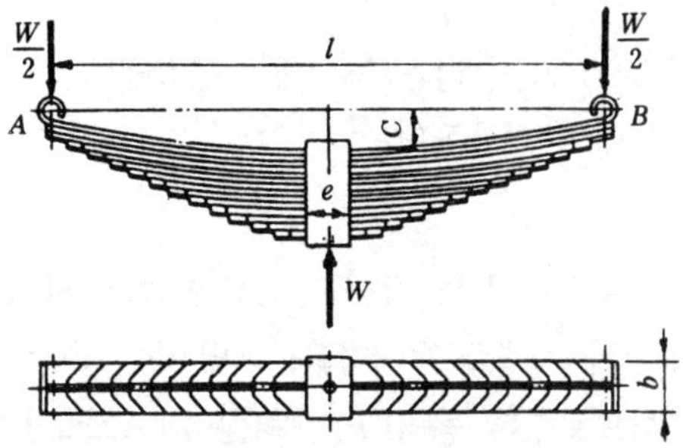

(a)

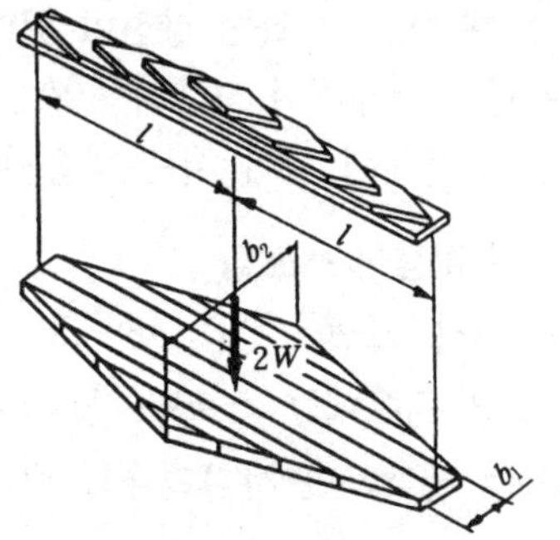

(b)

그림 18－26. 양쪽 지지 겹판 스프링

$$\sigma_b = \frac{3Wl}{2nbh^2} \tag{18-42}$$

b. 길이 : 중앙에 밴드(band buckle)로 죈 상태에서 실제적으로 작용하는 스프링 길이를 유효 길이 l_1이라 하면 밴드(胴締)의 나비(또는 죔쇠붙이 나비) e가 스프링의 길이에 영향을 주므로, 위 식에서 길이 또는 스팬(span) l은 다음과 같이 유효 길이(l_1)로 구한다.

$$l_1 \fallingdotseq l - 0.5e \tag{18-43}$$

c. 하중 : 식 (18－42)과 식 (8－45)에서 다음과 같이 된다.

$$W = \frac{2nbh^2\sigma_b}{3l} = \frac{8nbh^3\delta E}{3l^3} \tag{18-44}$$

c. 처짐 : 그림 18－27에서 온 길이 판의 수 n'일 때

$$\delta = \frac{3Wl^3}{8nbh^3E} = \frac{\sigma_b l^2}{4Eh} \tag{18-45}$$

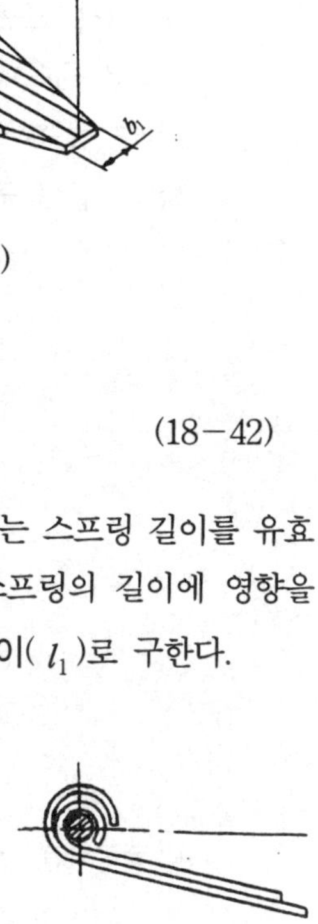

그림 18－27. 둘째 판 감김 겹판 스프링

가. 둘째판 감김 스프링(그림 18－27)

$$\begin{aligned} \delta &= \frac{\sigma_b(l-0.5e)^2}{4Eh}\left(\frac{2}{2-(n'/n)}\right) \\ &= \frac{3}{8}\,\frac{Wl^3}{nbh^3E}\left(\frac{2}{2-(n'/n)}\right) \text{ (밴드부 영향무시)} \end{aligned} \tag{18-46}$$

나. **마찰을 고려한 스프링** : 겹판 스프링의 판과 판 사이에는 마찰력이 작용하게 되고, 이 마찰력은 하중에 대한 저항이 되어 하중을 가할 때는 마찰이 없는 경우 보다 힘이 더 필요하고 하중을 제거할 때는 그 반대가 된다. 따라서 마찰을 고려할 때의 처짐 (δ_1, δ_2)은 실험적으로 다음과 같은 식을 사용한다.

δ : 마찰이 없는 경우의 처짐(mm), μ : 판 사이의 마찰 계수

δ_1, δ_2 : 마찰이 있는 경우의 부가 하중, 제거 하중의 처짐(mm)일 때

$$\left.\begin{aligned}\delta_1 &= \frac{5(1-\mu)}{5+\mu}\delta \text{ (하중을 부가할 때)}\\ \delta_2 &= \frac{5(1+\mu)}{5+\mu}\delta \text{ (하중을 제거할 때)}\end{aligned}\right\} \qquad (18-47)$$

위 식에서 **마찰 계수**(μ)를 구할 필요가 있을 때는 다음과 같이 구한다.

$$\left.\begin{aligned}\mu &= (10-0.05b)\frac{h\sqrt{n-1}}{l+420} \text{ (기름이 없을 때)}\\ &= 0.65(10-0.05b)\frac{h\sqrt{n-1}}{l+420} \text{ (기름이 있을 때)}\end{aligned}\right\} \qquad (18-48)$$

> *** 설계상 주의**
> ① 위 식에서 μ는 일반적으로 0.15~0.20 정도로 하고, 또 판 사이에 그리스를 발랐을 때에는 μ=0.1~0.14 정도로 한다.
> ② 스프링판 사이의 마찰을 감소시킬 때는 매수를 감소 또는 판 사이에 그리스를 칠한다.

(2) 판 두께와 수가 다른 스프링

판 두께와 매수가 다를 때에는 식 (18-40)의 nbh^3 대신에 $b(n_1{}^2 + n_2h_2{}^3 + \cdots + n_mh_m{}^3)\delta$으로 하게 되면 **처짐**(δ), **스프링 상수**(k), **굽힘 응력**(σ_b)은 다음과 같다.

h_1, $h_2 \cdots$: 각 판의 두께(mm) n_1, $n_2 \cdots$: 판 두께가 h_1, $h_2 \cdots$인 판의 매수일 때

$$\delta = \frac{3}{8}\frac{Wl^3}{Eb(n_1h_1{}^3 + n_2h_2{}^3 + \cdots + n_mh_m{}^3)} \qquad (18-49)$$

$$k = \frac{2W}{\delta} = \frac{Eb(n_1h_1^3 + n_2h_2{}^3 + \cdots + n_mh_m{}^3)}{2\phi_1 l^3} \qquad (18-50)$$

$$\sigma_b = \frac{3}{2}\frac{Wl(h_1 + h_2 + h_3 + \cdots)}{b(n_1h_1{}^3 + n_2h_2{}^3 + \cdots\cdots + n_mh_m{}^3)} \qquad (18-51)$$

(3) 철도 차량용 스프링

철도 차량용 겹판 스프링의 **처짐**(δ)과 **굽힘 응력**(σ_b)은 다음의 실험식을 이용한다.

① 스프링 판 수가 비교적 많고, 몇 배의 온길이 판이 있을 때(예 : 기관차, 화차).

$$\delta = \frac{5.5W(l-0.6e)^3}{Enbh^3} \quad (18-52)$$

$$\sigma_b = \frac{5.5W(l-0.6e)}{nbh^2} \quad (18-53)$$

② 총 매수와 온 길이 판의 매수가 적을 때(예 : 객차 · 전차)

$$\delta = \frac{5.3W(l-0.6e)^3}{Enbh^3} \quad (18-54)$$

$$\sigma_b = \frac{5.3W\ell^2}{nbh^2} \quad (18-55)$$

표 18－10. 철도용 겹판 스프링 (SPS 3)의 허용 응력(σ_b)

종류	기관차	화차 · 객차 전차
	N/mm²	
표 준	343	392
최 대	392	441
시험응력	686	686

표 18－10은 철도용 겹판 스프링의 허용 응력(σ_b)을 나타낸 것이다.

예제 18－15 $2W=12$kN을 받는 겹판 스프링의 스팬 $2l=1000$mm, 판 나비 90mm, 두께 7mm, 매수 12, 밴드 나비 50mm일 때, 다음을 구하여라. 단, $E=210$GPa이다.

(1) 처짐(δ)　　(2) 굽힘 응력(σ_b)

Solution (1) $l_1 = l - 0.5e = 500 - 0.5 \times 50 = 475(\text{mm})$

$$\therefore \delta = \frac{3Wl_1^3}{8nbh^3E} = \frac{3\times6000\times475^3}{8\times12\times90\times7^3\times210\times10^3} \fallingdotseq 3(\text{mm})$$

(2) $\sigma_b = \dfrac{3Wl_1}{2nbh^2} = \dfrac{3\times6000\times475}{2\times12\times90\times7^2} = 81(\text{MPa})$

예제 18－16 6kN의 하중을 받는 겹판 스프링의 처짐 30mm, 판의 나비 70mm, 두께 10mm, 스프링의 길이 800mm, 죔쇠 나비 80mm일 때, 판의 매수를 구하여 라. 단, $\sigma_b=480$MPa, $E=210$GPa이다.

(1) 처짐량을 고려할 때　　(2) 응력을 고려할 때

Solution (1) $l_1 = l - 0.5e = 800 - 0.5 \times 80 = 760(\text{mm})$

$$\therefore n = \frac{3Wl_1^3}{8bh^3E\delta} = \frac{3\times6\times760^3}{8\times70\times10^3\times210\times30} = 2.24 \fallingdotseq 3(\text{매})$$

(2) 응력 제한에 의할 때 $\sigma_b = \dfrac{3Wl_1}{2nbh^2}$에서

$$n = \frac{3Wl_1}{2bh^2\sigma_b} = \frac{3\times6000\times760}{2\times70\times10^2\times480} = 2(\text{매})$$

고로, $n=3$매로 결정한다.

예제 18－17 1kN의 하중을 받는 겹판 스프링의 스팬 800mm, 판 두께 12mm, 매수 5, 처 짐 20mm일 때, 다음을 구하여라. 단, $E=210$GPa이다.

(1) 한쪽 지지일 때, 판 나비(b)　　(2) 양쪽 지지일 때, 판 나비(b)

Solution (1) $b = \frac{6Wl^3}{nh^3E\delta} = \frac{6\times1\times800^3}{5\times12^3\times210\times20} = 84.6 ≒ 85(\text{mm})$

(2) $b = \frac{3Wl^3}{8nh^3E\delta} = \frac{3\times1\times800^3}{8\times5\times12^3\times210\times20} = 5.29 ≒ 5.3(\text{mm})$

예제 18 – 18 10kN의 하중을 받는 양쪽 지지 겹판 스프링의 스팬 1000mm, 두께 12mm, 매수 5일 때, 다음을 구하여라. 단, $\sigma_b = 400\text{MPa}$, $E = 206\text{GPa}$이다.

(1) 판의 나비(b)　　(2) 최대 처짐(δ_{max})

Solution (1) $b = \frac{3Wl}{2n\sigma_b h^2} = \frac{3\times10\times10^3\times1000}{2\times5\times400\times12^2} ≒ 52(\text{mm})$

(2) $\delta_{max} = \frac{3Wl^3}{8nEbh^3} = \frac{3\times10\times1000^3}{8\times5\times206\times52\times12^3} ≒ 40(\text{mm})$

예제 18 – 19 1kN의 하중을 받는 양쪽 지지 겹판 스프링의 길이 1500mm, 두께 10mm, 나비 100mm, 매수 4일 때, 다음을 구하여라. 단, $E = 210\text{GPa}$이다.

(1) 굽힘 응력(σ_b)　　(2) 처짐(δ)

(3) 나비 120mm의 밴드를 사용했을 때의 굽힘 응력(σ_b)과 처짐(δ)

Solution (1) $\sigma_b = \frac{3Wl}{2nbh^2} = \frac{3\times1000\times1500}{2\times4\times100\times10^2} ≒ 56(\text{MPa})$

[한쪽지지겹판, 직4각단판, 3각판스프링일때
$\sigma_b = \frac{6Wl}{nbh^2} = \frac{6\times1000\times1500}{4\times100\times10^2} = 225(\text{MPa})$]

(2) $\delta = \frac{3Wl_1^3}{8nbh^3E} = \frac{3\times1\times1500^3}{8\times4\times100\times10^3\times210} = 15(\text{mm})$

[$= \frac{4Wl^3}{nEbh^3} = \frac{4\times1\times1500^3}{4\times210\times100\times10^3} ≒ 161(\text{mm})$(직4각단판스프링일때)
$= \frac{6Wl^3}{nEbh^3} = \frac{6\times1\times1500^3}{4\times210\times100\times10^3} ≒ 241(\text{mm})$(삼각판, 겹판스프링일때)]

(3) 밴드가 설치되었을 때, 유효 길이(l_1)를 구해야 되므로

$l_1 = l - 0.5e = 1500 - 0.5\times120 = 1440(\text{mm})$

① $\sigma_b = \frac{3Wl}{2nbh^2} = \frac{3\times1000\times1440}{2\times4\times100\times10^2} ≒ 54(\text{MPa})$

② $\delta = \frac{3Wl_1^3}{8nbh^3E} = \frac{3\times1\times1440^3}{8\times4\times100\times10^3\times210} = 13.3(\text{mm})$

예제 18 – 20 3kN의 하중을 받는 양쪽지지 겹판 스프링의 스팬 760mm, 판 두께 6mm, 나비 60mm 일 때, 다음을 구하여라. 단, $\sigma_b = 170\text{MPa}$, $E = 220\text{GPa}$이다.

(1) 처짐(δ)　　(2) 밴드의 나비 100mm일 때의 처짐(δ_{max})

Solution

(1) $n=\dfrac{3Wl}{2bh^2\sigma_b}=\dfrac{3\times3000\times760}{2\times60\times6^2\times170}=9$(매)

$\therefore\ \delta=\dfrac{3Wl^3}{8nEbh^3}=\dfrac{3\times3\times760^3}{8\times9\times220\times62\times6^3}=18.6$(mm)

(2) $l_1=l-0.5e=760-0.5\times100=710$(mm)

$\therefore\ \delta=\dfrac{3Wl_1{}^3}{8nEbh^3}=\dfrac{3\times3\times710^3}{8\times9\times220\times62\times6^3}\fallingdotseq15.2$(mm)

예제 18－21 스팬 1500mm, 판의 나비 50mm, 두께 10mm, 매수 20인 양쪽 지지 겹판 스프링의 하 중과 처짐을 구하여라. 단, $\sigma_b=350$N/mm^2., $E=$206GPa,이다.

Solution

(1) $W=\dfrac{2nbh^2\sigma_b}{3l}=\dfrac{2\times20\times50\times10^2\times350}{3\times1500}=15.5$(kN)

(2) $\delta=\dfrac{3}{8}\dfrac{Wl^3}{nbh^3E}=\dfrac{3}{8}\times\dfrac{15.5\times1500^3}{20\times50\times10^3\times206}=95.2$(mm)

예제 18－22 5kN의 하중을 받는 양쪽 지지 겹판 스프링의 스팬 800mm, $b=$100mm, $h=$10mm, 매수 12, $e=$100mm일 때, 다음을 구하여라. 단, $E=$ 210GPa, $\mu=$ 0.15이다.

(1) 굽힘 응력(σ_b) (2) 부하시의 처짐(δ_1)

Solution

(1) $l_1=l-0.5e=800-0.5\times100=750$(mm)

$\therefore\ \sigma_b=\dfrac{3Wl}{2nbh^2}=\dfrac{3\times5\times10^3\times750}{2\times12\times100\times10^2}=46.8$(MPa)

(2) $\delta=\dfrac{3Wl_1{}^3}{8nbh^3E}=\dfrac{3\times5\times750^3}{8\times12\times100\times10^3\times210}=3.1$(mm)

$\therefore\ \delta_1=\dfrac{5(1-\mu)\delta}{5+\mu}=\dfrac{5(1-0.15)\times3.1}{5+0.15}=2.55$(mm)

예제 18－23. 45kN의 하중을 양쪽 지지하는 겹판 스프링의 스팬 1000mm, 판의 나비 80mm, 매수 18매 중 2매가 온 길이 판이고, 밴드의 나비 200mm일 때, 다음을 구하 여라. 단, $\sigma_b=$ 430MPa, $E=$ 210GPa이다.

(1) 판의 두께(h) (2) 처짐(δ) : (단, 밴드부 영향 무시)

(3) 하중을 가할 때의 처짐(δ_1) : (단, $\mu=0.16$)

Solution

(1) $l_1=l-0.5e=1000-0.5\times200=900$(mm)

$\therefore\ h=\sqrt{\dfrac{3Wl_1}{2nb\sigma_b}}=\sqrt{\dfrac{3\times45\times10^3\times900}{2\times18\times80\times430}}\fallingdotseq10$(mm)

(2) $\delta=\dfrac{3Wl_1{}^3}{8nbh^3E}\left[\dfrac{2}{2-(n'/n)}\right]$

$=\dfrac{3\times45\times900^3}{8\times18\times80\times10^3\times210}\left[\dfrac{2}{2-(2/18)}\right]=43$(mm)

(3) $\delta_1=\dfrac{5(1-\mu)}{5+\mu}\delta=\dfrac{5(1-0.16)}{5+0.16}\times43=35$(mm)

예제 18 - 24 3.5kN의 하중을 받는 양쪽 지지 겹판 스프링 스팬 950mm, 판 나비 50mm, 두께 5mm, 매수 9, 온 길이 판 2매, 밴드의 나비 100mm일 때, 다음을 구하여라. 단, $E=210$GPa이다.

(1) 굽힘 응력(σ_b)
(2) 마찰 계수(μ) : (단, 기름이 없을 때)
(3) 밴드부 영향 무시 때의 처짐(δ)
(4) 부하시의 처짐(δ_1)
(5) 부하 감소시 처짐(δ_2)

Solution

(1) $l_1 = l - 0.5e = 950 - 0.5 \times 100 = 900(\text{mm})$

$$\therefore \ \sigma_b = \frac{3Wl_1}{2nbh^2} = \frac{3\times3500\times900}{2\times9\times50\times5^2} = 420(\text{MPa})$$

(2) $$\mu = 0.65(10-0.05b)\frac{h\sqrt{n-1}}{l-420}$$

$$= 0.65(10-0.05\times50)\times\frac{5\sqrt{9-1}}{950-420} = 0.13$$

(3) $$\delta = \frac{3Wl_1^3}{8nbh^3E}\left[\frac{2}{2-(n'/n)}\right]$$

$$= \frac{3\times3.5\times950^3}{8\times9\times50\times5^3\times210}\left[\frac{2}{2-(2/9)}\right] \fallingdotseq 48.6(\text{mm})$$

(4) $$\delta = \frac{\sigma_b(l-0.5e)^2}{4Eh}\left[\frac{2}{2-(n'/n)}\right]$$

$$= \frac{42\times(950-0.5\times100)^2}{4\times210\times10^3\times5}\left[\frac{2}{2-(2/9)}\right] = 9.1(\text{mm})$$

$$\therefore \ \delta_1 = \frac{5(1-\mu)}{5+\mu}\delta = \frac{5(1-0.13)}{5+0.13}\times9.1 \fallingdotseq 7.7(\text{mm})$$

(5) $$\delta_2 = \frac{5(1+\mu)}{5+\mu}\delta = \frac{5(1+0.13)}{5+0.13}\times9.1 \fallingdotseq 10(\text{mm})$$

예제 18 - 25 그림 18－28과 같은 화차용 겹판 스프링에 상용 하중 5kN이 작용할 때, 다음 을 구하여라. 단, $\sigma_b = 200$MPa, $E=220$GPa이다.

(1) 판의 매수(n)
(2) 처짐(δ)

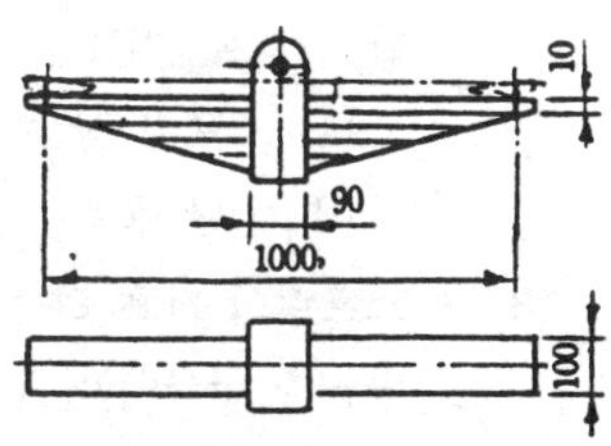

그림 18－28

Solution

(1) $$n = \frac{5.5W(l-0.6e)}{bh^2\sigma_b}$$

$$= \frac{5.5\times5\times10^3(1000-0.6\times90)}{100\times10^2\times200} = 13(\text{매})$$

(2) $$\delta = \frac{5.5W(l-0.6e)^3}{nbh^3E}$$

$$= \frac{5.5\times5\times(1000-0.6\times90)^3}{13\times100\times10^3\times220} = 81.4(\text{mm})$$

제18장 연습문제

•논문형

1. 스프링의 종류와 특성을 설명하여라.
2. 코일 스프링에 대한 다음을 설명하여라.
   (1) 스프링 상수　(2) 왈(Wahl)의 보정계수　(3) 스프링 지수
   (4) 처짐을 구하는 공식　(5) 실용 강도 계산식
3. 겹판 스프링의 구조를 간단히 설명하여라.
4. 외팔보와 양끝지지 겹판 스프링을 해석하여라.
5. 겹판 스프링의 응력과 처짐 공식을 설명하여라.

•계산형

A. 코일 스프링

18-1. 평균 지름 80mm, 소선의 지름 6mm인 코일 스프링에 1N의 하중을 가하여 1mm의 처짐이 생겼을 때, 다음을 구하여라. 단, G=80GPa이다.

(1) 유효 감김수(n)　(2) 전단 응력(τ_a)

(3) 소선의 길이(l)

18-2. 40N의 하중을 받는 코일 스프링의 소선 지름 3.2mm, 자유 높이 45mm일 때, 다음을 구하여라. 단, $k=$ 2.5N/mm, $G=$ 84GPa이다.

(1) 처짐(δ)

(2) 유효 감김수(n) : (단, 자리 감김수 : $1\frac{1}{2}$)

(3) 평균 지름(D)

18-3. 소선의 지름 20mm, 평균 지름 200mm인 압축 코일 스프링에 작용하는 최대 하 중을 구하여라. 단, 허용 전단 응력 350MPa이다.

18-4. 압축 코일 스프링에 하중 230N, 평균 지름 51mm, 소선의 지름 6mm, 처짐 12mm일 때, 다음을 구하여라. 단, $C=D/d$, $G=$ 82×10^3N/mm^{2}이다.

(1) 유효 감김수(n)　(2) 전단 응력(τ_a)

18-5. 코일 스프링의 평균 지름 30mm, 소선의 지름 2mm, 유효 감김수 15일 때, 다음 을 구하여라. 단, $G=$ 85GPa 이다.

(1) 스프링 상수(k)　(2)하중 100N을 작용시킬 때의 처짐(δ)

(3) 전단 응력(τ_a)

18-6. 스프링의 작용 하중 100N, 최대 하중 200N, 평균 지름 32mm, 밸브의 최대 양정 10mm일 때, 다음을 구하여라. 단, $G=$ 80GPa, $K=$ 1.25, $C=$ 8 이다.

(1) 최대 전단 응력(τ_a)　(2) 유효 감김수(n)　(3) 초기 하중에 의한 처짐(δ)

18-7. 하중 45N을 받는 코일 스프링 소선의 지름 1.6mm, 처짐 25mm, 평균 지름과 소선 지름비 6일 때, 다음을 구하여라. 단, $G=$ 82MPa이다.

(1) 전단 응력(τ_a)　(2) 유효 감김수(n)

B. 겹판 스프링

18−8. 30kN의 하중을 받는 겹판 스프링의 처짐 30mm, 판의 나비 70mm, 두께 10mm일 때, 다음을 구하여라. 단, σ_b=480MPa, E= 210GPa이다.

(1) 판의 길이(스팬 : l)　　(2) 판의 매수(n)

18−9. 스팬 2000mm인 겹판 스프링의 처짐 0.1mm, 두께 10mm, 나비 65mm일 때, 다음을 구하여라 단, σ_b=400MPa, μ=0.08이다.

(1) 부하시의 처짐(δ_1)　　(2) 하중(W)

18−10. 10kN의 하중을 받는 스프링의 스팬 1000mm, 판의 나비 100mm, 두께 9mm, 매수 5일 때, 다음을 구하여라. 단, e = 100mm, μ = 0.2, E= 210GPa이다.

(1) 처짐(δ)　　(2) 부하시 마찰 계수를 고려한 처짐(δ_1)

(3) 굽힘 응력(σ_b)

18−11. 10kN의 하중을 받는 양쪽 지지 겹판 스프링의 스팬 1000mm, 두께 12mm, 매수 5일 때, 다음을 구하여라. 단, σ_b=400MPa, E= 206GPa이다.

(1) 판의 나비(b)　　(2) 최대 처짐(δ_{max})

18−12. 스팬 760mm, 나비 60mm, 두께 6mm인 겹판 스프링의 중앙에 하중 3kN을 받을 때, 다음을 구하여라. 단, 굽힘 응력 170MPa, E= 22×10^4N/mm^{2}이다.

(1) 판의 매수(n)　　(2) 처짐(δ)

18−13. 45kN의 하중을 받는 겹판 스프링의 스팬 900mm, 판의 나비 80mm, 판의 매 수 20일 때, 다음을 구하여라. 단, 허용 굽힘 응력 420MPa, E= 206GPa, 2매 가 스프링의 온 길이 판이고, 밴드부의 영향은 무시한다.

(1) 판의 두께(h)　　(2) 처짐(δ)

18−14. 3kN의 하중을 받는 겹판 스프링의 판 나비 60mm, 두께 5mm, 길이 800mm, 판의 수 6일 때, 다음을 구하여라. 단, E= 210GPa이다.

(1) 스프링의 상수(k)　　(2) 처짐(δ)

(3) 굽힘 응력(σ_b)

18−15. 60kN의 하중을 받는 기관차용 겹판 스프링의 스팬 1260mm, 판의 나비 102mm, 두께 12.7mm, 매수 14, 밴드의 나비 100mm일 때, 다음을 구하여라. 단, 최대 시험 하중 σ_{max} = 70MPa, E= 210GPa, μ = 0.14이다.

(1) 최대 하중(W_{max})　　(2) 스프링의 굽힘 응력(σ_b)

(3) 스프링의 처짐(δ)　　(4) 마찰을 고려한 스프링의 처짐(δ_1)

Answer

18−1. (1) 26감김 (2) 1MPa (3) 6530mm　**18−2.** (1) 16mm (2) 7.5감김 (3) 39mm
18−3. 4778N　**18−4.** (1) 6감김 (2) 162MPa
18−5. (1) 4N/mm (2) 25mm (3) 49MPa　**18−6.** (1) 319MPa (2) 4감김 (3) 5.1mm
18−7. (1) 336MPa (2) 43감김　**18−8.** (1) 724 mm (2) 10매
18−9. (1) 0.72mm (2) 7.8kN　**18−10.** (1) 42mm (2) 32.3mm (3) 352MPa
18−11. (1) 52mm (2) 40mm　**18−12.** (1) 9매 (2) 19.2mm
18−13. (1) 9.5mm (2) 43mm　**18−14.** (1) 9.2N/mm (2) 61mm (3) 400MPa
18−15. (1) 8957 N (2) 257MPa (3) 58mm (4) 54.4mm

부 록

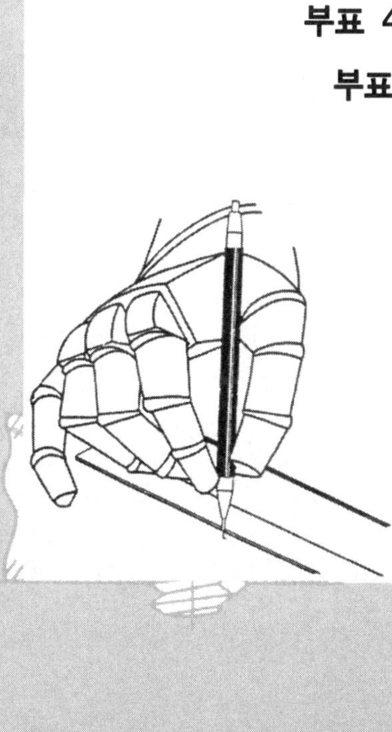

부표 1. 삼각 함수표

度分	sin	cos	tan	cot	
0°00	0.0000	1.0000	0.0000	343.7737	90°00
10	0.0029	1.0000	0.0029	343.7737	50
20	0.0058	1.0000	0.0058	171.8854	40
30	0.0087	1.0000	0.0087	114.5887	30
40	0.0116	0.9999	0.0116	85.9398	20
50	0.0145	0.9999	0.0145	68.7501	10
1°00	0.0175	0.9998	0.0175	57.2900	89°00
10	0.0204	0.9998	0.0204	49.1039	50
20	0.0233	0.9997	0.0233	42.9641	40
30	0.0262	0.9997	0.0262	38.1885	30
40	0.0291	0.9996	0.0291	34.3678	20
50	0.0320	0.9995	0.0320	31.2416	10
2°00	0.0349	0.9994	0.0349	28.6363	88°00
10	0.0378	0.9993	0.0378	26.4316	50
20	0.0407	0.9992	0.0407	24.5418	40
30	0.0436	0.9990	0.0437	22.9038	30
40	0.0465	0.9989	0.0466	21.4704	20
50	0.0494	0.9988	0.0495	20.2056	10
3°00	0.0523	0.9986	0.0524	19.0811	87°00
10	0.0552	0.9985	0.0553	18.0750	50
20	0.0581	0.9983	0.0582	17.1693	40
30	0.0610	0.9981	0.0612	16.3499	30
40	0.0640	0.9980	0.0641	15.6048	20
50	0.0669	0.9978	0.0670	14.9244	10
4°00	0.0698	0.9976	0.0699	14.3007	86°00
10	0.0727	0.9974	0.0729	13.7267	50
20	0.0756	0.9971	0.0758	13.1969	40
30	0.0785	0.9969	0.0787	12.7062	30
40	0.0814	0.9967	0.0816	12.2505	20
50	0.0842	0.9964	0.0846	11.8262	10
	cos	sin	cot	tan	度分

度分	sin	cos	tan	cot	
5°00	0.0872	0.9962	0.0875	11.4301	85°00
10	0.0901	0.9959	0.0904	11.0594	50
20	0.0929	0.9957	0.0934	10.7119	40
30	0.0958	0.9954	0.0963	10.3854	30
40	0.0987	0.9951	0.0992	10.0780	20
50	0.1016	0.9948	0.1022	9.7882	10
6°00	0.1045	0.9945	0.1051	9.5144	84°00
10	0.1074	0.9942	0.1080	9.2553	50
20	0.1103	0.9939	0.1110	9.0098	40
30	0.1132	0.9936	0.1139	8.7769	30
40	0.1161	0.9932	0.1169	8.5555	20
50	0.1190	0.9929	0.1198	8.3450	10
7°00	0.1219	0.9925	0.1228	8.1443	83°00
10	0.1248	0.9922	0.1257	7.9530	50
20	0.1276	0.9918	0.1287	7.7704	40
30	0.1305	0.9914	0.1317	7.5958	30
40	0.1334	0.9911	0.1346	7.4287	20
50	0.1363	0.9907	0.1376	7.2687	10
8°00	0.1392	0.9903	0.1405	7.1154	82°00
10	0.1421	0.9899	0.1435	6.9682	50
20	0.1449	0.9894	0.1465	6.8269	40
30	0.1478	0.9890	0.1495	6.6912	30
40	0.1507	0.9886	0.1524	6.5606	20
50	0.1536	0.9881	0.1554	6.4348	10
9°00	0.1564	0.9877	0.1584	6.3138	81°00
10	0.1593	0.9872	0.1614	6.1970	50
20	0.1622	0.9868	0.1644	6.0844	40
30	0.1650	0.9863	0.1673	5.9758	30
40	0.1679	0.9858	0.1703	5.8708	20
50	0.1708	0.9853	0.1733	5.7694	10
	cos	sin	cot	tan	度分

度分	sin	cos	tan	cot	
10°00	0.1736	0.9848	0.1763	5.6713	80°00
10	0.1765	0.9843	0.1793	5.5764	50
20	0.1794	0.9838	0.1823	5.4845	40
30	0.1822	0.9833	0.1853	5.3955	30
40	0.1851	0.9827	0.1883	5.3093	20
50	0.1880	0.9822	0.1914	5.2257	10
11°00	0.1908	0.9816	0.1944	5.1446	79°00
10	0.1937	0.9811	0.1974	5.0658	50
20	0.1965	0.9805	0.2004	4.9894	40
30	0.1994	0.9799	0.2035	4.9152	30
40	0.2022	0.9793	0.2065	4.8430	20
50	0.2051	0.9787	0.2095	4.7729	10
12°00	0.2079	0.9781	0.2126	4.7046	78°00
10	0.2108	0.9775	0.2156	4.6382	50
20	0.2136	0.9769	0.2186	4.5736	40
30	0.2164	0.9736	0.2217	4.5107	30
40	0.2193	0.9757	0.2247	4.4494	20
50	0.2221	0.9750	0.2278	4.3897	10
13°00	0.2250	0.9744	0.2309	4.3315	77°00
10	0.2278	0.9737	0.2339	4.2747	50
20	0.2306	0.9730	0.2370	4.2193	40
30	0.2334	0.9724	0.2401	4.1653	30
40	0.2363	0.9717	0.2432	4.1126	20
50	0.2391	0.9710	0.2462	4.0611	10
14°00	0.2419	0.9703	0.2493	4.0108	76°00
10	0.2447	0.9696	0.2524	3.9617	50
20	0.2476	0.9689	0.2555	3.9136	40
30	0.2504	0.9681	0.2586	3.8667	30
40	0.2532	0.9674	0.2617	3.8208	20
50	0.2560	0.9667	0.2648	3.7760	10
	cos	sin	cot	tan	度分

度分	sin	cos	tan	cot		度分	sin	cos	tan	cot		度分	sin	cos	tan	cot	
15°00	0.2588	0.9659	0.2679	3.7321	75°00	20°00	0.3420	0.9397	0.3640	2.7475	70°00	25°00	0.4226	0.9063	0.4663	2.1445	65°00
10	0.2616	0.9652	0.2711	3.6891	50	10	0.3448	0.9387	0.3673	2.7228	50	10	0.4253	0.9051	0.4699	2.1283	50
20	0.2644	0.9644	0.2742	3.6470	40	20	0.3475	0.9377	0.3706	2.6985	40	20	0.4279	0.9038	0.4734	2.1123	40
30	0.2672	0.9636	0.2773	3.6059	30	30	0.3502	0.9367	0.3739	2.6746	30	30	0.4305	0.9026	0.4770	2.0965	30
40	0.2700	0.9628	0.2805	3.5656	20	40	0.3529	0.9356	0.3772	2.6511	20	40	0.4331	0.9013	0.4806	2.0809	20
50	0.2728	0.9621	0.2836	3.5261	10	50	0.3557	0.9346	0.3805	2.6276	10	50	0.4358	0.9001	0.4841	2.0655	10
16°00	0.2756	0.9613	0.2867	3.4874	74°00	21°00	0.3584	0.9336	0.3839	2.6051	69°00	26°00	0.4384	0.8988	0.4877	2.0503	64°00
10	0.2784	0.9605	0.2899	3.4495	50	10	0.3611	0.9325	0.3872	2.5826	50	10	0.4410	0.8975	0.4913	2.0353	50
20	0.2812	0.9596	0.2931	3.4124	40	20	0.3638	0.9315	0.3906	2.5605	40	20	0.4436	0.8962	0.4950	2.0204	40
30	0.2840	0.9588	0.2962	3.3759	30	30	0.3665	0.9304	0.3939	2.5386	30	30	0.4462	0.8949	0.4986	2.0057	30
40	0.2868	0.9580	0.2994	3.3402	20	40	0.3692	0.9293	0.3973	2.5172	20	40	0.4488	0.8936	0.5022	1.9912	20
50	0.2896	0.9572	0.3026	3.3052	10	50	0.3719	0.9283	0.4006	2.4960	10	50	0.4514	0.8923	0.5059	1.9768	10
17°00	0.2924	0.9563	0.3057	3.2709	73°00	22°00	0.3746	0.9272	0.4040	2.4751	68°00	27°00	0.4540	0.8910	0.5095	1.9626	63°00
10	0.2952	0.9555	0.3089	3.2371	50	10	0.3773	0.9261	0.4074	2.4545	50	10	0.4566	0.8897	0.5132	1.9486	50
20	0.2979	0.9546	0.3121	3.2041	40	20	0.3800	0.9250	0.4108	2.4342	40	20	0.4592	0.8884	0.5169	1.9347	40
30	0.3007	0.9537	0.3153	3.1716	30	30	0.3827	0.9239	0.4142	2.4142	30	30	0.4617	0.8870	0.5206	1.9210	30
40	0.3035	0.9528	0.3185	3.1397	20	40	0.3854	0.9228	0.4176	2.3945	20	40	0.4643	0.8857	0.5243	1.9074	20
50	0.3062	0.9520	0.3217	3.1084	10	50	0.3881	0.9216	0.4210	2.3750	10	50	0.4669	0.8843	0.5280	1.8940	10
18°00	0.3090	0.9511	0.3249	3.0777	72°00	23°00	0.3907	0.9205	0.4245	2.3559	67°00	28°00	0.4695	0.8829	0.5317	1.8807	62°00
10	0.3118	0.9502	0.3281	3.0475	50	10	0.3934	0.9194	0.4279	2.3369	50	10	0.4720	0.8816	0.5354	1.8676	50
20	0.3145	0.9492	0.3314	3.0178	40	20	0.3961	0.9182	0.4314	2.3183	40	20	0.4746	0.8802	0.5392	1.8546	40
30	0.3173	0.9483	0.3346	2.9887	30	30	0.3987	0.9171	0.4348	2.2998	30	30	0.4772	0.8788	0.5430	1.8418	30
40	0.3201	0.9474	0.3378	2.9600	20	40	0.4014	0.9159	0.4383	2.2817	20	40	0.4797	0.8774	0.5467	1.8291	20
50	0.3228	0.9465	0.3411	2.9319	10	50	0.4041	0.9147	0.4417	2.2637	10	50	0.4823	0.8760	0.5505	1.8165	10
19°00	0.3256	0.9455	0.3443	2.9042	71°00	24°00	0.4067	0.9135	0.4452	2.2460	66°00	29°00	0.4848	0.8746	0.5543	1.8040	61°00
10	0.3283	0.9446	0.3476	2.8770	50	10	0.4094	0.9124	0.4487	2.2286	50	10	0.4874	0.8732	0.5581	1.7917	50
20	0.3311	0.9436	0.3508	2.8502	40	20	0.4120	0.9112	0.4522	2.2113	40	20	0.4899	0.8718	0.5619	1.7796	40
30	0.3338	0.9426	0.3541	2.8239	30	30	0.4147	0.9100	0.4557	2.1943	30	30	0.4924	0.8704	0.5658	1.7675	30
40	0.3365	0.9417	0.3574	2.7980	20	40	0.4173	0.9088	0.4592	2.1775	20	40	0.4950	0.8689	0.5696	1.7556	20
50	0.3393	0.9407	0.3607	2.7725	10	50	0.4200	0.9075	0.4628	2.1609	10	50	0.4975	0.8675	0.5735	1.7437	10
	cos	sin	cot	tan	度分		cos	sin	cot	tan	度分		cos	sin	cot	tan	度分

度分	sin	cos	tan	cot	
30°00	0.5000	0.8660	0.5774	1.7321	60°00
10	0.5025	0.8646	0.5812	1.7205	50
20	0.5050	0.8631	0.5851	1.7090	40
30	0.5075	0.8616	0.5890	1.6977	30
40	0.5100	0.8601	0.5930	1.6864	20
50	0.5125	0.8587	0.5969	1.6753	10
31°00	0.5150	0.8572	0.6009	1.6643	59°00
10	0.5175	0.8557	0.6048	1.6534	50
20	0.5200	0.8542	0.6088	1.6426	40
30	0.5225	0.8526	0.6128	1.6319	30
40	0.5250	0.8511	0.6168	1.6212	20
50	0.5275	0.8496	0.6208	1.6107	10
32°00	0.5299	0.8480	0.6249	1.6003	58°00
10	0.5324	0.8465	0.6289	1.5900	50
20	0.5348	0.8450	0.6330	1.5798	40
30	0.5373	0.8434	0.6371	1.5697	30
40	0.5398	0.8418	0.6412	1.5597	20
50	0.5422	0.8403	0.6453	1.5497	10
33°00	5.5446	0.8387	0.6494	1.5399	57°00
10	0.5471	0.8371	0.6536	1.5301	50
20	0.5495	0.8355	0.6577	1.5204	40
30	0.5519	0.8339	0.6619	1.5108	30
40	0.5544	0.8323	0.6661	1.5013	20
50	0.5568	0.8307	0.6703	1.4919	10
34°00	0.5592	0.8290	0.6745	1.4826	56°00
10	0.5616	0.8274	0.6787	1.4733	50
20	0.5640	0.8258	0.6858	1.4641	40
30	0.5664	0.8241	0.6873	1.4550	30
40	0.5688	0.8225	0.6916	1.4460	20
50	0.5712	0.8208	0.6959	1.4370	10
	cos	sin	cot	tan	度分

度分	sin	cos	tan	cot	
35°00	0.5736	0.8192	0.7002	1.4281	55°00
10	0.5760	0.8175	0.7046	1.4193	50
20	0.5783	0.8158	0.7089	1.4106	40
30	0.5807	0.8141	0.7133	1.4019	30
40	0.5831	0.8124	0.7177	1.3934	20
50	0.5854	0.8107	0.7221	1.3848	10
36°00	0.5878	0.8090	0.7265	1.3764	54°00
10	0.5901	0.8073	0.7310	1.3680	50
20	0.5925	0.8056	0.7355	1.3597	40
30	0.5948	0.8039	0.7400	1.3514	30
40	0.5972	0.8021	0.7445	1.3432	20
50	0.5995	0.8004	0.7490	1.3351	10
37°00	0.6018	0.7986	0.7536	1.3270	53°00
10	0.6041	0.7969	0.7581	1.3190	50
20	0.6065	0.7951	0.7627	1.3111	40
30	0.6088	0.7934	0.7673	1.3032	30
40	0.6111	0.7916	0.7720	1.2954	20
50	0.6134	0.7898	0.7766	1.2876	10
38°00	0.6157	0.7880	0.7813	1.2799	52°00
10	0.6180	0.7862	0.7860	1.2723	50
20	0.6202	0.7844	0.7907	1.2647	40
30	0.6225	0.7826	0.7954	1.2572	30
40	0.6248	0.7808	0.8002	1.2497	20
50	0.6271	0.7790	0.8050	1.2423	10
39°00	0.6293	0.7771	0.8098	1.2349	51°00
10	0.6316	0.7753	0.8146	1.2276	50
20	0.6338	0.7735	0.8195	1.2203	40
30	0.6361	0.7716	0.8243	1.2131	30
40	0.6383	0.7698	0.8292	1.2059	20
50	0.6406	0.7679	0.8342	1.1988	10
	cos	sin	cot	tan	度分

度分	sin	cos	tan	cot	
40°00	0.6428	0.7660	0.8391	1.1918	50°00
10	0.6450	0.7642	0.8441	1.1847	50
20	0.6472	0.7623	0.8491	1.1778	40
30	0.6494	0.7604	0.8541	1.1708	30
40	0.6517	0.7585	0.8591	1.1640	20
50	0.6539	0.7566	0.8642	1.1571	10
41°00	0.6561	0.7547	0.8693	1.1504	49°00
10	0.6583	0.7528	0.8744	1.1436	50
20	0.6604	0.7509	0.8796	1.1369	40
30	0.6626	0.7490	0.8847	1.1303	30
40	0.6648	0.7470	0.8899	1.1237	20
50	0.6670	0.7451	0.8952	1.1171	10
42°00	0.6691	0.7431	0.9004	1.1106	48°00
10	0.6713	0.7412	0.9057	1.1041	50
20	0.6734	0.7392	0.9110	1.0977	40
30	0.6756	0.7373	0.9163	1.0913	30
40	0.6777	0.7353	0.9217	1.0850	20
50	0.6799	0.7333	0.9271	1.0786	10
43°00	0.6820	0.7314	0.9325	1.0724	47°00
10	0.6841	0.7294	0.9380	1.0661	50
20	0.6862	0.7274	0.9435	1.0599	40
30	0.6884	0.7254	0.9490	1.0538	30
40	0.6905	0.7234	0.9545	1.0477	20
50	0.6926	0.7214	0.9601	1.0416	10
44°00	0.6947	0.7193	0.9657	1.0355	46°00
10	0.6967	0.7173	0.9713	1.0295	50
20	0.6988	0.7153	0.9770	1.0235	40
30	0.7009	0.7133	0.9827	1.0176	30
40	0.7030	0.7112	0.9884	1.0117	20
50	0.7050	0.7092	0.9942	1.0058	10
45°00	0.7071	0.7071	1.0000	1.0000	45°00
	cos	sin	cot	tan	度分

부표 2. 도(度)와 라디안 대조표

(1) 度 → 라디안

度	0°	1	2	3	4	5	6	7	8	9°
	rad									rad
0°	0.00000	0.01745	0.03491	0.05236	0.06981	0.08727	0.10472	0.12217	0.13963	0.15708
10	0.17453	0.19199	0.20944	0.22689	0.24435	0.26180	0.27925	0.29671	0.31416	0.33161
20	0.34907	0.36652	0.38397	0.40143	0.41888	0.43633	0.45379	0.47124	0.48869	0.50615
30	0.52360	0.54105	0.55851	0.57596	0.59341	0.61087	0.62832	0.64577	0.66323	0.68068
40	0.69813	0.71559	0.73304	0.75049	0.76795	0.78540	0.80285	0.82031	0.83776	0.85521
50	0.87267	0.89012	0.90757	0.92502	0.94248	0.950993	0.97738	0.99484	1.01299	1.02974
60	1.04720	1.06465	1.08210	1.09956	1.11701	1.13446	1.15192	1.16937	1.18682	1.20428
70	1.22173	1.23918	1.25664	1.27409	1.29154	1.30900	1.32645	1.34390	1.36136	1.37881
80	1.39626	1.41372	1.43117	1.44862	1.46608	1.48353	1.50098	1.51844	1.53589	1.55334
90	1.57080	1.58825	1.60570	1.62316	1.64061	1.65806	1.67552	1.69297	1.71042	1.72788
100	1.74533	1.76278	1.78024	1.79769	1.81514	1.83260	1.85005	1.86750	1.88496	1.90241
110	1.91986	1.93732	1.95477	1.97222	1.98968	2.00713	2.02458	2.04204	2.05949	2.07694
120	2.09440	2.11185	2.12930	2.14676	2.16421	2.18166	2.19912	2.21657	2.23402	2.25148
130	2.26893	2.28638	2.30384	2.32129	2.33874	2.35620	2.37365	2.39110	2.40856	2.42601
140	2.44346	2.46092	2.47837	2.49582	2.51328	2.53073	2.54818	2.56564	2.58309	2.60054
150	2.61800	2.63545	2.65290	2.67035	2.68781	2.70526	2.72271	2.74017	2.75762	2.77507
160	2.79253	2.80998	2.82743	2.84489	2.86234	2.87979	2.89725	2.91470	2.93215	2.94961
170	2.96706	2.98451	3.00197	3.01942	3.03687	3.05433	3.07178	3.08923	3.10669	3.12414

180°=3.14159(=π)rad

(2) 分 → 라디안

分	0′	1	2	3	4	5	6	7	8	9′
	rad									rad
0′	0.00000	0.00029	0.00058	0.00087	0.00116	0.00145	0.00175	0.00204	0.00233	0.00262
10	0.00291	0.00320	0.00349	0.00378	0.00407	0.00436	0.00465	0.00495	0.00524	0.00553
20	0.00582	0.00611	0.00640	0.00669	0.00698	0.00727	0.00756	0.00785	0.00814	0.00844
30	0.00873	0.00902	0.00931	0.00960	0.00989	0.01018	0.01047	0.01076	0.01105	0.01134
40	0.01164	0.01193	0.01222	0.01251	0.01280	0.01309	0.01338	0.01367	0.01396	0.01425
50′	0.01454	0.01484	0.01513	0.01542	0.01571	0.01600	0.01629	0.01658	0.01687	0.01716

1′ = 0.00029089 rad　　1° = 60′ = 0.0174533 rad

1 rad = 57.29578° = 57°17′.747

부표 3. 인벌류트 함수표

α	inv α	α	inv α	α	inv α	α	inv α
10.00	0.0017941	12.00	0.0031171	14.00	0.0049819	16.00	0.0074917
.05	0.0018213	.05	0.0031567	.05	0.0050364	.05	0.0075647
.10	0.0018489	.10	0.0031966	.10	0.0050912	.10	0.0076372
.15	0.0018767	.15	0.0032369	.15	0.0051465	.15	0.0077101
.20	0.0019048	.20	0.0032775	.20	0.0052022	.20	0.0077835
.25	0.0019332	.25	0.0033185	.25	0.0052582	.25	0.0078574
.30	0.0019619	.30	0.0033598	.30	0.0053147	.30	0.0079318
.35	0.0019909	.35	0.0034014	.35	0.0053716	.35	0.0080067
.40	0.0020201	.40	0.0034434	.40	0.0054290	.40	0.0080820
.45	0.0020496	.45	0.0034858	.45	0.0054867	.45	0.0081578
.50	0.0020795	.50	0.0035285	.50	0.0055448	.50	0.0082342
.55	0.0021096	.55	0.0035716	.55	0.0056034	.55	0.0083110
.60	0.0021400	.60	0.0036150	.60	0.0056624	.60	0.0083883
.65	0.0021707	.65	0.0036588	.65	0.0057218	.65	0.0084661
.70	0.0022017	.70	0.0037029	.70	0.0057817	.70	0.0085444
.75	0.0022330	.75	0.0037474	.75	0.0058420	.75	0.0086232
.80	0.0022646	.80	0.0037923	.80	0.0059027	.80	0.0087025
.85	0.0022966	.85	0.0038375	.85	0.0059638	.85	0.0087823
.90	0.0023288	.90	0.0038831	.90	0.0060254	.90	0.0088626
.95	0.0023613	.95	0.0039291	.95	0.0060874	.95	0.0089434
11.00	0.0023941	13.00	0.0039754	15.00	0.0061498	17.00	0.0090247
.05	0.0024272	.05	0.0040221	.05	0.0062127	.05	0.0091065
.10	0.0024607	.10	0.0040692	.10	0.0062760	.10	0.0091889
.15	0.0024944	.15	0.0041166	.15	0.0063397	.15	0.0092717
.20	0.0025285	.20	0.0041644	.20	0.0064039	.20	0.0093551
.25	0.0025628	.25	0.0042126	.25	0.0064686	.25	0.0094390
.30	0.0025975	.30	0.0042612	.30	0.0065337	.30	0.0095234
.35	0.0026325	.35	0.0043102	.35	0.0065992	.35	0.0096083
.40	0.0026678	.40	0.0043595	.40	0.0066652	.40	0.0096937
.45	0.0027035	.45	0.0044092	.45	0.0067316	.45	0.0097797
.50	0.0027394	.50	0.0044593	.50	0.0067985	.50	0.0098662
.55	0.0027757	.55	0.0045098	.55	0.0068659	.55	0.0099532
.60	0.0028123	.60	0.0045607	.60	0.0069337	.60	0.0100407
.65	0.0028493	.65	0.0046120	.65	0.0070019	.65	0.0101288
.70	0.0028865	.70	0.0046636	.70	0.0070706	.70	0.0102174
.75	0.0029241	.75	0.0047157	.75	0.0071398	.75	0.0103066
.80	0.0029620	.80	0.0047681	.80	0.0072095	.80	0.0103963
.85	0.003002	.85	0.0048210	.85	0.0072796	.85	0.0104865
.90	0.0030389	.90	0.0048742	.90	0.0073501	.90	0.0105773
.95	0.0030778	.95	0.0049279	.95	0.0074212	.95	0.0106686

α	inv α	α	inv α	α	inv α	α	inv α
18.00	0.0107604	20.00	0.0149044	22.00	0.0200538	24.00	0.0263497
.05	0.0108528	.05	0.0150203	.05	0.0201966	.05	0.0265231
.10	0.0109458	.10	0.0151369	.10	0.0203401	.10	0.0266973
.15	0.0110393	.15	0.0152540	.15	0.0204844	.15	0.0268723
.20	0.0111334	.20	0.0153719	.20	0.0206294	.20	0.0270481
.25	0.0112280	.25	0.0154903	.25	0.0207750	.25	0.0272248
.30	0.0113231	.30	0.0156094	.30	0.0209215	.30	0.0274023
.35	0.0114189	.35	0.0157291	.35	0.0210686	.35	0.0275806
.40	0.0115151	.40	0.0158495	.40	0.0212165	.40	0.0277598
.45	0.0116120	.45	0.0159705	.45	0.0213651	.45	0.0279398
.50	0.0117094	.50	0.0160922	.50	0.0215145	.50	0.0281206
.55	0.0118074	.55	0.0162145	.55	0.0216646	.55	0.0283023
.60	0.0119059	.60	0.0163375	.60	0.0218154	.60	0.0284848
.65	0.0120051	.65	0.0164611	.65	0.0219670	.65	0.0286681
.70	0.0121048	.70	0.0165854	.70	0.0221193	.70	0.0288523
.75	0.0122050	.75	0.0167103	.75	0.0222724	.75	0.0290373
.80	0.0123059	.80	0.0168359	.80	0.0224262	.80	0.0292232
.85	0.0124073	.85	0.0169621	.85	0.0225808	.85	0.0294100
.90	0.0125093	.90	0.0170891	.90	0.0227361	.90	0.0295976
.95	0.0126119	.95	0.0172.66	.95	0.0228922	.95	0.0297860
19.00	0.0127151	21.00	0.0173449	23.00	0.0230491	25.00	0.0299754
.05	0.0128189	.05	0.0174738	.05	0.0232067	.05	0.0301655
.10	0.0129232	.10	0.0176034	.10	0.0233651	.10	0.0303566
.15	0.0130281	.15	0.0177337	.15	0.0235242	.15	0.0305485
.20	0.0131336	.20	0.0178646	.20	0.0236842	.20	0.0307413
.25	0.0132398	.25	0.0179963	.25	0.0238449	.25	0.0309350
.30	0.0133465	.30	0.0181286	.30	0.0240063	.30	0.0311295
.35	0.0134538	.35	0.0182616	.35	0.0241686	.35	0.0313250
.40	0.0135617	.40	0.0183953	.40	0.0243316	.40	0.0315213
.45	0.0136702	.45	0.0185296	.45	0.0244954	.45	0.0317185
.50	0.0137794	.50	0.0186647	.50	0.0246600	.50	0.0319166
.55	0.0138891	.55	0.0188004	.55	0.0248254	.55	0.0321156
.60	0.0139995	.60	0.0189369	.60	0.0249915	.60	0.0323154
.65	0.0141104	.65	0.0190740	.65	0.0251585	.65	0.0325162
.70	0.0142220	.70	0.0192119	.70	0.0253263	.70	0.0327179
.75	0.0143342	.75	0.0193504	.75	0.0254948	.75	0.0329205
.80	0.0144470	.80	.0194897	.80	0.0256642	.80	0.0331240
.85	0.0145604	.85	0.0196297	.85	0.0258344	.85	0.0333283
.90	0.0146744	.90	0.0197703	.90	0.0260053	.90	0.0335336
.95	0.0147891	.95	0.0199117	.95	0.0261771	.95	0.0337399

α	inv α	α	inv α	α	inv α	α	inv α
26.00	0.0339470	28.00	0.0430172	30.00	0.0537515	32.00	0.0663640
.05	0.0341550	.05	0.0432645	.05	0.0540430	.05	0.0667054
.10	0.0343640	.10	0.0435128	.10	0.0543356	.10	0.0670481
.15	0.0345739	.15	0.0546295	.15	0.673922		
.20	0.0347847	.20	0.0440125	.20	0.0549245	.20	0.0677376
.25	0.0349965	.25	0.0442639	.25	0.0552207	.25	0.0680843
.30	0.0352092	.30	0.0445164	.30	0.0555181	.30	0.0684324
.35	0.0354228	.35	0.0447699	.35	0.0558166	.35	0.0687818
.40	0.0356374	.40	0.0450245	.40	0.0561164	.40	0.0691326
.45	0.0358529	.45	0.0452801	.45	0.0564174	.45	0.0694848
.50	0.0360694	.50	0.0455369	.50	0.0567196	.50	0.0698383
.55	0.0362868	.55	0.0457947	.55	0.0560230	.55	0.0701931
.60	0.0365051	.60	0.0460535	.60	0.0573276	.60	0.0705493
.65	0.0367244	.65	0.0463135	.65	0.0576334	.65	0.0709070
.70	0.0369447	.70	0.0465745	.70	0.0579404	.70	0.0712660
.75	0.0371659	.75	0.0468366	.75	0.0582487	.75	0.0716263
.80	0.0373881	.80	0.0470998	.80	0.0585582	.80	0.0719880
.85	0.0376113	.85	0.0473641	.85	0.0588690	.85	0.0723512
.90	0.0378354	.90	0.0476295	.90	0.0591810	.90	0.0727157
.95	0.0380605	.95	0.0478960	.95	0.0594941	.95	0.0730816
27.00	0.0382866	29.00	0.0481636	31.00	0.0598086	33.00	0.0734489
.05	0.0385136	.05	0.0484322	.05	0.0601242	.05	0.0738177
.10	0.0337416	.10	0.0487021	.10	0.0604411	.10	0.0741878
.15	0.0389706	.15	0.0489730	.15	0.0607594	.15	0.0745594
.20	0.0392006	.20	0.0492450	.20	0.0610788	.20	0.0749324
.25	0.0394316	.25	0.0495181	.25	0.0613995	.25	0.0753068
.30	0.0396636	.30	0.0497924	.30	0.0617215	.30	0.0756826
.35	0.0398966	.35	0.0500678	.35	0.0620447	.35	0.0760599
.40	0.0401306	.40	0.0503442	.40	0.0626692	.40	0.0764385
.45	0.0403655	.45	0.0506219	.45	0.0626950	.45	0.0768187
.50	0.0406015	.50	0.0509007	.50	0.0630221	.50	0.0772003
.55	0.0408385	.55	0.0511806	.55	0.0633504	.55	0.0775833
.60	0.0410765	.60	0.0514616	.60	0.0636801	.60	0.0779678
.65	0.0413155	.65	0.0517438	.65	0.0640110	.65	0.0783537
.70	0.0415555	.70	0.0520271	.70	0.0643432	.70	0.0787411
.75	0.0417966	.75	0.0523116	.75	0.0646767	.75	0.0791300
.80	0.0420387	.80	0.0525973	.80	0.0650116	.80	0.0795204
.85	0.0422818	.85	0.0528841	.85	0.0653477	.85	0.0799122
.90	0.02045259	.90	0.0531721	.90	0.0656852	.90	0.0803055
.95	0.0427710	.95	0.0534612	.95	0.0660240	.95	0.0807003

α	inv α	α	inv α	α	inv α	α	inv α
34.00	0.0810966	36.00	0.0982240	38.00	0.1180605	40.00	0.1409679
.05	0.0814944	.05	0.0986855	.05	0.1185942	.05	0.1415835
.10	0.0818936	.10	0.0991487	.10	0.1191297	.10	0.1422012
.15	0.0822944	.15	0.0996136	.15	0.1196672	.15	0.1428211
.20	0.0826967	.20	0.1000802	.20	0.1202066	.20	0.1434432
.25	0.0831005	.25	0.1005485	.25	0.1207480	.25	0.1440675
.30	0.0835058	.30	0.1010185	.30	0.1212913	.30	0.1446940
.35	0.0839127	.35	0.1014903	.35	0.1218366	.35	0.1453227
.40	0.0843210	.40	0.10109637	.40	0.1223838	.40	0.1459537
.45	0.0847310	.45	0.1024390	.45	0.1229330	.45	0.1465869
.50	0.0851424	.50	0.1029160	.50	0.1234842	.50	0.1472223
.55	0.0855554	.55	0.1033946	.55	0.1240378	.55	0.1478600
.60	0.0859699	.60	0.1038750	.60	0.1245924	.60	0.1485000
.65	0.0863860	.65	0.1043572	.65	0.1251495	.65	0.1491422
.70	0.0868036	.70	0.1048412	.70	0.1257087	.70	0.1497867
.75	0.0872228	.75	0.1053270	.75	0.1262698	.75	0.1504335
.80	0.0876436	.80	0.1058144	.80	0.1268329	.80	0.1510825
.85	0.0880659	.85	0.1063037	.85	0.1273980	.85	0.1517339
.90	0.0884898	.90	0.1067947	.90	0.1279652	.90	0.1523875
.95	0.0889152	.95	0.1072876	.95	0.1285344	.95	0.1530435
35.00	0.0893423	37.00	0.1077822	39.00	0.1291056	41.00	0.1537017
.05	0.0897710	.05	0.1082787	.05	0.1296789	.05	0.1543623
.10	0.0902012	.10	0.1087769	.10	0.1302542	.10	0.1550253
.15	0.0906331	.15	0.1092770	.15	0.1308316	.15	0.1556906
.20	0.0910665	.20	0.1097788	.20	0.1314110	.20	0.1563582
.25	0.0915016	.25	0.1102825	.25	0.1319925	.25	0.1570281
.30	0.0919382	.30	0.1107880	.30	0.1325761	.30	0.1577005
.35	0.0923765	.35	0.1112954	.35	0.1331618	.35	0.1583752
.40	0.0928165	.40	0.1118046	.40	0.1331495	.40	0.1590523
.45	0.0932580	.45	0.1123156	.45	0.1343394	.45	0.1597318
.50	0.0937012	.50	0.1128285	.50	0.1349313	.50	0.1604136
.55	0.0941460	.55	.1133433	.55	0.1355254	.55	0.1610979
.60	0.0945925	.60	0.1133599	.60	0.1361216	.60	0.1617846
.65	0.0950406	.65	0.1143784	.65	0.1367199	.65	0.1624737
.70	0.0954904	.70	0.1148987	.70	0.1373203	.70	0.1631652
.75	0.0959418	.75	0.1154209	.75	0.1379228	.75	0.1638592
.80	0.0963948	.80	0.1159451	.80	0.1385275	.80	0.1645556
.85	0.0968496	.85	0.1164711	.85	0.1391344	.85	0.1652544
.90	0.0973601	.90	0.116990	.90	0.1397434	.90	0.1659557
.95	0.0977642	.95	0.1175288	.95	0.1403546	.95	0.1666595

α	inv α	α	inv α	α	inv α	α	inv α
42.00	0.1673658	44.00	0.1977439	46.00	0.2326789	48.00	0.2728545
.05	0.1680745	.05	0.1985591	.05	0.2336163	.05	0.2739328
.10	0.1687857	.10	0.1993772	.10	0.2345570	.10	0.2750148
.15	0.1694994	.15	0.2001982	.15	0.2355010	.15	0.2761007
.20	0.1702157	.20	0.2010220	.20	0.2364482	.20	0.2771904
.25	0.1709344	.25	0.2018487	.25	0.2373988	.25	0.2782840
.30	0.1716557	.30	0.2026783	.30	0.2383528	.30	0.2793814
.35	0.1723795	.35	0.2035108	.35	0.2393101	.35	0.2804826
.40	0.1731059	.40	0.2043462	.40	0.2402707	.40	0.2815877
.45	0.1738348	.45	0.2051845	.45	0.2412347	.45	0.2826968
.50	0.1745662	.50	0.2060257	.50	0.2422020	.50	0.2838097
.55	0.1753003	.55	0.2068699	.55	0.2431728	.55	0.2849265
.60	0.1760369	.60	0.2077171	.60	0.2441469	.60	0.2860473
.65	0.1767761	.65	0.2085672	.65	0.2451245	.65	0.2871721
.70	0.1775179	.70	0.2094203	.70	0.2461055	.70	0.2883008
.75	0.1782622	.75	0.2102764	.75	0.2470899	.75	0.2894334
.80	0.1790092	.80	0.2111354	.80	0.2480778	.80	0.2905701
.85	0.1797588	.85	0.2119975	.85	0.2490691	.85	0.2917108
.90	0.1805111	.90	0.2128626	.90	0.2500639	.90	0.2928555
.95	0.1812660	.95	0.2137307	.95	0.2510622	.95	0.2940043
43.00	0.1820235	45.00	0.2146018	47.00	0.2520640	49.00	0.2951571
.05	0.1827837	.05	0.2154760	.05	0.2530693	.05	0.2963140
.10	0.1835465	.10	0.2163533	.10	0.2540781	.10	0.2974749
.15	0.1843121	.15	0.2172336	.15	0.2550904	.15	0.2986400
.20	0.1850803	.20	0.2181170	.20	0.2561064	.20	0.2998092
.25	0.1858512	.25	0.2190035	.25	0.2571258	.25	0.3009825
.30	0.1866248	.30	0.2198930	.30	0.2581489	.30	0.3021599
.35	0.1874011	.35	0.2207857	.35	0.2591755	.35	0.3033416
.40	0.1881801	.40	0.2216815	.40	0.2602058	.40	0.3045274
.45	0.1889619	.45	0.2225805	.45	0.2612396	.45	0.3057174
.50	0.1897463	.50	0.2234826	.50	0.2622771	.50	0.3069116
.55	0.1905336	.55	0.2243878	.55	0.2633182	.55	0.3081100
.60	0.1913236	.60	0.2252862	.60	0.2643630	.60	0.3093127
.65	0.1921163	.65	0.2262078	.65	0.2654115	.65	0.3105197
.70	0.1929119	.70	0.2271226	.70	0.2664636	.70	0.3117309
.75	0.1937102	.75	0.2280406	.75	0.2675194	.75	0.3129464
.80	0.1945113	.80	0.2289618	.80	0.2685790	.80	0.3141662
.85	0.1953152	.85	0.2298862	.85	0.2696422	.85	0.3153904
.90	0.1961220	.90	0.2307138	.90	0.2707092	.90	0.3166189
.95	0.1969315	.95	0.2317447	.95	0.2717800	.95	0.3178517

α	inv α	α	inv α	α	inv α	α	inv α
50.00	0.3190890	52.00	0.3723704	54.00	0.4339041	56.00	0.5051766
.05	0.3203306	.05	0.3738026	.05	0.4355604	.05	0.5070983
.10	0.3215766	.10	0.3752400	.10	0.4372227	.10	0.5090273
.15	0.3228271	.15	0.3766826	.15	0.4388911	.15	0.5109635
.20	0.3240820	.20	0.3781304	.20	0.4405657	.20	0.5129071
.25	0.3253414	.25	0.3795834	.25	0.4422465	.25	0.5148581
.30	0.3266052	.30	0.3810416	.30	0.4439335	.30	0.5168164
.35	0.3278736	.35	0.3825051	.35	0.4456267	.35	0.5187821
.40	0.3291464	.40	0.3839739	.40	0.4473261	.40	0.5207553
.45	0.3304238	.45	0.3854481	.45	0.4490318	.45	0.5227360
.50	0.3317057	.50	0.3869275	.50	0.4507439	.50	0.5247242
.55	0.3329922	.55	0.3884123	.55	0.4524622	.55	0.5267199
.60	0.3342833	.60	0.3899025	.60	0.454869	.60	0.5287232
.65	0.3355790	.65	0.3913981	.65	0.4559180	.65	0.5307342
.70	0.3368793	.70	0.3928991	.70	0.4576555	.70	0.5327528
.75	0.3381843	.75	0.3944056	.75	0.4593995	.75	0.5347791
.80	0.3394939	.80	0.3959175	.80	0.4611499	.80	0.5368132
.85	0.3408082	.85	0.3974349	.85	0.4629069	.85	0.5388550
.90	0.3421271	.90	0.3989578	.90	0.4646703	.90	0.5409046
.95	0.3434508	.95	0.4004863	.95	0.4664403	.95	0.5429620
51.00	0.3447792	53.00	0.4020203	55.00	0.4682169	57.00	0.5450273
.05	0.3461124	.05	0.4035599	.05	0.4700001	.05	0.5471005
.10	0.3474503	.10	0.4051051	.10	0.4717900	.10	0.5491815
.15	0.3487931	.15	0.4066559	.15	0.4735865	.15	0.5512708
.20	0.3501406	.20	0.4082124	.20	0.4753897	.20	0.5533679
.25	0.3514929	.25	0.4097746	.25	0.4771996	.25	0.5554731
.30	0.3528501	.30	0.4113424	.30	0.4790163	.30	0.5575864
.35	0.3542122	.35	0.4129160	.35	0.4808398	.35	0.5597078
.40	0.3555791	.40	0.4144953	.40	0.4826701	.40	0.5618374
.45	0.3569510	.45	0.4160804	.45	0.4845073	.45	0.5639752
.50	0.3583277	.50	0.4176713	.50	0.4863513	.50	0.5661213
.55	0.3597094	.55	0.4192680	.55	0.4882022	.55	0.5682756
.60	0.3610961	.60	0.4208705	.60	0.4900601	.60	0.5704382
.65	0.3624878	.65	0.4224789	.65	0.4919249	.65	0.5726092
.70	0.3638844	.70	0.4240932	.70	0.4937963	.70	0.5747886
.75	0.3652861	.75	0.4257134	.75	0.4956757	.75	0.5769764
.80	0.3666928	.80	0.4273396	.80	0.4975616	.80	0.5791727
.85	0.3681945	.85	0.4289718	.85	0.4994546	.85	0.5813776
.90	0.3695214	.90	0.4306098	.90	0.5013548	.90	0.5835910
.95	0.3709433	.95	0.4322540	.95	0.5032621	.95	0.5858129

부표 4. $B(\alpha_b)$ 및 $B_v(\alpha_b)$ 함수표 ($\alpha = 14.5°$)

α_b	0		2		4		6		8	
	B	B_v	B	B_v	B	B_v	B	B_v	B	B_v
14.5	.000 00	.000 00	.000 09	.000 18	.000 18	.000 18	.000 27	.000 27	.000 36	.000 36
6	.000 45	.000 45	.000 55	.000 54	.000 64	.000 64	.000 73	.000 73	.000 82	.000 82
7	.000 92	.000 91	.001 01	.001 00	.001 10	.001 09	.001 20	.001 19	.001 29	.001 28
8	.001 38	.001 37	.001 48	.001 46	.001 57	.001 55	.001 67	.001 65	.001 76	.001 74
9	.001 86	.001 83	.001 95	.001 93	.001 05	.002 02	.002 15	.002 11	.002 24	.002 21
15.0	.002 34	.002 30	.002 44	.002 39	.002 53	.002 49	.002 63	.002 58	.002 73	.002 68
1	.002 83	.002 77	.002 93	.002 87	.003 02	.002 96	.003 12	.003 05	.003 22	.003 15
2	.003 32	.003 24	.003 42	.003 34	.003 52	.003 44	.003 62	.003 53	.003 72	.003 63
3	.003 82	.003 72	.003 92	.003 82	.004 03	.003 91	.004 13	.004 01	.004 23	.004 11
4	.004 33	.004 20	.004 43	.004 30	.004 54	.004 40	.004 64	.004 49	.004 74	.004 59
5	.004 85	.004 69	.004 95	.004 79	.005 05	.004 88	.005 16	.004 98	.005 27	.005 08
6	.005 37	.005 18	.005 48	.005 27	.005 58	.005 37	.005 69	.005 47	.005 79	.005 57
7	.005 90	.005 67	.006 01	.005 77	.006 11	.005 86	.006 22	.005 96	.006 33	.006 06
8	.006 44	.006 13	.006 54	.006 26	.006 65	.006 36	.006 76	.006 46	.006 87	.006 56
9	.006 98	.006 66	.007 09	.006 76	.007 20	.006 86	.007 31	.006 96	.007 42	.007 06
16.0	.007 53	.007 16	.007 64	.007 26	.007 75	.007 37	.007 87	.007 47	.007 98	.007 57
1	.008 09	.007 67	.008 20	.007 77	.008 32	.007 87	.008 43	.007 87	.008 54	.008 08
2	.008 66	.008 18	.008 77	.008 28	.008 88	.008 38	.009 00	.008 49	.009 11	.008 59
3	.009 23	.008 69	.009 35	.008 79	.009 46	.008 90	.004 58	.009 00	.009 69	.009 10
4	.009 81	.009 21	.009 93	.009 21	.010 04	.009 42	.010 16	.009 52	.010 28	.009 62
5	.010 40	.009 73	.010 52	.009 83	.010 64	.009 94	.010 76	.010 04	.010 88	.010 15
6	.010 99	.010 25	.011 05	.010 30	.011 24	.010 46	.011 36	.010 57	.011 48	.010 67
7	.011 60	.010 78	.011 72	.010 89	.011 84	.010 99	.011 96	.011 09	.012 09	.011 20
8	.012 21	.011 31	.012 33	.011 42	.012 46	.011 52	.012 58	.011 63	.012 70	.011 74
9	.012 83	.011 85	.012 95	.011 95	.013 08	.012 06	.013 20	.012 17	.013 33	.012 28
17.0	.013 46	.012 38	.013 58	.012 49	.013 71	.012 60	.013 84	.012 71	.013 96	.012 82
1	.014 09	.012 93	.014 22	.013 03	.014 35	.013 14	.014 48	.013 25	.014 60	.013 36
2	.014 73	.013 47	.014 86	.013 58	.014 99	.013 69	.015 12	.013 80	.015 25	.013 91
3	.015 38	.014 02	.015 51	.014 13	.015 65	.014 24	.015 78	.014 35	.015 91	.014 46
4	.016 04	.014 57	.016 18	.014 69	.016 31	.014 80	.016 44	.014 91	.016 58	.015 02
5	.016 71	.015 13	.016 84	.015 24	.016 98	.015 35	.017 11	.015 47	.017 25	.015 58
6	.017 38	.015 69	.017 52	.015 80	.017 66	.015 92	.017 79	.016 03	.017 93	.016 14
7	.018 07	.016 26	.018 21	.016 37	.018 34	.016 48	.018 48	.016 60	.018 62	.016 71
8	.018 76	.016 82	.018 90	.016 94	.019 03	.017 05	.019 18	.017 17	.019 32	.017 28
9	.019 46	.017 40	.019 60	.017 51	.019 74	.017 62	.019 88	.017 74	.020 02	.017 85
18.0	.020 17	.017 97	.020 31	.018 09	.020 45	.018 20	.020 60	.018 32	.020 74	.018 43
1	.020 88	.018 55	.021 03	.018 67	.021 17	.018 78	.021 32	.018 90	.021 46	.019 02
2	.021 61	.019 13	.021 76	.019 25	.021 90	.019 37	.022 05	.019 48	.022 19	.019 60
3	.022 34	.019 72	.022 49	.019 84	.022 64	.019 96	.022 79	.020 07	.022 94	.020 19
4	.023 09	.020 31	.023 24	.020 43	.023 38	.020 55	.023 54	.020 67	.023 69	.020 79

α_0	0		2		4		6		8	
	B	B_v	B	B_v	B	B_v	B	B_v	B	B_v
5	.023 84	.020 90	.023 99	.021 02	.024 14	.021 14	.024 29	.021 26	.024 44	.021 38
6	.024 60	.021 50	.024 75	.021 62	.024 90	.021 74	.025 06	.021 86	.025 16	.021 98
7	.025 37	.022 10	.025 52	.022 23	.025 68	.022 35	.025 38	.022 47	.025 99	.022 59
8	.026 14	.022 71	.026 30	.022 83	.026 46	.022 95	.026 61	.023 08	.026 77	.023 20
9	.026 93	.023 32	.027 09	.023 44	.027 25	.023 56	.026 41	.023 69	.027 57	.023 81
19.0	.027 73	.023 93	.027 89	.024 06	.028 05	.024 18	.028 21	.024 30	.028 37	.024 43
1	.028 53	.024 55	.028 69	.024 67	.028 85	.024 80	.029 02	.024 92	.029 18	.025 05
2	.029 34	.025 17	.029 51	.025 29	.029 67	.025 42	.029 84	.025 55	.030 00	.025 67
3	.030 17	.025 80	.030 33	.025 92	.030 50	.026 05	.030 66	.026 17	.030 83	.026 30
4	.031 00	.026 43	.031 17	.026 55	.031 33	.026 68	.031 50	.026 80	.031 67	.026 93
5	.031 84	.027 06	.032 01	.027 19	.032 18	.027 31	.032 35	.027 44	.032 52	.027 57
6	.036 29	.027 69	.032 86	.027 82	.033 03	.027 95	.033 21	.028 08	.033 38	.028 21
7	.033 55	.028 34	.033 73	.028 46	.033 90	.028 59	.034 07	.028 72	.034 25	.028 85
8	.034 42	.028 98	.034 60	.029 11	.034 77	.029 24	.034 95	.029 37	.035 12	.029 50
9	.035 30	.029 63	.035 48	.029 76	.035 66	.029 89	.035 83	.030 01	.036 01	.030 15
20.0	.036 19	.030 28	.036 37	.030 41	.036 55	.030 54	.036 73	.030 67	.036 91	.030 81
1	.037 09	.030 94	.037 27	.031 07	.037 45	.031 20	.037 63	.031 33	.037 82	.031 47
2	.038 00	.031 60	.038 18	.031 73	.038 36	.031 86	.038 55	.032 00	.038 73	.032 13
3	.038 92	.032 26	.039 10	.032 40	.039 29	.032 53	.039 47	.032 66	.039 66	.032 80
4	.039 85	.032 93	.040 03	.033 07	.040 22	.033 20	.040 41	.033 33	.040 60	.033 47
5	.040 73	.033 60	.040 97	.033 74	.041 16	.033 87	.041 35	.034 01	.041 54	.034 14
6	.041 73	.034 28	.041 92	.034 42	.042 11	.034 55	.042 31	.034 69	.042 50	.034 82
7	.042 69	.034 96	.042 88	.035 09	.043 08	.035 23	.043 27	.035 37	.043 46	.035 51
8	.043 66	.035 65	.043 85	.035 78	.044 05	.035 92	.044 25	.036 06	.044 44	.036 20
9	.044 64	.036 33	.044 84	.036 47	.045 03	.036 61	.045 23	.036 75	.045 43	.036 89
21.0	.045 63	.037 07	.045 83	.037 17	.046 03	.037 30	.046 23	.037 44	.046 43	.037 58
1	.046 63	.037 72	.046 83	.037 86	.047 03	.038 00	.047 23	.038 14	.047 43	.038 28
2	.047 64	.038 42	.047 84	.038 56	.048 04	.038 71	.048 25	.038 85	.048 45	.038 99
3	.048 66	.039 13	.048 86	.039 27	.049 07	.039 41	.049 28	.039 55	.049 48	.039 70
4	.049 69	.039 84	.049 90	.039 98	.051 10	.040 12	.050 31	.040 27	.050 52	.040 41
5	.050 73	.040 55	.050 94	.040 69	.051 15	.040 84	.051 36	.040 98	.051 57	.041 13
6	.051 78	.041 27	.051 99	.041 41	.052 20	.041 56	.052 42	.041 70	.052 63	.041 85
7	.052 85	.041 99	.053 06	.042 14	.053 27	.042 28	.053 49	.042 43	.053 71	.042 57
8	.053 92	.042 72	.054 14	.042 86	.054 35	.043 01	.054 57	.043 15	.054 79	.043 30
9	.053 92	.042 72	.054 14	.042 86	.054 35	.043 01	.054 57	.043 15	.054 79	.043 30
9	.055 01	.043 45	.055 22	.043 59	.055 44	.043 74	.055 66	.043 89	.055 88	.044 03
22.0	.056 10	.044 18	.056 32	.044 33	.056 54	.044 48	.056 76	.044 62	.056 99	.044 77
1	.057 21	.044 92	.057 43	.045 07	.057 66	.045 22	.057 88	.045 36	.058 10	.045 51
2	.058 33	.045 66	.058 55	.045 81	.058 78	.045 96	.059 00	.046 11	.059 23	.046 26
3	.059 46	.046 41	.059 68	.046 56	.059 91	.046 71	.060 14	.046 86	.060 37	.047 01
4	.060 60	.047 16	.060 83	.047 31	.061 06	.047 46	.061 29	.047 61	.061 52	.047 76
5	.061 75	.047 92	.061 98	.048 07	.062 21	.048 22	.062 45	.048 37	.062 68	.048 52
6	.062 91	.048 68	.063 15	.048 83	.063 38	.048 98	.063 62	.049 13	.063 85	.049 29
7	.064 09	.049 44	.064 33	.049 59	.064 56	.049 75	.064 80	.049 90	.065 04	.050 05
8	.065 28	.050 21	.065 51	.050 36	.065 75	.050 52	.065 99	.050 67	.066 23	.050 83
9	.066 47	.050 98	.066 71	.051 13	.066 96	.051 29	.067 20	.051 45	.067 44	.051 60
23.0	.067 68	.051 76	.067 93	.051 91	.068 17	.052 07	.068 42	.052 23	.068 66	.052 38
1	.068 91	.052 54	.069 15	.052 70	.069 40	.052 85	.069 64	.053 01	.069 89	.053 17
2	.070 14	.053 32	.070 39	.053 48	.070 64	.053 64	.070 89	.053 80	.071 14	.053 96
3	.071 39	.054 11	.071 64	.052 27	.071 89	.054 43	.072 14	.054 59	.072 39	.054 75
4	.072 64	.054 91	.072 90	.055 06	.073 15	.055 23	.073 40	.055 39	.073 66	.055 55
5	.073 91	.055 71	.074 17	.055 87	.074 42	.056 03	.074 68	.056 19	.074 94	.056 36
6	.075 19	.056 51	.075 45	.056 67	.075 71	.056 83	.075 97	.057 00	.076 24	.057 16

부표 5. $B(\alpha_b)$ 및 $B_v(\alpha_b)$ 함수표 ($\alpha = 20°$)

α_b	0		2		4		6		8	
	B	B_v	B	B_v	B	B_v	B	B_v	B	B_v
20.0	.000 00	.000 00	.000 13	.000 13	.000 26	.000 26	.000 38	.000 38	.000 51	.000 51
1	.000 64	.000 64	.000 77	.000 77	.000 90	.000 89	.001 03	.001 02	.001 15	.001 15
2	.001 28	.001 28	.001 41	.001 41	.001 55	.001 54	.001 68	.001 67	.001 81	.001 79
3	.001 94	.001 92	.002 07	.002 05	.002 20	.002 18	.002 33	.002 31	.002 46	.002 44
4	.002 60	.002 57	.002 73	.002 70	.002 86	.002 83	.003 00	.002 96	.003 13	.002 09
5	.003 26	.003 22	.003 40	.003 36	.003 53	.003 49	.003 67	.003 62	.003 80	.003 75
6	.003 94	.003 88	.004 07	.004 01	.004 21	.004 15	.004 35	.004 28	.004 48	.004 41
7	.004 62	.004 54	.004 76	.004 67	.003 89	.004 81	.005 03	.004 94	.005 17	.005 07
8	.005 31	.005 21	.005 45	.005 34	.005 58	.005 47	.005 72	.005 61	.005 86	.005 74
9	.006 60	.005 87	.006 14	.006 01	.006 28	.006 14	.006 42	.006 28	.006 56	.006 41
21.00	.006 17	.006 55	.006 85	.006 68	.006 99	.006 82	.007 13	.006 95	.007 27	.007 09
1	.007 42	.007 22	.007 56	.007 36	.007 70	.007 49	.007 85	.007 63	.007 99	.007 77
2	.008 13	.007 90	.008 28	.008 04	.008 42	.008 18	.008 57	.008 31	.008 71	.008 45
3	.008 86	.008 59	.009 00	.008 73	.009 15	.008 86	.009 30	.009 00	.009 44	.009 14
4	.009 60	.009 28	.009 74	.009 41	.009 89	.009 55	.010 03	.009 69	.010 18	.009 83
5	.010 33	.009 97	.010 48	.010 11	.010 63	.010 25	.010 78	.010 39	.010 93	.010 53
6	.010 08	.010 67	.011 23	.010 81	.011 38	.011 95	.011 53	.011 09	.011 68	.011 23
7	.011 84	.011 37	.011 99	.011 51	.012 14	.011 65	.012 29	.011 79	.012 45	.011 93
8	.012 60	.012 07	.012 75	.012 21	.012 91	.012 35	.013 06	.012 50	.013 21	.012 64
9	.013 37	.012 78	.013 52	.012 92	.013 68	.013 06	.013 84	.013 21	.013 99	.013 55
22.0	.014 15	.013 49	.014 31	.013 63	.014 46	.013 78	.014 62	.013 92	.014 78	.014 06
1	.014 94	.014 21	.015 09	.014 35	.015 25	.014 50	.015 41	.014 64	.015 57	.014 78
2	.015 73	.014 93	.015 89	.015 07	.016 05	.015 22	.016 21	.015 36	.016 37	.015 51
3	.016 53	.015 65	.016 69	.015 80	.016 86	.015 95	.017 02	.016 09	.017 18	.016 24
4	.017 34	.016 38	.017 51	.016 53	.017 67	.016 68	.017 83	.016 82	.018 00	.016 97
5	.018 16	.017 12	.018 33	.017 26	.018 49	.017 41	.018 66	.017 56	.018 82	.017 71
6	.018 99	.017 85	.019 15	.018 00	.019 32	.018 15	.019 49	.018 30	.019 66	.018 45
7	.019 82	.018 60	.019 99	.018 74	.020 16	.018 89	.020 33	.019 04	.020 50	.019 19
8	.020 66	.019 34	.020 84	.019 49	.021 01	.019 64	.021 18	.019 79	.021 35	.019 94
9	.021 52	.020 09	.021 69	.020 24	.021 86	.020 39	.022 03	.020 54	.022 21	.020 69
23.0	.022 38	.020 85	.022 55	.021 00	.022 72	.021 15	.022 90	.021 30	.023 07	.021 45
1	.023 25	.021 60	.023 42	.021 76	.023 60	.021 91	.023 77	.022 06	.023 95	.022 21
2	.024 12	.022 37	.024 30	.022 52	.024 48	.022 67	.024 65	.022 83	.024 83	.022 98
3	.025 01	.023 13	.025 19	.023 29	.025 36	.023 44	.025 54	.023 60	.025 72	.023 75
4	.025 90	.023 90	.026 08	.024 06	.026 26	.024 21	.026 44	.024 37	.026 62	.024 52
5	.026 80	.024 68	.026 99	.024 84	.027 17	.024 99	.027 35	.025 15	.027 53	.025 30
6	.027 71	.025 46	.027 90	.025 62	.028 08	.025 77	.028 27	.025 93	.028 45	.026 09
7	.028 63	.026 24	.028 82	.026 40	.029 00	.026 56	.029 19	.026 72	.029 38	.026 87
8	.029 56	.027 03	.029 75	.027 19	.029 93	.027 35	.030 12	.027 51	.030 31	.027 67
9	.030 50	.027 83	.030 69	.027 98	.030 88	.028 14	.031 07	.028 30	.031 26	.028 46

α_t	0		2		4		6		8	
	B	B_v	B	B_v	B	B_v	B	B_v	B	B_v
24.0	.031 45	.028 62	.031 63	.028 78	.031 83	.028 94	.032 02	.029 10	.032 20	.029 26
1	.032 40	.029 42	.032 59	.029 58	.032 79	.029 75	.032 98	.029 90	.033 17	.030 07
2	.033 37	.030 23	.033 56	.030 39	.033 75	.030 55	.033 95	.030 72	.034 14	.030 88
3	.034 34	.031 04	.034 53	.031 20	.034 73	.031 37	.034 93	.031 53	.035 12	.031 69
4	.035 32	.031 85	.035 52	.032 02	.035 72	.032 18	.035 91	.032 35	.036 11	.032 51
5	.036 31	.032 67	.036 51	.032 84	.036 71	.033 00	.036 91	.033 17	.037 11	.033 33
6	.037 31	.033 50	.037 51	.033 66	.037 72	.033 83	.037 92	.033 99	.038 12	.034 16
7	.038 32	.034 33	.038 53	.034 49	.038 73	.034 66	.038 93	.034 82	.039 14	.034 99
8	.039 34	.035 16	.039 55	.035 32	.039 75	.035 49	.039 96	.035 66	.040 16	.035 83
9	.040 37	.036 00	.040 58	.036 16	.040 78	.036 33	.040 99	.036 50	.041 20	.036 67
25.00	.041 41	.036 84	.041 62	.037 01	.041 83	.037 17	.042 04	.037 34	.042 24	.037 51
1	.042 46	.037 68	.042 67	.037 85	.042 88	.038 02	.043 09	.039 19	.043 30	.038 36
2	.043 51	.038 53	.043 72	.038 70	.043 94	.038 87	.044 15	.039 05	.044 36	.039 22
3	.044 58	.039 39	.044 79	.039 56	.045 01	.039 73	.045 22	.039 90	.045 44	.040 08
4	.045 66	.040 25	.045 87	.040 42	.046 09	.040 59	.046 31	.040 77	.046 52	.040 94
5	.046 74	.041 11	.046 96	.041 29	.047 18	.041 46	.047 40	.041 63	.047 62	.041 80
6	.047 84	.041 98	.048 06	.042 16	.048 28	.042 33	.048 50	.042 51	.048 72	.042 68
7	.048 94	.042 86	.049 16	.043 03	.049 39	.043 21	.049 61	.043 38	.049 83	.043 58
8	.050 06	.043 73	.050 28	.043 91	.050 51	.044 09	.050 73	.044 26	.050 96	.044 44
9	.051 18	.044 62	.051 41	.044 78	.051 64	.044 97	.051 86	.045 15	.052 09	.045 33
26.0	.052 32	.045 50	.052 55	.045 68	.052 78	.045 86	.053 01	.046 04	.053 24	.046 22
1	.053 47	.046 40	.053 70	.046 58	.053 93	.046 75	.054 16	.046 93	.054 39	.047 11
2	.054 62	.047 29	.054 85	.047 47	.055 09	.047 65	.055 32	.047 83	.055 55	.048 01
3	.055 79	.048 20	.056 02	.048 38	.056 26	.048 56	.056 49	.048 74	.056 73	.048 92
4	.056 96	.049 10	.059 20	.049 28	.057 44	.049 47	.057 67	.049 65	.058 81	.049 83
5	.058 15	.050 01	.058 39	.050 20	.058 63	.050 38	.058 87	.050 56	.059 11	.050 75
6	.059 35	.050 93	.059 59	.051 11	.059 83	.051 30	.060 07	.051 48	.060 31	.051 67
7	.060 56	.051 85	.060 80	.052 04	.061 04	.052 22	.061 29	.052 41	.061 53	.052 59
8	.061 77	.052 78	.062 02	.052 96	.062 26	.053 15	.062 51	.053 33	.062 76	.053 52
9	.063 00	.053 71	.063 25	.053 89	.063 50	.054 08	.063 75	.054 27	.063 99	.054 45
27.0	.064 24	.054 64	.064 49	.054 83	.064 74	.055 02	.064 99	.055 21	.065 24	.055 39
1	.065 49	.055 58	.065 74	.055 77	.066 00	.055 96	.066 25	.056 15	.066 50	.056 34
2	.066 75	.056 53	.067 01	.056 72	.067 26	.056 91	.067 52	.057 10	.067 77	.057 29
3	.068 03	.057 48	.068 28	.057 67	.068 54	.057 86	.068 79	.058 05	.069 05	.058 24
4	.069 31	.058 43	.069 57	.058 62	.069 83	.058 82	.070 08	.059 01	.070 34	.059 20
5	.070 60	.059 39	.070 86	.059 59	.071 12	.059 78	.071 38	.059 97	.071 65	.060 16
6	.071 91	.060 36	.072 17	.060 55	.072 43	.060 75	.072 70	.060 94	.072 96	.061 13
7	.073 22	.061 33	.073 49	.061 52	.073 75	.061 72	.074 02	.061 91	.074 29	.062 11
8	.074 55	.062 30	.074 82	.062 50	.075 09	.062 66	.075 35	.062 89	.075 62	.063 09
9	.075 89	.063 28	.076 16	.063 48	.076 43	.063 87	.076 97	.063 87	.076 97	.064 07
28.0	.077 24	.064 27								

기계 설계

2008년 3월 20일 초 판 인쇄
2008년 3월 25일 초 판 발행
2009년 3월 15일 재 판 발행
2010년 3월 5일 개정1판 발행
2012년 3월 5일 개정4판 발행

저 자 : 강 형 모
발행자 : 조 규 백

발행처 : 도서출판 구민사

(07299)
서울특별시 영등포구 당산로2길 12. 1004호

TEL (02) 701-7421, 2
FAX (02) 3273-9642
Http://www.kuhminsa.co.kr
등록 제14-29호 (1980년 2월 4일)

ISBN 978-89-7074-587-9 93550

값 25,000원